Elschner · Möschwitzer

Einführung in die Elektrotechnik – Elektronik

Einführung in die Elektrotechnik – Elektronik

Prof. Dr. sc. techn. Horst Elschner
Prof. Dr.-Ing. habil. Albrecht Möschwitzer

3., bearbeitete Auflage

Verlag Technik GmbH Berlin · München

Elschner, Horst
Einführung in die Elektrotechnik, Elektronik /
Horst Elschner ; Albrecht Möschwitzer. – 3., bearb.
Aufl. – Berlin : Verl. Technik, 1992. – 430 S. :
508 Bilder, 48 Taf.
ISBN 3-341-00835-7
NE: Möschwitzer, Albrecht:

ISBN 3-341-00835-7

3., bearbeitete Auflage

VT 210 · 3/5687–3 (58)
Printed in Germany
Lichtsatz: Graphischer Großbetrieb Pößneck GmbH
Druck und Binden: Offizin Andersen Nexö Leipzig GmbH i. A. Leipzig
Lektor: Ing. Oswald Orlik
Schutzumschlag: Kurt Hoppe
LSV 3504

Vorwort zur ersten Auflage

Das Vordringen der Elektrotechnik/Elektronik in alle Bereiche von Wissenschaft, Technik und Produktion erfordert für die verschiedenen Fachrichtungen einen modernen Einführungskurs. Daran angepaßt wurde die Zielstellung dieses Lehrbuches: Vermittlung von Grundkenntnissen der klassischen Elektrotechnik in enger Verbindung und Verflechtung mit Problemen der Elektronik, der elektrischen Energietechnik und der Meß- und Automatisierungstechnik. Häufig erfolgt die Einführung in die Elektrotechnik im Haupt- und Nebenfach bereits in den ersten Semestern. Aus diesem Grund werden im vorliegenden Buch lediglich Oberschulkenntnisse vorausgesetzt. Darüber hinausgehende mathematische Fertigkeiten werden problemangepaßt in elementarer Form vermittelt. Damit soll auch Ingenieuren und Wissenschaftlern, die bisher keine Berührung mit der Elektrotechnik hatten, eine Weiterbildungsmöglichkeit gegeben werden.

Wegen des Umfanges und der stürmischen Entwicklung der Elektrotechnik/Elektronik kann natürlich eine auch nur annähernd vollständige Darstellung fachlicher Details nicht im Vordergrund stehen. Vielmehr geht es vor allem um eine anschauliche Darstellung möglichst zeitinvarianter Grundkenntnisse im Zusammenhang mit praktisch anwendbaren Kenntnissen moderner Entwicklungen oder zumindest um deren Einordnung in das Gesamtgebiet.

In Anbetracht der Stoffülle wurde eine straffe und durch Prinzipbilder veranschaulichte Darstellung angestrebt, die nicht vorrangig auf die Ableitung, sondern stärker auf die Anwendung der dargestellten Erkenntnisse orientiert ist.

In den Text eingefügte Aufgaben (mit Lösungen) sowie Beispiele, vor allem auch Zahlenbeispiele, sollen das Verständnis und die aktive Beherrschung des Stoffes – ausgehend von möglichst wenigen Grundgesetzen – erleichtern.

Die Komplexität sowie die dynamische Entwicklung der Elektrotechnik/Elektronik zwingen bekanntlich im Berufsleben dazu, Bauelemente, Schaltungen aber auch Wirkprinzipien anzuwenden, ohne alle Details über das jeweilige „Innenleben" zu kennen. Aus diesem Grund wird bereits in den ersten Abschnitten demonstriert, daß die Anwendung vieler elektrotechnischer Grundgesetze im Sinne einer Black-Box-Betrachtung auch an Bauelementen bzw. Systemen möglich ist, die nicht bzw. noch nicht im einzelnen bekannt sind.

Die Darstellung baut auf Erfahrungen auf, die die Autoren bei der Ausbildung von Studierenden des Elektroingenieurwesens, des Maschineningenieurwesens, der Berufspädagogik, der Betriebswirtschaftslehre, der Arbeitswissenschaften und anderer Fachrichtungen im Direkt- und Fernstudium an der Technischen Universität Dresden gewonnen haben. Ausgehend von diesem außerordentlich heterogenen Leserkreis mit unterschiedlicher Vorbildung und unterschiedlichem Zeitfonds für die Ausbildung wurde angestrebt, daß vor allem auch das Studium weniger ausgewählter Abschnitte des Lehrbuches Nutzen bringt und auch den Zugang zu vertiefenden Darstellungen sowie den Dialog mit den Spezialisten erleichtert.

Je nach Studienrichtung und Nachfolgelehrveranstaltungen besteht die Möglichkeit, sehr unterschiedliche Stoffpläne zusammenzustellen. Bei Studenten des Elektroingenieurwesens schließen sich zu den meisten Gebieten weiterführende Lehrveranstaltungen an, z. B. zur Mikroelektronik, zur Energietechnik usw. Demzufolge stehen im Einführungskurs vor allem die klassischen Grundlagen, die in der Vorlesung noch vertieft werden, sowie moderne Anwendungen im Mittelpunkt. Dagegen geht es bei anderen Fachrichtungen meist stärker um die Vermittlung des breiten Querschnittes in vereinfachter Form. Möglich ist es aber auch, in den Vorlesungen lediglich die wichtigsten elektrotechnischen Grundgesetze zu vermitteln, die die Studierenden nach einem Studium entsprechender Abschnitte des Buches – u. a. in

Rechenübungen und Praktika – dann selbständig auf Probleme der Elektronik oder Energietechnik anwenden.

Teilweise werden deshalb die Probleme in zwei Stufen mit unterschiedlichem Anspruchsniveau dargelegt. Abschnitte mit relativ hohen Anforderungen bzw. zu speziellen Problemen werden durch * gekennzeichnet. Das Literaturverzeichnis weist den Weg zu weiterführender Literatur.

Für fördernde Hinweise sind wir unseren Kollegen Prof. Dr.-Ing. habil. *Brendler,* Prof. Dr. sc. techn. *Budig,* Prof. (em.) Dr.-Ing. e. h. *Pommer,* Doz. Dr. sc. techn. *Reibiger,* Prof. Dr.-Ing. habil. *Stock* und Prof. Dr. sc. techn. *Vogel* zu herzlichem Dank verpflichtet. Unser Dank gilt vor allem aber auch dem Verlag Technik, insbesondere der Lektorin *D. Netz,* für die sehr gute Zusammenarbeit.

Horst Elschner
Albrecht Möschwitzer

Vorwort zur dritten Auflage

Ausgehend von den Erfahrungen, die mit den ersten beiden Auflagen in der Ausbildung gesammelt wurden und unter Berücksichtigung der raschen Entwicklung des Fachgebietes wurde an einigen Stellen eine Ergänzung bzw. Überarbeitung vorgenommen. Das betrifft vor allem die Abschnitte zur Knotenspannungsanalyse bei Schaltungen mit gesteuerten Quellen, zu magnetischen Feldern und zu elektronischen Systemen.

Unser Dank gilt Herrn Dr.-Ing. J. Näser sowie unserem Lektor, Herrn *Orlik,* vom Verlag Technik für nützliche Hinweise sowie allen anderen, die zur schnellen Herausgabe der dritten Auflage beigetragen haben.

Horst Elschner
Albrecht Möschwitzer

Inhaltsverzeichnis

Die wichtigsten Formelzeichen

A Fläche
A_N Stromverstärkungsfaktor (normal) in Basisschaltung
a_L Induktivitätsfaktor
$a(t)$ Zeitfunktion
a_w logarithmisches Dämpfungsmaß
B magnetische Flußdichte
B_N Stromverstärkung (normal) in Emitterschaltung
B_p Blindleitwert (Suszeptanz)
B_r magnetische Flußdichte (Remanenz)
B_s magnetische Flußdichte (Sättigungswert)
b_f Bandbreite
b_n differentielle Stromverstärkung
b_w Phasenmaß
b_ω Bandbreite (bezogen auf die Kreisfrequenz)
C Kapazität
C_d differentielle Kapazität
C_w Wärmekapazität
c elektrochemisches Äquivalent, Lichtgeschwindigkeit
c_1, c_2 Maschinenkonstanten
D Dämpfungsgrad, elektrische Verschiebungsflußdichte
D_n Diffusionskoeffizient der Elektronen
D_p Diffusionskoeffizient der Löcher
D_T Temperaturdurchgriff
d Plattenabstand, Dicke
E elektrische Feldstärke, elektromotorische Kraft
E_d Durchbruchsfeldstärke
e Elementarladung
F Kraft, Faraday-Konstante
f Frequenz
f_{go} obere Grenzfrequenz
f_{gu} untere Grenzfrequenz
G Leitwert, Gleichtaktunterdrückung
G_p Wirkleitwert (Konduktanz)
g differentieller Leitwert, Rückkopplungsgrad, Erdbeschleunigung
g_m Steilheit
g_w Wellenübertragungsmaß
H magnetische Feldstärke
$\underline{H}$ Übertragungsfunktion
H_c magnetische Koerzitivfeldstärke
h_{ij} Hybridparameter
I Stromstärke (zeitkonstant) bzw. Effektivwert
I_b Blindstrom
I_B Basisstrom
I_C Kollektorstrom
I_E Emitterstrom
I_N Nennstrom
I_S Sättigungsstrom
I_w Wirkstrom
i Stromstärke
i_K Konvektionsstrom
i_k Kurzschlußstrom
i_V Verschiebungsstrom
J Magnetisierung, Trägheitsmoment
j imaginäre Einheit
K Konstante
k Boltzmann-Konstante, Zahl der Knoten, Klirrfaktor, Wellenzahl
k_n Klirrkoeffizient
L Induktivität
L_d differentielle Induktivität
l Länge
M Gegeninduktivität, Drehmoment
M_b Bremsmoment
M_K Kippmoment
M_N Nenndrehmoment
m Masse
N_{A-} Dichte der Akzeptoren (ionisiert)
N_{D-} Dichte der Donatoren (ionisiert)
n Drehzahl, Dichte der negativen aktiven Ladungsträger
n_i Eigenleitungsdichte
P zeitkonstante Leistung (allgemein), Wirkleistung, statistische Sicherheit
P_b Blindleistung
P_{mech} mechanische Leistung
P_s Scheinleistung
p komplexe Frequenz, Druck, Leistung (Momentanwert), Dichte der positiven Ladungsträger
Q Ladung, gespeicherte Wärmemenge
R Widerstand, Gaskonstante, Nettorekombinationsrate
R_C Kollektorwiderstand

R_E	Emitterwiderstand
R_H	Hallkonstante
R_i	Innenwiderstand
R_K	Wärmeübergangswiderstand
R_L	Lastwiderstand
R_m	magnetischer Widerstand
R_N	Normalwiderstand
R_r	Wirkwiderstand (Resistanz)
R_S	Schichtwiderstand
$R(t)$	Zuverlässigkeitsfunktion
R_{th}	thermischer Widerstand
R_x	unbekannter Widerstand
r	differentieller Widerstand, Radius, Reibungskonstante
r_a	differentieller Ausgangswiderstand
r_d	differentieller Differenzeingangswiderstand
r_e	differentieller Eingangswiderstand
r_z	Z-Widerstand
S	Stromdichte, Scheinleistung
S_k	Konvektionsstromdichte
S_n	Stromdichte der negativen Ladungsträger
S_p	Stromdichte der positiven Ladungsträger
S_v	Verschiebungsstromdichte
s	Weg, Schlupf
T	Temperatur, Periodendauer
TK	Temperaturkoeffizient
t	Zeit, Vertrauensfaktor
t_H	Halbwertszeit
U	Spannung (zeitkonstant) bzw. Effektivwert
U_b	Blindspannung
U_{BE}	Basis-Emitter-Spannung
U_{BR}	Durchbruchsspannung
U_{CB}	Kollektor-Basis-Spannung
U_{CE}	Kollektor-Emitter-Spannung
U_F	Flußspannung
U_{GS}	Gatespannung
U_H	Hallspannung
U_{IO}	Eingangsoffsetspannung
U_p	Schwellspannung
U_T	Temperaturspannung
U_w	Wirkspannung
u	Spannung
u_d	Differenzspannung
u_e	Eingangsspannung
$ü$	Übertragungsfaktor (beim Transformator)
u_{gl}	Gleichtaktspannung
u_i	induzierte Spannung
u_l	Leerlaufspannung
V	Volumen, Verstimmung
v	Geschwindigkeit
v_D	Differenzverstärkung
v_d	Leerlaufverstärkung
v_{gl}	Gleichtaktverstärkung
v_n	Geschwindigkeit der negativen Ladungsträger
v_p	Geschwindigkeit der positiven Ladungsträger, Leistungsverstärkung
v_{th}	thermische Geschwindigkeit
v_u	Spannungsverstärkung
W	Energie
W_b	Blindarbeit
W_{kin}	kinetische Energie
w	Energiedichte, Windungszahl einer Spule
X_r	Blindwiderstand (Reaktanz)
x_I	Istwert
x_S	Sollwert
Y	Scheinleitwert
$\underline{Y}$	komplexer Leitwert (Admittanz)
Z	Scheinwiderstand
$\underline{Z}$	komplexer Widerstand (Impedanz)
$\underline{Z}_w$	Wellenwiderstand
z	Zahl der Zweige
α	Temperaturkoeffizient, Winkel, Wärmeübergangszahl
γ	Gravitationskonstante
δ	relativer Fehler, Luftspaltweite, Eindringtiefe
$\tan \delta$	Verlustfaktor
ε	Permittivität
ε_0	absolute Permittivität
ε_r	relative Permittivität
η	Wirkungsgrad
Θ	Amperewindungszahl (Durchflutung)
ϑ	Temperatur
$\varkappa$	spezifische Leitfähigkeit
λ	Wärmeleitfähigkeit, Wellenlänge, Ausfallswahrscheinlichkeit
μ	Permeabilität
μ_0	absolute Permeabilität
μ_r	relative Permeabilität
μ_n	Beweglichkeit der Elektronen
μ_p	Beweglichkeit der Löcher
ϱ	spezifischer Widerstand, Güte (bei Schwingkreisen gleich Resonanzüberhöhung), Raumladungsdichte
σ	Wuchsmaß, Streufaktor (beim Transformator)
τ	Zeitkonstante
τ_n, τ_p	Lebensdauer der Elektronen bzw. Löcher
τ_p	Polteilung

Φ magnetischer Fluß
φ elektrisches Potential, Phasenverschiebung, elektrochemisches Potential
φ_i Nullphasenwinkel des Stromes
φ_u Nullphasenwinkel der Spannung
ψ magnetisches Potential
Ω normierte Kreisfrequenz
ω Kreisfrequenz, Winkelgeschwindigkeit
ω_g Grenzfrequenz (bezogen auf die Kreisfrequenz)
ω_r reelle Frequenz (bezogen auf die Kreisfrequenz)

1. Grundbegriffe elektrischer Schaltungen

1.1. Physikalische Größen und Maßeinheiten

1.1.1. Maßeinheiten

Physikalische Größen sind meßbare Merkmale von Objekten. Sie sind (bei skalaren Größen) *als Produkt von Maßzahl und Maßeinheit darstellbar.* Als Beispiel sei die Masse eines Elektrons genannt: $m_e = (9{,}1093897 \pm 0{,}0000054) \cdot 10^{-31}$ kg.

Im Laufe der Entwicklung haben sich verschiedene Maßsysteme herausgebildet. Als verbindlich hat sich aufgrund internationaler Vereinbarungen und gesetzlicher Regelungen seit 1954 schrittweise das *Internationale Einheitssysten (SI)* durchgesetzt. Die international übliche Abkürzung SI wurde aus „Système International d'Unités“ abgeleitet. Eine Kurzfassung dieses Einheitensystems ist im Anhang I zusammengestellt. Dabei wird auch auf die Umrechnung einiger veralteter Maßeinheiten in SI-Einheiten hingewiesen.

Tafel 1.1. SI-Basiseinheiten

Größe	Formelzeichen	Name der Einheit	Einheitenzeichen
Länge	l	Meter	m
Masse	m	Kilogramm	kg
Zeit	t	Sekunde	s
elektrische Stromstärke	I	Ampere	A
Temperatur	T	Kelvin	K
Stoffmenge	n	Mol	mol
Lichtstärke	I_v	Candela	cd

Tafel 1.1 gibt Aufschluß über die *7 Basiseinheiten.* Hinzu kommen die ergänzenden Einheiten:

- der Radiant (rad) für den ebenen Winkel φ
- der Steradiant (sr) für den räumlichen Winkel Ω.

Aus den 7 Basiseinheiten sind alle anderen SI-Einheiten ableitbar.

Beispiel:

Für gleichförmige Bewegungen ergibt sich die Geschwindigkeit aus dem Quotienten von Weg und Zeit, d. h., $v = s/t$. Damit gilt für die Maßeinheit der Geschwindigkeit (für beliebige Bewegungen):

$$[v] = \frac{[s]}{[t]} = \frac{\mathrm{m}}{\mathrm{s}} \quad ([v] \text{ bedeutet Maßeinheit von } v).$$

Es erwies sich als zweckmäßig, auch für eine Reihe abgeleiteter Maßeinheiten Eigennamen zu verwenden, die aus den Namen bedeutender Naturwissenschaftler und Techniker gebildet worden sind.

Beispiel: Maßeinheit für die Kraft bzw. die Spannung

$$[F] = \mathrm{kg} \cdot \mathrm{m/s^2} = \mathrm{N}\ (\text{Newton})^{1)} \quad \text{bzw.} \quad [U] = \mathrm{kg} \cdot \mathrm{m^2/(A \cdot s^3)} = \mathrm{V}\ (\text{Volt})^{2)}$$

1) *Isaac Newton*, englischer Physiker und Mathematiker, 1643–1727

2) Allessandro Volta, italienischer Physiker, 1745–1827

Physikalische Größen unterscheiden sich häufig um viele Zehnerpotenzen. So sind z. B. Stromstärken von 10^{-10} A...10^5 A, aber auch außerhalb dieses Bereichs von technischer Bedeutung. Aus diesem Grund ist es sinnvoll, *Vorsätze* zu den Maßeinheiten zu verwenden (s. Tafel 1.2). Die Vorsätze sind im allgemeinen so zu wählen, daß die entstehenden Zahlenwerte zwischen 0,1 und 1000 liegen.

Tafel 1.2
Vorsätze zu den Maßeinheiten

Name	Kurzzeichen	Wert	Name	Kurzzeichen	Wert
Exa	E	10^{18}	Dezi[1])	d	10^{-1}
Peta	P	10^{15}	Zenti[1])	c	10^{-2}
Tera	T	10^{12}	Milli	m	10^{-3}
Giga	G	10^{9}	Mikro	µ	10^{-6}
Mega	M	10^{6}	Nano	n	10^{-9}
Kilo	k	10^{3}	Piko	p	10^{-12}
Hekto[1])	h	10^{2}	Femto	f	10^{-15}
Deka[1])	da	10^{1}	Atto	a	10^{-18}

[1]) Diese Vorsätze sollen nur noch dort verwendet werden, wo ihre Benutzung bisher üblich war, also z. B. Zentimeter, aber nicht Zentivolt.

Beispiel:

Zweckmäßige Darstellungen für $I = 0{,}005$ A sind $I = 5$ mA oder $I = 5 \cdot 10^{-3}$ A.

Die durch Vorsätze gebildeten Teile oder Vielfache von SI-Einheiten nennt man inkohärente Einheiten. Kohärente Einheiten sind neben den Basiseinheiten die abgeleiteten Einheiten, die mit den Basiseinheiten durch eine Gleichung verbunden sind, in denen lediglich der Zahlenfaktor 1 steht (Vorteil der SI-Einheiten). Teilweise sind noch SI-fremde Einheiten zugelassen, z. B. 1 min = 60 s oder 1 eV = $1{,}602 \cdot 10^{-19}$ J, die natürlich alle inkohärente Einheiten sind.

Weitere – ebenfalls im Anhang I beschriebene – Größenarten sind *Verhältnisgrößen* (in %, ‰, ppm, ppb), *logarithmierte Verhältnisgrößen* (in dB, Np), *Pegel* (logarithmierte Verhältnisgrößen mit fester Bezugsgröße im Nenner, z. B. phon) sowie *Größen der Informationstheorie* (in Bit, Byte, Baud).

1.1.2. Größengleichungen

Gleichungen, in denen physikalische Größen miteinander verknüpft sind, nennt man *Grössengleichungen.* Beim Umgang mit physikalischen Größen muß stets beachtet werden, daß das Weglassen der Maßeinheit im Laufe der Rechnung nicht zulässig ist (s. z. B. Aufgabe 1.1).

Aufgabe 1.1:

Berechnen Sie die Geschwindigkeit eines Schwimmers, der 100 m in 50 s zurücklegt, wobei für das Ergebnis die Maßeinheit km/h gewählt werden soll.

Lösung:

$$v = \frac{s}{t} = \frac{100\ \text{m}}{50\ \text{s}} = 2\,\frac{\text{m}}{\text{s}} = 2\,\frac{10^{-3}\ \text{km}}{\text{h}/3600} = 7{,}2\,\frac{\text{km}}{\text{h}}\,.$$

Zugeschnittene Größengleichungen sind – wie der Name andeutet – auf bestimmte Maßeinheiten zugeschnitten und können bei häufiger Benutzung die Rechnung vereinfachen.

Aufgabe 1.2:

Der Weg bzw. die Zeit werden in m bzw. s gemessen. Gesucht ist, z. B. zum Kalibrieren des Tachometers eines Fahrzeugs, eine zugeschnittene Größengleichung für die Geschwindigkeitsangabe in km/h.

Lösung:

$$v = \frac{s}{t} = \frac{s/\text{m}}{t/\text{s}}\,\frac{\text{m}}{\text{s}} = \frac{s/\text{m}}{t/\text{s}}\,\frac{3{,}6 \cdot 10^3}{\text{h}}\,\frac{\text{km}}{10^3} = 3{,}6 \cdot \frac{s/\text{m}}{t/\text{s}}\,\frac{\text{km}}{\text{h}}$$

Zahlenbeispiel:

$$s = 2000\ \text{m}, \quad t = 72\ \text{s}, \quad v = 3{,}6\,\frac{2 \cdot 10^3}{72}\,\frac{\text{km}}{\text{h}} = 100\,\frac{\text{km}}{\text{h}}\,.$$

Eine *Zahlenwertgleichung* ist dadurch gekennzeichnet, daß auf beiden Seiten der Gleichung ein Zahlenwert steht, z. B.:

$$v \bigg/ \frac{\text{km}}{\text{h}} = 3{,}6 \, \frac{s/\text{m}}{t/\text{s}} \, .$$

Eine Möglichkeit, Fehler in Größengleichungen zu finden, besteht in der *Kontrolle der Maßeinheiten*: Setzt man für alle vorkommenden Größen die Maßeinheiten ein, so müssen die Maßeinheiten auf beiden Seiten der Gleichung übereinstimmen bzw. ineinander umrechenbar sein. Andernfalls ist die Gleichung mit Sicherheit fehlerhaft. Additionen und Subtraktionen sind natürlich nur für Größen gleicher bzw. ineinander umrechenbarer Maßeinheit möglich. Exponenten müssen stets dimensionslos sein.

In manchen Fällen, z. B. auch bei der Nutzung von Computern, verwendet man *normierte Größen*. Meistens mit den Zielen:

- Einführung dimensionsloser Größen bzw. Übergang zu Zahlenwertgleichungen
- günstiger Zahlenbereich
- Reduzierung des Rechenaufwandes (falls möglich).

Führt man z. B. die normierten Größen $v_n = v/v_0$, $s_n = s/s_0$ und $t_n = t/t_0$ ein, so folgt aus

$$v = v_n v_0 = \frac{s}{t} = \frac{s_n s_0}{t_n t_0}$$

für die auf v_0 normierte Geschwindigkeit v_n

$$v_n = \frac{s_n}{t_n} \frac{1}{v_0} \frac{s_0}{t_0} \, .$$

Zweckmäßig setzt man $v_0 = s_0/t_0$, so daß für diesen Spezialfall $v_n = s_n/t_n$ entsteht.

1.1.3. Schreibweise der verwendeten elektrotechnischen Größen

a) Vektoren werden durch fettgedruckte Buchstaben gekennzeichnet, z. B. für die Kraft: F (Skalar), $\boldsymbol{F}$ (Vektor).

b) Wie in der Elektrotechnik üblich, werden für zeitkonstante Ströme bzw. Spannungen große Buchstaben (I bzw. U) und für zeitveränderliche Ströme und Spannungen kleine Buchstaben (i bzw. u) bevorzugt.

c) Komplexe Größen kennzeichnen wir durch Unterstreichen z. B. $\underline{i}$ oder $\underline{Z}$.

d) 1/(ab) wird auch 1/ab geschrieben.

1.2. Elektrische Ladung

1.2.1. Grundlagen

Die in der Elektrotechnik experimentell festzustellenden Erscheinungen zeigen, daß es zweckmäßig ist, für dieses Gebiet eine spezifische Grundgröße einzuführen. Aus der Sicht der Festlegung der Basiseinheit in einer meßtechnisch einfachen Weise käme die elektrische Stromstärke in Frage. Aus didaktischer Sicht empfiehlt es sich aber, die elektrische Ladung Q als Basiseinheit einzuführen. Dieser Weg wird im folgenden gewählt.

Die elektrische Ladung ist eine Eigenschaft der Materie, die sich u. a. in einer Kraftwirkung äußert, die nicht auf die Gesetzmäßigkeiten der Mechanik zurückzuführen ist. Bereits im Altertum war bekannt, daß durch Reibung bestimmter Stoffe, z. B. Bernstein (griech.: elektron), Kraftwirkungen entstehen. *Lichtenberg*[1]) schlug 1777 vor, daß die beim Reiben eines Glasstabes auftretenden Ladungen als positiv anzusehen sind und die beim Reiben eines Hartgummistabes auftretenden Ladungen als negativ. Diese willkürliche Festlegung

[1]) *Georg Christoph Lichtenberg*, deutscher Physiker und Schriftsteller, 1744–1799

führte – wie wir heute wissen – dazu, daß Elektronenunterschuß durch ein positives und Elektronenüberschuß durch ein negatives Vorzeichen gekennzeichnet werden. Die *Maßeinheit der Ladung* lautet

$$[Q] = \mathrm{A} \cdot \mathrm{s} = \mathrm{C}\ (\text{Coulomb})^{2)}.$$

Träger der Ladungen sind die Elementarteilchen. Für die stabilen Elementarteilchen gilt bezüglich Ladung und Ruhemasse

$$\text{Elektron } Q = -e = -(1{,}602\,1892 \pm 0{,}000\,0046) \cdot 10^{-19}\,\mathrm{C}$$

$$m_0 = 0{,}9109 \cdot 10^{-30}\,\mathrm{kg}$$

$$\text{Proton } Q = +e = (1{,}602\,1892 \pm 0{,}000\,0046) \cdot 10^{-19}\,\mathrm{C}$$

$$m_\mathrm{p} = 1{,}6725 \cdot 10^{-27}\,\mathrm{kg}$$

$$\text{Neutron } Q = 0 \quad m_\mathrm{n} = 1{,}6748 \cdot 10^{-27}\,\mathrm{kg}.$$

Ladungen können demnach nur gequantelt aufteten, d. h., die Ladung eines beliebigen Körpers muß stets der Bedingung

$$Q = \pm Ne \quad (N \geqq 0,\ \text{ganz};\ e\ \text{Elementarladung}) \tag{1.1}$$

genügen. Häufig ist bei makroskopischen Körpern $N \gg 1$, so daß die Quantelung keine Rolle spielt. Die größte Bedeutung für die Elektrotechnik besitzen die Elektronen.

Aufgabe 1.3:

Berechnen Sie die Zahl der Elektronen, die einer Ladung von -1 C entspricht.

Lösung:

$$N = \frac{Q}{-e} = \frac{-1\,\mathrm{A \cdot s}}{-1{,}602 \cdot 10^{-19}\,\mathrm{A \cdot s}} \approx 6{,}2 \cdot 10^{18}.$$

Atome bestehen bekanntlich aus Kernen und einer Elektronenhülle. Die Kerne enthalten Protonen und Neutronen (mit Ausnahme von leichtem Wasserstoff, dessen Kern aus einem Proton besteht). Die Zahl der Elektronen und die der Protonen (Ordnungszahl) stimmen überein. Demnach sind *Atome elektrisch neutral.* Die Ordnungszahl von Wasserstoff ist eins. Beim Kupferatom besteht die Elektronenhülle z. B. aus 29 Elektronen. Die Ordnungszahl ist demnach 29.

Ein *positives Ion* entsteht, wenn aus der Elektronenhülle ein oder mehrere Elektronen herausgelöst werden. Elektronenanlagerung führt zu einem *negativen Ion.* Am Beispiel von Kupfer- und Chlorionen soll dieser Sachverhalt symbolisch dargestellt werden:

$$\mathrm{Cu} \rightarrow \mathrm{Cu}^{++} + 2\ominus \qquad \mathrm{Cl} + \ominus \rightarrow \mathrm{Cl}^{-}.$$

Komplexe aus zwei oder mehr Atomen nennt man Moleküle (z. B. H_2O). Auch Moleküle können ionisiert werden. Treten Atome in Wechselwirkung, z. B. in Molekülen oder Festkörpern, so ändert sich ihre Elektronenhülle, insbesondere auf den äußeren Schalen. Baut man beispielsweise ein Arsenatom in ein Siliziumgitter ein, so gibt das Arsen ein Elektron an das Gitter ab und wird zu einem positiven Atomrumpf:

$$\mathrm{As} \rightarrow \mathrm{As}^{+} + \ominus.$$

Der Festkörper insgesamt bleibt neutral.

1.2.2. Kräfte zwischen Ladungen

Ladungen erzeugen Kraftfelder und üben dadurch aufeinander Kräfte aus. Das Coulombsche Gesetz für die elektrostatische Kraft $\boldsymbol{F}$, die die punktförmige Ladung Q_1 auf eine punktför-

[2] *Charles Augustin de Coulomb,* französischer Physiker, 1736–1806

mige Ladung Q_2 ausübt, die sich im Abstand r befindet (Bild 1.1 a), lautet, wie sich experimentell nachweisen läßt:

$$\boldsymbol{F} = Q_2 \frac{Q_1}{4\pi\varepsilon r^2} \frac{\boldsymbol{r}}{r}. \tag{1.2}$$

In skalarer Form ist die *Coulombsche Kraft*:

$$F = \frac{Q_1 Q_2}{4\pi\varepsilon r^2}. \tag{1.3}$$

Die *Permittivität* ε (früher auch Dielektrizitätskonstante genannt) kann in der Form

$$\varepsilon = \varepsilon_r\, \varepsilon_0 \text{ mit } \varepsilon_0 = (8{,}85418782 \pm 0{,}00000007) \cdot 10^{-12}\ \mathrm{A \cdot s/V \cdot m} \tag{1.4}$$

dargestellt werden. ε_0, die (absolute) Permittivität des Vakuums, ist eine Naturkonstante (elektrische Feldkonstante). ε_r, die relative Permittivität (Dielektrizitätszahl), charakterisiert das Medium, in dem sich die Ladungen befinden. ε_r ist demnach materialabhängig. Für Vakuum gilt $\varepsilon_r = 1$ und für alle anderen Medien $\varepsilon_r > 1$, z. B. $\varepsilon_r = 1{,}0006$ für Luft und $\varepsilon_r = 8{,}5$ für Aluminiumoxid. Weitere Zahlenwerte sind in Tafel 1.3 zu finden. Folgendes ist aus Gl. (1.2) bzw. der Illustration dieser Beziehung im Bild 1.1 ersichtlich:

- Die Kraft wirkt entlang der Verbindungslinie zwischen den Punktladungen (Bild 1.1 a).
- Die Kraft, die die Ladung Q_1 an Q_2 ausübt, ist betragsmäßig gleich der, die die Ladung Q_2 auf Q_1 ausübt (Bild 1.1 b, c).
- Ladungen gleicher Polarität ($Q_1 Q_2 > 0$) stoßen sich ab (Bild 1.1 b) und Ladungen entgegengesetzter Polarität ($Q_1 Q_2 < 0$) ziehen sich an (Bild 1.1 c).
- Eine Reduzierung des Abstands führt zu einer Erhöhung der Kraft und umgekehrt.

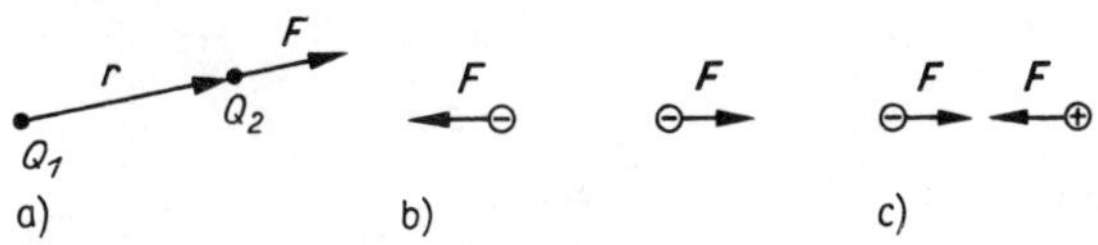

Bild 1.1. Coulombsche Kraftwirkung zwischen Punktladungen
a) $Q_1\, Q_2 > 0$; b) $Q_1\, Q_2 > 0$; c) $Q_1\, Q_2 < 0$

Tafel 1.3. Relative Permittivität einiger Medien

Medium	ε_r	Medium	ε_r
Vakuum	1	Tantalpentoxid	26
Luft	1,0006	Kondensa F	80
Papier	1,8...2,6	Epsilan	4000...6000
Papier (imprägniert)	4...5	Silizium	12
Glimmer	5...10	Germanium	16
Porzellan	4,5...6,5	Galliumarsenid	11,1
Aluminiumoxid	8,5		

Das Coulombsche Gesetz gilt für ruhende und bewegte zeitkonstante Ladungen (bei nichtrelativistischen Geschwindigkeiten, d. h. für $v \ll c \approx 300000$ km/s, c Lichtgeschwindigkeit).

Die *Gravitationskraft* F_G, mit der sich zwei Punktmassen m_1 und m_2 anziehen, besitzt eine ähnliche Struktur wie die Coulombsche Kraft, und zwar gilt

$$F_G = \gamma \frac{m_1 m_2}{4\pi r^2} \text{ mit } \frac{\gamma}{4\pi} = (6{,}67 \pm 0{,}01) \cdot 10^{-11}\ \frac{\mathrm{N \cdot m^2}}{\mathrm{kg^2}} \quad \text{(Gravitationskonstante).} \tag{1.5}$$

Im Gegensatz zur Kraft zwischen Ladungen treten aber bei der Kraft zwischen Massen nur anziehende Kräfte auf. Vergleicht man den Betrag der Coulombkraft zwischen zwei Elektronen (im Vakuum) mit dem der Gravitationskraft, so erhält man

$$\frac{F}{F_G} = \frac{Q_1 Q_2}{4\pi\varepsilon_0 r^2} \frac{4\pi r^2}{\gamma m_1 m_2} = \frac{e^2}{\varepsilon_0 \gamma m_0^2} = 4{,}2 \cdot 10^{42}. \tag{1.6}$$

Die Coulombsche Kraft liegt also für den gewählten Fall weit über der Gravitationskraft. *Damit wird plausibel, daß die Gravitationskraft im Mikrokosmos vernachlässigbar ist, während die Coulombsche Kraft zwischen den Elementarteilchen eine entscheidende Rolle für die Wechselwirkungen in Kernen, Atomen, Festkörpern usw. spielt.*

1.2.3. Kraft und elektrische Feldstärke

Das Kraftfeld, das zur Kraftwirkung auf Ladungen führt, wird als *elektrisches Feld* bezeichnet. Sinnvollerweise lautet demnach die Definition der elektrischen Feldstärke

$$\boldsymbol{E} = \frac{\boldsymbol{F}}{Q} \quad \text{Maßeinheit: } [E] = \frac{N}{\text{As}} = \frac{\text{V}}{\text{m}}. \tag{1.7}$$

Bringt man an einen Punkt des Raumes eine punktförmige Probeladung Q, so kann aus dem Quotienten der Kraft $\boldsymbol{F}$ und der Ladung Q die von den anderen Ladungen (oder durch zeitlich veränderliche Magnetfelder (s. Abschn. 7.7)) erzeugte Feldstärke $\boldsymbol{E}$ ermittelt werden.

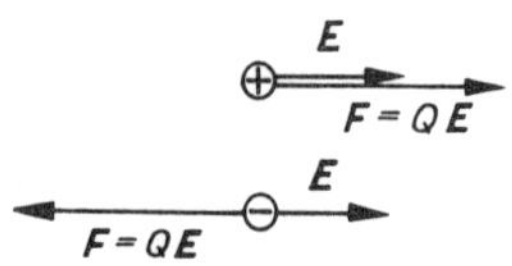

Bild 1.2. Kraft F auf Ladungen Q in einem elektrischen Feld E

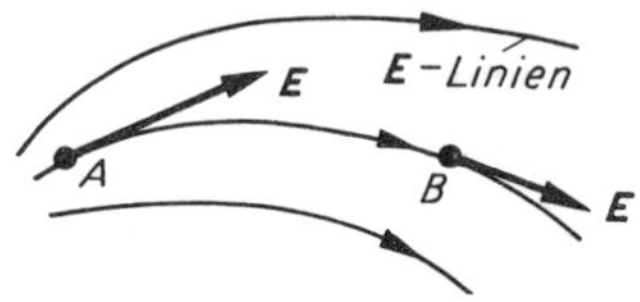

Bild 1.3. Feldlinien geben Aufschluß über Richtung und Stärke des elektrischen Feldes

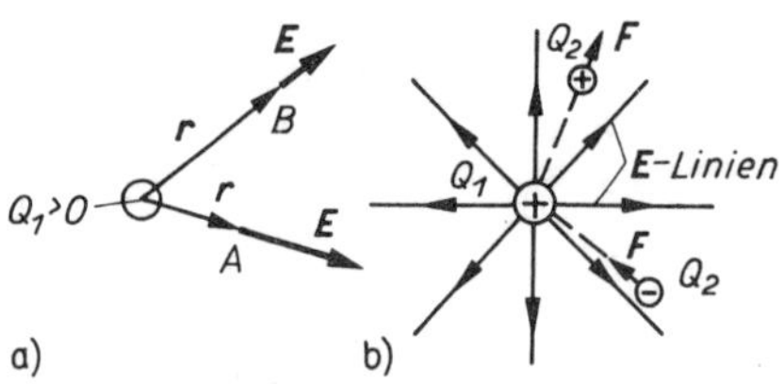

Bild 1.4. Ladung Q_1 verursacht Feldstärke E

a) Feldstärke an 2 Orten *A* und *B* unterschiedlichen Abstandes; b) Feldlinien von Q_1 und Kraftwirkung auf andere Ladungen Q_2

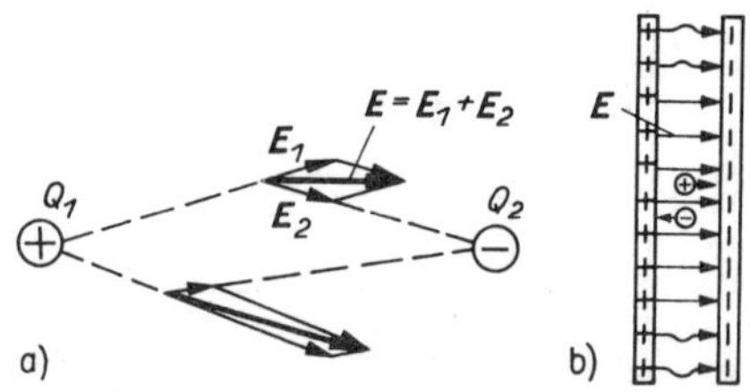

Bild 1.5. Überlagerung der Felder von Punktladungen

a) Vektoraddition der Feldstärken zweier Ladungen; b) homogenes Feld (zwischen ebenen Platten kleinen Abstandes) sowie Kräfte auf zwei Punktladungen

Bild 1.2 veranschaulicht den Zusammenhang zwischen Kraft und Feldstärke für positive und negative Ladungen. Im Bild 1.3 sind *elektrische Feldlinien* dargestellt. Die Tangente am Ort *A* bzw. *B* gibt die Richtung der Feldstärke an diesen Punkten an. Aus der Zahl der Feldlinien je Volumenelement kann auf den Betrag der Feldstärke geschlossen werden. Dividiert man Gl. (1.2) auf beiden Seiten durch Q_2, so erhält man die von der Punktladung Q_1 erzeugte elektrische Feldstärke (Bild 1.4)

$$\boldsymbol{E} = \frac{Q_1}{4\pi\varepsilon r^2}\,\frac{\boldsymbol{r}}{r}. \tag{1.8}$$

Die von einzelnen Punktladungen erzeugten elektrischen Felder lassen sich linear zu einer resultierenden Feldstärke überlagern *(Überlagerungssatz)*. Da beliebige Ladungsverteilungen auf Punktladungen zurückgeführt werden können, können auch die von ihnen erzeugten elektrischen Felder aus den durch die Punktladungen erzeugten Feldern berechnet werden. Das veranschaulicht Bild 1.5a am Beispiel zweier Ladungen. Zwischen zwei parallelen Platten nach Bild 1.5b entsteht – von Randeinflüssen abgesehen – ein homogenes (ortskonstantes) elektrisches Feld. Probeladungen erfahren je nach Polarität eine Kraftwirkung in oder entgegen der Feldrichtung. Die Eigenschaften elektrischer Felder sowie der Zusammenhang mit magnetischen Feldern werden in den Abschnitten 6. und 7. näher beschrieben. Hier sei noch einmal festgestellt, daß elektrische Felder u. a. durch Ladungen erzeugt werden und eine Kraftwirkung auf Ladungen verursachen.

1.3. Elektrischer Strom

1.3.1. Wirkungen des elektrischen Stromes

Bewegen sich Ladungen, so spricht man von einem *elektrischen Konvektionsstrom.* Das Wort Konvektion, das im folgenden meist weggelassen wird, weist darauf hin, daß der auf Ladungstransport zurückzuführende Strom mit einer Massebewegung verbunden ist. Diese Massebewegung kann bei einem Ionenstrom von technischer Bedeutung sein. Der später zu behandelnde *elektrische Verschiebungsstrom* wird nicht durch Ladungen, sondern durch ein zeitlich veränderliches elektrisches Feld getragen. *Kennzeichen* des elektrischen Stromes *i,* d. h. *beider Stromarten,* ist es, daß er von einem *magnetischen Feld* ***H*** umwirbelt wird, das z. B. mit Magnetnadeln nachweisbar ist (Bild 1.6). Darüber hinaus bzw. auch im Zusammenhang damit kann elektrischer Stromfluß mit mechanischen, thermischen, chemischen und optischen Wirkungen verknüpft sein.

Mechanische Wirkungen. Ein magnetisches Feld bewirkt eine Kraft ***F*** auf die bewegten Ladungen eines Konvektionsstromes (Bild 1.7a). Beim Stromfluß durch Festkörper überträgt sich diese Kraft auf den Festkörper, z. B. einen Metalldraht. Auch ohne Permanentmagnet kann dieses Phänomen auftreten, da Ströme über das von ihnen erzeugte Magnetfeld Kräfte aufeinander ausüben können. Gleichsinnig fließende Ströme ziehen sich an (Bild 1.7c). Gegensinnig fließende Ströme stoßen sich ab (Bild 1.7b). Kraftwirkungen von Magnetfeldern auf Ströme sind u. a. für die Wirkungsweise von Elektromotoren ausschlaggebend.

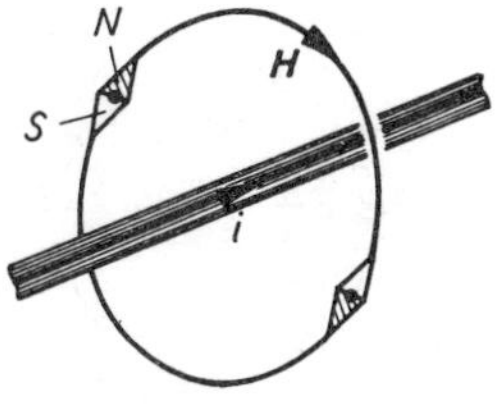

Bild 1.6. Der Strom wird von einem Magnetfeld umwirbelt (*N* Nordpol, *S* Südpol der Magnetnadel, ***H*** Feldlinie der magnetischen Feldstärke)

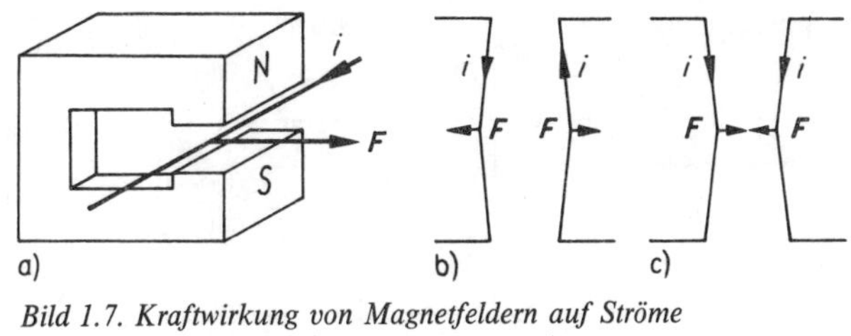

Bild 1.7. Kraftwirkung von Magnetfeldern auf Ströme

a) Wirkung eines Magneten; b) gegensinnige Ströme stoßen sich ab; c) gleichsinnige Ströme ziehen sich an

Thermische Wirkungen. Sie entstehen durch Wechselwirkung bewegter Ladungen mit Materie in ihren vielfältigsten Formen und sind als elementare Stoßprozesse veranschaulichbar. Sie werden in der Elektrowärmetechnik (z. B. Elektroherde, Tauchsieder, dielektrische Erwärmung) genutzt oder sind auch unerwünscht (z. B. Transformatoren, Motoren, Fernsehempfänger).

Chemische Wirkungen. Sie treten vor allem durch Ionenleitung in Flüssigkeiten auf (z. B. elektrolytische Oberflächenveredlung von Metallen oder auch bei chemischen Vorgängen in Batterien).

Optische Wirkungen. Bei Stromfluß kann es in Festkörpern (z. B. Lichtemitterdioden aus GaAsP) oder Gasen (z. B. Leuchtstoffröhre, Blitz) zur Lichtemission kommen. Das geschieht vor allem durch Anregung von gebundenen Elektronen auf ein höheres energetisches Niveau, die dann unter Emission eines Lichtquantes auf das Ausgangsniveau zurückspringen.

Meist sind mehrere der genannten Wirkungen miteinander verknüpft (z. B. bei der Glühlampe). Eine vertiefte Darstellung der Wirkungen elektrischer Ströme folgt später in den Abschnitten 6.7. bis 6.16. und 7.

1.3.2. Elektrische Stromstärke

Den Begriff der Stärke eines elektrischen Stromes hat man in Analogie zu anderen Fachgebieten eingeführt. So kann man die Stärke eines Flüssigkeitsstromes durch einen bestimmten Querschnitt in einer bestimmten Richtung eines Rohres oder Kanals durch die Durchflußmenge je Zeiteinheit, den Durchsatz, beschreiben (z. B. 150 m^3 Wasser je s in einem Flußbett oder 0,5 l/s in einer Wasserleitung). Ein Fahrzeugstrom wird meist durch die Fahrzeuganzahl je Zeiteinheit an der Meßstelle charakterisiert (z. B. 30 Fahrzeuge je Minute auf einer dicht befahrenen Fahrbahn). Weitere Beispiele sind der Wärmestrom (in J/s), oder auch der Menschenstrom.

In Analogie zu den o. g. Definitionen ergibt sich für die Stärke des elektrischen Konvektionsstromes, im folgenden kurz Stromstärke genannt,

$$i = \frac{\Delta Q}{\Delta t} \quad \text{(für Gleichstrom)}, \tag{1.9}$$

d. h. Ladungsmenge je Zeiteinheit. Außer dem zeitlich konstanten Strom sind natürlich – wie in anderen Gebieten – auch sich zeitlich ändernde Ströme möglich. Bild 1.8 zeigt

- einen Gleichstrom (Bild 1.8 a)
- einen Wechselstrom, also einen Strom mit wechselnder Richtung der Ladungsträgerbewegung und damit auch des Vorzeichens von i ohne Gleichanteil (Bild 1.8 b)
- einen „welligen Gleichstrom" bzw. Mischstrom (Bild 1.8 c)
- einen impulsförmigen Stromverlauf (Bild 1.8 d).

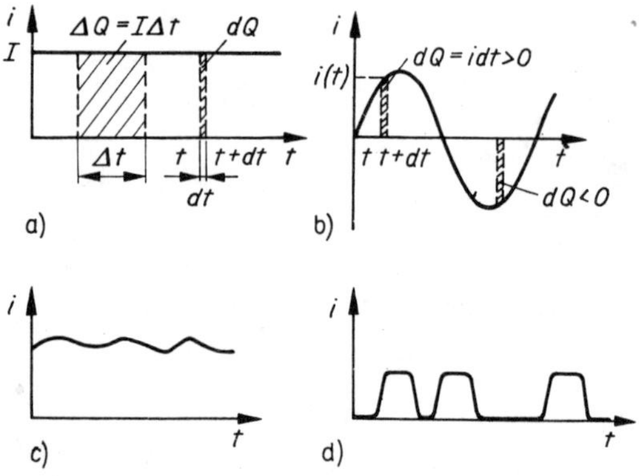

Bild 1.8. Verschiedene Zeitverläufe des Stromes
a) Gleichstrom; b) Wechselstrom (sinusförmig); c) Mischstrom; d) Stromimpulse

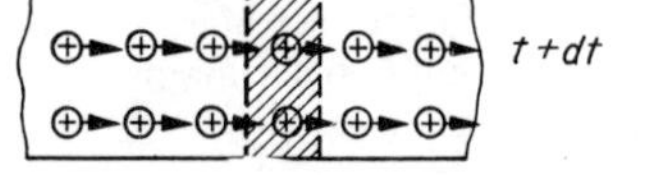

Bild 1.9. Definition der Konvektionsstromstärke (am Beispiel positiver Ladungsträger)

Eine allgemeingültige Definition erfordert offensichtlich den Grenzübergang

$$i = \lim_{\Delta t \to 0} \frac{\Delta Q}{\Delta t}. \tag{1.10}$$

Demnach lautet die

Definitionsgleichung der elektrischen Stromstärke $i = \frac{dQ}{dt}$ $[i] = A$ (Ampere). (1.11)

i ergibt sich also aus der differentiellen Ladungsmenge $\mathrm{d}Q$, die in einem differentiellen Zeitintervall durch die betrachtete Fläche fließt, geteilt durch $\mathrm{d}t$ (Bild 1.9). i ist ein Skalar. Um auch die Richtung der Ladungsträgerbewegung angeben zu können, erweist es sich als zweckmäßig, eine positive Zählrichtung des Stromes einzuführen und durch einen Pfeil zu charakterisieren als Orientierung bezüglich der betrachteten Fläche.

Die *Richtung der Ladungsträgerbewegung ist aus dem Zählpfeil und dem Vorzeichen des Zahlenwertes von i ersichtlich.* Für $i > 0$ stimmen die Bewegungsrichtung positiver Ladungen und die Richtung des Zählpfeils überein, während sich negative Ladungsträger entgegengesetzt zum Zählpfeil bewegen (Bild 1.10a). Für $i < 0$ trifft das Umgekehrte zu (Bild 1.10b). Bei bipolarem Stromfluß bewegen sich die positiven und negativen Ladungsträger im allgemeinen in entgegengesetzter Richtung, so daß der Gesamtstrom betragsmäßig gleich der Summe der Beträge der Teilströme ist.

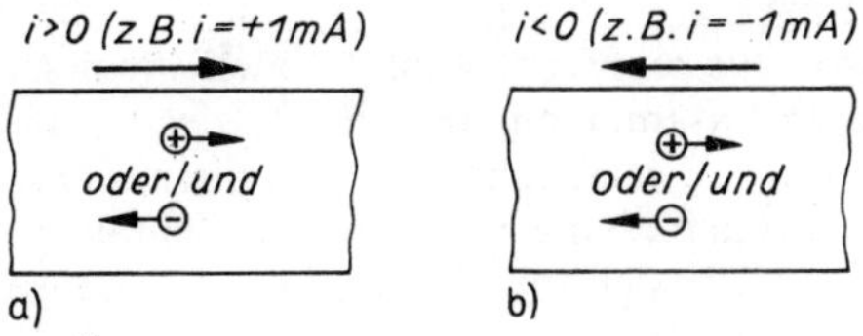

Bild 1.10
Definition der positiven Zählrichtung beim Konvektionsstrom

Aufgabe 1.4:

In 1 µs bewegen sich durch einen vorgegebenen Querschnitt eines Metalldrahtes 10^{10} Elektronen. Berechnen Sie I!

Lösung:

$$I = \frac{\Delta Q}{\Delta t} = \frac{N(-e)}{\Delta t} = -\frac{10^{10} \cdot 1{,}6 \cdot 10^{-19}\,\mathrm{A \cdot s}}{10^{-6}\,\mathrm{s}} = -1{,}6\,\mathrm{mA}.$$

Die positive Zählrichtung von I zeigt in diesem Beispiel in Richtung der Elektronenbewegung.

Die Ladungsmenge ΔQ, die ein Strom i im Zeitintervall $\Delta t = t - t_0$ durch eine Fläche transportiert, kann aus Gl. (1.10) durch eine Umstellung und anschließende Integration berechnet werden:

$$\mathrm{d}Q = i\,\mathrm{d}t \qquad \int_{Q(t_0)}^{Q(t)} \mathrm{d}Q = \int_{t_0}^{t} i\,\mathrm{d}t$$

$$Q(t) - Q(t_0) = \Delta Q = \int_{t_0}^{t} i\,\mathrm{d}t. \tag{1.12}$$

Für einen Gleichstrom $i(t) = I$ folgt in Übereinstimmung mit Gl. (1.9)

$$\Delta Q = I \int_{t_0}^{t} \mathrm{d}t = I(t - t_0) = I\,\Delta t. \tag{1.13}$$

Die Bilder 1.11 und 1.12 veranschaulichen den Zusammenhang zwischen Ladungsmenge und Strom. Ein Stromverlauf entsprechend Bild 1.12 kann z. B. bei der Auf- und Entladung eines Akkumulators auftreten. Während die Stromstärke i eine integrale Beschreibung des Ladungsträgerstromes darstellt, kann durch ein Vektorfeld $\boldsymbol{S}$, das Stromdichtefeld, eine Detailbeschreibung erfolgen. Das wird im Abschnitt 6.2. näher erläutert. Hier sei nur der Betrag der *Stromdichte* für ein homogenes, d. h. in der betrachteten Fläche ortskonstantes Strömungsfeld angegeben

$$|\boldsymbol{S}| = S = \frac{i}{A_\mathrm{s}} \qquad [S] = \mathrm{A \cdot cm^{-2}}. \tag{1.14}$$

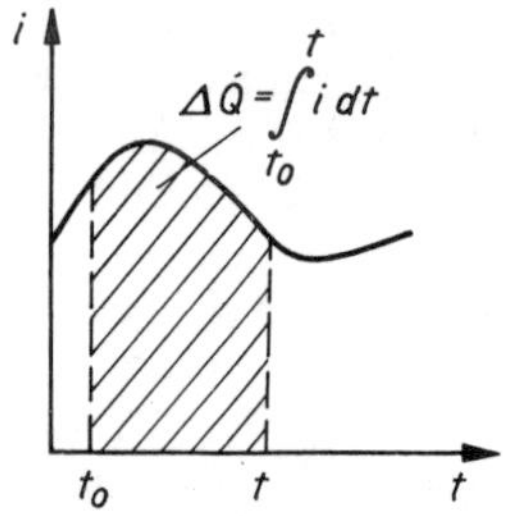

Bild 1.11. Ermittlung der transportierten Ladungsmenge aus dem Konvektionsstrom

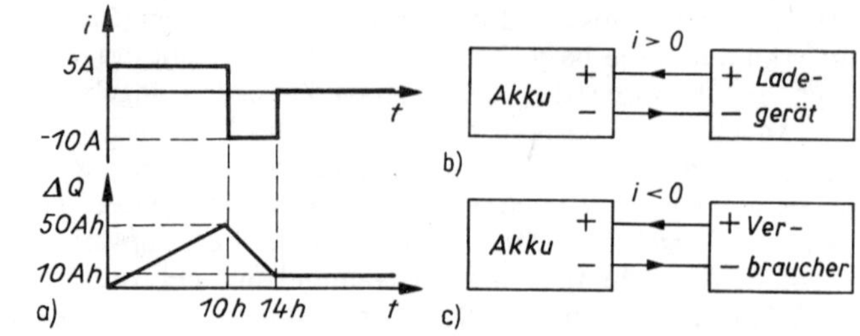

Bild 1.12. Zusammenhang zwischen Stromstärke und transportierter Ladungsmenge (a) am Beispiel der Aufladung (b) und Entladung (c) eines Akkumulators

Die Fläche A_s ist dabei stets so zu wählen, daß S auf ihr senkrecht steht. Greifen wir noch einmal auf Bild 1.9 zurück, so gelingt es leicht, einen Zusammenhang zwischen der Stromstärke i, der Geschwindigkeit v_p der positiven Ladungsträger senkrecht zu A_s und ihrer Dichte p (Zahl je Volumen) herzustellen. Offensichtlich treten für eine homogene Strömung im Zeitintervall $\mathrm{d}t$ alle Ladungsträger durch die Fläche A_s, die sich im Abstand $\mathrm{d}s = v_p\,\mathrm{d}t$ befinden, d. h., die Ladungsmenge

$$\mathrm{d}Q = epA\,\mathrm{d}s = epAv\,\mathrm{d}t. \tag{1.15}$$

Wegen $\mathrm{d}Q = i\,\mathrm{d}t$ ergibt sich demnach

$$i = epv_pA_s. \tag{1.16}$$

Bewegen sich außerdem noch negative Ladungsträger (z. B. Elektronen) der Dichte n mit der Geschwindigkeit v_n (entgegengesetzt zu den positiven Ladungsträgern), so muß Gl. (1.16) entsprechend erweitert werden. Mit $i = SA_s$ folgt

$$S = epv_p + env_n. \tag{1.17}$$

i bzw. S sind also, wie auch anschaulich sofort plausibel ist, um so größer, je größer die Dichte und die Geschwindigkeit der beweglichen Ladungsträger sind. Dem Leser wird empfohlen, diesen Sachverhalt an analogen Problemen zu durchdenken. Gl. (1.17), die hier der Einfachheit halber für ein homogenes S-Feld abgeleitet wurde, bleibt übrigens auch für ein inhomogenes Strömungsfeld gültig.

Aufgabe 1.5:

Ein Kraftfahrer hat beim Parken eines Pkw vergessen, die Beleuchtung abzuschalten (Stromverbrauch 8 A). Die Batterie (Nennkapazität 56 A · h) besaß infolge unzureichender Aufladung und tiefer Temperatur nur noch 50 % ihres Nennwertes. Welche Kapazität besitzt die Batterie nach 3 h?

Lösung:

$$Q(3\ \mathrm{h}) = 0{,}5 \cdot 56\ \mathrm{A \cdot h} - 8\ \mathrm{A} \cdot 3\ \mathrm{h} = 28\ \mathrm{A \cdot h} - 24\ \mathrm{A \cdot h} = 4\ \mathrm{A \cdot h}.$$

1.3.3. Leiter, Halbleiter und Nichtleiter

Als *Leiter* bezeichnet man Medien, die sich auch ohne angelegtes elektrisches Feld durch eine große Anzahl von (nahezu) frei beweglichen Ladungsträgern auszeichnen. Zu ihnen gehören *Elektronenleiter* (insbesondere die Metalle und Kohlenstoff) sowie *Ionenleiter* (Salzlösungen, Säuren, Basen). So trägt z. B. in metallischem Kupfer jedes Atom mit dem äußersten Elektron seiner Elektronenhülle zu einem „Elektronensee" quasi frei beweglicher Ladungsträger bei, woraus $n = 8{,}6 \cdot 10^{22}/\mathrm{cm}^3$ folgt. Aus Bild 1.13a sind diese Elektronen und die ortskonstanten positiven Atomrümpfe ersichtlich. Bei Ionenleitern wird der Strom durch positive und negative Ionen getragen (Bild 1.13e).

In *Halbleitern* (z. B. kristallines Silizium, Germanium, Galliumarsenid) treten Elektronen und Defektelektronen (Löcher) mit wesentlich geringerer Dichte als in Metallen auf (Bild 1.13b bis d). Defektelektronen sind von Elektronen nicht besetzte Plätze im sogenannten Valenzband des Gitters, die als bewegliche positive Ladungsträger aufgefaßt werden können. Bei *eigenleitenden Halbleitern* ist

$$p = n = n_{\mathrm{i}} \text{ (Eigenleitungsdichte } n_{\mathrm{i}} = 1{,}5 \cdot 10^{10}/\mathrm{cm}^3 \text{ bei Si für 300 K).} \qquad (1.18)$$

n-Halbleiter entstehen durch Einbringen von ortsfesten Störstellen, die Elektronen abgeben (Donatoren, z. B. As bei Si). Für sie gilt

$$n \gg n_{\mathrm{i}} \gg p \quad \text{(z. B. } n = 10^{12}/\mathrm{cm}^3 \ldots 10^{20}/\mathrm{cm}^3 \text{ bei } n\text{-Si).} \qquad (1.19)$$

p-Halbleiter können durch Einbau von Störstellen, die *Löcher abgeben,* d. h. Valenzbandelektronen aufnehmen (Akzeptoren, z. B. B bei Si), erzeugt werden. Für sie ist

$$p \gg n_{\mathrm{i}} \gg n \quad \text{(z. B. } p = 10^{12}/\mathrm{cm}^3 \ldots 10^{20}/\mathrm{cm}^3 \text{ bei } p\text{-Si).} \qquad (1.20)$$

Gase enthalten im Normalfall ebenfalls fast keine Ladungsträger. Durch äußere Einwirkung (z. B. Ionisationsvorgänge durch elektrische Felder, hohe Temperaturen oder kosmische Strahlung) ist es allerdings möglich, daß bewegliche Ladungsträger in großer Anzahl in Form von positiven Ionen und Elektronen (Bild 1.13f) sowie teilweise auch negativen Ionen entstehen (Plasma, z. B. in der Leuchtröhre). Bei *Nichtleitern* (Bild 1.13g) kann die Zahl der frei beweglichen Ladungsträger als vernachlässigbar bzw. Null (idealer Nichtleiter) angesehen werden (Beispiele sind Bernstein, Quarz, Glas, Keramik). Ladungsträger stehen hier nur in Ausnahmefällen zur Verfügung (z. B. durch hohe elektrische Felder beim elektrischen Durchschlag). Ideales Vakuum ist ein idealer Nichtleiter ohne verfügbare Ladungsträger. Allerdings kann im Vakuum auch ein Ladungsträgertransport erfolgen, falls die Ladungsträger injiziert werden (Bild 1.13h). Als Beispiel seien die Injektion von Elektronen durch Glühemission der Katode (bei der Bildröhre eines Fernsehempfängers) oder von Ionen aus einer Ionenquelle (bei einer Ionenkanone für die Implantation von Störstellen im Halbleiter) genannt. Als Ursache der Ladungsträgerbewegung spielt das elektrische Feld meist eine wesentliche Rolle. Aus einem Vergleich der Bilder 1.5b und 1.13 wird noch einmal der Zusammen-

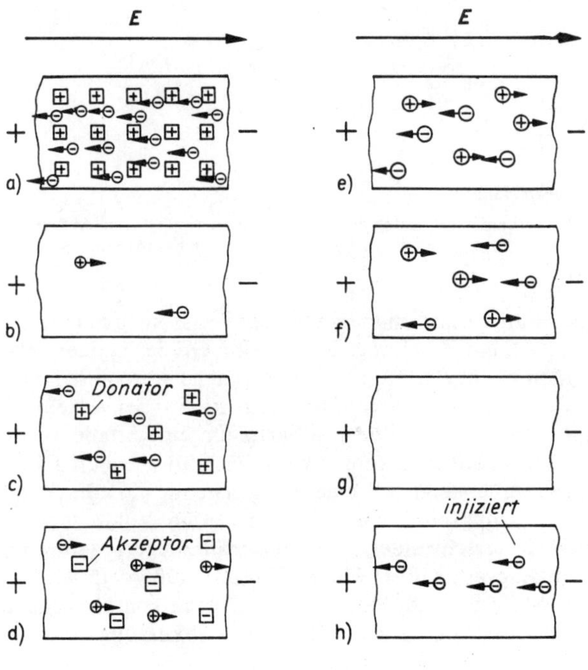

Bild 1.13. Bewegung quasifreier Ladungsträger in verschiedenen Materialien unter Einfluß eines elektrischen Feldes (vereinfacht)

a) Elektronenleiter (z. B. Metalle); b) eigenleitender Halbleiter (z. B. i-Si); c) n-Halbleiter (z. B. n-Si); d) p-Halbleiter (z. B. p-Si); e) Ionenleiter (Elektrolyt); f) Plasma; g) idealer Nichtleiter; h) injizierte Elektronen im Vakuum

hang zwischen Feldstärke, Kraft- und Bewegungsrichtung deutlich, falls nur die Feldstärke wirkt. In Halbleitern, im Plasma sowie in speziellen Fällen der Ionenleitung ist allerdings auch die sogenannte Diffusion von Bedeutung. Sie wird durch Dichteunterschiede, d. h. durch $|\mathrm{d}n/\mathrm{d}x| > 0$ bzw. $|\mathrm{d}p/\mathrm{d}x| > 0$ hervorgerufen und wirkt immer in Richtung der Reduzierung von Dichteunterschieden. Das entspricht dem Temperaturausgleich in einem Wärmeleiter oder auch der Ausbreitung eines Duftstoffes in einem Zimmer. Beim Durchgang der Ladungsträger durch den Festkörper, die Flüssigkeit oder das Gas, kommt es zu Wechselwirkungen mit dem Medium, die als bewegungshemmende Stoßprozesse interpretiert werden können (s. auch Abschn. 6.10 bis 6.16).

Aufgabe 1.6:

Für eine Kupferleitung von 1 mm² Querschnitt wird ein maximal zulässiger Strom von 20 A angegeben. Wie groß ist die Geschwindigkeit der Elektronen in diesem Fall?

Lösung:

Aus Gl. (1.17) erhält man wegen $n = 8{,}6 \cdot 10^{22}/\mathrm{cm}^3$ und $p = 0$ $i/A_s = S = env_n$ bzw. $v_n = S/en = 1{,}5$ mm/s.

1.3.4. Erstes Kirchhoffsches Gesetz (Knotensatz)

Die Erhaltung der Ladung in einem abgeschlossenen Volumen (Bild 1.14a), d. h. ohne Zu- und Abfluß von Ladungen durch die Oberfläche S, ist ein Naturgesetz. Es gilt also

$$Q = \text{konst. bzw. } \frac{\mathrm{d}Q}{\mathrm{d}t} = \frac{\mathrm{d}Q_n}{\mathrm{d}t} + \frac{\mathrm{d}Q_p}{\mathrm{d}t} = 0 \qquad Q_n \text{ bzw. } Q_p \text{ negative bzw. positive Ladung.} \tag{1.21}$$

Anders ausgedrückt: Die Ladung Q in einem Volumen kann sich nicht durch Erzeugung oder Vernichtung, sondern nur durch Zu- bzw. Abfluß von Ladungen ändern (Bild 1.14b):

$$\frac{\mathrm{d}Q}{\mathrm{d}t} = \frac{\mathrm{d}Q_z}{\mathrm{d}t} - \frac{\mathrm{d}Q_a}{\mathrm{d}t} = i_z - i_a. \tag{1.22}$$

Ladungsänderung je Zeiteinheit = zufließender Konvektionsstrom − abfließender Konvektionsstrom

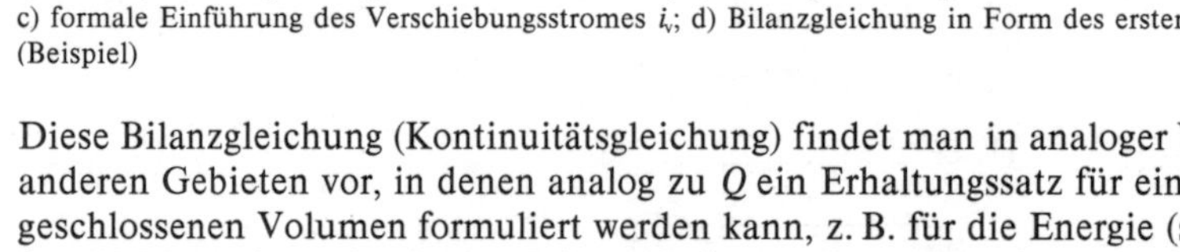

Bild 1.14. Bilanzgleichung für die Ladung in einem Volumen

a) Ladungserhaltung im abgeschlossenen Volumen; b) Ladungsänderung durch die Differenz von Zu- und Abfluß; c) formale Einführung des Verschiebungsstromes i_v; d) Bilanzgleichung in Form des ersten Kirchhoffschen Gesetzes (Beispiel)

Diese Bilanzgleichung (Kontinuitätsgleichung) findet man in analoger Weise auch auf vielen anderen Gebieten vor, in denen analog zu Q ein Erhaltungssatz für eine Größe in einem abgeschlossenen Volumen formuliert werden kann, z. B. für die Energie (siehe Abschnitt 1.11), für die Masse (s. auch Abschn. 5.4) sowie für die Zahl N der Fahrzeuge im Straßenverkehr in einem abgeschlossenen Volumen. Legt man also z. B. eine Hüllfläche um eine Straßenkreuzung, so kann daraus, daß der zufließende Fahrzeugstrom $\mathrm{d}N_z/\mathrm{d}t$ den abfließenden Fahrzeugstrom $\mathrm{d}N_a/\mathrm{d}t$ zum gleichen Zeitpunkt übersteigt, auf eine entsprechende Zunahme von N, d. h. auf $\mathrm{d}N/\mathrm{d}t = \mathrm{d}N_z/\mathrm{d}t - \mathrm{d}N_a/\mathrm{d}t$ im Kreuzungsbereich geschlossen werden. Voraussetzung ist allerdings, daß die Nettoerzeugungsrate verschwindet, also keine Fahrzeugerzeugung innerhalb der Hüllfläche bzw. keine Fahrzeugvernichtung (durch Unfall). Außerdem wird in dieser Darstellung wie auch bei $Q = \pm Ne$ die diskrete Funktion durch eine kontinuierliche Funktion ersetzt. Aus Gl. (1.22) erhält man mit der zunächst formalen Abkürzung

$$i_v = \frac{dQ}{dt} \tag{1.23}$$

$$i_z - i_a - i_v = 0. \tag{1.24}$$

Experimentell nachweisbar ist, daß sich eine Ladungsänderung im Volumen wirklich in einem Stromfluß durch die Oberfläche äußert, der von einem Magnetfeld umwirbelt wird. Man nennt – wie schon erwähnt – i_v Verschiebungsstrom (s. auch Abschn. 1.7.1.). Die allgemeine Formulierung der durchgeführten Überlegungen führt zum *ersten Kirchhoffschen*[1]) *Gesetz*

$$\sum_{\mu} i_{\mu} = 0 \quad \text{Knotensatz;} \tag{1.25}$$

die algebraische Summe der Ströme, die durch eine Hüllfläche S fließen, ist Null.

Ströme, deren Zählpfeil auf *S* gerichtet ist, sind in Gl. (1.25) also mit einem positiven Vorzeichen einzusetzen und Ströme, deren Zählpfeil nach außen zeigt, mit einem negativen (oder umgekehrt). Anders ausgedrückt:

die Summe der zufließenden ist gleich der Summe der abfließenden Ströme.

Diesen Sachverhalt veranschaulicht Bild 1.14d. Unter Strömen werden dabei *Konvektions- und Verschiebungsströme* verstanden. Vielfach gilt allerdings in der Hülle $dQ/dt = 0$, so daß nur Konvektionsströme fließen. Das erste Kirchhoffsche Gesetz ist in seiner Gültigkeit nicht auf bestimmte Materialien oder Bauelemente beschränkt. Seine Anwendung und auch die des noch folgenden zweiten Kirchhoffschen Gesetzes erfordern keine Detailkenntnisse über die Wirkungsweise der Bauelemente bzw. Schaltungen. Von *Kirchhoff* wurde Gl. (1.25) übrigens für knotenförmige Stromverzweigungen in elektrischen Schaltungen formuliert, weshalb man sie auch Knotensatz oder -gleichung nennt.

1.3.5. Anwendung des ersten Kirchhoffschen Gesetzes auf Bauelemente bzw. Netzwerke

Sie erfordert zunächst die Einführung einiger Begriffe:

Unter einem elektrischen *Netzwerk* verstehen wir ein mathematisches Modell technischer Gebilde, in denen Ströme fließen können, das durch die *Strom-Spannungs-Relationen* (Klemmenverhalten) seiner Bausteine, der sogenannten Netzwerkelemente sowie deren Verknüpfung (Topologie) charakterisiert ist. Besondere Bedeutung besitzen elektrische Netzwerke für die Modellierung technischer Schaltungen. Diese bestehen vorwiegend aus konzentrierten technischen Bauelementen, z. B. Widerständen, Kondensatoren, Spulen sowie Dioden, Transistoren und Schaltkreisen, die durch metallische Leitungen miteinander verbunden sind. Außer konzentrierten Bauelementen sind aber auch verteilte Bauelemente bzw. Gebilde von Bedeutung, z. B. für den Stromfluß im Erdreich sowie in langen Leitungen. Sie lassen sich ebenfalls durch Netzwerkelemente modellieren, deren Zahl im allgemeinen Fall dann allerdings bei exakter Beschreibung gegen unendlich geht (Netzwerke mit verteilten Parametern). Netzwerke kann man auch Ersatzschaltungen nennen. Zur Darstellung technischer Bauelemente wählt man Symbole verschiedenen Abstraktionsgrades. Beispiele sind im Bild 1.15 dargestellt. Teilweise werden diese Symbole sowohl für das technische Bauelement selbst als auch für die erste Näherung ihrer Netzwerkmodellierung verwendet, z. B. beim Widerstand (f). Ein Strich (a) ist in der Schaltungsdarstellung Symbol einer realen oder einer idealen leitenden Leitung und in der Netzwerkmodellierung stets Symbol einer idealen Leitung. Eine Verbindung idealer Leitungen nennt man *Knoten*. In der realen Schaltung kann man sich den Knoten z. B. als Lötverbindung mehrerer Metalldrähte vorstellen. Das erste Kirchhoffsche Gesetz ermöglicht für Netzwerke folgende ineinander überführbare Ausagen:

[1]) *Robert Kirchhoff*, deutscher Physiker, 1824–1887

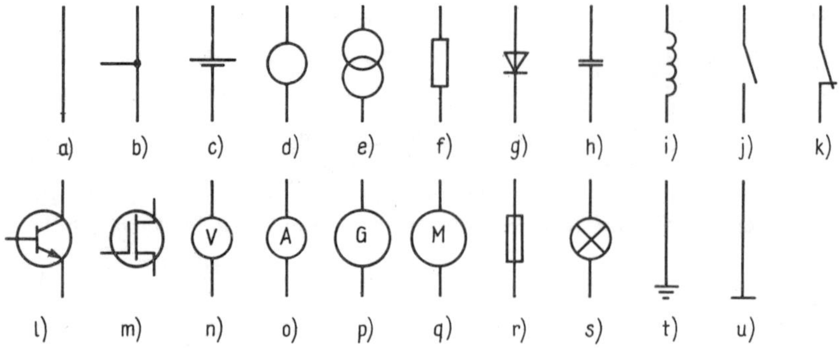

Bild 1.15. Einige Schaltzeichen

a) Verbindungsleitung (idealer Leiter); b) leitende Verbindung zweier idealer Leiter (Knoten); c) Gleichspannungsquelle, insbesondere elektrochemische Quelle; d) Spannungsquelle; e) Stromquelle; f) ohmscher Widerstand; g) pn-Diode; h) Kondensator (Kapazität); i) Spule (Induktivität); j) Schalter (Schließkontakt); k) Schalter (Öffner); l) npn-Transistor; m) Feldeffekttransistor; n) Spannungsmesser (Voltmeter); o) Strommesser (Amperemeter); p) Generator; q) Motor; r) Sicherung; s) Glühlampe; t) leitende Verbindung zur Erde; u) leitende Verbindung zur Masse

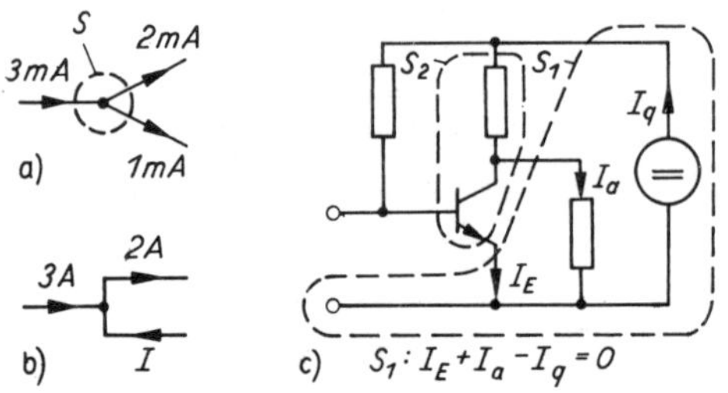

Bild 1.16. Beispiele für die Anwendung des ersten Kirchhoffschen Gesetzes als Knotengleichung (a, b) bzw. Schnittgesetz für eine Transistorschaltung (c)

Hinweis zu b): $I = -1\,\text{A}$

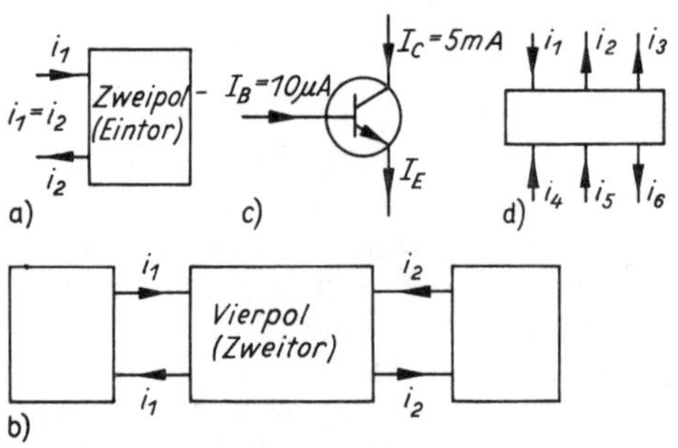

Bild 1.17. Anwendung der Knotengleichung für Ein- und Zweitore (a, b) sowie einen npn-Transistor (c) sowie einen 6-Pol (d)

a) An jedem Knoten ist die algebraische Summe der zu- und abfließenden Ströme Null (*Knotensatz im engeren Sinne* s. auch Bild 1.16a, b).

b) Die algebraische Summe der durch eine beliebig geschlossene Schnittlinie in einem Netzwerk zu- und abfließender Ströme ist Null (*Schnittgesetz*, s. z. B. Bild 1.16c).

Weitere Anwendungsbeispiele für das erste Kirchhoffsche Gesetz:

Bei zwei stromführenden Anschlüssen zu einem einzelnen Bauelement oder einer Schaltung spricht man von einem *Zweipol* oder auch *Eintor*. Für den Zweipol gilt $i_1 = i_2 = i$ (Bild 1.17a). Ein Gebilde mit vier Anschlüssen, von denen jeweils zwei mit einem Zweipol verbunden sind (Bild 1.17b), nennt man *Vierpol* im engeren Sinne oder *Zweitor*. Wegen o. g. Zweipoleigenschaften sind die Ströme beim Zweitor jeweils paarweise gleich. Für den Dreipol im Bild 1.17c, einen npn-Transistor, gilt $I_E = 5{,}01$ mA, da

$$I_B + I_C - I_E = 0 \quad \text{bzw.} \quad I_E = I_B + I_C . \tag{1.26}$$

Für Bild 1.17d, z. B. einen 6poligen Schaltkreis, erhält man

$$i_1 - i_2 - i_3 + i_4 + i_5 - i_6 = 0.$$

Aufgabe 1.7:

a) Welcher Strom wird für die Schaltung im Bild 1.18 bei geschlossenem Schalter S gemessen? Welcher Strom fließt dabei durch den ohmschen Widerstand und die Spannungsquelle? Reicht eine 15-A-Sicherung aus?

b) Wie groß ist I für geöffneten Schalter S?

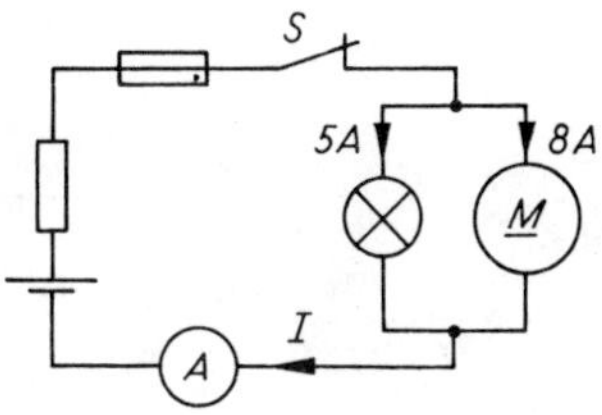

Bild 1.18
Einfacher Stromkreis als Beispiel zur Anwendung des Knotensatzes

Lösung:

a) $I = 8$ A + 5 A = 13 A (in allen Bauelementen außerhalb der Parallelschaltung). Die Sicherung reicht aus.

b) $I = 0$, da Strom durch S voraussetzungsgemäß Null ist.

Eine triviale, aber wichtige Schlußfolgerung aus dem Knotensatz, die am Beispiel der Aufgabe 1.7 veranschaulicht wurde, lautet:

Ein Stromfluß kann nur dann auftreten, wenn der Stromkreis geschlossen ist.

Abschließend sei noch folgendes vermerkt: Das Gesetz von der Erhaltung der Ladungsträger in einem abgeschlossenen Volumen gilt für positive und negative Elementarladungen getrennt (für stabile Elementarteilchen): $\mathrm{d}Q_n/\mathrm{d}t = \mathrm{d}Q_p/\mathrm{d}t = 0$. Ändern kann sich natürlich der energetische Zustand der Ladungsträger, z. B. Übergang vom gebundenen Zustand zum quasifreien Zustand durch Anregung bzw. Ionisation im Festkörper oder Plasma. Stellt man nun nur für die quasifreien Ladungsträger, die für den Stromtransport maßgebend sind, eine Bilanzgleichung auf, so treten natürlich auch Erzeugungs- und Vernichtungsprozesse (Generation und Rekombination) auf (Abschnitt 6.11.5.).

1.4. Elektrisches Potential und Spannung

1.4.1. Definition von Potential und Spannung

Bei der Verschiebung einer Punktmasse um ein differentielles Wegelement $\mathrm{d}\boldsymbol{s}$ in einem Kraftfeld $\boldsymbol{F}$ leistet dieses die differentielle Arbeit

$$\mathrm{d}W_a = \boldsymbol{F}\,\mathrm{d}\boldsymbol{s} = F\,\mathrm{d}s\cos(\boldsymbol{F}, \mathrm{d}\boldsymbol{s}). \tag{1.27}$$

Bei der Verschiebung auf einem endlichen Weg von A nach B gilt

$$\Delta W_a = \int_A^B \boldsymbol{F}\,\mathrm{d}\boldsymbol{s}. \tag{1.28}$$

Für spezielle (wirbelfreie) Kraftfelder, die *Potentialfelder*, zu denen auch das Gravitationsfeld gehört, hängt ΔW_a nicht vom Weg, sondern nur von der Lage der Punkte A und B ab. Demnach kann man in diesem Fall das Kraftfeld entweder durch $\boldsymbol{F}$ oder durch die skalare Größe W, die sogenannte potentielle Energie, beschreiben. Bei der o. g. Verschiebung ändert sich die potentielle Energie, d. h. die Fähigkeit Arbeit zu leisten, um $\mathrm{d}W = -\mathrm{d}W_a$.

Wie im Abschnitt 1.2.3. dargelegt, übt ein elektrisches Feld $\boldsymbol{E}$ auf eine Ladung Q die Kraft $\boldsymbol{F} = Q\boldsymbol{E}$ aus. Die bei einer Verschiebung der Ladung Q um $\mathrm{d}\boldsymbol{s}$ durch das elektrische Feld geleistete Arbeit ist demnach (Bild 1.19)

$$\mathrm{d}W_\mathrm{a} = \boldsymbol{F}\,\mathrm{d}\boldsymbol{s} = Q\boldsymbol{E}\,\mathrm{d}\boldsymbol{s} \tag{1.29}$$

bzw. für eine Verschiebung von A nach B

$$\Delta W_\mathrm{a} = Q\int_A^B \boldsymbol{E}\,\mathrm{d}\boldsymbol{s}. \tag{1.30}$$

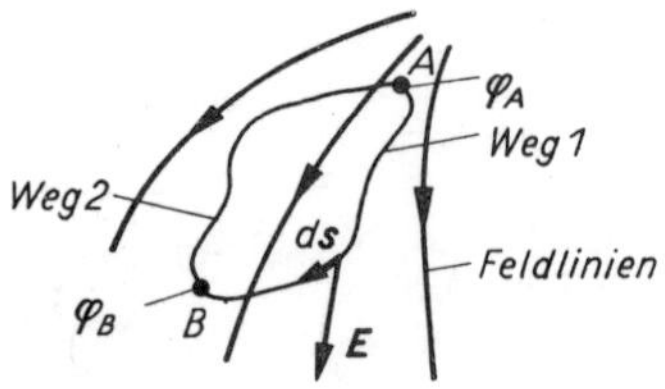

Bild 1.19

Bildung des Linienintegrals $\int_A^B \boldsymbol{E}\,\mathrm{d}\boldsymbol{s}$ in einem elektrischen Potentialfeld

Erinnern wir uns an die Analogie zwischen Gravitationsgesetz und Coulombschem Gesetz (bezüglich der Ortsabhängigkeit der Kraft), so liegt die Vermutung nahe, daß die o. g. Wegunabhängigkeit auch in einem von einer ruhenden Punktladung verursachten Feld gültig ist (Beweis s. Aufgabe 1.8.). Berücksichtigt man, daß beliebige durch Ladungen verursachte Felder durch Superposition entsprechender Felder von Punktladungen darstellbar sind, so ist folgende Aussage zwar nicht bewiesen, aber doch plausibel.

In einem durch ruhende Ladungen verursachten elektrischen Feld ist ΔW_a wegunabhängig, d. h.,

$$\int_{\mathrm{A(Weg\,1)}}^{\mathrm{B}} \boldsymbol{E}\,\mathrm{d}\boldsymbol{s} = \int_{\mathrm{A(Weg\,2)}}^{\mathrm{B}} \boldsymbol{E}\,\mathrm{d}\boldsymbol{s}, \quad \int_{\mathrm{A(Weg\,1)}}^{\mathrm{B}} \boldsymbol{E}\,\mathrm{d}\boldsymbol{s} - \int_{\mathrm{A(Weg\,2)}}^{\mathrm{B}} \boldsymbol{E}\,\mathrm{d}\boldsymbol{s} = \boldsymbol{0} \tag{1.31}$$

$$\int_{\mathrm{A(Weg\,1)}}^{\mathrm{B}} \boldsymbol{E}\,\mathrm{d}\boldsymbol{s} + \int_{\mathrm{B(Weg\,2)}}^{\mathrm{A}} \boldsymbol{E}\,\mathrm{d}\boldsymbol{s} = 0$$

$$\oint \boldsymbol{E}\,\mathrm{d}\boldsymbol{s} = \boldsymbol{0}. \tag{1.32}$$

Das Umlaufintegral über $\boldsymbol{E}$ verschwindet (bei elektrischen Potentialfeldern). Mit der Abkürzung $\mathrm{d}\varphi = -\boldsymbol{E}\,\mathrm{d}\boldsymbol{s}$ erhält man aus den Gln. (1.29) und (1.30)

$$-\mathrm{d}W_\mathrm{a} = \mathrm{d}W = -Q\boldsymbol{E}\,\mathrm{d}\boldsymbol{s} = Q\,\mathrm{d}\varphi \tag{1.33}$$

$$\Delta W = \int_\mathrm{A}^\mathrm{B} \mathrm{d}W = W_\mathrm{B} - W_\mathrm{A} = -Q\int_A^\mathrm{B} \boldsymbol{E}\,\mathrm{d}\boldsymbol{s} = Q\int_\mathrm{A}^\mathrm{B} \mathrm{d}\varphi = Q(\varphi_\mathrm{B} - \varphi_\mathrm{A}). \tag{1.34}$$

In elektrischen Potentialfeldern hängt $\varphi_\mathrm{B} - \varphi_\mathrm{A}$ nicht vom Weg ab. Man nennt φ deshalb elektrisches Potential. Also lautet die

$$\text{Definition des elektrischen Potentials } \varphi_\mathrm{A} = \frac{W_\mathrm{A}}{Q}. \tag{1.35}$$

W_A ist die potentielle Energie der Ladung Q am Ort A. Eine Potentialdifferenz bezeichnet man als

$$\text{elektrische Spannung } u_\mathrm{AB} = \varphi_\mathrm{A} - \varphi_\mathrm{B}, \tag{1.36}$$

$$\text{Maßeinheit: } [\varphi] = [u] = \frac{[F]\,[s]}{[Q]} = \frac{\mathrm{kg}\,(\mathrm{m}^2/\mathrm{s}^2)\,\mathrm{m}}{\mathrm{A}\cdot\mathrm{s}} = \frac{\mathrm{kg}\cdot\mathrm{m}^3}{\mathrm{A}\cdot\mathrm{s}^3} = \mathrm{V}\ (\mathrm{Volt}).$$

Um auf die Indizes verzichten zu können, führt man einen Zählpfeil ein, der die positive Zählrichtung der Spannung definiert (Bild 1.20).

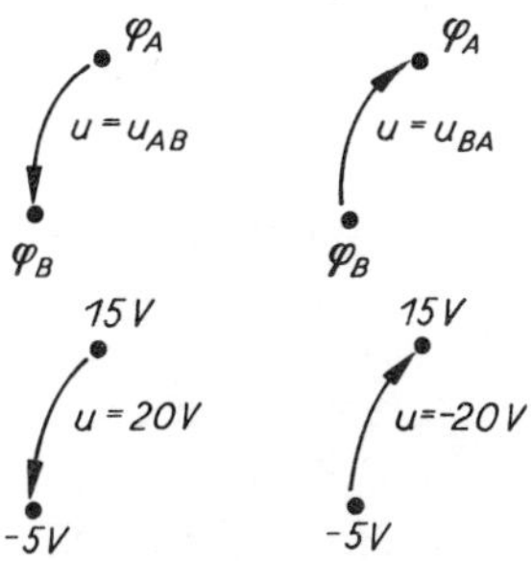

Bild 1.20. Erläuterung des Zusammenhangs zwischen Potential und Spannung sowie zum Zählpfeil der Spannung

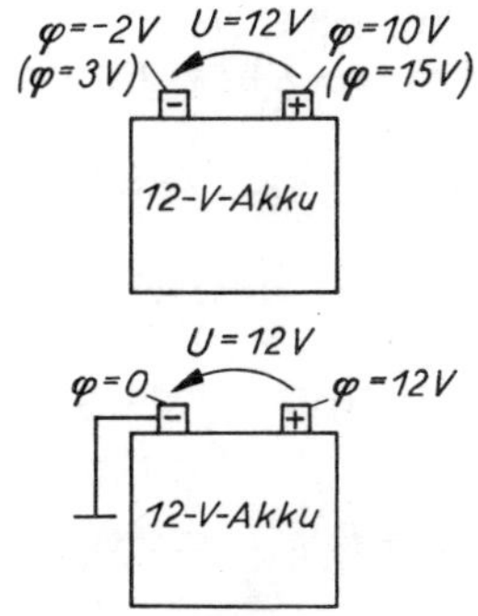

Bild 1.21. Beispiel für die Festlegung des Potentials

a) willkürlich an einem Punkt; b) $\varphi=0$ an der Masseverbindung

φ kann an einem Punkt im Raum willkürlich festgelegt werden (ebenso wie die potentielle Energie im Gravitationsfeld), z. B. $\varphi=0$ im Unendlichen. Befindet sich eine Erd- bzw. Masseverbindung im betrachteten System, so wird ihr im allgemeinen das Potential $\varphi=0$ zugeordnet (Bild 1.21). Eine Erdverbindung ist eine sehr gut leitende Verbindung zur Erde, z. B. über einen eingegrabenen metallischen Halbkugelerder. Als Masse bezeichnet man eine Verbindung zum metallischen Chassis oder – z. B. bei Fahrzeugen – eine gut leitende Verbindung zum (metallischen) Fahrgestell. Aus den Gln. (1.36), (1.33) und (1.34) erhält man

$$\mathrm{d}\varphi = \mathrm{d}u = -\boldsymbol{E}\,\mathrm{d}\boldsymbol{s} \tag{1.37}$$

$$u_{\mathrm{AB}} = \varphi_{\mathrm{A}} - \varphi_{\mathrm{B}} = \int_{\mathrm{A}}^{\mathrm{B}} \boldsymbol{E}\,\mathrm{d}\boldsymbol{s} = \frac{W_{\mathrm{A}} - W_{\mathrm{B}}}{Q}\,. \tag{1.38}$$

Eine Fläche mit konstantem Potential nennt man Äquipotentialfläche. Legt man das differentielle Wegelement in eine solche Fläche mit $\varphi=$ konst., so folgt aus

$$\mathrm{d}\varphi = 0 = -\boldsymbol{E}\,\mathrm{d}\boldsymbol{s} = -E\,\mathrm{d}s\cos(\boldsymbol{E}, \mathrm{d}\boldsymbol{s}), \tag{1.39}$$

daß $\cos(\boldsymbol{E}, \mathrm{d}\boldsymbol{s}) = 0$ sein muß. Also lautet die Schlußfolgerung (s. auch Bild 1.22):

*Auf Äquipotentialflächen steht **E** stets senkrecht.*

Im allgemeinen werden Äquipotentialflächen so ausgewählt, daß die Potentialdifferenz zwi-

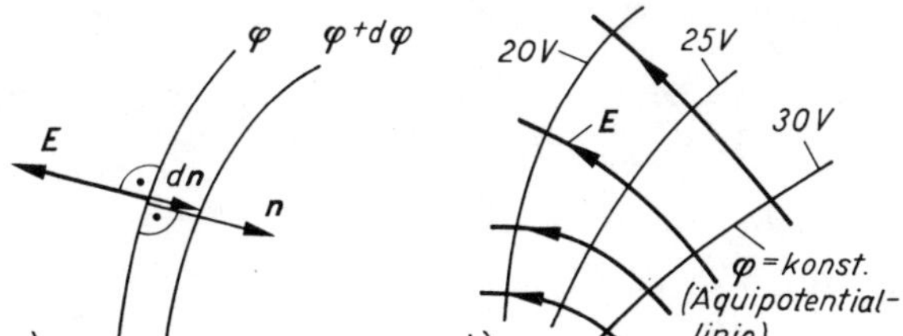

*Bild 1.22. a) **E** steht senkrecht auf den Äquipotentialflächen;*
b) φ sinkt in Feldstärkerichtung ab

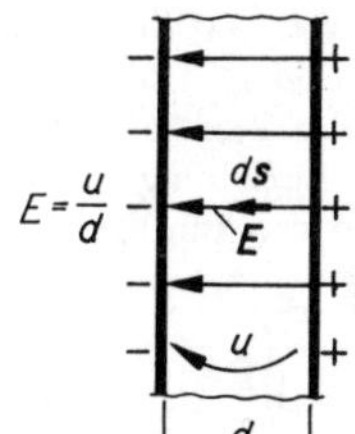

Bild 1.23. Zusammenhang zwischen Feldstärke und Spannung im homogenen Feld zwischen zwei Metallplatten

schen ihnen konstant ist. Die Spur einer Äquipotentialfläche in einer Ebene bezeichnet man als Äquipotentiallinie.

Legt man $\mathrm{d}\boldsymbol{s}$ senkrecht zu einer Äquipotentialfläche (Normalenrichtung $\mathrm{d}\boldsymbol{s}=\mathrm{d}\boldsymbol{n}$) entsprechend Bild 1.22a, so gilt nach Gl. (1.37) $\boldsymbol{E}\,\mathrm{d}\boldsymbol{n}=-\mathrm{d}\varphi$. Nach Multiplikation dieser Beziehung mit $\boldsymbol{n}$ entsteht $\boldsymbol{E}\,\mathrm{d}\boldsymbol{n}\cdot\boldsymbol{n}=-\mathrm{d}\varphi\cdot\boldsymbol{n}$ bzw. $\boldsymbol{E}\,\mathrm{d}\boldsymbol{n}\cdot\boldsymbol{n}\cdot\cos 0°=-\mathrm{d}\varphi\cdot\boldsymbol{n}$ und daraus

$$\boldsymbol{E}=-\frac{\mathrm{d}\varphi}{\mathrm{d}n}\,\boldsymbol{n}=-\frac{\mathrm{d}u}{\mathrm{d}n}\,\boldsymbol{n} \quad \text{sowie} \quad |E|=\frac{\mathrm{d}u}{\mathrm{d}n}\,. \tag{1.40}$$

Bewegt man sich in einem elektrischen Feld entgegen der Feldrichtung, so nimmt also das Potential zu (Bild 1.22).

Für ein homogenes elektrisches Feld ergibt sich aus Gl. (1.38)

$$u_{\mathrm{AB}}=\boldsymbol{E}\int_{\mathrm{A}}^{\mathrm{B}}\mathrm{d}\boldsymbol{s}=\boldsymbol{E}\boldsymbol{s}=Es\cos(\boldsymbol{E},\mathrm{d}\boldsymbol{s})\,.$$

Wählt man $\boldsymbol{s}$ parallel zu $\boldsymbol{E}$ (Bild 1.23), so ist $\cos(\boldsymbol{E},\mathrm{d}\boldsymbol{s})=\cos 0=1$ und damit folgt:

$$E=\frac{u}{d}\,. \tag{1.41}$$

Als erstes Beispiel berechnen wir die Feldstärke in einem Kupferdraht von 2 m Länge, an dem beim zulässigen Maximalstrom von 20 A (bei 1 mm² Querschnitt) ein Spannungsabfall von 0,68 V gemessen wird: $E=0{,}68\ \mathrm{V}/2\ \mathrm{m}=0{,}34\ \mathrm{V/m}=3{,}4\ \mathrm{mV/cm}$.

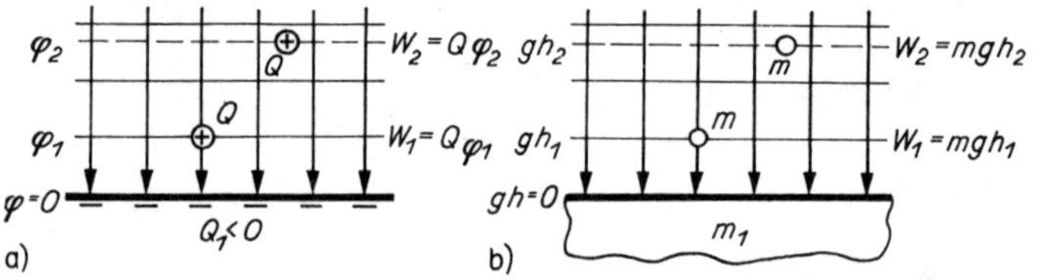

Bild 1.24
Potentielle Energie
a) im homogenen elektrostatischen Feld; b) im homogenen Gravitationsfeld

Als zweites Beispiel wird analysiert, ob es zulässig ist, an zwei planparallele Metallplatten mit einem Plattenabstand von 4 mm eine Spannung von 1,2 kV anzulegen (Annahme: Durchbruchsfeldstärke in Luft bei diesem Abstand $E_{\mathrm{d}}\approx 30\ \mathrm{kV/cm}$). Aus $E=1{,}2\ \mathrm{kV}/0{,}4\ \mathrm{cm}=3\ \mathrm{kV/cm}<E_{\mathrm{d}}$ erkennt man, daß kein Durchschlag auftritt.[1]) Abschließend wird durch Bild 1.24 noch einmal die Analogie zwischen einem zeitkonstanten elektrischen Feld und einem Gravitationsfeld veranschaulicht. Bewegt sich eine positive Ladung Q von einem hohen zu einem niedrigen Potential ($U_{\mathrm{AB}}>0$), so verrichtet das elektrische Feld Arbeit an ihr und ihre potentielle Energie sinkt ab ($W_{\mathrm{A}}-W_{\mathrm{B}}>0$). Dem entspricht das Absinken der potentiellen Energie einer Masse m im Gravitationsfeld der Masse m_1.

Aufgabe 1.8:*

a) Beweisen Sie $\oint \boldsymbol{E}\,\mathrm{d}\boldsymbol{s}=0$ für das Feld einer Punktladung Q_1 in einem homogenen Dielektrikum der Permittivität ε (Bild 1.25a)!
b) Berechnen Sie das Potential im Abstand r von Q_1 sowie die potentielle Energie einer Ladung Q!
c) Geben Sie eine Beziehung für die Spannung sowie die Differenz der potentiellen Energien der Ladung Q zwischen zwei Punkten A und B an!

Lösung:

a) Nach Gl. (1.13) ist $\oint \boldsymbol{E}\,\mathrm{d}\boldsymbol{s}=0$ dann bewiesen, wenn gezeigt wird, daß

$$\varphi_{\mathrm{A}}-\varphi_{\mathrm{B}}=\int_{\mathrm{A}}^{\mathrm{B}}\boldsymbol{E}\,\mathrm{d}\boldsymbol{s} \tag{1.38}$$

[1]) Feldinhomogenität am Rand unberücksichtigt

nicht vom Weg abhängt. Im Abschnitt 1.2.3. wurde

$$\boldsymbol{E} = \frac{Q_1\, \boldsymbol{r}}{4\pi\varepsilon\, r^3} \tag{1.8}$$

abgeleitet und damit entsteht

$$\varphi_A - \varphi_B = \frac{Q_1}{4\pi\varepsilon} \int_A^B \frac{\boldsymbol{r}}{r^3}\, d\boldsymbol{s}.$$

Zerlegt man $d\boldsymbol{s}$ entsprechend Bild 1.25b in zwei Komponenten, die parallel bzw. senkrecht zu $\boldsymbol{E}$ liegen,

$$d\boldsymbol{s} = d\boldsymbol{s}_p + d\boldsymbol{s}_s,$$

so ergibt sich

$$\varphi_A - \varphi_B = \frac{Q_1}{4\pi\varepsilon} \int_A^B \frac{\boldsymbol{r}\, d\boldsymbol{s}_p}{r^3} + \frac{Q_1}{4\pi\varepsilon} \int_A^B \frac{\boldsymbol{r}\, d\boldsymbol{s}_s}{r^3}.$$

Wegen $\boldsymbol{r}\, d\boldsymbol{s}_p = r\, ds_p \cos 0° = r\, dr$ und $\boldsymbol{r}\, d\boldsymbol{s}_s = r\, ds_s \cos 90° = 0$ gilt demnach

$$\varphi_A - \varphi_B = \frac{Q_1}{4\pi\varepsilon} \int_A^B \frac{dr}{r^2} = -\frac{Q_1}{4\pi\varepsilon} \Big/_{r_A}^{r_B} = \frac{Q_1}{4\pi\varepsilon} \left(\frac{1}{r_A} - \frac{1}{r_B}\right).$$

Also hängt $\varphi_A - \varphi_B$ nur von r_A und r_B ab und nicht vom Weg. Für die Wege *1* und *2* im Bild 1.25b entsteht das gleiche Ergebnis.

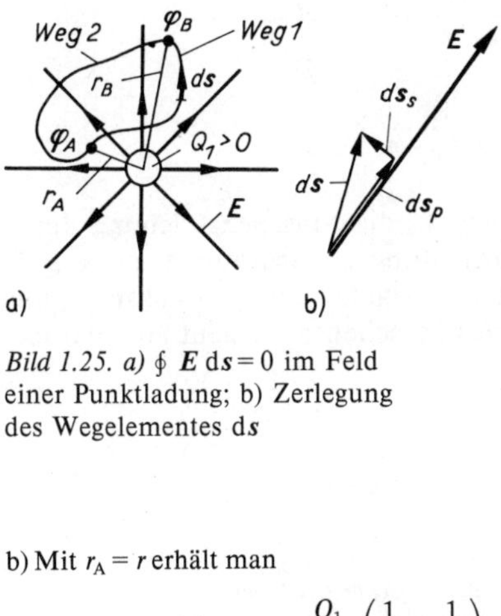

Bild 1.25. a) $\oint \boldsymbol{E}\, d\boldsymbol{s} = 0$ im Feld einer Punktladung; b) Zerlegung des Wegelementes $d\boldsymbol{s}$

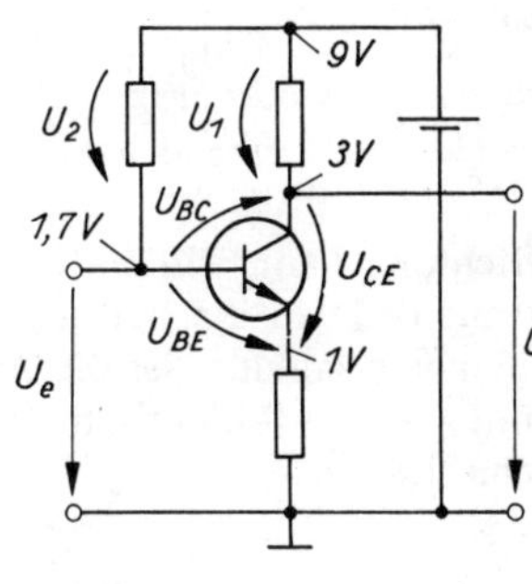

Bild 1.26
Spannungsberechnung am Beispiel einer Verstärkerstufe

b) Mit $r_A = r$ erhält man

$$\varphi(r) = \varphi_B + \frac{Q_1}{4\pi\varepsilon}\left(\frac{1}{r} - \frac{1}{r_B}\right), \quad W(r) = W_B + Q(\varphi - \varphi_B) \tag{1.42}$$

bzw. für $r_B \to \infty$ und $\varphi(r_B) = 0$

$$\varphi = \frac{Q_1}{4\pi\varepsilon r} \quad \text{und} \quad W = Q \frac{Q_1}{4\pi\varepsilon r}. \tag{1.43}$$

c) $U_{AB} = \varphi_A - \varphi_B, \quad W_A - W_B = QU_{AB}$.

Aufgabe 1.9:

In Schaltungen werden häufig auf Masse (Gehäuse, Chassis) bezogene Gleichspannungen angegeben, die es ermöglichen, die Funktionsweise zu kontrollieren sowie Fehler rascher zu lokalisieren. Berechnen Sie für den einstufigen Transistorverstärker im Bild 1.26 die Spannungen U_{BE}, U_{BC}, U_{CE}, U_1, U_2, U_e und U_a. Der Spannungsabfall längs der ideal leitenden Verbindungsleitungen ist Null.

Lösung:

$U_{BE} = 0{,}7$ V, $U_{CE} = 2$ V, $U_{BC} = 1{,}7$ V $- 3$ V $= -1{,}3$ V, $U_1 = 6$ V, $U_2 = 7{,}3$ V, $U_e = 1{,}7$ V, $U_a = 3$ V.

1.4.2. Zweites Kirchhoffsches Gesetz (Maschensatz)

Unter einer Masche soll im folgenden ein geschlossener Umlauf im Raum entlang von Spannungspfeilen verstanden werden. Der

$$\text{Maschensatz } \sum_{\nu} u_\nu = 0 \tag{1.44}$$

stellt wie der Knotensatz eine wichtige Grundlage der Stromkreisberechnung dar. Er lautet in Worten:

In jeder beliebigen Masche ist die algebraische Summe aller Spannungen Null.

Spannungen, deren Zählrichtung mit der Umlaufrichtung übereinstimmt, sind also mit einem positiven Vorzeichen einzusetzen und Spannungen, deren Zählrichtung der Umlaufrichtung entgegengesetzt ist, mit einem negativen (oder umgekehrt). Das veranschaulicht Bild 1.27a an einem Zahlenbeispiel.

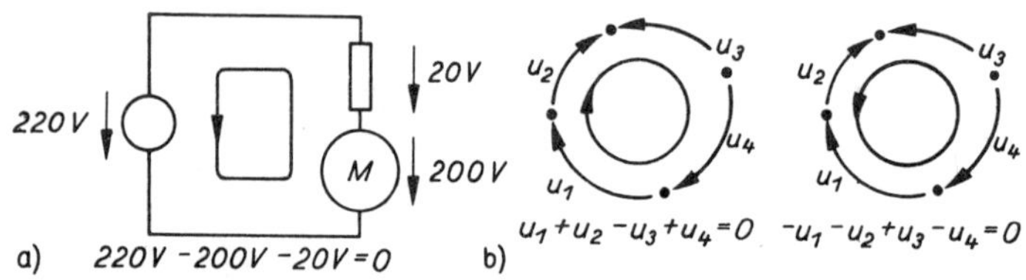

Bild 1.27. Beispiele zur Maschengleichung
a) Zahlenbeispiel; b) Maschengleichung bei unterschiedlichen Umlaufrichtungen

Die Umlaufrichtung kann willkürlich gewählt werden, da die Maschengleichung durch Multiplikation mit (-1) in die bei geänderter Umlaufrichtung zu überführen ist (s. z. B. Bild 1.27b). Für Potentialfelder ist die Aussage des Maschensatzes unter Berücksichtigung der Gl. (1.38) mit $\oint \boldsymbol{E}\,d\boldsymbol{s} = 0$ identisch. Die Gültigkeit des Maschensatzes geht aber darüber hinaus (s. Abschn. 1.8.1.).

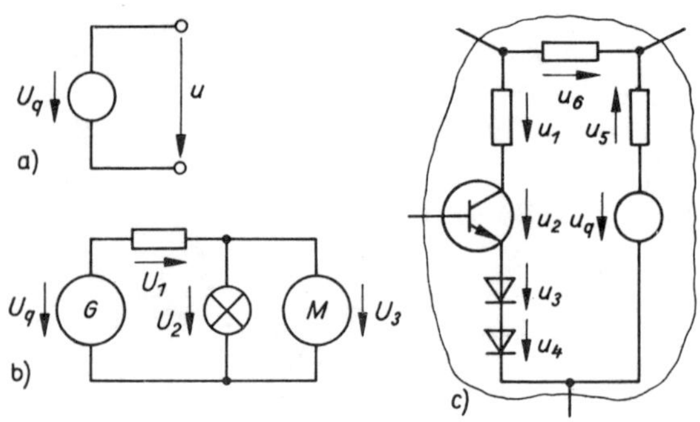

Bild 1.28
Zur Anwendung der Maschengleichung in Stromkreisen
a) leerlaufende Spannungsquelle; b) verzweigter Stromkreis mit Parallelschaltung eines Motors und einer Lampe; c) Masche in einer Transistorschaltung

Aufgabe 1.10:

Wie lauten die Maschengln. für die im Bild 1.28 dargestellten Stromkreise?

Lösung:

a) $u_q - u = 0$ bzw. $u_q = u$; b) $u_q = u_1 + u_2$, $u_2 = u_3$; c) $u_1 + u_2 + u_3 + u_4 - u_q + u_5 - u_6 = 0$.

1.5. Ideale Spannungs- bzw. Stromquellen

Durch Umwandlung anderer Energieformen in elektrische Energie ist es möglich, die potentielle Energie der Ladungsträger zu erhöhen (s. Tafel 1.4). Je nach dem *i*-*u*-Verhalten dieser elektrischen Energiequellen unterscheidet man zwischen Spannungs- und Stromquellen. *Eine ideale Spannungsquelle*[1]) *ist ein Zweipol, der zwischen seinen Klemmen eine vorgegebene stromunabhängige, d. h. belastungsunabhängige Spannung*

$u = u_q$ u_q Quellenspannung

liefert. Der fließende Strom wird durch das angeschlossene Netzwerk bestimmt. Bild 1.29 zeigt die Strom-Spannungs-Kennlinie einer Gleichspannungsquelle. Positive Ladungsträger bewegen sich im Normalbetrieb (Spannungsquelle liefert elektrische Energie) innerhalb der Spannungsquelle (Bild 1.30) von − nach + (entgegen der Feldstärke ***E***) und außerhalb von + nach − (in Richtung von ***E***). Negative Ladungsträger bewegen sich in umgekehrter Richtung.

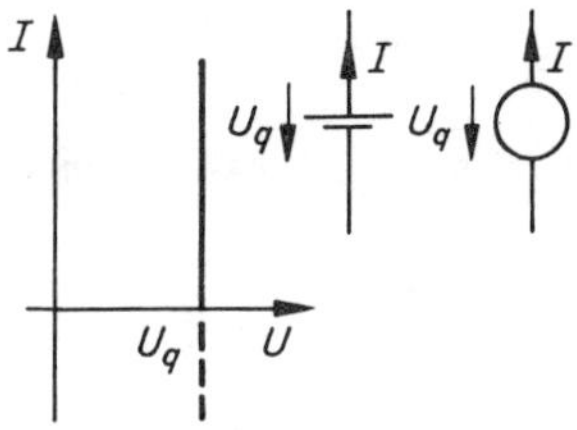

Bild 1.29. Strom-Spannungs-Beziehung $U = U_q$ und Schaltzeichen einer idealen Gleichspannungsquelle (Erzeugerzählpfeilsystem, s. Abschn. 1.11.2.)

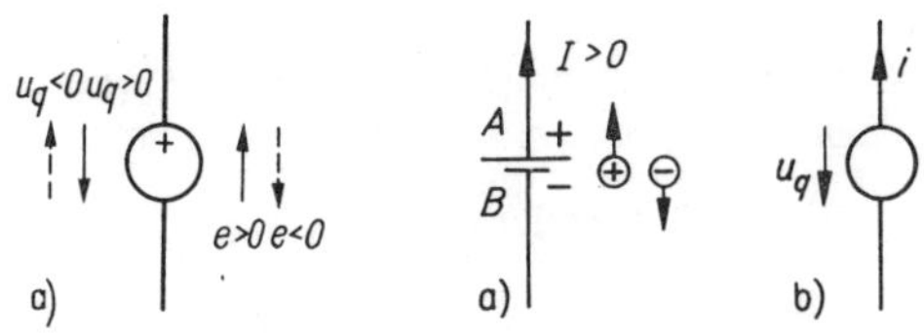

Bild 1.30. Ideale Spannungsquelle
a) Richtung der Ladungsträgerbewegung für $I > 0$;
b) Schaltzeichen einer idealen Spannungsquelle (allgemein); c) Mögliche Zählpfeilrichtungen

Tafel 1.4. Direkte Erzeugung elektrischer Energie

Primärenergie	Beispiel	s. Abschnitt
Mechanische Energie (Dampf, Wasser, Wind)	Elektrischer Generator	7.7; 11.3.7.
Chemische Energie	Primär- bzw. Sekundärelement, Brennstoffzelle	6.16.3.
Wärmeenergie	MHD-Generator; Thermoelement	7.9.1.; 12.2.
Lichtenergie	Solarzelle, Fotozelle, Fotodiode	8.
Kernenergie	Batterien mit α- bzw. β-Strahlen	—

Am Beispiel einer positiven Ladung sei noch einmal nachgewiesen, daß sich die potentielle Energie in der Spannungsquelle wirklich erhöht (Bild 1.30a). Beim Durchgang der Bewegung von B nach A ändert sich die potentielle Energie von $Q\varphi_B$ auf $Q\varphi_A$, d. h., es ist $\Delta W = Q(\varphi_A - \varphi_B) > 0$, da $Q > 0$ und voraussetzungsgemäß $\varphi_A > \varphi_B$. Analoga zu Spannungsquellen sind Pumpen, die eine Flüssigkeit auf ein höheres Niveau pumpen oder auch ein Skilift, der die potentielle Energie der Skifahrer (entgegen der Schwerkraft) erhöht. Tafel 1.4 gibt einen Überblick über einige Energiewandlungen zur Erzeugung elektrischer Energie. Die Zählpfeile werden bei Gleichspannungsquellen meist so gewählt, daß die Zählpfeile für I und die Quellenspannung U_q entgegengerichtet sind, da dann $U_q > 0$ und auch $I > 0$ (im Normalbetrieb) ist. Der Fall $I < 0$, der der gestrichelten Kennlinie im Bild 1.29 entspricht, kann dann auftreten, wenn sich im Stromkreis gegengeschaltete Spannungsquellen befinden, so

[1]) Ideale Quellen werden auch unabhängige Quellen genannt, um sie von gesteuerten Quellen (s. Abschn. 1.9.2.) zu unterscheiden

daß die Spannungsquelle nicht elektrische Energie abgibt, sondern sie verbraucht (z. B. Aufladung eines Akkumulators).

Das Schaltzeichen im Bild 1.30a wird bevorzugt für chemische Spannungsquellen angewandt. Für beliebige Spannungsquellen – auch mit zeitabhängiger Quellenspannung – verwendet man das Schaltzeichen im Bild 1.30b.

In der Fachliteratur wird teilweise auch der Begriff Urspannung (früher auch elektromotorische Kraft (EMK)) E bzw. e verwendet, deren Zählrichtung entgegengesetzt zu der von U_q bzw. u_q definiert ist, so daß die Maschengl. In diesem Fall $\sum_{\nu} u_{\nu} = \sum_{\mu} e_{\mu}$ lautet, d. h., die algebraische Summe der Spannungsabfälle ist gleich der der EMK (Bild 1.30c).

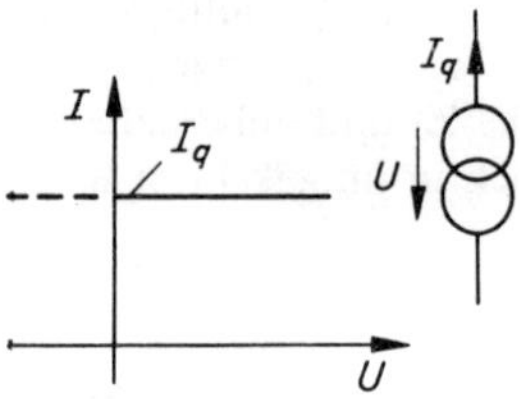

Bild 1.31. Strom-Spannungs-Beziehung $I = I_q$ und Schaltzeichen einer idealen Stromquelle am Beispiel einer Gleichstromquelle. Hinweis: Im 1. und 3. Quadranten wirkt die Stromquelle wie auch die Spannungsquelle als Erzeuger und im 2. und 4. Quadranten als Verbraucher

Eine ideale Stromquelle zeichnet sich dadurch aus, daß der fließende Strom nicht von der anliegenden Spannung abhängt, d. h. belastungsunabhängig ist (Bild 1.31)

$i = i_q$; i_q Quellenstrom.

1.6. Widerstand

1.6.1. Definition des Widerstandes

Im folgenden setzten wir voraus, daß ein Konvektionsstrom i durch ein Medium (Festkörper, Flüssigkeit, Gas) fließt, in dem die potentielle Energie der Ladungsträger in Bewegungsrichtung im Mittel abnimmt, da die Ladungsträger Energie an das Medium abgeben. Es erfolgt also eine Energiezufuhr für die Ladungsträger durch das elektrische Feld und Energieabgabe durch Wechselwirkung mit den Elementarbausteinen des Mediums (häufig in Form von Wärme). In metallischen Leitern z. B. kann man diesen Prozeß als Zusammenstoß der Elektronen mit den infolge der Wärmebewegung schwingenden Atomrümpfen interpretieren. Das Medium setzt dem Stromfluß einen „Widerstand" entgegen, der von den Materialeigenschaften und den Abmessungen abhängt. Die

$$\text{Widerstandsdefinition} \quad R = \frac{u}{i} \quad [R] = \frac{\text{V}}{\text{A}} = \Omega \text{ (Ohm)}^{1)} \tag{1.45}$$

setzt voraus, daß der Strom i entsprechend Bild 1.32a durch zwei Äquipotentialflächen fließt, zwischen denen die Spannung u liegt. Die angegebene Definition des Widerstandes schließt

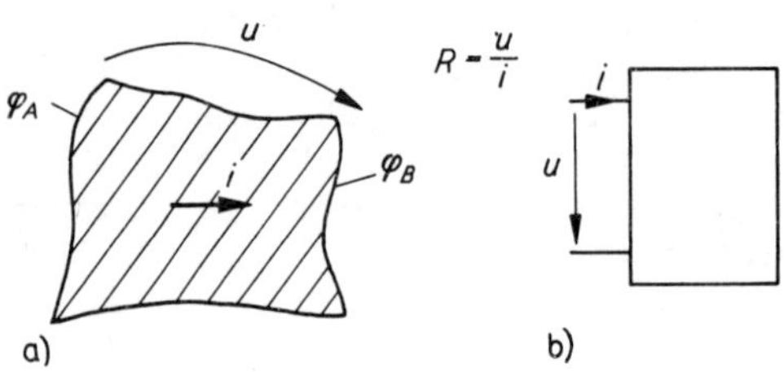

Bild 1.32
Widerstandsdefinition
a) Strom durch ein leitendes Medium ohne Energiespeicher; b) Strom durch einen Zweipol ohne wirksame Energiequellen und -speicher

[1] *Georg Simon Ohm,* deutscher Physiker, 1789–1854

natürlich auch beliebige Zweipole ein, falls sie keine wirksamen Spannungs- bzw. Stromquellen und keine wirksamen Speicher[1]) elektrischer Energie enthalten (Bild 1.32b).
Das Reziproke des Widerstandes definiert man als

$$\text{Leitwert} \quad G = \frac{1}{R} \quad [G] = \frac{1}{\Omega} = S\,(\text{Siemens})^{2)}. \tag{1.46}$$

Weiterhin sind die Definitionen

$$\text{differentieller Widerstand} \quad r = \frac{\mathrm{d}u}{\mathrm{d}i} \tag{1.47}$$

$$\text{differentieller Leitwert} \quad g = \frac{1}{r} \tag{1.48}$$

für manche Bauelemente von Bedeutung, wie noch erläutert werden wird.

1.6.2. Ohmsche Widerstände

1.6.2.1. Grundlagen

Speziell für Metalle, homogene Halbleiter und teilweise auch Flüssigkeiten gilt (bei konstanter Temperatur) mit Ausnahme sehr hoher Frequenzen

$$\text{das Ohmsche Gesetz } R = \frac{u(t)}{i(t)} = \text{konst.} \left(R = \frac{U}{I} = \text{konst. bei Gleichstrom} \right). \tag{1.49}$$

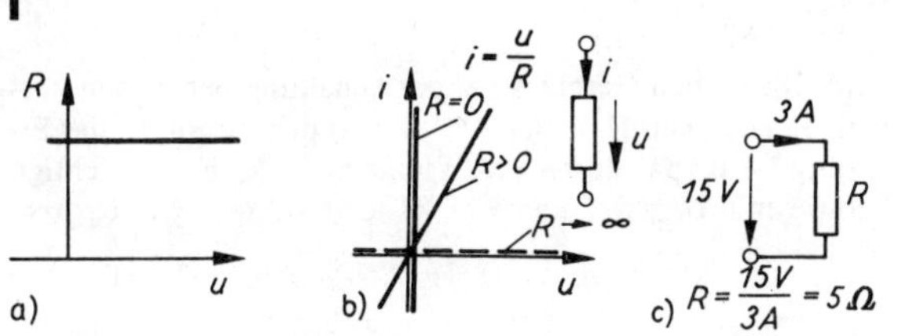

Bild 1.33
Ohmsches Gesetz
a) R = konst.; b) i-u-Charakteristik und Schaltzeichen des ohmschen Widerstandes; c) Zahlenbeispiel

Bild 1.33 veranschaulicht diese Beziehung und die i-u-Relation sowie das Schaltsymbol ohmscher Widerstände. Ohne Beweis sei für ohmsche (lineare) Widerstände die bei homogenem Strömungsfeld (s. auch Abschn. 6.7.) gültige

$$\text{Bemessungsgleichung} \quad R = \varrho \frac{l}{A} \tag{1.50}$$

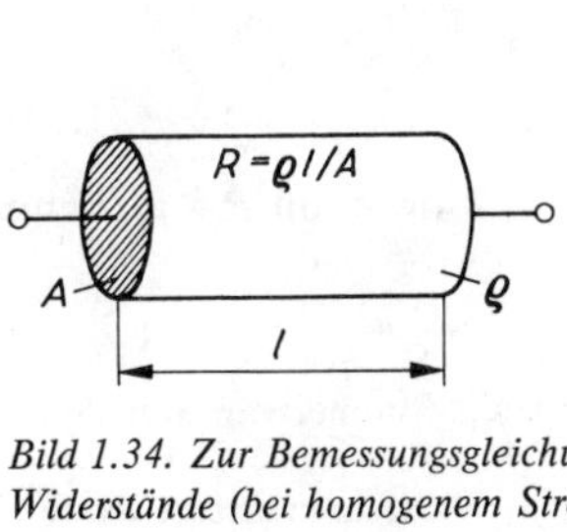

Bild 1.34. Zur Bemessungsgleichung für ohmsche Widerstände (bei homogenem Strömungsfeld)

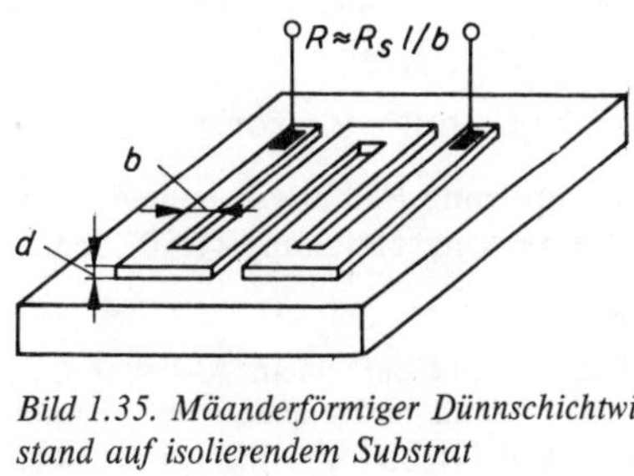

Bild 1.35. Mäanderförmiger Dünnschichtwiderstand auf isolierendem Substrat

[1]) Zu jedem Zeitpunkt t_0 soll $u(t_0) = f(i(t_0))$ gelten. Der Fall $u(t_0) = f(i(t^*))$ mit $t^* \leqq t_0$ wird also ausgeschlossen

[2]) *Werner von Siemens,* deutscher Elektrotechniker, 1816–1892

angegeben. ϱ, der *spezifische Widerstand,* wird durch das Material bestimmt. l ist die Länge und A der Querschnitt des Bauelementes (Bild 1.34). Das Reziproke von ϱ bezeichnet man als *spezifische Leitfähigkeit* $\varkappa$, d. h.

$$\varkappa = \frac{1}{\varrho} \tag{1.51}$$

$[\varrho] = \Omega \cdot \mathrm{mm}^2/\mathrm{m}$ oder $\Omega \cdot \mathrm{cm}$ $[\varkappa] = \mathrm{Sm/mm}^2$ oder $\mathrm{S/cm}$.

Für *ideale Leiter* ist $\varrho = 0$, während *ideale Isolatoren* der Bedingung $\varkappa = 0$ genügen. In integrierten Schaltungen sowie in der Dünn- und Dickschichttechnik liegen häufig Widerstandsschichten definierter Dicke d (Bild 1.35) vor. Für sie definiert man einen

$$\text{Schichtwiderstand} \quad R_s = \frac{\varrho}{d} \quad \text{bzw.} \quad R = R_s \frac{l}{b}. \tag{1.52}$$

R_s kann auch als Widerstand einer quadratischen Schicht ($l = b$) aufgefaßt werden (z. B. $R_s = 50\ \Omega/\square$).

In Tafel 1.5 sind die spezifischen Widerstände wichtiger Leitermaterialien der Elektrotechnik zusammengestellt. Besondere Bedeutung als elektrische Leiter haben Kupfer und Aluminium. Al ist billiger, hat eine kleinere Dichte (2,7 g/cm³ bei Al, 8,9 g/cm³ bei Cu), besitzt aber auch einen höheren spezifischen Widerstand, hat schlechtere mechanische Eigenschaften, läßt sich nur schwer löten und kann bei Preßverbindungen zu Kontaktschwierigkeiten führen (Oxidbildung, Duktilität). Als günstig erweisen sich deshalb auch Al-Kabel mit Cu-Ummantelung. Für einadrige frei in Luft verlegte Leitungen sind u. a. folgende durch die zulässige Erwärmung bestimmte Strombelastbarkeitswerte üblich, die sich bei Rohr- bzw. Mehraderleitungen reduzieren:

Leiterquerschnitt in mm²	0,75	1	2,5	10	25
Strombelastbarkeit in A für Cu	15	19	32	73	129
Strombelastbarkeit in A für Al	—	—	26	57	103

Als einfaches Beispiel für die Anwendung des Ohmschen Gesetzes bei der Schaltungsberechnung berechnen wir für den im Bild 1.36a angegebenen elektrischen Heizofen ($R = 9{,}7\ \Omega$) den Strom. In der Ersatzschaltung wird der Widerstand der Zuleitung (je 0,1 Ω) durch die Widerstände R_L berücksichtigt. Aus der Maschengl. $-U_q + U_L + U + U_L = 0$ sowie mit $U_L = R_L I$ und $U = RI$ folgt $I(2R_L + R) = U_q$ bzw. $I = U_q/(2R_L + R) = 22{,}2$ A.

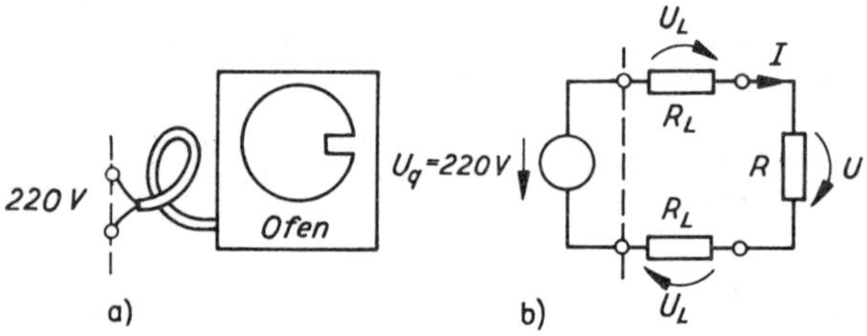

Bild 1.36
Einfacher Gleichstromkreis
a) Heizofen mit Zuleitung;
b) Ersatzschaltung

Eine *allgemeine Formulierung des Ohmschen Gesetzes* Gl. (1.49) lautet (s. auch Abschnitte 6.11. und 6.12.):

$$S = \varkappa E \quad \text{mit} \quad \varkappa = \text{konst.} \tag{1.53}$$

Mit den für homogene Felder gültigen Annahmen $S = i/A$ und $E = u/l$ sowie mit $R = u/i$ kann daraus die Bemessungsgleichung (1.50) abgeleitet werden.

Aufgabe 1.11:

a) Zu berechnen ist der bei einem Al-Leiter (2,5 mm²) bei der maximalen Stromdichte von 26 A/2,5 mm² = 10,4 A/mm² auftretende Spannungsabfall je cm.

b) Ein Cu-Leiter soll durch einen Al-Leiter gleicher Länge und mit gleichem Widerstand ersetzt werden. In welchem Verhältnis stehen die Querschnitte?

c) In einem Schaltkreis muß mit einem Schichtwiderstand $R_s = 5\ \mathrm{k}\Omega/\square$ und $b = 10\ \mu\mathrm{m}$ ein Widerstand von 100 kΩ realisiert werden. Wie groß ist die Länge l der Widerstandsbahn?

Tafel 1.5. Eigenschaften einiger Leiter und Halbleiter [1.3]

Werkstoff	Chemisches Zeichen	Spezifischer Widerstand[1]) ϱ $\Omega \cdot mm^2/m$	Leitfähigkeit[1]) $\varkappa$ Sm/mm^2	TK von R[1]) α ‰/K	Dichte g/cm^3	Spezifische Wärmekapazität $kJ/(K \cdot kg)$
Aluminium	Al	0,0282	35,5	4	2,7	0,892
Blei	Pb	0,208	4,8	3,8	11,34	0,130
Bronze		0,0275	36,4	4	7,4...8,9	–
Chrom	Cr	0,0263	38	–	7	0,507
Chromnickel		1,1	0,91	0,25	8,5	
Eisen	Fe	0,13	7,7	6,0	7,86	0,465
Grauguß		0,6...1,6	1,67...0,625	4,2	7,6	–
Stahl		0,12	8,3	–	7,7	–
Gold	Au	0,0222	45	–	19,33	0,130
Kadmium	Cd	0,76	13,2	–	8,64	0,235
Konstantan		0,5	2	−0,005	8,8	–
Kupfer	Cu	0,0175	57	3,92	8,9	0,390
Magnesium	Mg	0,0461	21,7	3,9	1,74	1,039
Manganin		0,42	2,38	0,01	8,35	–
Messing		0,08	12,5	1,5	8,2...8,7	0,390
Nickel	Ni	0,10	10	4,4	8,9	0,457
Platin	Pt	0,10	10	3,9	21,45	0,134
Quecksilber	Hg	0,955	1,05	0,9	13,55	0,138
Silber	Ag	0,0165	60,5	3,6	10,5	0,235
Wolfram	W	0,0555	18	4,1	19,3	0,138
Zink	Zn	0,063	15,8	3,7	7,23	0,394
Zinn	Sn	0,12	8,35	4,4	7,28	0,230
Kohlestifte	C	65	0,015	−0,2		
Silizium	Si	$2{,}3 \cdot 10^9$ [2])	$4{,}3 \cdot 10^{-10}$ [2])			
Germanium	Ge	$4{,}7 \cdot 10^5$ [2])	$2{,}1 \cdot 10^{-6}$ [2])			
Galliumarsenid	GaAs	$> 10^{12}$ [2])	$< 10^{-12}$ [2])			

[1]) Für 20 °C
[2]) Nur für Eigenleitung

Lösung:

a) $U = IR = \frac{I\varrho l}{A}, \quad \frac{U}{l} = \varrho \frac{I}{A} = \varrho S = 0{,}028 \frac{\Omega \cdot mm^2}{m} \cdot 10{,}4 \frac{A}{mm^2} = 2{,}9 \frac{mV}{cm}$

b) $R_{Al} = \varrho_{Al} \frac{l}{A_{Al}}, \quad R_{Cu} = \varrho_{Cu} \frac{l}{A_{Cu}}, \quad R_{Cu} = R_{Al}$

$$A_{Al} = \frac{\varrho_{Al}}{\varrho_{Cu}} \cdot A_{Cu} = 1{,}61\, A_{Cu}$$

c) $R = R_s l/b, \quad l = Rb/R_s = 200\ \mu m$

1.6.2.2. Bauformen ohmscher Widerstände

Bild 1.37 zeigt die Schaltzeichen ohmscher Widerstände. Die Bilder 1.38 und 1.39 veranschaulichen Bauformen einiger Widerstandstypen. Als Potentiometer bezeichnet man Anordnungen, bei denen ein veränderbarer Teilwiderstand abgegriffen werden kann (Variation der wirksamen Widerstandslänge mit einem Schleifer, meist linear oder logarithmisch).

Im folgenden werden einige Charakteristika von Festwiderständen genannt und durch ein Zahlenbeispiel erläutert: Nennwiderstand (2,2 kΩ), Auslieferungstoleranz (±5%), Nennverlustleistung (0,5 W), Grenzspannung (1 kV), Temperaturkoeffizient ($\pm 50 \cdot 10^{-6}$/K).

Diese Daten können teilweise aus dem Aufdruck bzw. den Farbringen entnommen werden. Für die

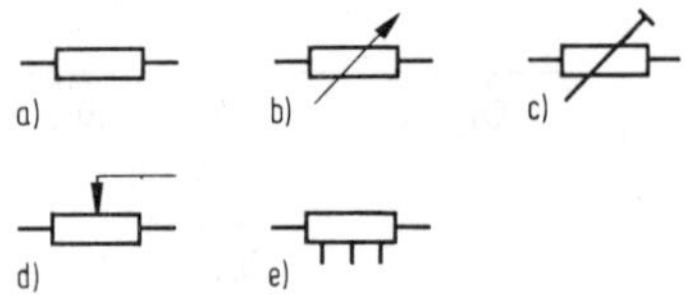

Bild 1.37. Schaltzeichen ohmscher Widerstände

a) Widerstand allgemein, Festwiderstand; b) verstellbarer Widerstand (z. B. durch Werkzeug, mit Schleifkontakt, auch Trimmer genannt); d) verstellbarer Widerstand als Potentiometer; e) Widerstand mit Anzapfungen

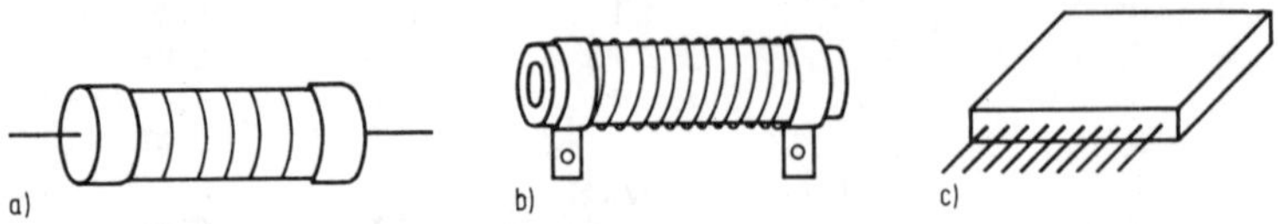

Bild 1.38. Bauformen ohmscher Widerstände

a) Kohleschichtwiderstand (wendelförmig gefräst zur R-Erhöhung); b) Drahtwiderstand mit Keramikrohr (nur für niedrige Frequenzen); c) Dünnschichtwiderstandsnetzwerk

Bild 1.39
Kohleschichtpotentiometer (Trimmer)

Nennwiderstände sind im allgemeinen nur diskrete Werte nach den sogenannten E-Reihen verfügbar. Festwiderstände werden in verschiedener Form geliefert:

a) *Schichtwiderstände* sind Widerstände, bei denen eine dünne Metall- oder Kohleschicht meist wendelförmig auf einem zylindrischen Porzellankörper aufgebracht ist. Sie werden mit Werten von 1 Ω bis 22 MΩ (in Spezialausführungen auch bis 10 TΩ) angeboten.

b) *Drahtwiderstände* (Bild 1.38 b) sind hochbelastbare Widerstände. Sie bestehen aus einer Drahtwicklung auf einem Keramikkörper. Um induktivitätsarme Widerstände zu realisieren, wird häufig die Bifilarwicklung angewandt, bei der neben jedem Leiter ein weiterer mit gleich starkem, aber entgegengesetzt gerichtetem Strom angeordnet wird (s. Abschn. 1.8. und 7.7.4.).

c) *Massewiderstände* sind hochbelastbare Stäbe oder Scheiben eines gepreßten bzw. gesinterten Pulvergemisches.

d) *Dünnschichtwiderstände* werden meist als integriertes CrNi-Widerstandsnetzwerk hoher Präzision auf Keramikträgern geliefert (Bild 1.35).

1.6.2.3. Temperaturabhängigkeit ohmscher Widerstände

Die Temperaturabhängigkeit von Widerständen kann wegen $R = \varrho l/A$ durch die von ϱ sowie die der Abmessungen beeinflußt werden. Maßgebend ist häufig die Temperaturabhängigkeit des Stromflußmechanismus, d. h. $\varrho(T)$. Der

$$\text{Temperaturkoeffizient (TK)} \quad \alpha(T_0) = \left(\frac{1}{R}\frac{\mathrm{d}R}{\mathrm{d}T}\right)_{T=T_0} \tag{1.54}$$

gibt die relative differentielle Widerstandsänderung je differentielle Temperaturänderung bei der Temperatur T_0 an. Häufig kann $R(T)$ in einem weiten Bereich durch eine Gerade approximiert werden (Bild 1.40). Daraus folgt

$$\alpha = \frac{1}{R(T_0)}\frac{\mathrm{d}R}{\mathrm{d}T} = \frac{1}{R(T_0)}\frac{\Delta R}{\Delta T} \tag{1.55}$$

bzw. mit $\Delta R = R(T) - R(T_0)$ und $\Delta T = T - T_0$

$$R(T) = R(T_0)\,(1 + \alpha\,(T - T_0)). \tag{1.56}$$

Als Beispiele für den TK α bei 20 °C seien genannt (s. auch Tafel 1.5):

$\alpha > 0$ für reine Metalle (z. B. 4,1‰/K für Wolfram),

$\alpha \approx 0$ für spezielle Legierungen (z. B. 10^{-2} ‰/K für Manganin),
$\alpha < 0$ für Kohlenstoff (−0,2‰/K) und kristalline Halbleiter (z. B. −5‰/K).

Ein positiver TK, d. h. Widerstandserhöhung bei Temperaturerhöhung, entsteht durch die stärkere Wechselwirkung der Ladungsträger mit den bei höheren Temperaturen stärker schwingenden Gitterbausteinen. Bei negativem TK überwiegt die Wirkung einer mit wachsender Temperatur zunehmenden Erzeugung quasifreier Ladungsträger.

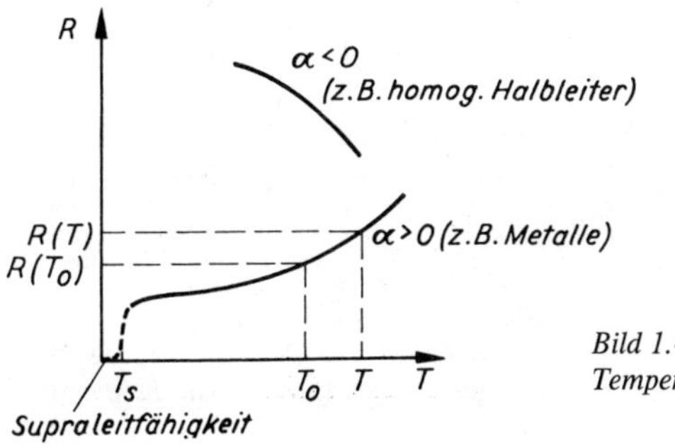

Bild 1.40
Temperaturabhängigkeit von Widerständen

Bei einigen Metallen (z. B. Al) und Legierungen verschwindet der Widerstand unterhalb der sogenannten Sprungtemperatur T_s (z. B. 8 K für Nb_3Sn) nahezu sprunghaft und nahezu vollständig (Bild 1.40). Dieses Phänomen der Supraleitfähigkeit kann durch ein Magnetfeld beeinflußt werden (Absinken von T_s).

Aufgabe 1.12:

Berechnen Sie die Stromstärke einer 12-V-Glühlampe mit Wolframwendel im Einschaltmoment ($\vartheta_1 = 20$ °C) und im stationären Betrieb ($\vartheta_2 = 2000$ °C), wenn im letzteren Fall ein Widerstand von 14,4 Ω gemessen wird.

Lösung:

$I(\vartheta_2) = 12\ \text{V}/14{,}4\ \Omega = 0{,}83\ \text{A}$, $I(\vartheta_1) = 12\ \text{V}/R(\vartheta_1)$, $R(\vartheta_2) = R(\vartheta_1)\,(1 + \alpha(\vartheta_2 - \vartheta_1))$,
$R(\vartheta_1) = 14{,}4\ \Omega/(1 + 4{,}1 \cdot 10^{-3} \cdot 1980) = 14{,}4\ \Omega/9{,}1 = 1{,}6\ \Omega$, $I(\vartheta_1) = 12\ \text{V}/1{,}6\ \Omega = 7{,}5\ \text{A}$.

Hinweis: Der vorausgesetzte lineare Zusammenhang für $R(\vartheta)$ ist als grobe Näherung aufzufassen. Die erhöhte Stromstärke (Faktor 9!) beim Einschalten von Glühlampen muß bei der Dimensionierung elektrischer Anlagen berücksichtigt werden.

1.6.3. Nichtlineare Widerstände

Allen passiven Bauelementen, deren *i-u*-Relation in der Form $u(t) = f(i(t))$ darstellbar ist und keine Gerade durch den Nullpunkt darstellt, kann man einen nichtlinearen Widerstand $R = u/i$ zuordnen[1]). Bei ihnen hängt R von i (bzw. u) ab. Speziell für Gleichstrom gilt $U = R(I)\,I$ bzw. $I = U/R(U)$. Als Beispiele nichtlinearer Widerstände seien spannungs- bzw. stark temperaturabhängige Widerstände (Varistoren bzw. Thermistoren) sowie pn-Dioden bei nicht allzu hohen Frequenzen genannt, die im Abschnitt 8.1. noch näher erläutert werden.

Beispiel: pn-Diode

Bei der Kennlinie einer pn-Diode (Bild 1.41) unterscheidet man je nach Vorzeichen der anliegenden Spannung zwischen Durchlaß- und Sperrbereich. Im *Durchlaßbereich* steigt der Strom erst oberhalb der sogenannten Schleusenspannung U_{F_0} steil an. U_{F_0} kann als die Spannung aufgefaßt werden, bei der ein für den Diodentyp charakteristischer „Flußstrom" fließt, z. B. 25 mA. Für Silizium-Dioden ist die

Schleusen- oder Flußspannung $U_{F_0} \approx 0{,}7$ V. (1.57)

[1]) Erwähnt sei, daß für die Berechnung von Netzwerken mit nichtlinearen Widerständen die Darstellung u = f(i) meist der Darstellung u = R(i)i vorzuziehen ist.

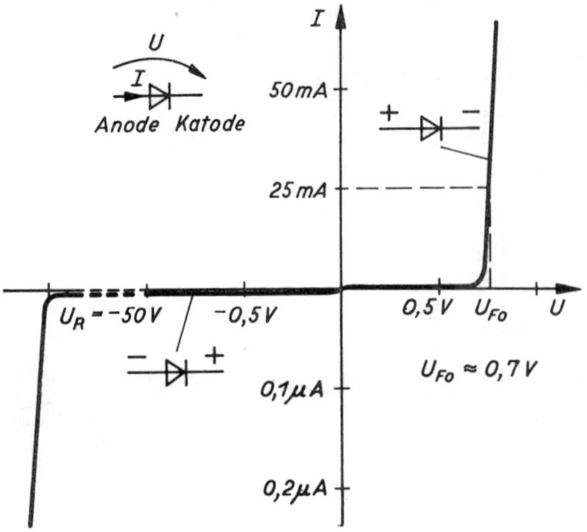

Bild 1.41
Kennlinie einer pn-Diode (Zahlenbeispiel für eine diskrete Diode kleiner Leistung)

Im *Sperrgebiet* fließt erst oberhalb (betragsmäßig gesehen) der Durchbruchspannung U_R ein wesentlicher Strom, der zur Zerstörung des Bauelementes führen kann. Vom Durchbruch abgesehen, kann die statische Strom-Spannungs-Kennlinie näherungsweise durch

$$I = I_s(T)\left(\exp\frac{U}{U_T} - 1\right), \tag{1.58 a}$$

$$U = U_T \ln (I/I_S + 1) \tag{1.58 b}$$

beschrieben werden. Der „Sättigungsstrom" I_s hängt von der Konstruktion der Diode und dem Halbleitermaterial sowie der Temperatur ab. Er liegt meist zwischen 10^{-15} A...10^{-4} A. Für die

$$\text{Temperaturspannung} \quad U_T = kT/e \tag{1.59}$$

mit

$$k = 1{,}381 \cdot 10^{-23}\ \text{Ws/K} \quad (\textit{Boltzmann-Konstante}) \tag{1.60}$$

ergibt sich bei $T = 300$ K der Wert 25,9 mV. Dem Leser wird empfohlen, selbst eine Diodenkennlinie auszurechnen und gemeinsam mit dem Leitwert

$$G = I/U = I_s\left(\exp\frac{U}{U_T} - 1\right) \Big/ U \tag{1.61}$$

darzustellen. Für $\exp(U/U_T) \gg 1$ bzw. $\exp U/U_T \ll 1$ können aus Gl. (1.58) die Näherungsbeziehungen

$$I = I_S \exp\frac{U}{U_T} \quad \text{Durchlaßgebiet } (U \gtrsim 5\ U_T) \tag{1.62}$$

$$I = -I_s \quad \text{Sperrgebiet } (|U| \gtrsim 5\ U_T) \tag{1.63}$$

abgeleitet werden. Berechnet man aus Gl. (1.62) mit

$$\frac{1}{r_d} = \frac{dI}{dU} = \frac{d}{dU}\left(I_s \exp\frac{U}{U_T}\right) = \frac{I_s}{U_T}\exp\frac{U}{U_T}$$

den differentiellen Widerstand, so erhält man

$$r_d = \frac{dU}{dI} = \frac{U_T}{I}, \tag{1.64}$$

also ein Absinken des differentiellen Widerstandes mit wachsendem Strom.

Abschließend sei noch erwähnt, daß ein nichtlinearer Zweipol mindestens ein nichtlineares Bauelement enthält.

1.7. Kondensator

1.7.1. Grundlagen

Idealer Kondensator. Eine Anordnung von zwei metallischen Elektroden, die durch einen Isolator (Dielektrikum) getrennt sind, bezeichnet man als Kondensator. Bild 1.42a zeigt als Beispiel einen Plattenkondensator. Kondensatoren eignen sich u. a. zur Speicherung elektrischer Ladungen bzw. elektrischer Feldenergie (Bild 1.42b). Das Fassungsvermögen für Ladungen bezeichnet man als Kapazität. Als zweckmäßig erweist sich folgende

Definition der Kapazität: $C = \frac{Q}{u} \quad [C] = \frac{\text{As}}{\text{V}} = \text{F (Farad)}$[1]. (1.65)

Ohne Beweis (s. auch Abschn. 6.6.3.) sei speziell die

Bemessungsgleichung für den Plattenkondensator $C = \frac{\varepsilon A}{d}$ (1.66)

genannt. Die Kapazität ist demnach um so größer, je größer die Permittivität ε (s. Abschn. 1.2.2.) und die Plattenfläche A sind und je kleiner der Plattenabstand d ist.

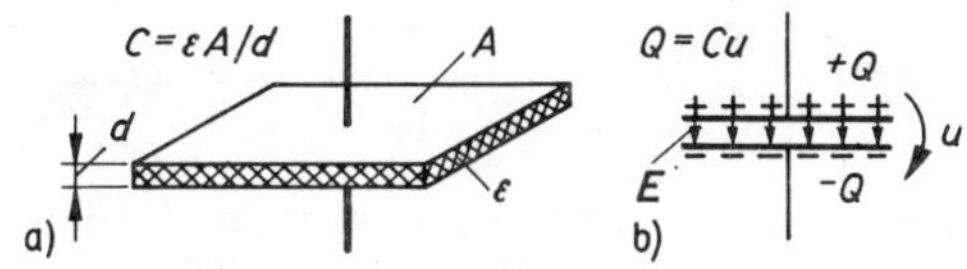

Bild 1.42
Plattenkondensator
a) Aufbau; b) Ladungs- und Feldspeicherung im Kondensator (schematisch)

Beispiel:

Welche Ladung speichert ein 10-µF-Kondensator bei einer Spannung von 10 V sowie 100 V?

$Q = CU, \quad Q = 0{,}1\ \text{mC} \quad \text{für} \quad 10\ \text{V}, \quad Q = 1\ \text{mC} \quad \text{für} \quad 100\ \text{V}.$

Beispiel:

Ein Papierkondensator der Kapazität 0,1 µF soll aus zwei Aluminiumfolien (Dicke je 10 µm, wirksame Breite 20 mm), die durch eine (imprägnierte) Papierzwischenlage (Dicke 20 µm, $\varepsilon_r = 3{,}6$) isoliert sind, hergestellt werden. Welche Folienlänge ist erforderlich?

Lösung:

$C = \varepsilon A/d, \quad A = bl, \quad C = \varepsilon bl/d$[2]$, \quad l = Cd/b\varepsilon = 3{,}13\ \text{m}.$

Aus diesem Zahlenbeispiel erkennt man, daß bereits 1 mF aus der Sicht der technischen Realisierung eine außerordentlich hohe Kapazität ist.

Wie schon erwähnt, sind Wirbel des magnetischen Feldes als Kennzeichen eines Stromflusses anzusehen. *Maxwell*[3]) hat als erster erkannt, daß das Gesetz der Stromkontinuität auch

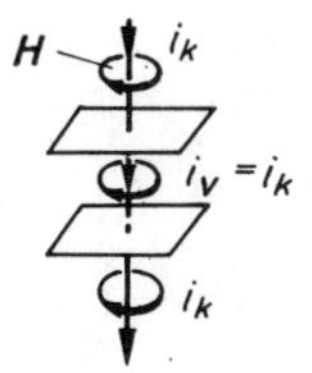

Bild 1.43. Stromkontinuität beim Kondensator (schematisch)

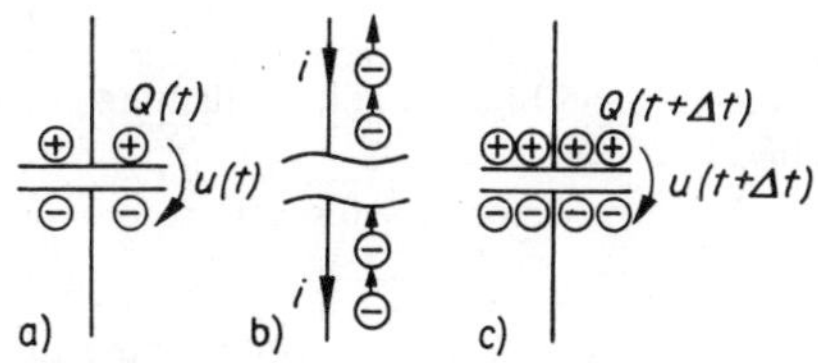

Bild 1.44. Änderung der Kondensatorladung durch Zu- bzw. Abtransport von Ladungen

[1] *Michael Faraday,* englischer Physiker, 1791–1867

[2] Durch Aufwickeln verdoppelt sich (bis auf die Außenlage) die Kapazität. (Beweis?)

[3] *James Clerk Maxwell,* englischer Physiker, 1831–1879

Gültigkeit besitzt, wenn der Stromkreis Dielektrika enthält. Den Strom, der nicht auf Ladungsträgertransport beruht, bezeichnet man als Verschiebungsstrom i_v. Demnach ist die Stromstärke des Verschiebungsstroms i_v im Nichtleiter gleich der Stromstärke des Konvektionsstroms i_K in der metallischen Zuleitung (Bild 1.43)

$$i_K = i_v = i \quad \text{(Stromkontinuität).} \tag{1.67}$$

Da durch den Nichtleiter keine Ladungsträger transportiert werden, erfolgt eine Änderung der Kondensatorladung nur durch die durch die Zuleitung an- bzw. abtransportierte Ladung:

$$\left.\begin{matrix}\text{in Zuleitung}\\ \text{transportierte}\\ \text{Ladung je Zeit-}\\ \text{einheit}\end{matrix}\right\} i_K = \left(\frac{dQ}{dt}\right)_L = \frac{dQ}{dt} \left\{\begin{matrix}\text{Änderung der im}\\ \text{Kondensator gespei-}\\ \text{cherten Ladung je}\\ \text{Zeiteinheit}\end{matrix}\right. \tag{1.68}$$

Diese Aussage ist im Bild 1.44 veranschaulicht. Daraus und aus Gl. (1.67) folgt

$$i = i_K = i_v = \frac{dQ}{dt} \quad \text{bzw. mit Gl. (1.65)} \tag{1.69}$$

$$i = \frac{d}{dt}(Cu). \tag{1.70}$$

Für konstantes C ergibt sich daraus die

Strom-Spannungs-Beziehung des idealen Kondensators $\quad i = C\dfrac{du}{dt}.$ (1.71)

Strom- und Spannungspfeil zeigen dabei (wie beim ohmschen Widerstand) stets in die gleiche Richtung (Bild 1.45). Bei Gleichspannung $u = U =$ konst. ist (nach Gl. 1.71) $i = 0$.

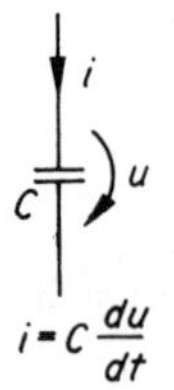

Bild 1.45. Strom-Spannungs-Beziehungen des idealen Kondensators

Durch einen idealen Kondensator fließt nur bei zeitlich veränderlicher Spannung ein Strom. Bei Gleichspannung kann er (für die Schaltungsberechnung) als Leitungsunterbrechung aufgefaßt werden.

Löst man Gl. (1.71) nach u auf, so entsteht

$$du = \frac{1}{C}\, i\, dt \quad \text{(1.72a)} \quad \text{bzw.} \quad u(t) = u(t_0) + \frac{1}{C}\int_{t_0}^{t} i\, dt. \tag{1.72b}$$

Beispiel:

Zu berechnen ist entsprechend Bild 1.46 die Aufladung eines Kondensators ($u(t_0)$ sei > 0) durch zeitweises Einschalten eines Stromes

$$i = I_0 \quad \text{für} \quad t_0 \leqq t \leqq t_1, \quad i = 0 \text{ sonst.} \tag{1.73}$$

Lösung:

Mit Gl. (1.72b) erhalten wir den Spannungsverlauf für $t \geqq t_0$ durch Integration

$$\begin{aligned} u(t) &= u(t_0) + \frac{I_0}{C}\int_{t_0}^{t} dt = u(t_0) + \frac{1}{C} I_0 (t - t_0) \quad \text{für} \quad t_0 \leqq t \leqq t_1,\\ u(t) &= u(t_0) + \frac{1}{C} I_0 (t_1 - t_0) \quad \text{für} \quad t_1 < t. \end{aligned} \tag{1.74}$$

Hinweis: Durch das Aufwickeln verdoppelt sich die Kapazität

Infolge der Speicherwirkung des Kondensators hängt $u(t)$ vom Anfangswert $u(t_0)$, d. h. von der Vorgeschichte ab. Als Analogon zum o. g. Problem sei das Füllen eines Wasserbehälters waagerechter Grundfläche und mit senkrechten seitlichen Begrenzungswänden genannt (Wasserstrom $\hat{=}$ i, Wasservolumen $\hat{=}$ Q, Wasserhöhe $\hat{=}$ u, Grundfläche $\hat{=}$ C, s. a. Abschn. 5.2.3.).

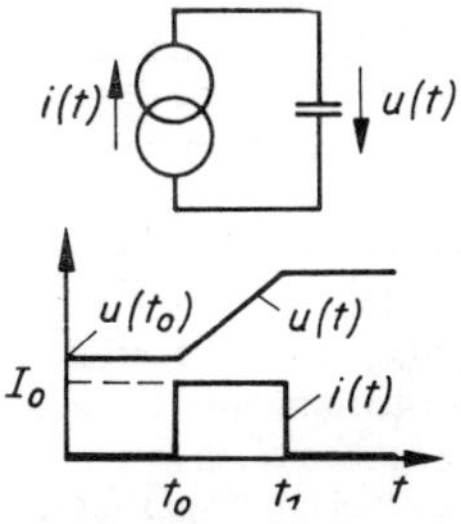

Bild 1.46. *Aufladung eines Kondensators durch einen Stromimpuls*

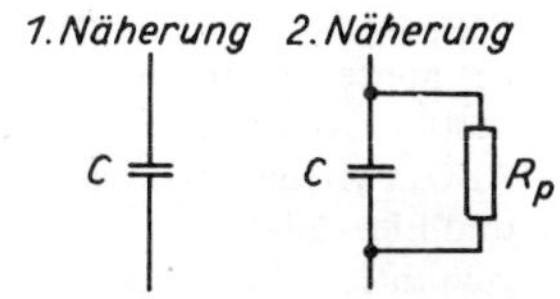

Bild 1.47. Ersatzschaltbilder eines technischen Kondensators

(zwei Modelle unterschiedlicher Genauigkeit)

Technische Kondensatoren. Sie lassen sich nur in erster Näherung durch den bisher behandelten idealen Kondensator beschreiben. In zweiter Näherung ist im Ersatzschaltbild ein Widerstand R_p parallel zu schalten (Bild 1.47). Er berücksichtigt den Leckwiderstand sowie die bei Wechselspannung auftretenden dielektrischen Verluste (s. Abschn. 3.5.1.) und kann im allgemeinen nicht als linearer Widerstand aufgefaßt werden.

Spannungsabhängige Kapazitäten. In manchen Fällen treten spannungsabhängige Kapazitäten $C(u)$ auf, so z. B. bei der Beschreibung des Zeitverhaltens von Dioden und Transistoren mit Hilfe sogenannter Ersatzschaltbilder.

Aus

$$i = \frac{\mathrm{d}Q}{\mathrm{d}t} = \frac{\mathrm{d}Q\,(u(t))}{\mathrm{d}t} = \frac{\mathrm{d}Q}{\mathrm{d}u}\,\frac{\mathrm{d}u}{\mathrm{d}t} \tag{1.75}$$

erkennt man, daß es sinnvoll ist, eine

$$\text{differentielle Kapazität} \quad C_\mathrm{d} = \frac{\mathrm{d}Q}{\mathrm{d}u} \tag{1.76}$$

zu definieren. Damit gilt im allgemeinen Fall

$$i = C_\mathrm{d}(u)\,\frac{\mathrm{d}u}{\mathrm{d}t}. \tag{1.77}$$

Für spannungsunabhängige Kapazitäten ist $C = C_\mathrm{d}$. Eine zu Gl. (1.77) gleichwertige Formulierung für nichtlineare Kapazitäten ist

$$i = \frac{\mathrm{d}Q}{\mathrm{d}t} = C\,\frac{\mathrm{d}u}{\mathrm{d}t} + u\,\frac{\mathrm{d}C}{\mathrm{d}t} = \left(C + u\,\frac{\mathrm{d}C}{\mathrm{d}u}\right)\frac{\mathrm{d}u}{\mathrm{d}t}. \tag{1.78}$$

1.7.2. Bauformen von Kondensatoren

Im Bild 1.48 sind die Schaltzeichen von Kondensatoren zusammengestellt. *Festkondensatoren* werden meist als zylindrischer Kondensatorwickel (Bild 1.49a) oder durch ebene Mehrlagen-

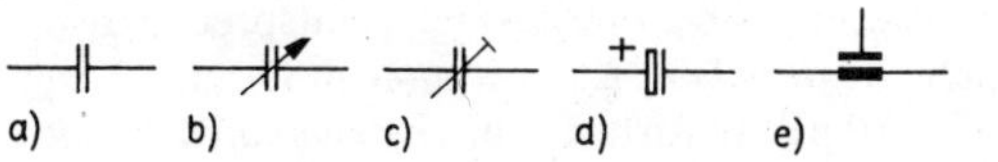

Bild 1.48. Schaltzeichen von Kondensatoren

a) Festkondensator (oder Kondensator allgemein); b) veränderbarer Kondensator; c) einstellbarer Kondensator (mit Schraubenzieher; Trimmer); d) gepolter Kondensator; e) Entstörkondensator (Durchführungskondensator)

Tafel 1.6. Kondensatortypen

Bezeichnung	Dielektrikum	Eigenschaften
Papierkondensatoren	imprägniertes Spezialpapier	niedrige Herstellungskosten
Metallpapierkondensatoren	imprägniertes Spezialpapier	kleine Abmessungen, kurzschlußsicher, selbstheilend bei Durchschlägen
Kunststoffoliekondensatoren	Polystyrolfolie Polyesterfolie	hohe Kapazitätskonstanz, geringe Verluste
Keramikkondensatoren	gesinterte keramische Stoffe (z. B. Epsilan)	hohe Kapazitätskonstanz, geringe Verluste, hohe Isolationswiderstände
Aluminium-Elektrolytkondensatoren	Al_2O_3 zwischen Al-Folie und Elektrolyt (z. T. aufgerauht)	große Kapazität bezogen auf Raumbedarf und Preis, instabil, hoher Reststrom, hohe Kapazitätstoleranz, *Zerstörung bei Verpolung*
Tantal-Elektrolytkondensatoren	Ta_2O_5	im Vergleich zu Al-Elkos höhere Kapazität je Volumen, höhere Zuverlässigkeit, kleinere Restströme und Verluste, kleinerer TK, aber hohe Herstellungskosten, *Zerstörung bei Verpolung*

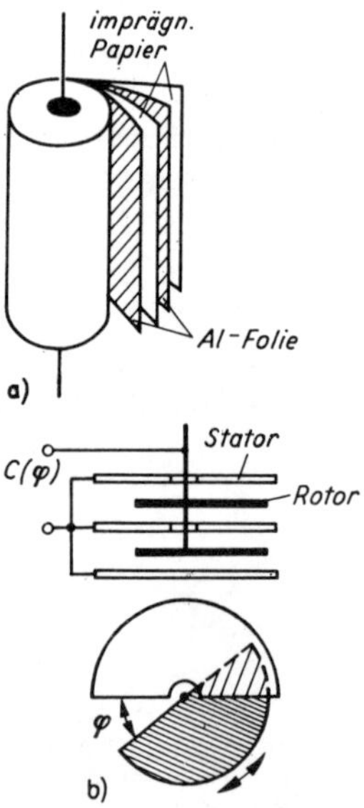

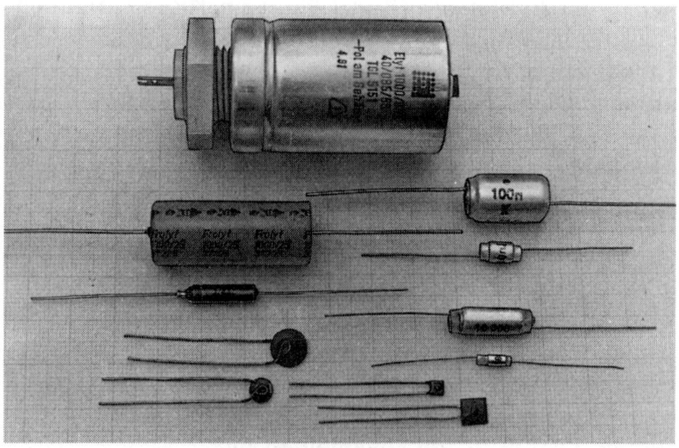

Bild 1.49. Kondensatoren

a) Wickelkondensator (mit Papier als Dielektrikum);
b) Drehkondensator mit Kreisplattenschnitt (schematisch);
c) einige Kondensatortypen (Foto: L. Benke)

anordnungen realisiert. Charakteristika von Festkondensatoren sind u. a. folgende (jeweils durch ein Zahlenbeispiel erläuterte) Größen: Kapazität (0,1 µF), Kapazitätstoleranz (±10%), Nennspannung (160 V), Prüfspannung (480 V), Betriebstemperaturbereich (−40 °C bis +70 °C), Temperaturkoeffizient der Kapazität ($\leqq 2{,}5 \cdot 10^{-3}$/K), Isolierwiderstand (< 12 GΩ), Verlustfaktor (bei 20 °C und 800 Hz: $\leqq 10 \cdot 10^{-3}$, siehe Abschnitt 3.5.1.), zeitliche Kapazitätsänderung im ersten Jahr (< ±3%). Tafel 1.6 gibt ohne Anspruch auf Vollständigkeit Aufschluß über einige Ausführungsformen. Die Nennkapazitäten liegen zwischen 0,01 pF und 10 µF (bzw. 4,7 mF für Elektrolytkondensatoren). Bei Elektrolytkondensatoren muß auf richtige Polung geachtet werden. Auch bei Kondensatoren sind nur diskrete, entsprechend der sogenannten E-Reihe gestaffelte Werte möglich. *Abgleichbare Kondensatoren* (Trimmer) werden mit Luft oder Keramik als Dielektrikum (2...80 pF) realisiert. Bei *veränderbaren Kondensatoren* (Drehkondensatoren entsprechend Bild 1.49b) dienen meist Luft oder Polystyrol als Dielektrikum (10...1000 pF). Einige Kondensatortypen sind im Bild 1.49c zusammengestellt.

1.8. Spulen

1.8.1. Induktionsgesetz und Maschensatz

Grundlage für das Verhältnis der Wirkungsweise von Spulen ist das Induktionsgesetz, dessen Bedeutung allerdings weit darüber hinausgeht. Bisher haben wir ruhende bzw. ohne Beschleunigung bewegte Ladungen als Ursache eines wirbelfreien elektrischen Feldes kennengelernt. Esperimentell läßt sich nachweisen, daß ein zeitlich veränderliches Magnetfeld stets von einem elektrischen Feld umwirbelt wird. Dieser Sachverhalt wird vom Induktionsgesetz

$$\oint \boldsymbol{E}\,\mathrm{d}\boldsymbol{s} = -\frac{\mathrm{d}\Phi}{\mathrm{d}t} \qquad (1.79)$$

beschrieben. Φ ist der magnetische Fluß mit der

Maßeinheit $[\Phi] = V \cdot s$ = Wb (Weber)[1]).

Er ist eine integrale Größe für die Stärke des Magnetfeldes, das von einer geschlossenen Linie, dem Integrationsweg, umfaßt wird. Ein Magnetfeld äußert sich u. a. in einer Kraftwirkung auf bewegte Ladungen bzw. Ströme sowie an den Grenzflächen ferromagnetischen Materials. Φ sowie allgemein Eigenschaften magnetischer Felder werden im Abschnitt 7. näher beschrieben. Definiert man als

induzierte[2]) Spannung $u_\mathrm{i} = -\oint \boldsymbol{E}\,\mathrm{d}\boldsymbol{s}$, (1.80)

so lautet das

Induktionsgesetz $u_\mathrm{i} = \dfrac{\mathrm{d}\Phi}{\mathrm{d}t}$. (1.81)

Die längs einer geschlossenen Linie induzierte Spannung ist gleich dem zeitlichen Differentialquotienten des umfaßten magnetischen Flusses. Die positive Zählrichtung von u_i (bzw. die Richtung von $\mathrm{d}\boldsymbol{s}$) ist dabei mit der von Φ über die Rechtsschraubenregel verknüpft (Bild 1.50). Für $\mathrm{d}\Phi/\mathrm{d}t > 0$ ist $u_\mathrm{i} = \mathrm{d}\Phi/\mathrm{d}t = -\oint \boldsymbol{E}\,\mathrm{d}\boldsymbol{s} > 0$, d. h. $\oint \boldsymbol{E}\,\mathrm{d}\boldsymbol{s} < 0$. Demnach wird ein zunehmender magnetischer Fluß von einer elektrischen Feldstärke umwirbelt, deren Richtung mit der positiv definierten Zählrichtung von Φ entgegen der Rechtsschraubenregel verknüpft ist (Bild 1.51).

Eine positive Ladung Q würde also wegen $\boldsymbol{F} = Q\boldsymbol{E}$ eine Kraft in $\boldsymbol{E}$-Richtung erfahren. Eine Vektorgröße zur Charakterisierung eines magnetischen Feldes ist die Flußdichte $\boldsymbol{B}$. Speziell für eine von einem ho-

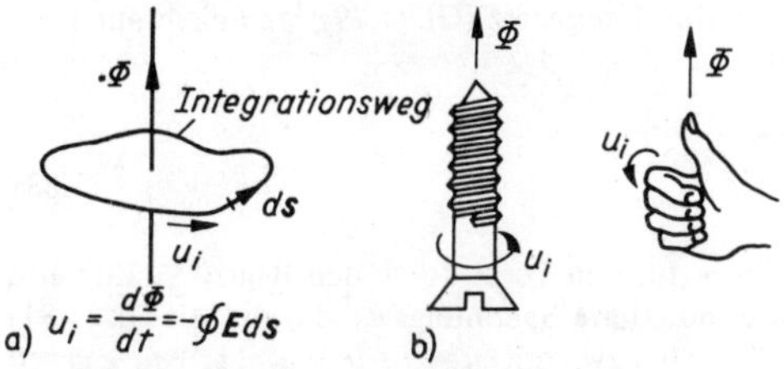

Bild 1.50. Rechtsschraubenregel zwischen magnetischem Fluß Φ und induzierter Spannung u_i beim Induktionsgesetz

a) von Φ durchsetzter Integrationsweg sowie positive Zählrichtung von Φ und u_i bzw. $\mathrm{d}\boldsymbol{s}$; b) zwei Darstellungsvarianten zur Rechtsschraubenregel

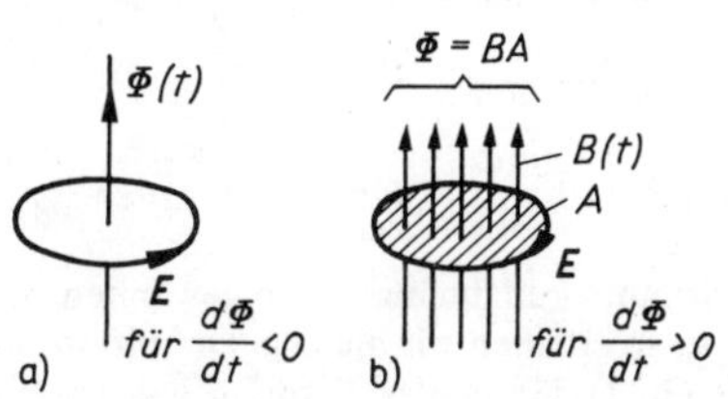

Bild 1.51. Feld- und Spannungsinduktion bei Änderung des magnetischen Flusses

a) elektrische Feldlinie (für Zylindersymmetrie des Magnetfeldes) bei Flußabnahme; b) Feldlinie (für Zylindersymmetrie des Magnetfeldes) bei Flußzunahme sowie Zusammenhang zwischen Φ und B bei einer Fläche A, die senkrecht von einem homogenen Magnetfeld durchsetzt wird

[1]) *Wilhelm Eduard Weber*, deutscher Physiker, 1804–1891

[2]) inducere (lat.) – einführen

mogenen Feld durchsetzte Fläche A steht ihr Betrag mit dem Fluß in dem Zusammenhang $\Phi = BA$. Um an einem Punkt A im Bezugssystem eine zeitveränderliche magnetische Flußdichte $\boldsymbol{B}$ zu erzeugen, kann man z. B. eine Relativbewegung eines Permanentmagneten (Bild 1.52a) erzeugen oder auch die Stärke eines Stromes ändern. Im Bild 1.52b ist als Beispiel ein zu mehreren Windungen aufgewickelter Metalldraht, eine Spule, dargestellt, durch den ein Strom $i(t)$ fließt. Der Integrationsweg I im Bild 1.52b wurde so gewählt, daß ihn der gesamte von der Spule erzeugte Fluß Φ durchsetzt, während z. B. der Integrationsweg II nur von einem Teil des Gesamtflusses durchsetzt wird. Bei der Integration entlang eines beliebig im Raum liegenden geschlossenen Weges hängt der Wert des Linienintegrals $\oint \boldsymbol{E}\,\mathrm{d}\boldsymbol{s}$ von der zeitlichen Änderung des umfaßten magnetischen Flusses ab. Für $\mathrm{d}\Phi/\mathrm{d}t \neq 0$ gilt nach Gl. (1.79)

$$\int_{\mathrm{A(Weg\ 1)}}^{\mathrm{B}} \boldsymbol{E}\,\mathrm{d}\boldsymbol{s} + \int_{B(Weg\ 2)}^{\mathrm{A}} \boldsymbol{E}\,\mathrm{d}\boldsymbol{s} \neq 0.$$

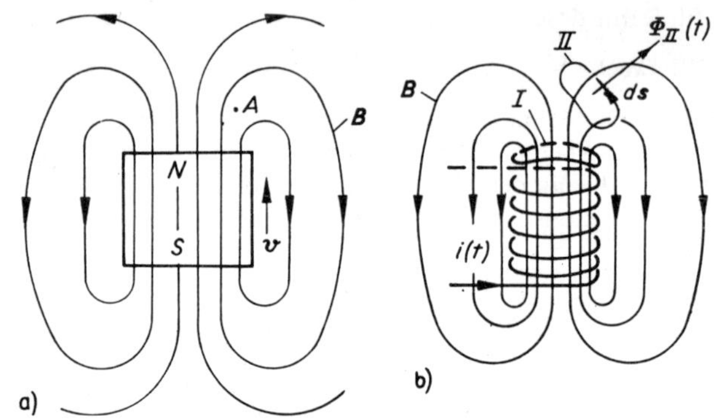

Bild 1.52. Beispiele zur Erzeugung eines sich ändernden magnetischen Flusses

a) $\Phi(t)$ durch Bewegung zwischen Permanentmagnet und Aufpunkt A; b) $\Phi(t)$ bei zeitveränderlichem Strom durch eine Spule

Damit ist $\int_{\mathrm{A}}^{\mathrm{B}} \boldsymbol{E}\,\mathrm{d}\boldsymbol{s}$ (s. Bild 1.53a) nicht mehr wegunabhängig. Bei zeitlicher Änderung eines Magnetfeldes liegt also kein elektrisches Potentialfeld mehr vor, da dieses durch $\oint \boldsymbol{E}\,\mathrm{d}\boldsymbol{s} = 0$ charakterisiert ist (siehe Abschn. 1.4.1.). Die Beibehaltung des Spannungsbegriffs in der Form

$$u_{\mathrm{AB}} = \int_{\mathrm{A}}^{\mathrm{B}} \boldsymbol{E}\,\mathrm{d}\boldsymbol{s} \tag{1.82}$$

ist aber nach wie vor möglich, wenn man den Integrationsweg dazu angibt. Für den im Bild 1.53b vorausgesetzten Fall können wir mit $u_1 = \int_1^2 \boldsymbol{E}\,\mathrm{d}\boldsymbol{s}$ usw. das Induktionsgesetz (Gl. (1.79)) demnach auch folgendermaßen formulieren

$$\oint \boldsymbol{E}\,\mathrm{d}\boldsymbol{s} + \frac{\mathrm{d}\Phi}{\mathrm{d}t} = u_1 + u_2 - u_3 + u_4 + \frac{\mathrm{d}\Phi}{\mathrm{d}t} = 0. \tag{1.83}$$

Benutzen wir nun – unabhängig vom gewählten Beispiel – für den Term $\mathrm{d}\Phi/\mathrm{d}t$ den Begriff „induzierte Spannung“ u_i, so erhalten wir die o. g. Definition für die induzierte Spannung: $u_i = \mathrm{d}\Phi/\mathrm{d}t$. Mit Gl. (1.81) können wir Gl. (1.83) in der Form $u_1 + u_2 - u_3 + u_4 + u_i = 0$ bzw. mit $u_i = u_5$, $u_1 + u_2 - u_3 + u_4 + u_5 = 0$ schreiben.

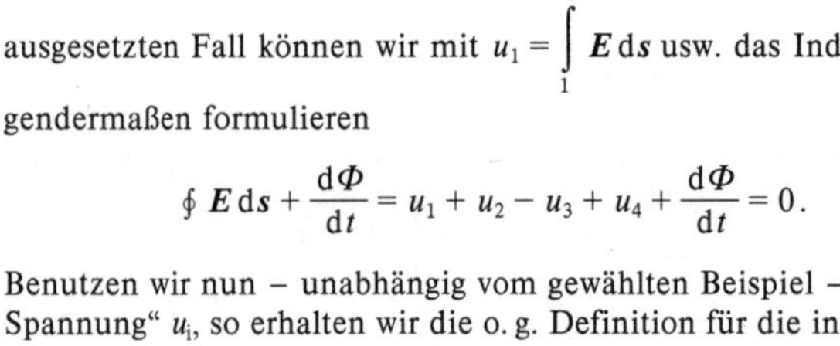

Bild 1.53. Linienintegral im elektrischen Wirbelfeld

a) $\int_{\mathrm{A(Weg\ 1)}}^{B} \boldsymbol{E}\,\mathrm{d}\boldsymbol{s} \neq \int_{A(\mathrm{Weg\ 2})}^{B} \boldsymbol{E}\,\mathrm{d}\boldsymbol{s}$ für $\frac{\mathrm{d}\Phi}{\mathrm{d}t} \neq 0$

b) Beispiel zum Maschensatz (s. Gl. (1.83)) bei Spannungsinduktion

Verallgemeinern wir diesen Gedankengang, so entsteht wiederum der Maschensatz $\sum_{\nu} = u_\nu = 0$.

Darin ist die induzierte Spannung enthalten. Um die Wirkung des Induktionsgesetzes zu veranschaulichen, werden einige Beispiele betrachtet:

a) geschlossener Metalldraht im veränderlichen Magnetfeld (Bild 1.54)

Durch $\mathrm{d}\Phi/\mathrm{d}t$ wird ein elektrisches Feld im Draht induziert, das einen Strom i hervorruft. Aus dem Ersatzschaltbild der Anordnung erhält man mit $u + u_i = 0$, $u_i = \mathrm{d}\Phi/\mathrm{d}t$ und $u = Ri$ für diesen Strom

$$i = -\frac{u_i}{R} = -\frac{1}{R}\frac{\mathrm{d}\Phi}{\mathrm{d}t}.$$

An dieser Stelle sei noch einmal betont, daß Φ natürlich auch von i abhängt, da der induzierte Strom das insgesamt wirksame Magnetfeld beeinflußt. Im Ersatzschaltbild werden der verteilte Widerstand des Drahtes und die entlang des Drahtes induzierte Spannung jeweils durch ein konzentriertes Bauelement dargestellt. Das Ersatzschaltbild gibt demnach keinen Aufschluß mehr über die örtliche Verteilung von $\boldsymbol{E}$ bzw. Spannungen. Falls man die positive Zählrichtung für u_i nicht nach der Rechtsschraubenregel wählt, so müßte man $u_i = -\mathrm{d}\Phi/\mathrm{d}t$ schreiben.

b) unterbrochener Metalldraht im veränderlichen Magnetfeld (Bild 1.55)

Der Maschensatz lautet $u_i + u - u_{AB} = 0$ bzw. $u_{AB} = \mathrm{d}\Phi/\mathrm{d}t + u$. Da der Stromkreis unterbrochen ist, gilt $i = 0$ und damit $u = iR = 0$, d. h.,

$$u_{AB} = \frac{\mathrm{d}\Phi}{\mathrm{d}t} \quad \text{oder} \quad u_{BA} = -\frac{\mathrm{d}\Phi}{\mathrm{d}t}. \tag{1.84}$$

Die gesamte induzierte Spannung tritt zwischen den Klemmen A und B auf, da die Spannung von B nach A (im Metall) verschwindet.

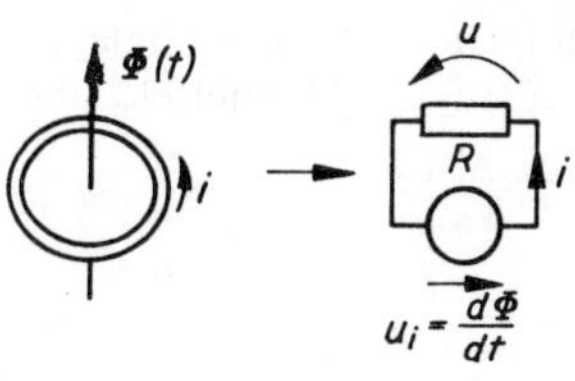

Bild 1.54. Geschlossener Metalldraht im Magnetfeld sowie Ersatzschaltung

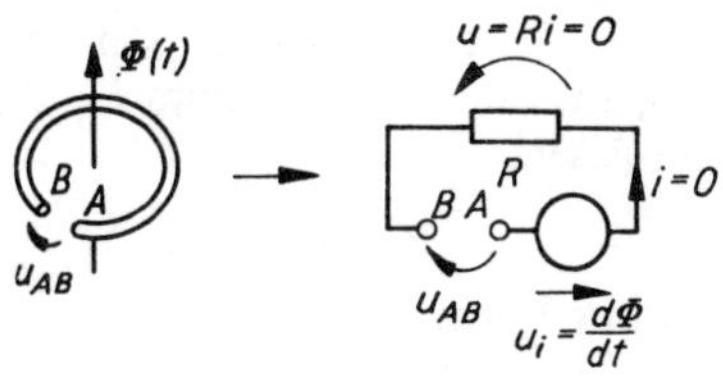

Bild 1.55. Unterbrochener Metalldraht im Magnetfeld sowie Ersatzschaltung

c) Spule im veränderlichen Magnetfeld (Bild 1.56a)

Der Maschensatz für eine Spule mit w Windungen lautet:

$$\sum_{\nu=1}^{w}\left(\frac{\mathrm{d}\Phi}{\mathrm{d}t}\right)_\nu + u - u_{AB} = 0 \tag{1.85}$$

Für Bild 1.56a ist z. B. $w = 5$. Wird dabei berücksichtigt, daß die Spannungen in den einzelnen Windungen vom gleichen magnetischen Fluß Φ durchsetzt werden, so gilt

$$u_i = \sum_{\nu=1}^{w}\left(\frac{\mathrm{d}\Phi}{\mathrm{d}t}\right)_\nu = w\frac{\mathrm{d}\Phi}{\mathrm{d}t} \tag{1.86}$$

$$u_{AB} = w\frac{\mathrm{d}\Phi}{\mathrm{d}t} + Ri. \tag{1.87}$$

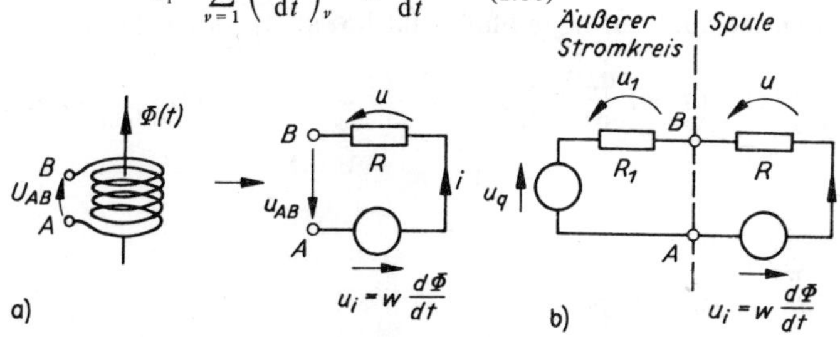

Bild 1.56. Ersatzschaltung einer Spule im Magnetfeld

a) von einem Magnetfeld durchsetzte Spule; b) von einem Magnetfeld durchsetzte Spule als Bestandteil eines Stromkreises

d) Spule als Bestandteil eines Stromkreises (Bild 1.56 b)

Als letztes Beispiel wird eine in einen speziellen Stromkreis eingefügte Spule betrachtet. Hier lautet der Maschensatz für das Ersatzschaltbild 1.56 b

$$-u_q + u_i + u + u_1 = 0, \tag{1.88}$$

$$-u_q + u_i + (R + R_1)\, i = 0. \tag{1.89}$$

Wir setzen dabei voraus, daß die Flußänderung im Stromkreis außerhalb der Spule vernachlässigt werden kann. Ersetzt man die äußere Spannungsquelle u_q durch einen Kurzschluß, so stellt Bild 1.56 b die Ersatzschaltung eines Generators dar, bei dem die durch die zeitliche Änderung des Magnetflusses induzierte Spannung einen Strom durch den Lastwiderstand R_1 treibt.

Ein Magnetfeld kann – wie schon erwähnt – durch einen Permanentmagneten und/oder einen Strom (Konvektions-/Verschiebungsstrom) erzeugt werden. Die Entstehung einer induzierten Spannung längs eines geschlossenen Weges setzt die zeitliche Änderung des umfaßten Flusses voraus. Demnach sind folgende Ursachen – natürlich auch in Kombination – für das Auftreten einer induzierten Spannung bzw. elektrischen Feldstärke möglich:

- zeitlich veränderliche Ströme
- bewegte Permanentmagnete bzw. bewegtes ferromagnetisches Material, das ein bereits vorhandenes Magnetfeld beeinflußt
- Bewegung des betrachteten Bezugssystems (Linie oder Draht oder Spule usw.) durch ein zeitlich konstantes, aber örtlich veränderliches oder zeitlich und örtlich veränderliches Magnetfeld

Bei der Erzeugung einer induzierten Spannung durch zeitlich veränderliche Ströme ist zwischen der Gegeninduktion und der Selbstinduktion zu unterscheiden. Der Begriff der Gegeninduktion beschreibt die induktive Verkettung zweier Stromkreise über das Magnetfeld (s. Abschn. 7.7.4.). Unter Selbstinduktion versteht man – wie der folgende Abschnitt belegt – die Verkettung zwischen einem Strom i und dem von ihm selbst erzeugten Magnetfeld über das Induktionsgesetz.

1.8.2. Induktivität

Die Definition der Selbstinduktivität (kurz Induktivität) einer Spule lautet:

$$L = \frac{\sum_{\nu=1}^{w} \Phi_\nu}{i} \tag{1.90}$$

Φ_ν: von i erzeugter magnetischer Fluß in der ν-ten Windung

Unter der Voraussetzung, daß alle w Windungen vom gleichen Fluß durchsetzt werden, folgt für die

$$\text{Induktivität} \quad L = \frac{w\Phi}{i} \quad [L] = \text{V} \cdot \text{s/A} = \text{H (Henry)}^{1)}. \tag{1.91}$$

Φ ist dabei der vom Strom i durch die Spule erzeugte Fluß (Bild 1.57 a). Mit $w\Phi = Li$ entsteht

$$u_i = u = w\frac{d\Phi}{dt} = \frac{d}{dt}(Li) = \left(L + i\frac{dL}{di}\right)\frac{di}{dt}. \tag{1.92}$$

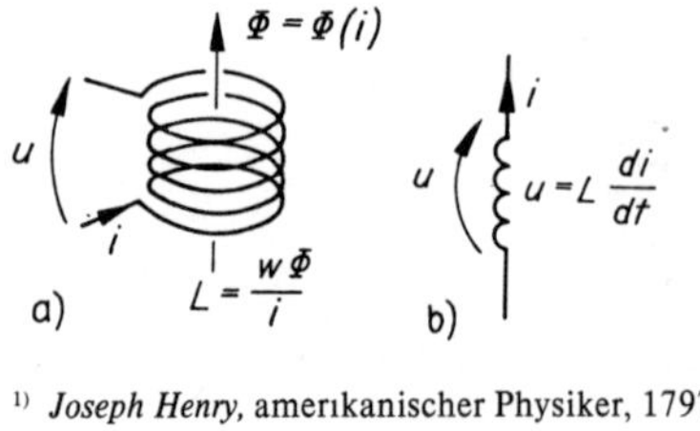

Bild 1.57. Spule

a) Definition der Induktivität;
b) Schaltungssymbol und Strom-Spannungs-Beziehung

[1] *Joseph Henry,* amerikanischer Physiker, 1797–1878

Für stromunabhängiges L ergibt sich also die

Strom-Spannungs-Beziehung der Spule $u = L\frac{\mathrm{d}i}{\mathrm{d}t}$. (1.93)

Strom- und Spannungszählpfeil zeigen in die gleiche Richtung (Bild 1.57b). Bei stromabhängiger Induktivität kann man außer Gl. (1.92) wegen $\Phi = \Phi\,(i(t))$ auch

$$u = \frac{\mathrm{d}}{\mathrm{d}t}(w\Phi) = \frac{\mathrm{d}\,(w\Phi)}{\mathrm{d}i}\,\frac{\mathrm{d}i}{\mathrm{d}t} \qquad (1.94)$$

ableiten. Definiert man die

differentielle Induktivität $L_\mathrm{d} = w\frac{\mathrm{d}\Phi}{\mathrm{d}i}$, (1.95)

so erhält man aus Gl. (1.94) für beliebige Stromabhängigkeit von L

$$u = L_\mathrm{d}\frac{\mathrm{d}i}{\mathrm{d}t}. \qquad (1.96)$$

Für stromunabhängiges L gilt natürlich $L = L_\mathrm{d}$. Dieser Fall wird im folgenden stets vorausgesetzt, falls es nicht ausdrücklich anders angegeben ist. Will man Gl. (1.93) nach i auflösen, so muß man sie umstellen und integrieren. Aus $\mathrm{d}i = u\,\mathrm{d}t/L$ erhält man

$$i(t) = i(t_0) + \frac{1}{L}\int_{t_0}^{t} u\,\mathrm{d}t. \qquad (1.97)$$

Bei Gleichstrom $i = I$ ist nach Gl. (1.93) $u = 0$.

An einer idealen Spule tritt nur bei zeitveränderlichem Strom eine von Null verschiedene Spannung auf. Bei Gleichstrom kann die ideale Spule (für die Schaltungsberechnung) als ideale Leitung (Kurzschluß) aufgefaßt werden.

Beispiel:

An einer Spule mit der Induktivität $L = 0{,}1$ mH wird der im Bild 1.58a dargestellte dreieckförmige Stromverlauf gemessen. $u(t)$ ist zu berechnen.

$u = L\,\mathrm{d}i/\mathrm{d}t$ kann wegen des stückweise linearen Verlaufs von i für $10\,\mu\mathrm{s} < t < 15\,\mu\mathrm{s}$ und $15\,\mu\mathrm{s} < t < 40\,\mu\mathrm{s}$ jeweils durch $u = L\,\Delta i/\Delta t$ ersetzt werden. Dem Leser wird empfohlen, das im Bild 1.58b dargestellte Ergebnis zu überprüfen.

Für die Dimensionierung von Spulen erweist sich die Einführung des Begriffs

magnetischer Widerstand $R_\mathrm{m} = \frac{wi}{\Phi}$ (1.98)

als zweckmäßig. Damit erhält man mit $L = w\Phi/i$ die

Bemessungsgleichung $L = \frac{w^2}{R_\mathrm{m}} = w^2 a_\mathrm{L}$. (1.99)

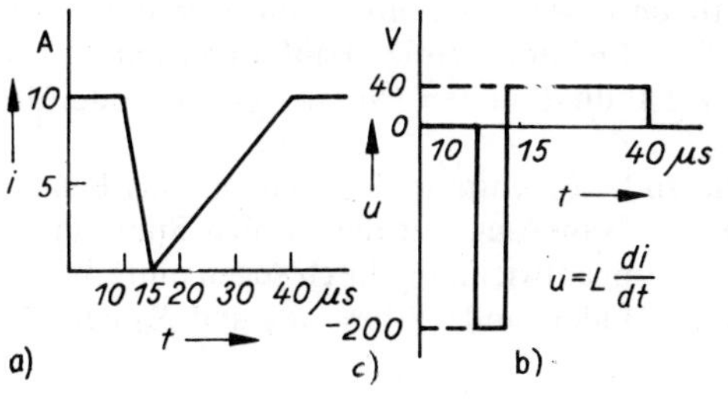

Bild 1.58
Beispiel zum Strom-Spannungs-Verhalten einer Spule
a) gemessener Stromverlauf;
b) berechnete Spannung

Den zu R_m reziproken Wert a_L bezeichnet man als Induktivitätsfaktor. Die Grundlagen zur Berechnung magnetischer Kreise werden im Abschnitt 7. dargelegt. An dieser Stelle seien ohne Beweis Näherungen für die magnetischen Widerstände einer Luftspule (Bild 1.59)

$$R_m = \frac{l}{\mu_0 A} \tag{1.100}$$

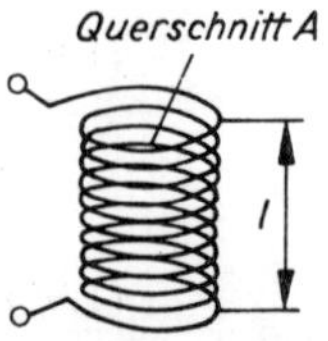

Bild 1.59. Spule ohne Eisenkern (Luftspule)

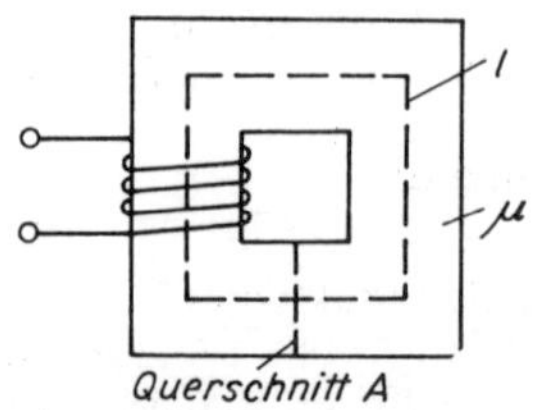

Bild 1.60. Spule mit Eisenkern

sowie einer Spule mit Eisenkern (Bild 1.60)

$$R_m = \frac{l}{\mu A} \tag{1.101}$$

angegeben. R_m hängt von den geometrischen Daten (Länge l, Querschnitt A) und der Permeabilität μ ab. Die *Permeabilität* kann in der Form

$$\mu = \mu_r \mu_0 \quad \text{mit} \quad \mu_0 = 4\pi \cdot 10^{-7}\ \mathrm{V \cdot s/(A \cdot m)} \tag{1.102}$$

dargestellt werden. μ_0, die *absolute Permeabilität* ist eine Naturkonstante. μ_r, die *relative Permeabilität* charakterisiert die magnetischen Eigenschaften des Materials. Für Vakuum ist $\mu_r = 1$. Man unterscheidet

diamagnetische Stoffe mit $\mu_r \lessapprox 1$
z. B. Edelgase, Zink, Gold, Quecksilber; Wismut, Gallium
paramagnetische Stoffe mit $\mu_r \gtrapprox 1$ (s. Tafel 1.7)
z. B. O_2, NO, Platin (sowie Eisen, Kobalt, Nickel, oberhalb der Curie-Temperatur)
ferromagnetische Stoffe mit $\mu_r \gg 1$ ($\mu_r = \ldots 10^2 \ldots 10^4 \ldots$), μ_r, feldstärkeabhängig und Hystereseeigenschaft, z. B. Eisen, Kobalt, Nickel (s. Abschn. 7.3. und 7.8.).

Tafel 1.7
Relative Permeabilität μ_r einiger nichtferromagnetischer Stoffe

Diamagnetische Stoffe		Paramagnetische Stoffe	
Stoff	μ_r	Stoff	μ_r
Kupfer	$1 - 10 \cdot 10^{-6}$	Aluminium	$1 + 22 \cdot 10^{-6}$
Silber	$1 - 19 \cdot 10^{-6}$	Platin	$1 + 360 \cdot 10^{-6}$
Wismut	$1 - 170 \cdot 10^{-6}$	Luft	$1 + 0{,}4 \cdot 10^{-6}$
Wasser	$1 - 9 \cdot 10^{-6}$		

Nach den Gln. (1.99) und (1.101) ist die Induktivität einer Spule um so höher, je höher die Windungszahl w und die Permeabilität μ sind. Bild 1.61 zeigt einige Bauformen induktiver Bauelemente. Angewendet werden auch gedruckte Induktivitäten (spiral- oder mäanderförmige Metallschicht auf isoliertem Substrat).

Die Schaltzeichen von Induktivitäten können Bild 1.62 entnommen werden. Das Ersatzschaltbild einer technischen Spule ist in der ersten Näherung mit der idealen Spule identisch. In zweiter bzw. dritter Näherung wird die Wärmeentwicklung durch sogenannte Wicklungs- und Kernverluste (s. Abschn. 7.8.) durch die Widerstände R bzw. R_W und R_K berücksichtigt (Bild 1.63). Bei Luftspulen entfällt R_K.

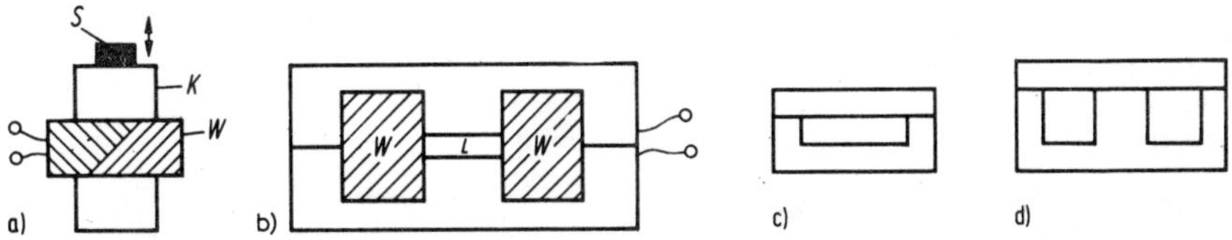

Bild 1.61. Bauformen von Spulen

a) HF-Kreuzwickelspule (kapazitätsarm) mit Ferrit-Schraubkern (a-Kern, S Schraubkern, W Wicklung) geeignet für Induktivitätseinstellung durch Einstellung des Schraubkerns; b) HF-Spule mit Ferrit-Schraubkern (W Wicklung, L Luftspalt); c) Kern mit U-I-Schnitt, z. B. für Netzfrequenzspule); d) Kern mit E-Z-Schnitt, z. B. für Netzfrequenzspule

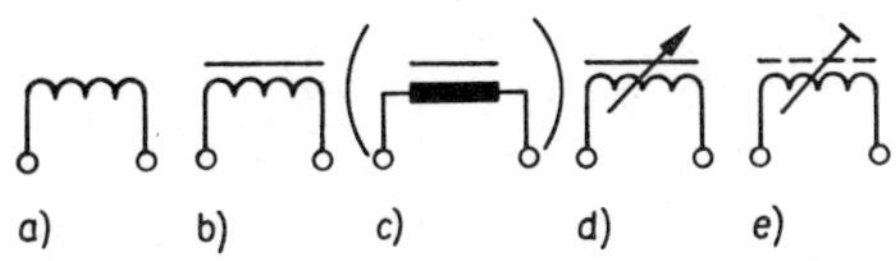

Bild 1.62. Schaltzeichen von Spulen

a) Spule (allgemein sowie Luftspule); b) Spule mit ferromagnetischem Kern; c) Spule mit ferromagnetischem Kern (veraltet!) d) stufenlos regelbare Spule mit ferromagnetischem Kern; e) Spule mit einstellbarem Massekern

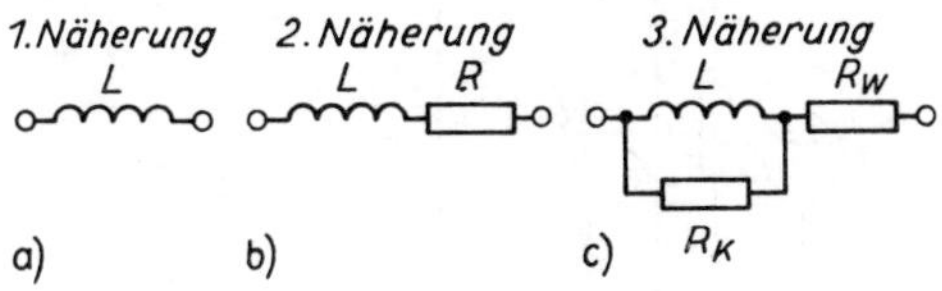

Bild 1.63. Ersatzschaltbilder einer Spule mit ferromagnetischem Kern (drei Modelle unterschiedlicher Genauigkeit)

Beispiel:

Auf einen Eisenkern mit dem Induktivitätsfaktor $a_L = 2$ nH soll eine Spule gewickelt werden. Welche Windungszahl ist für $L \approx 6$ µH zu wählen?

Aus $L = w^2 a_L$ folgt $w = \sqrt{L/a_L}$ und zahlenmäßig $54{,}8 \approx 55$. Mit 55 Windungen ergibt sich $L = 6{,}05$ µH.

1.9. Ersatzschaltbilder aktiver Bauelemente

1.9.1. Spannungs- und Stromquellenersatzschaltbilder aktiver Zweipole

Ein Zweipol, der aus der Reihenschaltung einer idealen Spannungsquelle mit einem ohmschen Widerstand besteht (Bild 1.64), kann als *Spannungsquellen-Ersatzschaltbild* bezeichnet werden. Diese Ersatzschaltung beschreibt u. a. das Verhalten einer *technischen Spannungsquelle* (z. B. einer elektrochemischen Spannungsquelle oder eines dynamoelektrischen Generators), d. h. das Absinken der Klemmenspannung mit steigendem Klemmenstrom. Im Bild 1.64a ist die Zusammenschaltung einer Spannungsquellen-Ersatzschaltung mit einem Zweipol dargestellt, der beliebige Elemente enthalten darf. Aus der

$$\text{Maschengl. } u = u_l - R_i i \tag{1.103}$$

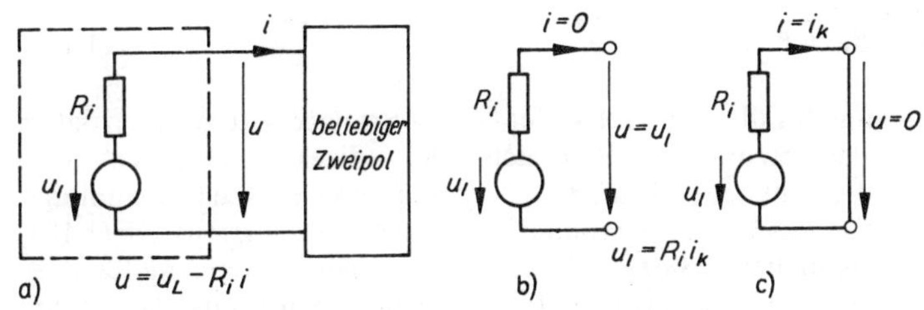

Bild 1.64. Spannungsquellen-Ersatzschaltbild eines aktiven Zweipols

a) Zusammenschaltung mit einem beliebigen Zweipol; b) Leerlaufbetrieb; c) Kurzschlußbetrieb

folgen

die Leerlaufspannung $u = u_l$ für $i = 0$ (1.104)

der Kurzschlußstrom $i = i_k = u_l/R_i$ für $u = 0$. (1.105)

Der Innenwiderstand $R_i = u_l/i_k$ (1.106)

ist der Quotient aus Leerlaufspannung und Kurzschlußstrom. Die Leerlaufspannung tritt bei leerlaufenden Klemmen auf (Bild 1.64 b). Der Kurzschlußstrom fließt bei Kurzschluß der Klemmen mit einem Kurzschlußbügel (Bild 1.64 c).

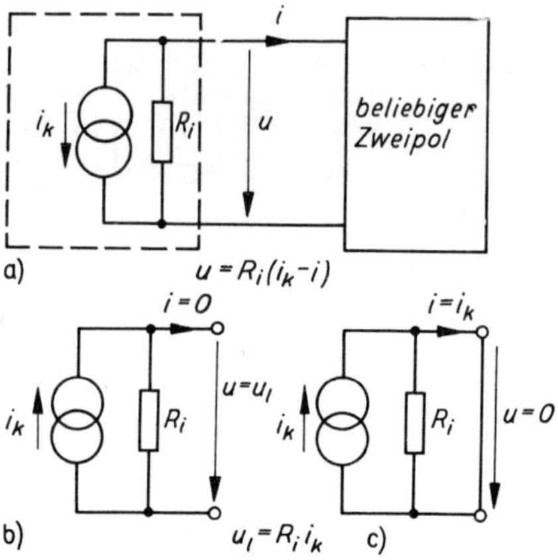

Bild 1.65. Stromquellen-Ersatzschaltbild

a) Zusammenschaltung mit einem beliebigen Zweipol; b) Leerlaufbetrieb; c) Kurzschlußbetrieb

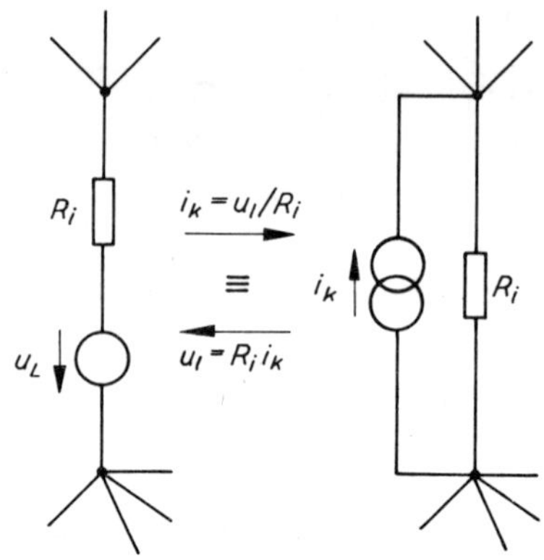

Bild 1.66. Äquivalenz des Spannungs- und des Stromquellen-Ersatzschaltbildes bezüglich des Klemmenverhaltens

Aus Bild 1.65 a ist die Struktur einer Stromquellen-Ersatzschaltung ersichtlich. Es gilt mit dem Knotensatz

$$u = R_i\,(i_k - i) = R_i i_k - R_i i. \tag{1.107}$$

Die Leerlaufspannung u_l tritt für $i = 0$ auf, d. h., $u_l = i_k R_i$ und damit $u = u_l - R_i i$ (Bild 1.65 b). Der Kurzschlußstrom ist (wegen $u = 0$) identisch mit dem Quellenstrom i_k der idealen Stromquelle (Bild 1.65 c).

Fordert man die Identität des Klemmenverhaltens einer Spannungsquellen- (Index 1) und einer Stromquellen-Ersatzschaltung (Index 2), so sind

$$u = u_{l1} - R_{i1} i \quad \text{und} \quad u = R_{i2} i_{k2} - R_{i2} i \tag{1.108}$$

für beliebige i gleichzusetzen. Aus Gl. (1.108) folgt mit $i = 0$ bzw. $i \neq 0$

$$i_{k2} = \frac{u_{l1}}{R_{i2}} \quad \text{bzw.} \quad R_{i1} = R_{i2}. \tag{1.109}$$

Gl. (1.109) ist also die Bedingung für die Äquivalenz der beiden Ersatzschaltungen bezüglich ihres Klemmenverhaltens (Voraussetzung: $R_i > 0$, endlich). Die Indizes zur Unterscheidung können entfallen, so daß Bild 1.66 entsteht. Für $R_i \ll u/i$ bevorzugt man meist das Spannungsquellen-Ersatzschaltbild und für $R_i \gg u/i$ das Stromquellen-Ersatzschaltbild. Aus Gl. (1.103) für das Spannungs- bzw. Stromquellen-Ersatzschaltbild erkennt man, daß die i-u-Relation dieser Zweipole eine Gerade ist. Um sie zu zeichnen, trägt man entsprechend (Gl. (1.104) auf der u-Achse ($i = 0$) die Leerlaufspannung u_l ein sowie auf der i-Achse ($u = 0$) entsprechend Gl. (1.105) den Kurzschlußstrom und verbindet diese beiden Punkte (Bild 1.67). Zum Vergleich sind außerdem die *i-u*-Relationen idealer Spannungs- bzw. Stromquellen eingetragen, die sich im Grenzfall $R_i = 0$ bzw. $R_i \to \infty$ ergeben.

Bei technischen Spannungs- bzw. Stromquellen kann der Innenwiderstand oft nur in bestimmten Bereichen als konstant angesehen werden.

Abschließend sei hervorgehoben:

Durch Spannungs- bzw. Stromquellenersatzschaltbilder kann man beliebige aus Quellen und Widerständen bestehende lineare Zweipole bezüglich ihres Klemmenverhaltens (auch in nichtlinearen Schaltungen) ersetzen (siehe Abschnitt 2.5.2.2.).

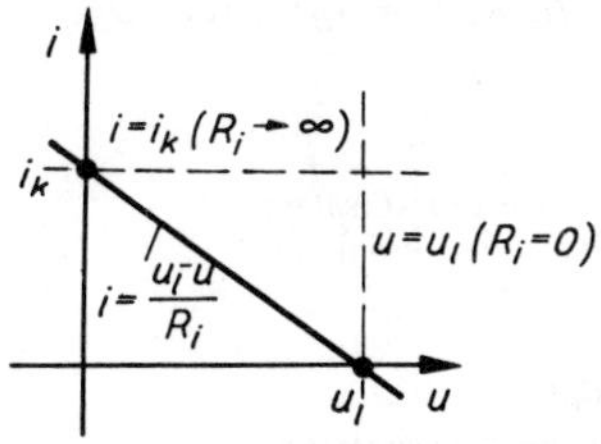

Bild 1.67. Strom-Spannungs-Beziehung eines aktiven Zweipols nach Bild 1.66. (gestrichelt: ideale Spannungs- bzw. Stromquelle)

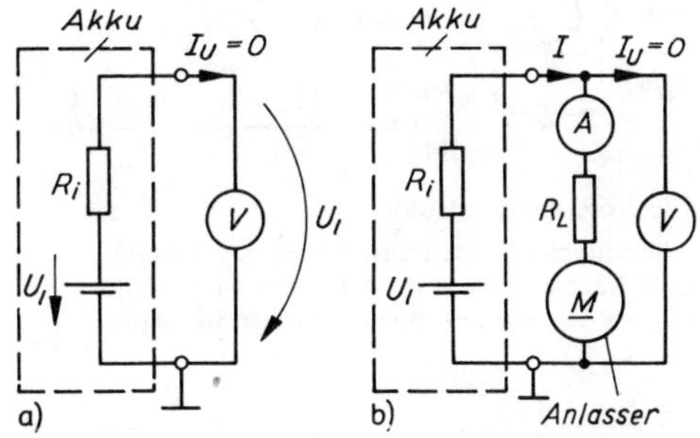

Bild 1.68
a) zur Messung der Leerlaufspannung an einem Akkumulator; b) zur Messung der Klemmspannung und des -stromes beim Anlaßvorgang eines Kfz

Beispiel:

An eine technische Spannungsquelle wird ein Verbraucher angeschlossen, der als ohmscher Widerstand R_a aufgefaßt werden kann. Welcher Strom fließt?

Lösung:

$$U = U_l - R_i I, \quad I = U/R_a, \quad I = U_l/(R_i + R_a). \tag{1.110}$$

Beispiel:

An den Klemmen eines Akkumulators eines Kfz wird mit einem hochohmigen Voltmeter (Eingangswiderstand $R_v \gg R_i$) eine Leerlaufspannung von 12,5 V bestimmt. Beim Anlassen werden eine Klemmenspannung von 11 V sowie ein Strom von 200 A gemessen. Geben Sie die Ersatzschaltbilder an und berechnen Sie den Innenwiderstand R_i und Kurzschlußstrom I_k des Akkumulators.

Lösung:

Die Ersatzschaltbilder sind aus Bild 1.68 ersichtlich. R_L ist der Widerstand der Zuleitung.

$$U = U_i - R_i I, \quad R_i = \frac{U_l - U}{I} = 7{,}2\ \text{m}\Omega, \quad I_k = \frac{U_l}{R_i} = 1{,}67\ \text{kA}.$$

Hinweis: Das Absinken der Lichtleistung eingeschalteter Glühlampen beim Anlaßvorgang kann in manchen Fällen außer auf $R_i > 0$ auf endliche Übergangswiderstände an den Polschuhen zurückzuführen sein.

1.9.2. Ersatzschaltbilder mit gesteuerten Quellen

Bisher wurden Quellen mit eingeprägtem Spannungs- bzw. Stromverhalten betrachtet. Neben diesen unabhängigen (ungesteuerten) Quellen erfordert vor allem die Beschreibung aktiver elektronischer Bauelemente, auch noch gesteuerte Quellen einzuführen. Bei gesteuerten Quellen hängt die Spannung bzw. der Strom von der Spannung oder dem Strom an einer anderen Stelle des Netzwerkes ab. Zu unterscheiden sind:

stromgesteuerte Stromquellen	stromgesteuerte Spannungsquellen
spannungsgesteuerte Stromquellen	spannungsgesteuerte Spannungsquellen.

Als Beispiel einer stromgesteuerten Stromquelle sei ohne Beweis ein einfaches Ersatzschaltbild eines Bipolartransistors angegeben (Näherung für das Gleichstromverhalten bzw. Verhalten bei niedrigen Frequenzen im normalen Verstärkerbetrieb) (Bild 1.69). Der (kleine) Basisstrom I_B steuert eine Stromquelle, die den (großen) Kollektorstrom liefert. B_N nennt man Stromverstärkung des Transistors (s. Abschn. 8.5.). Sie kann in erster Näherung als konstant angesehen werden, z. B. $B_N = 150$. Es sei noch darauf hingewiesen, daß hier für die Darstellung des dreipoligen Bauelements eine Vierpoldarstellung gewählt wurde.

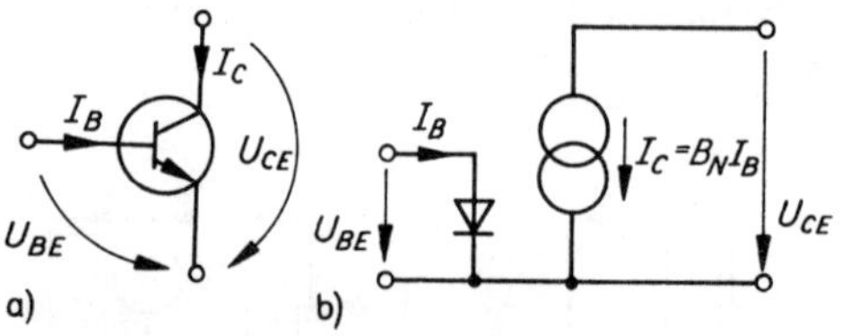

Bild 1.69. npn-Transistor

a) Schaltsymbol; b) Gleichstrom-Ersatzschaltbild (erste Näherung) für den aktiv normalen Betrieb ($U_{BE} > 0$, $U_{CB} > 0$) mit stromgesteuerter Stromquelle

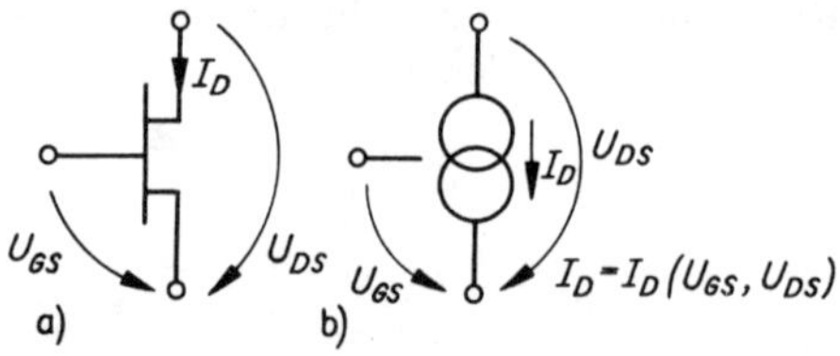

Bild 1.70. Feldeffekttransistor

a) Schaltsymbol; b) Gleichstrom-Ersatzschaltbild mit spannungsgesteuerter Stromquelle

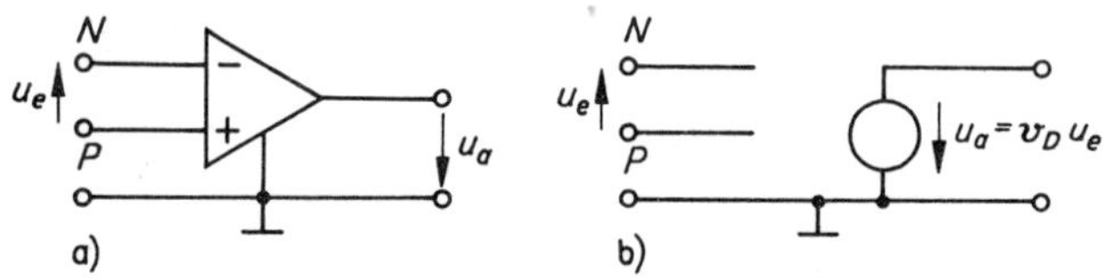

Bild 1.71 Operationsverstärker

a) Schaltsymbol;
b) Ersatzschaltbild (erste Näherung) mit spannungsgesteuerter Spannungsquelle

Das Ersatzschaltbild eines Feldeffekt-Transistors kann in erster Näherung als eine spannungsgesteuerte Stromquelle aufgefaßt werden. Der Strom I_D wird durch die Spannung U_{GS} angesteuert. Nach dem Maschensatz ist $U_{DG} = U_{DS} - U_{GS}$, so daß auch diese Spannung zur Beschreibung herangezogen werden könnte. Die Spannungssteuerung kann als ideal angesehen werden, da der Eingangsstrom I_G bei dieser Modellierung Null ist. In ähnlicher Weise läßt sich übrigens auch eine dreipolige Elektronenröhre (Triode) beschreiben.

Als Beispiel einer spannungsgesteuerten Spannungsquelle betrachten wir Bild 1.71b. Hier ist eine Spannungsquelle dargestellt, deren Spannung u_a durch die Spannung u_e gesteuert wird. Diese Schaltung kann als Ersatzschaltung für das Signalverhalten eines Operationsverstärkers (s. Bild 1.71a bzw. Abschnitt 10.1.4.) angesehen werden.

v_D ist die Differenzverstärkung, z. B. $v_D = 10^4$. Der Eingangswiderstand des Verstärkers wird hier als unendlich hoch angenommen.

Die genaue Beschreibung aktiver Bauelemente erfordert übrigens neben (nichtlinearen) gesteuerten Quellen und Widerständen auch Kapazitäten und teilweise auch Induktivitäten. Abschließend sei noch einmal auf den idealisierenden Charakter von Ersatzschaltungen zur Beschreibung des Verhaltens realer Bauelemente hingewiesen. Meistens besitzen sie nur in einem eingeschränkten Bereich bezüglich der Spannung bzw. des Stromes Gültigkeit.

Aufgabe 1.13:

Zeichnen Sie die Verstärkerschaltung von Bild 1.26 mit dem o. g. Ersatzschaltbild, und bestimmen Sie I_C, I_E und B_N für $I_B = 3{,}3\ \mu A$, $R_E = 540\ \Omega$ und $R_C = 3{,}3\ k\Omega$!

Lösung:

$I_E = U_E/R_E = 1{,}851$ mA, $I_C = (9\ V - 3\ V)/R_C = 1{,}818$ mA, $B_N = 55$.

1.10. Schaltungsberechnung mit den Kirchhoffschen Gesetzen

Die Berechnung von Schaltungen (Stromkreisen) oder genau gesagt die Berechnung ihrer mathematischen Modelle – der Netzwerke – beruht, wie schon an einfachen Beispielen demonstriert wurde, auf den Knoten- und Maschengln. sowie den u-i-Relationen der Bauelemente (Netzwerkelemente). Grundlage der *Netzwerkberechnung* sind also Gln. des Typs

$$\sum_{\mu} i_\mu = 0 \quad \sum_{\nu} u_\nu = 0 \quad u\text{-}i\text{-Relationen.} \tag{1.111}$$

1.10.1. Reihen- und Parallelschaltung gleichartiger Bauelemente

Bei der *Reihenschaltung idealer Spannungsquellen* addieren sich nach dem Maschensatz die Quellenspannungen (Bild 1.72). Bei der *Parallelschaltung idealer Stromquellen* sind nach dem Knotensatz die Quellenströme zu addieren (Bild 1.73). Die Parallelschaltung idealer Spannungsquellen ungleicher Quellenspannung sowie die Reihenschaltung idealer Stromquellen ungleichen Quellenstromes widerspricht dem Maschen- bzw. Knotensatz. Anders ausgedrückt: Bei Parallelschaltung von Spannungsquellen unterschiedlicher Leerlaufspannung sowie bei Reihenschaltung ungleicher Stromquellen muß auf jeden Fall ein von Null verschiedener Innenwiderstand angenommen werden (s. auch Abschnitt 2.5.2.1.).

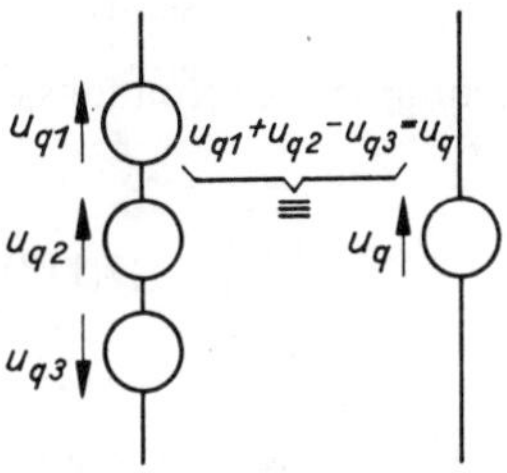

Bild 1.72. Beispiel zur Reihenschaltung idealer Spannungsquellen

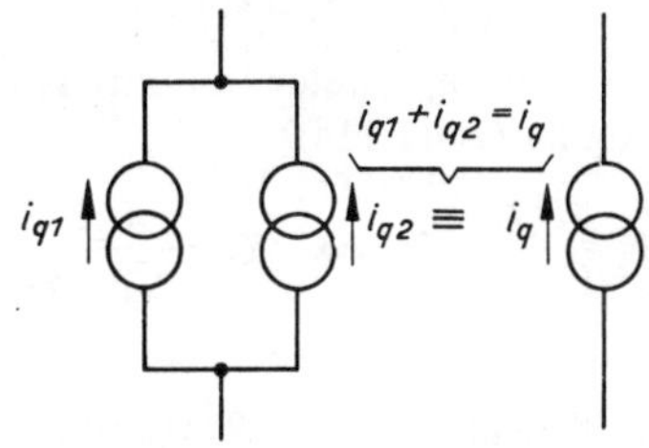

Bild 1.73. Beispiel zur Parallelschaltung idealer Stromquellen

Zur Berechnung eines Ersatzwiderstandes R für die Reihenschaltung ohmscher Widerstände (Bild 1.74) benötigt man offensichtlich den Maschensatz sowie das Ohmsche Gesetz

$$R = \frac{u}{i} = \frac{u_1 + u_2 + \ldots + u_n}{i} = R_1 + R_2 + \ldots + R_n. \tag{1.112}$$

R ist demnach stets größer als der größte Teilwiderstand. Für die Parallelschaltung erhalten wir aus dem Knotensatz und dem Ohmschen Gesetz

$$\frac{1}{R} = \frac{i}{u} = \frac{i_1 + i_2 + \ldots + i_n}{u} \tag{1.113a}$$

$$\frac{1}{R} = G = \frac{1}{R_1} + \frac{1}{R_2} + \ldots \frac{1}{R_n} = G_1 + G_2 + \ldots + G_n. \tag{1.113b}$$

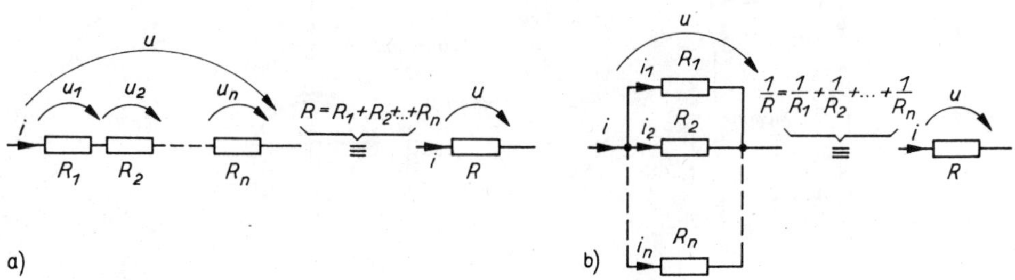

Bild 1.74. Ersatzwiderstände

a) Ersatzwiderstand für die Reihenschaltung von Widerständen;
b) Ersatzwiderstand für die Parallelschaltung von Widerständen

Demnach ist der Ersatzwiderstand R bei Parallelschaltung stets kleiner als der Kleinste der Widerstände. Für die Parallelschaltung zweier Widerstände erweist sich – ausgehend von Gl. (1.113b) – folgende Beziehung als nützlich:

$$R = R_1 // R_2 = \frac{R_1 R_2}{R_1 + R_2}\,. \qquad (1.114)$$

Dem Leser wird empfohlen, analoge Ableitungen für die Zusammenschaltung von idealen Spulen bzw. idealen Kondensatoren durchzuführen. Als zusammengefaßtes Ergebnis erhält man für die *Reihenschaltung*

$$R = \sum_{\nu=1}^{n} R_\nu \qquad L = \sum_{\nu=1}^{n} L_\nu \qquad \frac{1}{C} = \sum_{\nu=1}^{n} \frac{1}{C_\nu} \qquad (1.115)$$

und für die Parallelschaltung

$$\frac{1}{R} = \sum_{\nu=1}^{n} \frac{1}{R_\nu} \qquad \frac{1}{L} = \sum_{\nu=1}^{n} \frac{1}{L_\nu} \qquad C = \sum_{\nu=1}^{n} C_\nu. \qquad (1.116)$$

Für die Parallelschaltung zweier Induktivitäten bzw. die Reihenschaltung zweier Kondensatoren gilt analog zu Gl. (1.114)

$$L = \frac{L_1 L_2}{L_1 + L_2} \quad \text{bzw.} \quad C = \frac{C_1 C_2}{C_1 + C_2}\,. \qquad (1.117)$$

Beispiel:

Wie muß ein Widerstand R_1 von a) 2,9 kΩ und b) 7 kΩ ergänzt werden, damit ein Widerstand von 5 kΩ entsteht?

Lösung:

a) 5 kΩ > 2,9 kΩ, demnach Reihenschaltung erforderlich. 5 kΩ = 2,9 kΩ + R_2, R_2 = 2,1 kΩ.
b) 5 kΩ < 7 kΩ, demnach Parallelschaltung erforderlich. 5 kΩ = $R = R_1R_2/(R_1 + R_2)$, $R_1R + R_2R = R_1R_2$, $R_2 = \frac{RR_1}{R_1 - R} = 17{,}5$ kΩ.

1.10.2. Überblick über Verfahren der Schaltungsberechnung

a) Netzwerkstruktur

Im Zusammenhang mit der mathematischen Beschreibung bzw. Modellierung von Schaltungen (Stromkreisen) benutzt man häufig auch den Begriff Netzwerk.

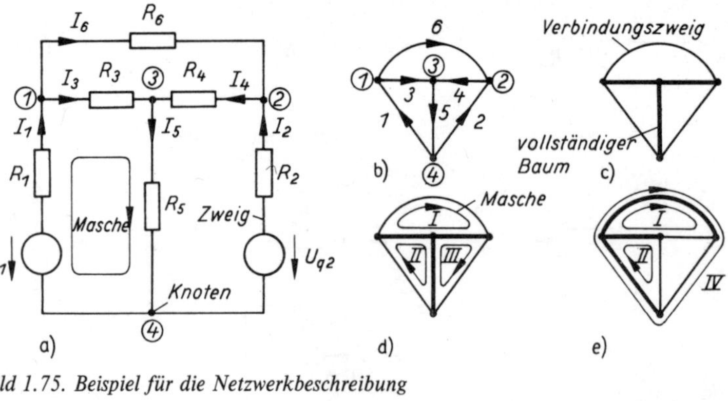

Bild 1.75. Beispiel für die Netzwerkbeschreibung

a) Schaltbild; b) zuzuordnender gerichteter Graph (mit eingetragenen Zweigströmen); c) Beispiel eines vollständigen Baumes; d) Bild c) zuzuordnende unabhängige Maschen; e) weiterer Satz unabhängiger Maschen

Zur Vereinfachung der Betrachtungen wird zunächst vorausgesetzt, daß die Netzwerke nur Spannungsquellen und ohmsche Widerstände enthalten. Als Beispiel für die Strukturbeschreibung elektrischer Netzwerke wird eine Schaltung gewählt, in der zwei Generatoren auf ein gemeinsames Netz arbeiten (Bild 1.75). Es sei bemerkt, daß diese Schaltung nicht einfach auf eine gemischte Reihen- und Parallelschaltung von Bauelementen zurückgeführt werden kann.

Wie schon erwähnt, nennt man die Verzweigungspunkte *Knoten*, die Verbindung zwischen den Knoten *Zweige* und einen geschlossenen Umlauf entlang von Zweigen (oder Spannungspfeilen) *Masche.* Die Netzwerkstruktur kann durch einen Streckenkomplex oder Netzwerkgraphen beschrieben werden, der für die Schaltung von Bild 1.75a im Bild 1.75b dargestellt ist. Bei Angabe der Zählpfeile für die Zweigströme spricht man von einem *gerichteten Graphen*, andernfalls von einem *ungerichteten Graphen.*

Bezeichnet man die Zahl der Knoten eines Netzwerkes mit k und die der Zweige mit z, so gilt für das vorgegebene Beispiel offensichtlich $k=4$ und $z=6$.

b) Zahl der zu lösenden Gleichungen

Ausgangspunkt für eine Schaltungsberechnung sind die Strom-Spannungs-Beziehungen der Bauelemente sowie die Knoten- und Maschengleichungen. Setzt man die Leerlaufspannungen der auftretenden Spannungsquellen als bekannt voraus, so treten zunächst als Unbekannte neben den z Zweigströmen die Spannungen über allen anderen n Bauelementen auf (im o. g. Beispiel ist $n=6$). Mit Hilfe der Strom-Spannungs-Beziehungen kann man die n Bauelemente-Spannungen eliminieren, d. h. in diesem Fall durch Zweigströme ausdrücken. Damit hat sich die Zahl der zu lösenden Gleichungen von $z+n$ auf z reduziert. Wie man allgemein zeigen kann, lassen sich in einem zusammenhängenden Netzwerk mit k Knoten

$k-1$ *unabhängige Knotengleichungen*

aufstellen. Um die z unbekannten Zweigströme zu ermitteln, werden z unabhängige Gleichungen benötigt. Da nur noch Knoten- und Maschengleichungen zur Verfügung stehen, kann man daraus schließen, daß unter den gleichen Voraussetzungen

$$m = z - (k-1) \quad \textit{unabhängige Maschengleichungen} \tag{1.118}$$

existieren. Wäre die Zahl der unabhängigen Maschengleichungen größer oder kleiner als m, so wäre das Gleichungssystem über- oder unterbestimmt. Das widerspricht aber der experimentellen Erfahrung mit Schaltungen der vorausgesetzten Art. Auf einen strengen netzwerktheoretischen Beweis wird hier verzichtet.

Für das o. g. Beispiel können demnach $k-1=3$ Knotengleichungen sowie $m=6-3=3$ unabhängige Maschengleichungen aufgestellt werden. Die o. g. Methode, die unbekannten Spannungen im Netzwerk durch Zweigströme auszudrücken, also zu eliminieren, nennt man Zweigstromanalyse.

Es sei noch einmal festgestellt, daß bei der

Zweigstromanalyse z *Gleichungen*

gelöst werden müssen. Vor allem für große Schaltungen ist es wichtig, die Zahl der zu lösenden Gleichungen möglichst klein zu halten. Durch Einführung sogenannter *Maschenströme* anstelle der Zweigströme gelingt es, die Knotengleichungen zu eliminieren. Demnach sind bei der

Maschenstromanalyse $z-(k-1)$ *Gleichungen*

zu lösen (s. Abschnitt A 2.2).

Durch Einführung sogenannter *Knotenspannungen* lassen sich die Maschengleichungen eliminieren, so daß bei der

Knotenspannungsanalyse $z-m=k-1$ *Gleichungen*

zu lösen sind (s. Abschnitt A 2.1).

c) Auswahl der unabhängigen Maschen

Für die Auswahl der unabhängigen Maschengleichungen können verschiedene Varianten gewählt werden. Falls bei der Wahl eines neuen Maschenumlaufs im Netzwerk wenigstens ein Zweig berücksichtigt wird, der in den vorhergehenden Maschen nicht enthalten war, so ist die entstehende Maschengleichung nicht aus den vorhergehenden Gleichungen ableitbar und demnach eine unabhängige Gleichung.

Eine weitere Methode zur Ermittlung eines Satzes unabhängiger Maschen besteht darin, $k-1$ Zweige so auszuwählen, daß alle Knoten direkt oder indirekt nur auf einem Wege miteinander verbunden sind (s. Bild 1.75c–d). Diese Teilmenge von Zweigen nennt man *vollständigen* Baum. Alle übrigen $m = z-(k-1)$ Zweige bezeichnet man als Verbindungszweige. Die Maschen sind nun so zu wählen, daß sie nur einen Verbindungszweig enthalten. Die Ströme in den Verbindungszweigen nennt man übrigens Maschen- oder Kreisströme. *Fenstermaschen* (z. B. Bild 1.75c) sind unabhängig und vollständig.

Beispiel zur Auswahl der unabhängigen Maschen:

Dem Leser wird empfohlen, ausgehend vom Bild 1.75 alle möglichen Varianten (insgesamt 16) eines vollständigen Baums für die vorgegebene Schaltung aufzuzeichnen.

Beispiel zur Rechnung mit Zweigströmen:

a) Für die vorgegebene Schaltung (Bild 1.75a) sind alle Knotengleichungen aufzustellen. Es ist zu zeigen, daß nur $k-1$ Knotengleichungen voneinander abhängig sind.
b) Außerdem sind $m = z-(k-1)$ unabhängige Maschengleichungen zu formulieren.

Lösung (s. a. Bild 1.75b):

a)

$$\begin{array}{rrrrrrll} I_1 & & -I_3 & & & -I_6 & =0 & (1)\\ & I_2 & & -I_4 & & +I_6 & =0 & (2)\\ & & I_3 & +I_4 & -I_5 & & =0 & (3)\\ -I_1 & -I_2 & & & +I_5 & & =0 & (4) \end{array}$$

Da jeder Strom in zwei Gleichungen, und zwar mit unterschiedlichem Vorzeichen (als zu- und als abfließender Strom), auftritt, ist die Summe aller Gleichungen Null, d. h., es ist kein System unabhängiger Gleichungen. Addiert man drei der vier Gleichungen (z. B. (1) bis (3)) und multipliziert mit (-1), so entsteht die vierte Gleichung. Da in jeder der drei verbleibenden Gleichungen eine Größe enthalten ist, die nicht in den anderen beiden Gleichungen vorkommt, handelt es sich auf jeden Fall um drei voneinander unabhängige Gleichungen.

b) Die Auswahl der drei unabhängigen Maschen I bis III kann z. B. entsprechend Bild 1.75b erfolgen. Durch Anwendung des Ohmschen Gesetzes werden die Bauelementespannungen in den Maschensätzen eliminiert. Es erweist sich als zweckmäßig, die gegebenen Spannungswerte U_{q1} und U_{q2} auf die rechte Seite zu schreiben:

$$\begin{array}{rrrrrrll} R_1I_1 & & +R_3I_3 & & +R_5I_5 & & =U_{q1} & (I)\\ & R_2I_2 & & +R_4I_4 & +R_5I_5 & & =U_{q2} & (II)\\ & & -R_3I_3 & +R_4I_4 & & +R_6I_6 & =0 & (III) \end{array}$$

Wie sich leicht nachweisen läßt, kann die Maschengleichung für die Masche IV im Bild 1.75e aus den Maschengleichungen (I) bis (III) gewonnen werden. Auch alle weiteren möglichen Maschengleichungen bringen keine neue Information über die Netzwerkeigenschaften, da sie in den Gleichungen (I) bis (III) enthalten sind.

Aus den Gln. (1) bis (3) sowie (I) bis (III) lassen sich bei vorgegebenen U_{q1} und U_{q2} sowie $R_1 \ldots R_6$ alle Zweigströme $I_1 \ldots I_6$ ermitteln.

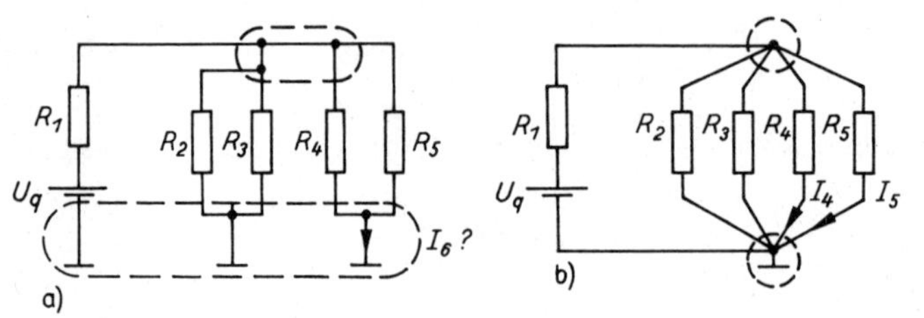

Bild 1.76
Schaltung mit 5 Knoten (a), die zu 2 Knoten zusammengefaßt werden können (b)

Knoten, zwischen denen keine Spannung abfällt, werden zweckmäßigerweise bei der Stromkreisberechnung zu einem Knoten zusammengefaßt, um die Zahl der aufzustellenden Knotengleichungen zu reduzieren. So kann z. B. eine effektive Berechnung der Schaltung von Bild 1.76a, bei der vier Verbraucher an Masse gelegt sind, auf der Grundlage der im Bild 1.76b dargestellten Schaltungsstruktur erfolgen. Der gesuchte Strom I_6 ist nach Berechnung dieser Schaltung aus der Summe von I_4 und I_5 zu berechnen.

d) Algorithmus für die Berechnung beliebiger Stromkreise mit der Zweigstromanalyse

Zusammenfassend läßt sich folgender Algorithmus formulieren:

1. Festlegung der positiven Zählrichtung für alle z Zweigströme (falls nicht vorgegeben) sowie bei k Knoten

   Auswahl von $m = z - (k - 1)$ unabhängigen Maschen

   sowie zugeordneter Umlaufrichtungen (falls nicht vorgegeben)
2. Aufstellung von

   $(k-1)$ Knotengleichungen $\sum_{\mu} i_{\mu} = 0$

   $z - (k-1)$ Maschengleichungen $\sum_{\nu} u_{\nu} = 0$

   n *i*-*u*-Relationen für die n unbekannten Spannungen sowie Elimination der unbekannten Spannungen mit den Zweigströmen
3. Lösung des entstehenden Systems von z Gln.

Aufgabe 1.14:
Wie groß ist U_4 in der Schaltung nach Bild 1.77a?

Lösung:
$z = 3, \quad k = 2, \quad k - 1 = 1, \quad z - (k - 1) = 2.$

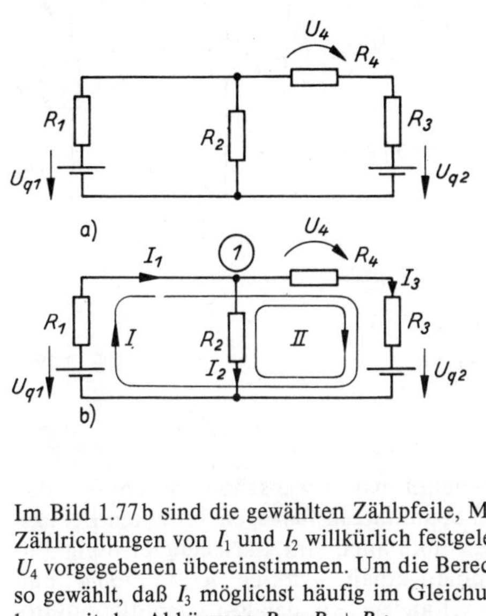

Bild 1.77
Beispiel zur Zweigstromanalyse
a) Schaltung; b) Wahl der Zweigströme und Maschen

Im Bild 1.77b sind die gewählten Zählpfeile, Maschen und Umlaufrichtungen angegeben. Während die Zählrichtungen von I_1 und I_2 willkürlich festgelegt werden können, muß der Zählpfeil für I_3 mit dem für U_4 vorgegebenen übereinstimmen. Um die Berechnung von $U_4 = R_4 I_3$ zu erleichtern, werden die Maschen so gewählt, daß I_3 möglichst häufig im Gleichungssystem vorkommt. Es gilt für die Zweigstromdarstellung mit der Abkürzung $R_5 = R_3 + R_4$:

$$I_1 - I_2 - I_3 = 0 \quad (1)$$

$$R_1 I_1 + R_5 I_3 = U_{q1} - U_{q2} \quad (2)$$

$$- R_2 I_2 + R_5 I_3 = - U_{q2} \quad (3).$$

Um I_3 zu berechnen, müssen I_1 und I_2 eliminiert werden, z. B. in folgender Weise: aus den Gln. (1) und (2)

$$R_1(I_2 + I_3) + R_5 I_3 = U_{q1} - U_{q2} \quad \text{bzw.} \quad I_2 = \frac{U_{q1} - U_{q2} - (R_1 + R_5)\, I_3}{R_1}$$

aus den Gln. (3) und (2)

$$-\frac{R_2}{R_1}\,(U_{q1} - U_{q2} - (R_1 + R_5)\, I_3) + R_5 I_3 = -U_{q2},$$

$$I_3 = \frac{\dfrac{R_2}{R_1}\, U_{q1} - \left(\dfrac{R_2}{R_1} + 1\right) U_{q2}}{(R_1 + R_5)\,\dfrac{R_2}{R_1} + R_5} = \frac{R_2 U_{q1} - (R_1 + R_2)\, U_{q2}}{R_1 R_2 + R_1\,(R_3 + R_4) + R_2\,(R_3 + R_4)}. \tag{1.119}$$

Die o. g. Überlegungen sowie der Algorithmus zur Zweigstromanalyse bleiben prinzipiell auch dann gültig, wenn die Schaltung beliebige andere bzw. weitere Bauelemente enthält. Handelt es sich dabei um Kondensatoren und/oder Spulen, dann entstehen Systeme von Differentialgleichungen bzw. Integro-Differentialgleichungen. Eine eindeutige Lösung erfordert die Angabe der Anfangsbedingungen (s. Abschn. 3.3.2. und 4.). Differentialgleichungen (Dgln.) sind Gleichungen, in denen Differentialquotienten der gesuchten Größe(n) auftreten. Integro-Differentialgleichungen enthalten zusätzlich Integrale der gesuchten Größe(n).

Beispiel:

Die Gleichungen zur Berechnung des Stromes i in der Schaltung von Bild 1.78 sind aufzustellen.

Lösung:

i-u-Relationen

$$u_D = U_T \ln\,(i/I_s + 1) \quad \text{(s. Gl. (1.58b))}$$

bzw.

$$u_L = L\frac{\mathrm{d}i}{\mathrm{d}t}, \quad u_R = Ri, \quad u_C(t) = \frac{1}{C}\int_{t_0}^{t} i\,\mathrm{d}t + u_C(t_0).$$

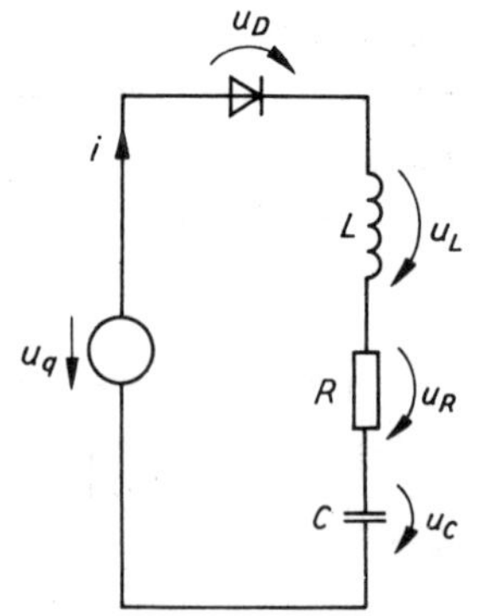

Bild 1.78
Beispiel einer Schaltung, die durch eine Integro-Differentialgleichung beschrieben wird

Maschengleichung

$$u_D + u_L + u_R + u_C - u_q = 0.$$

Integro-Differentialgleichung für i

$$L\frac{\mathrm{d}i}{\mathrm{d}t} + Ri + U_T \ln\,(i/I_s + 1) + \frac{1}{C}\int_{t_0}^{t} i\,\mathrm{d}t + u_C(t_0) = u_q. \tag{1.120}$$

e) Hinweise zu n-Polen

Elektrische Netzwerke mit n Anschlüssen ($n \geqq 2$) nennt man – wie schon erwähnt – n-Pol. Einem n-Pol kann man n Klemmenströme und n Spannungen (bezogen auf einen Bezugspunkt) zuordnen, für die sich jeweils eine Knoten- und auch eine Maschengleichung aufstellen lassen. Demnach läßt sich das Klemmenverhalten durch $n-1$ *Ströme* und $n-1$ *Spannungen* charakterisieren. Ohne Beweis sei angegeben, daß zwischen diesen Größen $n-1$ *unabhängige Strom-Spannungs-Relationen* existieren, so daß man $2\,(n-1) - (n-1) = n-1$ der Klemmengrößen durch eine äußere Schaltung festlegen kann (z. B. für einen dreipoligen Transistor $3 - 1 = 2$ Klemmengrößen).

1.11. Leistung und Energie

1.11.1. Energieerhaltungssatz in Schaltungen

Der *Satz der Erhaltung der Energie* (kurz Energiesatz) ist eines der fundamentalen Gesetze der Physik und besitzt natürlich auch für die Energieumwandlung in elektrischen Systemen Gültigkeit. Er lautet:
Die Summe der Energien in einem abgeschlossenen System (Bild 1.79a) ist konstant, d. h. zeitunabhängig:

$$W = \sum_{\nu} W_{\nu} = \text{konst.} \quad \text{Energiesatz.} \tag{1.121}$$

Mit der Einführung der Energieänderung je Zeiteinheit, der

$$\text{Leistung} \quad p_{\nu} = \frac{\mathrm{d}W_{\nu}}{\mathrm{d}t} \tag{1.122}$$

folgt daraus durch Differentiation nach der Zeit

$$\frac{\mathrm{d}W}{\mathrm{d}t} = \sum_{\nu} p_{\nu} = 0\,. \tag{1.123}$$

Im o. g. Zusammenhang bedeutet abgeschlossen, daß kein Energiefluß durch die Oberfläche stattfindet.

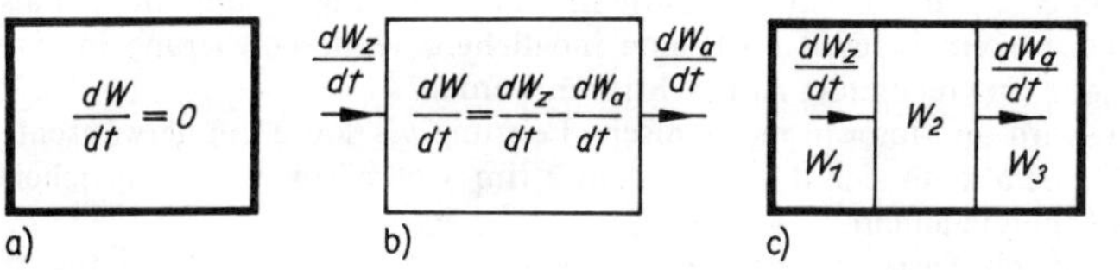

Bild 1.79
Energieerhaltungssatz
a) abgeschlossenes System;
b) System mit Leistungszu- bzw. -abfluß;
c) drei Teilsysteme in einem abgeschlossenen System

Findet ein Energiefluß statt (Bild 1.79b), so ergibt sich, wie noch gezeigt wird, die Änderung der Systemenergie je Zeiteinheit $\mathrm{d}W/\mathrm{d}t$ aus der Differenz der zugeführten Leistung p_z und der abgeführten Leistung p_a

$$\frac{\mathrm{d}W}{\mathrm{d}t} = \frac{\mathrm{d}W_z}{\mathrm{d}t} - \frac{\mathrm{d}W_a}{\mathrm{d}t} \quad \text{bzw.} \quad p = p_z - p_a\,. \tag{1.124}$$

Man beachte die Analogie dieser Bilanzgleichung für die Energie mit der für die Ladung (Gl. 1.22). Außerdem sei betont, daß die Anwendung des Energiesatzes keine Detailkenntnisse des betrachteten Systems erfordert.

Ableitung von Gl. (1.124):*

Für das aus drei nicht abgeschlossenen Teilsystemen im Bild 1.79c bestehende abgeschlossene System kann unter Berücksichtigung der Gl. (1.121)

$$W_1 + W_2 + W_3 = \text{konst.} \quad \text{bzw.} \quad \frac{\mathrm{d}W_1}{\mathrm{d}t} + \frac{\mathrm{d}W_2}{\mathrm{d}t} + \frac{\mathrm{d}W_3}{\mathrm{d}t} = 0 \tag{1.125}$$

geschrieben werden. Mit

$$\frac{\mathrm{d}W_1}{\mathrm{d}t} = -\frac{\mathrm{d}W_z}{\mathrm{d}t} \quad \frac{\mathrm{d}W_2}{\mathrm{d}t} = \frac{\mathrm{d}W}{\mathrm{d}t} \quad \frac{\mathrm{d}W_3}{\mathrm{d}t} = \frac{\mathrm{d}W_a}{\mathrm{d}t} \tag{1.126}$$

folgt daraus Gl. (1.124).

Als erstes Anwendungsbeispiel für den Energieerhaltungssatz soll eine einfache Schaltung – bestehend aus einem Blei-Akkumulator und einer Glühlampe im stationären Betrieb – betrachtet werden (Bild 1.80). Aus Gl. (1.124) ergibt sich

$$p = -p_{\text{chem}} \quad \text{und} \quad p = p_{\text{w}} + p_{\text{l}}. \tag{1.127}$$

Die Interpretation dieser Beziehungen lautet:

- Die erzeugte elektrische Energie je Zeiteinheit p ist mit einem Absinken der chemischen Energie der Spannungsquelle je Zeiteinheit p_c verbunden.
- In der Glühlampe wird die zugeführte elektrische Ladung vollständig in Wärmeleistung p_w und Lichtleistung p_l umgesetzt. Die Wärmeerzeugung in der Spannungsquelle und den Zuleitungen wird in diesem einfachen Modell vernachlässigt.

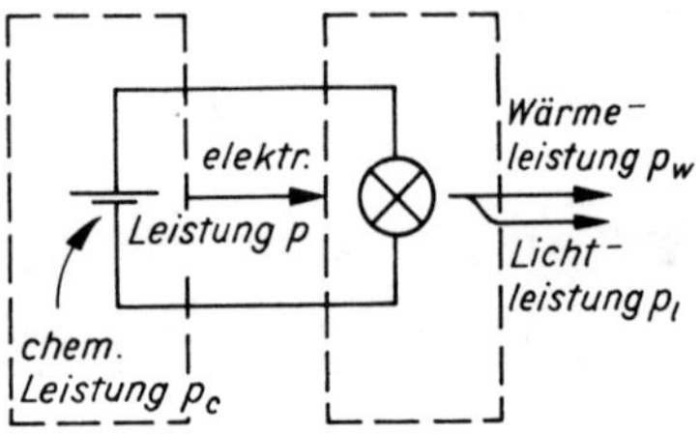

Bild 1.80. Stromkreis mit Glühlampe als Beispiel zum Leistungsumsatz

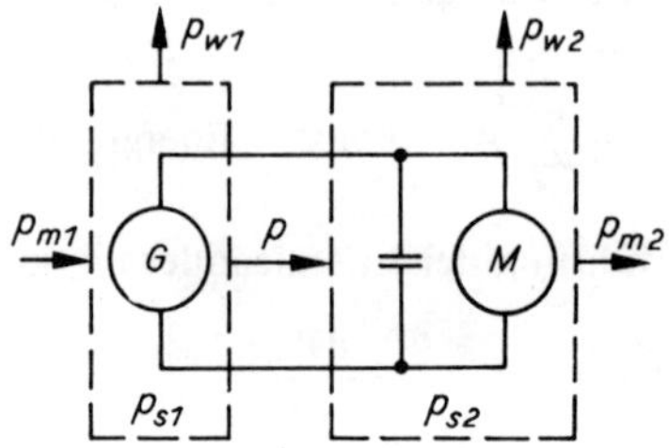

Bild 1.81. Anlage mit Generator, Motor sowie Energiespeicher als Beispiel zum Leistungsumsatz

Ein weiteres Beispiel wird anhand der Zusammenschaltung eines Generators G mit einem Motor M sowie einem Speicher S elektrischer Energie, z. B. einem Kondensator (Bild 1.81), diskutiert. Der Generator (z. B. mit Dampfturbine, Wasserturbine oder Fahrraddynamo) wird durch mechanische Leistung p_{m1} angetrieben und wandelt diese in elektrische Leistung p sowie in Wärmeleistung p_{w1} um, die hier als unerwünschte Verlustleistung wirkt. Außerdem muß noch eine mögliche Energiespeicherung im System 1 (Feld- und/oder Wärmeenergie im Generator) p_{s1} beschrieben werden.

Die erzeugte elektrische Leistung wird im Motor in mechanische Leistung p_{m2} sowie in unerwünschte Wärmeleistung p_{w2} umgesetzt. Außerdem kann sich die im System 2 (im Motor bzw. Energiespeicher) gespeicherte Feld- und/oder Wärmeenergie ändern.

Der Energieerhaltungssatz lautet für die Systeme 1 bzw. 2

$$p_{m1} = p_{s1} + p + p_{w1} \quad \text{bzw.} \quad p = p_{s2} + p_{m2} + p_{w2}. \tag{1.128}$$

Verlustleistungen durch die Zuleitungen werden in dem gewählten Beispiel vernachlässigt.

Die Definition des *Wirkungsgrades* ist

$$\eta = \frac{\text{Nutzleistung}}{\text{aufgewendete Leistung}} = \frac{p_n}{p_a}. \tag{1.129}$$

Für das o. g. Beispiel wäre der Wirkungsgrad des Generators $\eta_1 = p/p_{m1}$, der des Motors $\eta_2 = p/p_{m2}$ und der des Gesamtsystems

$$\eta = \frac{p_{m2}}{p_{m1}} = \eta_1 \cdot \eta_2. \tag{1.130}$$

Der Wirkungsgrad wird sinnvollerweise für den stationären Betrieb definiert ($p_{s1} = p_{s2} = 0$).

Aus dem Energiesatz folgt stets $\eta \leqq 1$. Ein Perpetuum Mobile erster Art würde $\eta > 1$ erfordern und damit den Energiesatz verletzen.

1.11.2. Leistung und Energie bei Bauelementen

Für die *Leistung eines Zweipols* gilt – wie unten gezeigt wird –

$$p = ui \quad \text{Maßeinheit: } [p] = \text{V} \cdot \text{A} = \text{W (Watt)}^{1)}. \tag{1.131}$$

[1] *James Watt*, englischer Techniker, 1736–1819

Dabei bedeutet unter Voraussetzung gleicher Pfeilrichtung[2]) für i und u:

$p > 0$ Verbrauch elektrischer Energie bzw. Abnahme der Energie der Ladungsträger,
$p < 0$ Erzeugung elektrischer Energie bzw. Zunahme der Energie der Ladungsträger.

Diese Aussage ist im Bild 1.82 veranschaulicht. Bei gegengerichteter positiver Zählrichtung[3]) sind die Aussagen zu vertauschen. Eine Senke elektrischer Energie bezeichnen wir dabei auch als Verbraucher, eine Quelle elektrischer Energie auch als Generator. Bild 1.83 zeigt für den Gleichstromfall Beispiele für die Leistungsmessung. Entweder es werden I und U gemessen und dann das Produkt UI gebildet, oder es wird ein Wattmeter eingesetzt, bei dem der Ausschlag aufgrund des Meßprinzips direkt $P = UI$ ergibt (siehe Abschnitte 7.9.9.2. und 12.3.). Beim Anschluß von Gleichstrominstrumenten ist die Polarität zu beachten, die auf den Instrumenten markiert ist. Beim Wattmeter sind die Strom- bzw. Spannungsklemmen durch I–I bzw. U–U gekennzeichnet.

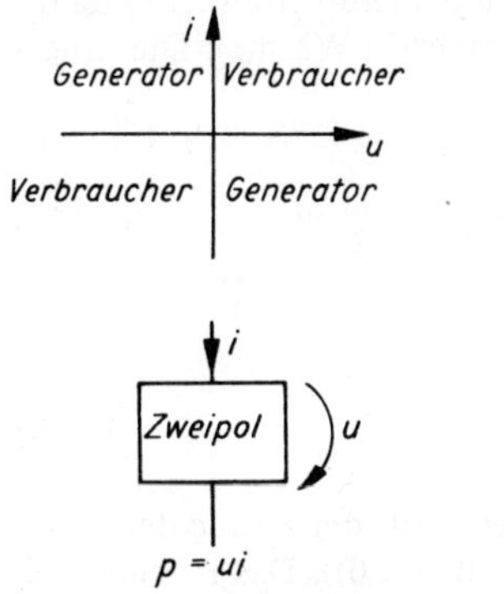

Bild 1.82. Zweipol als Generator bzw. Verbraucher (Vierquadranten-Darstellung)

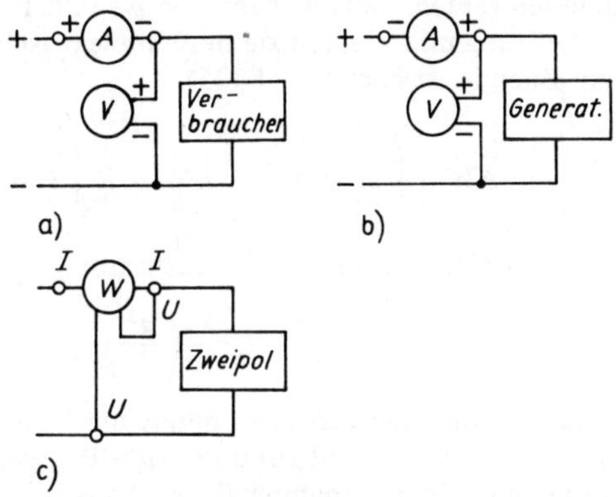

Bild 1.83. Leistungsmessung

a) durch Strom-Spannungs-Messung an einem Verbraucher;
b) durch Strom-Spannungs-Messung an einem Generator;
c) mit einem Wattmeter

Ableitung von Gl. (1.131):*

Im Zeitintervall $\mathrm{d}t$ treten $\mathrm{d}N_1$ Ladungsträger mit der Energie W_1 in das betrachtete Volumen ein und gleichzeitig $\mathrm{d}N_2$ Ladungsträger mit der Energie W_2 aus, so wird nach Gl. (1.124) im Volumen die Energie

$$\mathrm{d}W = \mathrm{d}W_1 - \mathrm{d}W_2 = \mathrm{d}N_1 W_1 - \mathrm{d}N_2 W_2 \tag{1.132}$$

umgesetzt. Die Energie der Ladungsträger ergibt sich aus der Summe von potentieller Energie (in Halbleitern elektrochemische Energie) und kinetischer Energie W_{kin}. Aus

$$W_1 = eu_1 + W_{\mathrm{kin}1}, \quad W_2 = eu_2 + W_{\mathrm{kin}2} \tag{1.133}$$

$$e\,\mathrm{d}N_1 = \mathrm{d}Q_1, \quad e\,\mathrm{d}N_2 = \mathrm{d}Q_2, \quad \mathrm{d}Q_1 = \mathrm{d}Q_2 = \mathrm{d}Q$$

sowie

$$W_{\mathrm{kin}1} = W_{\mathrm{kin}2} \quad \text{und} \quad u_1 - u_2 = u$$

folgt

$$\mathrm{d}W = u\,\mathrm{d}Q = ui\,\mathrm{d}t \quad \text{bzw.} \quad p = \frac{\mathrm{d}W}{\mathrm{d}t} = ui.$$

Ausgehend von der Identität von Energieänderung je Zeiteinheit und Leistung

$$p = \frac{\mathrm{d}W}{\mathrm{d}t} \quad \text{bzw.} \quad \mathrm{d}W = p\,\mathrm{d}t \tag{1.134}$$

folgt

[2]) Verbraucherzählpfeilsystem
[3]) Erzeugerzählpfeilsystem

$$\Delta W = W(t) - W(t_0) = \int_{t_0}^{t} p\,\mathrm{d}t = \int_{t_0}^{t} ui\,\mathrm{d}t \qquad [\Delta W] = \mathrm{Ws}. \tag{1.135}$$

ΔW ist die in einem Zweipol umgesetzte ($p > 0$) bzw. erzeugte elektrische Energie ($p < 0$) im Zeitraum $\Delta t = t - t_0$.

Für zeitkonstante Leistung $p = P$ vereinfacht sich diese Beziehung zu

$$\Delta W = P\,\Delta t. \tag{1.136}$$

Mit dem Ohmschen Gesetz $i = u/R$ kann die

Leistung am ohmschen Widerstand $$p = ui = \frac{u^2}{R} = i^2 R \tag{1.137}$$

abgeleitet werden. Stets ist demnach $p \geqq 0$, d. h., der ohmsche Widerstand verbraucht elektrische Leistung und wandelt sie in nichtelektrische Leistung um (meist in Wärme). Die umgesetzte Energie ist nach Gl. (1.135)

$$\Delta W = \int_{t_0}^{t} ui\,\mathrm{d}t = \frac{1}{R}\int_{t_0}^{t} u^2\mathrm{d}t = R\int_{t_0}^{t} i^2\,\mathrm{d}t. \tag{1.138}$$

Mit $i = C\,\mathrm{d}u/\mathrm{d}t$ folgt für den Kondensator

$$p = ui = Cu\frac{\mathrm{d}u}{\mathrm{d}t} = C\frac{\mathrm{d}}{\mathrm{d}t}\left(\frac{u^2}{2}\right). \tag{1.139}$$

Demnach wird die elektrische Energie der Ladungsträger reduziert, falls der Betrag der Spannung u im Laufe der Zeit zunimmt ($p > 0$) (bzw. andernfalls erhöht ($p < 0$)). Das ist gleichbedeutend mit einer Zunahme (bzw. Abnahme) der im Isolator gespeicherten elektrischen Feldenergie. Aus den Gln. (1.139) und (1.135) ergibt sich für die

im Kondensator gespeicherte elektrische Feldenergie $$W = \frac{C}{2}u^2. \tag{1.140}$$

Bei einer Spule kann in analoger Weise mit $u = L\,\mathrm{d}i/\mathrm{d}t$ die

in der Spule gespeicherte magnetische Feldenergie $$W = \frac{L}{2}i^2 \tag{1.141}$$

abgeleitet werden. Kondensatoren und Spulen können also im Stromkreis als Quellen elektrischer Energie (bei Reduzierung der gespeicherten Feldenergie) oder als Verbraucher elektrischer Energie (bei Erhöhung der gespeicherten Feldenergie) wirken. Es sei erwähnt, daß sich bei vorgegebenem Volumen in Spulen wesentlich größere Energien als in Kondensatoren speichern lassen (s. auch Abschn. 6.8.1 und 7.8).

Für Energieumwandlungen kann die *Umrechnung von Maßeinheiten* sinnvoll sein:

1 W · s = 1 N · m = 1 J (Joule)[1]; 1 kWh = 3,6 MJ; 1 eV = 1,602 · 10^{-19} J (Elektronenvolt).

Hinweise:

1. Die in der älteren Literatur teilweise noch zu findenden Maßeinheiten kpm, kcal, Erg, PS (Pferdestärke) dürfen *nicht* mehr verwendet werden.

   1 kp · m = 9,81 J, 1 kcal = 427 kp · m = 4,19 kJ, 1 erg = 10^{-7} J, 1 PS = 735,5 W.

2. Bevorzugte Einsatzgebiete der Maßeinheiten:

   W · s elektrische Energie

[1]) *James Prescott Joule,* englischer Physiker, 1818–1889

N·m mechanische Energie
J Wärmeenergie bzw. chemische Energie
eV Atom- und Festkörperphysik

3. 1 kcal = 4,19 kJ ist die Wärmemenge, die man 1 kg Wasser zuführen muß, um es um 1 K zu erwärmen (genauer von 14,5 °C auf 15,5 °C).

Beispiele:

Für die im Bild 1.84 zusammengestellten Fälle ist eine Aussage darüber zu treffen, ob die Bauelemente als Verbraucher oder Quelle elektrischer Energie wirken.

Lösung:

a) $P = 24$ W (Verbraucher)
b) $P = 27$ W (Verbraucher)
c) $p = iu = 20$ kW (Verbraucher)

Bei der angegebenen zweipoligen Hochvakuumröhre (c) werden die Elektronen durch Glühemission der Katode injiziert. Die durch die Beschleunigung im elektrischen Feld erzeugte kinetische Energie wird beim Aufprall der Elektronen auf die Anode umgesetzt, z. B. in Wärme bei der Elektronenröhre, in Wärme und Licht bei der Fernseh- bzw. Oszillographenröhre oder in Wärme- und Röntgenstrahlen bei der Röntgenröhre (Zahlenbeispiel).

d) $p = iu$, $p > 0$ falls sign i = sign u (Verbraucher)
$p < 0$ falls sign $i \neq$ sign u (Energiequelle)

Hinweis: sign(um) bedeutet Vorzeichen

e) $P = 75$ W (Zweipol wirkt überwiegend als Verbraucher)
f) $P = -IU = -24$ W (Energiequelle; Entladung beim Akku)
g) $P = IU = -24$ W (Energiequelle; Entladung beim Akku)
h) $P = IU = 24$ W (Verbraucher; Aufladung beim Akku durch gegengeschaltete elektrische Spannungsquelle)
i) $p = -iu$, $p > 0$ falls sign $i \neq$ sign u (Verbraucher)
$p < 0$ falls sign i = sign u (Energiequelle)
j) s. d.)

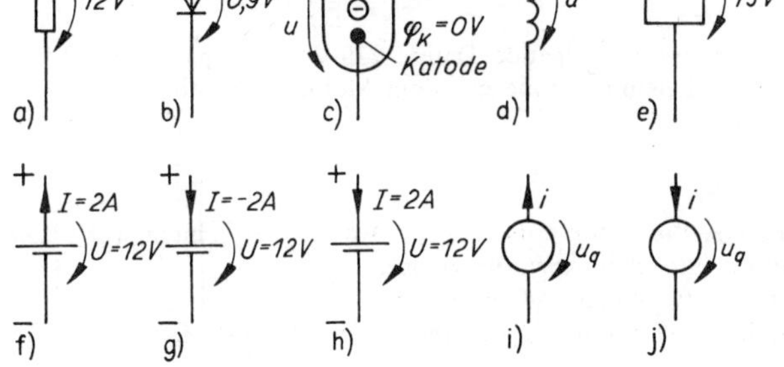

Bild 1.84
Beispiele zu Leistungsbetrachtungen an Zweipolen
a) Widerstand; b) pn-Diode; c) zweipolige Hochvakuumröhre; d) Spule; e) allgemeiner Zweipol; f)–h) elektrochemische Spannungsquellen; i)–j) Spannungsquellen

Leistung bei mehrpoligen Bauelementen

Für n-polige Bauelemente ($n \geqq 3$), z. B. Transistoren und mikroelektronische Schaltkreise, gilt für die elektrische Leistung

$$p = \sum_{\nu=2}^{n} i_\nu u_{\nu 1}. \tag{1.142}$$

Dabei werden die im Bild 1.85 dargestellten Zählpfeile vorausgesetzt.

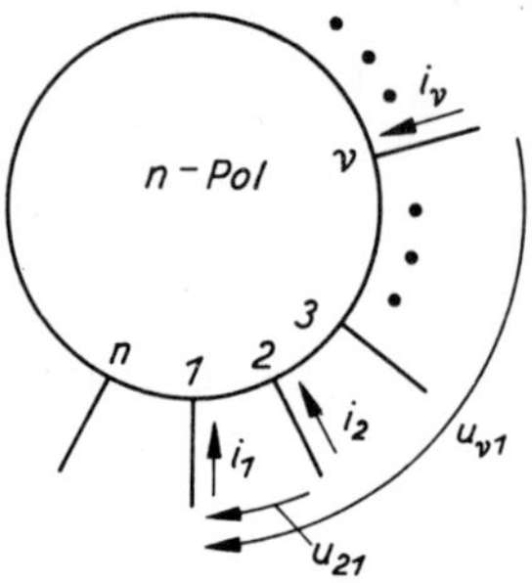

Bild 1.85
n-Pol (Zählpfeilrichtungen für die Leistungsberechnung mit Gl. (1.142))

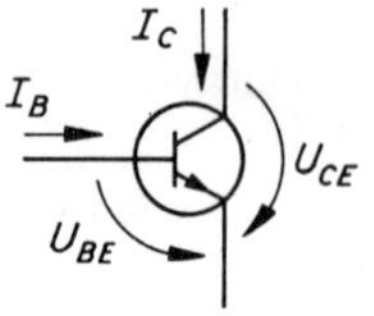

Bild 1.86
npn-Transistor (Zählpfeilrichtungen für die Leistungsberechnung mit Gl. (1.143))

Beispiel:

Zu berechnen ist der Leistungsverbrauch eines npn-Transistors (Bild 1.86).

Lösung:

$$P = I_B U_{BE} + I_C U_{CE} \tag{1.143}$$

Hinweise:

- Meist ist der erste Summand zu vernachlässigen.
- Bei Festkörperbauelementen ist neben der elektrostatischen Energie die chemische Energie der Elektronen zu berücksichtigen. Aus diesem Grund sind die zu messenden und bei Berechnungen zu verwendenden Klemmenspannungen nicht einfach mit der Potentialdifferenz identisch sondern mit der Differenz der sogenannten Quasifermipotentiale.

Aufgabe 1.15:

Eine Glühlampe trägt die Aufschrift 220 V/100 W.

a) Wie groß ist der Widerstand (bei 220 V)?

b) Berechnen Sie die Stromstärke bei Nennspannung sowie die Leistung bei 200 V (bei Vernachlässigung der Temperaturabhängigkeit des Widerstandes)!

Lösung:

a) $P = U^2/R$, $R = U^2/P = (220\ \text{V})^2/100\ \text{A} = 484\ \Omega$,

b) $P = IU$, $I = P/U = 100\ \text{V} \cdot \text{A}/220\ \text{V} = 454{,}5\ \text{mA}$, $P = U^2/R = (200\ \text{V})^2/484\ \Omega = 82{,}6\ \text{W} < 100\ \text{W}$.

Aufgabe 1.16:

Das Leistungsschild eines Gleichstrommotors enthält folgende Daten: 220 V (Nennspannung), 2,5 A (Nennstrom), 5 kW (abgegebene mechanische Leistung). Eine mit dem Motor betriebene Pumpe hat eine Förderleistung von 3,5 kW.

Berechnen Sie

a) den Wirkungsgrad des Elektromotors,

b) die in 8 h verbrauchte elektrische Energie, die dafür entstehenden Kosten (bei einem Tarif von 0,3 DM/kWh) sowie die in diesem Zeitraum entstehende Wärmemenge,

c) den Wirkungsgrad der Pumpe und den Gesamtwirkungsgrad der Anlage,

d) die Wassermenge, die bei einer Förderhöhe von 7,5 m in 8 h aus einer Grube abgepumpt wird!

Lösung:

a) $\eta = \dfrac{P_{\text{mech}}}{P_{\text{el}}} = \dfrac{5\ \text{kW}}{UI} = \dfrac{5\ \text{kW}}{220\ \text{V} \cdot 25\ \text{A}} = 0{,}91$,

b) $\Delta W = P_{\text{el}}\, \Delta t = 5{,}5\ \text{kW} \cdot 8\ \text{h} = 44\ \text{kWh}$,

Kosten: $\dfrac{0{,}3\ \text{DM}}{\text{kWh}} \cdot \Delta W = 13{,}20\ \text{DM}$,

Wärmeleistung P_w: $P_{\text{el}} = P_m + P_w$, $P_w = P_{\text{el}} - P_m$, $P_w = P_{\text{el}} - \eta P_{\text{el}} = (1 - \eta)\, P_{\text{el}} = 0{,}495\ \text{kW}$,

Wärmeenergie: $\Delta W_w = P_w \cdot \Delta t = 3{,}4\ \text{kWh}$.

c) Pumpe: $\eta_P = \dfrac{P_F}{P_{\text{mech}}} = \dfrac{3{,}5\ \text{kW}}{5\ \text{kW}} = 0{,}7$,

Anlage: $\eta_A = \dfrac{P_F}{P_{el}}, \quad P_F = \eta_P P_{mech}, \quad P_{mech} = \eta P_{el},$

$$\eta_A = \frac{\eta_P \eta P_{el}}{P_{el}} = \eta_P \eta = 0{,}91 \cdot 0{,}7 = 0{,}64 .$$

d) Energie für Förderung: $\Delta W_F = P_F \Delta t = mgh$.
mgh ist die Änderung der potentiellen Energie der geförderten Wassermenge

$h = 7{,}5$ m, $\Delta t = 6$ h, $P_F = 3{,}5$ kW, $g = 9{,}81$ m/s^2,

$$m = \frac{P_F \Delta t}{gh} = \frac{3{,}5\ \text{kW} \cdot 6\ \text{h}}{9{,}81\ \text{m/s}^2 \cdot 7{,}5\ \text{m}}, \quad 1\ \text{kW} = 10^3\ \text{kg} \cdot \text{m}^2/\text{s}^3, \qquad m = 1{,}027 \cdot 10^6\ \text{kg} \mathrel{\widehat{=}} 1027\ \text{m}^3.$$

Aufgabe 1.17:

Ein ohmscher Festwiderstand von 2,2 kΩ, für den eine maximale Verlustleistung von 0,1 W angegeben wird, liegt in Reihe zu einem veränderbaren Widerstand ($R_1 = 0 \ldots 10$ kΩ) an $U_0 = 9$ V. Kann er überlastet werden?

Lösung:

$P = I^2 R, \quad I = U_0/(R + R_1) \leqq U_0/R, \quad P \leqq U_0^2/R = 36{,}8$ mW < 100 mW,

keine Überlastung.

Aufgabe 1.18:

Als Energiequelle eines Elektronenblitzgerätes soll ein Kondensator dienen, der (bei 500 V) 20 Ws speichert. Welche Kapazität muß er besitzen?

Lösung:

$W = CU^2/2, \quad C = 2W/U^2 = 1{,}6 \cdot 10^{-4}$ A · s/V = 160 µF.

Aufgabe 1.19:

Ein Monteur will die Strom- bzw. Leistungsaufnahme einer Waschmaschine (220 V/1,2 kW) überprüfen. Da er kein Meßgerät zur Verfügung hat, bestimmt er die Leistung mit Hilfe des Zählers (Zählerkonstante 1200 kWh, d. h. 1200 Umdrehungen für 1 kWh). Für 10 Umdrehungen stellte er 25 s fest. Welchen Schluß kann er ziehen?

Lösung:

$$\Delta W = \frac{10}{1200}\ \text{kWh} \approx 8{,}3\ \text{Wh (in 25 s)}, \quad P = \frac{\Delta W}{\Delta t} = \frac{8{,}3\ \text{Wh}}{25\ \text{s}} \approx 1{,}2\ \text{kW}, \quad I = P/U = 5{,}5\ \text{A}$$

(falls Nennspannung anliegt und keine Blindleistung (s. Abschn. 3.6.1.) auftritt).

2. Resistive Schaltungen

Die Ausführungen in diesem Abschnitt beziehen sich auf Gleichstrom und auch auf zeitlich veränderliche Ströme und Spannungen, wobei aber kapazitive und induktive Erscheinungen (auch als parasitäre Effekte) voraussetzungsgemäß keine Rolle spielen dürfen. Viele der folgenden behandelten Methoden lassen sich aber verallgemeinern und besitzen dadurch – wie u. a. im Abschnitt 3. sichtbar wird – Bedeutung auch für Schaltungen mit Energiespeichern (L bzw. C).

2.1. Grundstromkreis

Die einfachste Zusammenschaltung eines Generators (mit dem Innenwiderstand R_i) sowie eines ohmschen Verbrauchers R_a bezeichnet man als Grundstromkreis (Bild 2.1). Manchmal ist es zweckmäßig, auch den Widerstand der Zuleitung bis zum Verbraucher in R_i einzubeziehen. Aus der Maschengleichung und dem Ohmschen Gesetz gewinnt man

$$u_l = i\,(R_i + R_a) \qquad i = u_l/(R_i + R_a) \qquad u = R_a i. \tag{2.1}$$

Für eine möglichst allgemeingültige Form erweist sich die Normierung auf die Leerlaufspannung u_l bzw. den Kurzschlußstrom $i_k = u_l/R_i$ (s. Abschn. 1.9.1.) bzw. den Innenwiderstand R_i als zweckmäßig:

$$\frac{u}{u_l} = \frac{R_a}{R_i + R_a} = \frac{R_a/R_i}{1 + R_a/R_i} \tag{2.2}$$

$$\frac{i}{i_k} = \frac{R_i}{R_i + R_a} = \frac{1}{1 + R_a/R_i}\,. \tag{2.3}$$

Um die dazugehörigen Kurvenverläufe quantitativ darzustellen (Bild 2.2), muß man eine numerische (zahlenmäßige) Berechnung an diskreten Punkten vornehmen. Für eine qualitative Diskussion des Kurvenverlaufs empfiehlt sich, zunächst von folgenden Punkten auszugehen:

$$R_a/R_i = 0 \text{ (Kurzschluß):} \quad u/u_l = 0 \quad i/i_k = 1 \tag{2.4}$$

$$R_a/R_i = 1 \text{ (Anpassung):} \quad u/u_l = \frac{1}{2} \quad i/i_k = \frac{1}{2} \tag{2.5}$$

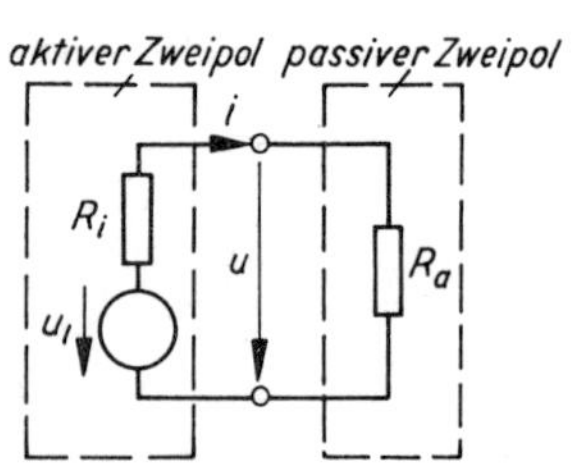

Bild 2.1. Einfachste Zusammenschaltung einer Spannungsquelle (mit endlichem Innenwiderstand) mit einem Lastwiderstand (Grundstromkreis)

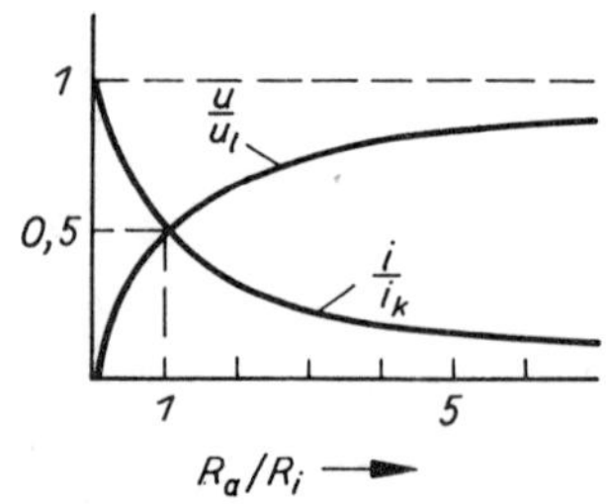

Bild 2.2. Strom sowie Verbraucherspannung beim Grundstromkreis als Funktion des Lastwiderstandes (normierte Darstellung)

$$R_a/R_i \to \infty \text{ (Leerlauf)}: \quad u/u_l = 1 \quad i/i_k = 0. \tag{2.6}$$

Um den Verlauf zwischen diesen Punkten zu analysieren, wird differenziert.

Beispiel:

$$y = \frac{1}{1+x} \quad \text{mit} \quad y = \frac{i}{i_k} \quad \text{und} \quad x = \frac{R_a}{R_i} \geqq 0,$$

$$\frac{dy}{dx} = -\frac{1}{(1+x)^2} < 0 \quad \frac{d^2y}{dx^2} = \frac{2}{(1+x)^3} > 0.$$

Also liegen weder Extrema noch Wendepunkte vor, sondern ein monotoner Verlauf von y und dy/dx. Bild 2.2 verdeutlicht die diskutierte Abhängigkeit der Spannung und des Stromes von der Belastung.

Eine Leistungsbetrachtung unterscheidet sinnvollerweise:

die erzeugte (aufgewendete) elektrische Leistung

$$p = u_l i = i^2 (R_a + R_i) \tag{2.7}$$

die Verlustleistung im Innenwiderstand

$$p_i = i^2 R_i \tag{2.8}$$

die im Verbraucher umgesetzte Leistung

$$p_a = i^2 R_a = \frac{u_l^2 R_a}{(R_i + R_a)^2}. \tag{2.9}$$

Demnach gilt $p = p_i + p_a$, so daß sich der Energieerhaltungssatz erwartungsgemäß am Beispiel bestätigt. Der Wirkungsgrad η ergibt sich nach den Gln. (1.129), (2.7) und (2.8) zu

$$\eta = \frac{p_a}{p} = \frac{R_a}{R_i + R_a} = \frac{1}{1 + R_i/R_a} \quad \text{(s. Bild 2.3).} \tag{2.10}$$

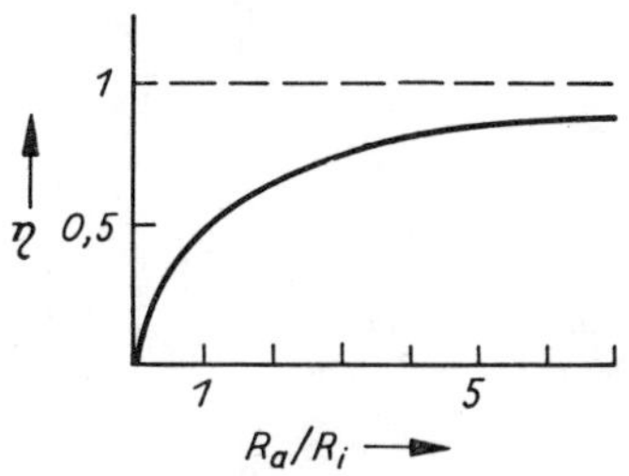

Bild 2.3. Wirkungsgrad beim Grundstromkreis als Funktion des Lastwiderstandes (normierte Darstellung)

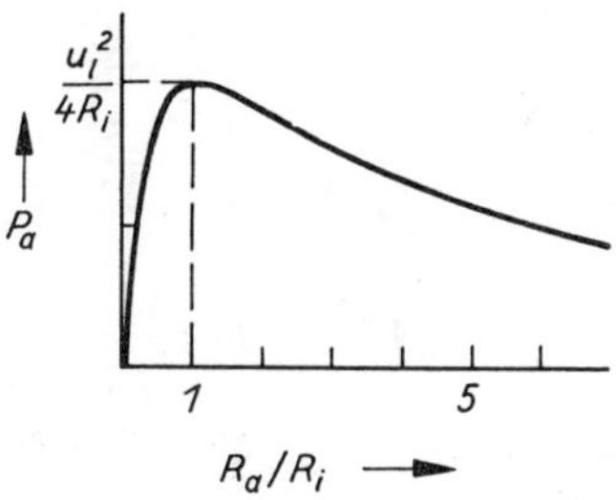

Bild 2.4. Leistung am Lastwiderstand R_a beim Stromkreis als Funktion dieses Widerstandes (normierte Darstellung)

Die im Lastwiderstand umgesetzte Leistung steht natürlich nicht in jedem Falle als Nutzleistung zur Verfügung. Bei Elektrowärmeprozessen tritt z. B. eine Verlustleistung durch nichtideale thermische Isolation auf. Bei Elektromotoren sind bei der Umsetzung elektrischer in mechanische Nutzenergie Wärme- und Reibungsverluste zu verzeichnen. Um die Bedingung für maximale Verbraucherleistung zu ermitteln, ist das Maximum von

$$p_a = u_l^2 \frac{R_a}{(R_i + R_a)^2} \tag{2.11}$$

aus $dp_a/dR_a = 0$ zu ermitteln und $d^2p_a/dR_a^2 < 0$ am Ort des Extremwertes nachzuweisen. Das Ergebnis lautet (s. auch Bild 2.4):

maximale Verbraucherleistung für $R_a = R_i$ (Anpassung) $$\eta = \frac{R_a}{R_i + R_a} = \frac{1}{2}. \tag{2.12}$$

In der *Elektronik* steht häufig maximale Verbraucherleistung bei vorgegebenem Innenwiderstand im Vordergrund. In solchen Fällen wird die *Anpassung* von Verbraucher und Generator angestrebt.[1] In der *elektrischen Energietechnik,* d. h. beim Umsatz großer Leistungen muß meist ein möglichst *hoher Wirkungsgrad* angestrebt werden, d. h. ein großes Verhältnis von R_a zu R_i.

Beispiel 1:

Ein Transistorverstärker für eine Lautsprecheranlage kann bezüglich der Signalspannungen als Spannungsquelle mit einem Innenwiderstand von 6 Ω aufgefaßt werden. Zur Verfügung stehen Lautsprecher, für die jeweils ein Widerstand von 2 Ω, 6 Ω und 12 Ω angegeben wird. Welcher Typ ist im Interesse einer möglichst hohen Leistung im Lautsprecher auszuwählen?

Lösung:

$R_a = 6\ \Omega$ (Anpassung)

Beispiel 2:

Es soll für einen Gleichstromkreis bewiesen werden, daß für eine *Übertragung großer Leistungen* über große Entfernungen im Interesse niedriger Verlustleistungen in den Leitungen *hohe Spannungen* vorteilhaft sind. Außerdem ist der Wirkungsgrad zu diskutieren.

Lösung:

Als Ausgangspunkt wird das Ersatzschaltbild 2.5 gewählt. Der Innenwiderstand der Spannungsquelle wird vernachlässigt. R_L ist der Ersatzwiderstand für die Leitungen, d. h., $R_L = \varrho 2l/A$ für eine Zweileiteranordnung. $R = U^2/P_a$ symbolisiert den Verbraucher. Wegen $I = P_a/U$ ergibt sich

$$P_v = I^2 R_L = \frac{P_a^2}{U^2} R_L. \tag{2.13}$$

Die Verlustleistung P_v sinkt also bei vorgegebener Verbraucherleistung P_a quadratisch mit wachsender Spannung.

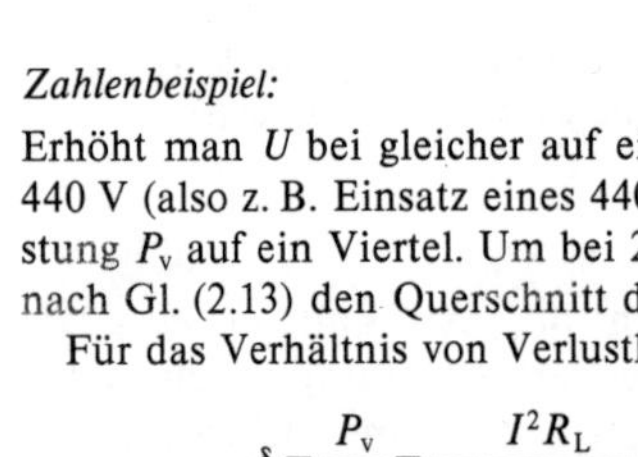

Bild 2.5. Niedrige Verluste in den Leitungen bei der Energieübertragung zum Verbraucher durch Anwendung großer Spannungen

Zahlenbeispiel:

Erhöht man U bei gleicher auf eine Baustelle zu übertragender Leistung (z. B. 20 kW) von 220 V auf 440 V (also z. B. Einsatz eines 440-V-Motors statt eines 220-V-Motors), so reduziert sich die Verlustleistung P_v auf ein Viertel. Um bei 220 V den gleichen Wert für P_v wie bei 440 V zu erzielen, müßte man nach Gl. (2.13) den Querschnitt der Leitungen vervierfachen.

Für das Verhältnis von Verlustleistung P_v zur eingespeisten Leistung $P_e = U_q I$ gilt

$$\delta = \frac{P_v}{P_e} = \frac{I^2 R_L}{I^2 (R_L + R)} = \frac{R_L}{R_L + R} = \frac{R_L}{R_L + U^2/P_a}. \tag{2.14}$$

Mit $\Delta U = I R_L$ und $U_q = I(R_L + R)$ folgt außerdem

$$\frac{\Delta U}{U_q} = \frac{R_L}{R_L + R} = \frac{P_v}{P_e} = \delta. \tag{2.15}$$

[1] Bei vorgegebenem R_l entsteht die maximale Verbraucherleistung für $R_i = 0$.

Fällt z. B. 5% der angelegten Spannung über R_L ab, so ist auch $\delta = 5\%$ und $\eta = P_a/P_e = 1 - \delta = 95\%$. Weitere Überlegungen zur Energieübertragung folgen im Abschnitt 11.1.

2.2. Spannungsteilung mit linearen Widerständen

Spannungsteiler spielen in der Elektrotechnik eine wesentliche Rolle. Sie gestatten es, Teilspannungen unterschiedlicher Größe, die bei Anwendung regelbarer Widerstände auch veränderbar sind, mit hoher Präzision zu erzeugen.

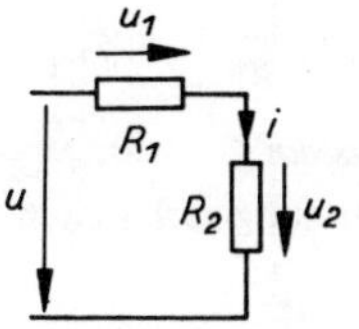

Bild 2.6
Einfachster Spannungsteiler

Für den einfachsten Spannungsteiler mit zwei Widerständen (Bild 2.6) ergibt sich mit der Maschengleichung $u_1 = iR_1$, $u_2 = iR_2$, $u = i(R_1 + R_2)$. Daraus folgt durch Quotientenbildung die

$$\text{Spannungsteilerregel} \quad \frac{u_2}{u_1} = \frac{R_2}{R_1}, \quad \frac{u_2}{u} = \frac{R_2}{R_1 + R_2}. \tag{2.16}$$

Bei der Analyse komplizierter Strukturen mit dieser Regel ist es zweckmäßig, diese Strukturen auf die Form des einfachen Spannungsteilers zu bringen, für den die Spannungsteilerregel abgeleitet wurde, um Fehler bei der Anwendung zu vermeiden.

Beispiel 1: Dimensionierung eines Spannungsteilers

Für Meßzwecke wird eine Spannung $U_{AB} = -3$ V an zwei Klemmen A–B benötigt. Klemme B sei geerdet. Zur Verfügung stehen neben einer idealen 12-V-Spannungsquelle 5 Widerstände mit 1,5 kΩ, 3 mit 2,2 kΩ und 8 mit 3 kΩ. Eine möglichst einfache Schaltung ist anzugeben.

Lösung:

Im Bild 2.7a ist das zu wählende Schaltbild dargestellt. Die Bauelementeberechnung beruht auf der Spannungsteilerregel:

$$\frac{U_{AB}}{-12\ \text{V}} = \frac{R_2}{R_1 + R_2}, \quad \frac{-3\ \text{V}}{-12\ \text{V}} = \frac{1}{4} = \frac{R_2}{R_1 + R_2}, \quad R_1 + R_2 = 4R_2,$$

$$R_1 = 3R_2, \quad R_2 = 1{,}5\ \text{k}\Omega, \quad R_1 = 4{,}5\ \text{k}\Omega = 1{,}5\ \text{k}\Omega + 3\ \text{k}\Omega \quad \text{(Reihenschaltung).}$$

Damit entsteht das Schaltbild 2.7b.

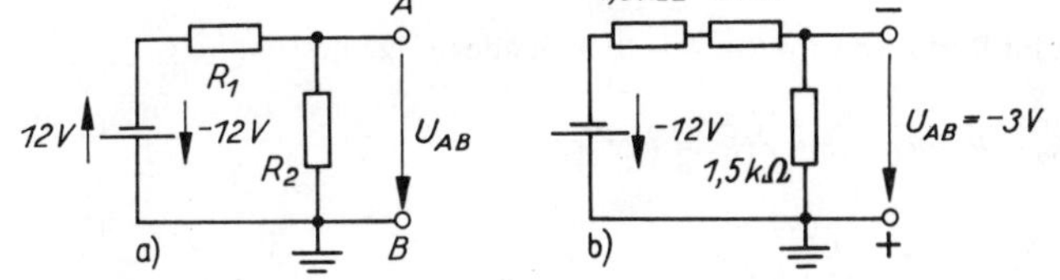

Bild 2.7
Beispiel zur Spannungsteilung
a) Schaltbild (allgemein);
b) Schaltbild (mit Zahlenwerten)

Beispiel 2: Meßbereichserweiterung eines Spannungsmessers

Durch Reihenschaltung eines Widerstandes kann der Meßbereich eines Spannungsmessers erweitert werden (Bild 2.8). Zu berechnen ist der Vorschaltwiderstand R_r für die Meßbereichserweiterung eines Spannungsmessers mit den Daten: Endausschlag $U = 30$ V, Ersatzwiderstand (Innenwiderstand) $R_v = 500$ kΩ, der im Meßbereich $U_e \leqq U_{max} = 300$ V eingesetzt werden soll.

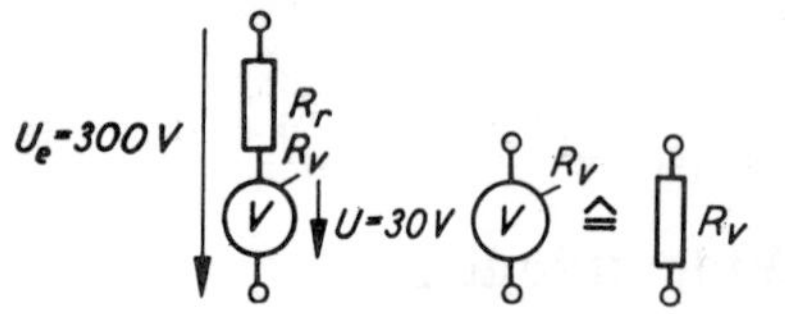

Bild 2.8. Meßbereichserweiterung eines Spannungsmeßgerätes (Voltmeter) durch Reihenschaltung eines Widerstandes (Beispiel)

Lösung:

Der Meßbereich muß um den Faktor $p = 300\ \mathrm{V}/30\ \mathrm{V} = 10$ erweitert werden.

$$\frac{U}{U_{max}} = \frac{R_v}{R_v + R_r}, \quad R_v + R_r = R_v \frac{U_{max}}{U} = pR_v,$$

$$R_r = (p-1)\,R_v = 9\,R_v, \quad R_r = 4{,}5\ \mathrm{M\Omega}. \tag{2.17}$$

Beispiel 3: Verfälschung des Meßwertes durch den endlichen Widerstand von Spannungsmessern

Der endliche Innenwiderstand von Spannungsmeßgeräten kann die zu messende Spannung verfälschen. Um einen Meßfehler zu charakterisieren, können

der absolute Fehler $\Delta U = U^* - U$ (2.18)

U^* Meßwert (Istwert) U exakter Wert (Sollwert)

oder der relative Fehler $\delta = \frac{\Delta U}{U} = \frac{U^* - U}{U} = \frac{U^*}{U} - 1$ (2.19)

herangezogen werden. Bei dem an dieser Stelle behandelten Problem ist U^* die vom Spannungsmesser (exakt) gemessene Spannung, während unter dem exakten Wert U der Spannungswert ohne zugeschaltetes Meßgerät verstanden wird. Zur Erläuterung wird folgendes Zahlenbeispiel analysiert:

Mit den Widerständen R_1 und R_2 wird ein Spannungsteiler aufgebaut (Bild 2.9a), der exakt die Spannung $U = U_q/3$ liefern soll.

a) Zu berechnen ist R_1 allgemein und für $R_i = 0$, $R_2 = 20\ \mathrm{k\Omega}$ und $U_q = 15\ \mathrm{V}$.

b) Welche Spannung U_2^* wird mit einem Universalmeßgerät (Innenwiderstand $R_v = 160\ \mathrm{k\Omega}$) sowie einem Digitalvoltmeter (Innenwiderstand $R_v = 10\ \mathrm{M\Omega}$) gemessen? Welche absoluten und relativen Fehler treten also durch den endlichen Innenwiderstand der Meßgeräte auf?

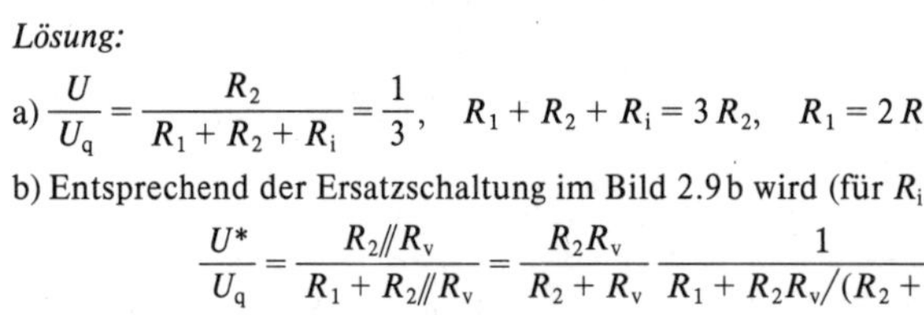

Bild 2.9. Meßwertverfälschung durch den endlichen Innenwiderstand R_v des Spannungsmessers

a) auszumessender Spannungsteiler (Voltmeter noch nicht angeschlossen); b) Ersatzschaltung für die Anwendung der Spannungsteilerregel (Voltmeter angeschlossen)

Lösung:

a) $\frac{U}{U_q} = \frac{R_2}{R_1 + R_2 + R_i} = \frac{1}{3}, \quad R_1 + R_2 + R_i = 3\,R_2, \quad R_1 = 2\,R_2 - R_i = 40\ \mathrm{k\Omega}.$

b) Entsprechend der Ersatzschaltung im Bild 2.9b wird (für $R_i = 0$) folgendes U^* gemessen:

$$\frac{U^*}{U_q} = \frac{R_2 /\!/ R_v}{R_1 + R_2 /\!/ R_v} = \frac{R_2 R_v}{R_2 + R_v} \frac{1}{R_1 + R_2 R_v/(R_2 + R_v)} \tag{2.20}$$

$$U^* = \frac{R_2 R_v U_q}{R_2 R_1 + R_v R_1 + R_2 R_v} = \frac{U_q}{\frac{R_1}{R_v} + \frac{R_1}{R_2} + 1}. \tag{2.21}$$

Relativer Fehler: $\delta = \frac{U^* - U}{U} = \frac{U^*}{U} - 1$

Exakter Wert: $U = \frac{15\ \mathrm{V}}{3} = 5\ \mathrm{V}$

Meßwert: $U^* =$ 4,62 V (Universalmeßgerät), $U^* =$ 4,9933 V (Digitalvoltmeter)

Absoluter Fehler: $\Delta U = -0{,}38$ V (Universalmeßgerät), $\Delta U = -6{,}7$ mV (Digitalvoltmeter)
Relativer Fehler: $\delta = -7{,}6\,\%$ (Universalmeßgerät), $\delta = -1{,}34\,‰$ (Digitalvoltmeter)

Man erkennt, daß beim Einsatz des wesentlich hochohmigeren Digitalvoltmeters (mit kleinerem Leistungsverbrauch) der Meßprozeß das auszumessende System in wesentlich geringerem Maße beeinflußt. Außerdem sei betont, daß neben dem diskutierten Fehlertyp noch der eigentliche Meßfehler des Meßgerätes zu berücksichtigen ist.

Beispiel 4: Wheatstonesche Brücke mit konstanter Speisespannung (s. a. Abschn. 12.5.)

Die Wheatstonesche Brücke (Bild 2.10) dient der Bestimmung unbekannter Widerstände R_x. Ein empfindliches Meßgerät, dessen Nullpunkt in Skalenmitte liegt (Nullinstrument), liegt im Brückenzweig. Das Widerstandsverhältnis R_1/R_2 wird solange variiert, bis die Spannung U_{CB} zwischen C und B Null is . Dann ist $i_{CB} = 0$, und es liegen zwei parallelgeschaltete Spannungsteiler vor. Demnach gilt

$$\frac{u_{AC}}{u_{CD}} = \frac{R_x}{R_N}, \quad \frac{u_{AB}}{u_{BD}} = \frac{R_1}{R_2}.$$

Aus den Maschengln. und $u_{CB} = 0$ folgt

$$u_{AC} + u_{CB} = u_{AB} \quad \text{bzw.} \quad u_{AC} = u_{AB}$$

$$u_{CB} + u_{BD} = u_{CD} \quad \text{bzw.} \quad u_{CD} = u_{BD}$$

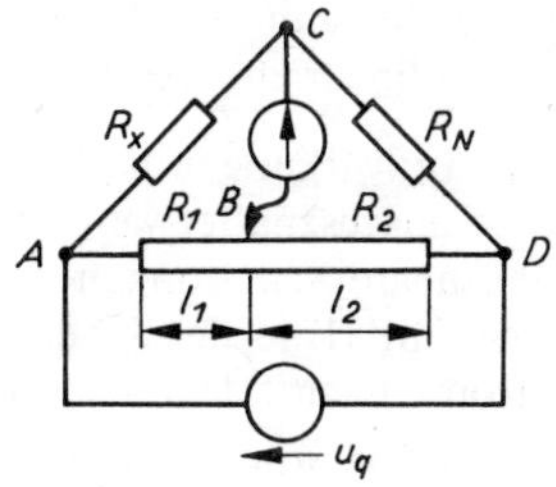

Bild 2.10
Wheatstonesche Brücke zur Ausmessung eines unbekannten Widerstandes R_x

und damit $R_x/R_N = R_1/R_2$. Also lautet die

$$\text{Bedingung für Brückenabgleich} \quad R_x = R_N \frac{R_1}{R_2}. \tag{2.22}$$

Für R_N werden meist einstellbare dekadisch abgestufte (temperaturkompensierte) Normalwiderstände verwendet. R_1 und R_2 können durch ein Präzisionspotentiometer oder einen aufgespannten Draht (z. B. $l = 1$ m lang) mit einem Schleifer realisiert werden. In diesem letzteren Fall ist R_1/R_2 mit dem Längenverhältnis l_1/l_2 identisch. R_N wird im Interesse eines kleinen Meßfehlers so eingestellt, daß $R_1 \approx R_2$ erfüllt ist.

2.3. Stromteilung mit linearen Widerständen

Bei Parallelschaltung linearer Widerstände tritt eine Stromteilung auf. Mit der Knotengleichung folgt für den einfachsten Stromteiler (Bild 2.11) $u = i_1 R_1 = i_2 R_2$ sowie $u = iR_1R_2/(R_1 + R_2)$. Daraus ergibt sich durch Quotientenbildung die

$$\text{Stromteilerregel} \quad \frac{i_2}{i_1} = \frac{R_1}{R_2} = \frac{G_2}{G_1} \quad \frac{i_2}{i} = \frac{R_1}{R_1 + R_2} = \frac{G_2}{G_1 + G_2}. \tag{2.23}$$

Komplizierte Strukturen werden bei Anwendung dieser Regel zweckmäßigerweise auf den einfachsten Stromteiler zurückgeführt.

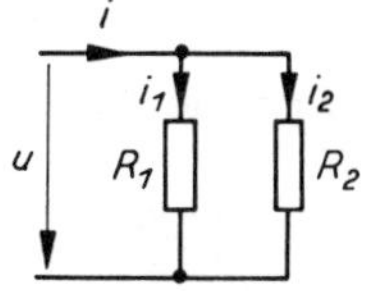

Bild 2.11. Einfachster Stromteiler

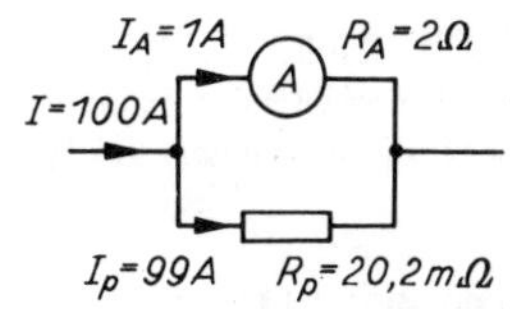

Bild 2.12. Meßbereichserweiterung eines Strommeßgerätes (Amperemeter) durch Parallelschaltung eines Widerstandes (Zahlenbeispiel)

Beispiel: Meßbereichserweiterung eines Gleichstrom-Meßgerätes

Der Meßbereich eines Amperemeters kann durch Parallelschaltung eines Widerstandes R_p (auch Shunt genannt) erweitert werden, da in diesem Fall nur ein Teil des Stromes durch das Meßgerät fließt. Im Bild 2.12 wird dazu ein Zahlenbeispiel vorgestellt. Bei der Meßbereichserweiterung um das p-fache (z. B. $p = 100$) folgt mit Gl. (2.23)

$$p = \frac{I}{I_A} = \frac{R_p + R_A}{R_p} = 1 + \frac{R_A}{R_p} \quad \text{bzw.} \quad R_p = \frac{R_A}{p-1}. \tag{2.24}$$

2.4. Überlagerungssatz

Der Überlagerungssatz lautet:

> Bei linearen Systemen überlagern sich die durch Teilursachen entstehenden Teilwirkungen linear zur Gesamtwirkung (Superpositionsprinzip).

Die Teilwirkungen lassen sich demnach bestimmen, indem jeweils alle Teilursachen bis auf eine ausgeschaltet werden.

Lineare Schaltungen mit mehreren Quellenspannungen in verschiedenen Zweigen lassen sich mit Hilfe des Überlagerungssatzes in effektiver Weise berechnen. Dabei können die Ströme nach folgendem *Algorithmus* (Rechenvorschrift) berechnet werden:

1. alle Spannungsquellen (Teilursachen) bis auf eine durch einen Kurzschluß ersetzen
2. Teilstrom (Teilwirkung) bestimmen, z. B. auch mit der Stromteilerregel
3. Wiederholung von 1. und 2., bis alle Teilströme im Zweig bestimmt sind
4. Überlagerung der Teilströme zum Gesamtstrom (Gesamtwirkung).

Hinweis: Stromquellen werden dadurch als Teilursache ausgeschaltet, daß man sie heraustrennt, also durch eine Leitungsunterbrechung ersetzt.

Beispiel:

Im Bild 2.13a sind zwei Spannungsquellen miteinander und einem Verbraucher R_3 verknüpft (z. B. Gleichstromlichtmaschine und Batterie in der elektrischen Anlage eines Fahrzeuges (als lineares System genähert)). Der Strom I_2 (Ladestrom für die Batterie bei $U_{q1} > U_{q2}$) wird nach dem o. g. Algorithmus bestimmt. Zuerst ermitteln wir den von U_{q1} verursachten Teilstrom $I_{2,U_{q1}}$ mit Hilfe der Stromteilerregel (Bild 2.13b):

$$I_{2,U_{q1}} = I_{1,U_{q1}} \frac{R_3}{R_2 + R_3} \quad \text{mit} \quad I_{1,U_{q1}} = \frac{U_{q1}}{R_1 + R_2/\!/R_3}. \tag{2.25}$$

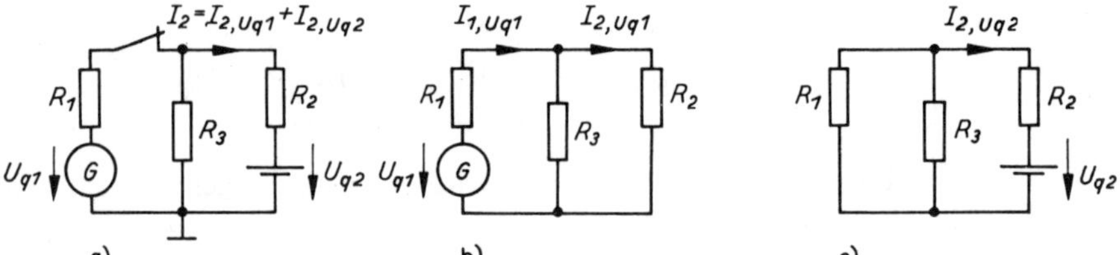

Bild 2.13. Zur Anwendung des Überlagerungssatzes

a) Stromkreis mit zwei auf einen Verbraucher arbeitenden Spannungsquellen; b) Ersatzschaltung für die Berechnung des Teilstroms $I_{2,U_{q1}}$; c) Ersatzschaltung für die Berechnung des Teilstroms $I_{2,U_{q2}}$

Der Maschensatz liefert entsprechend Bild 2.13c den von U_{q2} verursachten Teilstrom im Zweig 2:

$$I_{2,U_{q2}} = -\frac{U_{q2}}{R_2 + R_1/\!/R_3} = -\frac{R_1 + R_3}{R_1R_2 + R_1R_3 + R_2R_3}\, U_{q2}. \tag{2.26}$$

Durch Überlagerung der Teilströme entsteht:

$$I_2 = I_{2,U_{q1}} + I_{2,U_{q2}} = \frac{R_3 U_{q1} - (R_1 + R_3)\, U_{q2}}{R_1 R_2 + R_1 R_3 + R_2 R_3}. \tag{2.27}$$

Ein Vergleich mit Aufgabe 1.14 zeigt, daß der Überlagerungssatz bei diesem Beispiel wirklich schneller als die Zweigstromanalyse zum Ziele führt.

Erwähnt sei, daß der Überlagerungssatz z. B. dadurch abgeleitet werden kann, daß man das aus den Kirchhoffschen Gesetzen entstehende allgemeine lineare Gleichungssystem mit Hilfe der Cramerschen Regel löst. Bei nichtlinearen Bauelementen beeinflussen sich die fließenden Teilströme, so daß der Überlagerungssatz nicht angewendet werden darf.

2.5. Zweipol-Ersatzschaltungen

2.5.1. Zweipol-Ersatzschaltungen linearer Widerstände

Durch Berechnung von Ersatzschaltungen zweipoliger Widerstandsnetzwerke ist es möglich, Schaltungsberechnungen übersichtlicher zu gestalten bzw. zu vereinfachen.

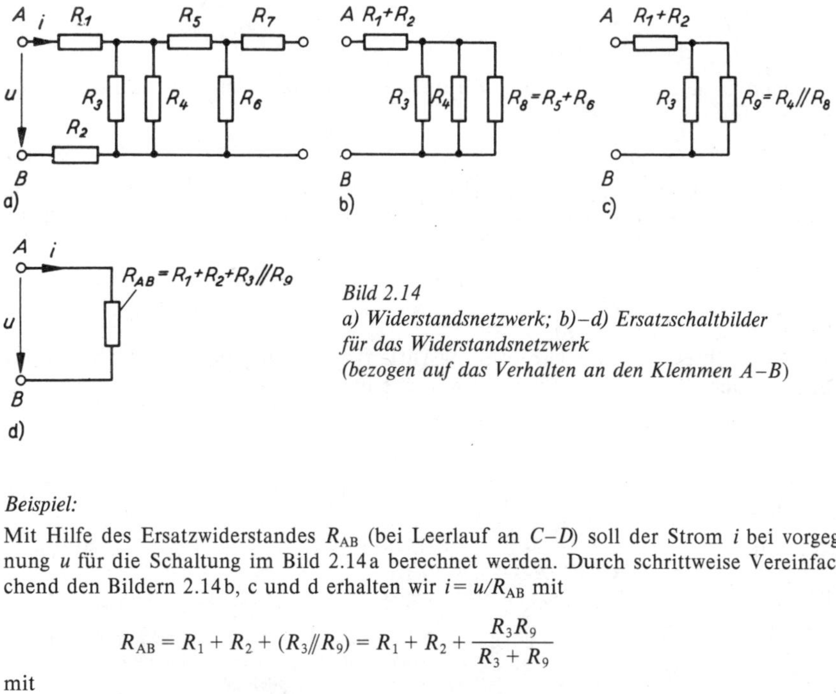

Bild 2.14
a) Widerstandsnetzwerk; b)–d) Ersatzschaltbilder für das Widerstandsnetzwerk (bezogen auf das Verhalten an den Klemmen A–B)

Beispiel:

Mit Hilfe des Ersatzwiderstandes R_{AB} (bei Leerlauf an C–D) soll der Strom i bei vorgegebener Spannung u für die Schaltung im Bild 2.14a berechnet werden. Durch schrittweise Vereinfachung entsprechend den Bildern 2.14b, c und d erhalten wir $i = u/R_{AB}$ mit

$$R_{AB} = R_1 + R_2 + (R_3 /\!/ R_9) = R_1 + R_2 + \frac{R_3 R_9}{R_3 + R_9} \tag{2.28}$$

mit

$$R_9 = R_4 /\!/ R_8 = R_4 /\!/ (R_5 + R_6) = \frac{R_4\,(R_5 + R_6)}{R_4 + R_5 + R_6}. \tag{2.29}$$

Nicht alle Widerstandsnetzwerke lassen sich direkt auf Reihen- bzw. Parallelschaltungen zurückführen. Als nützlich erweisen sich in diesem Zusammenhang oft sogenannte Stern-Dreieck- bzw. Dreieck-Stern-Umwandlungen. Bild 2.15a zeigt einen passiven Vierpol, der je nach Darstellung als Dreieck- bzw. π-Schaltung bezeichnet werden kann.
Daneben ist eine Stern- bzw. T-Schaltung angegeben. Stellt man sich das Ziel, eine Dreieckschaltung durch eine Stern-Schaltung zu ersetzen, ohne daß sich das Strom-Spannungs-Verhalten an den Klemmen *1*, *2* und *3* ändert (Äquivalenz), so ergibt sich folgende Umrech-

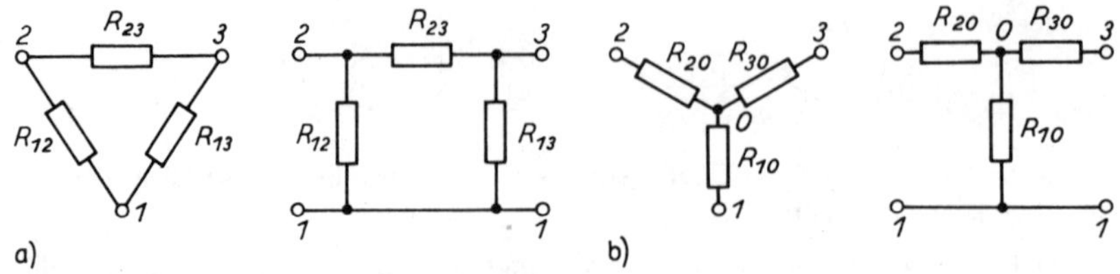

Bild 2.15
a) Dreieck- bzw. π-Schaltung; b) Stern- bzw. T-Schaltung

nungsvorschrift für die

$$\triangle\text{-}\curlyvee\text{-Umwandlung: } R_{10} = \frac{R_{12}R_{13}}{R} \quad R_{20} = \frac{R_{12}R_{23}}{R} \quad R_{30} = \frac{R_{23}R_{13}}{R} \tag{2.30}$$

mit $R = R_{12} + R_{23} + R_{13}$.

Für die Umrechnung von Stern- in Dreieckschaltungen ist die Verwendung der Leitwerte zweckmäßig, und zwar gilt für die

$$\curlyvee\text{-}\triangle\text{-Umwandlung } \quad G_{12} = \frac{G_{10}G_{20}}{G} \quad G_{23} = \frac{G_{20}G_{30}}{G} \quad G_{13} = \frac{G_{10}G_{30}}{G} \tag{2.31}$$

mit $G = G_{10} + G_{20} + G_{30}$.

$\curlyvee$-$\triangle$-Umwandlungen lassen sich u. a. auch für Vereinfachungen von Netzwerkstrukturen bzw. -berechnungen nutzen.

Beispiel:

Als Anwendungsfall sei die Umformung eines passiven Zweipols in Brückenschaltung (Bild 2.16a) in eine gemischte Reihen- und Parallelschaltung genannt, die direkt berechnet werden kann. Bild 2.16b entsteht durch eine $\triangle$-$\curlyvee$-Umwandlung. Damit ergibt sich

$$R_{AB} = R_{A0} + (R_{C0} + R_4) /\!/ (R_{D0} + R_5) \quad \text{(s. Bild 2.16b)}$$
$$R_{A0} = R_1 R_2 / (R_1 + R_2 + R_3) \quad \text{usw.}$$

Dem Leser wird empfohlen, weitere Umformungsvarianten für die angegebene Schaltung aufzuzeichnen und auch die Frage zu beantworten, wie man R_{AB} ohne $\curlyvee \rightleftarrows \triangle$-Umwandlungen bestimmen könnte.

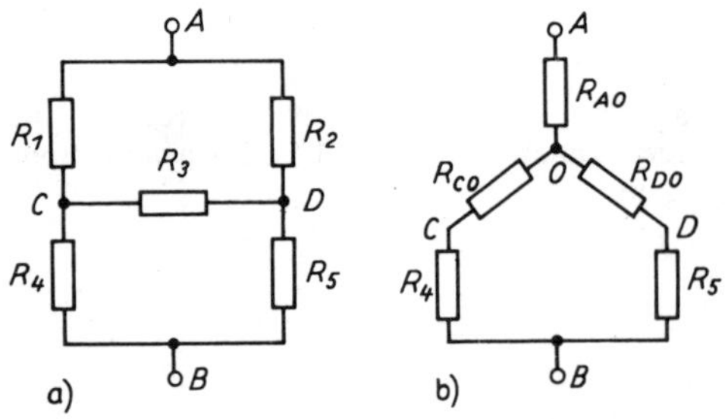

Bild 2.16
a) Brückenschaltung; b) Umformung der Brückenschaltung mit der △-Y-Umwandlung in eine gemischte Reihen-/Parallelschaltung

Abschließend sei noch erwähnt, daß Stern-Dreieck-Umwandlungen ein Spezialfall von Stern-n-Eck-Umwandlungen sind ($n \geqq 3$).

2.5.2. Ersatzschaltungen für lineare aktive Zweipole

2.5.2.1. Reihen- und Parallelschaltung von Spannungsquellen

Wie sich mit dem Maschensatz leicht nachweisen läßt, addieren sich bei Reihenschaltung technischer Spannungsquellen die Leerlaufspannungen und auch die Innenwiderstände. Dazu ist im Bild 2.17 ein Beispiel dargestellt.

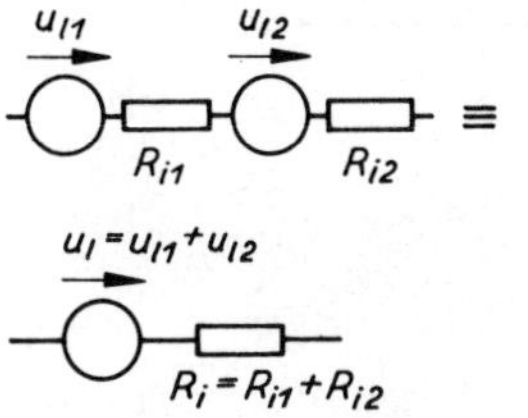

Bild 2.17. Ersatzschaltung für die Reihenschaltung zweier technischer Spannungsquellen

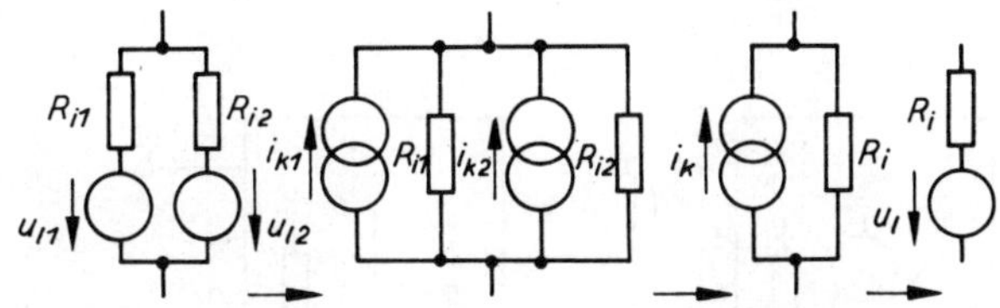

Bild 2.18

a) Parallelschaltung zweier technischer Spannungsquellen; b) Umformung von a) mit Hilfe von Stromquellen-Ersatzschaltungen; c) Stromquellen-Ersatzschaltung von a); d) Spannungsquellen-Ersatzschaltung von a)

Die Umrechnung zweier parallelgeschalteter Spannungsquellen kann u. a. – wie im Bild 2.18 demonstriert – über die Umformung in Stromquellen-Ersatzschaltungen erfolgen:

$$i_k = i_{k1} + i_{k2} = \frac{u_{l1}}{R_{i1}} + \frac{u_{l2}}{R_{i2}} \qquad R_i = \frac{R_{i1}R_{i2}}{R_{i1} + R_{i2}} \tag{2.32}$$

$$u_l = R_i i_k = u_{l1}\frac{R_{i2}}{R_{i1} + R_{i2}} + u_{l2}\frac{R_{i1}}{R_{i1} + R_{i2}}. \tag{2.33}$$

Für gleichartige Spannungsquellen bleibt – wie man sieht – die Leerlaufspannung ($u_l = u_{l1} = u_{l2}$) erhalten, während sich der Innenwiderstand halbiert ($R_i = R_{i1}/2 = R_{i2}/2$). Die Stromergiebigkeit, d. h. die zur Verfügung stehende Ampere-Stunden-Zahl (Kapazität) chemischer Spannungsquellen, verdoppelt sich natürlich.

Die Parallelschaltung von Spannungsquellen sehr unterschiedlicher Leerlaufspannungen ist zu vermeiden, da die Quelle mit der höheren Leerlaufspannung (bereits im Leerlauf der Parallelschaltung) einen sehr hohen Strom durch die andere Quelle treibt. Dieses Verhalten kann natürlich aus der Ersatzschaltung nicht abgelesen werden. Damit wird am Beispiel noch einmal die triviale Aussage deutlich, daß Ersatzschaltungen wirklich nur das Klemmenverhalten modellieren und nicht die Prozesse im Inneren der Schaltungen.

2.5.2.2. Satz von Helmholtz

Der Satz von *Helmholtz*[1]) und *Mayer* (in der englischsprachigen Literatur auch Theorem von *Thévenin*[2]) und *Norton* genannt) lautet:

> Jeder lineare aktive Zweipol, der aus Quellen und linearen Widerständen besteht, kann bezüglich seines Klemmenverhaltens durch eine Spannungsquellen- (bzw. Stromquellen-) Ersatzschaltung ersetzt werden (Bild 2.19a, b).

Der Beweis für diese Aussage, die auch bei Anschluß nichtlinearer Netzwerke an die Klemmen gültig ist, ergibt sich daraus, daß der vorausgesetzte Zweipol *1* durch ein lineares Gleichungssystem beschrieben wird und demnach eine *i-u*-Relation in Form einer Geraden besit-

[1]) *Hermann Helmholtz,* deutscher Physiologe und Physiker, 1821–1894

[2]) *Léon Thévenin,* französischer Elektrotechniker, 1857–1926

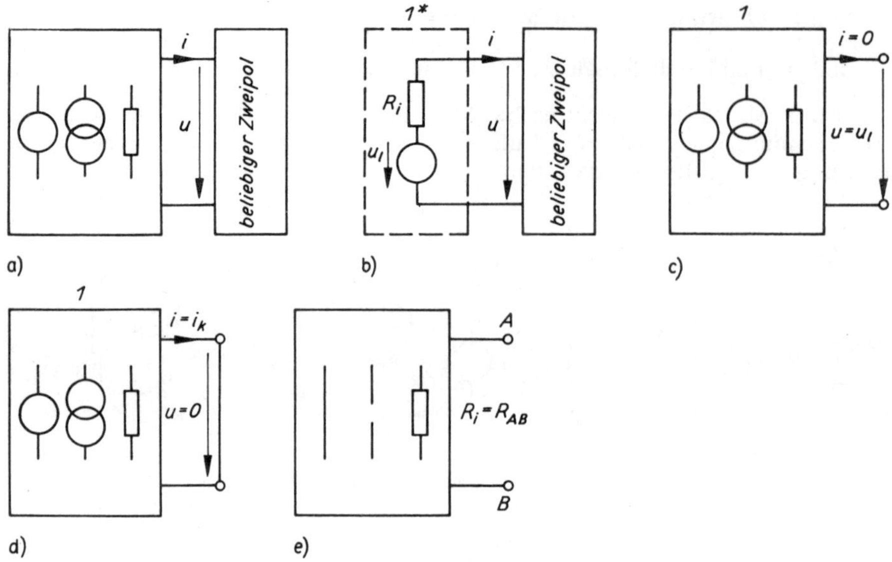

Bild 2.19. Ersatzschaltung eines linearen aktiven Zweipols (Satz von Helmholtz)

a) zu ersetzende Schaltung; b) Spannungsquellen-Ersatzschaltung; c) Bestimmung der Leerlaufspannung u_l; d) Bestimmung des Kurzschlußstromes i_k; e) Bestimmung des Innenwiderstandes R_i (Kurzschluß anstelle der Spannungsquellen, Leitungsunterbrechung anstelle der Stromquellen)

zen muß. Eine Gerade ist bekanntlich durch zwei Parameter charakterisiert, die hier Zweipolparameter genannt werden. Das Spannungsquellen-Ersatzschaltbild im Bild 2.19b wird durch die Gerade

$$u = u_l - R_i i \qquad (1.103)$$

beschrieben (s. Abschn. 1.9.1.). Die Aufgabe besteht nun darin, die beiden Parameter u_l und R_i für die Zweipol *1** so zu bestimmen, daß die Zweipole *1* und *1** im *i-u*-Verhalten übereinstimmen. Dazu reicht es aus, zwei Arbeitspunkte, und zwar zweckmäßigerweise Leerlauf und Kurzschluß, bei beiden Zweipolen zu betrachten:

$$i = 0 \quad u = u_l \quad \text{(Leerlaufspannung)} \qquad (2.34)$$

$$u = 0 \quad i = i_k \quad \text{(Kurzschlußstrom).} \qquad (2.35)$$

u_l ist die Spannung, die bei leerlaufenden Klemmen des Zweipols *1* ermittelt wird (Bild 2.19c). Der Kurzschlußstrom i_k wird bei Kurzschluß der Klemmen des Zweipols *1* bestimmt (Bild 2.19d). Damit sind auch die Parameter des Ersatz-Zweipols *1** bekannt, und zwar die Leerlaufspannung u_l und der

$$\text{Innenwiderstand} \quad R_i = u_l / i_k. \qquad (1.106)$$

Stellt man sich die Frage, ob es außer dieser Beziehung noch einen weiteren Weg gibt, um R_i zu ermitteln, so liegt es nahe, zunächst den einfachsten aktiven Zweipol *1*, der dann mit *1** übereinstimmt, zu untersuchen. Offensichtlich kann R_i in diesem Spezialfall auch dadurch bestimmt werden, daß man die Spannungsquelle im Zweipol durch einen Kurzschluß ersetzt und den Eingangswiderstand an den Klemmen feststellt. Wie sich zeigen läßt, kann man dieses Verfahren verallgemeinern:

Bestimmung von R_i, indem man alle Spannungsquellen durch einen Kurzschluß ersetzt (und alle Stromquellen abtrennt) und den Widerstand an den Klemmen A–B des Zweipols *1* bestimmt, d. h.,

$$\text{Innenwiderstand} \quad R_i = R_{AB} \quad \text{(Bild 2.19e).} \qquad (2.36)$$

Es sei erwähnt, daß der Beweis dieser Beziehung mit dem Überlagerungssatz erfolgen kann (Diskussion des Klemmenverhaltens bei Anschluß einer gegengeschalteten Spannungsquelle an A–B sowie bei Kurzschluß).

Beispiel 1:

Für den Zweipol A im Bild 2.20a ist ein Spannungsquellen-Ersatzschaltbild anzugeben. Mit dessen Hilfe soll I berechnet werden.

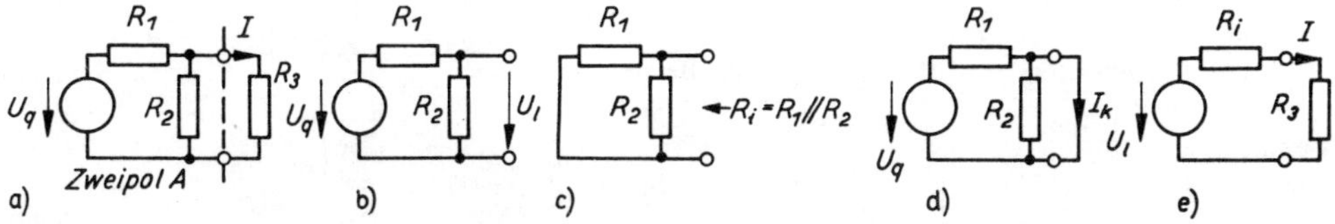

Bild 2.20. Anwendung des Satzes von Helmholtz

a) Schaltungsbeispiel; b) Bestimmung der Leerlaufspannung U_l; c) Bestimmung des Innenwiderstandes R_i; d) Bestimmung des Kurzschlußstromes I_k; e) Ersatzschaltung für a)

Lösung:

Leerlaufspannung (s. Bild 2.20b)

$$U_l = U_q \frac{R_2}{R_1 + R_2} \quad \text{(Spannungsteilerregel).} \tag{2.37}$$

Innenwiderstand (Bild 2.20c)

$$R_i = R_1 /\!/ R_2 = \frac{R_1 R_2}{R_1 + R_2} \tag{2.38}$$

oder Innenwiderstand aus U_l und I_k:
Kurzschlußstrom (Bild 2.20d)

$$I_k = \frac{U_q}{R_1}. \tag{2.39}$$

Innenwiderstand

$$R_i = \frac{U_l}{I_k} = \frac{R_1 R_2}{R_1 + R_2}. \tag{2.40}$$

Demnach entsteht Bild 2.20e und damit wird

$$I = \frac{U_l}{R_i + R_3} = U_q \frac{R_2}{R_1 + R_2} \frac{1}{\frac{R_1 R_2}{R_1 + R_2} + R_3} = \frac{R_2 U_q}{R_1 R_2 + R_1 R_3 + R_2 R_3}. \tag{2.41}$$

Beispiel 2:

Zu berechnen ist der relative Meßfehler, der in der angegebenen Schaltung (Bild 2.21) durch den endlichen Innenwiderstand R_v des Spannungsmessers entsteht, indem R_v als Lastwiderstand einer Zweipol-Er-

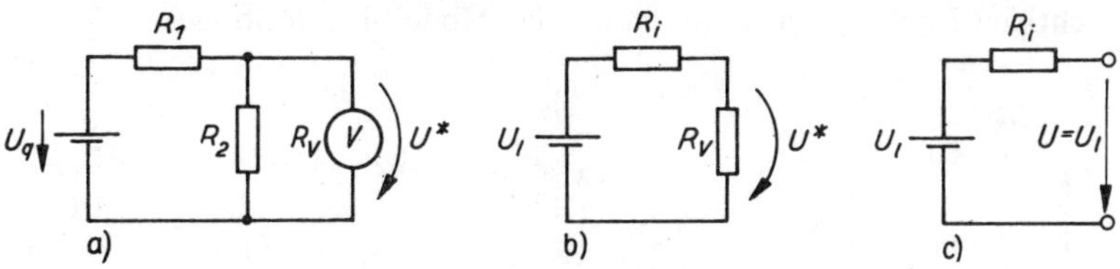

Bild 2.21. Anwendung des Satzes von Helmholtz

a) Schaltungsbeispiel; b) Ersatzschaltung für a); c) Ersatzschaltung zur Bestimmung der Spannung bei abgetrenntem Spannungsmesser

satzschaltung aufgefaßt wird (vergleichen Sie mit dem Lösungsverfahren im Beispiel 3 von Abschnitt 2.2.).

Lösung:

Meßfehler $\delta = \frac{\Delta U}{U} = \frac{U^* - U}{U} = \frac{U^*}{U} - 1$ (s. Abschn. 2.2.).

$U = U_l$ ist die Spannung, die ohne angeschlossenes Voltmeter vorliegen würde (Bild 2.21c). Gemessen wird U^*. Aus Bild 2.21b ergibt sich

$$\frac{U^*}{U_l} = \frac{R_v}{R_i + R_v}, \quad R_i = \frac{R_1 R_2}{R_1 + R_2} \quad \text{(s. Beispiel 1).} \tag{2.42}$$

Demnach gilt

$$\delta = \frac{R_v}{R_i + R_v} - 1 = \frac{1}{1 + R_i/R_v} - 1. \tag{2.43}$$

Für $R_i/R_v \ll 1$ folgt mit der Reihenentwicklung

$$\frac{1}{1+x} \approx 1 - x \quad \text{für } |x| \ll 1 \tag{2.44}$$

als Näherungsformel für den relativen Meßfehler durch endliches R_v:

$$\delta \approx 1 - R_i/R_v - 1 = -R_i/R_v. \tag{2.45}$$

Schlußfolgerung (mit R_i als Innenwiderstand der Schaltung ohne Meßgerät):

Bei Spannungsmessungen ist im Interesse eines kleinen Einflusses des Meßgerätes auf den Meßwert $R_v \gg R_i$ zu wählen (R_v Innenwiderstand des Spannungsmessers).

Aus analogen Betrachtungen am Stromquellen-Ersatzschaltbild folgt übrigens:

Bei Strommessungen ist $R_A \ll R_i$ zu wählen (R_A *Innenwiderstand des Strommessers).*

2.6. Lösungsverfahren für Schaltungen mit nichtlinearen Bauelementen

Passive Bauelemente, deren Strom-Spannungs-Beziehung keine Gerade durch den Nullpunkt darstellt, bezeichnet man als nichtlinear. Im Abschnitt 1.6.3. war bereits die pn-Diode als Beispiel eines nichtlinearen Bauelementes vorgestellt worden. Im Bild 2.22 sind verschiedene mathematische Modelle zur Beschreibung des Strom-Spannungs-Verhaltens realer Dioden angegeben. Beim Übergang von der gemessenen Kennlinie (Bild 2.22a) zu den stückweise linearen Kennlinien sinkt die Genauigkeit der Modelle von 2.22a bis d ab, während sie gleichzeitig einfacher und damit leichter handhabbar werden. Die Modelle 2.22b bis d setzen voraus, daß keine Aussteuerung bis in das Durchbruchsgebiet erfolgt. Im Bild 2.22d wird die Diode je nach Polarität der anliegenden Spannung nur noch als geöffneter oder geschlossener Schalter aufgefaßt. Selbstverständlich führen solche Vereinfachungen nur in Spezialfällen zu qualitativ richtigen Ergebnissen. Je einfacher das Modell ist, desto kleiner ist das

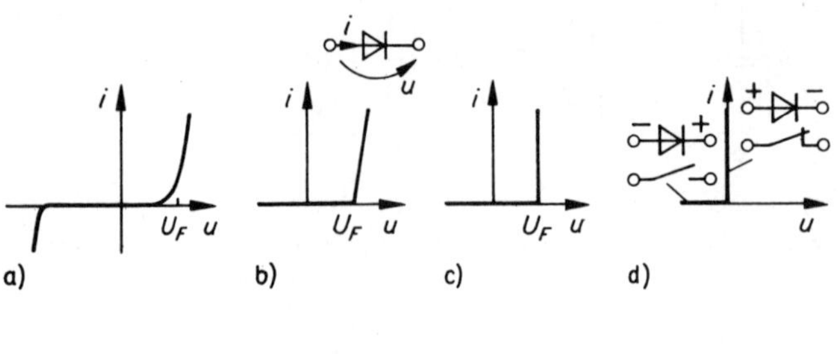

Bild 2.22
a) Kennlinie einer pn-Diode als Beispiel einer nichtlinearen Kennlinie; b)–d) schrittweise vereinfachte Dioden-Kennlinien als Beispiel für Modellvarianten unterschiedlicher Genauigkeit

zulässige Anwendungsgebiet. Außerdem sei aber erwähnt, daß numerische Lösungsverfahren der Netzwerkanalyse in der Regel differenzierbare Kennlinien voraussetzen.

Wie schon im Abschnitt 1.9.2. nachgewiesen wurde, führte die Anwendung der Kirchhoffschen Sätze bei Schaltungen mit nichtlinearen Bauelementen zu nichtlinearen Gleichungen. So folgt z. B. für die Reihenschaltung einer Diode mit einem ohmschen Widerstand entsprechend Bild 2.23a aus

$$u_q = u_R + u_D, \quad u_R = Ri, \quad u_D = U_T \ln(i/I_s + 1) \quad \text{(s. Gl. (1.58b))}$$

$$Ri + U_T \ln(i/I_s + 1) = u_q. \tag{2.46}$$

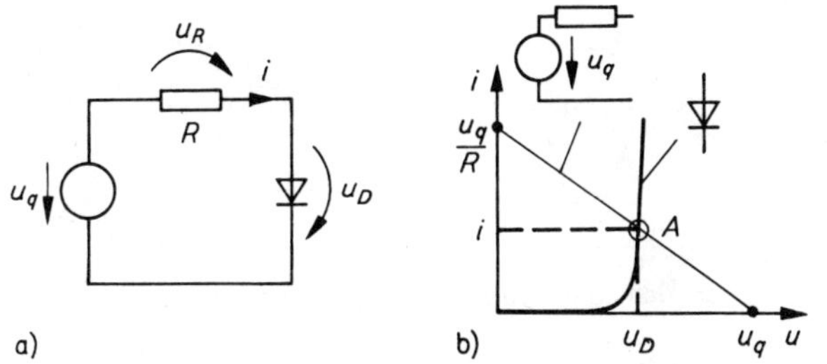

Bild 2.23

a) Reihenschaltung eines Widerstandes und einer Diode – eine wichtige Grundschaltung; b) grafische Ermittlung des Arbeitspunktes A durch Zerlegung der Schaltung in zwei Zweipole

Die Lösung linearer und nichtlinearer Gleichungen kann prinzipiell *analytisch* (formelmäßig), *numerisch* (zahlenmäßig) oder *grafisch* (zeichnerisch) und in Sonderfällen auch durch Kombination dieser Methoden erfolgen. Während bei linearen Gln. stets eine Auflösung nach der bzw. den Unbekannten möglich ist, gelingt bei nichtlinearen Gln. eine geschlossene formelmäßige Lösung nur in wenigen Fällen. So läßt sich z. B. die Gl. (2.46) nicht nach i auflösen. Hinzu kommt, daß Kennlinien nichtlinearer Bauelemente häufig nur als Folge von Meßwerten vorliegen (in Tabellen- oder Kurvenform), aber nicht formelmäßig. Aus diesem Grund besitzen numerische Lösungsverfahren die größte Bedeutung für die Berechnung nichtlinearer Schaltungen. Für Schaltungen mit wenigen Bauelementen stellen allerdings grafische Verfahren, die im folgenden an Beispielen erläutert werden, ebenfalls ein bedeutsames Mittel zur Schaltungsanalyse dar. Ausgangspunkt sind neben den Strom-Spannungs-Beziehungen die Knoten- und Maschengleichungen.

Beispiel 1:

Um den Strom i in der Schaltung von Bild 2.23 zu bestimmen, sind folgende Schritte zweckmäßig:

1. Aufzeichnen der i-u-Kennlinie des aktiven Zweipols (s. a. Abschn. 1.9.1. und 2.5.2.)
2. Aufzeichnen der i-u-Kennlinie der Diode
3. Auswertung des Schnittpunktes beider Kennlinien (einziger Punkt, der die Kirchhoffschen Gln. erfüllt und den man auch als Arbeitspunkt der Schaltung bezeichnet).

Das Ergebnis ist im Bild 2.23b dargestellt. Ersetzt man die Diode durch einen ohmschen Widerstand R_a, so ändert sich die Vorgehensweise bei der grafischen Lösung natürlich nicht. Allerdings ist in diesem Fall die rechnerische Lösung vorzuziehen.

Beispiel 2:

Mit Hilfe der vereinfachten Kennlinie im Bild 2.22c sind i und u_D für die Schaltung vom Bild 2.24a für $u_0 = -1$ V (a), 0,3 V (b), 1 V (c), 5 V (d) zu ermitteln ($U_F = 0{,}7$ V; $R = 1$ kΩ).

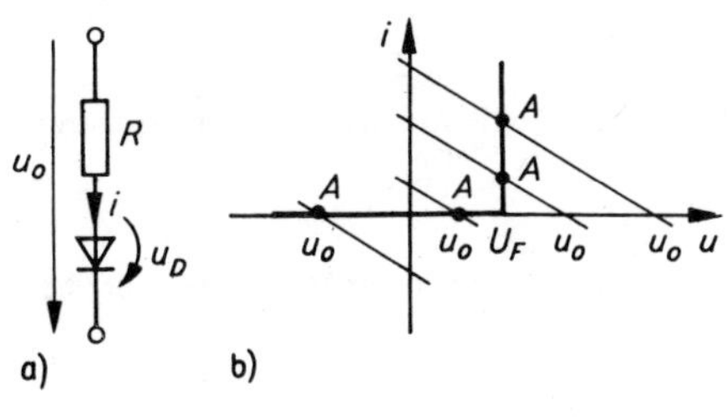

Bild 2.24

a) Reihenschaltung eines Widerstandes und einer Diode
b) grafische Ermittlung des Arbeitspunktes A mit Hilfe einer vereinfachten Kennlinie für $u_o < U_F$ sowie $u_o > U_F$

Lösung:

Entsprechend Bild 2.24b gilt:

Bei einer Reihenschaltung einer Diode mit einem Widerstand liegt stets die Flußspannung U_F an der Diode, falls die Gesamtspannung $u_0 > U_F$ ist. Aus

$$u_0 = Ri + u_D \tag{2.47}$$

folgt für den Strom in diesem Fall

$$i = \frac{u_0 - U_F}{R}. \tag{2.48}$$

Für $u_0 < U_F$ ist $i = 0$ und wegen Gl. (2.47) $u_D = u_0$.

Zahlenwerte:

a) $u_0 < U_F$, $u_D = u_0 = -1$ V, $i = 0$,
b) $u_0 < U_F$, $u_D = u_0 = 0{,}3$ V, $i = 0$,
c) $u_0 > U_F$, $u_D = U_F = 0{,}7$ V, $i = 0{,}3$ mA,
d) $u_0 > U_F$, $u_D = U_F = 0{,}7$ V, $i = 4{,}3$ mA.

Hinweise (s. a. Abschn. 8.4.):

Aus dem diskutierten Verhalten von Dioden lassen sich sofort einige Anwendungsmöglichkeiten ableiten:

- Spannungsstabilisierung bzw. -begrenzung (u_D bleibt konstant trotz schwankendem u_0 für $u_0 > U_F$)
- Schalterwirkung (in Abhängigkeit von u_0 läßt die Diode Strom durch oder auch nicht)
- Gleichrichterwirkung (auch für negative u_0 sperrt die Diode, für positive u_0 ($u_0 > U_F$) läßt die Diode einen Strom durch. Man bezeichnet Dioden deshalb auch als Halbleiterventile).

Beispiel 3:

Für die Analyse der Reihenschaltung einer Diode mit einem Widerstand (Bild 2.24a) ist ein weiteres grafisches Lösungsverfahren zu erarbeiten.

Lösung:

Bisher wurden Spannungsquelle und Widerstand R in einer Kennlinie zusammengefaßt (Bild 2.23b). Natürlich kann man auch die Reihenschaltung der Diode mit dem Widerstand in einer Kennlinie zusammenfassen. Dazu zeichnen wir zunächst die Widerstands- sowie die Diodenkennlinie (Bild 2.25). Für die Reihenschaltung sind nach dem Maschensatz die Spannungsabfälle (bei gleichem Strom durch beide Bauelemente) zu addieren. Dabei entsteht eine Kennlinie, die man als gescherte Kennlinie bezeichnet. Wegen $u_0 = Ri + u_D$ ergibt sich der Arbeitspunkt A der Schaltung aus dem Schnittpunkt der gescherten Kennlinie mit der Kennlinie $u = u_0$. Damit liegt der sich einstellende Strom i fest. Die Spannungen u_D und $u_R = Ri$ können aus den Punkten B und C abgelesen werden.

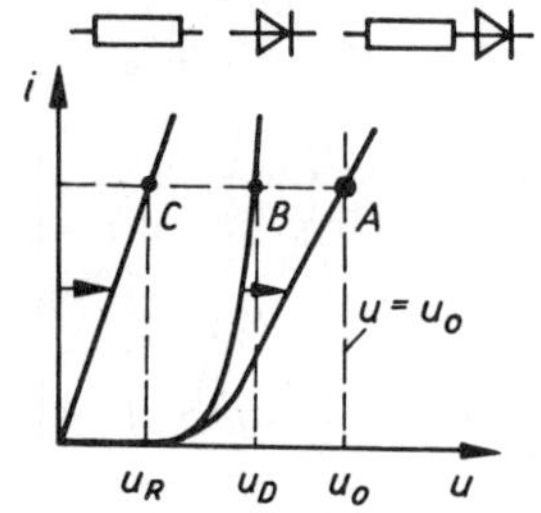

Bild 2.25
Weitere Möglichkeit zur grafischen Ermittlung des Arbeitspunktes für die im Bild 2.24b angegebene Schaltung

Aufgabe 2.1:

Zeichnen Sie die Kennlinien für die Parallelschaltung einer Diode mit einem Widerstand für das Durchlaß- und Sperrgebiet!

Lösungshinweis:

Wenden Sie bei der Konstruktion die Knotengl. an und beachten Sie, daß nach der Maschengl. über beiden Bauelementen die gleiche Spannung liegt!

3. Wechselstromschaltungen

3.1. Grundbegriffe sinusförmiger Zeitfunktionen

Unter den zeitveränderlichen Spannungen bzw. Strömen besitzen sinusförmige Zeitfunktionen besondere Bedeutung. Wir nennen sie auch Wechselspannungen bzw. -ströme (im engeren Sinne). Da sich Sinus- und Cosinusfunktionen durch eine Phasenverschiebung um $\pi/2$ ineinander überführen lassen, z. B. $\cos\alpha = \sin(\alpha + \pi/2)$, benutzen wir den Begriff sinusförmig auch für Cosinusfunktionen. Wir diskutieren zunächst die Zeitfunktion

$$u(t) = \hat{U}\cos(\omega t + \varphi_u) \tag{3.1}$$

mit den drei Parametern

$\hat{U}$ Amplitude (Scheitelwert, Spitzenwert)
φ_u Nullphasenwinkel (d. h. Phasenwinkel $\psi = \omega t + \varphi_u$ zum Zeitpunkt $t = 0$)
ω Kreisfrequenz.

Die Bedeutung dieser Parameter erkennt man aus einer Kurvendiskussion (Bild 3.1). Für

$$t_0 = \varphi_u/\omega \quad \text{ist} \quad u(t_0) = \hat{U}\cos 0 = \hat{U}.$$

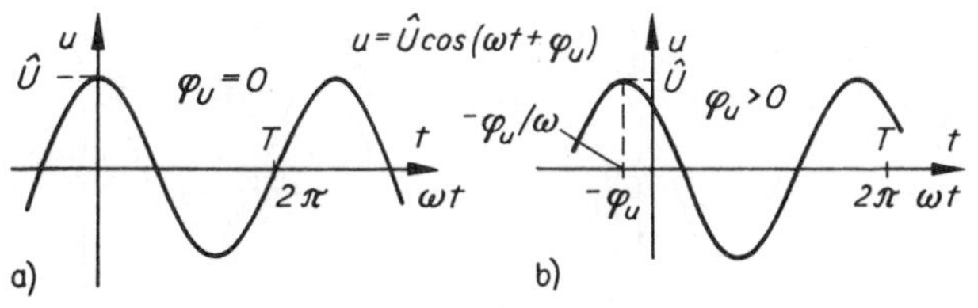

Bild 3.1. Wechselspannung u als Funktion der Zeit bzw. mit normierter Zeitdarstellung für die speziellen Nullphasenwinkel $\varphi_u = 0$ (*a*) und $\varphi_u = \pi/4 > 0$ (*b*)

Anstelle der Kreisfrequenz ω kann man auch die Periodendauer

$$T \quad [T] = \text{s}$$

oder die Frequenz

$$f = \frac{1}{T} \quad [f] = \text{s}^{-1} = \text{Hz (Hertz)}^{1)}$$

einführen. Aus der Definition von T

$$u(t) = u(t + T) \quad \text{bzw.} \quad \hat{U}\cos(\omega t + \varphi_u) = \hat{U}\cos(\omega t + \varphi_u + \omega T)$$

und $\cos\psi = \cos(\psi + 2\pi)$ folgt $\omega T = 2\pi$ bzw. der Zusammenhang

$$\text{Kreisfrequenz} \quad \omega = \frac{2\pi}{T} = 2\pi f \quad [\omega] = \text{s}^{-1}. \tag{3.2}$$

1) *Heinrich Hertz*, deutscher Physiker, 1857–1894

Beispiel:

Die gebräuchlichste Nennfrequenz für die Energieversorgung in Europa ist bekanntlich 50 Hz (USA: 60 Hz), d. h., $T = 1/50\,\mathrm{s} = 20\,\mathrm{ms}$ und $\omega = 2\pi \cdot 50\,\mathrm{s}^{-1} \approx 314\,\mathrm{s}^{-1}$. Elektrische Schienenfahrzeuge werden übrigens teilweise mit $\frac{50}{3}\,\mathrm{Hz} = 16\frac{2}{3}\,\mathrm{Hz}$ betrieben.

Die besondere Bedeutung des diskutierten sinusförmigen Zeitverlaufs liegt

a) in seiner dominierenden Rolle für die Erzeugung, Übertragung und Nutzung elektrischer Energie

b) in der Tatsache, daß jede beliebige periodische Funktion (mit der Periodendauer T) als Summe von Sinusfunktionen mit den Frequenzen n/T ($n = 1, 2, \ldots$) als sogenannte Fourierreihe darstellbar ist (s. Abschn. 3.11.), was zu weitreichenden Konsequenzen für die Elektrotechnik (z. B. bei der Meßtechnik) sowie ihrer theoretischen Durchdringung führt.

Die zeitkonstante Spannung ist übrigens als Spezialfall (für $\omega = 0$) in Gl. (3.1) enthalten, z. B. $u = \hat{U}$ für $\omega = 0$ und $\varphi_u = 0$.

Im folgenden werden Definitionen von technisch bedeutungsvollen *Mittelwerten* periodischer Funktionen sowie die sich daraus durch Integration speziell für Sinusfunktionen ergebenden Ergebnisse angegeben und diskutiert. Der Startzeitpunkt t_0 der Integration kann beliebig gewählt werden, z. B. $t_0 = 0$.

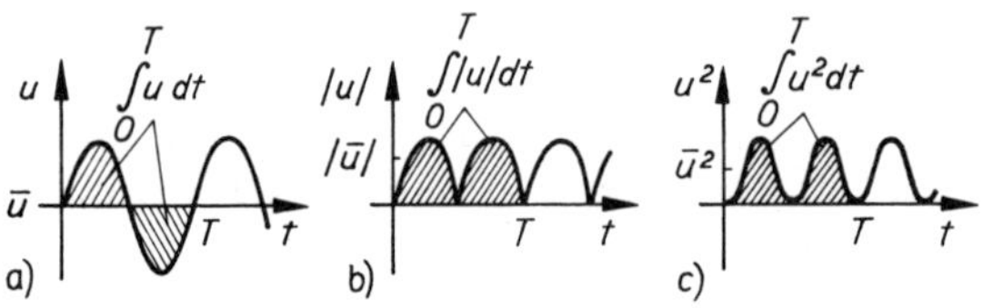

Bild 3.2. Bildung des arithmetischen Mittelwertes (a), des Gleichrichtwertes (b) sowie des Effektivwertes (c) für $u = \hat{U}\cos(\omega t + \varphi_u)$, wobei $\varphi_u = -\pi/2$ gewählt wurde

Arithmetischer Mittelwert (s. Bild 3.2 a):

$$\bar{u} = \frac{1}{T}\int_{t_0}^{t_0+T} u(t)\,\mathrm{d}t = 0 \tag{3.3}$$

Gleichrichtwert (arithmetischer Mittelwert des Betrages, s. Bild 3.2 b):

$$|\bar{u}| = \frac{1}{T}\int_{t_0}^{t_0+T} |u(t)|\,\mathrm{d}t = \frac{2}{\pi}\hat{U} \tag{3.4}$$

Effektivwert (quadratischer Mittelwert, s. Bild 3.2 c):

$$U = \sqrt{\overline{u^2}} = \sqrt{\frac{1}{T}\int_{t_0}^{t_0+T} u^2(t)\,\mathrm{d}t} = \sqrt{\frac{1}{T}\int_0^T \hat{U}^2\cos^2\omega t\,\mathrm{d}t} = \frac{\hat{U}}{\sqrt{2}}.^{1)} \tag{3.5}$$

Eine besondere Rolle in der Wechselstromtechnik spielt der

Effektivwert $U = \hat{U}/\sqrt{2} \approx 0{,}7\,\hat{U}$ $\hat{U}$: Amplitude (3.6)

Zahlenwerte beziehen sich meist auf U (teilweise auch als U_{eff} bezeichnet) und nicht auf $\hat{U}$. Wichtig ist folgende Aussage:

Eine Wechselspannung mit dem Effektivwert U setzt im Zeitmittel an einem linearen Widerstand R die gleiche Leistung um wie eine Gleichspannung $U_0 = U$.

[1] Ableitung, z. B. unter Verwendung von $\cos^2\omega t = (1 + \cos 2\omega t)/2$

Beweis: Für den Mittelwert der Leistung

$$\bar{p} = \frac{1}{T} \int_{t_0}^{t_0+T} p(t)\,\mathrm{d}t \tag{3.7}$$

folgt mit $p = ui = u^2/R$, $\bar{p} = \int_0^T u^2\,\mathrm{d}t/(TR)$. Mit Gl. (3.5) ergibt sich daraus für $u = \hat{U}\cos(\omega t + \varphi_u)$

$$\bar{p} = U^2/R = \hat{U}^2/(2R). \tag{3.8}$$

Bei Gleichspannung unterscheiden sich Momentan- und Mittelwert der Leistung nicht

$$\bar{p}_G = p_G = U_0^2/R. \tag{3.9}$$

Für $\bar{p} = p_G$ gilt demnach – wie oben behauptet – $U = U_0$.

Beispiel:

Vorgegeben sei die Netzspannung 220 V/50 Hz. Zu berechnen sind die Amplitude sowie die mittlere Wärmeleistung, die bei Anschluß eines Industrieofens mit einem Widerstand von 4,8 Ω entsteht.

Lösung:

$$\hat{U} = \sqrt{2}\,U \approx 311\ \mathrm{V}, \quad \bar{p} = (220\ \mathrm{V})^2/4{,}8\ \Omega = 10\ \mathrm{kW}.$$

Abschließend sei vermerkt, daß sich alle o. g. allgemeinen Aussagen auch auf den Stromverlauf $i = \hat{I}\cos(\omega t + \varphi_i)$ übertragen lassen, also z. B. $I = \hat{I}/\sqrt{2}$.

3.2. Wechselstromverhalten linearer Bauelemente

Wir wollen nun das Verhalten von linearen Bauelementen, also von idealen Widerständen, Spulen und Kondensatoren bei Wechselspannung diskutieren. Bei ihnen können R, L und C als konstant angesehen werden. Die i-u-Relationen lauten demnach (s. Abschn. 1.)

$$u = Ri \quad u = L\frac{\mathrm{d}i}{\mathrm{d}t} \quad i = C\frac{\mathrm{d}u}{\mathrm{d}t}. \tag{3.10}$$

Wir gehen davon aus, daß durch diese Bauelemente ein Strom

$$i = \hat{I}\cos(\omega t + \varphi_i) \tag{3.11}$$

fließen soll und stellen uns die Aufgabe, die anzulegende Spannung zu berechnen.

a) Widerstand: Aus $u = Ri$ erhalten wir

$$u = R\hat{I}\cos(\omega t + \varphi_i). \tag{3.12}$$

Mit dem Ansatz

$$u = \hat{U}\cos(\omega t + \varphi_u) \tag{3.1}$$

ergibt sich durch Amplituden- und Phasenvergleich

$$\hat{U} = R\hat{I} \quad \text{und} \quad \varphi_u = \varphi_i. \tag{3.13}$$

Demnach besitzen i und u – wie auch in Tafel 3.1 veranschaulicht – die gleiche Nullphase (konphases Verhalten). Zur meßtechnischen Erfassung solcher Zeitfunktionen verwendet man übrigens meist ein Oszilloskop (s. Abschn. 12.3.2.).

b) Induktivität: Für sie ist

$$u = L\frac{\mathrm{d}i}{\mathrm{d}t} = L\frac{\mathrm{d}}{\mathrm{d}t}\left(\hat{I}\cos(\omega t + \varphi_i)\right). \tag{3.14}$$

Tafel 3.1 Wechselstromverhalten von R, L und C

$u = Ri$	$u = L\frac{di}{dt}$	$u = \frac{1}{C}\int i\,dt$

Für $i = \hat{I}\cos(\omega t + \varphi_i)$ gilt $u = \hat{U}\cos(\omega t + \varphi_u)$ mit

$\hat{U} = R\hat{I}$	$\hat{U} = \omega L\hat{I}$	$\hat{U} = \hat{I}/(\omega C)$
$\varphi_u = \varphi_i$	$\varphi_u = \varphi_i + \pi/2$	$\varphi_u = \varphi_i - \pi/2$

Definition des Scheinwiderstandes $Z = \hat{U}/\hat{I} = U/I$

$Z = R$	$Z = \omega L$	$Z = 1/(\omega C)$

Definition der Phasenverschiebung $\varphi = \varphi_u - \varphi_i$

$\varphi = 0$	$\varphi = \pi/2$	$\varphi = -\pi/2$

Zeitverhalten von Strom und Spannung

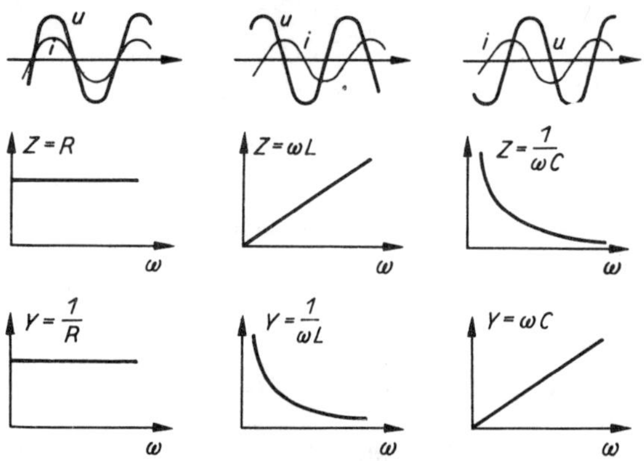

Differenziert wird nach der Kettenregel

$$\frac{d}{dt} f(z(t)) = \frac{df}{dz}\frac{dz}{dt}. \tag{3.15}$$

Mit der Substitution $z = \omega t + \varphi_i$ und $f(z) = \cos z$ sowie $dz/dt = \omega$ folgt

$$\frac{d}{dt} f(z(t)) = -\sin z \cdot \omega = -\omega \sin(\omega t + \varphi_i).$$

Mit $-\sin(\omega t + \varphi_i) = \cos(\omega t + \varphi_i + \pi/2)$ gilt demnach

$$\frac{d}{dt}(\cos(\omega t + \varphi_i)) = \omega \cos\left(\omega t + \varphi_i + \frac{\pi}{2}\right). \tag{3.16}$$

Also führt Gl. (3.14) zu

$$\hat{U} = \omega L\hat{I} \quad \text{und} \quad \varphi_u = \varphi_i + \frac{\pi}{2}. \tag{3.18}$$

Demnach besitzt u eine Phasenverschiebung um $\pi/2$ gegenüber i. Man sagt: u eilt i bei der Induktivität um $\pi/2$ vor (s. Tafel 3.1).

c) Kapazität: Um die Spannung an einer Kapazität zu ermitteln, muß wegen

$$u = \frac{1}{C}\int i\,dt = \frac{\hat{I}}{C}\int \cos(\omega t + \varphi_i)\,dt \tag{3.19}$$

integriert werden. Mit der Substitution $z = \omega t + \varphi_i$ und $dz = \omega\,dt$ kann

$$\int \cos(\omega t + \varphi_i)\,dt = \frac{1}{\omega}\int \cos z\,dz = -\frac{1}{\omega}\sin z + K$$

$$= \frac{1}{\omega}\cos\left(\omega t + \varphi_i - \frac{\pi}{2}\right) + K \tag{3.20}$$

abgeleitet werden. Speziell für $K = 0$ erhalten wir also

$$u = \frac{\hat{I}}{\omega C}\cos\left(\omega t + \varphi_i - \frac{\pi}{2}\right) \tag{3.21}$$

und damit wegen Gl. (3.1)

$$\hat{U} = \frac{\hat{I}}{\omega C} \quad \text{und} \quad \varphi_u = \varphi_i - \frac{\pi}{2}. \tag{3.22}$$

Bei Kapazitäten eilt demnach u gegenüber i um $\pi/2$ nach (s. Tafel 3.1). Um das Ergebnis der Integration zu überprüfen, können wir u differenzieren, d. h.

$$i = C\frac{du}{dt} = C\frac{d}{dt}\left(\frac{\hat{I}}{\omega C}\cos\left(\omega t + \varphi_i - \frac{\pi}{2}\right) + K\right) \tag{3.23}$$

bilden. Für beliebige Konstanten K, d. h. beliebige der Sinusfunktion überlagerte Gleichspannungen $U_0 = K$ folgt $i = \hat{I}\cos(\omega t + \varphi_i)$, also eine Verifikation (Bestätigung der Richtigkeit) der durchgeführten Integration.

d) Wechselstromwiderstand: Als zweckmäßig für die Wechselstromtechnik erweisen sich folgende Definitionen:

$$\text{Scheinwiderstand} \quad Z = \frac{\hat{U}}{\hat{I}} = \frac{U}{I} \tag{3.24}$$

$$\text{Phasenverschiebung} \quad \varphi = \varphi_u - \varphi_i. \tag{3.25}$$

Mit den Gln. (3.13), (3.18) und (3.22) ergibt sich für den Scheinwiderstand (Wechselstromwiderstand)

$$Z = R \quad Z = \omega L \quad Z = \frac{1}{\omega C}. \tag{3.26}$$

Z bezeichnet man beim Widerstand auch als Resistanz, bei Induktivitäten und Kapazitäten als Reaktanz. Für ideale ohmsche Widerstände sind Widerstand und Wechselstromwiderstand identisch:

$$R = \frac{u}{i} = \frac{\hat{U}\cos(\omega t + \varphi_i)}{\hat{I}\cos(\omega t + \varphi_i)} = \frac{\hat{U}}{\hat{I}} = \frac{U}{I} = Z. \tag{3.27}$$

Z ist frequenzunabhängig (s. Tafel 3.1). Technische Widerstände erfordern allerdings für sehr hohe Frequenzen ein Ersatzschaltbild, das ein zu R parallelliegendes C und u. U. auch ein L in Reihe enthält.

Für L und C ist der Widerstandsbegriff $R = u/i$ nicht anwendbar, sondern nur der Scheinwiderstand Z, d. h. das Verhältnis der Effektivwerte von Spannung und Strom. Aus Gl. (3.26) erkennen wir, daß Z für Induktivitäten linear mit der Frequenz wächst (s. Tafel 3.1). Für $\omega = 0$, d. h. bei Anschluß an ein Gleichstromnetz bzw. für $\omega \to 0$ wirkt die ideale Spule (für die Stromberechnung) wie ein Kurzschluß ($Z = 0$, s. Bild 3.3). Die technische Spule besitzt entsprechend Bild 1.63 natürlich einen von Null verschiedenen ohmschen Wicklungswiderstand. Bei Anschluß an eine Gleichspannung besteht die Gefahr der Zerstörung der Spule bzw. der Überlastung der Spannungsquelle. Mit wachsender Frequenz steigt Z an, d. h., bei vorgegebenem Effektivwert U sinkt $I = U/Z$ ab, wird also gedrosselt (deshalb auch „Drosselspule"). Für $\omega \to \infty$ kann die Spule als Leitungsunterbrechung aufgefaßt werden ($Z \to \infty$).

Für Kapazitäten sinkt Z hyperbelförmig mit ω. Für $\omega = 0$ bzw. $\omega \rightarrow 0$ wirkt die ideale Kapazität (für die Stromberechnung) wie eine Leitungsunterbrechung (Bild 3.3). Bei dem technischen Kondensator muß in manchen Fällen der Parallelwiderstand entsprechend Bild 1.47b berücksichtigt werden. Für $\omega \rightarrow \infty$ bzw. sehr hohe Frequenzen verhält sich die Kapazität wie ein Kurzschluß.[1)]

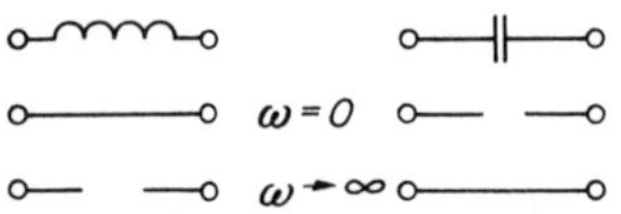

Bild 3.3. Ideale Spulen bzw. Kondensatoren wirken (bezogen auf die Schaltungsberechnung) für $\omega \rightarrow 0$ als Kurzschluß bzw. Leitungsunterbrechung und für $\omega \rightarrow \infty$ als Unterbrechung bzw. Kurzschluß

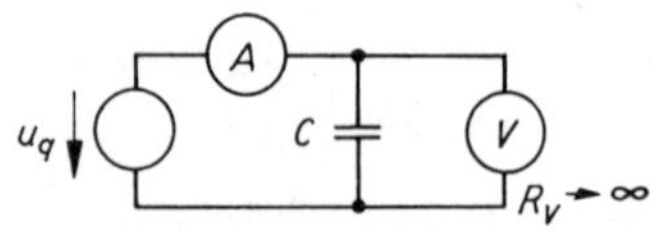

Bild 3.4. Meßtechnische Bestimmung einer Kapazität sowie des Wechselstromwiderstandes (Aufgabe 3.1.)

Definiert man den

$$\text{Scheinleitwert} \quad Y = \frac{1}{Z}, \tag{3.28}$$

so erkennt man, daß $Y(\omega)$ für L eine Hyperbel und für C eine Gerade ist (Tafel 3.1). Wegen $U = ZI$ stimmt der Kurvenverlauf $U(\omega)$ für frequenzunabhängigen Effektivwert I bis auf den konstanten Faktor I mit $Z(\omega)$ überein, steigt also z. B. bei einer Induktivität durch den linear wachsenden Wechselstromwiderstand linear an. Häufig liegt in technischen Schaltungen allerdings eine Spannung mit frequenzunabhängigem Effektivwert vor. Hier gilt $I(\omega) = UY(\omega)$, d. h. hyperbelförmiger Abfall des Stromes durch eine Induktivität entsprechend in Tafel 3.1.

Aufgabe 3.1:

An den Meßgeräten im Bild 3.4 werden bei Anschluß eines Kondensators an das 220 V/50 Hz-Netz die Effektivwerte $U = 210$ V (d. h., die tatsächliche Spannung liegt unter der Nennspannung) und $I = 69$ mA abgelesen. Wie groß sind Z und C?

Lösung:

$Z = U/I = 3{,}18\ \text{k}\Omega$, $\quad Z = 1/\omega C$, $\quad C = 1/\omega Z = 1\ \mu\text{F}$.

Aufgabe 3.2:

Zu berechnen sind der Wechselstromwiderstand eines 10-nF-Kondensators bei 1 kHz und 1 MHz. Wie groß ist I für diese Frequenzen, wenn $U = 1$ V (bzw. $U = 2$ V) anliegt?

Lösung:

$f = 1$ kHz: $Z = 1/\omega C = 15{,}9\ \text{k}\Omega$, $\quad I = U/Z$, $\quad I = 1\ \text{V}/15{,}9\ \text{k}\Omega = 63\ \mu\text{A}$,
$I = 2\ \text{V}/15{,}9\ \text{k}\Omega = 126\ \mu\text{A}$,
$f = 1$ MHz: $Z = 15{,}9\ \Omega$, $\quad I = 1\ \text{V}/15{,}9\ \Omega = 63$ mA, $\quad I = 2\ \text{V}/15{,}9\ \Omega = 126$ mA.

3.3. Wechselstromverhalten von *RLC*-Schaltungen – ein Überblick

3.3.1. Addition sinusförmiger Zeitfunktionen gleicher Frequenz und einige Schlußfolgerungen

Nachdem wir einzelne Bauelemente bei Wechselstrom analysiert haben, wenden wir uns nun der Schaltungsanalyse zu. Grundlage sind natürlich neben den Strom-Spannungs-Beziehun-

[1)] Bei Energiebetrachtungen ist auch für $\omega \rightarrow 0$ und $\omega \rightarrow \infty$ die Energiespeicherung in C bzw. L zu beachten

gen der Bauelemente die Knoten- und Maschengleichungen, d. h.,

$$u = Ri \quad u = L\frac{\mathrm{d}i}{\mathrm{d}t} \quad i = C\frac{\mathrm{d}u}{\mathrm{d}t} \quad u = u_q \quad i = i_q$$
$$\sum_\mu i_\mu = 0 \quad \sum_\nu u_\nu = 0 \tag{3.29}$$

Im Abschnitt 3.2 wurde festgestellt: *Bei Differentiation und Integration von Cosinusfunktionen entstehen wiederum Cosinusfunktionen gleicher Frequenz,* aber mit einer um $+\pi/2$ bzw. $-\pi/2$ veränderten Nullphase und natürlich auch mit anderer Amplitude. Überlagerte Gleichspannungen (bei Kapazitäten) bzw. Gleichströme (bei Induktivitäten) werden im folgenden ausgeschlossen. Fließt durch einen Zweig ein Strom, so folgt die Zweigspannung nach der Maschengl. aus einer Addition der Spannungen über den Bauelementen. Der Knotensatz wiederum beinhaltet die Addition der Ströme an einem Knoten. Demnach spielt die Addition sinusförmiger Größen eine wesentliche Rolle.

Die Addition (bzw. Subtraktion) zweier sinusförmiger Größen

$$a = a_1 \overset{+}{(-)} a_2$$

mit

$$a_1 = \hat{A}_1 \cos(\omega t + \varphi_1) \tag{3.30}$$

und

$$a_2 = \hat{A}_2 \cos(\omega t + \varphi_2)$$

führt – wie man mit den Rechenregeln für Winkelfunktionen zeigen kann – auf

$$a = \hat{A} \cos(\omega t + \varphi) \tag{3.31}$$

mit

$$\hat{A} = \sqrt{\hat{A}_1^2 + \hat{A}_2^2 \overset{+}{(-)} 2\hat{A}_1\hat{A}_2 \cos(\varphi_2 - \varphi_1)} \tag{3.32}$$

und

$$\tan\varphi = \frac{\hat{A}_1 \sin\varphi_1 \overset{+}{(-)} \hat{A}_2 \sin\varphi_2}{\hat{A}_1 \cos\varphi_1 \overset{+}{(-)} \hat{A}_2 \cos\varphi_2}.$$

Demnach entsteht bei der Addition zweier Cosinusfunktionen der Kreisfrequenz ω wiederum eine Cosinusfunktion mit der gleichen Frequenz. Diese Aussage läßt sich auf n Additionen ($n \geqq 2$) erweitern, indem man zunächst zwei Cosinusfunktionen addiert und zur Summe wiederum eine Cosinusfunktion addiert usw. *Die bei den Knoten- und Maschengln. durchzuführenden Additionen ergeben also für Cosinusfunktionen einer bestimmten Frequenz wiederum Cosinusfunktionen der gleichen Frequenz.* Speziell für $\varphi_2 = \varphi_1 + \pi/2$ vereinfachen sich diese Beziehungen zu

$$\hat{A} = \sqrt{\hat{A}_1^2 + \hat{A}_2^2} \quad \text{und} \quad \varphi = \varphi_1 \overset{+}{(-)} \arctan(\hat{A}_2/\hat{A}_1). \tag{3.33}$$

Also ist folgender Schluß zwar nicht bewiesen, aber plausibel:

In einem linearen RLC-Netzwerk können alle Ströme und Spannungen einen sinusförmigen Zeitverlauf besitzen.

Voraussetzung dafür, daß dieser Fall in technischen Systemen wirklich eintritt, sind sinusförmige Verläufe der durch Spannungs- bzw. Stromquellen eingeprägten Spannungen bzw. Ströme sowie ein eingeschwungener Zustand des Netzwerkes. Ist den Spannungs- bzw. Stromquellen eine bestimmte Frequenz (z. B. 50 Hz) zuzuordnen, dann tritt diese Frequenz und nur diese bei allen Strömen und Spannungen auf. Falls mehrere Frequenzen (z. B. 50 Hz und 1 kHz) eingeprägt werden, dann treten wiederum nur diese und keine anderen Frequenzen auf.

Unter *eingeschwungenem (stationärem) Zustand* ist aus mathematischer Sicht der Zustand zu verstehen, der sich in dem linearen Netzwerk nach unendlich langer Zeit, d. h. als Grenzwert für $(t - t_0) \to \infty$, bezogen auf den Einschaltzeitpunkt t_0 des Systems, einstellt.

Aus physikalisch-technischer Sicht betrachtet man ein System als eingeschwungen, wenn der Einfluß der Anfangsbedingungen (beim Einschalten) auf die Lösungsfunktion so weit abgeklungen ist, daß er nicht mehr feststellbar ist bzw. unterhalb einer bestimmten Schranke liegt. Dieser Zeitpunkt hängt damit außer von den Systemeigenschaften von der verfügbaren Meßgenauigkeit bzw. der Stellenzahl des zur Berechnung eingesetzten Computers bzw. der Genauigkeit des numerischen Verfahrens ab. Abschließend sei erwähnt, daß (sinusförmige) Eigenschwingungen eines passiven Netzwerkes nur für *LC*-Netzwerke ($R = 0$) möglich sind. Die Modellierung technischer Schaltungen erfordert aber stets $R > 0$ (Umsetzung elektrischer Energie) und damit die Verbindung des passiven Netzwerkes mit n Spannungs- bzw. Stromquellen ($n \geqq 1$) zwecks Zufuhr elektrischer Energie.

3.3.2. Differentialgleichungen als Berechnungsgrundlage

Die Beschreibung von *RLC*-Schaltungen mit Hilfe der Gln. (3.29) führt im allgemeinen Fall auf ein lineares Differentialgleichungssystem (Dgl.-System) mit konstanten Koeffizienten. Zur Erläuterung dieser Aussage betrachten wir einen Spezialfall, und zwar eine *RLC*-Reihenschaltung (Bild 3.5), die man auch als Reihenschwingkreis bezeichnet. Sie werde zum Zeitpunkt $t_0 = 0$ mit einer Spannungsquelle verbunden, für die
$u_q = U_q \cos(\omega t + \varphi_{uq})$ gilt. Aus $u_L + u_R + u_C = u_q$ folgt mit den Strom-Spannungs-Beziehungen die Integro-Differentialgleichung

$$L \frac{di}{dt} + Ri + \frac{1}{C} \int i \, dt = u_q \quad \text{für} \quad t \geqq t_0 = 0 \tag{3.34}$$

sowie nach Differentiation beider Seiten dieser Gleichung die Dgl.

$$L \frac{d^2 i}{dt^2} + R \frac{di}{dt} + \frac{1}{C} i = \frac{du_q}{dt} \quad \text{für} \quad t \geqq 0. \tag{3.35}$$

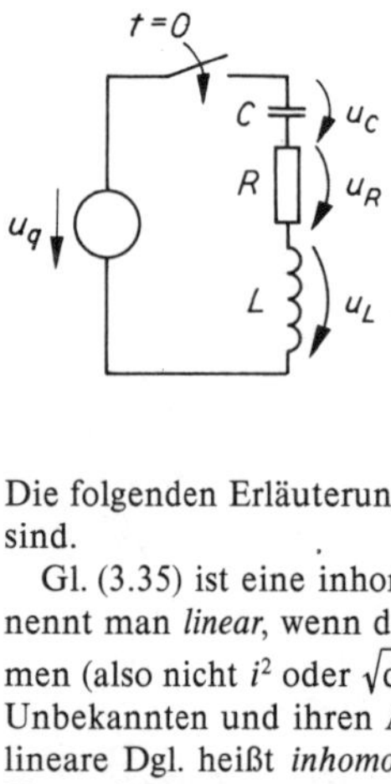

Bild 3.5. RLC-Reihenschaltung mit Erregung durch $U_q = \hat{U} \cos(\omega t + \varphi_u)$

Die folgenden Erläuterungen werden so gehalten, daß sie auch ohne Kenntnisse über Dgln. verständlich sind.

Gl. (3.35) ist eine inhomogene lineare Dgl. zweiter Ordnung mit konstanten Koeffizienten. Eine Dgl. nennt man *linear*, wenn die gesuchte (unbekannte) Größe i sowie deren Ableitungen nur linear vorkommen (also nicht i^2 oder $\sqrt{di/dt}$ usw.). Man spricht von *konstanten Koeffizienten*, wenn die Faktoren vor der Unbekannten und ihren Ableitungen nicht von der Unbekannten abhängen (also nicht $R(i)$ usw.). Eine lineare Dgl. heißt *inhomogen*, wenn Terme vorkommen, die die Unbekannte nicht enthalten (z. B. u_q). Unter *Ordnung* versteht man die höchste Ordnung der in der Dgl. vorkommenden Ableitungen (in unserem Beispiel $n = 2$). Genaugenommen muß man noch hinzufügen, daß bei Netzwerkberechnungen stets *gewöhnliche Dgln.* entstehen. Bei gewöhnlichen Dgln. hängen die unbekannten Funktionen im Gegensatz zu partiellen Dgln. nur von einer unabhängigen Variablen ab (also $i(t)$ und nicht $i(t, x)$). Allgemein kann eine Dgl. des diskutierten Typs in der Form

$$c_n \frac{d^n a}{dt^n} + \ldots + c_2 \frac{d^2 a}{dt^2} + c_1 \frac{da}{dt} + c_0 a = F(t) \tag{3.36}$$

dargestellt werden. Für $F = 0$ liegt eine homogene Dgl. vor. Folgende Aussagen zu Dgln. seien in Zusammenhang mit der Schaltungsberechnung hervorgehoben:

- n Dgln. erster Ordnung lassen sich in eine Dgl. n-ter Ordnung überführen und umgekehrt.
- Die eindeutige Lösung einer Dgl. n-ter Ordnung erfordert n Anfangsbedingungen (bzw. Anfangs- und Randbedingungen, in unserem Beispiel $i(t_0)$ und $(\mathrm{d}i/\mathrm{d}t)\,(t_0)$).
- Die Lösung einer inhomogenen linearen Dgl. läßt sich als Summe der Lösung a_f der homogenen Dgl. und einer sogenannten partikulären Lösung a_s der inhomogenen Dgl. darstellen (als Folge des Superpositionssatzes für lineare Dgln.):

$$a = a_f + a_s. \tag{3.37}$$

Ist das inhomogene Glied F sinusförmig oder konstant, so ist a_s (für die bei RLC-Schaltungen entstehenden Dgln.) identisch mit der stationären Lösung, d. h.,

$$a(t) = a_s(t) \quad \text{für} \quad t - t_0 \to \infty \tag{3.38}$$

t_0 Einschaltzeitpunkt.

Daraus folgt

$$a_f(t) = a(t) - a_s(t) = 0 \quad \text{für} \quad t - t_0 \to \infty. \tag{3.39}$$

Da demnach die homogene Lösung a_f für große $t - t_0$ gegen Null geht, nennt man sie auch flüchtige (transiente) Lösung. Die Anfangsbedingung für die Lösung der homogenen Dgl. ist nach Gl. (3.37)

$$a_f(t_0) = a(t_0) - a_s(t_0). \tag{3.40}$$

a_s ist unabhängig von den Anfangswerten.

Im Bild 3.6 ist als Beispiel ein Einschaltvorgang (Zeitpunkt $t = 0$) für eine RC-Reihenschaltung dargestellt (Ableitung s. Abschn. 4.1.2.3.), die aus Bild 3.5 für $L = 0$ hervorgeht.

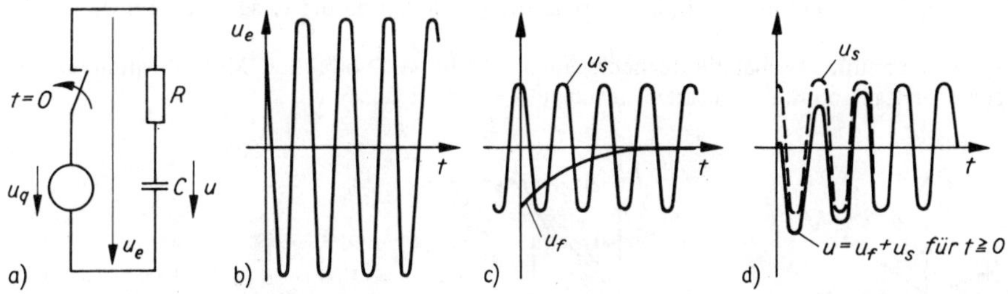

Bild 3.6. Einschalten einer Wechselspannung $u_q = \hat{U}_q \cos(\omega t + \varphi_{uq})$ an ein RC-Glied (qualitative Darstellung)

a) Schaltung; b) Spannung am RC-Glied; c) stationärer und flüchtiger Lösungsanteil (für $u(0) = 0$); d) Übergang der Lösungsfunktion in den stationären Zustand nach Abklingen der flüchtigen Lösung

Neben der wirksamen Eingangsspannung u_e sind die flüchtige und stationäre Lösung u_f und u_s dargestellt. Meßtechnisch erfaßbar ist nur $u(t)$. Nachdem die flüchtige Lösung u_f abgeklungen ist, geht die Lösungsfunktion u in die stationäre Lösung u_s über. Meist erfolgt der Einschwingvorgang in der Wechselstromtechnik sehr rasch und kann vernachlässigt werden. In den nächsten Abschnitten wird ein für die Wechselstromtechnik wichtiges Verfahren zur Ermittlung der stationären Lösung beschrieben und zur Berechnung von Schaltungen eingesetzt, die sich in eingeschwungenem Zustand befinden (im folgenden als Wechselstromverhalten bezeichnet). Die Auswirkung von Ein- bzw. Ausschaltvorgängen, die die Berechnung von $a = a_f + a_s$ erfordert, wird im Abschnitt 4.1.2. behandelt.

3.4. Berechnung von Wechselstromschaltungen im stationären Zustand

3.4.1. Eigenschaften komplexer Größen

Wesentlich für das folgende für die Wechselstromtechnik sehr effektive Lösungsverfahren ist die Rechnung mit komplexen Größen. Um auch dem Leser ohne diesbezügliche Vorkenntnisse den Zugang zu dieser Methode zu ermöglichen, werden im folgenden einige Rechenregeln für komplexe Größen zusammengestellt.

3.4.1.1. Darstellung komplexer Zahlen

Die Einführung der sogenannten imaginären Einheit j, die durch

$$j^2 = -1 \quad \text{bzw.} \quad j = +\sqrt{-1} \tag{3.41}$$

definiert ist, ermöglicht eine Erweiterung des Zahlenbegriffs in Form der komplexen Zahlen

$$\underline{A} = A_1 + jA_2, \tag{3.42}$$

die wir durch Unterstreichen kennzeichnen. In der elektrotechnischen Literatur verwendet man j anstelle des in der Mathematik üblichen i für die imaginäre Einheit, um Verwechslungen mit dem Strom *i* zu vermeiden.

A_1 und A_2 sind beliebige reelle Zahlen, z. B. $\underline{A} = 2 + j\,1{,}4$. A_1 nennt man Realteil der komplexen Zahl, abgekürzt

$$A_1 = \mathrm{Re}\,(\underline{A}), \tag{3.43}$$

und A_2 den Imaginärteil, abgekürzt

$$A_2 = \mathrm{Im}\,(\underline{A}). \tag{3.44}$$

Für $A_2 = 0$ entstehen reelle Zahlen (als Spezialfall komplexer Zahlen). Für $A_1 = 0$ ergeben sich als Spezialfall rein imaginäre Zahlen. Komplexe Zahlen kann man als Folge geordneter Paare reeller Zahlen einführen, für die folgende Festlegungen getroffen werden:

1. Zwei komplexe Zahlen sind einander gleich, wenn die Realteile und die Imaginärteile übereinstimmen.
2. Komplexe Zahlen erfüllen formal die Rechenregeln der Addition, Subtraktion, Multiplikation und Division der reellen Zahlen mit der Zusatzfestlegung $j^2 = -1$.

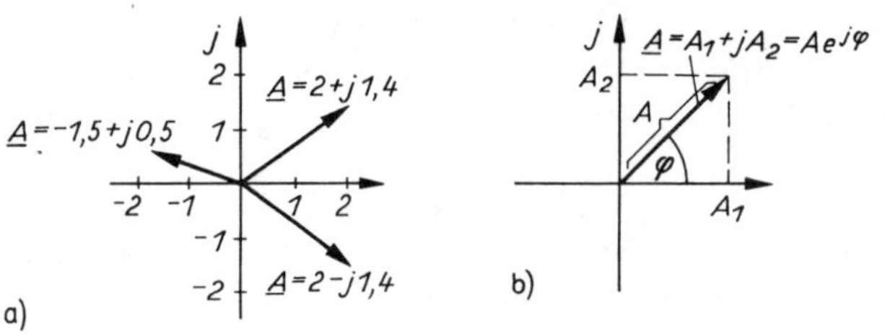

Bild 3.7

a) Komplexe Zahlenebene (Gaußsche Ebene) und einige Zeiger als Beispiel; b) Darstellung des Zeigers $\underline{A}$ mit den Bestimmungsstücken A_1 und A_2 bzw. A und φ

Als Vektoren mit zwei reellen Komponenten lassen sich komplexe Zahlen als Punkte einer Ebene darstellen, die man auch als Gaußsche Zahlenebene bezeichnet (Bild 3.7a). Auf der Abszisse des kartesischen Koordinatensystems werden die reellen Zahlen und auf der Ordinate die rein imaginären Zahlen abgetragen. Verbindet man den entstandenen Punkt mit dem Nullpunkt, so ist der komplexen Zahl ein ebener Vektor zugeordnet, den man vor allem in der Elektrotechnik als Zeiger bezeichnet. Führt man anstelle der kartesischen Koordinaten Polarkoordinaten A und φ ein, so erhält man den

$$\text{Betrag } A = |\underline{A}| = \sqrt{A_1^2 + A_2^2} = \sqrt{[\mathrm{Re}\,(\underline{A})]^2 + [\mathrm{Im}\,(\underline{A})]^2} \tag{3.45}$$

und für das Argument bzw. den

$$\text{Phasenwinkel } \tan\varphi = \frac{A_2}{A_1} = \frac{\mathrm{Im}\,(\underline{A})}{\mathrm{Re}\,(\underline{A})} \quad \text{bzw.}$$

$$\varphi = \arctan\frac{A_2}{A_1} \quad \text{für} \quad A_1 \geqq 0, \quad \varphi = \arctan\frac{A_2}{A_1} + \pi \quad \text{für} \quad A_1 < 0. \tag{3.46}$$

Außerdem kann aus Bild (3.7b)

$$A_1 = A\cos\varphi \quad \text{und} \quad A_2 = A\sin\varphi \tag{3.47}$$

abgelesen werden, so daß die

algebraische Form $\underline{A} = A_1 + \mathrm{j}A_2$ (3.42)

in die

trigonometrische Form $\underline{A} = A(\cos\varphi + \mathrm{j}\sin\varphi)$ (3.48)

für die Darstellung komplexer Zahlen überführt werden kann. Mit der *Formel von Euler*

$$e^{\mathrm{j}\varphi} = \cos\varphi + \mathrm{j}\sin\varphi, \tag{3.49}$$

die man durch Reihenentwicklungen ableiten kann, entsteht die

Exponentialform $\underline{A} = A\,e^{\mathrm{j}\varphi}$. (3.50)

Beispiele:

a) $\underline{A} = 1 + \mathrm{j}2,\quad \mathrm{Re}(\underline{A}) = 1,\quad Im(\underline{A}) = 2$

$|\underline{A}| = \sqrt{1^2 + 2^2} = \sqrt{5} = 2{,}24,\quad \varphi = \arctan 2 = 65{,}9° \mathrel{\hat{=}} 1{,}15$

$\underline{A} = 2{,}24(\cos 65{,}9° + \mathrm{j}\sin 65{,}9°) = 2{,}24\,e^{\mathrm{j}\,1{,}15}$

b) $\underline{A} = 1 - \mathrm{j}2,\quad \mathrm{Re}(\underline{A}) = 1,\quad \mathrm{Im}(\underline{A}) = -2$

$A = \sqrt{1^2 + 2^2} = \sqrt{5} = 2{,}24,\quad \varphi = \arctan(-2) = -65{,}9° \mathrel{\hat{=}} -1{,}15$

$\underline{A} = 2{,}24(\cos(-65{,}9°) + \mathrm{j}\sin(-65{,}9°)) = 2{,}24\,e^{-\mathrm{j}\,1{,}15} = 2{,}24(\cos 65{,}9° - \mathrm{j}\sin 65{,}9°)$

c) $\underline{A} = e^{\mathrm{j}\pi/2} = \cos\pi/2 + \mathrm{j}\sin\pi/2 = \mathrm{j}$

d) $\underline{A} = 1/\mathrm{j} = \mathrm{j}/\mathrm{j}^2 = -\mathrm{j}$ oder $\underline{A} = 1/\mathrm{j} = 1/e^{\mathrm{j}\pi/2} = e^{-\mathrm{j}\pi/2} = \cos(-\pi/2) + \mathrm{j}\sin(-\pi/2) = -\mathrm{j}$

e) $\underline{A} = \mathrm{j}^3 = \mathrm{j}\cdot\mathrm{j}^2 = -\mathrm{j}$.

Zwei Ergebnisse seien noch einmal hervorgehoben

$$\mathrm{j} = e^{\mathrm{j}\pi/2} \qquad \frac{1}{\mathrm{j}} = -\mathrm{j} = e^{-\mathrm{j}\pi/2} \tag{3.51}$$

3.4.1.2. Rechenoperationen bei komplexen Zahlen bzw. Größen

A_1 und A_2 wurden bisher als Zahlen aufgefaßt. Für weitere Überlegungen bzw. Rechenoperationen werden auch physikalische Größen zugelassen, die sich bekanntlich als Produkt von Maßzahl und Maßeinheit ergeben, z. B. $\underline{I} = 2A\,e^{\mathrm{j}\pi/3}$:

a) *Gleichheit komplexer Größen* $\underline{A} = \underline{B}$

$A_1 + \mathrm{j}A_2 = B_1 + \mathrm{j}B_2$ für $A_1 = B_1$ und $A_2 = B_2$

$A\,e^{\mathrm{j}\alpha} = B\,e^{\mathrm{j}\beta}$ für $A = B$ und $\alpha = \beta$.

Wie schon erwähnt: *eine komplexe Gleichung enthält zwei reelle Gleichungen.*

b) *Addition bzw. Subtraktion* $\underline{A} + \underline{B} = \underline{C}$ (algebraische Form günstig)

$A_1 + \mathrm{j}A_2 + (B_1 + \mathrm{j}B_2) = C_1 + \mathrm{j}C_2$

$C_1 = A_1 + B_1$ und $C_2 = A_2 + B_2$

$A\,e^{\mathrm{j}\alpha} + B\,e^{\mathrm{j}\beta} = C\,e^{\mathrm{j}\gamma}$

$A\cos\alpha + \mathrm{j}A\sin\alpha + B\cos\beta + \mathrm{j}B\sin\beta = C\,e^{\mathrm{j}\gamma}$

$C = \sqrt{(A\cos\alpha + B\cos\beta)^2 + (A\sin\alpha + B\sin\beta)^2}$

bzw. mit

$$\sin^2\alpha + \cos^2\alpha = 1 \quad \text{und} \quad \cos(\alpha - \beta) = \cos\alpha\cos\beta + \sin\alpha\sin\beta \tag{3.52}$$

$$C = \sqrt{A^2 + B^2 + 2AB\cos(\alpha - \beta)} \tag{3.53}$$

$$\gamma = \arctan\frac{A\sin\alpha + B\sin\beta}{A\cos\alpha + B\cos\beta}. \tag{3.54}$$

Diese Beziehungen entsprechen den Gln. (3.32). Um $\underline{A} - \underline{B} = \underline{C}$ zu berechnen, sind in den obigen Formeln B_1, B_2 und B durch $-B_1$, $-B_2$ und $-B$ zu ersetzen.

c) *Multiplikation* $\underline{A} \cdot \underline{B} = \underline{C}$ (Exponentialform günstig)

$$(A_1 + jA_2)(B_1 + jB_2) = C_1 + jC_2, \quad A_1B_1 + j^2A_2B_2 + jA_2B_1 + jA_1B_2 = C_1 + jC_2$$

$$C_1 = A_1B_1 - A_2B_2 \quad \text{und} \quad C_2 = A_1B_2 + A_2B_1$$

$$A\,e^{j\alpha}\,B\,e^{j\beta} = C\,e^{j\gamma}$$

$$C = AB \quad \text{und} \quad \gamma = \alpha + \beta.$$

d) *Division* $\underline{A}/\underline{B} = \underline{C}$ (Exponentialform günstig)

$$\frac{A_1 + jA_2}{B_1 + jB_2} = C_1 + jC_2$$

$$\frac{(A_1 + jA_2)(B_1 - jB_2)}{(B_1 + jB_2)(B_1 - jB_2)} = \frac{A_1B_1 + A_2B_2 + j(A_2B_1 - A_1B_2)}{B_1^2 + B_2^2}$$

$$C_1 = \frac{A_1B_1 + A_2B_2}{B_1^2 + B_2^2} \quad \text{und} \quad C_2 = \frac{A_2B_1 - A_1B_2}{B_1^2 + B_2^2}$$

$$\frac{A\,e^{j\alpha}}{B\,e^{j\beta}} = C\,e^{j\gamma}$$

$$C = \frac{A}{B} \quad \text{und} \quad \gamma = \alpha - \beta.$$

e) *Potenzieren* $\underline{A}^n = \underline{C}\ (n > 0)$ (Exponentialform günstig)

$$\underline{A}^n = (A\,e^{j\alpha})^n = A^n\,e^{jn\alpha} = C\,e^{j\gamma}$$

$$C = A^n, \quad \gamma = n\alpha.$$

Hinweise:

Zeiger mit dem Betrag 1, also $\underline{A} = e^{j\alpha}$, bezeichnet man als Einheitszeiger.

Als konjugiert komplexe Größe zu $\underline{A}$ definiert man

$$\underline{A}^* = A_1 - jA_2. \tag{3.55}$$

A^* entsteht durch Spiegelung von $\underline{A}$ an der reellen Achse. Es gilt

$$\underline{A}\,\underline{A}^* = (A_1 + jA_2)(A_1 - jA_2) = A_1^2 + A_2^2 = A^2. \tag{3.56}$$

3.4.2. Netzwerkanalyse mittels komplexer Rechnung

3.4.2.1.* Funktionaltransformation

Dieser Abschnitt trägt zur Begründung der folgenden Rechenmethoden bei, kann aber u. U. auch übergangen werden. Wir haben festgestellt, daß sich bei der Analyse von Wechselstromschaltungen Differentialgleichungen ergeben. Eine in einer Reihe von Fällen anwendbare Lösungsvariante für Dgln. besteht darin, daß man eine sogenannte Transformierte (oder Bildfunktion) der Lösungsfunktion (Originalfunktion) einführt, so daß man von einer Dgl. für die Lösungsfunktion zu einer anderen (einfacheren) Dgl. oder gar algebraischen Gleichung für die transformierte Funktion übergehen kann. Nachdem man diese transformierte Funktion bestimmt hat, führt man eine Rücktransformation durch und erhält die gesuchte Lösungsfunktion. Wie noch begründet werden wird, erweist sich zur Analyse des stationären Wechselstromverhaltens von *RLC*-Schaltungen die Funktionaltransformation

$$a = \hat{A}\cos(\omega t + \varphi) \rightarrow \underline{a} = \hat{A}\,e^{j(\omega t + \varphi)} \tag{3.57}$$

als vorteilhaft. Mit der Formel von *Euler* gilt

$$\underline{a} = \hat{A}\,e^{j(\omega t + \varphi)} = \hat{A}\cos(\omega t + \varphi) + j\hat{A}\sin(\omega t + \varphi) \tag{3.58}$$

und daraus folgt

$$a = \mathrm{Re}\,(\underline{a}). \tag{3.59}$$

Die Transformation von a in die komplexe Funktion $\underline{a}$ entsteht also, indem man zu a formal $j\hat{A}\sin(\omega t + \varphi)$ hinzufügt. $\underline{a}$ kann für $\underline{i}$ oder $\underline{u}$ stehen.

a) *Darstellung der Funktion* $a = \hat{A}\,e^{j(\omega t+\varphi)}$

$\underline{a}$ ist als Zeiger $\underline{a} = A\,e^{j\alpha(t)}$ mit dem zeitabhängigen Winkel $\alpha(t) = \omega t + \varphi$ gegen die reelle Achse aufzufassen. $\underline{a}$ rotiert mit der konstanten Winkelgeschwindigkeit $d\alpha/dt = \omega$ in mathematisch positivem Sinn, d. h. entgegen dem Uhrzeigersinn (Bild 3.8), wie man sich durch Einsetzen verschiedener Zeiten, z. B. $\omega t = 0$, $\omega t = \omega T/4 = \pi/2$ und $\omega t = \omega T = 2\pi$, klarmachen kann. Der Real- bzw. Imaginärteil von $\underline{a}(t)$ stellen die Projektion des Zeigers auf die reelle bzw. imaginäre Achse dar. Mit der Einführung der sogenannten komplexen Amplitude

$$\underline{\hat{A}} = \hat{A}\,e^{j\varphi} \quad \text{(ruhender Zeiger)}, \tag{3.60}$$

$$\underline{a} = \hat{A}\,e^{j(\omega t+\varphi)} \quad \mathrm{Im}\,(\underline{a}) = \hat{A}\sin(\omega t+\varphi)$$
$$\underline{\hat{A}} = \hat{A}\,e^{j\varphi}$$

die im Bild 3.8 dick gezeichnet ist, kann

$$\underline{a} = \hat{A}\,e^{j(\omega t+\varphi)} = \hat{A}\,e^{j\omega t}\cdot e^{j\varphi} = \underline{\hat{A}}\,e^{j\omega t} \tag{3.61}$$

geschrieben werden.

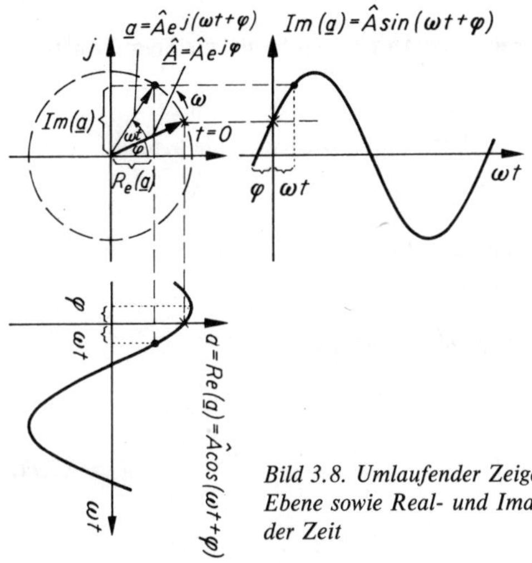

Bild 3.8. Umlaufender Zeiger in der komplexen Ebene sowie Real- und Imaginärteil als Funktion der Zeit

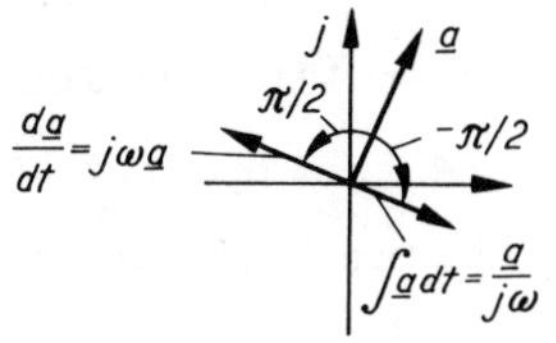

Bild 3.9. Zeiger $\underline{a}$ und die sich durch Differentiation und Integration ergebenden Zeiger

b) *Differentiation und Integration von* $\underline{a}$

Netzwerkberechnungen sind mit Differentiationen und Integrationen verbunden. Aus

$$\frac{d}{dt}\left(e^{z(t)}\right) = \frac{d}{dz}\left(e^{z}\right)\cdot\frac{dz}{dt} = e^{z}\,\frac{dz}{dt}$$

folgt mit $z = j\omega t$ und $dz/dt = j\omega$

$$\frac{d}{dt}\,\underline{a} = \frac{d}{dt}\left(\underline{\hat{A}}\,e^{j\omega t}\right) = j\omega\underline{\hat{A}}\,e^{j\omega t} = j\omega\underline{a} = \omega\hat{A}\,e^{j(\varphi+\pi/2)}. \tag{3.62}$$

Die Differentiation führt also zu einem um $\pi/2$ phasenverschobenen Zeiger (Bild 3.9). Außerdem läßt sich

$$\frac{d^2\underline{a}}{dt^2} = \frac{d}{dt}\left(\frac{d\underline{a}}{dt}\right) = \frac{d}{dt}\,(j\omega\underline{a}) = j\omega\,\frac{d\underline{a}}{dt} = (j\omega)^2\,\underline{a} = -\omega^2\underline{a} \tag{3.63}$$

ableiten und durch entsprechende Verallgemeinerung

$$\frac{d^n}{dt^n}\,(\underline{a}) = (j\omega)^n\,\underline{a}. \tag{3.64}$$

Mit der Substitution $z = \omega t$ bzw. mit $dt = dz/j\omega$ folgt

$$\int \underline{a}\,dt = \underline{\hat{A}}\int e^{j\omega t}\,dt = \frac{\underline{\hat{A}}}{j\omega}\int e^{z}\,dz = \frac{\underline{\hat{A}}\,e^{j\omega t}}{j\omega} = \frac{\underline{a}}{j\omega} = \frac{1}{\omega}\,\underline{\hat{A}}\,e^{j(\varphi-\pi/2)}. \tag{3.65}$$

Integration erzeugt also einen um $-\pi/2$ phasenverschobenen Zeiger (Bild 3.9). Zusammenfassend stellen wir fest:

$$\text{Für} \quad \underline{a} = \underline{\hat{A}}\, e^{j\omega t} \quad \text{gilt} \quad \frac{d}{dt}\underline{a} = j\omega \underline{a} \quad \text{bzw.} \quad \int dt\, \underline{a} = \frac{1}{j\omega}\underline{a}. \qquad (3.66)$$

Die Differentiation von $\underline{a}$ kann durch Multiplikation mit $j\omega$ und die Integration durch Multiplikation mit $1/(j\omega)$ ersetzt werden. Darin liegt auch die Bedeutung der Funktionaltransformation.

3.4.2.2.* Komplexe Dgln. bzw. Integro-Dgln.

Bei der Analyse von *RLC*-Schaltungen entstehen – wie schon erwähnt wurde – im allgemeinen Fall Integro-Dgln. folgenden Typs

$$\ldots + c_2 \frac{d^2 a}{dt^2} + c_1 \frac{da}{dt} + c_0 a + c_{-1} \int dt\, a = \hat{B} \cos(\omega t + \beta). \qquad (3.67)$$

Für den Reihenschwingkreis im Bild 3.5 beispielsweise gilt nach Gl. (3.34)

$$L \frac{di}{dt} + Ri + \frac{1}{C} \int i\, dt = \hat{U}_q \cos(\omega t + \varphi_u). \qquad (3.68)$$

Führt man entsprechend den Überlegungen des vorhergehenden Abschnittes formal die Transformation

$$\hat{U}_q \cos(\omega t + \varphi_u) \rightarrow \hat{U}_q\, e^{j(\omega t + \varphi_u)} = \underline{U}_q\, e^{j\omega t}$$

durch und ersetzt dementsprechend i durch die komplexe Funktion $\underline{i}$, so entsteht die komplexe Dgl.

$$L \frac{d\underline{i}}{dt} + R\underline{i} + \frac{1}{C} \int dt\, \underline{i} = \hat{U}_q\, e^{j(\omega t + \varphi_u)}. \qquad (3.69)$$

Deren Bedeutung ist zunächst noch völlig offen. Naheliegend ist es, als Lösungsansatz

$$\underline{i} = \hat{I}\, e^{j(\omega t + \varphi_i)} = \hat{I}\, e^{j\varphi t}\, e^{j\omega t} = \sqrt{2}\, \underline{I}\, e^{j\omega t} \qquad (3.70)$$

zu versuchen. Setzt man ihn ein und berücksichtigt Gl. (3.66), so ergibt sich

$$j\omega L\underline{i} + R\underline{i} + \frac{1}{j\omega C}\underline{i} = \hat{U}_q\, e^{j\varphi_u}\, e^{j\omega t} \qquad (3.71)$$

$$\sqrt{2}\left(j\omega L\underline{I} + R\underline{I} + \frac{1}{j\omega C}\underline{I}\right) e^{j\omega t} = \sqrt{2}\, U_q\, e^{j\varphi_u}\, e^{j\omega t} \qquad (3.72)$$

$$\left(j\omega L + R + \frac{1}{j\omega C}\right)\underline{I} = \underline{U}_q. \qquad (3.73)$$

Mit der Abkürzung

$$\underline{Z} = R + j\omega L + 1/j\omega C \qquad (3.74)$$

gilt

$$\underline{I} = \underline{U}_q/\underline{Z}. \qquad (3.75)$$

Bemerkenswert ist es, daß diese Beziehung formal Ähnlichkeit mit der Beziehung $I = U/R$ besitzt. Darauf werden wir im nächsten Abschnitt noch zurückkommen. Weitere Umformungen führen zu

$$\underline{I} = \frac{U_q\, e^{j\varphi_u}}{\underline{Z}} = \frac{U_q\, e^{j\varphi_u}}{\sqrt{R^2 + (\omega L - 1/\omega C)^2}\, e^{j\varphi}} \quad \text{mit } \varphi = \arctan(\omega L - 1/\omega C)/R. \qquad (3.76)$$

Demnach stellt der Ansatz (3.70) für

$$I = U_q/\sqrt{R^2 + (\omega L - 1/\omega C)^2} \quad \text{und} \quad \varphi_i = \varphi_u - \varphi \qquad (3.77)$$

wirklich eine Lösung der komplexen Gl. (3.69) dar. Hervorzuheben ist die Tatsache, daß die durchgeführte Transformation in das Komplexe es ermöglicht, die Integro-Dgl. (3.69) in die algebraische Gl. (3.71) umzuwandeln und damit in einfacher Weise zu lösen. Um zu der gesuchten Lösungsfunktion zu kommen, liegt es nahe, folgende Rücktransformation durchzuführen:

$$i = \text{Re}(\underline{i}) = \text{Re}(\hat{I}\, e^{j(\omega t + \varphi_i)}) = \hat{I} \cos(\omega t + \varphi_i). \qquad (3.78)$$

Allerdings muß noch bewiesen werden, daß i nach Gl. (3.78) wirklich die Lösung der Gl. (3.68) darstellt. Der Beweis wird für die allgemeiner formulierte Gl. (3.67) erbracht.

*Behauptung**: Falls $\underline{a} = \hat{A}\,e^{j(\omega t + \varphi_i)}$ die stationäre Lösung der komplexen Integro-Dgl.

$$\ldots + c_1 \frac{d\underline{a}}{dt} + c_0\underline{a} + c_{-1} \int dt\,\underline{a} = \hat{B}\,e^{j(\omega t + \beta)} \tag{3.79}$$

darstellt, dann ist Re $(\underline{a}) = a = \hat{A} \cos(\omega t + \varphi)$ die stationäre Lösung der reellen Integro-Dgl.

$$\ldots + c_1 \frac{da}{dt} + c_0 a + c_{-1} \int dt\,a = \hat{B} \cos(\omega t + \beta).$$

*Beweis**: Mit $\underline{a} = Re\,(\underline{a}) + j\,\mathrm{Im}\,(\underline{a})$ lautet Gl. (3.79)

$$\ldots + c_1 \frac{d}{dt}(\mathrm{Re}\,(\underline{a}) + j\,\mathrm{Im}\,(\underline{a})) + c_0\,(\mathrm{Re}\,(\underline{a}) + j\,\mathrm{Im}\,(\underline{a}))$$

$$+ c_{-1} \int dt\,(\mathrm{Re}\,(\underline{a}) + j\,\mathrm{Im}\,(\underline{a})) = \hat{B} \cos(\omega t + \beta) + j\hat{B} \sin(\omega t + \beta). \tag{3.80}$$

Das weitere Ziel besteht darin, die linke Seite der Gl. (3.80) ebenso wie die rechte Seite in einen Real- und einen Imaginärteil zu zerlegen, um dann die Real- und Imaginärteile jeweils gleichsetzen zu können. Während die Umformung

$$c_0\,(\mathrm{Re}\,(\underline{a}) + j\,\mathrm{Im}\,(\underline{a})) = c_0\,\mathrm{Re}\,(\underline{a}) + jc_0\,\mathrm{Im}\,(\underline{a}) \tag{3.81}$$

sofort möglich ist, soll die Vertauschbarkeit von Addition und Differentiation, d. h.

$$c_1 \frac{d}{dt}(\mathrm{Re}\,(\underline{a}) + j\,\mathrm{Im}\,(\underline{a})) = c_1 \frac{d}{dt}\mathrm{Re}\,(\underline{a}) + jc_1 \frac{d}{dt}\mathrm{Im}\,(\underline{a}) \tag{3.82}$$

bewiesen werden. Es gilt

$$\frac{d}{dt}(\underline{a}) = j\omega\underline{a} = \omega\,e^{j\pi/2}\,\hat{A}\,e^{j(\omega t + \varphi)} = \omega\hat{A}\,e^{j(\omega t + \varphi + \pi/2)}$$

$$= \omega\hat{A}\,(\cos(\omega t + \varphi + \pi/2)) + j \sin(\omega + \varphi + \pi/2). \tag{3.83}$$

Andererseits ist

$$\frac{d}{dt}(\mathrm{Re}\,(\underline{a})) = \hat{A}\frac{d}{dt}(\cos(\omega t + \varphi)) = \omega\hat{A} \cos(\omega t + \varphi + \pi/2) \tag{3.84}$$

$$\frac{d}{dt}(\mathrm{Im}\,(\underline{a})) = \hat{A}\frac{d}{dt}(\sin(\omega t + \varphi)) = \omega\hat{A} \sin(\omega t + \varphi + \pi/2). \tag{3.85}$$

Mit den Gln. (3.83), (3.84) und (3.85) ist Gl. (3.82) bewiesen. In analoger Weise können das Integral in Gl. (3.79) sowie Differentialquotienten höherer Ordnung in Real- und Imaginärteil zerlegt werden. Reelle und imaginäre Größen werden nun jeweils zusammengefaßt:

$$\ldots + c_1 \frac{d}{dt}(\mathrm{Re}\,(\underline{a})) + c_0\,\mathrm{Re}\,(\underline{a}) + c_{-1} \int dt\,\mathrm{Re}\,(\underline{a})$$

$$+ j\left[\ldots + c_1 \frac{d}{dt}(\mathrm{Im}\,(\underline{a})) + c_0\,\mathrm{Im}\,(\underline{a}) + c_{-1} \int dt\,\mathrm{Im}\,(\underline{a})\right]$$

$$= \hat{B} \cos(\omega t + \varphi) + j\hat{B} \sin(\omega t + \varphi). \tag{3.86}$$

Da die Realteile auf beiden Seiten übereinstimmen müssen, ist die o. g. Behauptung bewiesen. Aus der Übereinstimmung der Imaginärteile kann man den Schluß ziehen, daß für eine

Zeitfunktion $\hat{B} \sin(\omega t + \varphi)$ anstelle $\hat{B} \cos(\omega t + \varphi)$

die Lösungsfunktion durch die Rücktransformation $a = \mathrm{Im}\,(\underline{a})$ zu ermitteln ist.

3.4.2.3. Einführung des komplexen Widerstandes

Komplexe Strom-Spannungs-Beziehungen von R, L, C

Ausgehend von den Ergebnissen des vorhergehenden Abschnittes stellen wir fest, daß es für die Netzwerkberechnung zweckmäßig ist, die folgenden Transformationen durchzuführen:

$$i = \hat{I} \cos(\omega t + \varphi_i) \rightarrow \underline{i} = \hat{I}\,e^{j(\omega t + \varphi_i)} \tag{3.87}$$

$$u = \hat{U} \cos(\omega t + \varphi_u) \rightarrow \underline{u} = \hat{U}\,e^{j(\omega t + \varphi_u)}. \tag{3.88}$$

Da alle Strom- bzw. Spannungszeiger mit der gleichen Kreisfrequenz ω rotieren (s. auch Bild 3.8), ist der Übergang zu ruhenden Zeigern in Form komplexer Amplituden bzw. Effektivwerte zweckmäßig:

$$\underline{\hat{I}} = \hat{I}\,e^{j\varphi_i} = \sqrt{2}\,\underline{I} \quad \text{mit} \quad \underline{I} = I\,e^{j\varphi_i} \tag{3.89}$$

$$\underline{\hat{U}} = \hat{U}\,e^{j\varphi_u} = \sqrt{2}\,\underline{U} \quad \text{mit} \quad \underline{U} = U\,e^{j\varphi_u}. \tag{3.90}$$

Damit gilt

$$\underline{i} = \hat{I}\,e^{j(\omega t + \varphi_i)} = \hat{I}\,e^{j\varphi_i}\,e^{j\omega t} = \sqrt{2}\,\underline{I}\,e^{j\omega t} \tag{3.91}$$

$$\underline{u} = \hat{U}\,e^{j(\omega t + \varphi_u)} = \hat{U}\,e^{j\varphi_u}\,e^{j\omega t} = \sqrt{2}\,\underline{U}\,e^{j\omega t}. \tag{3.92}$$

Setzt man in den Strom-Spannungs-Beziehungen der Bauelemente formal anstelle von u und i die komplexen Spannungen und Ströme ein, die als reine Rechengrößen aufzufassen sind, so entstehen die komplexen Gln.

$$\underline{u} = R\underline{i} \quad \underline{u} = L\frac{d\underline{i}}{dt} \quad \underline{u} = \frac{1}{C}\int dt\,\underline{i}. \tag{3.93}$$

Für $\underline{i} = \underline{\hat{I}}\,e^{j\omega t}$ folgt daraus mit der Gl. (3.66)

$$\underline{u} = R\underline{i} \quad u = j\omega L\underline{i} \quad \underline{u} = \frac{1}{j\omega C}\,\underline{i}. \tag{3.94}$$

Aus

$$\underline{u} = R\underline{i} = R\,\sqrt{2}\,\underline{I}\,e^{j\omega t} = \sqrt{2}\,\underline{U}\,e^{j\omega t}$$

und analogen Gln. für L und C ergibt sich nach Kürzen von $\sqrt{2}\,e^{j\omega t}$

$$\underline{U} = R\underline{I} \qquad \underline{U} = j\omega L\underline{I} \qquad \underline{U} = \frac{1}{j\omega C}\,\underline{I}. \tag{3.95}$$

Erwartungsgemäß vereinfachen sich die Strom-Spannungs-Beziehungen bei komplexer Darstellung und gehen in algebraische Gln. über.

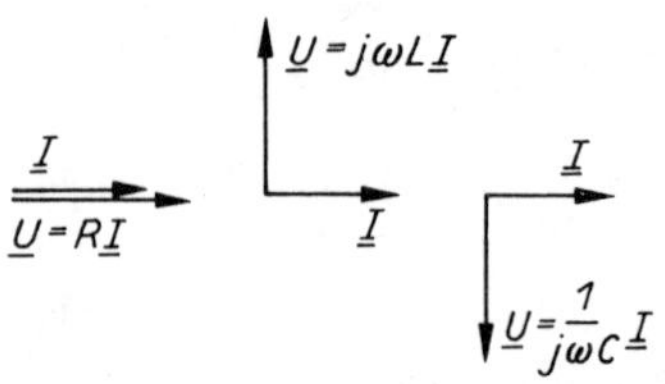

Bild 3.10. Zeigerbilder für die Grundschaltelemente R, L und C

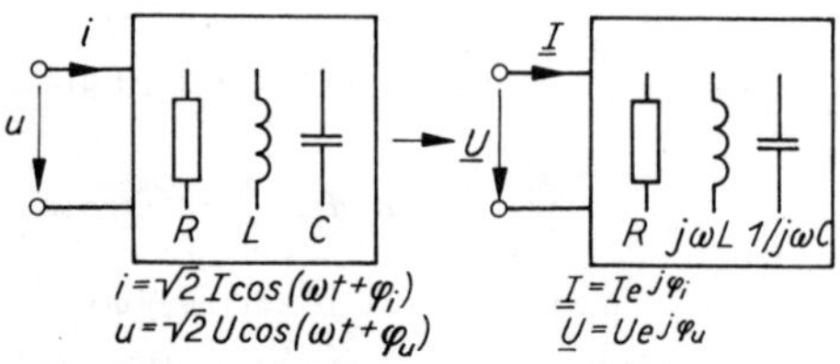

Bild 3.11. Zur Definition des komplexen Widerstandes eines passiven RLC-Zweipols

Die Zeigerdarstellung im Bild 3.10 veranschaulicht die Phasenverschiebung zwischen $\underline{U}$ und $\underline{I}$. Dieser Darstellung in der komplexen Ebene (im Bildbereich) entsprechen die Bilder in Tafel 3.1 im Zeitbereich (Originalbereich).

Definition des komplexen Widerstandes $\underline{Z}$

Sie lautet für einen beliebigen passiven *RLC*-Zweipol (s. Bild 3.11)

$$\underline{Z} = \frac{\underline{u}}{\underline{i}} = \frac{\underline{U}\,e^{j\omega t}}{\underline{I}\,e^{j\omega t}} = \frac{\underline{U}}{\underline{I}} \quad \text{(komplexer Widerstand)} \tag{3.96}$$

woraus mit $\underline{Z} = Z\,e^{j\varphi}$ folgt:

$$\underline{Z} = \frac{U\,e^{j\varphi_u}}{I\,e^{j\varphi_i}} = \frac{U}{I}\,e^{j(\varphi_u - \varphi_i)} = Z\,e^{j\varphi}. \tag{3.97}$$

Zusammengefaßt:

$$\underline{Z} = \frac{\underline{U}}{\underline{I}} = Z\,e^{j\varphi} \quad \text{(komplexer Widerstand)} \tag{3.98}$$

$$Z = \frac{U}{I} \quad \text{(Scheinwiderstand)} \quad [Z] = \Omega \tag{3.99}$$

$$\varphi = \varphi_u - \varphi_i \quad \text{(Phasenwinkel).} \tag{3.100}$$

$\underline{Z}$ ist eine reine Rechengröße. Die Bezeichnung komplexer Widerstand weist darauf hin, daß es sich um den Quotienten der komplexen Spannung und des komplexen Stromes handelt. In Analogie zu $G = 1/R$ ist folgende Definition einleuchtend:

$$\underline{Y} = \frac{1}{\underline{Z}} \quad \text{(komplexer Leitwert).} \tag{3.101}$$

Mit den Gln. (3.98) und (3.95) sowie $j = e^{j\pi/2}$ kann für die Grundschaltelemente

$$\begin{array}{llll} \underline{Z} = \underline{U}/\underline{I}: & \underline{Z} = R & \underline{Z} = j\omega L & \underline{Z} = 1/j\omega C \\ Z = U/I: & Z = R & Z = \omega L & Z = 1/\omega C \\ \varphi = \varphi_u - \varphi_i: & \varphi = 0 & \varphi = \pi/2 & \varphi = -\pi/2 \end{array} \tag{3.102}$$

abgeleitet werden.

Beispiel 1: Komplexer Widerstand eines 1-μF-Kondensators bei 50 Hz

$$\underline{Z} = \frac{1}{j\,2\pi\,50\,s^{-1} \cdot 10^{-6}\,F} = \frac{1}{j}\,3{,}2\,k\Omega = -j\,3{,}2\,k\Omega = 3{,}2\,k\Omega\,e^{-j\pi/2}.$$

Beispiel 2: Komplexer Widerstand und Leitwert eines RLC-Zweipols

An einen *RLC*-Zweipol wird eine Spannung $u = \sqrt{2}\,220\,V \cdot \sin \omega t$ gelegt und oszillographisch eine Stromstärke $i = 2A \sin(\omega t + 30°)$ gemessen. Zu bestimmen sind $\underline{Z}$ und $\underline{Y}$ des Zweipols.

Lösung:

$$\underline{Z} = Z\,e^{j\varphi} = \frac{U}{I}\,e^{j(\varphi_u - \varphi_i)}, \quad \underline{Y} = \frac{1}{\underline{Z}}, \quad U = 220\,V, \quad I = 2\,A/\sqrt{2} = 1{,}414\,A.$$

$$Z = 220\,V/1{,}41\,A = 156\,\Omega, \quad \varphi_u - \varphi_i = -30°, \quad \underline{Z} = 156\,\Omega\,e^{-j0{,}52}, \quad \underline{Y} = 6{,}41\,mS\,e^{j0{,}52}.$$

Definition von Wirk- und Blindwiderstand bzw. -leitwert

$\underline{Z}$ läßt sich nicht nur in der Exponentialform darstellen, sondern auch in algebraischer Form:

$$\underline{Z} = Z\,e^{j\varphi} = R_r + jX_r$$

mit

$$Z = \sqrt{R_r^2 + X_r^2}$$

und

$$\varphi = \arctan X_r/R_r. \tag{3.103}$$

Den Realteil R_r nennt man Wirkwiderstand und den Imaginärteil X_r Blindwiderstand. Mit der Formel von *Euler* folgt (Bild 3.12)

$$\underline{Z} = \frac{U}{I}\,e^{j\varphi} = \frac{U}{I}\cos\varphi + j\,\frac{U}{I}\sin\varphi \tag{3.104}$$

bzw.

$$R_r = \frac{U \cos \varphi}{I} = Z \cos \varphi, \quad X_r = \frac{U \sin \varphi}{I} = Z \sin \varphi. \tag{3.105}$$

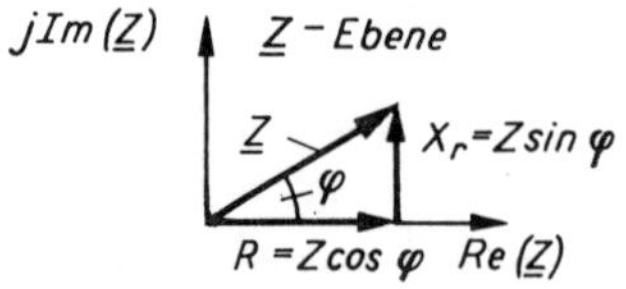

Bild 3.12
Wirk-, Blind- und Scheinwiderstand in der $\underline{Z}$-Ebene

Die algebraische Form für den komplexen Leitwert lautet

$$\underline{Y} = Y e^{-j\varphi} = G_p + jB_p. \tag{3.106}$$

Die folgende Zusammenstellung gibt zusammenfassend Aufschluß über die in der Literatur üblichen Bezeichnungen:

$\underline{Z}$:	komplexer Widerstand Widerstandsoperator Impedanz	$\underline{Y}$:	komplexer Leitwert Leitwertoperator Admittanz
Z:	Scheinwiderstand Wechselstromwiderstand	Y:	Scheinleitwert Wechselstromleitwert
R_r:	Wirkwiderstand Resistanz	G_p:	Wirkleitwert Konduktanz
X_r:	Blindwiderstand Reaktanz	B_p:	Blindleitwert Suszeptanz

Beispiel 1:

Für einen 100-μF-Siebkondensator sind der komplexe Widerstand $\underline{Z}$, der komplexe Leitwert $\underline{Y}$, der Wechselstromwiderstand Z, der Wirkwiderstand R_r, der Blindwiderstand X_r sowie der Effektivwert I des Stromes bei Anschluß an ein 220 V/50 Hz-Netz zu ermitteln.

Lösung:

$\underline{Z} = 1/j\omega C = -j/\omega C = -j\,31{,}8\,\Omega$, $Z = 31{,}8\,\Omega$, $\underline{Y} = j\omega C = j\,31$ mS, $R_r = 0$, $X_r = -31{,}8\,\Omega$.
$I = U/Z = 220\text{ V}/31{,}8\,\Omega = 6{,}91$ A.

Beispiel 2:

An einem passiven Zweipol werden für $U = 3$ V, $\varphi_u = \varphi_i + \pi/6$ und $I = 10$ mA gemessen. $\underline{Z}$, R_r und X_r sind zu berechnen und in der komplexen Widerstandsebene darzustellen.

Lösung: (s. auch Bild 3.12)

$$\underline{Z} = \frac{U}{I} e^{j\pi/6} = 300\,\Omega\, e^{j\pi/6} = 300\,\Omega \cos\frac{\pi}{6} + j\,300\,\Omega \sin\frac{\pi}{6},$$

$R_r = 259{,}8\,\Omega$, $X_r = 150\,\Omega$.

3.4.2.4. Netzwerkberechnung mit komplexen Knoten- und Maschengleichungen sowie Strom-Spannungs-Relationen

Zusammenfassend können wir feststellen:

1. Ausgangspunkt für die Berechnung von *RLC*-Schaltungen sind die Gln.

$$\sum_{\mu} i_{\mu} = 0 \quad \sum_{\nu} u_{\nu} = 0 \quad u_{\nu} = R_{\nu} i_{\mu} \quad u_{\nu} = L_{\nu} \frac{di_{\mu}}{dt} \quad u_{\nu} = \frac{1}{C_{\nu}} \int i_{\mu}\, dt. \tag{3.29}$$

2. Bei sinusförmigen Zeitfunktionen entstehen durch Differentiation bzw. Integration wieder sinusförmige Zeitfunktionen mit Phasenverschiebungen um $\pi/2$ bzw. $-\pi/2$ und der gleichen Frequenz.

3. Bei Addition sinusförmiger Zeitfunktionen gleicher Frequenz entsteht ebenfalls eine Sinusfunktion der gleichen Frequenz.
4. Aus 1., 2. und 3. kann man folgern, daß in Netzwerken bei sinusförmigen Zeitfunktionen der eingeprägten Spannungen bzw. Ströme (Quellen) ebenfalls sinusförmige Spannungen und Ströme entstehen, deren Frequenz gleich der eingeprägten Frequenz ist, so daß die Berechnung lediglich die Bestimmung von Betrag und Phase erfordert. Voraussetzung ist allerdings der eingeschwungene Zustand.
5. Wegen 4. ist folgende Transformation vorteilhaft

$$i = \sqrt{2}\, I \cos(\omega t + \varphi_i) \to \underline{i} = \sqrt{2}\, \underline{I}\, e^{j\omega t} \quad \text{mit} \quad \underline{I} = I\, e^{j\varphi_i}; \tag{3.91}$$

$$u = \sqrt{2}\, U \cos(\omega t + \varphi_u) \to \underline{u} = \sqrt{2}\, \underline{U}\, e^{j\omega t} \quad \text{mit} \quad \underline{U} = U\, e^{j\varphi_u}. \tag{3.92}$$

   Durch sie gehen Differentiationen und Integrationen in Multiplikationen mit $j\omega$ bzw. $1/j\omega$ über.
6. Dadurch können die aus 1. entstehenden Dgln. in algebraische Gln. überführt werden, so daß sich ihre Lösung vereinfacht.
7. Einfacher als 6. ist es, das Gl.-System 1. direkt zu transformieren. Dabei erweist sich die Einführung eines Widerstandsoperators als vorteilhaft. Im folgenden wird dieser *Algorithmus* rezeptartig angegeben (Beweis s. Aufgabe 3.3*):

I. Transformation des Netzwerkes in das Komplexe

Ersetzen Sie *formal* die Größen im Originalbereich durch Größen im Bildbereich nach folgender Vorschrift

$$\begin{aligned} i &\to \underline{I} = I\, e^{j\varphi_i} \\ u &\to \underline{U} = U\, e^{j\varphi_u} \\ R &\to R \\ L &\to j\omega L \\ C &\to 1/j\omega C \end{aligned} \tag{3.107}$$

$$u_q = \hat{U}_q \cos(\omega t + \varphi_{uq}) \to \underline{U}_q = U_q\, e^{j\varphi_{uq}}.$$

Dazu empfiehlt es sich, das Netzwerk noch einmal als „Netzwerk im Komplexen" aufzuzeichnen (s. z. B. Bild 3.13).

II. Rechnung im Komplexen

Die komplexen Knoten- und Maschengln. lauten

$$\sum_\mu \underline{I}_\mu = 0 \qquad \sum_\nu \underline{U}_\nu = 0 \tag{3.108}$$

und die komplexen Strom-Spannungs-Beziehungen der passiven Bauelemente

$$\underline{U} = \underline{Z}\underline{I} \quad \text{mit} \quad \underline{Z} = R \quad \underline{Z} = j\omega L \quad \underline{Z} = 1/j\omega C.$$

Aus diesen Gln. und den Gln. für die Spannungs- bzw. Stromquellen $\underline{U} = \underline{U}_q$ bzw. $\underline{I} = \underline{I}_q$ können die komplexen Effektivwerte der gesuchten Größen und damit ihre Effektivwerte (Beträge) und Phasenwinkel ermittelt werden. Indizes wurden bei den Strom-Spannungs-Beziehungen der einfachen Darstellung wegen weggelassen. An sich müßte $\underline{U}_\nu = \underline{Z}_\nu \underline{I}_\mu$, $\underline{Z}_\nu = R_\nu$ usw. geschrieben werden.

III. Rücktransformation

Die berechneten Effektivwerte und Phasenwinkel I, φ_i bzw. U, φ_u sind, falls die Zeitfunktion anzugeben ist, in die Lösungsansätze

$$i = \sqrt{2}\, I \cos(\omega t + \varphi_i) \quad \text{bzw.} \quad u = \sqrt{2}\, U \cos(\omega t + \varphi_u)$$

einzusetzen. Die Kreisfrequenz ω ist durch die eingeprägte Größe (z. B. die Quellenspannung) vorgegeben.

Hinweis: Falls eine Sinusfunktion, z. B. $u_q = \sqrt{2}\, U \sin(\omega t + \varphi_{uq})$ vorgegeben ist, so sind – wie sich leicht nachweisen läßt – auch die zu berechnenden Zeitfunktionen als Sinusfunktion anzusetzen.

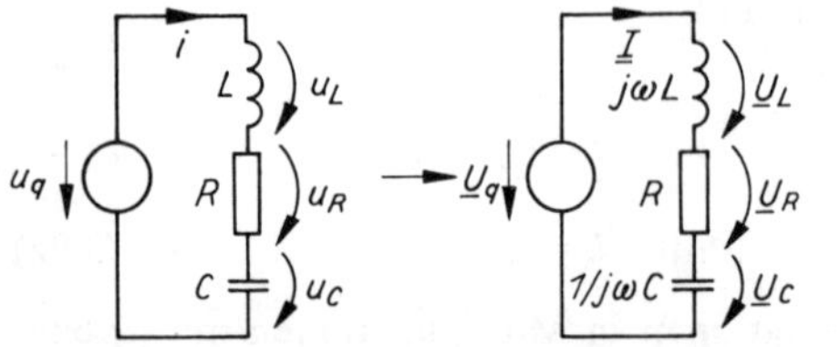

Bild 3.13
Reihenschwingkreis sowie seine komplexe Ersatzschaltung

Beispiel: Stromberechnung beim Reihenschwingkreis (Bild 3.13 a)

Für $u_q = \sqrt{2}\, U_q \cos(\omega t + \varphi_u)$ mit $U_q = 220$ V, $f = 50$ Hz, $\varphi_u = 0$, $R = 10\ \Omega$, $L = 4{,}5$ H, $C = 2\ \mu$F ist $i(t)$ zu ermitteln.

Lösung:

I. *Transformation in das Komplexe* (s. Bild 3.13 b)

II. *Rechnung im Komplexen*

Maschensatz

$$\underline{U}_L + \underline{U}_R + \underline{U}_C - \underline{U}_q = 0 \tag{3.109}$$

Einsetzen der *$\underline{I}$-$\underline{U}$-Relationen*

$$\mathrm{j}\omega L\underline{I} + R\underline{I} + \frac{1}{\mathrm{j}\omega C}\underline{I} = \underline{U}_q$$

Auflösen nach $\underline{I}$

$$\underline{I}(R + \mathrm{j}(\omega L - 1/\omega C)) = \underline{U}_q, \quad \underline{I} = \frac{\underline{U}_q}{R + \mathrm{j}(\omega L - 1/\omega C)}$$

Exponentialform

$$\underline{I} = \frac{U_q\, \mathrm{e}^{\mathrm{j}\varphi_u}}{\sqrt{R^2 + (\omega L - 1/\omega C)^2}\ \mathrm{e}^{\mathrm{j}\varphi}} \tag{3.110}$$

$$\varphi = \arctan \frac{\omega L - 1/\omega C}{R} \tag{3.111}$$

$$\underline{I} = I\,\mathrm{e}^{\mathrm{j}\varphi_i} = \frac{U_q}{\sqrt{R^2 + (\omega L - 1/\omega C)^2}}\ \mathrm{e}^{\mathrm{j}(\varphi_u - \varphi)} \tag{3.112}$$

Effektivwert

$$I = U_q / \sqrt{R^2 + (\omega L - 1/\omega C)^2} \tag{3.113}$$

Phasenwinkel

$$\varphi_i = \varphi_u - \varphi \tag{3.114}$$

Zahlenwerte

$$I = 1{,}24\ \mathrm{A}, \quad \varphi_i = -\varphi = 86{,}8°$$

III. *Rücktransformation*

$$i = \sqrt{2}\, I \cos(\omega t + \varphi_i) \quad \text{bzw.} \quad i = \sqrt{2}\ 1{,}24\ \mathrm{A} \cos(2\pi \cdot 50\ \mathrm{s}^{-1}\, t + 86{,}8°).$$

Aufgabe 3.3:*

Beweisen Sie folgende Aussage für *RLC*-Wechselstromkreise!

Falls $\underline{I}_\mu = I_\mu \, e^{j\varphi_{i\mu}}$ und $\underline{U}_\nu = U_\nu \, e^{j\varphi_{u\nu}}$ Lösungen des Gl.-Systems

$$\sum_\mu \underline{I}_\mu = 0, \qquad \sum_\nu \underline{U}_\nu = 0, \qquad \underline{U}_\nu = \underline{Z}_\nu \underline{I}_\mu \tag{3.115}$$

mit

$$\underline{Z}_\nu = R_\nu, \qquad \underline{Z}_\nu = j\omega L_\nu, \qquad \underline{Z}_\nu = 1/j\omega C_\nu$$

darstellen, dann sind Re $(\underline{I}_\mu \, e^{j\omega t})$ und Re $(\underline{U}_\nu \, e^{j\omega t})$ auch Lösungen des Gl.-Systems

$$\sum_\mu i_\mu = 0, \qquad \sum_\nu u_\nu = 0$$

mit

$$u_\nu = R_\nu i_\mu \qquad u_\nu = L_\nu \frac{di_\mu}{dt}, \quad u_\nu = \frac{1}{C_\nu} \int i_\mu \, dt.$$

Lösung:

Multipliziert man die Gln. (3.115) mit $e^{j\omega t}$ und berücksichtigt $j\omega = d/dt$ sowie $\int dt = 1/j\omega$, so folgt

$$\sum_\mu \underline{I}_\mu \, e^{j\omega t} = 0, \quad \sum_\nu \underline{U}_\nu \, e^{j\omega t} = 0,$$

$$\underline{U}_\nu \, e^{j\omega t} = R_\nu \underline{I}_\mu \, e^{j\omega t}, \quad \underline{U}_\nu \, e^{j\omega t} = L_\nu \frac{d}{dt} (\underline{I}_\mu \, e^{j\omega t}), \quad \underline{U}_\nu \, e^{j\omega t} = \frac{1}{C_\nu} \int dt \, \underline{I}_\mu \, e^{j\omega t}.$$

Zerlegung in Real- und Imaginärteil führt zu

$$e^{j\omega t} \sum_\mu [\mathrm{Re}\,(\underline{I}_\mu) + j\,\mathrm{Im}\,(\underline{I}_\mu)] = 0, \qquad e^{j\omega t} \sum_\nu [\mathrm{Re}\,(\underline{U}_\nu) + j\,\mathrm{Im}\,(\underline{U}_\nu)] = 0$$

$$e^{j\omega t} [\mathrm{Re}\,(\underline{U}_\nu) + j\,\mathrm{Im}\,(\underline{U}_\nu)] = L_\nu \frac{d}{dt} [\mathrm{Re}\,(\underline{I}_\mu)\, e^{j\omega t} + j\,\mathrm{Im}\,(\underline{I}_\mu)\, e^{j\omega t}] \quad \text{usw.}$$

Nach Gl. (3.82) können Differentiation bzw. Integration und Addition vertauscht werden. Beachtet man nun, daß bei komplexen Gln. jeweils die Real- sowie die Imaginärteile übereinstimmen, so entstehen für Re $(\underline{I}_\mu \, e^{j\omega t})$ und Re $(\underline{U}_\nu \, e^{j\omega t})$ dieselben Gln. wie für i und u, womit obige Behauptung bewiesen ist.

3.4.2.5. Netzwerkberechnung mit vereinfachten Methoden

Im Abschnitt 2. haben wir für die Berechnung von Netzwerken, die außer Quellen nur lineare Widerstände enthalten, eine Reihe vereinfachter Berechnungsverfahren kennengelernt, die auf der Linearität der Knoten- und Maschengln. sowie auf der Gleichung $u = Ri$ beruhen. Da bei komplexen *RLC*-Netzwerken die komplexe Strom-Spannungs-Beziehung $\underline{U} = \underline{Z}\,\underline{I}$ linear ist, liegt die Vermutung nahe, daß es möglich ist, diese vereinfachten Verfahren sinngemäß auf die komplexe Netzwerkberechnung zu übertragen, indem man anstelle der Widerstände die Widerstandsoperatoren einführt. Tatsächlich kann man das auch nachweisen, worauf hier aber verzichtet werden soll. In Analogie zu Abschnitt 2. sind folgende auf den Knoten- und Maschengln. beruhende Verfahren für eine effektive Netzwerkberechnung einsetzbar und in manchen Fällen auch effektiver als deren direkte Anwendung (s. auch Abschnitt A.2):

a) Ersatzwiderstand

$$\text{für eine Reihenschaltung} \quad \underline{Z} = \sum_\mu \underline{Z}_\mu \tag{3.116}$$

$$\text{für eine Parallelschaltung} \quad \frac{1}{\underline{Z}} = \sum_\mu \frac{1}{\underline{Z}_\mu}, \quad \text{speziell} \quad \underline{Z} = \frac{\underline{Z}_1 \underline{Z}_2}{\underline{Z}_1 + \underline{Z}_2} \tag{3.117}$$

b) Spannungsteilerregel

$$\frac{\underline{U}_1}{\underline{U}_2} = \frac{\underline{Z}_1}{\underline{Z}_2} \quad \text{bzw.} \quad \frac{\underline{U}_1}{\underline{U}} = \frac{\underline{Z}_1}{\underline{Z}_1 + \underline{Z}_2} \tag{3.118}$$

c) Stromteilerregel

$$\frac{\underline{I}_1}{\underline{I}_2}=\frac{\underline{Z}_2}{\underline{Z}_1}\quad \frac{\underline{I}_1}{\underline{I}}=\frac{\underline{Z}_2}{\underline{Z}_1+\underline{Z}_2} \tag{3.119}$$

d) Überlagerungssatz (jeweils für Quellen gleicher Frequenz)
e) Umrechnung von Spannungs- bzw. Stromquellen (mit von Null verschiedenen Innenwiderständen) sowie Zweipolersatzschaltungen mit komplexen Innenwiderständen
f) Stern-Dreieck-Umrechnung usw.

Beispiel 1: Scheinwiderstand einer RLC-Reihenschaltung

Lösung:

$$\underline{Z}=R+\mathrm{j}\omega L+1/\mathrm{j}\omega C=R+\mathrm{j}\,(\omega L-1/\omega C) \tag{3.120}$$

$$Z=\sqrt{R^2+(\omega L-1/\omega C)^2}\,. \tag{3.121}$$

Beispiel 2: Wirk- und Blindleitwert einer RLC-Parallelschaltung

Lösung:

Die Schaltung wird zunächst in das Komplexe transformiert (s. Bild 3.14). Die Addition der komplexen Leitwerte führt zu

$$\underline{Y}=\frac{1}{R}+\mathrm{j}\omega C+\frac{1}{\mathrm{j}\omega L}=\frac{1}{R}+\mathrm{j}\,(\omega C-1/\omega L)\,. \tag{3.122}$$

Aus $\underline{Y}=G_\mathrm{p}+\mathrm{j}B_\mathrm{p}$ folgt für den Wirkleitwert $G_\mathrm{p}=1/R$ und für den Blindleitwert $B_\mathrm{p}=\omega C-1/\omega L$.

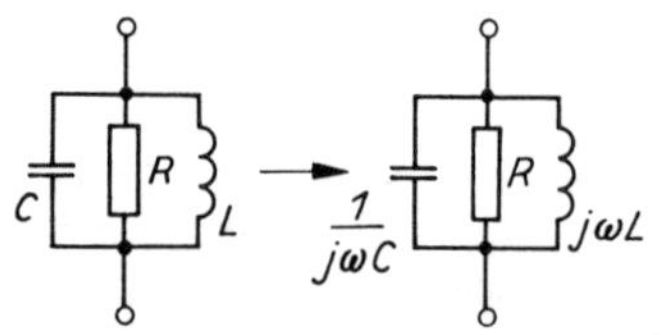

Bild 3.14
Parallelschwingkreis sowie seine komplexe Ersatzschaltung

Beispiel 3: $\underline{Z}$ für eine gemischte Reihen-/Parallelschaltung (Bild 3.15)

Der Effektivwert I soll mit Hilfe des Wechselstromwiderstandes des passiven Zweipols bestimmt werden.

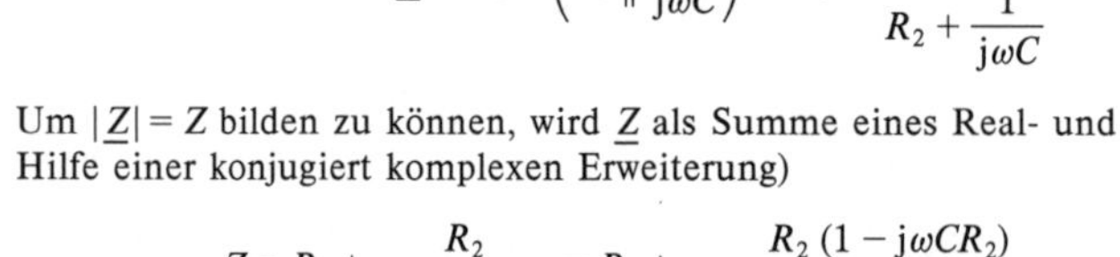

Bild 3.15
Gemischte Reihen-/Parallelschaltung sowie komplexe Ersatzschaltung

Lösung:

$$I=U/Z,\quad \underline{Z}=R_1+\left(R_2\,\Big\|\,\frac{1}{\mathrm{j}\omega C}\right)=R_1+\frac{R_2\cdot\dfrac{1}{\mathrm{j}\omega C}}{R_2+\dfrac{1}{\mathrm{j}\omega C}}\,. \tag{3.123}$$

Um $|\underline{Z}|=Z$ bilden zu können, wird $\underline{Z}$ als Summe eines Real- und eines Imaginärteiles dargestellt (mit Hilfe einer konjugiert komplexen Erweiterung)

$$\underline{Z}=R_1+\frac{R_2}{\mathrm{j}\omega CR_2+1}=R_1+\frac{R_2\,(1-\mathrm{j}\omega CR_2)}{(1+\mathrm{j}\omega CR_2)\,(1-\mathrm{j}\omega CR_2)} \tag{3.124}$$

$$\underline{Z}=R_1+\frac{R_2-\mathrm{j}\omega CR_2^2}{1+(\omega CR_2)^2}=\underbrace{R_1+\frac{R_2}{1+(\omega CR_2)^2}}_{\mathrm{Re}\,(\underline{Z})}+\mathrm{j}\underbrace{\frac{-\,\omega CR_2^2}{1+(\omega CR_2)^2}}_{\mathrm{Im}\,(\underline{Z})}$$

$$\underline{Z}=\sqrt{(\mathrm{Re}\,(\underline{Z}))^2+(\mathrm{Im}\,(\underline{Z}))^2}\,. \tag{3.125}$$

Beispiel 4: Spannungsteilung an einem RC-Hochpaß

Zu berechnen ist $u_a(t)$ am Ausgang der Schaltung im Bild 3.16a bei vorgegebenen $u_e(t) = \sqrt{2}\ U_e \cos(\omega t + \varphi_{ue})$. U_a/U_e sowie die Phasenwinkeldifferenz $\varphi_{ua} - \varphi_{ue}$ sind als Funktion der Kreisfrequenz darzustellen.

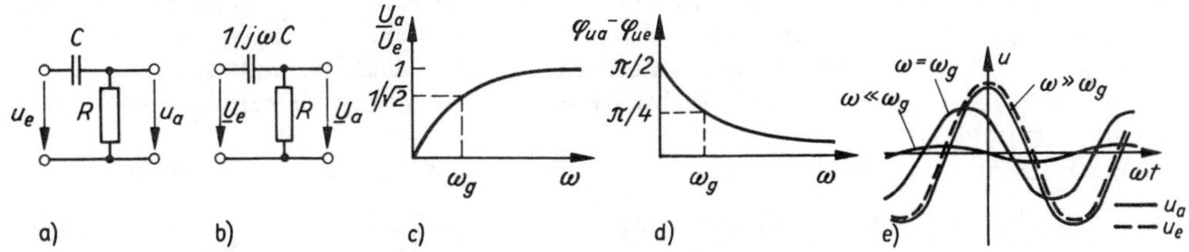

Bild 3.16. RC-Hochpaß

a) Schaltung; b) komplexe Ersatzschaltung; c) normierte Ausgangsspannung als Funktion der Frequenz; d) Phasenverschiebung zwischen Aus- und Eingangsspannung als Funktion der Frequenz; e) Ausgangsspannung als Funktion der Zeit für verschiedene Frequenzen

Lösung:

Die Transformation der Schaltung führt zu Bild 3.16b.

Spannungsteilerregel

$$\frac{\underline{U}_a}{\underline{U}_e} = \frac{R}{R + 1/j\omega C} = \frac{R}{R - j/\omega C} \tag{3.126}$$

Umwandlung in die Exponentialform

$$\underline{U}_a = \frac{R U_e \, e^{j(\varphi_{ue} - \varphi)}}{\sqrt{R^2 + (1/\omega C)^2}} \quad \text{mit} \quad \varphi = \arctan\left(-\frac{1}{\omega CR}\right) \tag{3.127}$$

Bestimmung von Betrag und Phasenwinkel

$$\underline{U}_a = U_a \, e^{j\varphi_{ua}} \quad \text{mit} \quad \frac{U_a}{U_e} = \frac{1}{\sqrt{1 + (1/\omega\tau)^2}}, \quad \tau = RC \quad \text{und} \quad \varphi_{ua} = \varphi_{ue} + \arctan 1/\omega\tau \tag{3.128}$$

Zeitfunktion

$$u_a = \sqrt{2}\ U_a \cos(\omega t + \varphi_{ue} + \arctan 1/\omega CR). \tag{3.129}$$

Diskussion des Frequenzverhaltens

ω	0	$1/RC$	∞
U_a/U_e	0	$1/\sqrt{2}$	1
$\varphi_{ua} - \varphi_{ue}$	$\pi/2$	$\pi/4$	0

Berechnet man noch weitere Werte, so entsteht die im Bild 3.16c dargestellte Kurve.

Erwartungsgemäß ist die Spannungsteilung frequenzabhängig. Für Gleichspannungen bzw. $\omega \to 0$ wirkt der Kondensator bekanntlich wie eine Leitungsunterbrechung, d. h., die Spannung am Ausgang ist Null. Mit wachsendem ω sinkt der Wechselstromwiderstand des Kondensators ab, und demnach nimmt der Anteil der Spannung über R an der Gesamtspannung zu. Für sehr hohe Frequenzen, genaugenommen für $\omega \to \infty$ kann der Kondensator durch einen Kurzschluß ersetzt werden. Die gesamte Eingangsspannung liegt auch am Ausgang an. Spannungen niedriger Frequenz werden also unterdrückt („gesiebt", „abgeblockt"), während Spannungen hoher Frequenz den Vierpol passieren. Deshalb nennt man Übertragungsglieder dieser Art auch Hochpässe. Eine Kenngröße zur Charakterisierung des Frequenzverhaltens ist die Grenzfrequenz ω_g. Die

$$\text{Definition der Grenzfrequenz} \quad \frac{U_a}{U_e}(\omega_g) \Big/ \left(\frac{U_a}{U_e}\right)_{max} = \frac{1}{\sqrt{2}} \approx 0{,}7 \tag{3.130}$$

führt beim *RC*-Hochpaß nach Gl. (3.128) zu

$$\omega_g = \frac{1}{\tau} \quad \text{mit} \quad \tau = RC \quad (\tau = \text{Zeitkonstante}). \tag{3.131}$$

Die Phasenverschiebung zwischen Aus- und Eingangsspannung ist für $\omega \ll \omega_g$ etwa $\pi/2$ und nähert sich für $\omega \gg \omega_g$ dem Wert Null (Bild 3.16d). Die Frequenzabhängigkeit von Amplitude und Phasenwinkel wird im Bild 3.16e noch einmal anhand des Zeitverlaufs der Spannung u_a für verschiedene Frequenzen verdeutlicht. Wegen $i = u_a/R$ ist $u_a(t)$ bis auf einen konstanten Faktor mit $i(t)$ identisch.

Abschließend sei erwähnt, daß anstelle der Spannungsteilerregel auch der Ansatz

$$\underline{U}_a = R\underline{I} \quad \text{mit} \quad \underline{I} = \underline{U}_e/(R + 1/\mathrm{j}\omega C) \tag{3.132}$$

Ausgangspunkt der Rechnung sein kann.

Experimentell kann man das Übertragungsverhalten dieses Vierpols z. B. dadurch untersuchen, daß man am Eingang einen sogenannten Sinusgenerator als Spannungsquelle anschließt und dessen Frequenz variiert („Frequenzwobbelung"). Ein- und Ausgangsspannung werden gleichzeitig auf einem Oszilloskop (Zweistrahloszilloskop, siehe Abschnitt 12.3.2.) beobachtet. Reicht die Meßgenauigkeit nicht aus, so werden für die Messung der Effektivwerte und Phasenwinkel spezielle Meßgeräte (Vektormeter) benutzt.

3.5. Zeigerbilder und Ortskurven

3.5.1. Grundregeln für Zeigerbilder

Die komplexen Größen $\underline{I}$, $\underline{U}$, $\underline{Z}$ und $\underline{Y}$ sind durch Real- und Imaginärteil bzw. Betrag und Phase charakterisiert und durch ruhende Zeiger darstellbar. Während bisher einzelne Zeiger, insbesondere für Grundschaltelemente (Bild 3.10) betrachtet wurden, steht nun die Konstruktion von Zeigerbildern für Schaltungen im Vordergrund. Zeigerbilder dienen vor allem zur Veranschaulichung, lassen sich aber auch zur Ableitung von Formeln und bei quantitativer Darstellung zum Ablesen von Zahlenwerten nutzen. Vor allem für umfangreiche Schaltungen sind die letzten beiden Verfahren allerdings meist nicht effektiv.

Folgende Regeln ergeben sich aus den bisherigen Ergebnissen für $\underline{Z}$- bzw. $\underline{Y}$-Zeigerbilder:

a) bei Reihenschaltungen Addition der $\underline{Z}_\mu$ (Maschengl.)
b) bei Parallelschaltungen Addition der $\underline{Y}_\mu$ (Knotengl.)

Für $\underline{I}$- bzw. $\underline{U}$-Zeigerbilder gilt:

a) bei Reihenschaltungen Addition der $\underline{U}_\mu$ (Maschengl.)
b) bei Parallelschaltungen Addition der $\underline{I}_\mu$ (Knotengl.)

Erläuterung: Bei Reihenschaltungen ist vom gemeinsamen Stromzeiger auszugehen. Danach werden die Teilspannungen $\underline{U}_\mu$ für die einzelnen Bauelemente konstruiert und anschließend vektoriell addiert.
Bei Parallelschaltungen geht man vom gemeinsamen Spannungszeiger aus, konstruiert die Zeiger der Teilströme und addiert sie dann zum Zeiger des Gesamtstromes.
Das Achsenkreuz kann in vielen Fällen weggelassen werden.

Beispiel 1: RC-Parallelschaltung (Bild 3.17a)

Das $\underline{Y}$-Zeigerbild entsteht aus $\underline{Y} = 1/R + \mathrm{j}\omega C$ (Bild 3.17b) und ist im Bild 3.17c dargestellt. Wie bereits im Abschnitt 1.7. erwähnt, kann der technische Kondensator nur in erster Näherung als idealer Kondensator modelliert werden. In zweiter Näherung muß zusätzlich ein Energieverlust durch einen Parallelwiderstand R modelliert werden, so daß die angegebene Schaltung z. B. auch als linearisierte Ersatzschaltung eines technischen Kondensators aufgefaßt werden kann. Den Winkel δ im angegebenen Zeigerbild bezeichnet man als Verlustwinkel des Kondensators. Darauf aufbauende Qualitätskriterien des technischen Kondensators sind:

$$\text{der Verlustfaktor} \quad \tan\delta = \frac{1}{\omega CR} = \frac{1}{\varrho} \quad (\varrho = \text{Güte}). \tag{3.133}$$

Als Zahlenbeispiel sei für einen Kunststoffolienkondensator von 1 nF

$$\tan\delta = 0{,}2 \cdot 10^{-3} \text{ (für 1 kHz)} \quad \text{und} \quad \tan\delta = 2 \cdot 10^{-3} \text{ (für 1 MHz)}$$

genannt. R sinkt also mit wachsender Frequenz beträchtlich. Das angegebene Ersatzschaltbild bezieht sich immer auf eine konstante Frequenz.

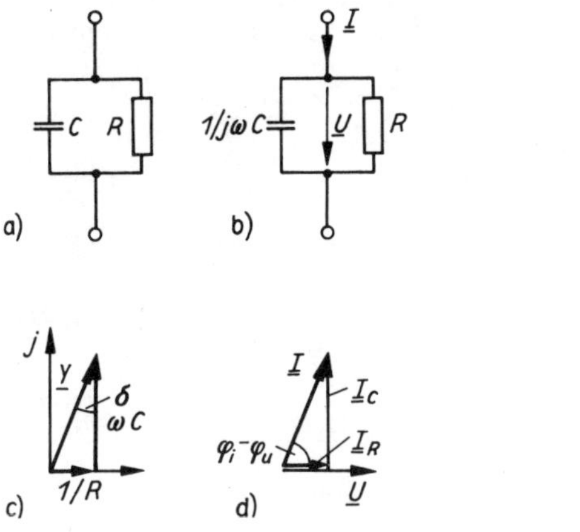

Bild 3.17

a) Ersatzschaltbild eines technischen Kondensators (zweite Näherung); b) komplexe Ersatzschaltung zu a); c) Zeigerbild in der komplexen Leitwertebene; d) $\underline{I}$-$\underline{U}$-Zeigerbild

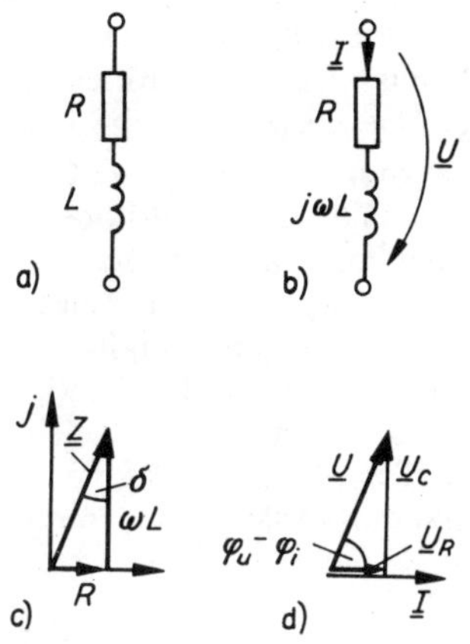

Bild 3.18

a) Ersatzschaltbild einer technischen Spule; b) komplexe Ersatzschaltung zu a); c) Zeigerbild in der komplexen Widerstandsebene; d) $\underline{I}$-$\underline{U}$-Zeigerbild

Bei der Konstruktion des $\underline{I}$-$\underline{U}$-Zeigerbildes (Bild 3.17d) für die Parallelschaltung wird zunächst $\underline{U}$ gezeichnet. $\underline{I}_R = \underline{U}_R/R$ ist in Phase zu $\underline{U}$. *Wegen* $\underline{I}_C = j\omega C\underline{U}$ eilt $\underline{I}_C$ dem Zeiger $\underline{U}$ *bzw.* $\underline{I}_R$ um $\pi/2$ vor. Die Zeigeraddition $\underline{I}_R + \underline{I}_C$ ergibt den Gesamtstrom $\underline{I}$. Mit Hilfe trigonometrischer Regeln können

$$\underline{I} = \sqrt{I_R^2 + I_C^2} = U\sqrt{\left(\frac{1}{R}\right)^2 + (\omega C)^2} \tag{3.134}$$

$$\tan(\varphi_i - \varphi_u) = \frac{I_C}{I_R} \quad \text{bzw.} \quad \varphi_i - \varphi_u = \arctan \omega CR \tag{3.135}$$

berechnet werden. Das gleiche Ergebnis folgt sofort aus dem Ansatz $\underline{I} = \underline{U}\,\underline{Y} = \underline{U}(1/R + j\omega C)$ durch Bildung von Betrag und Phase.

Beispiel 2: RL-Reihenschaltung (Bild 3.18a)

Eine RL-Reihenschaltung kann u. a. als zweite Näherung des Modells einer technischen Spule aufgefaßt werden. Der Zeiger $\underline{Z}$ folgt aus $\underline{Z} = R + j\omega L$ (Bild 3.18b, c). In Analogie zum technischen Kondensator definiert man:

$$\text{Verlustfaktor} \quad \tan\delta = \frac{R}{\omega L} = \frac{1}{\varrho} \quad (\varrho = \text{Güte}). \tag{3.136}$$

Auch bei Spulen steigt die Verlustleistung mit wachsendem ω, d. h., R nimmt zu.

Der Zahlenwert für die Güte liegt bei Spulen meist deutlich unter dem von Kondensatoren. Bild 3.18d zeigt das $\underline{I}$-$\underline{U}$-Zeigerbild.

3.5.2.* Inversion von Zeigern

Häufig erfordert die Konstruktion eines Zeigerbildes auch die Bildung des Reziprokwertes einer komplexen Größe, z. B. bei $\underline{Y} = 1/\underline{Z}$. Man nennt allgemein $\underline{C}$ zu $\underline{A}$ invers, wenn $\underline{C} = \underline{B}^2/\underline{A}$ erfüllt ist. $\underline{B}^2$ bezeichnet man als Inversionspotenz. Für den Spezialfall $\underline{B}^2 = 1$ gilt also:

$$\underline{C} = 1/\underline{A} \qquad (3.137)$$

Aus $C\,e^{j\gamma} = 1/A\,e^{j\alpha}$ folgt dann $\gamma = -\alpha$ und $C = 1/A$. Die Winkelbedingung bedeutet Spiegelung des Zeigers $\underline{A}$ an der reellen Achse. C kann ausgerechnet oder durch Spiegelung am sogenannten Inversionskreis K ermittelt werden. Anhand des Bildes 3.19 wird diese Konstruktion, auf deren Beweis verzichtet wird, erläutert:

1. Inversionskreis um den Nullpunkt (Radius $|\underline{B}|$, oft $B = 1$)
2. $\underline{A}$ spiegeln → $\underline{A}^*$ (konjugiert komplexe Größe)
3. a) Liegt $\underline{A}^*$ außerhalb des Inversionskreises (Bild 3.19 a)
   - Tangente vom Punkt $\underline{A}^*$ an K legen
   - Lot vom Tangierungspunkt auf Zeiger $\underline{A}^*$ fällen
   - Schnittpunkt mit Zeiger $\underline{A}^*$ ergibt Punkt $\underline{C}$.

   b) Liegt $\underline{A}^*$ im Inversionskreis (Bild 3.19 b)
   - Lot vom Zeiger $\underline{A}^*$ am Punkt $\underline{A}^*$ zeichnen
   - Tangente an Schnittpunkt des Lotes mit K legen
   - Schnittpunkt mit Verlängerung von $\underline{A}^*$ ergibt $\underline{C}$.

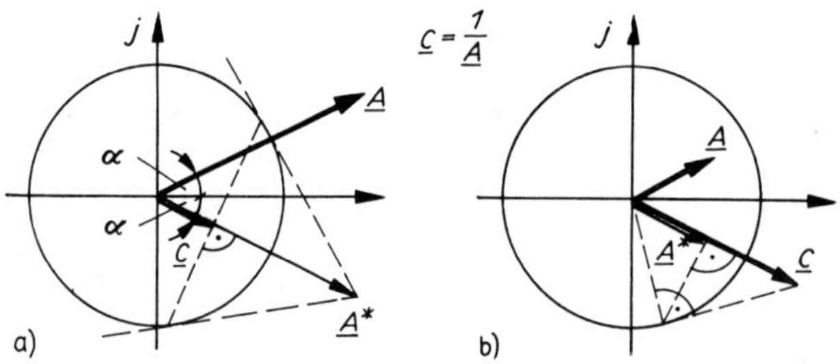

Bild 3.19. Inversion des Zeigers $\underline{A}$ mit Hilfe eines Inversionskreises
a) $\underline{A}$ liegt außerhalb des Inversionskreises; b) $\underline{A}$ liegt im Inversionskreis

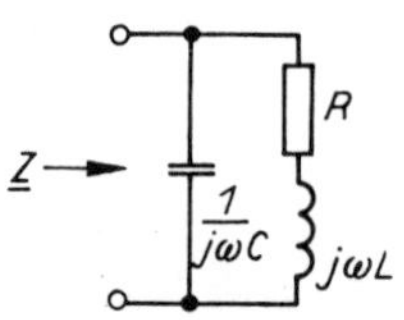

Bild 3.20. Gemischte Reihen-/Parallelschaltung

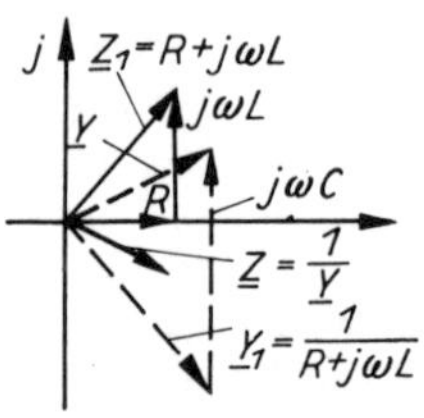

Bild 3.21. Konstruktion des Widerstandsoperators zur Schaltung im Bild 3.20

Beispiel zur Inversion $\underline{Z} = 1/\underline{Y}$ bzw. $\underline{Y} = 1/\underline{Z}$

Für die gemischte Reihen-/Parallelschaltung (im Bild 3.20) ist $\underline{Z}$ qualitativ zu konstruieren.

Lösung: (s. Bild 3.21)

a) Zeiger $\underline{Z}_1 = R + j\omega L$ in der $\underline{Z}$-Ebene konstruieren
b) Zeiger $\underline{Y}_1 = 1/\underline{Z}_1$ durch Inversion ermitteln
c) Zeiger $\underline{Y} = \underline{Y}_1 + j\omega C_2$ in der $\underline{Y}$-Ebene konstruieren
d) Zeiger $\underline{Z} = 1/\underline{Y}$ durch Inversion ermitteln.

Hinweis zur Maßstabwahl bei quantitativer Darstellung: Z-Maßstab festlegen, z. B. 1 cm ≙ 20 Ω. Radius des Inversionskreises festlegen, z. B. 2 cm ≙ 40 Ω bzw. 1/20 Ω = 50 mS, d. h. 1 cm ≙ 25 mS als Y-Maßstab.

3.5.3. Ortskurven und ihre Inversion

Als Ortskurve bezeichnet man die Darstellung einer komplexen Funktion, die von einer reellen Variablen abhängt, in der komplexen Ebene.

Beispiel: $\underline{Z}(\omega)$ und $\underline{H}(\omega)$ *für einen RC-Tiefpaß* (Bild 3.22 a)

Als erstes wird

$$\underline{Z}(\omega) = R + 1/\mathrm{j}\omega C = R - \mathrm{j}/\omega C \tag{3.138}$$

für eine Frequenz $\omega > 0$ konstruiert (Bild 3.21 b). Variiert man ω von 0 bis ∞, so entsteht die eingezeichnete Ortskurve, aus der $Z(\omega)$ und $\varphi(\omega)$ abgelesen werden können.

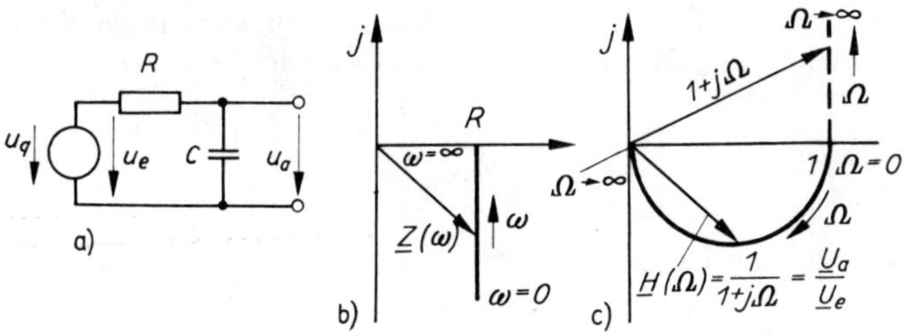

Bild 3.22. RC-Tiefpaß
a) Schaltung; b) Ortskurve des Widerstandsoperators $\underline{Z}$ als Funktion der Frequenz; c) Ortskurve der Übertragungsfunktion $\underline{H}$ als Funktion der normierten Frequenz

Als zweites Beispiel diskutieren wir die Übertragungsfunktion als Funktion der Frequenz ω bzw. der normierten Frequenz Ω

$$\underline{H}(\omega) = \frac{\underline{U}_a}{\underline{U}_e} = \frac{1/\mathrm{j}\omega C}{R + 1/\mathrm{j}\omega C} = \frac{1}{1 + \mathrm{j}\omega RC} = \frac{1}{1 + \mathrm{j}\Omega} \tag{3.139}$$

mit

$$\Omega = \omega RC = \omega\tau = \omega/\omega_g. \tag{3.140}$$

Zunächst stellen wir $1 + \mathrm{j}\Omega$ dar (Bild 3.22 c). Die Inversion einer Geraden, die nicht durch den Nullpunkt geht, ergibt – wie man zeigen kann – einen Kreis, der durch den Nullpunkt geht (und umgekehrt). Daraus kann die angegebene Ortskurve für $\underline{H}(\omega)$ abgeleitet werden. Hohe Frequenzen werden nicht übertragen ($\underline{H}(\omega) = 0$, für $\omega \to \infty$, also Tiefpaß).

Abschließend sei auf zwei weitere Inversionsgesetze hingewiesen:
- Die Inversion einer Geraden durch den Nullpunkt führt zu einer Geraden durch den Nullpunkt.
- Die Inversion eines Kreises, der nicht durch den Nullpunkt geht, ergibt wieder einen Kreis, der nicht durch den Nullpunkt geht.

Die Inversion beliebig geformter Ortskurven kann in jedem Fall punktweise vorgenommen werden.

3.6. Leistung und Arbeit

3.6.1. Grundlagen

Der *Momentanwert p* der in einem beliebigen Zweipol umgesetzten elektrischen Leistung ist nach Gl. (1.131) allgemein

$$p = ui.$$

Unter Voraussetzung gleicher Pfeilrichtung für u und i (Verbraucherpfeilsystem) nimmt der Zweipol für $p > 0$ elektrische Leistung auf und gibt für $p < 0$ elektrische Leistung ab.

Mit $u = \hat{U}\cos(\omega t + \varphi_u)$ und $i = \hat{I}\cos(\omega t + \varphi_i)$, d. h. für einen linearen Zweipol, der lineare passive Bauelemente sowie Spannungs- und Stromquellen bei Wechselstrom enthalten darf (Bild 3.23), folgt

$$p = \hat{U}\hat{I} \cos(\omega t + \varphi_u) \cos(\omega t + \varphi_i). \tag{3.141}$$

Mit

$$\cos\alpha \cos\beta = [\cos(\alpha - \beta) + \cos(\alpha + \beta)]/2$$

sowie

$$U = \hat{U}/\sqrt{2}, \quad I = \hat{I}/\sqrt{2}$$

läßt sich diese Beziehung in

$$p = UI \cos(\varphi_u - \varphi_i) + UI \cos(2\omega t + \varphi_u + \varphi_i) \tag{3.142}$$

umformen. p schwankt demnach mit der Frequenz 2ω um den zeitlich konstanten Wert $UI \cos(\varphi_u - \varphi_i)$. Dieser Term ist gleichzeitig der *arithmetische Mittelwert* der Leistung

$$\overline{p} = P = \frac{1}{T} \int_{t_0}^{t_0+T} p\,\mathrm{d}t = UI \cos\varphi \quad \text{mit} \quad \varphi = \varphi_u - \varphi_i. \tag{3.143}$$

Wählt man die φ-Skale symmetrisch zum Nullpunkt, d. h. $-\pi \leqq \varphi \leqq +\pi$, so stellt man fest:

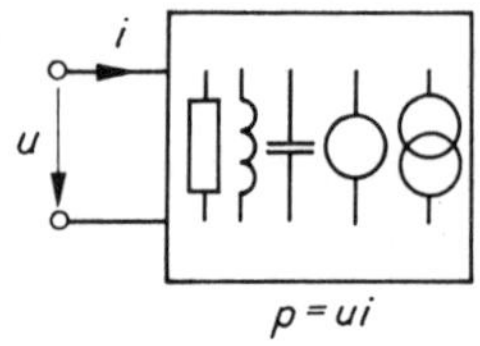

Bild 3.23
Zweipol (Verbraucherzählpfeilsystem)

Im Zeitmittel folgt

für $\overline{p} > 0$, d. h. $0 \leqq |\varphi| < \pi/2$, Aufnahme elektrischer Leistung
für $\overline{p} < 0$, *d. h.* $\pi/2 < |\varphi| \leqq \pi$, Abgabe elektrischer Leistung.

Für einen passiven *RLC*-Zweipol kommt nur der erste Fall in Frage (Bild 3.24), während bei einem *RLC*-Zweipol, der auch Quellen enthält, $\overline{p} > 0$ und $\overline{p} < 0$ möglich sind. Im Bild 3.25 sind vier Fälle dargestellt. a) ständige Leistungsabgabe durch eine Spannungsquelle, b) ständiger Leistungsverbrauch (modelliert durch einen Widerstand), c) Leistungspendelung bei einem idealen Energiespeicher (am Beispiel eines Kondensators), d) Leistungspendelung und -verbrauch (am Beispiel einer *RL*-Schaltung).

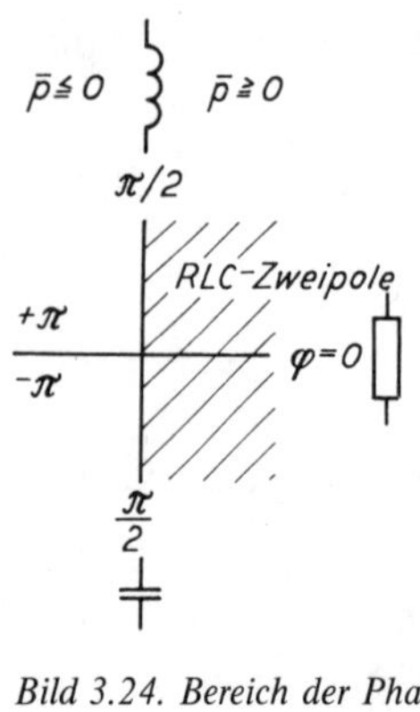

Bild 3.24. Bereich der Phasenverschiebung $\varphi = \varphi_u - \varphi_i$ *für einen RLC-Zweipol ohne Quellen*

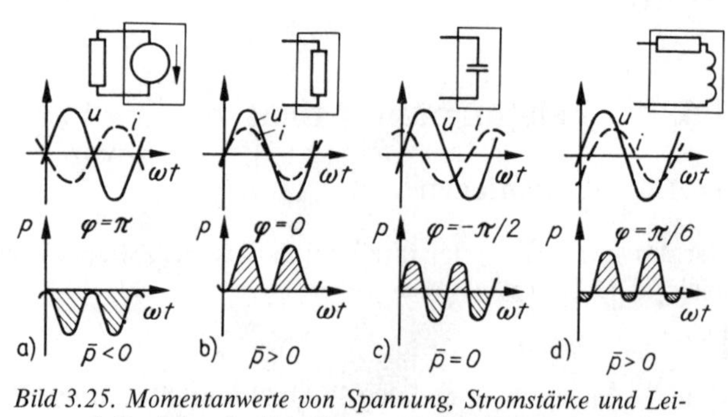

Bild 3.25. Momentanwerte von Spannung, Stromstärke und Leistung als Funktion der Zeit für verschiedene Phasenverschiebungen $\varphi = \varphi_u - \varphi_i$

Eine Umformung der Gl. (3.142) ergibt mit

$$2\omega t + \varphi_u + \varphi_i = 2(\omega t + \varphi_u) - \varphi$$

sowie

$$\cos(\alpha - \beta) = \cos\alpha\cos\beta + \sin\alpha\sin\beta \quad (3.144)$$

$$p = \underbrace{UI\cos\varphi\,[1 + \cos 2(\omega t + \varphi_u)]}_{p_1} + \underbrace{UI\sin\varphi\sin 2(\omega t + \varphi_u)}_{p_2}. \quad (3.145)$$

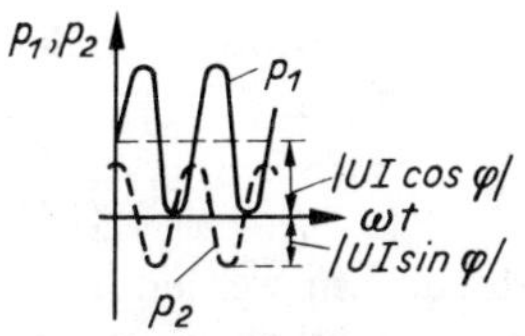

Bild 3.26. Zerlegung des Momentanwertes der Leistung $p(t)$ in die Anteile p_1 ($p_1 \geqq 0$) und p_2 ($\bar{p}_2 = 0$)

Der Leistungsanteil p_1 ändert sein Vorzeichen im Laufe der Zeit nicht (Bild 3.26). Im Gegensatz dazu schwankt p_2 mit der Amplitude $|UI\sin\varphi|$ um die Nullinie und verschwindet im Zeitmittel. p_1 stellt demnach den Leistungsanteil dar, der im Zweipol irreversibel in eine andere Energieform umgewandelt wird (für $p_1 > 0$), bzw. den Anteil elektrischer Energie, der im Zweipol aus einer anderen Energieform erzeugt wird (für $p_1 < 0$). Demgegenüber beschreibt p_2 die Energiependelung zwischen dem Zweipol und der an den Zweipol angeschlossenen Schaltung. Man nennt

$P = UI\cos\varphi$	Wirkleistung $[P] = W$	
$P_b = Q = UI\sin\varphi$	Blindleistung $[P_b] = \text{var}$ (VA-reaktiv)	(3.146)
$P_s = S = UI$	Scheinleistung $[P_s] = \text{VA}$	
$U = \hat{U}/\sqrt{2}$ $\quad I = \hat{I}/\sqrt{2}$	$\varphi = \varphi_u - \varphi_i$.	

Erläuterung. Die unterschiedlichen Maßeinheiten erweisen sich vor allem bei zahlenmäßigen Angaben als zweckmäßig. Die Wirkleistung P ist – wie schon erwähnt – der Mittelwert der umgesetzten Leistung. Wirkleistung in Widerständen wird in Wärme, in Motoren in mechanische Energie und Wärme, in Glühlampen in Wärme und Licht, in Antennen in elektromagnetische Strahlung, in Lautsprechern in Wärme und Schallenergie umgesetzt usw. Als Ersatzschaltung für Wirkleistung wählt man den Widerstand, wobei der Ansatz $R = \text{konst.}$ vielfach nur eine Näherung darstellt (R hängt meist vom Betriebszustand ab).

Der Betrag $|P_b|$ der Blindleistung ist gleich der Amplitude, d. h. dem Maximalwert, des hin- und herpendelnden Leistungsanteils (bei L Auf- und Abbau des magnetischen Feldes, bei C Auf- und Abbau des elektrischen Feldes). Für überwiegend induktive Verbraucher ist $0 < \varphi \leqq \pi/2$ und damit $P_b > 0$. Für überwiegend kapazitive Verbraucher gilt wegen $-\pi/2 \leqq \varphi < 0$ $\quad P_b < 0$.

Die Scheinleistung, d. h. das Produkt der Effektivwerte von Spannung und Strom, ist eine reine Rechengröße. Man definiert als

$$\text{Leistungsfaktor } \frac{P}{P_s} = \cos\varphi, \quad \text{Blindfaktor } \frac{P_b}{P_s} = \sin\varphi. \quad (3.147)$$

Es gilt

$$P^2 + P_b^2 = (UI)^2(\cos^2\varphi + \sin^2\varphi) = P_s^2$$

bzw.

$$P_s = \sqrt{P^2 + P_b^2}. \quad (3.148)$$

Diese Beziehung kann man im Leistungsdreieck (Bild 3.27) veranschaulichen.

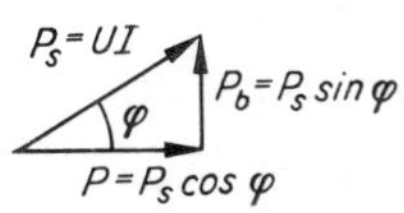

Bild 3.27 Leistungsdreieck

Hinweis:* Eine mögliche Art der Leistungsberechnung geht von der Rechengröße „komplexe Leistung" $\underline{P}_s$ aus:

$$\underline{P}_s = \underline{U}\underline{I}^* = UI\,e^{j(\varphi_u - \varphi_i)} = UI\cos(\varphi_u - \varphi_i) + jUI\sin(\varphi_u - \varphi_i)$$

$$\underline{P}_s = P + jP_b, \quad P = \mathrm{Re}\,(\underline{P}_s), \quad P_b = \mathrm{Im}\,(\underline{P}_s). \tag{3.149}$$

Durch Integration über die Wirkleistung erhält man die

$$\text{Wirkarbeit} \quad W = P\,\Delta t = UI\cos\varphi\,\Delta t \tag{3.150}$$

im Zeitraum Δt. Dabei wird $\Delta t = nT$ ($n = 1, 2, 3, \ldots$) bzw. $\Delta t \gg T$ vorausgesetzt. Außerdem definiert man als

$$\text{Blindarbeit} \quad W_b = P_b\,\Delta t. \tag{3.151}$$

Zähler für die Wirkarbeit geben W meist in kWh an. Bei Großverbrauchern werden auch Blindarbeitszähler (kvarh-Zähler) verwendet, aus deren Drehrichtung ersichtlich ist, ob es sich um induktive oder kapazitive Blindleistung handelt.

3.6.2. Leistung bei *R, L* und *C*

Für die Grundschaltelemente erhält man aus den Gln. (3.146) folgende Übersicht:

	Widerstand	Induktivität	Kapazität
$\underline{Z}$	R	$j\omega L$	$1/j\omega C$
U	RI	ωLI	$I/\omega C$
$\varphi = \varphi_u - \varphi_i$	0	$\pi/2$	$-\pi/2$
$P = UI\cos\varphi$	UI	0	0
$P_b = UI\sin\varphi$	0	UI	$-UI$
$P_s = UI$	UI	UI	UI
UI	$RI^2 = U^2/R$	$\omega LI^2 = U^2/\omega L$	$I^2/\omega C = \omega CU^2$

(3.152)

Wirkleistung wird demnach nur in Widerständen (Wirkschaltelemente) umgesetzt und Blindleistung nur in Induktivitäten und Kapazitäten (Blindschaltelemente). Folgende Aussage *(Satz von Tellegen)* sei ohne Beweis angegeben:

Die Gesamtwirkleistung in einem passiven RLC-Netzwerk ist gleich der Summe der in den einzelnen Wirkschaltelementen verbrauchten Wirkleistung, und die Gesamtblindleistung ist gleich der Summe der Einzelblindleistungen. Anders ausgedrückt: Die Blindleistung ist gleich dem Mittelwert der Differenz der in den Induktivitäten und Kapazitäten gespeicherten magnetischen und elektrischen Energie dividiert durch die Periodendauer T.

3.6.3. Wirk- und Blindspannungen bzw. -ströme

Man nennt

$$I_w = I\cos\varphi \ \textit{Wirkstrom}, \qquad I_b = -I\sin\varphi \ \textit{Blindstrom} \tag{3.153}$$

$$U_w = U\cos\varphi \ \textit{Wirkspannung}, \qquad U_b = U\sin\varphi \ \textit{Blindspannung}. \tag{3.154}$$

Es gilt demnach

$$I = \sqrt{I_w^2 + I_b^2} \qquad U = \sqrt{U_w^2 + U_b^2}\,. \tag{3.155}$$

Für die Leistung folgt

$$P = UI\cos\varphi = U_w I = UI_w, \qquad P_b = UI\sin\varphi = U_b I = -UI_b. \tag{3.156}$$

Das Zeigerbild 3.28a entsteht, wenn man den Stromzeiger $\underline{I}$ in einen Zeiger in Phase zu $\underline{U}$

und einen dazu senkrechten zerlegt, während Bild 3.28b die Zerlegung des Spannungszeigers veranschaulicht. Bei der Reihenersatzschaltung eines passiven *RLC*-Zweipols, beschrieben durch $\underline{Z} = R_r + jX_r$, sind U_w bzw. U_b R_r bzw. X_r zuzuordnen (Bild 3.29a). Bei einer Parallelersatzschaltung $\underline{Y} = G_p + jB_p$ können I_w bzw. I_b dem Wirk- bzw. Blindleitwert G_p bzw. B_p zugeordnet werden (Bild 3.29b). Mit den Gln. (3.105/106), d. h. $R_r = Z \cos \varphi$, $X_r = Z \sin \varphi$ sowie $G_p = \cos \varphi / Z$, $B_p = -\sin \varphi / Z$ und $I = U/Z$ sind folgende Umformungen für die Leistungen möglich

$$P = UI \cos \varphi = I^2 R_r = U^2 G_p \tag{3.157}$$

$$P_b = UI \sin \varphi = I^2 X_r = -U^2 B_p \tag{3.158}$$

$$P_s = UI = I^2 Z = U^2/Z. \tag{3.159}$$

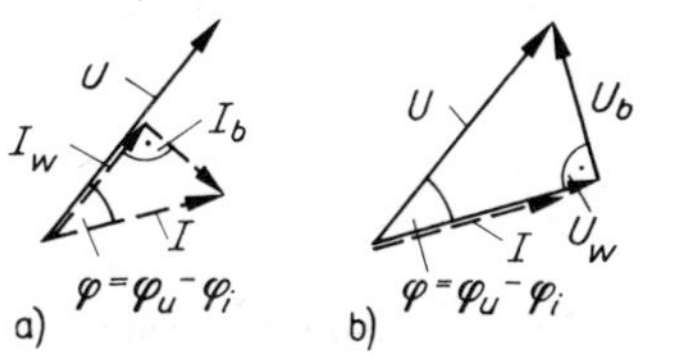

Bild 3.28
a) Zerlegung des Stromzeigers in Wirk- und Blindstrom; b) Zerlegung des Spannungszeigers in Wirk- und Blindspannung

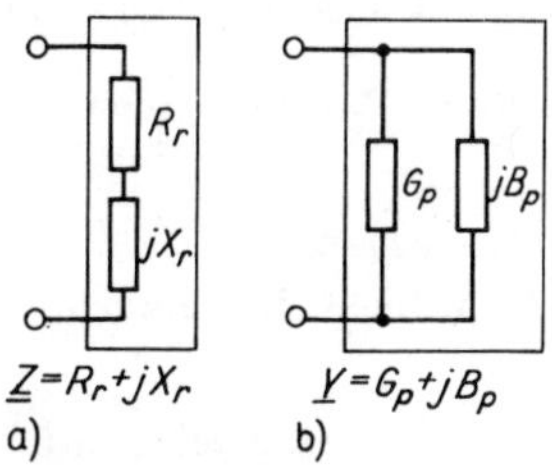

Bild 3.29. Reihenersatzschaltbild (a) und Parallelersatzschaltbild (b) eines RLC-Zweipols (Hinweis: die Ersatzschaltelemente R_r, G_p sowie die Ersatzinduktivitäten bzw. -kapazitäten können frequenzabhängig sein)

Für Induktivitäten ist beispielsweise wegen $\underline{Z} = j\omega L$

$$R_r = 0, \quad X_r = \omega L, \quad G_p = 0, \quad B_p = -1/\omega L$$

und für Kondensatoren gilt wegen $\underline{Z} = 1/j\omega C$

$$R_r = 0, \quad X_r = -1/\omega C, \quad G_p = 0, \quad B_p = \omega C.$$

Beispiel 1: Leistungsberechnung

An einem Wechselstrommotor (220 V/50 Hz) mit einem Leistungsfaktor $\cos \varphi = 0{,}8$ (induktiv, d. h. $\varphi > 0$) wird $I = 2$ A gemessen. Die Wirk-, Blind- und Scheinleistung sind zu ermitteln. Außerdem sind eine Reihenersatzschaltung anzugeben und der Satz von *Tellegen* zu überprüfen.

Lösung:

$P = UI \cos \varphi = 220\ \text{V} \cdot 2\ \text{A} \cdot 0{,}8 = 352\ \text{W}$, $P_s = 440\ \text{VA}$,

$P_b = \sqrt{P_s^2 - P^2} = \sqrt{(440\ \text{VA})^2 - (352\ \text{VA})^2} = 264\ \text{var}$.

Hinweis: Für $\varphi < 0$ wäre $P_b = -\sqrt{P_s^2 - P^2}$.
Ersatzschaltung: Reihenschaltung von Widerstand R_r und Induktivität L, Scheinwiderstand $Z = U/I = 110\ \Omega$

$$R_r = Z \cos \varphi = 88\ \Omega, \quad X_r = Z \sin \varphi = 110\ \Omega \sin 36{,}87° = 66\ \Omega, \quad X_r = \omega L_r,$$

$$L_r = 68\ \Omega / 314\ \text{s}^{-1} = 0{,}21\ \text{H}, \quad I^2 R_r = 352\ \text{W} = P, \quad I^2 \omega L = 264\ \text{var} = P_s.$$

Beispiel 2: Blindleistungskompensation

In der elektrischen Energietechnik bemüht man sich um einen Leistungsfaktor nahe 1. Vor allem für Großverbraucher elektrischer Energie erweist sich dabei u. a. die Kompensation der Blindleistung durch Zuschaltung eines kapazitiven Zweipols bei induktivem Verbraucher bzw. eines induktiven bei kapazitivem Verbraucher als vorteilhaft. Bild 3.30 zeigt das Ersatzschaltbild eines induktiven Verbrauchers (z. B. Motor oder Leuchtstofflampe) dessen Blindleistung im gewählten Beispiel durch Parallelschaltung eines Kondensators (oder einer Kondensatorbatterie) der Kapazität C kompensiert werden soll. C ist zu berechnen.

Lösung:

Wegen $P_b = UI \sin \varphi = 0$ kann man φ berechnen und Null setzen, z. B. indem man von $\underline{Y} = Y e^{+j\varphi} = j\omega C + 1/(R + j\omega L)$ ausgeht und wegen $\tan(-\varphi) = \operatorname{Im}(\underline{Y})/\operatorname{Re}(\underline{Y}) = 0$ den Imaginärteil von $\underline{Y}$ *bestimmt und Null setzt. Ein anderer Lösungsweg geht von* $P_b = P_{bC} + P_{bL} = 0$ aus. Aus $P_{bC} = -UI_C = -\omega CU^2$ und $P_{bL} = UI_L = \omega L I_L^2$ sowie $I_L = U/\sqrt{R^2 + (\omega L)^2}$ ergibt sich

$$-\omega CU^2 + \frac{\omega LU^2}{R^2 + (\omega L)^2} = 0 \quad \text{bzw.} \quad C = \frac{L}{R^2 + (\omega L)^2}. \tag{3.160}$$

Bei der kompensierten Schaltung pendelt die in L gespeicherte Energie dann nicht mehr zwischen L und dem Versorgungsnetz (bzw. Generator), sondern zwischen L und C.

Vorteile der Blindleistungskompensation

- Entlastung der Kraftwerke und Netze von Blindleistung, bei gleicher Generatorbelastung mehr Wirkleistung möglich,
- kleinerer Strom durch die Zuleitungen und demnach Energieeinsparung und niedrigere Leiterquerschnitte möglich.

Nachteile der Blindleistungskompensation

- Investitionsaufwand (aber meist rasche Amortisation durch entsprechende Tarifgestaltung),
- höherer Raumbedarf.

Hinweis: Außer den passiven Energiespeichern C und L werden auch rotierende elektrische Maschinen (Synchronmaschinen, s. Abschn. 11.3.7.), mit entsprechenden Phasenverschiebungen zwischen i und u für die Blindleistungskompensation genutzt.

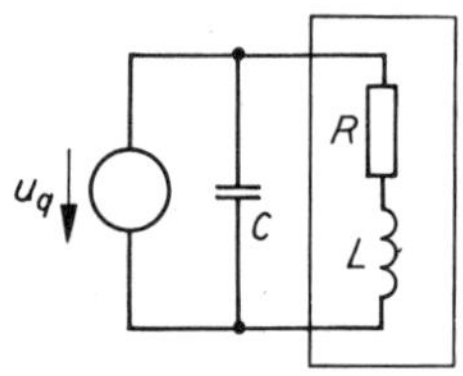

Bild 3.30. Blindleistungskompensation eines induktiven Großverbrauchers (Transformatoren bzw. Elektromotoren) durch einen Kondensator

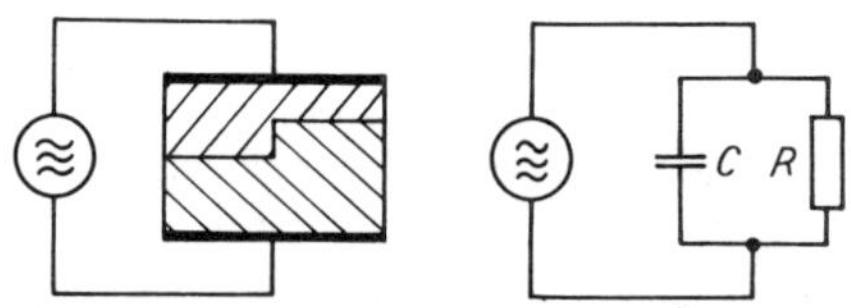

Bild 3.31. Dielektrische Erwärmung

a) Prinzip der Erwärmung eines dielektrischen Materials durch ein Hochfrequenzfeld zwischen Kondensatorplatten; b) Ersatzschaltbild zu a)

Aufgabe 3.4.: Dielektrische Erwärmung

Mit einem HF-Generator ($U = 1$ kV, $f = 27{,}12$ MHz) sollen Teile aus Buchenholz (Verlustfaktor $\tan \delta = 0{,}4$) verleimt werden. Die Kapazität der Anordnung beträgt $C = 200$ pF. Zu berechnen ist die Leistung, die im Holz in Wärme umgesetzt wird.

Lösung: (s. auch Bild 3.31)

Die Wirkleistung ist $P = U^2/R$. Wegen Gl. (3.133), d. h., $\tan \delta = 1/(\omega CR)$, folgt daraus $P = \omega CU^2 \tan \delta$ und damit

$$P = 2\pi \cdot 27{,}12 \cdot 10^6 \text{ s}^{-1} \cdot 200 \cdot 10^{-12} \text{ F} \cdot 10^6 \text{ V}^2 \cdot 0{,}4 = 16{,}3 \text{ kW}.$$

Hinweis: Ein Vorteil der dielektrischen Erwärmung besteht in der Wärmeerzeugung direkt im Heizobjekt (schneller und relativ verlustloser Heizprozeß, der gut steuerbar ist).

3.7. Spezielle Wechselstromschaltungen

3.7.1. Schaltungen mit Tief- bzw. Hochpaßverhalten

Tiefpaß. Nachdem bereits ein *RC*-Hochpaß (Abschn. 3.4.2.5.) sowie ein *RC*-Tiefpaß (Abschn. 3.5.3.) beschrieben wurde, soll nun ein *RL*-Tiefpaß analysiert werden. Einen Tiefpaß können nur tiefe Frequenzen passieren. Demnach muß die Induktivität, deren Wechselstromwiderstand proportional zu ω wächst, den Längszweig bilden (Bild 3.32.a). Die *Übertragungsfunktion* $\underline{H}(\omega) = \underline{U}_a/\underline{U}_e$ kann z. B. in folgender Weise abgeleitet werden:

$$\underline{U}_a = R\underline{I} = R\underline{U}_e/(R + j\omega L) = \underline{U}_e/(1 + j\omega L/R) \quad (3.161)$$

$$\underline{H}(\omega) = \frac{\underline{U}_a}{\underline{U}_e} = \frac{e^{-j\arctan \omega L/R}}{\sqrt{1 + (\omega L/R)^2}} = \frac{U_a}{U_e}\, e^{j(\varphi_{ua} - \varphi_{ue})}. \quad (3.162)$$

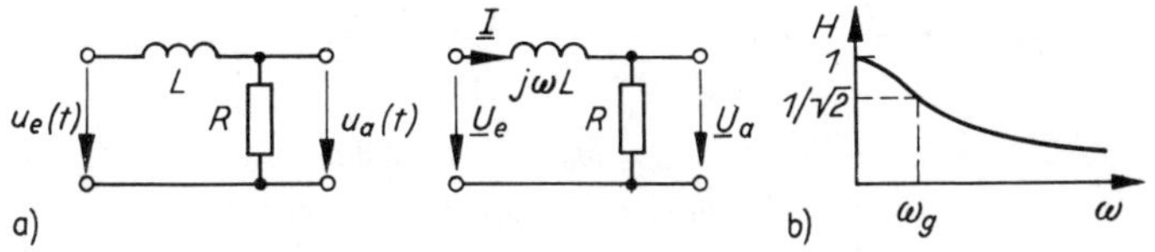

Bild 3.32
RL-Tiefpaß
a) Schaltung sowie komplexe Ersatzschaltung;
b) Amplitudengang

Aus Bild 3.32b ist das Absinken der Ausgangsspannung $U_a = HU_e$ bei hohen Frequenzen ersichtlich. Die Grenzfrequenz ω_g ist nach Gl. (3.130) aus $H(\omega_g)/H_{max} = 1/\sqrt{2}$ zu berechnen. Ihren Kehrwert nennt man auch Zeitkonstante τ. Mit Gl. (3.162) ist also die

$$\text{Grenzfrequenz} \quad \omega_g = \frac{R}{L} = \frac{1}{\tau} \quad (\tau = \text{Zeitkonstante}). \quad (3.163)$$

Führt man die normierte Frequenz $\Omega = \omega/\omega_g$ ein, so entsteht $\underline{H} = 1/(1 + j\Omega)$ bzw.

$$H(\omega) = \frac{U_a}{U_e} = \frac{1}{\sqrt{1 + \Omega^2}} \qquad \varphi_{ua} - \varphi_{ue} = -\arctan \Omega. \quad (3.164)$$

Das gleiche Ergebnis, allerdings mit $\omega_g = 1/RC$ hatte sich für den *RC-Tiefpaß* ergeben. Häufig werden *H(ω)* und $\varphi_{ua} - \varphi_{ue}$ logarithmisch dargestellt. Dadurch kann ein großer Frequenzbereich erfaßt werden und außerdem entstehen teilweise Geraden.

Logarithmischer Frequenzgang (Bild 3.33a), auch Bode-Diagramm genannt:

$$\lg H = \lg 1 - \lg \sqrt{1 + \Omega^2} = -\lg \sqrt{1 + \Omega^2} \quad (3.165)$$

oder auch unter Verwendung des Dezibel (dB) (s. auch Anhang 1.5.2)

$$H = -20 \lg \sqrt{1 + \Omega^2}\ \text{dB}. \quad (3.166)$$

Für $\Omega \ll 1$ kann $H \approx 0$ dB und für $\Omega \gg 1$ kann $H = -20 \lg \sqrt{\Omega^2}$ dB $= -20 \lg \Omega$ dB approximiert werden (Bild 3.33a). Demnach fällt H als Gerade mit etwa -20 dB/Dekade (Dekade: Verzehnfachung der Frequenz, d. h. $\omega \ldots 10\omega$) oder auch -6 dB/Oktave (Oktave: Verdoppelung der Frequenz, d. h. $\omega \ldots 2\omega$). Bei $\omega = \omega_g$ schneiden sich die beiden genannten Geraden. Außerdem ist für $\Omega = 1$ $H = -20$ dB $\lg \sqrt{2} \approx -3$ dB. Aus diesem Grund bezeichnet man die Grenzfrequenz ω_g auch als Knick- oder 3-dB-Frequenz.

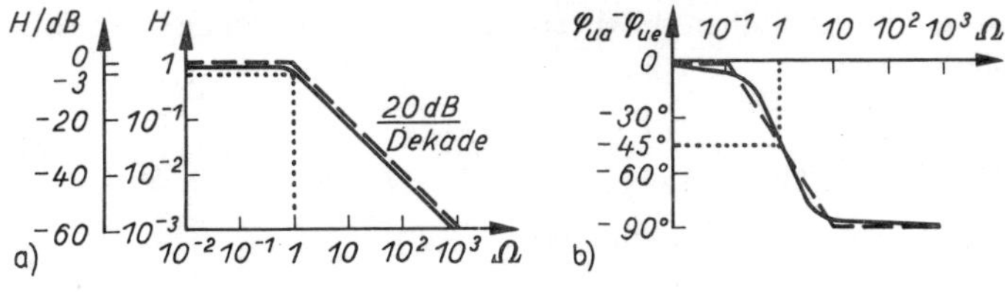

Bild 3.33. Übertragungsverhalten eines RC- oder RL-Tiefpasses erster Ordnung
a) logarithmischer Amplitudengang; b) logarithmischer Phasengang

Logarithmischer Phasengang $\varphi = \varphi_{ua} - \varphi_{ue} = f(\lg \Omega)$ (Bild 3.33 b):

Überblick. Die einfachsten Tief- und Hochpaßschaltungen sind im Bild 3.34 zusammengestellt. Einen Vergleich mit Bandpässen und -sperren (s. Abschn. 3.7.2.) gibt Bild 3.35.

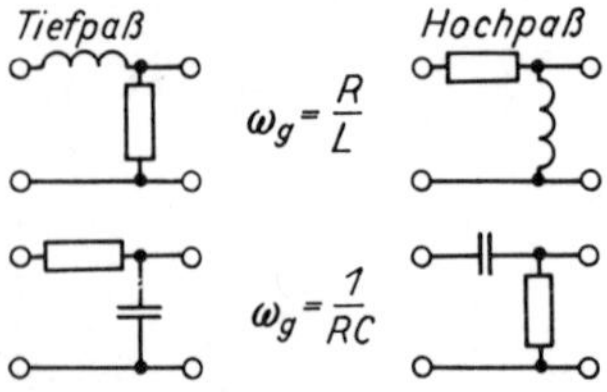

Bild 3.34. Hoch- und Tiefpässe erster Ordnung

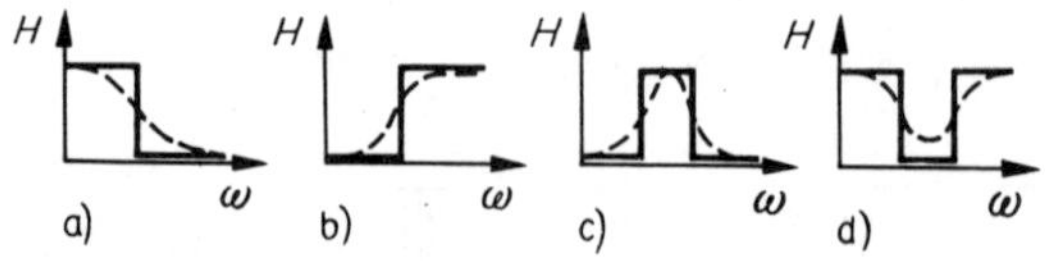

Bild 3.35. Reale (-) und ideale (---) Amplitudengänge

a) Tiefpaß; b) Hochpaß; c) Bandpaß; d) Bandsperre

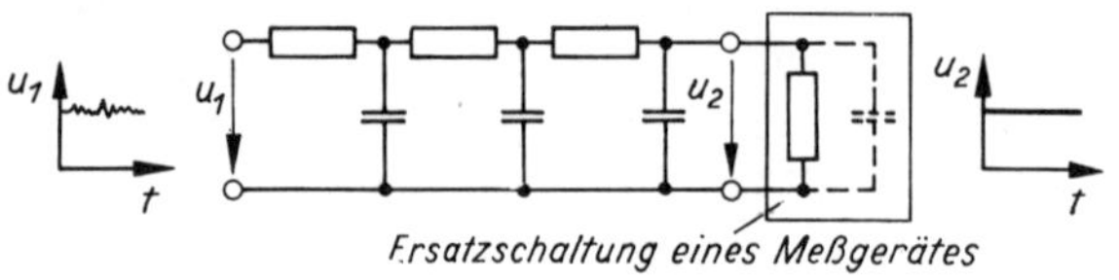

Bild 3.36. RC-Abzweigschaltung als Tiefpaß zum Schutz eines Meßgerätes vor hochfrequenten Störspannungen (für Meßgerät ist Ersatzschaltung mit einer parasitären Kapazität angegeben)

Durch größeren Bauelementeeinsatz lassen sich die Übergänge zwischen Sperr- und Durchlaßbereich noch steiler ausprägen. Als Beispiel sei die *RC*-Abzweigschaltung mit Tiefpaßcharakter im Bild 3.36 genannt. Sie schützt das Meßgerät vor hochfrequenten Störspannungen („Kurzschluß“ durch die Kondensatoren).

Aufgabe 3.5:

Ein möglichst einfacher *RC*-Vierpol ist zu entwerfen, der folgenden Anforderungen genügt:

a) Tiefpaßverhalten,

b) $U_a/U_e = 0{,}5$ für $\omega = 0$ (Gleichspannung).

Lösung:

Forderung b) führt zu einem ohmschen Spannungsteiler mit $R_1 = R_2$ und Forderung a) zur Parallelschaltung von C zu R_2, über dem die Ausgangsspannung u_a abgenommen wird. Eine Schaltungsberechnung erfolgt zweckmäßigerweise mit der Spannungsteilerregel

$$\frac{\underline{U}_a}{\underline{U}_e} = \frac{\underline{Z}_2}{\underline{Z}_1 + \underline{Z}_2} \quad \text{mit} \quad Z_1 = R_1 \quad \text{und} \quad \underline{Z}_2 = \frac{R_2 \dfrac{1}{\mathrm{j}\omega C}}{R_2 + \dfrac{1}{\mathrm{j}\omega C}}.$$

3.7.2. Resonanzkreise (Bandpässe bzw. -sperren)

Im folgenden werden zunächst ein reiner Reihen- sowie ein reiner Parallelresonanzkreis (Bilder 3.37/3.38) gegenübergestellt.

Reihenschwingkreis

Maschengl.: $\underline{U} = \underline{U}_R + \underline{U}_L + \underline{U}_C$

Komplexer Widerstand:

$$\underline{Z} = R + \mathrm{j}\left(\omega L - \frac{1}{\omega C}\right)$$

Parallelschwingkreis

Knotengl.: $\underline{I} = \underline{I}_R + \underline{I}_L + \underline{I}_C$

Komplexer Leitwert:

$$\underline{Y} = \frac{1}{R} + \mathrm{j}\left(\omega C - \frac{1}{\omega L}\right)$$

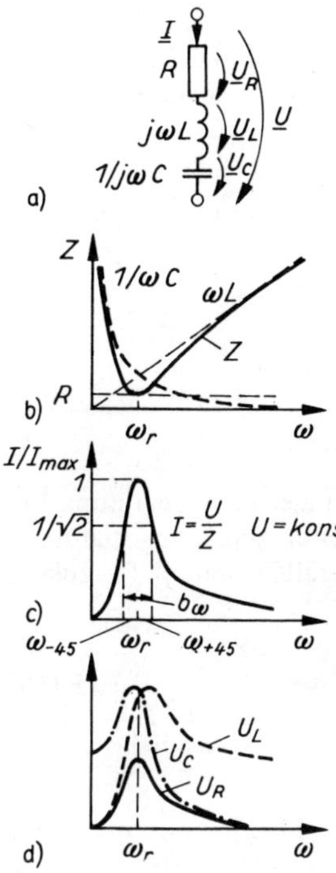

Bild 3.37. Reihenresonanzkreis

a) Schaltung (im Komplexen); b) Scheinwiderstand als Funktion der Kreisfrequenz; c) Effektivwert des Stromes als Funktion der Kreisfrequenz; d) Teilspannungen als Funktion der Kreisfrequenz

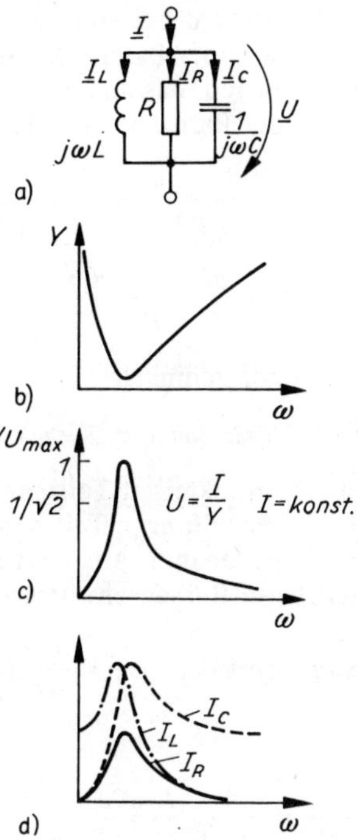

Bild 3.38. Parallelresonanzkreis

a) Schaltung (im Komplexen); b) Scheinleitwert als Funktion der Kreisfrequenz; c) Effektivwert der Spannung als Funktion der Kreisfrequenz; d) Teilströme als Funktion der Kreisfrequenz

$Z = \sqrt{R^2 + (\omega L - 1/\omega C)^2} = U/I$ (Bild 3.37 b)

$Y = \sqrt{1/R^2 + (\omega C - 1/\omega L)^2} = I/U$ (Bild 3.38 b)

Definition der reellen Frequenz (Resonanzfrequenz) ω_r:

$\mathrm{Im}\,(\underline{Z}\,(\omega_r)) = 0$ $\qquad$ $\mathrm{Im}\,(\underline{Y}\,(\omega_r)) = 0$ (3.167)

$\omega L - 1/\omega C = 0$ $\qquad$ $\omega C - 1/\omega L = 0$

Thomsonsche Formel $\omega_r = \dfrac{1}{\sqrt{LC}}$ (3.168)

Minimalwert $Z = Z(\omega_r) = R$

$U(\omega) = Z(\omega)\; I \sim Z(\omega)$ für $I =$ konst. (Bild 3.37 b)

$I(\omega) = \dfrac{U}{Z(\omega)} \sim \dfrac{1}{Z(\omega)}$ für $U =$ konst. (Bild 3.37 c)

Maximalwert $I_{max} = U/Z_{min} = U/R$

bei $\omega = \omega_r$ (Spannungsresonanz)

Minimalwert $Y = Y(\omega_r) = 1/R$

$I(\omega) = Y(\omega)\; U \sim Y(\omega)$ für $U =$ konst. (Bild 3.38 b)

$U(\omega) = \dfrac{I}{Y(\omega)} \sim \dfrac{1}{Y(\omega)}$ für $I =$ konst. (Bild 3.38 c)

Maximalwert $U_{max} = I/Y_{min} = IR$

bei $\omega = \omega_r$ *(Stromresonanz).*

Am Beispiel des Reihenschwingkreises werden diese Aussagen vertieft. Bei der Resonanzfrequenz ω_r tritt für $Z(\omega)$ ein Minimum und beim Strom $I = U/Z$ ein Maximum auf

(Bild 3.37b/c). Man spricht bei einer auf ein Frequenzband beschränkten Durchlaß- oder auch Sperrwirkung von einer Bandpaß-Charakteristik. Interessant ist auch das Frequenzverhalten der Teilspannungen, das aus Bild 3.37d ersichtlich ist. Beispielsweise kann die Teilspannung $u_L(t)$ über der Induktivität in folgender Weise ermittelt werden:

$$\frac{\underline{U}_L}{\underline{U}} = \frac{j\omega L}{\underline{Z}} = \frac{\omega L\, e^{j(\pi/2-\varphi)}}{\sqrt{R^2 + (\omega L - 1/\omega C^2)}} = H(\omega)\, e^{j(\pi/2-\varphi)}$$

$$\varphi = \arctan \frac{\omega L - 1/(\omega C)}{R}.$$

Mit $u = \sqrt{2}\, U \sin \omega t$ gilt demnach

$$u_L = \sqrt{2}\, U_L \sin(\omega t + \pi/2 - \varphi) \quad \text{mit} \quad U_L = H(\omega)\, U.$$

Während bei Gleichstromkreisen Teilspannungen stets unter der angelegten Spannung liegen, können bei *RLC*-Schaltungen Teilspannungen weit oberhalb der eingeprägten Spannung auftreten (bei Reihenresonanz). Analoges ist für die Ströme bei Parallelresonanz festzustellen. Man definiert beim Reihenschwingkreis als

$$\textit{Resonanzüberhöhung} \quad \varrho = \frac{U_L}{U}(\omega_r) = \frac{U_C}{U}(\omega_r), \tag{3.169}$$

woraus

$$\varrho = \frac{\omega_r L}{R} = \frac{1}{\sqrt{LC}}\frac{L}{R} = \frac{1}{R}\sqrt{\frac{L}{C}} \tag{3.170}$$

folgt. ϱ bezeichnet man auch als *Resonanzschärfe* oder *Güte*. Definiert man mit den Frequenzen, bei denen eine Phasenverschiebung um $\pm 45°$ vorliegt (bzw. $I = I_{max}/\sqrt{2}$), die Bandbreite $b_\omega = \omega_{+45} - \omega_{-45}$, so kann $b_\omega = R/L$ bzw. die

$$\textit{relative Bandbreite} \quad \frac{b_\omega}{\omega_r} = \frac{\omega_{+45} - \omega_{-45}}{\omega_r} = \frac{1}{\varrho} \tag{3.171}$$

abgeleitet werden (Bild 3.37c).

Die Abweichung von der reellen Frequenz definiert die *Verstimmung*

$$v = \omega/\omega_r - \omega_r/\omega, \quad \text{wobei} \quad v_{\pm 45} = \pm 1/\varrho.$$

Zahlenbeispiel: Betriebsspannung $U = 20$ V, $\varrho = 30$, $U_L = 600$ V, also eine gefährlich hohe Spannung.

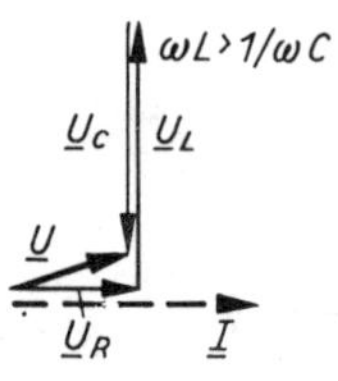

Bild 3.39. Zeigerbild des Reihenresonanzkreises

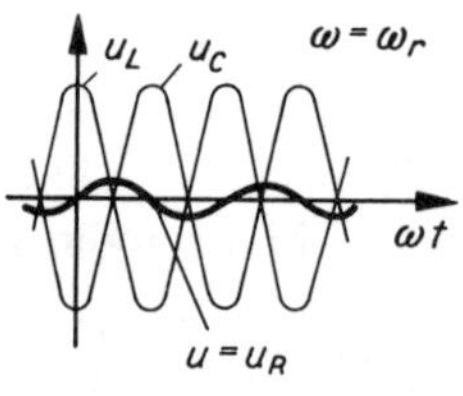

Bild 3.40. Teilspannungen und Gesamtspannung als Funktion der Zeit bei Resonanzfrequenz

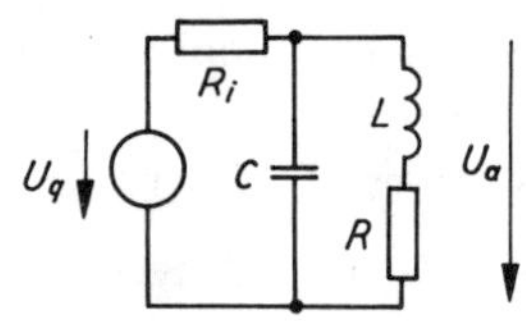

Bild 3.41. Parallelresonanzkreis

Das Zeigerbild 3.39 illustriert, wieso die Teilspannungen über der Gesamtspannung liegen können. Bei der Resonanzfrequenz kompensieren sich die Spannungen über L und C (Bild 3.40). Die Aussagen über den Reihenresonanzkreis lassen sich – wie die obigen Gln. zeigen – leicht auf den technisch noch wichtigeren Parallelresonanzkreis übertragen, also statt Spannungsüberhöhung Stromüberhöhung usw. (s. Bild 3.38d). Entscheidend für das

Verhalten von Schwingkreisen ist es, ob L und C in Reihe oder parallelgeschaltet sind. So enthält die Schaltung im Bild 3.41 einen häufig vorkommenden Parallelresonanzkreis (s. auch Bild 3.30). Die reelle Frequenz kann aus Gl. (3.160) bestimmt werden:

$$\mathrm{Im}\,(\underline{Y}) = 0 \quad \text{für} \quad \omega_r = \sqrt{\frac{1}{LC} - \left(\frac{R}{L}\right)^2}\,. \tag{3.172}$$

Resonanzfall und Blindleistungskompensation sind also identisch. Bei ω_r besitzt der Parallelschwingkreis den höchsten Wechselstromwiderstand, so daß auch die größte Spannung U_a auftritt, während U_a mit wachsender Differenz $|\omega - \omega_r|$ steil absinkt.

Bedeutung von Resonanzkreisen

a) Schwingungserzeugung (s. auch Abschn. 4.1.2.3.)
b) Erzeugung hoher Ströme bzw. Spannungen (z. B. bei induktiver bzw. dielektrischer Erwärmung, s. auch die Abschn. 3.6.3. und 7.7.2.)
c) Blindleistungskompensation
d) Hoch- und Tiefpässe, Bandfilter und -sperren, insbesondere auch mit reinen RC-Schaltungen
e) unerwünschte Schwingungserscheinungen, z. B. durch parasitäre Kapazitäten bei Schaltungen mit induktiven Elementen.

Schwingkreise sind Energiespeicher, bei denen die Energie zwischen der Spule als Speicher magnetischer Feldenergie und dem Kondensator als Speicher elektrischer Feldenergie hin- und herpendelt. Der Energieverbrauch – die Dämpfung des Schwingkreises – wird als Verlustenergie des ohmschen Widerstandes modelliert. Ein mögliches Analogon ist ein schwingungsfähiges mechanisches Masse-Feder-System, bei dem die kinetische Energie (entsprechend der elektrischen Feldenergie) und die potentielle Energie (entsprechend der magnetischen Feldenergie) hin- und herpendeln. Der Rolle der Reibung entsprechen die Wirkverluste (s. auch Abschn. 4.1.2.).

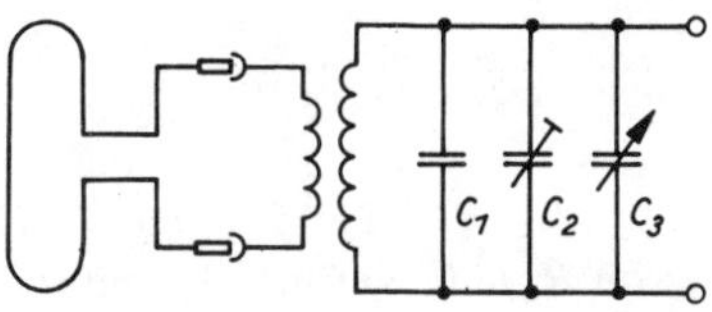

Bild 3.42
UKW-Eingangsschaltung eines Rundfunkempfängers
(Prinzip)

Beispiel:

Der UKW-Bereich für Rundfunkempfänger umfaßt in Europa den Frequenzbereich von 87 bis 108 MHz. Bild 3.42 zeigt schematisch die Eingangsschaltung eines Rundfunkempfängers (bestehend aus Antenne, Übertrager (s. Abschn. 7.7.5.) und Parallelschwingkreis).

a) Zu berechnen ist C_1, wenn für $C_3 = C_{3\min}$ sowie $C_2 = 2{,}5$ pF eine Resonanzfrequenz $f_r = 108$ MHz auftreten soll.
b) Wie groß ist f_r für $C_3 = C_{3\max}$?
$L = 0{,}11\ \mu$H, $C_2 = (0{,}5\ldots5)$ pF, $C_3 = (2\ldots12{,}5)$ pF.

Lösung:

$f = 1/(2\pi\sqrt{LC})$, $C_1 = 1/(4\pi^2 f^2 L)$, a) $C_1 = 15{,}5$ pF, b) $f_r = 87$ MHz.

3.7.3. Frequenzunabhängiger Spannungsteiler

Auch ein kapazitiv belasteter Spannungsteiler (Bild 3.43a) kann eine frequenzunabhängige Spannungsteilung aufweisen, falls er die Bedingung $C_1R_1 = C_2R_2$ erfüllt. Ersatzkapazität bzw. -widerstand der eingangsseitigen Ersatzschaltung (Bild 3.43b) liegen unter C_2 bzw. über R_2.

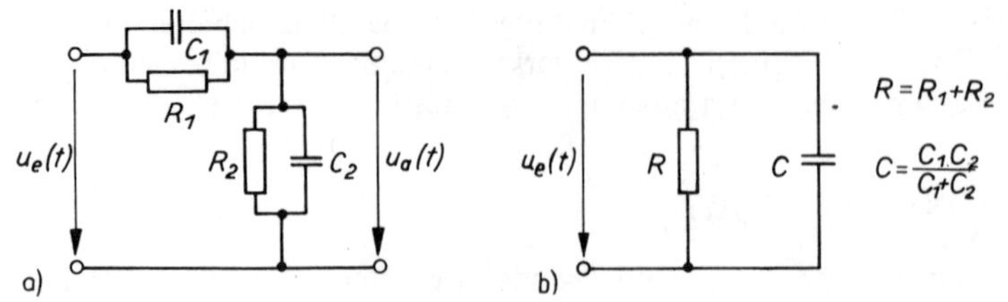

Bild 3.43. Frequenzunabhängiger Spannungsteiler (a) sowie eingangsseitige Ersatzschaltung (b) für $R_1 C_1 = R_2 C_2$

Aufgabe 3.6.:

Durch einen sogenannten Tastkopf kann man die ohmsche und kapazitive Belastung einer Meßstelle und damit die Verfälschung der zu messenden Spannung durch den Meßprozeß reduzieren. Als Beispiel betrachten wir Bild 3.44, in dem ein Tastkopf über ein Koaxialkabel (längenbezogene Kapazität 30 pF/m; Länge 1,50 m) mit dem Eingang des Y-Verstärkers eines Oszilloskops verbunden ist. R und C sind so zu dimensionieren, daß $u_e^*(t)/u_e(t) = 0{,}1$ gilt. Wie groß sind Eingangskapazität und -widerstand?

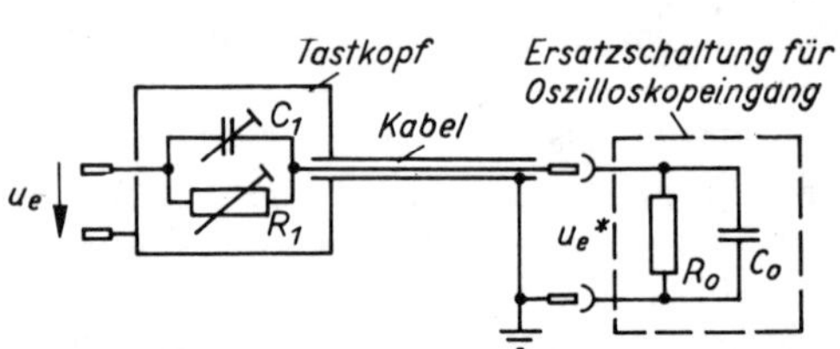

Bild 3.44. Tastkopf mit abgeschirmtem Kabel am Eingang eines Oszilloskops als Beispiel eines frequenzunabhängigen Spannungsteilers ($R_0 = 1$ MΩ, $C_0 = 15$ pF)

Lösung:

Als erstes empfiehlt es sich, eine Ersatzschaltung zu zeichnen (Struktur s. Bild 3.43, $C_2 = C_0 + C_K$ (C_K Kabelkapazität)). Aus $u_e^*/u_e = R_0/(R_0 + R) = 0{,}1$ folgt $R_1 = 9\,R_0 = 9$ MΩ. Daraus sowie mit der Kabelkapazität $C_K = 1{,}5\,\text{m} \cdot 30\,\text{pF}/m = 45$ pF ergibt sich wegen $C_1 R_1 = (C_0 + C_K)\,R_0$ der Wert $C_1 = 6{,}67$ pF. Eingangskapazität $C = 6$ pF, Eingangswiderstand $R = 10$ MΩ.

3.7.4. Wechselstrom-Brückenschaltungen

Sie dienen vor allem als Meßbrücken, z. B. zur Bestimmung von R, L, C, Verlustfaktoren sowie Frequenzen oder als Phasendrehbrücken (zur Erzeugung einer phasengedrehten Spannung mit phasenunabhängiger Amplitude). Für die Meßbrücken (Bild 3.45) lautet analog zur Wheatstoneschen[1]) Brücke die

Abgleichbedingung $\underline{Z}_x/\underline{Z}_N = \underline{Z}_2/\underline{Z}_1$. (3.173)

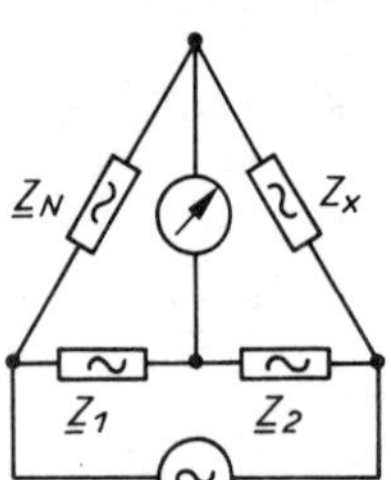

Bild 3.45 Wechselstrom-Brückenschaltung

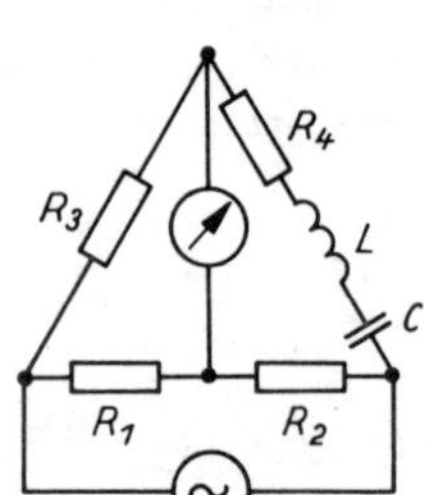

Bild 3.46 Resonanzbrücke

Nullabgleich des Indikatorinstrumentes erfordert demnach im allgemeinen Fall, eine Betrags- und eine Phasenbedingung zu erfüllen. Für die sogenannte Resonanzbrücke (Bild 3.46) läßt sich z. B. leicht als Abgleichbedingung

[1]) *Charles Wheatstone*, englischer Techniker und Physiker, 1802–1875

$$\frac{R_1}{R_2} = \frac{R_3}{R_4} \quad \text{und} \quad \omega L = \frac{1}{\omega C} \tag{3.174}$$

ableiten. Sie ermöglicht u. a. die Bestimmung von R_4 und L oder R_4 und C.

3.8.* Kleinsignalverhalten von Schaltungen

In der Technik dominieren an sich Schaltungen mit nichtlinearen Bauelementen. Im Spezialfall des Kleinsignalverhaltens erreicht man durch Linearisierung eine einfache näherungsweise Berechnung, deren Genauigkeit für viele Fälle ausreicht. Das Problem wird zunächst am Beispiel einer Diodenkennlinie (Bild 3.47) erläutert. Vorgegeben sei eine zeitveränderliche Spannung $u(t)$, die als Summe einer Gleichspannung U_0 und einer kleinen zeitveränderlichen Spannung $\Delta u\,(t)$ dargestellt werden kann:

$$u(t) = U_0 + \Delta u(t)\,. \tag{3.175}$$

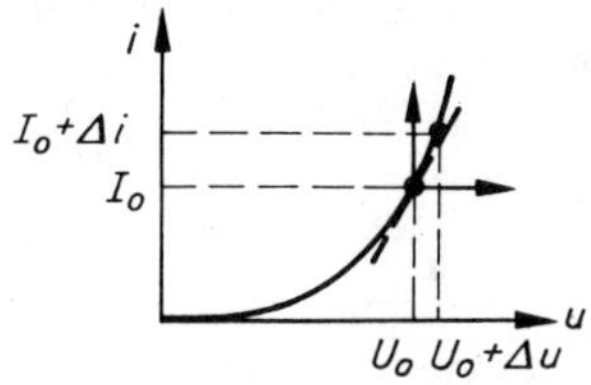

Bild 3.47
Linearisierung einer nichtlinearen Kennlinie (am Beispiel einer pn-Diode) bei Kleinsignalverhalten

Um den Strom i zu berechnen, kann Gl. (1.58) $i(t) = I_s\,(\exp u(t)/U_T - 1)$ benutzt werden oder auch eine Taylorreihenentwicklung um den Punkt U_0:

$$i(u) = i(U_0) + \frac{\mathrm{d}i}{\mathrm{d}u}\,(U_0)\,(u - U_0) + \frac{1}{2}\,\frac{\mathrm{d}^2 i}{\mathrm{d}u^2}\,(U_0)\,(u - U_0)^2 + \ldots \tag{3.176}$$

Falls $|\Delta u| = |u - U_0|$ für alle t so klein ist, daß die Taylorreihe nach dem ersten Glied abgebrochen werden kann, entsteht unter Verwendung von

$$g(U_0) = \frac{\mathrm{d}i}{\mathrm{d}u}\,(U_0) = \frac{1}{r(U_0)} \quad \text{(differentieller Leitwert)} \tag{3.177}$$

$$i(u) \;= i(U_0) + g(U_0)\,\Delta u$$

bzw.

$$\Delta i \;= i(u) - i(U_0) = g(U_0)\,\Delta u\,. \tag{3.178}$$

Die nichtlineare i-u-Kennlinie wird demnach am Arbeitspunkt I_0, U_0 durch eine Gerade approximiert (Bild 3.47), deren Anstieg proportional $g(U_0)$ ist. Nach Gl. (1.64) gilt übrigens speziell für Halbleiterdioden in guter Näherung $g = I_0/U_T$.

Für *nichtlineare Induktivitäten* kann aus $u = L_d\,(\mathrm{d}i/\mathrm{d}t)$ mit $u = U_0 + \Delta u$ sowie $i = I_0 + \Delta i$ die Kleinsignalnäherung

$$u = \Delta u = L_d(I_0)\,\frac{\mathrm{d}\,(\Delta i)}{\mathrm{d}t} \quad (L_d \text{ – differentielle Induktivität}) \tag{3.179}$$

abgeleitet werden und analog dazu für *nichtlineare Kapazitäten*

$$i = \Delta i = C_d(U_0)\,\frac{\mathrm{d}\,(\Delta u)}{\mathrm{d}t} \quad (C_d \text{ – differentielle Kapazität})\,. \tag{3.180}$$

g, L_d und C_d sind zwar vom Arbeitspunkt abhängig, aber dieser ist voraussetzungsgemäß zeitkonstant. Für dreipolige Bauelemente, z. B. Transistoren, treten bei niedrigen Frequenzen

Beziehungen des Typs

$$i_1 = i_1\,(u_1, u_2) \quad \text{bzw.} \quad i_2 = i_2\,(u_1, u_2)$$

auf. Die Bildung des totalen Differentials führt bei Kleinsignalverhalten auf

$$\Delta i_1 = \frac{\partial i_1}{\partial u_1}\,(U_{10}, U_{20})\,\Delta u_1 + \frac{\partial i_1}{\partial u_2}\,(U_{10}, U_{20})\,\Delta u_2 \tag{3.181}$$

$$\Delta i_2 = \frac{\partial i_2}{\partial u_1}\,(U_{10}, U_{20})\,\Delta u_1 + \frac{\partial i_2}{\partial u_2}\,(U_{10}, U_{20})\,\Delta u_2 \tag{3.182}$$

bzw. mit der Abkürzung $g_{lm} = \partial i_l/\partial u_m$

$$\Delta i_1 = g_{11}\,(U_{10}, U_{20})\,\Delta u_1 + g_{12}\,(U_{10}, U_{20})\,\Delta u_2 \tag{3.183}$$

$$\Delta i_2 = g_{21}\,(U_{10}, U_{20})\,\Delta u_1 + g_{22}\,(U_{10}, U_{20})\,\Delta u_2. \tag{3.184}$$

Für hohe Frequenzen müssen bei Transistoren weitere Effekte berücksichtigt werden, die man als kapazitive und teilweise auch als induktive Wirkungen modellieren kann. Dabei treten zur Beschreibung des Kleinsignalverhaltens bei Wechselspannung nach Transformation in das Komplexe anstelle der Gln. (3.183) und (3.184) Beziehungen folgenden Typs auf

$$\underline{I}_1 = \underline{Y}_{11}\underline{U}_1 + \underline{Y}_{12}\underline{U}_2 \tag{3.185}$$

$$\underline{I}_2 = \underline{Y}_{21}\underline{U}_1 + \underline{Y}_{22}\underline{U}_2. \tag{3.186}$$

Dabei gilt $\Delta i_1 = \text{Re}\,(\underline{I}_1\,e^{j\omega t})$ usw. Die $\underline{Y}_{lm}$ nennt man Leitwertparameter. Bezüglich weiterer Beschreibungsmöglichkeiten sei auf den nächsten Abschnitt verwiesen. Als Beispiel zur Kleinsignalanalyse sei der Wechselspannungsverstärker genannt, der im Abschnitt 8.5.4. beschrieben wird.

Die Kleinsignalgrößen Δu bzw. Δi sind demnach auch für nichtlineare Bauelemente linear miteinander verknüpft, so daß bei der Schaltungsberechnung alle für lineare Gln. bzw. lineare Integro-Dgln. möglichen vereinfachten Lösungsverfahren angewendet werden können, z. B. der Überlagerungssatz oder die komplexe Rechnung (für sinusförmige Zeitfunktionen). Als Schlußfolgerung halten wir für die *Kleinsignalanalyse* fest:

1. Analyse des Gleichstrombetriebs (Wechselspannungsquellen durch Kurzschluß ersetzen) durch Lösung des (nichtlinearen) Gleichungssystems

$$\sum_\nu U_{0\nu} = 0 \quad \sum_\mu I_{0\mu} = 0 \quad I_0 - U_0\text{-Relationen}$$

2. Analyse des Kleinsignalbetriebs (Gleichspannungsquellen durch Kurzschluß ersetzen) durch Lösung des (linearen) Gleichungssystems

$$\sum_\nu \Delta u_\nu = 0 \quad \sum_\mu \Delta i_\mu = 0 \quad \Delta i\text{-}\Delta u\text{-Relationen (am Arbeitspunkt)}$$

3. Überlagerung der Gleichstrom- und Kleinsignalgrößen

Hinweis: In der Praxis reicht es häufig aus, nur Punkt 2 zu bearbeiten.

3.9. Vierpole

3.9.1. Widerstands-, Leitwert- und Hybridparameter

Ein Netzwerk mit vier Anschlüssen kann man allgemein Vierpol nennen. Allerdings versteht man unter einem Vierpol im engeren Sinn ein Netzwerk, bei dem die beiden Klemmenpaare mit je einem Zweipol verbunden sind, so daß die auftretenden Ströme paarweise gleich sind

(Bild 3.48). Ein solches Klemmenpaar bezeichnet man auch als Tor. Ein *Vierpol* im engeren Sinn ist also ein *Zweitor.* Das gleiche gilt für einen Dreipol (z. B. einen Transistor, eine Röhre oder einen Spartransformator), der als Spezialfall eines Vierpols, bei dem zwei Klemmen kurzgeschlossen sind, aufgefaßt werden kann (Bild 3.49).

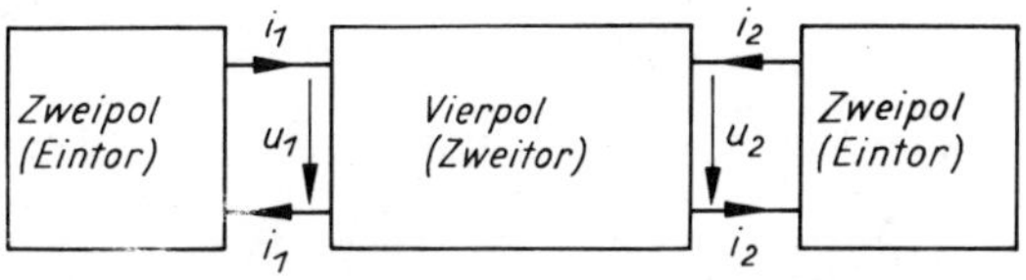

Bild 3.48. Blockschaltung mit Vierpol (als Zweitor). Hinweis: Neben dem dargestellten symmetrischen Zählpfeilsystem wird auch mit vertauschten i_2-Richtungen gearbeitet.

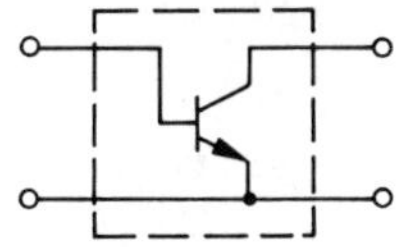

Bild 3.49. npn-Transistor als Beispiel eines Dreipols (in Vierpoldarstellung)

Alle weiteren Ausführungen beschränken sich auf Zweitore, die lineare Netzwerke repräsentieren. Häufig werden das Tor mit dem Index 1 als Eingang und das Tor mit dem Index 2 als Ausgang des Vierpols bezeichnet und damit auch die Energie- bzw. Informationsflußrichtungen (meist von 1 nach 2) charakterisiert. Lineare Zweitore lassen sich bei sinusförmigem Zeitverlauf nach Transformation in das Komplexe durch zwei komplexe Gln. zwischen den Klemmengrößen beschreiben. Als Beispiel sei die *Leitwertform*

$$\underline{I}_1 = \underline{Y}_{11}\underline{U}_1 + \underline{Y}_{12}\underline{U}_2 \tag{3.188}$$

$$\underline{I}_2 = \underline{Y}_{21}\underline{U}_1 + \underline{Y}_{22}\underline{U}_2 \tag{3.189}$$

bzw.

$$\begin{pmatrix}\underline{I}_1\\ \underline{I}_2\end{pmatrix} = \begin{pmatrix}\underline{Y}_{11}\underline{Y}_{12}\\ \underline{Y}_{21}\underline{Y}_{22}\end{pmatrix}\begin{pmatrix}\underline{U}_1\\ \underline{U}_2\end{pmatrix}$$

sowie in Kurzform

$$(\underline{I}) = (\underline{Y})(\underline{U}) \tag{3.190}$$

genannt.

Die $\underline{Y}_{ik}$, deren Betrag die Dimension des Leitwertes besitzt, nennt man Leitwertparameter. Insgesamt sind $\binom{4}{2} = \frac{4\cdot 3}{1\cdot 2} = 6$ Darstellungsformen für die zwei Gln. der vier Klemmengrößen möglich. Neben der Leitwertform seien hervorgehoben:

die Widerstandsform

$$\underline{U}_1 = \underline{Z}_{11}\underline{I}_1 + \underline{Z}_{12}\underline{I}_2 \tag{3.191}$$

$$\underline{U}_2 = \underline{Z}_{21}\underline{I}_1 + \underline{Z}_{22}\underline{I}_2 \tag{3.192}$$

die Primärform (Kettenform)

$$\underline{U}_1 = \underline{A}_{11}\underline{U}_2 + \underline{A}_{12}\underline{I}_2 \tag{3.193}$$

$$\underline{I}_1 = \underline{A}_{21}\underline{U}_2 + \underline{A}_{22}\underline{I}_2 \tag{3.194}$$

die Hybridform (Reihen-Parallel-Form)

$$\underline{U}_1 = \underline{h}_{11}\underline{I}_1 + \underline{h}_{12}\underline{U}_2 \tag{3.195}$$

$$\underline{I}_2 = \underline{h}_{21}\underline{I}_1 + \underline{h}_{22}\underline{U}_2\,. \tag{3.196}$$

Vorschriften zur meßtechnischen oder rechnerischen Bestimmung der Vierpolparameter (Betrag und Phase) lassen sich leicht aus den Vierpol-Gln. ableiten, indem man jeweils eine der Klemmengrößen Null setzt. Dabei bedeuten $\underline{I}_1 = 0$ bzw. $\underline{I}_2 = 0$ wechselstrommäßigen Leerlauf am Ein- bzw. Ausgang und $\underline{U}_1 = 0$ bzw. $\underline{U}_2 = 0$ wechselstrommäßigen Kurzschluß am Ein- bzw. Ausgang. Diese Vorschriften bestimmen auch die Bezeichnungen der Vierpolparameter. So folgt z. B. aus Gl. (3.188) mit $\underline{U}_2 = 0$

$$\underline{Y}_{11} = \left(\frac{\underline{I}_1}{\underline{U}_1}\right)_{\underline{U}_2=0} \quad \text{Kurzschluß-Eingangsadmittanz} \tag{3.197}$$

$$\underline{Y}_{21} = \left(\frac{\underline{I}_2}{\underline{U}_1}\right)_{\underline{U}_2=0} \quad \text{Vorwärts-Kurzschluß-Übertragungsadmittanz} \tag{3.198}$$

sowie für $\underline{U}_1 = 0$

$$\underline{Y}_{12} = \left(\frac{\underline{I}_1}{\underline{U}_2}\right)_{\underline{U}_1=0} \quad \text{Rückwärts-Kurzschluß-Übertragungsadmittanz} \tag{3.199}$$

$$\underline{Y}_{22} = \left(\frac{\underline{I}_2}{\underline{U}_2}\right)_{\underline{U}_1=0} \quad \text{Kurzschluß-Ausgangsadmittanz.} \tag{3.200}$$

Natürlich können die Vierpolparameter auch für beliebige (bekannte) Abschlußbedingungen ermittelt werden, dabei entfällt die entkoppelte Auflösung der Vierpol-Gln.

Die Berechnung von Vierpolen in Schaltungen erfordert außer den beiden Vierpol-Gln. noch die Beschreibung der äußeren Beschaltung, meist durch zwei Zweipol-Gln. für Ein- und Ausgangsbeschaltung.

Falls ein Vierpol am Ausgang z. B. mit einem passiven Zweipol, der den komplexen Widerstand $\underline{Z}_a$ besitzt, abgeschlossen wird, so lautet die *ausgangsseitige Zweipolgleichung*

$$\underline{U}_2 = -\underline{Z}_a\underline{I}_2. \tag{3.201}$$

Das Minuszeichen bezieht sich auf die im Bild 3.48 gewählte Stromrichtung von i_2. Bei ausgangsseitigem Kurzschluß ist $\underline{Z}_a = 0$ und bei Leerlauf $1/\underline{Z}_a = 0$.

Beispiel: Bestimmung eines Vierpolparameters

Für den im Bild 3.50a angegebenen Vierpol soll $\underline{Y}_{11}$ *berechnet werden.*

Lösung: (s. a. Gl. (3.197) sowie Bild 3.50b)

$$\frac{1}{\underline{Y}_{11}} = \left(\frac{\underline{U}_1}{\underline{I}_1}\right)_{\underline{U}_2=0} = R + \left(\frac{1}{\mathrm{j}\omega C} /\!/ R\right) = R + \frac{R}{\mathrm{j}\omega C\,(R + 1/\mathrm{j}\omega C)}$$

$$\underline{Y}_{11} = \frac{1}{R}\,\frac{1}{1 + 1/(\mathrm{j}\omega CR + 1)} = \frac{1}{R}\,\frac{2 + (\omega CR)^2 + \mathrm{j}\omega CR}{4 + (\omega CR)^2}.$$

Vierpolparameter lassen sich ineinander umrechnen. Falls beispielsweise die $\underline{Y}_{ik}$ bekannt sind, können alle fünf Parametersätze daraus bestimmt werden. So läßt sich z. B. folgende Umrechnungsvorschrift für $\underline{Y}$- *in* $\underline{h}$-Parameter ableiten:

$$\begin{pmatrix} \underline{h}_{11} & \underline{h}_{12} \\ \underline{h}_{21} & \underline{h}_{22} \end{pmatrix} = \frac{1}{\underline{Y}_{11}} \begin{pmatrix} 1 & -\underline{Y}_{12} \\ \underline{Y}_{21} & \Delta\underline{Y} \end{pmatrix} \tag{3.202}$$

mit

$$\Delta\underline{Y} = \det(\underline{Y}) = \underline{Y}_{11}\underline{Y}_{22} - \underline{Y}_{12}\underline{Y}_{21}. \tag{3.203}$$

Welche der 6 Darstellungsformen der Vierpol-Gln. besonders zweckmäßig ist, hängt von dem Einsatzfall (Zusammenschaltungsbedingungen) sowie der inneren Struktur und auch den meßtechnischen Möglichkeiten ab.

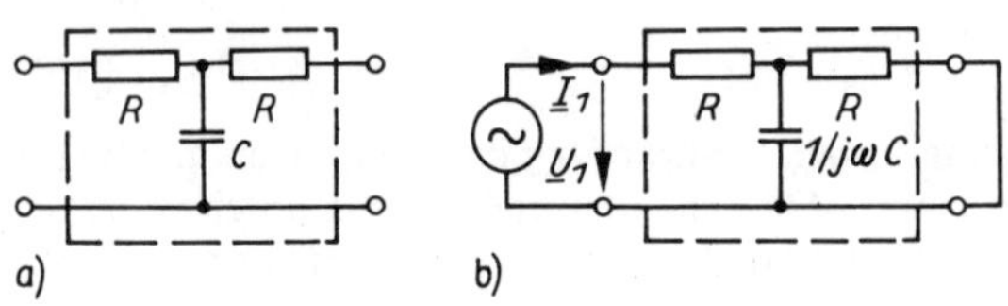

Bild 3.50
a) Beispiel eines passiven Vierpols (z. B. Ersatzschaltung eines Stückes einer metallischen Leitung auf einem Halbleiterchip);
b) komplexe Ersatzschaltung zu a) zur Bestimmung von $\underline{Y}_{11}$

3.9.2. Vierpolarten

Im allgemeinen Fall werden lineare Vierpole durch vier Parameter charakterisiert. Vierpole, die die Bedingung

$$\underline{Y}_{12} = \underline{Y}_{21} \tag{3.204}$$

erfüllen, nennen wir *umkehrbare Vierpole.* Anhand der Gln. (3.188), (3.189) und (3.204) läßt sich zeigen, daß sich bei Anlegen einer Spannung am Tor *1* am Tor *2* der gleiche Kurzschlußstrom ergibt als wenn man den Ort der Ursache mit dem der Wirkung vertauscht (umkehrt), d. h. am Tor *2* die Spannung anlegt und den Kurzschlußstrom am Tor *1* mißt. Alle passiven Vierpole, die nur lineare Widerstände, Induktivitäten und Kapazitäten enthalten, sind umkehrbar. An dieser Stelle sei eingefügt, daß für alle linearen Schaltungen der aus vielen Bereichen der Physik bekannte *Umkehrungssatz* Gültigkeit besitzt:
Vertauschen Ursache und Wirkung ihren Ort, so erhält man bei gleichbleibender Ursache dieselbe Wirkung.

In der Netzwerktheorie nennt man den Umkehrungssatz auch Kirchhoffschen *Umkehrungssatz* oder *Reziprozitätstheorem.*

Auch unter Vierpolen, die gesteuerte Quellen enthalten, sind umkehrbare Vierpole nach Gl. (3.204) möglich, ohne daß allerdings für alle Punkte im Inneren des Vierpols der o. g. Umkehrungssatz gilt.

Symmetrische Vierpole können durch

$$\underline{Y}_{11} = \underline{Y}_{22} \tag{3.205}$$

definiert werden. Demnach zeigen symmetrische Vierpole bei Admittanzmessungen – unabhängig davon, ob man am Tor *1* oder *2* mißt – die gleichen Ergebnisse. *Nichtumkehrbare symmetrische Vierpole* sind durch *drei Parameter* zu charakterisieren. *Umkehrbare symmetrische Vierpole* erfüllen die Bedingung

$$\underline{Y}_{12} = \underline{Y}_{21} \quad \text{und} \quad \underline{Y}_{11} = \underline{Y}_{22}. \tag{3.206}$$

Ihnen sind also zwei Parameter zuzuordnen. Symmetrischer Aufbau eines Vierpols (s. z. B. Bild 3.50 a) erweist sich als hinreichende, aber nicht notwendige Bedingung für symmetrische Vierpole.

Die für die Leitwertform der Vierpol-Gln. angegebenen Bedingungen für Umkehrbarkeit bzw. Symmetrie ermöglichen es, entsprechende Beziehungen auch für andere Darstellungsformen herzuleiten.

3.9.3.* Wellenparameter

Im Zusammenhang mit der Wellenausbreitung auf Leitungen führte man die Wellenparameter ein. Sie stellen eine weitere Möglichkeit zur allgemeinen Vierpolbeschreibung dar. Speziell umkehrbare symmetrische Vierpole, auf die wir uns in diesem Abschnitt beschränken, lassen sich außer durch $\underline{Y}_{11}$ und $\underline{Y}_{12}$ (oder andere der bereits genannten Vierpolparameter) durch den sogenannten *Wellenwiderstand* $\underline{Z}_w$ sowie das *Wellenübertragungsmaß* (Vierpolübertragungsmaß) $\underline{g}_w$ charakterisieren. Für $\underline{Z}_w$ kann man folgende Definition wählen:
Der Wellenwiderstand $\underline{Z}_w$ *ist die Impedanz, mit der man den Ausgang abschließen muß, damit die Eingangsimpedanz* $\underline{Z}_{1e} = \underline{U}_1/\underline{I}_1$ *mit der Abschlußimpedanz* $\underline{Z}_a$ *übereinstimmt* (s. auch Bild 3.51), d. h.,

$$\underline{Z}_w = (\underline{Z}_{1e})_{\underline{Z}_a = \underline{Z}_w}, \text{ woraus} \qquad \underline{Z}_w = \sqrt{\underline{Z}_{1k}\underline{Z}_{1l}} \tag{3.207/3.208}$$

folgt. $\underline{Z}_{1k}$ (bzw. $\underline{Z}_{1l}$) sind die Eingangsimpedanzen bei Kurzschluß (bzw. Leerlauf) am Ausgang.

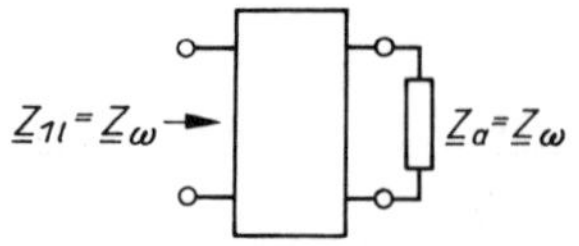

Bild 3.51. Bei Abschluß eines umkehrbaren symmetrischen Vierpols mit dem Wellenwiderstand ist der Eingangswiderstand gleich dem Wellenwiderstand

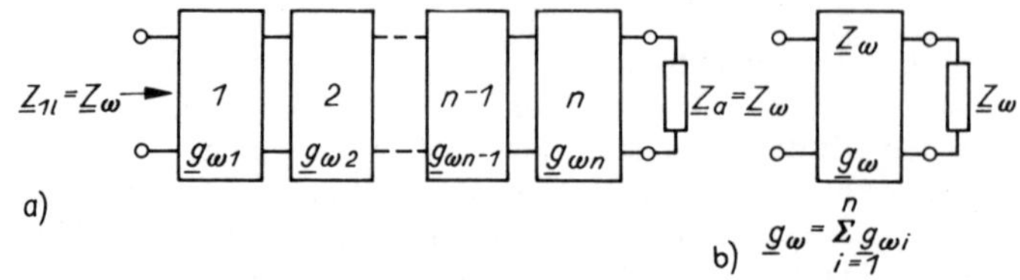

Bild 3.52. Kettenschaltung gleichartiger umkehrbarer symmetrischer Vierpole (a) sowie ihre Ersatzschaltung (b)

Für eine Kettenschaltung symmetrisch umkehrbarer Vierpole gleichen Widerstandes $\underline{Z}_w$, die mit $\underline{Z}_w$ abgeschlossen ist (Bild 3.52 a), ergibt sich die Eingangsimpedanz $\underline{Z}_w$[1]. Das beweist folgende Überlegung: Die Eingangsimpedanz des n-ten Vierpols ist $\underline{Z}_w$, so daß dieser bezüglich des $(n-1)$-ten Vierpols wie ein Abschluß mit $\underline{Z}_w$ wirkt, woraus sich als Eingangsimpedanz des $(n-1)$-ten Vierpols wiederum $\underline{Z}_w$ ergibt. Diese Betrachtungsweise wird bis zum ersten Vierpol fortgesetzt. Der zweite Wellenparameter ist das logarithmische komplexe Vierpolübertragungsmaß, dessen Definition lautet:

$$e^{\underline{g}_w} = \left(\frac{\underline{U}_1}{\underline{U}_2}\right)_{\underline{Z}_a = \underline{Z}_w} = \left(-\frac{\underline{I}_1}{\underline{I}_2}\right)_{\underline{Z}_a = \underline{Z}_w}. \tag{3.209}$$

Mit der Zerlegung $\underline{g}_w = a_w + \mathrm{j} b_w$ lassen sich damit das logarithmische *Dämpfungsmaß* a_w und das *Phasenmaß* b_w einführen

$$a_w = \ln \left|\frac{\underline{U}_1}{\underline{U}_2}\right|_{\underline{Z}_a = \underline{Z}_w} \mathrm{N_p} = \ln \left|\frac{\underline{I}_1}{\underline{I}_2}\right|_{\underline{Z}_a = \underline{Z}_w} \mathrm{N_p} \quad (\mathrm{N_p}\ \text{Neper}) \tag{3.210}$$

$$b_w = \arg\left(\left.\frac{\underline{U}_1}{\underline{U}_2}\right|_{\underline{Z}_a = \underline{Z}_w}\right) = \arg\left(-\left.\frac{\underline{I}_1}{\underline{I}_2}\right|_{\underline{Z}_a = \underline{Z}_w}\right). \tag{3.211}$$

Für den Ersatzvierpol der Kettenschaltung im Bild 3.52 a kann das Übertragungsmaß $\underline{g}_w = \sum_{i=1}^{n} \underline{g}_{wi}$ abgeleitet werden. Der Ersatzvierpol der Kettenschaltung (Bild 3.52 b) besitzt demnach die Wellenparameter $\underline{g}_w$ und $\underline{Z}_w$.

Beispiel: Wellenparameter des verlustfreien Vierpols im Bild 3.53 a

$$\underline{Z}_w = \sqrt{\underline{Z}_{1k}\underline{Z}_{1l}}; \quad \underline{Z}_{1l} = \mathrm{j}\omega L + \frac{1}{\mathrm{j}\,2\omega C} = \frac{1}{\mathrm{j}\,2\omega C}(1 - 2\omega^2 LC)$$

$$\underline{Z}_{1k} = \mathrm{j}\omega L + \left(\frac{1}{\mathrm{j}\,2\omega C} \,\Big/\!\!\Big/\, \mathrm{j}\omega L\right) = \mathrm{j}\omega L\left(1 + \frac{1}{1 - 2\omega^2 LC}\right)$$

$$\underline{Z}_w = \sqrt{\frac{L}{C}(1 - \omega^2 LC)}\,.$$

$\underline{Z}_w$ ist für $1 - \omega^2 LC \geqq 0$, d. h. für $\omega \leqq 1/\sqrt{LC}$ reell und sonst imaginär (Bild 3.53 b). Die Auswertung der Gln. (3.210) und (3.211) liefert Bild 3.53 b.

[1] Ist die Signallaufzeit auf Leitungen bezogen auf zeitliche Änderungen des Signals nicht zu vernachlässigen, so schließt man Leitungen möglichst mit ihrem Wellenwiderstand (z. B. 50 Ω oder 75 Ω) ab, um störende Reflexionen der Wellen am Leitungsende zu vermeiden.

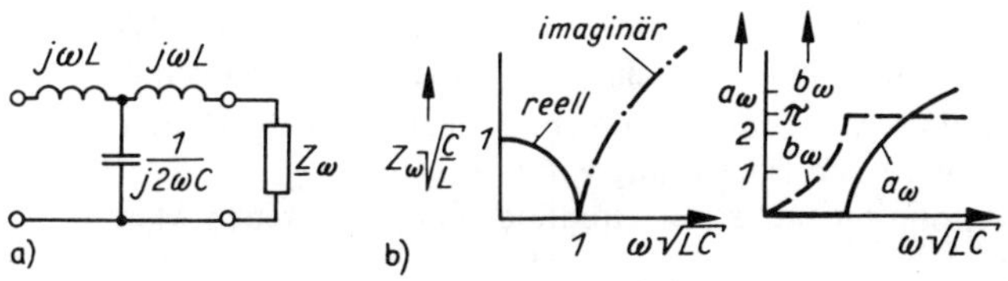

Bild 3.53. Verlustfreier umkehrbarer symmetrischer Vierpol (abgeschlossen mit dem Wellenwiderstand)
a) Schaltung (im Komplexen); b) Wellenparameter als Funktion der Frequenz (normiert)

Anstelle des natürlichen Logarithmus wird manchmal auch der dekadische Logarithmus gewählt. Man definiert dann als logarithmisches Dämpfungsmaß

$$a_w = 20 \lg \left|\frac{\underline{U}_1}{\underline{U}_2}\right|_{\underline{Z}_a = \underline{Z}_w} \text{dB} = 20 \lg \left|\frac{\underline{I}_1}{\underline{I}_2}\right|_{\underline{Z}_a = \underline{Z}_w} \text{dB} \quad \text{(dB Dezibel).} \tag{3.212}$$

Zahlenbeispiel: $a_w = 40$ dB bedeutet $U_1/U_2 = 10^{40/20} = 100$ und wegen 1 dB = 0,1151 Np auch $a_w = 4{,}6$ Np.

3.9.4. Vierpol-Ersatzschaltungen

Sie ersetzen einen Vierpol bezüglich seines Klemmenverhaltens. Ersatzschaltungen für das Klemmenverhalten allgemeiner Vierpole lassen sich besonders einfach herleiten, wenn man gesteuerte Quellen verwendet. Ein Beispiel zeigt Bild 3.54, das sich konstruieren läßt, indem man die erste Vierpolgleichung (3.195) für die Hybridform als eingangsseitige Maschengleichung für den Eingang des Vierpols interpretiert und die zweite als ausgangsseitige Knotengleichung. Dieses Ersatzschaltbild wird häufig für Transistoren benutzt (s. Abschn. 8.5.4.). Dem Leser wird empfohlen, auch für die $\underline{Z}$- *bzw.* $\underline{Y}$-Parameterdarstellung allgemeine Ersatzschaltungen zu konstruieren.

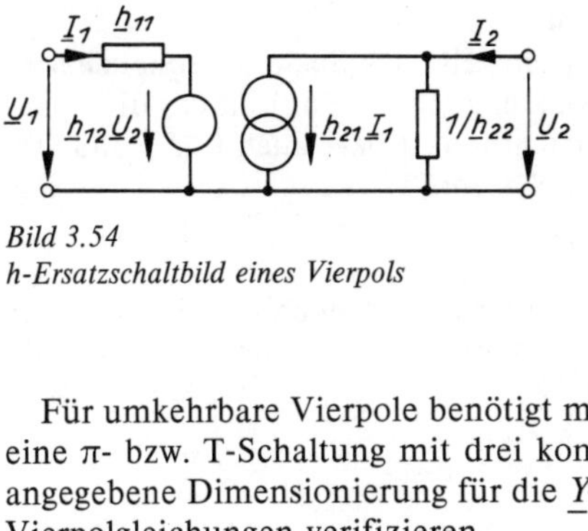

Bild 3.54
h-Ersatzschaltbild eines Vierpols

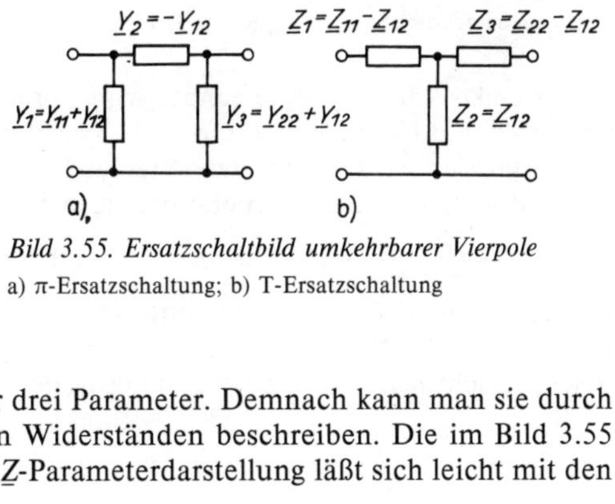

Bild 3.55. Ersatzschaltbild umkehrbarer Vierpole
a) π-Ersatzschaltung; b) T-Ersatzschaltung

Für umkehrbare Vierpole benötigt man nur drei Parameter. Demnach kann man sie durch eine π- bzw. T-Schaltung mit drei komplexen Widerständen beschreiben. Die im Bild 3.55 angegebene Dimensionierung für die $\underline{Y}$- bzw. $\underline{Z}$-Parameterdarstellung läßt sich leicht mit den Vierpolgleichungen verifizieren.

3.10. Dreiphasen-Wechselstrom (Drehstrom)

3.10.1. Einführung

Bei Mehrphasensystemen werden Spannungsquellen gleicher Frequenz und gleichen Effektivwertes zusammengeschaltet, deren Phasen sich jeweils um $-2\pi/m$ (m ganz) unterscheiden. Die weitaus größte Bedeutung besitzt der Dreiphasen-Wechselstrom ($m = 3$). Für spezielle Anwendungen werden vereinzelt auch Phasenzahlen von $m = 6$ und $m = 12$ sowie höheren m (meist $m \leqq 36$) benutzt, auf die aber nicht eingegangen werden soll.

Dreiphasen-Wechselstrom läßt sich durch *einen* Drehstromgenerator in einfacher Weise erzeugen (s. Abschn. 11.3.7.) und besitzt gegenüber Einphasen-Wechselstrom folgende *Vorteile*:

1. wirtschaftlichere Energieversorgung (u. a. durch gleichmäßigeren Energiefluß (analog Mehrzylinder-Verbrennungsmotoren) und Einsparung von Leitungen
2. einfache Möglichkeit zur Erzeugung magnetischer Drehfelder in elektrischen Maschinen (Drehstrommotoren, s. Abschn. 11.3.)
3. einfachere Erzeugung von Gleichspannungen (geringere Welligkeit).

In den jeweils aus mehreren Spulen bestehenden drei Strängen U, V, W eines Drehstromgenerators oder den drei Wicklungen U, V, W eines Drehstromtransformators (Abschnitt 7.7.5.) werden drei jeweils um 120° phasenverschobene Spannungen (Bild 3.56a) induziert:

$$
\begin{aligned}
u_U &= \sqrt{2}\, U_U \cos \omega t \\
u_V &= \sqrt{2}\, U_V \cos (\omega t - 120^\circ) \\
u_W &= \sqrt{2}\, U_W \cos (\omega t - 240^\circ)
\end{aligned}
\tag{3.213}
$$

bzw. mit dem sogenannten Drehoperator $\underline{a} = e^{j2\pi/3}$ in komplexer Schreibweise

$$\underline{U}_U = U; \quad \underline{U}_V = \underline{U}_U\, e^{-j2\pi/3} = \underline{U}_U \underline{a}^2; \quad \underline{U}_W = \underline{U}_U\, e^{-j4\pi/3} = \underline{U}_U \underline{a}. \tag{3.214}$$

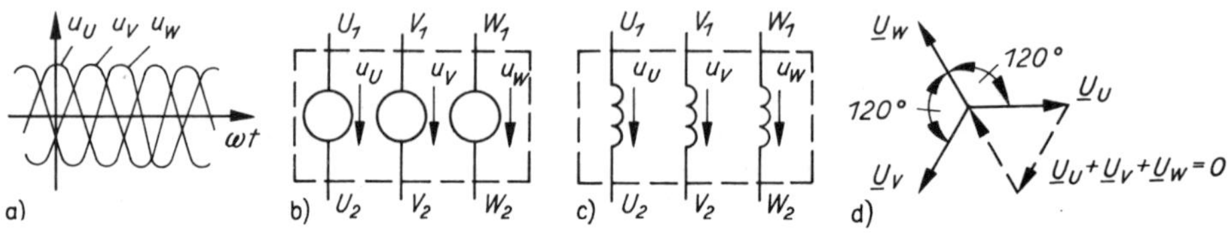

Bild 3.56. Drehstrom

a) drei um 120° phasenverschobene Wechselspannungen gleicher Frequenz und Amplitude; b, c) Darstellung und Bezeichnung der drei Spannungsquellen; d) Zeigerbild

In der elektrischen Energietechnik wird übrigens meist anstelle des Spannungsquellensymbols (Bild 3.56b) die Generator- bzw. Transformatorwicklung (Bild 3.56c), in der die Spannung induziert wird, verwendet. Wie aus Bild 3.56d ersichtlich ist bzw. auch Bild 3.56a veranschaulicht, gilt für ein generatorseitig symmetrisches System ($U_U = U_V = U_W$)

$$\underline{U}_U + \underline{U}_V + \underline{U}_W = 0 \quad \text{bzw.} \quad u_U(t) + u_V(t) + u_W(t) = 0. \tag{3.215}$$

Die Zusammenschaltung (Verkettung) der Spannungsquellen und auch der Verbraucher kann jeweils als Stern- oder Dreieckschaltung erfolgen. Sind Generator und Last symmetrisch, spricht man von einem symmetrischen System.

3.10.2. Netze mit Sternschaltung des Generators

a) Generator mit Sternschaltung (Y-Generator)

Schaltet man die drei Spannungsquellen an einem Punkt (Sternpunkt) zusammen, indem man die Wicklungsenden U_2, V_2, W_2 verbindet (Bild 3.56b), so entsteht – wie die Darstellung im Bild 3.57 veranschaulicht – eine Sternschaltung. Den vom Sternpunkt wegführenden Leiter bezeichnet man als Neutralleiter (früher auch Stern(punkt)leiter oder Mittelleiter). Die anderen drei Leiter nennt man Außenleiter (früher auch Hauptleiter, Phasenleiter oder – etwas ungenau – auch Phasen). Die zugehörigen Leitungen bzw. Leitungsklemmen charakterisiert man durch die Buchstaben L1, L2, L3 und N (früher durch R, S, T und Mp). Anschlüsse von Baugruppen, Geräten, Anlagen usw. an den 1., 2. bzw. 3. Außenleiter kennzeichnet man durch die Buchstaben U, V bzw. W (s. z. B. auch Bild 3.56c) und, falls Verwechslungen mit

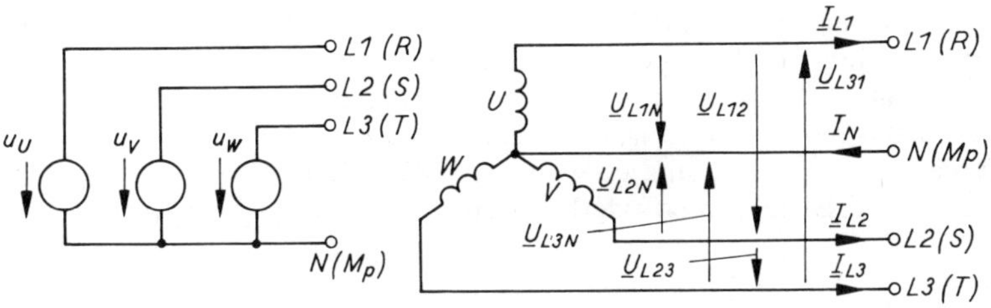

Bild 3.57

a) Zusammenschaltung der drei Spannungsquellen an einem Punkt; b) Sterndarstellung zu a) (Spannungsquellen als Wicklungen gezeichnet sowie Darstellung im Komplexen)
Statt $\underline{U}_{L1L2}$ usw. darf $\underline{U}_{12}$ geschrieben werden.

Gleichstromsystemen ausgeschlossen sind, auch mit A, B bzw. C. Die Spannungen zwischen den Außenleitern und dem Sternpunkt nennt man Strangspannungen (Sternspannungen, Phasenspannungen) und die zwischen den Außenleitern Außenleiterspannungen (jeweils die Effektivwerte!). Für ein generatorseitig symmetrisches System gilt

$$U_{L12} = U_{L23} = U_{L31} = U_L \quad \text{bzw.} \quad U_{L1N} = U_{L2N} = U_{L3N} = U_{LN} = U_{\curlyvee}.$$

U_L bzw. $U_{LN} = U_{\curlyvee}$ sind als Abkürzungen aufzufassen.

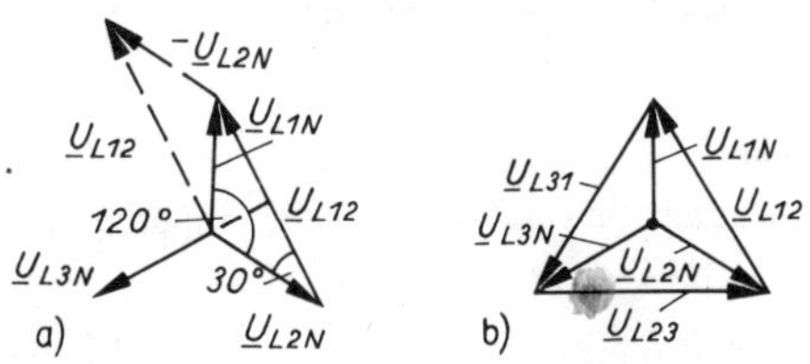

Bild 3.58
Zeigerbilder für ein symmetrisches Drehstromsystem

Aus dem Zeigerbild 3.58a liest man

$$\underline{U}_{L12} = \underline{U}_{L1N} - \underline{U}_{L2N} \quad \text{bzw.} \quad U_{L12} = 2\,U_{LN}\cos 30° = 2\,U_{LN}\frac{1}{2}\sqrt{3} = \sqrt{3}\;U_{LN}$$

ab. Demnach ergibt sich für eine generatorseitig symmetrische

$$\text{Sternschaltung} \quad U_L = \sqrt{3}\;U_{\curlyvee}. \tag{3.216}$$

Die Spannung zwischen den Außenleitern ist $\sqrt{3}$ mal so groß wie die zwischen den Außenleitern und dem Neutralleiter ($\sqrt{3} \approx 1{,}73$).

Die Maschengl. lautet (auch bei Unsymmetrie) – wie Bild 3.58b veranschaulicht –

$$\underline{U}_{L12} + \underline{U}_{L23} + \underline{U}_{L31} = 0. \tag{3.217}$$

Die Außenleiterströme stimmen mit den Strangströmen überein:

$$\underline{I}_{L1} = \underline{I}_U \quad \underline{I}_{L2} = \underline{I}_V \quad \underline{I}_{L3} = \underline{I}_W. \tag{3.218}$$

Die Knotengleichung liefert für den Strom im Neutralleiter (Bild 3.57b)

$$\underline{I}_N = \underline{I}_{L1} + \underline{I}_{L2} + \underline{I}_{L3}. \tag{3.219}$$

Das erläuterte *Drehstrom-Vierleiternetz* dominiert in Niederspannungsnetzen. Häufig ist $U_{\curlyvee} = U_{LN} = 220$ V und demnach $U_L = \sqrt{3} \cdot 220\text{ V} = 381\text{ V} \approx 380$ V.

Ein solches Drehstrom-Vierleiternetz trägt die Bezeichnung $3 \times 380/220$ V oder kurz 380/220 V (weitere allerdings seltenere Varianten: 220 V/127 V, 660 V/380 V – wichtig für Industrienetze). Die Verbraucher können als Stern- oder/und Dreieckschaltungen (kleine Verbraucher auch einphasig) angeschlossen werden (s. Graphendarstellung im Bild 3.59).

Führt man den Sternpunktleiter im Netz nicht mit, so erhält man ein Drehstrom-Dreileiternetz (mit Y-Generator), bei dem nur die drei Leiterspannungen zur Verfügung stehen. Dreileiternetze werden vor allem bei Hochspannungsnetzen (Fernnetzen) angewandt. Die angegebene Spannung (z. B. 220 kV oder 10 kV) ist die Außenleiterspannung.

Drehstromnetze verketten also 3 Spannungsquellen mit 3 Verbrauchern über 4 oder 3 Leitungen. Da unverkettet $2 \cdot 3 = 6$ Leitungen erforderlich wären, spart man also 2 bzw. 3 Leitungen.

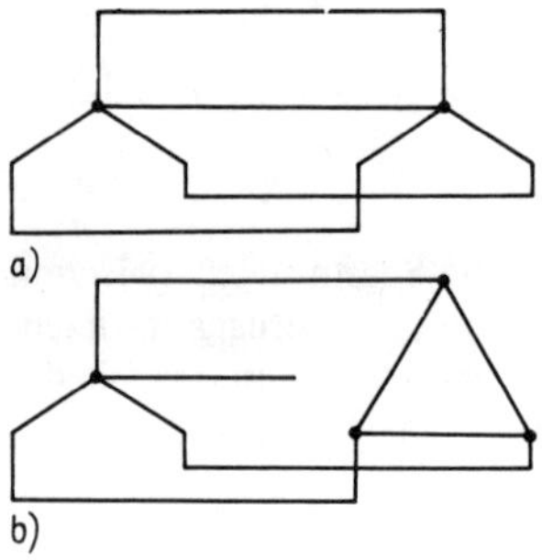

Bild 3.59

a) Stern-Stern-Schaltung;
b) Stern-Dreieck-Schaltung

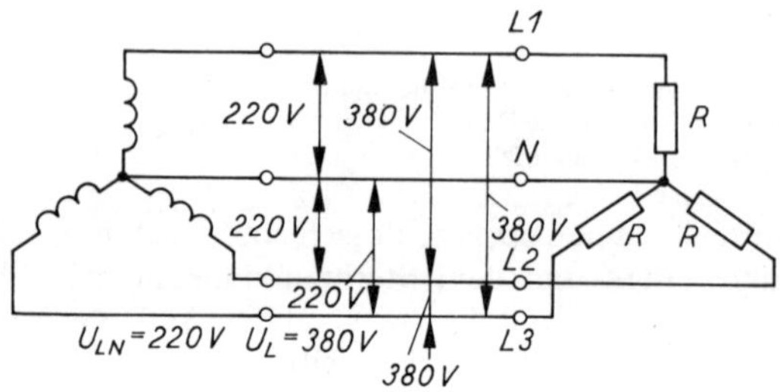

Bild 3.60. Symmetrischer (ohmscher) Verbraucher in Y-Schaltung an einem 380 V/220-V-Netz mit symmetrischem Generator in Y-Schaltung

Hinweis: Die angegebenen Spannungen gelten auch bei Unsymmetrie des Verbrauchers.

b) Stern-Stern-Schaltung (Y-Generator und Y-Verbraucher)

In Drehstrom-Systemen werden symmetrische Verbraucher (jeweils drei gleiche Impedanzen $\underline{Z}$) angestrebt (s. z. B. Bild 3.60). Für diesen Spezialfall gilt

$$\underline{U}_{L1N} = \underline{Z}\,\underline{I}_{L1N}, \quad \underline{U}_{L2N} = \underline{Z}\,\underline{I}_{L2N} \quad \text{und} \quad \underline{U}_{L3N} = \underline{Z}\,\underline{I}_{L3N}, \tag{3.220}$$

woraus mit den Gln. (3.219) und (3.215)

$$\underline{I}_N = \underline{I}_{L1N} + \underline{I}_{L2N} + \underline{I}_{L3N} = \frac{1}{\underline{Z}}(\underline{U}_{L1N} + \underline{U}_{L2N} + \underline{U}_{L3N}) = 0 \tag{3.221}$$

folgt (s. auch Zeigerbild 3.61). Demnach fließt bei symmetrischer Last kein Strom durch den Neutralleiter – er könnte weggelassen werden. In der Praxis läßt sich streng symmetrischer Betrieb kaum verwirklichen, so daß man den Neutralleiter beibehält, aber u. U. mit kleinerem Querschnitt als die Außenleiter ausführt. Der Neutralleiter führt den bei unsymmetrischer Belastung fließenden Ausgleichstrom.

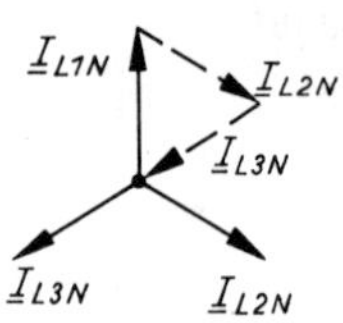

Bild 3.61
Stromzeigerbild einer symmetrischen Y-Schaltung

c) Stern-Dreieck-Schaltung (Y-Generator und Δ-Verbraucher)

Verbraucher in Dreieckschaltung sind an L1, L2 und L3, aber nicht an N angeschlossen (Bild 3.62 a). Die Außenleiterspannungen $\underline{U}_{L12}$, $\underline{U}_{L23}$ und $\underline{U}_{L31}$ sind mit den Spannungen über den Lastimpedanzen identisch. Die in jedem Falle gültige Maschengl. $\underline{U}_{L12} + \underline{U}_{L23} + \underline{U}_{L31} = 0$ führt zu dem bereits beim Generator diskutierten Zeigerbild 3.62 b. Speziell für symmetrische Last ($\underline{Z}_1 = \underline{Z}_2 = \underline{Z}_3 = \underline{Z}$) folgt daraus mit

$$\underline{U}_{L12} = \underline{Z}\,\underline{I}_{L12}, \quad \underline{U}_{L23} = \underline{Z}\,\underline{I}_{L23}, \quad U_{L31} = \underline{Z}\,\underline{I}_{L31} \tag{3.222}$$

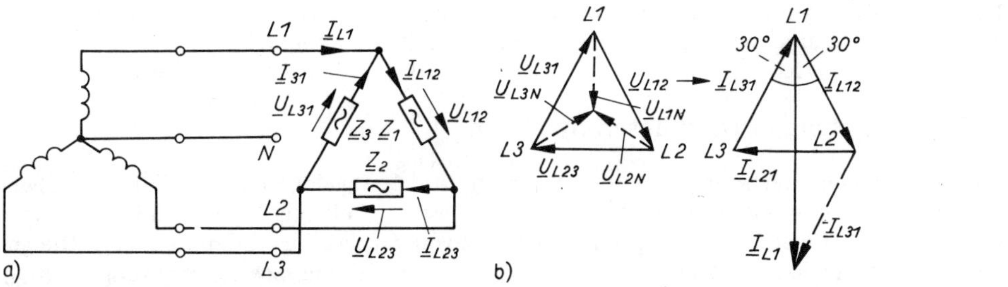

Bild 3.62. Stern-Dreieck-Schaltung

a) Schaltung; b) Spannungszeigerbild bei symmetrischem Generator und daraus abgeleitetes Stromzeigerbild bei zusätzlich symmetrischem ohmschen Verbraucher

$$\underline{I}_{L12} + \underline{I}_{L23} + \underline{I}_{L31} = 0. \tag{3.223}$$

Daraus und mit der Knotengl.

$$\underline{I}_{L1} = \underline{I}_{L12} - \underline{I}_{L31} \tag{3.224}$$

liest man aus dem Zeigerbild 3.62b $I_{L1} = 2I_{L12}\cos 30° = \sqrt{3}\, I_{L12}$ ab. Mit $I_{L12} = I_{L23} = I_{L31} = I_\Delta$ und $I_{L1} = I_{L2} = I_{L3} = I_L$ folgt allgemein für die

symmetrische Dreieckschaltung $\quad I_L = \sqrt{3}\, I_\Delta$. (3.225)

Der Strom in den Außenleitern ist $\sqrt{3}$ mal so groß wie der in der Dreieckschaltung.

3.10.3. Netze mit Dreieckschaltung des Generators

Für die im Bild 3.63a angegebene Zusammenschaltung der Spannungsquellen ist die Spannung zwischen den Leitern *1* und *4* wegen Gl. (3.215) Null. Demzufolge kann man diese Leiter kurzschließen (gestrichelte Leitung) und Leiter *1* und *4* durch einen Leiter ersetzen, so daß ein Dreileitersystem zum Verbraucher entsteht. Diese ringförmige Zusammenschaltung der Spannungsquellen läßt sich als Dreieck- bzw. in Form einer Polygonzuschaltung (Bild 3.63b bzw. 3.63c) darstellen. Die Verbraucher können als Dreieck- oder/und Sternschaltung (ohne Sternpunktleiter) angeschlossen werden (Bild 3.64). Die bereits abgeleiteten

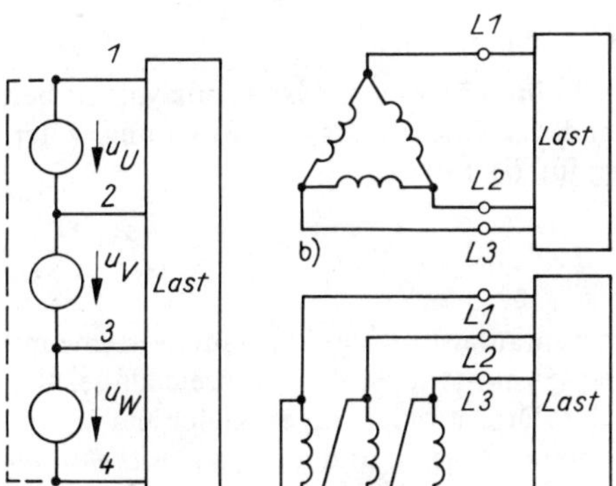

Bild 3.63. Generator in Dreieckschaltung

a) zur Entstehung der Dreieckschaltung; b) Dreieckschaltung; c) Polygonzugdarstellung der Dreieckschaltung

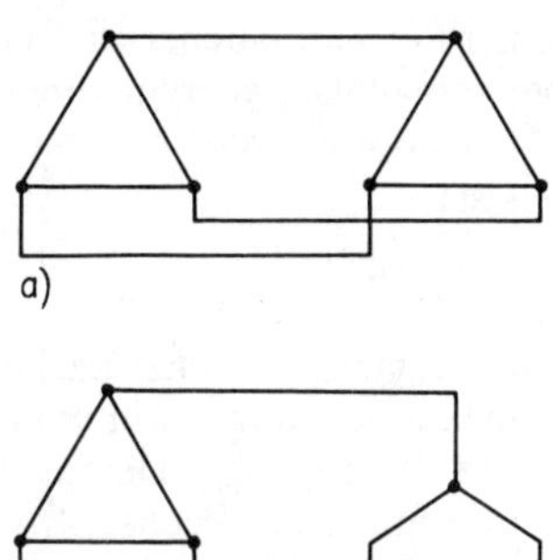

Bild 3.64

a) Dreieck-Dreieckschaltung;
b) Dreieck-Sternschaltung

Beziehungen für symmetrische Dreieck- bzw. Sternschaltungen sind unabhängig davon, ob es sich um Generator- oder Verbrauchergrößen handelt, anwendbar.

3.10.4. Leistung in Dreiphasen-Systemen

Für die Leistungsberechnung sind die im Abschnitt 3.6. abgeleiteten Beziehungen maßgebend. Die gesamte in einem Drehstromsystem umgesetzte Leistung ergibt sich jeweils durch Addition gleichartiger Teilleistungen (s. auch Satz von *Tellegen* im Abschnitt 3.6.2.). Die gesamte Momentanleistung lautet für Verbraucher in $\curlyvee$-Schaltung bzw. Δ-Schaltung

$$p_{\curlyvee}(t) = u_{\mathrm{L1N}} i_{\mathrm{L1N}} + u_{\mathrm{L2N}} i_{\mathrm{L2N}} + u_{\mathrm{L3N}} i_{\mathrm{L3N}} \tag{3.226}$$

$$p_{\Delta}(t) = u_{\mathrm{L12}} i_{\mathrm{L12}} + u_{\mathrm{L23}} i_{\mathrm{L23}} + u_{\mathrm{L31}} i_{\mathrm{L31}}. \tag{3.227}$$

Für die Wirkleistung gilt

$$P_{\curlyvee} = U_{\mathrm{L1N}} I_{\mathrm{L1N}} \cos \varphi_{\mathrm{L1N}} + U_{\mathrm{L2N}} I_{\mathrm{L2N}} \cos \varphi_{\mathrm{L2N}} + U_{\mathrm{L3N}} I_{\mathrm{L3N}} \cos \varphi_{\mathrm{L3N}}$$

$$(\text{mit } \varphi_{\mathrm{L1N}} = \varphi_{\mathrm{uL1N}} - \varphi_{\mathrm{iL1N}} \text{ usw.}) \tag{3.228}$$

$$P_{\Delta} = U_{\mathrm{L12}} I_{\mathrm{L12}} \cos \varphi_{\mathrm{L12}} + U_{\mathrm{L23}} I_{\mathrm{L23}} \cos \varphi_{\mathrm{L23}} + U_{\mathrm{L31}} I_{\mathrm{L31}} \cos \varphi_{\mathrm{L31}}$$

$$(\text{mit } \varphi_{\mathrm{L12}} = \varphi_{\mathrm{uL12}} - \varphi_{\mathrm{iL12}} \text{ usw.}). \tag{3.229}$$

Unter Berücksichtigung von $Q = UI \sin \varphi$ und $S = UI$ kann man leicht entsprechende Beziehungen für die Blind- bzw. Scheinleistung aufschreiben. Alle folgenden Aussagen beziehen sich auf symmetrische Systeme

$(U_{\mathrm{L12}} = U_{\mathrm{L23}} = U_{\mathrm{L31}} = U_{\mathrm{L}},$ $\underline{Z}_{\mathrm{L12}} = \underline{Z}_{\mathrm{L23}} = \underline{Z}_{\mathrm{L31}} = \underline{Z})$:

Sternschaltung	*Dreieckschaltung*	
$U_{\mathrm{L}} = \sqrt{3}\, U_{\curlyvee} \quad I_{\mathrm{L}} = I_{\curlyvee} = U_{\curlyvee}/Z$	$U_{\mathrm{L}} = U_{\Delta} \quad I_{\mathrm{L}} = \sqrt{3}\, I_{\Delta} = \sqrt{3}\,(U_{\Delta}/Z)$	
$P_{\curlyvee} = 3 U_{\curlyvee} I_{\curlyvee} \cos \varphi$	$P_{\Delta} = 3 U_{\Delta} I_{\Delta} \cos \varphi$	
$= \sqrt{3}\, U_{\mathrm{L}} I_{\mathrm{L}} \cos \varphi$	$= \sqrt{3}\, U_{\mathrm{L}} I_{\mathrm{L}} \cos \varphi$	(3.230)
$= U_{\mathrm{L}}^2 \cos \varphi / Z$	$= 3 U_{\mathrm{L}}^2 \cos \varphi / Z$	
$Q_{\curlyvee} = U_{\mathrm{L}}^2 \sin \varphi / Z$	$Q_{\Delta} = 3 U_{\mathrm{L}}^2 \sin \varphi / Z$	
$S_{\curlyvee} = U_{\mathrm{L}}^2 / Z = \sqrt{P_{\curlyvee}^2 + Q_{\curlyvee}^2}$	$S_{\Delta} = 3 U_{\mathrm{L}}^2 / Z = \sqrt{P_{\Delta}^2 + Q_{\Delta}^2}$.	

Diese Gln. gelten für Verbraucher und Generator. Beim Verbraucher ist U_{L} als vorgegeben anzusehen (bei vernachlässigbarem Innenwiderstand des Gnerators sowie Zuleitungswiderstand). Beim Generator gilt das in erster Näherung für $U_{\curlyvee}$ bzw. U_{Δ}.

Ohne Beweis sei

$$p_{\curlyvee} = P_{\curlyvee} \quad \text{bzw.} \quad p_{\Delta} = P_{\Delta} \tag{3.231}$$

angegeben, d. h., bei symmetrischer Last ist die Momentanleistung zeitkonstant. Systeme mit konstanter Momentanleistung nennt man balanciert (Symmetrie ist dafür hinreichende, aber nicht notwendige Bedingung). Demnach wird der Drehstromerzeuger gleichmäßig und nicht – wie beim Einphasen-Wechselstrom – pulsierend belastet, und auch *einem Drehstrommotor ist eine zeitlich konstante Momentanleistung zuzuordnen.*

Eine Auswertung der Gln. (3.230) liefert folgende Aussagen:

- Generatoren bzw. Transformatoren werden *meist* in *Sternschaltung* betrieben, da bei gleicher Außenleiterspannung die Strangspannung (um $\sqrt{3}$) niedriger ist (günstigere Isolationsbedingungen).

– Niederspannungsgeneratoren bzw. Transformatoren in Dreieckschaltung besitzen bei voller einsträngiger bzw. stark unsymmetrischer Belastung Vorteile.
– Das *verbraucherseitig dominierende Vierleiter-System* besitzt u. a. den Vorteil, daß zwei Spannungspegel zur Verfügung stehen (z. B. 220 V und 380 V für „Licht und Kraft").
– *Bei der Umschaltung eines Verbrauchers von Stern- in Dreieckschaltung verdreifacht sich die Leistung.* Bei Drehstrom-Asynchronmaschinen (s. Abschn. 11.3.8.) z. B. wählt man teilweise einen Anlauf in Sternschaltung, um den Anlaufstrom zu reduzieren (auf ⅓) und schaltet danach die Ständerwicklung in Dreieckschaltung um.

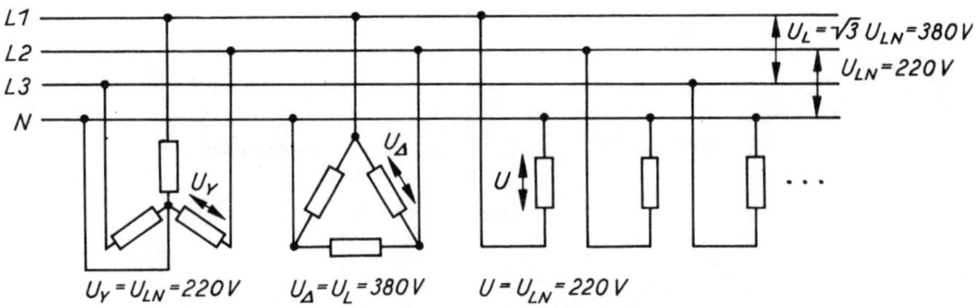

Bild 3.65. Beispiel für Verbraucheranschluß an ein Vierleiter-Drehstromnetz
Durch die Art der Beschaltung strebt man eine möglichst symmetrische Belastung an

Im Bild 3.65 wird noch einmal der Anschluß mehrerer Verbraucher veranschaulicht. *Große Verbraucher* (Motoren hoher Leistung, Transformatoren, Kondensatorbatterien zur Blindleistungskompensation, Öfen usw.) *werden dreiphasig angeschlossen* und *kleine Verbraucher* (Haushaltgeräte, Leuchten usw.) *einphasig.* Durch geeignete Gruppenbildung einphasiger Verbraucher (z. B. Etage eines Wohnhauses) versucht man die Unsymmetrie klein zu halten. Abschließend sei vermerkt, daß unsymmetrische Belastung zu unsymmetrischen Strom- bzw. Spannungszeigerbildern führt (Auftreten niedrigerer und höherer Spannungen möglich). Bei genauerer Betrachtung müssen auch Spannungsabfälle auf den Zuleitungen berücksichtigt werden. Die Berechnung unsymmetrischer Systeme erfolgt in üblicher Weise mit den Knoten- und Maschengln. sowie *u-i*-Relationen, wobei sich teilweise Δ-Y-Umwandlungen (Gl. (2.30) mit $\underline{Z}_\mu$ anstelle R_μ) als vorteilhaft erweisen.

3.10.5. Einige Beispiele zum Drehstrom-Vierleiternetz

Aufgabe 3.7: Spannungsberechnung

Zwischen den Klemmen L1 und N wird eine Spannung von 210 V gemessen. Wie groß sind alle anderen auftretenden Spannungen (bei Symmetrie)?

Lösung:

$$U_{\mathrm{L1N}} = U_{\mathrm{L2N}} = U_{\mathrm{L3N}} = 210\ \mathrm{V},$$

$$U_{\mathrm{L12}} = U_{\mathrm{L23}} = U_{\mathrm{L31}} = \sqrt{3} \cdot 210\ \mathrm{V} = 363{,}7\ \mathrm{V}.$$

Aufgabe 3.8: Strom- und Leistungsberechnung

Ein Heizofen mit drei Widerständen (je 20 Ω) wird a) in Sternschaltung (Sternpunkt am N) und b) in Dreieckschaltung an ein 380 V/220 V-Netz angeschlossen. Zu berechnen sind die Außenleiterströme sowie die Gesamtleistung. Wie ändern sich diese Größen, falls ein Widerstand durch Alterung ausfällt? (Zeigerbild benutzen!)

Lösung:

a) $$I_{\mathrm{L}} = I_{\mathrm{Y}} = U_{\mathrm{Y}}/R = 220\ \mathrm{V}/20\ \Omega = 11\ \mathrm{A},$$

$$P_{\mathrm{Y}} = 3\, U_{\mathrm{Y}}^2/R = 3 \cdot (220\ \mathrm{V})^2/20\ \Omega \approx 7\ \mathrm{kW}.$$

Bei Ausfall eines Widerstandes (s. Bild 3.66)

$$I_{L1N} = I_{L2N} = 11\ \text{A},$$

$$I_{L3N} = 0, \quad \underline{I}_N = \underline{I}_{L1N} + \underline{I}_{L2N} = \frac{\underline{U}_{L1N}}{R} + \frac{\underline{U}_{L2N}}{R}, \quad I_N = I_{L1N} = 11\ \text{A},$$

$$P = 2U_{\curlyvee}^2/R = 4{,}8\ \text{kW}$$

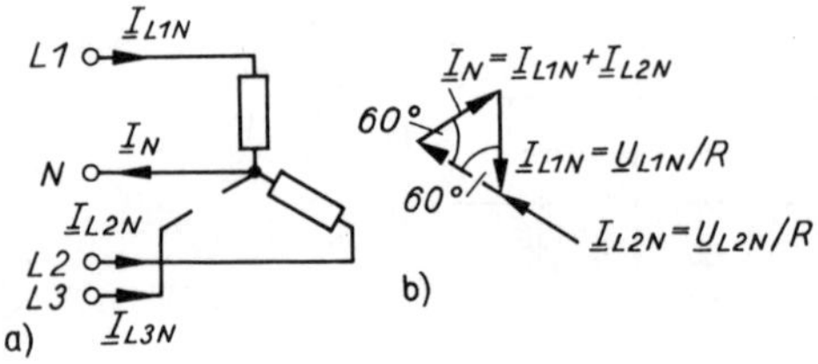

Bild 3.66
Heizofen in $\curlyvee$*-Schaltung bei Ausfall eines Widerstandes*
a) Schaltung; b) Strom-Zeigerbild

b) $$I_L = \sqrt{3}\ I_\Delta = \sqrt{3} \cdot 380\ \text{V}/20\ \Omega = 32{,}9\ \text{A}$$

$$P_\Delta = 3U_\Delta^2/R = 3\ (380\ \text{V})^2/20\ \Omega = 3P_{\curlyvee} \approx 21\ \text{kW}.$$

Bei Ausfall eines Widerstandes (s. Bild 3.67)

$$\underline{I}_{L1} = \underline{I}_{L12}, \qquad \underline{I}_{L3} = -\underline{I}_{L23},$$

$$\underline{I}_{L2} = \underline{I}_{L23} - \underline{I}_{L12} = \frac{\underline{U}_{L23}}{R} - \frac{\underline{U}_{L12}}{R}, \quad \underline{I}_{L31} = 0$$

$$I_{L1} = I_{L12} = U_\Delta/R = 19\ \text{A}, \quad I_{L3} = I_{L23} = U_\Delta/R = 19\ \text{A},$$

$$I_{L2} = 2\cos 30°\ I_{L23} = \sqrt{3}\ U_\Delta/R = 33\ \text{A}, \quad P = 2 \cdot (380\ \text{V})^2/R = 14{,}4\ \text{kW}.$$

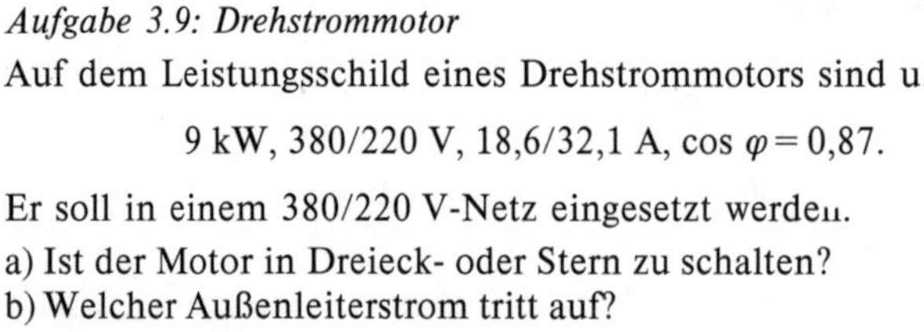

Bild 3.67
Heizofen in $\triangle$*-Schaltung bei Ausfall eines Widerstandes*
a) Schaltung; b) Zeigerbild

Aufgabe 3.9: Drehstrommotor

Auf dem Leistungsschild eines Drehstrommotors sind u. a. folgende Daten angegeben:

9 kW, 380/220 V, 18,6/32,1 A, cos $\varphi = 0{,}87$.

Er soll in einem 380/220 V-Netz eingesetzt werden.

a) Ist der Motor in Dreieck- oder Stern zu schalten?
b) Welcher Außenleiterstrom tritt auf?
c) Welche Wirk-, Blind- und Scheinleistung nimmt der Motor auf und wie groß ist sein Wirkungsgrad?

Hinweis: Die Zahlenangaben bedeuten $\curlyvee$-Schaltung für 380/220 V-Netz bzw. Δ-Schaltung für 220/127 V-Netz.

Lösung:

a) $\curlyvee$*-Schaltung*

b) $I_L = 18{,}6\ \text{A}$

c) $P = \sqrt{3}\ U_L I_L \cos\varphi,\quad P = \sqrt{3}\ 380\ \text{V}\cdot 18{,}6\ \text{A}\cdot 0{,}87 = 10{,}65\ \text{kW},$

$$\eta = 9\ \text{kW}/10{,}65\ \text{kW} = 0{,}85,\qquad S = \sqrt{3}\ U_L I_L = 12{,}24\ \text{kVA},$$

$$Q = \sqrt{3}\ U_L I_L \sin\varphi = 6{,}03\ \text{var}.$$

Aufgabe 3.10: Parallelschaltung von Verbrauchern*

Zwei Verbraucher, charakterisiert durch P_1, $\cos\varphi_1$ (induktiv) und P_2, $\cos\varphi_2$ (kapazitiv), liegen zwischen L1 und N (Phasenspannung U_{LN}, s. auch Bild 3.65). Wie groß sind die Blind- und Scheinleistungen sowie die Wirk- und Blindströme bzw. Ströme, d. h. I_w, I_b, I?

Hinweis: jeweils Addition von Wirk- bzw. Blindleistung

Lösung:

$$P_1 = U_{LN} I_1 \cos\varphi_1,$$

$$Q_1 = U_{LN} I_1 \sin\varphi_1 = U_{LN} I_1 \cos\varphi_1 \sin\varphi_1/\cos\varphi_1 = P_1 \tan\varphi_1$$

$$Q_1 = P_1 \tan\varphi_1 > 0,\qquad Q_2 = P_2 \tan\varphi_2 < 0,\qquad P = P_1 + P_2,$$

$$Q = Q_1 + Q_2$$

$$S = \sqrt{(P_1 + P_2)^2 + (Q_1 + Q_2)^2}$$

$$P_1 = U_{LN} I_{1w}\qquad I_{1w} = P_1/U_{LN}\qquad Q_1 = U_{LN} I_{1b}\qquad I_{1b} = Q_1/U_{LN}$$

$$I_w = I_{1w} + I_{2w} = (P_1 + P_2)/U_{LN}\qquad I_b = (Q_1 + Q_2)/U_{LN}$$

$$I = \sqrt{I_w^2 + I_b^2}\quad \text{oder}\quad I = S/U_{LN}.$$

3.11. Schaltungen bei mehrwelliger Erregung

3.11.1. Analyse linearer Netzwerke bei mehrwelliger Erregung

Bisher wurde stets vorausgesetzt, daß allen Quellen die gleiche Frequenz zuzuordnen ist. Wirken in einer Schaltung gleichzeitig n Quellen ($n \geqq 2$) unterschiedlicher Frequenz ω_k ($k = 1(1)\ n$), so spricht man von Mehrwelligkeit. Für lineare Netzwerke läßt sich mit dem Überlagerungssatz leicht folgender *Algorithmus* ableiten:

1. Netzwerkanalyse (zweckmäßigerweise im Komplexen), in der jeweils nur die Wirkung der Quelle(n) *einer* Frequenz ω_k (z. B. $\omega_k = \omega_1$) berücksichtigt wird (d. h., alle anderen Spannungsquellen sind durch einen Kurzschluß zu ersetzen bzw. alle anderen Stromquellen abzutrennen). Variation von k von $1(1)\ n$.
2. Überlagerung der für die einzelnen Frequenzen berechneten Zeitfunktionen von Strom bzw. Spannung.

Beispiel: Unterdrückung einer Brummspannung

Durch das 50-Hz-Netz verursachte Störspannungen in elektrischen Geräten, die sich in elektroakustischen Anlagen in einem Brummton äußern können, kann man je nach Frequenzlage der Nutzfrequenzen durch einen Hoch- oder Tiefpaß unterdrücken. Im Bild 3.68 a wird die eingestreute Brummspannung (im Ersatzschaltbild durch die Spannungsquelle u_2 mit der Frequenz $\omega_2 = 2\pi\cdot 50\ \text{s}^{-1}$ modelliert) durch einen Hochpaß gegenüber dem zu verarbeitenden Meßsignal der Frequenz ω_1 (z. B. $\omega_1 = 2\pi\cdot 10^4\ \text{s}^{-1}$) gedämpft. C sowie die Ausgangsspannung sind für $R = 100\ \text{k}\Omega$ und $f_g = 10^3$ Hz (Grenzfrequenz) zu berechnen.

Lösung: (s. Bild 3.68 b und c)

$\omega_g = 1/(RC)$ (s. Abschn. 3.7.1.), $\quad C = 1/(\omega_g R) = 1{,}59\ \text{nF} \approx 1{,}6\ \text{nF}$

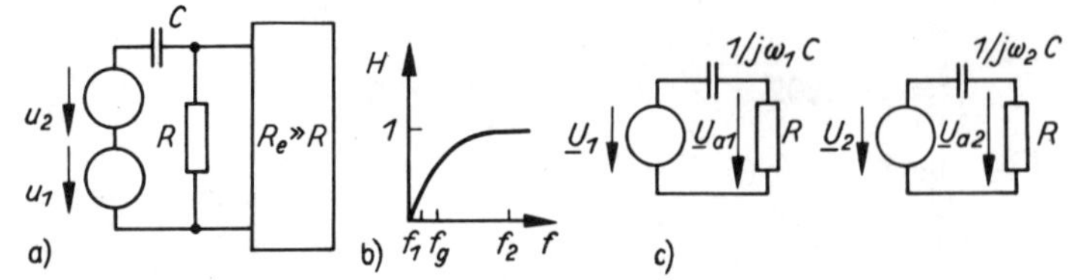

Bild 3.68. Beispiel eines mehrwelligen Stromkreises

a) Schaltung; b) Übertragungsverhalten $H = U_a/U_e$ des Hochpasses; c) Komplexe Ersatzschaltung jeweils für Nutzsignal $u_1 = \sqrt{2}\ U_1 \cos \omega_1 t$ und Störsignal $u_2 = \sqrt{2}\ U_2 \cos(\omega_2 t + \varphi_2)$

$$\underline{U}_{a1} = \underline{U}_1 \frac{R}{R + 1/(j\omega_1 C)} = \underline{U}_1 \frac{1}{1 - j/(\omega_1 \tau)} \quad \text{mit} \quad \tau = RC$$

$$\underline{U}_{a1} = U_{a1}\, e^{j\varphi_{a1}} \quad \text{mit} \quad U_{a1} = \frac{U_1}{\sqrt{1 + 1/(\omega_1 \tau)^2}} \quad \text{und} \quad \varphi_{a1} = \varphi_1 + \arctan 1/(\omega_1 \tau),\ \varphi_1 = 0$$

$$\underline{U}_{a2} = U_{a2}\, e^{j\varphi_{a2}} \quad \text{mit} \quad U_{a2} = \frac{U_2}{\sqrt{1 + 1/(\omega_2 \tau)^2}} \quad \text{und} \quad \varphi_{a2} = \varphi_2 + \arctan 1/(\omega_2 \tau)$$

$$u_a = \sqrt{2}\ U_{a1} \cos(\omega_1 t + \varphi_{a1}) + \sqrt{2}\ U_{a2} \cos(\omega_2 t + \varphi_{a2}), \quad U_{a1} = 0{,}995\ U_1, \quad U_{a2} = 0{,}05\ U_2,$$

d. h. Dämpfung der Störspannung um den Faktor 20 bei unwesentlicher Dämpfung der Nutzspannung.

3.11.2. Fourierreihendarstellung periodischer Zeitfunktionen

Häufig treten in Schaltungen *nichtsinusförmige periodische Zeitfunktionen* auf. Eine Zeitfunktion mit der Periodendauer T_0 erfüllt für alle t die Bedingung $f(t) = f(t + T_0)$. Sie kann – falls sie stückweise differenzierbar ist – durch eine sogenannte *Fourierreihe*

$$f(t) = C_0 + \sum_{n=1}^{\infty} A_n \cos n\omega_0 t + \sum_{n=1}^{\infty} B_n \sin n\omega_0 t \qquad (3.232)$$

mit $\omega_0 = 2\pi/T_0$ dargestellt werden, wie hier ohne Beweis angegeben sei. Dabei gilt für das zeitkonstante Glied

$$C_0 = \frac{1}{T_0} \int_{t_1}^{t_1 + T_0} f(t)\, dt \qquad (t_1 \text{ beliebig, z. B. } t_1 = 0) \qquad (3.233)$$

sowie für die harmonischen Teilschwingungen

$$A_n = \frac{2}{T_0} \int_{t_1}^{t_1 + T_0} f(t) \cos n\omega_0 t\, dt \qquad B_n = \frac{2}{T_0} \int_{t_1}^{t_1 + T_0} f(t) \sin n\omega_0 t\, dt. \qquad (3.234)$$

Unter Berücksichtigung der Gl. (3.233) entsteht als weitere Spektraldarstellung

$$f(t) = C_0 + \sum_{n=1}^{\infty} C_n \cos(n\omega_0 t - \varphi_n) \qquad (3.235)$$

mit

$$C_n = \sqrt{A_n^2 + B_n^2} \quad \text{und} \quad \varphi_n = \arctan \frac{B_n}{A_n} \ (\text{für } A_n \geqq 0)$$

$$\text{bzw. } \varphi_n = \arctan \frac{B_n}{A_n} + \pi \ (\text{für } A_n < 0) \qquad (3.236)$$

Demnach ermöglicht die Fourierzerlegung, der Funktionsdarstellung im *Zeitbereich* die Darstellung im *Frequenzbereich* gegenüberzustellen. Im Frequenzbereich wird die Funktion durch das *Amplitudenspektrum* (C_0, C_n),[1] das *Phasenspektrum* (φ_n) und die *Kreisfrequenz* ω_0 (sowie ihre ganzzahligen Vielfachen) beschrieben. Die Schwingung mit der tiefsten Frequenz ($n=1$, $\omega_1=\omega_0$) nennt man 1. *Harmonische oder Grundschwingung.* Eine Schwingung mit $n \geqq 2$ bezeichnet man entweder als *n-te Harmonische* oder als *(n − 1)-te-Oberwelle.* So ist z. B. C_3 die Amplitude der 3. Harmonischen oder 2. Oberwelle (mit Frequenz $3\omega_0$).

Ist die Funktion $f(t)$ *gerade*, also $f(-t)=f(t)$, so gilt $B_n=0$. Falls $f(t)$ *ungerade* ist, also $f(-t)=-f(t)$, gilt $C_0=A_n=0$. Verschiebt man den Koordinatensprung der f-Achse, so beeinflußt das nur das Phasen-, nicht aber das Amplitudenspektrum.

Beispiel: Fourieranalyse periodischer Rechteckimpulse (Bild 3.69)

$$u(t)=\begin{cases} U & \text{für} \quad -\frac{\tau}{2} \leqq t \leqq \frac{\tau}{2} \\ 0 & \text{für} \quad \frac{\tau}{2} < t \leqq \frac{T_0}{2}, \quad -\frac{T_0}{2} \leqq t < -\frac{\tau}{2}. \end{cases} \tag{3.237}$$

$u(t)$ ist eine gerade Funktion, woraus $B_n=0$ folgt. Zweckmäßigerweise wählt man $t_1=-T_0/2$, so daß sich folgendes ergibt

$$C_0 = \frac{1}{T_0}\int_{-T_0/2}^{T_0/2} u(t)\,\mathrm{d}t = \frac{1}{T_0}\int_{-\tau/2}^{\tau/2} U\,\mathrm{d}t = U\frac{\tau}{T_0} \tag{3.238}$$

$$A_n = C_n = \frac{2}{T_0}\int_{-T_0/2}^{T_0/2} u(t)\cos n\omega_0 t\,\mathrm{d}t = \frac{2}{T_0}U\int_{-\tau/2}^{\tau/2}\cos n\omega_0 t\,\mathrm{d}t$$

$$= \frac{2U}{n\omega_0 T_0}\sin n\omega_0 t\Big|_{-\tau/2}^{+\tau/2} = \frac{2U}{n\pi}\sin\left(n\pi\frac{\tau}{T_0}\right) \tag{3.239}$$

$$u(t) = C_0 + A_1\cos\omega_0 t + A_2\cos 2\omega_0 t + A_3\cos 3\omega_0 t + \ldots \tag{3.240}$$

Die Fourierkoeffizienten C_0 bzw. A_n sind im Bild 3.70 qualitativ dargestellt.

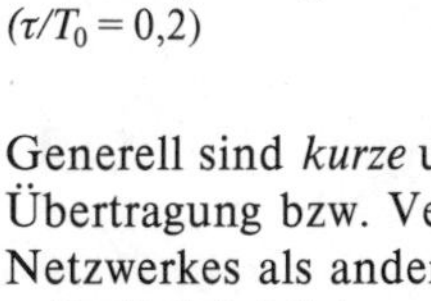

Bild 3.69. Periodische Rechteckspannung ($\tau/T_0=0{,}2$)

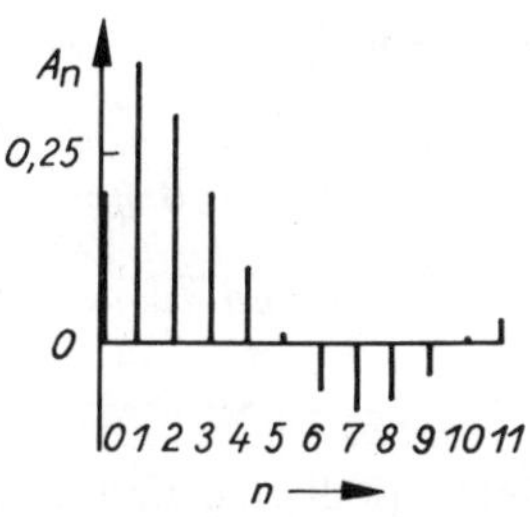

Bild 3.70. Fourierkoeffizienten zu Bild 3.69. für die Grundschwingung sowie die ersten 11 Harmonischen

Generell sind *kurze* und/oder *steile Impulse oberwellenhaltiger.* Sie erfordern demnach für eine Übertragung bzw. Verstärkung mit geringer Verformung *höhere Bandbreiten* des elektrischen Netzwerkes als andere Impulsformen.

Berücksichtigt man – wie in der Praxis häufig üblich – nur eine endliche Zahl von Harmonischen z. B. $n=1(1)5$, so stellt die entstehende endliche Reihe nur eine Näherung von $f(t)$ dar, wobei der Abbruchfehler von $f(t)$ und der Zahl der berücksichtigten Harmonischen abhängt.

[1] Im Gegensatz zu A_n und B_n ist $C_n \geqq 0$, kann also stets als Amplitude aufgefaßt werden

Fouriersche Reihen sind u. a. unter folgenden Aspekten von Bedeutung:

1. Frequenzselektive Messung von periodischen Zeitfunktionen bei ausgewählten Harmonischen (harmonische Analyse)
2. Harmonische Synthese periodischer Zeitfunktionen, z. B. durch Überlagerung einer Gleichspannung und einigen Harmonischen
3. Nutzung der Netzwerkanalyse im Komplexen auch für nichtsinusförmige periodische Quellen in linearen Netzwerken
4. Entstehung von Oberwellen in Netzwerken mit sinusförmiger Erregung, die nichtlineare Bauelemente enthalten.

Diese zuletzt genannte Oberwellengeneration durch die nichtlinearen Kennlinien von Dioden, Transistoren, Verstärkern, durch nichtlineare Spulen, Kondensatoren usw. erweist sich meist als nachteilig (z. B. „Klirren" von elektroakustischen Anlagen). In Spezialfällen wird sie zur Frequenzvervielfachung genutzt (z. B. mit nichtlinearen Halbleiterkapazitäten).

Beispiel: Oberwellengeneration durch eine Diode

An die Reihenschaltung einer pn-Diode und eines Widerstandes (Bild 3.71) wird eine sinusförmige Spannung angelegt. Um $i(t)$ bzw. die Spannung $u_a(t) = Ri(t)$ zu ermitteln, wird eine grafische Methode gewählt. Als erstes wird die i-u-Kennlinie der Schaltung ermittelt, die aus der der Diode und der des Widerstandes als gescherte Diodenkennlinie (s. Abschn. 2.6.) hervorgeht. Die Eingangsspannung $u_e(t)$ trägt man zweckmäßigerweise mit einer nach unten gerichteten t-Achse auf. Dadurch kann aus $u_e(t)$ und $i(u_e)$ der Zeitverlauf $i(t)$ konstruiert werden, der nicht mehr sinusförmig ist, d. h., es werden Oberwellen erzeugt (Oberwellengeneration).

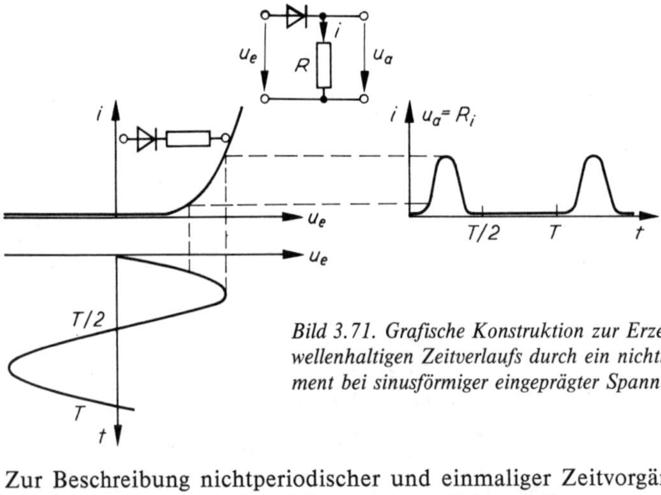

Bild 3.71. Grafische Konstruktion zur Erzeugung eines oberwellenhaltigen Zeitverlaufs durch ein nichtlineares Bauelement bei sinusförmiger eingeprägter Spannung

Zur Beschreibung nichtperiodischer und einmaliger Zeitvorgänge ($T \to \infty$) reicht übrigens die Summe harmonischer Schwingungen diskreter Frequenzen nicht aus. Die Fourierreihe geht mit $\exp(\mathrm{j}\omega t) = \cos \omega t + \mathrm{j} \sin \omega t$ in ein Integral (über ein kontinuierliches Frequenzspektrum) über, das man als *Fourierintegral* bezeichnet:

$$f(t) = \frac{1}{2\pi \mathrm{j}} \int_{-\mathrm{j}\infty}^{\mathrm{j}\infty} F(\mathrm{j}\omega) \exp(\mathrm{j}\omega t) \, \mathrm{d}(\mathrm{j}\omega). \quad (3.241)$$

Die Bildfunktion (Fouriertransformierte) ist

$$F(\mathrm{j}\omega) = \int_{-\infty}^{\infty} f(t) \exp(-\mathrm{j}\omega t) \, \mathrm{d}t. \quad (3.242)$$

Sie existiert nur, wenn $\int_{-\infty}^{\infty} |f(t)| \, \mathrm{d}t$ endlich ist.

3.11.3. Kenngrößen nichtsinusförmiger periodischer Zeitfunktionen

Im folgenden werden Kenngrößen nichtsinusförmiger periodischer Zeitfunktionen ausgehend vom Beispiel einer periodischen Spannung $u(t)$ mit der Fourierreihendarstellung

$$u(t) = U_0 + \sum_{n=1}^{\infty} \sqrt{2}\, U_n \cos(n\omega_0 + \varphi_{un}) \quad \text{mit} \quad \omega_0 = \frac{2\pi}{T_0} \tag{3.243}$$

behandelt. $U_n = \hat{U}_n/\sqrt{2}$ ist der Effektivwert der n-ten Harmonischen mit der Amplitude $\hat{U}$. Als *Effektivwert* von u ist die Wurzel des quadratischen Mittelwertes definiert, woraus das *Parsevalsche Theorem* folgt:

$$U = \sqrt{\frac{1}{T}\int_{t_0}^{t_0+T_0} u^2\,dt} = \sqrt{\sum_{n=0}^{\infty} U_n^2} = \sqrt{U_0^2 + \frac{1}{2}\sum_{n=1}^{\infty} \hat{U}_n^2} \tag{3.244}$$

Die Darstellung von U_n^2 (bzw. I_n^2 beim Strom) als Funktion von ω oder n bezeichnet man als Leistungsspektrum. Die Ableitung von U erfolgt mit

$$\int_{t_0}^{t_0+T_0} \cos n\omega_0 t \cos m\omega_0 t\,dt = \begin{cases} T_0/2 & \text{für } n = m \\ 0 & \text{für } n \neq m \end{cases} \quad (n,\ m - \text{ganz}).$$

Der Effektivwert U ist im Gegensatz zum Effektivwert der Summe mehrerer Sinusgrößen gleicher Frequenz unabhängig von den Nullphasenwinkeln. Eine nichtsinusförmige periodische Spannung mit dem Effektivwert U setzt an einem linearen Widerstand die gleiche Leistung wie eine Gleichspannung der Größe U um.

Als *Wirkleistung* P an einem Zweipol mit nichtsinusförmigen periodischen Spannungen und Strömen ist der arithmetische Mittelwert über die Momentanleistung $p(t) = u(t)\, i(t)$ definiert:

$$\overline{p}^T = \frac{1}{T_0}\int_{t_0}^{t_0+T_0} p\,dt = P = U_0 I_0 + \sum_{n=1}^{\infty} U_n I_n \cos(\varphi_{un} - \varphi_{in}). \tag{3.245}$$

Die *Scheinleistung* S eines Zweipols wird bei periodischen Spannungen und Strömen wie bei Sinusgrößen definiert:

$$S = UI \quad \text{mit den Effektivwerten } U = \sum_{n=0}^{\infty} U_n^2 \quad \text{und} \quad I = \sum_{n=0}^{\infty} I_n^2. \tag{3.246}$$

Als *Blindleistung* Q definiert man

$$Q = \sqrt{S^2 - P^2} \quad (S \text{ Scheinleistung}, P \text{ Wirkleistung}). \tag{3.247}$$

Um die Abweichung einer periodischen Funktion $u(t)$ von der Sinusform zu charakterisieren, werden ausgehend vom Effektivwert $U_\sim$ der Wechselgröße $u - U_0$[1] bzw. u (für $U_0 = 0$)

$$U_\sim = \sum_{n=1}^{\infty} U_n$$

folgende Größen definiert:

Grundschwingungsgehalt

$$g_u = \frac{U_1}{U_\sim} = \frac{\text{Effektivwert der Grundschwingung}}{\text{Effektivwert der Wechselgröße}}; \tag{3.248}$$

[1] Eine Wechselgröße bzw. ein Wechselanteil einer Mischgröße besitzt keinen Gleichanteil, ist also durch verschwindenden arithmetischen Mittelwert charakterisiert.

Klirrfaktor für die n-te Harmonische (Klirrfaktor n-ten Grades, $n \geqq 2$)

$$k_{\mathrm{un}} = \frac{U_{\mathrm{n}}}{U_{\sim}} = \frac{\text{Effektivwert der } n\text{-ten Harmonischen}}{\text{Effektivwert der Wechselgröße}}; \tag{3.249}$$

Klirrfaktor (Oberschwingungsgehalt)

$$k_{\mathrm{u}} = \frac{\sqrt{\sum\limits_{n=2}^{\infty} U_{\mathrm{n}}^2}}{U_{\sim}} = \frac{\text{Effektivwert der Oberschwingungen}}{\text{Effektivwert der Wechselgröße}} \tag{3.250}$$

Es gelten

$$k_{\mathrm{u}}^2 + g_{\mathrm{u}}^2 = 1 \quad \text{sowie} \quad k_{\mathrm{u}} = \sum_{n=2}^{\infty} k_{\mathrm{un}}^2.$$

Der Klirrfaktor k_{u} einer Wechselgröße ist umso größer, je größer deren Abweichung von der Sinusform ist. Er ist damit ein Maß für die Verzerrung. Im Gegensatz dazu nähert sich g_{u} dem Maximalwert 1, je weniger $u(t)$ von der Sinusform abweicht.

Um die Abweichung einer *Mischgröße* von der Gleichgröße zu beschreiben, definiert man die Welligkeit und, um die Abweichung von der Sinusform zu charakterisieren, den Schwingungsgehalt:

Welligkeit einer Mischgröße

$$w_{\mathrm{u}} = \frac{U_{\sim}}{U_0} = \frac{\text{Effektivwert einer Wechselgröße}}{\text{Gleichwert}}; \tag{3.251}$$

Schwingungsgehalt einer Mischgröße

$$s_{\mathrm{u}} = \frac{U_{\sim}}{U} = \frac{\text{Effektivwert der Wechselgröße}}{\text{Effektivwert der Mischgröße}}. \tag{3.252}$$

Hinweise: Die Differentiation einer periodischen Funktion führt stets zu einer zur Oberwellenfrequenz proportionalen Anhebung der Oberwellen und damit zur Erhöhung des Klirrfaktors, während eine Integration stets glättend wirkt mit einer umgekehrt zur Oberwellenfrequenz proportionalen Absenkung der Oberwellen und damit zur Reduzierung des Klirrfaktors. Aus $i = C\,\mathrm{d}u/\mathrm{d}t$ und $u = L\,\mathrm{d}i/\mathrm{d}t$ ergibt sich damit:

a) An Kapazitäten ist i oberwellenhaltiger als u ($k_{\mathrm{i}} > k_{\mathrm{u}}$ für $k_{\mathrm{u}} \neq 0$);
b) An Induktivitäten ist u oberwellenhaltiger als i ($k_{\mathrm{u}} > k_{\mathrm{i}}$ für $k_{\mathrm{i}} \neq 0$);
c) Mit beiden Bauelementen ist es möglich, in einem Netzwerk vorhandene Oberwellen zu beeinflussen und damit Verformungen hervorzurufen. Infolge der Linearität ist es aber nicht möglich, daß i andere Frequenzen als u enthält bzw. Oberwellen generiert werden.

Mit einem Tiefpaß (bzw. Hochpaß) kann der Klirrfaktor der Ausgangsspannung gegenüber dem der Eingangsspannung reduziert (bzw. erhöht) werden. Mit nichtlinearen Bauelementen können Oberwellen generiert werden, wobei diese Erhöhung des Klirrfaktors unerwünscht sein kann (z. B. Klirren in der Audiotechnik) oder auch erwünscht (z. B. gezielte Impulsformung oder Erzeugung hoher Frequenzen).

Aufgabe 3.11:

Ein Widerstand $R = 10\ \Omega$ wird vom Strom

$$i = 0{,}25\ \mathrm{A} + 0{,}1\ \mathrm{A}\cos\omega t + 15\ \mathrm{mA}\cos(2\,\omega t + \pi/3) \quad (f = 50\ \mathrm{Hz})$$

durchflossen. Zu berechnen sind u, U, I, P sowie k und w (für Spannung sowie Strom).

Lösung:

$$u = Ri;$$

Effektivwert

$$U = R\sqrt{I_0^2 + I_1^2 + I_2^2} = RI, \quad I_0 = 0{,}25\ \mathrm{A}, \quad I_1 = 0{,}1\ \mathrm{A}/\sqrt{2} = 0{,}07\ \mathrm{A},$$

$$I_2 = 0{,}01\ \text{A}, \quad I = 0{,}27\ \text{A}, \quad U = 2{,}7\ \text{V}$$

Wirkleistung

$$P = 2{,}5\ \text{V} \cdot 0{,}25\ \text{A} + 0{,}7\ \text{V} \cdot 0{,}07\ \text{A} + 0{,}1\ \text{V} \cdot 0{,}01\ \text{A} = 0{,}67\ \text{W}$$

Klirrfaktor

$$k = \sqrt{I_2^2/(I_1^2 + I_2^2)} = \sqrt{U_2^2/(U_1^2 + U_2^2)} = 14\,\%$$

Welligkeit

$$w = \sqrt{I_1^2 + I_2^2}\,/I_0 = \sqrt{U_1^2 + U_2^2}\,/U_0 = 28\,\%.$$

4. Schaltungen bei beliebiger Erregung

4.1. Schaltvorgänge

4.1.1. Schaltverhalten von *R*, *L* und *C*

Wir untersuchen zunächst das Verhalten der idealen Grundschaltelemente bei sprunghaften Spannungs- bzw. Stromverläufen und erweitern danach die Betrachtung auf Schaltvorgänge in Netzwerken. Im Bild 4.1a ist die sogenannte Einheitssprungfunktion

$$1(t) = \begin{cases} 0 & \text{für} \quad t < 0 \\ 1 & \text{für} \quad t \geqq 0 \end{cases} \tag{4.1}$$

dargestellt. Ein Spannungssprung von 0 auf U_0 kann demnach durch $u(t) = U_0 1(t)$ beschrieben werden. Es sei erwähnt, daß sprunghafte Änderungen nicht nur im Zusammenhang mit Schaltvorgängen in Netzwerken, sondern generell als Testsignal für die Übertragungseigen-

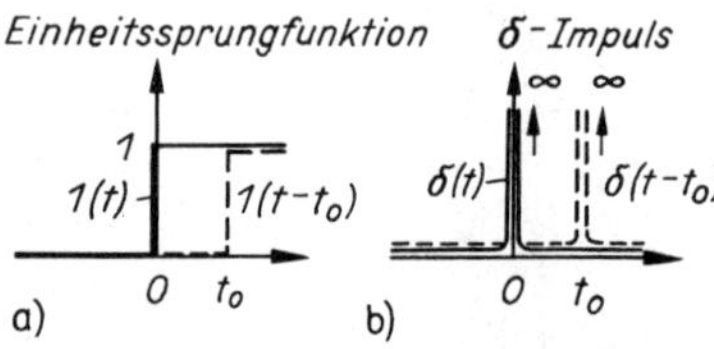

Bild 4.1

a) Einheitssprungfunktion $1(t)$ bzw. $1(t-t_0)$;
b) Delta- oder Impulsfunktion $\delta(t)$ bzw. $\delta(t-t_0)$

Hinweis $\delta(t)$ ist im streng mathematischen Sinn keine Funktion, sondern als Distribution definiert, und zwar ist

$$\delta(t) = \lim_{\tau \to 0} \frac{1(t) - 1(t-\tau)}{\tau} = \begin{matrix} \infty \text{ für } t = 0 \\ 0 \text{ für } t \neq 0 \end{matrix} \quad \textit{mit der}$$

Nebenbedingung: $\int\limits_{-\infty}^{\infty} \delta(t) = 1.$

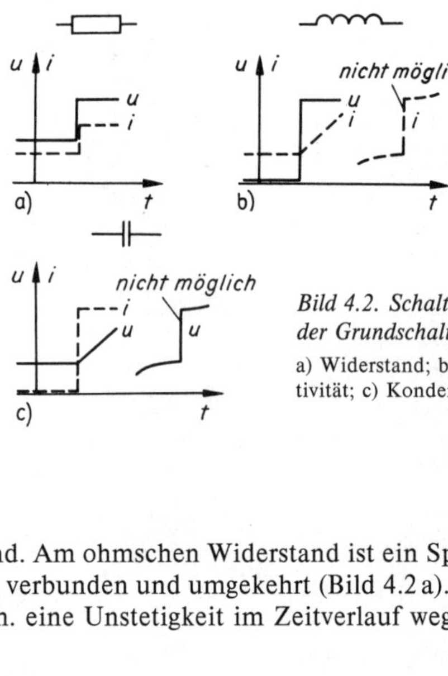

Bild 4.2. Schaltverhalten der Grundschaltelemente

a) Widerstand; b) Induktivität; c) Kondensator

schaften linearer Systeme von Bedeutung sind. Am ohmschen Widerstand ist ein Spannungssprung wegen $u = Ri$ mit einem Stromsprung verbunden und umgekehrt (Bild 4.2a). Bei einer Induktivität führt ein Spannungssprung, d. h. eine Unstetigkeit im Zeitverlauf wegen

$$i(t) = i(t_0) + \frac{1}{L} \int\limits_{t_0}^{t} u \, dt$$

zu einem stetigen, aber nicht differenzierbaren Stromverlauf, d. h., zu einem Knick (Bild 4.2b). Ein Stromsprung würde wegen $di/dt \to \infty$ und $u = L\, di/dt$ im Schaltmoment die Realisierung einer unendlich hohen Spannung, d. h., einen δ-Impuls $u \sim \delta(t)$ (s. Bild 4.1b) erfordern und ist demnach auszuschließen. Diese Aussage liefert auch eine Leistungsbetrachtung: Um die gespeicherte magnetische Energie $W = Li^2/2$ sprunghaft zu ändern, müßte wegen $p = dW/dt$ bzw. wegen $p = ui = Li \cdot di/dt$ eine unendlich hohe Leistung zu- oder abgeführt werden. Analog dazu erkennt man aus $i = C\, du/dt$ die Unzulässigkeit von Spannungssprüngen bzw. von sprunghaften Änderungen der elektrischen Feldenergie bei Kapazitäten

(Bild 4.2 c). Zusammenfassend:

Der Strom durch Induktivitäten sowie die Spannung an Kapazitäten können sich nicht sprunghaft ändern (Stetigkeit des Zeitverlaufs der Zustandsgrößen bei Energiespeichern).

Aus den Gln. (1.77) bzw. (1.96) erkennt man, daß diese Aussage auch für nichtlineare Bauelemente gültig ist.

4.1.2. Schaltvorgänge in linearen Schaltungen

Für die Berechnung von Schaltvorgängen kann man allgemein folgenden *Algorithmus* angeben:

1. *Differentialgleichung (bzw. Dgl.-System) aufstellen* (mit den Knoten- und Maschengleichungen sowie *i*-*u*-Beziehungen oder gleichwertigen Verfahren, Abschnitt 4.3)
2. *Anfangswert(e) vorgeben bzw. aus der Aufgabenstellung ermitteln* (Stetigkeit von u_C und i_L beachten, *n* Anfangswerte für eine Dgl. *n*-ter Ordnung bzw. für ein System von *n* Dgln. erster Ordnung)
3. *Lösung der Dgl. (bzw. des Dgl.-Systems), Diskussion der Lösung* (im Gegensatz zu 1. bis 3. nicht notwendig, aber zweckmäßig).

Meist empfiehlt sich dabei eine Überprüfung der Lösung bezüglich Einhaltung der Anfangswerte, des eventuellen Überganges in die stationäre Lösung und u. U. auch – durch Einsetzen in die Dgl. – Verifizierung der Lösung für den gesamten Zeitbereich.

Folgende *Lösungsvarianten* sind zu unterscheiden:

- systematische (oder auch intuitive) Lösungsverfahren
- Nutzung vorhandener Lösungen, z. B. von analogen Problemen oder auch aus geeigneten Handbüchern (s. z. B. [4.5] [4.6]).

Im folgenden wird dieser Algorithmus, der auch für nichtlineare Schaltungen gilt, auf einige lineare Schaltungen angewendet.

4.1.2.1. Netzwerke mit einem Energiespeicher bei konstanter Erregungsfunktion

Aufladung eines Kondensators. Zur Einführung in die Problematik betrachten wir die Umladung eines Kondensators (mit der Spannung $u_C(t) = U_0$ für $t < t_0$), der zum Zeitpunkt t_0, z. B. $t_0 = 0$, durch einen idealen Schalter über einen Widerstand mit einer Gleichspannungsquelle verbunden wird (Bild 4.3). Vor der Berechnung wollen wir den sich in dem Tiefpaß-Glied abspielenden Vorgang anschaulich interpretieren. Wegen der Stetigkeit von u_C behält u_C im Schaltmoment t_0 den Wert bei, der kurz davor vorlag:

$$u_C(t_0 - \varepsilon) = u_C(t_0 + \varepsilon) = u_C(t_0) \quad \text{für} \quad \varepsilon \to 0$$

und damit $u_C(t_0) = U_0$. Speziell für $U_0 = 0$ fließt ein Strom, der den Kondensator von $u_C = 0$ auf $u_C = U_q$ auflädt. Wegen $i = (U_q - u_C)/R$ erfolgt dieser Ausgleichsvorgang um so langsamer, je kleiner die Spannungsdifferenz $U_q - u_C$ wird. Für $t - t_0 \to \infty$ ist C auf U_q aufgeladen, d. h., es hat sich der stationäre Zustand (s. Abschn. 3.3.1.) eingestellt, der nicht mehr vom Anfangswert $u_C(t_0)$ abhängt (Bild 4.3 d).

Wendet man den o. g. Algorithmus zur Berechnung der Kondensatorspannung im obigen

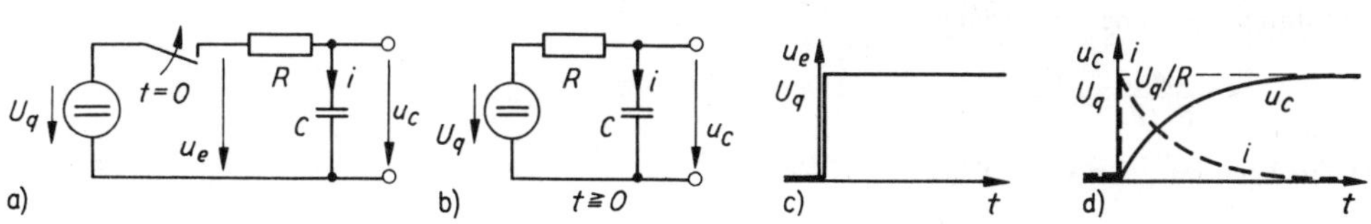

Bild 4.3. Aufladung eines Kondensators

a) Schaltung; b) Ersatzschaltung für $t \geqq 0$; c) $u_e(t)$; d) $u_c(t)$ und i(t)

Beispiel an, so erhält man aus dem für $t \geqq t_0 = 0$ gültigen Schaltbild (Bild 4.3 b) folgendes:

1. Aufstellen der Dgl.

$$U_q = Ri + u_C, \qquad i = C\frac{du_C}{dt}. \tag{4.2}$$

Will man eine Dgl. für u_C aufstellen, so ist i zu eliminieren, und es entsteht

$$\tau\frac{du_C}{dt} + u_C = U_q$$

mit der Zeitkonstante

$$\tau = RC. \tag{4.3}$$

2. Festlegung des Anfangwertes

Gl. (4.2) ist eine inhomogene Dgl. erster Ordnung mit konstanten Koeffizienten (s. auch Abschn. 3.3.2.). Demnach muß ein Anfangswert vorgegeben werden. Es sei $t_0 = 0$ und $u_C(t_0) = u_C(0) = 0$.

3. Lösung

Schlägt man in einem Handbuch nach, so findet man für die Dgl.

$$\tau\frac{da}{dt} + a = F \quad (\tau = \text{konst.},\ F = \text{konst.}) \tag{4.4}$$

$$a(t) = (a(0) - F)\,e^{-t/\tau} + F \quad \text{mit} \quad e = 2{,}71828\ldots \tag{4.5}$$

als Lösung. Speziell für $a(0) = 0$ gilt

$$a(t) = F(1 - e^{t/\tau}). \tag{4.6}$$

Für die gesuchte Lösung der Dgl. (4.3) erhält man mit $u_C = a$, $u_C(0) = a(0) = 0$ und $U_q = F$ aus Gl. (4.5) demnach

$$u_C(t) = U_q\,(1 - e^{-t/\tau}) \tag{4.7}$$

sowie mit $i = C\,du/dt$ durch Differentiation

$$i_C(t) = U_q\,e^{-t/\tau}/R. \tag{4.8}$$

Man kann also das o. g. Problem sowie weitere Probleme, die durch diese Dgl. beschrieben werden, analysieren, ohne Kenntnisse über die Lösung von Dgln. zu besitzen. Da diese Dgl. nicht nur lineare Schaltungen mit einem Energiespeicher und konstanter Störfunktion beschreibt, sondern zumindest näherungsweise für viele weitere Probleme in Natur und Technik relevant ist, soll ihre Lösung ausführlich diskutiert werden.

Die angegebene Lösung der Dgl. (4.4) läßt sich folgendermaßen ableiten:

Beweis für Gl. (4.5):* Durch Umstellung der Gl. (4.4) entsteht

$$\frac{da}{dt} = -\frac{1}{\tau}(a - F) \tag{4.9}$$

und durch Trennung der Variablen

$$\frac{da}{a - F} = -\frac{dt}{\tau}. \tag{4.10}$$

Damit kann integriert werden

$$\int_{a(0)}^{a(t)} \frac{da}{a - F} = -\frac{1}{\tau}\int_0^t dt \tag{4.11}$$

$$\ln(a(t) - F) - \ln(a(0) - F) = -t/\tau. \tag{4.12}$$

Um nach $a(t)$ auflösen zu können, wird

$$\exp\left[\ln\frac{a(t) - F}{a(0) - F}\right] = \exp\left[-\frac{t}{\tau}\right] \tag{4.13}$$

gebildet, woraus

$$a(t) - F = [a(0) - F]\exp[-t/\tau]$$

folgt und damit Gl. (4.5).

Diskussion der Gl. (4.5)

α) Eigenschaften der Funktion $f(t) = e^{-t/\tau}$ (für $\tau > 0$) (s. auch Bild 4.4)

$f(0) = e^0 = 1$, $\lim\limits_{t\to\infty} f(t) = 0$; für $t = \tau$ ist $f(t)$ auf 37%, nach 2τ auf 14% nach 4τ auf 2% und nach 5τ auf 7‰ abgesunken. Legt man bei $t = 0$ die Tangente an, so schneidet diese die Abszisse bei $t = \tau$. Definiert man durch $f(t_H) = 1/2$ die Halbwertszeit t_H, so folgt aus $\exp(-t_H/\tau) = 0{,}5$

$$t_H = \tau \ln 2 \approx 0{,}7\,\tau \quad \text{(Halbwertszeit).} \tag{4.14}$$

Die Funktion $1 - \exp(-t/\tau)$ ist im Bild 4.5 dargestellt.

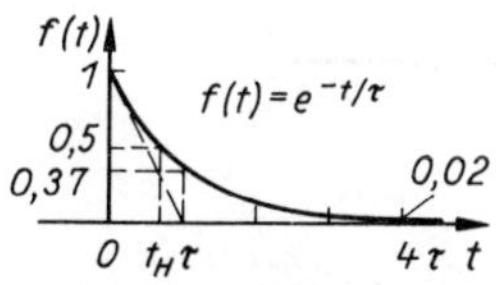

Bild 4.4. $f(t) = \exp(-t/\tau)$ für $\tau > 0$

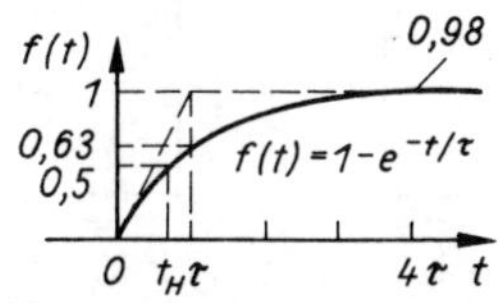

Bild 4.5. $f(t) = 1 - \exp(-t/\tau)$ für $\tau > 0$

Der exponentielle Ausgleichsprozeß erfolgt um so langsamer, je größer die Zeitkonstante τ ist.

β) Anfangsbedingung: Setzt man $t = 0$ in Gl. (4.5) ein, so entsteht $a(0) = (a(0) - F)\,1 + F = a(0)$, d. h., die Anfangsbedingung ist erfüllt.

γ) $a(t)$ für $t \to \infty$: Für $t \to \infty$ ergibt sich $a = F$ unter der Voraussetzung $\tau > 0$, also wie zu erwarten ein vom Anfangszustand $a(0)$ unabhängiger und zeitkonstanter Wert. Auch die Dgl. (4.4) liefert mit der Annahme $da/dt = 0$ den stationären Wert $a = F$. Für $t \to \infty$ und $\tau < 0$ geht $a \to \infty$, d. h., es stellt sich kein stationärer Zustand ein. Der Fall $\tau < 0$ tritt allerdings bei linearen RLC-Schaltungen nicht auf.

δ) Lösungsvarianten für $a(t)$: s. Bild 4.6.

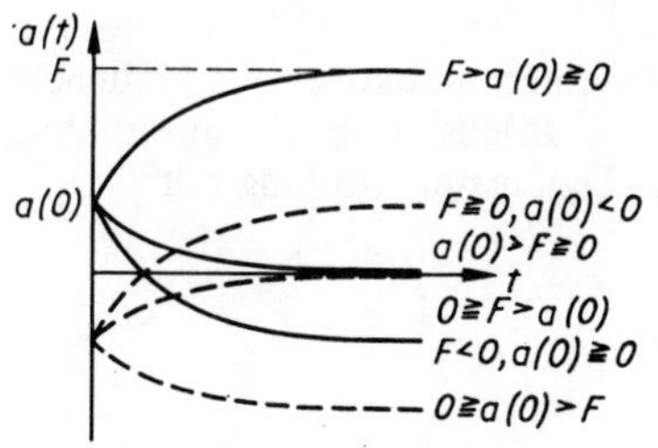

Bild 4.6. Lösungsvarianten für die Dgl.
$$\tau\frac{da}{dt} + a = F$$
entsprechend Gl. (4.5) für $\tau > 0$

4. Diskussion der Lösung (Gl. (4.7))

Kehren wir wieder zum Ausgangspunkt – Berechnung der Aufladung eines Kondensators – zurück, so kann mit Hilfe der Gln. (4.7) bzw. (4.8) das bereits qualitativ erarbeitete Bild 4.3d nun auch quantitativ diskutiert werden. Die Spannung steigt exponentiell mit der Zeitkonstanten $\tau = RC$ an, während der Strom, der sich im Schaltmoment unstetig ändert, mit der gleichen Zeitkonstanten absinkt.

Hinweis: Der diskutierte Schaltvorgang kann auch dadurch analysiert werden, daß man die Dgl. nicht für u_C sondern für i aufstellt, indem man u_C eliminiert:

1. Aufstellen der Dgl.

$$U_q = Ri + u_C, \quad u_C = \frac{1}{C}\int i\,dt; \quad U_q = Ri + \frac{1}{C}\int i\,dt.$$

Durch Differentiation geht diese Integro-Dgl. in eine Dgl. über

$$\frac{dU_q}{dt} = 0 = R\frac{di}{dt} + \frac{1}{C}i \quad \text{bzw.} \quad \tau\frac{di}{dt} + i = 0.$$

2. Ermittlung des Anfangswertes $i(0)$ (für $u_C(0) = 0$)

$$t = 0: U_q = Ri(0) + u_C(0) \quad \text{bzw.} \quad i(0) = U_q/R.$$

3. Lösung (unter Auswertung der Gl. (4.5)) führt wieder zu den Gln. (4.8) und (4.7):

$$i(t) = i(0)\,e^{-t/\tau} = U_q\,e^{-t/\tau}/R, \quad u_C = U_q - Ri = U_q\,(1 - e^{-t/\tau}).$$

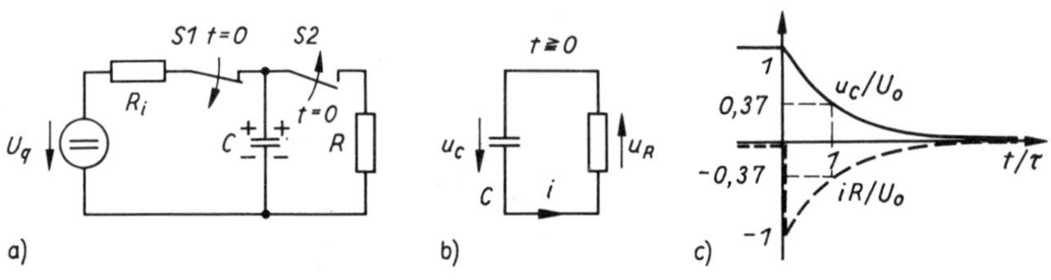

Bild 4.7. Entladung eines Kondensators

a) Schaltung; b) Ersatzschaltung für $t \geqq 0$; c) $u_c(t)$ und $i(t)$ in normierter Darstellung

Entladung eines Kondensators (Bild 4.7a). Öffnet man Schalter S1 und schließt gleichzeitig S2, so setzt für $t \geqq 0$ eine Entladung ein. Aus dem für $t \geqq 0$ gültigen Bild b erhält man mit $u_R = Ri$, $i = C\,du_C/dt$ und $u_C + u_R = 0$ als Dgl. für u_C

$$\tau\frac{du_C}{dt} + u_C = 0 \quad \text{mit} \quad \tau = RC. \tag{4.15}$$

Mit dem Anfangswert $u_C(0) = U_q = U_0$ folgt aus Gl. (4.4) das im Bild 4.7c veranschaulichte Ergebnis

$$u_C(t) = U_0\,e^{-t/\tau}, \quad i_C = C\frac{du_C}{dt} = -\frac{U_0}{R}\,e^{-t/\tau}. \tag{4.16}$$

Einschalten einer RL-Schaltung (Bild 4.8a). Das Zuschalten eines induktiven Verbrauchers wird anhand des Bildes 4.8a bzw. des für $t \geqq 0$ gültigen Bildes 4.8b diskutiert. Aus $u_L = L\,di/dt$, $u_R = Ri$ sowie $U_q = u_R + u_L$ folgt wiederum eine Dgl. erster Ordnung mit

$$\tau\frac{di}{dt} + i = \frac{U_q}{R}$$

mit

$$\tau = \frac{L}{R} \quad \text{(Zeitkonstante).} \tag{4.17}$$

Als Anfangswert ergibt sich aus $i(t) = 0$ für $t < 0$ und der Stetigkeit von i für eine Spule $i(0) = 0$. Die Lösung der Dgl. (4.17) lautet demnach mit der Gl. (4.5)

$$i = U_q/R - (U_q/R - i(0))\,e^{-t/\tau} = U_q\,(1 - e^{-t/\tau})/R. \tag{4.18}$$

Wie auch Bild 4.8c illustriert, wächst der Strom exponentiell bis zum stationären Wert $i = U_q/R$ an. Da im Schaltmoment der Strom Null bleibt, fällt über R keine Spannung ab, d. h., die gesamte Spannung U_q liegt zunächst voll an der Induktivität und sinkt entsprechend $u = L\,di/dt = U_q \exp(-t/\tau)$ ab.

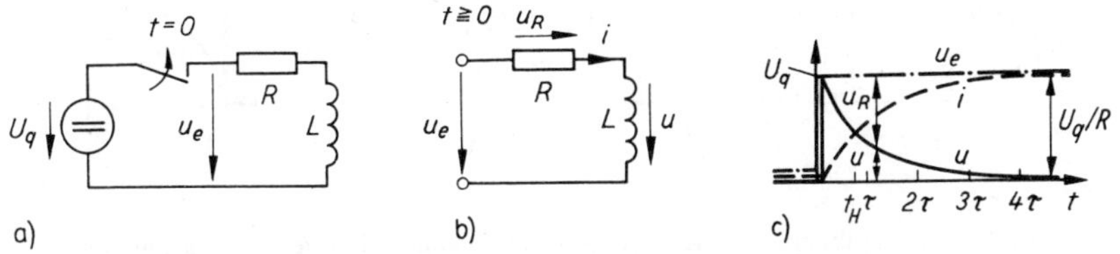

Bild 4.8. Einschalten eines induktiven Verbrauchers

a) Schaltung; b) Ersatzschaltung für $t \geqq 0$; c) Zeitverlauf des Spulenstroms bzw. der -spannung für $u_e(t)$

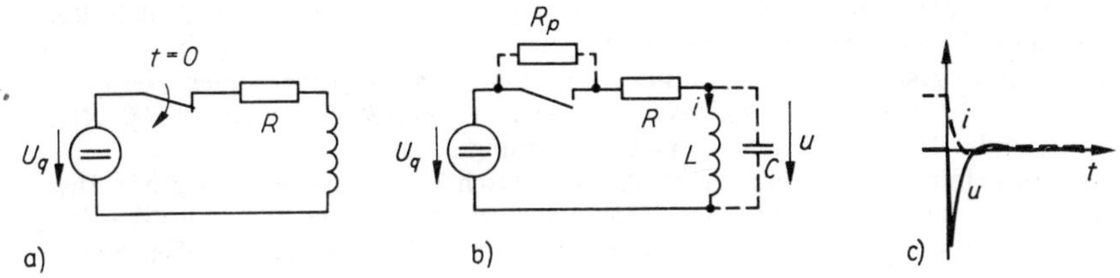

Bild 4.9. Ausschalten eines induktiven Verbrauchers: Beispiele für unzureichende (a), ausreichende Modellierung für $t > 0$ (b) sowie Zeitverlauf des Spulenstromes sowie der -spannung (c)

Ausschalten einer RL-Schaltung. Bei der Analyse des Ausschaltvorganges für das Netzwerk im Bild 4.9a könnte formal im Schaltmoment eine sprunghafte Änderung des Stromes von $i = U_q/R$ auf $i = 0$ und damit $u = L\,di/dt \to -\infty$ festgestellt werden. Damit spiegelt das Netzwerk aber – wie bereits im Abschnitt 4.1.1. begründet – nicht das Verhalten einer technischen Schaltung wider, d. h., das Modell muß modifiziert werden. Über einige Möglichkeiten gibt Bild 4.9b Aufschluß, in dem in der Modellierung die Entstehung eines Schaltfunkens (infolge Durchschlags) und damit eines leitfähigen Plasmakanals durch einen nichtlinearen und zeitabhängigen Widerstand R_p sowie die parasitäre Kapazität der Spule durch C berücksichtigt sind. Dadurch wird u auf einen endlichen Wert begrenzt, und es entsteht beispielsweise der im Bild 4.9c qualitativ dargestellte Verlauf. u kann aber trotzdem betragsmäßig sehr hohe Werte annehmen. Um solche Spannungsspitzen zu unterbinden, die zur Zerstörung elektronischer Bauelemente führen können, den Kontaktverschleiß fördern und auch elektromagnetische Störstrahlungen verursachen können, kann man u. a. parallel zu L einen (Funkenlösch)-Kondensator oder Halbleiterventile schalten, die die negativen Spitzen begrenzen (z. B. bei Relais, Summern usw.). Andererseits besteht aber auch die Möglichkeit, aus kleinen Spannungen Hochspannungsimpulse zu erzeugen (z. B. beim Unterbrecher, s. Abschn. 7.7.5.3.).

*Ausschalten einer Inverterstufe (Bild 4.10a)**. Eine spezielle Inverterstufe mit einem npn-Transistor als Schalter und einer durch R_2 und C modellierten Last soll beim Ausschalten näherungsweise durch eine einfache Ersatzschaltung beschrieben werden, in der man den Transistor durch einen Schalter ersetzt (Bild 4.10b). Die Ausgangsspannung ist zu bestimmen und darzustellen.

Zweckmäßigerweise zeichnet man Bild 4.10b in das übersichtlichere Bild 4.10c um. Faßt man nun den Schaltungsteil ohne C in einer Zweipolersatzschaltung mit $U_l = U_{CC} R_2/(R_1 + R_2)$ und $R_i = R_1 /\!/ R_2$ (s. Abschn. 2.5.2.) zusammen, so entsteht ein bereits oben behandelter und durch Gl. (4.7) beschriebener Fall (Bild 4.10d). Die Lösung lautet demnach für $t \geqq 0$

$$u_a(t) = U_{CC} \frac{R_2}{R_1 + R_2} (1 - e^{-t/\tau}) \quad \text{mit} \quad \tau = (R_1 /\!/ R_2)\, C. \tag{4.19}$$

Ohne Kondensator ($\tau = 0$) ist $u_a = U_{CC} R_2/(R_1 + R_2)$ für $t \geqq 0$. Wie Bild 4.10e veranschaulicht, verzögert

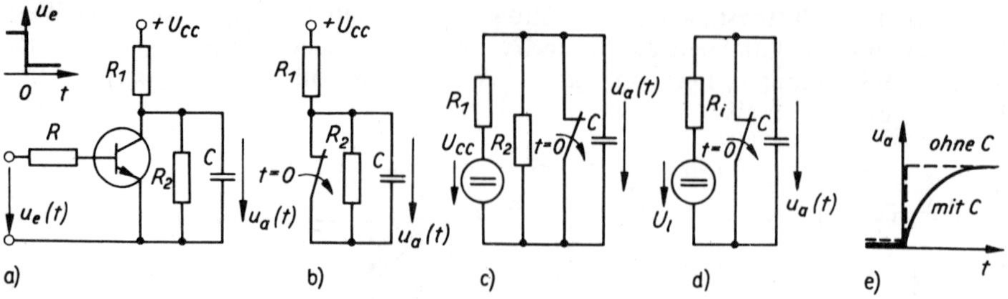

Bild 4.10

a) Inverterschaltung mit Last; b) Ersatzschaltung; c) umgezeichnete Ersatzschaltung; d) Vereinfachung von c) mit Hilfe des Helmholtzschen Satzes; e) $u_a(t)$ für $C=0$ sowie $C>0$

die Kapazität den Anstieg von u_a. Dieser hier nur im Prinzip und linearisiert dargestellte Vorgang, der in ähnlicher Weise beim Einschalten auftritt, begrenzt in vielen elektronischen Schaltungen (z. B. in Rechnern) die Arbeitsgeschwindigkeit. Geringere Verzögerungszeiten entstehen durch kleine R_i bzw. C. Die Kapazitäten sind vielfach vorgegeben (z. B. als parasitäre Kapazitäten nachfolgender Stufen oder Leitungen), so daß man ein kleines R_i anstrebt. Für kleines R_2 ist u_a klein. Kleines R_1 wird wegen $P=U_{cc}^2/R_1$ (im eingeschalteten Zustand des Transistors) mit hoher Verlustleistung erkauft.

Abschließend sei noch einmal darauf hingewiesen, daß sich durch Lösung linearer Dgln. auch Aussagen über nichtlineare Schaltungen gewinnen lassen, wenn man – wie oben dargestellt – Idealisierungen einführt. Außerdem erwies sich die Zweipolersatzschaltung wiederum als wirksame Grundlage einer effektiven Netzwerkanalyse.

Hinweise zu rechteckförmigen Erregungsfunktionen. Rechteckförmige Spannungsverläufe sind vor allem für die moderne Informationstechnik von Bedeutung. Als Beispiel betrachten wir das Übertragungsverhalten des bereits diskutierten *RC*-Gliedes (Bild 4.11 a) mit Tiefpaßcharakter. Die Berechnung kann auf das durch die Gl. (4.5) beschriebene Verhalten bei konstanter Erregungsfunktion zurückgeführt werden, wenn man die Dgl. stückweise löst. Zunächst wird $u(t)$ für $0 \leqq t < t_1$ ermittelt. $u(t_1)$ dient als Anfangsbedingung für die Lösung im Zeitraum $t_1 \leqq t < T$. Die Gl. (4.5) ist nach wie vor anwendbar, wenn man t durch $t^* = t - t_1$ ersetzt. Für eine Impulsfolge muß die Rechnung solange fortgesetzt werden, bis periodisches Verhalten mit hinreichender Genauigkeit erreicht wird. Im Bild 4.11 ist das Verhalten eines Tiefpasses dem eines Hochpasses für verschiedene Zeitkonstanten $\tau = RC$ gegenübergestellt. Dieses Bild

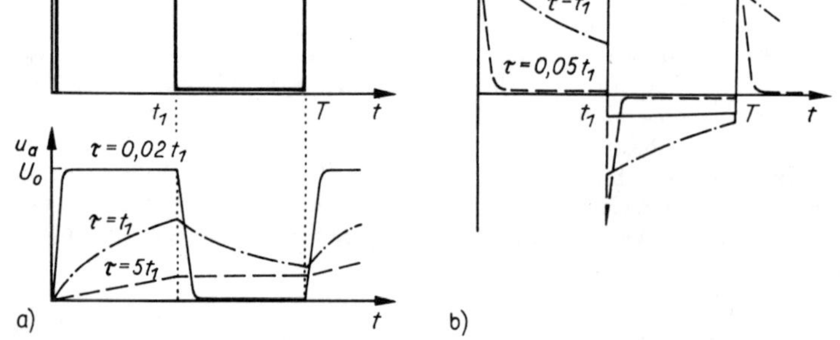

Bild 4.11. Übertragungsverhalten eines Tiefpasses (a) bzw. Hochpasses (b) für eine rechteckförmige Eingangsspannung bei verschiedenen Zeitkonstanten ($u_c(0) = 0$)

veranschaulicht, daß ein Tief- bzw. Hochpaß für $\tau = 1/\omega_{go} \ll t_1$ bzw. $\tau = 1/\omega_{gu} \gg T$ das Rechtecksignal und damit auch alle anderen technisch interessanten (weniger oberwellenhaltigen) Signalformen unverformt überträgt. Für $\tau \gg t$ (Integrationszeitraum) wirkt ein *Tiefpaß* als *Integrierglied* mit

$$u_a(t) - u_a(0) \approx \frac{1}{\tau} \int_0^t u_e(t')\,dt',$$

wie man aus $i = (u_e - u_a)/R = C\,du_a/dt$ ableiten kann. Ein *Hochpaß* ist für $\tau \ll t$ ein *Differenzierglied* mit

$$u_a(t) \approx \tau \frac{du_e}{dt}$$

(für endliches $|du_e/dt|$). Wesentlich bessere Eigenschaften erhält man bei der Verknüpfung der *RC*-Glieder mit einem Operationsverstärker (s. Abschn. 10.1.4.).

Aufgabe 4.1: Übertragungsverhalten einer RC-Schaltung (Bild 4.12)

Die Ausgangsspannung u_a bei einer Sprungfunktion am Eingang ist zu ermitteln.

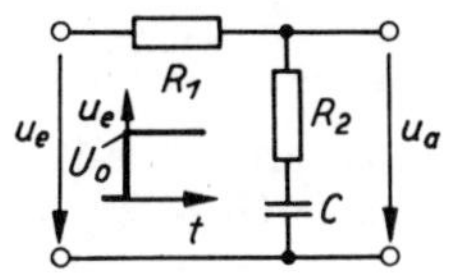

Bild 4.12. RC-Schaltung
(s. Aufgabe 4.1)

Lösung:

$$u_e = R_1 i + u_a, \qquad u_a = R_2 i + \frac{1}{C} \int i\,dt,$$

$$i = \frac{u_e - u_a}{R_1}, \qquad \frac{du_a}{dt} = R_2 \frac{di}{dt} + \frac{1}{C} i$$

$$\frac{du_a}{dt} = R_2 \frac{d}{dt}\left(\frac{u_e - u_a}{R_1}\right) + \frac{1}{C} \frac{u_e - u_a}{R_1}$$

$$C(R_1 + R_2)\frac{du_a}{dt} + u_a = CR_2 \frac{du_e}{dt} + u_e = u_e = U_0, \quad \text{da} \quad \frac{du_e}{dt} = 0 \quad \textit{für} \quad t \geqq 0$$

$$\textit{Dgl.:}\ \tau \frac{du_a}{dt} + u_a = U_0 \quad \text{mit} \quad \tau = (R_1 + R_2)\,C.$$

Lösungsansatz nach Gl. (4.5)

$u_a = (u_a(0) - U_0)\,e^{-t/\tau} + U_0.$

Anfangswert

$u_a(0) = u_e(0) - R_1\,i(0), \quad (R_1 + R_2)\,i(0) + u_C(0) = u_e$

$$u_a(0) = U_0 - \frac{R_1}{R_1 + R_2} U_0 + \frac{R_1}{R_1 + R_2} u_C(0).$$

Lösung:

$$u_a = \frac{R_1}{R_1 + R_2}(u_C(0) - U_0)\,e^{-t/\tau} + U_0.$$

4.1.2.2.* Netzwerke mit einem Energiespeicher bei beliebiger Erregungsfunktion

Sie werden durch die Dgl.

$$\tau \frac{da}{dt} + a = F(t) \tag{4.21}$$

beschrieben. Wie bereits im Abschnitt 3.3.2. erwähnt, kann die Lösung einer linearen inhomogenen Dgl. als Summe der Lösung a_f der homogenen Dgl.

$$\tau \frac{da_f}{dt} + a_f = 0 \tag{4.22}$$

sowie einer partikulären Lösung a_s der inhomogenen Dgl. dargestellt werden, d. h.,

$$a = a_f + a_s. \tag{4.23}$$

a_f muß nach Gl. (4.22) offensichtlich eine Funktion sein, bei der sich Funktion und erste Ableitung nur durch einen konstanten Faktor unterscheiden, so daß der Lösungsansatz $a_f = K\,e^{\lambda t}$ naheliegt. Setzt man ihn in die Dgl. ein, so entsteht eine Bestimmungsgleichung für λ:

$$\tau\lambda K\,e^{\lambda t} + K\,e^{\lambda t} = 0 \quad \text{bzw.} \quad \lambda = -1/\tau.$$

Die Konstante K wird durch den Anfangswert $a_f(0) = K\,e^{-0/\tau} = K$ festgelegt. $a_f(0)$ ist nach Gl. (4.23) so zu wählen, daß

$$a_f(0) = a(0) - a_s(0) \tag{4.24}$$

erfüllt ist. Demnach lautet Gl. (4.23) nun

$$a(t) = [a(0) - a_s(0)]\,e^{-t/\tau} + a_s. \tag{4.25}$$

Für den Spezialfall einer *konstanten Erregungsfunktion* F ergibt sich daraus als partikuläre Lösung $a_s = F$, wie man durch Einsetzen in die Dgl. verifizieren kann. Damit geht Gl. (4.25) in die bereits angegebene Gl. (4.5) über. Bei *sinusförmiger Erregungsfunktion* $F(t)$ existiert bekanntlich ebenfalls eine stationäre Lösung, so daß man die partikuläre Lösung a_s mit Hilfe der komplexen Netzwerkanalyse gewinnen kann. Als allgemeine Lösung der Dgl. (4.21) für beliebige Erregungsfunktionen F kann man ableiten:

$$a(t) = a(0)\,e^{-t/\tau} + \frac{1}{\tau}\int_0^t e^{(t-t')/\tau}\,F(t')\,dt'. \tag{4.26}$$

Aufgabe 4.2: Einschalten einer Wechselspannungsquelle*

Das im Bild 3.6 (Abschn. 3.3.2.) vorgestellte Beispiel eines Einschwingvorganges soll nun auch rechnerisch analysiert werden.

Lösung:

Wegen $Ri + u = RC\,du/dt + u = u_q = \hat{U}_q \cos(\omega t + \varphi_{uq})$ lautet die zu lösende Dgl. für $t \geqq 0$

$$\tau \frac{du}{dt} + u = \hat{U}_q \cos(\omega t + \varphi_{uq}) \quad \text{mit} \quad \tau = RC. \tag{4.27}$$

Nach Gl. (4.25) ist

$$u(t) = [u(0) - u_s(0)]\,e^{-t/\tau} + u_s. \tag{4.28}$$

Die stationäre Lösung u_s wird in bereits bekannter Weise ermittelt:

Transformation in das Komplexe und Bestimmung von Betrag und Phase

$$\underline{U}_s = \underline{U}_q \frac{1}{j\omega C(R + 1/j\omega C)} = \underline{U}_q \frac{1}{1 + j\omega\tau} = \frac{U_q}{\sqrt{1 + (\omega\tau)^2}}\,e^{j(\varphi_{uq} - \arctan \omega\tau)}$$

Rücktransformation

$$u_s = \hat{U}\cos(\omega t + \varphi_u) \quad \text{mit} \quad \hat{U} = \frac{\hat{U}_q}{\sqrt{1 + (\omega\tau)^2}} \quad \text{und} \quad \varphi_u = \varphi_{uq} - \arctan \omega\tau.$$

Damit ergibt sich nach Bildung von $u_s(0)$ mit Gl. (4.25), wie im Bild 3.6d veranschaulicht

$$u(t) = (u(0) - \hat{U}\cos\varphi_u)\,e^{-t/\tau} + \hat{U}\cos(\omega t + \varphi_u). \tag{4.29}$$

4.1.2.3. Netzwerke mit zwei Energiespeichern

Treten in einem Netzwerk n *Energiespeicher (L, C)* auf, die sich nicht durch Reihen- oder Parallelschaltung zusammenfassen lassen, so entstehen bei seiner Beschreibung n Dgln. 1. Ordnung oder eine Dgl. n-ter Ordnung.

Speziell für $n=2$ ergibt sich eine Dgl. zweiter Ordnung

$$\frac{d^2a}{dt^2} + 2\alpha\frac{da}{dt} + \beta^2 a = F(t), \qquad F \text{ Erregung.} \tag{4.30}$$

Die beiden Anfangswerte $a(0)$ *und* $\frac{da}{dt}(0)$ *lassen sich aus dem Zustand der beiden Energiespeicher im Schaltmoment ermitteln.* Im folgenden wird zuerst die flüchtige Lösung a_f, d. h., die Lösung der homogenen Dgl. betrachtet. Der Lösungsansatz $K\,e^{\lambda t}$, eingesetzt in die Dgl. (4.30) (mit $F=0$), führt zur sogenannten charakteristischen Gleichung

$$\lambda^2 + 2\alpha\lambda + \beta^2 = 0 \tag{4.31}$$

mit den Wurzeln

$$\lambda_1 = -\alpha + \sqrt{\alpha^2 - \beta^2} \qquad \lambda_2 = -\alpha - \sqrt{\alpha^2 - \beta^2}. \tag{4.32}$$

Die Form der Lösung hängt von dem Wurzelausdruck, d. h. von α/β ab. Vier Fälle können unterschieden werden, wie man durch Einsetzen in die Dgl. verifizieren kann:

a) $\alpha^2 > \beta^2$, d. h. reelle λ_1, λ_2 und $\lambda_1 \neq \lambda_2$

$$a_f = K_1\,e^{\lambda_1 t} + K_2\,e^{\lambda_2 t} \quad \textit{(aperiodischer Fall)} \tag{4.33}$$

b) $\alpha^2 = \beta^2$, d. h. $\lambda_1 = \lambda_2 = \lambda = -\alpha$

$$a_f = (K_1 + K_2)\,e^{-\alpha t} \quad \textit{(aperiodischer Grenzfall)} \tag{4.34}$$

c) $\alpha^2 < \beta^2$, d. h. konjugiert komplexe $\lambda_{1,2}$

$$\lambda_1 = -\alpha + j\omega_d, \quad \lambda_2 = -\alpha - j\omega_d \quad \text{mit} \quad \omega_d = \sqrt{\beta^2 - \alpha^2}$$

$$a_f = K\,e^{-\alpha t}\cos(\omega_d t + \varphi) \quad \textit{(gedämpfte Schwingung)}. \tag{4.35}$$

Man nennt

$$\omega_d = \sqrt{\omega_0^2 - \alpha^2} \quad \text{Eigenfrequenz,} \quad (\omega_d)_{\alpha=0} = \omega_0 = \beta \text{ ungedämpfte Eigenfrequenz.} \tag{4.36}$$

$$\alpha \text{ Dämpfungsfaktor} \quad D = \alpha/\omega_0 \text{ Dämpfungsgrad.}$$

d) $\alpha = 0$, d. h. imaginäre $\lambda_{1,2}$: $\lambda_1 = j\beta = j\omega_0$, $\lambda_2 = -j\beta = -j\omega_0$

$$a_f = K\cos(\omega_0 t + \varphi) \quad \textit{(ungedämpfte Schwingung)}. \tag{4.37}$$

Die Konstanten K_1, K_2 bzw. K und φ sind aus den Anfangsbedingungen $a_f(0)$ und $\frac{da_f}{dt}(0)$ der flüchtigen Lösung zu bestimmen, indem man $\frac{da_f}{dt}$ bildet und danach die beiden Gln. für $a_f(0)$ und $\frac{da_f}{dt}(0)$ auswertet. Als Ergebnis entsteht für Fall

a) $$K_1 = \frac{\frac{da_f}{dt}(0) - a_f(0)\,\lambda_2}{\lambda_1 - \lambda_2}; \quad K_2 = \frac{\frac{da_f}{dt}(0) - a_f(0)\,\lambda_1}{\lambda_2 - \lambda_1} \tag{4.38}$$

b) $$K_1 = \frac{da_f}{dt}(0) + \alpha a_f(0); \quad K_2 = a_f(0) \tag{4.39}$$

c) $$\varphi = \arctan\left(-\frac{1}{\omega_d}\left[\alpha + \frac{\frac{da_f}{dt}(0)}{a_f(0)}\right]\right);$$

$$K = a_f(0)\sqrt{1 + \frac{1}{\omega_d^2}\left[\alpha + \frac{\frac{da_f}{dt}(0)}{a_f(0)}\right]^2} \tag{4.40}$$

d) s. c) mit $\alpha = 0$.

Schwingungen entsprechend c) und d) können – wie sich zeigen läßt – nur bei Netzwerken mit zwei *unterschiedlichen* Energiespeichern auftreten.

Beispiel:

Das Verhalten des Parallelschwingkreises im Bild 4.13a, der zum Zeitpunkt $t = 0$ von einer Gleichspannungsquelle abgetrennt wird, soll anhand einer Dgl. für $i_L(t)$ analysiert werden.

Lösung (für $t \geqq 0$):

Aufstellen der Dgl.

$$i = 0 = i_C + i_R + i_L \quad \text{sowie} \quad i_C = C\,du/dt, \quad i_R = u/R, \quad u = L\,di_L/dt$$

$$C\frac{du}{dt} + \frac{u}{R} + i_L = 0, \quad CL\frac{d^2 i_L}{dt^2} + \frac{L}{R}\frac{di_L}{dt} + i_L = 0$$

$$\frac{d^2 i_L}{dt^2} + \frac{1}{CR}\frac{di_L}{dt} + \frac{1}{LC}i_L = 0. \tag{4.41}$$

Anfangswerte: Für $t < 0$ wirkt L wie ein Kurzschluß, d. h., $u = 0$ und damit $i_R = u/R = 0$. Außerdem ist $i_C = 0$ und damit gilt $i = i_L = U_0/R_i$, wegen der Stetigkeit von i_L ergibt sich daraus $i_L(0) = U_0/R_1$ und wegen der Stetigkeit von $u_C = u$ folgt

$$u(0) = L\frac{di_L}{dt}(0) = 0, \quad \text{d. h.,} \quad \frac{di_L}{dt}(0) = 0.$$

Lösung:

Ein Vergleich mit der Dgl. (4.30) ergibt

$$\beta = \omega_0 = 1/\sqrt{LC}, \quad \alpha = 1/(2CR), \quad D = \alpha/\omega_0 = \sqrt{L/C}/(2R). \tag{4.42}$$

Für $1/(2CR)^2 \geqq 1/(LC)$, d. h., für $1/R \geqq 2\sqrt{C/L}$ liegt aperiodisches Verhalten entsprechend den Gln. (4.33) und (4.34) vor (Bild 4.13b). Speziell beim aperiodischen Grenzfall $1/R = 2\sqrt{C/L}$ nähert sich i_L in der kürzesten Zeit der Nullinie, ohne überzuschwingen. Für $1/R < 2\sqrt{C/L}$ tritt eine gedämpfte Schwingung mit der Frequenz

$$\omega_d = \sqrt{\omega_0^2 - 1/(2CR)^2} \quad \text{mit} \quad \omega_0 = 1/\sqrt{LC} \tag{4.43}$$

auf, deren Spitzenwerte exponentiell absinken (Bild 4.13c). Für $R \to \infty$ ist der Dämpfungsfaktor in der Parallelschaltung $\alpha = 0$, und die Kreisfrequenz der ungedämpften Schwingung ist ω_0. Beim Reihenschwingkreis tritt $\alpha = 0$ übrigens für R = 0 auf.

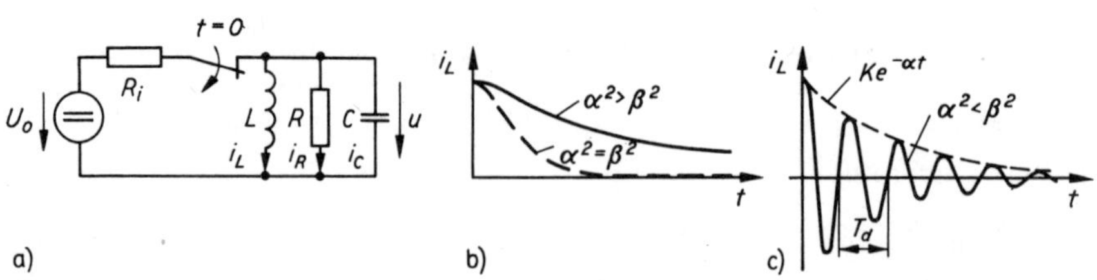

Bild 4.13. Schaltvorgang in einem Stromkreis mit zwei unterschiedlichen Energiespeichern ($\alpha = 1/(2CR)$, $\beta = 1/\sqrt{LC}$)

a) Schaltung; b) aperiodisches Verhalten einschließlich aperiodischer Grenzfall (---); c) gedämpfte Schwingung

Für die inhomogene Dgl. (4.30) ($F \neq 0$) lautet die Lösung

$$a = a_f + a_s$$

mit a_f als flüchtige Lösung und a_s als stationäre Lösung (für $t \to \infty$).
Bei zeitkonstanten Quellen, d. h. F= konst., ist $a_s = F/\beta^2$. Für $F \sim \cos(\omega t + \varphi)$ kann a_s mit der komplexen Rechnung ermittelt werden. In den Gln. (4.38) bis (4.40) ist einzusetzen

$$a_f(0) = a(0) - a_s(0), \quad \frac{\mathrm{d}a_f}{\mathrm{d}t}(0) = \frac{\mathrm{d}a}{\mathrm{d}t}(0) - \frac{\mathrm{d}a_s}{\mathrm{d}t}(0).$$

Schaltungen mit zwei unterschiedlichen Energiespeichern eignen sich zur Schwingungserzeugung. Allerdings ist es erforderlich, die bei technischen Schaltungen unvermeidliche Dämpfung (durch Entnahme von Nutzleistung bzw. die unvermeidliche Verlustleistung in technischen Spulen und Kondensatoren) zu kompensieren, d. h., den Schwingkreis zu entdämpfen. Das kann durch Schaltungen mit Halbleiterbauelementen erfolgen, die einen negativen differentiellen Widerstand realisieren (Bild 4.14), d. h. Energie zuführen und gleichzeitig durch ihre nichtlineare Kennlinie eine Begrenzung der Schwingungsamplitude verursachen können. Anordnungen zur Schwingungserzeugung nennt man auch *Oszillatoren* (s. Abschn. 10.1.2.3.). Transistorschaltungen können übrigens auch dann als Oszillator wirken, wenn sie nur eine Art von Energiespeichern (bevorzugt Kapazitäten) enthalten. Abschließend sei auf Tafel 4.1 verwiesen, die die bisherigen Aussagen zusammenfaßt und ergänzt. Bei manchen Anwendungen sind die angegebenen Verformungen erwünscht.

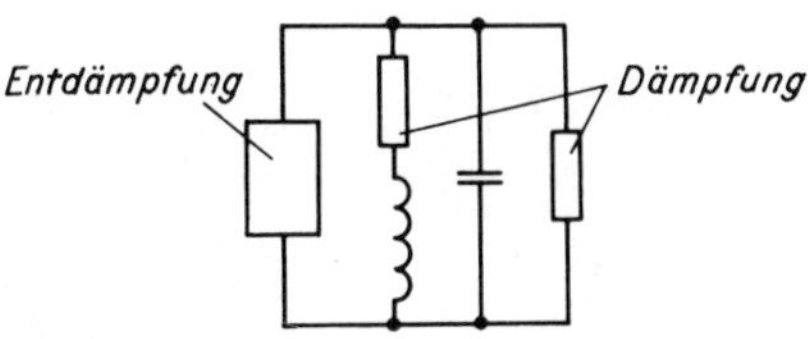

Bild 4.14
Modell eines Oszillators mit Resonanzkreis

Tafel 4.1. Verformung eines rechteckförmigen Eingangssignals (Testsignal) durch ein lineares System (s.[12.9]*)*

Ausgangssignal	Typische Merkmale	Ursachen
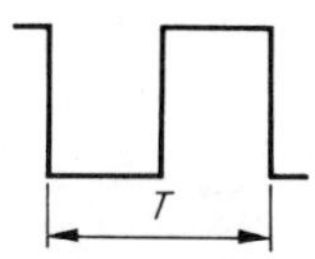	scharfe Ecken steile Flanken kein Dachabfall	Übertragung ohne Verformung f_{go}[1] $\to \infty$ bzw. $f_{go} \gg 1/T$ f_{gu}[2] $= 0$ bzw. $f_{gu} \ll 1/T$
	verschliffene Ecken schräge Flanken } kein Dachabfall	f_{go} zu klein $f_{gu} = 0$ bzw. $f_{gu} \ll 1/T$
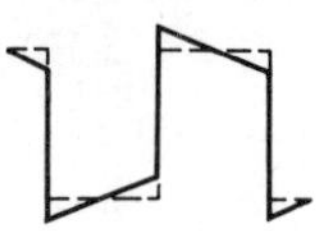	scharfe Ecken steile Flanken } Dachabfall	$f_{go} \to \infty$ bzw. $f_{go} \gg 1/T$ f_{gu} zu hoch
	verschliffene Ecken schräge Flanken } Schwingungen	f_{go} zu klein schwingungsfähiges System, zu wenig gedämpft

[1] f_{go} – obere Grenzfrequenz
[2] f_{gu} – untere Grenzfrequenz

4.2.* Übertragungsfunktion eines linearen Systems

4.2.1. Grundlagen

Wir wollen im folgenden ein lineares System betrachten, bei dem die Zuordnung der Ausgangsgröße $y(t)$ zur Eingangsgröße $x(t)$ (Bild 4.15) durch eine lineare Dgl. mit konstanten Koeffizienten erfolgt. Mit der Abkürzung $\mathrm{d}^i y/\mathrm{d}t^i = y^{(i)}$ kann allgemein

$$y^{(n)} + a_{n-1}\,y^{(n-1)} + \ldots + a_0\,y = b_\mathrm{m} x^{(m)} + \ldots + b_0 x \tag{4.44}$$

geschrieben werden. Bei dem linearen System kann es sich um ein Netzwerk mit linearen, zeitinvarianten konzentrierten Bauelementen oder z. B. auch um ein lineares System im Sinne der Automatisierungstechnik oder der Mechanik handeln. Bisher haben wir das Übertragungsverhalten von Netzwerken bei sinusförmigen Signalen und bei Schaltvorgängen analysiert. Ein *verallgemeinertes Testsignal* stellt die Funktion

$$x(t) = \hat{X}\,\mathrm{e}^{\sigma t} \cos(\omega t + \varphi_x) \tag{4.45}$$

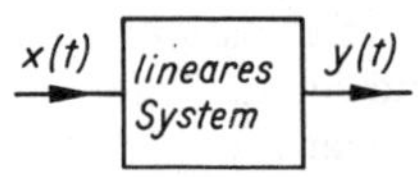

Bild 4.15
Ein- und Ausgangsgröße eines linearen Systems

dar. Die Transformation in das Komplexe, die sich bei sinusförmigen Signalen bewährt hat, erweist sich auch hier als zweckmäßig. Durch Addition eines geeigneten imaginären Terms entsteht das komplexe Eingangssignal

$$\underline{x} = \hat{X}\,\mathrm{e}^{\sigma t}\cos(\omega t + \varphi_x) + \mathrm{j}\hat{X}\,\mathrm{e}^{\sigma t}\sin(\omega t + \varphi_x) = \hat{X}\,\mathrm{e}^{\sigma t}\,\mathrm{e}^{\mathrm{j}(\omega t + \varphi_x)}$$

$$= \hat{X}\,\mathrm{e}^{\mathrm{j}\varphi_x}\,\mathrm{e}^{(\sigma + \mathrm{j}\omega)t}$$

$$\underline{x} = \underline{\hat{X}}\,\mathrm{e}^{pt} \quad \text{mit} \tag{4.46}$$

$$p = \sigma + \mathrm{j}\omega \quad \textit{komplexe Frequenz} \tag{4.47}$$

σ *Wuchsmaß* ($-\sigma$ *Dämpfungsfaktor*)

$$\underline{\hat{X}} = \hat{X}\,\mathrm{e}^{\mathrm{j}\varphi_x} \quad \textit{komplexe Amplitude.} \tag{4.48}$$

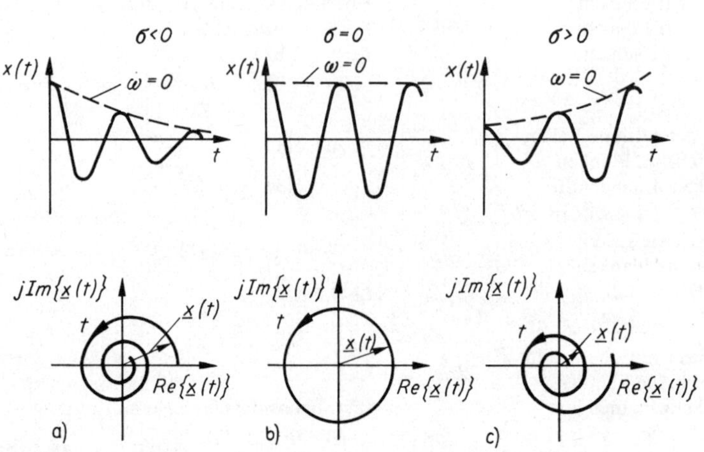

Bild 4.16. Amplitude des Testsignals nach Gl. (4.45) sowie Ortskurven des Testsignals bei komplexer Darstellung für unterschiedliche Wuchsmaße

Für $\sigma < 0$ sinkt die Amplitude der Schwingung $x(t)$ exponentiell ab, für $\sigma = 0$ bleibt sie konstant, während sie für $\sigma > 0$ exponentiell anwächst. Das ist im Bild 4.16 gemeinsam mit der Ortskurve $x(t)$ dargestellt. Speziell für $\omega = 0$ ergibt sich der gestrichelt eingezeichnete Verlauf. Auf die Darstellung von $\underline{x}(t)$ für diesen Fall (Zeiger mit konstantem Phasenwinkel und sich ändernder Länge für a) und c)) wurde verzichtet. Bild 4.17 gibt Aufschluß über die Zuordnung der Kurvenform von $x(t)$ zu Punkten der komplexen Ebene $p = \sigma + \mathrm{j}\omega$. Transformiert man die o. g. Dgl. in das Komplexe, indem man y und x durch $\underline{y}$ und $\underline{x}$ ersetzt, so läßt sich nachweisen, daß für das partikuläre Ausgangssignal der Ansatz

$$\underline{y} = \hat{\underline{Y}}\,\mathrm{e}^{pt} = \hat{Y}\,\mathrm{e}^{\mathrm{j}\varphi_y}\,\mathrm{e}^{(\sigma+\mathrm{j}\omega)t} \tag{4.49}$$

zulässig ist, wobei das Wuchsmaß σ und die Frequenz ω mit den Größen des Eingangssignals übereinstimmen. Nach dem Superpositionsprinzip beeinflussen sich in linearen Systemen die reelle und die imaginäre Komponente von $\underline{X}$ nicht, so daß dem Realteil des Eingangssignals der Realteil des Ausgangssignals zuzuordnen ist, d. h.,

$$y(t) = \mathrm{Re}\,\{\underline{Y}\,\mathrm{e}^{pt}\}\,. \tag{4.50}$$

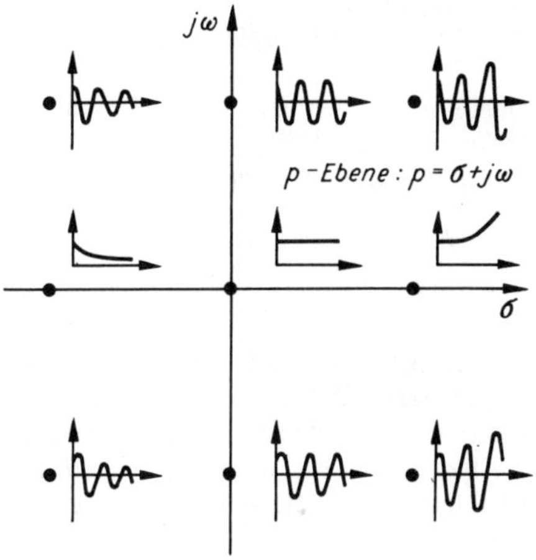

Bild 4.17
Zusammenhang zwischen komplexer Frequenz und Kurvenform $x(t)$

Unter Berücksichtigung von

$$\frac{\mathrm{d}}{\mathrm{d}t}\,\mathrm{e}^{pt} = p\,\mathrm{e}^{pt} \quad \text{bzw.} \quad \frac{\mathrm{d}^i}{\mathrm{d}t^i}\,\mathrm{e}^{pt} = p^i\,\mathrm{e}^{pt} \tag{4.51}$$

ergibt sich aus

$$\underline{y}^n + a_{n-1}\underline{y}^{n-1} + \ldots + a_0\underline{y} = b_m\underline{x}^m + \ldots + b_0\underline{x} \tag{4.44}$$

$$\hat{\underline{Y}}\,[p^n + a_{n-1}p^{n-1} + \ldots + a_0]\,\mathrm{e}^{pt} = \hat{\underline{X}}\,(b_m p^m + \ldots + b_0)\,\mathrm{e}^{pt}. \tag{4.52}$$

Definiert man als

$$\textit{Übertragungsfunktion} \quad \underline{H}(p) = \frac{\hat{\underline{Y}}}{\hat{\underline{X}}} \tag{4.53}$$

so gilt

$$\underline{H}(p) = |H(p)|\,\mathrm{e}^{\mathrm{j}\varphi} = \frac{b_m p^m + \ldots + b_0}{p^n + a_{n-1}p^{n-1} + \ldots + a_0}\,. \tag{4.54}$$

Mit den Gln. (4.50) und (4.53) folgt für das Ausgangssignal

$$y(t) = \mathrm{Re}\,\{\underline{H}(p)\,\hat{\underline{X}}\,\mathrm{e}^{pt}\} = \mathrm{Re}\,\left\{|\underline{H}||\hat{\underline{X}}|\,\mathrm{e}^{\mathrm{j}(\varphi+\varphi_x)}\,\mathrm{e}^{pt}\right\} \tag{4.55}$$

$$y(t) = H\hat{X}\,\mathrm{e}^{\sigma t}\cos(\omega t + \varphi + \varphi_x)\,. \tag{4.56}$$

Für $\sigma \to 0$ geht $\underline{H}(p)$ in die Übertragungsfunktion $\underline{H}(\mathrm{j}\omega)$ der ungedämpften Sinusschwingung über. Umgekehrt lassen sich vorliegende Ansätze der „$\mathrm{j}\omega$-Rechnung" für das erweiterte Testsignal nutzen, wenn man $\mathrm{j}\omega$ durch p ersetzt. Die Diskussion der Eigenschaften der rationalen Überlagerungsfunktion $\underline{H}$ in Gl. (4.54) vereinfacht sich, wenn man die Wurzeln p_{0i} und p_{xj} des Zähler- und des Nennerpolynoms bestimmt, d. h. eine Zerlegung in Linearfaktoren vornimmt:

$$\underline{H}(p) = \frac{b_m p^m + \ldots + b_0}{p^n + a_{n-1}p^{n-1} + \ldots + a_0} = b_m \frac{(p-p_{01})\,(p-p_{02})\ldots(p-p_{0m})}{(p-p_{x1})\,(p-p_{x2})\ldots(p-p_{xn})}\,. \tag{4.57}$$

Falls Zähler und Nenner keine gemeinsame Wurzel besitzen, wird $\underline{H}(p)$ für $p = p_{0i}$ ($i = 1, 2, \ldots m$) Null und für $p = p_{xj}$ ($j = 1, 2, \ldots n$) unendlich. Aus diesem Grund nennt man die komplexen Frequenzen p_{0i} *Nullstellen* und die komplexen Frequenzen p_{xj} *Pole* der Übertragungsfunktion. Damit ein Systemmodell wie ein reales System auf eine reelle Eingangsfunktion auf jeden Fall mit einer reellen Ausgangsfunktion reagiert, können die Pole und Nullstellen – wie sich zeigen läßt – nur reell oder paarweise konjugiert komplex sein (symmetrische Lage zur reellen Achse).

Die grafische Darstellung der Pole und Nullstellen einer Übertragungsfunktion in der Ebene der komplexen Frequenz nennt man *Pol-Nullstellen-Bild* (PN-Bild). Üblicherweise werden die Pole mit dem Symbol × und die Nullstellen mit ○ markiert. Als Beispiel wird das PN-Bild der Übertragungsfunktion

$$\underline{H}(p) = \frac{p - p_{01}}{(p - p_{\times 1})\,(p - p_{\times 2})\,(p - p_{\times 3})} \tag{4.58}$$

mit $p_{01} = 0$, $p_{\times 1} = -\sigma_{\times 1}$, $p_{\times 2} = -\sigma_\mathrm{e} + \mathrm{j}\omega_\mathrm{e}$, $p_{\times 3} = -\sigma_\mathrm{e} - \mathrm{j}\omega_\mathrm{e}$ im Bild 4.18 dargestellt. Die Bedeutung der PN-Darstellung der Übertragungsfunktion liegt darin, daß man daraus Aussagen über Zeit- und Frequenzverhalten sowie über die Stabilität des Systems gewinnen kann. So ist ein System unbedingt stabil, falls die Polstellen die Bedingung $\mathrm{Re}\,\{p_{\times i}\} = \sigma_{\times i} < 0$ erfüllen. Bezüglich näherer Angaben zur Auswertung von PN-Bildern sei auf die weiterführende Literatur verwiesen.

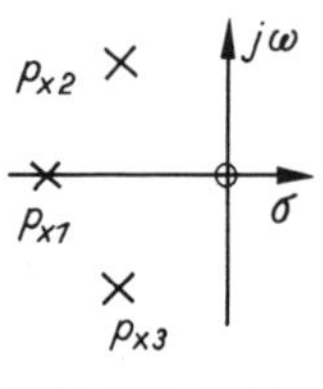

Bild 4.18. PN-Bild der Übertragungsfunktion nach Gl. (4.58)

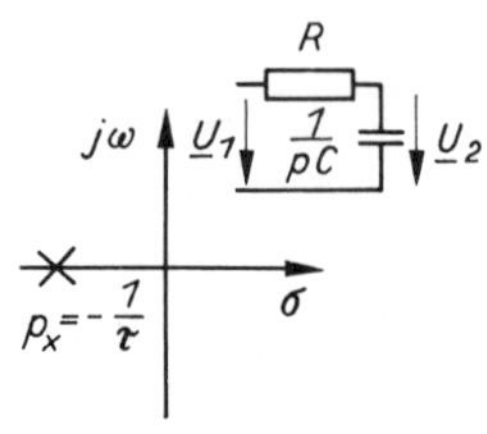

Bild 4.19. PN-Bild eines Tiefpasses

4.2.2. Übertragungsfunktion linearer elektrischer Netzwerke

Faßt man den Strom durch ein zweipoliges Bauelement als Eingangs- und die Spannung als Ausgangssignal auf, so erhält man aus

$$u = Ri \qquad u = L\frac{\mathrm{d}i}{\mathrm{d}t} \qquad u = \frac{1}{C}\int_{-\infty}^{t} i(t')\,\mathrm{d}t'$$

$$i = \frac{u}{R} \qquad i = \frac{1}{L}\int_{-\infty}^{t} u(t')\,\mathrm{d}t' \qquad i = C\frac{\mathrm{d}u}{\mathrm{d}t}$$

mit dem Ansatz $i = \hat{I}\,\mathrm{e}^{\sigma t}\cos(\omega t + \varphi_i)$ nach Übergang zu den komplexen Funktionen

$$\underline{i} = \underline{\hat{I}}\,\mathrm{e}^{pt} \quad \text{und} \quad \underline{u} = \underline{\hat{U}}\,\mathrm{e}^{pt}$$

$$\underline{u} = R\underline{i} \qquad \underline{u} = pL\underline{i} \qquad \underline{u} = \frac{1}{pC}\underline{i} \quad (\text{für } u(-\infty) = 0)$$

bzw.

$$\underline{i} = \frac{\underline{u}}{R} \qquad \underline{i} = \frac{\underline{u}}{pL} \quad (\text{für } i(-\infty) = 0) \qquad \underline{i} = pC\underline{u}. \tag{4.59}$$

Daraus folgt für die komplexen Effektivwerte nach Wegkürzen von e^{pt}

$$\underline{U} = R\underline{I} \qquad \underline{U} = pL\underline{I} \qquad \underline{U} = \frac{1}{pC}\underline{I}. \tag{4.60}$$

Definiert man den komplexen Widerstand

$$\underline{Z}(p) = \underline{U}/\underline{I} \tag{4.61}$$

so entsteht

$$\underline{Z} = R \qquad \underline{Z} = pL \qquad \underline{Z} = \frac{1}{pC}. \tag{4.62}$$

Der Leitwert $\underline{Y}(p)$ kann aus $\underline{Y} = 1/\underline{Z}$ ermittelt werden.

Beispiel:

Für den Tiefpaß im Bild (4.19) kann demnach z. B. mit der Spannungsteilerregel die Übertragungsfunktion

$$\underline{H}(p) = \frac{\underline{\hat{U}}_2}{\underline{\hat{U}}_1} = \frac{1/pC}{R + 1/pC} = \frac{1}{1 + p\tau} = \frac{1}{\tau}\,\frac{1}{p + 1/\tau} \quad \text{mit} \quad \tau = RC \tag{4.33}$$

bestimmt werden. Sie besitzt einen Pol bei $p_x = -1/\tau$. Der Frequenzgang $\underline{H}(\mathrm{j}\omega)$ läßt sich aus $\underline{H}(\mathrm{j}\omega) = \lim_{\sigma \to 0} \underline{H}(p)$ ermitteln, woraus – wie schon im Abschnitt 3.7.1. dargelegt – Amplituden- und Phasengang folgen. Hier bringt die Einführung des verallgemeinerten Testsignals bzw. Differentialoperators p anstelle von $\mathrm{j}\omega$ keine Vorteile.

Das Zeitverhalten von u_2 dagegen bei gegebenen $u_1 = \hat{U}_1\,\mathrm{e}^{\sigma t}\cos(\omega t + \varphi_{u1})$ läßt sich nach Abklingen der flüchtigen Lösung (nur bei aufgeladenem Kondensator $\neq 0$) aus $u_2 = \mathrm{Re}\,\{\underline{H}(p)\,\underline{\hat{U}}_1\,\mathrm{e}^{pt}\}$ ermitteln.

$$u_2 = \mathrm{Re}\left\{\frac{\hat{U}_1\,\mathrm{e}^{\mathrm{j}\varphi_{u1}}\,\mathrm{e}^{(\sigma + \mathrm{j}\omega)t}}{1 + (\sigma + \mathrm{j}\omega)\,\tau}\right\}$$

$$= \mathrm{Re}\left\{\frac{\hat{U}_1\,\mathrm{e}^{\sigma t}\,\mathrm{e}^{\mathrm{j}(\omega t + \varphi_{u1} - \arctan[\omega\tau/(1 + \sigma\tau)])}}{\sqrt{(1 + \sigma\tau)^2 + (\omega\tau)^2}}\right\}$$

$$u_2 = \hat{U}_2\,\mathrm{e}^{\sigma t}\cos(\omega t + \varphi_{u2})$$

mit

$$\hat{U}_2 = \frac{\hat{U}_1}{\sqrt{(1 + \sigma\tau)^2 + (\omega\tau)^2}}$$

und

$$\varphi_{u2} = \varphi_{u1} - \arctan[\omega\tau/(1 + \sigma\tau)].$$

Die Einführung des Operators p erweist sich über das zunächst vorausgesetzte Testsignal nach Gl. (4.45) hinaus als elegante Methode zur Lösung linearer Integro-Dgln. bei unterschiedlichen Störfunktionen, u. a. in Form der *Laplace-Transformation.*

4.3 Analyse des dynamischen Verhaltens nichtlinearer Schaltungen

Sie führt im allgemeinen Fall auf ein *System von nichtlinearen Dgln.* und algebraischen Gln., das die Form

$$F(\dot{\underline{y}}, \underline{y}, t) = 0$$

besitzt oder in sie überführt werden kann. Der Vektor $\underline{y}$ setzt sich je nach der Analysemethode z. B. aus Knotenspannungen oder Zweigströmen oder Knotenspannungen und Maschenströmen zusammen.

Die Schaltungen mit Halbleiterbauelementen (z. B. Dioden, Transistoren, Thyristoren, Schaltkreisen) oder auch mit Spulen (mit Eisenkern) führen bei der Modellierung auf Netzwerke, die nichtlineare Netzwerkelemente enthalten, z. B. Zweipole mit Diodencharakteristik, nichtlineare gesteuerte Quellen, nichtlineare Kapazitäten und nichtlineare Induktivitäten. Analytische Lösungen sind nur in wenigen Spezialfällen möglich, so daß die *numerischen Verfahren* dominieren. Numerische Verfahren führen allerdings nur zu zahlenmäßigen Ergebnissen für Spezialfälle, während analytische Lösungen eine allgemeine formelmäßige Beschreibung darstellen und neben zahlenmäßiger noch weitere Auswertungsmöglichkeiten bieten. Universelle *Netzwerkanalyseprogramme* bieten auch dem Anwender, der keine Erfahrungen mit numerischen Verfahren besitzt, die Möglichkeit, eine Analyse auch für große nichtlineare und natürlich auch lineare Netzwerke (z. B. mit 50, 200 oder 1000 Zweigen) durchzuführen. Entsprechend den Hinweisen im Nutzerhandbuch zum Programm gibt der Anwender folgende Größen vor:

- die Topologie des Netzwerkes
- die *u-i*-Relationen der Bauelemente bzw. die Verkopplung von Bauelementen
- angelegte Spannungen bzw. eingespeiste Ströme
- Anfangswerte (falls vorgegeben)
- die Berechnungsart (z. B. Gleichstromarbeitspunkte (DC-Analyse), Übertragungskennlinie oder Einschwingverhalten (TRANSIENT-Analyse))
- die auszugebenden Größen (Ströme, Spannungen, Leistungen, Übertragungskennlinien, Grenzfrequenzen, Verzögerungszeiten ...) sowie die Art der Ausgabe (Tabelle, Diagramm, Histogramm).

Netzwerkanalyseprogramme ermöglichen meist nicht nur die *Analyse*, sondern auch weitere damit zusammenhängende Aussagen in Form der

a) *Empfindlichkeitsanalyse.* Empfindlichkeit des Schaltungsverhaltens gegen kleine Wertänderungen von Bauelementen bzw. Parametern
b) *Toleranzanalyse.* Einfluß von Parametern, die innerhalb eines Toleranzbereiches variieren (z. B. durch die Herstellungstechnologie)
c) *Parameteroptimierung.* Ermittlung optimaler Parameter bezogen auf das Entwurfsziel für die Schaltung, meist unter Nutzung von a) sowie b).

Die *Schaltungssynthese*, d. h., die Ermittlung der Schaltungsstruktur bei vorgegebener elektrischer Funktion, erfolgt meist intuitiv (unter Nutzung vorhandener Erfahrungen) und z. T. als Trial-and-Error-Verfahren (Versuch und Irrtum). Systematische Verfahren führen bisher nur für bestimmte Schaltungsklassen (teilweise Filter) zum Erfolg. Besondere Bedeutung beim Entwurf großer Schaltungen besitzt der Mensch-Maschine-Dialog über ein interaktives Display, der sich u. a. auf ein Bausteinsystem von Teilschaltungen sowie ein leistungsfähiges Netzwerkanalyseprogramm stützt.

Für Leser mit Kenntnissen über numerische Methoden seien folgende *Merkmale moderner Netzwerkanalyseprogramme* genannt:

- automatische Erzeugung der Netzwerkgln. (oft Knotenspannungsanalyse) sowie von partiellen Ableitungen (Jakobi-Matrix)

- implizite Integrationsverfahren mit kombinierter Schrittweiten- und Ordnungssteuerung (geeignet für Probleme mit sehr unterschiedlicher Zeitkonstante (steife Dgln.))
- Linearisierung des nach der Zeitdiskretisierung entstehenden nichtlinearen algebraischen Gl.-Systems mit modifiziertem Newton-Verfahren
- Nutzung der Technik schwach besetzter Matrizen (Sparse-Matrix-Technik) bei der indirekten (iterativen) Lösung des linearen Gleichungssystems
- hohe Nutzungsfreundlichkeit, u. a. durch spezielle formatfreie Eingabesprache
- Unternetzwerktechnik (mit einfachem Aufruf bereits vereinbarter Teilnetzwerke) sowie übersichtliche Ausgabe.

4.4. Übersicht über die Schaltungsberechnung

Dazu sei auf Tafel 4.2 verwiesen. Betont sei noch einmal, daß auch Methoden, die die Gleichungszahl reduzieren (z. B. Zweigstrom-, Maschenstrom-, Knotenspannungsanalyse oder auch Knotenspannungs-Maschenstromanalyse) oder vereinfachte Methoden bei linearen Netzwerken letztlich ihren Ursprung in den *immer anwendbaren Kirchhoffschen Knoten- und Maschengln. sowie den i-u-Relationen* haben.

Tafel 4.2. Übersicht über die Schaltungsberechnung

	Lineare Netzwerke statisch	Lineare Netzwerke dynamisch	Nichtlineare Netzwerke statisch	Nichtlineare Netzwerke dynamisch
Art der Gln.	lineare Gln.	lineare Dgln. und Gln.	nichtlineare Gln.	nichtlineare Dgln. und Gln.
Bevorzugte Lösungsverfahren				
Kleine Netzwerke	analytisch[1)]	analytisch[2)]	grafisch	numerisch
Große Netzwerke	numerisch	numerisch	numerisch	numerisch

1) Der Einsatz vereinfachter Methoden (Teilelimination), z. B. Spannungs- und Stromteilerregel, Ersatzzweipol und Superpositionssatz, erweist sich häufig als effektiv.

2) Bei sinusförmigen Quellen ermöglicht die komplexe Rechnung (unter Nutzung von [1)]) eine effektive Analyse.

5. Analogien zwischen elektrischen und nichtelektrischen Systemen

5.1. Einführung

Analogien (Ähnlichkeiten, Vergleichbarkeiten) können in Zusammenhang mit folgenden teilweise zusammenhängenden Aspekten vorliegen:

a) gleichartige oder nach Vereinfachung ineinander überführbare mathematische Beschreibung[1])
b) gleichartige oder ähnliche physikalische Grundprinzipien (z. B. Bilanzgln. für Ladungs-, Leistungs- bzw. Masseströme) bei elektrischen, thermischen bzw. Strömungsproblemen (von Flüssigkeiten oder Gasen)
c) strukturelle Ähnlichkeiten im Systemaufbau
d) Ähnlichkeiten im beobachtbaren Verhalten.

Analogiebetrachtungen ermöglichen es, den Erfahrungsschatz eines Fachgebietes auf ein anderes zu übertragen. So spielten bei der Theorienentwicklung in der Elektrotechnik die älteren Fachgebiete Mechanik und Wärmelehre eine wesentliche Rolle. Andererseits haben sich in den letzten Jahrzehnten in der Elektrotechnik Lösungsverfahren entwickelt, die nun wiederum die Weiterentwicklung der genannten oder auch weiterer Fachgebiete befruchten. Unter anderem können zur Lösung komplizierterer thermischer oder mechanischer Probleme nach einer entsprechenden Netzwerkmodellierung Netzwerkanalyseprogramme genutzt werden. Außerdem können sich aus Gleichartigkeiten in der mathematischen Beschreibung auch interessante experimentelle Möglichkeiten ergeben. So lassen sich z. B. bestimmte thermische Probleme oder bestimmte Strömungsprobleme durch elektrische Schaltungen nachbilden und experimentell simulieren, wobei natürlich der Zeitmaßstab meist um viele Zehnerpotenzen transformiert wird.

5.2. Thermisch-elektrische Analogien

5.2.1. Thermische Knoten- und Maschengleichungen

Nach dem Energiesatz ergibt sich folgende Bilanzgleichung für Wärmeleistungen (bezogen auf eine geschlossene Hüllfläche)

$$p_z - p_a - p_s = 0 \quad \text{mit} \quad p_s = \frac{dQ}{dt} = \frac{d}{dt}(C_w \vartheta) \tag{5.1}$$

p_z zugeführte bzw. im Inneren erzeugte Wärmeleistung (Wärmemenge je Zeiteinheit)
p_a abgeführte Wärmeleistung
p_s gespeicherte Wärmeleistung
Q gespeicherte Wärmemenge
C_w Wärmekapazität (Speichervermögen für Wärmeenergie)

$$C_w = mc, \quad c \text{ spezifische Wärme}, \quad m \text{ Masse} \tag{5.2}$$

ϑ Temperatur (als ortskonstant im Volumen angenommen) $\vartheta/°C = T/K - 273{,}15$
t Zeit

[1]) Bei *strukturgleichen* – also nur in der Bedeutung der Symbole unterschiedlichen – Relationen spricht man von *Isomorphie.* Entsteht die Strukturgleichheit erst nach Vereinfachung (Vergröberung) eines Relationengebildes, dann spricht man von *Homorphismus*

Vorausgesetzt wird dabei, daß keine weiteren Energieumwandlungen (z. B. in chemische Energie) stattfinden. Überwiegt die Wärmezufuhr die -abfuhr, so ist $d\vartheta/dt > 0$, d. h., der Körper erwärmt sich (Erhöhung der gespeicherten Wärmeenergie). Für $d\vartheta/dt = 0$, d. h., bei zeitkonstanter Temperatur (stationäres thermisches Verhalten) halten sich Ab- und Zufuhr die Waage bzw. es findet kein Wärmeaustausch mit der Umgebung statt, falls $\vartheta = \vartheta_u$ (ϑ_u – Umgebungstemperatur). Die Kontinuitätsgleichung (5.1) für Wärmeströme entspricht der für elektrische Ströme, also dem Knotensatz. Sie kann in der Form

$$\sum_{\mu} p_{\mu} = 0 \quad \text{thermischer Knotensatz} \tag{5.3}$$

dargestellt werden. Für das im Bild 5.1 angegebene Beispiel ergibt sich für C_w = konst., was im folgenden stets vorausgesetzt wird:

$$p_1 - p_2 - p_3 - p_4 = 0 \quad \text{mit} \quad p_4 = C_w \frac{d\vartheta}{dt}. \tag{5.4}$$

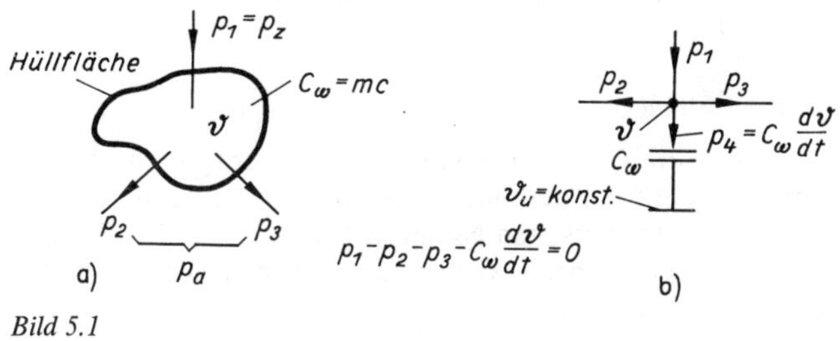

Bild 5.1

a) Bilanz der Wärmeleistungen bezogen auf eine Hüllfläche; b) Darstellung als „Knoten" in einem thermischen Netzwerk (für $C_w = 0$ entfällt die Wärmekapazität)

Die Wärmekapazität ist als Quotient von zugeführter Wärmemenge dQ und damit verbundener Temperaturänderung $d\vartheta$ definiert:

$$C_w = \frac{dQ}{d\vartheta} \quad [C_w] = \frac{J}{K}. \tag{5.5}$$

Tafel 5.1 gibt Aufschluß über die spezifische Wärmekapazität $c = C_w/m$ einiger Stoffe. Wird einem Körper im Zeitraum $0 \ldots t$ eine Wärmeleistung p zugeführt, so speichert er die Wärmemenge

$$Q(t) = \int_0^t p(t')\,dt' + Q(0). \tag{5.6}$$

Tafel 5.1. Spezifische Wärmekapazitäten einiger Stoffe

Stoff	$c/10^3$ J/(kg·K)	Stoff	$c/10^3$ J/(kg·K)
Aluminium	0,92	Konstantan	0,42
Beton	1,13	Kupfer	0,38
Stahlbeton	0,88	Luft (18 °C)	1,005
Eis	2,09	Mauervollziegel	0,88
Eisen	0,46	Messing	0,35
Galliumarsenid	0,16	Öl (18 °C)	1,67
Germanium	0,31	Porzellan	0,80
Glas (Fensterglas)	0,88	Silber	0,25
Gold	0,13	Silizium	0,075
Holz	1,9...2,4	Wasser	4,19

Da das Temperaturfeld ein Potentialfeld ist, muß die algebraische Summe längs eines geschlossenen Weges (Bild 5.2) für die Temperaturdifferenzen verschwinden:

$$\sum_{\nu} \Delta\vartheta_{\nu} = 0 \quad \text{thermischer Maschensatz.} \tag{5.7}$$

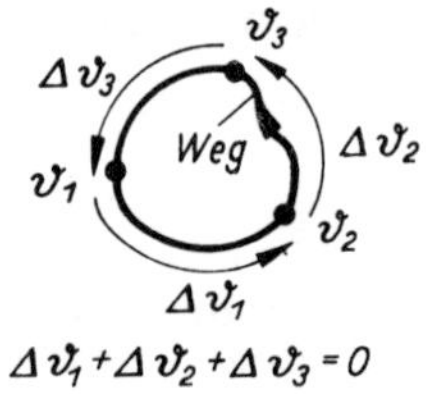

Bild 5.2. Beispiel zum Maschensatz (bezogen auf Punkte im Raum oder eine Masche in dem zugeordneten thermischen Netzwerk)

Demnach erscheint es möglich, die *Differenzgrößen*

Temperaturdifferenz $\Delta\vartheta = \vartheta_2 - \vartheta_1$ und *Potentialdifferenz* $u = \varphi_2 - \varphi_1$

und die *Strömungsgrößen*

Wärmestrom p und *elektrischer Strom* i

jeweils als analoge Größen aufzufassen. Eine Quelle, die eine Temperaturdifferenz (unabhängig vom angegebenen Wärmestrom) liefert, ist demnach einer Spannungsquelle analog, während ein eingespeister Wärmestrom im „thermischen Netzwerk" durch eine Stromquelle zu modellieren ist. Die *Wärmekapazität* entspricht nach Gl. (5.5) der *differentiellen elektrischen Kapazität,* d. h.,

$$C = \frac{dQ}{du} \quad \text{analog zu} \quad C_w = \frac{dQ}{d\vartheta}$$

bzw.

$$i = C\frac{du}{dt} \quad \text{analog zu} \quad p = C_w\frac{d\vartheta}{dt} = C_w\frac{d(\vartheta - \vartheta_u)}{dt}. \tag{5.8}$$

Der zweite Anschluß für die Wärmekapazität in der Netzwerkdarstellung (s. z. B. Bild 5.1b) wird eingeführt, um die Analogie zur elektrischen Kapazität formal herzustellen. Dieser Anschluß liegt stets auf einer zeitkonstanten Bezugstemperatur, z. B. der Umgebungstemperatur ϑ_u. Außerdem sei erwähnt, daß im Gegensatz zum elektrischen Fall kein Wärmestrom zur Bezugstemperatur ϑ_u fließt.

5.2.2. Thermische Widerstände

Das Analogon zum *elektrischen Widerstand* ist der *thermische Widerstand,* d. h.,

$$R = \frac{u}{i} \quad \text{analog zu} \quad R_{th} = \frac{\Delta\vartheta}{p} \quad [R_{th}] = \frac{K}{W}. \tag{5.9}$$

Entsprechend der Art des Wärmetransportes ist zwischen dem thermischen Widerstand R_{th1} für Wärmeleitung und dem thermischen Widerstand für Konvektion R_{thk} zu unterscheiden (Bild 5.3).

a) Wärmeleitungswiderstand

Bei der Wärmeleitung erfolgt der Wärmetransport durch das Volumen eines Festkörpers (z. B. eine Hauswand), einer Flüssigkeit oder eines Gases in Richtung des Temperaturgefälles. Die Bemessungsgleichung für den *Wärmeleitungswiderstand* lautet bei homogener Wärmeströmung

$$R_{th1} = \frac{l}{\lambda A} \quad \left(\text{analog zu} \quad R = \frac{l}{\varkappa A}\right). \tag{5.10}$$

R_{thl} ist um so größer, je kleiner die Wärmeleitfähigkeit λ und die Fläche A und je größer die Wandstärke l ist (s. auch Bild 5.3a). $R_{thl}A = l/\lambda$ bezeichnet man als *Wärmedämmwert.* Metallische Leiter mit hohem spezifischem elektrischem Leitwert $\varkappa$ sind auch gute Wärmeleiter, und zwar ist nach dem Gesetz von *Wiedemann-Franz-Lorenz* $\lambda/\varkappa$ = konst. (bei einer bestimmten Temperatur). Wie auch Tafel 5.2 bestätigt, sind demnach Kupfer und Aluminium gute Wärmeleiter.

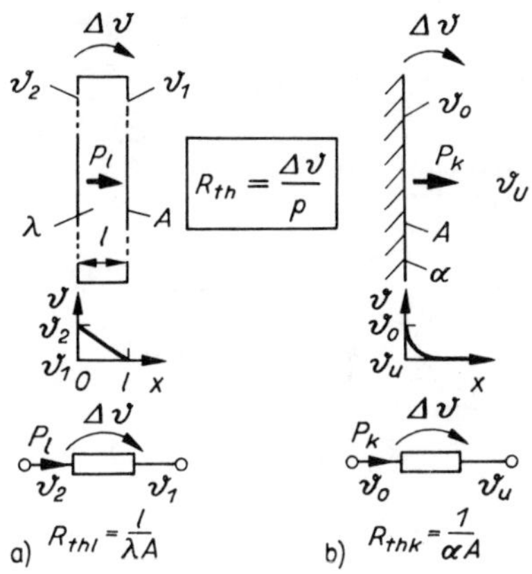

Bild 5.3

a) Modellierung der Wärmeleitung durch den Wärmeleitungswiderstand; b) Modellierung des Wärmetransports durch Konvektion (z. B. Grenzfläche Wand-Luft) durch den Konvektionswiderstand

Tafel 5.2. Wärmeleitfähigkeit einiger Stoffe bei Zimmertemperatur (sehr grobe Richtwerte)

Metalle bzw. Halbleiter	λ/W · cm^{-1} · K^{-1}	Weitere Stoffe	λ/W · cm^{-1} · K^{-1}
Aluminium	2,1	Bauschlackenwolle	$0{,}4 \cdot 10^{-3}$
Eisen (<0,1%C)	0,6	Beton	$7{,}5 \cdot 10^{-3}$
Galliumarsenid	0,5	Erdreich	$5{,}2 \cdot 10^{-3}$
Germanium	0,6	Fensterglas	$7{,}2 \cdot 10^{-3}$
Gold	3,1	Hartfaserplatten	$0{,}3 \cdot 10^{-3}$
Konstantan	0,2	Holz (Eiche, quer zur Faser)	$2{,}0 \cdot 10^{-3}$
Kupfer	4,0	Kunstharzschaum	$0{,}6 \cdot 10^{-3}$
Messing (MS 58)	1,1	Luft	$0{,}5 \cdot 10^{-3}$
Silber	4,1	Wasser	$6{,}0 \cdot 10^{-3}$
Silizium	0,8	Ziegel	$5{,}0 \cdot 10^{-3}$
Stahl (Cr-Ni)	0,2		

b) Konvektionswiderstand

Unter Konvektion versteht man im Zusammenhang mit thermischen Problemen einen mit Massentransport verbundenen Wärmetransport, d. h. durch ein strömendes Gas bzw. eine strömende Flüssigkeit. Dabei kann die Strömung aufgrund von Temperatur- bzw. Druckdifferenzen erfolgen oder auch durch Gebläse, Pumpen oder ähnliches erzwungen werden. Speziell die von einer Wand mit der Oberflächentemperatur ϑ_0 an ein Medium abgeführte Wärmeleistung p_k wächst näherungsweise linear mit der Kontaktfläche A_k sowie der Temperaturdifferenz $\vartheta_0 - \vartheta_u$:

$$p_k = \alpha A_k (\vartheta_0 - \vartheta_u). \tag{5.11}$$

Der Proportionalitätsfaktor α wird *Wärmeübergangszahl* genannt. Er hängt u. a. von der Art des strömenden Mediums, der Geschwindigkeit und den Oberflächeneigenschaften ab. Als

Zahlenbeispiel sei $\alpha \approx 10^{-3}$ W/(cm²·K) für den Übergang Wand–Luft (ohne künstlich erzwungene Strömung) genannt.

Mit den Gln. (5.9) und (5.11) folgt für den *Wärmeübergangswiderstand* (s. Bild 5.3 b)

$$R_k = \frac{\vartheta_0 - \vartheta_u}{p_k} = \frac{1}{\alpha A_k}. \tag{5.12}$$

Tafel 5.3 gibt einen zusammenfassenden Überblick zu thermisch-elektrischen Analogien.

Tafel 5.3. Elektrisch-thermische Analogien

Strom $i = \mathrm{d}Q/\mathrm{d}t$		Wärmestrom $p = \mathrm{d}Q/\mathrm{d}t$	
Ladung $Q(t) = \int_0^t i\,\mathrm{d}t' + Q(0)$		Wärmemenge $Q(t) = \int_0^t p\,\mathrm{d}t' + Q(0)$	
Spannung $u = \varphi_2 - \varphi_1$		Temperaturdifferenz $\Delta\vartheta = \vartheta_2 - \vartheta_1$	
$\sum_\mu i_\mu = 0$	Knotengleichung	$\sum_\mu p_\mu = 0$	
$\sum_\nu u_\nu = 0$	Maschengleichung	$\sum_\nu \Delta\vartheta_\nu = 0$	
Widerstand 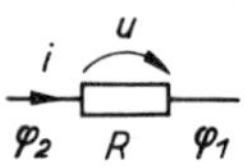	$u = Ri$	Thermischer Widerstand 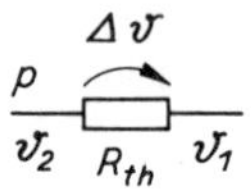	$\Delta\vartheta = R_{th} p$
Kapazität 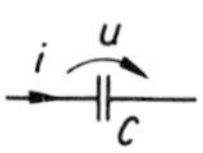	$i = C\frac{\mathrm{d}u}{\mathrm{d}t}$	Thermische Kapazität 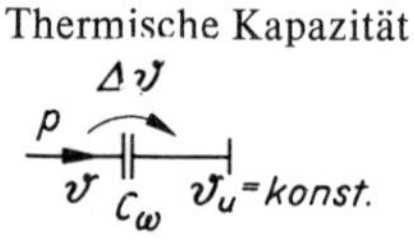	$p = C_\omega \frac{\mathrm{d}\Delta\vartheta}{\mathrm{d}t} = C_\omega \frac{\mathrm{d}\vartheta}{\mathrm{d}t}$
Induktivität 	$u = L\frac{\mathrm{d}i}{\mathrm{d}t}$	Kein Analogon	
Spannungsquelle 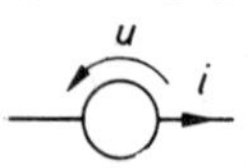	$u(t)$ vorgegeben	Temperaturquelle 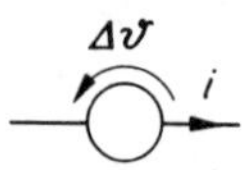	$\Delta\vartheta(t)$ vorgegeben
Stromquelle 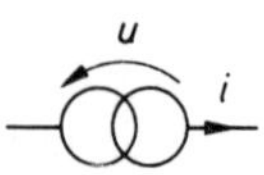	$i(t)$ vorgegeben	Wärmestromquelle 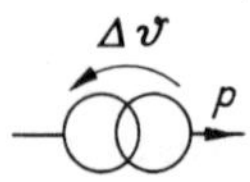	$p(t)$ vorgegeben

c) Hinweis zur Wärmestrahlung

Ein Körper mit der absoluten Temperatur T_0 ($T_0 > 0$) emittiert Wärmeenergie in Form elektromagnetischer Wellen und absorbiert von der Umgebung (Temperatur T_u) emittierte Wärmestrahlung. Mit dem Stefan[1] – Boltzmannschen[2] Gesetz kann für die von einer Fläche A in die Umgebung „netto" abgestrahlte Wärmeleistung der Ansatz

$$p = A\sigma (T_0^4 - T_u^4) \quad \text{mit} \quad \sigma \leqq 5{,}7 \cdot 10^{-12}\ \mathrm{W/(cm^2 \cdot K^4)} \tag{5.13}$$

[1] *Joseph Stefan*, österreichischer Physiker, 1835–1893

[2] *Ludwig Eduard Boltzmann*, österreichischer Physiker, 1841–1906

gewählt werden. σ, die *Strahlungsaustauschzahl,* hängt von der Oberfläche ab und nimmt für einen schwarzen Körper den größten Wert an.

Für die Wärmeabgabe elektrotechnischer Bauelemente bzw. Geräte kann die Wärmestrahlung gegenüber der Konvektion häufig vernachlässigt werden. Bei hohen Temperaturen dominiert allerdings die Wärmestrahlung. Die Einbeziehung der Wärmestrahlung in ein Netzwerkanalogon wird hier nicht näher in Betracht gezogen.

5.2.3. Übersicht und Beispiele

Unter Nutzung des zusammenfassenden Überblicks zu thermisch-elektrischen Analogien in Tafel 5.3 werden im folgenden einige Beispiele betrachtet.

Beispiel 1: Thermischer Widerstand eines Transistors

Für einen Transistor mittlerer Leistung werden eine maximale Sperrschichttemperatur $\vartheta_{\text{jmax}} = 125\ °\text{C}$ sowie ein thermischer Widerstand $R_{\text{th}} = 4{,}5$ K/W angegeben. Er soll bei Umgebungstemperaturen $\vartheta_{\text{u}} = -25\ °\text{C}$ bis 80 °C eingesetzt werden. Welche elektrische Leistung $P_{\max}$ ist zulässig?

Hinweis: Die zugeführte elektrische Leistung wird voll in Wärmeleistung umgesetzt.

Lösung:

$$P_{\max} = \frac{\vartheta_{\text{jmax}} - \vartheta_{\text{u}}}{R_{\text{th}}} \tag{5.14}$$

$\vartheta_{\text{u}} = 80\ °\text{C}$ (ungünstigster Fall); $P_{\max} = 10$ W.

Beispiel 2: Auswirkung eines Kühlkörpers (s. z. B. Bild 5.4)

Durch Verwendung von Kühlkörpern mit guter Wärmeleitfähigkeit (oft Aluminium) sowie großer Fläche kann man den Konvektionswiderstand von Bauelementen reduzieren.

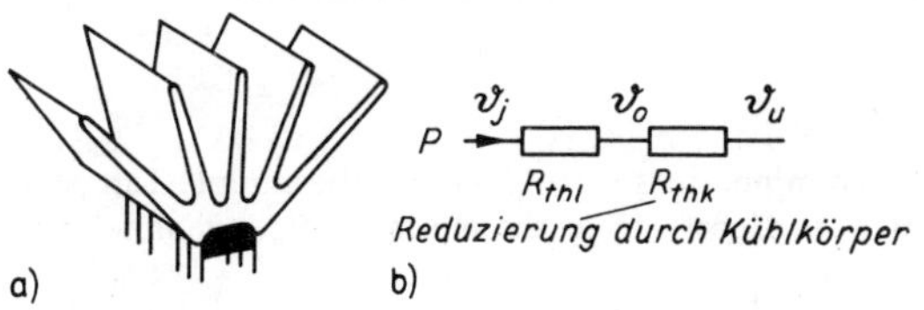

Bild 5.4

a) Schaltkreis mit Kühlkörper (A210K des Halbleiterwerkes Frankfurt/O);
b) thermisches Ersatzschaltbild

Zahlenbeispiel: Im Datenblatt eines Verstärker-Schaltkreises werden

a) $R_{\text{th}} = 95$ K/W (ohne Kühlkörper) bzw.

b) $R_{\text{th}} = 25$ K/W (mit Kühlkörper) sowie eine maximale Sperrschichttemperatur von 150 °C angegeben.

Zu berechnen sind die zulässigen Verlustleistungen für die Umgebungstemperaturen $\vartheta_{\text{u}} = 25\ °\text{C}$ bzw. $\vartheta_{\text{u}} = 70\ °\text{C}$.

Lösung:

$$\vartheta_{\text{u}} = 25\ °\text{C:}\quad \text{a) } P = \frac{150\ °C - 25\ °C}{95\ \text{K/W}} = 1{,}3\ \text{W},\quad \text{b) } P = 5\ \text{W}$$

$$\vartheta_{\text{u}} = 70\ °\text{C:}\quad \text{a) } P = \frac{150\ °C - 70\ °C}{95\ K/W} = 0{,}8\ W,\quad b)\ P = 3{,}2\ \text{W}.$$

Aufgabe 5.1: Thermisches Netzwerk für einen Heizofen (Bild 5.5)

Für den durch eine Heizwendel beheizten zylindrischen Ofen (elektrische Leistung P_{e}) im Bild 5.5a soll das Zusammenspiel von Wärmezufuhr und -speicherung sowie -abfuhr und daraus abgeleitet das Temperatur-Zeit-Verhalten anhand eines thermischen Ersatzschaltbildes diskutiert werden.

Lösung:

a) Die zugeführte Wärmeleistung P_{e} wird durch eine Stromquelle modelliert (Bild 5.5b). R_{th1} und R_{thk} beschreiben die thermischen Widerstände für die Reihenschaltung von Wärmeleitung durch die Außen-

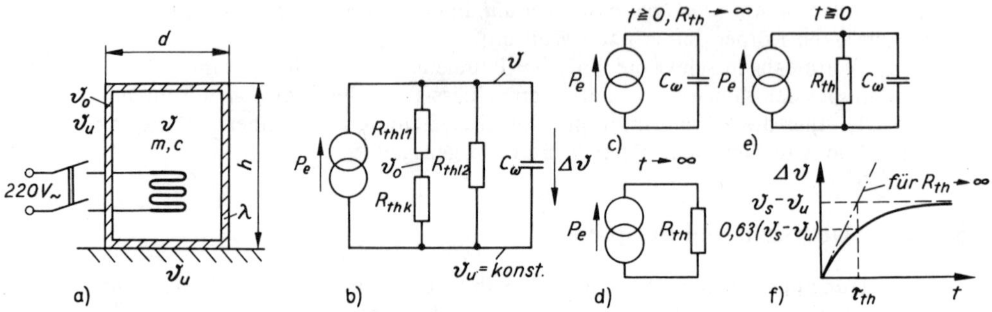

Bild 5.5. Modellierung eines Heizofens durch ein thermisches Netzwerk (NW)

a) Ofen; b) NW allgemein; c) NW bei idealer Wärmeisolation; d) NW für den stationären Zustand ($t \gg \tau_{th}$); e) Ersatz-NW für $t \geqq 0$; f) Temperaturverlauf nach sprunghaftem Einschalten der Wärmeleistung P_e zum Zeitpunkt $t = 0$

wand sowie Wärmeübertragung an der Oberfläche und R_{th2} die parallelgeschaltete Wärmeleitung nach unten. C_w ist die Wärmekapazität des Heizgutes (z. B. Wasser), für das eine ortskonstante Temperatur ϑ angenommen wird. Es gilt nach den Gln. (5.10) und (5.12)

$$R_{thl1} = \frac{d_1}{\lambda}\left(\frac{1}{\pi dh + \pi d^2/4}\right), \qquad R_{thl2} = \frac{d_2}{\lambda \pi d^2/4}$$

$$R_{thk} = \frac{1}{\alpha(\pi dh + \pi d^2/4)}, \qquad C_w = mc.$$

Am ungenauesten ist R_{thl2}, da der gewählte Ansatz an sich nur für isothermes Verhalten des Fundamentes gilt.
Die thermischen Widerstände kann man zu einem Ersatzwiderstand R_{th} zusammenfassen

$$R_{th} = \frac{(R_{thl1} + R_{thk})\, R_{thl2}}{R_{thl1} + R_{thk} + R_{thl2}}.$$

b) Um die Zeit Δt abzuschätzen, die nach Einschalten mindestens vergeht, bis eine bestimmte Temperatur ϑ (z. B. $\vartheta = 80\,°C$) erreicht wird, kann man zunächst ideale thermische Isolation annehmen ($R_{th} \to \infty$). Nach Bild 5.5c folgt dann wegen $P_e = \text{konst.}$

$$P_e = C_w \frac{d\vartheta}{dt} = C_w \frac{\Delta\vartheta}{\Delta t} \quad \text{bzw.} \quad \Delta t = C_w \frac{\vartheta - \vartheta_u}{P_e}. \tag{5.15}$$

c) Nach Beendigung des Aufheizvorganges fließt kein Wärmestrom mehr in die Kapazität, so daß sich für die stationäre Temperatur ϑ_s mit Gl. (5.9) bzw. Bild 5.5d folgendes ergibt

$$\Delta\vartheta_s = \vartheta_s - \vartheta_u = P_e R_{th} \quad \text{bzw.} \quad \vartheta_s = \vartheta_u + P_e R_{th} \tag{5.16}$$

und damit für das in b) definierte Δt

$$\Delta t = C_w \frac{\vartheta_s - \vartheta_u}{P_e} = R_{th} C_w. \tag{5.17}$$

d) Die Modellierung des Zeitverlaufs nach dem Einschalten führt mit der auf Bild 5.5e angewendeten Knotengleichung erwartungsgemäß zu einer Dgl., wie sie schon bei elektrischen Netzwerken mit einem Energiespeicher diskutiert wurde

$$P_e = \frac{\Delta\vartheta}{R_{th}} + C_w \frac{d}{dt}(\Delta\vartheta) \quad \text{bzw.} \quad \tau_{th} \frac{d}{dt}(\Delta\vartheta) + \Delta\vartheta = PR_{th} \tag{5.18}$$

mit

$$\tau_{th} = R_{th} C_w \quad \text{(thermische Zeitkonstante).} \tag{5.19}$$

Nach Gl. (4.5) lautet deren Lösung (s. auch Bild 5.5f)

$$\Delta\vartheta = \vartheta - \vartheta_u = PR_{th}\,(1 - e^{-t/\tau_{th}}). \tag{5.20}$$

5.3. Mechanisch-elektrische Analogien

5.3.1. Mechanisch-translatorische Systeme

Als Ausgangspunkt einer induktiven Betrachtungsweise wird das Beispiel eines schwingungsfähigen Systems (Bild 5.6a) betrachtet, in dem eine eingeprägte Kraft F_q über eine Feder *1* auf eine Masse *m* wirkt, die mit einer Feder *2* sowie einem geschwindigkeitsproportionalen Reibungsglied verkoppelt ist. Die Federn (reibungsfrei), das Dämpfungsglied sowie die starren Verbindungsstangen werden als masselos angenommen. Die Masse sei so geführt, daß eine geradlinige translatorische Bewegung garantiert ist und keine Drehung erfolgt.

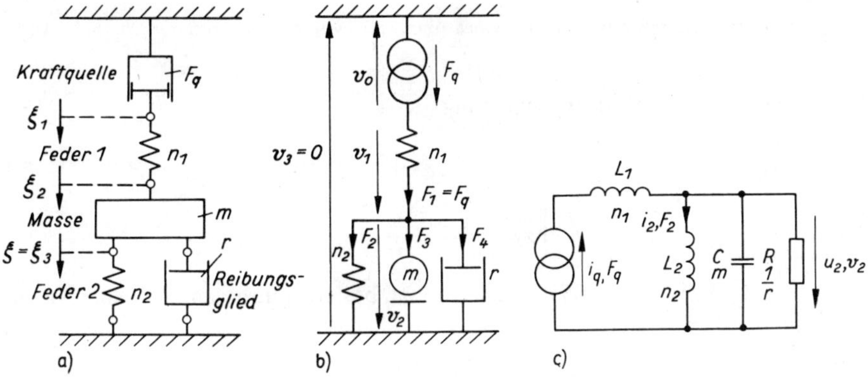

Bild 5.6

a) Eindimensionales translatorisches mechanisches System (halbschematische Draufsicht (keine Schwerkraftwirkung)); b) mechanisches Netzwerk zu a); c) elektrisches Netzwerk als Analogon zu b)

Als Analogon zum Strom *i* erweist sich die Kraft *F*. Nach dem Gesetz der Mechanik gilt nämlich

$$\sum_{\mu} F_{\mu} = 0 \quad \text{Knotensatz für ein mechanisches Netzwerk.} \tag{5.21}$$

Die algebraische Summe aller Kräfte, die an einem Knotenpunkt der Verbindungsstäbe angreifen, verschwindet. Dabei ist die Trägheitskraft damit verbundener Massen einzubeziehen. Für das gegebene System ergibt sich entsprechend der schematischen Darstellung im Bild 5.6b

$$F_1 - F_2 - F_3 - F_4 = 0 \quad \text{mit} \quad F_3 = m\frac{\mathrm{d}v_2}{\mathrm{d}t}. \tag{5.22}$$

Als analoge Größe zur Spannung *u* erweist sich die Differenzgeschwindigkeit *v*:

$$\sum_{\nu} v_{\nu} = 0 \quad \text{Maschensatz für ein mechanisches Netzwerk.} \tag{5.23}$$

Die algebraische Summe der Differenzgeschwindigkeiten längs eines geschlossenen Weges verschwindet, z. B. für Bild 5.6b

$$-v_0 + v_1 + v_2 + v_3 = 0 \; mit \; v_3 = 0 \quad \text{(da feste Bezugspunkte).} \tag{5.24}$$

Anders ausgedrückt: Die Differenz der Verlängerungen und Verkürzungen zwischen festen Bezugspunkten der Bauelemente muß verschwinden. Die Analogiebeziehungen der Netzwerkelemente werden zunächst am Beispiel der Feder erläutert. Für sie kann folgendes angesetzt werden (s. Bild 5.7):

$$F = \frac{1}{n}(\xi_1 - \xi_2) \tag{5.25}$$

ξ_1, ξ_2 Verrückungen aus der Ruhelage
n Nachgiebigkeit ($1/n$-Steifigkeit).

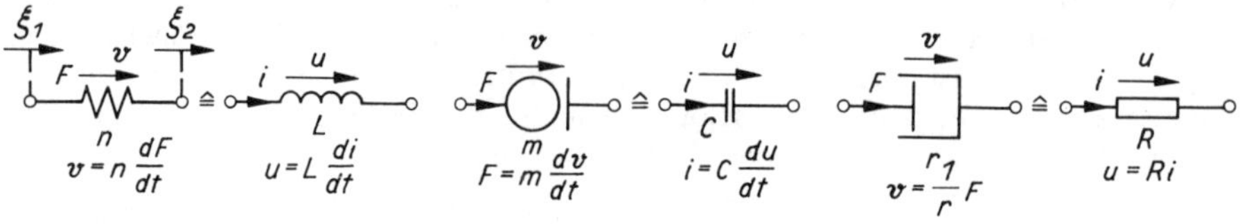

Bild 5.7. Analogie zwischen elektrischen und mechanischen Netzwerkelementen (für translatorische Bewegungen)

Daraus folgt mit der allgemeingültigen Beziehung

$$v = \frac{\mathrm{d}}{\mathrm{d}t}(\xi_1 - \xi_2) \tag{5.26}$$

$$\frac{\mathrm{d}F}{\mathrm{d}t} = \frac{1}{n}\frac{\mathrm{d}}{\mathrm{d}t}(\xi_1 - \xi_2) = \frac{1}{n}v \quad \text{bzw.} \quad v = n\frac{dF}{\mathrm{d}t}. \tag{5.27}$$

Das entspricht $u = L\,\mathrm{d}i/\mathrm{d}t$. Wie Bild 5.7 veranschaulicht, bestehen insgesamt folgende Analogien (s. auch Tafel S. 4):

Feder-Induktivität ($L \mathrel{\hat{=}} n$, n Nachgiebigkeit)
Masse-Kapazität ($C \mathrel{\hat{=}} m$, m Masse)
Reibungsglied-Widerstand ($R \mathrel{\hat{=}} 1/r$, r Reibungskonstante).

Demnach entspricht das mechanische Netzwerk vom Bild 5.6b dem im Bild 5.6c angegebenen elektrischen Netzwerk. Es kann also ohne weiteres mit den für elektrische Netzwerke abgeleiteten Verfahren (z. B. jω-Methode bei sinusförmiger bzw. periodischer Kraftquelle) berechnet oder auch als elektrische Schaltung experimentell nachgebildet werden.

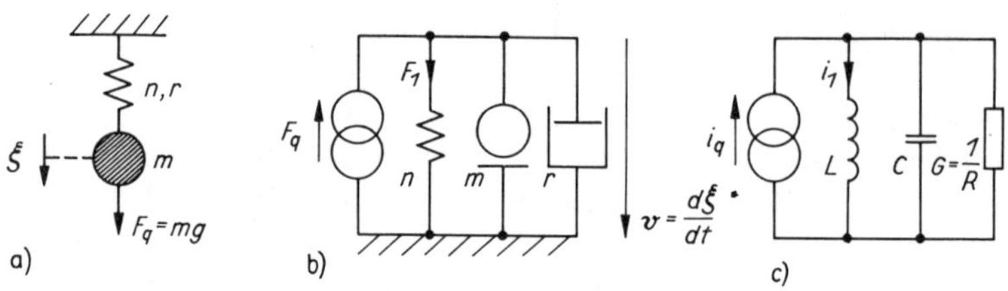

Bild 5.8

a) Schwingende Masse unter Einfluß der Feder- und Schwerkraft; b) mechanisches Netzwerk zu a); c) elektrisches Netzwerk als Analogon zu b) (Erläuterung s. S. 184)

Ein weiteres Beispiel stellt die Schwingung einer Masse an einer reibungsbehafteten Feder dar (Bild 5.8a). Das mechanische Ersatznetzwerk sowie das daraus abgeleitete elektrische Ersatznetzwerk sind aus den Bildern 5.8b bzw. c ersichtlich. Wegen $i_q = C\,\mathrm{d}u/\mathrm{d}t + u/R + i_1$ und $u = L\,\mathrm{d}i_1/\mathrm{d}t$ sowie i_q = konst., lautet die Dgl. für u

$$C\frac{d^2u}{dt^2} + \frac{1}{R}\frac{\mathrm{d}u}{\mathrm{d}t} + \frac{1}{L}u = 0. \tag{5.28}$$

Mit $u \mathrel{\hat{=}} v$ sowie den anderen Analogien folgt daraus

$$m\frac{\mathrm{d}^2v}{\mathrm{d}t^2} + r\frac{\mathrm{d}v}{\mathrm{d}t} + \frac{1}{n}v = 0. \tag{5.29}$$

Tafel 5.4. Analogien von Netzwerken aus verschiedenen Objektbereichen (s. auch [5.1]*)*

Symbol[1]	Allgemeines NW	Elektrisches NW	Thermisches NW	Strömungs-NW	Mechanisch-translatorisches NW	Mechanisch-rotatorisches NW
i	Flußgröße (F)	Strom [A]	Wärmestrom [N · m/s]	Volumenfluß [m³/s]	Kraft [N]	Drehmoment [N · m] (Drehkraft)
u	Differenzgröße (D)	Spannung [V]	Temperatur [K]	Druck [N/m²]	Geschwindigkeit [m/s]	Winkelgeschwindigkeit [s^{-1}] (Drehgeschwindigkeit)
Q	integrierte Flußgröße	Ladung [A · s]	Wärmemenge [N · m]	Volumen [m³]	Impuls [N · s]	Drehimpuls [N · m · s]
ψ	integrierte Differenzgröße	magnetischer Fluß [V · s]	–	Strömungsbew. Größe [N · s/m²]	Weg [m]	Winkel [rad]
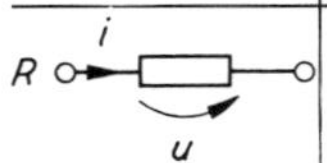	Verbraucher $R = u/i$	ohmscher Widerstand	Wärmewiderstand	Strömungswiderstand	Reibungsmitgang	Drehreibungsmitgang
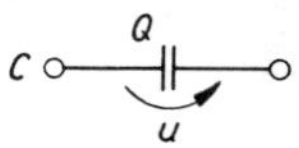	F-Speicher, $C = Q/u$ $W_q = Q^2/(2C)$	Kapazität elektrische Energie	Wärmekapazität Wärmemenge	Strömungskapazität [potentielle Energie]	Masse kinetische Energie	Trägheitsmoment kinetische Energie
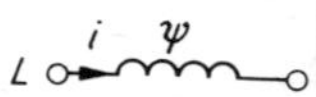	D-Speicher $L = \psi/i$ $W_q = \psi^2/(2L)$	Induktivität magnetische Energie	–	Strömungsträgheit	Federnachgiebigkeit potentielle Energie	Drehfeder-nachgiebigkeit potentielle Energie
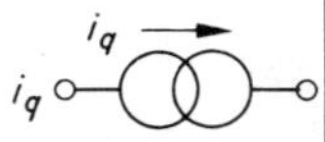	F-Quelle i_q-vorgegebene Zeitfunktion	Stromquelle	Wärmestromquelle	Volumenflußquelle	Kraftquelle	Drehmomentquelle
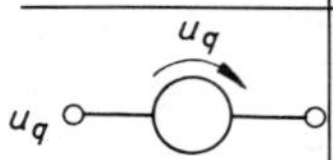	D-Quelle u_q-vorgegebene Zeitfunktion	Spannungsquelle	Temperaturquelle	Druckquelle	Geschwindigkeits-quelle	Winkelgeschwindig-keitsquelle

[1] am Beispiel elektrischer NW

Ebenso kann aus der Dgl. für i_1

$$CL\frac{\mathrm{d}^2 i_1}{\mathrm{d}t}+\frac{L}{R}\frac{\mathrm{d}i_1}{\mathrm{d}t}+i_1=i_q \tag{5.30}$$

unter Beachtung von $i_1 \triangleq F_1 = \xi/n$

$$m\frac{\mathrm{d}^2\xi}{\mathrm{d}t^2}+r\frac{\mathrm{d}\xi}{\mathrm{d}t}+\frac{1}{n}\xi=mg \tag{5.31}$$

abgeleitet werden – eine Beziehung, die natürlich auch direkt aus der mechanischen Anordnung ablesbar ist. Man kann also aus der Dgl. für das elektrische Ersatznetzwerk auf die für das mechanische System schließen und umgekehrt. Unter Beachtung von Abschnitt 4.1.2.3. kann man folgendes für die Eigenschaften des elektrischen bzw. mechanischen Systems angeben:

Eigenfrequenz (ungedämpft) $\omega_0=\frac{1}{\sqrt{LC}}, \quad \omega_0=\frac{1}{\sqrt{nm}}$ (5.32)

Dämpfungsgrad $D=\frac{1}{2R}\sqrt{\frac{L}{C}}, \quad D=\frac{r}{2}\sqrt{\frac{n}{m}}$ (5.33)

Eigenfrequenz (gedämpft) $\omega_d=\omega_0\sqrt{1-D^2}, \quad \omega_d=\omega_0\sqrt{1-D^2}$ (5.34)

5.3.2. Mechanisch-rotatorische Systeme

Hier sei auf Tafel 5.4 verwiesen, die einen Überblick über Netzwerkanalogien gibt.

5.4. Weitere Analogien

Netzwerke können auch zur Modellierung pneumatischer oder akustischer sowie hydraulischer Probleme benutzt werden. Erläutert sei speziell der Knotensatz, der bei diesen Problemen aus einer Bilanzgleichung für die Massen folgt (s. auch Bild 5.9). Wegen des Einsteinschen[1)] Energie-Masse-Äquivalentes $\Delta W = \Delta mc^2$ müßte genaugenommen die Bilanzgleichung für Energie und Masse aufgestellt werden. Darauf kann aber hier verzichtet werden, so daß folgendes gilt:

$$i_z - i_a = \frac{\mathrm{d}m}{\mathrm{d}t} \tag{5.35}$$

$i_z = (\mathrm{d}m/\mathrm{d}t)_z$ zufließender Massestrom, m in der betrachteten Hüllfläche enthaltene Masse,
$i_a = (\mathrm{d}m/\mathrm{d}t)_a$ abfließender Massestrom, t Zeit.

Anders ausgedrückt: Die Masse in einem abgeschlossenen System ist konstant. Erinnert sei an die Analogie zur Ladungs- bzw. Energieerhaltung bei elektrischen und thermischen Problemen (s. a. Abschn. 1.3.4. und 1.11.1.). Mit $m = \varrho V$ kann formuliert werden:

$$\frac{\mathrm{d}m}{\mathrm{d}t}=\frac{\mathrm{d}\varrho}{\mathrm{d}t}V+\varrho\frac{\mathrm{d}V}{\mathrm{d}t} \tag{5.36}$$

$$\frac{\mathrm{d}m}{\mathrm{d}t}=\varrho\frac{\mathrm{d}V}{\mathrm{d}t} \quad \text{(für konstante Dichte } \varrho) \tag{5.37}$$

$$\frac{\mathrm{d}m}{\mathrm{d}t}=V\frac{\mathrm{d}\varrho}{\mathrm{d}t} \quad \text{(für konstantes Volumen } V). \tag{5.38}$$

Konstantes ϱ stellt oft für hydraulische Systeme (mit inkompressiblen Flüssigkeiten wie Öl

[1)] *Albert Einstein,* deutscher Physiker, 1879–1955

oder auch Wasser) eine gute Näherung dar, so daß anstelle des Massestromes auch der Volumenstrom $\mathrm{d}V/\mathrm{d}t$ die Strömungsgröße darstellt. Für pneumatische Systeme (z. B. mit Luft) kann meist

$$pV = mRT \quad \text{bzw.} \quad \varrho = \frac{m}{V} = \frac{p}{RT} \tag{5.39}$$

p Druck,
T Temperatur,
R Gaskonstante

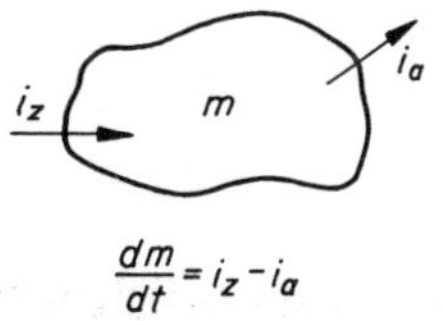

Bild 5.9
Bilanzgleichung für die Masse (ohne Massendefekt)

vorausgesetzt werden, so daß wegen

$$\frac{\mathrm{d}m}{\mathrm{d}t} = \frac{V}{RT}\frac{\mathrm{d}p}{\mathrm{d}t} \tag{5.40}$$

für konstantes T anstelle $\mathrm{d}m/\mathrm{d}t$ *auch* $V\mathrm{d}p/\mathrm{d}t$ als Strömungsgröße aufgefaßt werden kann, die dem Knotensatz genügt.

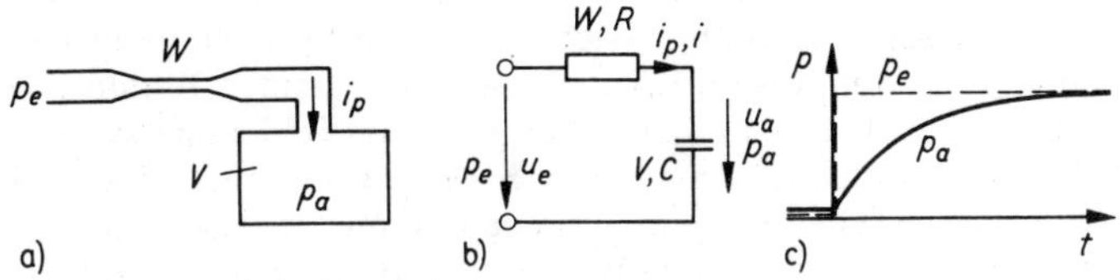

Bild 5.10. Pneumatisches Trägheitsglied (Tiefpaß)

a) Prinzip; b) Netzwerk; c) Übertragungsverhalten bei einem Drucksprung am Eingang

Beispiel:

Bild 5.10 ermöglicht einen Vergleich zwischen einem pneumatischen und einem elektrischen Trägheitsglied (Tiefpaß) mit einem Energiespeicher. Im Bereich laminarer Strömung kann der Luftstrom i aus der Druckdifferenz von Eingangs- bzw. Ausgangsdruck $p_e - p_a$ und dem konstanten pneumatischen Widerstand W ermittelt werden

$$i_p = (p_e - p_a)/W. \tag{5.41}$$

Der zugeführte Luftstrom erzeugt eine Druckerhöhung im Volumen V (pneumatische Kapazität), d. h.

$$i_p = V\frac{\mathrm{d}p_a}{\mathrm{d}t}, \tag{5.42}$$

so daß folgende Dgl. entsteht

$$\tau\frac{\mathrm{d}p_a}{\mathrm{d}t} + p_a = p_e \quad \text{mit} \quad \tau = VW \quad \text{(Zeitkonstante).} \tag{5.43}$$

Daraus resultiert das im Bild 5.10a angegebene Verhalten bei einem Sprung des Drucks p_e am Eingang.

Abschließend sei vermerkt, daß es außer den in Tafel 5.4 angegebenen Zuordnungen noch weitere Anwendungen gibt, z. B. $u \mathrel{\hat{=}} F$, $i \mathrel{\hat{=}} v$ bei translatorischen Systemen, wodurch sich aber zwischen zu modellierender Systemstruktur und Netzwerkstruktur wesentliche Unterschiede ergeben (z. B. Dualitätsprinzipien zwischen Reihen- und Parallelschaltung).

Bezüglich der Analogien zwischen elektrischen Stromkreisen und magnetischen Kreisen sei auf Abschnitt 7.2. verwiesen.

6. Elektrische Felder und Stromflußmechanismen

6.1. Grundgleichungen elektromagnetischer Felder

Zum Verständnis der außerordentlich vielfältigen Erscheinungen bei elektrischen und magnetischen Feldern sowie ihrer Verkopplung in Form elektromagnetischer Felder kann man einen *induktiven* oder *deduktiven* Zugang wählen. Im ersten Fall werden zunächst einzelne experimentell nachweisbare Phänomene untersucht und mathematisch beschrieben. Daran schließt sich eine Verallgemeinerung und Zusammenfassung an, die zu einem umfangreichen allgemeingültigen Gleichungssystem führt, den Maxwellschen Gleichungen. Danach kann man dann – ausgehend von diesem Gleichungssystem – weitere Spezialfälle behandeln. Dieser induktive Weg kann – bei sehr ausführlicher Darstellung – einen Einblick in den historischen Erkenntnisprozeß geben, der in der Formulierung dieses Gleichungssystems gipfelt und führt den Leser behutsam an die Probleme heran. Er stellt aber keine Ableitung in dem Sinne dar, daß die Maxwellschen Gleichungen auf andere, grundlegendere Gesetze zurückgeführt werden. Im folgenden wird der deduktive Weg beschritten, bei dem sofort das vollständige Gleichungssystem ohne experimentelle Begründung an den Anfang gestellt wird. Der Leser kann also nicht verstehen, warum die Maxwellschen Gln. die angegebene Form haben, sondern er soll es lernen, diese Gln. auf spezielle Probleme anzuwenden. Dieser Weg erscheint unbequemer, da man von Anfang an mit einem umfangreichen und fast schockierenden Gl.-System konfrontiert wird, dessen Inhalt und Handhabung man nur *schrittweise* verstehen kann. Der Vorteil der deduktiven Betrachtung liegt aber darin, daß sie einen rationellen Erkenntnisprozeß ermöglicht und den Leser von Anfang an daran gewöhnt, alle Spezialfälle ausgehend vom vollständigen Gl.-System zu analysieren. Er kann damit nicht nur sein Gedächtnis entlasten, sondern erkennt auch einschränkende Annahmen besser. Zu erwähnen ist allerdings, daß einige unmittelbar mit der Schaltungsanalyse zusammenhängende Probleme bereits im Abschnitt 1. eingeführt wurden und nun noch einmal feldtheoretisch untermauert werden.

Die *Maxwellschen Gleichungen* lauten *in integraler Form:*

$$\oint \boldsymbol{H}\,\mathrm{d}\boldsymbol{s} = \int \boldsymbol{S}\,\mathrm{d}\boldsymbol{A} \tag{6.1}$$

Durchflutungsgesetz:
H umwirbelt ***S***

$$\oint \boldsymbol{E}\,\mathrm{d}\boldsymbol{s} = -\int \frac{\partial \boldsymbol{B}}{\partial t}\,\mathrm{d}\boldsymbol{A} \tag{6.2}$$

Induktionsgesetz:
E umwirbelt $-\partial \boldsymbol{B}/\partial t$

$$\oint \boldsymbol{B}\,\mathrm{d}\boldsymbol{A} = 0 \tag{6.3}$$

Quellenfreiheit von ***B***

$$\oint \boldsymbol{D}\,\mathrm{d}\boldsymbol{A} = \int \varrho\,\mathrm{d}V \tag{6.4}$$

Ladungen als Quellen von ***D***

$$\boldsymbol{B} = \mu \boldsymbol{H} \tag{6.5}$$

$$\boldsymbol{D} = \varepsilon \boldsymbol{E} \tag{6.6}$$

Materialgleichungen für magnetische sowie elektrische Feldeigenschaften

$$\boldsymbol{S} = \underbrace{\int \mathrm{d}\varrho \boldsymbol{v}}_{S_k} + \underbrace{\frac{\partial \boldsymbol{D}}{\partial t}}_{S_v} \tag{6.7}$$

Gesamtstromdichte = Konvektionsstromdichte + Verschiebungsstromdichte

Es bedeuten:

$\boldsymbol{H}$	magnetische Feldstärke	$\boldsymbol{E}$	elektrische Feldstärke
$\boldsymbol{B}$	magnetische Flußdichte	$\boldsymbol{D}$	elektrische Verschiebungsflußdichte
μ	magnetische Permeabilität	ε	Dielektrizitätskonstante
ϱ	Raumladungsdichte	$\boldsymbol{v}$	Geschwindigkeit der Ladungsträger
$\boldsymbol{S}_k$	Konvektionsstromdichte	$\boldsymbol{S}_v$	Verschiebungsstromdichte
$\boldsymbol{S}$	Gesamtstromdichte	$\mathrm{d}\boldsymbol{A}$	Flächenelement
$\mathrm{d}\boldsymbol{s}$	differentielles Wegelement	t	Zeit.
$\mathrm{d}V$	differentielles Volumenelement		

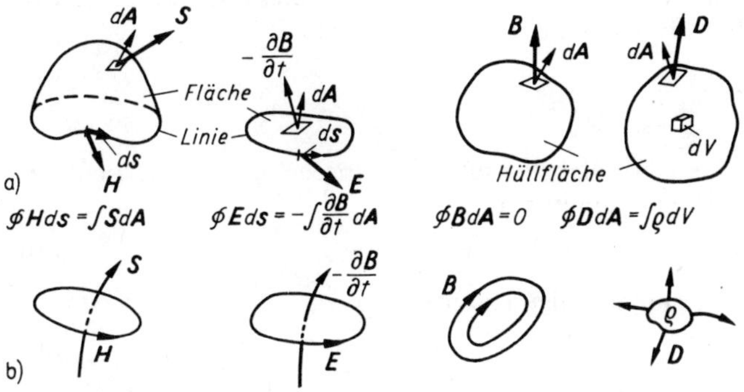

Bild 6.1. Erste bis vierte Maxwellsche Gleichung (s. S. 188)

a) zur Auswertung; b) Veranschaulichung

Unter Maxwellschen Gln. im engeren Sinne versteht man häufig auch nur das *Induktionsgesetz* (erste Maxwellsche Gleichung) bzw. *Durchflutungsgesetz* (zweite Maxwellsche Gleichung). Die Gln. (6.3) und (6.4) werden teilweise als dritte und vierte Maxwellsche Gln. bezeichnet. Die Gln. (6.5) bis (6.7) werden oft als Materialgln. bezeichnet, da sie materialabhängige Größen enthalten.

Speziell für Metalle, homogene Halbleiter bis zu mittleren Frequenzen ($\omega \ll \varkappa/\varepsilon$) und teilweise auch für Elektrolyte kann die Verschiebungsstromdichte $\boldsymbol{S}_v$ vernachlässigt werden. Es gilt das Ohmsche Gesetz

$$\boldsymbol{S} = \boldsymbol{S}_k = \int \mathrm{d}\varrho \boldsymbol{v} = \varkappa \boldsymbol{E} \quad \text{mit} \quad \varkappa = \text{konst.} \tag{6.8}$$

Für ideale Nichtleiter ist die spezifische Leitfähigkeit $\varkappa = 0$. Ideale Leiter werden durch $\varkappa \to \infty$ beschrieben.

Im einfachsten Fall gehen also die Materialeigenschaften in die drei orts- und zeitkonstanten Größen ε, μ und $\varkappa$ ein. Im allgemeinen Fall können diese Größen auch feldabhängig[1] sein. Die Gln. (6.1) bis (6.4) enthalten Linien-, Flächen- und Volumenintegrale. Linienintegrale über einen geschlossenen Weg bzw. Flächenintegrale über eine geschlossene Hüllfläche werden durch das Symbol $\oint$ markiert. Bild 6.1a veranschaulicht die durchzuführenden Rechenoperationen. $\mathrm{d}\boldsymbol{A}$ und $\mathrm{d}\boldsymbol{s}$ müssen der Rechtsschraubenregel genügen. $\mathrm{d}\boldsymbol{A}$ ist ein Vektor, dessen Betrag $\mathrm{d}A = |\mathrm{d}\boldsymbol{A}|$ die Größe eines differentiellen Flächenelementes beschreibt und der senkrecht auf diesem steht. Die von der Linie mit dem differentiellen Wegelement $\mathrm{d}\boldsymbol{s}$ umrandete Fläche kann beliebig sein. Beim Integral über eine Hüllfläche zeigt $\mathrm{d}\boldsymbol{A}$ stets nach außen. Der oben bereits verwendete Begriff von Wirbeln und Quellen eines Vektorfeldes entspricht den aus dem Alltag bekannten Deutungen. Im Bild 6.1b sind Wirbel von ***H***, ***B*** und ***E*** sowie eine Ladung als Quelle von ***D***-Linien dargestellt. Bedingung für Wirbelfreiheit eines allgemeinen Vektorfeldes $\boldsymbol{V}$ ist $\oint \boldsymbol{V}\mathrm{d}\boldsymbol{s} = 0$ und Bedingung für Quellenfreiheit $\oint \boldsymbol{V}\mathrm{d}\boldsymbol{A} = 0$. Im

[1] Im folgenden wird Isotropie vorausgesetzt, d. h., Richtungsunabhängigkeit der Materialgrößen. *$\varkappa$, ε und μ hängen demnach nicht oder nur vom Betrag der Feldgrößen ab. Bei Anisotropie, d. h. Richtungsabhängigkeit der Materialgrößen, hängen sie auch von der Feldrichtung ab,* $\varkappa$, ε bzw. μ sind dann durch Tensoren zweiter Ordnung zu beschreiben.

allgemeinen Fall kann demnach ein $\boldsymbol{E}$-Feld Wirbel (für $\oint \boldsymbol{E}\,\mathrm{d}\boldsymbol{s} = -\int (\partial \boldsymbol{B}/\partial t)\,\mathrm{d}\boldsymbol{A} \neq 0$) und Quellen (für $\varepsilon \oint \boldsymbol{E}\,\mathrm{d}\boldsymbol{A} = Q \neq 0$) besitzen, aber auch wirbel- und/oder quellenfrei sein. $\boldsymbol{H}$ kann ebenfalls Wirbel und/oder Quellen besitzen oder auch wirbel- und quellenfrei sein. Demgegenüber ist $\boldsymbol{B}$ stets quellenfrei, d. h., $\boldsymbol{B}$-Linien sind stets geschlossen. Eine weitere Erläuterung der genannten Integrale folgt in den nächsten Abschnitten, z. T. anhand einfacher Beispiele. An dieser Stelle sei nur noch der Zusammenhang zwischen Ladung Q und Raumladungsdichte ϱ genannt:

$$Q = \int \varrho\,\mathrm{d}V. \tag{6.9}$$

Ein Analogon ist der Zusammenhang zwischen Masse und Dichte eines Stoffes. Für örtlich konstantes ϱ vereinfacht sich diese Beziehung (Gl. (6.8) zu

$$Q = \varrho \int \mathrm{d}V = \varrho V$$

V Volumen.

Für die Kraft auf Ladungen der Geschwindigkeit $\boldsymbol{v}$ durch elektrische bzw. magnetische Felder gilt – wie im Abschnitt 7.6. näher erläutert wird:

$$\boldsymbol{F} = \int \varrho \boldsymbol{E}\,\mathrm{d}V + \int \varrho \boldsymbol{v} \times \boldsymbol{B}\,\mathrm{d}V \tag{6.10}$$

bzw. mit Gl. (6.9) für die Kraft auf punktförmige Ladungen

$$\boldsymbol{F} = Q\boldsymbol{E} + Q\boldsymbol{v} \times \boldsymbol{B}. \tag{6.11}$$

Geht man davon aus, daß die Ladung Q als einzige Grundgröße der Elektrotechnik eingeführt wird, so können also $\boldsymbol{E}$ und $\boldsymbol{B}$ durch die Kraft auf ruhende bzw. bewegte Ladungen definiert werden. Mit den Materialgrößen μ und ε liegen dann auch Definitionen für $\boldsymbol{H} = \boldsymbol{B}/\mu$ und $\boldsymbol{D} = \varepsilon \boldsymbol{E}$ vor, wobei ϱ, $\boldsymbol{E}$, $\boldsymbol{B}$, $\boldsymbol{D}$ und $\boldsymbol{H}$ über die Maxwellschen Gln. zusammenhängen.

Die aufgeführte integrale Form der Maxwellschen Gln. eignet sich besonders für anschauliche Deutungen sowie einfache Spezialfälle. Tiefergehende Berechnungen gehen zweckmäßigerweise von der Differentialform aus, die im Abschnitt 7.10. erläutert wird. Dieses partielle Differentialgleichungssystem läßt sich aus der Integralform ableiten (und umgekehrt), überschreitet aber das hier gewählte mathematische Anspruchsniveau. Die Maxwellschen Gln. sind eine wesentliche und sehr prägnant formulierte Grundlage zur Berechnung vielfältigster Erscheinungen in Technik und Natur. Sie stellen ergänzt durch materialspezifische Eigenschaften sowie Grundgln. aus angrenzenden Gebieten, wie der Mechanik, Quantenmechanik oder Thermodynamik, den Schlüssel zum Verständnis der gesamten Elektronik und Energietechnik dar und werden für die Berechnung von Transistoren und Schaltkreisen genauso benötigt wie für die Steuerung von Satelliten oder die Konstruktion von Elektromotoren. Die Bedeutung der Maxwellschen Gln. geht aber weit über die Elektrotechnik hinaus, da sie die Ausbreitung elektromagnetischer Wellen beschreiben, also auch infraroter und sichtbarer Lichtwellen sowie von Ultraviolett- und Röntgenstrahlung.

6.2. Kontinuitätsgleichung für den Stromfluß

Die Stärke i des Stromes durch eine vorgegebene Fläche A kann definitionsgemäß durch Integration aus dem Vektorfeld der Stromdichte $\boldsymbol{S}$ ermittelt werden:

$$\mathrm{d}i = \boldsymbol{S}\,\mathrm{d}\boldsymbol{A} \quad \text{bzw.} \quad i = \int \boldsymbol{S}\,\mathrm{d}\boldsymbol{A}. \tag{6.12}$$

Gl. (6.1) läßt sich – wie Bild 6.2a veranschaulicht – in

$$i = \int \boldsymbol{S}\,\mathrm{d}\boldsymbol{A} = \int S \cos(\boldsymbol{S}, \mathrm{d}\boldsymbol{A})\,\mathrm{d}A = \int S \cos\alpha\,\mathrm{d}A \tag{6.13}$$

umformen. Falls $S \cos\alpha$ an allen Punkten der betrachteten Fläche den gleichen Wert annimmt, vereinfacht sich diese Beziehung zu

$$i = S \cos \alpha \int dA = SA \cos \alpha. \tag{6.14}$$

Treten die S-Linien jeweils senkrecht durch die Fläche ($\alpha = 0$), so gilt

$$i = SA_s. \tag{6.15}$$

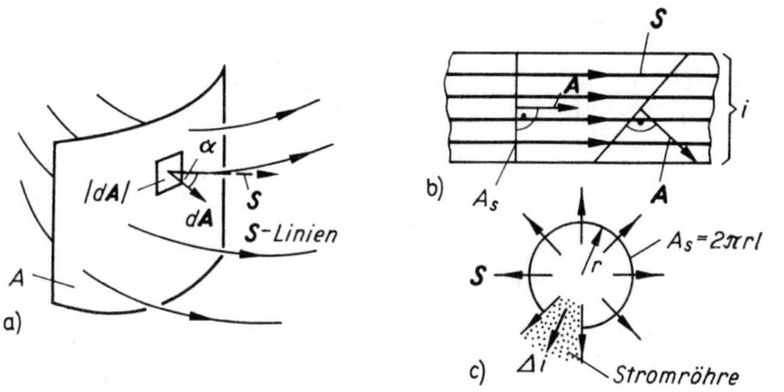

Bild 6.2. Strom und Stromdichte: Allgemeines (a), homogenes (b) und zylindersymmetrisches (c) Strömungsfeld

Die Bilder 6.2b und c veranschaulichen diese Aussagen für ein homogenes Strömungsfeld ($\boldsymbol{S}$ ortsunabhängig) sowie ein zylindersymmetrisches Strömungsfeld. S-Linien werden für Zeichnungen so ausgewählt, daß ihre Dichte (Zahl der Linien je senkrecht stehender Fläche) $|\boldsymbol{S}|$ proportional ist. Als Stromröhren bezeichnet man Volumina im Raum, die jeweils den gleichen Teilstrom Δi transportieren und deren Mantelfläche durch S-Linien begrenzt wird (Bild 6.2c). Aus dem Durchflutungsgesetz $\oint \boldsymbol{H}\,d\boldsymbol{s} = \int \boldsymbol{S}\,d\boldsymbol{A} = i$ kann man folgern, daß das Hüllintegral der Stromdichte stets verschwindet:

$$\oint \boldsymbol{S}\,d\boldsymbol{A} = 0 \quad \text{bzw.} \quad \sum_{\mu} i_{\mu} = 0 \text{ (erster Kirchhoffscher Satz).} \tag{6.16}$$

Ableitung der Gl. (6.16):*

Da Gl. (6.1) für beliebige vom Integrationsweg des Linienintegrals berandete Flächen gilt und damit auch für die Flächen A_1 bzw. A_2 im Bild 6.3a, ist

$$\oint \boldsymbol{H}\,d\boldsymbol{s} = \int_{A_1} \boldsymbol{S}\,d\boldsymbol{A}_1 = \int_{A_2} \boldsymbol{S}\,d\boldsymbol{A}_2 \quad \text{bzw.} \quad \int_{A_1} \boldsymbol{S}\,d\boldsymbol{A}_1 - \int_{A_2} \boldsymbol{S}\,d\boldsymbol{A}_2 = 0. \tag{6.17}$$

Die Zuordnung von $d\boldsymbol{s}$ und $d\boldsymbol{A}$ muß – wie schon erwähnt – nach der Rechtsschraubenregel erfolgen. Bei einem Hüllintegral wird $d\boldsymbol{A}$ aber stets nach außen orientiert. Deshalb ist $d\boldsymbol{A}_2 = d\boldsymbol{A} \cos 180° = -d\boldsymbol{A}$ zu setzen, so daß Gl. (6.17) in

$$\int_{A_1} \boldsymbol{S}\,d\boldsymbol{A} + \int_{A_2} \boldsymbol{S}\,d\boldsymbol{A} = \oint \boldsymbol{S}\,d\boldsymbol{A} = 0$$

übergeht, womit Gl. (6.16) bewiesen ist. Bild 6.3b veranschaulicht Gl. (6.16) an einem Beispiel.

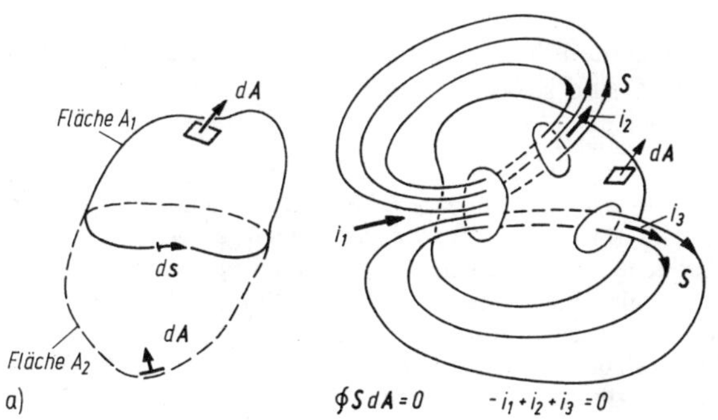

Bild 6.3

a) Rechtsschraubenregel für $d\boldsymbol{s}$ und $d\boldsymbol{A}$ beim Durchflutungsgesetz b) Quellenfreiheit der Stromdichte sowie erster Kirchhoffscher Satz

Damit Gl. (6.16) erfüllt ist, muß die Zahl der $\boldsymbol{S}$-Linien, die in eine beliebige Hülle laufen, mit der übereinstimmen, die herauskommen. Das ist gleichbedeutend mit der Aussage:

S-Linien sind stets geschlossen (Stromkontinuität),

d. h., Stromdichte-Quellen bzw. -Senken existieren nicht (Bild 6.3 b). Wegen $\boldsymbol{S} = \boldsymbol{S}_k + \partial \boldsymbol{D}/\partial t$ kann aus Gl. (6.16) auch eine andere Formulierung der Stromkontinuität abgeleitet werden, die bereits im Abschnitt 1.3.4. für i diskutiert worden war:

$$\oint \boldsymbol{S}\,\mathrm{d}\boldsymbol{A} = \oint \boldsymbol{S}_k\,\mathrm{d}\boldsymbol{A} + \oint \frac{\partial \boldsymbol{D}}{\partial t}\,\mathrm{d}\boldsymbol{A} = \oint \boldsymbol{S}_k\,\mathrm{d}\boldsymbol{A} + \frac{\mathrm{d}}{\mathrm{d}t}\oint \boldsymbol{D}\,\mathrm{d}\boldsymbol{A} = 0.$$

Wegen

$$\int \boldsymbol{D}\,\mathrm{d}\boldsymbol{A} = \int \varrho\,\mathrm{d}V = Q$$

ergibt sich daraus

$$\oint \boldsymbol{S}_k\,\mathrm{d}\boldsymbol{A} + \frac{\mathrm{d}Q}{\mathrm{d}t} = \oint \boldsymbol{S}_k\,\mathrm{d}\boldsymbol{A} + \int \frac{\partial \varrho}{\partial t}\,\mathrm{d}V = 0. \tag{6.18}$$

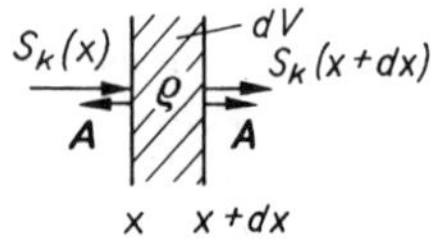

Bild 6.4. Zeitliche Änderung der Raumladungsdichte bei örtlicher Änderung der Konvektionsstromdichte (im eindimensionalen Fall)

Wählt man ein differentiell kleines Volumenelement $A\,\mathrm{d}x$ und beschränkt sich auf den örtlich eindimensionalen Fall (Bild 6.4), so folgt aus Gl. (6.18) mit

$$\varrho\,(x + \mathrm{d}x/2,\, t) \approx \varrho\,(x,\, t)$$

$$S_k\,(x + \mathrm{d}x,\, t)\,A - S_k\,(x,\, t)\,A + \frac{\partial \varrho\,(x,\, t)}{\partial t}\,A\,\mathrm{d}x = 0$$

und nach Division durch $A\,\mathrm{d}x$ die *eindimensionale Kontinuitätsgleichung*

$$\frac{\partial S_k}{\partial x} + \frac{\partial \varrho}{\partial t} = 0. \tag{6.19}$$

Sinkt also S_k in x-Richtung ab ($\partial S_k/\partial x < 0$), so überwiegt die in das Volumenelement zufließende die abfließende Ladungsmenge, wodurch die Raumladungsdichte zeitlich ansteigt ($\partial \varrho/\partial t > 0$).

6.3. Elektrische Feldgrößen an Grenzflächen

Die Normalkomponente von $\boldsymbol{S}$ und $\boldsymbol{D}$ (falls keine Flächenladung $\sigma = \mathrm{d}Q/\mathrm{d}A$ an der Grenzfläche) sowie die Tangentialkomponente von $\boldsymbol{E}$ sind stetig (Bild 6.5):

$$S_{n1} = S_{n2}, \qquad E_{t1} = E_{t2}, \qquad D_{n1} + \sigma = D_{n2}. \tag{6.20}$$

Ableitung:* Aus $\oint \boldsymbol{S}\,\mathrm{d}\boldsymbol{A} = 0$ folgt $-S_{n1}\,\mathrm{d}A + S_{n2}\,\mathrm{d}A = 0$, wenn man eine differentielle Hüllfläche direkt an die Grenzfläche der Medien 1 und 2 legt. $\oint \boldsymbol{D}\,\mathrm{d}\boldsymbol{A} = Q$ kann als $-D_{n1}\,\mathrm{d}A + D_{n2}\,\mathrm{d}A = 0$ geschrieben werden, wenn die Querausdehnung der Hüllfläche und damit die eingeschlossene Ladung verschwindet. Manchmal ist es zweckmäßig, an Grenzflächen formal eine Flächenladung $\sigma = \mathrm{d}Q/\mathrm{d}A$ einzuführen, wodurch $-D_{n1}\,\mathrm{d}A + D_{n2}\,\mathrm{d}A = \sigma\,\mathrm{d}A$ entsteht. Ebenso wie eine Punktladung ist die Flächenladung als ein idealisiertes Modell realer physikalischer Erscheinungen aufzufassen. Schmiegt sich bei $\oint \boldsymbol{E}\,\mathrm{d}\boldsymbol{s} = -\int (\partial \boldsymbol{B}/\partial t)\,\mathrm{d}\boldsymbol{A}$ der Integrationsweg direkt an die Grenzfläche, so gilt $E_{t1}\,\mathrm{d}s - E_{t2}\,\mathrm{d}s = 0$.

Beispiel: Brechungsgesetz für Feldlinien an der Grenze zweier Dielektrika ($\sigma = 0$)

Aus $\tan\alpha_1 = E_{t1}/E_{n1}$ und $\tan\alpha_2 = E_{t2}/E_{n2}$ folgt entsprechend Bild 6.6

$$\frac{\tan\alpha_1}{\tan\alpha_2} = \frac{E_{t1}/E_{n1}}{E_{t2}/E_{n2}} = \frac{E_{n2}}{E_{n1}} = \frac{D_n}{\varepsilon_2}\frac{\varepsilon_1}{D_n} \quad \text{bzw.} \quad \frac{\tan\alpha_1}{\tan\alpha_2} = \frac{\varepsilon_1}{\varepsilon_2}. \tag{6.21}$$

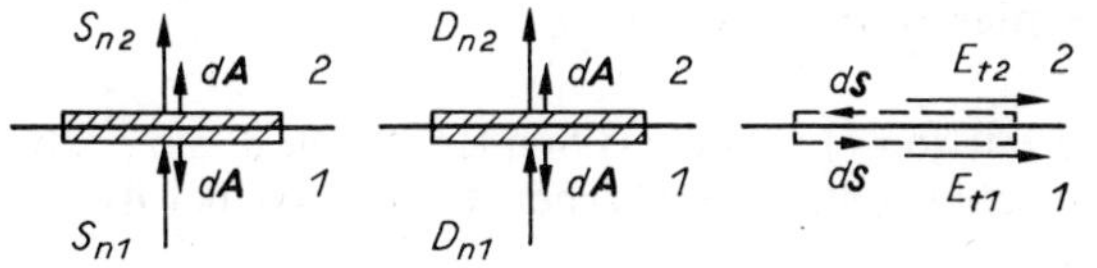

Bild 6.5. Stetigkeit von S_n, D_n und E_t an der Grenzfläche zweier Medien 1 und 2 (zeigen D_{n2} und D_{n1} nach unten, so ist in Gl. (6.20) – σ einzusetzen)

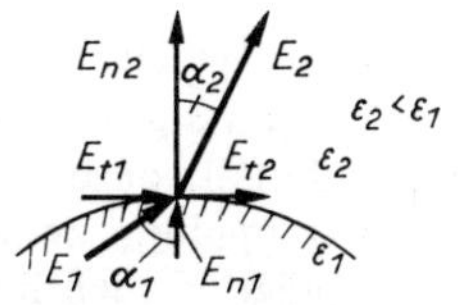

Bild 6.6. Brechungsgesetz für elektrische Feldlinien (Darstellung für $\varepsilon_2 < \varepsilon_1$)

6.4. Einteilung von Feldtypen

a) Statische Felder (ruhende Ladungen und ruhende Magnete)

Kennzeichen: Keine zeitlichen Änderungen ($\partial/\partial t = 0$), kein Strom ($\boldsymbol{S} = 0$).

Gleichungssystem:

$$\oint \boldsymbol{H}\,d\boldsymbol{s} = 0 \qquad \oint \boldsymbol{E}\,d\boldsymbol{s} = 0 \qquad \oint \boldsymbol{B}\,d\boldsymbol{A} = 0$$
$$\oint \boldsymbol{D}\,d\boldsymbol{A} = \int \varrho\,dV \qquad \boldsymbol{B} = \mu\boldsymbol{H} \qquad \boldsymbol{D} = \varepsilon\boldsymbol{E}.$$

Schlußfolgerung: Keine Kopplung zwischen elektrischen und magnetischen Größen, d. h. entkoppelte Behandlung elektro- sowie magnetostatischer Probleme.

b) Stationäre Felder (Gleichstrom und ruhende Magnete)

Kennzeichen: Keine zeitlichen Änderungen ($\partial/\partial t = 0$) und konstanter Konvektionsstrom ($\partial S_k/\partial t = 0$)

Gleichungssystem:

$$\oint \boldsymbol{H}\,d\boldsymbol{s} = S_k,$$

sonst wie bei a).

c) Quasistationäre Felder (zeitveränderlicher Strom, Wellenausbreitung vernachlässigbar)

Kennzeichen: Einfluß von $\partial\boldsymbol{D}/\partial t$ auf $\boldsymbol{H}$ und damit wiederum auf $\boldsymbol{E}$ muß nicht berücksichtigt werden.

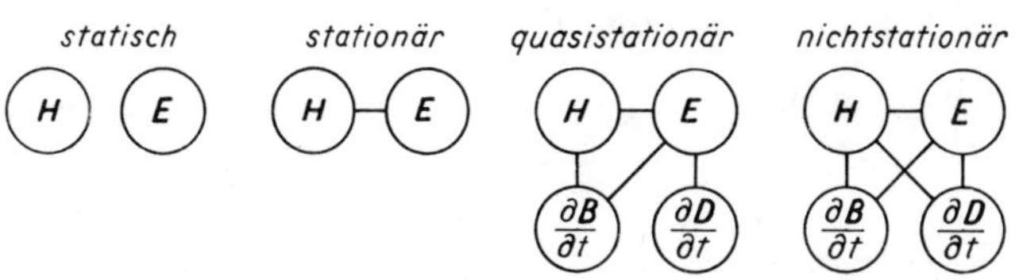

Bild 6.7. Verkopplung zwischen Feldgrößen bei verschiedenen Feldtypen

Gleichungssystem

$$\oint \boldsymbol{E}\,\mathrm{d}\boldsymbol{s} = -\int \frac{\partial \boldsymbol{B}}{\partial t}\,\mathrm{d}\boldsymbol{A}, \qquad \oint \boldsymbol{H}\,\mathrm{d}\boldsymbol{s} = S_\mathrm{k}, \qquad S = S_\mathrm{k} + \frac{\partial \boldsymbol{D}}{\partial t},$$

sonst wie bei b).

d) Nichtstationäre Felder (Wellenausbreitung nicht vernachlässigbar)

Kennzeichen: Vollständiges Gl.-System.

a) kann als Sonderfall von b), b) als Sonderfall von c) und c) als Sonderfall von d) aufgefaßt werden. Die Verkopplung zwischen elektrischen und magnetischen Größen ist bei d) am stärksten ausgeprägt (s. auch Bild 6.7).

6.5. Elektrische Spannung und Potential

Für zeitlich konstantes Magnetfeld gilt nach Gl. (6.2)

$$\oint \boldsymbol{E}\,\mathrm{d}\boldsymbol{s} = -\int \frac{\partial \boldsymbol{B}}{\partial t}\,\mathrm{d}\boldsymbol{A} = 0. \tag{6.22}$$

Bereits im Abschnitt 1.4.1. war dieses wirbelfreie elektrische Potentialfeld untersucht worden. Als möglich und zweckmäßig hat sich die Einführung einer skalaren Größe, des Potentials bzw. der Spannung erwiesen

$$u_\mathrm{AB} = \varphi_\mathrm{A} - \varphi_\mathrm{B} = \int_\mathrm{A}^\mathrm{B} \boldsymbol{E}\,\mathrm{d}\boldsymbol{s}. \tag{6.23}$$

Damit und aus Gl. (6.22) folgt der

$$\text{Maschensatz} \quad \sum_\mu u_\mu = 0, \tag{6.24}$$

der bei anderer Deutung des Spannungsbegriffs formal auch bei zeitlich veränderlichen Magnetfeldern anwendbar ist (s. auch Abschn. 1.8.1.). Für elektrische Potentialfelder gilt:

- *Die elektrischen Feldlinien stehen senkrecht auf den Äquipotentialflächen.*
- *Ideale Leiter sind wegen $\varkappa \to \infty$ und $E = S/\varkappa$ im Inneren feldfrei und demzufolge Äquipotentialflächen – demnach stehen die elektrischen Feldlinien der angrenzenden nichtidealen Leiter oder Nichtleiter senkrecht auf den idealen Leitern (s. z. B. Bild 6.12).*

Ohne Beweis sei die Beziehung zwischen Potential und Feldstärke bei kartesischen Koordinaten angegeben:

$$\boldsymbol{E} = \boldsymbol{i}E_x + \boldsymbol{j}E_y + \boldsymbol{k}E_z, \quad E_x = -\frac{\partial \varphi}{\partial \varkappa}, \quad E_y = -\frac{\partial \varphi}{\partial y}, \quad E_z = -\frac{\partial \varphi}{\partial z}. \tag{6.25}$$

Aus Gl. (6.4) kann man

$$\frac{\partial E_x}{\partial x} + \frac{\partial E_y}{\partial y} + \frac{\partial E_z}{\partial z} = \frac{\varrho}{\varepsilon} \tag{6.26}$$

ableiten. Daraus und aus Gl. (6.25) folgt die *Poisson-Gleichung*[1)]

$$\Delta\varphi = \frac{\partial^2 \varphi}{\partial x^2} + \frac{\partial^2 \varphi}{\partial y^2} + \frac{\partial^2 \varphi}{\partial z^2} = -\frac{\varrho}{\varepsilon} \quad \text{bzw.} \quad \Delta\varphi = -\frac{\varrho}{\varepsilon}. \tag{6.27a}$$

[1)] *Siméon-Denis Poisson*, französischer Physiker und Mathematiker, 1781–1840

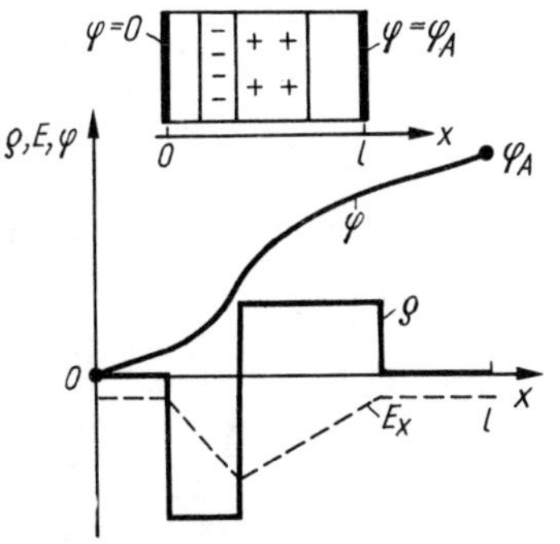

Bild 6.8. Beispiel zum E- und φ-Verlauf für vorgegebene Raumladungsdichte ϱ und Potentialdifferenz (örtlich eindimensional angenommen)

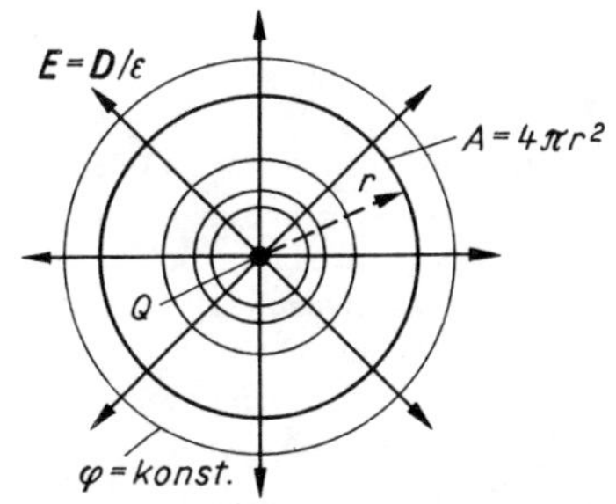

Bild 6.9. Elektrisches Feld einer Punktladung. Ausgewählte Feldlinien und Äquipotentialflächen für eine Punktladung (s. auch Gl. (6.29))

Das Symbol Δ nennt man Laplace-Operator. Im eindimensionalen Fall ($\varphi = \varphi\,(x, t)$) lautet sie

$$-\frac{\partial^2 \varphi}{\partial x^2} = +\frac{\partial E}{\partial x} = \frac{\varrho}{\varepsilon}. \qquad (6.27\,\text{b})$$

Raumladungen sind also mit einer Krümmung des Potentialverlaufs verbunden (Bild 6.8).
Speziell für $\varrho = 0$ (keine Raumladung) folgt aus Gl. (6.27a) die *Laplace-Gleichung*[2)]

$$\Delta\varphi = \frac{\partial^2 \varphi}{\partial x^2} + \frac{\partial^2 \varphi}{\partial y^2} + \frac{\partial^2 \varphi}{\partial z^2} = 0 \quad \text{bzw.} \quad \Delta\varphi = 0. \qquad (6.28)$$

6.6. Elektrostatische Felder

6.6.1. Feldberechnung bei vorgegebener Ladungsverteilung

Ausgangspunkt ist die allgemeingültige Beziehung $\oint \boldsymbol{D}\,\mathrm{d}\boldsymbol{A} = Q$. Positive Ladungen sind Quellen und negative Ladungen Senken der Verschiebungsflußdichte $\boldsymbol{D}$. In ladungsfreien Gebieten ist $\boldsymbol{D}$ quellenfrei. Einfache Felder, insbesondere homogene Felder, kugel- bzw. zylindersymmetrische Felder kann man mit dieser Gleichung bei geeigneter Wahl der Hüllfläche berechnen.

Beispiel: Feld bzw. Potential einer Punktladung

Legt man um eine Punktladung als Hüllfläche eine Kugel, deren Mittelpunkt in der Punktladung liegt, so muß aus Symmetriegründen $\boldsymbol{D}$ an jedem Punkt senkrecht auf der Hüllfläche stehen und auch ortskonstant sein, so daß sich folgendes ergibt (s. auch Bild 6.9)

$$\oint \boldsymbol{D}\,\mathrm{d}\boldsymbol{A} = Q, \quad DA = Q, \quad D\,4\pi r^2 = Q, \quad D = Q/(4\pi r^2). \qquad (6.29)$$

Damit ist es möglich, mit $D = \varepsilon E$

$$E = \frac{Q}{4\pi\varepsilon r^2} \qquad (6.30)$$

anzugeben und daraus mit $\varphi_A = \varphi_B + \int_A^B \boldsymbol{E}\,\mathrm{d}\boldsymbol{s}$ auch das Potential zu berechnen. Zweckmäßigerweise

[2)] *Pierre-Simon Laplace*, französischer Mathematiker und Astronom, 1749–1827

wählt man einen Integrationsweg längs einer Feldlinie, so daß $\varphi(r) = \varphi(r_0) + \int\limits_r^{r_0} E\,\mathrm{d}r$

$$\varphi(r) = \varphi(r_0) + \frac{Q}{4\pi\varepsilon}\left(\frac{1}{r} - \frac{1}{r_0}\right) \tag{6.31}$$

entsteht. Daraus ergibt sich für $r_0 \to \infty$ und der Festlegung verschwindenden Potentials im Unendlichen $(\varphi(r_0) = 0)$

$$\varphi(r) = \frac{Q}{4\pi\varepsilon r} \quad \text{(vgl. auch Gl. (1.42)).} \tag{6.32}$$

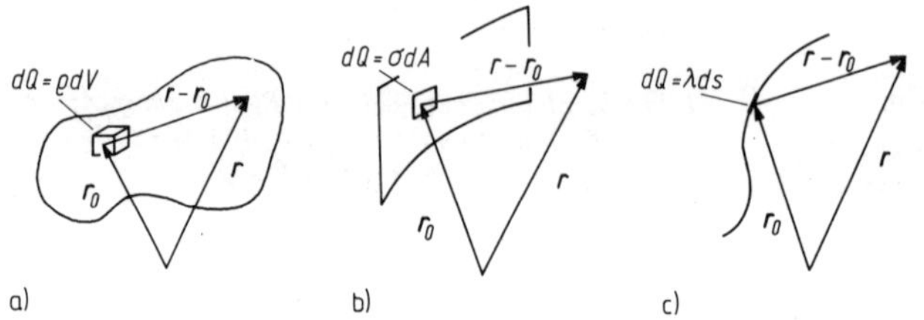

Bild 6.10. Potentialberechnung bei gegebener Raumladung (a), Flächenladung (b) und Linienladung (c)

Beispiel 2: Potentialberechnung bei beliebigen Ladungsverteilungen*

Die Potentialverteilung bei n Punktladungen kann durch Superposition der Einzelpotentiale ermittelt werden, wozu ein Summand φ_R kommt, der durch die Randbedingungen bestimmt wird

$$\varphi = \sum_{\mu=1}^{n} \frac{Q}{4\pi r_\mu} + \varphi_R. \tag{6.33}$$

Da sich beliebige Ladungsverteilungen – wie Bild 6.10 zeigt – aus differentiellen Ladungsmengen $\mathrm{d}Q = \varrho\,\mathrm{d}V$, $\mathrm{d}Q = \sigma\,\mathrm{d}A$ bzw. $\mathrm{d}Q = \lambda \mathrm{d}s$ zusammenbauen lassen, ist allgemein folgender Ansatz möglich

$$\varphi(r) = \int \frac{\varrho\,\mathrm{d}V}{4\pi\varepsilon|r - r_0|} + \varphi_R, \quad \varphi(r) = \int \frac{\sigma\mathrm{d}A}{4\pi\varepsilon|r - r_0|} + \varphi_R, \quad \varphi(\boldsymbol{r}) = \int \frac{\lambda\,\mathrm{d}s}{4\pi\,|\boldsymbol{r} - \boldsymbol{r}_0|} + \varphi_R$$

6.6.2. Grenzfläche Leiter – Nichtleiter

Ruhende Ladungen bedeuten $\boldsymbol{S} = \varkappa \boldsymbol{E} = 0$, d. h., Leiter sind wegen $\varkappa > 0$ im elektrostatischen Fall stets feldfrei, bilden also eine Äquipotentialfläche. Demnach stehen die Feldlinien in angrenzenden Nichtleitern stets senkrecht auch auf dem nichtidealen Leiter (s. z. B. Bild 6.11). Damit sind die Leiteroberflächen Quellen oder Senken von $\boldsymbol{D}$, d. h., es befinden sich dort Ladungen. Legt man eine Hüllfläche um einen Teil der Grenzfläche, so ist entsprechend Bild 6.11 $\oint \boldsymbol{D}\,\mathrm{d}\boldsymbol{A} = \int\limits_{A_1} D\,\mathrm{d}A = \Delta Q \neq 0$. Führt man die Flächenladungsdichte $\sigma = \mathrm{d}Q/\mathrm{d}A$ ein und wählt für A_1 eine differentielle Fläche $\mathrm{d}A$, so ergibt sich $D = \sigma$.

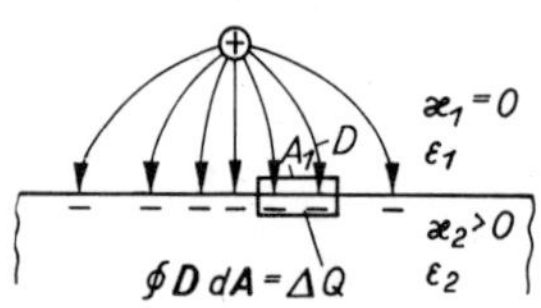

Bild 6.11
Influenz von negativen Ladungen in einer Leiteroberfläche durch das Feld einer positiven Ladung

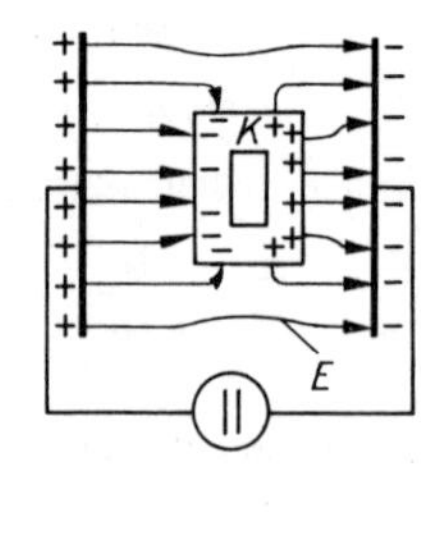

Bild 6.12. Erzeugung eines feldfreien Raumes durch Influenz

Beispiel: Ladungstrennung (Influenz)

Bringt man einen ungeladenen Metallkörper K (Bild 6.12) in ein zunächst homogenes Feld zwischen zwei geladene Metallplatten, so bewegen sich die quasifreien Ladungsträger in K unter Einfluß des äußeren elektrischen Feldes (Elektronen entgegen der Feldrichtung) bis die dadurch einsetzende Ladungstrennung in sehr kurzer Zeit zu einer Kompensation des äußeren Feldes, d. h. zu $\boldsymbol{E}=0$ in K führt. Befindet sich in K ein Hohlraum, so bleibt dieser für beliebige äußere Felder feldfrei, wird also gegen von außen wirkende elektrische Felder abgeschirmt (Faradayscher Käfig). Der Faradaysche Käfig – oft auch als Drahtgitter ausgeführt – vermeidet äußere (auch zeitveränderliche) Störeinflüsse durch elektrische Felder, z. B. bei Präzisionsmessungen. Er ist möglichst zu erden. Andererseits erfordert die genannte Abschirmwirkung, z. B. bei Autos, eine Außenantenne zum Empfang elektromagnetischer Wellen. Ein weiteres Beispiel für Influenz von Ladungen durch ein elektrisches Feld stellt der Steuermechanismus beim MOS-Transistor dar (s. Abschn. 8.6.1.2.).

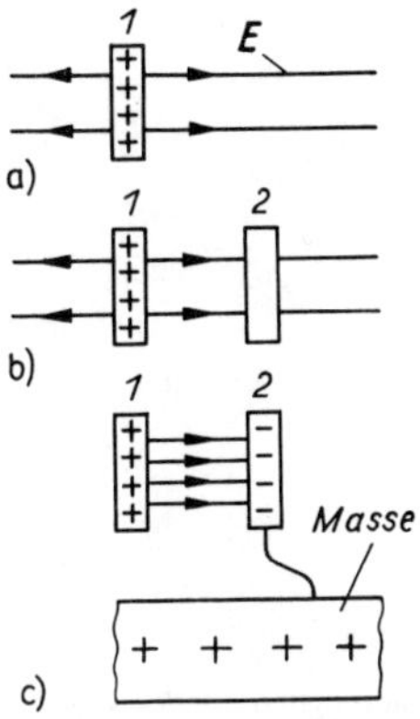

Bild 6.13
Wirkung einer Masseverbindung

Beispiel: Einfluß einer Erd- bzw. Masseverbindung
Legt man ein dünnes ungeladenes Metallblech in eine Äquipotentialfläche eines elektrischen Feldes, so ändert sich das Feld (außerhalb des Bleches) nicht. Die Bilder 6.13 a, b veranschaulichen diese Aussage anhand des elektrischen Feldes einer positiv geladenen Metallplatte *1* (negative Ladungen im Unendlichen). Verbindet man – wie im Bild 6.13 c dargestellt – die Metallplatte *2* mit einem ausgedehnten Leiter *3* (Masse- bzw. Erdverbindung, also großes Reservoir frei beweglicher Ladungen), dann werden negative Ladungen angezogen. Die dadurch entstehenden positiven Ladungen können sich in großem Abstand in dem ausgedehnten Leiter *3* verteilen. Der Raum hinter Leiter *2* wird abgeschirmt.

6.6.3. Kapazitätsberechnung

Voneinander isolierte Leiter können Ladungen speichern. Die Definition der Kapazität (Speicherfähigkeit) einer Zweielektrodenanordnung lautet:

$$C = \frac{Q}{u} = \frac{\oint \boldsymbol{D}\,\mathrm{d}\boldsymbol{A}}{\int_A^B \boldsymbol{E}\,\mathrm{d}\boldsymbol{s}}. \quad \text{Für beliebige Geometrien gilt: } C = \varepsilon \cdot \text{Geometriefaktor.} \tag{6.35}$$

Bei einigen einfachen Anordnungen kann folgender Berechnungsweg gewählt werden:

$$Q \to D \to E \to u \to C.$$

Beispiel: Kapazität eines Zylinderkondensators (Tafel 6.1)

Zur Auswertung wird zweckmäßigerweise ein konzentrischer Zylindermantel mit dem Radius $r_i < r < r_a$ als Fläche gewählt ($D=0$ senkrecht zu den Stirnflächen; Näherung), so daß sich folgendes ergibt

$$Q = \oint \boldsymbol{D}\,\mathrm{d}\boldsymbol{A} = DA = D\,2\pi rl, \quad D = Q/2\pi rl, \quad E = D/\varepsilon = Q/2\pi\varepsilon lr,$$

$$u_{r_i r_a} = \int_{r_i}^{r_a} E\,\mathrm{d}r, \quad u_{r_i r_a} = \frac{Q}{2\pi\varepsilon l}\int_{r_i}^{r_a}\frac{\mathrm{d}r}{r} = \frac{Q}{2\pi\varepsilon l}\ln\frac{r_a}{r_i}$$

$$C = \frac{Q}{u} = \frac{2\pi\varepsilon l}{\ln(r_a/r_i)}. \tag{6.36}$$

Typ	Aufbau	Kapazität
Parallelplatten	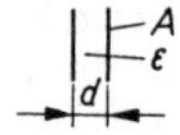	$C = \varepsilon A/d$
Konzentrische Zylinder	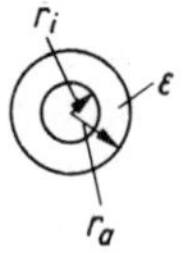	$C = 2\pi\varepsilon l/\ln(r_a/r_i)$
Konzentrische Kugeln	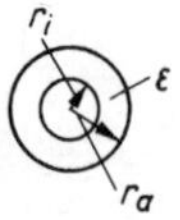	$C = 4\pi\varepsilon/\left(\frac{1}{r_i} - \frac{1}{r_a}\right)$
Paralleldrahtleitung	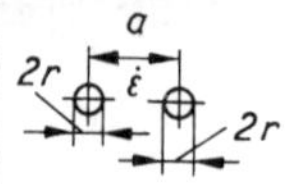	$C = \pi\varepsilon l \ln(a/r)$ $(a \gg r)$
Einzelleiter über Erde	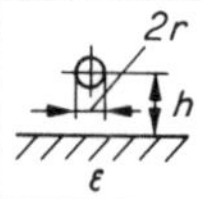	$c = 2\pi\varepsilon l/\ln(2h/r)$ $(h \gg r)$

Tafel 6.1
Berechnung von Kapazitäten[1])

[1]) Widerstandsberechnung für Medien mit Leitfähigkeit $\varkappa$ bei gleicher Elektrodenanordnung möglich mit $R = \varepsilon/(\varkappa C)$.

Zahlenbeispiel: Die längenbezogene Kapazität eines Koaxialkabels ($r_a/r_i = 10$, $\varepsilon_r = 1$) ist $C/l = 24$ pF. Meist ist diese Kapazität unerwünscht (parasitär), so daß man versucht C durch kleines ε, kleines l und großes r_a/r_i klein zu halten. Die Mantelfläche (oft Kupfernetz) dient häufig als (geerdete) Abschirmung der Leitung.

Weitere Bemessungsgleichungen von Kapazitäten sind in Tafel 6.1 zusammengestellt.

6.7. Spezielle stationäre Strömungsfelder

6.7.1. Strömungsfeld

Wir betrachten leitfähige Medien, die im Inneren durch $\boldsymbol{S} = \varkappa \boldsymbol{E}$ ($\varkappa$ = konst.) beschrieben werden und von idealen Nichtleitern ($\varkappa = 0$) bzw. idealen Leitern ($\varkappa \to \infty$) begrenzt werden. Als Beispiel dient das Strömungsfeld im Bild 6.14. Es gilt $\oint \boldsymbol{S}\,\mathrm{d}\boldsymbol{A} = 0$ und damit im Inneren auch $\oint \boldsymbol{E}\,\mathrm{d}\boldsymbol{A} = 0$. Die $\boldsymbol{S}$-Linien treffen stets senkrecht auf den idealen Leiter, da dieser eine Äquipotentialfläche ist. Sie verlaufen stets tangential zum Nichtleiter, da $\boldsymbol{S}$ im Nichtleiter bei Gleichstrom stets Null ist und demnach wegen Gl. (6.20) auch S_n im Leiter verschwinden muß. Damit stehen die Äquipotentialflächen senkrecht auf dem Nichtleiter. Mit diesen Aussagen kann man ein Strömungsfeld qualitativ konstruieren. Dabei erweist es sich – wie übrigens auch bei elektrostatischen Feldern – bei ebenen Feldern als zweckmäßig, den Abstand

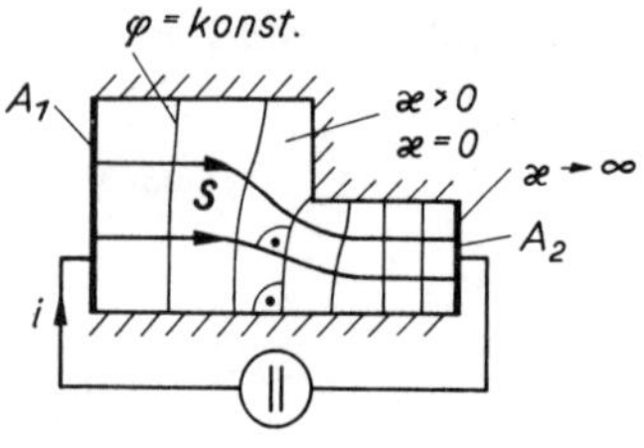

Bild 6.14
Ein inhomogenes Strömungsfeld

der Äquipotentialflächen in den annähernd homogenen Feldbereichen so zu wählen, daß quadratähnliche Figuren entstehen und die Äquipotentialflächen- bzw. Feldlinien dann in die inhomogenen Bereiche fortzuführen. Aus der Kontinuitätsgleichung folgt für die Querschnitte 1 und 2 $i_1 = S_1A_1 = i_2 = S_2A_2$ (Annahme $\boldsymbol{S}$ homogen) und damit $\varkappa E_1A_1 = \varkappa E_2A_2$ bzw. $E_1/E_2 = A_2/A_1$. S und E sind also um so größer, je kleiner der Querschnitt ist.

6.7.2. Widerstandsberechnung

Bei einfachen Elektrodengeometrien kann

$$R = \frac{u}{i} = \frac{\int_B^A \boldsymbol{E}\,\mathrm{d}\boldsymbol{s}}{\int \boldsymbol{S}\,\mathrm{d}\boldsymbol{A}} \tag{6.37}$$

ausgewertet werden, wobei folgender Ablauf sinnvoll ist:

$$i \rightarrow S \rightarrow E \rightarrow u \rightarrow R.$$

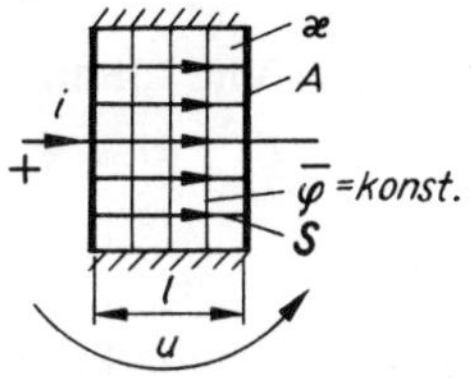

Bild 6.15
Homogenes Strömungsfeld

Beispiel: Widerstand bei homogenem Strömungsfeld (Bild 6.15)

$$i = SA = \varkappa EA, \quad E = \frac{i}{\varkappa A}, \quad u = El, \quad R = \frac{u}{i} = \frac{l}{\varkappa A}. \tag{6.38}$$

Für beliebige Geometrien gilt: $R = (1/\varkappa) \cdot$ Geometriefaktor.

6.7.3. Analogie zwischen elektrostatischem Feld und Strömungsfeld

Für Strömungsfelder gilt $\oint \boldsymbol{S}\,\mathrm{d}\boldsymbol{A} = \varkappa \oint \boldsymbol{E}\,\mathrm{d}\boldsymbol{A} = 0$ sowie $\oint \boldsymbol{E}\,\mathrm{d}\boldsymbol{s} = 0$ und für Felder in ladungsfreien Nichtleitern $\oint \boldsymbol{D}\,\mathrm{d}\boldsymbol{A} = \varepsilon \oint \boldsymbol{E}\,\mathrm{d}\boldsymbol{A} = 0$ und ebenfalls $\oint \boldsymbol{E}\,\mathrm{d}\boldsymbol{s} = 0$. Beide Felder genügen demnach der Laplace-Gleichung (6.28). Außerdem stimmen die Randbedingungen für $\boldsymbol{E}$ an der Grenzfläche Leiter – idealer Leiter beim Strömungsfeld und Nichtleiter – Leiter beim elektrostatischen Feld überein (Elektroden sind Äquipotentialflächen). Ersetzt man also in einer Anordnung aus ideal leitenden Elektroden und einem räumlichen Leiter ($\varkappa$) letzteren durch einen Nichtleiter (ε), so tritt bei gleichbleibender Elektrodenspannung keine Änderung im Verlauf der Potentialverteilung auf. Demnach kann

$$R \cdot C = \frac{\int_B^A \boldsymbol{E}\,\mathrm{d}\boldsymbol{s}}{\varkappa \int \boldsymbol{E}\,\mathrm{d}\boldsymbol{A}} \cdot \frac{\varepsilon \int \boldsymbol{E}\,\mathrm{d}\boldsymbol{A}}{\int_A^B \boldsymbol{E}\,\mathrm{d}\boldsymbol{s}} = \frac{\varepsilon}{\varkappa} \tag{6.39}$$

abgeleitet werden, so daß bei berechnetem (oder gemessenem) R sofort auf $C = \varepsilon/\varkappa R$ geschlossen werden kann und umgekehrt, z. B. $C = \varepsilon/\varkappa R = \varepsilon/(\varkappa l/\varkappa A) = \varepsilon A/l$ für einen Plattenkondensator (s. auch TAfel 6.1). Außerdem ermöglicht die genannte Analogie die Anwendung des Elektrolytischen Troges zur Ausmessung von Potentialverteilungen, die der Laplace-Gleichung genügen. Als leitfähiges Medium dient Wasser, dessen $\varkappa$-Wert bekanntlich sehr klein gegenüber dem der metallischen Elektroden ist, an denen die entsprechenden Spannungen angelegt werden. Die Potentialverteilung im Strömungsfeld kann über eine Sonde (Metallspitze) abgetastet werden, die über ein Voltmeter mit einer Bezugselektrode verbunden ist. Oft wird die Wheatstonesche Brückenschaltung angewandt. Erwähnt sei, daß auch das sogenannte magnetische Potential wirbelfreier Magnetfelder sowie Temperaturfelder (Elektroden als isotherme Flächen) durch diese Analogmodelle besonders für ebene Felder in einfacher Weise bestimmt werden können.

6.8. Energie und Kraft im elektrischen Feld

6.8.1. Energiedichte und Energie

Die in einem elektrischen Feld gespeicherte Energiedichte ist

$$\frac{\mathrm{d}W_e}{\mathrm{d}V} = w_e = \int_0^D E\,\mathrm{d}D \quad \text{bzw.} \quad w_e = \frac{ED}{2} \quad \text{für konstantes } \varepsilon. \tag{6.40}$$

Die in einem Volumen V gespeicherte Energie kann demnach aus $W_e = \int w_e\,\mathrm{d}V$ und für ortskonstantes w_e aus $W_e = w_e V$ sowie für konstantes ε aus

$$W_e = EDV/2 = \varepsilon E^2 V/2$$

bestimmt werden.

Lädt man einen Kondensator der Kapazität C auf, so muß die Spannungsquelle die Energie

$$W = \int_0^t ui\,\mathrm{d}t = \int_0^Q u\,\mathrm{d}Q = \int_0^Q \frac{Q}{C}\,\mathrm{d}Q = \frac{Q^2}{2C} = \frac{C}{2}\,u^2 \tag{6.41}$$

zuführen. Das ist nach dem Energieerhaltungssatz auch die im Kondensator gespeicherte Feldenergie. Häufig ist die Energiespeicherung unerwünscht (parasitäre Kapazitäten in Bauelementen, Schaltungen usw.). Bei der technischen Nutzung als Energiespeicher erweist sich oft die geringe Energiedichte als nachteilig, so daß Anwendungen im Vordergrund stehen, bei denen hohe Leistungen bzw. Ströme nur für sehr kurze Zeiten verfügbar sein müssen (z. B. Blitzlichtgerät) oder ökonomische Gründe auch große Volumina vertretbar machen (Kondensatorbatterie bei Blindleistungskompensation).

Beispiel: Energiedichte in Kondensatoren

Um nachzuweisen, daß sich Kondensatoren schon aus Volumengründen nicht als Energiespeicher für Elektroautos eignen, erfolgt ein Vergleich mit einem konventionellen Bleiakkumulator (12 V/56 Ah, $V \approx 5\ \mathrm{dm}^3$), d. h. mit

$$w_{\text{Akku}} = ui\,\Delta t/V = 12\ \mathrm{V} \cdot 56\ \mathrm{Ah}/V = 484\ \mathrm{Ws/cm^3} \text{ als mittlere Energiedichte.}$$

Bei Annahme von Hartporzellan ($\varepsilon_r = 5$, Durchbruchsfeldstärke $E = 360$ kV/cm) als Dielektrikum ergibt sich für Kondensatoren $w_e = ED/2 = \varepsilon E^2/2 = 2{,}9 \cdot 10^{-2}\ \mathrm{Ws/cm^3}$ als Grenzwert, d. h. eine 17000mal kleinere Energiedichte als bei einem Akku. Für Luft als Dielektrikum ($\varepsilon_r = 1$, $E = 30$ kV/cm) ergibt sich sogar nur $w_e = 4 \cdot 10^{-5}\ \mathrm{Ws/cm^3}$.

6.8.2. Kraft auf Ladungen

Auf eine Punktladung Q, die sich in einem von anderen Ladungen erzeugten elektrischen Feld $\boldsymbol{E}$ befindet (s. Bilder 1.2 und 1.4) wirkt die Kraft

$$\boldsymbol{F} = Q\boldsymbol{E}. \tag{6.42}$$

Daraus kann mit Gl. (6.30) das Coulombsche Gesetz $F = Q_1 Q_2/(4\pi\varepsilon r^2)$ für die Kraft zwischen zwei Punktladungen abgeleitet werden (s. Abschn. 1.2.2.). Bei räumlich ausgedehnter Ladungsverteilung ϱ bzw. bei flächenhafter Ladungsverteilung σ treten die Gesamtkräfte

$$\boldsymbol{F} = \int \boldsymbol{E}\,\mathrm{d}Q = \int \boldsymbol{E}\varrho\,\mathrm{d}V \tag{6.43}$$

bzw.

$$\boldsymbol{F} = \int \boldsymbol{E}\,\mathrm{d}Q = \int \boldsymbol{E}\sigma\,\mathrm{d}\boldsymbol{A}^{1)} \tag{6.44}$$

auf. Die Gln. (6.42) und (6.43) sind vor allem auch für den atomaren Bereich von Bedeutung. Coulombsche Kräfte zwischen Atomkernen, -rümpfen bzw. Elektronen sind entscheidend für den Aufbau der Materie.

Beispiel: Grundlagen der Ladungsträgerbewegung im Vakuum

Die Bewegung von Elektronen (bzw. Ionen) in elektrischen Feldern kann – falls keine weiteren Kräfte wirken (also z. B. keine Wechselwirkung mit anderen Teilchen erfolgt) mit

$$\boldsymbol{F} = \frac{\mathrm{d}}{\mathrm{d}t}(m\boldsymbol{v}) = Q\boldsymbol{E}, \quad m = m_0/\sqrt{1-(v/c)^2} \tag{6.45}$$

berechnet werden. Bei nichtrelativistischen Verhältnissen ($v \ll c$) sind Masse m und Ruhemasse m_0 identisch, so daß daraus das Newtonsche Kraftgesetz

$$m\frac{\mathrm{d}\boldsymbol{v}}{\mathrm{d}t} = Q\boldsymbol{E} \tag{6.46}$$

folgt. Gl. (6.45) ist eine wesentliche Grundlage der Bahnberechnungen von Ladungsträgern in Fernsehempfangsröhren, Oszilloskopen, Elektronen- bzw. Ionenmikroskopen, Ionenkanonen, Beschleunigern, Massenspektrometern, Elektronenröhren usw. Häufig ist dabei die Anwendung des Energieerhaltungssatzes in der Form

$$Q\varphi_1 + \frac{m}{2}v_1^2 = Q\varphi_2 + \frac{m}{2}v_2^2 = W \tag{6.47}$$

vorteilhaft. Das heißt: In einem elektrischen Potentialfeld ist die Summe von potentieller und kinetischer Energie eines Ladungsträgers stets konstant.

Ableitung von Gl. (6.47):* $\boldsymbol{F} = Q\boldsymbol{E} = m\frac{\mathrm{d}\boldsymbol{v}}{\mathrm{d}t}$, Änderung der potentiellen Energie:

$$\Delta W = \int_1^2 \boldsymbol{F}\,\mathrm{d}\boldsymbol{s} = Q\int_1^2 \boldsymbol{E}\,\mathrm{d}\boldsymbol{s} = m\int_1^2 \frac{\mathrm{d}\boldsymbol{v}}{\mathrm{d}t}\,\mathrm{d}\boldsymbol{s}, \quad \mathrm{d}\boldsymbol{s} = \boldsymbol{v}\,\mathrm{d}t$$

$$Q(\varphi_1 - \varphi_2) = m\int_1^2 \frac{\mathrm{d}\boldsymbol{v}}{\mathrm{d}t}\boldsymbol{v}\,\mathrm{d}t = m\int_1^2 \boldsymbol{v}\,\mathrm{d}\boldsymbol{v} = \frac{m}{2}(v_2^2 - v_1^2).$$

Beispiel: Geschwindigkeitsberechnung im Potentialgebirge

Bei vielen Elektronengeräten emittiert eine Glühkatode (Bild 6.16a) Elektronen, die durch eine zwischen Anode a und Katode k liegende Spannung, genauer durch das dadurch verursachte Feld beschleunigt werden. Durch ein gegen k negativ vorgespanntes Gitter g kann die Stärke des Elektronenstroms gesteuert werden. Bei der Bewegung zur Anode nimmt die potentielle Energie ab und die kinetische zu (Bild 6.16b). Um die Elektronengeschwindigkeit an der Anode (Punkt 2) zu berechnen, kann man Gl. (6.47) umstellen

$$\frac{m}{2}v_2^2 = Q(\varphi_1 - \varphi_2) = QU_{12} \quad \text{für} \quad v_1 = 0 \tag{6.48}$$

$$v_2 = \sqrt{2QU_{12}/m}\,. \tag{6.49}$$

Speziell für Elektronen ($Q = -e = -1{,}602 \cdot 10^{-19}$ As, $m_0 = 0{,}9109 \cdot 10^{-30}$ kg) folgt daraus mit $U_{12} = -U_{21}$ die zugeschnittene Größengleichung

$$v_2 \approx 600\sqrt{U_{21}/\mathrm{V}}\ \mathrm{km/s}. \tag{6.50}$$

[1] E ist Feldstärke, die sich ohne das jeweils betrachtete Flächenladungselement einstellt.

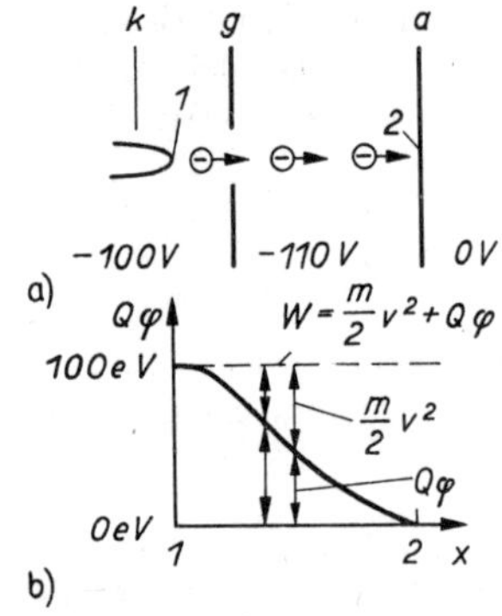

Bild 6.16

a) Prinzip eines Elektronengerätes; b) Zur Anwendung des Energiesatzes (Abnahme der potentiellen und Zunahme der kinetischen Energie auf dem Weg von Punkt *1* zum Punkt *2*)

Zahlenbeispiele:

U_{21}/V	100	1000	10000
v_2/km/s	6000	19000	60000.

Man erkennt, daß bereits bei Spannungen von 10 kV die Bedingung $v \ll c = 300000$ km/s nicht mehr erfüllt ist. Bei relativistischer Rechnung nähert sich v für sehr hohe Spannungen asymptotisch dem Wert c.

Bei homogenem Feld tritt eine konstante Beschleunigung $a = \mathrm{d}v/\mathrm{d}t = QE/m$ auf. Sie liegt bei kleinem E um viele Zehnerpotenzen über $g = 9{,}81$ m/s^2, so daß die Wirkung der Schwerkraft in den o. g. Geräten vernachlässigbar ist.

Beispiel: Oszillografenröhre mit elektrostatischer Ablenkung (Bild 6.17)

Sie ermöglicht es, periodische oder nichtperiodische Spannungen $u(t)$ oder auch eine Spannung u_y als Funktion einer Spannung u_x darzustellen. Die Katode k emittiert einen Elektronenstrahl. Die Elektronen werden durch das Zusammenwirken der Elektroden g_1, $g_{2,3}$ und a beschleunigt. Durch den Wehneltzylinder g_1 kann die Intensität gesteuert werden (Helligkeitseinstellung). Die Elektrodenanordnung $g_{2,3}$ wirkt

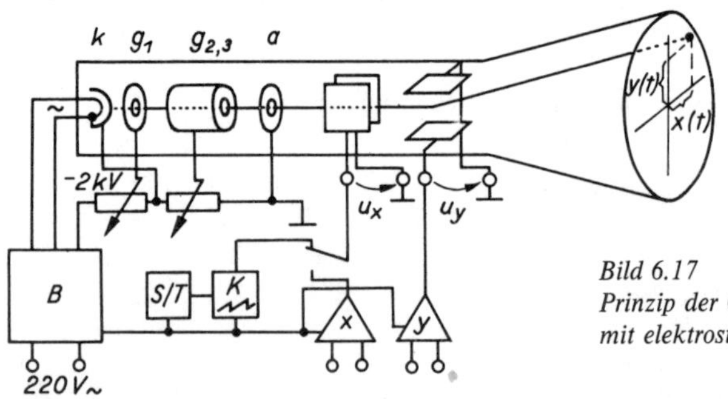

Bild 6.17
Prinzip der Oszillografenröhre mit elektrostatischer Ablenkung

fokussierend (Elektronenlinse) und ermöglicht über ihr Potential eine Scharfeinstellung. Nach Passieren der Anode durchlaufen die Elektronen die X-Platten (Horizontalablenkung) sowie die Y-Platten (Vertikalablenkung) und treffen auf den Leuchtschirm. Sie regen dort durch ihre kinetische Energie eine Lichtemission an. Die Koordinaten $y(t)$ und $x(t)$ des Leuchtpunktes sind den Spannungen an den Ablenkplatten proportional, d. h. $y(t) \sim u_y(t)$ sowie $x(t) \sim u_x(t)$. Legt man an die X-Platten eine sägezahnförmige Spannung, die der Kippgenerator K erzeugt, so ist $x(t) \sim u_x(t) \sim t$, d. h., die x-Achse kann als Zeitachse aufgefaßt werden: $y(x) \sim u_y(t)$. In einer sehr kurzen Zeit springt der Strahl auf den linken Bildrand zurück. Dieser Rücklauf ist nicht sichtbar, da der Strahl mit g_1 dunkel getastet wird. Die Synchronisiereinrichtung S dient bei periodischen Vorgängen dazu, die Kippfrequenz auf ein ganzzahliges Vielfaches der Frequenz der Meßspannung zu bringen, damit ein stehendes Bild entsteht. Die Triggereinrichtung T löst den Kippvorgang bei einmaligen Impulsen aus. Die Verstärker Y und X ermöglichen es, auch sehr kleine Meßspannungen darzustellen. Im Geräteteil B werden die Hochspannung, die Heizspannung sowie weitere Betriebsspannungen erzeugt. Weitere Anwendungen sind im Abschnitt 12.3.2. zusammengestellt.

Beispiel: Bahnberechnung im homogenen Ablenkfeld* (Bild 6.18)

Beim Durchlauf zwischen den Y-Platten (s. Bild 6.17) wirkt auf die Elektronen die Feldstärke $E_y = -u_y/d$, d. h., sie erfahren in y-Richtung die Kraft $F_y = -eE_y = eu_y/d$ und die Beschleunigung $a_y = F_y/m = eu_y/md$. Außerdem gilt $F_z = ma_z = 0$. Durch zweifache Integration der Newtonschen Gleichung $\boldsymbol{F} = m\,\mathrm{d}\boldsymbol{v}/\mathrm{d}t$ kann die Bahn berechnet werden.

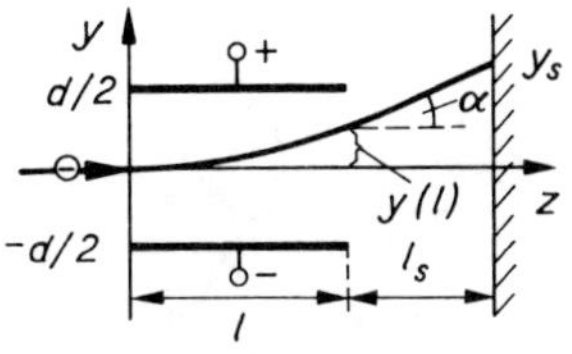

Bild 6.18
Elektronenbahn im homogenen Ablenkfeld

Anfangsbedingungen: $y(0) = z(0) = 0,\ v_y(0) = 0,\ v_z(0) = v_z = \sqrt{2eU/m}$

$$\frac{\mathrm{d}v_y}{\mathrm{d}t} = a_y, \quad v_y(t) = v_y(0) + a_y t, \quad a_y = \frac{eu_y}{md}$$

$$y(t) = y(0) + v_y(0)t + a_y t^2/2 = a_y t^2/2$$

$$\frac{\mathrm{d}v_z}{\mathrm{d}t} = a_z = 0, \quad v_z(t) = v_z(0) = v_z, \quad z(t) = v_z t$$

Elimination von t: $t = z/v_z$

$$y(z) = a_y z^2/2v_z^2 = u_y z^2/4dU, \quad y(l) = u_y l^2/4dU$$

$$y_s = y(l) + \tan \alpha l_s, \quad \tan \alpha = v_y/v_z = \mathrm{d}y/\mathrm{d}z = u_y l/2dU$$

$$y_s = \frac{l}{2dU}\left(\frac{l}{2} + l_s\right) u_y$$

Im Ablenkfeld ist also die Bahn wegen $y \sim z^2$ parabelförmig. Der Auftreffpunkt y_s hängt linear von der Meßspannung u_y ab.

6.8.3. Kraft an Grenzflächen Dielektrikum – Leiter

Diese Kraft steht immer senkrecht auf der Grenzfläche und ist stets vom Leiter (Zugbeanspruchung) zum Isolator (Druckbeanspruchung) gerichtet. Die Kraft je Fläche folgt aus den Feldgrößen im Isolator an der Grenzfläche:

$$\frac{\mathrm{d}F}{\mathrm{d}A} = \frac{ED}{2} = \varepsilon \frac{E^2}{2}. \tag{6.52}$$

Für ortskonstantes Feld gilt demnach

$$F = \int \frac{ED}{2}\,\mathrm{d}A = \frac{ED}{2} A. \tag{6.53}$$

A Fläche

Die Gl. (6.52) kann aus Energiebetrachtungen bzw. aus der Gl. (6.44) abgeleitet werden.

Beispiel: Kraft an einem Plattenkondensator (Bild 6.19)

Wir führen im Gedankenexperiment bei abgetrennter Spannungsquelle (Q = konst.) eine virtuelle Verrückung einer Elektrode um $\mathrm{d}x$ durch. Dabei leistet die Kraft F, mit der sich die Platten anziehen, die Arbeit $\mathrm{d}W_\mathrm{m} = F\,\mathrm{d}x$, die z. B. zum Spannen einer Feder dienen kann. Nach dem Energieerhaltungssatz muß gleichzeitig die Feldenergie W abnehmen, so daß sich $\mathrm{d}W_\mathrm{m} + \mathrm{d}W = 0$ bzw. $F\,\mathrm{d}x = -\mathrm{d}W$ ergibt. Wegen Q = konst. bleibt E trotz der Plattenverschiebung konstant, so daß entsprechend Bild 6.19 die Kraft aus

$$\mathrm{d}W = -\frac{ED}{2} A\,\mathrm{d}x \quad \text{bzw.} \quad F = -\mathrm{d}W/\mathrm{d}x = \frac{ED}{2} A$$

folgt. Allgemein gilt: die Kraft F wirkt – wie auch bei beweglichen Elektroden oder beweglichen Dielektrika sichtbar wird – in Richtung einer *Energiereduzierung* des elektrischen Feldes, d. h. wegen $W = Q^2/2C$ in Richtung einer Kapazitätserhöhung. Die elektrostatische Kraft je Fläche ist relativ klein, z. B. $F = 4{,}4 \cdot 10^{-4}$ N/cm² für $E = 10$ kV/cm und $\varepsilon_r = 1$. Sie wird u. a. bei elektrostatischen Voltmetern ausgenutzt, z. B. Drehkondensator nach Bild 1.49b mit Torsionsfaden als Rückstellelement.

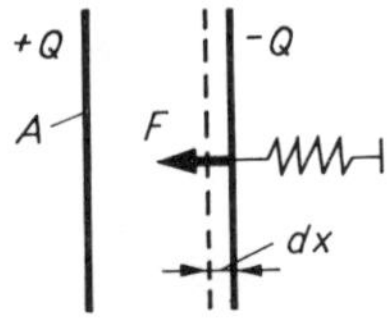

Bild 6.19. Virtuelle Verrückung einer Kondensatorplatte zwecks Kraftberechnung

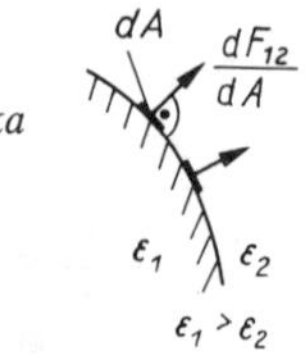

Bild 6.20. Flächenbezogene Kraft an der Grenzfläche zweier Dielektrika

6.8.4. Kraft an der Grenzfläche zweier Dielektrika

Die Kraft wirkt unabhängig von der Feldrichtung stets senkrecht zur Grenzfläche (s. Bild 6.20) vom Medium mit dem größeren ε (Zugbeanspruchung) zum Medium mit dem kleineren ε (Druckbeanspruchung); und zwar ist die flächenbezogene Kraft

$$\frac{\mathrm{d}F_{12}}{\mathrm{d}A} = \frac{1}{2}\left(D_n^2\left(\frac{1}{\varepsilon_2} - \frac{1}{\varepsilon_1}\right) + E_t^2\,(\varepsilon_1 - \varepsilon_2)\right) = \frac{\varepsilon_1 - \varepsilon_2}{2}\left(\frac{D_n^2}{\varepsilon_1 \varepsilon_2} + E_t^2\right). \tag{6.54}$$

Stehen die Feldlinien senkrecht zur Grenzfläche (Tangentialkomponente $E_t = 0$) und ist $\varepsilon_1 \gg \varepsilon_2$, so entsteht daraus

$$\frac{\mathrm{d}F_{12}}{\mathrm{d}A} = \frac{E_2 D_2}{2}. \tag{6.55}$$

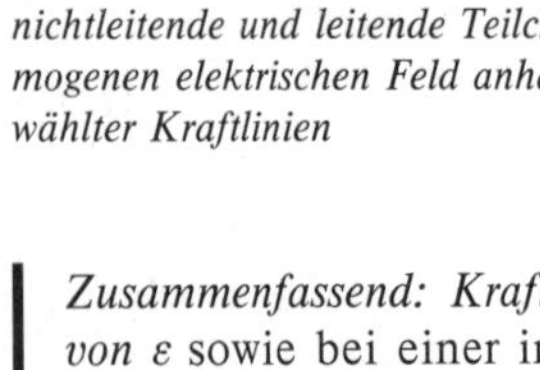

Bild 6.21. Veranschaulichung der Kraft auf nichtleitende und leitende Teilchen im inhomogenen elektrischen Feld anhand ausgewählter Kraftlinien

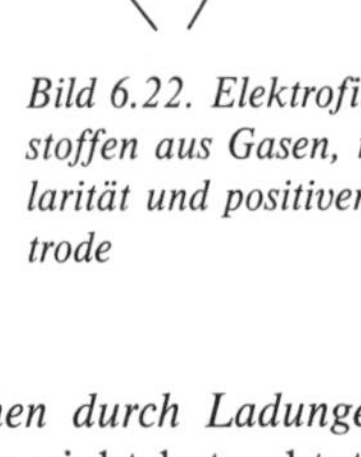

Bild 6.22. Elektrofilter zur Abscheidung von Schwebstoffen aus Gasen, mit Sprühelektrode negativer Polarität und positiver (geerdeter) Niederschlagselektrode

Zusammenfassend: Kraftwirkungen entstehen durch Ladungen und/oder örtliche Änderungen von ε sowie bei einer in diesem Rahmen nicht betrachteten Abhängigkeit von ε von der Stoffdichte. Bild 6.21 veranschaulicht die Kraft in einem inhomogenen Feld entsprechend den o. g. Grenzflächenkräften.

Ein ungeladener Metallkörper wird infolge der Influenz in den Bereich hoher Feldstärke gezogen ebenso wie ein isolierendes Teilchen mit $\varepsilon_1 > \varepsilon$. Ein Teilchen mit $\varepsilon_2 < \varepsilon$ (z. B. Luftblase in Isolieröl) wird aus dem Bereich hoher Feldstärke gedrückt.

Sprüht man auf isolierende Teilchen (geringer Masse) Ladungen, so kann ihre Bewegung in stärkerem Maße durch die Kraft des elektrischen Feldes beeinflußt werden. Als Beispiel seien die Elektrofilter (Bild 6.22) sowie elektrostatische Drucker genannt.

6.8.5.* Kraft auf elektrische Dipole

Als Dipol bezeichnet man zwei sehr nahe beieinander liegende Punktladungen, deren Ladungen $+Q$ und $-Q$ sind, und die ein endliches Dipolmoment $\boldsymbol{p} = Q\boldsymbol{l}$ besitzen. $\boldsymbol{l}$ ist der Vektor, der von der negativen zur positiven Punktladung gerichtet ist. Für das Potential φ eines Dipols gilt

$$\varphi = \frac{\boldsymbol{pr}}{4\pi\varepsilon r^3} \quad \text{(unter Voraussetzung } |\boldsymbol{l}| \ll |\boldsymbol{r}|\text{)}. \tag{6.56}$$

$\boldsymbol{r}$ ist der Vektor vom Dipolmittelpunkt zum Aufpunkt. Dem Leser wird empfohlen, sich dazu eine Skizze anzufertigen und die angegebene Gleichung durch Überlagerung der Potentiale der beiden Punktladungen abzuleiten.

Durch ein homogenes elektrisches Feld wird auf einen Dipol natürlich keine Kraft ausgeübt. Es entsteht aber ein Drehmoment

$$\boldsymbol{M} = 2\boldsymbol{r} \times \boldsymbol{F} = \boldsymbol{l} \times Q\boldsymbol{E} = \boldsymbol{p} \times \boldsymbol{E}. \tag{6.57 a}$$

Im inhomogenen elektrischen Feld wirkt aber eine Translationskraft. Liegt der Dipol in Feldrichtung ($\boldsymbol{l}$ parallel $\boldsymbol{E}$, in z-Richtung), so zieht ihn die Kraft

$$F = p\,\partial E / \partial z \tag{6.57 b}$$

in das Gebiet höherer Feldstärke.

6.9. Elektrische Polarisation

Die elektrische Polarisation $\boldsymbol{P}$ ist durch

$$\boldsymbol{D} = \varepsilon\boldsymbol{E} = \varepsilon_0\boldsymbol{E} + \boldsymbol{P} \tag{6.58 a}$$

definiert, woraus

$$\boldsymbol{P} = \boldsymbol{D} - \varepsilon_0\boldsymbol{E} = (\varepsilon - \varepsilon_0)\,\boldsymbol{E} = (\varepsilon_r - 1)\,\varepsilon_0\boldsymbol{E} = \chi\varepsilon_0\boldsymbol{E} \tag{6.58 b}$$

folgt. Man nennt

$$\chi = \varepsilon_r - 1 \geqq 0 \quad \text{elektrische Suszeptibilität.} \tag{6.58 c}$$

Im Vakuum ist $\varepsilon_r = 1$ bzw. $\boldsymbol{P} = 0$. $\boldsymbol{P}$ beschreibt den Einfluß der Materie, den man als Wirkung mikroskopischer Dipole interpretieren kann. Zu unterscheiden sind:

a) *Verschiebungspolarisation* (Bild 6.23 a), bei der die Dipole erst durch die Kraftwirkung von $\boldsymbol{E}$ entstehen, d. h., Trennung der Ladungsschwerpunkte in Atomen (Elektronenhülle und Kern) bzw. Molekülen bzw. Gitterbausteinen

b) *die Orientierungspolarisation* (Bild 6.23 b), bei der bereits vorhandene Elementardipole in Feldrichtung gedreht werden (charakteristisch für ferroelektrische Werkstoffe).

Bild 6.24 veranschaulicht den Einfluß auf den Feldverlauf beim Einschieben eines Isolators in einen Plattenkondensator.

Ferroelektrische Werkstoffe (u. a. Titanate) weisen u. a. folgende Eigenschaften auf: hohes ε, nichtlinearer Zusammenhang *D(E)*, Hysterese (vgl. auch Eigenschaften ferromagnetischer Werkstoffe im Abschn. 7.3.). Oberhalb der sogenannten *Curietemperatur*[1] verschwinden die ferroelektrischen Eigenschaften. Sie gehören zu den *Piezoelektrika*, deren elektrische Eigen-

[1] *Pierre Curie*, französischer Physiker und Chemiker, 1859–1906

schaften durch mechanische Kraft und die daraus resultierende Verformung beeinflußbar sind. Bei ferroelektrischen Kristallen rufen also neben dem elektrischen Feld auch mechanische Verformungen in bestimmten Richtungen eine Polarisation, d. h. eine Ladungsverschiebung (Oberflächenladung) im Kristall hervor. Dieser Effekt ist umkehrbar *(Elektrostriktion)*, also:

$$\text{mechanische Kraft} - \text{Verformung} \underset{\text{Elektrostriktion}}{\overset{\text{Piezoelektrizität}}{\rightleftarrows}} \begin{matrix}\text{Polarisation-Spannung} \\ \text{bzw. Oberflächenladung}\end{matrix}$$

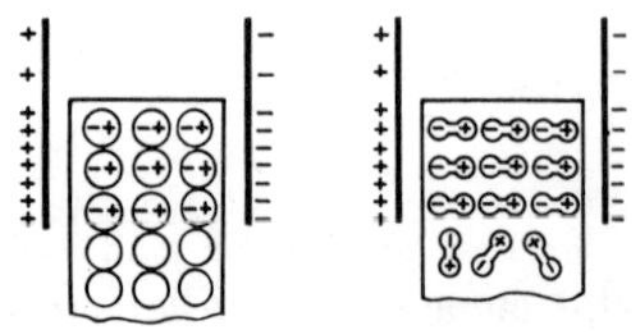

a) b)

Bild 6.23. Feldinduzierte Dipole bei der Verschiebungspolarisation (a) sowie Drehung von Elementardipolen bei der Orientierungspolarisation (b)

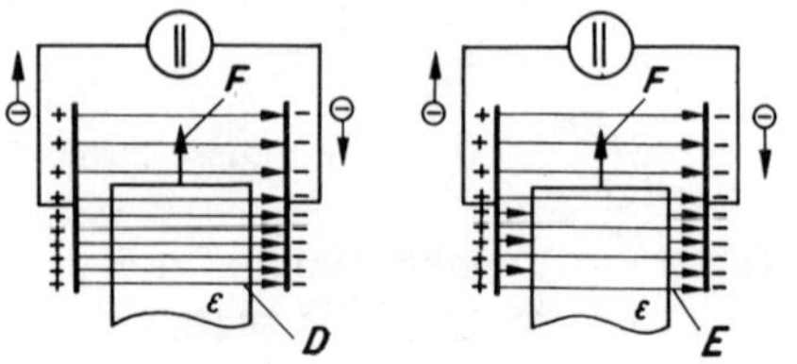

Bild 6.24. Einfluß eines Dielektrikums mit $\varepsilon_r > 1$ auf den Feldverlauf (schematisch). *Bei der Konstruktion sind*

$$D = \varepsilon E,\; u_{AB} = \int_A^B E\, ds$$

sowie die Stetigkeit von D_n *sowie* E_t *zu beachten*

Anwendungen dieser Eigenschaft sind u. a. Schallgeber (Erzeugung von Ultraschall (kHz bis MHz) durch elektrische Wechselspannung), Schwingquarze (Erzeugung von Schwingungen konstanter Frequenz), piezoelektrische Filter, dynamische Kraft- bzw. Druckmeßfühler, piezoelektrisches Mikrofon (Kristallmikrofon), Schallplattenabtastsysteme, piezoelektrischer Mikroschrittmotor, piezoelektrisches Relais, Akustoelektronik, (Erzeugung und Rückwandlung von Oberflächenschallwellen für mikrowellentechnische Anwendungen), Piezozünder (Überschlag infolge einer durch mechanischen Druck erzeugten hohen Spannung).

Als *Elektrete* bezeichnet man Isolatoren mit einer permanenten Polarisation („eingefrorene" Dipolausrichtung) oder im weiteren Sinne auch mit Raumladungen. Im ersten Fall liegt eine Analogie zum Magneten vor. Die Erzeugung von Raumladungen kann z. B. durch Beschuß von hochisolierender Folie ($\varrho \approx 10^{22}\,\Omega$cm) mit Elektronenstrahlen bei hohen Temperaturen (Ladungstransport möglich) erfolgen. Anwendungsbeispiele sind Elektret-Mikrofone, -Kopfhörer und -Tasten. Beim Elektret-Mikrofon (Bild 6.25a) ändert sich durch den Schalldruck der Abstand zwischen einer Membran und einer mit einer Elektretfolie belegten Gegenelektrode und damit die induzierte Ladung bzw. Spannung. Der Vorteil gegenüber dem konventionellen Kondensatormikrofon (Bild 6.25b) besteht u. a. darin, daß auf die Aufladung der Kapazität durch eine externe Spannungsquelle verzichtet werden kann. Anzuschließen ist ein Verstärker mit hohem Eingangswiderstand.

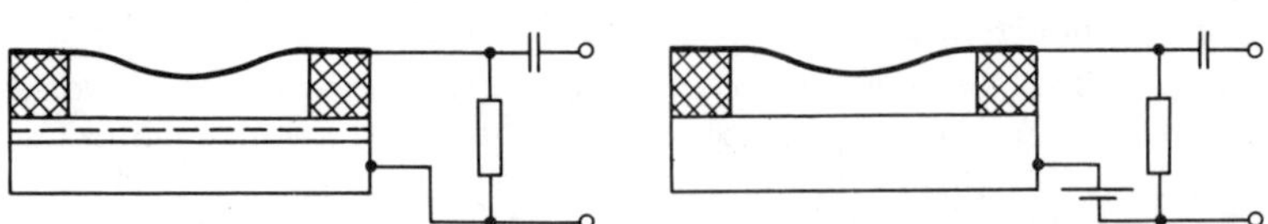

a) b)

Bild 6.25. Prinzip des Elektretmikrofons (a) sowie des Kondensatormikrofons (b)

6.10. Allgemeines zum Stromfluß

Im allgemeinen Fall ist die Stromdichte nach Abschnitt 6.1. in beliebigen Medien gleich der Summe von Konvektionsstromdichte S_k und Verschiebungsstromdichte S_v:

$$S = S_k + S_v, \quad S_k = \int \mathrm{d}\varrho\boldsymbol{v}, \quad S_v = \frac{\partial \boldsymbol{D}}{\partial t}. \tag{6.59}$$

Weiterhin gilt nach Gl. (6.16) für beliebige Medien

$$i = \int S \,\mathrm{d}\boldsymbol{A}, \quad \oint S \,\mathrm{d}\boldsymbol{A} = \sum_{\mu} i_\mu = 0.$$

In *idealen Isolatoren* ist $S_k = 0$, d. h. $S = S_v$, und in *metallischen Leitern* kann stets $S_v = 0$, d. h., $S = S_k$ angenommen werden. Bei *Halbleitern* gilt meist $S = S_k$. Für sehr hohe Frequenzen, für die $\omega \ll \varkappa/\varepsilon$ nicht mehr erfüllt ist, muß auch bei Halbleitern $S = S_k + S_v$ angesetzt werden (s. Abschn. 6.11.4.). In *Flüssigkeiten, Gasen* und im *Vakuum* ist meist S_v vernachlässigbar, d. h., $S = S_k$. Liegen Gleichspannungen an einem Medium an, so kann im allgemeinen $S_v = \partial \boldsymbol{D}/\partial t = 0$ gesetzt werden. Eine Ausnahme bilden spezielle Höchstfrequenzbauelemente. Setzt sich die Raumladungsdichte ϱ in einem Medium aus m Ladungsträgersorten ϱ_ν zusammen, denen die Geschwindigkeiten $\boldsymbol{v}_\nu$ zugeordnet werden können, so lautet die Konvektionsstromdichte

$$S_k = \int \mathrm{d}\varrho\boldsymbol{v} = \sum_{\nu=1}^{m} \varrho_\nu \boldsymbol{v}_\nu. \tag{6.60}$$

Beispiel:

Drei Ladungssorten, und zwar positive Ladungsträger der Dichte p, die sich mit der Geschwindigkeit v_+ in x-Richtung bewegen, negative Ladungsträger der Dichte n, die sich mit v_- entgegen der x-Richtung bewegen sowie ortsfeste Ladungsträger der Dichte N

$$\varrho_1 = ep, \quad v_1 = iv_+; \quad \varrho_2 = -en, \quad \boldsymbol{v}_2 = -iv_-; \quad \varrho_3 = eN, \quad \boldsymbol{v}_3 = 0.$$

Dann gilt für die Raumladung $\varrho = \varrho_1 + \varrho_2 + \varrho_3$ und die Stromdichte (in x-Richtung) nach Gl. (6.60)

$$S_k = iS_k = i\,(iepv_+ + i(-e)(-v_-)) = epv_+ + env_-.$$

Die Stromdichte der positiven und negativen Ladungsträger addieren sich also zur Gesamtstromdichte

$$S_k = S_p + S_n, \quad S_p = ep\boldsymbol{v}_+, \quad S_n = en\boldsymbol{v}_-. \tag{6.61}$$

Im folgenden werden zunächst Halbleiter näher beschrieben. Sie werden nicht nur wegen ihrer technischen Bedeutung an den Anfang gestellt, sondern weil sie auch einen relativ allgemeinen Zugang zum Verständnis von Leitern und Isolatoren sowie von Plasma und Elektrolyten ermöglichen.

6.11. Stromfluß in Halbleitern

6.11.1. Energetische Verteilung der Ladungsträger in Eigen- und Störstellenhalbleitern

Als Halbleiter bezeichnet man Materialien, deren Leitfähigkeit unter der von metallischen Leitern und über der von technischen Isolierstoffen liegt:

$$10^{-8}\ \mathrm{S/cm} < \varkappa < 10^{4}\ \mathrm{S/cm}.$$

Die angegebenen Grenzen sind nur als ganz grobe Richtwerte aufzufassen (s. auch Bild 6.26). Dominierende Halbleitermaterialien sind derzeit *kristalline Festkörper*, insbesondere Silizium (Si) und für Spezialanwendungen der Optoelektronik sowie für superschnelle Schaltungen Galliumarsenid (GaAs). Bei kristallinen Festkörpern sind die Bausteine im wesentlichen regelmäßig angeordnet (Gitteraufbau). Halbleiter auf der Grundlage *amorpher Festkörper*, z. B. a-Si, weisen eine flüssigkeitsähnliche ungeordnete Struktur auf. Sie sind für Spezialan-

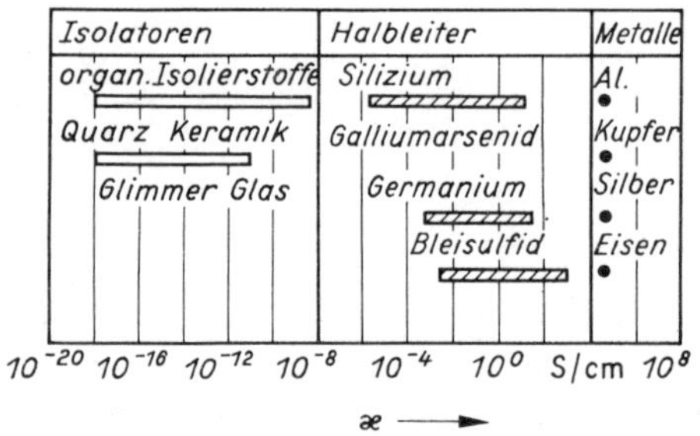

Bild 6.26. Leitfähigkeit von Festkörpern

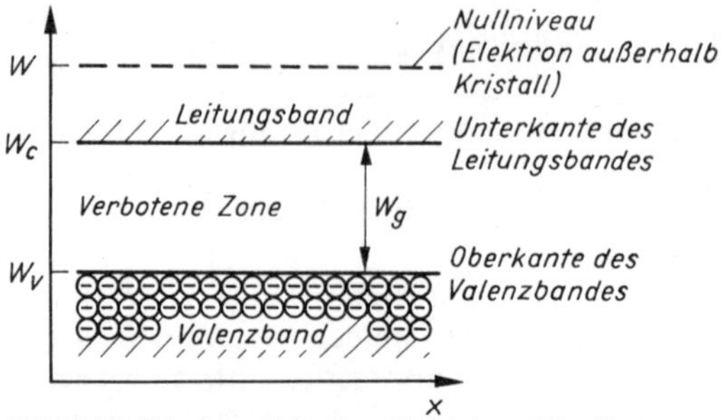

Bild 6.27. Bändermodell eines Halbleiters (T= 0)

wendungen, z. B. Solarzellen, von Interesse. *Organische Halbleiter* sind derzeit nicht bedeutungsvoll. Die folgenden Ausführungen beziehen sich auf kristalline Halbleiter.

Nach den Gesetzen der Quantenmechanik können die Elektronen in Einzelatomen nur diskrete Energieniveaus besetzen. Beim Zusammenbau eines Gitters spalten sich diese Energieniveaus zu sogenannten erlaubten Energiebändern auf, zwischen denen ebenfalls verbotene Bereiche liegen. Bild 6.27 zeigt das Bändermodell eines Halbleiters. Dargestellt sind nur die beiden Bänder mit der höchsten Energie, die für den Stromfluß von Bedeutung sind. Man nennt sie *Valenz-* und *Leitungsband.* Dazwischen liegt die *verbotene Zone,* deren Breite bei Silizium $W_g = 1{,}1$ eV beträgt.

Beim absoluten Nullpunkt ($T = 0$) sind alle Bänder bis einschließlich des Valenzbandes voll mit Elektronen besetzt. Das Leitungsband ist leer. Die Elektronen sind gebunden und können ihren Platz nicht wechseln. Der Halbleiter wirkt wie ein idealer Isolator.

Bei Energiezufuhr durch Temperaturerhöhung (oder auch durch Licht, hohe elektrische Felder, Bestrahlung mit energiereichen Teilchen) werden einzelne Elektronen in das Leitungsband angehoben. Dadurch entstehen bewegliche Elektronen im Leitungsband und genauso viele „Löcher" im Valenzband, die ebenfalls beweglich sind und damit zu einem Stromfluß beitragen können.

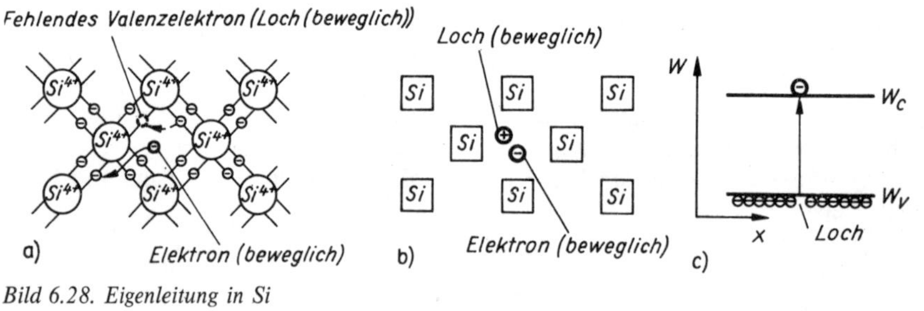

Bild 6.28. Eigenleitung in Si

a) Entstehung eines Elektronen-Loch-Paares sowie Wanderung der Ladungsträger; b) schematische Darstellung zu a); c) Elektronen-Loch-Generation im Bänderschema

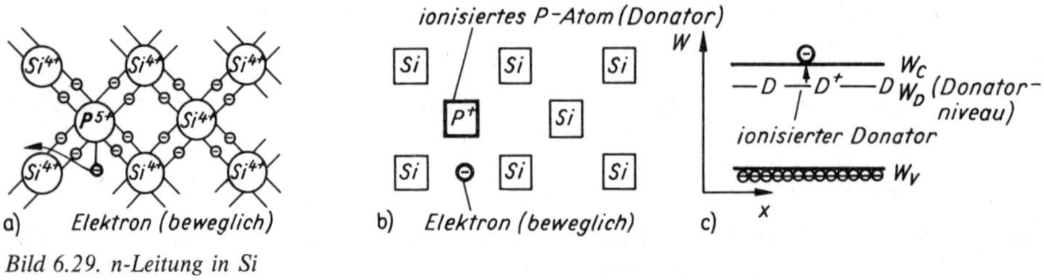

Bild 6.29. n-Leitung in Si

a) Elektronenabgabe durch Donatorstelle; b) schematische Darstellung zu a); c) Elektronen-Generation bei gleichzeitiger Störstellenionisation (im Bänderschema)

Anhand von Silizium soll die *Elektronen-Loch-Erzeugung (Generation)* erläutert werden. Beim *Silizium-Gitter,* das zum Diamanttypus gehört, wird jedes Atom von 4 Nachbarn umgeben (Bild 6.28 a). Die Bindung mit den Nachbarn erfolgt durch 4 Elektronenpaarbrücken. Von jedem Atom sind die vier äußersten Elektronen (Valenzelektronen) an der Bindung beteiligt. Bricht infolge der thermischen Energie (Gitterschwingung) eine Bindung auf, so hat sich ein Elektron gelöst, besitzt eine höhere Energie und ist dem Leitungsband zuzuordnen (Bild 6.28c). In die entstandene Lücke (Loch) kann ein anderes gebundenes Elektron springen (gestrichelter Pfeil im Bild 6.28a). Damit hat sich das Loch entgegen der Pfeilrichtung bewegt. Das Loch kann als beweglicher Ladungsträger mit der Ladung $+e$ aufgefaßt werden (Bild 6.28b). Besetzt ein Elektron aus dem Leitungsband die aufgebrochene Lücke in der Bindung, so gibt es seine Energie als thermische Energie oder auch als Licht (z. B. bei Galliumarsenid) ab. Diese Vernichtung eines Elektron-Lochpaares bezeichnet man auch als *Elektron-Loch-Rekombination.* Zwischen Generation und Rekombination stellt sich ein Gleichgewichtszustand ein. Die Dichte der beweglichen Ladungsträger hängt exponentiell von der Temperatur ab. Für Silizium liegt diese *Eigenleitungsdichte* (Intrinsic-Dichte) n_0 bzw. p_0 für Zimmertemperatur bei

$$n_0 = p_0 = n_i = 1{,}5 \cdot 10^{10}/\text{cm}^3.$$

Durch Einbringen von Fremdatomen *(Dotierung)* kann man die Zahl der beweglichen Ladungsträger um Größenordnungen erhöhen. Baut man in das Gitter des vierwertigen Siliziums fünfwertige Fremdatome (z. B. Phosphor) ein, so ist eines der Valenzelektronen nur schwach gebunden und kann bereits durch eine geringe Energiezufuhr ($W_C - W_D \approx 0{,}01$ eV) in das Leitungsband gehoben werden, d. h. abwandern (Bild 6.29). *P* gibt also Elektronen ab *(Donator).* Sein Atomrumpf wird positiv.

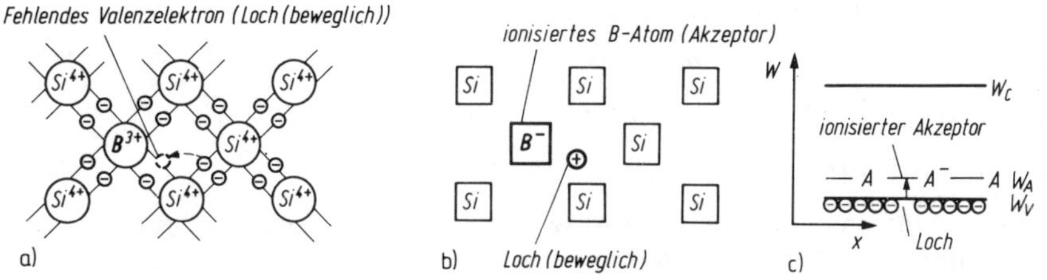

Bild 6.30. p-Leitung im Si

a) Elektronenaufnahme durch eine Akzeptorstörstelle; b) schematische Darstellung zu a); c) Loch-Generation bei gleichzeitiger Störstellenumladung (im Bänderschema)

Bei Einbau dreiwertiger Störatome (z. B. Bor) fehlt ein Elektron in der Bindung (Bild 6.30). Es kann leicht durch ein Valenzelektron aus einer Nachbarbrücke aufgefüllt werden *(Akzeptor),* da die Energiedifferenz zwischen Akzeptorniveau und Valenzband klein ist. Durch Nachrücken weiterer Valenzelektronen kann das Loch wandern. Das B-Atom lädt sich durch die Aufnahme eines Elektrons (bzw. Abgabe des Loches) negativ auf.

Bei konstanter Temperatur herrscht auch für die Störstellenleitung ein Gleichgewicht zwischen Ladungsträgergeneration und -rekombination. Bei Zimmertemperatur sind bei Si bereits nahezu alle Störstellen ionisiert (Störstellenerschöpfung), d. h. $N_{D^+} \approx N_D$, $N_{A^-} \approx N_A$, wobei N_D und N_A die Störstellendichte darstellen.

Im allgemeinen treten die thermische Paarerzeugung sowie die Erzeugung von beweglichen Elektronen bzw. Löchern durch Donatoren bzw. Akzeptoren gleichzeitig auf. Je nachdem, was dominiert, unterscheidet man Eigen-, *n*- und *p*-Halbleiter. In einem *n*-Halbleiter sind die beweglichen Elektronen (im folgenden nur als Elektronen bezeichnet) in der Majorität, d. h. *Majoritätsträger* und die Löcher die *Minoritätsträger.* Bei *p-Halbleitern* ist es umgekehrt. Für *n-, p- und Eigenhalbleiter* gilt im Gleichgewichtszustand (ohne Stromfluß)

$$n_0 p_0 = n_i^2. \tag{6.62}$$

Die Zahl der Majoritätsträger stimmt etwa mit der der ionisierten Störstellen überein, demnach erhält man

$$n_0 \approx N_{D^+}, \qquad p_0 \approx n_i^2/N_{D^+} \ll n_0 \qquad \text{für } n\text{-Halbleiter} \tag{6.63}$$

$$p_0 \approx N_{A^-}, \qquad n_0 \approx n_i^2/N_{A^-} \ll p_0 \qquad \text{für } p\text{-Halbleiter} \tag{6.64}$$

$$p_0 = n_0 = n_i \quad \text{für Eigenhalbleiter.} \tag{6.65}$$

6.11.2. Feldstrom

Im thermischen Gleichgewicht bewegen sich die Elektronen (bzw. Löcher) in ungeordneter thermischer Wimmelbewegung. Unter Einfluß eines elektrischen Feldes E erfahren sie eine Kraft, ihnen wird Energie zugeführt, die sie bei den Zusammenstößen mit den Gitterbausteinen (meist als Wärme) wieder abgeben. Ihre Zusatzgeschwindigkeit Δv ist wegen $m\,\mathrm{d}v/\mathrm{d}t = F = -eE$ in einer Freiflugphase τ für konstantes E betragsmäßig gesehen $\Delta v = eE\tau/m$. τ kann aus der freien Wellenlänge λ zwischen zwei Zusammenstößen und der mittleren thermischen Geschwindigkeit v_{th}, die viel größer als Δv ist, ermittelt werden: $\tau = \lambda/v_{\mathrm{th}}$. Im Mittel driftet also die Ladungsträgerwolke mit $\overline{\Delta v} = eE\tau/2m$. Dieses einfache Modell vernachlässigt u. a. den Gittereinfluß zwischen zwei Wechselwirkungen und stellt an sich eine unzulässige Vereinfachung quantenmechanischer Prozesse dar, macht aber trotzdem folgenden Ansatz für die *Driftgeschwindigkeit* der Löcher bzw. Elektronen plausibel

$$\boldsymbol{v}_{\mathrm{p}} = \mu_{\mathrm{p}}\boldsymbol{E} \qquad \boldsymbol{v}_{\mathrm{n}} = -\mu_{\mathrm{n}}\boldsymbol{E}. \tag{6.65}$$

Man nennt μ_{p} und μ_{n} *Beweglichkeiten.* Sie können näherungsweise als Materialkonstanten angesehen werden. Mit zunehmender Störstellenkonzentration und Temperatur sowie bei hohen Feldstärken nehmen die Beweglichkeiten ab. Für die Stromdichte unter Feldeinfluß (Feldstrom) kann dann nach den Gln. (6.61) und (6.65)

$$\boldsymbol{S}_{\mathrm{p}} = ep\boldsymbol{v}_{\mathrm{p}} = ep\mu_{\mathrm{p}}\boldsymbol{E} \qquad \boldsymbol{S}_{\mathrm{n}} = en\boldsymbol{v}_{\mathrm{n}} = en\mu_{\mathrm{n}}\boldsymbol{E} \tag{6.66}$$

angesetzt werden, woraus der Löcher- und Elektronenstrom

$$\boldsymbol{S}_{\mathrm{k}} = \boldsymbol{S}_{\mathrm{p}} + \boldsymbol{S}_{\mathrm{n}} = e\,(p\mu_{\mathrm{p}} + n\mu_{\mathrm{n}})\,\boldsymbol{E} \tag{6.67}$$

folgt. Für die Feldstromdichte war bereits im Abschnitt 6.1. der Ansatz $S_{\mathrm{k}} = \varkappa E$ genannt worden. Die damit definierte elektrische Leitfähigkeit $\varkappa$ ist demnach für alle Halbleiter

$$\varkappa = e\,(p\mu_{\mathrm{p}} + n\mu_{\mathrm{n}}). \tag{6.68}$$

Zahlenbeispiel: Für $\mu_{\mathrm{p}} = 350\ \mathrm{cm^2/Vs}$, $\mu_{\mathrm{n}} = 700\ \mathrm{cm^2/Vs}$, $p = 10^{17}/\mathrm{cm^3}$, $n \ll p$, $E = 1\ \mathrm{kV/cm}$ ergibt sich $v_{\mathrm{p}} = 3{,}5\cdot10^5\ \mathrm{cm/s}$, $v_{\mathrm{n}} = 7\cdot10^5\ \mathrm{cm/s}$, $\varkappa = 5{,}6\ \mathrm{S/cm}$, $\varrho = 1/\varkappa = 0{,}18\ \Omega\mathrm{cm}$, $S_{\mathrm{k}} = S_{\mathrm{p}} = 180\ \mathrm{A/cm^2}$.

6.11.3. Feld- und Diffusionsstrom

Bei ortsabhängiger Ladungsträgerdichte tritt außer dem *Feldstrom* noch der *Diffusionsstrom* auf, der versucht, seine Ursache – die Konzentrationsunterschiede – abzubauen. Das illustriert Bild 6.31. Der Diffusionsstrom ist um so größer, je größer das Konzentrationsgefälle ist. Das Phänomen der Diffusion ist auch aus dem Alltag bekannt (z. B. Ausgleich von Konzentrationsunterschieden in Gasen und Flüssigkeiten).

Ein vereinfachtes Modell des Diffusionsprozesses ist im Bild 6.32 dargestellt. Die Löcher führen eine thermische Wimmelbewegung in alle Richtungen durch. Infolge der höheren Dichte links bewegt sich netto ein Loch durch die gestrichelte Fläche, also vom Ort höherer zum Ort niedrigerer Dichte.

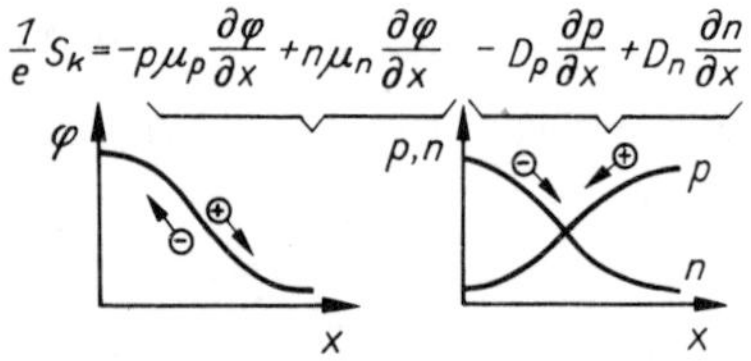

Bild 6.31. Potential- bzw. Konzentrationsgefälle als Ursache des Feld- bzw. Diffusionsanteils der Stromdichte

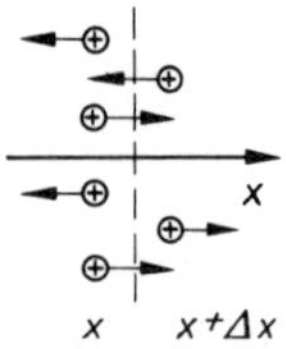

*Bild 6.32. Schematische Darstellung der örtlich eindimensionalen Löcherdiffusion durch in x-Richtung abnehmende Löcherdichte **p(x)***

Für den (eindimensionalen) Konvektionsstrom in Halbleitern gilt allgemein

$$S_p = ep\mu_p E - eD_p \frac{\partial p}{\partial x} \qquad S_n = en\mu_n E + eD_n \frac{\partial n}{\partial x} \tag{6.69}$$

$$\underbrace{S_k = \int d\varrho v = S_p + S_n}_{\text{Konvektionsstrom}} = \underbrace{\varkappa E}_{\text{Feldstrom}} - \underbrace{eD_p \frac{\partial p}{\partial x} + eD_n \frac{\partial n}{\partial x}}_{+\,\text{Diffusionsstrom}}. \tag{6.70}$$

Die *Diffusionskoeffizienten* D_p und D_n hängen über die *Nernst-Townsend-Einstein-Relation* mit den Beweglichkeiten zusammen

$$\frac{D_p}{\mu_p} = \frac{D_n}{\mu_n} = \frac{kT}{e} = U_T \tag{6.71}$$

$k = 1{,}381 \cdot 10^{-23}$ Ws/K (Boltzmannkonstante)

U_T Temperaturspannung, z. B. $U_T = 26$ mV für 25 °C.

Der Diffusionsstrom verschwindet bei homogenen Halbleitern ($\partial p/\partial x = \partial n/\partial x = 0$). Er ist um so höher, je höher die örtliche Dichteänderung ist. In inhomogenen Halbleitern können sich Feld- und Diffusionseinfluß kompensieren, d. h., die mittlere Geschwindigkeit der Ladungsträger verschwindet, obwohl $E \neq 0$ ist.

6.11.4.* Konvektions- und Verschiebungsstrom

Um den Einfluß des Verschiebungsstroms zu untersuchen, werden ein homogener Halbleiter sowie ein elektrisches Feld $E(t) = \hat{E} \cos \omega t$ vorausgesetzt. Die Stromdichte ist demnach

$$S = S_k + S_v = \varkappa E + \varepsilon \frac{\partial E}{\partial t} = \varkappa \hat{E} \cos \omega t + \omega \varepsilon \hat{E} \cos \left(\omega t + \frac{\pi}{2} \right). \tag{6.72}$$

Daraus folgt, z. B. mit komplexer Rechnung

$$S = \sqrt{\varkappa^2 + (\omega\varepsilon)^2}\ \hat{E} \cos (\omega t + \arctan \omega\varepsilon/\varkappa). \tag{6.73}$$

Je geringer die Leitfähigkeit $\varkappa$ ist, desto größer ist der Einfluß des Verschiebungsstroms. Man kann zwei Grenzfälle unterscheiden:

$$S = S_k \quad \text{für} \quad 0 \leqq \omega \ll \varkappa/\varepsilon, \qquad S = S_v \quad \text{für} \quad \varkappa/\varepsilon \ll \omega. \tag{6.74}$$

In Halbleitern liegt meist der erste Fall vor, d. h., der Verschiebungsstrom S_v kann vernachlässigt werden. Nur bei sehr hohen Frequenzen ω ist S_v von Bedeutung.

6.11.5. Eindimensionale Kontinuitätsgleichungen

Die zeitliche Änderung der Zahl der Löcher in einem Volumenelement $A\,dx$ (Bild 6.33) setzt sich aus der Zahl der zufließenden minus der Zahl der abfließenden Löcher je Zeiteinheit und der Zahl der je Zeiteinheit entstehenden Löcher (beschrieben durch die volumenbezogene *Generationsrate* g_p) minus der Zahl der je Zeiteinheit rekombinierenden Löcher (be-

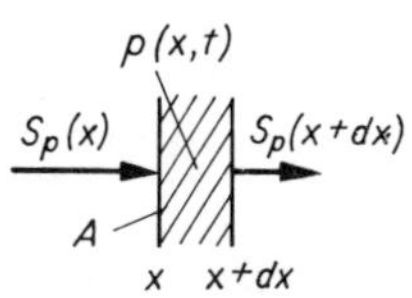

Bild 6.33
Zur Kontinuitätsgleichung der Löcher

schrieben durch die volumenbezogene *Rekombinationsrate* r_p) zusammen, d. h.

$$\frac{\partial p}{\partial t}\,\mathrm{d}xA = \frac{1}{e}\,(S_p(x) - S_p\,(x + \mathrm{d}x))\,A + (g_p - r_p)\,\mathrm{d}xA. \qquad (6.75)$$

Dividiert man durch das Volumenelement $A\,\mathrm{d}x$, so entsteht die Bilanzgleichung (Kontinuitätsgleichung) der Löcher

$$\frac{\partial p}{\partial t} = -\frac{1}{e}\frac{\partial S_p}{\partial x} + g_p - r_p. \qquad (6.76)$$

Analog lautet die Bilanzgleichung (Kontinuitätsgleichung) der Elektronen

$$\frac{\partial n}{\partial t} = \frac{1}{e}\frac{\partial S_n}{\partial x} + g_n - r_n. \qquad (6.77)$$

Zu beachten ist, daß natürlich keine Elektronen an sich erzeugt oder vernichtet werden, sondern daß gebundene Elektronen aus dem Valenzband oder aus Störstellen in bewegliche Leitungsband-Elektronen übergehen und umgekehrt. Mit den Gln. (6.76), (6.77) und (6.19) sowie dem Ansatz für die Raumladungsdichte

$$\varrho = e\,(p - n + N_{D^+} - N_{A^-}) \qquad (6.78)$$

läßt sich $g_p - r_p = g_n - r_n$ für den häufig vorkommenden Fall $\partial N_{D^+}/\partial t = \partial N_{A^-}/\partial t$ (d. h. keine Umladung von Störstellen) nachweisen, d. h. die Paar-Erzeugung bzw. -vernichtung (Paar: Elektron–Loch). Für die sogenannte Nettorekombinationsrate $R = r_n - g_n = r_p - g_p$ erweist sich vielfach der Ansatz $R = (p - p_0)/\tau_p$ bzw. $R = (n - n_0)/\tau_n$ als zweckmäßig. Die Nettorekombinationsrate hängt von den Materialparametern τ_n bzw. τ_p, auch Lebensdauer genannt, sowie von der Gleichgewichtsdichte ab. Bei Einfall von Licht kann zusätzlich eine Ladungserzeugung, die *Fotogeneration*, auftreten, die z. B. für die Wirkungsweise von Fotodioden und Fototransistoren von Bedeutung ist. Bei sehr hohen Feldstärken tritt *Stoßionisation* ein. Die dabei entstehenden energiereichen Elektronen-Loch-Paare können wiederum Ionisationsakte auslösen und damit eine *Lawinenvervielfachung* (Avalancheeffekt) hervorrufen. Diese kann für Bauelementewirkprinzipien (Lawinentransistor, Lawinenlaufzeitdiode) genutzt werden, tritt aber meist unerwünscht in Form eines Durchbruchs auf, der zur Bauelementezerstörung bei hohen Spannungen führt.

6.11.6. Eindimensionale phänomenologische Grundgleichungen

Die *Bilanzgln.* (6.76) und (6.77), die Beziehung $S = S_p + S_n + \varepsilon\,(\partial E/\partial t)$ (6.70) mit den Transportgln. (6.69) sowie die Poissongleichung (s. auch Gl. (6.27 b))

$$-\frac{\partial^2\varphi}{\partial x^2} = \frac{\partial E}{\partial x} = \frac{\varrho}{\varepsilon} = \frac{e}{\varepsilon}\,(p - n + N_{D^+} - N_{A^-}) \qquad (6.79)$$

bilden die wichtigste Grundlage zur phänomenologischen Berechnung von Halbleiterbauelementen (hier in eindimensionaler Form).

Bei Ladungsträgerdichteänderungen unterscheiden sich außen am Halbleiterbauelement meßbare Klemmenspannungen und durch Integration der Poissongleichung ermittelte Potentialdifferenzen noch um die sogenannte Diffusionsspannung [8.1], auf die hier aber nicht eingegangen werden soll.

6.12. Stromfluß in Metallen

Bei Metallen ist das Leitungsband (s. Bild 6.27) halb mit Elektronen gefüllt. Der Stromfluß wird durch einen Feldstrom dieser Elektronen getragen, deren Dichte sehr hoch ist ($n = 10^{22} - 10^{24}/\text{cm}^3$) und für ein Material jeweils als konstant angenommen werden kann. Diffusions- und Verschiebungsstrom können im allgemeinen vernachlässigt werden. Demnach gilt analog zu Gl. (6.66)

$$S = S_k = \varkappa E \qquad \varkappa = en\mu_n \qquad v_n = \mu_n E \tag{6.80}$$

μ_n, n und damit $\varkappa$ sind feldunabhängig (Ohmsches Gesetz). Der Temperaturkoeffizient ist meist positiv und relativ klein (s. Tafel 1.5).

Zahlenbeispiel: Materialparameter für Kupfer $n = 8{,}6 \cdot 10^{22}/\text{cm}^3$, $\varrho = 1/\varkappa = 0{,}0175\ \Omega\ \text{mm}^2/\text{m}$ (s. auch Tafel 1.5), $\varkappa = 57{,}1 \cdot 10^4\ \text{S/cm}$ und daraus $\mu_n = \varkappa/en = 41{,}5\ \text{cm}^2/\text{Vs}$. Für $S = 20\ \text{A/mm}^2$ ist $E = S/\varkappa = 3{,}5\ \text{mV/cm}$, $v_n = \mu_n E = 1{,}5\ \text{mm/s}$.

6.13. Stromfluß in isolierenden Festkörpern

Bei *idealen Isolatoren* sind keine beweglichen Ladungsträger verfügbar, d. h., $\varkappa = 0$. Strom kann nur als Verschiebungsstrom fließen. Bild 6.34 veranschaulicht die Kontinuität des Stromflusses am Beispiel eines idealen Kondensators (Konvektionsstromdichte S_k in den me-

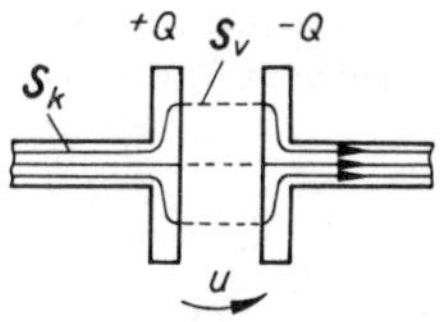

Bild 6.34
Kontinuität des Stromflusses durch einen Kondensator

tallischen Zuleitungen und Verschiebungsstromdichte $S_v = \partial D/\partial t$ im Isolator, S – quellenfrei). Für den Strom gilt (s. auch Abschn. 1.7.1.)

$$i = \int S\,\mathrm{d}A = \int \frac{\partial D}{\partial t}\,\mathrm{d}A = \frac{\mathrm{d}}{\mathrm{d}t}\int D\,\mathrm{d}A = \frac{\mathrm{d}Q}{\mathrm{d}t} = \frac{\mathrm{d}}{\mathrm{d}t}(Cu) \tag{6.81}$$

und für $C = \text{konst.}$ $i = C\,\mathrm{d}u/\mathrm{d}t$. Beim *realen Isolator* sind bewegliche Ladungsträger – wenn auch in kleiner Zahl – vorhanden ($\varkappa > 0$). Außerdem treten bei Wechselfeldern durch die damit verbundene Drehung der Elementardipole Wärmeverluste auf, die durch den (frequenzabhängigen) Verlustfaktor $\tan\delta$ beschrieben werden (s. Abschn. 3.5.1.). Bei sinusförmigem Wechselfeld kann als Näherung für S bzw. $i = \int S\,\mathrm{d}A$

$$\begin{aligned} S &= (\varkappa + \omega\varepsilon\tan\delta)\,E + \varepsilon\,\partial E/\partial t, \\ i &= (1/R_0 + \omega C\tan\delta)\,u + C\,\mathrm{d}u/\mathrm{d}t \end{aligned} \tag{6.82}$$

angesetzt werden. R_0 kann auch durch die Feuchtigkeit an der Oberfläche beeinflußt werden. Durch hohe Temperaturen (z. B. in Isolationen stromdurchflossener Leiter) sowie hohe elektrische Felder (Tunneleffekt bzw. Stoßionisation) können gebundene Elektronen in bewegliche Elektronen übergehen. Das entspricht bei kristallinen Festkörpern dem Übergang vom Valenz- zum Leitband, wobei aber die Breite der verbotenen Zone (Bild 6.27) viel größer als in Halbleitern ist. Es tritt ein Wärme- bzw. elektrischer Durchbruch auf, bei dem ein Kanal erhöhter Leitfähigkeit entsteht. Durch Feldinhomogenitäten (Spitzen usw.) sowie Lufteinschlüsse (wegen D_n stetig $E_{n0} = D_n/\varepsilon_0 > E_n = D_n/\varepsilon$, s. auch Bild 6.24) wird die Durchschlagfestigkeit reduziert.

6.14. Stromfluß in ionisierten Gasen

Im Normalfall sind Gase nichtleitend. Um einen Konvektionsstrom zwischen zwei (oder mehr) Elektroden zu erzeugen (Gasentladung), müssen Ladungsträger erzeugt werden. Bei der *unselbständigen Entladung* erfolgt das teilweise durch eine externe Quelle (z. B. Elektroneninjektion durch eine geheizte Katode; Ionisation durch UV-Licht, Röntgen-, Höhenstrahlen usw.). Bei der *selbständigen Entladung* geschieht die Ladungsträgergeneration ohne solche zusätzlichen Hilfsmittel. Am wichtigsten ist meist die Ionisation durch Elektronenstoß, die zur *Lawinenvervielfachung* führen kann (Bild 6.35). Die Elektronen (1) erhalten die notwendige kinetische Energie aus dem elektrischen Feld. Sie besitzen im allgemeinen eine höhere Temperatur, d. h. kinetische Energie, als die Gasmoleküle (2). Der Strom wird durch Elektronen und in geringem Maße durch ein- oder mehrfach geladene positive Ionen (3) (größenordnungsmäßig gleiche Zahl, aber wesentlich kleinere Beweglichkeit und damit Geschwindigkeit) getragen. Die freie Weglänge liegt meist weit unter dem Elektrodenabstand. In manchen Fällen spielen auch negative Ionen eine Rolle, die durch Anlagerung von Elektronen entstehen. Bei der Rekombination im Volumen oder an der Wand entstehen wieder neutrale Moleküle. Die mathematische Beschreibung von Gasentladungen ist mit der von Halbleitern verwandt.

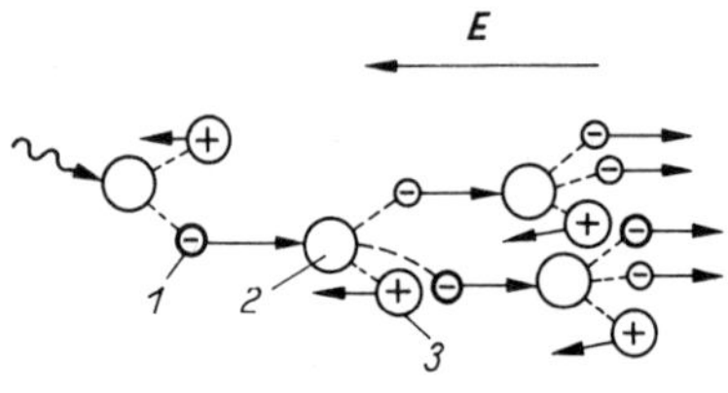

Bild 6.35. Schematische Darstellung der Stoßionisation sowie Lawinenvervielfachung: Ein z. B. durch Höhenstrahlung erzeugtes Elektron ionisiert bei genügend hohem E ein weiteres Molekül, so daß nach dem ersten Stoß bereits zwei Elektronen zur Verfügung stehen, etwas später bereits vier usw. Dadurch kann sich ein leitfähiger Kanal ausbilden, bei dem auch Rekombinationsprozesse zu berücksichtigen sind.

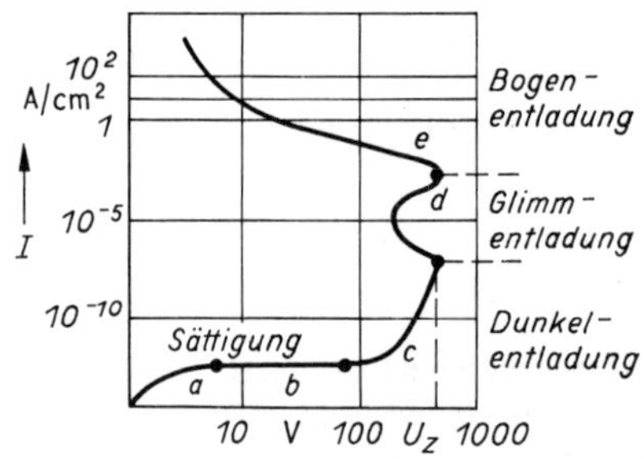

Bild 6.36. Mögliche Betriebsbereiche der Kennlinie von Gasentladungen (Stromdichte als Funktion der Spannung)

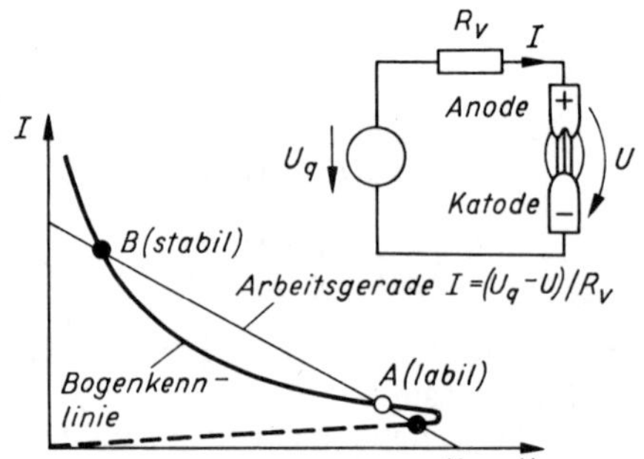

Bild 6.37. Die fallende Kennlinie des Lichtbogens erfordert eine Strombegrenzung durch einen Vorwiderstand R_v

Bild 6.36 gibt in doppelt-logarithmischem Maßstab einen Überblick über mögliche Betriebszustände von *Gasentladungen*: Stromanstieg (a) mit anschließender Sättigung bei zunächst unselbständiger Entladung (b). Bei weiter wachsender Spannung und damit Feldstärke steiler Stromanstieg durch Stoßionisation (c), der oberhalb der Zündspannung U_z in die beiden Hauptformen der selbständigen Entladung – die *Glimmentladung* (d) bzw. *Bogenentladung* (e) übergeht. Bei der selbständigen Entladung (d, e) treten durch infolge Elektronenstoß angeregte Moleküle Leuchterscheinungen auf. Charakteristisch für die Glimmentladung sind eine kalte Katode (Katode–Elektrode mit negativer Polarität) sowie eine relativ geringe Stromdichte. Demgegenüber bildet sich bei der Bogenentladung eine teilweise heiße Katode aus (Brennfleck). Die Katode injiziert durch Feld- und/oder thermische Emission Elektronen in den Entladungsraum. Die Stromdichte ist hoch. Bogen- und Glimmentladung besitzen bereichsweise eine *fallende Strom-Spannungskennlinie* (negativer differentieller Widerstand $r = dU/dI < 0$). Bei Betrieb mit einem hinreichend großen Widerstand R_v (Bild 6.37) stellt sich auf der Bogenkennlinie als einziger stabiler Arbeitspunkt der Arbeitspunkt B ein (Bedingung: $R_v + r_B \geqq 0$, $r_B = (dU/dI)_B$). Der Arbeitspunkt A ist labil, d. h., bei einer beliebig kleinen Stromerhöhung durch irgendeine Einflußgröße wächst I unvermeidlich weiter an, bis der Punkt B erreicht ist. Im Punkt B führen demgegenüber kleine dynamische Stromänderungen immer wieder zum Gleichgewichtszustand zurück. Ein Vorwiderstand ist also notwendig, denn bei fehlender Strombegrenzung durch R_v steigt I steil an. Der Lichtbogen wirkt dann wie ein Kurzschluß für die Spannungsquelle.

Technische Anwendungen von Gasentladungen sind u. a. die Lichterzeugung (Leuchtröhre, Hochdrucklampe, Wolframpunktlampe (Strahlung durch Brennfleck), Glimmlampe), elektrisches Schweißen und Schneiden metallischer Werkstoffe, der Lichtbogenofen, Elektrofilter, Hochleistungsstromrichter, Herstellung dünner Schichten sowie die Meßtechnik (Kugelfunkenstrecke zur Hochspannungsmessung, Nebelkammer).

Häufig wird Gas auch als raumfüllender *Isolierstoff* verwendet.

Hier sind *Gasentladungen* oft *unerwünscht*. Das betrifft die Koronaentladung (Vorstufe zur Glimmentladung, tritt besonders bei stark gekrümmten Leitern, z. B. an Hochspannungsleitungen auf) ebenso wie den Über- bzw. Durchschlag. Beim Öffnen eines stromdurchflossenen Kontaktes entsteht häufig eine Gasentladung (u. a. Schaltlichtbogen). Dafür sind zwei Ursachen zu nennen: eine hohe Spannung infolge unvermeidbarer Induktivitäten im Stromkreis sowie $u = L\,di/dt$ (s. Abschn. 4.1.2.1.) und außerdem eine hohe Stromdichte, die sich auf den letzten Berührungsstellen der Kontaktstücke ausbildet und zu einer explosionsartigen Verdampfung von Kontaktmaterial führt. Im Gegensatz zu festen Isolierstoffen treten bei Gasen nach Erlöschen des Lichtbogens eines Durchschlags die ursprünglichen dielektrischen Eigenschaften wieder auf (ermöglicht Anwendung als Löschmittel in Hochleistungsschaltern). Die Durchschlagspannung wächst mit dem Produkt von Gasdruck und Elektrodenabstand. Bei sehr kleinem Druck steigt die Durchschlagfestigkeit natürlich wieder an und erreicht im Hochvakuum hohe Werte (z. B. 100 kV/cm bei ebenen Elektroden in 1 mm Abstand).

Bei Gasentladungen wird häufig der Begriff *Plasma* verwendet. Darunter versteht man (teilweise) ionisiertes Gas, bei dem die relativen Unterschiede in der Zahl der negativen und positiven Ladungsträger klein sind (Quasineutralität). Plasmen treten auch in der Natur auf (z. B. Sonne, Blitz, Feuer).

6.15. Stromfluß im Vakuum

Stromfluß im Vakuum erfordert die Erzeugung von Ladungsträgern. Am häufigsten handelt es sich um Elektronen. Bild 6.38 gibt Auskunft über Möglichkeiten, Elektronen aus dem Potentialnapf von Festkörpern herauszulösen, was im allgemeinen (vom Tunneleffekt bei der Feldemission abgesehen) Energiezufuhr voraussetzt. Die weitaus größte technische Bedeutung besitzt die thermische Emission aus direkt oder indirekt geheizten Katoden. Bei der Feldemission werden die Elektronen durch ein sehr hohes elektrisches Feld (etwa 10^4 kV/cm) aus einer kalten – als Spitze oder dünner Draht ausgebildeten – Katode befreit. Weiterhin kann man Elektronen durch Beschuß mit Lichtquanten (Fotonen) oder anders ausgedrückt

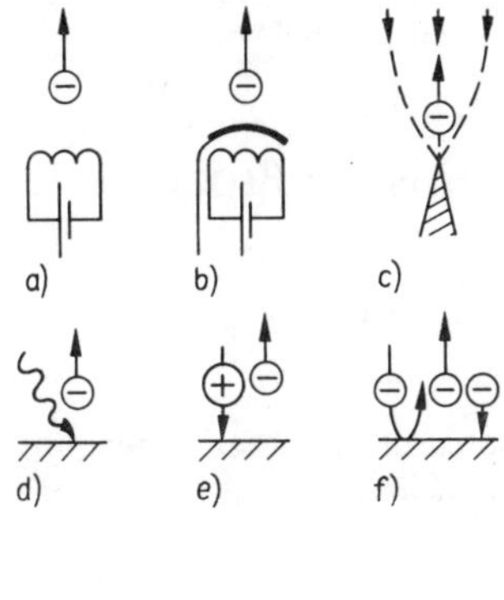

Bild 6.38. Emission von Elektronen aus Festkörperoberflächen durch
a) direkte Heizung (thermische Emission); b) indirekte Heizung (thermische Emission); c) ein hohes elektrisches Feld (Feldemission); d) Beschuß mit Fotonen (Fotoeffekt); e) Beschuß mit Ionen; f) Beschuß mit Elektronen (Sekundäremission)

durch Bestrahlung mit (kurzwelligem) Licht (Fotoeffekt) sowie durch Beschuß mit energiereichen Ionen oder Elektronen aus Festkörpern herauslösen.

Die *Ladungsträgerbewegung* erfolgt nur unter Einfluß elektrischer (und/oder magnetischer) Felder. Wechselwirkungen mit anderen Partnern (Restgasmolekülen) wie bei Festkörpern, Flüssigkeiten und Gasen sind vernachlässigbar (freie Weglänge ≫ Elektrodenabstände). Demzufolge besitzt das Ohmsche Gesetz keine Gültigkeit. Das wirksame elektrische Feld wird durch die an metallischen Elektroden anliegenden Spannungen und in manchen Fällen (insbesondere in Katodennähe) durch die Raumladung der „Elektronenwolke" bestimmt.

Durch das elektrische Feld kann man die Elektronen beschleunigen (oder abbremsen) und ablenken sowie auf einer kleinen Fläche bündeln (fokussieren durch eine elektrische oder magnetische Elektronenlinse). Ähnlich wie in der Lichtoptik besteht die Möglichkeit zur Abbildung und Vergrößerung (Durchstrahlungs- bzw. Reflexionselektronenmikroskop).

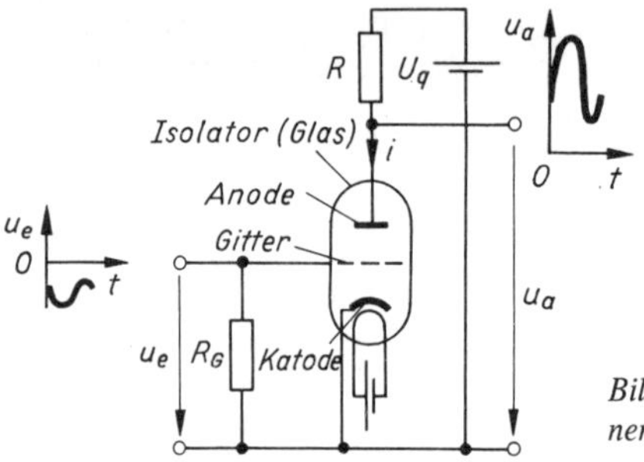

Bild 6.39. Verstärkerstufe mit einer dreipoligen Elektronenröhre (Triode)

Bei der *einfachsten steuerbaren Elektronenröhre, der Triode,* bringt man zwischen Anode und Katode ein Gitter, das negativ gegen die Katode vorgespannt ist (Bild 6.39). Durch die Größe des Gitterpotentials (... −5 V...) kann der Strom, der die Anode (...100 V...) erreicht, gesteuert werden. Der Strom auf das Gitter ist sehr klein, so daß die Steuerung nahezu leistungslos erfolgt. Er wird allerdings bei dem gezeigten Beispiel genutzt, um über dem Gitterwiderstand R_G die benötigte negative Gittervorspannung zu erzeugen. Senkt man die Gitterspannung u_e z. B. weiter in das Negative ab, so kann das durch die Anoden-Katoden-Spannung verursachte absaugende und beschleunigende Feld nur noch in geringem Maße in den Katoden-Gitter-Raum durchgreifen, und der Strom i durch die Röhre und den Anodenwiderstand R wird kleiner. Damit wird wegen $u_a = U_q - Ri$ die Anodenspannung höher. Kleine Gitter- bzw. Eingangsspannungsänderungen rufen (über Anodenstromänderungen) große Änderungen der Anoden- bzw. Ausgangsspannung hervor (Verstärkerwirkung von Elektronenröhren bezüglich Spannung und Leistung). Durch Einbau weiterer Gitter lassen sich die Eigenschaften von Elektronenröhren verbessern (Pentoden, Hexoden usw.).

Bis auf das Gebiet *sehr hoher Leistungen oder Frequenzen,* z. B. Senderöhren, wurden Elektronenröhren durch Halbleiterbauelemente verdrängt. Im Gegensatz dazu hat sich der Festkörperbildschirm noch nicht gegen die Fernsehempfangsröhre durchgesetzt. Weitere Spezialröhren, bei denen der Stromfluß im Vakuum von Bedeutung ist, wurden bereits im Abschnitt 6.8.2. genannt.

6.16. Stromfluß in Flüssigkeiten – elektrochemische Prozesse

6.16.1. Grundlagen

6.16.1.1. Mechanismus der Stromleitung

Alle chemischen Vorgänge sind wegen der elektrischen Eigenschaften der Elektronen und Protonen (Ladung) mit elektrischen Vorgängen verknüpft. Unter *Elektrochemie* versteht man solche chemischen Prozesse, die unter Einfluß eines äußeren elektrischen Feldes verlaufen oder bei ihrem Ablauf selbst elektrische Energie erzeugen. Besondere Bedeutung besitzt der Stromfluß in *Elektrolyten*, d. h. in Stoffen, bei denen der Stromtransport durch Ionen erfolgt. Besonders wichtig sind wäßrige Flüssigkeiten.

Destilliertes Wasser ist praktisch ein Nichtleiter. Löst man Salze, Säuren oder Basen in Wasser, so steigt die Leitfähigkeit schon bei geringen Beimengungen um mehrere Größenordnungen. Ursache dafür ist die durch das Lösungsmittel verursachte Spaltung *(Dissoziation)* eines Teils der Moleküle in Ionen, z. B.

$$NaCl \rightleftharpoons Na^+ + Cl^-, \qquad H_2SO_4 \rightleftharpoons 2\,H^+ + SO_4^=, \qquad KOH \rightleftharpoons K^+ + OH^- .$$

Metall- und Wasserstoffionen besitzen stets positive Ladungen. Im Gleichgewichtsfall halten sich Dissoziation und Wiedervereinigung von Ionen, also Generation und Rekombination der Ladungsträger die Waage. Die *elektrochemische Wertigkeit* w gibt Aufschluß über die Zahl der fehlenden oder angelagerten Elementarladungen (z. B. $w = 1$ für H^+, $w = 2$ für $SO_4^=$). Insgesamt sind Elektrolytlösungen elektroneutral ($Q = 0$).

Die besondere Eignung von *Wasser als Lösungsmittel* liegt

α) in der geringen Molekülgröße (leichtes Eindringen in den zu lösenden Stoff)

β) im hohen DK-Wert ($\varepsilon_r = 81$, führt zur Reduzierung der anziehenden Coulombkraft zwischen den Ionen unterschiedlicher Polarität entsprechend Gl. (1.3))

γ) im Dipolmoment.

Das Dipolmoment ist darauf zurückzuführen, daß die Schwerpunkte der positiven und negativen Ladungen beim Wassermolekül nicht übereinstimmen. Dadurch umhüllen die Wassermoleküle die entstandenen Ionen und bewegen sich mit ihnen mit. Man spricht von *Hydration* oder allgemein bei Lösungsmitteln von *Solvatation.* Häufig kennzeichnet man solvatierte Ionen nicht durch + bzw. −, sondern durch Punkte (˙) oder Striche ('), also z. B. Cu˙˙ statt Cu^{++} bzw. Cl' statt Cl^-.

Die einfachste Grundzelle für technische Anwendungen elektrolytischer Flüssigkeiten besteht aus zwei Elektroden, dem Elektrolyt sowie einem Behälter (Bild 6.40).

Die Vorgänge in elektrolytischen Zellen, insbesondere in Elektrodennähe, sind oft außerordentlich komplex. Die Elektroden können als Quellen sowie als Senken von Ionen wirken. *Elektrolytische Zellen* dienen

a) zur *Umwandlung elektrischer Energie in chemische Energie* (und Wärmeenergie), z. B. in der Galvanotechnik, bei der elektrolytischen Stoffumwandlung sowie bei der Aufladung von Sekundärelementen

b) zur *Umwandlung chemischer Energie in elektrische Energie* (und Wärmeenergie), z. B. bei galvanischen Primärelementen sowie bei der Entladung von Sekundärelementen.

In beiden Fällen stimmt die Bewegungsrichtung der positiven Ionen mit der Stromrichtung (für $I > 0$) überein. Der Strom in den Anschlußleitungen wird durch Elektronen getragen. Die Stromdichte $\boldsymbol{S} = en_+\boldsymbol{v}_+ - en_-\boldsymbol{v}_-$ im Elektrolyt ist um so größer, je höher die Ionenkonzentration n_+ bzw. n_- bzw. -geschwindigkeiten $\boldsymbol{v}_+$ bzw. $\boldsymbol{v}_-$ sind. $\boldsymbol{v}_+$ und $\boldsymbol{v}_-$ werden im allgemeinen Fall wie bei Halbleitern durch das elektrische Feld und die Diffusion infolge örtlicher Konzentrationsänderungen (s. Gl. (6.69)) bestimmt, wobei das elektrische Feld nach der Poissongleichung von den Elektrodenpotentialen und den Raumladungen abhängt.

Im Fall a) bewegen sich die positiven Ionen von + nach − und im Fall b) von − nach + (s. Bild 6.40). Die Elektrode, die Elektronen abgibt, bezeichnet man als Katode und die andere als Anode. Bei Zellen mit Elektroenergieverbrauch ist die Katode der Minus- und die Anode der Pluspol (Bild 6.40). Durch die entgegengesetzte Wanderung positiver und negativer Ionen und ihre Wechselwirkung mit anderen Ionen bzw. den Elektroden können Umgruppierungen in chemischen Verbindungen erzielt werden.

Als stark idealisiertes *Ersatzschaltbild elektrolytischer Zellen* kann man – wie noch begründet wird – die Reihenschaltung einer Spannungsquelle mit einem Widerstand annehmen (s. Bild 6.40). Allerdings darf man die Quellenspannung U_q und den Widerstand R nur in Spezialfällen als konstant ansetzen. Im Fall a) läßt sich in manchen Fällen, und zwar für

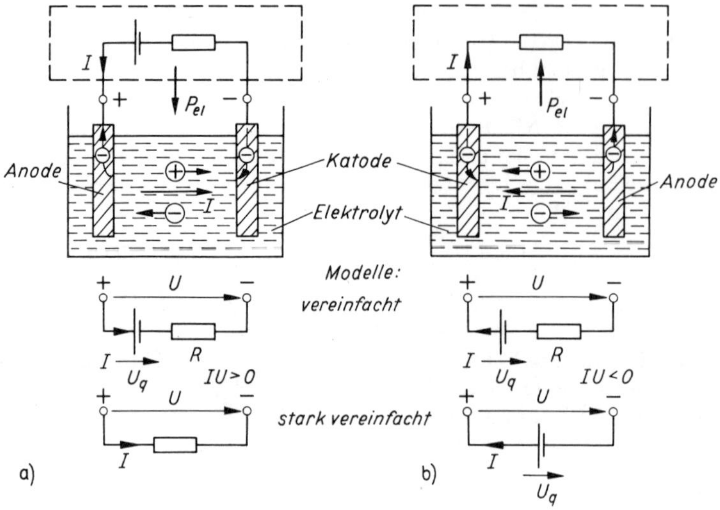

Bild 6.40. Prinzipieller Aufbau elektrolytischer Zellen sowie je zwei Modellstufen

a) Verbrauch elektrischer Energie; b) Erzeugung elektrischer Energie

$U \gg U_q$, $U_q = 0$ setzen. Das gilt nicht für die Aufladung von Sekundärelementen. Für R kann teilweise $R = l/\varkappa A$ mit $\varkappa = en_+\mu_+ + en_-\mu_-$ entsprechend Gl. (6.68) als Näherung gewählt werden. μ_+ und μ_- sind die Beweglichkeiten. Die Leitfähigkeit $\varkappa$ liegt im allgemeinen um mehr als den Faktor 10^6 unter der von Metallen. Der Temperaturkoeffizient von R, $\alpha = (\mathrm{d}R/\mathrm{d}T)/R$, ist negativ. Die Abnahme von R wird vor allem durch den mit wachsender Temperatur steigenden Dissoziationsgrad verursacht. Im Fall b) reicht außerhalb des Kurzschlußbereichs oft eine ideale Spannungsquelle (Innenwiderstand $R = 0$) als näherungsweises Modell aus.

6.16.1.2. Spannungen zwischen Elektroden und Elektrolyt

Taucht man einen Metallkörper in eine Flüssigkeit (ionenfreies Wasser oder einen Elektrolyt), so entsteht eine Spannung, die vom Metall, von der Zusammensetzung der Flüssigkeit und der Temperatur abhängt. Sie kann durch das Wechselspiel zwischen *Lösungsdruck, osmotischem Druck* und wirksamem *elektrischem Feld* interpretiert werden. Der Lösungsdruck versucht Ionen aus dem Metall in die Flüssigkeit zu pressen, während der osmotische Druck bestrebt ist, Ionen aus der Flüssigkeit in das Metall zu drücken. Überwiegt der Lösungsdruck, dann verlassen mehr positive Ionen das Metall als hineingedrückt werden – die Elektrode lädt sich gegen die Flüssigkeit so lange negativ auf, bis das dadurch entstehende Feld ein Gleichgewicht herstellt (Bild 6.41 a). Überwiegt der osmotische Druck, so lädt sich das Metall positiv auf (Bild 6.41 b).

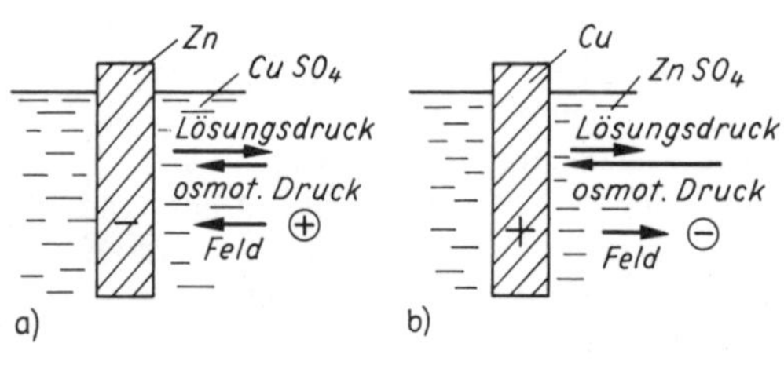

Bild 6.41. Ausbildung von Spannungen zwischen einem Metall und einem Elektrolyten

Ordnet man die Metalle in einer Reihe nach der auftretenden Spannung gegenüber einer 1-molaren Metallionenlösung des gleichen Metalls (bei 25 °C), so entsteht die *elektrochemische Spannungsreihe.* Das in Tafel 6.2 angegebene elektrochemische Potential φ ist als Span-

Tafel 6.2. Elektrochemische Spannungsreihe von Metallen

Elektrode	$Li/Li^{\cdot}$	$K/K^{\cdot}$	$Ca/Ca^{\cdot\cdot}$	$Na/Na^{\cdot}$	$Mg/Mg^{\cdot\cdot}$	$Al/Al^{\cdot\cdot}$	$Mn/Mn^{\cdot\cdot}$	$Zn/Zn^{\cdot\cdot}$
φ/V	−3,02	−2,92	−2,87	−2,71	−2,34	−1,67	−1,05	−0,76
Elektrode	$Cr/Cr^{\cdot\cdot}$	$Fe/Fe^{\cdot\cdot}$	$Cd/Cd^{\cdot\cdot}$	$Co/Co^{\cdot\cdot}$	$Ni/Ni^{\cdot\cdot}$	$Sn/Sn^{\cdot\cdot}$	$Pb/Pb^{\cdot\cdot}$	
φ/V	−0,71	−0,44	−0,40	−0,28	−0,25	−0,14	−0,13	
Elektrode	**$H_2/2H^{\cdot}$**	$Cu/Cu^{\cdot\cdot}$	$Ag/Ag^{\cdot}$	$Hg/Hg^{\cdot\cdot}$	$Au/Au^{\cdot\cdot\cdot}$	$Pt/Pt^{\cdot\cdot}$		
φ/V	**±0**	+0,35	+0,81	+0,85	+1,42	+1,60		

nung gegen eine im Elektrolyten befindliche Normal-Wasserstoffelektrode (Platinelektrode von H_2 bei Atmosphärendruck umspült) definiert. Li besitzt einen hohen Lösungsdruck, ist ein sehr unedles, leicht oxydierbares Metall, und damit ein starkes Reduktionsmittel (= elektronenabgebendes System). *Oxydation* ist bekanntlich als Entzug von Elektronen und *Reduktion* als Zufuhr von Elektronen definiert. Pt ist ein sehr edles, schwer oxidierbares Metall, also ein starkes Oxydationsmittel (= elektronenaufnehmendes System). Die anderen Metalle sind dazwischen einzuordnen. Je niedriger φ ist, d. h. je unedler ein Metall ist, desto größer ist sein Bestreben, ein edleres Metall (oder Wasserstoff) aus seiner Ionenbindung zu verdrängen bzw. Elektronen an dieses Metall abzugeben. Also kann Zn Fe oder H_2 oder Cu verdrängen und Cu kann Ag verdrängen. Taucht man also z. B. entsprechend (Bild 6.41 a) einen Zn-Stab in Kupfersulfat-Lösung ($CuSO_4 + n \cdot H_2O$), so gehen Zn-Ionen in Lösung, während Cu-Ionen (in geringer Zahl) ihre Ladung an das Zn abgeben und einen Cu-Niederschlag bilden (Zn reduziert also Cu und Cu oxidiert Zn). Metalle, die unedler sind als Wasserstoff, werden also von verdünnten Säuren unter Wasserstoffbildung aufgelöst.

Bei zwei Elektroden tritt nach der Maschengl. als resultierende Spannung U_{12} nach außen die Differenz der beiden Spannungen Elektrode 1 – Elektrolyt und Elektrode 2 – Elektrolyt auf und führt zu der o. g. Urspannung U_q im Bild 6.40. Bei Elektroenergieerzeugung mit einem galvanischen Element bildet das edlere Metall den Pluspol. Verbindet man die beiden Elektroden leitend miteinander, so fließt ein Strom. Stromfluß in Elektrolyten verursacht in Abhängigkeit von der Polarität chemische Änderungen an den Elektroden oder eine Wasserstoff-Gashaut an den Elektroden oder Konzentrationsänderungen im Elektrolyten, d. h. eine Polarisierung (auch bei zunächst gleichen Elektroden). Damit ist eine Polarisationsspannung verbunden. Sie wirkt ihrer Ursache aus energetischen Gründen stets entgegen und kann im stationären Zustand als zusätzlicher Beitrag zu R bzw. U_q (s. Bild 6.40) modelliert werden. Erwähnt sei, daß sich auch für Nichtmetalle, für Ionenumladungen und kompliziertere Redoxsysteme Spannungsreihen angeben lassen.

6.16.1.3. Stofftransport

Im Gegensatz zur Elektronenleitung ist die Ionenleitung mit einem Stofftransport verbunden. Die an einen Ort, z. B. eine Elektrode transportierte Masse Δm hängt von der Zahl der ankommenden Ionen und der Ionenmasse m_1 ab: $\Delta m = \mathrm{N} m_1$. Die Ionenmasse kann (bei Vernachlässigung der Elektronenmasse) aus der relativen Atom- bzw. Molekülmasse A sowie der atomaren Masseneinheit u (u = 1/12 der Masse des Kohlenstoffatoms) berechnet werden:

$$m_1 = \mathrm{Au} \quad \text{mit} \quad \mathrm{u} = 1{,}660\,57 \cdot 10^{-27}\,\mathrm{kg}. \tag{6.83}$$

Die Ionenzahl N läßt sich aus der transportierten Ladung ΔQ und der Wertigkeit w ermitteln, also $\Delta Q = \mathrm{N}we$ mit $e = 1{,}602 \cdot 10^{19}$ As. Setzt man $\mathrm{N} = \Delta Q/(we)$ in $\Delta m = \mathrm{N} m_1$ ein, so folgt das *Faradaysche Abscheidungsgesetz*

$$\Delta m = c\,\Delta Q \quad \text{mit} \quad c = \frac{\mathrm{Au}}{we} = \frac{\mathrm{A}/w}{96\,487}\,\frac{\mathrm{g}}{\mathrm{As}}. \tag{6.84}$$

c bezeichnet man auch als *elektrochemisches Äquivalent* und $F = 96\,487$ As als *Faraday-Konstante*. F gibt nach Gl. (6.84) die Ladungsmenge an, die zur Abscheidung der Masse (A/w) g, also eines Moläquivalentes erforderlich ist. Für zeitkonstanten Strom I im Zeitraum Δt gilt

$$\frac{\Delta m}{\text{g}} = \frac{A/w}{96\,487\ \text{As}}\, I\,\Delta t. \tag{6.85}$$

Beispiel:

Die von einem Strom von 1 A in 1 s abgeschiedene Silbermenge (z. B. aus einer Silbernitratlösung) ist zu berechnen. Mit $\Delta Q = 1$ As, der relativen Atommasse $A = 108$ sowie der Wertigkeit $w = 1$ ergibt sich $\Delta m = 1{,}118$ mg.

6.16.2. Überblick über technische Anwendungen mit Elektroenergieverbrauch

Sie beruhen auf dem genannten Stofftransport sowie den Auswirkungen der elektrochemischen Spannungsreihe. Genutzt werden u. a. Auflösung, Transport und Abscheidung von Stoffen (fest, gasförmig) bzw. chemische Reaktionen im Elektrolyten bzw. an den Elektroden:

a) Elektrometallurgie aus wäßriger Lösung bei der Kupferraffination

Die Gewinnung von sehr reinem Kupfer erfolgt in der im Bild 6.42 dargestellten Weise aus einer wäßrigen Lösung (z. B. $CuSO_4 + H_2SO_4 + H_2O$). Das verunreinigte als Anode geschaltete Rohkupfer geht in Lösung. Die Kupferionen scheiden sich an der Katode ab – es entsteht „Elektrolytkupfer" hoher Reinheit.

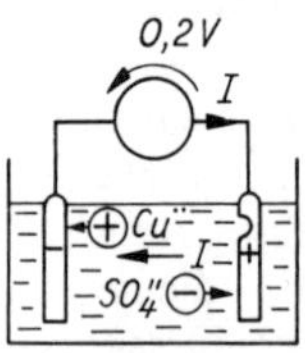

Bild 6.42. Erzeugung von hochreinem Elektrolytkupfer (Reinheit 99,9 %) an der Katode bei gleichzeitigem Abbau des verunreinigten als Anode geschalteten Kupfers

Die unedleren Beimengungen verbleiben im Elektrolyten. „Hüttenkupfer" ist z. B. für Leitermaterial ungeeignet, da schon geringe Verunreinigungen die Leitfähigkeit drastisch herabsetzen (z. B. um 20 % bei 0,05 % Aluminium im Kupfer). Der spezifische Energieverbrauch ist etwa 250 kWh/t Kupfer.

b) Elektrometallurgie auf der Grundlage der Schmelzflußelektrolyse

Für manche Metalle, z. B. Aluminium, muß für die Ionenleitung ein flüssiger, aber wasserfreier Elektrolyt verwendet werden – also eine Schmelze –, weil sonst nur Wasserstoff abgeschieden würde. Die Schmelze besteht aus Aluminiumoxid (Al_2O_3) und Kryolit ($AlF_3 \cdot 3\,NaF$) bei 950 °C (Aufrechterhaltung der Heizung durch Widerstand des Elektrolyten bei Stromfluß). Die Reduktion des Al_2O_3 zu Al erfolgt mit Hilfe von Kohleelektroden. Der Energieverbrauch beträgt etwa 20 MWh/t Aluminium. In analoger Weise werden Magnesium, Natrium und Kalium gewonnen.

c) Elektrolytische Herstellung von Nichtmetallen,

z. B. von Alkalilaugen, Chlor, Fluor, Oxydationsmitteln sowie von Wasserstoff und Sauerstoff (durch Wasserelektrolyse). Wasserstoff kann in Zukunft als Energiespeicher an Bedeutung gewinnen.

d) Galvanotechnik

Sie dient der elektrochemischen Erzeugung von metallischen und nichtmetallischen Schichten mit bestimmten Eigenschaften, insbesondere als

α) Metallabscheidung an der Katode (Elektroplattieren), z. B. als Verkupfern, Vernickeln, Verchromen, Versilbern und Vergolden unedlerer Metalle bzw. von leitend gemachten Gegenständen (vorherige Aufbringung einer leitfähigen Schicht durch Graphitieren oder chemisches Metallisieren) bis hin zum Regenerieren von Werkzeugen bzw. Lagerstellen von Wellen.

β) Elektrolytische Erzeugung von Oxidschichten (Eloxieren) der Anode, z. B. Eloxalverfahren zur Erzeugung *el*ektrolytisch *ox*ydierten Aluminiums sowie Erzeugung von *Passivschichten*, z. B. Phosphatschichten u. a. zur Haftgrundverbesserung vor dem Lackieren sowie als Korrosionsschutz.

γ) Elektrophorese (Wanderung aufgeladener makroskopischer Teilchen durch eine Flüssigkeit unter Einfluß eines Feldes) zum Aufbringen von nichtmetallischen anorganischen oder organischen Schichten.

δ) Stromlose Metallabscheidung, auch auf Nichtleitern, z. B. bei Plastgalvanisierung und Leiterplattenherstellung.

ε) Elektrolytische Metallabtragung (vorzugsweise von der Anode) als elektrolytische Erosion auch Elysieren genannt, und zwar Polieren, Schleifen, Sägen usw.

Zu *α)*, dem Elektroplattieren sei noch folgendes ausgeführt: Maßgebend sind neben dem Elektrodenmaterial die angelegte Spannung, die Badtemperatur und vor allem die -zusammensetzung. Das Bad enthält neben einer wäßrigen Lösung des Salzes des abzuscheidenden Metalls Zusätze (Komplexbildner, Inhibitoren, Leitelektrolyten). Bezüglich der Anwendung sind die *Galvanostegie* (Schichtdicke meist unter 60 μm) und die *Galvanoplastik* (Schichtdicke meist über 60 μm) zu unterscheiden. Das Ziel der Galvanostegie besteht darin, durch die Beschichtung die Oberflächeneigenschaften unter dekorativen und vor allem unter funktionellen Gesichtspunkten wie Korrosions- und Verschleißfestigkeit, Lötbarkeit, elektrische Leitfähigkeit, minimale Rauhigkeit usw. zu verbessern. Die Galvanoplastik gestattet u. a. die Herstellung komplizierter Teile mit hoher Genauigkeit, z. B. für die Herstellung von Gieß-, Preß- und Spritzformen durch metallischen Überzug von Plastiken und teilweise auch anschließende Ablösung. Anwendungsgebiete sind u. a. die Schallplattenherstellung sowie die Herstellung von Hohlleitern und Streifenleitern in der Mikrowellentechnik.

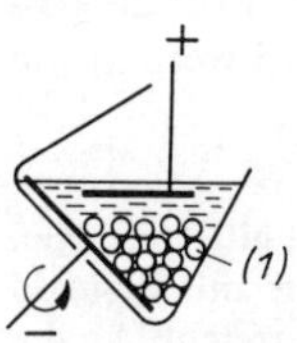

Bild 6.43
Prinzip einer rotierenden Galvanisierglocke für Massengüter (1)

Im *technologischen Ablauf* kann man in der Galvanotechnik unterscheiden:
- die Gestellgalvanisierung (Aufstecken großer und mittlerer Teile)
- die Massengalvanisierung (für Schütt- und Massengüter, s. Bild 6.43)
- das Durchzugsverfahren für Bänder und Drähte.

6.16.3. Elektrochemische Spannungsquellen

Grundlage der Wirkungsweise elektrochemischer Spannungsquellen sind die in den Abschnitten 6.16.1.1. und 6.16.1.2. beschriebenen Prinzipien.

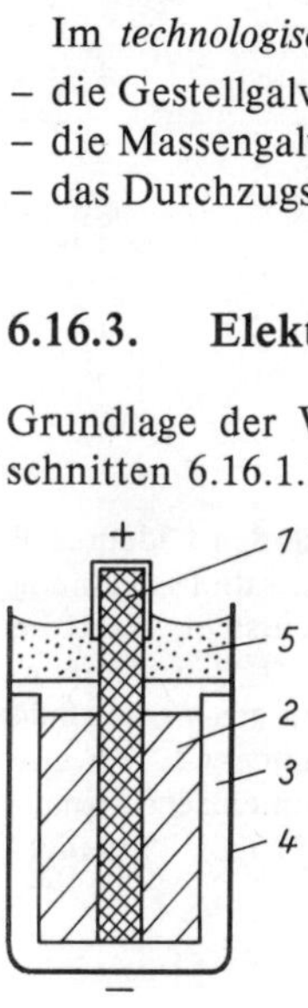

Bild 6.44
Leclanché-Element (schematisch)
1 Kohlestift (Stromableiter); *2* MnO_2-Depolarisatormasse (Katode); *3* Elektrolyt (wäßrige Ammoniumchlorid-Lösung mit Weizenmehl verdickt, daher Trockenelement); *4* Zinkbecher (Anode); *5* Vergußmasse für Abdichtung

a) Primärzellen

Sie enthalten Reaktionskomponenten nur in begrenzter Menge und sind nach deren Umsetzung unbrauchbar.

Am häufigsten wird die im Bild 6.44 dargestellte *Leclanché-Zelle (Trockenelement)* eingesetzt mit den Daten: Nennspannung 1,5 V, mittlere Entladungsspannung 1...1,2 V, 40–70 Wh/kg, Einsatzgebiet meist <1 A. Die Spannung sinkt – wie Bild 6.45 illustriert – mit zunehmender Entladung ab. Als entladen gelten die Zellen bei 0,9 V in Geräten bzw. 0,75 V bei Beleuchtung. Bei 0 °C liegt die Kapazität um etwa 50% unter der von 20 °C. Um Selbstentladung zu vermeiden, ist Lagerung im Kühlen zu empfehlen. Günstig für die Kapazität sind Entladungspausen:

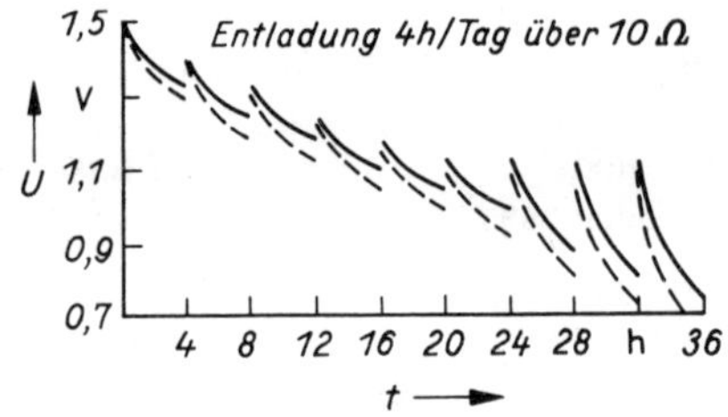

Bild 6.45. Spannung einer 1,5-V-Primärzelle als Funktion der Entladedauer frisch (-) und nach 6 Monaten Lagerung (---)

Vergleichbare Spannungswerte, aber zwei- bis dreimal höhere spezifische Energien besitzen kostenaufwendigere Primärelemente wie z. B. *Zink-Quecksilberoxid-* und *Zink-Silberoxid-Zellen,* die für Taschenrechner, Digitaluhren, Herzschrittmacher und ähnliches eingesetzt werden. *Normalelemente,* wie z. B. das *Weston-Normal-Element* ($U_0 = 1{,}018\,646$ V bei 20 °C) dienen als hochgenaue Vergleichsnormale für Präzisionsmessungen. Sie werden durch geeignete Kompensationsschaltungen ohne Strombelastung verwendet.

b) Sekundärzellen

Sekundärzellen (*Akkumulatoren,* Sammler) können nach der Entladung durch Zufuhr elektrischer Energie wieder regeneriert werden. Bei diesem wiederholbaren Ladeprozeß werden die Reaktionspartner erneut erzeugt (umkehrbare elektrochemische Reaktion).

Die größte Bedeutung besitzt nach wie vor der *Bleiakkumulator.*

Er besteht im geladenen Zustand aus zwei in 20–30%ige Schwefelsäure eintauchenden gitterförmigen Bleigerüsten, von denen das eine mit schwammförmigem Blei (−Elektrode), das andere mit Bleioxid ausgefüllt ist (+Elektrode). Durch diesen Aufbau werden große Elektrodenoberflächen erreicht. An der +Elektrode verläuft die Reaktion

$$PbO_2 + HSO_4^- + 3\,H^+ + 2e^- \underset{\text{Laden}}{\overset{\text{Entladen}}{\rightleftharpoons}} PbSO_4 + 2\,H_2O$$

und an der −Elektrode

$$Pb + HSO_4^- \underset{\text{Laden}}{\overset{\text{Entladen}}{\rightleftharpoons}} PbSO_4 + H^+ + 2e^- .$$

Die Gesamtreaktion ist

$$Pb + PbO_2 + 2\,H_2SO_4 \underset{\text{Laden}}{\overset{\text{Entladen}}{\rightleftharpoons}} 2\,PbSO_4 + 2\,H_2O + \text{Energie}.$$

Beim Entladen bildet sich also an beiden Elektroden eine Bleisulfatschicht. Die durch den Ladeprozeß erzeugte chemische Polarisation und damit auch die durch sie hervorgerufene Polarisationsspannung werden abgebaut. Da bei der Entladung Schwefelsäure verbraucht wird, und H_2O entsteht, sinkt die Dichte des Elektrolyts ab. Damit kann der Ladezustand über eine Dichtemessung (z. B. mit einem Schwimmkörper) kontrolliert werden. Näherungsweise läßt sich die Leerlaufspannung aus $U_0/V = 0{,}84 + \text{Säuredichte}/(\text{g/cm}^3)$ ermitteln. Bei geladenem Akkumulator ist die Leerlaufspannung etwa 2,1 V und die Säuredichte etwa 1,25 bis 1,28 g/cm³. Eine Spannung von 2,4 V, bei der das Gasen einsetzt (Knallgasentwicklung[1]), soll bei der Aufladung im Interesse der Kapazität und Lebensdauer möglichst nicht

[1] für Entlüftung sorgen!

überschritten werden. Oft sind 20 h Ladedauer günstig. Bei der Entladung sollte eine Spannung von 1,8 V bzw. Dichte von 1,14 g/cm³ nicht unterschritten werden (sonst Sulfatisierung).

Die *spezifische Kapazität* liegt z. Z. etwa bei 20 Ah/kg und die *spezifische Energie* etwa bei 35 Wh/kg.

Der *Amperestunden-Wirkungsgrad* ist 85–95%. Er kennzeichnet das Verhältnis von $\int_0^{t_0} i\,dt$ bei Ent- und Aufladung. Der *Wattstunden-Wirkungsgrad* (Energiewirkungsgrad) beträgt nur 75%.

Wesentliche *Anwendungsgebiete* sind

Starterakkus für Kfz: 6 V, 12 V (bis 200 Ah)
Akkus für Traktionszwecke: 24...112 V (bis 1200 Ah) für Elektrokarren bzw. -autos, U-Boote usw.
ortsfeste Akkus für Notstromanlagen: ...110 V... (bis 9000 Ah), z. B. für Kinos, Fernmeldewesen, BMSR-Technik usw.
Kleinstakkus: 2...6 V (bis 7,5 Ah), z. B. für Lampen, Blitzlicht usw.

Nickel-Cadmium-Akkumulatoren besitzen gegenüber Bleiakkumulatoren u. a. Vorteile bezüglich der Wartung, einer konstanten Entladungsspannung (1,2 V) sowie der Möglichkeit der hermetischen (gasdichten) Ausführung und Nachteile u. a. bezüglich des Preises.

Als Einsatzgebiete sind u. a. tragbare elektronische Geräte (Taschenrechner, Meßgeräte, Schwerhörigengeräte, Sprechfunkgeräte usw.) und wie auch bei Bleiakkumulatoren der Pufferbetrieb zu nennen. Beim Pufferbetrieb werden die Akkumulatoren durch Anschluß an eine Gleichspannungsversorgung zeitweise wieder aufgeladen. Sie treten unter besonderen Bedingungen wie bei Netzausfall in Krankenhäusern oder nachts (bei Solarzellen, u. a. für Weltraumanwendungen) als Energiequelle in Aktion.

c) Brennstoffzellen

Sie zeichnen sich dadurch aus, daß die Reaktionskomponenten den beiden Elektroden getrennt und kontinuierlich zugeführt und dort elektrochemisch umgesetzt werden. Demnach ist keine elektrische Regenerierung erforderlich. Als Beispiel sei die Brennstoffzelle im Bild 6.46 genannt. Sie nutzt die bei der Bildung von Wasser aus Wasserstoff und Sauerstoff freiwerdende Energie aus. Im Gegensatz zur Knallgasexplosion, bei der die Energie als Wärme freigesetzt wird, ermöglicht die dosierte („kalte") Verbrennung die Erzeugung elektrischer Energie. Brennstoffzellen kommen auch für große Leistungen in Frage. Ihre Entwicklung ist noch im Fluß (vor allem Katalysatorwirkung der porösen Elektroden).

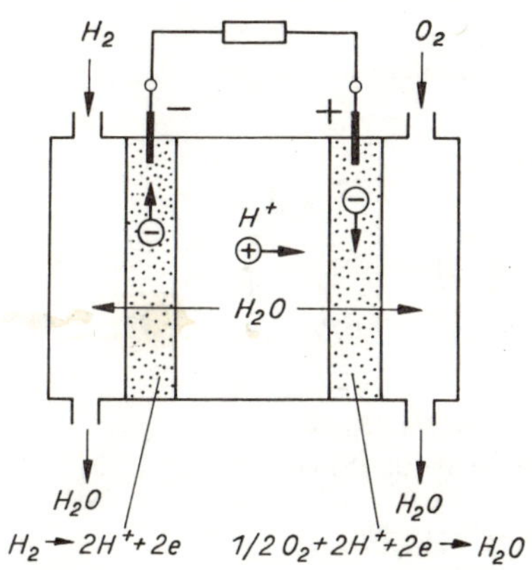

Bild 6.46. Brennstoffzelle (Beispiel): Elektroden porös. Am Minuspol Oxydation des Brennstoffs H_2 (Elektronenabgabe an die Elektrode), am Pluspol Reduktion des Oxydationsmittels O_2 (Aufnahme von Elektronen von der Elektrode). Elektrolyt (z. B. H_2SO_4) übernimmt Stromtransport durch H^+-Ionen

6.16.4. Korrosion und Korrosionsschutz

Korrosion (lat. corrodere – zernagen) ist eine von den Oberflächen ausgehende unerwünschte Zerstörung von (metallischen) Werkstoffen durch elektrochemische Vorgänge. Bei guten Leitern spielen elektrochemische Vorgänge eine entscheidende Rolle für die Korrosion (Bild 6.47), aber auch für den Korrosionsschutz. Als Elektrolyt wirken oft Feuchtigkeit und

Schmutz. Besonders gefördert werden kann die Korrosion in feuchten Medien (z. B. Erdreich) durch vagabundierende Gleichströme in der Nähe elektrischer Anlagen (z. B. Straßenbahnschienen). Sie können zur Zerstörung von Gas- und Wasserleitungen, Kabeln usw. führen.

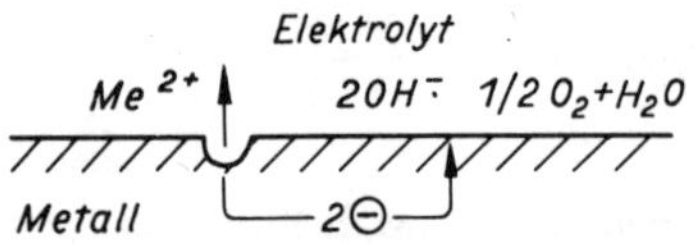

Bild 6.47. Beispiel für elektrochemische Korrosion einer Metalloberfläche: Im Gegensatz zur chemischen Korrosion ist das Auftreten freier Ladungen charakteristisch, Elektronenerzeugung und -verbrauch sind räumlich getrennt; im Beispiel erfolgt die Ionenleitung durch Metallionen Me^{2+} und OH^--Ionen von Wasser

Falls unterschiedliche Metalle bzw. Leiter leitend verbunden sind, z. B. auch über Wasserfilme oder über feuchtes Erdreich, entsteht ein unerwünschtes *Primärelement (Korrosionselement).* Am unedlen Material (s. Spannungsreihe im Abschn. 6.16.1.2.) bildet sich der Minuspol (Lösungsanode) aus. Dort gehen positive Ionen in Lösung (s. Bild 6.48).

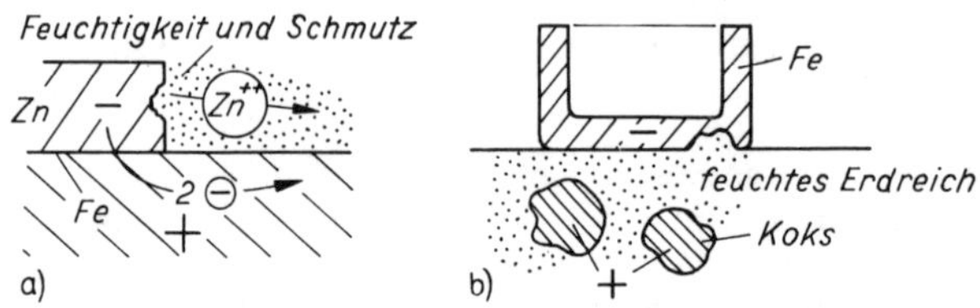

Bild 6.48. Unerwünschte korrosionsfördernde Primärelemente durch leitende Verbindung verschiedener Leiter

a) Zn korrodiert; b) Fe korrodiert

Schutzmaßnahmen gegen die Korrosion sind u. a.

a) Überzug mit isolierenden Oberflächenschichten (Farbe, Oxydieren, z. B. durch anodische Oxydation in Elektrolyten (Eloxieren) oder auch andere Beschichtungsverfahren in Elektrolyten (Phosphatieren, Chromatieren, Oxalatieren), Zerlegung metallischer Leitungen, Schienen, Rohre usw. in isolierte Abschnitte (z. B. durch Isoliermuffen))

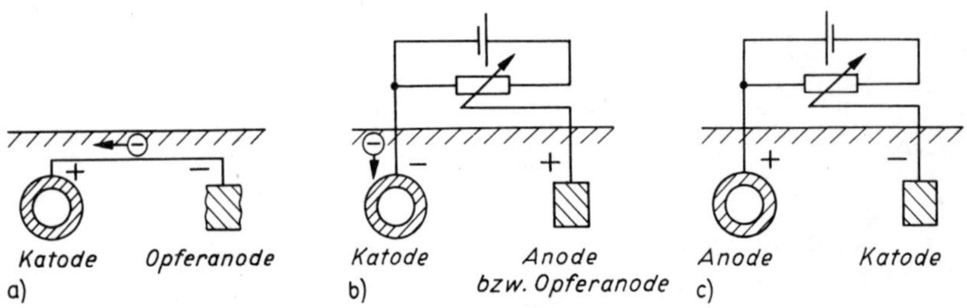

Bild 6.49. Elektrochemischer Korrosionsschutz eines Rohres in einem feuchten Medium

a) katodischer Schutz durch eine sich auflösende Opferanode aus unedlerem Metall; b) katodischer Schutz mit Fremdstromzuführung (durch gute Isolation des Schutzobjektes geringe Stromdichten, z. B. 0,5 mA/m²); c) anodischer Schutz mit Fremdstromzuführung (Schutzobjekt im sogenannten Passivbereich)

b) Überzug mit metallischen Schutzschichten aus unedlerem Material (z. B. Verchromen, Vernickeln als hermetischer Abschluß von Eisen gegen Elektrolyte mit Gefahr der Unterrostung bei Defekten)
c) Opferanodenverfahren (katodischer Korrosionsschutz, s. Bild 6.49a) ohne Fremdstrom
d) Fremdstromverfahren (katodischer oder anodischer Korrosionsschutz, s. Bild 6.49b/c)

b) und c) beruhen darauf, daß man die zur Korrosion führende Stromrichtung umkehrt. c) wird zunehmend eingesetzt, z. B. für erdverlegte Gas- und sonstige metallische Leitungen sowie zum Schutz von Schiffen vor Korrosion.

7. Magnetische und elektromagnetische Felder

7.1. Grundlagen der Berechnung magnetischer Feldgrößen

Wir stellen zunächst – aufbauend vor allem auf den Maxwellschen Gleichungen (Abschnitt 6.1.) – noch einmal einige grundlegende Eigenschaften magnetischer Felder überblicksmäßig zusammen:

1. Magnetische Felder äußern sich in Kraftwirkungen auf bewegte Ladungen und Konvektionsströme sowie ferromagnetische Materialien (s. Abschn. 1.8.2.).

2. Die magnetischen Flußdichtelinien sind entsprechend

$$\oint \boldsymbol{B}\,\mathrm{d}\boldsymbol{A} = 0 \tag{7.1}$$

stets geschlossen, d. h., es existieren keine Quellen und Senken von $\boldsymbol{B}$-Linien (Bild 7.1a) und damit keine magnetischen Einzelpole (Monopole). Beim Zerbrechen eines Permanentmagneten bildet sich stets wieder ein magnetischer Nord- und ein Südpol aus.

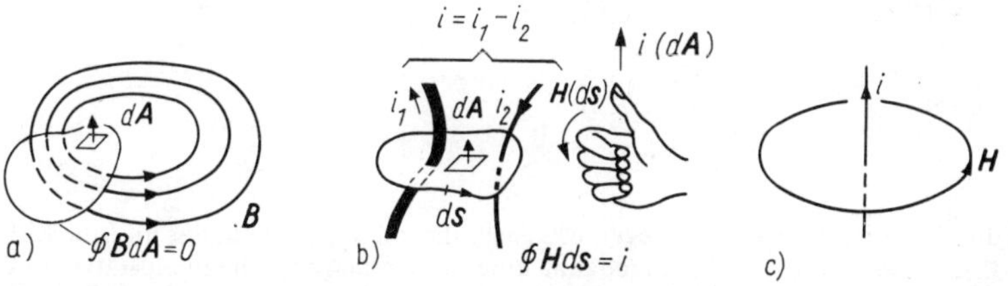

Bild 7.1.

a) Quellenfreiheit von B; b) Rechtsschraubenregel für Zuordnung von d$\boldsymbol{s}$ und d$\boldsymbol{A}$ bzw. positiver Zählrichtung von i und $\boldsymbol{H}$; c) Erläuterung des Durchflutungsgesetzes am Beispiel eines geraden Leiters (eine ausgewählte Feldlinie)

Zahlenbeispiel: $B \approx 1\ \mathrm{Vs/m^2} = 1\ \mathrm{T}$ (T – Tesla) für ein starkes Magnetfeld, $B \approx 5 \cdot 10^{-5}$ T beim Erdmagnetfeld in Luft.

3. Ein Konvektions- und/oder Verschiebungsstrom $i = \int \boldsymbol{S}\,\mathrm{d}\boldsymbol{A}$ mit $\boldsymbol{S} = \int \mathrm{d}\varrho\boldsymbol{v} + \varepsilon\partial\boldsymbol{D}/\partial t$ wird von einem Magnetfeld der magnetischen Feldstärke $\boldsymbol{H}$ umwirbelt.

$$\oint \boldsymbol{H}\,\mathrm{d}\boldsymbol{s} = i \quad \text{Durchflutungsgesetz.} \tag{7.2}$$

i ist der Strom, der den geschlossenen Integrationsweg durchflutet. Man nennt i deshalb auch

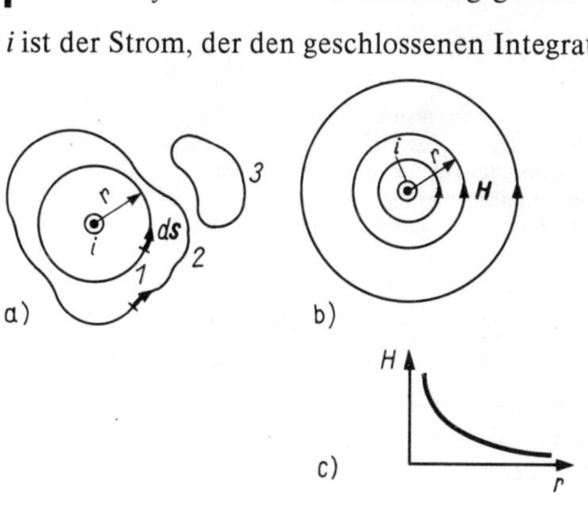

Bild 7.2. Magnetfeldberechnung für einen geraden Leiter

a) einige mögliche Integrationswege; b) Feldlinien in einer Ebene senkrecht zum Leiter; c) Feldstärke H als Funktion des Abstandes von der Leiterachse

Durchflutung. Für die Zuordnung der positiven Zählrichtung von d$\boldsymbol{A}$ (bzw. i) und d$\boldsymbol{s}$ (bzw. $\boldsymbol{H}$), d. h. der Umlaufrichtung des Linienintegrals ist die Rechtsschraubenregel anzuwenden (Bild 7.1b/c).

Beispiel: Magnetfeld eines geraden Leiters (Bilder 7.1c, 7.2)

Auf den Wegen *1* und *2* folgt $\oint \boldsymbol{H}\,d\boldsymbol{s} = i$. Vom Weg *3* wird kein Strom umfaßt, also ist $\oint \boldsymbol{H}\,d\boldsymbol{s} = 0$. Entsprechend der Zylindersymmetrie der Anordnung müssen die $\boldsymbol{H}$-Linien konzentrische Kreise sein. Demzufolge ist es vorteilhaft, Weg *1* für die $\boldsymbol{H}$-Berechnung auszuwählen, auf dem $\boldsymbol{H}$ an jedem Punkt parallel zu d$\boldsymbol{s}$ und konstant ist

$$\oint \boldsymbol{H}\,d\boldsymbol{s} = \oint \boldsymbol{H} \cos(\boldsymbol{H}, d\boldsymbol{s})\,ds = \oint H\,ds = H \oint ds = H\,2\pi r$$

$$H = i/2\pi r \tag{7.3}$$

H nimmt mit wachsendem Abstand r vom Leiter ab.

Zahlenbeispiel:

$$i = 15\ \text{A}, \qquad r = 1\ \text{m}, \qquad H = 0{,}16\ \text{A/m}.$$

Beispiel: Magnetfeld einer langen zylindrischen Spule (Bild 7.3)

Als resultierendes Magnetfeld aller w Windungen (Bild 7.3a) entsteht entsprechend Bild 7.3b ein näherungsweise homogenes Feld im Spuleninneren und ein sehr kleines – bei der Berechnung vernachlässigbares – Feld außerhalb der Spule. Zweckmäßigerweise wählt man den Integrationsweg *1*, der bei w Windungen den Strom wi umfaßt, d. h.

$$wi = \oint \boldsymbol{H}\,d\boldsymbol{s} = \oint_A^B \boldsymbol{H}\,d\boldsymbol{s} + \oint_B^A \boldsymbol{H}\,d\boldsymbol{s} = Hl + 0$$

$$H = iw/l. \tag{7.4}$$

w Windungszahl
l Spulenlänge

Die Richtung von $\boldsymbol{H}$ ist durch die Rechtsschraubenregel festgelegt, die bei der Spule in der im Bild 7.3b angegebenen Weise modifiziert werden kann. Zur Erzeugung einer hohen magnetischen Feldstärke muß demnach eine hohe Stromstärke und/oder eine hohe Windungszahl je Längeneinheit gewählt werden. Wickelt man den Draht auf einen Eisenkern der Permeabilität μ, so ändert sich H nicht. B steigt aber von $B = \mu_0 iw/l$ auf $B = \mu iw/l$ an (Näherung).

Die Fläche, an der die $\boldsymbol{B}$-Linien aus der Spule oder aus einem Permanentmagneten austreten, nennt man Nordpol (N), und die, in die sie eintreten, Südpol (S); s. z. B. Bild 7.3.

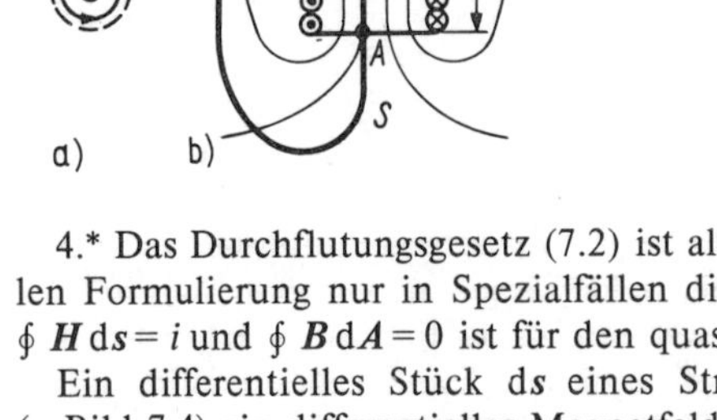

Bild 7.3.
a) Entstehung eines resultierenden H-Feldes (gestrichelt) durch Überlagerung der Felder einzelner Windungen (Prinzip!); b) homogenes Feld im Inneren einer langen Spule (Durchmesser ≪ Länge) mit Angabe von Nord- und Südpol

4.* Das Durchflutungsgesetz (7.2) ist allgemeingültig, ermöglicht aber in der o. g. integralen Formulierung nur in Spezialfällen die $\boldsymbol{H}$-Berechnung bei vorgegebenem $\boldsymbol{S}$ bzw. i. Aus $\oint \boldsymbol{H}\,d\boldsymbol{s} = i$ und $\oint \boldsymbol{B}\,d\boldsymbol{A} = 0$ ist für den quasistationären Fall folgende Aussage ableitbar:

Ein differentielles Stück d$\boldsymbol{s}$ eines Stromfadens der Stärke i erzeugt im Abstand $|\boldsymbol{r}|$ (s. Bild 7.4) ein differentielles Magnetfeld der Stärke

$$\mathrm{d}\boldsymbol{H} = i\,(\mathrm{d}\boldsymbol{s} \times \boldsymbol{r})/4\pi r^3. \tag{7.5}$$

$\mathrm{d}\boldsymbol{H}$ tritt im Bild 7.4 nach der Dreifinger-Regel senkrecht in die Zeichenebene. Berücksichtigt man den gesamten (wegen $\oint \boldsymbol{S}\,\mathrm{d}\boldsymbol{A} = 0$ in sich geschlossenen) Stromfaden, so entsteht das *Biot-Savartsche Gesetz*[1])

$$\boldsymbol{H} = \frac{i}{4\pi} \oint \frac{\mathrm{d}\boldsymbol{s} \times \boldsymbol{r}}{r^3} \quad \text{bzw.} \quad H = \frac{i}{4\pi} \oint \frac{\sin(\mathrm{d}\boldsymbol{s}, \boldsymbol{r})\,\mathrm{d}s}{r^2}. \tag{7.6}$$

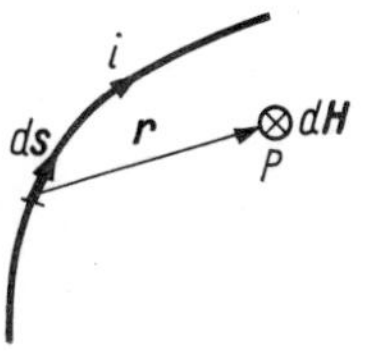

Bild 7.4. Zur Anwendung des Gesetzes von Biot-Savart für Stromfäden

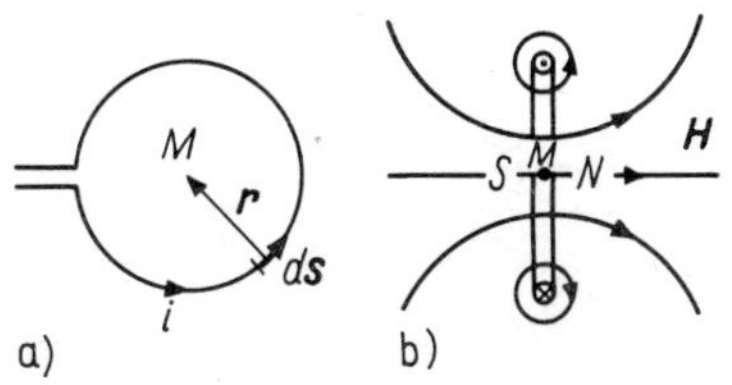

Bild 7.5. Magnetfeld bei kreisförmigen Stromfäden

a) Berechnung von H im Mittelpunkt M mit dem Gesetz von Biot-Savart; b) Magnetfeld des Kreisstromes (Beispiel einer magnetischen Doppelschicht mit verschwindendem Abstand von Nord- und Südpol)

Bewegt sich eine differentielle Ladungsmenge $\mathrm{d}Q$ mit der Geschwindigkeit $\boldsymbol{v}$, so kann das als differentielles Element $\mathrm{d}\boldsymbol{s}$ eines Konvektionsstromes i aufgefaßt werden: Aus $\mathrm{d}Q = i\,\mathrm{d}t$ und $\boldsymbol{v} = \mathrm{d}\boldsymbol{s}/\mathrm{d}t$ folgt $\mathrm{d}Q\boldsymbol{v} = i\,\mathrm{d}\boldsymbol{s}$ und damit (bei längs $\mathrm{d}\boldsymbol{s}$ vernachlässigbarem) Verschiebungsstrom

$$\boldsymbol{H} = \frac{1}{4\pi} \oint \frac{(\boldsymbol{v} \times \boldsymbol{r})\,\mathrm{d}Q}{r^3} \quad \text{bzw.} \quad \boldsymbol{H} = \frac{1}{4\pi} \oint \frac{v \sin(\boldsymbol{v}, \boldsymbol{r})\,\mathrm{d}Q}{r^2} \tag{7.7}$$

*Beispiel: **H**-Berechnung im Mittelpunkt M eines Kreisstroms* (Bild 7.5)

Da $\mathrm{d}\boldsymbol{s}$ senkrecht auf $\boldsymbol{r}$ steht, ergibt sich

$$H = \frac{i}{4\pi} \oint \frac{r \sin 90^\circ\,\mathrm{d}s}{r^3} = \frac{i}{4\pi r^2} \oint \mathrm{d}s = \frac{i}{4\pi r^2}\, 2\pi r = \frac{i}{2r}. \tag{7.8}$$

Bei der $\boldsymbol{H}$-Berechnung außerhalb der Symmetrieachse müssen die Teilbeträge zu $\boldsymbol{H}$ entsprechend Gl. (7.7) vektoriell überlagert werden.

5. Magnetische Flußdichte $\boldsymbol{B}$ und magnetische Feldstärke $\boldsymbol{H}$ sind über den material- und bei ferromagnetischen Stoffen auch feldstärkeabhängigen Faktor μ, die Permeabilität miteinander verknüpft (s. auch Abschn. 1.8.2.):

$$\boldsymbol{B} = \mu \boldsymbol{H} \quad \text{mit} \quad \mu = \mu_r \mu_0 \quad \text{und} \quad \mu_0 = 4\pi \cdot 10^{-7}\,\mathrm{V \cdot s/(A \cdot m)}. \tag{7.9}$$

Wegen $\oint \boldsymbol{B}\,\mathrm{d}\boldsymbol{A} = 0$ und $\boldsymbol{H} = \boldsymbol{B}/\mu$ gilt für ortskonstantes μ $\oint \boldsymbol{H}\,\mathrm{d}\boldsymbol{A} = 0$, d. h., auch $\boldsymbol{H}$ ist in diesem Spezialfall quellenfrei.

6. Ein zeitlich veränderliches Magnetfeld $\boldsymbol{B}$ wird von einem elektrischen Feld $\boldsymbol{E}$ umwirbelt (s. auch die Abschnitte 1.8.1. und 7.7.)

$$\oint \boldsymbol{E}\,\mathrm{d}\boldsymbol{s} = -\int \frac{\partial \boldsymbol{B}}{\partial t}\,\mathrm{d}\boldsymbol{A} = -\frac{\mathrm{d}\Phi}{\mathrm{d}t} \quad \text{Induktionsgesetz.} \tag{7.10}$$

7. Aus $\oint \boldsymbol{B}\,\mathrm{d}\boldsymbol{A} = 0$ und $\oint \boldsymbol{H}\,\mathrm{d}\boldsymbol{s} = i$ ergibt sich in analoger Weise wie im Abschnitt 6.3. die *Stetigkeit der Normalkomponente von **B** und der Tangentialkomponente von **H** an der Grenzfläche zweier Medien 1 und 2,* d. h.

[1]) *Jean Baptiste Biot,* französischer Physiker, 1774–1862
Félix Savart, französischer Arzt und Physiker, 1791–1841

$$B_{n1} = B_{n2} \qquad H_{t1} = H_{t2}$$[2] (7.11)

und damit das *Brechungsgesetz* für magnetische Feldlinien (s. auch Bild 7.6):

$$\frac{\tan\alpha_1}{\tan\alpha_2} = \frac{H_{t1}/H_{n1}}{H_{t2}/H_{n2}} = \frac{B_{t1}/B_{n1}}{B_{t2}/B_{n2}} = \frac{\mu_1}{\mu_2} \quad \text{bzw.} \quad \frac{\tan\alpha_1}{\tan\alpha_2} = \frac{\mu_1}{\mu_2} = \frac{H_{n2}}{H_{n1}} = \frac{B_{t1}}{B_{t2}}. \tag{7.12}$$

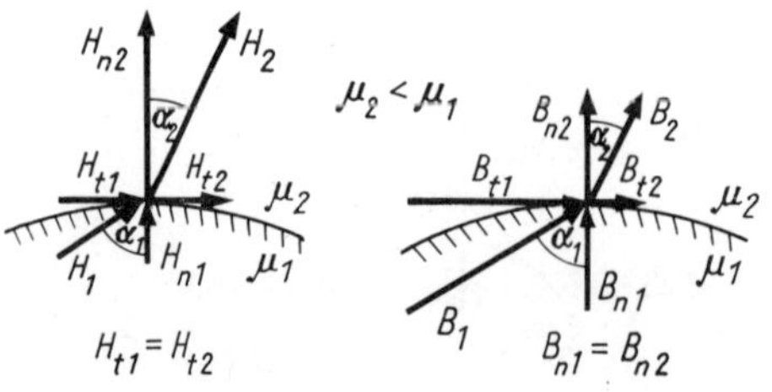

Bild 7.6. Brechungsgesetz an der Grenzfläche zweier Medien unterschiedlicher Permeabilität (Darstellung für $\mu_2 < \mu_1$)

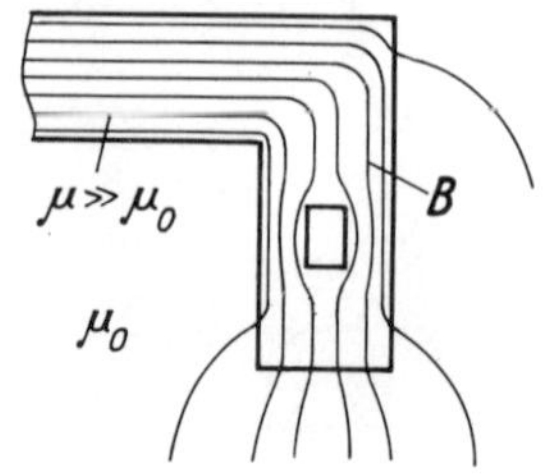

Bild 7.7. Beispiel für den Feldverlauf an der Grenzfläche Eisen-Luft: Eisen führt die B-Linien und kann abschirmend wirken

Beispiel: Feldbild an der Grenzfläche Eisen–Luft

Anhand des Bildes 7.7 kann man das Verhalten von $\boldsymbol{B}$ an der Grenzfläche zwischen ferromagnetischem Material (für $\mu_{r1} \gg 1$) und Luft ($\mu_{r2} = 1$) studieren. Treffen $\boldsymbol{B}$-Linien im Ferromagneten schräg, d. h. im Winkel $0 < \alpha_1 < \pi/2$ auf die Grenzfläche, so treten sie in Luft wegen $\tan\alpha_2 = \tan\alpha_1/\mu_{r1} \approx 0$ immer nahezu senkrecht zur Grenzfläche aus. Laufen $\boldsymbol{B}$-Linien senkrecht auf eine Grenzfläche, so treten sie auch senkrecht mit gleicher Dichte aus. Laufen sie parallel zur Grenzfläche, so ist wegen $H_{t1} = B_{t1}/\mu_1 = H_{t2} = B_{t2}/\mu_2$ B im Ferromagneten sehr viel höher als in Luft. Ferromagnetische Materialien führen den magnetischen Fluß. Sie „saugen" die Feldlinien an und können das Feld in Luft abschirmen. Dieses Verhalten ist u. a. für die Gestaltung elektrischer Motoren und Generatoren von Bedeutung, z. B. Schirmwirkung in Nuten des ferromagnetischen Materials (in denen Wicklungen eingebettet sind).

7.2. Magnetischer Fluß und Spannungsabfall

Der *magnetische Fluß* Φ durch eine Fläche A wird durch

$$\Phi = \int \boldsymbol{B}\,\mathrm{d}\boldsymbol{A} \qquad [\Phi] = \mathrm{V\cdot s} \tag{7.13}$$

definiert. Für eine senkrecht von einem homogenen Feld durchsetzte Fläche A ist $\Phi = BA$ (Bild 7.8a, b). In analoger Weise, wie sich aus $\oint \boldsymbol{S}\,\mathrm{d}\boldsymbol{A} = 0$ der Knotensatz $\sum_\mu i_\mu = 0$ ergibt (s. Abschn. 6.2.), folgt aus

$$\oint \boldsymbol{B}\,\mathrm{d}\boldsymbol{A} = \boldsymbol{0} \qquad \sum_\mu \Phi_\mu = 0 \quad \text{magnetischer Knotensatz.} \tag{7.14}$$

Die algebraische Summe der magnetischen Flüsse durch eine Hüllfläche verschwindet.

Ein Beispiel zeigt Bild 7.8c. Der magnetische Fluß Φ in magnetischen Anordnungen entspricht also dem Strom i in elektrischen Stromkreisen. Die elektrische Spannung zwischen zwei Punkten ν und $\nu+1$ im Raum war durch $u_{\nu,\nu+1} = \int_\nu^{\nu+1} \boldsymbol{E}\,\mathrm{d}\boldsymbol{s}$ definiert worden. Demnach liegt es nahe, als *magnetische Spannung* $V_{\nu,\nu+1}$ (abgekürzt V_ν) zu definieren

$$V_\nu = V_{\nu,\nu+1} = \int_\nu^{\nu+1} \boldsymbol{H}\,\mathrm{d}\boldsymbol{s} \qquad [V] = \mathrm{A}. \tag{7.15}$$

[2] Voraussetzung: Kein flächenhafter Strom an der Grenzfläche

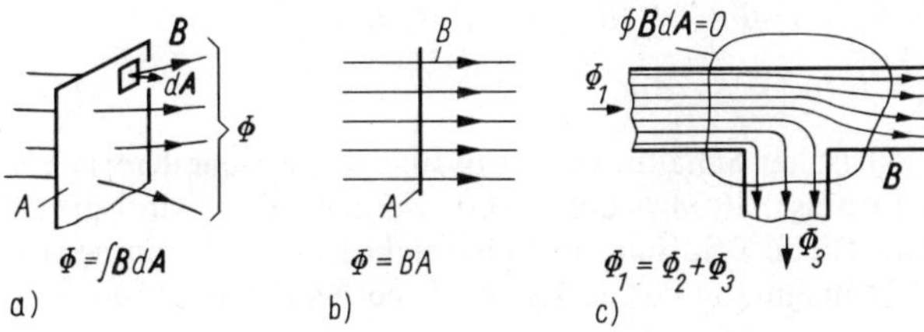

Bild 7.8. Magnetischer Fluß

a) Definition; b) Berechnung bei homogenem Feld; c) Beispiel zur magnetischen-Knotengleichung

Dabei ist im allgemeinen Fall der Integrationsweg vorzugeben. Zerlegt man den geschlossenen Integrationsweg im Durchflutungsgesetz in n Teilabschnitte (s. z. B. Bild 7.9), so ergibt sich

$$i = \oint \boldsymbol{H} \,\mathrm{d}\boldsymbol{s} = \int_1^2 \boldsymbol{H} \,\mathrm{d}\boldsymbol{s} + \int_2^3 \boldsymbol{H} \,\mathrm{d}\boldsymbol{s} + \ldots \int_\nu^{\nu+1} \boldsymbol{H} \,\mathrm{d}\boldsymbol{s} + \ldots + \int_n^1 \boldsymbol{H} \,\mathrm{d}\boldsymbol{s}$$

$$= V_1 + V_2 + \ldots + V_\nu + \ldots + V_\mathrm{n}$$

bzw.

$$\oint \boldsymbol{H} \,\mathrm{d}\boldsymbol{s} = i, \quad \sum_{\nu=1}^{n} V_\nu = i \quad \text{magnetischer Maschensatz.} \tag{7.16}$$

i, der Gesamtstrom, der die vom Integrationsweg umfaßte Fläche durchflutet, setzt sich häufig aus mehreren Einzelströmen zusammen. Läuft der Integrationsweg durch das Innere von m Spulen mit jeweils w_μ Windungen, so ist $i = \sum_{\mu=1}^{m} w_\mu i_\mu$. Man definiert als Amperewindungszahl bzw. Durchflutung (früher auch ***magnetomotorische Kraft*** (MMK))

$$\Theta_\mu = w_\mu i_\mu. \tag{7.17}$$

Damit lautet der magnetische Maschensatz auch

$$\sum_{\nu=1}^{n} V_\nu = \sum_{\mu=1}^{m} \Theta_\mu, \tag{7.18}$$

d. h. *algebraische Summe der magnetischen Spannungsabfälle = algebraische Summe der Durchflutungen oder MMK.* Ströme, deren positive Zählrichtung nicht der Rechtsschraubenregel genügt, sind mit negativen Vorzeichen einzusetzen (s. z. B. Bild 7.9).

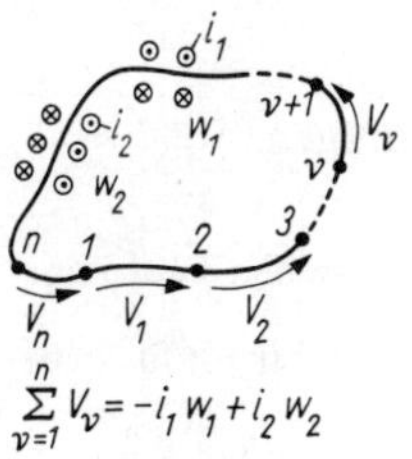

Bild 7.9. Magnetische Maschengleichung (Durchflutungsgesetz) dargestellt am Beispiel zweier Spulen mit $w_1 = 2$ und $w_2 = 3$

Nach der Einführung der magnetischen Flußgröße Φ ($\triangleq i$) und des magnetischen Spannungsabfalls V ($\triangleq u$) liegt es nahe, ein Analogon zum elektrischen Widerstand $R = U/I$ zu definieren. Man nennt deshalb den Quotienten

$$R_\mathrm{m} = V/\Phi \quad \text{magnetischer Widerstand} \quad [R_\mathrm{m}] = \mathrm{A/(V \cdot s)}. \tag{7.19}$$

Für homogenes Magnetfeld folgt aus $\boldsymbol{R}_\mathrm{m} = V/\Phi = Hl/(BA)$ mit $B = \mu H$ die

$$\text{Bemessungsgleichung } R_\mathrm{m} = l/(\mu A) \quad \text{(s. Bild 7.10).} \tag{7.20}$$

Analog zur Netzwerkbeschreibung elektrischer Schaltungen kann für magnetische Kreise ein Netzwerk, d. h. eine magnetische Ersatzschaltung, eingeführt werden. Das wird durch Bild 7.11 erläutert, wobei die unterschiedliche Zählrichtung beim elektrischen Spannungsabfall an Spannungsquellen sowie bei der magnetomotorischen Kraft zu beachten ist.

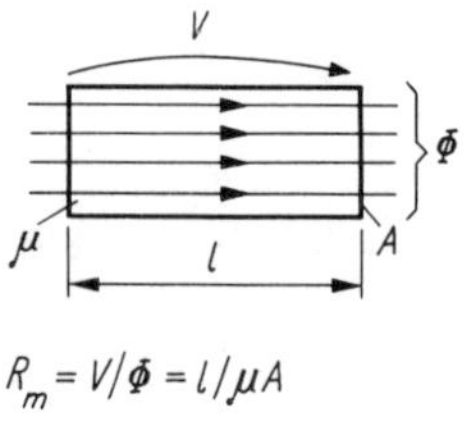

Bild 7.10. Zur Bemessungsgleichung eines magnetischen Widerstandes bei homogenem Feld

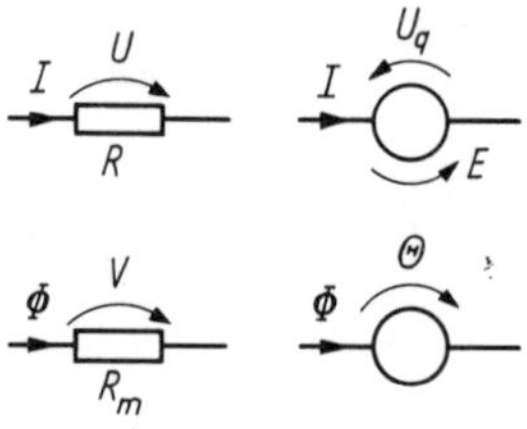

Bild 7.11. Analogie von Netzwerkelementen beim Gleichstromkreis sowie magnetostatischem Kreis

Hinweis:* Diese Zählpfeilzuordnung bei der MMK entspricht übrigens der, die bei Einführung von Urspannungen (elektromotorischer Kräfte (EMK)) e_μ sowie der Formulierung des elektrischen Maschensatzes in der Form $\sum_\nu u_\nu = \sum_\mu e_\mu$ auftritt.

Zusammenfassend stellen wir fest, daß zwei ineinander überführbare Varianten bei der Berechnung magnetischer Kreise bei Gleichstromerregung zu unterscheiden sind.

a) *Netzwerkberechnung* auf der Grundlage von

$$\sum_\mu \Phi_\mu = 0 \qquad \sum_\nu V_\nu = \sum_\mu \Theta_\mu \qquad V_\nu = R_{\mathrm{m}\nu}\Phi_\mu. \tag{7.21}$$

Sie ermöglicht auch die Anwendung von Methoden, wie sie bei elektrischen Netzwerken abgeleitet wurden, z. B. Ersatzwiderstand einer Reihenschaltung $R_\mathrm{m} = \sum_\nu R_{\mathrm{m}\nu}$ sowie einer Parallelschaltung $1/R_\mathrm{m} = \sum_\nu 1/R_{\mathrm{m}\nu}$. Für ferromagnetisches Material muß bei genauer Analyse mit nichtlinearem R_m gerechnet werden.

b) *Feldberechnung* auf der Grundlage von

$$\oint \boldsymbol{B}\,\mathrm{d}\boldsymbol{A} = 0 \qquad \oint \boldsymbol{H}\,\mathrm{d}\boldsymbol{s} = \sum_\mu i_\mu w_\mu \qquad \boldsymbol{B} = \mu\boldsymbol{H}. \tag{7.22}$$

Für $\partial\boldsymbol{B}/\partial t \neq 0$ ist u. a. noch das Induktionsgesetz zusätzlich zu berücksichtigen.

Hinweis:* Wie oben bereits erwähnt, ist die magnetische Spannung $V_\mathrm{AB} = \int_\mathrm{A}^\mathrm{B} \boldsymbol{H}\,\mathrm{d}\boldsymbol{s}$ zwischen zwei Punkten A und B im allgemeinen vom Integrationsweg abhängig. Nur im Spezialfall $\oint \boldsymbol{H}\,\mathrm{d}\boldsymbol{s} = 0$ gilt für beliebige Integrationswege $\int_{\mathrm{A\,(Weg\,1)}}^\mathrm{B} \boldsymbol{H}\,\mathrm{d}\boldsymbol{s} + \int_{B\,(Weg\,2)}^{A} \boldsymbol{H}\,\mathrm{d}\boldsymbol{s} = \boldsymbol{0}$, d. h. $\int_{\mathrm{A\,(Weg\,1)}}^\mathrm{B} \boldsymbol{H}\,\mathrm{d}\boldsymbol{s} = \int_{A\,(Weg\,2)}^{B} \boldsymbol{H}\,\mathrm{d}\boldsymbol{s}$, so daß V_AB nicht vom Weg abhängt. Man definiert analog zum elektrischen Potential das *magnetische Potential*

$$\psi_\mathrm{A} = \psi_\mathrm{B} + \int_\mathrm{A}^\mathrm{B} \boldsymbol{H}\,\mathrm{d}\boldsymbol{s}. \tag{7.23}$$

Das Vektorfeld $\boldsymbol{H}(\boldsymbol{r}, t)$ kann also bei Wirbelfreiheit auch durch das Potentialfeld $\psi(\boldsymbol{r}, t)$ beschrieben werden. Analog zu $\boldsymbol{E} = -\boldsymbol{n}\,\mathrm{d}\varphi/\mathrm{d}n$ (s. Abschn. 1.4.1.) kann $\boldsymbol{H} = -\boldsymbol{n}\,\mathrm{d}\psi/\mathrm{d}n$ abgeleitet werden. Daraus, aus $\oint \boldsymbol{B}\,\mathrm{d}\boldsymbol{A} = 0$ sowie $\boldsymbol{B} = \mu\boldsymbol{H}$ kann für ortsunabhängiges μ mit dem Satz von *Gauß* die Gültigkeit der *Laplace-Gleichung* für V nachgewiesen werden. Sie lautet bei kartesischen Koordinaten

$$\frac{\partial^2 V}{\partial x^2} + \frac{\partial^2 V}{\partial y^2} + \frac{\partial^2 V}{\partial z^2} = 0. \tag{7.24}$$

Beispiel: Netzwerkberechnung eines magnetischen Kreises mit Luftspalt (Bild 7.12 a)

Diese Anordnung kann z. B. eine Spule oder einen Elektromagneten repräsentieren. Die Berechnung erfolgt mit der magnetischen Knoten- und Maschengleichung sowie der V-Φ-Relation der „magnetischen Bauelemente". Dazu empfiehlt es sich, eine Ersatzschaltung zu zeichnen (Bild 7.12 b). Daraus ist

$$\Theta = iw = V_e + V_l, \qquad V_e = \Phi R_{me}, \qquad V_l = \Phi\, R_{ml}$$

ablesbar. Nach Elimination von V_e und V_l folgt

$$\Phi = iw/R_m \tag{7.25}$$

mit

$$R_m = R_{ml} + R_{me} \quad \text{sowie} \quad R_{me} = l_e/(\mu_e A), \qquad R_{ml} = l_l/(\mu_0 A). \tag{7.26}$$

Φ ist um so größer, je kleiner der Luftspalt l_l ist.

Damit können auch die Feldgrößen $B = \Phi/A$ sowie $H_e = B/\mu \ll H_l = B/\mu_0$ abgeleitet werden (s. auch Bild 7.12 c), falls μ bekannt ist sowie nach Gl. (1.99) die Selbstinduktivität $L = w^2/R_m$.

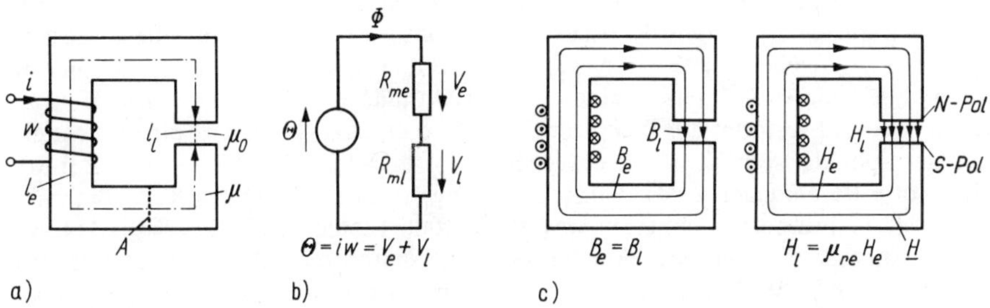

Bild 7.12. Eisenkreis mit Luftspalt

a) Aufbau; b) Ersatzschaltung; c) idealisierte Feldbilder für B und H

Aufgabe 7.1: Feldmäßige Berechnung von B im magnetischen Kreis von Bild 7.12 a

Lösung:

Man kann voraussetzen, daß das Feld sich näherungsweise aus stückweise homogenen Teilgebieten zusammensetzt (Bild 7.12 c). Aus $\oint \boldsymbol{B}\,\mathrm{d}\boldsymbol{A} = 0$ folgt $B_e = B_l = B$. Wegen $iw = \oint \boldsymbol{H}\,\mathrm{d}\boldsymbol{s} = H_e l_e + H_l l_l$ sowie $B = \mu_0 H_l = \mu H_e$ ist $B l_e/\mu + B l_l/\mu_0 = iw$, also

$$B = \frac{iw}{l_e/\mu + l_l/\mu_0}. \tag{7.27}$$

Das stimmt mit dem Ergebnis aus der o. g. Netzwerkberechnung überein.

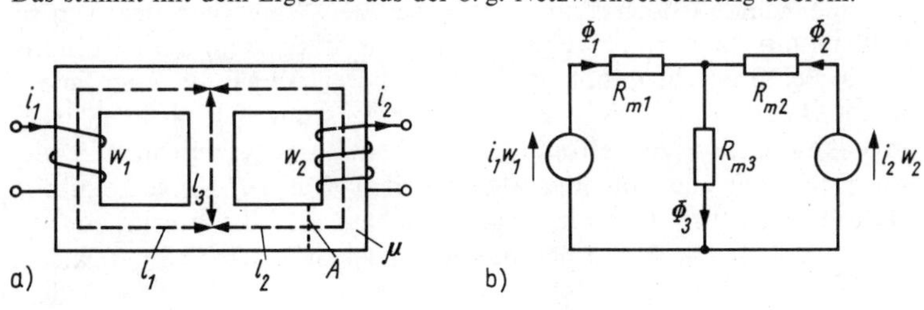

Bild 7.13. Ein magnetischer Kreis (a) sowie seine Ersatzschaltung (b)

Aufgabe 7.2: Berechnung der Flüsse im magnetischen Kreis von Bild 7.13a

Lösung:

Sie erfolgt zweckmäßigerweise nach Aufstellen des Ersatzschaltbildes. Dieses enthält drei Zweige und zwei Knoten (Bild 7.13b). Demzufolge sind für eine Berechnung von Φ_1, Φ_2 und Φ_3 eine magnetische Knotengleichung und zwei magnetische Maschengleichungen aufzustellen. Für konstantes μ kann die Lösung analog zu Aufgabe 1.14 erfolgen (s. Gl. (1.119)). Eine weitere Lösungsvariante stellt der Überlagerungssatz dar. Die magnetischen Widerstände sind $R_{m\nu} = l_\nu/(\mu A)$ mit $\nu = 1(1)3$. Erwähnt sei, daß es sich beim o. g. Kreis z. B. um einen speziellen Transformator (s. Abschn. 7.7.5.) handeln kann.

7.3. Magnetische Eigenschaften von Materialien

Analog zur elektrischen Suszeptibilität sowie elektrischen Polarisation (s. Abschn. 6.9.) führt man zur Kennzeichnung von magnetischen Materialeigenschaften zusätzlich zur Permeabilität μ die *magnetische Suszeptibilität*

$$\sigma = \mu_r - 1 \tag{7.28}$$

sowie die *magnetische Polarisation* oder Magnetisierung $\boldsymbol{J}$ ein

$$\boldsymbol{B} = \mu_0 \boldsymbol{H} + \boldsymbol{J} \quad \text{bzw.} \quad \boldsymbol{J} = \sigma \mu_0 \boldsymbol{H}. \tag{7.29}$$

Für Vakuum ist $\sigma = 0$ bzw. $\boldsymbol{J} = 0$. Die Wirkung eines Magnetfeldes auf ein Atom bzw. einen Atomrumpf und umgekehrt läßt sich dadurch interpretieren, daß man die Elektronenbewegungen um den Kern als elementare Kreisströme analog zu Bild 7.5 auffaßt, die insgesamt als elementarer magnetischer Dipol wirken können. Kompensieren sich die Kreisströme in ihrer Wirkung ohne äußeres Magnetfeld gerade, so spricht man von *diamagnetischem Material.* Ein äußeres Magnetfeld verformt die Elektronenbahn und erzeugt (induziert) einen magnetischen Elementardipol, der seiner Ursache entgegen wirkt (diamagnetische Wirkung). Für diamagnetische Stoffe ist demnach $\sigma < 0$ (Feldschwächung) (s. auch Abschn. 1.8.2.). Bei *paramagnetischen* Stoffen sind bereits ohne äußeres Magnetfeld Elementardipole vorhanden. Sie stellen sich bei Anlegen eines äußeren Magnetfeldes im Zeitmittel in Feldrichtung ein, wodurch die diamagnetische Wirkung überkompensiert wird, d. h. $\sigma > 0$. Für dia- und paramagnetische Stoffe gilt $|\sigma| \ll 1$, d. h., sie verhalten sich mit sehr guter Näherung wie Vakuum. Charakteristisch für den technisch sehr wichtigen *Ferromagnetismus* ist die enge Wechselwirkung zwischen benachbarten atomaren Dipolen, wie sie bei den ferromagnetischen Metallen Eisen, Kobalt und Nickel sowie bei einigen seltenen Erden und speziellen Legierungen (Heuslersche Legierungen) aus nichtferromagnetischen Metallen vorliegt. Durch sie entstehen spontan magnetisierte Bezirke *(Weißsche Bezirke)* mit einer mittleren Ausdehnung von etwa 10^{-3} cm, denen größenordnungsmäßig 10^{13} Atome angehören.

μ hängt bei ferromagnetischen Werkstoffen nicht nur von H sondern auch von der Vorgeschichte ab. μ_r kann sehr große Werte annehmen, z. B. ist $\mu_r > 1000$ möglich. Üblicherweise wird allerdings nicht $\mu(H)$ sondern die B-H-Kennlinie, auch Magnetisierungskurve genannt, angegeben (Bild 7.14). Bei erstmaligem Einfluß eines Magnetfeldes besitzt die *Neukurve N* Gültigkeit. Die Weißschen Bezirke sind zunächst regellos verteilt ($\boldsymbol{J} = 0$). Bei H-Erhöhung verschieben sich zunächst die Wände (Blochwände)[1] zwischen den Weißschen Bezirken so, daß die wirksame Magnetisierung J zunimmt. Bei höheren Feldstärken kommt eine Eindrehung in Feldrichtung hinzu. Bei hinreichend hohem H sind alle Bezirke parallel zum Feld, J bleibt konstant (Sättigung). B zeigt dann bei weiterer H-Vergrößerung den gleichen (sehr kleinen) Anstieg wie im Vakuum, (d. h. $B \approx$ Sättigungsinduktion B_s). Reduziert man H wieder auf Null, so erweisen sich nicht alle Vorgänge als reversibel. Die B-H-Kurve zeigt also eine Hysterese und wird deshalb auch als *Hysteresekurve* bezeichnet. Für $H = 0$ bleibt ein Magnetisierungsfeld $J > 0$ (*Remanenz* $B = B_r$). Um einen unmagnetischen Zustand ($B = 0$) wieder

[1] *Felix Bloch*, amerikanischer Physiker, 1905

herzustellen, muß ein Gegenfeld der Stärke H_c, die *Koerzitivfeldstärke*, angelegt werden. Oberhalb der *Curie-Temperatur* (769 °C bei Eisen) löst die thermische Energie die Weißschen Bezirke auf. Das Material wird paramagnetisch.

Je nach Größe der Koerzitivfeldstärke und der Remanenz unterscheidet man (s. auch Bild 7.14 sowie Tafel 7.1)

a) *weichmagnetische Werkstoffe* mit kleinem H_c (etwa 0,02...6) A/cm) sowie kleinem B_r, z. B. Eisenkohlenstoff-, Kobalt- und Wolframstähle

b) *hartmagnetische Werkstoffe* mit großem H_c (...1000...2000 A/cm) sowie großem B_r, z. B. Eisen-Aluminium-Nickel-Kobalt-Legierungen.

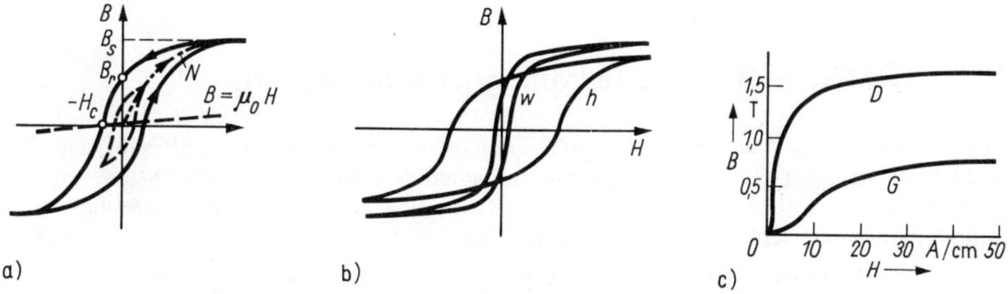

Bild 7.14. Magnetisierungskurven von Ferromagnetika

a) Hysteresekurve (allgemein) einschließlich Neukurve *N*; b) Hysteresekurve von weich- bzw. hartmagnetischen Werkstoffen (*w* bzw. *h*); c) Neukurve für Dynamoblech und Stahlguß (*D*) bzw. Gußeisen (*G*)

Tafel 7.1. Einige weichmagnetische Werkstoffe

Bezeichnung	Zusammensetzung	B_s/T	B_r/T	H_c/A · cm^{-1}	$\mu_r/10^3$
Eisen	99,9% Fe*	2,0	1,2	0,008	3,5...20
Dynamoblech	0,7...4,3% Si, 0,08% C, <0,3% Mn, Rest Fe	1,9	1,2...1,4	0,45...1,4	4...9,5
Texturblech	3,25% Si, Rest Fe	2,0	1,7	0,1	60
Permalloy[1]	21,5% Fe, 78,5% Ni	1,1	0,4	0,024	140
Supermalloy[1]	15% Fe, 79,5% Ni, 5% Mo, 0,5% Mn	0,8	0,3	0,003	1200
Mumetall[1]	18% Fe, 75% Ni, 2% Cr, 5% Cu	0,8		0,24	250
Manifer 110[1]...194	MnZn-Ferrit	0,3		0,1...2,4	

[1] Firmenbezeichnungen

Tafel 7.2. Einige hartmagnetische Werkstoffe

Bezeichnung	Zusammensetzung	B_r/T	H_c/A · cm^{-1}	$(BH)_{max}/(10^3\,W \cdot s/m^3)$
Stahl	99% Fe, 1% C	1...1,2	20...28	1,2
Stahl	61% Fe, 38% Co, 1% C	1	190	7,8
AlNiCo G28	7% Al, 15% Ni, 32% Co, 4% Cu, 6% Ti, Rest Fe	0,84	880	26
Heusler-Legierung (Pulvermagnet)	10% Al, 15% Mn, 75% Cu	0,54	3000	28
Maniperm 860	$BaO \cdot 6Fe_2O_3$ (anisotrop)	0,37...0,41	1600...2400	25,6...32
Samarium-Kobalt	$SmCo_5$	1,12	5400	240

Weichmagnetische Werkstoffe werden vor allem eingesetzt, um durch elektrischen Strom verursachte hohe Flußdichten *B* zu erzeugen sowie zu führen, z. B. in Motoren, Generatoren und Transformatoren. Dabei wird *B* wegen $B = \mu_0 H + J = \mu H$ viel höher als in Luft. Hartmagnetische Werkstoffe dienen vor allem zur Erzeugung von Magnetfeldern auch ohne Strom, d. h. für Permanentmagnete.

Nahezu rechteckige Hystereseschleifen lassen sich bei *ferrimagnetischen Werkstoffen* (Oxidmagnete) herstellen, die folgende Kennzeichen besitzen:

$MnO \cdot MgO \cdot Fe_2O_3$ oder andere Metallkombination, magnetisch weich bis hart einstellbar, Sättigungsinduktion kleiner als bei Ferromagnetika ($\lessapprox 0{,}5\ V \cdot s/m^2$ im Vergleich zu $2\ V \cdot s/m^2$), sehr hoher spezifischer Widerstand (bis $10^5\ \Omega \cdot cm$, daher geeignet für Hochfrequenzinduktivitäten) und kleine Dichte, andere Ursache für Magnetisierung als bei Ferromagneten.

7.4. Grafische Analyse ferromagnetischer Kreise

Als eine Variante zur Analyse nichtlinearer Gleichstromkreise hatte sich die grafische Lösung erwiesen (Abschn. 2.6.). In analoger Weise lassen sich Arbeitspunkte nichtlinearer magnetischer Kreise ermitteln. Grundlage sind $\oint \boldsymbol{B}\,\mathrm{d}\boldsymbol{A} = 0$, $\oint \boldsymbol{H}\,\mathrm{d}\boldsymbol{s} = i$ und *B(H) oder* bei Netzwerkmodellierung die Knoten- und Maschengln. sowie die Φ-V-Kennlinie der magnetischen Bauelemente. Für Dauermagnete gilt wegen $i = 0$ stets $\oint \boldsymbol{H}\,\mathrm{d}\boldsymbol{s} = 0$ bzw. $\sum_\nu V_\nu = 0$.

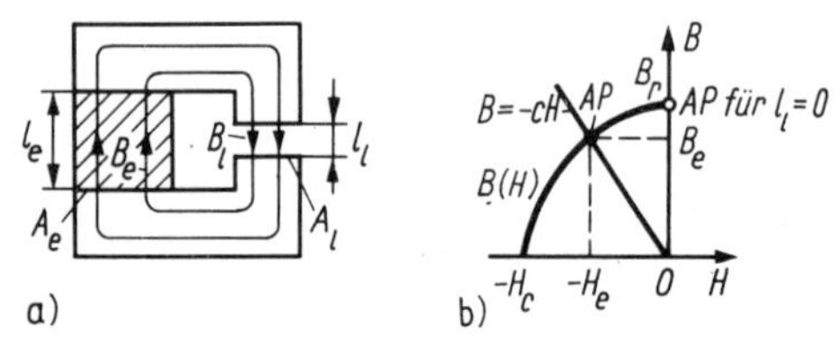

Bild 7.15. Dauermagnetkreis

a) Aufbau und Flußdichteverlauf (schematisch); b) Bestimmung des Arbeitspunktes *AP* für Luftspalt $l_l > 0$ und $l_l = 0$ aus dem Schnittpunkt der Arbeitsgeraden mit der *B-H*-Kurve des Dauermagnetwerkstoffes; c) Verlauf der magnetischen Feldstärke (im Eisen *H* entgegen *B* gerichtet)

Beispiel: Dauermagnetkreis (Bild 7.15 a)

Für Dauermagnetkreise wird hartmagnetisches Material mit einem großen H_cB_r-Produkt gewählt. Oft dient Weicheisen zur Führung des Flusses. Erreichbar sind etwa $B = 1{,}5$ T bzw. $B = 3$ T durch Überlagerung der Felder zweier Magneten. Unter den Voraussetzungen *V* im Weicheisen vernachlässigbar, homogenes Feld, kein Streufluß folgt

$$\oint \boldsymbol{H}\,\mathrm{d}\boldsymbol{s} = 0, \qquad H_e l_e + H_l l_l = 0; \qquad \Phi_e = \Phi_l, \qquad B_e A_e = B_l A_l \tag{7.30}$$

$$B_e = \mu_0 H_l A_l / A_e = -\mu_0 H_e l_e A_l / (l_l A_e) = -cH_e \quad (c = \text{konst.}). \tag{7.31}$$

Der Schnittpunkt dieser Geraden $B_e = -cH_e$ mit der *B-H*-Kurve (Bild 7.15 b) ergibt den Arbeitspunkt AP und damit das Feldbild 7.15 c.

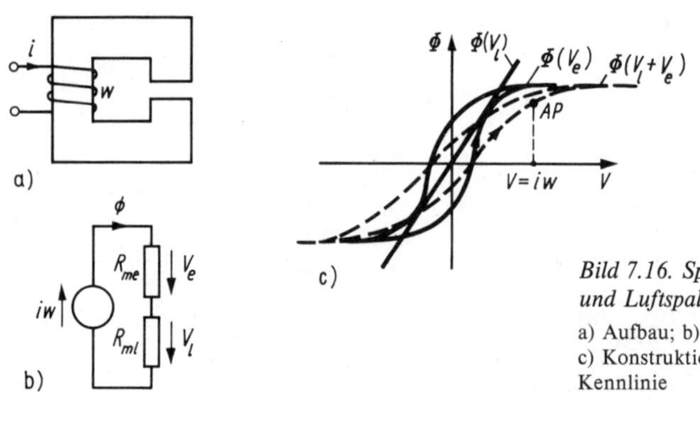

Bild 7.16. Spule mit Eisenkreis und Luftspalt

a) Aufbau; b) Ersatzschaltbild; c) Konstruktion der nichtlinearen Kennlinie

Beispiel: Spule mit Eisenkern und Luftspalt* (Bild 7.16a)

Eine lineare Analyse (μ = konst.) war bereits in Aufgabe 7.1 (s. auch Bild 7.12a) durchgeführt worden. Die nichtlineare Analyse soll hier nicht wie beim Dauermagneten über die Feldgrößen erfolgen, sondern analog zu nichtlinearen elektrischen Stromkreisen mit Hilfe des Ersatzschaltbildes 7.16b. Die nichtlineare Φ-V-Relation des Eisens folgt mit $\Phi = B_e A_e$ und $V_e = H_e l_e$ aus der B-H-Kurve (Bild 7.16c). Für den Luftspalt gilt die Geradengleichung $\Phi = V_l / R_{ml}$ mit $R_m = l_l/(\mu_0 A_l)$. Beiden Bauelementen ist der gleiche Fluß zuzuordnen. Die magnetische Maschengleichung $iw = V_e + V_l$ fordert für die Reihenschaltung die Addition der magnetischen Spannungen. Wie Bild 7.16c illustriert, bewirkt der Luftspalt also eine sogenannte *Scherung der Eisenkennlinie*, die mit einer *Linearisierung* verbunden ist. Der Arbeitspunkt AP läßt sich auch rechnerisch aus $\Phi = iw/(R_{me} + R_{ml})$ ermitteln, wenn R_{ml} als nichtlineare Funktion vorliegt oder aus $iw = V_e + V_l$ mit $V_e = V_e(\Phi)$ und $V_l = V_l(\Phi)$.

7.5.* Bewegte Koordinatensysteme

Vor allem für elektrische Motoren und Generatoren sind bewegte Bezugssysteme von Bedeutung. Wir betrachten deshalb zwei gegeneinander bewegte Koordinatensysteme, und zwar möge sich das Koordinatensystem *2* mit der Geschwindigkeit $\boldsymbol{v}$ gegenüber dem Koordinatensystem 1 bewegen. Fordert man, daß die Maxwellschen Gln. in beiden Systemen die gleiche Form besitzen (Invarianz der Maxwellschen Gln. gegenüber der Lorentz-[1] Transformation), so läßt sich für den nichtrelativistischen Fall $|\boldsymbol{v}| \ll c$ folgende Transformationsvorschrift, d. h. Umrechnungsvorschrift der zu messenden Feldgrößen, nachweisen:

$$\boldsymbol{B}_2 = \boldsymbol{B}_1 = \boldsymbol{B} \qquad \boldsymbol{E}_2 = \boldsymbol{E}_1 + \boldsymbol{v} \times \boldsymbol{B}. \tag{7.32}$$

7.6. Lorentzkraft

Bei gleichzeitiger Anwesenheit eines elektrischen und eines magnetischen Feldes wirkt auf eine Punktladung Q, die sich mit der Geschwindigkeit $\boldsymbol{v}$ bewegt, die sogenannte Lorentzkraft

$$\boldsymbol{F} = Q\boldsymbol{E} + Q\boldsymbol{v} \times \boldsymbol{B}. \tag{7.33}$$

Der erste Term wurde bereits im Abschnitt 1.2.3. diskutiert, weshalb im folgenden nur der zweite Term behandelt wird, der manchmal ebenfalls Lorentzkraft (im engeren Sinne) genannt wird. Die Kraftrichtung für $\boldsymbol{E} = 0$ kann mit dem im Bild 7.17 angegebenen Rechtsdreibein ermittelt werden. $\boldsymbol{F}$ wirkt demnach stets senkrecht zu $\boldsymbol{B}$ und $\boldsymbol{v}$ und damit wegen $\boldsymbol{v} = \mathrm{d}\boldsymbol{s}/\mathrm{d}t$ auch senkrecht zum Wegelement $\mathrm{d}\boldsymbol{s}$. Damit leistet sie wegen $\Delta W = \int \boldsymbol{F}\,\mathrm{d}\boldsymbol{s} = \int F\,\mathrm{d}s \cos(\boldsymbol{F}, \mathrm{d}\boldsymbol{s}) = 0$ keine Arbeit. Wegen $m\,\mathrm{d}\boldsymbol{v}/\mathrm{d}t = Q\,(\boldsymbol{v} \times \boldsymbol{B})$ steht sie auch senkrecht zum Vektor der Beschleunigung $\mathrm{d}\boldsymbol{v}/\mathrm{d}t$. Daraus bzw. aus

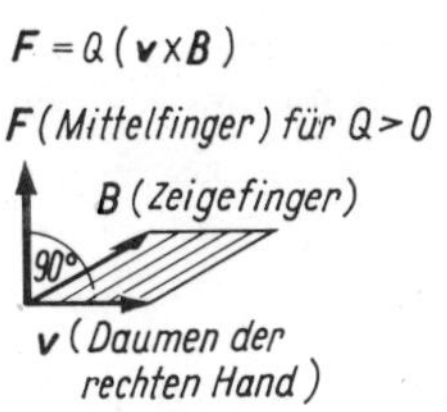

Bild 7.17. Dreifingerregel (Rechtsdreibein) zur Ermittlung der Kraft ***F*** *auf eine Punktladung Q im Magnetfeld der Flußdichte* ***B***

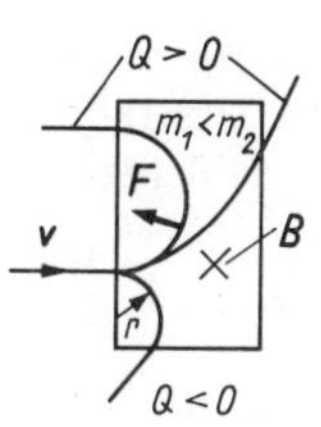

Bild 7.18. Ablenkung von Punktladungen im homogenen Feld (für ***v*** *senkrecht zu* ***B****)*

[1] *Hendrik Antoon Lorentz*, niederländischer Physiker, 1853–1928

$$P = \frac{\mathrm{d}W}{\mathrm{d}t} = \boldsymbol{F}\frac{\mathrm{d}\boldsymbol{s}}{\mathrm{d}t} = \boldsymbol{F}\boldsymbol{v} = 0 \quad \text{bzw.} \quad \boldsymbol{F}\boldsymbol{v} = \left(m\frac{\mathrm{d}\boldsymbol{v}}{\mathrm{d}t}\right)\boldsymbol{v}$$

$$= \frac{\mathrm{d}}{\mathrm{d}t}\left(\frac{m}{2}v^2\right) = 0 \quad \text{bzw.} \quad v = \text{konst.} \tag{7.34}$$

kann man schließen, daß sich der Betrag der Geschwindigkeit durch $\boldsymbol{F} = Q\boldsymbol{v} \times \boldsymbol{B}$ nicht ändert, sondern nur die Richtung. Beschleunigung $\mathrm{d}\boldsymbol{v}/\mathrm{d}t$ tritt also nur als Richtungsänderung von $\boldsymbol{v}$ auf.

Beispiel: Ablenkung freier Ladungsträger in einem homogenen Magnetfeld

Bei Einschußrichtung senkrecht zu $\boldsymbol{B}$ bewegen sich die Ladungsträger auf einer kreisförmigen Bahn, deren Radius aus dem Gleichgewicht von Zentrifugal- und Lorentzkraft folgt (Bild 7.18)

$$\frac{mv^2}{r} = |Q|\, vB, \qquad r = \frac{mv}{|Q|\, B}. \tag{7.35}$$

Das Magnetfeld kann also außer zur Bahnbeeinflussung auch zur Massentrennung genutzt werden (Massenspektrometer). Falls der Einschußwinkel $\neq 90°$ ist, entstehen schraubenlinienförmige Bahnen.

Beispiel: Bewegung eines Leiters im Magnetfeld

Bewegt sich – wie im Bild 7.19a dargestellt – ein Metallstab durch ein Magnetfeld, so verschiebt die Kraft $\boldsymbol{F}_\mathrm{L} = -e\,(\boldsymbol{v} \times \boldsymbol{B})$ die Elektronen so lange nach unten, bis die durch die Ladungstrennung verursachte elektrische Feldstärke $\boldsymbol{E}$ bzw. Feldkraft $Q\boldsymbol{E}$ $\boldsymbol{F}_\mathrm{L}$ kompensiert (Bild 7.19b). Ein ruhender Beobachter interpretiert diesen Zustand verschwindender Kraft also mit $\boldsymbol{F} = -e\,[\boldsymbol{v} \times \boldsymbol{B} + \boldsymbol{E}] = 0$. Ein bewegter, d. h. zum Stab ruhender, Beobachter stellt in seinem Bezugssystem $\boldsymbol{F}^* = -e\,(\boldsymbol{v}^* \times \boldsymbol{B} + \boldsymbol{E}^*)$ mit $\boldsymbol{v}^* = 0$ und $\boldsymbol{E}^* = \boldsymbol{E} + \boldsymbol{v} \times \boldsymbol{B}$ (s. Gl. (7.32)) fest, also $\boldsymbol{F} = \boldsymbol{F}^* = 0$. Wird der Metallstab mit einem ruhenden Leiter in Verbindung gebracht, so wird die Ladungsanhäufung an den Enden teilweise abgebaut, und es kann ein Strom fließen (Bild 7.19c).

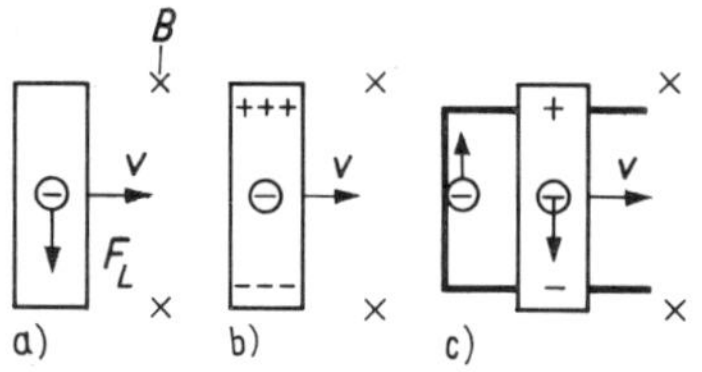

Bild 7.19. Bewegter Metallstab im Magnetfeld

a) Kraft bei Eintritt in das Magnetfeld; b) Ladungstrennung führt zur Kraftkompensation; c) Stromfluß bei Verbindung mit einem ruhenden Leiter

7.7. Induktionsgesetz sowie technische Anwendungen

7.7.1. Grundlagen

Die folgenden Ausführungen vertiefen die Darstellung im Abschnitt 1.8.1., die der Leser noch einmal überfliegen sollte. Das Induktionsgesetz lautet für einen Integrationsweg, der einen Fluß Φ w-fach umfaßt, unabhängig von Materialeigenschaften

$$\text{induzierte Spannung } u_\mathrm{i} = w\frac{\mathrm{d}\Phi}{\mathrm{d}t}. \tag{7.36}$$

Speziell für Spulen gilt demnach: in einer (ruhenden oder bewegten) vom Fluß $\Phi(t)$ durchsetzten Spule wird eine Spannung u_i induziert, die aus dem Produkt von Windungszahl und Differentialquotienten des Flusses errechnet werden kann. Die positiven Zählrichtungen von u_i und Φ sind nach der Rechtsschraubenregel verknüpft (Bild 1.50). Auch die *Lenzsche*[1] *Regel*

[1] *Heinrich Friedrich Emil Lenz*, deutsch-russischer Physiker, 1804–1865

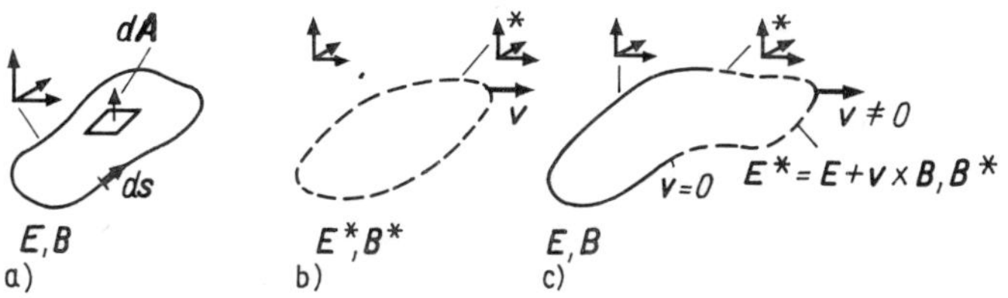

Bild 7.20
a) Rechtsschraubenregel für die Zuordnung von dA und ds beim Induktionsgesetz;
b) bewegtes Bezugssystem;
c) teilweise bewegtes Bezugssystem

– *Induktionsvorgänge laufen so ab, daß sie ihre Ursache hemmen* – ermöglicht, die Wirkungsrichtung zu bestimmen oder zu kontrollieren.

Erläuterung zum Induktionsgesetz:* Mit Feldgrößen besitzt das Induktionsgesetz die Form

$$\oint \boldsymbol{E}\,\mathrm{d}\boldsymbol{s} = -\int \frac{\partial \boldsymbol{B}}{\partial t}\,\mathrm{d}\boldsymbol{A}, \tag{7.37}$$

d. h., ein zeitlich veränderliches Magnetfeld $\boldsymbol{B}$ wird von einer elektrischen Feldstärke $\boldsymbol{E}$ umwirbelt. d$\boldsymbol{A}$ und d$\boldsymbol{s}$ sind nach der Rechtsschraubenregel zu verknüpfen. $\boldsymbol{E}$ und $\partial\boldsymbol{B}/\partial t$ werden im *gleichen* (ruhenden oder bewegten) Bezugssystem gemessen (Bild 7.20a). Bei technischen Induktionsvorgängen treten u. a.

a) ruhende Leiter im zeitlich veränderlichen $\boldsymbol{B}$-Feld (Ruheinduktion)
b/c) bewegte oder teilweise bewegte Leiter im zeitlich konstanten bzw. veränderlichen $\boldsymbol{B}$-Feld (Bewegungsinduktion)

auf, d. h., bei b/c sind zwei Bezugssysteme zu unterscheiden (s. Bild 7.20b/c). Bezeichnet man die elektrische Feldstärke, die in einem zum jeweiligen Wegelement ruhenden Bezugssystem gemessen wird, mit $\boldsymbol{E}^*$, so kann Gl. (7.37) mit Gl. (7.32) auch in folgende Form gebracht werden

$$\oint \boldsymbol{E}^*\,\mathrm{d}\boldsymbol{s} = -\int \frac{\partial \boldsymbol{B}}{\partial t}\,\mathrm{d}\boldsymbol{A} + \oint (\boldsymbol{v}\times\boldsymbol{B})\,\mathrm{d}\boldsymbol{s}. \tag{7.38}$$

Dabei ist $\boldsymbol{v}$ die Geschwindigkeit, mit der sich das Bezugssystem, in dem jeweils $\boldsymbol{E}^*$ gemessen wird, in dem Bezugssystem bewegt, in dem $\partial\boldsymbol{B}/\partial t$ auf der gesamten vom Integrationsweg umschlossenen Fläche gemessen wird [7.2]. Ohne Beweis sei angegeben, daß sich Gl. (7.38) in

$$\oint \boldsymbol{E}^*\,\mathrm{d}\boldsymbol{s} = -\frac{\mathrm{d}}{\mathrm{d}t}\int \boldsymbol{B}\,\mathrm{d}\boldsymbol{A} \tag{7.39}$$

umformen läßt. Für $\boldsymbol{v}=0$ ist $\boldsymbol{E}=\boldsymbol{E}^*$. Will man die Ladungsträgerbewegung in Leitern analysieren, ohne den Kraftanteil $Q\boldsymbol{v}\times\boldsymbol{B}$ zu berücksichtigen, so muß man ein zum jeweiligen Leiterelement ruhendes Bezugssystem wählen, also $\boldsymbol{E}^*$ auswerten, denn es gilt z. B. für mit $\boldsymbol{v}$ bewegte Metalle $\boldsymbol{S}=\varkappa\boldsymbol{E}^*$ oder $\boldsymbol{S}=\varkappa(\boldsymbol{E}+\boldsymbol{v}\times\boldsymbol{B})$. Für eine konventionelle Formulierung des Ohmschen Gesetzes bzw. auch des Maschensatzes ist es demnach zweckmäßig als induzierte Spannung

$$u_i = -\oint \boldsymbol{E}^*\,\mathrm{d}\boldsymbol{s} \tag{7.40a}$$

zu definieren. Damit gehen die Gln. (7.38) und (7.39) in

$$u_i = -\oint \boldsymbol{E}^*\,\mathrm{d}\boldsymbol{s} = -\oint (\boldsymbol{v}\times\boldsymbol{B})\mathrm{d}\boldsymbol{s} + \int \frac{\partial \boldsymbol{B}}{\partial t}\,\mathrm{d}\boldsymbol{A} \tag{7.40b}$$

$$u_i = -\oint \boldsymbol{E}^*\,\mathrm{d}\boldsymbol{s} = \frac{\mathrm{d}}{\mathrm{d}t}\int \boldsymbol{B}\,\mathrm{d}\boldsymbol{A} = \frac{\mathrm{d}\Phi}{\mathrm{d}t} \tag{7.40c}$$

über. In der Literatur ist es meist üblich, den * wegzulassen, also $\boldsymbol{E}$ statt $\boldsymbol{E}^*$ zu schreiben. Φ kann wegen Gl. (7.32), d. h. $\boldsymbol{B}=\boldsymbol{B}^*$, in einem beliebigen Bezugssystem gemessen werden. Umfaßt der Integrationsweg – z. B. bei einer Spule – den gleichen Fluß Φ w-fach, so kann anstelle von Gl. (7.40c) $u_i = w\,\mathrm{d}\Phi/\mathrm{d}t$, d. h. Gl. (7.36), geschrieben werden. Von den möglichen Darstellungsformen des Induktionsgesetzes ist Gl. (7.36) in den meisten Fällen vorzuziehen, da bei ihr alle diffizilen Überlegungen zu den Bezugssystemen überflüssig sind.

Beispiel: Spannungsinduktion in einer teilweise bewegten Schleife

Vorgegeben seien Metallstäbe entsprechend Bild 7.21 in einem homogenen Magnetfeld $B(t)$, wobei sich ein Stab infolge einer äußeren Kraft mit der Geschwindigkeit v (unter ständiger Kontaktgabe) bewegen

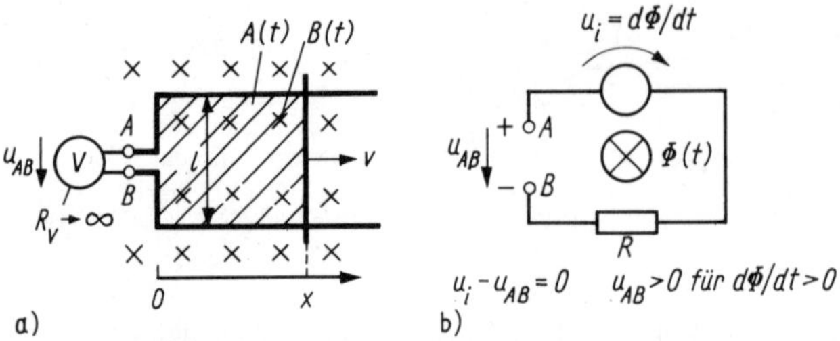

Bild 7.21. Beispiel für Ruhe- und Bewegungsinduktion (s. auch Bild 1.55.)

a) Versuchsanordnung (B zeigt in die Zeichenebene); b) Ersatzschaltbild
Hinweis: Der Widerstand des Voltmeters sei unendlich. R modelliert den endlichen Widerstand der Metallstäbe des Stromkreises (nimmt also zu), wirkt sich aber wegen $i = 0$ nicht aus. Ersetzt man jedoch das Voltmeter durch einen Kurzschluß, so fließt $i = u_{AB}/R$ von A nach B und reduziert durch das damit verknüpfte Magnetfeld das insgesamt wirksame Magnetfeld B, hemmt also seine Ursache.

soll. Der vom Stromkreis umfaßte Fluß ist $\Phi = BA$ mit der Fläche $A(t) = lx(t)$, so daß entsprechend Gl. (7.36)

$$u_i = \frac{d\Phi}{dt} = \frac{d}{dt}(BA) = \frac{dB}{dt}A + B\frac{dA}{dt} = \frac{dB}{dt}A + B\frac{d}{dt}(lx) \tag{7.41}$$

auszuwerten ist. Mit $v = dx/dt$ folgt daraus

$$u_i = \frac{dB}{dt}A + Blv = u_{AB}. \tag{7.42}$$

Für $v = 0$ wird nur bei $dB/dt \neq 0$ eine Spannung induziert (Ruheinduktion) und für $B =$ konst. nur für $v \neq 0$ (Bewegungsinduktion). Bei geradliniger Bewegung einer starren Leiterschleife im zeitkonstanten Magnetfeld wird nur dann eine Spannung induziert, wenn das Feld inhomogen ist, so daß $d\Phi/dt \neq 0$.

7.7.2. Induktion von Wirbelströmen in massivem Leitermaterial

In massivem Leitermaterial durch Flußänderungen verursachte Ströme nennt man Wirbelströme (Bild 7.22a). Sie verursachen eine Verlustleistungsdichte $SE = \varkappa E^2$, die etwa linear

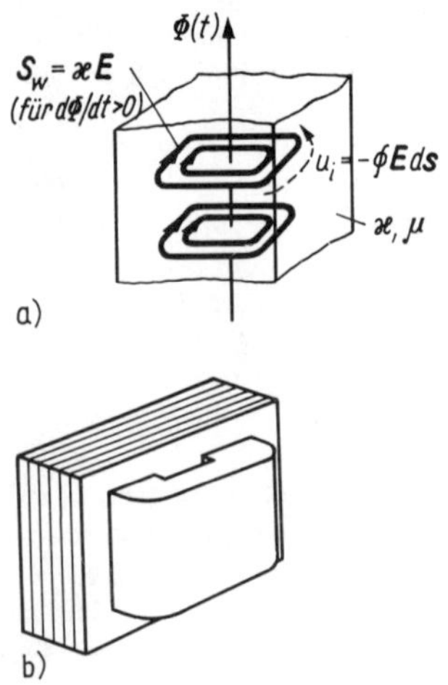

Bild 7.22

a) Wirbelstrombildung durch Flußänderung in massivem Leitermaterial; b) Reduzierung der Wirbelströme durch einen Kern aus gegeneinander isolierten Blechen (am Beispiel einer Spule)

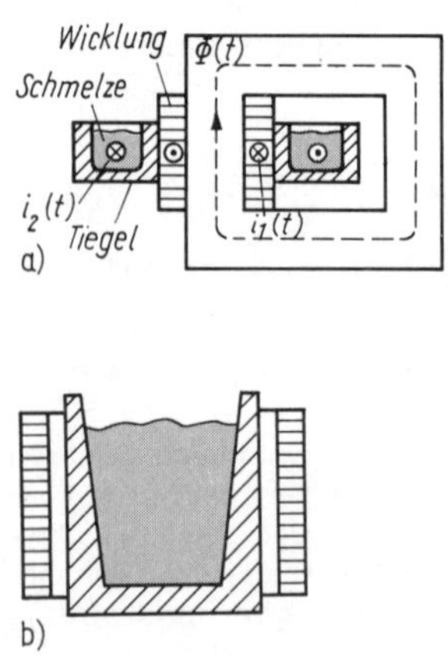

Bild 7.23. Induktionserwärmung

a) Induktionsrinnenofen (meist Netzfrequenz) (Richtung des induzierten Wirbelstromes $i_2(t)$ gültig für $di_1/dt > 0$); b) Induktionstiegelofen ohne Eisenrückschluß (meist Netz- bis Mittelfrequenz) mit der elektrischen Leitfähigkeit $\varkappa$ sowie der Permeabilität μ und etwa quadratisch mit der Frequenz des Flusses Φ anwächst. Sie sind meist unerwünscht bei Motoren, Transformatoren usw. sowie bei Spulen. Aus diesem Grund reduziert man sie durch Veränderung der Wirbelstrombahnen infolge eines lamellierten Aufbaus (gegeneinander isolierte dünne Bleche wie im Bild 7.22 b) oder bei Hochfrequenzspulen durch Einsatz von Ferriten mit $\varkappa \approx 0$ als Kernmaterial. In Wicklungen können sie durch Verdrillung gemindert werden. Technisch genutzt wird die Wirbelstrominduktion u. a.

in *Induktionsöfen* (Bild 7.23) zum Erhitzen und Schmelzen von Materialien (direkt oder im metallischen Tiegel bei leitfähigem Material, im metallischen Tiegel bei nichtleitendem Material),
zur *Erzeugung bzw. Reduzierung von Bewegungsenergie* (z. B. Asynchronmotor, Elektrizitätszähler, Wirbelstrombremse, -kupplung, -tachometer, s. auch Abschn. 11.3.).

7.7.3. Einführung in die Spannungsinduktion in elektrischen Generatoren

Rotierende Schleife im homogenen Magnetfeld. Zur Erzeugung induzierter Spannungen, d. h. zum Aufbau eines Generators, sind Drehbewegungen meist vorteilhafter als Linearbewegungen. In einer in einem homogenen Magnetfeld mit der Winkelgeschwindigkeit ω rotierenden Schleife mit w Windungen (Bild 7.24 a) wird eine Spannung $u_i = w\,d\Phi/dt$ induziert. Φ, der umfaßte Fluß hängt vom Drehwinkel $\alpha(t) = \omega t + \alpha(0)$ sowie bei zeitveränderlicher Flußdichte auch explizit von der Zeit ab, d. h. $\Phi = \Phi\,(\alpha(t), t)$. Damit folgt

$$u_i = w\frac{\partial \Phi}{\partial \alpha}\frac{d\alpha}{dt} + w\frac{\partial \Phi}{\partial t} \quad \text{mit} \quad \frac{d\alpha}{dt} = \omega = 2\pi f. \tag{7.43}$$

Für

$$\partial\Phi/\partial t = 0, \qquad \Phi = \boldsymbol{BA} = BA\cos\alpha = BA\cos(\omega t + \alpha(0))$$

ergibt sich

$$u_i = -w\omega BA\sin(\omega t + \alpha(0)) \tag{7.44}$$

und speziell für

$$\alpha(0) = \pi \qquad u_i = \hat{U}\sin\omega t$$

mit

$$\hat{U} = w\omega BA = w\omega\hat{\Phi}. \tag{7.45}$$

Die Wechselspannung u_i kann über Schleifringe und zwei Bürsten (als Schleifkontakte) abge-

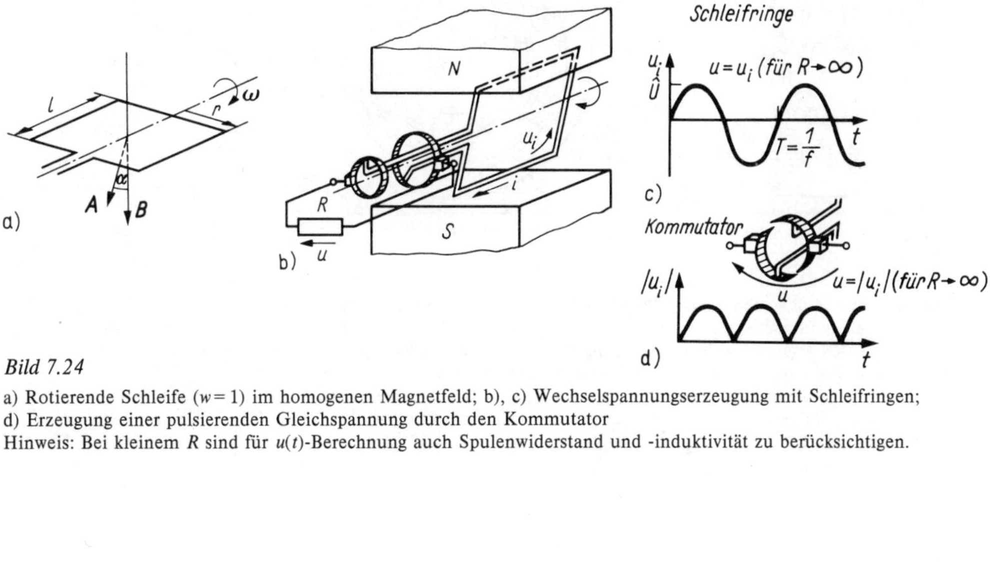

Bild 7.24

a) Rotierende Schleife ($w = 1$) im homogenen Magnetfeld; b), c) Wechselspannungserzeugung mit Schleifringen; d) Erzeugung einer pulsierenden Gleichspannung durch den Kommutator
Hinweis: Bei kleinem R sind für $u(t)$-Berechnung auch Spulenwiderstand und -induktivität zu berücksichtigen.

nommen werden und verursacht einen Strom im Verbraucher R (Bild 7.24b), der auf das erregende Magnetfeld rückwirkt (Ankerrückwirkung). Durch geteilte Schleifringe, d. h. einen Stromwender (Kommutator), wird ein Polaritätswechsel (durch Umpolen im Nulldurchgang der Spannung) verhindert (Bild 7.24c/d). Der Kommutator wirkt also als mechanischer Gleichrichter.

Zur Kontrolle des berechneten $\hat{U}$ wird noch einmal Gl. (7.40b), d. h. $u_i = -\oint (\boldsymbol{v} \times \boldsymbol{B})\, d\boldsymbol{s}$, also eine andere Formulierung des Induktionsgesetzes, ausgewertet. Sich addierende Beiträge zum Linienintegral liefern nur die Stäbe (der Länge l), die nicht in der von $\boldsymbol{v}$ und $\boldsymbol{B}$ aufgespannten Ebene liegen. Demnach gilt

$$u_i = -2wvB \sin(\boldsymbol{v}, \boldsymbol{B})\, l. \tag{7.46}$$

Mit $\boldsymbol{v} = \omega r$ folgt daraus in Übereinstimmung mit Gl. (7.45)

$$\hat{U} = u_{i\max} = w\omega\, 2rlB = w\omega BA = w\omega\hat{\Phi}.$$

Elektrische Generatoren. Das erregende Magnetfeld kann durch Dauer- oder Elektromagnete erzeugt werden. Dauermagnete eignen sich nur für kleine Leistungen (z. B. Fahrraddynamo). Bild 7.25a zeigt das Beispiel einer elektrischen Maschine, bestehend aus dem ruhenden Teil (Stator oder Ständer) und dem rotierenden, meist zylindrischen Körper (Rotor oder Läufer). Ein Eisenkreis wird u. a. genutzt, um einen hohen Fluß durch niedrigen magnetischen Widerstand zu erzielen ($\Phi = iw/R_{m}$) und ihn zu führen. Charakteristisch ist ein radiales Feld im Luftspalt. Bewegt sich darin eine Leiterschleife, so steht $\boldsymbol{v}$ stets senkrecht zu $\boldsymbol{B}$. Gl. (7.46) bleibt anwendbar, da bei ihrer Herleitung lediglich vorausgesetzt wird, daß $\partial \boldsymbol{B}/\partial t = 0$ ist. Demnach ist

$$|u_i| = |-2wvlB \sin 90°| = 2w\omega rlB = w\omega\hat{\Phi}. \tag{7.47}$$

Also ist u_i für *eine* Leiterschleife nicht mehr sinusförmig sondern konstant, solange die Leiterschleife im radialen Feld ist oder rechteck- bzw. trapezförmig bei einer Umdrehung. Bringt man nicht nur ein Polpaar an – wie im Bild 7.25a –, sondern wählt die Polpaarzahl $p = 2, 3, \ldots$, so erzielt man bei vorgegebener Drehzahl n eine höhere Frequenz f der induzierten Spannung, und zwar gilt

$$f = pn \quad \text{bzw.} \quad \frac{f}{\text{Hz}} = \frac{p}{60} \frac{n}{\text{min}^{-1}}. \tag{7.48}$$

f Frequenz, n Drehzahl, p Polpaarzahl

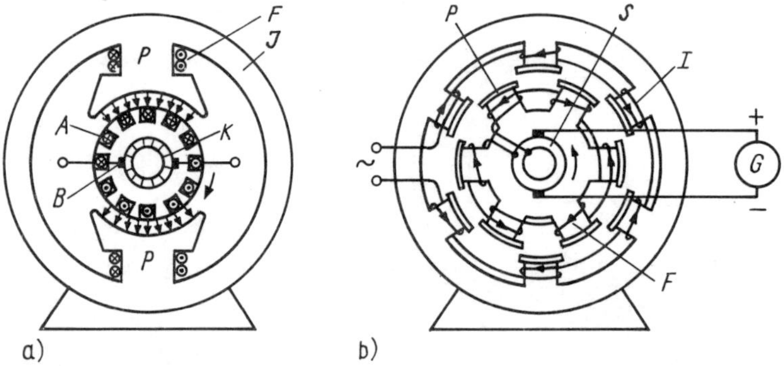

Bild 7.25

a) Beispiel einer Außenpolmaschine (Polpaarzahl $p = 1$), die als Gleichstromgenerator wirkt
A Ankerwicklung (Stäbe, in denen die Spannung induziert wird – eingebettet in Nuten des Ankers (Rotor))
B Bürsten, *K* Kommutator, *F* Erregerwicklung (Feldwicklung) zur Erzeugung des radialen Magnetfeldes im Luftspalt (Feld im Eisen nicht gezeichnet), *J* Ständerjoch, *P* Hauptpole
b) Beispiel einer Innenpolmaschine (Polpaarzahl $p = 3$) zur Erzeugung einer Einphasen-Wechselspannung
F Feldspulen, *I* Induktionsspulen, *G* Gleichstromgenerator zur Erregung der Feldspulen, *P* Polrad (als Rotor), *S* Schleifringe mit Bürsten

Bei Antrieb der Generatorwelle mit einer Dampfturbine (dominierend für Elektroenergieerzeugung) wird meist $p=1$ gewählt. Um $f=50$ Hz zu erzeugen, muß demnach die Drehzahl $n=50\ s^{-1}=3000$ Umdrehungen je min sein. Bei Antrieb mit Wasserturbinen, die im allgemeinen langsamer als Dampfturbinen laufen, werden Generatoren mit einer Polpaarzahl $p \geqq 2$ gewählt. $p=2$ (N-S-N-S) erfordert bei 50 Hz 1500 U/min.

Die Leiterschleifen werden so angeordnet und zusammengeschaltet, daß sich hohe Spannungen bzw. Leistungen sowie günstige Spannungsformen ergeben, also Gleichspannungen kleiner Welligkeit an fein unterteilten Kommutatoren bei Gleichstromgeneratoren oder auch Wechselspannungen mit geringem Oberwellengehalt bei Wechselstromgeneratoren. Ausgehend von den Gln. (7.47) und (7.48) ist der oft als *erste Grundgleichung elektrischer Maschinen* bezeichnete Ansatz

$$\hat{U}=c_1 n\hat{\Phi} \tag{7.49}$$

c_1 Maschinenkonstante, $\hat{\Phi}$ Fluß, n Drehzahl

plausibel. Für eine Leiterschleife im radialen Feld gilt nach diesen Gln.

$$\hat{U}=2\pi wpn\hat{\Phi}, \text{ d.h. } c_l=2\pi wp \text{ (mit } w=1). \tag{7.50}$$

Bei realen elektrischen Maschinen ist c_1 ein komplizierter vom Aufbau abhängiger Ausdruck etwa der gleichen Größe. Bisher wurde angenommen, daß die Spannung bei ortsfestem Magnetfeld in der sich drehenden Rotorwicklung induziert wird. Natürlich ist es auch möglich, das Magnetfeld rotieren zu lassen, d. h. den Rotor mit Feldspulen für das Magnetfeld auszubilden und die Spannung in ruhenden Windungen auf dem Stator zu induzieren. Elektrische Maschinen mit außen befindlichem Magneterregerteil (meist ortsfest) nennt man Außenpolmaschinen (Bild 7.25a) und Maschinen mit innen befindlichem Magneterregerteil (meist rotierend) Innenpolmaschinen (Bild 7.25b). Dominierend für die Erzeugung elektrischer Energie sind Innenpolmaschinen, insbesondere Drehstrom-Innenpolmaschinen (s. Abschn. 11.3.7.). Innenpolmaschinen besitzen den Vorteil, daß nur die Erregerleistung für das Magnetfeld über Schleifringe zugeführt werden muß, während die wesentlich höhere Nutzleistung an ruhenden Spulen abgenommen werden kann. Gleichstrom-Generatoren sind meist Außenpolmaschinen.

7.7.4. Selbst- und Gegeninduktion

Die Wirkungskette $i(t) \rightarrow \Phi(t) \rightarrow u_i$ mit Rückwirkung der induzierten Spannung u_i auf den Strom i in *einem* Stromkreis wird – wie im Abschnitt 1.8.2. dargelegt – mit Hilfe der Selbstinduktivität L bzw. der u-i-Relation $u_i=w\,\mathrm{d}\Phi/\mathrm{d}t=\mathrm{d}\,(Li)/\mathrm{d}t$ beschrieben. Als Beispiel *zweier magnetisch verkoppelter Stromkreise* betrachten wir Bild 7.26a. Für die gewählte Zählrichtung der Ströme und Spannungen lauten die Maschengleichungen bei Berücksichtigung der Wicklungswiderstände R_1 und R_2 allgemein

$$u_1=R_1 i_1+u_{i1} \qquad u_2=R_2 i_2+u_{i2} \tag{7.51}$$

$$u_1=R_1 i_1+w_1\frac{\mathrm{d}\Phi_1}{\mathrm{d}t} \quad u_2=R_2 i_2+w_2\frac{\mathrm{d}\Phi_2}{\mathrm{d}t}. \tag{7.52}$$

Φ_1 (bzw. Φ_2) ist der Fluß, der die Spule *1* (bzw. *2*) mit w_1 Windungen (bzw. w_2 Windungen) durchsetzt[1]. Unterscheiden sich die Flüsse in den einzelnen Windungen, so sind Φ_1 bzw. Φ_2 als mittlere Flüsse aufzufassen. Φ_1 und Φ_2 werden beide durch i_1 und i_2 verursacht. Als vorteilhaft erweist sich der Ansatz

$$w_1\Phi_1(i_1, i_2)=L_1 i_1+M_{12} i_2 \quad w_2\Phi_2(i_1, i_2)=M_{12} i_1+L_2 i_2. \tag{7.53}$$

[1] Häufig führt man die Bezeichnungen verkettete Magnetflüsse $\Psi_1=w_1\,\Phi_1$ und $\Psi_2=w_2\,\Phi_2$ ein.

Für die im folgenden vorausgesetzten linearen magnetischen Kreise (Permeabilitäten μ = konst.) sind die durch diese Gleichungen definierten *Selbstinduktivitäten* L_1 und L_2 sowie *Gegeninduktivitäten* M_{12} und M_{21} konstant. Es gilt:

$$L_1 = \left(\frac{w_1 \Phi_1}{i_1}\right)_{i_2=0}; \quad L_2 = \left(\frac{w_2 \Phi_2}{i_2}\right)_{i_1=0}; \quad [L] = \frac{\mathrm{V \cdot s}}{\mathrm{A}} = \mathrm{H\ (Henry)} \tag{7.54}$$

$$M_{12} = \left(\frac{w_1 \Phi_1}{i_2}\right)_{i_1=0}; \quad M_{21} = \left(\frac{w_2 \Phi_2}{i_1}\right)_{i_2=0}. \quad [M] = \frac{\mathrm{V \cdot s}}{\mathrm{A}} = \mathrm{H\ (Henry)}. \tag{7.55}$$

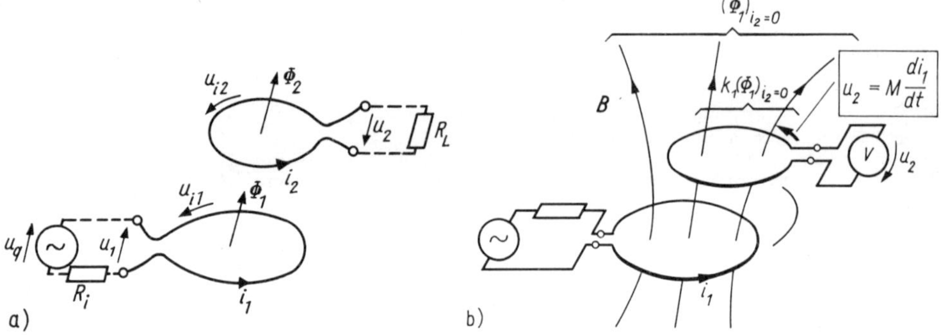

Bild 7.26

a) Zwei magnetisch verkoppelte Spulen mit $w_1 = w_2 = 1$ (s. Gl. (7.52)); b) Beschreibung der magnetischen Verkopplung zweier Spulen durch die Gegeninduktivität M ($i_2 = 0$)

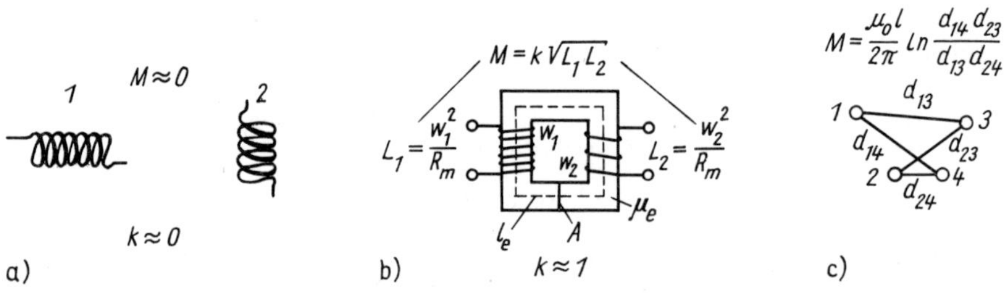

Bild 7.27. Beispiele zur magnetischen Verkopplung

a) kleiner Koppelfaktor; b) großer Koppelfaktor; c) Gegeninduktivität zweier langer paralleler geradliniger Doppelleitungen (1/2 und 3/4) der Länge l

Die Selbstinduktivität L_1 ist gleich dem bei stromloser Spule *2* in Spule *1* auftretenden, von i_1 erzeugten verketteten magnetischen Fluß $w_1 \Phi_1$ dividiert durch i_1. Die Gegeninduktivität M_{12} ist gleich dem bei stromloser Spule *1* in Spule *1* auftretenden, von i_2 erzeugten verketteten magnetischen Fluß $w_1 \Phi_1$ dividiert durch i_2. Analog sind L_2 und M_{21} zu interpretieren. Bild 7.26b veranschaulicht, daß oft nur ein als Koppelfaktor k_1 bezeichneter Bruchteil des durch die Spule *1* erzeugten magnetischen Flusses die Spule *2* durchsetzt:

$$(\Phi_2)_{i_2=0} = k_1 (\Phi_1)_{i_2=0} \text{ und analog } (\Phi_1)_{i_1=0} = k_2 (\Phi_2)_{i_1=0}.$$

Setzt man diese Definitionen der von *1* nach *2* bzw. *2* nach *1* wirksamen Koppelfaktoren k_1 bzw. k_2 sowie L_1 und L_2 in die Gleichungen für M_{21} und M_{12} ein, so ergibt sich

$$M_{21} = k_1 \frac{w_2}{w_1} L_1; \quad M_{12} = k_2 \frac{w_1}{w_2} L_2. \tag{7.56}$$

Bei linearen magnetischen Kreisen kann $M_{21} = M_{12} = M$ gesetzt werden. Mit $M_{21} M_{12} = M^2 = k_1 k_2 L_1 L_2$ folgt für die Gegeninduktivität der Kreise *1* und *2*:

$$M = k\sqrt{L_1 L_2} \text{ mit dem Koppelfaktor } k = \sqrt{k_1 k_2} \quad (0 \leq k \leq 1). \tag{7.57}$$

Als Streufaktor bezeichnet man $\sigma = 1 - k^2$. Eine ideale magnetische Kopplung ($k = 1$) strebt man meist bei Transformatoren an, während die Gegeninduktion zwischen Leitungen in Schaltungen und Informationskanälen (z. B. bei Paralleldrahtleitungen) unerwünscht ist (Bild 7.27).

Mit den Gln. (7.51), (7.52) und (7.53) ergeben sich die Strom-Spannungs-Gleichungen zweier magnetisch verkoppelter Spulen

$$u_1 = +\quad R_1 i_1 + L_1 \frac{\mathrm{d}i_1}{\mathrm{d}t} \underset{(-)}{+} \mathrm{M} \frac{\mathrm{d}i_2}{\mathrm{d}t}; \tag{7.58}$$

$$u_2 = \underset{(-)}{+} R_2 i \underset{(-)}{+} L_2 \frac{\mathrm{d}i_2}{\mathrm{d}t} + M \frac{\mathrm{d}i_1}{\mathrm{d}t}. \tag{7.59}$$

Sie gelten bei Abschluß mit beliebigen Zweipolen. Das eingeklammerte negative Vorzeichen wäre bei Änderung der Pfeilrichtung von i_2 zu verwenden. Der erste Term beschreibt den Einfluß des ohmschen Spannungsabfalls über dem Wicklungswiderstand, der zweite die Selbst- und der dritte die Gegeninduktion. Die magnetische Verkopplung zweier Kreise ist um so größer, je größer $M = k\sqrt{L_1 L_2}$ ist.

Als Beispiel wird noch einmal Bild 7.26b betrachtet. Bei Abschluß von Spule *2* mit einem sehr hochohmigen Voltmeter ist $i_2 = 0$. Die gemessene Spannung $u_2 = M\,\mathrm{d}i_1/\mathrm{d}t$ wird demnach lediglich durch die mit der Änderung von i_1 verbundene Flußänderung in Spule *2* induziert. Falls wie im Bild 7.26a ein endlicher Lastwiderstand R_L angeschlossen wird, verursacht die induzierte Spannung einen Strom i_2 in Spule *2* und beeinflußt damit den Fluß durch Spule *2* und natürlich auch den durch Spule *1*. Nach der Lenzschen Regel ist die Wirkung der induzierten Spannung u_2 so gerichtet, daß sie ihre Ursache schwächt. Nimmt z. B. i_1 zu, so muß der induzierte Strom i_2 so gerichtet sein, daß der damit verbundene Teilfluß der Flußzunahme in *1* entgegenwirkt, also nach unten zeigen, d. h. nach der Rechtsschraubenregel $i_2 < 0$. Die Lenzsche Regel ermöglicht eine qualitative Diskussion ohne Rechnung.

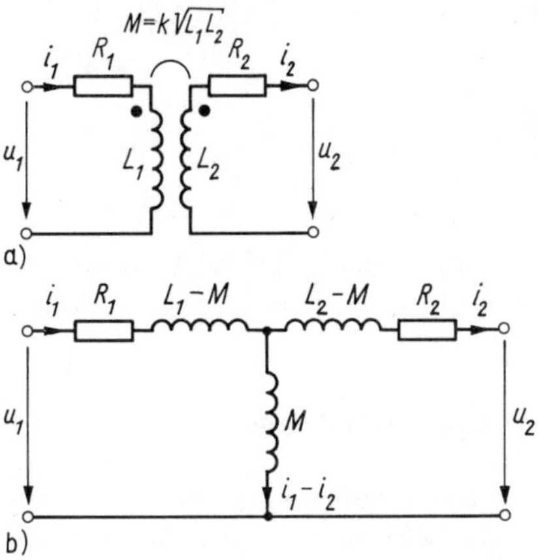

Bild 7.28. Ersatzschaltbilder für die magnetisch verkoppelten Spulen von Bild 7.26b (entsprechend den Gln. (7.58) und (7.59))

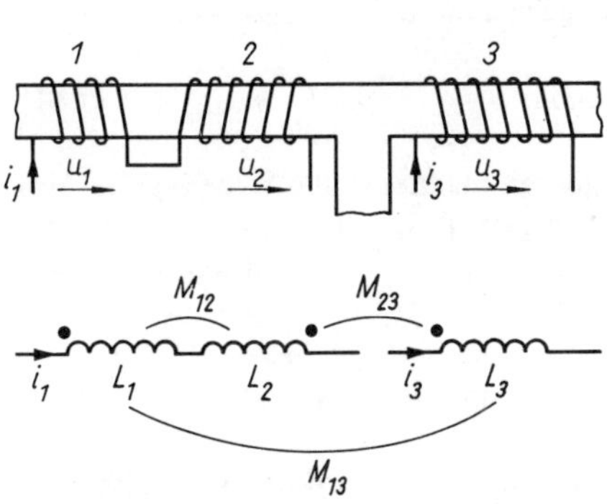

Bild 7.29. Drei magnetisch verkoppelte Spulen und ihre Ersatzschaltung. u-i-Relationen:

$$u_1 = L_1 \frac{\mathrm{d}i_1}{\mathrm{d}t} - M_{12} \frac{\mathrm{d}i_1}{\mathrm{d}t} + M_{13} \frac{\mathrm{d}i_3}{\mathrm{d}t},$$

$$u_2 = L_2 \frac{\mathrm{d}i_1}{\mathrm{d}t} - M_{12} \frac{\mathrm{d}i_1}{\mathrm{d}t} - M_{23} \frac{\mathrm{d}i_3}{\mathrm{d}t},$$

$$u_3 = L_3 \frac{\mathrm{d}i_3}{\mathrm{d}t} + M_{13} \frac{\mathrm{d}i_1}{\mathrm{d}t} - M_{23} \frac{\mathrm{d}i_1}{\mathrm{d}t}$$

Ein zur Anordnung im Bild 7.26 bzw. den Gln. (7.58) und (7.51) gehöriges Ersatzschaltbild zeigt Bild 7.28a. Mit Hilfe der Gln. (7.58) und (7.59) läßt sich leicht Bild 7.28b als weitere mögliche Ersatzschaltung verifizieren, falls eine Ein- und Ausgangsklemme galvanisch verbunden werden können.

Die Punktmarkierung (s. Bild 7.28a und 7.29) benutzt man, um auch im Ersatzschaltbild Auskunft darüber zu geben, ob sich die Flüsse verkoppelter Spulen addieren (bzw. subtrahieren), d. h. gleiches Vorzeichen vor L und M (bzw. ungleiches). Im ersten Fall befindet sich der Punkt an beiden Spulen am Spulenanfang (Stromeintritt) oder an beiden Spulen am Spulenende (Stromaustritt). Das veranschaulicht Bild 7.29 anhand dreier magnetisch verkoppelter Spulen.

7.7.5. Transformator

Ein Transformator besteht im einfachsten Fall aus zwei magnetisch verkoppelten Spulen, wobei die Kopplung meist über einen Eisenkern erfolgt (Bild 7.30a). Er wandelt bei geringen Verlusten (vor allem Wärme) der Primärwicklung zugeführte elektrische Energie in magnetische und diese wieder in elektrische Energie, die an der Sekundärwicklung entnommen wird (Bild 7.30b). Die Sekundärseite wirkt bei Stromfluß auf die Primärseite zurück.

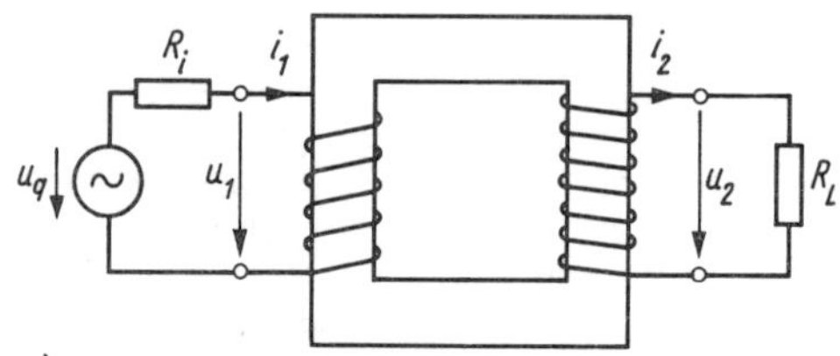

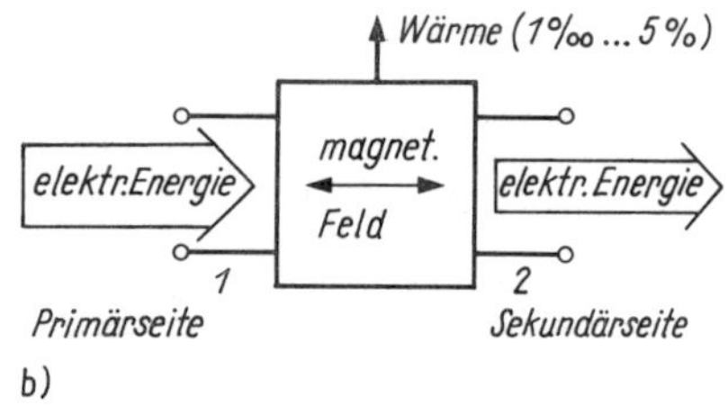

Bild 7.30. Transformator

a) Aufbau eines Einphasen-Trafos (Prinzip); b) Energiefluß (im Zeitmittel)

7.7.5.1. Idealer Transformator

Unter den Voraussetzungen vernachlässigbare Streuung des Feldes, d. h., Wicklungen werden vom gleichen Fluß zeitveränderlich durchsetzt ($\Phi_1 = \Phi_2$), und vernachlässigbare Verluste, folgt aus Gl. (7.52)

$$\frac{u_1}{u_2} = \frac{w_1\,\mathrm{d}\Phi_1/\mathrm{d}t}{w_2\,\mathrm{d}\Phi_1/\mathrm{d}t} \quad \text{bzw.} \quad \frac{u_1}{u_2} = \frac{w_1}{w_2} = ü \quad \textit{ideale Spannungstransformation.} \tag{7.60}$$

$ü$, das Verhältnis der Windungszahlen, nennt man auch Übertragungsfaktor. Setzt man zusätzlich voraus, daß sich die hinein- und herausfließenden Leistungen nicht unterscheiden, d. h. $p_1 = u_1 i_1 = u_2 i_2$ (also vernachlässigbare Verlust- und gespeicherte Leistung), so erhält man

$$\frac{i_1}{i_2} = \frac{u_2}{u_1} = \frac{w_2}{w_1} = \frac{1}{ü} \quad \textit{ideale Stromtransformation.} \tag{7.61}$$

Gleichbedeutend damit ist die Annahme vernachlässigbaren magnetischen Widerstandes des Eisenkreises sowie vernachlässigbarer Wirbelströme i_w wegen $\Phi_1 R_m = i_1 w_1 - i_2 w_2 - i_w = 0$. Bei Abschluß der Sekundärwicklung mit einem Lastwiderstand $R_L = u_2/i_2$ gilt für den Eingangswiderstand

$$R_E = \frac{u_1}{i_1} = \left(\frac{w_1}{w_2}\right)^2 \frac{u_2}{i_2} = ü^2 R_L \quad \textit{ideale Widerstandstransformation.} \tag{7.62}$$

Der Lastwiderstand wird also mit $ü^2$ auf den Eingang transformiert. Wird die Sekundärwicklung mit einem R, L, C-Zweipol belastet, dessen Impedanz $Z_L = \hat{U}_2/\hat{I}_2$ ist, so kann bei sinusförmiger Eingangsspannung folgende Eingangsimpedanz festgestellt werden:

$$Z_E = \frac{\hat{U}_1}{\hat{I}_1} = \left(\frac{w_1}{w_2}\right)^2 Z_L = \ddot{u}^2 Z_L \quad \textit{ideale Impedanztransformation.} \tag{7.63}$$

Für $\Phi_1(t) = \Phi_{max} \cos \omega t$ gilt $u_1 = w_1 \, d\Phi_1/dt = \hat{U}_1 \cos(\omega t + \pi/2)$ mit $\hat{U}_1 = w_1 \omega \Phi_{max}$. Demnach erhält man für die Effektivwerte der Primär- und Sekundärspannung bei sinusförmiger Eingangsspannung

$$U_1 = 4{,}44 w_1 f \Phi_{max}, \qquad U_2 = 4{,}44 w_2 f \Phi_{max}. \tag{7.64}$$

7.7.5.2. Verhalten technischer Transformatoren

Ein idealer Transformator mit o. g. Eigenschaften würde $\varkappa \to \infty$ für die Wicklung, $\mu \to \infty$ und $\varkappa = 0$ für das Kernmaterial erfordern. Der technische Transformator weist endliche Verluste (Wicklungs- und Kernverluste) sowie einen endlichen Streufluß auf. Die Kernverluste bestehen aus Ummagnetisierungsverlusten (~ Frequenz f, s. Abschn. 7.8.) und Wirbelstromverlusten ($\sim f^2$). Sie können bei sekundärseitigem Leerlauf ermittelt werden, da dabei die Wicklungsverluste vernachlässigbar sind (I_1 klein, $I_2 = 0$). Bei Kurzschluß lassen sich die Wicklungsverluste bestimmen. Die Verlustleistungen sind im Normalbetrieb sehr klein (Promille bis Prozent). Die für den idealen Transformator angegebenen Beziehungen sind für den technischen Transformator nur noch näherungsweise – allerdings meist in guter Näherung – gültig. Je weniger ein Transformator vom Betriebszustand sekundärseitiger Leerlauf ($I_2 = 0$, $U_2 = U_{2l}$) abweicht, um so besser ist $U_1/U_2 \approx w_1/w_2$ erfüllt (s. auch Bild 7.31). Je weniger er vom Betriebszustand sekundärseitiger Kurzschluß ($U_2 = 0$) abweicht, desto genauer gilt $I_1/I_2 \approx w_2/w_1$.

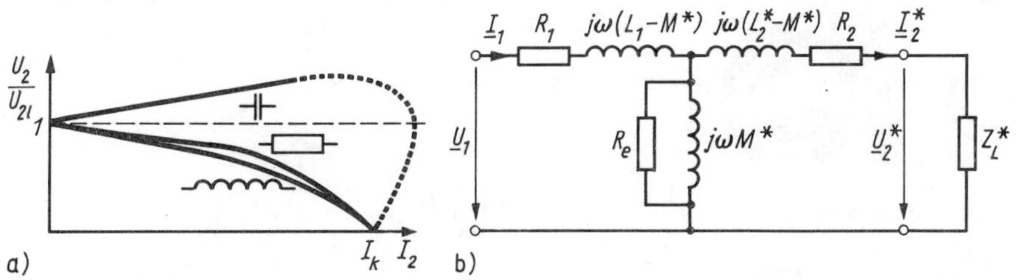

Bild 7.31. Technischer Transformator

a) Auf die Leerlaufspannung normierter Effektivwert der Sekundärspannung als Funktion des Laststromes bei konstantem Effektivwert der Primärspannung für vorwiegend ohmsche, induktive und kapazitive Last; b) Ersatzschaltbild mit den „reduzierten" Größen $\underline{I}_2^* = \underline{I}_2/\ddot{u}$, $\underline{U}_2^* = \ddot{u}\underline{U}_2$, $M^* = \ddot{u}M$, $L_2^* = \ddot{u}^2 L_2$, $R_2^* = \ddot{u}^2 R_2$, $\underline{Z}_L^* = \ddot{u}^2 \underline{Z}_L$ mit $\ddot{u} = w_1/w_2$ oder $\ddot{u} = M/L_2$

Relative Nennkurzschlußspannung U_k/U_n nennt man die auf die Nennspannung U_n einer Wicklung bezogene Spannung U_k, die bei Kurzschluß der anderen Wicklung anzulegen ist, damit durch erstere deren Nennstrom I_n fließt. Unter Voraussetzung idealer Stromtransformation fließt dann durch beide Wicklungen der jeweilige Nennstrom. Der *relative Nennkurzschlußstrom* I_k/I_n bei Nennspannung und Kurzschluß der anderen Wicklung ist der Reziprokwert, d. h. $I_k/I_n = U_n/U_k$. Ist also z. B. $U_k/U_n = 5\,\%$, so fließt durch Wicklung *1* bei Kurzschluß von Wicklung *2* der 20fache Nennstrom.

Eine genaue Diskussion des Transformators kann mit dem im Bild 7.31b angegebenen Ersatzschaltbild erfolgen, das sich aus Bild 7.28b ergibt, wenn man noch die Kernverluste durch R_e berücksichtigt. Dabei erweist sich außerdem häufig auch die Einführung sogenannter reduzierter Größen (durch * gekennzeichnet) als zweckmäßig, da sie die physikalische Deutung der Ersatzschaltbildparameter vereinfacht sowie den Vierpol symmetriert. Um $\underline{U}_2 = \underline{U}_2^*/\ddot{u}$ am Ausgang zu erhalten, ist noch ein idealer Übertrager mit dem Übertragungsfaktor $\ddot{u}$ anzuschließen.

7.7.5.3. Anwendungen und Bauformen von Transformatoren

Transformatoren werden vor allem für die *Spannungs-*, *Strom-* und *Impedanztransformation* sowie zur *galvanischen Entkopplung (Potentialtrennung)* angewendet.

Beispiel: Erzeugung einer 12,6-V- aus einer 220-V-Wechselspannung
$U_1/U_2 = 220\ \mathrm{V}/12{,}6\ \mathrm{V} = 17{,}5 \approx w_1/w_2$, also muß die sekundärseitige Windungszahl etwa 17,5mal kleiner sein. Der sekundärseitige Strom $I_2 \approx I_1 w_1/w_2$ ist um den gleichen Faktor größer. Bei Belastung mit einem Widerstand $R_2 = 5\ \Omega$ weist die Primärseite einen Eingangswiderstand $R_1 \approx R_2 w_1^2/w_2^2 = 1{,}5\ \mathrm{k\Omega}$ auf.

Der magnetische Kreis von Transformatoren (bzw. Spulen) mit Eisenkern besteht aus Schenkeln, auf denen Wicklungen sitzen sowie Jochen, die die Schenkel verbinden. Meist bezeichnet man auch parallel zu den wicklungstragenden Abschnitten liegende als Schenkel (Bild 7.32a). Teilweise befinden sich auf der Sekundär- bzw. Primärseite mehrere Anzapfungen, so daß einem Transformator unterschiedliche Spannungen entnommen werden können. Zu unterscheiden sind bezüglich der Wicklungen Zylinderwicklung (konzentrische Zylinder) und Scheibenwicklung. Besondere Bedeutung besitzen Transformatoren in der elektrischen Energietechnik und speziell für die elektrische Energieversorgung (s. Abschn. 11.1.). Man nennt sie auch oft *Umspanner* (besonders wichtig hoher Wirkungsgrad und effektiver Materialeinsatz von Al bzw. Cu sowie Isoliermaterial für die Wicklung und Dynamoblech für den Kern).

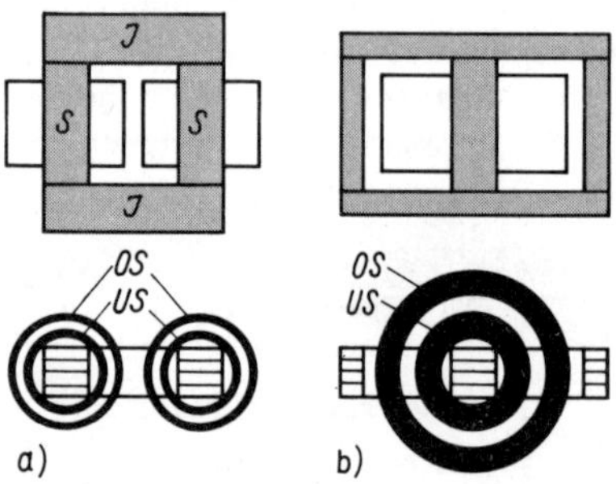

Bild 7.32. Bauformen von Einphasentransformatoren

a) Einphasen-Kerntransformator (Wicklungen können auch beide auf einem oder je auf einem Schenkel sitzen); b) Einphasen-Manteltransformator
US Unterspannungswicklung,
OS Oberspannungswicklung

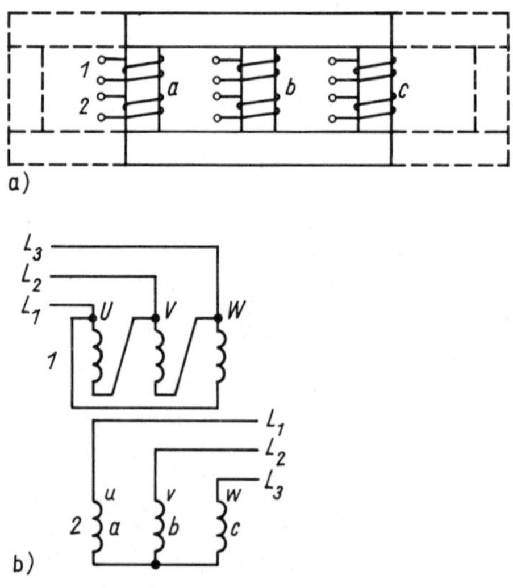

Bild 7.33. Dreiphasentransformator

a) Dreischenkel-Drehstromtransformator (gestrichelt: Fünfschenkel-Drehstromtransformator); b) Beispiel einer Verkettung: △-Schaltung auf der Ober- und Y-Schaltung auf der Unterspannungsseite (Dy-Schaltung)

Bild 7.33 zeigt Beispiele von *Dreiphasentransformatoren.* Drehstromtransformatoren kann man in *Dreieck- oder Sternschaltung* sowie offen (unverkettet) betreiben. Die höchste Nennspannung bei Ein- bzw. Dreiphasentransformatoren nennt man Ober-, die niedrigste Unterspannung (unabhängig von der Richtung des Leistungsflusses). Normierte Nennspannungen sind:

6, 12, 24, 42, 220, 380, 660 V sowie 1, 3, 6, 10, 20, 30, 110, 220, 380 kV.

Bei *Spartransformatoren* wird durch eine Wicklungsanzapfung ein Teil der Oberspannungswicklung genutzt. Ein Teil der Wicklung wird demnach nur vom kleinen Differenzstrom $i_2 - i_1$ durchflossen (Bild 7.34), so daß Wicklungs- und Kernmaterial eingespart werden können. Dadurch sind Spartransformatoren kleiner und billiger als *Volltransformatoren.* Nachteilig ist die galvanische Verbindung zwischen Primär- und Sekundärkreis (Gefahr bei Defekten). Transformatoren, deren Wicklungsverhältnis und damit auch Sekundärspannung variiert werden können, nennt man *Stelltransformatoren.* Häufig werden sie als Spartransformatoren realisiert, bei denen die o. g. Anzapfung als Schleifbürste ausgebildet ist. Auf dem *Leistungsschild* eines (Leistungs)transformators werden u. a. folgende Daten angegeben: Scheinleistung, Spannungen, Ströme (bei Nennleistung), Frequenz, Anzahl der Phasen, Schaltungen und -gruppen, Kurzschlußspannung, Betriebsart (Dauer- oder Kurzzeitbetrieb), Kühlungsart.

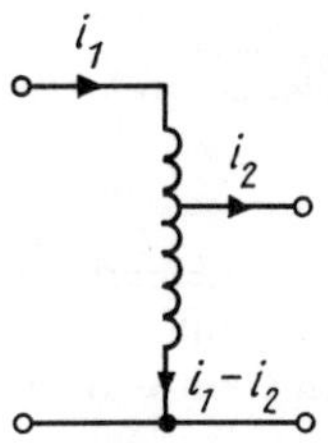

Bild 7.34
Beispiel eines Spartransformators (mit $U_2 < U_1$)

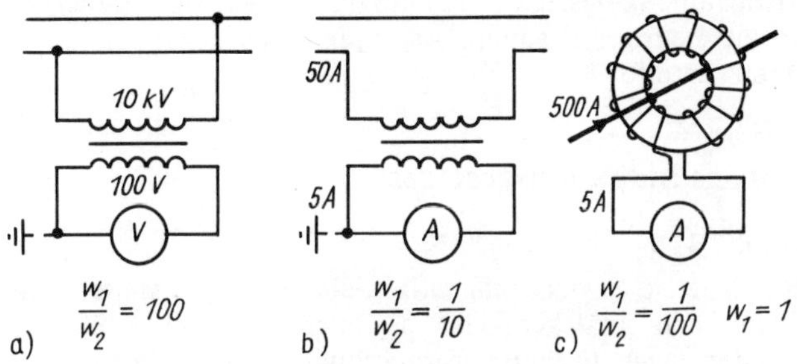

Bild 7.35. Meßwandler (angegebene Effektivwerte als Beispiel)
a) Spannungswandler (praktisch sekundärseitiger Leerlauf); b) Stromwandler (praktisch sekundärseitiger Kurzschluß, bei Unterbrechung des Sekundärkreises Zerstörung!); c) Stabstromwandler (s. auch b), Ausbildung auch als unterteilte Stromzange

Bezüglich der Kühlung unterscheidet man Luftkühlung (Trockentransformatoren, Kennbuchstabe A) und Ölkühlung (O) und Wasserkühlung (W) sowie natürliche bzw. erzwungene Kühlmittelbewegung (N bzw. F). Spezialtransformatoren für Spannungs- bzw. Strommessung mit hoher Genauigkeit bezeichnet man als *Meßwandler.* Sie passen als *Spannungs-* bzw. *Stromwandler* Spannungen bzw. Ströme an die Meßbereiche handelsüblicher Instrumente an und vermeiden auch gefährliche Hochspannungen im Meßkreis (Bild 7.35). Transformatoren, die der linearen Übertragung elektrischer Signale dienen, bezeichnet man als *Übertrager.* Damit sie bis zu relativ hohen Frequenzen (z. B. 30 kHz) zeitliche Spannungsänderungen linear übertragen, werden sie mit Ferritkernen oder geblechten Eisenkernen mit Luftspalt (s. Abschn. 7.4. bzw. 7.7.2.) oder als Luftspulen ausgebildet. Bei ihnen stehen oft Potentialtrennung sowie Impedanzwandlung im Vordergrund. Als Beispiel der Impedanzwandlung sei die Anpassung eines niederohmigen Verbrauchers R_L an einen Verstärker mit hohem Innenwiderstand R_i genannt.

Dazu das *Zahlenbeispiel:* $R_L = 8\ \Omega$ (Lautsprecher), $R_i = 70\ \Omega$; also ist $R_e \approx R_L \approx 70\ \Omega$ wegen Leistungsanpassung erwünscht, d. h., $w_1/w_2 \approx \sqrt{R_e/R_L} \approx 3$.

Transformatoren werden auch genutzt, um aus Gleichspannungen höhere Wechselspannungen (z. B. 12 $V_=$/220 $V_\sim$-Transverter) oder sehr hohe Spannungsimpulse (*Funkeninduktoren* bzw. *Zündanlagen*) zu erzeugen. In beiden Fällen wird der Strom im Primärkreis mit einem Schalter, einem Transistor oder einem Thyristor periodisch unterbrochen. Bei Zündanlagen (Bild 7.36) erfolgt das möglichst abrupt. Dadurch wird wegen $u = \mathrm{d}(Li)/\mathrm{d}t$ in der Primärwicklung eine Spannungsspitze induziert, wobei der sekundärseitige zunächst leerlaufende Transformator wie eine Induktivität wirkt. Die Spannung wird in der Sekundärwicklung hochtransformiert. Kondensatoren werden als Energiespeicher bzw. zur Reduzierung

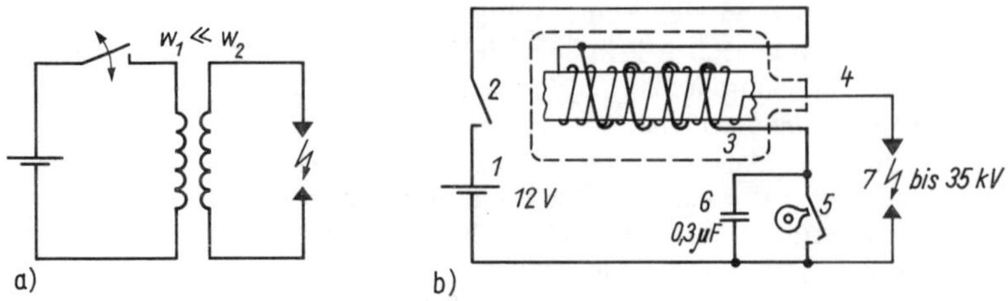

Bild 7.36. Erzeugung hoher Spannungen aus Gleichspannungen

a) Prinzip des Funkeninduktors; b) Prinzip der Zündanlage eines Kfz: *1* Batterie/Lichtmaschine; *2* Zündanlaßschalter; *3/4* Primär- bzw. Sekundärwicklung der Zündspule ($w_1 \approx 500$, $w_2 \approx 50000$); *5* Unterbrecherkontakt oder Analogon; *6* Kondensator; *7* Zündkerze

von Kontaktfeuer am Schalter (s. Bild 7.36b) genutzt. *Zerstörung* von Transformatoren erfolgt meist durch thermische Überlastung der Wicklung, die zu schadhafter Isolation und damit zu Kurzschlüssen führt. Bei schadhafter Isolation der Bleche (oder Bolzen) im Kern tritt infolge erhöhter Wirbelströme eine hohe Erhitzung (Eisenbrand) auf. Gründe für Überlastung sind u. a. Kurzschluß der Sekundärwicklung (zulässig nur bei kurzschlußsicheren Trafos), zu hohe Primärspannung, Betrieb mit zu niedriger Frequenz oder gar fälschlicherweise angelegte Gleichspannung (z. B. bei Spielzeugtrafo).

7.7.6. Weitere Anwendungen des Induktionsgesetzes

a) Magnetkopf für die Wiedergabe (Bild 7.37a)

Magnetköpfe dienen als elektrisch-magnetischer oder magnetisch-elektrischer Wandler zum Aufzeichnen, Wiedergeben oder Löschen analoger oder digitaler elektrischer Signale (s. Abschn. 10.1.1.) bei vorbeilaufenden magnetischen Informationsspeichern wie Magnetband, -platte oder -karte. Beim Aufzeichnungskopf wird eine dünne ferromagnetische Schicht durch das Magnetfeld im Luftspalt im Rhythmus des Spulenstromes magnetisiert. Am Wiedergabekopf induziert die entsprechend der aufgezeichneten Information unterschiedlich magnetisierte Schicht durch Flußschwankungen eine Spannung in der Spule, die dem ursprünglichen elektrischen Signal proportional ist und anschließend verstärkt wird. Der untere Luftspalt dient als Scherungsspalt. Anwendung erfolgt z. B. in der Audio-, Video- und Rechentechnik.

b) Elektrodynamisches Mikrofon (Induktion durch Bewegung eines Leiters im Magnetfeld)

Beim Tauchspulmikrofon entsprechend Bild 7.37b wird eine mit einer Membran (1) verbundene Schwingspule (2), die sich im Ringspalt eines Dauermagnet-Weicheisenkreises (3/4) befindet, im Rhythmus der Schallschwingungen bewegt. Durch die Leiterbewegung quer zum Magnetfeld wird eine kleine Spannung u_i induziert, die danach einem Verstärker zugeführt werden kann.

c) Induktiver Schalter oder Drehzahlmesser

Die Erläuterung erfolgt am Beispiel des Bildes 7.37c: Bei Vorbeigleiten des Permanentmagneten (1) an der Induktionsspule (2) wird ein Spannungsstoß induziert, der – z. B. über eine elektronische Schaltung und ein Relais – die Bewegung des Schlittens (3) einer Werkzeugmaschine beeinflußt, also z. B. abstoppt.

d) Rogowski-Spule zur Messung magnetischer Spannungen (Bild 7.37d)

Sie besteht aus einer auf einen flexiblen nichtferromagnetischen Körper gewickelten Spule, die durch den angeschlossenen Integrator-Meßkreis (elektronische Schaltung oder Kriechgalvanometer) eine Flußmessung und damit eine Messung der magnetischen Spannung entlang des Spuleninneren (Weg 1) gestattet:

$$V_{AB} = \int_A^B \boldsymbol{H}\,\mathrm{d}\boldsymbol{s} = k\int_0^t u_i\,\mathrm{d}t \quad \text{mit} \quad k = l/(\mu_0 w A). \tag{7.65}$$

Ausgewertet wird der bei Einschalten des Magnetfeldes oder Anlegen der Rogowski-Spule auftretende Spannungsstoß.

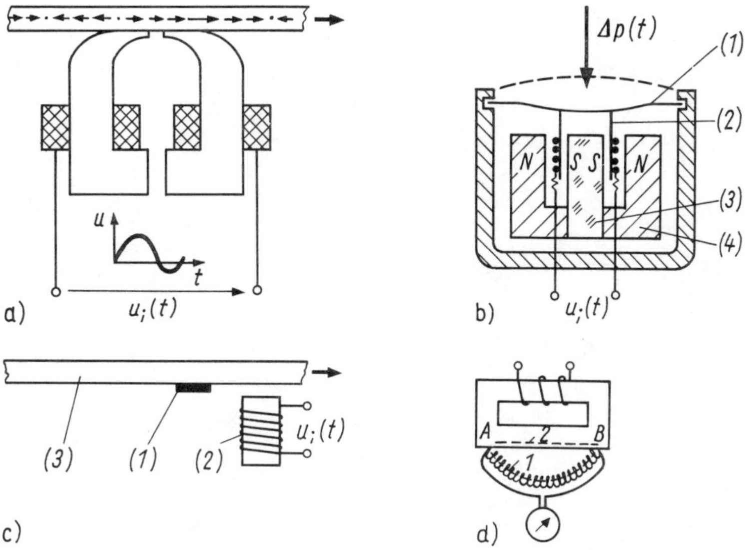

Bild 7.37. Weitere Anwendungen der Spannungsinduktion

a) Magnetkopf (Prinzip); Luftspalte und Banddicke stark vergrößert dargestellt, Pfeile symbolisieren die Magnetisierung; b) Tauchspulmikrofon als Beispiel eines elektrodynamischen Schallwandlers; Eigenschaften: Frequenzbereich 40 bis 10000 Hz, Empfindlichkeit $u_i/\Delta p = 2$ mV/Pa, niedrige Impedanz und damit lange Leitung ohne Vorverstärker anschließbar; c) Induktiver Schalter; d) Rogowski-Spule (Querschnitt A, w Windungen, Länge l): Sie mißt V_{AB} auf Weg *1* (= V_{AB} auf Weg *2*, da $\oint \boldsymbol{H}\,\mathrm{d}\boldsymbol{s} = \sum_\mu i_\mu = 0$)

Ableitung:*

$$V_{AB} = \int_A^B \boldsymbol{H}\,\mathrm{d}\boldsymbol{s} = \sum_{\nu=1}^{w} \boldsymbol{H}_\nu \Delta \boldsymbol{s}_\nu = \sum_{\upsilon=1}^{w} \Phi_\upsilon \Delta s_\upsilon/(\mu_0 A), \qquad \Delta s_\upsilon = l/w$$

$$\Phi_\upsilon(t) = \Phi_\upsilon(0) + \int_0^t u_{i\upsilon}\,\mathrm{d}t, \qquad \sum_{\upsilon=1}^{w} u_{i\upsilon} = u_i, \qquad V_{AB}(t) = V_{AB}(0) + \frac{1}{\mu_0 w A}\int_0^t u_i\,\mathrm{d}t.$$

7.8. Energiedichte und Energie des magnetischen Feldes

Die in einem magnetischen Feld der Induktion B gespeicherte *Energiedichte* w_m ist

$$\frac{\mathrm{d}W_m}{\mathrm{d}V} = w_m = \int_0^B H\,\mathrm{d}B \text{ bzw. für konstantes } \mu \quad w_m = \frac{HB}{2}. \tag{7.66}$$

Die im Volumen V gespeicherte Energie ergibt sich wegen $\mathrm{d}W_m = w_m \mathrm{d}V$ aus

$$W_m = \int w_m \mathrm{d}V \tag{7.67}$$

und damit für ortskonstantes w_m aus $W_m = w_m V$. Falls außerdem konstantes μ angenommen werden kann, ist

$$W_m = \frac{HB}{2} V = \frac{B^2}{2\mu} V. \tag{7.68}$$

Um die Energie zu berechnen, die eine Spule der Induktivität L speichert, ermitteln wir die Energie, die eine Spannungsquelle zuführen muß, um den Strom durch L von 0 auf i zu steigern:

$$W = \int_0^t ui\,dt = \int_0^t L\frac{di}{dt} i\,dt = L\int_0^t \frac{d}{dt}\left(\frac{i^2}{2}\right) dt = \frac{L}{2} i^2. \tag{7.69}$$

Für zwei gekoppelte Spulen läßt sich

$$W = L_1 \frac{i_1^2}{2} + L_2 \frac{i_2^2}{2} \overset{+}{(-)} M i_1 i_2 \tag{7.70}$$

nachweisen, wobei das Minuszeichen bei gegensinnigem Fluß einzusetzen ist.

Beispiel: Energiedichte im Luftspalt eines Magneten bei homogenem Feld

Aus Gl. (7.66) folgt mit $\Phi = BA$ (A – Fläche)

$$w_m = B^2/(2\mu) = \Phi^2/(2\mu A^2). \tag{7.71}$$

Im Luftspalt, d. h. für $\mu = \mu_0$ sowie für ein starkes Magnetfeld von 2 T ergibt sich daraus z. B. $w_m = 1{,}6\ \mathrm{Ws/cm^3}$, also eine um den Faktor 40000 größere Energiedichte als in einem elektrischen Feld (bei Durchbruchsfeldstärke, s. Abschn. 6.8.1.). Die Energiedichte im ferromagnetischen Material eines magnetischen Kreises ist wegen der hohen Permeabilität nach Gl. (7.71) wesentlich kleiner als im Luftspalt.

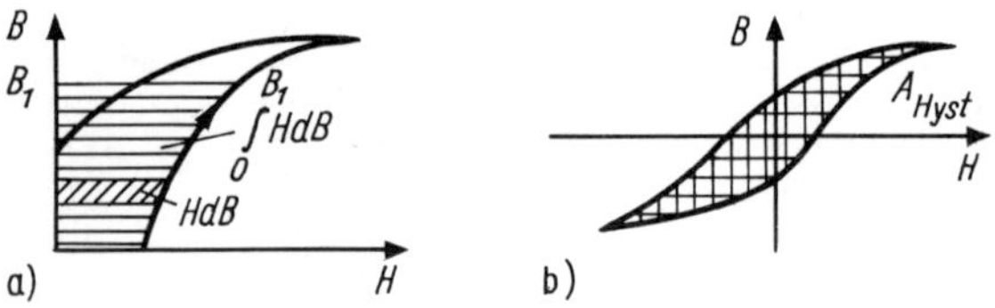

Bild 7.38

a) Ermittlung der in ferromagnetischem Material bei der Flußdichte B_1 gespeicherten Energiedichte $w_m = \int_0^{B_1} H\,dB$;

b) Ermittlung der beim vollständigen Durchlauf der Hysteresekurve abgegebenen Verlustenergie aus $W_{Hyst} = A_{Hyst}$

Beispiel: Energiedichte in ferromagnetischem Material (Bild 7.38 a)

Für $H\,dB > 0$ (< 0) nimmt die gespeicherte Feldenergie im Kernmaterial zu (ab). Demnach wird bei Durchfahren der Hysteresekurve nur ein Teil der gespeicherten Feldenergie wieder abgegeben. Die Differenz wird in Wärme umgesetzt. Sie ergibt sich aus dem Produkt der von der B-H-Kurve eingeschlossenen Fläche (Bild 7.38 b) und dem Volumen, d. h. aus $W_{Hyst} = V\oint H\,dB = VA_{Hyst}$. Für die *mittlere Verlustleistung* bei der Frequenz f gilt $P_{Hyst} = W_{Hyst}/T = fW_{Hyst}$. Durch Einsatz speziellen weichmagnetischen Materials bemüht man sich bei elektrischen Maschinen um geringe Magnetisierungsverluste (Hysterese) sowie Wirbelstromverluste (Reduzierung der Leitfähigkeit $\varkappa$ durch Siliziumbeimischungen zum Eisen bei Dynamoblech, außerdem Lamellierung entsprechend Abschn. 7.7.2.). Für Dynamoblech hoher Qualität wird für $B_{max} = 1{,}0\ \mathrm{V \cdot s/m^2}$ eine Hystereseverlustleistung $P_{1,0} \approx 1\ \mathrm{W/kg}$ angegeben. Eine weitere Reduzierung auf $< 0{,}5\ \mathrm{W/kg}$ wird durch *Texturblech* ermöglicht, bei dem durch ein spezielles Kaltwalzverfahren eine magnetische Vorzugsrichtung erzeugt wird. Allerdings muß dabei das Magnetfeld in diese Vorzugsrichtung zeigen.

7.9. Kräfte in magnetischen Feldern

Kräfte in magnetischen Feldern äußern sich als

a) Kräfte auf bewegte Ladungen
b) Kräfte auf Konvektionsströme bzw. stromdurchflossene Leiter
c) Kräfte an Grenzflächen
d) Kräfte auf magnetische Dipole

und sollen in dieser Reihenfolge behandelt werden. Dabei ist zu beachten, daß sie zwar getrennt behandelt werden, aber in einem inneren Zusammenhang stehen. Kräfte auf Ströme lassen sich z. B. auf Kräfte auf bewegte Ladungen zurückführen, und auch die Eigenschaften magnetischer Materialien hängen – allerdings in einer sehr komplizierten Weise – mit den Kräften auf Elementarladungen in Festkörpern zusammen, deren Bewegung teilweise als atomarer Kreisstrom interpretiert werden kann.

7.9.1. Kraft auf bewegte Ladungen

Bereits für die Erklärung von Induktionsvorgängen in Leitern war im Abschnitt 7.6. die Formel

$$F = QE + Qv \times B \qquad (7.33)$$

diskutiert worden. Im Gegensatz zum elektrischen Feld übt ein magnetisches Feld eine Kraft $\boldsymbol{F}$ nur auf eine *bewegte* Punktladung ($\boldsymbol{v} \neq 0$) aus.

Im folgenden werden einige Beispiele untersucht:

a) Lorentzkraft auf freie Ladungsträger im Vakuum

Hier sei auf Abschnitt 7.6. verwiesen. Weitere Anwendungsbeispiele sind u. a. magnetische Linsen (Bündelung von Elektronen bzw. Ionenstrahlen) in Fernsehempfängern, Elektronenmikroskopen, Elektronenstrahl-Schmelzöfen, Ionenkanonen sowie Anwendungen zur Bahnführung in Höchstfrequenzröhren (Magnetron), Teilchenbeschleunigern (Zyklotron, Betatron, ...) und Massentrenner.

b) Lorentzkraft auf Ladungsträger in Halbleitern (Halleffekt)

Als Halleffekt[1] bezeichnen wir die Beeinflussung der Ladungsträgerbewegung durch ein Magnetfeld senkrecht zur Stromrichtung. In der einfachsten Bauform ist ein Hallelement ein dünnes homogenes dotiertes Halbleiterplättchen mit zwei mal zwei gegenüberliegenden Anschlüssen, das senkrecht von einem Magnetfeld $\boldsymbol{B}$ durchsetzt wird (Bild 7.39a). Eine äußere Spannungs- bzw. Stromquelle treibt einen Strom I an. Setzt man z. B. reine n-Leitung voraus, so wird er durch Elektronen getragen. Die Elektronen erfahren bei Einschalten des Magnetfeldes B eine Kraft $F = evB$ senkrecht zu ihrer Bewegungsrichtung. Dadurch tritt quer zur Stromrichtung eine Elektronenanhäufung bzw. -verarmung auf, bis das damit verbundene elektrische Querfeld E die Wirkung des Magnetfeldes kompensiert: $evB = eE$. Damit tritt quer zur Stromrichtung die *Hallspannung* U_H auf, die an den Elektroden *3* und *4* abgegriffen werden kann. Unter den vereinfachenden Annahmen $E = U_H/b, I = SA$ mit $S = env$ sowie $A = db$ folgt die Näherung

$$U_H = R_H IB/d \quad \text{mit der Hallkonstante } R_H = 1/(ne) \quad (d \text{ Dicke}). \qquad (7.72)$$

Als Halbleitermaterial wählt man u. a. Indiumantimonid sowie Silizium. Bei *Hall-Schaltkreisen* wird die elektronische Schaltung mit dem Hall-Sensor gemeinsam auf einem Siliziumplättchen realisiert. Sie werden u. a. für berührungslose elektronische Schalter eingesetzt (Steuerung z. B. durch einen Permanentmagneten bei Tastaturen). Weitere Anwendungen von Hall-Elementen bzw. -Schaltkreisen sind B-Messungen bzw. B-gesteuerte Bauelemente, die Multiplikation IB sowie die Untersuchung von Halbleitereigenschaften.

c) Lorentzkraft auf Ladungsträger im Plasma bzw. in Schmelzen

Als Beispiel seien magnetohydrodynamische Generatoren (MHD-Generatoren) genannt. Bei ihnen strömt ein Medium, das Ladungsträger enthält (ionisiertes Gas oder flüssiges Metall, z. B. Natrium), durch ein senkrecht zur Bewegungsrichtung wirkendes Magnetfeld, das die Ladungsträger vorzeichenab-

[1] *Edwin Herbert Hall*, nordamerikanischer Physiker, 1855–1938.

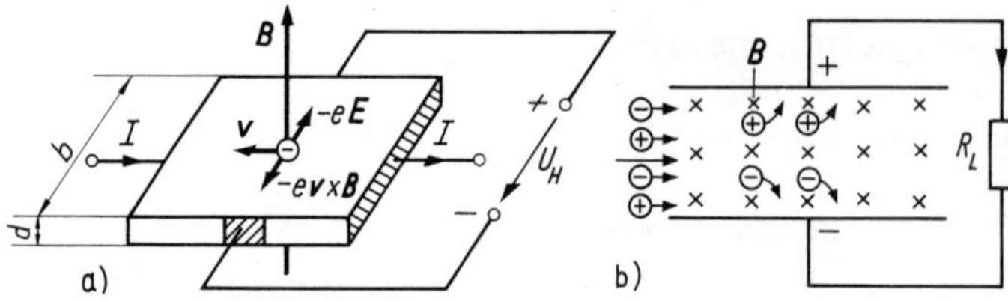

Bild 7.39
a) Prinzip des Hall-Elementes anhand eines n-Halbleiters;
b) Prinzip des MHD-Generators

hängig zu zwei Elektroden führt (Bild 7.39b). Diese laden sich auf, bis das dadurch entstehende elektrische Querfeld zu $\boldsymbol{F}=0$ führt (bei Leerlauf). Verbindet man die Elektroden über einen Verbraucher R_L, so fließt ein Strom, und die induzierte Spannung sinkt ab („endlicher Innenwiderstand"). Meist wird Wärmeenergie (Brennkammer) genutzt, um dem Medium Bewegungsenergie zuzuführen sowie die teilweise Ionisation durchzuführen. MHD-Generatoren führen also eine direkte Wandlung von Wärme in elektrische Energie durch, wodurch ein hoher Wirkungsgrad erreichbar ist. Ihre technische Entwicklung ist noch nicht abgeschlossen.

7.9.2. Kraft auf Ströme bzw. stromdurchflossene Leiter

7.9.2.1. Grundlagen

a) Elektrodynamisches Kraftgesetz

Die Kraft eines Magnetfeldes der Flußdichte $\boldsymbol{B}$ auf einen linienhaften Leiter, durch den ein Strom i fließt, ist

$$\boldsymbol{F}=i\int \mathrm{d}\boldsymbol{s}\times\boldsymbol{B}. \tag{7.73}$$

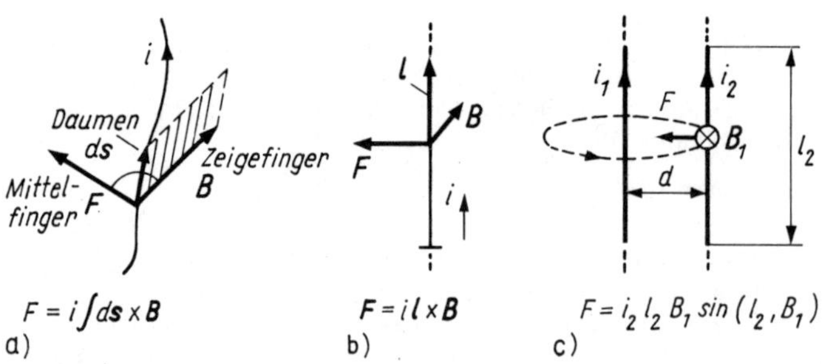

Bild 7.40
a) Elektrodynamisches Kraftgesetz (Kraft auf einen gekrümmten Leiter); b) Kraft auf einen geraden Leiter im homogenen Magnetfeld; c) Kraft zwischen zwei geraden parallelen Leitern

Dieses elektrodynamische Kraftgesetz geht für einen geraden Leiter der Länge l in einem längs $\boldsymbol{l}$ örtlich konstanten Magnetfeld wegen $\int \mathrm{d}\boldsymbol{s}=\boldsymbol{l}$ in

$$\boldsymbol{F}=i\boldsymbol{l}\times\boldsymbol{B} \tag{7.74}$$

bzw. $F=ilB\sin(\boldsymbol{l},\boldsymbol{B})$ über. Die Richtung von $\boldsymbol{F}$ kann mit der Dreifingerregel bestimmt werden (Bild 7.40a, b).

Ableitung von Gl. (7.73):*

Um die Kraft auf eine verteilte Ladung zu ermitteln, gehen wir von der Beziehung $\boldsymbol{F}=Q\boldsymbol{v}\times\boldsymbol{B}$ aus, die für eine differentielle Ladung $\mathrm{d}Q$ $\mathrm{d}\boldsymbol{F}=\mathrm{d}Q\boldsymbol{v}\times\boldsymbol{B}$ lautet. Für $\mathrm{d}Q=\varrho\,\mathrm{d}V$ ($\mathrm{d}V$ – differentielles Volumenelement) gilt $\mathrm{d}\boldsymbol{F}=\varrho\,\mathrm{d}V\boldsymbol{v}\times\boldsymbol{B}$ sowie mit $\boldsymbol{S}=\varrho\boldsymbol{v}$ $\mathrm{d}\boldsymbol{F}=\boldsymbol{S}\,\mathrm{d}V\times\boldsymbol{B}$ bzw.

$$F=\int(\boldsymbol{S}\times\boldsymbol{B})\,dV. \tag{7.75}$$

Für linienhafte Leiter ergibt sich mit $\mathrm{d}V=\boldsymbol{A}\,\mathrm{d}\boldsymbol{s}$ und $i=\boldsymbol{S}\boldsymbol{A}$ $\mathrm{d}\boldsymbol{F}=i\,\mathrm{d}\boldsymbol{s}\times\boldsymbol{B}$ bzw. $\boldsymbol{F}=i\int d\boldsymbol{s}\times\boldsymbol{B}$. Die Kraft $\boldsymbol{F}$ wird also auf die *bewegten* Ladungen in einem Leiter ausgeübt und von ihnen auf den Leiter übertragen.

b) Kraft zwischen zwei linienhaften parallelen geraden Leitern (Bild 7.40c)

Auf den Leiter *2* übt das vom Leiter *1* verursachte Magnetfeld $B_1 = \mu H_1 = \mu i_1/(2\pi d)$ (s. Gl. (7.3.)) die Kraft $F = i_2 l B_1 \sin(\boldsymbol{l}, \boldsymbol{B}_1)$ bzw.

$$F = \frac{\mu l}{2\pi d} i_1 i_2 \tag{7.76}$$

aus.

Zahlenbeispiel: Für $i_1 = i_2 = 10$ A, $\mu = \mu_0$ und $d = 1$ cm folgt $F/\text{m} = 2 \cdot 10^{-3}$ N/m.

In gleicher Richtung fließende Ströme ziehen sich an. Bei sehr hohen Stromdichten tritt dadurch bei räumlichen Strömungen ein Einschnür-Effekt (Pinch-Effekt) auf. *Gegensinnig fließende Ströme stoßen sich ab.* Bild 7.41 veranschaulicht das und die folgende allgemeingültige Aussage, die analog für elektrische Felder Gültigkeit besitzt: *Kräfte in Magnetfeldern wirken so, als ob sich die Feldlinien in Längsrichtung verkürzen und quer zu ihnen abstoßen würden.*

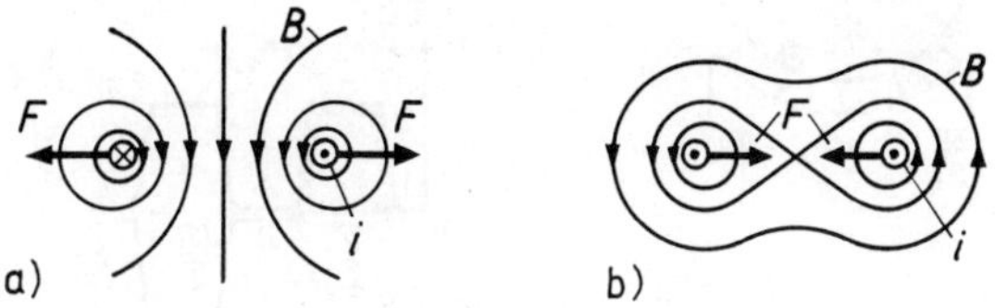

Bild 7.41. Abstoßung gegensinnig (a) und Anziehung gleichsinnig fließender Ströme (b)

c) Erzeugung eines Drehmomentes

Befindet sich der Leiter, auf den eine Kraft $\boldsymbol{F}$ wirkt, an einem Hebelarm (Bild 7.41a), so gilt allgemein

$$\boldsymbol{M} = \boldsymbol{r} \times \boldsymbol{F}. \tag{7.77}$$

$\boldsymbol{r}$ zeigt vom Drehpunkt zum Angriffspunkt von $\boldsymbol{F}$. Im längs eines geraden Leiters der Länge l örtlich konstanten Magnetfeld wirkt die Kraft

$$\boldsymbol{F} = i\boldsymbol{l} \times \boldsymbol{B}, \tag{7.74}$$

so daß folgende Aussagen möglich sind

$$M = rF \sin(\boldsymbol{r}, \boldsymbol{F}) \text{ mit } F = ilB \sin(\boldsymbol{l}, \boldsymbol{B}) \tag{7.78}$$

$$\boldsymbol{M} = i\boldsymbol{r} \times (\boldsymbol{l} \times \boldsymbol{B}) = i(\boldsymbol{r} \times \boldsymbol{l}) \times \boldsymbol{B}. \tag{7.79}$$

Stehen $\boldsymbol{r}$, $\boldsymbol{l}$ und $\boldsymbol{B}$ senkrecht aufeinander, so gilt

$$M = rF = rlBi. \tag{7.80}$$

Die durch ein Drehmoment M erzeugte Leistung P kann bei senkrecht zur Drehachse wirkender Kraft sowie mit der Winkelgeschwindigkeit ω bzw. Drehzahl n aus

$$P = \omega M = 2\pi n M \tag{7.81}$$

berechnet werden. Bei Angabe der Drehzahl n in Umdrehungen je min folgt daraus die zugeschnittene Größengleichung

$$\frac{P}{W} = 0{,}103 \frac{M}{\text{Nm}} \frac{n}{\text{min}^{-1}}. \tag{7.82}$$

Ableitung von Gl. (7.81) unter Nutzung von Bild 7.42b: Aus $P = \mathrm{d}W/\mathrm{d}t$ bzw. $\mathrm{d}W = P\mathrm{d}t = \boldsymbol{F}\mathrm{d}\boldsymbol{s} = \boldsymbol{F}\boldsymbol{v}\,\mathrm{d}t$, d.h. $P = \boldsymbol{F}\boldsymbol{v}$, folgt mit $\boldsymbol{v} = \boldsymbol{\omega} \times \boldsymbol{r}$ ($\boldsymbol{\omega}$ – Vektor der Winkelgeschwindigkeit in Richtung der Drehachse)

$$P = (\boldsymbol{\omega} \times \boldsymbol{r})\,\boldsymbol{F} = \boldsymbol{\omega}\,(\boldsymbol{r} \times \boldsymbol{F}) = \boldsymbol{\omega}\boldsymbol{M}. \tag{7.83}$$

Mit $\omega = 2\pi n$ sowie für $\boldsymbol{F}$ senkrecht zu Drehachse und Hebelarm ist $P = 2\pi n M$.

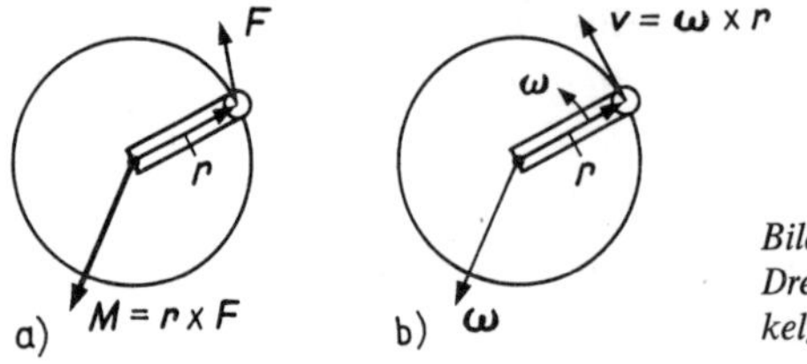

Bild 7.42. Zusammenhang zwischen Kraft und Drehmoment (a) sowie Geschwindigkeit und Winkelgeschwindigkeit (b)

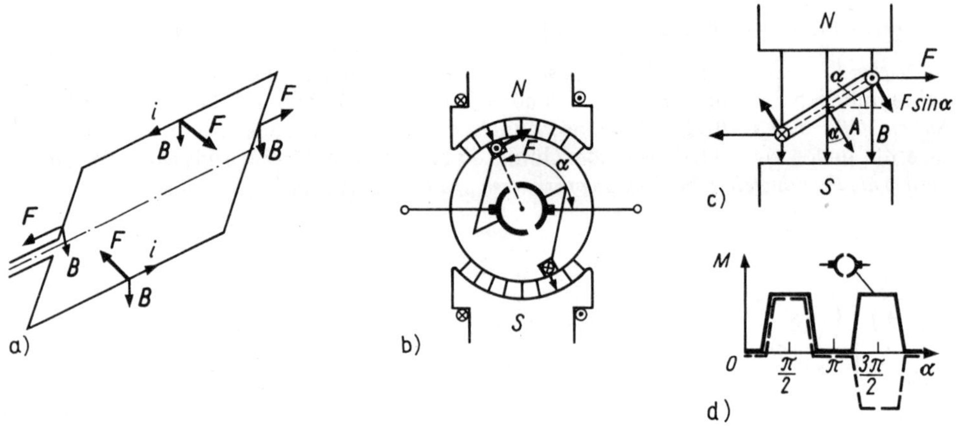

Bild 7.43. Entstehung eines Drehmoments durch die Kräfte auf stromdurchflossene Leiter

a) Stromschleife in einem Magnetfeld, das entlang der Schleife senkrecht zur Drehachse steht; b) Stromschleife im radialen Magnetfeld, das sich zwischen Anker und Polschuhen einer elektrischen Maschine ausbildet mit Stromwendung durch einen Kommutator (Einfluß von i und Nuten auf Magnetfeld nicht angegeben); c) Stromschleife im homogenen Magnetfeld; d) Drehmoment im Radialfeld von b) als Funktion des Winkels α – mit Kommutator, --- ohne Kommutator

d) Rechteckige Leiterschleife im radialen Magnetfeld

Setzt man voraus, daß das Magnetfeld senkrecht zu der Achse der Leiterschleife wirkt, so leisten wegen Gl. (7.79) nur die Leiterstücke parallel zur Drehachse einen Beitrag zum Drehmoment (Bild 7.43a). Bei Motoren, Generatoren und anderen elektrischen Maschinen liegt meist näherungsweise ein radiales Feld vor, solange sich die Leiterschleife in Polnähe befindet (Bild 7.43b). Demnach folgt mit Gl. (7.80) für w Windungen

$$M = w2rlBi. \tag{7.84}$$

Da B proportional zum erregenden Fluß Φ ist, der die Leiterschleife maximal durchsetzt, kann aus Gl. (7.84) das *zweite Grundgesetz elektrischer Maschinen*

$$M = c_2 \Phi i \tag{7.85}$$

c_2 Maschinenkonstante

– allerdings nur für den genannten Spezialfall – abgeleitet werden.

Hinweis:* Für das radiale Feld ist $\boldsymbol{\Phi} = BA_0$, wobei entsprechend Bild 7.43b A_0 ein Teil eines halben Zylindermantels ist, also $A_0 < \pi rl$. Demnach stimmt A_0 nur in grober Näherung mit der Spulenfläche $A = 2rl$ überein.

Die Drehrichtung der Schleife kann man aus $\boldsymbol{F} = i\boldsymbol{l} \times \boldsymbol{B}$ ableiten oder auch durch die Interpretation: Die ungleichnamigen Pole von Außenmagnet und Stromschleife ziehen sich an. Die Zuordnung von Stromrichtung und Nordpol erfolgt bei einer Spule bekanntlich mit der Rechtsschraubenregel.

e) Rechteckige Leiterschleife im homogenen Magnetfeld (Bild 7.43c)

Aus $\boldsymbol{M} = 2w\boldsymbol{r} \times \boldsymbol{F} = 2w\boldsymbol{r} \times (i\boldsymbol{l} \times \boldsymbol{B}) = iw(2\boldsymbol{r} \times \boldsymbol{l}) \times \boldsymbol{B}$ sowie mit dem Flächenvektor $\boldsymbol{A} = 2\boldsymbol{r} \times \boldsymbol{l}$ kann

$$\boldsymbol{M} = iw\boldsymbol{A} \times \boldsymbol{B} \tag{7.86}$$

oder $M = 2F \sin r = iwBA \sin \alpha$ abgeleitet werden. Das Drehmoment versucht, die Schleife quer zur Richtung von $\boldsymbol{B}$ in die Stellung $\alpha = 0$ zu drehen. Bei $\alpha = 0$ liegt eine stabile und bei $\alpha = \pi$ eine labile Gleichgewichtslage vor, die bekanntlich bei der kleinsten (unvermeidbaren) Störung verlassen wird.

7.9.2.2. Anwendungen des elektrodynamischen Kraftgesetzes

a) Gleichstrommotor

Fließt ein Gleichstrom I_a durch die o. g. Leiterschleife im Radialfeld, so würde M bei einer (erzwungenen) Umdrehung zunächst konstant bleiben und dann auf Null absinken, wenn die Leiterschleife senkrecht vom Fluß durchsetzt wird, und danach wegen Gl. (7.74) sein Vorzeichen ändern. Um eine Rotationsbewegung zu erzeugen, wie sie für Motoren benötigt wird, darf M sein Vorzeichen möglichst nicht ändern. Das erreicht man bei Gleichstromanschluß durch *Stromumkehr* mit einem *Stromwender (Kommutator)*, wie er bei Gleichstromgeneratoren bereits beschrieben wurde und auch durch Bild 7.43 b veranschaulicht wird. Bild 7.43 d zeigt $M(\alpha)$ für $w = 1$ bei einer Umdrehung. Gleichstrommotoren entsprechen in ihrem Aufbau Gleichstromgeneratoren (s. z. B. Bild 7.25 a). Durch geeignete Anordnung und Zusammenschaltung vieler Leiterstäbe zum Anker erhöht man das wirksame Moment und reduziert die Welligkeit. Der Kommutator muß deshalb nicht nur – wie bei einer Leiterschleife – aus zwei Teilen bestehen, sondern feiner unterteilt werden. Der Magnetfluß Φ wird vorzugsweise, vor allem bei großen Leistungen, nicht durch einen Permanent-, sondern einen Elektromagneten (Feldwicklung) erzeugt.

Selbstverständlich tritt bei der Bewegung der Leiterschleife bzw. des Ankers eine induzierte Spannung auf, für die nach Abschnitt 7.7.3.

$$U_i = c_1 \Phi n \quad (7.50)$$

gilt und die der angelegten Spannung U_a entgegenwirkt. Bezeichnet man den ohmschen Widerstand des Ankers mit R_a, so kann das Ersatzschaltbild 7.44 angegeben werden. Die Maschengl. für einen rotierenden Anker lautet bei Gleichstrom

$$U_a - U_i - I_a R_a = 0 \text{ bzw. } U_a = c_1 \Phi n + I_a R_a. \tag{7.87}$$

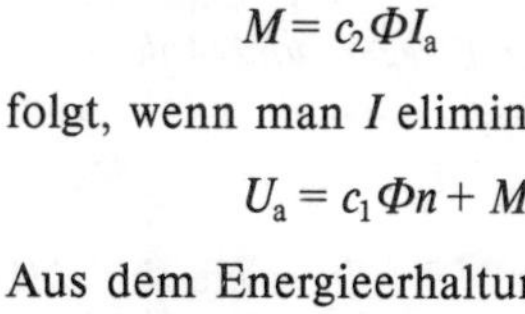

Bild 7.44. Ersatzschaltbild einer rotierenden Schleife. Die Induktivität L der Wicklung spielt bei Gleichstrom keine Rolle

Bei Verbrauch elektrischer Energie, d. h. *Motorbetrieb*, ist $U_a I_a > 0$, d. h. $|U_a| > |U_i|$. Bei *Generatorbetrieb* gilt $U_a I_a < 0$, d. h. $|U_i| > |U_a|$. Aus Gl. (7.87) und mit Gl. (7.85), d. h. mit

$$M = c_2 \Phi I_a \tag{7.88}$$

folgt, wenn man I eliminiert,

$$U_a = c_1 \Phi n + M R_a / (c_2 \Phi). \tag{7.89}$$

Aus dem Energieerhaltungssatz ergibt sich: Die in den Anker eingespeiste elektrische Leistung $P_{el} = U_a I_a$ muß der Summe von erzeugter mechanischer Leistung $P_{mech} = 2\pi n M$ und Verlustleistung $I_a^2 R_a$ entsprechen:

$$P_{el} = P_{mech} + I_a^2 R_a, \qquad U_a I_a = 2\pi n M + I_a^2 R_a. \tag{7.90}$$

Dividiert man durch I_a und setzt $M = c_2 \Phi I_a$ ein, so entsteht

$$U_a = 2\pi c_2 \Phi n + M R_a / (c_2 \Phi).$$

Ein Vergleich mit Gl. (7.89) liefert $c_2 = c_1/(2\pi)$. Die definierten Maschinenkonstanten c_1 und c_2 für das erzeugte Moment und die induzierte Spannung stehen also in einem einfachen Zusammenhang, wie auch aus den durchgeführten einfachen Modellberechnungen an einer Stromschleife direkt nachweisbar ist. Um die Drehzahl-Drehmoment-Charakteristik des Gleichstrommotors zu erhalten, ist Gl. (7.87) nach n aufzulösen:

$$n = \frac{U_a - I_a R_a}{c_1 \Phi} = \frac{U_a}{c_1 \Phi} - \frac{2\pi M R_a}{c_1^2 \Phi^2}. \tag{7.91}$$

Meist ist $U_a \approx U_i$, d. h. $U_a \gg I_a R_a$ und damit

$$n \approx \frac{U_a}{c_1 \Phi}. \tag{7.92}$$

Bei stationärer Belastung des Motors stimmen das erzeugte und das abgegebene Drehmoment miteinander überein. Bei idealem Leerlauf ($M = 0$) ergibt sich die sogenannte *ideelle Leerlaufdrehzahl* exakt als $n = n_1 = U_a/(c_1 \Phi)$. Zur Drehzahlstellung bestehen nach Gl. (7.91) folgende Möglichkeiten: Variation der Spannung U_a, des erregenden Flusses Φ (durch Variation des erregenden Stromes I_e) sowie des wirksamen Widerstandes R_a (durch Zuschaltung von äußeren Widerständen). Je nach Schaltung der Erregerwicklung unterscheidet man:

1. *Fremderregter Gleichstrommotor* (Betrieb mit zusätzlicher Spannungsquelle).
2. *Gleichstromnebenschlußmotor* (Bild 7.45 a) mit Parallelschaltung von Erreger- und Ankerwicklung,
d. h. $U = U_a = U_e$, $I = I_a + I_e$, wobei meist $I \approx I_a$, da $I_e = U/R_e \ll I_a$ und den Eigenschaften:

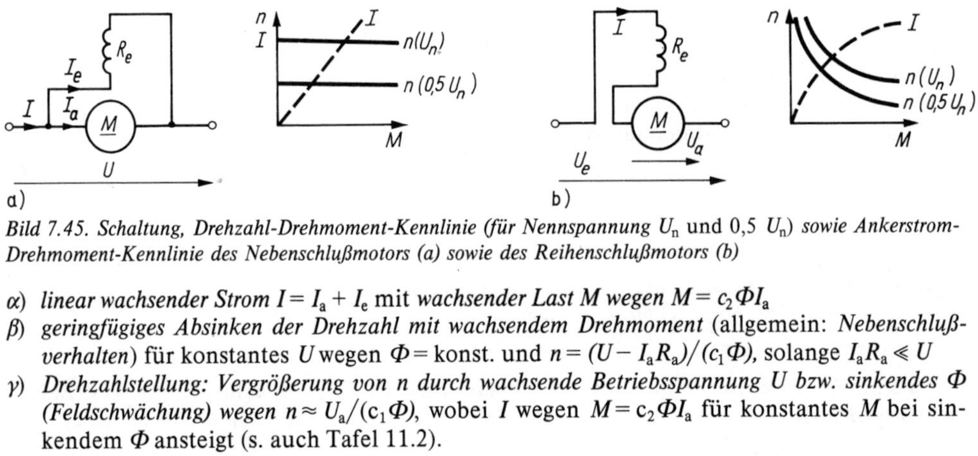

Bild 7.45. Schaltung, Drehzahl-Drehmoment-Kennlinie (für Nennspannung U_n und 0,5 U_n) *sowie Ankerstrom-Drehmoment-Kennlinie des Nebenschlußmotors (a) sowie des Reihenschlußmotors (b)*

α) *linear wachsender Strom* $I = I_a + I_e$ mit *wachsender Last M wegen* $M = c_2 \Phi I_a$

β) *geringfügiges Absinken der Drehzahl mit wachsendem Drehmoment* (allgemein: *Nebenschlußverhalten*) für konstantes U wegen $\Phi =$ konst. und $n = (U - I_a R_a)/(c_1 \Phi)$, solange $I_a R_a \ll U$

γ) *Drehzahlstellung: Vergrößerung von n durch wachsende Betriebsspannung U bzw. sinkendes* Φ *(Feldschwächung) wegen* $n \approx U_a/(c_1 \Phi)$, wobei I wegen $M = c_2 \Phi I_a$ für konstantes M bei sinkendem Φ ansteigt (s. auch Tafel 11.2).

3. *Gleichstromreihenschlußmotor* (Bild 7.45 b) *mit Reihenschaltung von Erreger- und Ankerwicklung,*

d. h. $I = I_a = I_e$, $U = U_a + U_e$ bzw. $U_a = U - I R_e$ mit den Eigenschaften:

α) *weniger als linear wachsender Strom I mit wachsender Last M* wegen $M = c_2 \Phi I$ sowie $\Phi = \Phi(I)$ entsprechend der Hysteresekurve des Eisens bzw. mit der Näherung $\Phi = c_3 I$ ($c_3 =$ konst. außerhalb der Sättigung), woraus $M = c_2 c_3 I^2$ bzw. $I = \sqrt{M/(c_2 c_3)}$ *folgt*

β) *starkes Absinken der Drehzahl mit wachsendem Drehmoment* (allgemein: *Reihenschlußverhalten*) für konstantes U wegen $n = (U - I(R_e + R_a))/(c_1 \Phi)$ bzw. näherungsweise $n \approx U/(c_1 \Phi)$ für $I(R_e + R_a) \ll U$ bzw. $n = U/(c_1 c_3 I) \sim U/\sqrt{M}$ für $\Phi = c_3 I$

γ) *Drehzahlstellung. Vergrößerung von n u. a. durch wachsende Betriebsspannung U* (s. auch Tafel 11.2).

4. *Doppelschluß- oder Verbundmotor* mit einer Erregung durch eine Neben- und Reihenschlußwicklung, dessen Eigenschaften zwischen denen des Neben- und denen des Reihenschlußmotors liegen.

Weitere Eigenschaften von Gleichstrommotoren sowie anderer elektrischer Maschinen werden, aufbauend auf den bisher behandelten Grundlagen, im Abschnitt 11. vorgestellt. Hier sei allerdings noch erwähnt, daß die Kraftwirkung in rotierenden elektrischen Maschinen zwar aus didaktischen Gründen als Kraft auf stromdurchflossene Leiter behandelt wurde, daß aber in Wirklichkeit eine reduzierte Kraftwirkung an den Leitern und außerdem eine Kraftwirkung im gesamten Luftspalt an der Grenzfläche ferromagnetisches Material – Luft erfolgt. Die abgeleiteten Gln. für das Drehmoment bleiben aber gültig.

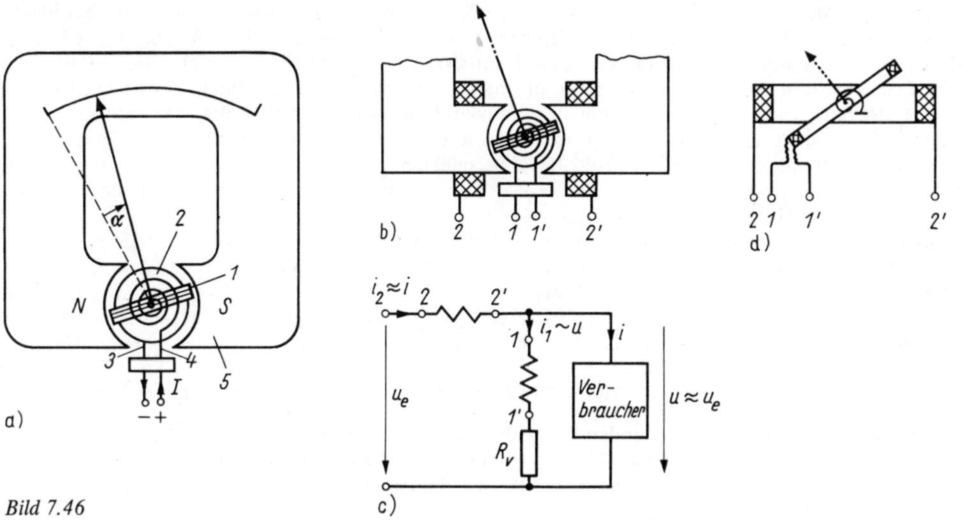

Bild 7.46

a) Prinzip eines Drehspulmeßwerkes (mit Außenmagnet) *1* Drehspule; *2* Weicheisenkern; *3,4* Spiralfedern für Gegendrehmoment und Stromzuführung zur Spule; *5* Permanentmagnet; b) eisengeschlossenes elektrodynamisches Meßwerk; c) Schaltung eines Dynamometers zur Messung der Wirkleistung eines Verbrauchers (Wattmeter); d) eisenloses elektrodynamisches Meßwerk

b) Drehspulinstrumente

Ausgehend von Gl. (7.85), d. h. vom Moment $M = c_2 \Phi i$ im radialen Feld, stellt man fest: Mißt man M und ist Φ bekannt, so kann i ermittelt werden. Bild 7.46a veranschaulicht das Meßprinzip eines Drehspulinstruments zur Gleichstrommessung, und zwar reibungsarm gelagerte Drehspule, durch die I fließt, Erzeugung von Φ durch einen Permanentmagneten, Kompensation von M durch Spiralfedern (oder Spannbänder), die ein winkelproportionales Gegendrehmoment $M_g = -D\alpha$ (D Richtmoment) hervorrufen. Um einen günstigen Einschwingvorgang zu erzielen, wird ein geschwindigkeitsproportionales Bremsmoment $M_b = -c\,\mathrm{d}\alpha/\mathrm{d}t$, z. B. durch Wirbelstrombremsung (d. h. Kraftwirkung auf induzierte Ströme im Al-Rahmen der Drehspule) oder geeignete Beschaltung des Spulenkreises oder Luftreibung hinzugefügt. Die Bewegung $\alpha(t)$ der Drehspule genügt demnach der Differentialgleichung $J\,\mathrm{d}^2\alpha/\mathrm{d}t^2 = c_2\Phi I - D\alpha - c\,\mathrm{d}\alpha/\mathrm{d}t$, deren Eigenschaften im Abschnitt 4.1.2.3. diskutiert worden waren. J ist das Trägheitsmoment. Angestrebt wird meist der aperiodische Grenzfall (kürzestes Einschwingen, vgl. Bild 4.13b mit $\alpha(t)$ statt $u(t)$). Im Gleichgewicht folgt $\alpha = c_2\Phi I/D$ wegen $\mathrm{d}\alpha/\mathrm{d}t = 0$. Durch einen Vorwiderstand R_v kann die Strommessung zur Spannungsmessung genutzt werden. Bei pulsierendem Strom $i(t)$ wird der arithmetische Mittelwert $\bar{i}$ angezeigt. Um Wechselströme messen zu können, muß vorher eine Gleichrichtung durchgeführt werden. Gemessen wird also $|\bar{i}| = 2\hat{I}/\pi = 0{,}637\,\hat{I}$, und geeicht ist die Skala zweckmäßigerweise in Effektivwerten $I = \hat{I}/\sqrt{2}$.

c) Elektrodynamische Meßwerke

Erzeugt man Φ nicht durch einen Permanentmagneten, sondern durch einen von einem Strom i_2 durchflossenen Elektromagneten (Bild 7.46b), so ist $\alpha \sim \overline{i_1 i_2}$. Für $i_1 \sim i_2 = i$ ist $\alpha \sim \overline{i^2} = \int\limits_0^T i^2\,\mathrm{d}t/T = I^2$ (I – Effektivwert bei Wechselstrom, T – Periodendauer). Dynamometer dieser Art besitzen also bei I-Messung quadratische Skalen. Um sie beispielsweise zur Messung der Wirkleistung $P = \overline{ui} = UI\cos\varphi$ nutzen zu können, muß $i_1 \sim u$ und $i_2 \sim i$ gewählt werden. Demnach entsteht die Schaltung im Bild 7.46c. Der Vorwiderstand R_v wird so gewählt, daß der Strom durch Spule *1* gegenüber dem zu messenden Strom durch den Verbraucher sehr klein ist. Über Spule *2* darf nur eine kleine Spannung abfallen. In eisenlosen dynamischen Meßwerken (keine Nichtlinearität durch Eisenkreis!) wird Φ nicht durch einen Permanentmagneten, sondern durch eine flache Luftspule erzeugt (Bild 7.46d), die vom Strom i_2 durchflossen wird (s. auch Abschn. 12.).

d) Kraft auf induzierte Ströme

Induziert ein Magnetfeld in einem Leiterkreis eine Spannung $u_i = \mathrm{d}\Phi/\mathrm{d}t$ bzw. einen Strom (bei massivem Material Wirbelströme), so treten gleichzeitig Kraftwirkungen auf. Die Wirkungskette lautet: $\Phi(t) \rightarrow u_i \rightarrow i \rightarrow F$ mit Rückwirkung von i bzw. F auf $\Phi(t)$. Bei der Berechnung ist also die Verkopplung aller Erscheinungen zu beachten. Die Kraft auf induzierte Ströme ist so gerichtet, daß sie der Ursache ihrer Entstehung entgegenwirkt. Entsteht der induzierte Strom durch eine Relativbewegung zwischen einem Leiter und einem Magnetfeld, so versucht die Kraft, diese Relativbewegung zu reduzieren, indem sie den Leiter bremst oder antreibt (s. Bild 7.47). Beispiel einer *bremsenden Wirkung* sind elektrische Maschinen im *Generatorbetrieb* und einer *antreibenden Wirkung* bestimmte elektrische Maschinen im *Motorbetrieb* einschließlich Induktionskupplungen.

So werden z. B. beim *Asynchronmotor* durch ein zeitlich veränderliches bzw. umlaufendes Magnetfeld in einem Läufer Ströme induziert, wodurch dieser angetrieben wird (s. Abschn. 11.3.8.1.). Beim *Energieverbrauchszähler* für Wirkleistung bei Wechselstrom wird eine Al-Scheibe durch zwei aus u und i abgeleitete Flüsse über Spulen mit Eisenkreis angetrieben. Ein Permanentmagnet, zwischen dessen Polen die Scheibe läuft, wirkt bremsend, so daß die Drehzahl $n \sim P = UI\cos\varphi$ ist. Die Anzahl der Umläufe $\int\limits_0^t n\,\mathrm{d}t = \int\limits_0^t P\mathrm{d}t = \Delta W$ gibt also die verbrauchte Energie an. Beim *Wirbelstromtachometer* dreht sich ein Permanentmagnet mit der zu messenden Drehzahl (z. B. Raddrehzahl bei Kfz.) und erzeugt dadurch an einer mit dem Zeiger verbundenen drehbar gelagerten Al-Glocke über die induzierten Ströme ein Drehmoment, das in Gleichgewichtslage durch das Rückstellmoment einer Spiralfeder kompensiert wird.

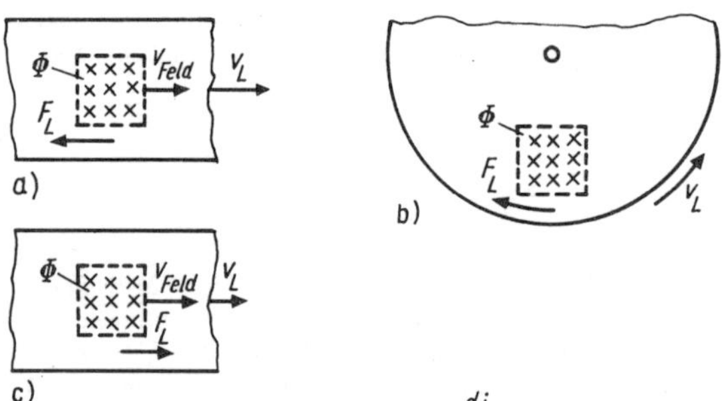

Bild 7.47. Kraft F_L eines Magnetfeldes auf induzierte Ströme in einem Leiter.

a) bremsende Kraft auf einem mit v_L bewegten Leiter ($v_L > v_{Feld}$)
b) bremsende Kraft auf eine rotierende Metallscheibe ($v_L > v_{Feld} = 0$)
c) antreibende Kraft auf einen bewegten Leiter ($v_L < v_{Feld}$)

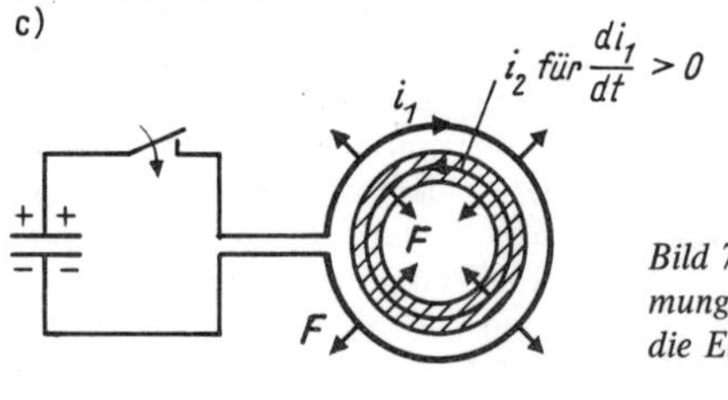

Bild 7.48. Beispiel zur magnetomechanischen Verformung eines Metallzylinders. Besonders schwierig ist die Erzeugung eines sehr hohen Δi in kurzer Zeit

Dem technologischen Verfahren *„magnetomechanische Verformung"* liegen folgende Gedanken zugrunde: gezielte Erzeugung induzierter Ströme durch einen Fluß $\Phi(t)$, auf die ein Magnetfeld – meist das erzeugende – eine Kraft ausübt und damit eine Verformung vor allem dünnwandiger metallischer Körper ermöglicht. So kann man z. B. durch einen sehr steilen Stromanstieg in einer Spule *1* in einem Metallrohr (Bild 7.48) einen hohen Strom i_2 induzieren. Durch die Kraftwirkung zwischen i_1 und i_2 wird das Rohr im Spulenbereich zusammengedrückt oder – falls sich die Spule innen befindet – geweitet.

Abschließend sei hervorgehoben, daß die Kraft auf induzierte Ströme die Beeinflussung auch nichtferromagnetischer Metalle durch Magnetfelder und damit z. B. die Trennung von Leitern und Nichtleitern ermöglicht.

7.9.3. Kraft an Grenzflächen zwischen Stoffen unterschiedlicher Permeabilität

7.9.3.1. Grundlagen

Diese Kraft wirkt unabhängig von der Feldrichtung stets senkrecht zur Grenzfläche vom Medium mit dem größeren μ (Zugbeanspruchung) zum Medium mit dem kleineren μ (Druckbeanspruchung) (Bild 7.49). Die flächenbezogene Kraft ist

$$\frac{\mathrm{d}F_{12}}{\mathrm{d}A} = \frac{1}{2}\left(B_\mathrm{n}^2\left(\frac{1}{\mu_2} - \frac{1}{\mu_1}\right) + (\mu_1 - \mu_2)\,H_\mathrm{t}^2\right) = \frac{\mu_1 - \mu_2}{2}\left(\frac{B_\mathrm{n}^2}{\mu_1\mu_2} + H_\mathrm{t}^2\right). \tag{7.93}$$

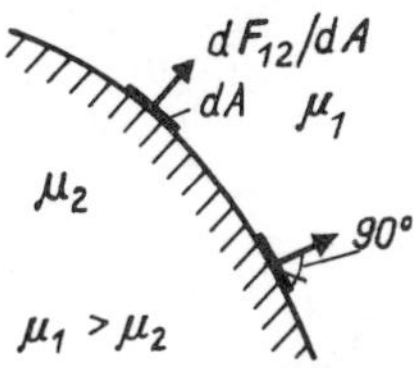

Bild 7.49. Kraftwirkung an der Grenzfläche zweier Medien unterschiedlicher Permeabilität: Stets senkrecht zur Grenzfläche und für $\mu_1 > \mu_2$ von 1 nach 2 gerichtet

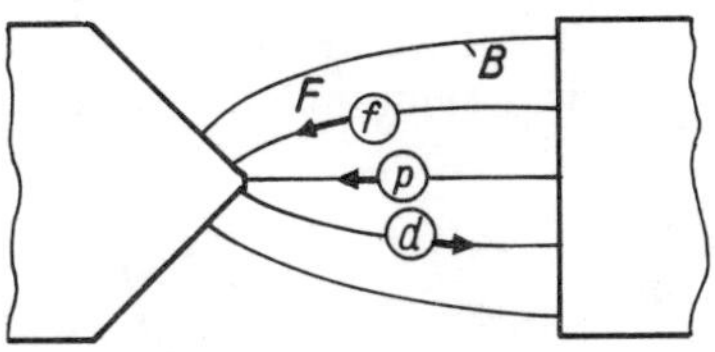

Bild 7.50. Starke Kraftwirkung eines inhomogenen Magnetfeldes auf ferromagnetisches (f) und schwache Kraftwirkung auf paramagnetisches (p) und diamagnetisches Material (d)

Stehen die Feldlinien senkrecht zur Grenzfläche ($H_\mathrm{t} = 0$, $B_\mathrm{n} = B_1 = B_2 = B$) und ist $\mu_1 \gg \mu_2$, so entsteht daraus

$$\frac{\mathrm{d}F_{1,2}}{\mathrm{d}A} = \frac{H_2 B_2}{2} = \frac{B^2}{2\mu_2}. \tag{7.94}$$

Die Kraftwirkung ist demnach elektrisch (durch Änderung der B-Richtung) nicht umkehrbar. Bei homogenem Feld in der Fläche A gelten wegen Gl. (7.94) an der Grenzfläche ferromagnetisches Material ($\mu_1 = \mu$)/ Luft ($\mu_2 = \mu_0$) folgende mit $\Phi = BA$ ineinander umrechenbare Formeln

$$F = \frac{B^2}{2\mu_0} A \tag{7.95}$$

$$F = \frac{\Phi^2}{2\mu_0 A} \text{ bzw. } \frac{F}{\mathrm{N}} \approx 40 \left(\frac{B}{\mathrm{T}}\right)^2 \frac{A}{\mathrm{cm}^2}. \tag{7.96}$$

Diese Kraft ist technisch gut nutzbar, z. B. $F \approx 40\ \mathrm{N/cm^2}$ für $B = 1$ T. Der magnetische Fluß wird dabei meist mit einem Elektromagneten, seltener auch mit Dauermagneten oder Luftspulen erzeugt.

In einem inhomogenen Magnetfeld werden nach Gl. (7.93) in Luft ferro- bzw. paramagnetische Stoffe wegen $\mu_\mathrm{r} \gg 1$ bzw. $\mu_\mathrm{r} \gtrsim 1$ in den Bereich hoher Feldstärke hineingezogen und diamagnetische Stoffe wegen $\mu_\mathrm{r} \lesssim 1$ herausgedrängt (Bild 7.50).

7.9.3.2. Anwendungen ungepolter Kraftwirkungen

a) Prinzip von Elektromagneten

Elektromagnete sind *elektromechanische Energiewandler*, die während des Einschaltvorganges elektrische Energie über magnetische Energie als Zwischenform in mechanische Energie umwandeln. Wie Bild 7.51a veranschaulicht, erzeugt ein Strom i in der Erregerspule einen Fluß im Eisenkreis und Luftspalt $\Phi = iw/R_m$ mit $R_m = R_{me} + 2\delta/(\mu_0 A)$. Der magnetische Widerstand R_{me} des Eisens hängt vom Eisenkreis einschließlich des beweglichen ferromagnetischen Ankers, der Durchflutung iw und dem Luftspalt δ ab. Die Gesamtkraft $F_0 = 2F$ auf den Anker kann mit

$$F = \Phi^2/(2\mu_0 A) = (iw)^2/(((R_{me}(i) + 2\delta/(\mu_0 A))^2\, 2\mu_0 A) \qquad (7.97)$$

berechnet werden. Oft erweist sich eine grafische Konstruktion zur Ermittlung von F als zweckmäßig. F steigt mit sinkendem Luftspalt und hängt nicht vom Vorzeichen von i ab (F *etwa* proportional i^2), so daß neben *Gleichstrommagneten* auch *Wechselstrommagnete* möglich sind. Bei ihnen pulsiert die Kraft mit doppelter Frequenz wie der Strom, und zwar ist (bei Vernachlässigung von R_{me}) $F = \Phi^2 \sin^2 \omega t/(2\mu_0 A) = \Phi^2\ (1 - \cos 2\omega t)/(2\mu_0 A)$. Bei Wechselstromerregung mit 50 Hz tritt dadurch teilweise eine Schwingung (mit 100 Hz) auf, die sich als Brummen äußern kann und auch in einem erhöhten Verschleiß.

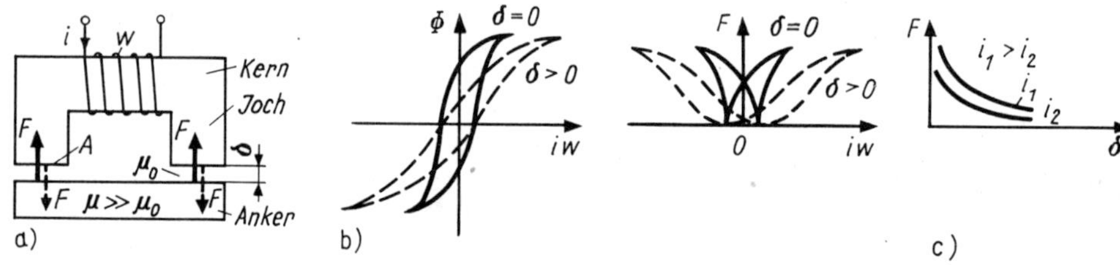

Bild 7.51. Elektromagnet – ein elektromechanischer Energiewandler

a) Prinzip; b) Fluß sowie Kraft als Funktion der Durchflutung mit und ohne Luftspalt; c) Kraft als Funktion der Luftspaltlänge für verschiedene Ströme

Bei angezogenem Anker ($\delta \approx 0$) kann der Strom in Elektromagneten wesentlich reduziert werden, ohne daß der Anker abfällt (Bild 6.50b, c). Bei Wechselstrommagneten hängt der Erregerstrom (bei konstantem Effektivwert der anliegenden Wechselspannung) wegen $I \approx U/(\omega L)$ von der Ankerstellung ab, da die Induktivität $L = w^2/R_m$ mit sinkendem Luftspalt δ zunimmt. Der Anzugsstrom ist etwa 5- bis 10mal größer als der Haltestrom, so daß ein mechanisches Blockieren des Ankers eine thermische Überlastung der Spule hervorrufen kann.

Bei Elektromagneten unterscheidet man nach der Grundform des magnetischen Kreises u. a. *U-*, *E-* und Topfmagneten sowie nach der Bewegungsart des Ankers zwischen linearer Ankerbewegung (Zug-, Hub-, Stoßmagnete) und drehender Ankerbewegung (Dreh-, Klappankermagnete). Bezüglich des Verwendungszwecks kann man u. a. Steuer-, Antriebs-, Arbeits-, Schalt-, Brems- und Betätigungsmagnete unterscheiden.

Die Bewegungsrichtung eines Ankers kann man dadurch umkehren, daß man auf ihn neben der Magnetkraft F eine zweite Kraft, z. B. eine Federkraft, in entgegengesetzte Richtung wirken läßt. Durch Abschalten bzw. Reduzieren des Stromes reduziert man $\Phi \sim i$ bzw. $F \sim \Phi^2$ und damit auch die Wirkungsrichtung der Gesamtkraft.

b) Hubmagnet (Bild 7.52a)

Erreichbar sind bei einem Durchmesser von 1,5 m eine Tragkraft von 20 t (d. h. etwa 10 N/cm²) für massives Material, 1,2 t für loses Eisen und 0,6 t für Späne (Luftspaltwirkung!). Wie teilweise auch bei anderen Elektromagneten verwendet man meist harte unmagnetische Anlageflächen (z. B. Mangan), um Tragkraftreduzierung durch die Entstehung von Unebenheiten sowie die Anlagerung metallischen Staubs zu vermeiden.

c) Magnetspannplatte (Bild 7.52 b)

d) Elektromagnetisch betätigte Schalter, d. h. *Schaltschütze bzw. Relais* (s. Abschn. 8.9.)

e) Magnetische Kupplung (Bild 7.52 c)

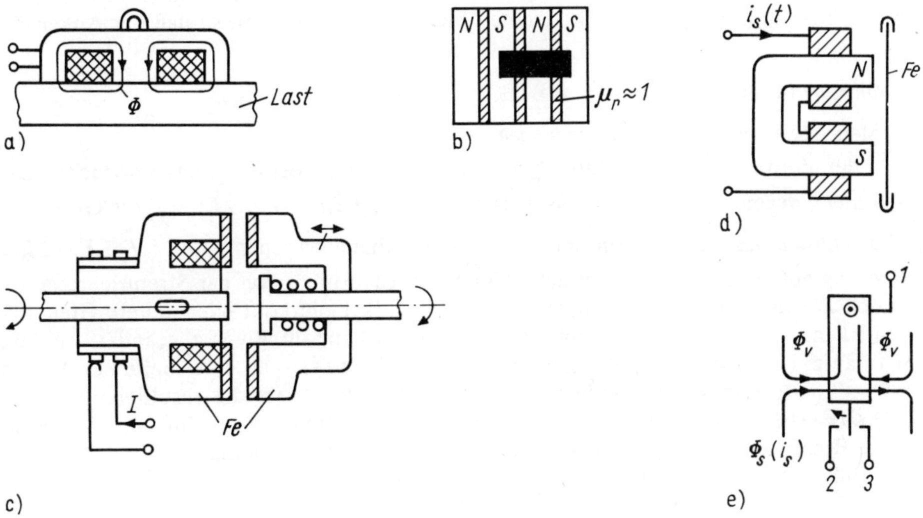

Bild 7.52. Kraft an Grenzflächen

a) Lasthubmagnet (mit ringförmiger Erregerwicklung in einem Gußstahlkörper); b) Magnetspannplatte zum schnellen Aufspannen und Lösen von Werkstücken; c) elektromagnetische Kupplung zum schnellen elektrisch steuerbaren Kuppeln und Entkuppeln zweier Wellen (Magnet-Kraft ↔ Federkraft, Stromzuführung über Schleifringe); d) Hörkapsel eines Fernsprechers als Spezialfall eines elektromagnetischen Lautsprechers: Der konstante Fluß Φ_v des Permanentmagneten zieht die Membran an und biegt sie leicht durch. Überlagert ist der Steuerfluß $\Phi_s(i_s(t))$, in dessen Rhythmus sich die Membran bewegt und Schall abstrahlt; e) gepolte Kraftwirkung auf beide Grenzflächen eines Ankers durch Vormagnetisierung mit dem Fluß Φ_v am Beispiel eines polarisierten Relais. Für einen Erregerstrom $i_s > 0$ (bzw. $i_s < 0$) werden die Anschlüsse *1–2* (bzw. *1–3*) über den Anker verbunden (s. S. 252).

f) Dreheiseninstrumente mit $\alpha = f(i^2)$

Dreheiseninstrumente beruhen auf der gleichsinnigen Magnetisierung zweier Weicheisensegmente in einer zylindrischen Erregerspule bei Stromfluß. Eines davon ist drehbar gelagert und wird abgestoßen (Abstoßung gleichnamiger Magnetpole), bis eine Federkraft Kraftgleichgewicht herstellt.

g) Weitere Anwendungen

Selbstunterbrecher (Wagnerscher Hammer, z. B. für elektrische Klingel), Schrittschaltwerke (Drehwähler), Telegraf.

7.9.3.3. Anwendungen gepolter Kraftwirkungen (Vormagnetisierung)

a) Prinzip

Wegen $F \sim \Phi^2$ hängt die Richtung und Größe von F nicht von der Polarität von Φ ab. Eine gepolte Kraftwirkung ist aber möglich, wenn man dem Steuerfluß Φ_s einen konstanten Fluß Φ_v überlagert. Wegen $F \sim \Phi^2 = (\Phi_v + \Phi_s)^2 = \Phi_V^2 + 2\Phi_v\Phi_s + \Phi_s^2$ hängt F bei Vormagnetisierung nun durch den Term $2\Phi_v\Phi_s$ von der Polarität von Φ_s ab. Diese Vormagnetisierung kann man durch Verwendung eines Dauermagneten im Magnetkreis oder durch Überlagerung eines Gleichstromes I_v in der Erregerwicklung erreichen.

b) Impulsmagnet

Ein Beispiel für den ersten Fall ist der Elektromagnet mit Impulserregung, der Dauermagnetmaterial enthält. Beim Einschaltvorgang wird durch einen Stromimpuls das Dauermagnetfeld verstärkt und der Anker angezogen. Er bleibt bei stromloser Erregerwicklung durch das Dauermagnetfeld in diesem Zustand (magnetische Verriegelung). Durch einen Stromimpuls mit umgekehrter Polarität wird das wirksame Magnetfeld geschwächt, so daß der Anker abfällt.

c) Elektromagnetischer Lautsprecher (s. z. B. Bild 7.52 d)

d) Polarisierte Relais und andere Anwendungen

Auch bei der Vormagnetisierung durch einen Gleichstrom I_v beeinflußt das Vorzeichen des Steuerstroms i_s wegen des Näherungsansatzes $F \sim i^2 = (I_v + i_s)^2 = I_v^2 + 2I_v i_s + i_s^2$ die Größe der Kraft. Für $|i_s| \ll I_v$ besteht sogar ein linearer Zusammenhang zwischen F und i_s: $F \sim I_v^2 + 2I_v i_s$. Die Richtung von F an einer Grenzfläche hängt natürlich nicht von der Stromrichtung ab. Aber durch Zusammenwirken mit anderen Kräften (z. B. Federkraft oder weitere Grenzflächenkraft) kann die Bewegungsrichtung des Ankers bei Umpolung von i_s geändert werden. Erzeugt man z. B. – wie beim polarisierten Relais (Bild 7.52 e) – an einer Seite des Ankers den Fluß $\Phi_v + \Phi_s$ und an der anderen den Fluß $\Phi_v - \Phi_s$, so ist die resultierende Kraft $F \sim (\Phi_v + \Phi_s)^2 - (\Phi_v - \Phi_s)^2 = 4\Phi_v\Phi_s$, also proportional zum steuernden Fluß $\Phi_s \sim i_s$. Damit hängt ihre Richtung von der des Stromes ab. Dem Leser wird empfohlen, zu Bild 7.52 e Eisenkreis und Erregerspule zu ergänzen.

Aufgabe 7.3:

Mit welcher Kraft wird ein Werkstück mit einer wirksamen Auflagefläche von 600 cm² durch eine Magnetspannplatte für $B = 0{,}5$ T gehalten?

Lösung: $F = 12\,000$ N (s. Gl. (7.96))

Aufgabe 7.4:

Mit dem Energiesatz sowie einer virtuellen Verrückung des Ankers im Bild 7.51 a ist Gl. (7.95) abzuleiten.

Lösung:

Analog zu Abschnitt 6.8.3. wird bei Verringerung des Luftspaltes um dx die magnetische Energie nach Gl. (7.68) um $|dW| = (B^2/(2\mu_0))\,A\,dx$ reduziert und in die mechanische Arbeit $|dW| = F\,dx$ umgesetzt.

7.9.4.* Kraft auf magnetische Dipole

Während bei elektrischen Ladungen neben Einzelladungen u. a. auch elektrische Dipole auftreten, gibt es – wie $\oint \boldsymbol{B}\,d\boldsymbol{A} = 0$ zeigt – keine magnetischen Einzelpole (Monopole), sondern lediglich magnetische Dipole. Als magnetische Polstärke bezeichnet man den in die Pole ein- bzw. austretenden Fluß ($+\Phi$ bzw. $-\Phi$). Ein Magnetfeld übt eine Kraft

$$\boldsymbol{F} = \Phi \boldsymbol{H} \tag{7.97}$$

auf ein Polgebiet aus. $\boldsymbol{H}$ ist die magnetische Feldstärke, die vor Einbringen des magnetischen Dipols vorliegt. Vorausgesetzt wird dabei, daß $\boldsymbol{H}$ im Bereich der Polgebiete jeweils als *konstant* angenommen werden kann, woraus auch der eingeschränkte Gültigkeitsbereich der folgenden Überlegungen resultiert. Die auf beide Polgebiete des magnetischen Dipols wirkenden Kräfte sind gegeneinander gerichtet. Sie verursachen ein Drehmoment $\boldsymbol{M}$, falls der Dipol nicht in Feldrichtung liegt (Bild 7.53).

Gleichnamige Pole stoßen sich ab, ungleichnamige Pole ziehen sich an.

Der magnetische Nordpol der Erde liegt etwa am geografischen Südpol und der magnetische Südpol etwa am geografischen Nordpol. Der Nordpol einer Kompaßnadel weist auf Grund des örtlichen Erdmagnetfeldes etwa zum magnetischen Südpol und damit etwa zum geografischen Nordpol. Das magnetische Moment $\boldsymbol{m}_{\mathrm{m}}$ definiert man mit

$$\boldsymbol{M} = \boldsymbol{m}_{\mathrm{m}} \times \boldsymbol{H}. \tag{7.98}$$

Beispiel: Stabförmiger Dauermagnet (Bild 7.53)

Bringt man den Stabmagneten (Polstärke Φ, Länge l) in das homogene Feld eines Magneten mit der Polstärke Φ^*, so erfährt er an beiden Polgebieten eine Kraft $F = \Phi H = \Phi\Phi^*/(\mu_0 A)$ und ein Drehmoment

$$\boldsymbol{M} = 2\boldsymbol{r} \times \boldsymbol{F} = 2\boldsymbol{r} \times \Phi \boldsymbol{H} = 2\boldsymbol{r}\Phi \times \boldsymbol{H} = \boldsymbol{l}\Phi \times \boldsymbol{H}. \tag{7.99}$$

Demnach ist das magnetische Moment des Stabmagneten nach Gl. (7.98)

$$\boldsymbol{m}_{\mathrm{m}} = \boldsymbol{l}\Phi. \tag{7.100}$$

$\boldsymbol{m}_{\mathrm{m}}$ ist ein vom Süd- zum Nordpol gerichteter Vektor. Für $|\boldsymbol{l}|$ ist ein Wert einzusetzen, der etwas unterhalb des Polabstandes liegt.

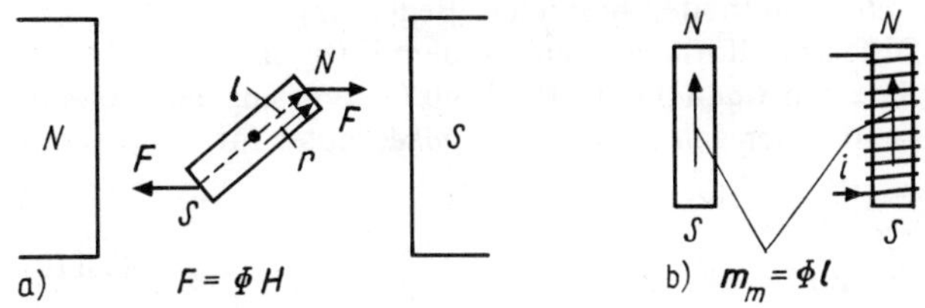

Bild 7.53
a) Kräfte $\boldsymbol{F} = \Phi\boldsymbol{H}$ auf einen magnetischen Dipol der Polarität $\pm\Phi$ in einem Magnetfeld H; b) stabförmiger Dauermagnet und lange stromdurchflossene Spule unterscheiden sich im äußeren Feld nicht

Beispiel: Lange stromdurchflossene Spule

Die Polstärke einer langen Spule ist nach Gl. (7.4) $\Phi = \mu BA = \mu HA = \mu iwAl$. Sie verhält sich (bezogen auf ihre Wirkung nach außen, also nicht bezüglich des inneren $\boldsymbol{H}$-Feldes) wie ein Stabmagnet mit der gleichen Polstärke und Länge. Es gilt ebenfalls die Gl. (7.100).

Beispiel: Stromschleife mit w Windungen

In Gl. (7.86) war $\boldsymbol{M} = iw\boldsymbol{A} \times \boldsymbol{B}$ ($\boldsymbol{A}$ Flächenvektor) abgeleitet worden. Mit Gl. (7.98) folgt demnach

$$\boldsymbol{m}_{\mathrm{m}} = \mu iw\boldsymbol{A}. \tag{7.101}$$

In einem inhomogenen Magnetfeld kann auf einen Dipol eine Translationskraft wirken. Sie lautet – falls er in Feldrichtung liegt ($\boldsymbol{l}$ parallel $\boldsymbol{H}$, in z-Richtung) und eine geringe Ausdehnung besitzt –

$$F = m_{\mathrm{m}}\, \partial H/\partial z \tag{7.102}$$

und zieht ihn in das Gebiet höherer Feldstärke (vgl. auch Abschn. 6.85.).

7.10.* Maxwellsche Gleichungen in Differentialform

Einen Überblick über die möglichen Verkopplungen der Maxwellschen Gleichungen gibt Bild 7.54. Nachdem die Maxwellschen Gleichungen im Abschnitt 6.1. in der Integralform vorgestellt wurden, soll nun auch ihre Differentialform genannt werden:

$$\operatorname{rot} \boldsymbol{H} = \boldsymbol{S} \tag{7.103}$$

$$\operatorname{rot} \boldsymbol{E} = -\frac{\partial \boldsymbol{B}}{\partial t} \tag{7.104}$$

$$\operatorname{div} \boldsymbol{B} = 0 \tag{7.105}$$

$$\operatorname{div} \boldsymbol{D} = \varrho \tag{7.106}$$

$$\boldsymbol{B} = \mu \boldsymbol{H} \tag{7.107}$$

$$\boldsymbol{D} = \varepsilon \boldsymbol{E} \tag{7.108}$$

$$\boldsymbol{S} = \int \boldsymbol{v}\, \mathrm{d}\varrho + \frac{\partial \boldsymbol{D}}{\partial t}. \tag{7.109}$$

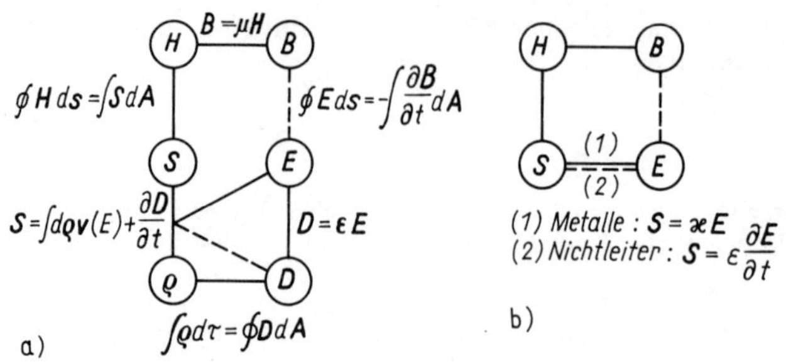

Bild 7.54. Zusammenwirken der Maxwellschen Gln. (Einfluß von ***B*** *auf* ***S*** *vernachlässigt)*
a) allgemein; b) für Metalle sowie Nichtleiter

Die Integralform ermöglicht eine anschauliche Deutung, einige allgemeine Aussagen sowie die Berechnung einiger Spezialfälle mit ausgewählten Symmetrieeigenscnaften. Demgegenüber eignet sich die Differentialform für die Berechnung beliebiger Probleme. Dabei besitzen Computerberechnungen mit numerischen Methoden besondere Bedeutung.
Hinweis. Die Maxwellschen Gln. in Differentialform können mit dem Integralsatz von Stokes (Gl. (7.103) und (7.104)) bzw. dem Satz von *Gauß* (Gl. (7.105) und (7.106)) aus der Integralform abgeleitet werden (und umgekehrt). Der *Integralsatz von Stokes* lautet für ein Vektorfeld $\boldsymbol{R}$

$$\oint_C \boldsymbol{R}\, \mathrm{d}\boldsymbol{s} = \int_S \operatorname{rot} \boldsymbol{R}\, \mathrm{d}\boldsymbol{A}. \tag{7.110}$$

Dabei ist S eine beliebige von der geschlossenen Randkurve C eingeschlossene Fläche.
Der *Integralsatz von Gauß* lautet für ein Vektorfeld $\boldsymbol{R}$

$$\oint_S \boldsymbol{R}\, \mathrm{d}\boldsymbol{A} = \int_G \operatorname{div} \boldsymbol{R}\, \mathrm{d}V. \tag{7.111}$$

Dabei ist G ein endliches einfach zusammenhängendes Gebiet und S seine Oberfläche. Speziell für kartesische Koordinaten, d. h. für $\boldsymbol{R} = \boldsymbol{i}R_x + \boldsymbol{j}R_y + \boldsymbol{k}R_z$ mit den Einheitsvektoren $\boldsymbol{i}, \boldsymbol{j}, \boldsymbol{k}$ sei die Bedeutung der Operatoren „rot“ und „div“ genannt:

$$\operatorname{rot} \boldsymbol{R} = \boldsymbol{i}\left(\frac{\partial R_z}{\partial y} - \frac{\partial R_y}{\partial z}\right) + \boldsymbol{j}\left(\frac{\partial R_x}{\partial z} - \frac{\partial R_z}{\partial x}\right) + \mathrm{k}\left(\frac{\partial R_y}{\partial x} - \frac{\partial R_x}{\partial y}\right) \tag{7.112}$$

$$div\, \boldsymbol{R} = \frac{\partial R_x}{\partial x} + \frac{\partial R_y}{\partial y} + \frac{\partial R_z}{\partial z}. \tag{7.113}$$

Beispiel: Ableitung der Poissonschen Gleichung* $\Delta\varphi = -\varrho/\varepsilon$
Für $\partial \boldsymbol{B}/\partial t = 0$ folgt rot $\boldsymbol{E} = 0$. Damit kann $\boldsymbol{E}$ durch den Gradienten einer Skalarfunktion φ dargestellt werden

$$\boldsymbol{E} = -\operatorname{grad} \varphi \tag{7.114}$$

und speziell für kartesische Koordinaten

$$\boldsymbol{E} = -\boldsymbol{grad}\, \varphi = -\left(\boldsymbol{i}\frac{\partial f}{\partial x} + \boldsymbol{j}\frac{\partial f}{\partial y} + \boldsymbol{k}\frac{\partial f}{\partial z}\right). \tag{7.115}$$

Mit div $\boldsymbol{D} = \operatorname{div} \varepsilon\boldsymbol{E} = \varrho$ folgt daraus für ortskonstantes ε

$$-\varepsilon \operatorname{div} \operatorname{grad} \varphi = \varrho \text{ bzw. } \Delta\varphi = -\varrho/\varepsilon \tag{7.116}$$

und speziell für kartesische Koordinaten

$$\Delta\varphi = \frac{\partial^2\varphi}{\partial x^2} + \frac{\partial^2\varphi}{\partial y^2} + \frac{\partial^2\varphi}{\partial z^2} = -\varrho/\varepsilon. \tag{7.117}$$

7.11. Feld- und Stromverdrängung bei schnellen Stromänderungen in massiven Leitern (Skineffekt)

Zur Erläuterung betrachten wir einen stromdurchflossenen zylindrischen Leiter. Während bei Gleichstrom die elektrische Feldstärke E und damit auch die Stromdichte $S = \varkappa E$ nicht vom Ort abhängen, tritt mit wachsender Frequenz eine zunehmende Schwächung von E und S im Inneren auf (Bild 7.55a). Man nennt das Strom- und Feldverdrängung. Sie ist generell in massivem Material zu beobachten und bezieht sich auf die Stromdichte, das elektrische und auch das magnetische Feld. Bei sehr hohen Frequenzen fließt der Strom nur noch in einer dünnen Schicht an der Oberfläche. Man spricht deshalb auch von *Haut- oder Skineffekt.* Die Tiefe, für die die Stromdichte S auf den 1/e-ten Teil ($\approx 37\,\%$) des Oberflächenwertes abgesunken ist, bezeichnet man als *Eindringtiefe* δ. Für sie gilt näherungsweise (für $\delta \ll$ Durchmesser bzw. Dicke)

$$\delta = \frac{1}{\sqrt{\pi f \varkappa \mu}}, \tag{7.118}$$

d. h., δ sinkt mit wachsender Frequenz f, Leitfähigkeit $\varkappa$ und Permeabilität μ, und damit nimmt der Widerstand R zu. Man kann zeigen, daß für $\delta \ll r_a$ $R = l/(\varkappa A)$ mit $A = 2\pi r_a \delta$ ist. Demnach läßt sich δ auch als äquivalente Leiterdicke (bei homogener S-Verteilung) auffassen. Die Induktivität des Leiters nimmt durch den Skineffekt ab. Für $\delta \gg d$ kann der Skineffekt vernachlässigt werden. Speziell für Kupfer ist $\delta = 9{,}4$ mm bei 50 Hz.

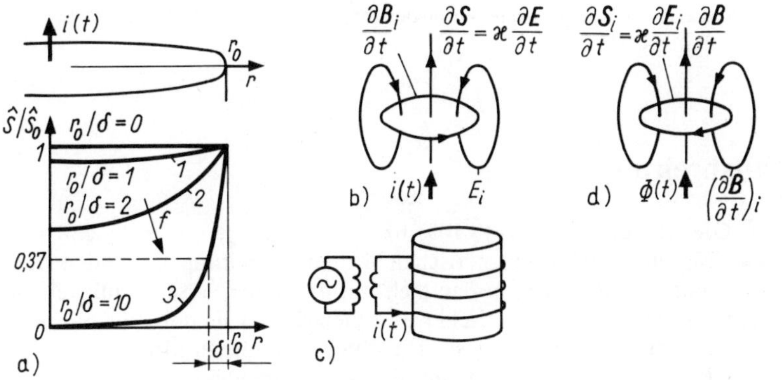

Bild 7.55. Beispiele zur Feld- und Stromverdrängung

a) Spitzenwert der Stromdichte als Funktion des Ortes für Gleichstrom und Wechselströme zunehmender Frequenz, (z. B. Für Kupfer und $f_1 = 50$ Hz, $f_2 = 200$ Hz, $f_3 = 5$ kHz sowie $r_0 = 0{,}93$ cm); b) doppelte Wirbelverkopplung bei eingeprägtem axialem Stromfluß (s. a)); c) Beispiel einer Induktionswärme-Anlage; d) doppelte Wirbelverkopplung bei induziertem radialem Wirbelstrom (s. c))

Erläuterung*: Der Skineffekt läßt sich mit den Maxwellschen Gln. berechnen, wobei bei metallischen Leitern der Verschiebungsstrom $\varepsilon\partial E/\partial t$ vernachlässigbar ist (quasistationärer Fall). Die Wirkungskette[1] lautet bei Gleichstrom nach dem Durchflutungsgesetz bei vorgegebenem $E: E \rightarrow S = \varkappa E \rightarrow$ Wirbel von H bzw. $B = \mu H$ (Rechtsschraubenregel).

Bei zeitveränderlichem Strom ist außerdem das Induktionsgesetz zu beachten, d. h. $\partial E/\partial t \rightarrow \varkappa \partial E/\partial t = \partial S/\partial t \rightarrow$ Wirbel von $\partial B/\partial t \rightarrow$ Wirbel einer induzierten Feldstärke E_i (entgegen der Rechtsschraubenregel) $\rightarrow \partial E/\partial t$. E_i wirkt – vereinfacht ausgedrückt – in Achsnähe der ursächlichen Feldänderung entgegen. Diese doppelte Wirbelverkopplung ist im Bild 7.55b dargestellt.

Als weiteres Anwendungsbeispiel sei Bild 7.55c betrachtet. Hier verursacht ein zeitveränderlicher Strom i in der Spule eine zeitveränderliche magnetische Flußdichte und damit eine

[1] Der Begriff der „Wirkungskette" erleichtert das Verständnis, darf aber im allgemeinen nicht als zeitlich aufeinanderfolgende Ursache-Wirkungs-Relation aufgefaßt werden.

elektrische Feldstärke und damit einen Wirbelstrom im Leiter. Mit wachsender Frequenz werden das induzierte magnetische und elektrische Feld und damit der Wirbelstrom nach außen verdrängt (s. auch Bild 7.55 d). Der Abfall der induzierten Wirbelstromdichte kann ebenfalls näherungsweise durch die Eindringtiefe δ beschrieben werden.

Erläuterung:* Die Wirkungskette lautet $\partial B/\partial t \rightarrow$ Wirbel von $E_i \rightarrow \partial E_i/\partial t \rightarrow \partial S_i/\partial t \rightarrow$ *Wirbel von* $\partial B_i/\partial t$.

Vielfach ist der Skineffekt unerwünscht. Man trägt ihm Rechnung, indem man bei elektrischen Leitern für hohe Frequenzen den inneren Teil wegläßt oder eine Oberflächenschicht hoher Leitfähigkeit anbringt oder statt eines dicken Leiters mehrere gegeneinander isolierte dünne Leiter (Litze) verwendet. Bei magnetischen Leitern verhindert man das durch Feldverdrängung verursachte Ansteigen des wirksamen magnetischen Widerstandes mit wachsender Frequenz ebenfalls durch eine geringe Dicke des magnetischen Materials, d. h. dünne elektrisch isolierte Lamellen bei magnetischen Kreisen oder auch niedriges $\varkappa$.

Andererseits erlaubt der Skineffekt, einfallende elektromagnetische Wellen bereits mit dünnen Blechen abzudämpfen bzw. abzuschirmen sowie Metalle bei Induktionswärmeverfahren durch geeignete Wahl der Frequenz nur in Oberflächennähe zu erhitzen.

Aufgabe 7.5: Induktive Oberflächenerwärmung (s. Bild 7.55 c)

Abzuschätzen ist die Eindringtiefe, die bei der Oberflächenhärtung einer Stahlwelle (Temperatur >1000 °C) mit einem Durchmesser von 20 mm und einer Leitfähigkeit $\varkappa = 5 \cdot 10^6$ S/m bei einer Frequenz von 50 Hz bzw. 5 kHz bzw. 500 kHz auftritt.

Lösung:

Die Temperatur liegt über der Curietemperatur (d. h. $\mu_r = 1$) und demnach δ = 3 cm für 50 Hz, δ = 3 mm für 5 kHz, δ = 0,3 mm für 500 kHz. Da die erzeugte Verlustleistungsdichte proportional $S^2 = (\varkappa E)^2$ ist, fällt sie noch steiler als S nach innen ab.

7.12. Wellenausbreitung

Aus den Maxwellschen Gleichungen (7.104)–(7.109) bzw. (6.1)–(6.7) ergibt sich, daß zeitveränderliche Feldgrößen mit einer elektromagnetischen Wellenausbreitung verbunden sind. Als elektromagnetische Welle bezeichnet man den sich mit endlicher Geschwindigkeit im Raum ausbreitenden Auf- und Abbau magnetischer und elektrischer Felder. Für die Fortpflanzungsgeschwindigkeit einer bestimmten Phase, d. h. eines bestimmten Momentanwertes der Welle, die man auch *Phasengeschwindigkeit* nennt, läßt sich folgendes ableiten:

$$v = \frac{1}{\sqrt{\varepsilon\mu}} \text{ bzw. } v = \frac{1}{\sqrt{\varepsilon_r \mu_r}} \frac{1}{\sqrt{\varepsilon_0 \mu_0}} =: \frac{c}{\sqrt{\varepsilon_r \mu_r}} \tag{7.119}$$

mit

$$c = \frac{1}{\sqrt{\varepsilon_0 \mu_0}} = (2{,}99792458 \pm 0{,}00000001) \cdot 10^8 \frac{\text{m}}{\text{s}} \approx 300000 \frac{\text{km}}{\text{s}}$$

$\varepsilon = \varepsilon_r \varepsilon_0$ Permittivität
$\mu = \mu_r \mu_0$ Permeabilität
c Phasengeschwindigkeit im Vakuum (Lichtgeschwindigkeit im Vakuum).

Zwischen *Wellenlänge* λ und *Frequenz* f einer Welle mit sinusförmiger Zeitabhängigkeit und der Phasengeschwindigkeit v besteht die Beziehung

$$\lambda f = v. \tag{7.120}$$

Das Gebiet der elektromagnetischen Wellen umfaßt nicht nur das Gebiet zwischen langsam veränderlichen Größen über technische Wechselströme bis zu Rundfunkwellen und weiter

Tafel 7.3. Spektrum der elektromagnetischen Wellen

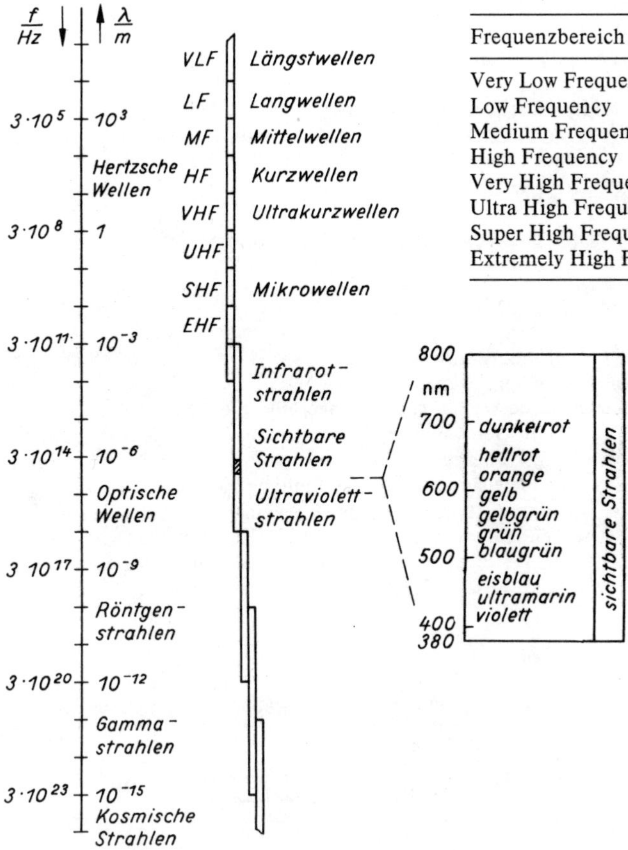

Frequenzbereich	Nr.
Very Low Frequency	4
Low Frequency	5
Medium Frequency	6
High Frequency	7
Very High Frequency	8
Ultra High Frequency	9
Super High Frequency	10
Extremely High Frequency	11

bis zu elektrisch erzeugten Dezimeter- und Zentimeterwellen, sondern auch infrarotes und sichtbares Licht sowie Röntgen-, Gamma- und kosmische Strahlen (Tafel 7.3).

Diese elektromagnetischen Wellen unterscheiden sich durch die Art ihrer Erzeugung, durch unterschiedliches Verhalten bei der Ausbreitung in Stoffen und durch die unterschiedliche Wellenlänge.

Als *Wellenzahl* definiert man $k = 2\pi/\lambda$.

Demnach kann man die Phasengeschwindigkeit wegen $v = \lambda f$ und $f = \omega/(2\pi)$ auch durch

$$v = \omega/k \tag{7.121}$$

beschreiben. Hängt v von der Kreisfrequenz ω ab, so spricht man von *Dispersion* (Zerstreuung). Ideal dispersionsfrei ist nur das Vakuum. Als Gruppengeschwindigkeit v_g bezeichnet man die Geschwindigkeit, mit der eine Signal- bzw. Energieübertragung durch die elektromagnetischen Wellen erfolgt. Wie sich zeigen läßt, ist der Ansatz

$$v_g = d\omega/dk \tag{7.122}$$

für die Gruppengeschwindigkeit berechtigt. Nur in dispersionsfreien Medien gilt wegen $v = \omega/k$ Phasengeschwindigkeit v = Gruppengeschwindigkeit v_g. Meist, aber nicht immer (z. B. Plasma) ist die Phasengeschwindigkeit $v \leqq c$. Die Gruppengeschwindigkeit v_g kann aber nach der speziellen Relativitätstheorie c nicht überschreiten, d. h. $v_g \leqq c$.

Im optischen Wellenlängenbereich beschreibt man die Ausbreitung häufig auch durch den Brechungsindex $n = \sqrt{\varepsilon_r \mu_r}$, so daß $v = c/n$ ist. Für optische durchsichtige Medien gilt $\mu_r \approx 1$. ε_r hängt in den meisten Medien wesentlich von der Frequenz bzw. der Wellenlänge ab, z. B. für Wasser ist $\varepsilon_r \approx 1{,}77$ (bzw. $n = 1{,}33$) für optische Frequenzen und $\varepsilon_r \approx 80$ für elektrostatische Felder.

Die Phasengeschwindigkeit einer durch eine Freileitung geführten Welle ist abhängig von ihrer Frequenz. Sie ist kleiner als die Lichtgeschwindigkeit im Vakuum (bzw. Luft). Sie nähert sich diesem Wert aber mit wachsender Frequenz.

Bei zeitkonstanten elektrischen und magnetischen Feldgrößen tritt keine Wellenausbreitung auf. Bei zeitveränderlichen Größen ist die Wellenausbreitung vernachlässigbar, wenn die maximale Ausdehnung l der betrachteten Anordnung z. B. Bauelemente, klein gegen die Wellenlänge ist, d. h.

$$l_{max} \ll \lambda = v/f \text{ oder auch } f = v/\lambda \ll v/l.$$

Demnach dürfen sich die Elektrodenpotentiale, Ladungsträgerdichten bzw. Stromdichten in einem Zeitraum

$$\Delta t = \frac{l}{v} = \frac{l}{c}\sqrt{\varepsilon_r \mu_r} = 3{,}3\sqrt{\varepsilon_r \mu_r}\,\frac{1}{\text{mm}}\,\text{ps} \tag{7.123}$$

nur unwesentlich ändern. Die Wellenausbreitung ist also bei sehr großen Abmessungen und/oder sehr raschen zeitlichen Änderungen zu berücksichtigen.

In Tafel 7.4 sind Leiter für elektromagnetische Wellen zusammengestellt. Sie dienen zur Verbindung zwischen als Sender und Empfänger wirkenden Geräten oder Bauelementen, wobei meist die Übertragung von Signalen (Informationen) bei geringer Energieströmung, teilweise aber auch die Übertragung von Energien im Vordergrund steht. Einsatzgebiete sind auch die Verbindung zwischen Sender und Sendeantenne, über den Freiraum zu einer Empfangsantenne und zum Empfänger, wobei die Ausbreitung der elektromagnetischen Wellen zwischen den Antennen im Freiraum erfolgt. Dem Freiraum ist übrigens ein Wellenwiderstand $Z = \hat{E}/\hat{H} = 2\pi \cdot 60\,\Omega = 377\,\Omega$ zuzuordnen. Als Antennen bezeichnet man Wandler, die auf Leitungen geführte elektromagnetische Energie in den Freiraum übertragen und umgekehrt.

Tafel 7.4. Leitungen für elektromagnetische Wellen.

Typ	Koaxialleitung	Bandleitung	Streifenleitung	Hohlleiter	Lichtleiter
Typischer Aufbau	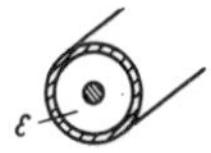	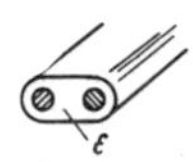		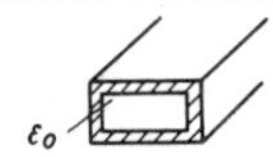	
Typischer Frequenzbereich	((0...0,12[1] ...10[2])) GHz	(0...2) GHz	((0...) 1...40) GHz	(2...100) GHz	$3 \cdot 10^{14}$ Hz
Typischer Wellenwiderstand	50 Ω, 75 Ω	120 Ω, 240 Ω	50 Ω		

[1] Fernleitung
[2] Meßtechnik

Wie aus Tafel 7.4 ersichtlich ist, werden Koaxial- und Bandleitungen als Hochfrequenzkabel eingesetzt, während Streifen- und vor allem Hohlleiter für Höchstfrequenzanwendungen charakteristisch sind. Speziell Streifenleiter sind wesentliche Bestandteile integrierter Mikrowellenschaltungen. Um störende Reflexionen von Wellen zu vermeiden, empfiehlt es sich, bei hohen Frequenzen Leitungen mit ihrem Wellenwiderstand (s. Abschn. 3.9.3.) abzuschließen. Also sollte z. B. der Eingangswiderstand eines Empfängerzweipols, der über eine 50-Ω-Leitung angeschlossen wird, ebenfalls etwa 50 Ω sein.

An Bedeutung hat die Informationsübertragung über Lichtleiter (Glasfaser) gewonnen. Sie besitzt folgende Vorteile: sehr hohe Bandbreite möglich, geringe Dämpfung, große Übersprechsicherheit, Unempfindlichkeit gegen Störfelder, einfache Nutzung in explosionsgefährdeten Räumen, abhörsicher, galvanische Trennung von Ein- und Ausgang und kleiner Raumbedarf. Erforderlich sind eine elektrisch-optische Signalwandlung (über Laser oder Lichtemitterdiode) am Eingang und eine optisch-elektrische Wandlung (über Fotodiode bzw. -transistor) am Ausgang.

Poyntingscher Satz für den Leistungsumsatz in elektromagnetischen Feldern:*

Der Energieerhaltungssatz und die Maxwellschen Gleichungen führen zum *Poyntingschen Satz:*

$$\boldsymbol{H}\frac{\partial \boldsymbol{B}}{\partial t} + \boldsymbol{E}\frac{\partial \boldsymbol{D}}{\partial t} + \boldsymbol{E}\boldsymbol{S}_k + \operatorname{div}(\boldsymbol{E} \times \boldsymbol{H}) = 0 \tag{7.124}$$

bzw. mit dem Satz von Gauß (s. Gl. (7.111.)) zu seiner Integralform

$$\frac{\partial}{\partial t}\int\left(\frac{\boldsymbol{HB}}{2}+\frac{\boldsymbol{ED}}{2}\right)\mathrm{d}V+\int \boldsymbol{ES}_\mathrm{k}\,\mathrm{d}V+\oint(\boldsymbol{E}\times\boldsymbol{H})\,\boldsymbol{dA}=0. \quad (7.125)$$

Zeitliche Änderung der magnetischen und elektrischen Feldenergie im Volumen	Joulesche Verlustleistung durch Konvektionsstromdichte $S_\mathrm{k} = \varkappa E$ im Volumen	Durch Hüllfläche abgestrahlte elektromagnetische Leistung

Die elektromagnetische Feldenergie in einem Volumen kann sich also durch Joulschen Leistungsumsatz sowie Ab- bzw. Einstrahlung elektromagnetischer Feldenergie ändern.

Den Vektor $\boldsymbol{S}_\mathrm{p} = \boldsymbol{E}\times\boldsymbol{H}$ mit der Maßeinheit $\mathrm{W/m^2}$ nennt man auch *Poyntingschen Vektor.* Er beschreibt die Energieströmung eines elektromagnetischen Feldes je Zeit- und Flächeneinheit (auch im statischen Fall). Für die elektromagnetische Strahlungsleistung durch eine Fläche gilt also $P = \int(\boldsymbol{E}\times\boldsymbol{H})\,\mathrm{d}\boldsymbol{A}$.

Mathematische Beschreibung der Wellenausbreitung:*

Aus den Gln. (7.103) bis (7.108) folgt unter Nutzung der Operatorumrechnung rot rot $\boldsymbol{E}$ = grad div $\boldsymbol{E} - \Delta\boldsymbol{E}$ sowie unter den Voraussetzungen $\boldsymbol{S} = \varkappa\boldsymbol{E} + \varepsilon\partial\boldsymbol{E}/\partial t$, $\varkappa$ = konst., ε = konst. und μ = konst.

$$\Delta\boldsymbol{E}-\varkappa\mu\frac{\partial\boldsymbol{E}}{\partial t}-\varepsilon\mu\frac{\partial^2\boldsymbol{E}}{\partial t^2}=0,\qquad \Delta\boldsymbol{H}-\varkappa\mu\frac{\partial\boldsymbol{H}}{\partial t}-\varepsilon\mu\frac{\partial^2\boldsymbol{H}}{\partial t^2}=0. \quad (7.126)$$

Diese *Wellengleichungen* vereinfachen sich für die Ausbreitung in einem Dielektrikum ($\varkappa = 0$) zu

$$\Delta\boldsymbol{E}-\frac{1}{v^2}\frac{\partial^2\boldsymbol{E}}{\partial t^2}=0,\qquad \Delta\boldsymbol{H}-\frac{1}{v^2}\frac{\partial^2\boldsymbol{H}}{\partial t^2}=0 \text{ mit } v=\frac{1}{\sqrt{\varepsilon\mu}} \quad (7.127)$$

Ein wichtiger Spezialfall sind ebene Wellen, die für alle Vektorkomponenten nur von einer Ortskoordinate, z. B. von x, abhängen. Demnach gilt für alle Vektorkomponenten eine Gleichung des Typs

$$\frac{\partial^2 f}{\partial x^2}-\frac{1}{v^2}\frac{\partial^2 f}{\partial t^2}=0. \quad (7.128)$$

Als Lösungsfunktion läßt sich eine Funktion des Typs $f(x, t) = f(t - x/v)$ bzw. $f(t) = f(t + x/v)$ verifizieren, wenn man $\partial f/\partial x = \mp 1/v\cdot\partial f/\partial t$ beachtet. $f(t - x/v)$ bzw. $f(t + x/v)$ beschreiben Wellen, die sich in positiver bzw. negativer x-Richtung ausbreiten. Das veranschaulicht Bild 7.56 für sinusförmigen Verlauf, d. h. für $f(x, t) = f_0 \sin\omega\,(t - x/v)$. Beschreibt man – wie hier geschehen – die zeitliche Periodizität durch die Kreisfrequenz $\omega = 2\pi/T$ (T – Periodendauer) und die örtliche Periodizität durch den Wellenzahlvektor $k = 2\pi/\lambda = \omega/v$ (λ – Wellenlänge), so gilt $f(x, t) = f_0 \sin\omega\,(t - x/v) = f_0 \sin(\omega t - kx) = f_0 \sin 2\pi\,(t/T - x/\lambda)$.

Mit den Maxwellschen Gln. läßt sich nachweisen, daß die Vektoren $\boldsymbol{v}$, $\boldsymbol{E}$ und $\boldsymbol{H}$ ein orthogonales

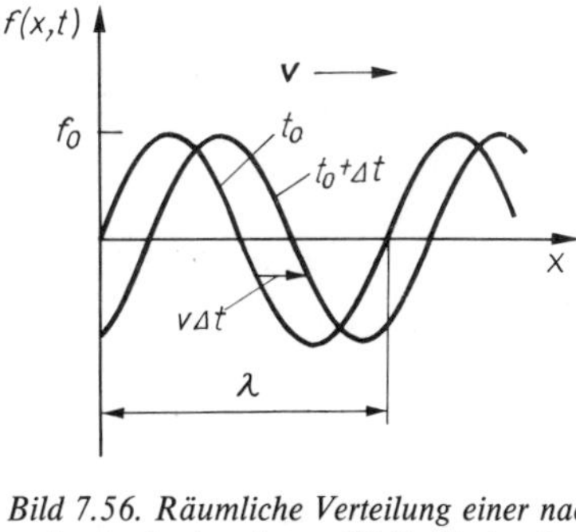

Bild 7.56. Räumliche Verteilung einer nach rechts laufenden ebenen Welle $f(x,t) = f_0 \sin 2\pi\,(t/T - x/\lambda)$ zu zwei Zeitpunkten t_0 und $t_0 + \Delta t$

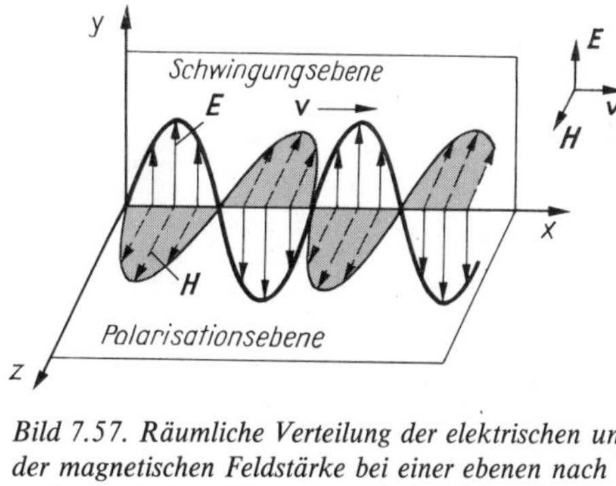

Bild 7.57. Räumliche Verteilung der elektrischen und der magnetischen Feldstärke bei einer ebenen nach rechts laufenden elektromagnetischen Welle

Hinweis: Dreifingerregel beachten (Daumen der rechten Hand: v, Zeigefinger: E, Mittelfinger: H)

Rechtssystem bilden, d. h. die Vektoren der elektrischen und magnetischen Feldstärke stehen stets senkrecht zueinander und zur Fortpflanzungsrichtung (s. Bild 7.57). Ebene elektromagnetische Wellen sind also stets Transversalwellen.

Bewegt sich der Feldstärkevektor bei einer Welle entlang einer Geraden (z. B. in y-Richtung), so spricht man von linear polarisierten Wellen. Bewegt sich der Endpunkt des Feldstärkevektors auf einer Ellipse bzw. auf einem Kreis, so nennt man die Welle elliptisch polarisiert bzw. zirkular polarisiert.

Bezug nehmend auf Abschnitt 7.11. sei abschließend erwähnt, daß für die Beschreibung des Skineffektes jeweils der letzte Term in den Gln. (7.126) vernachlässigt werden kann.

8. Bauelemente und einfache Schaltungen der Elektronik

Das Gebiet der Elektrotechnik kann man in *Elektronik* und *elektrische Energietechnik* (s. Abschn. 11.) einteilen. Früher verwendete man die Bezeichnungen *Schwach- und Starkstromtechnik.* Bei elektronischen Schaltungen steht die Verarbeitung von Informationen im Vordergrund. Charakteristisch sind kleine Leistungen bzw. Energien. Eine scharfe Trennung ist nicht möglich. Der Trend besteht in der Durchdringung beider Gebiete. Charakteristische Bauelemente der Elektronik sind vor allem Schaltkreise, Transistoren, Dioden, Widerstände, Kondensatoren, Spulen und Schalter, aber auch Bauelemente zur Wandlung nichtelektrischer in elektrische Signale und umgekehrt, sogenannte Sensoren wie sie zur Informationsein- und -ausgabe gebraucht werden.

8.1. Widerstände

8.1.1. Lineare Widerstände

Bezüglich einer näheren Beschreibung ihrer Eigenschaften und Bauformen sei auf Abschnitt 1.6.2. verwiesen. Ihre Strom-Spannungs-Beziehung, das Ohmsche Gesetz, lautet für ideale ohmsche Widerstände

$$u(t) = Ri(t), \tag{8.1}$$

wobei der Widerstand R unabhägig von i bzw. u ist. Sie können demnach bei vorgegebenem Strom als i-u-Wandler und bei vorgegebener Spannung als u-i-Wandler aufgefaßt werden. Eingesetzt werden sie in elektronischen Schaltungen u. a. für Spannungsteiler, für Stromteiler, zur Verkopplung von Schaltungsteilen, zur Einstellung von Arbeitspunkten, als Last- bzw. Arbeitswiderstände sowie gemeinsam mit anderen Bauelementen wie Kondensatoren und Spulen zum Aufbau von Schaltungen mit vorgegebenem Zeit- bzw. Frequenzverhalten. Dabei überlappen sich die genannten Anwendungen teilweise. Wegen $p = ui = u^2/R = i^2R \geq 0$ wird in ihnen elektrische Energie irreversibel in eine andere Energieform, meist in Wärme umgesetzt. Neben dem konzentrierten technischen Bauelement „Widerstand" und seiner einfachsten Ersatzschaltung als „Netzwerkelement Widerstand" spielt der Widerstand als Element auch eine große Rolle in Ersatzschaltungen komplexer technischer Gebilde, in denen elektrische Energie in thermische, mechanische, chemische sowie Schallenergie umgewandelt wird.

8.1.2. Temperatur- und spannungsabhängige Widerstände

Widerstände mit ausgeprägter Temperaturabhängigkeit nennt man auch *Thermistoren*[1]. Zu unterscheiden sind Heiß- und Kaltleiter.

Bei den *Heißleitern (NTC-Widerstand)*[2], die aus Sinterkeramiken oxidischer Halbleiter bestehen, liegt ein stark negativer Temperaturkoeffizient des Widerstandes vor ((−3...−6) %/K). Die empirische Beziehung für die Temperaturabhängigkeit des Widerstandes

[1] engl.: *thermally* sensitive resistor

[2] engl.: *negative* temperature coeffizient

(Bild 8.1 a) ist

$$R(T) = R_\infty \exp(b/T) \qquad b > 0. \tag{8.2}$$

Die Strom-Spannungs-Kennlinie ist im Bild 8.1 b dargestellt. Sie eignet sich prinzipiell zur Spannungsstabilisierung. Das Schaltsymbol des NTC-Widerstandes (auch Thermistor im engeren Sinn genannt) ist ebenfalls aus Bild 8.1 b ersichtlich. Anwendungen von Heißleitern beruhen auf der Temperaturabhängigkeit des Widerstandes, gesteuert durch Fremd- und/oder Eigenerwärmung, die sich elektronisch auswerten läßt. Genannt seien die Temperaturmessung (u. a. zum Schutz von Geräten vor thermischer Überlastung), die Leistungsmessung (vorteilhaft z. B. für Ultrahochfrequenz-Gebiet), die Messung von Wärmestrahlung, Unterdruckmessung in Gasen (Messung der Temperatur eines geheizten Objektes, die von der Wärmeleitung und damit vom Gasdruck abhängt), die Messung der Strömungsgeschwindigkeiten von Gasen bzw. Flüssigkeiten (Messung der Temperatur eines geheizten Objektes, dessen Kühlung von der Strömungsgeschwindigkeit abhängt) sowie die Messung von Flüssigkeitspegeln. Als geheiztes Objekt dient meist der eigenerwärmte Heißleiter. Weitere Anwendungsmöglichkeiten sind die Kompensation positiver Temperaturkoeffizienten, die Ausnutzung der hohen thermischen Zeitkonstante (u. a. zur Anzugsverzögerung, z. B. durch Reihenschaltung des Thermistors mit einer Relaiswicklung, wodurch das Relais u. U. erst nach vielen Sekunden anzieht) und die Begrenzung des Einschaltstromes (z. B. an kalten und zunächst niederohmigen Heizfäden bzw. an kleinen Elektromotoren). Entsprechend den genannten Anwendungen unterscheidet man *Regel- Kompensations-* und *Anlaßheißleiter.*

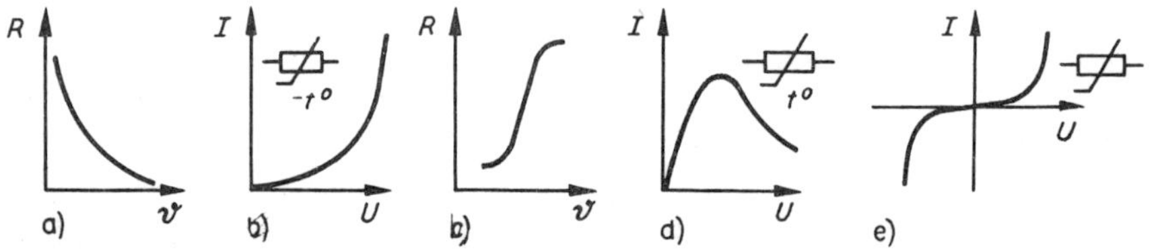

Bild 8.1. Nichtlineare Widerstände

a) Widerstands-Temperatur-Kennlinie eines Heißleiters; b) Strom-Spannungs-Kennlinie eines Heißleiters; c) Widerstands-Temperatur-Kennlinie eines Kaltleiters; d) Strom-Spannungs-Kennlinie eines Kaltleiters; e) Strom-Spannungs-Kennlinie eines Varistors

Im Gegensatz zu Heißleitern besitzen *Kaltleiter (PTC-Widerstand)*[3] in einem bestimmten Temperaturbereich einen hohen positiven Temperaturkoeffizienten (Bild 8.1 c). Sie bestehen aus halbleitenden Sinterkeramiken von Metallverbindungen. Die empirische Beziehung für die Temperaturabhängigkeit des Widerstandes lautet näherungsweise

$$R = R_0 \exp(cT) \qquad (c > 0). \tag{8.3}$$

Kaltleiter können entsprechend ihrer Kennlinie (Bild 8.1 d) zur Stromstabilisierung bzw. temperaturabhängigen Stromregelung eingesetzt werden. Außerdem dienen sie als Grenztemperaturgeber mit Schaltverhalten in Regel- und Schutzschaltungen zur Kompensation negativer TK (zur Pegelkontrolle von Flüssigkeiten) sowie für Meßzwecke und zur Erzeugung hoher Anlaßströme.

Varistoren[4] (VDR-Widerstände)[5] sind spannungsabhängige Widerstände. Sie bestehen meist aus gesintertem SiC in Scheibenform, das halbleitend ist. Ihre Kennlinie (Bild 8.1 e) kann durch

$$U = CI^\beta \qquad \beta = 0{,}15 \ldots 0{,}3 \tag{8.4}$$

angenähert werden. Einsatzgebiete sind u. a. der Schutz von (parallelgeschalteten) Baule-

[3] engl.: *positive* temperature coefficient
[4] engl.: variable resistor
[5] engl.: voltage dependent resistor

menten gegen Überspannungen (bei Stromquellen mit einem Innenwiderstand $R_i > 0$) sowie Spannungsregelungen. Im Gegensatz zu den temperaturgesteuerten Bauelementen reagieren Varistoren nahezu trägheitsfrei. Ihr Einsatz erfolgt vor allem im Energieversorgungsnetz.

8.2. Kondensatoren (Kapazitäten)

Die Strom-Spannungs-Beziehung idealer Kondensatoren mit der konstanten Kapazität C lautet

$$i = C\frac{\mathrm{d}u}{\mathrm{d}t} \quad \text{bzw.} \quad u(t) = u(t_0) + \frac{1}{C}\int_{t_0}^{t} i\,\mathrm{d}t. \tag{8.5}$$

Die Spannung ist stets stetig. Ihre Eigenschaften werden in den Abschnitten 1.7. und 3. näher beschrieben. An dieser Stelle sollen lediglich Anwendungsmöglichkeiten zusammengestellt werden. Kondensatoren dienen zur Ladungs- sowie im Zusammenhang damit zur Energiespeicherung im elektrischen Feld. Die elektrische Energie wird im elektrischen Feld zwischen den Elektroden gespeichert (mit kleiner Energiedichte). Kondensatoren ermöglichen u. a. die galvanische Trennung von Gleichspannungen sowie die Ein- und Auskopplung von Wechselspannungen bzw. -strömen, den Aufbau von Schaltungen mit vorgegebenem Frequenz- bzw. Zeitverhalten (gemeinsam mit anderen Bauelementen), die Erzeugung von Phasenverschiebungen, die kapazitive Spannungs- bzw. Stromteilung für Wechselspannungen, die Kompensation induktiver Blindleistungen sowie die kurzzeitige Erzeugung hoher Stromstärken bei Entladung von Kondensatoren über kleine Widerstände. Kondensatoren finden demnach Einsatz in Hoch-, Tief- und Bandpässen bzw. allgemein Filtern und beeinflussen die Bandbreite von Verstärkern, sie dienen zur Erzeugung von Zeitkonstanten sowie zur Durchführung der Rechenoperationen wie Differentiation und Integration.

Neben dem konzentrierten technischen Bauelement spielt die Kapazität als Netzwerkelement auch eine Rolle zur Beschreibung von im allgemeinen unerwünschten (parasitären) Ladungsspeicherungen, die meist die Arbeitsgeschwindigkeit von Bauelementen und Schaltungen verschlechtern.

8.3. Spulen (Induktivitäten) und Übertrager

Für ideale *Induktivitäten* mit der konstanten Induktivität L gilt

$$u = L\frac{\mathrm{d}i}{\mathrm{d}t} \quad \text{bzw.} \quad i(t) = i(t_0) + \frac{1}{L}\int_{t_0}^{t} u\,\mathrm{d}t. \tag{8.6}$$

Der Strom ist stets stetig. Induktivitäten werden meist als Spulen realisiert. Ihre Eigenschaften werden in den Abschnitten 1.8. und 3. näher beschrieben. Induktivitäten können einen magnetischen Fluß und damit Energie im magnetischen Feld speichern. Ihre Anwendung in der Elektronik ist rückläufig. Man ersetzt *RLC*-Schaltungen zunehmend durch *RC*-Schaltungen. Die Anwendungen sind analog zu denen von Kondensatoren, wenn man die Vertauschung $u \rightleftarrows i$ und $L \rightleftarrows C$ berücksichtigt *(Dualität)*. Neben dem konzentrierten technischen Bauelement Spule spielt die Induktivität als Netzwerkelement auch eine Rolle zur Beschreibung von (meist unerwünschten) elektromagnetischen Verkopplungen von Leitungen usw. durch Ersatzschaltungen.

Übertrager entstehen durch magnetische Verkopplung von Spulen. Sie sind spezielle Transformatoren (s. auch Abschn. 7.7.5.) und führen eine Energiewandlung elektrische → magnetische → elektrische Energie durch. Für die Eingangs- bzw. Ausgangsgrößen gilt bei idealen Übertragern

$$u_1(t)/u_2(t) = i_2(t)/i_1(t) = w_1/w_2. \quad 8.7)$$

w_1 ist dabei die Windungszahl der Eingangswicklung (Primärwicklung) und w_2 die der Ausgangswicklung (Sekundärwicklung). Sich teilweise überlagernde Anwendungsgebiete sind die Potentialtrennung von Stromkreisen, die Auf- und Abtransformation von Spannungen bzw. Strömen, die Impedanztransformation (Anpassung) sowie Phasendrehungen. Werden primär- bzw. sekundärseitig Kapazitäten zugeschaltet, so entstehen spezielle Bandfilter, die nur bestimmte Frequenzbänder gut übertragen.

8.4. Halbleiterdioden

8.4.1. Herstellungsverfahren und Bauformen

Halbleiterdioden bestehen aus einkristallinem Halbleitermaterial. Meist wird dafür Silizium, seltener Germanium oder anderes Halbleitermaterial (GaAs ...) eingesetzt.

Die Einkristalle werden so präpariert, daß in ihnen ein Übergang von einem p-leitenden zu einem n-leitenden Gebiet, ein sogenannter pn-Übergang, entsteht. Ein p-Gebiet ist ein solches, bei dem die Stromleitung durch positiv geladene Teilchen erfolgt, die man Löcher nennt. Ein p-Gebiet erzeugt man bei 4wertigem Halbleitermaterial (Si, Ge) technologisch dadurch, daß dem Halbleiterkristall 3wertige Atome, Akzeptoren genannt, zugesetzt werden (s. auch Abschn. 6.11.).

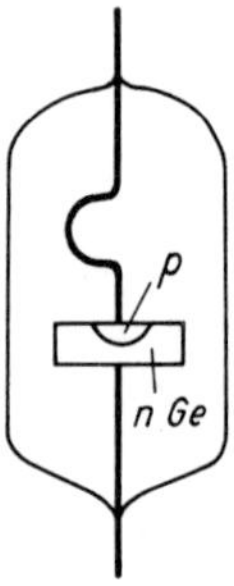

Bild 8.2
Prinzipieller Aufbau einer Spitzendiode

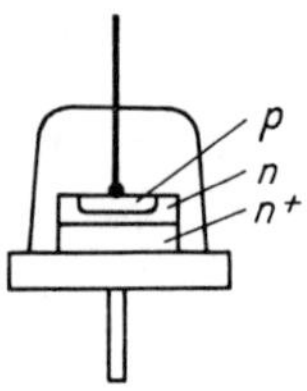

Bild 8.3
Prinzipieller Aufbau einer Epitaxie-Planar-Diode

Die einfachste Möglichkeit, einen solchen pn-Übergang in einem Germaniumkristall zu realisieren, war und ist in der Spitzendiode realisiert. Der Aufbau dieses Bauelementes ist im Bild 8.2 gezeigt. Auf ein n-leitendes Germaniumeinkristallplättchen wird eine Metallspitze (z. B. W) aufgesetzt. Durch einen starken Stromimpuls (Formierstoß) gelangen Akzeptoren aus der Metallspitze in das Halbleiterplättchen und unter der Metallspitze entsteht ein p-Gebiet. Die Metallspitze bildet dann die Anode der Diode. Eine moderne Bauform einer Halbleiterdiode ist die Epitaxie-Planardiode, deren Aufbau im Bild 8.3 gezeigt ist. Hier wird zunächst auf ein sehr gut n-leitendes Siliziumkristallplättchen (im Bild 8.3 mit n^+ bezeichnet) eine dünne (einige µm dick, je nach Verwendungszweck) einkristalline Schicht aufgebracht, welche schwach n-leitend ist (im Bild 8.3 mit n bezeichnet). In die n-leitende Schicht werden von der Oberfläche her 3wertige Atome (Akzeptoren) eindiffundiert, wodurch ein flächenhafter Übergang von einem p- zu einem n-leitenden Siliziumkristall entsteht. Solche Dioden werden im Unterschied zu den Spitzendioden auch Flächendioden genannt. Spezielle Varianten solcher Flächendioden, die besonders für hohe Spannungen geeignet sind, werden wir im Abschnitt 8.4.2. besprechen.

8.4.2. Richtdioden

Die Bezeichnung „Richtdioden“ deutet darauf hin, daß mit Halbleiterdioden Wechselspannungen gleichgerichtet werden können. Diese Anwendungsmöglichkeit der Halbleiterdioden erklären wir uns an der Strom-Spannungs-Kennlinie dieses Bauelementes. Wir betrachten die Ladungsträger in der pn-Diode bei positiver (a) und negativer (b) angelegter Spannung.

Eine positive angelegte Spannung ist immer dann vorhanden, wenn der positive Pol an der Anode der Diode, d. h. am p-Gebiet liegt. Eine positive angelegte Spannung wird Flußspannung $U_F = +U$ genannt. Eine negative angelegte Spannung wird dagegen Sperr- oder Rückwärtsspannung $-U = U_R$ genannt (positiver Pol an der Katode, d. h. am n-Gebiet).

Im Falle einer positiven angelegten Spannung (Bild 8.4a) werden die positiven Ladungsträger (Löcher) in Richtung n-Gebiet getrieben und die negativen Ladungsträger (Elektronen) in Richtung p-Gebiet (gleiche Polaritäten stoßen sich ab!). Dadurch wird die gesamte pn-Diode mit Ladungsträgern „überschwemmt“ und leitet den Strom sehr gut, der Strom steigt sehr steil mit wachsender positiver Spannung U an. Eine genaue Analyse [8.2] ergibt eine exponentielle Strom-Spannungs-Kennlinie (s. Bild 8.5)

$$+I = I_F = I_S \exp(U/U_T) \tag{8.8}$$

$$U_T = kT/e = 25{,}9\ \text{mV bei } T = 300\ \text{K}.$$

I_S ist ein konstanter „Sättigungsstrom“, der von der Konstruktion der Diode abhängt. Er liegt je nach Diodengröße und Material in der Größenordnung von 10^{-15} A...10^{-6} A.

Im Falle einer negativen angelegten Spannung (Bild 8.4b) werden die positiven Ladungsträger (Löcher) an die Anode und die negativen Ladungsträger (Elektronen) an die Katode gezogen (ungleiche Polaritäten ziehen sich an!).

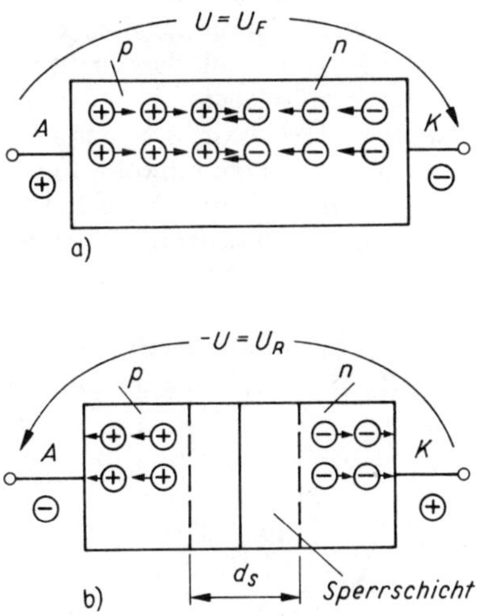

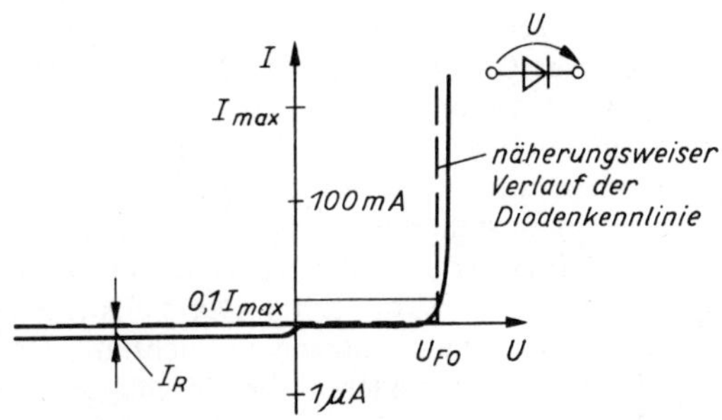

Bild 8.5. Strom-Spannungs-Kennlinie einer Halbleiterdiode

Bild 8.4. Veranschaulichung der beweglichen Ladungen an einem pn-Übergang

a) bei positiver Spannung an der Anode;
b) bei negativer Spannung (Sperrspannung) an der Anode

Dadurch verarmt das Mittelgebiet der Diode an Ladungsträgern. Es entsteht zwischen p- und n-Gebiet eine Schicht mit der Dicke d_s, in der fast keine Ladungsträger vorhanden sind. Diese Schicht wird *Sperrschicht* genannt. Diese Sperrschicht wirkt wie ein sehr hochohmiger Widerstand, der zwischen Katode und Anode geschaltet ist. Deshalb fließt nur ein sehr kleiner Sperrstrom (s. Bild 8.5)

$$-I = I_R. \tag{8.9}$$

Dieser liegt bei Germaniumdioden in der Größenordnung von µA, bei Siliziumdioden in der Größenordnung von nA.

Oft genügt es, die Kennlinie in einer Form anzunähern, wie dies im Bild 8.5 gestrichelt angedeutet ist. Bei dieser vereinfachten Kennliniendarstellung ist der Strom unterhalb einer Schleusenspannung U_{F0} Null und oberhalb U_{F0} steigt er steil an. ($U_{F0} \approx 0{,}7$ V für Si-Dioden, $U_{F0} \approx 0{,}3$ V für Ge-Dioden.)[1]

[1] Gemäß Bild 8.5 definieren wir die Schleusenspannung U_{F0} z. B. als die Flußspannung, bei der der Strom 10 % des maximal zulässigen Nennstromes I_{max} erreicht hat.

Auf dieser Kennlinie beruht auch die Anwendung zur *Gleichrichtung* von Wechselspannung. Im Bild 8.6 ist eine ganz einfache Gleichrichterschaltung gezeigt, deren Funktion im folgenden erläutert werden soll. Von der Sekundärseite eines Übertragers gelangt die Wechselspannung über eine Gleichrichterdiode D auf den Widerstand R, über dem die Gleichspannung $U_=$ abgenommen wird. Da die Diode gemäß ihrer Kennlinie im Bild 8.5 nur für positive Spannungen $U > U_{F0}$ einen Stromfluß zuläßt, entsteht auch nur während der positiven Halbwelle ein Spannungsabfall $U_=$ über dem Widerstand R, wie das im Bild 8.6b gezeigt ist.

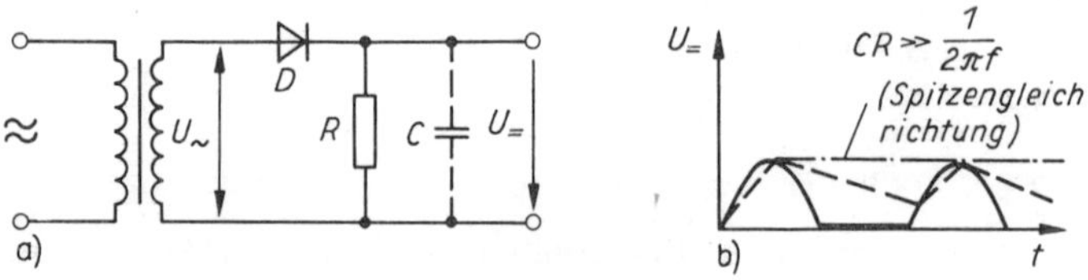

Bild 8.6. Einfache Einweggleichrichterschaltung mit Diode
a) Schaltung; b) Spannungsverlauf am Ausgang

Es handelt sich also bei der Spannung über R um eine sogenannte pulsierende Gleichspannung, da sie nur eine Richtung hat, jedoch in ihrer Größe noch zeitabhängig ist. Will man dieses zeitliche „Pulsieren" „glätten", so kann das z. B. durch Parallelschalten eines Kondensators C zum Widerstand R erfolgen, wie das im Bild 8.6a gestrichelt dargestellt ist. Dieser Kondensator wird während der positiven Halbwelle der Wechselspannung, d. h. bei Stromfluß durch die Diode, aufgeladen und während der negativen Halbwelle, d. h. wenn die Diode sperrt, wieder entladen. Ist der Kondensator groß, so erfolgt nur eine teilweise Entladung und es entsteht der „geglättete" Gleichspannungsverlauf wie er im Bild 8.6b gestrichelt gezeigt ist. Im Grenzfall sehr großer Werte von $R \cdot C$ (im Vergleich zur Schwingungsdauer der Wechselspannung) ist die Entladung der Kapazität nur noch gering, und C lädt sich auf die Spitzenspannung auf (Spitzengleichrichtung „strichpunktiert" im Bild 8.6b).

Einen wesentlich besseren Gleichrichtereffekt erzielt man mit Schaltungen mit mehr als einer Diode, z. B. mit Zweiweg- oder Brückenschaltungen [8.2]. Als Beispiel ist im Bild 8.7 eine Brückenschaltung dargestellt.

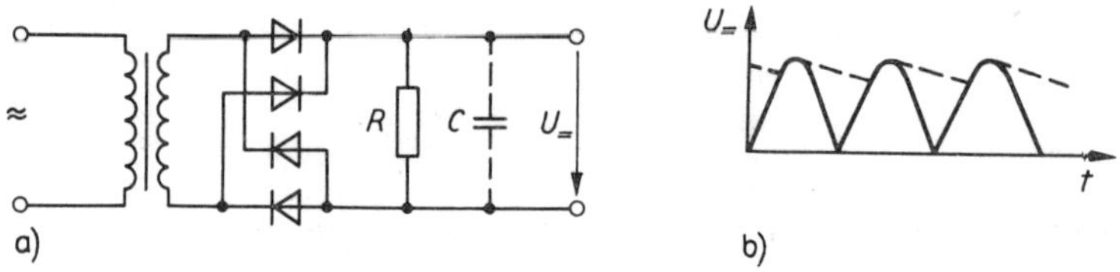

Bild 8.7. Brückengleichrichterschaltung
a) Schaltung; b) Spannungsverlauf am Ausgang

In der Leistungselektronik kommt es zusätzlich auf eine hohe Spannungsfestigkeit an. In der einfachen Schaltung nach Bild 8.6a kann z. B. im ungünstigsten Falle bei einem sehr hochohmigen Widerstand R die doppelte Wechselspannungsamplitude über der Diode als Sperrspannung liegen. (Es wird dem Leser vorgeschlagen, sich dies mit Bild 8.6, gestrichelte Verläufe, einmal selbst klarzumachen!). Das würde bei der Netzgleichrichtung von $U = 220$ V eine Spannungsbelastung von $U_{max} = 2 \cdot \sqrt{2} \cdot 220 \text{ V} = 626 \text{ V}$ ergeben. Für solche hohen Spannungen sind aber „normale" Richtdioden mit pn-Übergang, wie wir sie eben beschrieben haben, ungeeignet. Bei Erreichen einer maximalen Feldstärke von $E_{krit} \approx 5 \cdot 10^5$ V/cm bricht nämlich die Diode durch, d. h., es werden durch Stoßionisation so viele Ladungsträger zusätzlich erzeugt, daß selbst in Sperrichtung der Strom steil ansteigt (s. Bild 8.8). Da die gesamte Sperrspannung U_R über der Sperrschicht mit der Dicke d_s (s. Bild 8.4b) abfällt, ist die

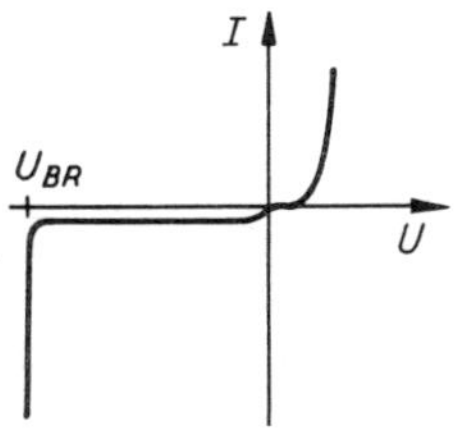

Bild 8.8. Diodenkennlinie mit Spannungsdurchbruch im Sperrbereich

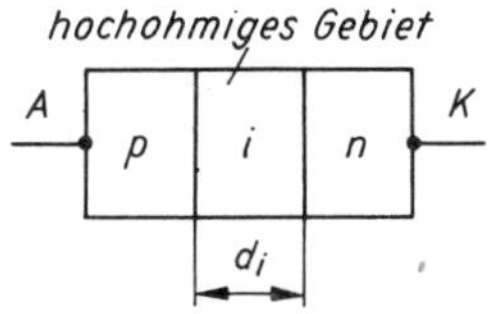

Bild 8.9. pin-Gleichrichterdiode für hohe Spannungsbelastbarkeit (Prinzip)

Durchbruchspannung

$$U_{BR} = \frac{1}{2} E_{krit} \cdot d_s. \tag{8.10}$$

Die Sperrschichtbreite d_s erreicht kaum Werte größer als 2 µm, so daß die Durchbruchspannung bei einer solchen pn-Diode $U_{BR} = 5 \cdot 10^5 \cdot 10^{-4}$ V = 50 V wäre.

Bei der Herstellung von Netz- bzw. Leistungsgleichrichtern hilft man sich deshalb so, daß man zwischen das p- und n-Gebiet ein sehr hochohmiges Halbleitergebiet von $d = 20$ bis 100 µm Dicke bringt, wie dies im Bild 8.9 gezeigt ist. Dieses Gebiet nimmt dann die Sperrspannung auf. Für $d_i = 50$ µm wäre die Durchbruchspannung $U_{BR} = 5 \cdot 10^5 \cdot 5 \cdot 10^{-3} = 2\,500$ V.

Eine solche Diode wäre als Netzgleichrichter geeignet. Richtdioden werden von Halbleiterherstellern als Kleinleistungsuniversaldioden, Hochfrequenzgleichrichterdioden und verschiedene Formen von Leistungsgleichrichterdioden angeboten.

8.4.3. Z-Dioden

Eine Sondervariante einer pn-Diode ist die sogenannte Z-Diode. Dies ist eine Siliziumdiode, die in Sperrichtung betrieben wird und zu deren Funktion der steile Stromanstieg im Durchbruchgebiet (vgl. Bild 8.8) genutzt wird.

Im Bild 8.10 ist die Kennlinie einer Z-Diode dargestellt. Bei der Konstruktion der Z-Dioden muß besonders darauf geachtet werden, daß der Durchbruch oberhalb der Spannung U_{BR} (z. B. bei 1 µA) möglichst scharf erfolgt, weil diese Dioden zur Spannungsstabilisierung bzw. -begrenzung verwendet werden. Dazu wird die Z-Diode in der Schaltung von Bild 8.11 betrieben. U_E ist die zur Verfügung stehende Eingangsspannung, U_A ist die stabilisierte Ausgangsspannung. Es muß stets $U_E > U_A$ (z. B. $U_E = 2U_A$) sein. Der Widerstand R_v muß so be-

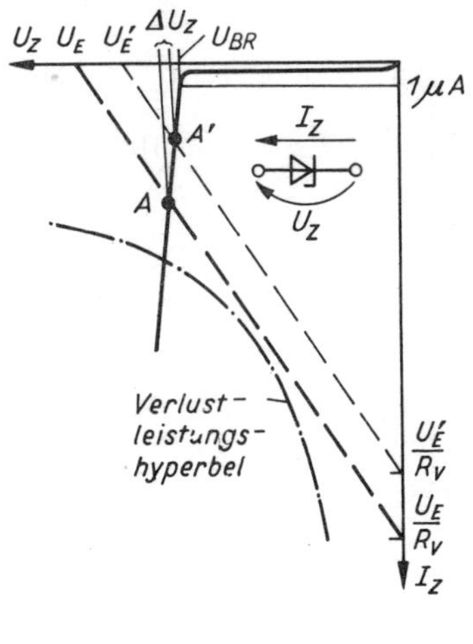

Bild 8.10. Strom-Spannungs-Kennlinie einer Z-Diode und Veranschaulichung des Arbeitspunktes auf der Arbeitsgeraden für $I_L = 0$

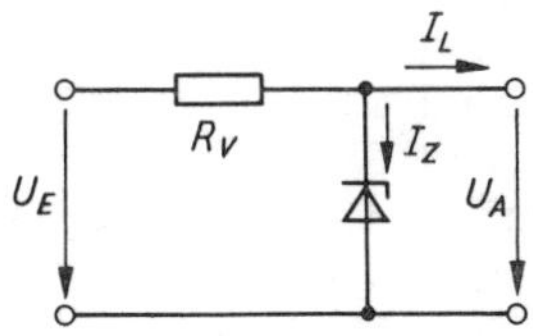

Bild 8.11. Stabilisierungsschaltung mit Z-Diode

messen werden, daß der Arbeitspunkt A im steilen Kennlinienteil liegt, wie das in der Kennlinie Bild 8.11 gezeigt ist. Jedoch darf A nicht die Grenzkurve für die maximal zulässige Leistung (Verlustleistungshyperbel) überschreiten.
Gemäß der Schaltung Bild 8.11 fließt durch den Widerstand R_V der Strom

$$I_R = \frac{U_E - U_A}{R_V}. \tag{8.11}$$

Dieser fließt zu einem Teil I_Z durch die Z-Diode, zum anderen Teil als Laststrom I_L (in ein angeschlossenes Gerät).

Zur Stabilisierungswirkung ist gemäß der Kennlinie im Bild 8.10 ein bestimmter Mindeststrom durch die Z-Diode erforderlich. Deshalb gilt für den Laststrom die Bedingung

$$I_L < \frac{(U_E - U_A)}{R_V}. \tag{8.12}$$

Man kennzeichnet Z-Dioden durch die sogenannte Z-Spannung $U_{ZO} \approx U_{BR}$, die im mittleren Durchbruchsgebiet bei einer bestimmten Stromstärke liegt, sowie den dazugehörigen Z-Widerstand:

$$r_Z = \frac{\mathrm{d}U_Z}{\mathrm{d}I_Z}, \tag{8.13}$$

also z. B. $U_{ZO} = 8$ V und $r_Z = 10\ \Omega$ bei 5 mA.

Ändert man den Strom durch die Z-Diode, so ändert sich auch $U_Z = U_A$. Das werden wir im folgenden mit Bild 8.10 erklären (für $I_L = 0$).

Die „Arbeitsgerade" ist im Bild 8.10 gestrichelt eingezeichnet. Sie schneidet die Ordinate (für $U_Z = 0$) beim Kurzschlußstrom U_E/R_V und die Abszisse (für $I_Z = 0$) bei U_E und schließlich die Z-Diodenkennlinie im Arbeitspunkt A. Schwankt die Eingangsspannung U_E um ΔU_E, so verschiebt sich auch die „Arbeitsgerade", so daß sich nun ein neuer Arbeitspunkt A' einstellt. Die Verschiebung des Arbeitspunktes von A nach A' bedingt eine kleine Schwankung der Z-Spannung ΔU_Z. Das Verhältnis der Eingangsspannungsschwankung ΔU_E zur Ausgangsspannungsschwankung $\Delta U_A = \Delta U_Z$ ist ein Gütekriterium für die Stabilisierungswirkung der Schaltung und sollte so groß wie möglich sein. Für die Schaltung im Bild 8.11 gilt bei Laststrom $I_L = 0$

$$\frac{\Delta U_E}{\Delta U_Z} = 1 + \frac{R_V}{r_Z}. \tag{8.14}$$

Ein weiterer wichtiger Parameter für Z-Dioden ist der Temperaturkoeffizient der Z-Spannung.

Dieser ist für Dioden mit kleinen Z-Spannungen (< 2 V) meist negativ, für Dioden mit großen Z-Spannungen (> 5 V) positiv.

Neben Z-Dioden werden oft auch in Flußrichtung vorgespannte pn-Dioden zur Spannungsstabilisation benutzt. Dies ist z. B. aus Bild 8.5 ersichtlich.

Aus diesem Bild geht hervor, daß über einer in Flußrichtung vorgespannten Halbleiterdiode näherungsweise die konstante Schleusenspannung U_{FO} ($\approx 0{,}7$ V bei Si) liegt.

8.4.4 Varaktordioden (Kapazitätsdioden)

Varaktordioden sind ebenfalls Sondervarianten von pn-Dioden. Es sind Siliziumdioden, die im Sperrbereich betrieben werden. Zu ihrer Funktion wird die Kapazität der Dioden im Sperrbereich ausgenutzt. Die Sperrschicht mit der Breite d_s gemäß Bild 8.4b wirkt nämlich wie das Dielektrikum eines Kondensators. Deshalb ist die Kapazität einer planaren Flächendiode mit der Fläche A des pn-Überganges

$$C_s = A\varepsilon_H/d_s. \tag{8.15}$$

ε_H ist die Permittivität des Halbleiters. Sie beträgt z. B. für Silizium etwa 10^{-12} As/Vcm.

d_s und damit die Kapazität C_s sind aber nicht konstant, sondern von der angelegten Sperrspannung U_R abhängig, und zwar wird d_s mit wachsender Sperrspannung U_R größer, d. h., die (Sperrschicht-)Kapazität wird mit wachsender Sperrspannung kleiner. Eine Analyse dieser Vorgänge führt auf die folgende Spannungsabhängigkeit [8.1]

$$C_s = C_{s0}\,(1 + U_R/U_D)^{-q}. \tag{8.16}$$

Hierin sind $U_D \approx 0{,}8$ Volt, C_{s0} ist die Kapazität bei $U = 0$ und q ist eine Zahl, die je nach Technologie Werte zwischen $\frac{1}{3}$ und 1 annehmen kann. Diese Spannungsabhängigkeit der Kapazität gemäß Gl. (8.16), die prinzipiell im Bild 8.12 dargestellt ist, wird für die Anwendung der Kapazitätsvaraktordioden genutzt.

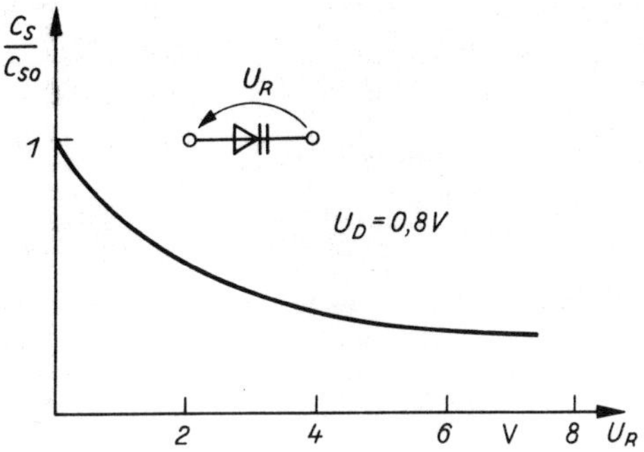

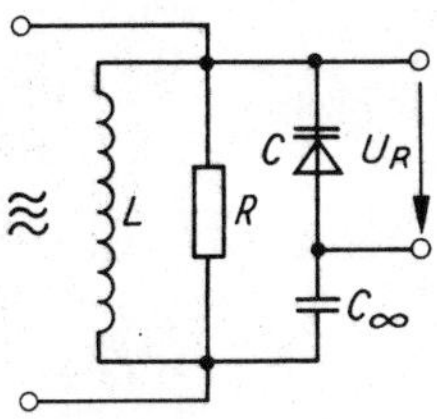

Bild 8.13
Schwingkreis mit Varaktordiode

Bild 8.12. Spannungsabhängigkeit der Sperrschichtkapazität einer Varaktordiode

Schaltet man die Diode in einen Schwingkreis, wie es im Bild 8.13 gezeigt ist, so kann man mit der Gleichspannung U_R die Resonanzfrequenz dieses Schwingkreises ändern.

Erzeugt man U_R mit einer Regelschaltung, so kann z. B. eine automatische Scharfabstimmung (AFC – Automatic Frequency Control) in Nachrichtenempfängern realisiert werden, indem U_R und damit C_s (und damit die Resonanzfrequenz) solange verändert werden, bis die Ausgangsspannung (empfangenes Signal) maximal wird.

Man kann Varaktordioden aber auch in der Mikrowellentechnik anwenden. Hier nutzt man die Nichtlinearität der Kapazitätsfunktion gemäß Gl. (8.16) zur Realisierung eines sogenannten Aufwärtskonverters: Es wird an die Diode eine hochfrequente Wechselspannung gelegt. Durch die Nichtlinearität, d. h. die Spannungsabhängigkeit der Kapazität, entstehen Oberwellen im Mikrowellengebiet. Mit geeignet abgestimmten Filtern werden die gewünschten Mikrowellenfrequenzen ausgewählt. Diese dienen dann z. B. als Trägerfrequenz für die Radartechnik.

Kapazitätsvaraktordioden werden sowohl als preiswerte Kleinleistungsdioden für Frequenzregelschaltungen in der Rundfunk- und Fernsehtechnik als auch als teuere Bausteine für kommerzielle Mikrowellenleistungsgeneratoren angeboten.

8.4.5. Schaltdioden

Als Schaltdioden können im Prinzip auch alle Universalrichtdioden verwendet werden. Die Spezifikation „Schaltdiode" stammt von ihrer Anwendung her, nämlich als Schalter in der Digitaltechnik.

Dazu betrachten wir noch einmal die vereinfachte Diodenkennlinie, die im Bild 8.5 gestrichelt dargestellt wurde. Danach fließt kein Strom für Spannungen $U < U_{FO}$.

(U_{FO} war die Schleusenspannung z. B. für Siliziumdioden $U_{FO} \approx 0{,}7$ V).

Dieser Zustand entspricht dem geöffnetem Schalter (s. Bild 8.14 a). Ist dagegen $U = U_{FO}$, so ist ein großer Strom möglich. Dies entspricht dem geschlossenen Schalter (s. Bild 8.14b). Damit kann man in der Digitaltechnik z. B. logische Verknüpfungen durchführen. Mit logischen Verknüpfungen werden wir uns erst im Abschnitt 10. (digitale Schaltungstechnik) befassen. Trotzdem wollen wir hier als Anwendung von Schaltdioden bereits eine solche Schaltung vorwegnehmen.

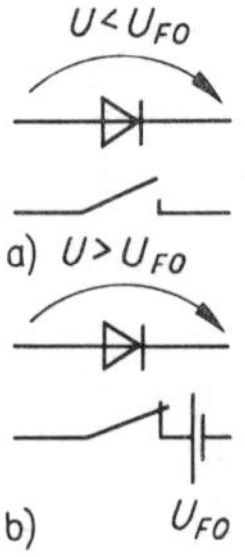

Bild 8.14
Diode als Schalter

a) Diode ist für Spannungen kleiner als die Schleusenspannung U_{FO} ausgeschaltet; b) Diode ist für Spannungen größer als die Schleusenspannung eingeschaltet

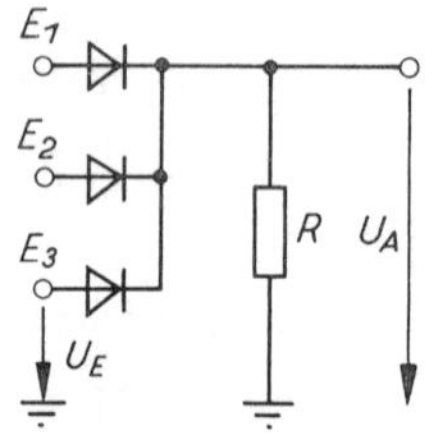

Bild 8.15
ODER-Schaltung mit Dioden

Im Bild 8.15 ist eine sogenannte ODER(OR)-Schaltung mit 3 Eingängen auf der Basis von Schaltdioden realisiert (s. auch Abschn. 10.2.2.). Am Ausgang A entsteht dann eine Spannung U_A über dem Widerstand R, wenn am Eingang E_1 *oder* E_2 *oder* E_3 eine genügend große positive Spannung $U_E > U_{FO}$ liegt, so daß Diode D_1 *oder* D_2 *oder* D_3 den Strom leitet, so daß an R der Spannungsabfall $U_A = (U_E - U_{FO})$ auftritt. Bei Schaltdioden kommt es vor allem auf das dynamische Verhalten an. d. h., es interessiert, wie schnell eine Diode vom Durchlaß- in den Sperrbereich umschalten kann. Die Zeit, die praktisch zum Öffnen des Diodenschalters nötig ist, wird Freiwerdezeit t_{off} genannt. Sie ist um so kleiner, je kleiner der Flußstrom ist. Sonderkonstruktionen von Schaltdioden erreichen Freiwerdezeiten unter einer Nanosekunde [8.1].

8.5. Bipolartransistoren

8.5.1. Herstellungsverfahren, Bauformen

Bipolartransistoren[1)] bestehen aus zwei pn-Übergängen wie wir sie im Abschnitt 8.4. bei den Dioden besprochen hatten. Das bedeutet, Bipolartransistoren bestehen aus einem kleinen Halbleiterkristall mit der Folge p-Gebiet–n-Gebiet–p-Gebiet (in diesem Falle bezeichnet man ihn als pnp-Transistor) oder der Folge n–p–n (in diesem Falle bezeichnet man ihn als npn-Transistor). Im Bild 8.16 sind die prinzipielle Struktur und das Schaltsymbol für pnp- und npn-Transistoren dargestellt.

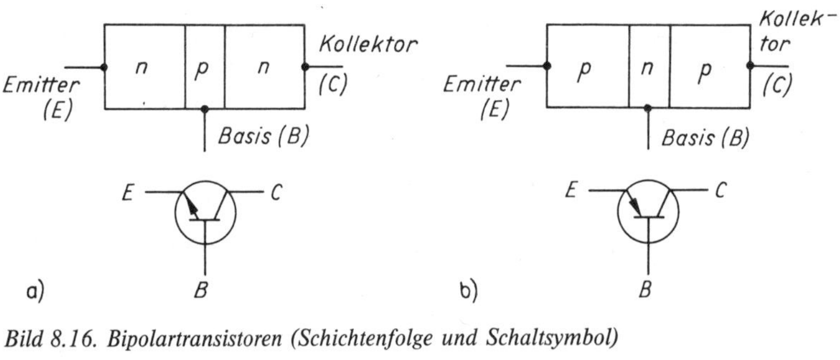

Bild 8.16. Bipolartransistoren (Schichtenfolge und Schaltsymbol)

a) npn-Transistor; b) pnp-Transistor

1) Bipolar: beide Polaritäten der Ladungsträger, d. h. p- und n-Leitung sind von Bedeutung. Transistor: Kunstwort aus *Trans*fer Res*istor* (engl.) – Transfer-Widerstand

Diese npn- bzw. pnp-Strukturen können auf verschiedene Arten realisiert werden, von denen im Bild 8.17 die wichtigsten Konstruktionsformen skizziert sind. Beim Legierungstransistor im Bild 8.17a werden in ein n-leitendes Halbleitereinkristallplättchen von beiden Seiten Pillen eines 3wertigen Elementes (z. B. Indium) einlegiert, wodurch die p-leitenden Emitter- und Kollektorgebiete entstehen.

Beim Mesatransistor im Bild 8.17b werden zunächst in ein homogenes p-leitendes Halbleiterkristallplättchen 5wertige Atome (z. B. Phosphor) eindiffundiert, wodurch eine etwa 1 μm dicke n-leitende Schicht entsteht. Danach wird der Emitter als dünner Aluminiumstreifen und der Basiskontakt als dünner Goldstreifen aufgedampft. Zuletzt wird der Transistor zu einer Mesastruktur abgeätzt. Beim Epitaxie-Planar-Transistor im Bild 8.17c, dem heute am weitesten verbreiteten Typ von Siliziumtransistoren, wird zunächst auf ein sehr gut leitendes (n^+)-Halbleiterplättchen eine n-leitende einkristalline (Epitaxie-)-Schicht aufgebracht. In dieser n-Schicht werden ein p-Gebiet als Basis und schließlich in dieses ein n-Gebiet als Emitter eingebracht.

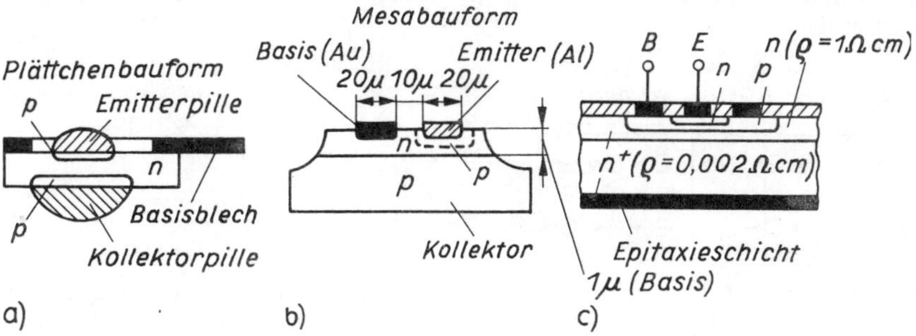

Bild 8.17. Bauformen von Bipolartransistoren

a) legierter Transistor; b) Mesatransistor; c) Epitaxie-Planar-Transistor

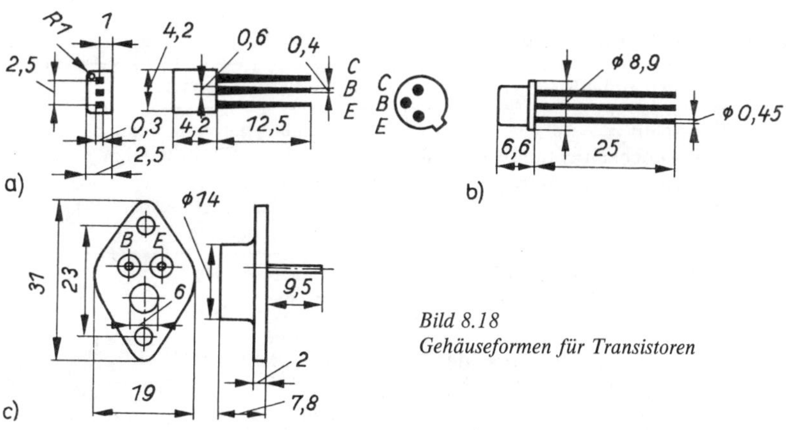

Bild 8.18
Gehäuseformen für Transistoren

Dies kann z. B. durch zwei aufeinanderfolgende Diffusionen von 3- bzw. 5wertigen Atomen (z. B. Bor bzw. Phosphor) erfolgen.

Im Bild 8.18 sind einige typische Gehäuseformen dargestellt. Die Gehäuseformen im Bild 8.18a, b sind hauptsächlich für Kleinleistungsverstärker und -schalttransistoren, die Gehäuseform im Bild 8.18c für Leistungs- und Hochspannungstransistoren gebräuchlich.

8.5.2. Wirkungsweise der Bipolartransistoren sowie Stromverstärkungen

Die Wirkungsweise wollen wir an dem Modell des npn-Transistors im Bild 8.19 für Gleichstrombetrieb demonstrieren. Das linke n-Gebiet wird Emitter (E) genannt, das rechte n-Gebiet Kollektor (C) und das dazwischen liegende p-Gebiet Basis (B). Dementsprechend nennt man die drei Klemmenströme Emitterstrom I_E, Kollektorstrom I_C und Basisstrom I_B und die drei Spannungen Basis-Emitter-Spannung U_{BE}, Kollektor-Basis-Spannung U_{CB} und Kollektor-Emitter-Spannung U_{CE}. Um das Verhalten des Transistors studieren zu können, überlegen wir zunächst, wie viele der 6 Klemmengrößen sich willkürlich festlegen lassen. Wie im Abschnitt 1.10. erwähnt, existieren bei einem n-Pol n − 1 durch die inneren Eigenschaften festgelegte Spannungsrelationen, d. h. beim Transistor n − 1 = 2 wegen n = 3. Außerdem sind die 2 · 3 = 6 Klemmengrößen durch eine Knoten- und eine Maschengleichung verknüpft

$$I_E = I_B + I_C \qquad U_{CE} - U_{BE} + U_{BC} = 0. \tag{8.17}$$

Demnach lassen sich von den 6 Klemmengrößen durch die äußere Beschaltung 6 − 2 − 2 = 2 Klemmengrößen als unabhängige Variable vorgeben bzw. festlegen, z. B. U_{BE} und U_{BC}. Es reicht also aus, das Transistorverhalten durch *zwei Kennlinienfelder* z. B. I_E (U_{BE}, U_{CB}) und I_C (U_{BE}, U_{CB}) zu beschreiben. I_B und U_{CE} können dann aus der Knoten- und der Maschengleichung ermittelt werden.

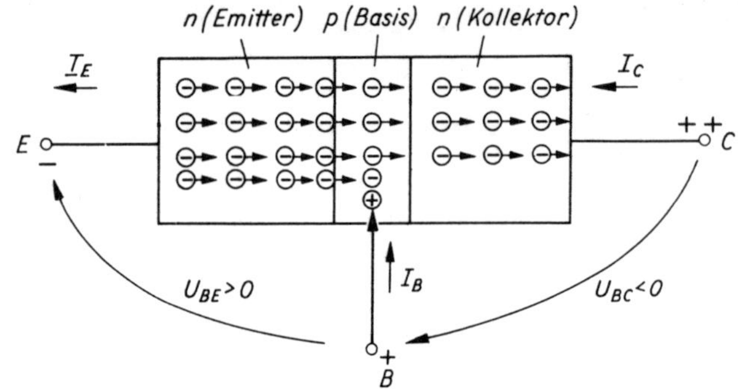

Bild 8.19. Veranschaulichung des Stromflusses am npn-Bipolartransistor im aktiv normalen Betrieb

Tafel 8.1. Betriebsbereiche des npn-Bipolartransistors

Emitterdiode	Kollektordiode	U_{BE}	U_{BC}	Betriebsbereich
in Durchlaßrichtung	gesperrt	>0	<0	aktiv normaler Bereich
gesperrt	in Durchlaßrichtung	<0	>0	aktiv inverser Bereich
in Durchlaßrichtung	in Durchlaßrichtung	>0	>0	Sättigungsbereich (Übersteuerungsbereich)
gesperrt	gesperrt	<0	<0	Sperrbereich

Hinweis: Bei pnp-Transistoren sind die Polaritäten bei U_{BE} zu vertauschen und ebenso bei U_{BC}.

Nun wollen wir uns dem inneren Verhalten des Transistors zuwenden. Wichtig für seine Funktion ist, daß die Basis sehr dünn ist, so daß die beiden pn-Übergänge, die Emitter- und die Kollektordiode miteinander verkoppelt sind. Man unterscheidet je nach deren Polung *vier Betriebsbereiche* (s. Tafel 8.1). Im aktiv normalen Betrieb des Transistors werden die Basis-Emitter-Diode in Durchlaßrichtung und die Basis-Kollektor-Diode in Sperrichtung gepolt. Beim npn-Transistormodell im Bild 8.19 bedeutet dies, daß U_{BE} positiv und U_{BC} negativ ist. Durch die positive Basis-Emitter-Spannung werden Elektronen aus dem Emittergebiet „emittiert", d. h. in das Basisgebiet hineingetrieben. Sie erleiden in der dünnen Basis nur sehr wenige Verluste durch Rekombination (siehe Abschn. 6.11.) und gelangen zum nahegelegenen, positiv vorgespannten Kollektor, von dem sie abgesaugt (gesammelt) werden.

Der Emitterstrom I_E wird von dem Elektronenstrom gebildet. Der Kollektorstrom I_C ist proportional zum Emitterstrom I_E. Man setzt deshalb

$$I_C = A_N I_E + I_{CB0}. \tag{8.18}$$

A_N nennt man *Stromverstärkungsfaktor in Basisschaltung.* I_{CB0}, der sogenannte Kollektor-Basis-Reststrom ist eine Konstante. Er liegt bei Si-Transistoren im Nano- oder gar Pikoamperebereich und kann demnach meist gegen I_C vernachlässigt werden, d. h., es gilt mit guter Näherung

$$A_N = I_C/I_E \qquad (I_{CB0} = 0). \tag{8.19}$$

Da der Kollektorstrom wegen des o. g. kleinen Elektronenverlustes etwas kleiner als der Emitterstrom I_E ist, liegt A_N etwas unterhalb von 1, z. B. $A_N = 0{,}99$. Der Basisstrom I_B wird von dem kleinen Verlustanteil des Emitterstromes gebildet. Eliminiert man I_E mit $I_E = I_C + I_B$ aus der Gl. (8.18), so entsteht

$$I_C = \frac{A_N}{1 - A_N} I_B + \frac{I_{CB0}}{1 - A_N}. \tag{8.20}$$

Definiert man die Größen

$$B_N = A_N/(1 - A_N) \tag{8.21}$$

$$I_{CE0} = I_{CB0}/(1 - A_N) = (B_N + 1)\, I_{CB0}, \tag{8.22}$$

so kann man Gl. (8.20) auch in der Form

$$I_C = B_N I_B + I_{CE0} \tag{8.23}$$

schreiben. B_N nennt man *Stromverstärkungsfaktor in Emitterschaltung* und I_{CE0} Kollektor-Emitter-Reststrom. Meist ist der Reststrom vernachlässigbar, d. h., es gilt mit guter Näherung

$$B_N = A_N/(1 - A_N) = I_C/I_B \qquad (I_{CE0} = 0). \tag{8.24}$$

Da A_N nur wenig kleiner als 1 ist, gilt $B_N \gg 1$, z. B. für $A_N = 0{,}99$ $B_N = 99$.

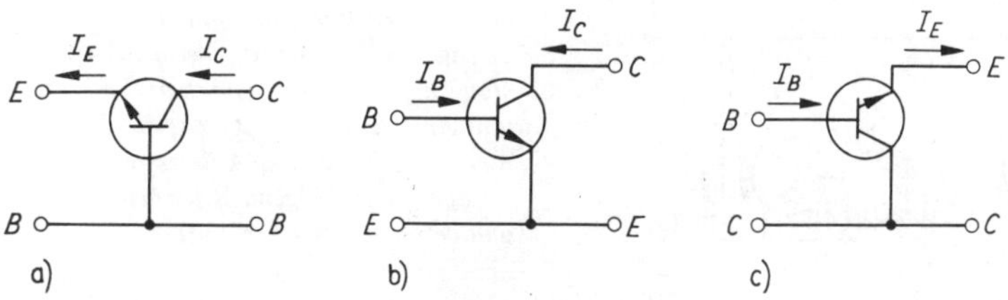

Bild 8.20. Die Grundschaltungen des Bipolartransistors

a) Basisschaltung; b) Emitterschaltung; c) Kollektorschaltung (Emitterfolger)

Man unterscheidet je nach Wahl der Bezugselektrode *drei verschiedene Grundschaltungen* des Bipolartransistors, welche im Bild 8.20 dargestellt sind. Bei der Basisschaltung nach Bild 8.20a ist der Emitter die Eingangselektrode und der Kollektor die Ausgangselektrode. Damit wird auch die o. g. Definition von A_N als Stromverstärkung in Basisschaltung verständlich, bei der der steuerbare Anteil vom Strom I_C am Ausgang zum steuernden Strom I_E am Eingang ins Verhältnis gesetzt wird. Bei der Emitterschaltung (Bild 8.20b) ist die Basis die Eingangselektrode und der Kollektor die Ausgangselektrode. Damit wird die Bezeichnung von B_N als Stromverstärkung in Emitterschaltung plausibel, da sie über das Verhältnis von Strom I_C am Ausgang zum steuernden Strom I_B am Eingang Auskunft gibt. Bildet der Kollektor die Bezugselektrode (Bild 8.20c), so spricht man von Kollektorschaltung. Deren Stromverstärkung ist $I_E/I_B = (I_C + I_B)/I_B = B_N + 1$.

Auch die folgenden Ausführungen beziehen sich auf npn-Transistoren. Bei pnp-Transistoren vertauschen Elektronen und Löcher entsprechend dem geänderten Aufbau ihre Rollen. Behält man die Zuordnung der Zählpfeile bezogen auf den Transistor bei, so ist bei ihnen die Polarität aller Klemmengrößen zu vertauschen, also entspricht z. B. $U_{BE} = 0{,}7$ V beim npn-Transistor, $U_{BE} = -0{,}7$ V beim pnp-Transistor usw.

8.5.3. Strom-Spannungs-Kennlinien

Wir betrachten hier nur die Strom-Spannungs-Kennlinien für die Emitterschaltung, weil diese am häufigsten angewandt wird. Die Kennlinien für die anderen Grundschaltungen sind daraus ableitbar.

Das *Eingangskennlinienfeld* ist die Darstellung $U_{BE} = f(I_B, U_{CE})$ in der Form $U_{BE} = f(I_B)$ mit U_{CE} als Parameter. Der Einfluß von U_{CE} kann meist vernachlässigt werden, d. h., das Kennlinienfeld entartet zu einer Eingangskennlinie $U_{BE} = f(I_B)$ bzw. $I_B = f(U_{BE})$, in der Eingangsstrom und -spannung verknüpft sind. Wie im Abschnitt 8.4.2. dargestellt, besitzt eine pn-Diode im Durchlaßbereich eine exponentielle *I-U*-Kennlinie gemäß Gl. (8.8). Speziell für Emitter-Basis-Diode mit $U = U_{BE}$ und $I = I_E$ sowie $I_S = I_{ES}$ gilt

$$I_E = I_{ES} \exp\,(U_{BE}/U_T). \tag{8.25}$$

Mit den Gln. (8.17) und (8.19) folgt daraus näherungsweise für die Eingangskennlinie

$$I_B = (1 - A_N)\, I_E = (1 - A_N)\, I_{ES} \exp\,(U_{BE}/U_T). \tag{8.26}$$

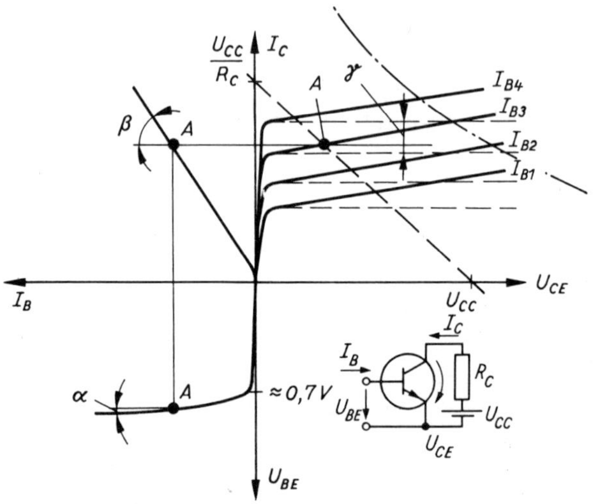

Bild 8.21. Das Kennlinienfeld eines Bipolartransistors mit Arbeitsgerade (gestrichelt), Verlustleistungshyperbel (strichpunktiert) und Anstiegswinkeln der Kennlinien im Arbeitspunkt A (letztere werden für die folgenden Kleinsignalbetrachtungen benötigt)

Diese ist im Bild 8.21 im dritten Quadranten eingezeichnet. Das *Stromübertragungskennlinienfeld* ist die Darstellung von $I_C = f(I_B, U_{CE})$ in der Form $I_C = f(I_B)$ mit U_{CE} als Parameter. Der Einfluß von U_{CE} kann meist vernachlässigt werden, so daß näherungsweise eine Stromübertragungskennlinie entsteht, in der Ausgangsstrom I_C und Eingangsstrom I_B verknüpft sind. Nach Gl. (8.23) ist $I_C = B_N I_B + I_{CE0}$. Diese nullpunktverschobene Gerade ist im 2. Quadranten eingezeichnet. Wie schon erwähnt, ist der bei $I_B = 0$ noch fließende Reststrom I_{CE0} außerordentlich klein, so daß $I_C = B_N I_B$ meist eine ausreichende Näherung darstellt. Im *Ausgangskennlinienfeld* wird $I_C = f(I_B, U_{CE})$ in der Form von Ausgangskennlinien $I_C = f(U_{CE})$, die also Ausgangsstrom und -spannung verknüpfen, mit I_B als Parameter dargestellt. Die Ausgangsspannung U_{CE} sperrt bei hinreichender Größe den Kollektor-Basis-Übergang für die Löcher im Basisgebiet und dient nur zum Absaugen des vom Emitter herrührenden Elektronenstromes aus dem Basisgebiet. In diesem Sinn ist I_C zunächst gar nicht von U_{CE} abhängig, und es gilt mit den Gln. (8.23) und (8.26)

$$I_C = B_N I_B + I_{CEO} = A_N I_{ES} \exp\,(U_{BE}/U_T) + I_{CEO}. \tag{8.27}$$

Das entspricht Parallelen zur Abszisse, wie es im 1. Quadranten des Kennlinienfeldes im Bild 8.21 gestrichelt angedeutet ist. Infolge zusätzlicher Effekte, auf die wir hier nicht näher eingehen wollen, tritt aber vor allem für große I_B ein endlicher Anstieg von I_C mit U_{CE} auf [8.1]. Außerdem geht I_C bei kleinen U_{CE} gegen Null – wie die ausgezogenen Kurven im

Bild 8.21 veranschaulichen. Betont sei, daß sich die Stromübertragungskennlinie aus dem Ausgangskennlinienfeld herleiten läßt. Wie oben bereits erwähnt, treten beim (dreipoligen) Transistor nur zwei unabhängige Kennlinienfelder auf.

Die Nutzbarkeit (Aussteuerbarkeit) der Ausgangskennlinien wird bei den pn-Übergängen durch die *maximal zulässige Verlustleistung* bzw. die *Durchbruchsspannung* begrenzt. Im 1. Quadranten des Bildes 8.21 ist die Verlustleistungshyperbel $I_C = P_{max}/U_{CE}$ strichpunktiert mit eingezeichnet.

Sehr ausgeprägt beim Bipolartransistor ist die *Temperaturabhängigkeit* der Kennwerte. Näherungsweise gilt bei Änderung der Temperatur von T_O auf T im aktiv normalen Betrieb:

$$I_E(T, U_{BE}) = I_E(T_O, U_{BE}) \exp c_1 (T - T_O) \text{ mit } c_1 = \frac{1}{I_E} \frac{\partial I_E}{\partial T} \approx 0{,}1/\text{K} \quad (8.28\,a)$$

$$I_C(T, U_{BE}) = I_C(T_O, U_{BE}) \exp c_2 (T - T_O) \text{ mit } c_2 = \frac{1}{I_C} \frac{\partial I_C}{\partial T} \approx 0{,}1/\text{K} \quad (8.28\,b)$$

$$B_N(T) = B_N(T_O) \exp c_3 (T - T_O) \text{ mit } c_3 = \frac{1}{B_N} \frac{\partial B_N}{\partial T} \approx 0{,}008/\text{K} \quad (8.28\,c)$$

$$U_{BE}(T, I_E) = U_{BE}(T_O) + D_T (T - T_O) \text{ mit } D_T = \frac{\partial U_{BE}}{\partial T} \approx -2 \text{ mV/K}. \quad (8.28\,d)$$

c_1, c_2 bzw. c_3 nennt man Temperaturkoeffizienten (TK) des Emitterstromes, des Kollektorstromes bzw. der Stromverstärkung und D_T Temperaturdurchgriff der Basis-Emitter-Spannung.

Zahlenbeispiele: Bei Temperaturerhöhung um 1 K steigt also der Emitterstrom z. B. um 10 %. Bei einer Temperaturerhöhung von 20 °C auf 100 °C steigt B_N etwa auf das Doppelte. Soll trotz Temperaturerhöhung um 1 K der Emitterstrom konstant bleiben, so muß U_{BE} um 2 mV gesenkt werden.

Die starke und zumeist unerwünschte Temperaturabhängigkeit der Transistoreigenschaften läßt sich durch geeignete schaltungstechnische Maßnahmen weitgehend kompensieren.

8.5.4. Bipolartransistoren als Kleinsignalverstärker

Beim Betrieb des Bipolartransistors als Verstärker wird durch Anlegen von Gleichspannungen zunächst ein Arbeitspunkt A auf den Kennlinien im Bild 8.21 eingestellt. Dann erfolgt eine Aussteuerung um diesen Arbeitspunkt herum mit einer Wechselspannung. Ist die Wechselspannungsamplitude klein genug, so ergibt sich zwischen dieser und einem Wechselstrom als Folge dieser Aussteuerung ein linearer Zusammenhang, wie das im Bild 8.22 am Beispiel der Eingangskennlinie einer Emitterschaltung gezeigt ist. Der Proportionalitätsfaktor zwischen Wechselstrom i_b und -spannung u_{be} ist der Anstieg der Kennlinie $\mathrm{d}I_B/\mathrm{d}U_{BE}$. Ersetzen wir allgemein die Kleinsignalgrößen durch differentielle Änderungen der Gleichgrößen, so ergibt z. B. das vollständige Differential der Eingangsspannung

$$\mathrm{d}U_{BE} = \frac{\partial U_{BE}}{\partial I_B} \mathrm{d}I_B + \frac{\partial U_{BE}}{\partial U_{CE}} \mathrm{d}U_{CE} = r_{be} \mathrm{d}I_B + \eta \, \mathrm{d}U_{CE} \quad (8.29)$$

mit den Konstanten r_{be} und η.

Wir können also im Kleinsignalverstärkerbetrieb den Transistor als linearen Vierpol auffassen (s. Bild 8.23).

Die Verknüpfung zwischen den Ein- und Ausgangswechselgrößen erfolgt dann mit Vierpolparametern (s. Abschn. 3.9.). Wir wählen zur Beschreibung des Transistors die Hybridparameter (h – Parameter). Damit lauten die Vierpolgleichungen

$$\underline{U}_{be} = h_{11e}\underline{I}_b + h_{12e}\underline{U}_{ce} \quad (8.30\,a)$$

$$\underline{I}_c = h_{21e}\underline{I}_b + h_{22e}\underline{U}_{ce}. \quad (8.30\,b)$$

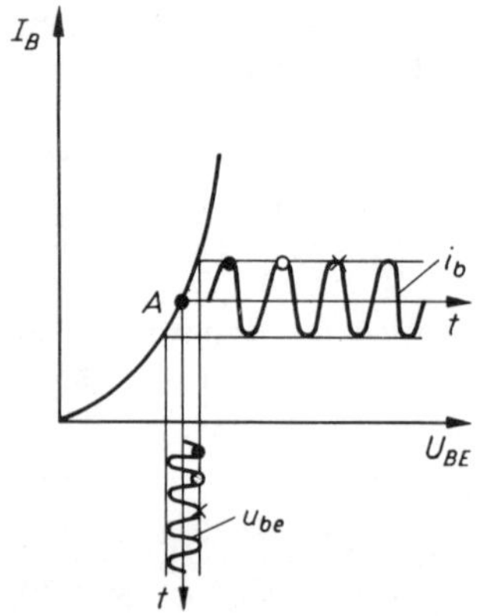

Bild 8.22. Veranschaulichung der Kleinsignalaussteuerung um einen Arbeitspunkt A mit einer sinusförmigen Spannung am Beispiel der Eingangskennlinie

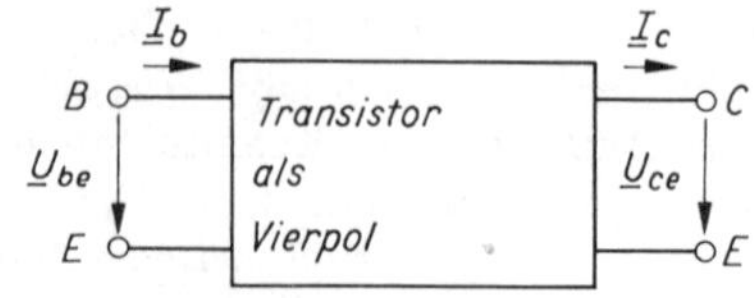

Bild 8.23. Der Transistor als Vierpol

Für die Wechselgrößen wurden die Zeigergrößen verwendet. Ohne Phasenverschiebungen sind dies einfach die Amplituden bzw. die Effektivwerte. Die h-Parameter werden im folgenden als reell angenommen (bei sehr hohen Frequenzen nicht zulässig). Die h-Parameter können wir formal in jeden anderen Satz von Vierpolparametern umrechnen. Da wir gemäß Bild 8.22 bei quasistatischem Verhalten die Wechselgrößen als differentielle Änderungen der Gleichgrößen auffassen können, können wir die h-Parameter auch aus den Anstiegen der Kennlinien im Bild 8.21 ermitteln. Danach ergibt sich

– der Eingangskurzschlußwiderstand

$$h_{11e} = \left.\frac{\underline{U}_{be}}{\underline{I}_b}\right|_{\underline{U}_{ce}=0} = \frac{\mathrm{d}U_{BE}}{\mathrm{d}I_B} = \Omega \tan\alpha = r_{be} \tag{8.31}$$

– der Kurzschlußstromverstärkungsfaktor

$$h_{21e} = \left.\frac{\underline{I}_c}{\underline{I}_b}\right|_{\underline{U}_{ce}=0} = \frac{-\,\mathrm{d}I_C}{\mathrm{d}I_B} = -\tan\beta = -b_n. \tag{8.32}$$

Das Minuszeichen taucht auf, weil beim npn-Transistor der Zählpfeil für den Kollektorgleichstrom I_C tatsächlich in den Transistor zeigt (s. Bild 8.20), während mit Bild 8.22 der Zählpfeil für den Kollektorwechselstrom $\underline{I}_c$ formal aus dem Vierpol heraus positiv gewählt wurde.

Der Ausgangsleerlaufleitwert ist

$$h_{22e} = \left.\frac{\underline{I}_c}{\underline{U}_{ce}}\right|_{\underline{I}_b=0} = \frac{-\,\mathrm{d}I_C}{\mathrm{d}U_{CE}} = -\frac{\tan\gamma}{\Omega} = -g_{ce} = -\frac{1}{r_{ce}}. \tag{8.33}$$

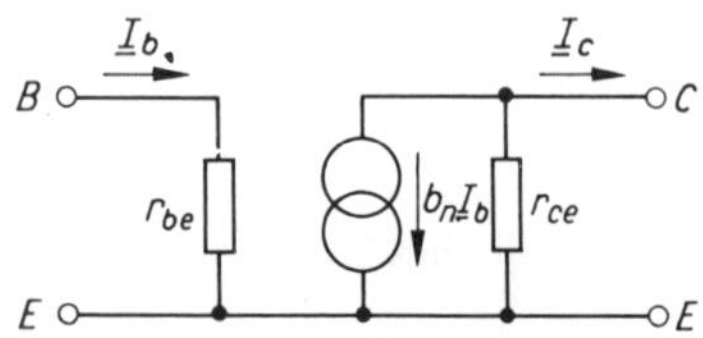

Bild 8.24. Kleinsignalersatzschaltbild des Bipolartransistors in Emitterschaltung

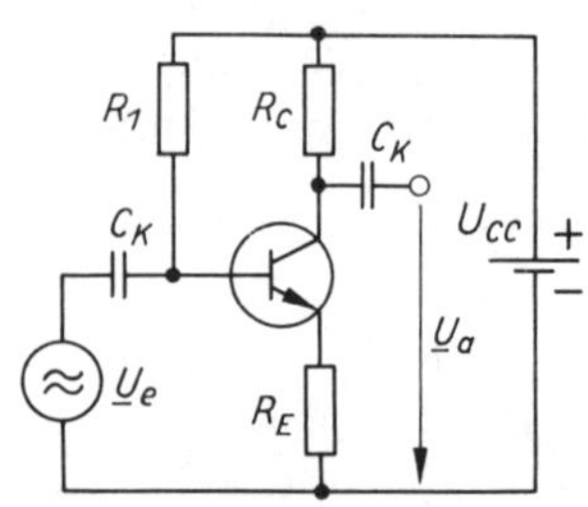

Bild 8.25. Einfache Verstärkerschaltung mit einem npn-Transistor

Die Spannungsrückwirkung h_{12e} liegt in der Größenordnung von Zehntel Promille und soll deshalb vernachlässigt werden ($h_{12e} \approx 0$).

Mit den Vierpolparametern r_{be}, b_n, r_{ce} kann man dann das in Bild 8.24 skizzierte Ersatzschaltbild des Transistors angeben.

Es wird dem Leser empfohlen, zur Übung nachzuweisen, daß mit den Gln. (8.30a/b) tatsächlich das Ersatzschaltbild 8.24 gilt.

In der Praxis vorkommende Werte der im Bild 8.24 angegebenen Ersatzschaltbildparameter sind z. B. $r_{be} \approx 1\ \text{k}\Omega$, $r_{ce} \approx 1\ \text{M}\Omega$, $b_n \approx 50$.

Beispiel: Wechselspannungsverstärkerstufe

Wir wollen mit diesem Ersatzschaltbild die einfache Verstärkerstufe im Bild 8.25 berechnen.

Die Widerstände R_1, R_E, R_C dienen zur Einstellung der Arbeitspunkte bzw. zur Gegenkopplung.

Vorgegeben seien die Speisespannung U_{CC} und der Arbeitspunkt bei U_{BE}, I_C, U_{CE}, die Stromverstärkung B_N sowie der Gegenkopplungswiderstand R_E. Gesucht sind die Widerstände R_1 und R_C zur Einstellung des Arbeitspunktes A sowie die Wechselspannungsverstärkung $v_u = \underline{U}_a/\underline{U}_e$, der Eingangswiderstand $r_E = \underline{U}_e/\underline{I}_e$ und der Ausgangswiderstand $r_A = \underline{U}_a/\underline{I}_a$ (für $r_{ce} \gg R_C$).

Im Bild 8.27 sind die Arbeitsgerade, die die Ordinate beim Kurzschlußstrom U_{CC}/R_C, die Abszisse bei der Speisespannung U_{CC} und die Ausgangskennlinie im Arbeitspunkt A schneidet, eingezeichnet.

Wir berechnen zunächst die Widerstände R_1, R_C. Es gilt gemäß Bild 8.25 mit der Maschengleichung

$$U_{CE} = U_{CC} - R_C I_C - R_E I_E \tag{8.34}$$

und mit

$$I_C = A_N I_E = \frac{B_N}{B_N + 1} I_E$$

$$U_{CE} = U_{CC} - R_C I_C - R_E I_C \frac{B_N + 1}{B_N} \tag{8.35}$$

$$R_C = \frac{U_{CC} - U_{CE} - R_E I_C (B_N + 1)/B_N}{I_C}. \tag{8.36}$$

Weiterhin gilt nach Bild 8.25

$$R_1 = \frac{U_{CC} - U_{BE} - I_E R_E}{I_B} \tag{8.37}$$

und mit $I_B = I_C/B_N$ sowie $I_E = (B_N + 1)\, I_C/B_N$ wird für den gesuchten Widerstand R_1

$$R_1 = \frac{B_N (U_{CC} - U_{BE})}{I_C} - R_E (B_N + 1). \tag{8.38}$$

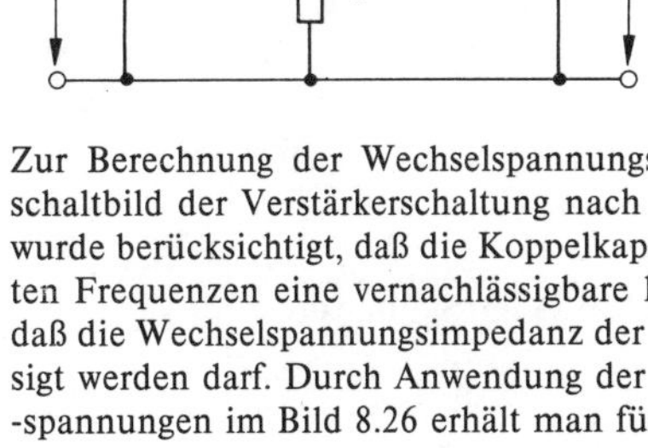

Bild 8.26. Kleinsignalersatzschaltung der Verstärkerschaltung nach Bild 8.25.

Zur Berechnung der Wechselspannungseigenschaften müssen wir zunächst ein Wechselstromersatzschaltbild der Verstärkerschaltung nach Bild 8.24 entwerfen. Dies ist im Bild 8.26 geschehen. Hierbei wurde berücksichtigt, daß die Koppelkapazitäten C_K im Bild 8.25 so groß sind, daß sie bei den betrachteten Frequenzen eine vernachlässigbare kleine Impedanz haben. Außerdem darf angenommen werden, daß die Wechselspannungsimpedanz der Speisespannungsquelle U_{CC} sehr klein ist, so daß sie vernachlässigt werden darf. Durch Anwendung der Knoten- und Maschengleichungen für die Wechselströme und -spannungen im Bild 8.26 erhält man für $r_{ce} \gg R_C$ die Wechselspannungsverstärkung

$$v_u = \frac{\underline{U}_a}{\underline{U}_e} = -b_n \frac{R_C}{r_{be} + R_E (1 + b_n)}. \tag{8.39a}$$

Das Minuszeichen bedeutet eine Phasenverschiebung von 180°. Näherungsweise gilt – wie man zeigen kann – $r_{be} = U_T/I_B = b_n U_T/I_C$, wobei I_B bzw. I_C die Basis- bzw. Kollektorgleichströme sind und U_T die Temperaturspannung (s. Gl. (1.59)). Führt man die Gleichspannung $U_R = R_C I_C$ ein, so folgt daraus

$$v_u = \frac{\underline{U}_a}{\underline{U}_e} = -\frac{b_n R_C}{r_{be}} = -\frac{R_C I_C}{U_T} = -\frac{U_R}{U_T} \text{ für } R_E = 0 \tag{8.39b}$$

$$v_u = \frac{\underline{U}_a}{\underline{U}_e} \approx -\frac{R_C}{R_E} \text{ für } R_E > 0 \text{ und } b_n \gg 1. \tag{8.39c}$$

Für hinreichend hohe Stromverstärkung b_n hängt also v_u für $R_E > 0$ (Stromgegenkopplung, s. auch Abschnitt 10.1.3.) nicht von den Transistoreigenschaften ab. Der Wechselspannungseingangswiderstand ist bei $r_{ce} \gg R_C$

$$r_E = \frac{\underline{U}_e}{\underline{I}_e} = (r_{be} + (b_n + 1)R_E)//R_1. \tag{8.40}$$

Der Wechselspannungsausgangswiderstand ist bei $r_{ce} \gg R_C$

$$r_A = R_C// \left(r_{ce} + b_n \frac{R_E r_{ce}}{R_E + r_{be}} + R_E//r_{be} \right) \approx R_C. \tag{8.41}$$

Der Leser prüfe durch Herleitung die Richtigkeit von Gln. (8.39) bis (8.41) nach.

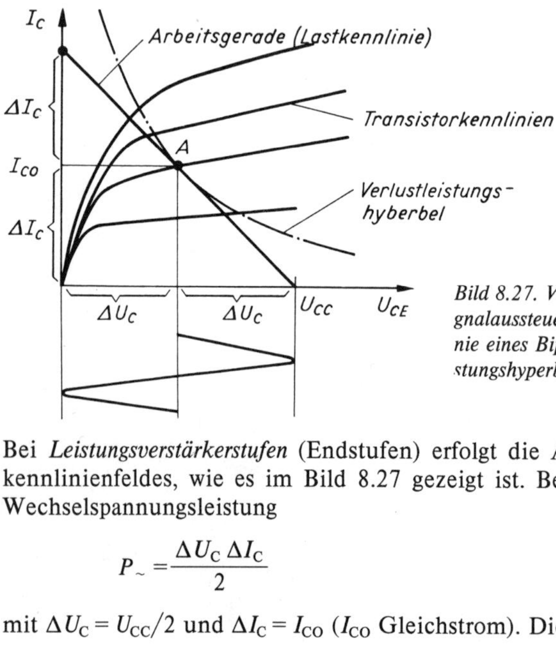

Bild 8.27. Veranschaulichung der Großsignalaussteuerung an der Ausgangskennlinie eines Bipolartransistors mit Verlustleistungshyperbel und Arbeitsgerade

Bei *Leistungsverstärkerstufen* (Endstufen) erfolgt die Aussteuerung des gesamten Ausgangskennlinienfeldes, wie es im Bild 8.27 gezeigt ist. Bei dieser Art der Aussteuerung ist die Wechselspannungsleistung

$$P_{\sim} = \frac{\Delta U_C \, \Delta I_C}{2} \tag{8.42}$$

mit $\Delta U_C = U_{CC}/2$ und $\Delta I_C = I_{CO}$ (I_{CO} Gleichstrom). Die verbrauchte Gleichstromleistung ist

$$P_{=} = U_{CC} I_{CO}. \tag{8.43}$$

Der Wirkungsgrad dieser Leistungsverstärkerstufe ist also

$$\eta = \frac{P_{\sim}}{P_{=}} = \frac{1}{4} = 25\ \%. \tag{8.44}$$

Bessere Wirkungsgrade erzielt man mit Gegentaktendstufen (s. Abschn. 10.1.3.).

8.5.5. Bipolartransistor als Schalter

Ebenso wie die Diode kann auch der Bipolartransistor als Schalter verwendet werden. Bild 8.28a zeigt eine Grundschaltung des Transistors als Schalter. Die Diskussion der statischen Schaltzustände erfolgt anhand von Bild 8.28b, c mit der Eingangskennlinie, dem Ausgangskennlinienfeld sowie der Maschengleichung

$$U_{CC} = U_{CE} + R_L I_C \text{ bzw. } I_C = (U_{CC} - U_{CE})/R_L \tag{8.45}$$

d. h. der Arbeitsgeraden im Ausgangskennlinienfeld.

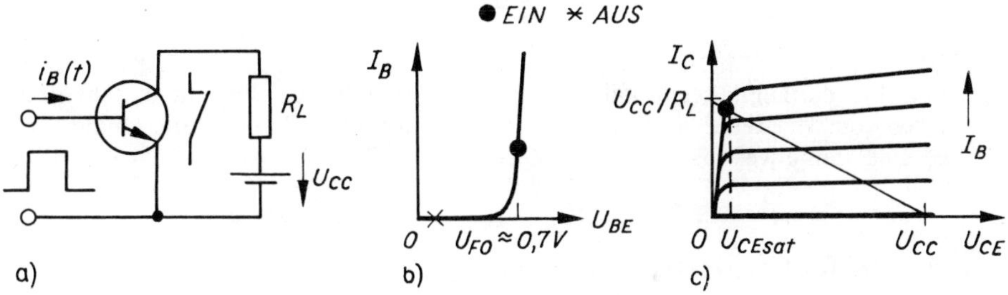

Bild 8.28. Grundstromkreis des Bipolartransistors als Schalter

a) Schalter AUS (Transistor gesperrt)

Beim idealen Schalter ist $I_C = 0$ und $U_{CE} = U_{CC}$. Das gilt auch beim Transistor für $I_B = 0$ mit guter Näherung. $I_B = 0$ erfordert nach Bild 8.28b $U_{BE} = 0$ bzw. U_{BE} weit unterhalb der Flußspannung $U_{FO} \approx 0{,}7$ V.

b) Schalter EIN (Transistor übersteuert)

Beim idealen Schalter ist im geschlossenen Zustand der Spannungsabfall über dem Schalter Null, d. h., $U_{CE} = 0$ und demnach $I_C = I_{Cmax} = U_{CC}/R_L$. Beim Transistor tritt eine kleine Restspannung (auch Sättigungsspannung genannt) $U_{CE\,sat}$ auf (Bild 8.28c). Für Transistoren kleiner Leistung ist $U_{CE\,sat} < 0{,}2$ V. Demnach gilt

$$I_C = (U_{CC} - U_{CE\,sat})/R_L \approx U_{CC}/R_L. \tag{8.46}$$

Um diesen von den Transistoreigenschaften nahezu unabhängigen Kollektorstrom zu erzielen, muß I_B hinreichend groß sein und damit muß auch U_{BE} groß sein, d. h. $U_{BE} \approx U_{FO} \approx 0{,}7$ V (Bild 8.28b). Um eine sichere Übersteuerung zu gewährleisten, wählt man $I_B = mI_{C\,max}/B_N = mU_{CC}/R_L B_N$ mit $m > 1$, meist $m = 2 \ldots 10$. Man nennt m Übersteuerungsfaktor.

c) Dynamisches Verhalten

Sehr wesentlich für die Schalteigenschaften ist das dynamische Verhalten. Im Bild 8.29a ist eine Schaltimpulsform des Basisstromes und darunter die zeitliche Reaktion (Bild 8.29b) des Transistorstromes dargestellt. Daraus erkennt man, daß nach Einschalten des Basisstromes ($0 \rightarrow I_{B1}$) ein allmählicher Anstieg des Kollektorstromes bis zum Maximalwert $I_{C\,max} = I_{C1}$ erfolgt. Dies ist physikalisch durch das allmähliche Aufladen der inneren Kapazitäten des Transistors bedingt [8.1]. Nach dem Ausschalten des Basisstromes ($I_{B1} \rightarrow 0$) zur Zeit $t = t_0$ bleibt der Kollektorstrom noch die Speicherzeit t_s konstant (ungeändert) und sinkt dann allmählich wieder ab. Dies ist durch das Entladen der inneren Kapazitäten des Transistors bedingt.

Der allmähliche Anstieg und der allmähliche Abfall werden durch die Anstiegszeit t_a und Abfallzeit t_f gemäß Bild 8.29b charakterisiert. Bei vielen Anwendungen (bei niedrigen und mittleren Schaltgeschwindigkeiten) kann allerdings angenommen werden, daß sich der Zeitverlauf von $i_C(t)$ und $i_B(t)$ ähneln. Die Anwendungen des Bipolartransistors als Schalter lie-

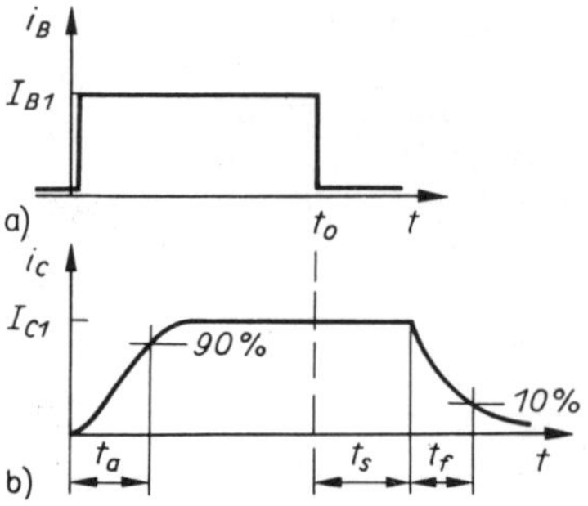

Bild 8.29. Zeitverlauf des Basisstromimpulses (a) und des Kollektorstromes als Reaktion auf diesen Basisstromimpuls (b)

gen auf dem Gebiet der Digitaltechnik und werden im Abschnitt 10.2. behandelt. Schalttransistoren werden vom Hersteller so dimensioniert und angeboten, daß sie eine kleine Speicherzeit und eine kleine Restspannung im eingeschalteten Zustand haben.

8.6. Feldeffekttransistoren

8.6.1. Funktionsprinzipien

Die Funktionsweise der Feldeffekttransistoren beruht auf der Steuerung des Leitwertes eines Halbleiterkanals durch ein elektrisches Feld. Wir unterscheiden 2 große Gruppen: die Sperrschicht-Feldeffekttransistoren und die MOS-Feldeffekttransistoren.

8.6.1.1. Sperrschicht-Feldeffekttransistoren

Der Prinzipaufbau eines Sperrschicht-Feldeffekttransistors ist im Bild 8.30 gezeigt. Er besteht aus einem n-leitenden einkristallinen Halbleiterplättchen, welches an den Enden kontaktiert ist. Die Elektroden bezeichnet man mit *Source* (S) und *Drain* (D). Legt man zwischen Source und Drain eine Spannung U_{DS}, so fließt ein Strom

$$I_D = \frac{U_{DS}}{R_D} \tag{8.47}$$

R_D ist dabei der Widerstand des n-Kanals zwischen Drain und Source. Nun wird in das n-leitende Kanalgebiet noch ein p-Gebiet eingebracht und mit einer dritten Elektrode, dem *Gate* (G) verbunden. Wird an das Gate eine negative Spannung U_{SG} angelegt, so wird der pn-Übergang zum Kanal in Sperrichtung vorgespannt, und eine Sperrschicht dehnt sich in den Kanal aus (im Bild 8.30 gestrichelt gezeichnet). Dadurch wird der für die Stromleitung wirksame Querschnitt eingeengt, R_D steigt und I_D sinkt. Mit wachsender negativer Spannung am Gate kann also der Strom I_D verkleinert werden (s. Bild 8.30b).

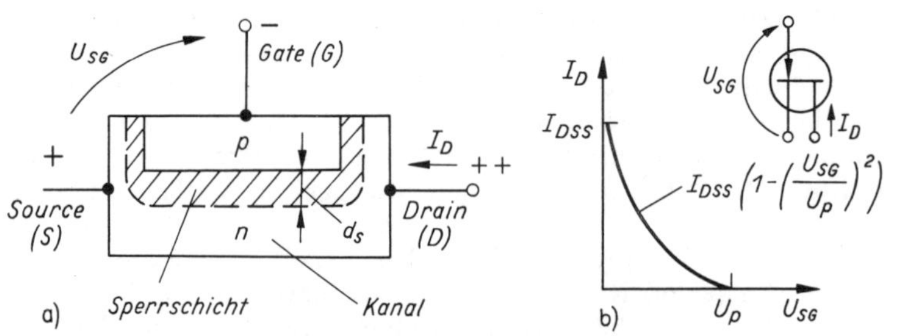

Bild 8.30. Prinzipieller Aufbau eines Sperrschichtfeldeffekttransistors (a) und Transferkennlinie (b)

Allgemein gilt: Der Drainstrom I_D wird mit der Gatespannung U_{SG} gesteuert. Da der Gate-Kanal-Übergang in Sperrichtung vorgespannt ist, ist auch der Eingangsstrom über die Gateelektrode praktisch Null. Das ist ein besonderer Vorteil gegenüber den Bipolartransistoren (vgl. Abschn. 8.5.). Eine besonders moderne Form dieses Sperrschicht-Feldeffekttransistors ist der *MESFET*, welcher auf Galliumarsenidbasis heute als Mikrowellentransistor bis zu mehr als 20 GHz Grenzfrequenz und einigen Watt Leistung angeboten wird. Der Aufbau ist im Bild 8.31 gezeigt. Der Kanal ist hier eine etwa 1 µm dicke n-leitende Epitaxieschicht, und anstelle des pn-Übergangs ist als Gate ein Metall-Halbleiter-Übergang (daher der Name MESFET) realisiert.

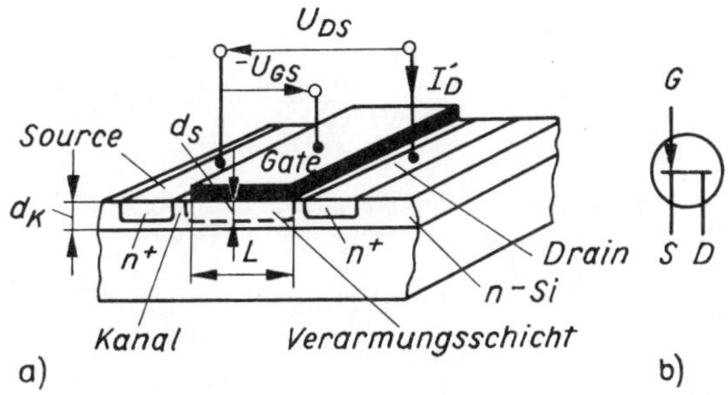

Bild 8.31. Prinzipieller Aufbau (a) und Schaltsymbol (b) eines MESFET

8.6.1.2. MOS-Feldeffekttransistoren (MOSFET)

Der Prinzipaufbau des MOSFET[1] ist im Bild 8.32 gezeigt. Die Steuerelektrode, das *Gate*, ist hier isoliert von der Halbleiteroberfläche angebracht. Da bei dem Transistor im Bild 8.32 der Halbleiterkristall vom p-Leitungstyp ist und die *Drain-* und *Sourcegebiete* n-leitend sind (sie werden durch entsprechende Dotierung mit 5wertigen Atomen im Halbleiterkristall erzeugt), besteht zunächst keine leitende Verbindung, kein Kanal zwischen Drain und Source, und der Strom I_D ist Null. Wird jedoch an das Gate eine positive Spannung $U_{GS} > 0$ angelegt, so lädt sich dies positiv auf (s. Bild 8.32) und influenziert an der Halbleiteroberfläche negative Ladungen (Elektronen), die einen n-leitenden Kanal zwischen Drain und Source bilden, nun kann ein Strom I_D von Drain nach Source fließen.

Mit der positiven Gatespannung U_{GS} kann also der Transistorstrom gesteuert werden. Da das Gate isoliert (meist durch SiO_2) vom leitenden Kanal an der Oberfläche angebracht ist, fließt auch hier – wie schon beim Sperrschichtfeldeffekttransistor – kein Strom über das Gate.

Da die Leitfähigkeit $\varkappa$ des Kanals proportional zur Gateladung, d. h. der Gatespannung U_{GS} ist, und für den Strom in einem leitenden Kanal der Länge L, Breite b und Tiefe x_c bei einer angelegten Spannung U_{DS} mit Gl. (1.50)

$$I_D = \frac{\varkappa x_c b}{L} U_{DS} \tag{8.48}$$

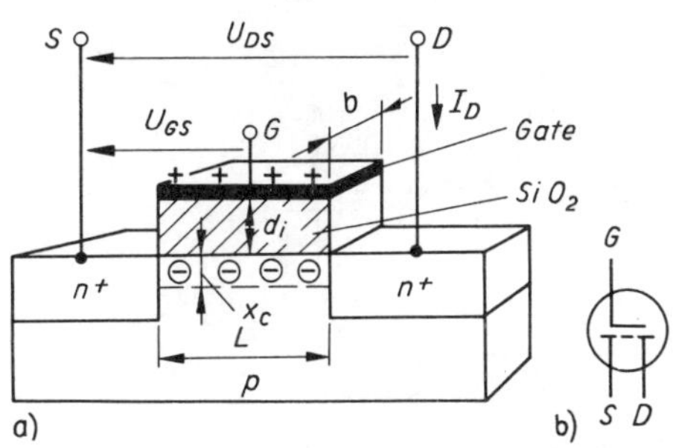

Bild 8.32. Prinzipieller Aufbau (a) und Schaltsymbol (b) eines MOS-Feldeffekttransistors (n-Kanal-Anreicherungstyp)

[1] MOS bezieht sich auf den Aufbau: *M*etal *O*xid *S*emiconductor (engl.), d. h. Metall-Oxid-Halbleiter

gilt, ergibt sich für die Strom-Spannungs-Beziehung nach einer etwas ausführlicheren Rechnung [8.2]

$$I_D = K \frac{b}{L} (2 (U_{GS} - U_p) - U_{DS}) U_{DS}. \tag{8.49}$$

K ist eine Material- und Konstruktionskonstante ($\approx 10\ \mu A/V^2$), U_p ist die Schwellspannung, die man mindestens an das Gate anlegen muß, damit ein Stromfluß beginnt ($U_p \approx 0{,}5 \ldots 1$ V).

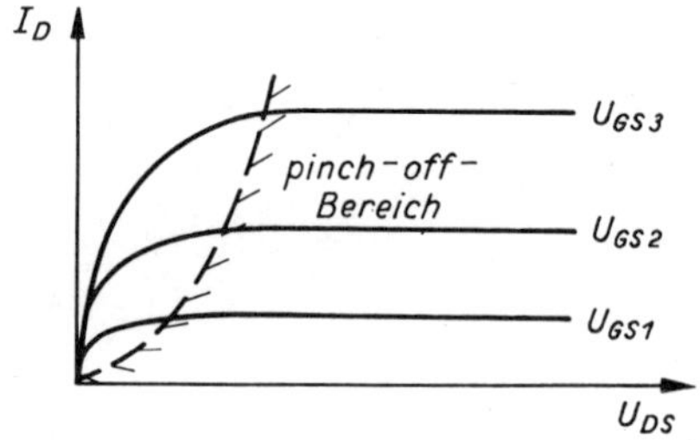

Bild 8.33. Ausgangskennlinien eines MOS-Feldeffekttransistors

Im Bild 8.33 ist die Ausgangskennlinie gemäß Gl. (8.49) dargestellt.

Dabei wurde zusätzlich berücksichtigt, daß Gl. (8.49) nur für Drainspannung $U_{DS} < (U_{GS} - U_p)$ gilt.

Für $U_{DS} > U_{GS} - U_p$ bleibt der Drainstrom (annähernd) auf dem Wert für $U_{DS} = U_{GS} - U_p$, also auf

$$I_D = K \frac{b}{L} (U_{GS} - U_p)^2 \tag{8.50}$$

konstant. Diesen Bereich nennt man Pinch-off-Bereich (s. Bild 8.33), weil in diesem Bereich der Kanal am drainseitigen Rand eingeschnürt ist [8.2].

Da bei diesem Transistortyp ein Kanal durch eine positive Gatespannung angereichert wird, bezeichnet man ihn als Anreicherungs- bzw. *Enhancementtyp.*

Man kann nun aber, ähnlich wie beim Sperrschichtfeldeffekttransistor zwischen Drain und Source durch technologische Maßnahmen (Einbringen 5wertiger Atome durch Diffusion bzw. Ionenimplantation) einen n-Kanal erzeugen, wie das im Bild 8.34a gezeigt ist. Hier kann man den Strom steuern, indem z. B. durch eine negative Gatespannung der Kanal abgebaut, d. h. in seiner Leitfähigkeit vermindert wird. Diesen Typ bezeichnet man als *Depletiontyp.* Sein Strom-Spannungs-Verhalten kann in den meisten Fällen ebenso mit den Gln. (8.49) bzw. (8.50) berechnet werden, nur ist statt der positiven Schwellspannung ($U_p \approx 0{,}5\ V > 0$ für Enhancementtransistor) eine negative Schwellspannung $U_p = -U_{pD} < 0$ ($U_{pD} \approx 3$ V) einzusetzen.

Depletionstransistoren können natürlich auch mit positiven Gatespannungen betrieben werden.

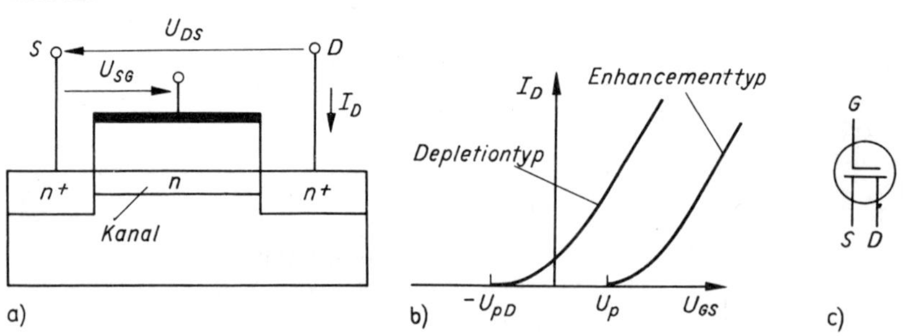

Bild 8.34. Prinzipieller Aufbau (a), Transferkennlinien (mit Vergleich zum Anreicherungstyp) (b) und Schaltsymbol (c) eines MOS-Feldeffekttransistors vom Depletiontyp (n-Kanal)

Zur Demonstration des elektrischen Verhaltens sind im Bild 8.34b die Transferkennlinien von Enhancement- und Depletiontransistor vergleichend dargestellt.

8.6.2. Feldeffekttransistoren als Verstärker

Für die Beschreibung des Kleinsignalverstärkerbetriebes benötigen wir wie beim Bipolartransistor ein Ersatzschaltbild. Dieses ist bei Feldeffekttransistoren sehr einfach, da sowohl beim JFET als auch MOSFET kein Eingangsstrom fließt.

Im Bild 8.35 ist dieses Ersatzschaltbild gezeigt. r_{ds} ist der Wechselstromwiderstand des Kanals, und der Stromgenerator wird von der Steilheit g_m und der Eingangsspannung zwischen Gate und Source $\underline{U}_{gs}$ bestimmt. Die Steilheit berechnet sich definitionsgemäß aus

$$g_m = \left.\frac{\underline{I}_d}{\underline{U}_{gs}}\right|_{\underline{U}_{ds}=0} = \left.\frac{\partial I_D}{\partial U_{GS}}\right|_{U_{DS}} \tag{8.51}$$

und beträgt für MOSFET's maximal einige mA/V. Sie ist für JFET's größer.

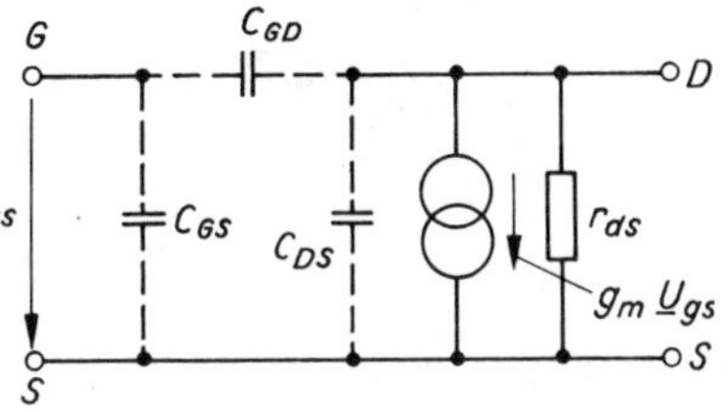

Bild 8.35. Kleinsignalersatzschaltbild eines MOS-Feldeffekttransistors (prinzipiell auch gültig für Sperrschichtfeldeffekttransistor)

Ergänzt wird dieses Ersatzschaltbild noch mit den Kapazitäten zwischen Gate, Drain und Source (im Bild 8.35 gestrichelt eingezeichnet), C_{GD}, C_{GS}, C_{DS}.

Beispiel: Wechselspannungsverstärkerstufe

Um auch hier wieder eine Anwendung zu demonstrieren, wollen wir für die Verstärkerschaltung im Bild 8.36 die Spannungsverstärkung $v_u = \underline{U}_a/\underline{U}_e$ und den Eingangsleitwert $\underline{Y}_e = \underline{I}_e/\underline{U}_e$ berechnen. Dazu zeichnen wir für die Schaltung im Bild 8.36 unter Beachtung des Ersatzschaltbildes Bild 8.35 das Wechselstromersatzschaltbild (Bild 8.37), in dem wieder die Impedanzen der Koppelkapazitäten C_K und der Speisespannungsquelle U_{DD} vernachlässigt werden.

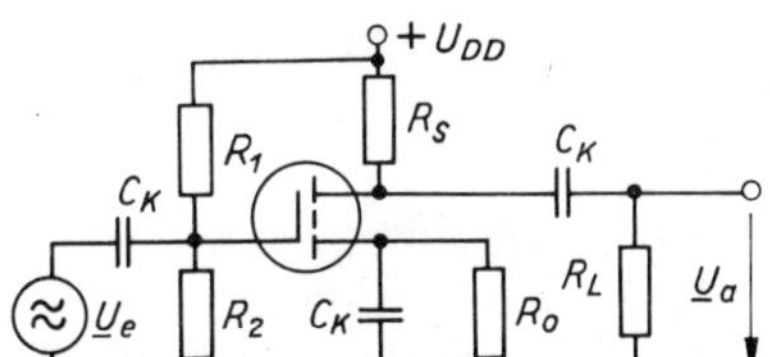

Bild 8.36. Einfache Verstärkerschaltung mit MOSFET

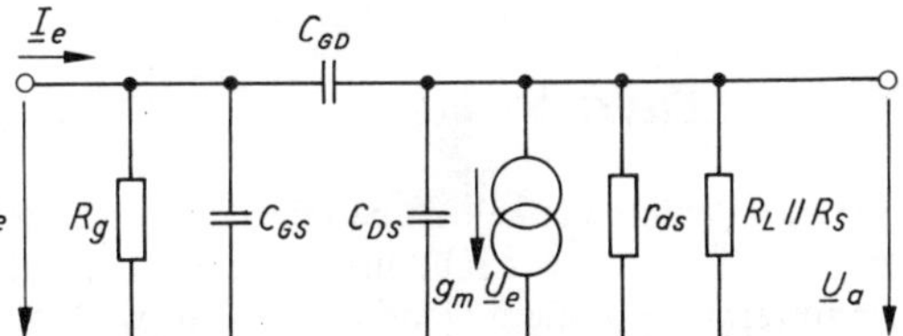

Bild 8.37. Kleinsignalersatzschaltbild der Verstärkerschaltung nach Bild 8.35

Mit Hilfe der Kirchhoffschen Sätze erhält man aus dem Stromlaufplan im Bild 8.37 die gesuchten Größen

$$v_u = \frac{\underline{U}_a}{\underline{U}_e} = -g_m \frac{r_{ds}(R_L//R_S)}{r_{ds} + (R_L//R_S)} \tag{8.52}$$

$$\underline{Y}_e = \frac{1}{R_g} + j\omega\,(C_{GS} + C_{GD}\,(1 - v_u))\,. \tag{8.53}$$

Man sieht aus Gl. (8.53), daß die Rückkoppelkapazität C_{GD} am Eingang um die Spannungsverstärkung vergrößert ($C_{GD}\,(1 - v_u)$; $v_u < 0$!) erscheint. Diesen Effekt nennt man *Miller-Effekt.* Aus Gl. (8.52) sieht man, daß die Spannungsverstärkung der Steilheit proportional ist und im Grenzfall $((R_L // R_S) \to \infty)$ $v_u = -g_m r_{ds}$ (Leerlaufspannungsverstärkung!) betragen kann. Das Minuszeichen deutet auf eine Phasenverschiebung von Ein- und Ausgangsspannung um 180° hin.

8.6.3. MOS-Feldeffekttransistoren als Schalter

In der Digitaltechnik wird der MOS-Feldeffekttransistor vorzugsweise als Schalter eingesetzt. Der Grundstromkreis des MOS-Transistors als Schalter ist im Bild 8.38 gezeigt. Ist die Gatespannung kleiner als die Schwellspannung U_p, so ist der Transistor ausgeschaltet, und es fließt kein Strom. Ist die Gatespannung U_{GS1} größer als die Schwellspannung, so schaltet der Transistor ein, was dem geschlossenen Schalter entspricht. Im eingeschalteten Zustand hat der MOSFET noch den Widerstand [8.1]

$$R_D = \frac{U_{DS}}{I_D} = \frac{L}{2Kb\,(U_{GS1} - U_p)} . \tag{8.54}$$

K Material- und Konstruktionskonstante (s. Gl. (8.49))
b Kanalbreite.

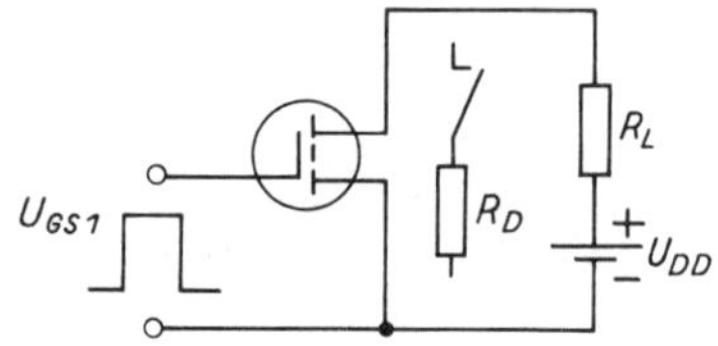

Bild 8.38
Grundstromkreis des MOS-Feldeffekttransistors als Schalter

Er ist im eingeschalteten Zustand in der Regel hochohmiger als der Bipolartransistor. Im eingeschalteten Zustand fließt dann der maximale Strom

$$I_{D1} = \frac{U_{DD}}{(R_D + R_L)} . \tag{8.55}$$

Die Anwendungen des MOS-Feldeffekttransistors als Schalter werden in Abschnitt 10.2. behandelt. Dort wird auch das dynamische Verhalten beim Ein- und Ausschalten besprochen.

8.7. Thyristoren

Thyristoren sind Vierschichtbauelemente mit einem *Aufbau* wie er im Bild 8.39a gezeigt ist. Die oben liegende n^+-Schicht ist die Katode, die unten liegende p^+-Schicht ist die Anode. Die unter der Katode liegende p-Schicht wird mit der Steuerelektrode S verbunden. Die unter dieser p-Schicht liegende relativ dicke n-Schicht ist für die Spannungsfestigkeit und den Kippmechanismus verantwortlich. Die Thyristorstruktur besteht also aus den 3 pn-Übergängen $Ü_1$, $Ü_2$, $Ü_3$. Bei negativen Spannungen sind die Übergänge $Ü_1$ und $Ü_3$ in Sperrichtung vorgespannt, und die *Strom-Spannungs-Kennlinie* (Bild 8.40) verläuft wie die Sperrkennlinie einer Siliziumdiode (s. Abschn. 8.4.2.).

Bei positiven Spannungen ist $Ü_2$ in Sperrichtung vorgespannt, und die Strom-Spannungs-Kennlinie verläuft zunächst ebenfalls wie die Sperrkennlinie einer Diode (s. Bild 8.40). Mit zunehmender Spannung nimmt aber der Strom auch zu. Dies genügt, um den Thyristor in den niederohmigen Zustand zu kippen. In diesem Falle wird das gesamte Gebiet zwischen p^+-Anode und n^+-Katode (s. Bild 8.39) mit Ladungsträgern „überschwemmt“, und es gilt die Durchlaßkennlinie für eine Diode. Erst wenn der Strom wieder einen sehr kleinen Haltestrom I_H unterschreitet, kippt der Thyristor in den hochohmigen Zustand zurück.

Das Kippen vom hochohmigen in den niederohmigen Zustand kann durch einen Steuerstrom I_S ausgelöst werden. Durch die mit dem Steuerstrom verursachte Injektion wird die „Ladungsträgerüberschwemmung" (Zündung) ausgelöst.

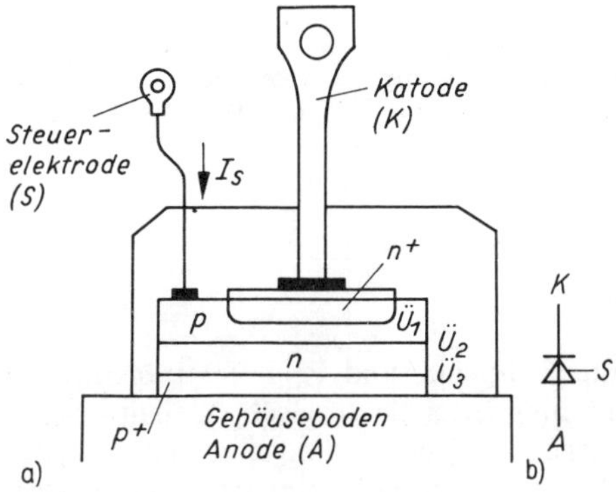

Bild 8.39. Prinzipieller Aufbau (a) und Schaltsymbol (b) eines Thyristors

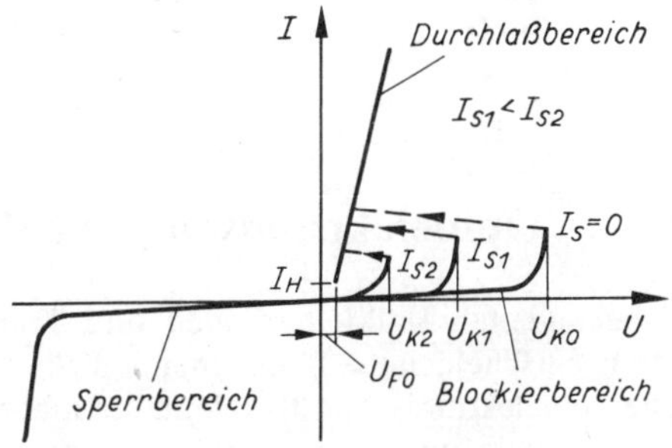

Bild 8.40. Strom-Spannungs-Kennlinie eines Thyristors

Wichtige *Kenngrößen* von Thyristoren sind u. a. die (höchst zulässige) Spitzenblockier- und Spitzensperrspannung, der Dauergrenzstrom (bei sinusförmigen Stromhalbwellen), der Zündstrom und die Zündspannung (bezogen auf die Steuerelektrode), der schon erwähnte Haltestrom I_H (als kleinster Durchlaßstrom, bei dem das Bauelement noch im Durchlaßzustand bleibt, s. Bild 8.40) sowie Parameter, die das dynamische Verhalten beschreiben, vor allem Betriebsfrequenzbereich und Freiwerdezeit. Im Bild 8.40 ist zu sehen, daß der Thyristor bei um so kleineren Spannungen U_K in den niederohmigen Zustand kippt, je größer der Steuerstrom I_S ist.

Dieser Effekt begründet auch die *Hauptanwendung* des Thyristors, nämlich als gesteuerter Gleichrichter in der Leistungselektronik.

Beispiel: Gesteuerter Einphasengleichrichter

Diese Anwendung wollen wir uns anhand der einfachen Gleichrichterschaltung im Bild 8.41a klarmachen. Im Bild 8.41b sind die dazugehörigen Spannungsverläufe der Wechselspannung $U_{\sim}$ auf der Sekundärseite des Übertragers und $U_{=}$ der „Gleichspannung" über dem Lastwiderstand R_L dargestellt. Bei t_1 zündet der Thyristor infolge eines Zündimpulses des Steuerstromes I_S. Bis t_1 floß durch den nicht gezündeten Thyristor kein Strom, und deshalb war über R_L dieSpannung $U_{=}$ auch Null (s. Bild 8.41). Nach dem Zünden liegt aber über dem Thyristor nur noch die kleine Flußspannung U_{FO} ($\approx 0{,}7\ \mathrm{V} \ll U_{\sim}$), und die Gleichspannung folgt ab t_1 der Wechselspannung ($U_{=} \approx U - U_{FO} \approx U$) bis der Thyristor bei Unterschreiten des Haltestromes in der Nähe des Nulldurchganges von $U_{\sim}$ wieder ausschaltet (hochohmig wird). Dieser Vorgang wiederholt sich entsprechend nach dem Zündzeitpunkt t_2, der näher am Nulldurchgang liegt. Wenn wir den arithmetischen Mittelwert (Fläche unter der Kurve von $U_{=}$) bilden, so ist

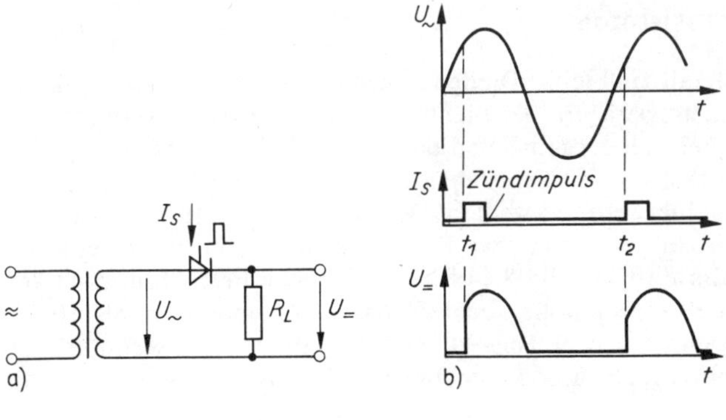

Bild 8.41
Einfache Gleichrichterschaltung mit Thyristor
a) Schaltung; b) Spannungsverläufe

dieser abhängig vom Zündzeitpunkt t_1. Darauf beruht also die gesteuerte Gleichrichtung, mit deren Hilfe man z. B. Drehzahlregelungen von Gleichstrommotoren realisieren kann.
Der Thyristor kann auch durch Lichtimpulse anstelle des Steuerstromes gezündet werden (Vorteil: galvanische Entkopplung). In diesem Falle spricht man von *Fotothyristoren.* Optothyristoren bestehen aus Fotothyristor- und Lichtemitterdiode oder komplettem Optokoppler in einem Gehäuse. Thyristoren werden vorzugsweise in der Leistungselektronik eingesetzt und sind deshalb bis zu Spannungen von 2000 V und einigen Hundert Ampere lieferbar (s. auch Abschn. 11.2.).

8.8. Optoelektronische Bauelemente

Die behandelten Halbleiterdioden und Transistoren (Bipolar- und Feldeffekttransistoren) sind die entscheidenden Bauelemente diskreter und integrierter elektronischer Schaltungen.

Die optoelektronischen Bauelemente dienen dagegen zur Umwandlung von Licht in elektrische Signale und umgekehrt. Wir unterscheiden zwischen Fotodetektoren (Fotowiderstände, Fotodioden, Fototransistoren) und Displays (Lichtemitterdioden, Flüssigkristallanzeigen).

8.8.1. Fotowiderstände

Fotowiderstände bestehen aus dünnen Schichten sehr hochohmiger Halbleiter (z. B. CdS Bild 8.42). Sie sind im Prinzip ohmsche Widerstände. Werden diese hochohmigen Widerstandsschichten mit Licht bestrahlt, so werden Ladungsträgerpaare (Elektronen und Löcher) erzeugt. Dadurch steigt die Leitfähigkeit und sinkt der Widerstand mit der Beleuchtungsstärke ($R \sim E^{-0,5 \dots -1}$). Damit kann ein Lichtsignal in ein elektrisches Signal umgewandelt werden.

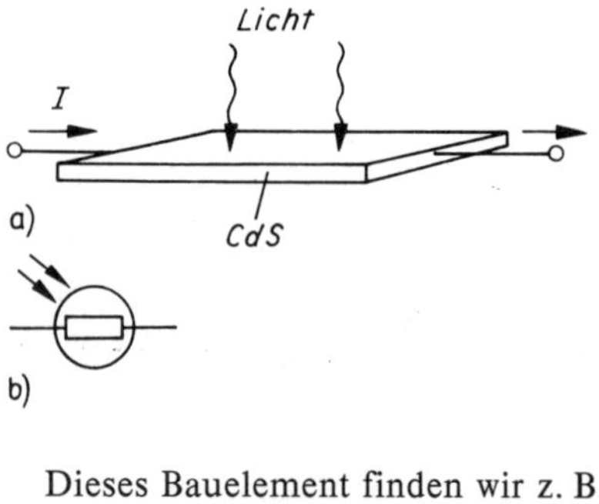

Bild 8.42
Fotowiderstand
a) prinzipieller Aufbau; b) Schaltsymbol

Dieses Bauelement finden wir z. B. in Belichtungsmessern.

8.8.2. Fotodioden und -transistoren

Fotodioden sind pn-, pin- oder Metall-Halbleiter-Dioden (meist aus Silizium). Ihre Funktion beruht auf der Erzeugung von Ladungsträgern bei Lichteinfall und der damit verbundenen Erhöhung des Sperrstromes. Am Beispiel der pin-Fotodiode ist dies im Bild 8.43 gezeigt. Die Fotonen werden im i-Gebiet absorbiert, und es entstehen Elektronen und Löcher, die durch das starke elektrische Feld im i-Gebiet getrennt werden. Der Foto(sperr)strom I_f dieser Fotodiode wird also vom Löcherstrom zum p-Gebiet bzw. Elektronenstrom zum n-Gebiet gebildet. Die Strom-Spannungs-Kennlinie ist im Bild 8.44 für verschiedene Beleuchtungsstärken gezeigt. Daraus geht hervor, daß eine Fotodiode auch als aktiver Zweipol, d. h. als Stromquelle, betrieben werden kann, wenn ein Arbeitspunkt im 4. Quadranten der Kennlinie im Bild 8.44 eingestellt wird. Dies nutzt man in Sonnenbatterien *(Solarzellen)* aus.

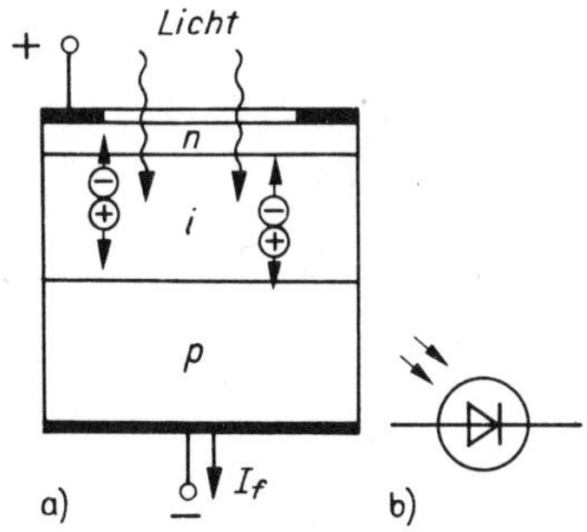

Bild 8.43
Fotodiode
a) prinzipieller Aufbau; b) Schaltsymbol

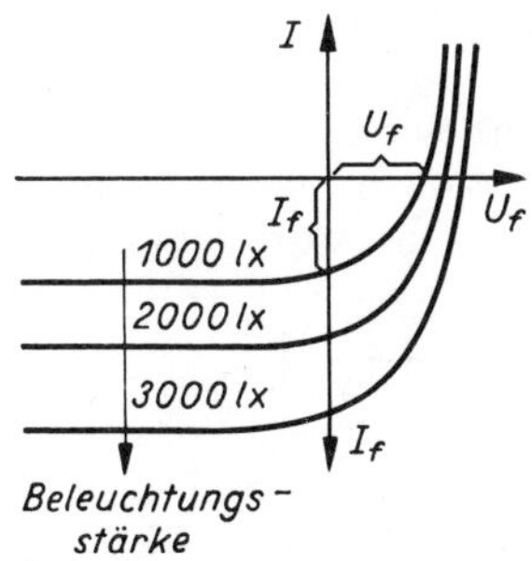

Bild 8.44
Strom-Spannungs-Kennlinien einer Fotodiode

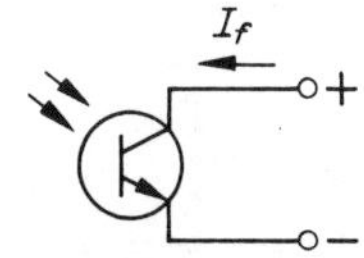

Bild 8.45
Schaltsymbol eines Fototransistors

Bei einem *Fototransistor* wirkt die Kollektor-Basis-Diode als Fotodiode, und die Basiselektrode läuft leer. Damit tritt ein Fotokollektorreststrom auf, der um den Stromverstärkungsfaktor in Emitterschaltung größer ist als der Fotostrom der Kollektor-Basis-Diode. Fototransistoren sind also empfindlicher (Bild 8.45). Fotodioden und Fototransistoren werden u. a. in Bildwandlern, Lichtschranken und zur Demodulation von Lichtsignalen angewendet.

8.8.3. Lichtemitterdioden, Displays

Lichtemitterdioden (LED-Dioden) sind pn-Dioden aus GaP bzw. GaAsP, die bei hohen Durchlaßströmen ein Leuchten (rot, gelb, grün) zeigen. Dieses Leuchten wird durch die Rekombination der bei Durchlaßströmen injizierten Ladungsträger verursacht. Bei der Rekombination „fällt" ein Elektron auf ein niedrigeres Energieniveau und verliert dabei Energie,

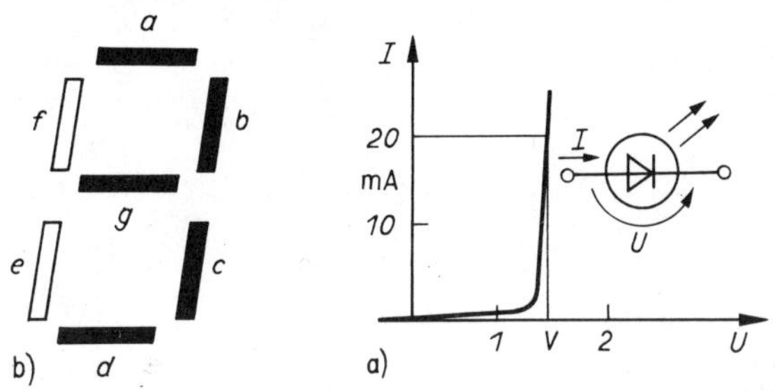

Bild 8.46. Strom-Spannungs-Kennlinie einer LED-Diode (a) und 7-Segmentdisplay mit LED-Dioden (b)

die es als Lichtquant (Foton) abstrahlt. LED-Dioden werden als Punktdioden oder als verschiedene Displays angeboten. Im Bild 8.46a sind Kennlinien von LED-Dioden und im Bild 8.46b ist ein Layout eines 7-Segmentdisplays, das zur Darstellung der Ziffern 0 bis 9 (und einiger Buchstaben) geeignet ist, gezeigt. Jedes der Segmente *a* bis *g* stellt einen pn-Übergang dar, der bei Stromfluß (≈ 10 mA) leuchtet, also bei der Ziffer 3 z. B. *abgdc*. Solche Displays werden z. B. in Rechnern und anderen elektronischen Geräten zur Ziffernanzeige verwendet. Typische Flußströme von LED liegen bei (2 bis 20) mA und typische Flußspannungen bei (1,5...3) V.

8.8.4. Optoelektronische Koppler sowie Reflexkoppler

Optoelektronische Koppler stellen Kombinationen von Lichtemitterdioden (Eingangskreis) und Fotodioden bzw. -transistoren (Ausgangskreis, s. Bild 8.47) dar. Sie zeichnen sich durch einen hohen Isolationswiderstand zwischen Eingangs- und Ausgangskreis aus.

Darauf basiert auch der Hauptanwendungszweck, nämlich die galvanische Entkopplung von Stromkreisen.

Bei Reflexkopplern emittiert eine Diode einen Infrarotstrahl. Das durch in der Nähe (z. B. Abstand < 10 m) befindliche Körper reflektierte Licht wird in einem im gleichen Gehäuse angeordneten Fototransistor in ein elektrisches Signal umgewandelt.

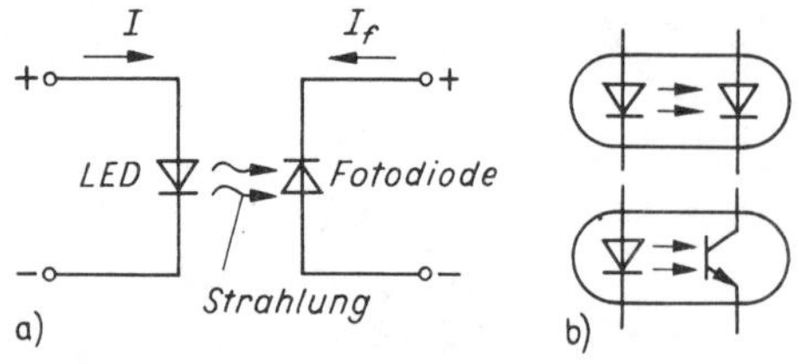

Bild 8.47. Prinzipschaltung (a) und Schaltsymbol (b) eines Optokopplers mit Dioden

8.8.5. Flüssigkristalldisplays

Flüssigkristalldisplays (LCD) sind an sich keine Halbleiterbauelemente. Zwischen zwei Feldelektroden ist vorzugsweise eine nematische Flüssigkeit eingeschlossen. Wird eine Spannung angelegt, so verändert die dadurch wirkende elektrische Feldstärke die optischen Eigenschaften der Flüssigkeit, was sich in einer unterschiedlichen Trübung äußert. Dieser Effekt wird zur Realisierung von Displays genutzt. LC-Displays benötigen weniger als den tausendsten Teil des Stromes eines LED-Displays. Ein Nachteil ist, daß sie selbst keine aktiven Lichtquellen sind, sondern eine Primärlichtquelle benötigen. Diese ist aber in der Regel als Tageslicht oder Zimmerbeleuchtung vorhanden.

Diese Displays werden vorwiegend als Anzeigen in transportablen Geräten (Taschenrechner, Uhren) angewendet.

8.9 Kontakte und Relais

Kontakte sind metallische, gut leitende, mechanisch hochbeanspruchbare Elemente, die in verschiedenen Baugruppen verwendet werden:

- in Steckverbindern
- in Schaltern und Tasten
- in Relais.

Steckverbinder (Bild 8.48) haben die Aufgabe, leicht lösbare zuverlässige elektrische Verbindungen herzustellen. Sie werden in verschiedenen Ausführungen gefertigt. Man unterscheidet Rundsteckverbinder (meist für wenig Verbindungsleitungen, auch als Koaxsteckverbin-

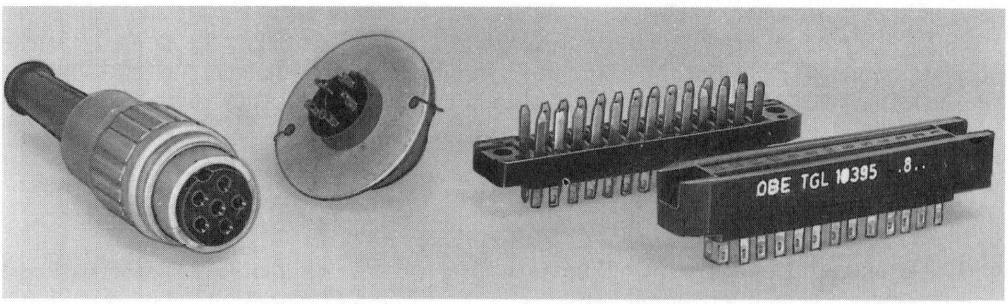

Bild 8.48. Verschiedene Bauformen von Steckverbindern

der für eine Leitung) und Flachsteckverbinder (meist für sehr viele Verbindungsleitungen, s. Bild 8.48). In jedem Fall sind für einen Steckverbinder sowohl eine Stiftseite und eine Buchsenseite erforderlich, wobei der Stift bei der Herstellung der Verbindung in die Buchse eingeführt wird.

Bei *Schaltern* und *Tasten* werden zwei Kontaktfedern mechanisch aufeinandergedrückt, so daß ein elektrischer Kontakt entsteht (s. Bild 8.49). Entscheidend für den Schalter ist das Material des Kontaktbügels. Dieses entscheidet nicht nur über die Haltbarkeit, sondern auch über die elektrischen Eigenschaften des Kontaktes (Kontaktwiderstand, Prellen).

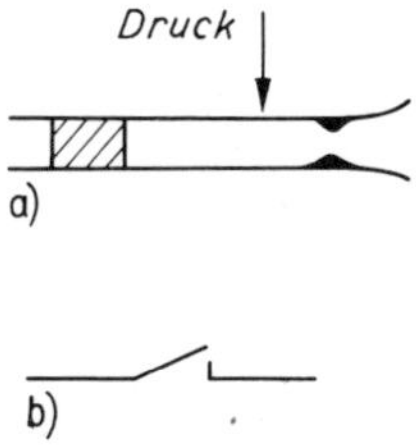

Bild 8.49
Schalter
a) Prinzip;
b) Schaltsymbol

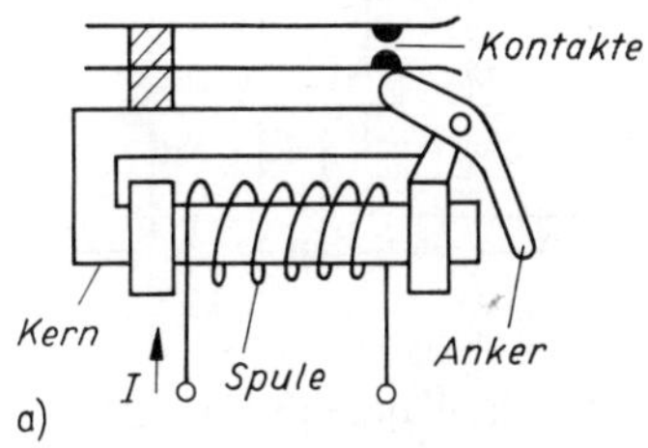

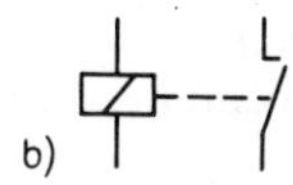

Bild 8.50
Prinzipieller Aufbau (a) und Schaltsymbol (b) eines Relais mit Schließkontakt

Relais sind im Prinzip Schalter, deren Kontakte mit Hilfe eines Elektromagneten betätigt werden (s. Bild 8.50).

Vom Einschalten des Erregerstromes I bis zum Schließen der Kontakte vergeht gewöhnlich die Ansprechzeit von $t_a = 1 \ldots 20$ ms, in welcher in der Magnetspule das Magnetfeld erst aufgebaut werden muß.

Die Zeit, die vergeht, bis nach dem Abschalten des Stromes die Kontakte wieder öffnen, wird Abfallzeit t_f genannt, gewöhnlich ist $t_a < t_f$. Durch leichtes Schwingen beim Öffnen und Schließen des Kontaktes kommt es zum sogenannten Prellen. Das Prellen äußert sich in einem ständigen Aus- und Einschalten für einen sehr kurzen Zeitmoment. In der Elektronik muß das durch geeignete Kunstschaltungen vermieden werden (Entprellschaltungen mit Flipflops).

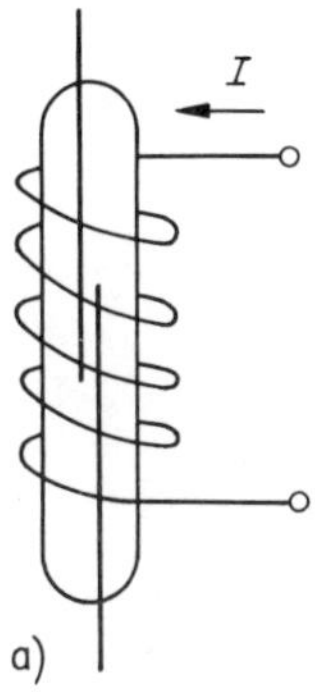

Bild 8.51
Reed-Relais
a) prinzipieller Aufbau; b) Schaltsymbol

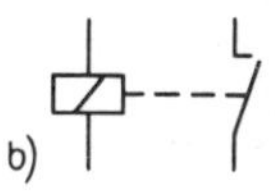

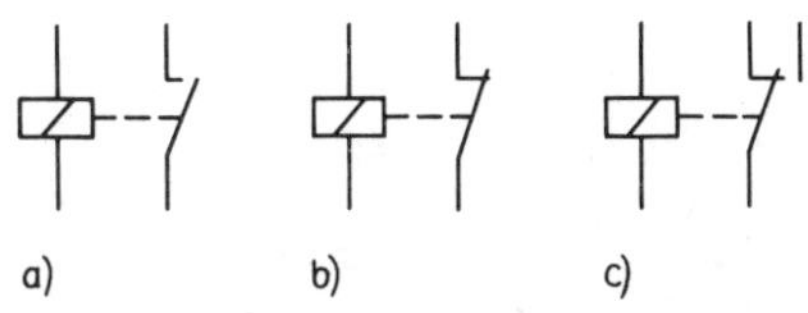

Bild 8.52. Schaltsymbole verschiedener Relais
a) mit Schließkontakt; b) mit Öffner; c) mit Umschalter

Eine sehr interessante Konstruktion ist das *Reedrelais* (Bild 8.51). In ein evakuiertes oder mit Schutzgas gefülltes Röhrchen sind zwei federnde Zungen aus Stahl so eingeschmolzen, daß sich die 2 überlappenden Enden, die mit einer Edelmetallauflage versehen sind, in einem Abstand von etwa 1 mm gegenüberstehen. Wirkt das Magnetfeld auf die Zungen, so schließt der Kontakt. Der Reedkontakt arbeitet sehr schnell (Schaltzeit etwa 1 Millisekunde).

Bei der Erklärung des Funktionsprinzips der Relais in den Bildern 8.50 und 8.51 hatten wir nur Kontakte betrachtet, die schließen, wenn das Magnetfeld des Relais erregt wird. Solche Kontakte nennt man Arbeitskontakte. Das Schaltsymbol von Relais mit Arbeitskontakten ist im Bild 8.52a nochmals dargestellt. Neben diesen Arbeitskontakten gibt es aber noch Ruhe- und Wechselkontakte. Ruhekontakte sind Kontakte, die im nichterregten Zustand der Magnetspule des Relais schließen und im erregten Zustand öffnen. Das Schaltsymbol für solche Relais mit Ruhekontakten ist im Bild 8.52b gezeigt.

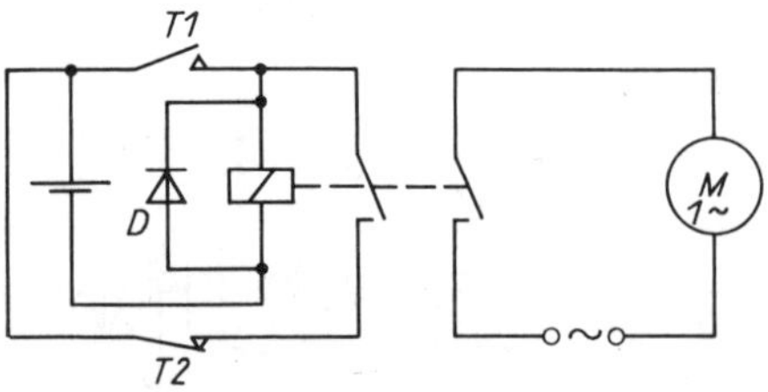

Bild 8.53
Einfaches Anwendungsbeispiel eines Relais in einer Schützschaltung für einen Motor
(die Diode dient zur Überspannungsbegrenzung-Funkenlöschung)

Wechselkontakte sind solche, die im erregten Zustand einen Stromkreis *1* schließen und im nichterregten Zustand einen anderen Stromkreis *2* schließen. Das Schaltsymbol von Relais mit Wechselkontakten ist im Bild 8.52c dargestellt.

Die Bedeutung von Relais geht mit dem Vordringen von vollelektronischen Transistorschaltern (sie sind ökonomischer und arbeiten schneller) immer mehr zurück.

Anwendungsmöglichkeiten bleiben den Relais jedoch immer noch beim Schalten großer Ströme (ohne hohe Ansprüche an die Arbeitsgeschwindigkeit) sowie für extrem niedrige Widerstände im Einschaltzustand (z. B. für Meßaufgaben).

Als Beispiel ist im Bild 8.53 eine Schützschaltung zum Einschalten eines Elektromotors gezeigt. Mit der Taste T1 werden der Erregerkreis des Relaismagneten und die Arbeitskontakte geschlossen. Auch nach Loslassen der Taste hält sich der Erregerstromkreis des Relais über seinen eigenen Arbeitskontakt selbst. Erst wenn die Austaste T2 gedrückt wird, wird der Erregerkreis unterbrochen und die Arbeitskontakte öffnen. Die Diode D dient zur Begrenzung der Spannungsspitzen ($L \cdot di/dt$! Funkenlöschung).

9. Technologie elektronischer Schaltungen

In diesem Abschnitt werden wir einen Überblick über die wichtigsten Methoden der Zusammenfügung elektronischer Bauelemente zu einer Schaltung bzw. einen funktionsfähigen elektronischen Subsystem geben.

Die modernste und progressivste Technologie ist in dieser Hinsicht die monolithische Integration der Bauelemente in einem Halbleiterkristall. Diese wird im folgenden Abschnitt zunächst behandelt. Bei ihr werden *gleichzeitig* viele (meist gleichartige) Schaltungen, die jeweils aus sehr vielen Bauelementen aufgebaut sind, in einer dünnen einkristallinen Halbleiterscheibe hergestellt.

9.1. Monolithisch integrierte Schaltkreise

Die elektronische Schaltung wird bei dieser Technik in einem Halbleitereinkristallplättchen von einigen Quadratmillimetern Fläche und einigen Zehntelmillimetern Dicke realisiert. Dieses Halbleiterplättchen nennen wir Chip. Dabei werden die Bauelemente durch eine geeignete Präparation des Halbleiterplättchens mit Störstellen, Isolierschichten, Metallschichten realisiert. Dies wollen wir an dem Beispiel im Bild 9.1 näher erläutern.

Auf ein p-leitendes Halbleitereinkristallplättchen wird eine dünne n-leitende Schicht aufgebracht. Die Dicke dieser Schicht beträgt einige Mikrometer. Danach wird diese Schicht in Inseln aufgeteilt, indem sogenannte Isolationsrahmen in Form von p-leitenden Gräben oder SiO_2-Gräben eingebracht werden, die bis zum p-Substrat (s. Bild 9.1a) reichen. In diesen so entstehenden n-leitenden Inseln werden die Bauelemente realisiert. Das geschieht durch Dotierung mit 3wertigen bzw. 5wertigen Atomen (Störstellen). Bor bzw. Phosphor sind die meist verwendeten Dotierungsmaterialien. Bei der Dotierung mit 3wertigen Atomen entstehen p-leitende Gebiete, wie dies im Bild 9.1b gezeigt ist. Diese können als Widerstandsschichten bzw. als Basisschichten von Transistoren verwendet werden.

An den Stellen, wo Transistoren entstehen sollen, werden in die p-leitenden Schichten noch 5wertige Atome (P) eingebracht. Dadurch entstehen n-leitende Schichten, die als Emitter der npn-Transistoren dienen (Bild 9.1c). Danach sind die Bauelemente mit Metallschichten zu verbinden. Dazu muß an den Kontaktstellen die SiO_2-Schicht entfernt werden, die sich infolge der thermischen Oxydation des Siliziumplättchens bildet (Bild 9.1d). Die anschließend aufgebrachten Metallschichten (z. B. Al) verbinden die Bauelemente untereinander zu einer Schaltung. Sie bilden auch gleichzeitig die obere Elektrode von Kapazitäten (Metall-SiO_2-Silizium). Das ist im rechten Bildteil des Bildes 9.1d zu sehen.

Widerstände können außer – wie im Bild 9.1 skizziert – in Form dotierter Halbleitergebiete auch noch als dünne Schichten aus polykristallinem Silizium auf dem SiO_2 realisiert werden.

Im Bild 9.2 ist das Layoutfoto, d. h. die Draufsicht auf ein sehr einfaches Schaltkreischip gezeigt. Die hellen Streifen sind die metallischen Verbindungsleitungen, die schemenhaft darunter in verschiedenen Grautönen erkennbaren Gebiete sind die dotierten p- und n-leitenden Gebiete.

Die Erzeugung der verschiedenen dotierten Gebiete und Verbindungsleitungen an vorgeschriebenen Stellen (Strukturierung) erfolgt mit einer speziellen Maskierungstechnik, die *Fotolithografie* genannt wird. Diese wird im folgenden wegen ihrer fundamentalen Bedeutung für die Technik integrierter Schaltkreise noch etwas genauer beschrieben.

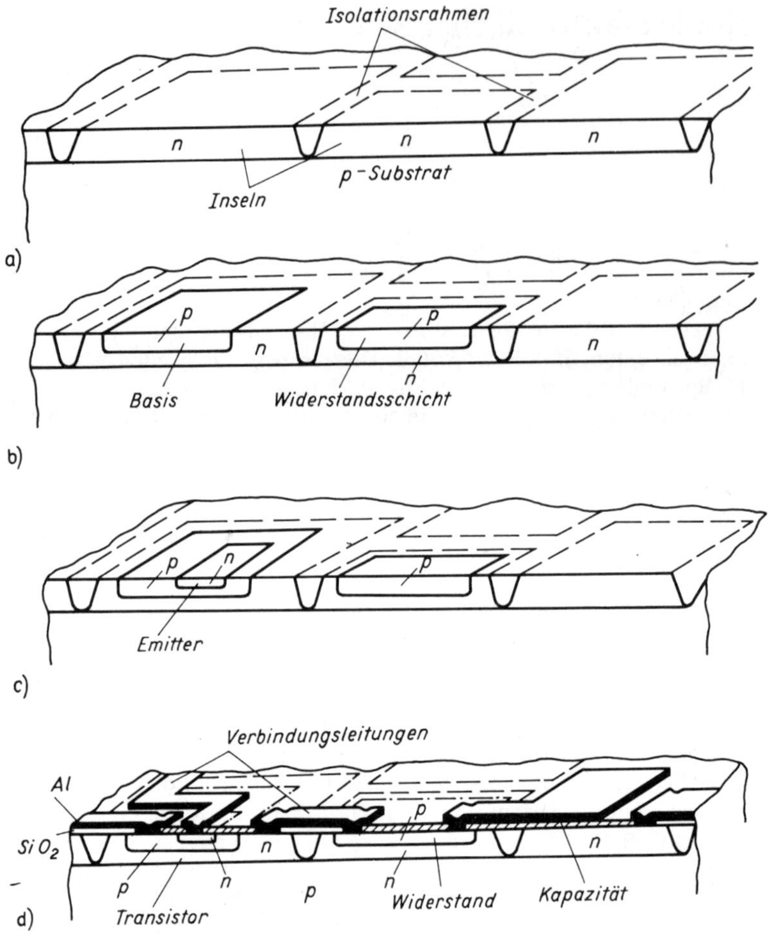

Bild 9.1. Präparationsschritte für die Herstellung eines monolithisch integrierten Schaltkreises

a) Schaffung isolierter Inseln; b), c) p- und n-Dotierung zur Herstellung von Widerständen, Kapazitäten und Transistoren; d) Schaffung des Verbindungsleitungssystems

Die Halbleiterscheibe (Wafer) wird mit einer SiO_2-Schicht überzogen, und darauf wird ein Fotoresistlack aufgebracht (Bild 9.3a). Der Fotoresistlack besteht z. B. aus einer organischen Verbindung mit langen Molekülketten, die durch eine Strahlung (UV-Licht, Röntgenstrahlen, Elektronenstrahlen) aufgebrochen werden können (Zerlegung in kleinere Molekülgruppen). Die Strukturierung des Fotolackes kann dadurch geschehen, daß auf diesem eine Fotoschablone aufgebracht wird, die z. B. Schwärzungen an den Stellen enthält, wo später der Fotolack stehen bleiben soll.

Im Bestrahlungsvorgang z. B. mit UV-Licht (s. Bild 9.3b) erfolgt die bereits genannte Strukturveränderung, und beim Entwickeln werden die belichteten Stellen abgewaschen, es entsteht eine Öffnung im Fotolack (s. Bild 9.3c). Wird nun ein Ätzmittel angewandt, das den Fotolack nicht, das SiO_2 aber angreift, so wird das SiO_2 an den Stellen entfernt, wo kein Fotolack das SiO_2 schützt. An diesen Stellen wird dann die Siliziumoberfläche freigelegt (Bild 9.3d). Dort kann z. B. auch ein Dotierungsmaterial (P oder B) in die Halbleiteroberfläche eindringen, wie das bei den Strukturen der Bilder 9.1b bis 9.1d der Fall war.

Diese Strukturierung der einzelnen Schichten muß für jeden Prozeßschritt der im Bild 9.1 dargestellten Struktur angewendet werden. Man unterscheidet je nach der Art der verwendeten Strahlen zur Belichtung des Fotolackes:

- lichtoptische Verfahren
- elektronenoptische Verfahren
- Röntgenstrahlverfahren.

Wir wollen nur die lichtoptischen Verfahren betrachten. Die Belichtung erfolgt mit UV-Licht im Wellenlängenbereich von $\lambda = 200\ldots450$ nm. Es sind damit kleinste Strukturgrößen von $\delta = 1\ldots3$ µm möglich. Je kleiner die Wellenlänge ist, je geringer sind die Beugungen und desto kleinere Strukturgrößen lassen sich erzielen.

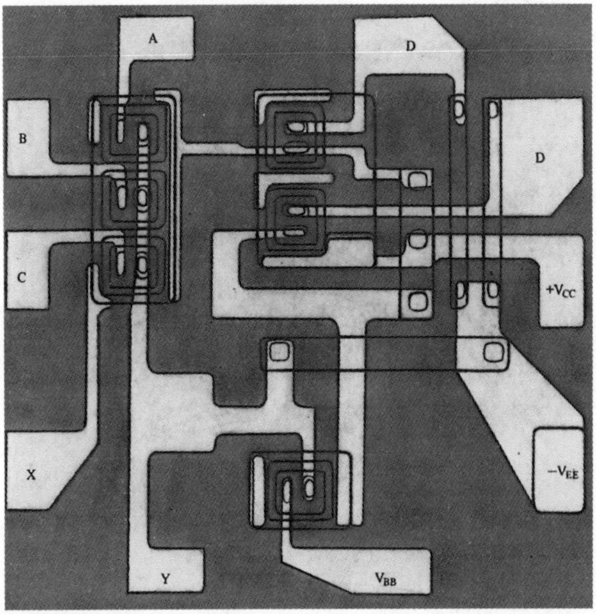

Bild 9.2. Layoutfoto eines integrierten Schaltkreises

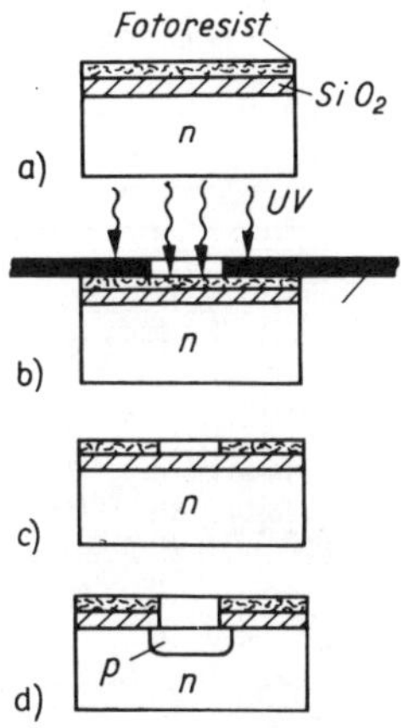

Bild 9.3. Prozeßschritte bei der Fotolithografie

a) Beschichtung mit Fotoresistlack; b) Belichten durch eine Fotoschablone; c) Entwickeln des Fotolackes; d) Ätzen des SiO_2 (und danach Diffusion o. ä.)

Wird die *Arbeitsschablone* direkt auf die Fotolackschicht aufgelegt, so spricht man von *Kontakt-* bzw. *Hartkontaktlithografie.* Diese hat aber den Nachteil, daß die Schablonen beim Justieren (dazu muß die Schablone gegenüber der Halbleiterscheibe verschoben werden) beschädigt werden (eine Schablone kann deshalb nicht viel öfter als 10mal verwendet werden).

Hier hilft die *Abstandsbelichtung* (proximity lithography). Bei diesem Verfahren werden die Schablonen im Abstand von 10...30 µm von der Lackschicht gehalten. Jedoch erhöhen sich infolge der Streuung nun die Maßabweichungen.

Den Vorteil der hohen Abbildungsschärfe bei gleichzeitiger maximaler Schonung der Schablonen bietet die *Projektionslithografie.* Hier werden die Schablonenbilder mittels einer hochauflösenden Optik auf die Lackschicht abgebildet. Dabei kann sowohl eine 1:1 – als auch eine verkleinerte Abbildung (4:1 bzw. 10:1) erfolgen. In der Regel findet eine sogenannte Ganzscheibenbelichtung statt. Dazu sind Arbeitsschablonen erforderlich, die entweder so groß wie die Halbleiterscheibe (100...200 mm) sind und demzufolge die Bilder für einen Schaltkreis mehrfach enthalten oder es erfolgt eine Belichtung mit Waferstepper.

Bild 9.4 zeigt eine Halbleiterscheibe von 100 mm Durchmesser, die einige Hundert Schaltkreisstrukturen, d. h. Schaltkreischips mit 1...6 mm Kantenlänge enthält. Bei der Endfertigung muß diese Scheibe (Wafer) in Chips zerteilt werden. Vor dem Zerteilen erfolgt jedoch

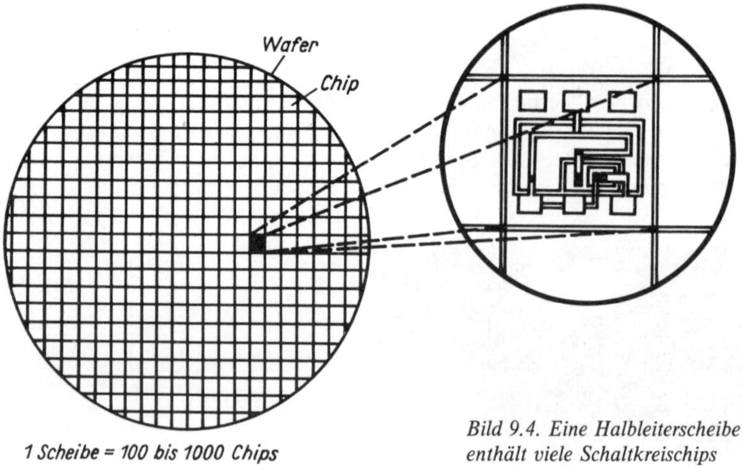

Bild 9.4. Eine Halbleiterscheibe enthält viele Schaltkreischips

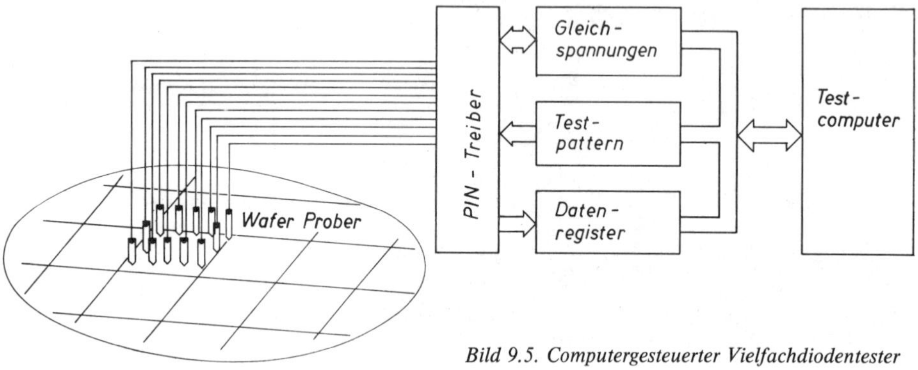

Bild 9.5. Computergesteuerter Vielfachdiodentester

noch das Testen der Funktionsfähigkeit jedes Schaltkreises: Dies geschieht mit einem computergesteuerten Vielfachsondentester (Bild 9.5). Automatisch werden Sonden auf die am Rande jedes Chips befindlichen Anschlußinseln (Bondinseln) aufgesetzt. Diese stellen den Kontakt zu einem Testsystem her, das nach einem bestimmten Rechnerprogramm die ordnungsgemäße Funktion des Schaltkreischips prüft. Ist die ordnungsgemäße Funktion festgestellt, so wird zum nächsten Chip übergegangen, die Testerspitzen werden angehoben, mit einem Präzisionsmechanismus erfolgt der Vorschub der Scheibe genau um ein Chipfeld, die Spitzen werden wieder auf die Bondinseln aufgesetzt, und der Prüfvorgang beginnt von neuem.

Wird festgestellt, daß das Schaltkreischip nicht funktioniert, wird es durch einen Tintenklecks (ink point) gekennzeichnet. Nach dem Testen erfolgt das Zerschneiden des Wafers in

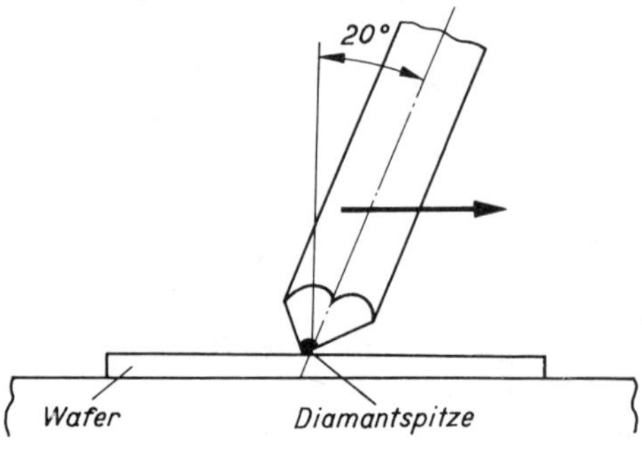

Bild 9.6
Ritzwerkzeug zum Zerteilen der Scheibe in Chips

Chips mit einem Ritzwerkzeug (Bild 9.6). Die funktionstüchtigen Chips werden nun in Gehäuse eingebaut. Dazu werden dünne Anschlußdrähte ($\varnothing \approx 10\ \mu m$) angebondet (s. Bild 9.7). Anschließend erfolgt die Verkappung in Keramik- bzw. Plastgehäuse (Bild 9.8).

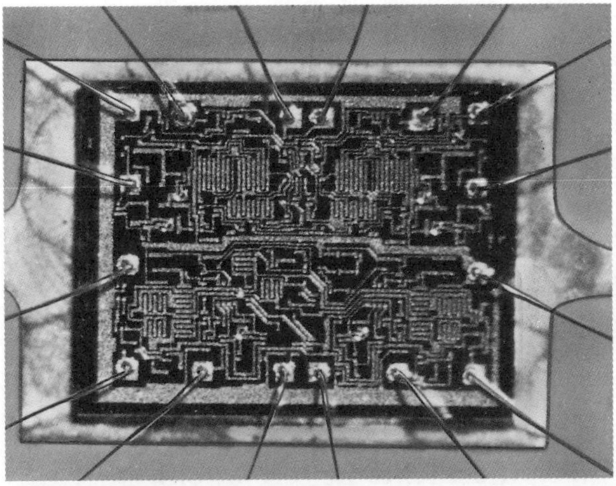

Bild 9.7
Das Chip durch Bonden mit dünnen Drähten kontaktiert

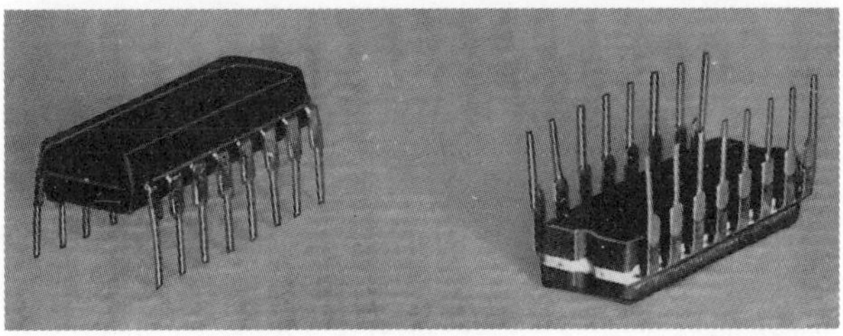

Bild 9.8
Monolithische Schaltkreise in Dual-In-Line- und Flatpack-Gehäuse

Aus dieser kurzgefaßten Darstellung des Herstellungsganges eines monolithischen integrierten Schaltkreises können wir erkennen, welche hohen Anforderungen an Genauigkeit und Reinheit bei dieser Technologie zu stellen sind.

9.2. Hybridschaltkreise

Eine Zwischenstellung nehmen die Hybridschaltkreise ein, deren Bedeutung jedoch weit unter der der monolithischen Schaltkreise (s. Abschn. 9.1.) liegt.

Bei einem Hybridschaltkreis wird zunächst auf einem Glas- oder Keramiksubstrat von einigen Quadratzentimetern Fläche ein Verbindungsleitungssystem aufgebracht, in das auch Widerstandsschichten mit einbezogen werden können (s. Bild 9.9). Die Widerstands- und Verbindungsleitungsschichten können durch Aufdampfen oder Katodenzerstäubung im Vakuum bzw. mit der Siebdrucktechnik realisiert werden. Die Schichtdicken liegen bei einigen 10 Mikrometern. In dieses Verbindungsleistungs- und -widerstandsnetzwerk werden die elektronischen Bauelemente (Transistoren, Kapazitäten, monolithische Schaltkreischips) eingelötet bzw. eingebondet (Bild 9.9). Solche Hybridschaltkreise haben den Vorteil, daß ihre Fertigung auch bereits bei kleinen Stückzahlen rentabel ist. Sie benötigen aber sehr viel mehr Volumen je integrierte elektronische Funktion als monolithisch integrierte Schaltkreise.

Bild 9.9
Hybridschaltkreis

9.3. Gedruckte Schaltungen (bestückte Leiterplatten)

Diese Technik ist grundlegend für die Technologie elektronischer Geräte, und zwar auch im Zeitalter hochintegrierter monolithischer Schaltkreise.

Diese Schaltungstechnologie verwendet als isolierendes Trägermaterial für starre Leiterplatten Schichtpreßstoffe, die meist mit aufkaschierter Kupferfolie geliefert werden. Die Dicke der Kupferfolie beträgt 30...70 µm.

Hartpapierträgermaterialien sind besonders preiswert, jedoch sind sie den teueren Glashartgeweben im Verhalten gegen Feuchtigkeit und in der mechanischen Beanspruchbarkeit unterlegen. Für flexible gedruckte Schaltungen kommen z. B. Polyesterfolie und Polyamid in Frage.

Zur Realisierung des gewünschten Verbindungsschemas muß die Kupferfolie so strukturiert werden, daß das gewünschte Verbindungsnetzwerk für die Bauelemente entsteht.

Dazu ist zunächst eine vergrößerte Entwurfszeichnung mit schwarzer Tusche oder durch Kleben vorgefertigter Strukturabbildungen (z. B. Lötaugen) anzufertigen. Dies erfolgt nach

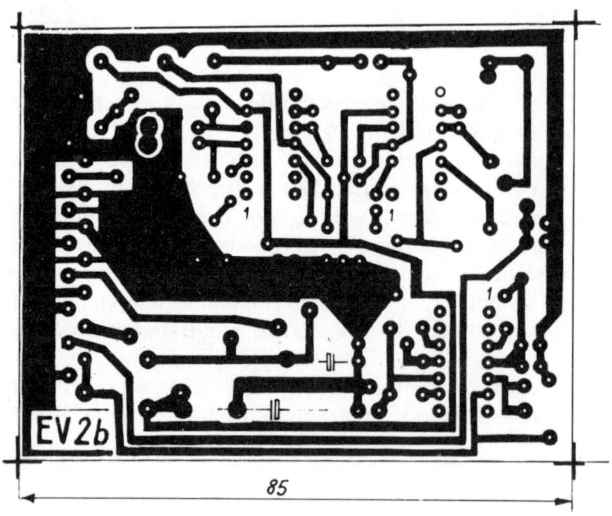

Bild 9.10
Zeichenvorlage
zur Herstellung einer sehr einfachen Leiterplatte

verbindlichen Konstruktionsrichtlinien in einem Primärraster von 2,5 mm. Im Bild 9.10 ist als Beispiel eine solche Zeichnung abgebildet.

Bei komplizierten Vorlagen erweisen sich computergesteuerte automatische Zeichenmaschinen als notwendig.

Bei *Einlagenleiterplatten* (das sind solche mit nur einer Leitbahnebene) sind Kreuzungen verboten. Außerdem sollte auf minimale Leitungslänge optimiert werden.

Minimale Leitungslänge und Kreuzungsfreiheit können bei komplexen Schaltungen zu erheblichen Entwurfsproblemen führen, die u. U. auch nicht „von Hand" effektiv gelöst werden können. Deshalb verwendet man auch für die Plazierungs- und Trassierungsprobleme Computerprogramme als Entwurfshilfe.

Unter *Plazierung* versteht man die Wahl des Ortes des Bauelementes auf der Leiterplatte, *Trassierung* ist der Entwurf der Leitungsführung zwischen den plazierten Bauelementen.

Unvermeidliche Kreuzungen können durch sogenannte Jumper (s. Bild 9.11) realisiert werden. Eleganter ist dagegen die Anwendung von Mehrlagenleiterplatten. Diese enthalten in mehreren, übereinanderliegenden Ebenen Verbindungsleitungssysteme. Die Schaltungstechnologie mit *Mehrebenenleiterplatten (Multilagentechnik)* ist aber teurer.

Verfolgen wir nun den Herstellungsweg eine Leiterplatte bzw. einer gedruckten Schaltung weiter. Von den zahlreichen Verfahren wollen wir hier nur das mit Negativfotolack beschreiben.

In diesem Falle muß von der Entwurfszeichnung (Bild 9.10) ein Fotonegativ in Originalgröße angefertigt werden, auf dem die Leiterzüge transparent sind. Das kupferkaschierte isolierende Trägermaterial wird mit einem Negativkopierlack im Tauchzieh-, Schleuder- oder Walzenverfahren beschichtet. Nach dem Trocknen wird das Fotonegativ aufgelegt und einjustiert. Danach erfolgt die Belichtung und Entwicklung des Fotolackes. Beim Entwickeln wird der unbelichtete Fotolack beseitigt, an den belichteten Stellen härtet er aus und schützt die Stellen, wo später die Leiterbahnen entstehen sollen, vor dem Ätzmittel, mit dem die überflüssige Kupferfolie abgeätzt wird. Nach dem Entfernen des ausgehärteten Fotolackes und einigen Nachbehandlungsprozessen ist die Leiterplatte fertig für die Bestückung (Bild 9.12).

Der Fertigungsablauf gedruckter Schaltungen (auch bestückte Leiterplatten oder Leiterkarten genannt) ist durch folgendes gekennzeichnet: *Wareneingangskontrolle* (Bauelemente,

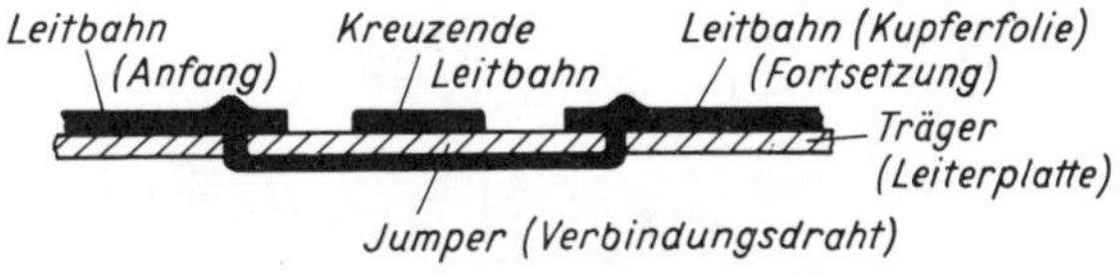

Bild 9.11
Jumper

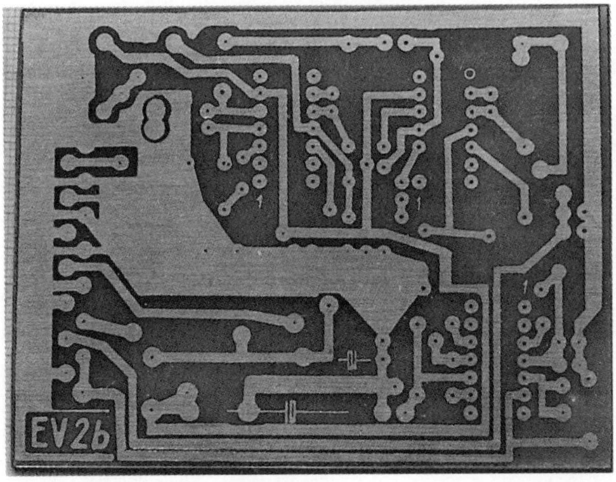

Bild 9.12
Foto einer sehr einfachen Leiterplatte

Leiterplatten ...), *Vorbereitung der Leiterplatten und Bauelemente* (z. B. Kürzen und Verbiegen von Bauelementeanschlüssen), *Bestückung* (Bauelemente werden mit Anschlüssen durch die Löcher an den Lötaugen gesteckt), *Löten bzw. Verzinnen* (Bewegung der Leiterplatte über einen Lötschwall), *Prüfen* (oft rechnergestützte elektrische Prüfung), *Reparatur* (falls notwendig), *Warenausgangskontrolle* bzw. Einbau in ein Gerät.

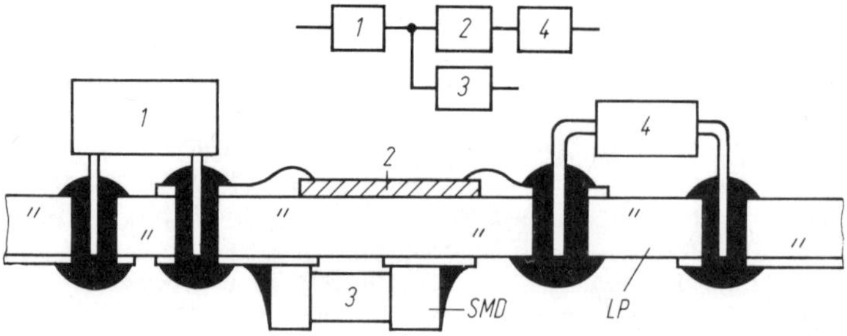

Bild 9.13. Leiterplatte mit verschiedenen Bestükkungstechnologien

Verstärkt werden Leiterplatten mit neuen Technologien hergestellt. Als Beispiel sei die Surface-Mount-Technology (SMT, Aufsetztechnologie) genannt. Bei dieser Technologie, die auch SMD-Technik genannt wird, werden oberflächenmontierbare Bauelemente (Surface Mounted Devices, SMD) direkt, also ohne Drahtverbindung auf die Anschlußleiterbahnen der Unter- und/oder Oberseite von Leiterplatten aufgesetzt und z. T. noch gemeinsam mit bedrahteten Bauelementen verwendet (Bild 9.13).

Die SMT ermöglicht neben einer höheren Packungsdichte billigere und zuverlässigere Lösungen für Leiterplatten und erleichtert die automatische Bestückung. Außerdem werden durch Reduzierung parasitärer kapazitiver und induktiver Effekte z. T. auch höhere Arbeitsgeschwindigkeiten möglich. Generell ist die fortschreitende Integration auf Systemebene durch Schrumpfung bzw. Wegfall von Bauelemente – bzw. Schaltkreisgehäusen (Chipbauelemente) und platzsparende Verbindungstechniken gekennzeichnet.

10. Elektronische Systeme

10.1. Analogschaltungen

10.1.1. Vergleich analoger und digitaler Signale

Je nach Art der Signalverarbeitung unterscheidet man digitale[1] und analoge Schaltungen. Unter *Signalen* sind technisch meßbare Größen, z. B. Spannungen, zu verstehen, die auf sie abgebildete *Informationen* enthalten. Der den Wert der signalisierten Größe abbildende Parameter heißt *Informationsparameter.* Bei *analogen Signalen* kann der Informationsparameter innerhalb gewisser Grenzen jeden beliebigen Wert annehmen (z. B. Ausschlag eines Zeigerinstrumentes bei einer Analoganzeige). Der *Wertevorrat* für den Informationsparameter ist nicht abzählbar, also *unendlich.* Charakteristisch für *digitale Signale* ist der *endliche Wertevorrat* des Informationsparameters, d. h., es handelt sich um diskrete (quantisierte) Werte (z. B. Lampe „ein" oder „aus", also zwei Werte oder auch 100 Werte (0...99) bei einer zweistelligen Dezimalanzeige). Im Bild 10.1 wird der Unterschied zwischen analogen und digitalen Signalen noch einmal an Beispielen veranschaulicht. Im Bild 10.1a ist der aktuelle Spannungswert gleichzeitig der Informationsparameter. Im Bild 10.1b wird angenommen, daß der Informationsparameter die Impulslänge ist (mit kontinuierlichem Wertebereich). Ein digitales Signal mit zwei Werten des Informationsparameters ist aus Bild 10.1c ersichtlich. Die beiden Werte nennen wir Ø = Null, im Gegensatz zu O wie Otto und 1. Einem bestimmten Bereich hoher Spannung U_H wird der Informationsparameter 1 (oder H wie *H*igh (engl.)) zugeordnet und einem Bereich niedriger Spannung U_L der Informationsparameter Ø (oder L wie *L*ow (engl.)). Dazwischen liegenden Spannungswerten ist keine Information zuzuordnen. Charakteristisch für digitale Signale sind meist impulsförmige Zeitverläufe. Wie Bild 10.1b zeigt, können Impulse aber auch bei Analogsignalen auftreten. Die digitale Signalverarbeitung wird im Abschnitt 10.2. behandelt. Im folgenden wenden wir uns Analogschaltungen zu.

Analoge Signale können erzeugt, verstärkt, gedämpft, moduliert, verformt, gesteuert, rechnerisch verarbeitet, übertragen, gemessen und in digitale Signale umgewandelt werden [10.1–[10.9]. Dabei überlagern sich die genannten Formen der Informationsverarbeitung teil-

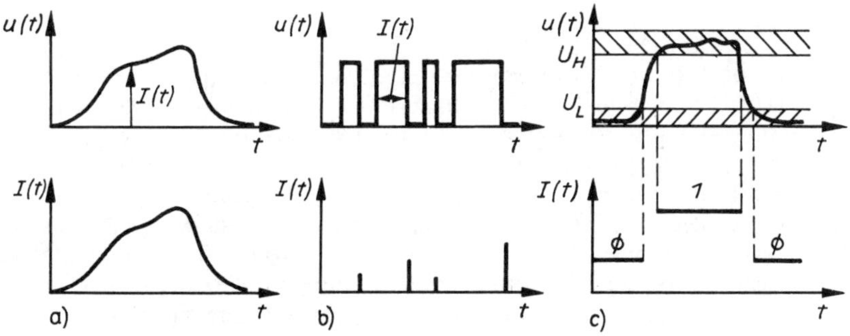

Bild 10.1. Vergleich analoger und digitaler Signale

a) Beispiel eines kontinuierlichen analogen Signals mit aktuellem Spannungswert als Informationsparameter; b) diskontinuierliches analoges Signal mit der Impulslänge als Informationsparameter (Pulslängenmodulation); c) Beispiel eines kontinuierlichen digitalen Signals mit zwei diskreten Werten des Informationsparameters

[1] digit (engl.) – Zahl

weise. Stromversorgungsschaltungen rechnet man ebenfalls zu Analogschaltungen im weiteren Sinne.

10.1.2. Allgemeines zu Verstärkern

10.1.2.1. Überblick über die Eigenschaften von Verstärkern

Verstärker gehören zu den wichtigsten Analogschaltungen. Sie dienen zur Spannungs- bzw. Strom- bzw. Leistungsverstärkung, zur Impedanzwandlung sowie als Bestandteil anderer Schaltungen zur Realisierung sehr unterschiedlicher elektronischer Funktionen. Ihnen wird eine Signalleistung sowie Leistung über die Betriebsspannungsversorgung zugeführt. Abgegeben wird eine meist verstärkte Signalleistung sowie (unerwünscht) Wärmeleistung (Bild 10.2a). Die Klassifizierung von Verstärkern kann nach unterschiedlichen Gesichtspunkten erfolgen, die im folgenden erläutert werden.

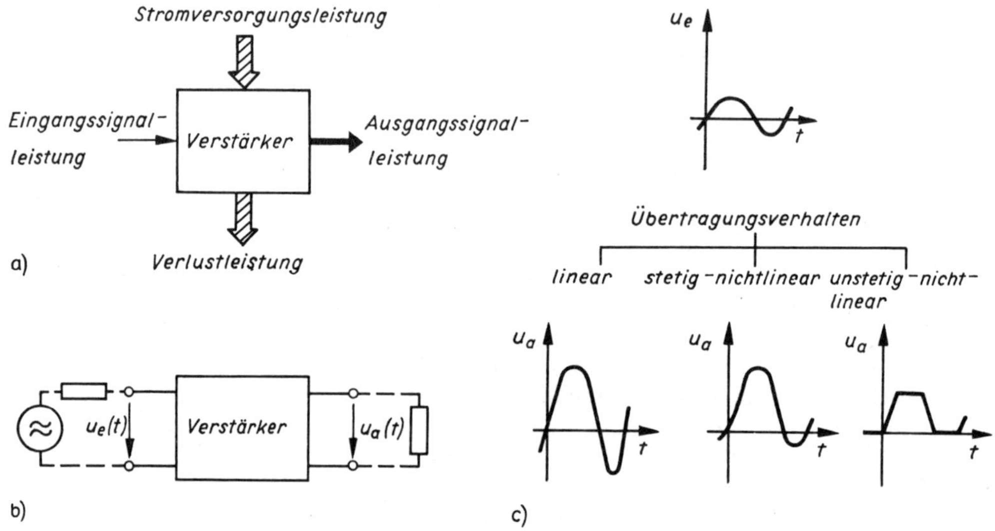

Bild 10.2. Verstärker

a) Leistungsbetrachtung; b) Spannungsverstärker (Ein- und Ausgangskreis als Beispiel); c) Übertragungsverhalten eines Spannungsverstärkers

a) *Zusammenhang zwischen Aus- und Eingangssignal:* stetig-linear, stetig-nichtlinear oder unstetig-nichtlinear. Das wird im Bild 10.2b/c anhand des Zusammenhangs zwischen Ein- und Ausgangsspannung erläutert. Bei Analogschaltungen wird häufig der erste Fall angestrebt, weshalb man dann auch von *linearen Schaltungen* spricht, obwohl sie natürlich auch Bauelemente mit nichtlinearen Kennlinien enthalten (vgl. Abschn. 3.8.).
b) *Art der Aussteuerung bzw. Signalgröße:* Kleinsignal- bzw. Großsignalverstärker, wobei erstere meist am Anfang der Informationsverarbeitungskette stehen (Eingangsstufen) und letztere meist am Ende (Ausgangsstufen bzw. Endstufen sowie Leistungsverstärkungsstufen).
c) *Signalwandlung:* Spannungs-, Strom-, Spannungsstrom-, Stromspannungswandler.
d) *Anwendung:* Spannungs-, Strom-, Leistungs-, Ladungsverstärker ... oder nach Einsatzgebiet z. B. Meßverstärker, Operationsverstärker.
e) *Übertragungsfrequenzbereich:* Verstärker für Gleich- sowie für Wechselgrößen.
f) *Kopplungsart:* direkt-, *RC*-, opto- und transformatorgekoppelter Verstärker.
h) *Art des Verstärkerein- bzw. -ausgangs:* unsymmetrisch (1 Klemme und Masse) bzw. symmetrisch (2 Klemmen und Masse, d. h. Differenzverstärkung).

i) *Art der Bauelemente:* Bipolar-, MOS-, BIMOS-, BIFET-Verstärker. Dominierend sind Verstärker mit Bipolarbauelementen. MOS-Verstärker sind meist mit MOS-Digitalschaltungen auf einem Chip integriert. Zunehmende Bedeutung besitzen Mischtechnologien (*Bi*polar-*MOS*, *Bi*polar-*F*eld*e*ffekt*t*ransistoren), wobei FET u. a. am Verstärkereingang verwendet werden, um einen hohen Eingangswiderstand und niedriges Rauschen zu erzielen.
j) *Weitere Eigenschaften:* z. B. ein- oder mehrstufiger Verstärker, besonders rauscharmer Verstärker usw.

10.1.2.2. Spannungsverstärkung, Frequenzverhalten sowie weitere Kenngrößen

Für lineare Verstärker bei frequenzunabhängigem Übertragungsverhalten kann man die *Spannungsverstärkung* v_u durch

$$\Delta u_a(t) = v_u \, \Delta u_e(t) \tag{10.1}$$

definieren. v_u kann also aus dem Verhältnis von Änderung Δu_a der Ausgangsspannung zur verursachenden Änderung Δu_e der Eingangsspannung ermittelt werden. Bei stetig-nichtlinearem Übertragungsverhalten gilt diese Definition nur bei Kleinsignalaussteuerung, die eine Kennlinienlinearisierung ermöglicht (s. auch Abschn. 3.8.). Bei frequenzabhängigem Übertragungsverhalten kann man die Spannungsverstärkung als komplexe Größe $\underline{v}_u$ mit der Reaktion des Verstärkers auf ein sinusförmiges Testsignal

$$\Delta u_e = \hat{U}_e \cos(\omega t + \varphi_{ue})$$

definieren, für das sich bei linearem Übertragungsverhalten am Ausgang

$$\Delta u_a = \hat{U}_a \cos(\omega t + \varphi_{ua})$$

ergibt:

$$\underline{v}_u = \frac{\underline{u}_a}{\underline{u}_e} \text{ mit } \frac{\underline{u}_a}{\underline{u}_e} = \frac{\hat{U}_a \, e^{j(\omega t + \varphi_{ua})}}{\hat{U}_e \, e^{j(\omega t + \varphi_{ue})}} \tag{10.2}$$

$$\underline{v}_u = |v_u| \, e^{j\varphi} \text{ mit } |v_u| = \frac{\hat{U}_a}{\hat{U}_e} \text{ und } \varphi = \varphi_{ua} - \varphi_{ue}. \tag{10.3}$$

$20 \lg |\underline{v}_u|$ wird in dB angegeben (s. Abschn. A 5.2.).
Hinweis:* Noch allgemeiner kann die Übertragungsfunktion eines Verstärkers mit dem Testsignal $\underline{u}_e = \hat{U}_e \, e^{(pt + \varphi_{ue})}$ mit der komplexen Frequenz $p = \sigma + j\omega$ definiert werden (s. auch Abschn. 4.2.):

$$\frac{\underline{u}_a(p)}{\underline{u}_e(p)} = \frac{\underline{U}_a(p)}{\underline{U}_e(p)}. \tag{10.4}$$

Bild 10.3 a veranschaulicht die Abhängigkeit der Spannungsverstärkung $|v|$ eines *Gleichspannungsverstärkers* von der Frequenz f. Bei hohen Frequenzen tritt ein Abfall von $|v_u|$ auf, den man durch die Definition der *oberen Grenzfrequenz*

$$|v_u(f_o)| = v_{uo}/\sqrt{2} \tag{10.5}$$

beschreiben kann. Die Grenzfrequenz ist also die Frequenz, bei der die Verstärkung auf $1/\sqrt{2} \approx 70\,\%$ des Wertes v_{uo} abgefallen ist, den sie bei mittleren Frequenzen besitzt. Bei *Wechselspannungsverstärkern* (Bild 10.3 b) tritt zusätzlich ein Verstärkungsabfall bei kleinen Frequenzen auf, den man durch die *untere Grenzfrequenz* in analoger Weise definiert, also

$$|v_u(f_u)| = v_{uo}/\sqrt{2}. \tag{10.6}$$

Als *Bandbreite* eines Verstärkers definiert man

$$b_f = f_o - f_u \text{ (Wechselspannungsverstärker) bzw.} \tag{10.7}$$

$$b_f = f_o \text{ (Gleichspannungsverstärker).}$$

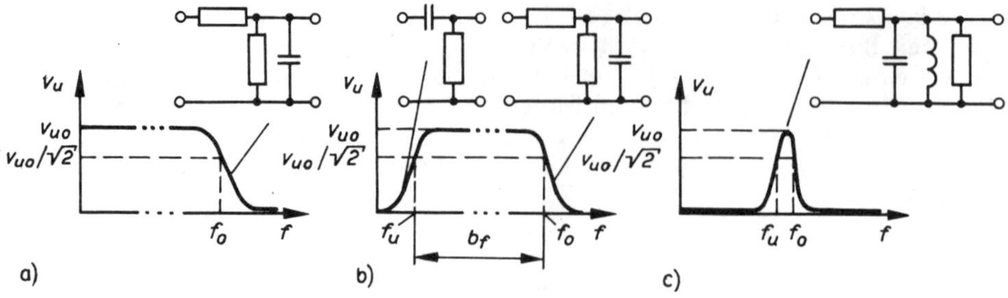

Bild 10.3. Frequenzverhalten von Verstärkern

a) Gleichspannungsverstärker; b) Wechselspannungs-Breitbandverstärker; c) Wechselspannungs-Schmalbandverstärker

Hinweis: Die angegebenen Koppelglieder veranschaulichen symbolisch den entstehenden Frequenzgang der Verstärkung.

Verstärker mit großer Bandbreite nennt man *Breitbandverstärker. Schmalbandverstärker* sind Wechselspannungsverstärker mit sehr selektivem Frequenzverhalten, also kleiner Bandbreite (Bild 10.3c). Ein Verstärkungsabfall bei sehr hohen Frequenzen (Tiefpaßverhalten) ist bei Verstärkern durch parasitäre Speichereffekte (Schaltkapazitäten bzw. Bauelementekapazitäten) unvermeidbar. Ein Verstärkungsabfall bei niedrigen Frequenzen wird meist durch Koppelkapazitäten verursacht. Neben unerwünschten Begrenzungen der Bandbreite wird die Bandbreite häufig gezielt beschränkt, um den Einfluß von Störspannungen sehr tiefer oder hoher Frequenz zu dämpfen, den Einfluß des Rauschens zu vermindern sowie um Schwingungen zu vermeiden. Man bezeichnet Verstärker im kHz-Gebiet (z. B. 10 Hz bis 20 kHz für Tonfrequenz) als *NF-Verstärker,* im kHz/MHz-Gebiet als *HF-Verstärker* (z. B. Rundfunk/Fernsehen) und im GHz-Gebiet als *Höchstfrequenzverstärker.* Erwähnt sei, daß man die doppeltlogarithmische Darstellung, d. h. $20 \lg |\underline{v}_u|/\mathrm{dB} = f(\log \omega/\omega_o)$ (ω_o = konst.) als *Bode-Diagramm* bezeichnet. Infolge der Logarithmierung kann $|\underline{v}_u|$ meist stückweise linear dargestellt werden.

Gleichspannungsverstärker besitzen den Nachteil, daß die Ausgangsspannung sich u. a. durch Temperatur- und Betriebsspannungsschwankungen (meist langsam) ändert, auch ohne daß sich die zu verstärkende Spannung geändert hat. Demnach ist die Verstärkung sehr kleiner Wechselspannungen einfacher als die sehr kleiner Gleichspannungen (µV bzw. mV). Durch *spezielle Gleichspannungsverstärker* mit Driftkorrektur erreicht man bezogen auf den Eingang eine Nachweisgrenze bis etwa 0,1...1 µV bzw. eine Temperaturdrift von etwa 0,1 µV/K. Für die Messung sehr kleiner Gleichspannungen bzw. -ströme setzt man *Modulationsverstärker* ein, und zwar insbesondere Zerhackerverstärker (*Chopperverstärker,* engl.: chop – zerhacken). Bei ihnen wird die zu verstärkende Gleichspannung durch FET oder einen Schwingkondensator bzw. eine spannungsgesteuerte Kapazität (Kapazitätsdiode) in eine rechteck- bzw. sinusförmige Spannung umgewandelt, deren Spitzenwert der Gleichspannung proportional ist und deren Frequenz (z. B. 10^3 Hz) durch einen Generator erzeugt wird. Nach einer driftfreien Verstärkung des Signals in einem Wechselspannungsverstärker erfolgt eine polaritätstreue Gleichrichtung. Erreichbar sind beim FET-Zerhacker eine Nachweisgrenze von etwa 0,01...0,1 µV sowie eine Temperaturdrift von 10...20 nV/K [10.2].

Weitere Verstärkerkenngrößen sind der *Kleinsignaleingangswiderstand* r_e sowie der *Kleinsignalausgangswiderstand* r_a. Anhand des vereinfachten Kleinsignalersatzschaltbildes im Bild 10.4 wird deutlich, warum für Spannungsverstärker meist ein großer Eingangswiderstand

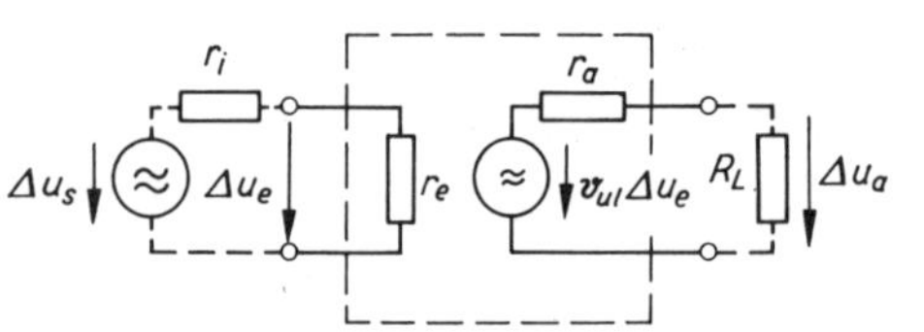

Bild 10.4. Vereinfachtes Ersatzschaltbild eines Verstärkers mit frequenzunabhängigem Übertragungsverhalten

($r_e \gg r_i$) sowie ein kleiner Ausgangswiderstand ($r_a \ll R_L$) angestrebt wird. Andernfalls ist nämlich aufgrund des Spannungsabfalls über dem Innenwiderstand r_i der Signalquelle nur ein Teil der Signalspannung Δu_s am Eingang verfügbar bzw. am Ausgang nur ein Teil der Leerlaufspannung, $v_{ul}\,\Delta u_e$ (v_{ul} – Leerlaufverstärkung), d. h. der Spannung, die sich für $R_L \to \infty$ einstellen würde . Für Leistungsverstärker wird meist eine große Ausgangsleistung, also Anpassung ($r_a = R_L$, s. Abschn. 2.1. bzw. Abschnitt 7.7.5.3.) angestrebt.

10.1.2.3. Rückkopplung

Bei Rückkopplung wird in einem elektronischen System ein Teil des Ausgangssignals zum Eingang zurückgeführt und mit dem Eingangssignal überlagert. Dabei sind zu unterscheiden:

- *Gegenkopplung,* d. h. *Schwächung des wirksamen Eingangssignals*
- *Mitkopplung,* d. h. *Verstärkung des wirksamen Eingangssignals.*

Die *Mitkopplung* (positive Rückkopplung) wird u. a. zur Schwingungserzeugung genutzt, z. B. in Oszillatoren zur Erzeugung von Sinus- und Rechteckspannungen. Sie tritt aber auch als unerwünschte Erscheinung auf, wenn die Gegenkopplung infolge unerwünschter Phasendrehung bei hohen Frequenzen zur Mitkopplung wird (Selbsterregung bzw. Schwingneigung bzw. dynamische Instabilität). Die *Gegenkopplung* (negative Rückkopplung) wird vor allem bei Verstärkern eingesetzt, wobei folgende Vorteile auftreten können:

- Stabilisierung der Verstärkung gegen Exemplarstreuungen der eingesetzten aktiven Bauelemente (z. B. Stromverstärkung von Transistoren) sowie gegen den Einfluß von Temperatur- und Betriebsspannungsschwankungen
- Stabilisierung bzw. gezielte Veränderung der Ein- und Ausgangsimpedanzen
- Verbesserung des Frequenzverhaltens (Grenzfrequenzen, Bandbreite) und allgemein des dynamischen Verhaltens
- Reduzierung nichtlinearer Verzerrungen, d. h. des Klirrfaktors sowie Erhöhung des Aussteuerbereiches
- vereinfachte Einstellung von Verstärkereigenschaften, z. B. der Verstärkung.

Nachteilig sind die Reduzierung der Verstärkung sowie die o. g. Gefahr der dynamischen Instabilität.

*Berechnung des rückgekoppelten Verstärkers**

Sie wird anhand des Signalflußbildes im Bild 10.5 durchgeführt, in dem der Verstärker als einschleifiger Regelkreis aufgefaßt wird mit der Spannungsverstärkung als Übertragungsfunktion. Unter den Voraussetzungen Linearität, Rückwirkungsfreiheit sowie des Signalflusses in Pfeilrichtung soll die Verstärkung $\underline{v}_u^* = \underline{u}_a/\underline{u}_e^*$ des rückgekoppelten Verstärkers ermittelt werden, wenn die Verstärkung $\underline{v}_u$ des Verstärkers ohne Gegenkopplung sowie die Übertragungsfunktion $\underline{k}$ des Rückkopplungsblocks bekannt sind. Es gilt $\underline{U}_a = \underline{v}_u \underline{U}_e$ sowie bei Bildung des Differenzsignals am Eingang $\underline{U}_e = \underline{U}_e^* - \underline{k}\,\underline{U}_a$. Demnach ist $\underline{U}_a = \underline{v}_u \underline{U}_e^* - \underline{v}_u \underline{k}\,\underline{U}_a$. Daraus folgt die *Grundgleichung des rückgekoppelten Systems*

$$\underline{v}_u^* = \frac{\underline{U}_a}{\underline{U}_e^*} = \frac{\underline{v}_u}{1 + \underline{k}\,\underline{v}_u}\,. \tag{10.8}$$

$\underline{v}_u^*$ Übertragungsfunktion (Verstärkung) des rückgekoppelten Systems
$\underline{v}_U$ Übertragungsfunktion (Verstärkung) ohne Rückkopplung
$\underline{U}_a = \hat{U}_a\, e^{j\varphi_{ua}}$ komplexes Ausgangssignal
$\underline{U}_e = \hat{U}_e\, e^{j\varphi_{ue}}$ komplexes Eingangssignal
$\underline{k}$ Übertragungsfunktion des Rückkopplungsblocks
$\underline{k}\,\underline{v}_u$ Schleifenverstärkung (closed loop gain)
$\underline{g} = 1 + \underline{k}\,\underline{v}_u$ Rückkopplungsgrad (bzw. Gegenkopplungsgrad)

Bei Bildung des Summensignals anstelle des Differenzsignals am Eingang gilt $\underline{U}_e = \underline{U}_e^* + \underline{k}\,\underline{U}_a$. In diesem Fall, der nicht weiter betrachtet wird, wäre also in Gl. (10.8) $\underline{k}$ durch $-\underline{k}$ zu ersetzen.

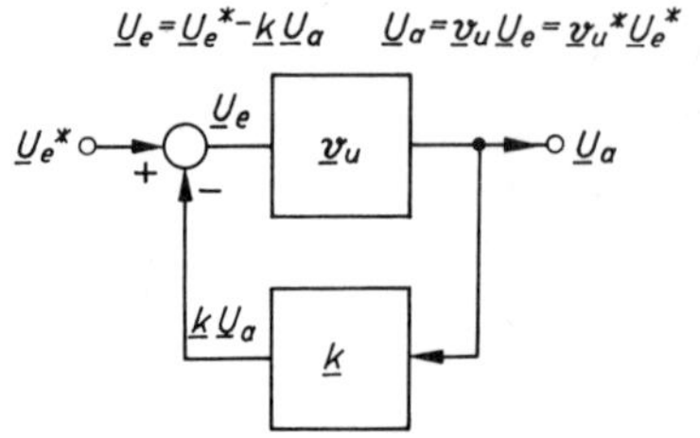

Bild 10.5
Prinzip eines Verstärkers mit Rückkopplung

Für $|1 + \underline{k}\underline{v}_u| > 1$ gilt nach Gl. (10.8) $|\underline{v}_u^*| < |\underline{v}_u|$, d. h., es tritt *Gegenkopplung* auf. Häufig wird $|1 + \underline{k}\underline{v}_u| \gg 1$, also eine betragsmäßig sehr hohe Schleifenverstärkung angestrebt. In diesem Fall ist $\underline{v}_u^* \approx 1/\underline{k}$, d. h., *$\underline{v}_u^*$ hängt näherungsweise nur noch vom Gegenkopplungsfaktor $\underline{k}$ ab.*

Für $|1 + \underline{k}\underline{v}_u| < 1$ folgt $|\underline{v}_u^*| > |\underline{v}_u|$, also *Mitkopplung.* Für $|1 + \underline{k}\underline{v}_u| = 0$ geht $|\underline{v}_u^*/\underline{v}_u| \to \infty$. Man spricht in diesem Spezialfall der Mitkopplung von Selbsterregung. *In Oszillatorschaltungen wird die Selbsterregung zur Schwingungserzeugung genutzt.* Eine Amplitudenbegrenzung tritt dabei durch nichtlineare Bauelemente auf. In gegengekoppelten Schaltungen kann sie unerwünscht in Erscheinung treten, wenn die Gegenkopplung infolge frequenzabhängiger Phasendrehung in einem bestimmten Frequenzbereich zur Mitkopplung wird. $-\underline{k}\underline{v} = 1$ nennt man *Selbsterregungsbedingung nach Barkhausen.*[1] Die Amplitudenbedingung lautet $|-\underline{k}\underline{v}| = 1$ und die Phasenbedingung $\omega = 0,\ 2\pi,\ 4\pi$, d. h., Eingangsspannung und rückgekoppelte Spannung sind bezogen auf den Eingang in Phase. Für $|-\underline{k}\underline{v}| < 1$ kann zwar Mitkopplung, aber keine Selbsterregung auftreten.

Speziell für reelle $\underline{k}$ bzw. $\underline{v}_u$ ergibt sich $v_u^*/v_u = 1/(1 + kv_u)$ und daraus in dem Fall $v_u^*/v_u > 0$ für $kv_u > 0$ Gegenkopplung, für $kv_u < 0$ Mitkopplung, für $kv_u = -1$ Selbsterregung.

Je nachdem ob man einen Teil der Ausgangsspannung bzw. des Ausgangsstromes gegenkoppelt und ob man ihn in Reihe oder parallel zu den Eingangsklemmen zuführt, unterscheidet man übrigens Serienspannungs-, Parallelspannungs-, Serienstrom- und Parallelstromgegenkopplung. Weitere Beispiele zur Rückkopplung folgen in den nächsten Abschnitten.

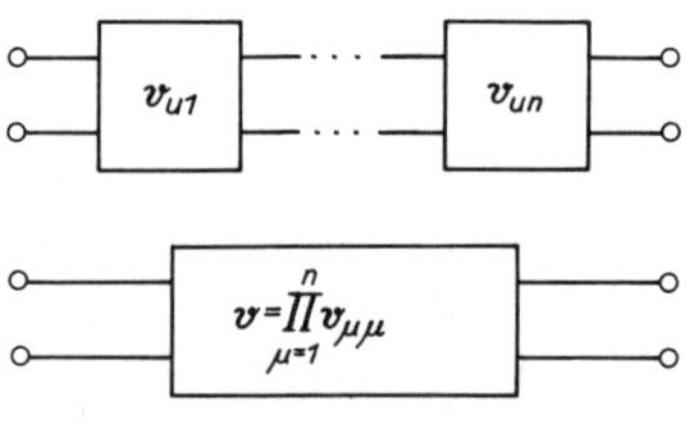

Bild 10.6. Die Verstärkung von Verstärkerstufen in Kettenschaltung ergibt sich aus dem Produkt der Verstärkung der einzelnen Stufen

Abschließend sei erwähnt, daß sich bei mehrstufigen Verstärkern in Kettenschaltung (Bild 10.6) die Verstärkung aus $v_u = \prod_{\mu=1}^{n} v_{u\mu}$, d. h. aus dem Produkt der Verstärkung der einzelnen Stufen ergibt. Ohne Gegenkopplung schaltet man meist höchstens drei Stufen in Kette ($n \leqq 3$), um Selbsterregung zu vermeiden.

*Beispiel: Eine Verstärkerstufe mit Serienstromgegenkopplung** (Bild 10.7 a)

Steigt die Eingangsspannung Δu_e^* an, so wächst der Kollektorstrom um Δi_C und damit wegen $\Delta i_E = \Delta i_C + \Delta i_B \approx \Delta i_C$ (für Stromverstärkung $b_n \gg 1$) auch der Emitterstrom. Damit wächst auch der Spannungsabfall über dem Emitterwiderstand um $R_E\,\Delta i_E$, d. h., die wirksame Änderung der Basis-Emitter-spannung ist nach der Maschengleichung aus $\Delta u_{BE} = \Delta u_e^* - R_E\,\Delta i_E$ zu ermitteln. Sie wird gegenüber dem Fall $R_E = 0$ (keine Gegenkopplung) also geschwächt. Ist die Spannungsverstärkung ohne Gegenkopplung $v_u = \Delta u_a/\Delta u_{BE}$, so gilt offensichtlich $\Delta u_e^* = \Delta u_a/v_u + R_E\,\Delta i_E$. Außerdem ist $\Delta u_a = -R_C\,\Delta i_C$. Demnach ergibt sich näherungsweise $v_u^* = \Delta u_a/\Delta u_e^* = v_u/(1 - v_u R_E/R_C)$. Für $v_u R_E/R_C \gg 1$ ist $v_u^* = -R_C/R_E$, also unabhängig von v_u und damit den Transistoreigenschaften (s. auch Abschn. 8.5.4.). Ein Vergleich mit Gl.

[1] *Georg Heinrich Barkhausen,* deutscher Physiker, 1881–1956

(10.8) zeigt, daß der Gegenkopplungsfaktor hier $k = -R_E/R_C$ ist. Liegt parallel zu R_E eine Kapazität C_E, so kann die Gegenkopplung für Wechselspannungen der Kreisfrequenz ω aufgehoben werden, wenn $1/(\omega C_E) \ll R_E$ erfüllt ist. In diesem Fall liegt also eine Gleichstromgegenkopplung vor, die das Verhalten der Schaltung gegen Exemplarstreuungen, langsame Betriebsspannungsschwankungen und Temperaturänderungen stabilisiert, aber bezüglich der Wechselspannungsverstärkung wie eine Emitterschaltung mit der durch Gl. (8.39b) gegebenen Verstärkung also $v_u \approx -R_C I_C/U_T$ wirkt.

Beispiel: Eine Verstärkerstufe mit Serienspannungskopplung (Bild 10.7b)

Die Ausgangsspannung besitzt eine Phasenverschiebung von 180° gegen die Eingangsspannung, die bei Rückführung als Gegenkopplung wirkt.

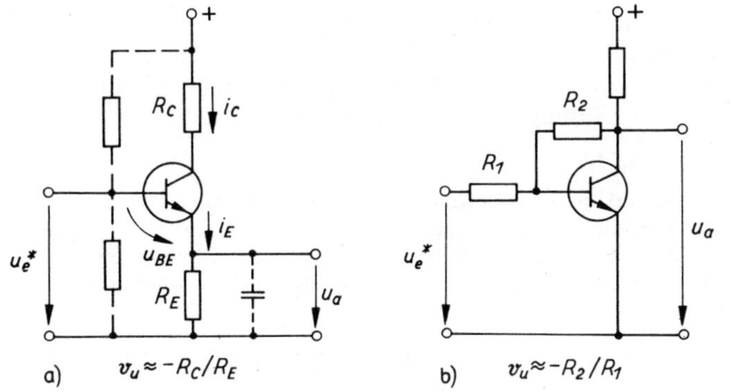

Bild 10.7. Einstufige Verstärkerschaltung mit Stromgegenkopplung (a) bzw. Spannungsgegenkopplung (b)

10.1.3.* Einige Grundschaltungen der Analogtechnik mit Bipolartransistoren

a) Verstärker-Grundschaltungen von Bipolartransistoren

Die folgenden Ausführungen beziehen sich vor allem auf Schaltungen mit npn-Transistoren. Schaltungsstrukturen mit pnp-Transistoren lassen sich prinzipiell aus denen für npn-Transistoren ableiten, wenn man beachtet, daß sich bei gleicher Zählpfeilzuordnung (bezogen auf den Transistor) die Polaritäten aller Klemmengrößen vertauschen. Daraus ergeben sich bei vorgegebener Betriebsspannung unterschiedliche Anschlußbedingungen wie im Bild 10.8a am Beispiel einer *Emittergrundschaltung* veranschaulicht wird, bei der sich die Transistoren im aktiv normalen Gebiet befinden. Außerdem sind im Bild 10.8b bzw. c die *Kollektor- bzw. Basisgrundschaltungen* zum Vergleich angegeben. Letztere besitzt eine Stromverstärkung $a_n = b_n/(1 + b_n) \lessapprox 1$ und ist nur für wenige sehr spezielle Anwendungen, vor allem bei sehr hohen Frequenzen von Bedeutung. Die Stromverstärkung von Emitter- sowie Kollektorschaltung ist $b_n \gg 1$, z.B. 20...1000. Die Spannungsverstärkung der Emittergrundschaltung ist nach Gl. (8.39b) $v_u \approx -b_n R_C/r_{be} \approx -I_C R_C/U_T$, d. h. $|v_u| \gg 1$, z.B. 100. Im Gegensatz dazu

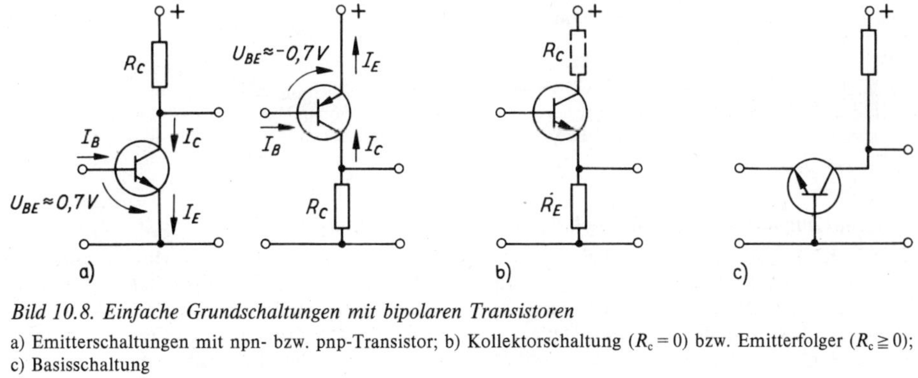

Bild 10.8. Einfache Grundschaltungen mit bipolaren Transistoren

a) Emitterschaltungen mit npn- bzw. pnp-Transistor; b) Kollektorschaltung ($R_c = 0$) bzw. Emitterfolger ($R_c \geqq 0$); c) Basisschaltung

kann man für die Kollektorschaltung $v_u \approx 1 - r_{be}/(b_n R_E) \lessapprox 1$ ableiten. Meist ist $v_u = 1$ eine gute Näherung. Das Emitterpotential folgt mit einer Pegelverschiebung $U_{BE} \approx 0{,}7$ V dem Basispotential, da Änderungen von u_e im Voltbereich nur mit Änderungen von U_{BE} von wenigen mV verbunden sind. Man nennt diese Schaltung (für $R_C \geqq 0$) deshalb auch *Emitterfolger,* während man sie für $R_C = 0$ als *Kollektorschaltung* bezeichnet.

Die Leistungsverstärkung $|b_n v_u|$ des Emitterfolgers (Bild 10.7b) ist $\gg 1$ und liegt wegen $|v_u| \approx 1$ unter der der Emitterschaltung. Sein Eingangswiderstand ($> 0{,}1$ bis einige MΩ) ist größer als der der Emitterschaltung (kΩ-Bereich) und sein Ausgangswiderstand kleiner ($<$ 10...einige 100 Ω) als der der Emitterschaltung (10 kΩ-Bereich), weshalb er sich besser als *Impedanzwandler,* d. h. zur Anschaltung einer niederohmigen Last an eine hochohmige Signalquelle eignet. Ein weiterer Vorteil ist der große lineare Aussteuerbereich (einige V im Gegensatz zu mV bei der Emitterschaltung) sowie im Zusammenhang damit ein kleinerer Klirrfaktor (Promillebereich möglich). Abschließend sei erwähnt, daß sich die genannten Eigenschaften des Emitterfolgers aus der Stromgegenkopplung mittels R_E ergeben.

b) Darlington-Schaltung (Bild 10.9a und b)

Sie verhält sich bezüglich der Stromverstärkung wie ein Transistor, dessen Stromverstärkung aus dem Produkt der Stromverstärkungen der Einzeltransistoren folgt, also $B_N \approx B_{N1} B_{N2}$ bzw. $b_n \approx b_{n1} b_{n2}$. Außer der Standardschaltung werden u. a. für die Leistungsverstärkung Komplementär-Darlingtonschaltungen eingesetzt, die je nach Art des ersten Transistors in der Ersatzschaltung als pnp-Transistor (Bild 10.9b) bzw. npn-Transistor wirken.

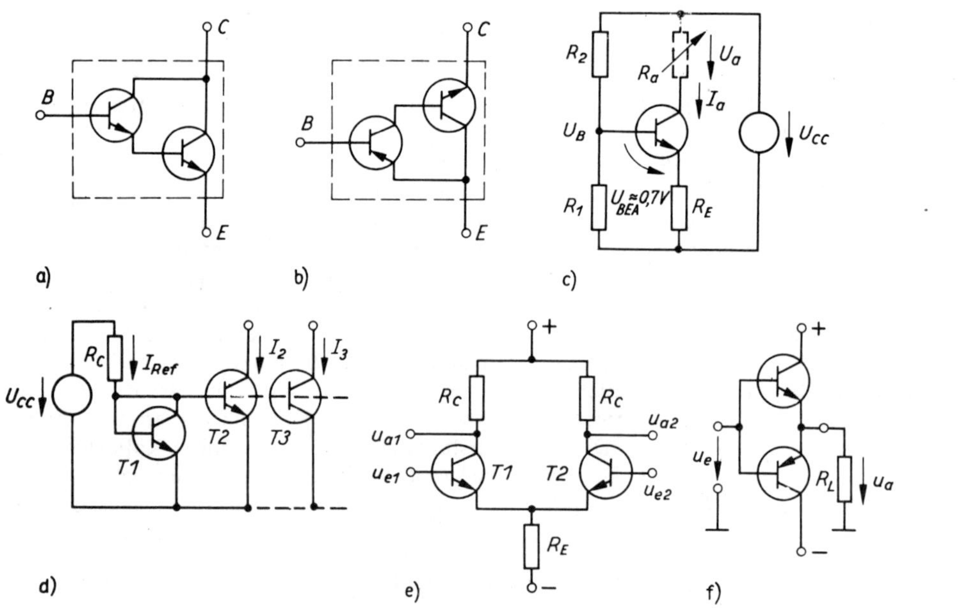

Bild 10.9

a) Darlingtonschaltung mit npn-Transistoren; b) komplementäre Darlingtonschaltung mit einem pnp- und einem npn-Transistor; c) Emitterschaltung mit Stromgegenkopplung als einfache Stromquelle; d) Stromspiegelschaltung zur Erzeugung konstanter Ströme; e) einfache Differenzverstärkerstufe; f) komplementäre Gegentaktstufe

c) Emitterschaltung mit Stromgegenkopplung als einfache Konstantstromquelle (Bild 10.9c)

Der Strom I_C durch den Lastwiderstand R_a oder ein anderes Bauelement (z. B. eine Lichtemitterdiode), kann aus $I_a \approx I_E = U_E/R_E = (U_B - U_{BEA})/R_E$ berechnet werden, wobei $U_B \approx R_1 U_{CC}/(R_1 + R_2)$ und $U_{BEA} \approx 0{,}7$ V. I_C hängt also in erster Näherung nicht von U_a ab. In zweiter Näherung ist ein leichtes Absinken von I_a mit wachsendem U_a festzustellen, das man durch den differentiellen Innenwiderstand $r_i = -\mathrm{d}U_a/\mathrm{d}I_a \approx r_{ce}\,(1 + b_n R_E/(r_{be} + R_E))$ beschreiben kann, der im MΩ-Bereich liegen kann.

d) Stromspiegelschaltung als Konstantstromquelle (Bild 10.9 d)

Sie wird vor allem in integrierten Schaltungen eingesetzt. Der (nahezu) konstante „Referenzstrom“ $I_{ref} = (U_{CC} - U_{BE})/R_C$ durch den Transistor T1 wird in den Transistor T2 „gespiegelt“, d. h. unabhängig von der angeschlossenen Last gilt $I_2 = c_2 I_{ref}$. Falls nicht nur eine, sondern mehrere Stromquellen benötigt werden, sind weitere Transistoren T3 usw. anzuschließen, und es gilt zusätzlich $I_3 = c_3 I_{ref}$ usw. Die konstanten Faktoren c_2, c_3, ... lassen sich durch geeignete Auslegung der Flächen der Basis-Emitter-Übergänge der Transistoren festlegen (meist $\lesssim 10$).

e) Einfache Differenzverstärkerstufe mit Stromgegenkopplung Bild 10.9 e)

Sie eignet sich u. a. zur Verstärkung einer Spannungsdifferenz $u_d = u_{e1} - u_{e2}$, die zwischen den beiden Eingangsklemmen auftritt. Das Ausgangssignal kann unsymmetrisch, d. h. an einem der beiden Ausgänge ausgekoppelt werden. Zur Veranschaulichung der Wirkungsweise nehmen wir an, daß u_{e1} zunimmt und u_{e2} um den gleichen Betrag abnimmt. Dann wächst der Emitterstrom von T1 und der von T2 sinkt ab. Der Strom durch R_E und damit der Spannungsabfall über R_E bleibt also bei symmetrischer Aussteuerung und bei symmetrischem Aufbau konstant. u_{a1} nimmt wegen des wachsenden Kollektorstromes ab, während u_{a2} zunimmt. Die unsymmetrische Differenzverstärkung ist

$$v_d = \frac{\Delta u_{a2}}{\Delta u_d} = -\frac{\Delta u_{a1}}{\Delta u_d} = b_n \frac{R_C//r_{ce}}{2r_{be}} \quad \text{mit } u_d = u_{e1} - u_{e2} \tag{10.9}$$

und die Gleichtaktverstärkung (s. auch Abschn. 10.1.4.)

$$v_{gl} = -\frac{\Delta u_{a2}}{\Delta u_{gl}} = -\frac{\Delta u_{a1}}{\Delta u_{gl}} = \frac{R_C}{2R_E} \quad \text{mit } u_{gl} = \frac{u_{e1} + u_{e2}}{2}. \tag{10.10}$$

Außer zur Differenzverstärkung wendet man den Differenzverstärker als Koppelstufe und auch als driftarmen Verstärker (u. a. Kompensation der Temperaturdrift bei symmetrischem Verhalten) für eine Eingangsspannung gegen Masse an, indem man Eingang 2 an Masse bzw. an eine konstante Spannung legt

f) Komplementäre Gegentakt-Stufe (Bild 10.9 f)

Bei positiver Eingangsspannung u_e ist T2 gesperrt und T1 arbeitet als Emitterfolger. Bei negativer Eingangsspannung ist es umgekehrt. Gegenüber dem Emitterfolger (Bild 10.7 a) zeichnet sich diese Gegentaktschaltung u. a. durch eine höhere Ausgangsleistung sowie durch einen höheren Wirkungsgrad (78,5 %) aus, was vor allem für Leistungsverstärker wichtig ist. Die Spannungsverstärkung ist etwa 1.

g) Koppelschaltungen bei mehrstufigen Schaltungen

Neben der *direkten Kopplung bzw. der Kopplung über ohmsche Widerstände,* meist als Spannungsteiler, spielen u. a. Schaltungen eine Rolle, bei denen man den oberen Spannungsteilerwiderstand durch pn-Dioden (in Durchlaßrichtung) bzw. Z-Dioden (in Sperrichtung) ersetzt, um eine Pegelverschiebung zu erreichen. Durch Komplementärtransistor-Kopplung (z. B. pnp-Transistorstufe zwischen zwei npn-Transistorstufen) erreicht man neben der gewünschten Pegelverschiebung auch eine Verstärkerwirkung. Bei *RC-Kopplung* ersetzt man den oberen Widerstand durch einen Koppelkondensator, der für das zu übertragende Signal meist als Kurzschluß aufgefaßt werden kann. Innerhalb integrierter Schaltungen wird *RC*-Kopplung vermieden (Flächenbedarf der Kondensatoren zu groß). Die *Transformatorkopplung* entfällt ebenfalls innerhalb integrierter Schaltungen und wird nur in wenigen Spezialfällen (s. Abschn. 7.7.5.3.) eingesetzt. Die *Optokopplung* (s. Abschn. 8.8.4.) ermöglicht ebenfalls galvanische Trennung, kann aber für Gleichspannungen sowie prinzipiell bis zu sehr hohen Frequenzen (GHz-Gebiet) eingesetzt werden.

10.1.4. Operationsverstärker

10.1.4.1. Einführung

Als Operationsverstärker (OV) bezeichnet man einen Gleichspannungsverstärker hoher Bandbreite mit einem Differenzeingang und einem Ausgang mit hoher Verstärkung, großem Eingangs- und niedrigem Ausgangswiderstand.

Der Name Operationsverstärker rührt von den ersten Anwendungen dieses Verstärkers her, und zwar der Realisierung von Rechenoperationen, insbesondere in Analogrechnern. Mittlerweile ist das Anwendungsgebiet von OV außerordentlich breit. Realisiert werden OV als Schaltkreise bzw. Teil von Schaltkreisen, so daß für den Anwender vor allem das Klemmenverhalten von Bedeutung ist.

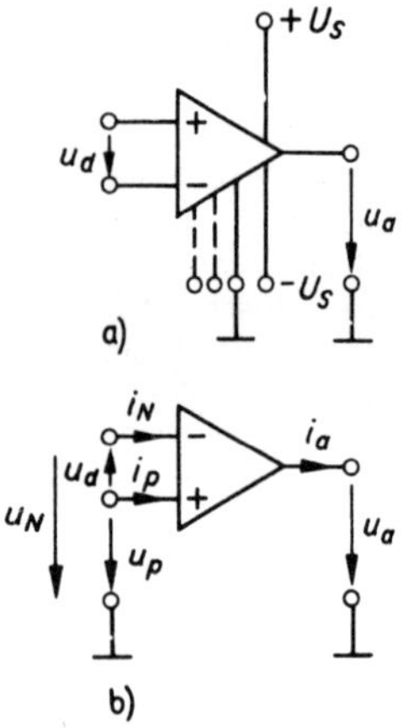

Bild 10.10. Operationsverstärker

a) Schaltsymbol (die gestrichelt angegebenen Anschlüsse weisen auf Anschlüsse hin, die bei manchen OV zusätzlich auftreten können); b) vereinfachtes Schaltsymbol

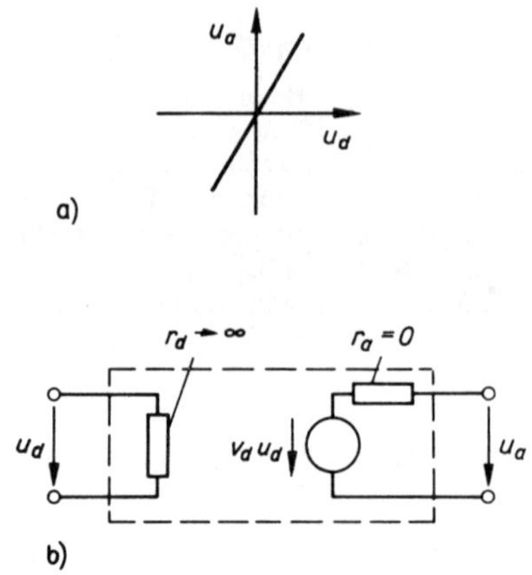

Bild 10.11. Idealer Operationsverstärker

a) Übertragungskennlinie; b) Ersatzschaltbild

Bild 10.10a zeigt das Schaltsymbol, in dem die wichtigsten Anschlußklemmen des OV angegeben werden: der N-Eingang (auch – Eingang oder invertierender Eingang), der P-Eingang (auch + Eingang oder nichtinvertierender Eingang), der Ausgang sowie die Anschlüsse für die Betriebsspannungen, im allgemeinen eine positive (z. B. +15 V) und eine negative (z. B. −15 V). Bei manchen OV liegen teilweise noch andere Anschlüsse vor. Sie gehören nicht zum Schaltsymbol und wurden gestrichelt gezeichnet. Sie dienen zur Eingangs- bzw. Ausgangsfrequenzgangkompensation sowie zur Offsetkompensation. Diese Begriffe werden noch erläutert. Häufig läßt man bei der symbolischen Darstellung die Betriebsspannungsanschlüsse weg und legt teilweise auch den P-Eingang neben die Masse (Bild 10.10b). Für den *idealen OV* kann die Ausgangsspannung u_a aus dem *Differenzsignal*

$$u_d = u_P - u_N \tag{10.11}$$

sowie der *Differenzverstärkung* v_d berechnet werden

$$u_a = v_d u_d = v_d\,(u_P - u_N), \tag{10.12}$$

wobei $v_d \to \infty$ geht. Die Differenzverstärkung v_d nennt man auch Leerlaufverstärkung oder offene Schleifenverstärkung (open loop gain). Bild 10.11 zeigt das Übertragungsverhalten und das Ersatzschaltbild des idealen OV. Verbindet man den P-Eingang mit Masse ($u_P = 0$), so gilt also $u_A = -v_d u_N$, d. h., die Spannung zwischen N-Eingang und Masse wird verstärkt und in ihrer Polarität invertiert, deshalb auch *N-Eingang = invertierender Eingang.* Für $u_N = 0$ ist $u_a = v_d u_P$, weshalb man den *P-Eingang* auch als *nichtinvertierenden Eingang* bezeichnet.

10.1.4.2. Kenngrößen realer Operationsverstärker

Tafel 10.1, die im folgenden noch erläutert wird, zeigt den Unterschied zwischen einem idealen OV und den Daten zweier – nicht ohne Willkür – ausgewählter realer OV, die ein Gefühl für die auftretenden Zahlenwerte vermitteln sollen.

v_d ist nicht unendlich, erfüllt aber die Bedingung $v_d \gg 1$.
Zahlenbeispiel: $v_d = 25 \cdot 10^3 \mathrel{\hat{=}} 88$ dB, $u_P = -0{,}3$ mV, $u_N = 0{,}1$ mV und demnach $u_a = 10$ V.

Die Gl. (10.12) gilt bei manchen Anwendungen nur noch näherungsweise. Man definiert beim realen OV als

$$\textit{Differenzverstärkung}\ v_d = \Delta u_a/\Delta u_d \quad (\text{bei } u_P + u_N = 0).$$

v_d ist also der Quotient von Änderung Δu_a der Ausgangsspannung und der verursachenden Änderung Δu_d der Eingangsspannung. Der differentielle

$$\textit{Differenzeingangswiderstand}\ \begin{array}{l} r_d = \Delta u_P/\Delta i_P \ (\text{bei } u_N = 0) \text{ bzw.} \\ r_d = \Delta u_N/\Delta i_N \ (\text{bei } u_P = 0) \end{array} \tag{10.13}$$

ist beim realen OV nicht unendlich, sondern endlich. Der

$$\textit{Differenzausgangswiderstand}\ r_d = |\Delta u_a/\Delta i_a| \tag{10.14}$$

ist nicht wie im Idealfall Null, sondern >0. Außerdem stellt man beim realen OV fest, daß u_a nicht nur vom Differenzsignal $u_d = u_P - u_N$ abhängt, sondern auch vom sogenannten

$$\textit{Gleichtaktsignal}\ u_{gl} = (u_P + u_N)/2. \tag{10.15}$$

Verbindet man nämlich beide Eingänge und ändert die anliegende Spannung gegen Masse im gleichen Takt (bei $u_d = 0$), so ist $u_a \neq 0$ möglich. Man definiert als

$$\textit{Gleichtaktverstärkung}\ v_{gl} = \Delta u_a/\Delta u_{gl} \quad (\text{bei } u_d = 0). \tag{10.16a}$$

In Datenblättern wird oft das Verhältnis von Differenz- und Gleichtaktverstärkung, die sogenannte

$$\textit{Gleichtaktunterdrückung}\ G = v_d/v_{gl} \tag{10.16b}$$

angegeben, die auch CMRR (common mode rejection ratio) heißt. G soll möglichst hoch sein. Beim realen OV gilt also bei linearisierter Betrachtung

$$u_a = v_d\,(u_P - u_N + (u_P + u_N)/2G). \tag{10.17}$$

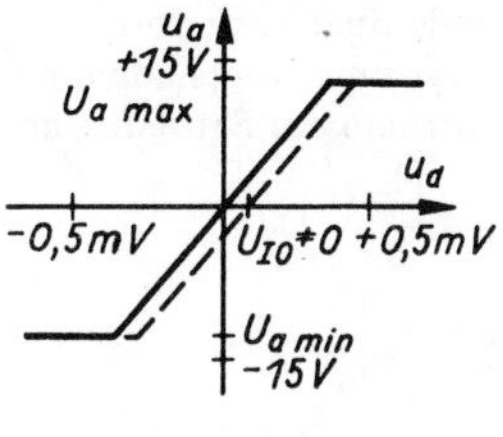

Bild 10.12. Übertragungskennlinie des realen Operationsverstärkers für eine Eingangsoffsetspannung $U_{I0} = 0$ bzw. $U_{I0} \neq 0$

Tafel 10.1. Einige Kenngrößen von Operationsverstärkern

Kennwerte	Idealer OV	Reale OV A 109 A 709	 MAA 741 A 741
Leerlaufverstärkung v_d	∞	$>15 \cdot 10^3$	$>25 \cdot 10^3$
Differenzeingangswiderstand r_d	∞	>50 kΩ	>300 kΩ
Ausgangswiderstand r_a	0	150 Ω	75 Ω
Gleichtaktunterdrückung (CMRR)	∞	>65 dB	>70 dB
Eingangsoffsetspannung U_{I0}	0	<7 mV	5 mV
Temperaturkoeffizient von U_{I0}	0	<25 µV/K	
Eingangsoffsetstrom I_{I0}	0	<500 nA	<200 nA
Betriebsspannungsbereich		±(9...18) V	±(3...22) V
Temperaturbereich		(0...70) °C	(−55...+125) °C

Durch in Gl. (10.17) nicht berücksichtigte Temperatur- und Betriebsspannungsschwankungen sowie schaltungstechnische Einflüsse kann aber auch für $u_P = u_N = 0$ $u_a \neq 0$ auftreten.

In diesem Zusammenhang definiert man als

$$\textit{Eingangsoffsetspannung}\ U_{IO} = |\,U_P - U_N\,|\ (\text{bei } U_a = 0). \qquad (10.18)$$

Die Eingangsoffsetspannung (input offset voltage) ist also die Gleichspannung am Eingang des OV, die am Ausgang $u_a = 0$ bewirkt. Diese Aussage wird an der Transferkennlinie (Bild 10.12) für $U_{IO} = 0$ bzw. $U_{IO} \neq 0$ noch einmal verdeutlicht. Bei manchem OV sind übrigens extra externe Anschlüsse zur Offsetspannungskompensation vorgesehen.

Aus dem Temperaturkoeffizienten von U_{IO} kann deren Drift (Änderung) bei Änderung der Temperatur ϑ berechnet werden: $\Delta U_{IO} \approx (\partial U_{IO}/\partial\vartheta)\ \Delta\vartheta$. Mit $\partial U_{IO}/\partial\vartheta = 2\ \mu V/K$ und $\Delta\vartheta = 20$ K folgt beispielsweise eine Driftspannung $\Delta U_{IO} = 40\ \mu V$.

Bei hohen Spannungen am Ausgang knickt die Transferkennlinie ab (Sättigung). Der Knick liegt natürlich unterhalb der Betriebsspannung, und zwar etwa um 1 V. Die maximal nutzbare Differenzeingangsspannung kann also durch die Wahl der Betriebsspannung beeinflußt werden.

Hinweis:* Weitere Kenngrößen des OV sind der Eingangsoffsetstrom $I_{IO} = |(I_P - I_N)|$, der die Differenz der zur Arbeitspunkteinstellung notwendigen Eingangsströme angibt, der Eingangsruhestrom (input bias current) $I_E = (I_P + I_N)/2$, der also gleich dem arithmetischen Mittelwert der beiden Eingangsruheströme ist sowie der Gleichtakteingangswiderstand $r_{gl} = \Delta u_{gl}/\Delta i_{gl}$. Dabei ist $r_{gl} \approx 100 r_d$. Die Transitfrequenz, d. h. die Frequenz, bei der v_d auf 1 abgesunken ist, kann beim realen OV nicht als unendlich hoch angenommen werden, sondern besitzt einen endlichen Wert, z. B. 1 MHz oder gar 100 kHz. Weiterhin kennzeichnet man OV durch die maximale Steigerung der Ausgangsspannung (Slew-Rate) im Bereich von 10 % bis 90 % der Sättigungsspannung des OV bei Großsignalrechteckaussteuerung am Eingang, z. B. 100 V/µs.

10.1.4.3. Anwendungen des OV

Durch unterschiedliche äußere Beschaltung des OV, die für Standardanwendungen weitgehend vom Hersteller des OV angegeben werden, lassen sich sehr unterschiedliche Anwendungen erreichen. Die Eigenschaften der entstehenden Schaltungen hängen meist – zumindestens in erster Näherung – nur von den äußeren Schaltelementen ab, d. h., die Eigenschaften des OV gehen kaum ein. Wichtig ist also z. B. nicht die Größe von v_d, sondern nur die Erfüllung der Bedingung $v_d \gg 1$.

a) Invertierender Verstärker bzw. Umkehrverstärker (Bild 10.13 a)

Als erstes Beispiel wird der invertierende Verstärker diskutiert, der durch ohmsche Rückkopplung vom Ausgang auf den invertierenden Eingang entsteht, wenn auch die zu verstärkende Spannung dort angekoppelt wird. Das rückgeführte Signal wirkt dem angelegten entgegen, also liegt eine Gegenkopplung vor. Bei der Berechnung gegengekoppelter OV kann bei idealem Verhalten außerhalb der Sättigung der Ausgangsspannung folgendes vorausgesetzt werden:

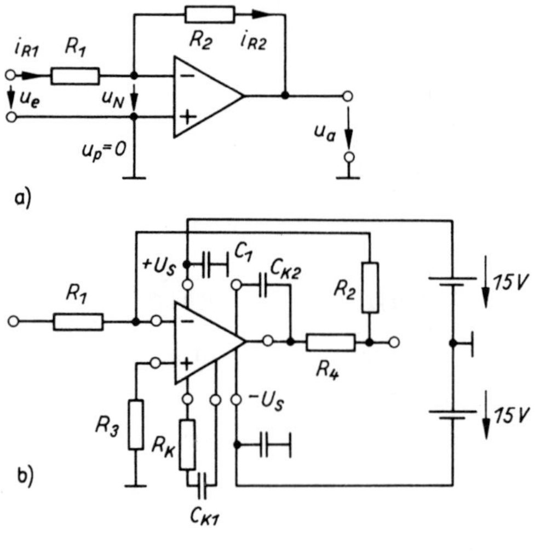

Bild 10.13. Invertierender Verstärker

a) Prinzip; b) Schaltungsbeispiel /10.9/ mit den Daten: $R_3 = R_1 \parallel R_2$, $R_4 = 51\ \Omega$, $C_1 = C_2 = 100$ nF und speziell für $v_d = 50$ dB $C_{k1} = 27$ pF, $C_{k2} = 3$ pF, $R_k = 1{,}5$ kΩ

1. Die Potentiale der Schaltung stellen sich so ein, daß die Differenzeingangsspannung $u_d = u_P - u_N \to 0$ geht (da u_a endlich ist und $u_d = u_a/v_d$ mit $v_d \to \infty$). Liegt der +-Eingang an Masse, so kann also auch $u_N \to 0$ angenommen werden und umgekehrt. Man spricht von „virtueller Masse“.
2. In beide Eingangsklemmen fließt kein Strom, d. h., $i_N = i_P = 0$.

Als Beispiel wird die Verstärkung $v = u_a/u_e$ eines Umkehrverstärkers berechnet. Es ist mit guter Näherung

$$u_e - u_N = R_1 i_{R1} \text{ bzw. } \quad u_e = R_1 i_{R1} \text{ wegen } u_N \approx 0$$

$$u_N - u_a = R_2 i_{R2} \text{ bzw. } -u_a = R_2 i_{R2} \text{ wegen } u_N \approx 0.$$

Mit $i_{R1} = i_{R2} + i_N$ bzw. $i_{R1} = i_{R2}$ folgt $v = u_a/u_e = -R_2/R_1$. v kann durch eng tolerierbare Widerstände sehr genau eingestellt werden. Der Eingangswiderstand ist $r_e = R_1$. Ein Ausführungsbeispiel zeigt Bild 10.13b. Für $R_2 = 100R_1$ ist die Verstärkung $v = -R_2/R_1 = -100$. Die Kondensatoren C_1 und C_2 blocken die Betriebsspannungen gegen den OV ab. R_K, C_{K1} bzw. C_{K2} dienen zur Eingangs- bzw. Ausgangsfrequenzgangkompensation. Ihre Dimensionierung hängt von der geschlossenen Schleifenverstärkung ab. R_4 vermeidet Schwingneigung. R_3 ermöglicht unter der Bedingung $R_3 = R_1 \| R_2$ minimale Temperaturdrift.

b) Nichtinvertierender Verstärker bzw. Elektrometerverstärker (Bild 10.14)

Auch bei ihm erfolgt durch Rückkopplung vom Ausgang auf den invertierenden Eingang eine Gegenkopplung. Die zu verstärkende Spannung liegt am +-Eingang. Es gilt

$$v = u_a/u_e = 1 + R_2/R_1.$$

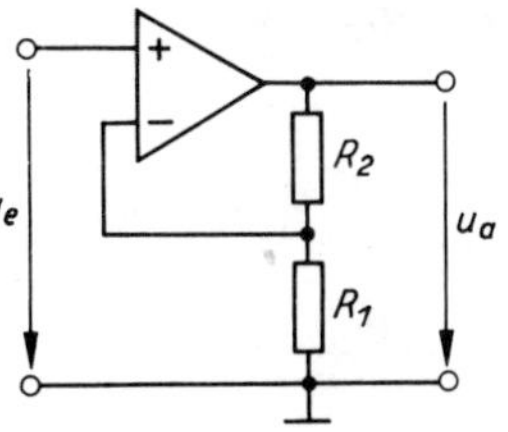

Bild 10.14
Prinzip des nichtinvertierenden Verstärkers

Der Eingangswiderstand ist sehr hoch, und zwar $r_e \to \infty$ beim idealen OV bzw. $r_e \approx 2r_{gl}$ beim realen OV. Daher rührt auch die Bezeichnung Elektrometerverstärker. Für $R_2 = 0$ und $R_1 \to \infty$ geht der Elektrometerverstärker in einen Spannungsfolger mit $v = 1$ über, der sich wegen des großen Eingangs- und des kleinen Ausgangswiderstandes als Impedanzwandler eignet.

c) Weitere Prinzipschaltungen von OV-Anwendungen (Bild 10.15)

Wie im Bild 10.15 anhand von Prinzipschaltungen veranschaulicht wird, eignen sich OV bei geeigneter Beschaltung u. a. zur *Addition* bzw. *Subtraktion* von n Spannungen ($n \geqq 2$), zur *Integration* bzw. *Differentiation* einer Spannung. Außerdem ermöglichen sie den Aufbau eines *PID-Reglers,* bei dem die Ausgangsspannung die Summe eines *P*roportional-, eines *I*ntegral- und eines *D*ifferentialterms der Eingangsspannung darstellt, was sich auch im *Bode-Diagramm,* d. h. im Frequenzgang der Verstärkung $|\underline{v}| = |\underline{U}_a/\underline{U}_e|$ in einem I-, P- und D-Teil widerspiegelt. Die doppeltlogarithmische Darstellung führt zu stückweise linearem Verlauf. Der *Logarithmierer* liefert durch eine nichtlineare Gegenkopplung eine Ausgangsspannung, die proportional zum Logarithmus der Eingangsspannung ist. Das ermöglicht u. a. einen weiten Bereich (z. B. 6 oder gar 9 Dekaden) der Eingangsspannung zu verstärken.

Der *Spannungskomparator* gestattet es, eine Spannung mit hoher Präzision (< 1 mV) mit einer anderen Spannung, der Referenzspannung, zu vergleichen, und die Über- bzw. Unterschreitung durch $U_{a\,min}$ bzw. $U_{a\,max}$ am Ausgang anzugeben. Bezüglich der Wirkungsweise (Schalten in die Sättigung) sei auf die Transferkennlinie im Bild 10.12 verwiesen. Die gegensinnig geschalteten Dioden in Reihe zu R begrenzen die am OV wirksame Eingangsspannung auf den Bereich $-0{,}7$ V... $+0{,}7$ V und schützen den OV.

Durch Mitkopplung vom Aus- auf den Eingang kann man mit OV *Oszillatorschaltungen* realisieren. Beim angegebenen Niederfrequenz-Multivibrator beispielsweise entsteht eine Rechteckspannung.

d) Zusammenfassende Übersicht über Anwendungen von OV

– *Schaltungen mit linearem, frequenzabhängigem Verhalten:* Spannungsverstärker, Addierer, Subtrahierer, Strom-Spannungswandler, Spannungs-Strom-Wandler, Voltmeter, Amperemeter, Ohmmeter, Präzisionsspannungs- und -stromquellen, Negative Impedance Converter (NIC, dient zur Erzeugung negati-

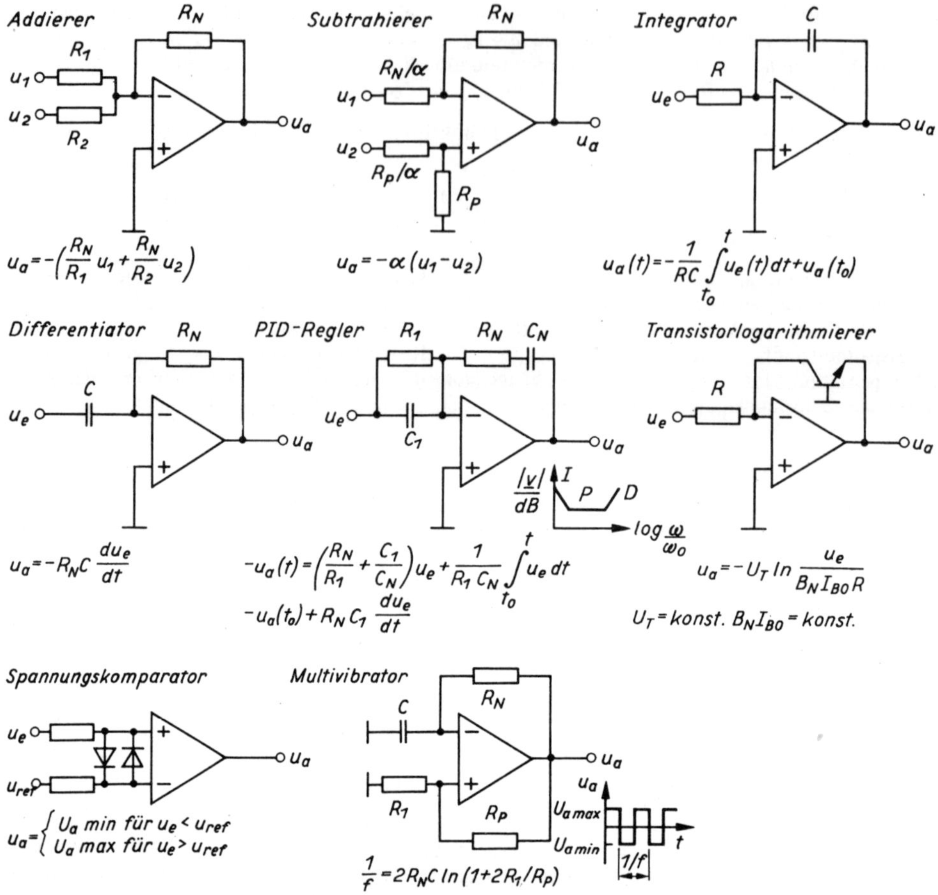

Bild 10.15. Anwendungsbeispiele von Operationsverstärkern (Prinzipschaltungen)

ver Widerstände bzw. von Spannungsquellen mit negativem Innenwiderstand), Rotator (dreht *I-U*-Kennlinie im Koordinatensystem) usw.

- *Schaltungen mit linearem frequenzabhängigem Verhalten:* Integratoren, Differentiatoren, PID-Regler, aktive Filter (Vorteile bezüglich Frequenzverhalten und durch Verstärkung), Gyrator (erzeugt große verlustfreie Induktivitäten)
- *Schaltungen mit stetig-nichtlinearem Verhalten:* Begrenzer, Logarithmier- und Exponentialschaltungen bzw. Funktionsgeneratoren, steuerbare Verstärker, Multiplikatoren und Dividierer
- *Schaltungen mit unstetigem Verhalten:* Komparatoren, Grenzwertmelder, Analogschalter, Klassierer, Analog-Digitalwandler
- *Schaltungen mit zeitabhängigem Verhalten:* Analogwertspeicher, Abtast- und Halteschaltungen, Schwingungserzeuger.

Diese Zusammenstellung zeigt die große Bedeutung von OV für die Analogtechnik. Allerdings werden manche der genannten und sich teilweise überlappenden Anwendungen auch durch andere Schaltungen gelöst. Einige der genannten Begriffe werden im folgenden Abschnitt kurz erläutert.

10.1.5. Weitere Analogschaltungen

In der Analogtechnik spielen neben Verstärkern bzw. Operationsverstärkern weitere Schaltungen eine wichtige Rolle. Ihre Funktionen lassen sich zum Teil auch mit Hilfe von OV realisieren. Allerdings ermöglichen Spezialschaltungen teilweise bessere Eigenschaften (z. B. bezüglich der Arbeitsgeschwindigkeit oder bezüglich der Herstellungskosten). An dieser Stelle ist nur ein ganz kurzer Überblick möglich:

a) *Schwingungserzeuger sowie Signalgeneratoren* (Oszillatoren) zur Erzeugung von periodischen Sinus-Rechteck-, Dreieckspannungen bzw. einzelnen Impulsen
b) *Analogschalter:* sperrt oder läßt ein Analogsignal (möglichst ohne Verformung) je nach Art eines Steuersignals durch, besonders geeignet sind MOS-Feldeffekttransistoren
c) *Abtast- und Halteschaltungen* (Sample and hold): tasten aus einem Analogsignal zu einem durch ein Steuersignal wählbaren Zeitpunkt den Momentanwert ab und speichern ihn bis zu einem anderen wählbaren Zeitpunkt, im Prinzip durch eine Kombination Schalter-Kondensator.
d) *Analogmultiplexer:* schaltet n Eingangssignale ($n > 1$), die auf n Leitungen ankommen, zeitlich nacheinander auf eine Ausgangsleitung.
e) *Analogdemultiplexer:* schaltet eine Eingangsleitung zeitlich nacheinander auf n ($n > 1$) Ausgangsleitungen.
f) *Modulation*
   α) Modulation, d. h. Aufprägen einer Signalgröße, der eine Information zugeordnet ist, auf eine Trägergröße, z. B. auf eine Sinus- oder Rechteckspannung
   β) Mischung, d. h. Verschiebung des modulierten Signals in einen anderen Frequenzbereich
   γ) Demodulation, d. h. Rückgewinnung des aufmodulierten Signals, häufig durch phasenempfindliche Gleichrichtung

Erläuterung: Man kann je nach Art des Trägers zwischen Schwingungs- und Pulsmodulation unterscheiden. Für eine sinusförmige Zeitfunktion des Trägers kann man die Amplitude bzw. die Frequenz bzw. den Phasenwinkel modulieren, weshalb man auch von Amplituden-, Frequenz- und Phasenmodulation spricht (AM, FM und PM). Bei der Pulsmodulation sind Pulsamplituden-, Pulsphasen- und Pulslängenmodulation (PAM, PPM und PLM) zu unterscheiden (s. z. B. Bild 10.1 b) sowie als digitale Verfahren die Pulscodemodulation (PCM) mit diskreten Werten des Informationsparameters.

Seit einigen Jahren gewinnt die digitale Verarbeitung (s. Abschn. 10.2.) analoger Signale an Bedeutung. Wichtig sind auch Analogprozessoren, bei denen auf einem Chip vielfältige Analogfunktionen integriert sind, deren Ablauf vom Anwender programmiert werden kann.

10.2. Digitalschaltungen

10.2.1. Einführung

Unter Digitalschaltungen verstehen wir Schaltungen, in denen digitale Signale verarbeitet werden. Wie im Abschnitt 10.1.1. ausgeführt, zeichnen sich *digitale Signale* durch *diskrete Werte des Informationsparameters* aus. Diese diskreten Stufen kann man z. B. mit Ø (Null), 1, 2, 3 ... bezeichnen. Durch diese diskreten Werte des Informationsparameters besitzt die Digitaltechnik gegenüber der Analogtechnik vor allem folgende miteinander verknüpfte Vorteile: prinzipielle Möglichkeit zur Informationsverarbeitung mit beliebiger Genauigkeit, gute Voraussetzungen zur vollständigen Vermeidung von Fehlern durch Störspannungen, Drift, Betriebsspannungsschwankungen und Rauschen sowie Möglichkeit zur Signalregenerierung. Zur Veranschaulichung sei noch einmal auf Bild 10.1c verwiesen. In der Analogtechnik kann man den Einfluß von Störgrößen durch bestimmte Maßnahmen zwar reduzieren, aber prinzipiell nicht zu Null machen. Erkauft werden die Vorzüge der Digitaltechnik teilweise durch höheren Bauelementeaufwand und in wenigen Fällen auch durch eine niedrigere Ar-

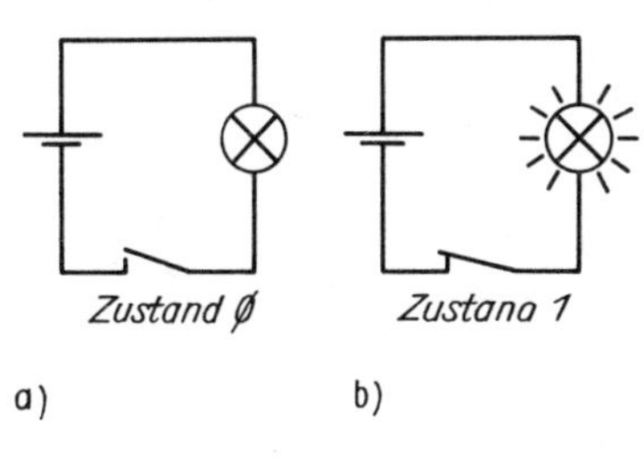

Bild 10.16. Veranschaulichung der beiden binären Signalzustände der Digitaltechnik an einem einfachen Stromkreis

a) Der Zustand Ø soll dem ausgeschalteten Schalter entsprechen;
b) Der Zustand 1 soll dem eingeschalteten Schalter entsprechen

beitsgeschwindigkeit. Durch die Möglichkeit integrierte Schaltungen mit vielen Bauelementen sehr kostengünstig zu fertigen, hat sich die Digitaltechnik zur Informationsverarbeitung weitgehend durchgesetzt.

Möglich sind digitale Systeme mit zwei Werten des Informationsparameters *(binäre Signale),* drei Werten *(ternäre Signale)* usw. Am wichtigsten sind binäre Digitalschaltungen, bei denen die Informationsparameter oder, wie man vereinfacht sagt, die Signale nur zwei Grundzustände annehmen können, die wir mit Ø und 1 bezeichnen wollen. Das ist darauf zurückzuführen, daß sich zweiwertige Signale besonders leicht unterscheiden und auch sehr einfach und störsicher realisieren lassen, z. B. in der Elektrotechnik durch „Schalter ein" ≙ 1 bzw. „Schalter aus" ≙ Ø.

Das soll anhand des Bildes 10.16 veranschaulicht werden. Der Zustand Ø soll also dem geöffneten Schalter entsprechen: Lampe brennt nicht. Der Zustand 1 soll dem geschlossenen Schalter entsprechen: Lampe brennt.

10.2.2. Grundlagen der binären Digitaltechnik

Wie schon erwähnt, besitzen die binären digitalen Systeme die größte technische Bedeutung, mehr noch: Wenn man heute von einem digitalen System, z. B. einem Digitalrechner spricht, meint man stets ein binäres digitales System. Alle folgenden Überlegungen zur digitalen Schaltungstechnik beziehen sich also auch ausschließlich auf digitale Schaltungen, die Signale mit den zwei Zuständen Ø und 1 verarbeiten können. Das kommt auch dem Anfänger entgegen, da er allein mit logischem Denken und einigen wenigen „Spielregeln", die wir im folgenden Abschnitt behandeln werden, das Spiel mit den Nullen (Ø-en) und Einsen (1-en) verstehen kann, welches sich in den Schaltungen abspielt, und selbst einige einfache Schaltungen entwerfen kann, die etwas Gewünschtes mit den 1-en und Ø-en machen.

10.2.2.1. Informationsdarstellung in der binären Digitaltechnik

Die digitalen Informationen werden als Wörter aus Ø-en und 1-en dargestellt, z. B. 11Ø1ØØ11. Ein solches Wort kann aus N Stellen bestehen. Eine Stelle wird Bit genannt. Ein Bit kann den Wert Ø oder 1 annehmen. Wörter mit $N = 8$ bit werden Byte genannt. Allgemein lassen sich mit N-stelligen Binärwörtern 2^N verschiedene Informationen darstellen, d. h., es lassen sich 2^N verschiedene Folgen von 1-en und Ø-en realisieren. Zum Beispiel lassen sich für $N = 3$ $2^3 = 8$ verschiedene 3stellige Binärwörter darstellen: ØØØ, ØØ1, Ø1Ø, Ø11, 1ØØ, 1Ø1, 11Ø, 111.

Oft wird ein Byte (8stelliges Binärwort) in 2 Tetraden zerlegt. Solche Tetraden werden dann als Kodewort für eine Ziffer oder einen Buchstaben verwendet. Im Laufe der Entwicklung haben sich verschiedene solcher tetradischen Kodes entwickelt.

In Tafel 10.2 sind der binärkodierte Dezimalkode (BCD) und der Hexadezimalkode zusammengestellt.

Tafel 10.2
Tetradische Kodes

Binärwort (Tetrade) D	C	B	A	BCD	Hexa-dezimal	Binärwort (Tetrade) D	C	B	A	BCD	Hexa-dezimal
Ø	Ø	Ø	Ø	0	0	1	Ø	Ø	Ø	8	8
Ø	Ø	Ø	1	1	1	1	Ø	Ø	1	9	9
Ø	Ø	1	Ø	2	2	1	Ø	1	Ø	x	A
Ø	Ø	1	1	3	3	1	Ø	1	1	x	B
Ø	1	Ø	Ø	4	4	1	1	Ø	Ø	x	C
Ø	1	Ø	1	5	5	1	1	Ø	1	x	D
Ø	1	1	Ø	6	6	1	1	1	Ø	x	E
Ø	1	1	1	7	7	1	1	1	1	x	F

(x = Pseudotetraden)

10.2.2.2. Grundzüge der Schaltalgebra

Mit den zweiwertigen Signalgrößen der binären Digitaltechnik können auch Rechen- und Verknüpfungsoperationen ausgeführt werden, wobei das Ergebnis auch wieder zweiwertig, nämlich $\emptyset$ oder 1 sein kann. In diesem Abschnitt werden wir zunächst die Verknüpfungsoperationen und die entsprechenden einfachen Verknüpfungsregeln kennenlernen. Im weiteren werden wir sehen, wie diese Verknüpfungsoperationen durch einfache Netzwerke mit Schaltern technisch realisiert werden. Im nächsten Abschnitt werden wir dann die Rechenregeln (Arithmetik) mit solchen binären Größen kennenlernen.

Die unabhängigen Eingangsvariablen, die Eingangssignale, für eine Verknüpfung nennen wir $a, b, c \ldots$ und das Ergebnis, die Ausgangsvariable (auch Ausgangssignal oder Schaltfunktion) $f(a, b, c \ldots)$. Die einfachste Verknüpfungsoperation ist die *Negation*, die man auch als *NICHT-* bzw. *NOT-Verknüpfung* bezeichnet. Sie wird

$$f = \bar{a}$$

geschrieben und bedeutet, daß das Ergebnis f die Inversion von a darstellt. Für $a = \emptyset$ ist also $f = 1$ und für $a = 1$ ist $f = \emptyset$. Eine doppelte Negation hebt sich damit selbst auf: $\bar{\bar{a}} = a$.

Eine weitere elementare Verknüpfungsoperation ist die *ODER- bzw. OR-Verknüpfung.* Sie lautet für zwei binäre Variable a, b

$$f = a \vee b$$

Als Verknüpfungszeichen verwenden wir „$\vee$". f ist bei der ODER-Verknüpfung vereinbarungsgemäß dann 1, wenn *a oder b oder* beide Variablen 1 sind. Demnach gelten die folgenden Regeln

$$\emptyset \vee \emptyset = \emptyset \quad \emptyset \vee 1 = 1 \quad 1 \vee \emptyset = 1 \quad 1 \vee 1 = 1.$$

$f = a \vee b \vee c \vee d \vee \ldots$ ist dementsprechend stets dann 1, wenn mindestens eine Eingangsvariable 1 ist.

Eine weitere Verknüpfungsrelation ist die *UND- bzw. AND*-Verknüpfung. Sie wird

$$f = a \wedge b \text{ oder auch } f = ab \text{ oder auch } f = a \cdot b$$

geschrieben, wobei wir uns für die beiden letzten Schreibweisen entscheiden. f ist definitionsgemäß nur dann 1, wenn a und b 1 sind, woraus sich folgendes ergibt:

$$\emptyset \cdot \emptyset = \emptyset \quad 1 \cdot \emptyset = \emptyset \quad \emptyset \cdot 1 = \emptyset \quad 1 \cdot 1 = 1.$$

Damit liegt hier also eine Übereinstimmung mit der arithmetischen Multiplikation vor. $f = a \cdot b \cdot c \cdot d \cdot \ldots$ ist dementsprechend nur dann 1, wenn alle Eingangsvariablen 1 sind.

Um bei der Schreibweise logischer Verknüpfungen Klammern einsparen zu können, wird bei fehlender Klammer vereinbarungsgemäß der UND-Verknüpfung Vorrang gegenüber der ODER-Verknüpfung gegeben. So ist beispielsweise $f = a \cdot \bar{b} \vee c$ gleichbedeutend mit $f = (a \cdot \bar{b}) \vee c$.

Die Definition (Abbildungsvorschrift) einer logischen Funktion kann durch eine Wertetabelle erfolgen, die man auch Schaltbelegungs- oder Wahrheits- oder Funktionstabelle nennt. Sie gibt für n Eingangsvariable die 2^n logischen Funktionen tabellarisch an, wie Tafel 10.3 an einigen Beispielen demonstriert.

Logische Verknüpfungen lassen sich u. a. durch Netzwerke mit Schaltern technisch realisieren. So kann die ODER-Verknüpfung durch eine Parallelschaltung zweier Schalter in einem Stromkreis (Bild 10.17) und die UND-Verknüpfung durch die Reihenschaltung zweier Schalter in einem Stromkreis (Bild 10.18) realisiert werden. Dazu vereinbaren wir folgende Zuordnung: Sind die Signalgrößen a, b gleich $\emptyset$, so soll der jeweilige Schalter geöffnet sein, sind die Signalgrößen a, b gleich 1, so soll der jeweilige (dieser Signalgröße zugeordnete) Schalter geschlossen sein. Der Schaltfunktion f soll die Ersatzschaltung dieser Schalter entsprechen. Gleichbedeutend damit ist die Aussage: Stromfluß im Stromkreis (Lampe brennt) entspricht der Schaltfunktion $f = 1$ und kein Stromfluß (Lampe brennt nicht) entspricht der

Schaltfunktion ∅. Bei der ODER-Schaltung im Bild 10.17 ist $f = 1$, wenn a oder b eingeschaltet sind. Nur wenn beide Schalter ausgeschaltet sind, fließt kein Strom, d. h. $f = \emptyset$. Bei der UND-Schaltung (Bild 10.18) ist f nur dann 1, wenn a und b eingeschaltet sind, d. h. den Wert 1 besitzen. Im Bild 10.17 bzw. 10.18 sind neben den Schaltnetzwerken noch die Schaltsymbole (nach IEC-Norm) dargestellt. Man verwendet diese Symbole – unabhängig von der Art der schaltungstechnischen Realisierung – um nicht immer die vollständige Schaltung hinzeichnen zu müssen. Bei Relaisschaltungen werden logische Verknüpfungen durch Kontaktschalter realisiert, die über Spulen angesteuert werden (s. Abschn. 8.9.). In integrierten Schaltungen werden die Schalter meist durch Transistoren realisiert (siehe Abschnitt 10.2.3.).

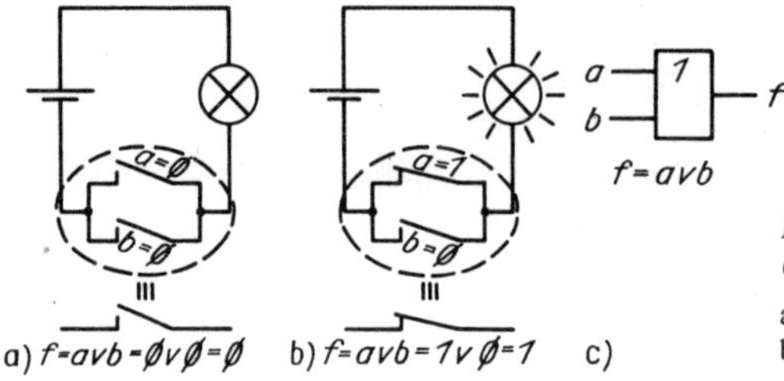

Bild 10.17
ODER-Schaltung
a) Schaltungsprinzip;
b) Schaltsymbol (Logiksymbol)

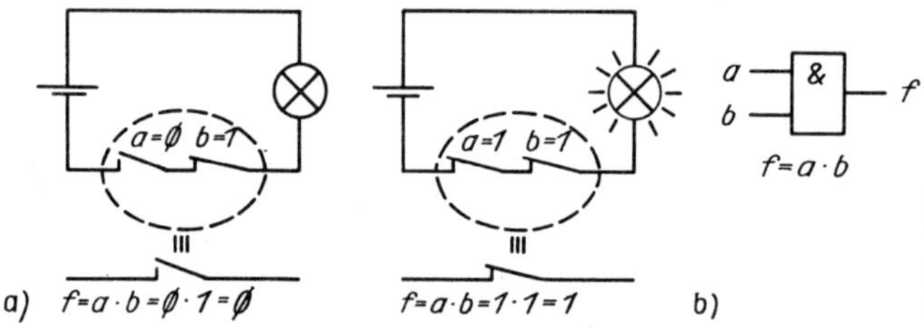

Bild 10.18
UND-Schaltung
a) Schaltprinzip;
b) Schaltsymbol (Logiksymbol)

Weiterhin von Bedeutung sind die folgenden allgemeinen Regeln bei der ODER- bzw. UND-Verknüpfung einer Signalgröße a mit ∅-en oder 1-en:

$$a \vee \emptyset = a \quad a \vee 1 = 1 \quad a \vee a = a \quad a \vee \bar{a} = 1$$

$$a \cdot 1 = a \quad a \cdot \emptyset = \emptyset \quad a \cdot a = a \quad a \cdot \bar{a} = \emptyset.$$

Es wird dem Leser empfohlen, als Übung die Richtigkeit dieser Beziehungen durch Einsetzen von ∅-en und 1-en für a zu verifizieren.

Außer den grundlegenden Verknüpfungen NEGATION, UND, ODER gibt es nun noch weitere Verknüpfungen, die durch Kombination dieser 3 Grundverknüpfungen gewonnen werden. Genannt seien:

NICHT-ODER- bzw. *NOR*-Verknüpfung: $f = \overline{a \vee b}$

Sie wird demnach ausgeführt, indem zunächst a und b durch ODER verknüpft werden und anschließend das Ergebnis negiert wird.

NICHT-UND- bzw. *NAND*-Verknüpfung: $f = \overline{a \cdot b}$

Sie wird also ausgeführt, indem das Ergebnis der UND-Verknüpfung negiert wird.

EXCLUSIV-ODER- bzw. *XOR*-Verknüpfung: $f = \bar{a} \cdot b \vee a \cdot \bar{b}$

Es wird dem Leser empfohlen, durch Aufstellen der Schaltbelegungstabelle nachzuweisen, daß die Schaltfunktion nur dann den Wert $f = 1$ annimmt, wenn a und b verschiedene Werte besitzen.

Ebenso kann er zur Übung die zwei Theoreme von *de Morgan*

$$\overline{a \vee b} = \bar{a} \cdot \bar{b} \qquad \overline{a \cdot b} = \bar{a} \vee \bar{b}$$

beweisen, die sich als nützlich bei der Umformung von Schaltfunktionen erweisen.

Für die technische Realisierung ist von Bedeutung, daß folgende Elemente jeweils ein *vollständiges logisches* System bilden:

UND, NICHT	NAND
ODER, NICHT	NOR
UND, ODER, NICHT	

Man kann demnach jede beliebige Schaltfunktion nur mit NAND- oder nur mit UND- sowie NICHT-Elementen realisieren usw.

Beispiele:

Mit einem NAND-Element mit zwei Eingängen ist eine Negation zu verwirklichen. Aus $f = \overline{a \cdot b}$ entsteht $f = \bar{a}$, falls $a = b$ erfüllt ist, da $f = \overline{a \cdot a} = \bar{a}$. Demnach sind die beiden Eingänge miteinander zu verbinden.

Auskunft über die Realisierung eines UND-Elementes mit NAND-Elementen gibt die Beziehung $a \cdot b = \overline{\overline{a \cdot b}}$, also NAND-Verknüpfung sowie anschließende Negation mit NAND-Element. Eine ODER-Verknüpfung mit NAND-Elementen kann aus $a \vee b = \overline{\overline{a \vee b}} = \overline{\bar{a} \cdot \bar{b}}$ *abgelesen werden. Damit ist gleichzeitig auch bewiesen, daß NAND-Elemente ein vollständiges logisches System bilden.*

Technisch liegt beim Schaltungsentwurf oft folgende Fragestellung vor: Gegeben sind binäre Signalgrößen a, b ..., die als Steuersignale oder Dateninformation wirken sowie die Funktionswerte Ø bzw. 1 der Schaltfunktion für eine bestimmte Belegung der Eingangsgrößen. Gesucht sind die Schaltfunktion bzw. die Schaltung, die das realisiert. Am Anfang des Entwurfsprozesses wird die Schaltbelegungstabelle aufgestellt. Danach stellt man die Schaltfunktion als ODER-Verknüpfung der UND-Verknüpfungen aller Signalgrößen dar, bei denen $f = 1$ ist. Dabei ist beim Wert Ø für eine Signalgröße stets deren negierter Wert, beim Wert 1 der nicht negierte Wert in die UND-Verknüpfung einzusetzen.

Am einfachsten machen wir uns diesen Algorithmus an einem Beispiel deutlich. In Tafel 10.3 ist ganz rechts die Schaltbelegungstabelle für eine Schaltfunktion mit 3 Variablen *a, b, c* dargestellt.

Da die Schaltfunktion *f* nur für drei Belegungen der Variablen *a, b, c* 1 wird, besteht die ODER-Verknüpfung auch nur aus 3 Anteilen, und man liest aus Tafel 10.3 die folgende Logikgleichung ab

$$f = \bar{a} \cdot b \cdot c \vee \bar{a} \cdot \bar{b} \cdot c \vee a \cdot \bar{b} \cdot \bar{c}.$$

Man sieht, daß dort, wo in der Schaltbelegungstabelle eine Ø steht, die entsprechende Variable (binäre Signalgröße) negiert in die Logikgleichung aufgenommen wird.

Es ist aber nicht gesagt, daß das das einzige Schaltnetzwerk ist, welches die Logikgleichung gemäß Tafel 10.3 realisiert. In der Tat gibt es mehrere, die das gleiche leisten. Unter dieser Menge von Schaltfunktionen, die die gleiche Funktion gemäß Tafel 10.3 ausführen, ist zweifelsohne diejenige technisch am interessantesten, die mit den wenigsten Schaltern auskommt (1 Schalter = 1 Transistor (mindestens, s. u.)). In der Literatur sind eine Reihe von Verfahren bekannt, die es gestatten, eine Schaltfunktion zu minimieren [10.13]. Allge-

Tafel 10.3. Einige Schaltbelegungstabellen

a	$f = \bar{a}$
Ø	1
1	Ø

a	*b*	$f = a \vee b$
Ø	Ø	Ø
Ø	1	1
1	Ø	1
1	1	1

a	*b*	$f = a \cdot b$
Ø	Ø	Ø
Ø	1	Ø
1	Ø	Ø
1	1	1

a	*b*	*c*	*f*
Ø	1	1	1
Ø	Ø	1	1
1	Ø	Ø	1
für alle weiteren Belegungen Ø			

meingültige Verfahren, die zur absolut minimalen Form einer Schaltfunktion führen, gibt es jedoch nicht.

Die bisher besprochenen Schaltfunktionen sind nur von der Belegung der Eingangssignalgrößen *a, b,...* mit Ø-en und 1-en abhängig. So etwas nennt man *kombinatorische Funktionen.*

Darüber hinaus gibt es aber auch noch Schaltfunktionen, die außer von den Belegungen der Signalgrößen noch vom inneren Zustand des Schaltnetzwerkes abhängen. Diese nennt man *sequentielle Netzwerke* bzw. *sequentielle Funktionen.*

10.2.2.3. Arithmetik mit Binärzahlen (Dualzahlen)

Die Ø-en und 1-en der binären Signalgrößen können nicht nur logisch, sondern auch arithmetisch verknüpft werden, d. h., man kann mit diesen Größen auch arithmetisch rechnen. Eine Binärzahl besteht nun aus einer Folge von 1-en und Ø-en, z. B. 11Ø1ØØ11, wobei jede Stelle eine sogenannte Binärziffer darstellt, die den Wert 1 oder Ø annehmen kann (die Dezimalziffern können im Vergleich dazu die Werte 0 bis 9 annehmen). Wie bei den uns sehr geläufigen Dezimalzahlen, besitzt die am weitesten rechts stehende Ziffer den geringsten Wert, die am weitesten links stehende Ziffer den höchsten Wert. Während die Dezimalziffern in ihrem Wert von rechts nach links nach Potenzen von 10 (10^0 = Einer, 10^1 = Zehner usw. ...) geordnet sind, sind die Binärziffern von rechts nach links nach Potenzen von 2 geordnet (2^0 = Einer, 2^1 = Zweier, 2^2 = Vierer usw. ...), also ... Achter (2^3) Vierer (2^2) Zweier (2^1) Einer (2^0). Die Binärzahl 11Ø1ØØ11 bedeutet also

$$1\cdot 2^7 + 1\cdot 2^6 + 0\cdot 2^5 + 1\cdot 2^4 + 0\cdot 2^3 + 0\cdot 2^2 + 1\cdot 2^1 + 1\cdot 2^0.$$

Wenn man zwei Binärzahlen miteinander addieren will, so geschieht das ebenso, wie wir das bei den Dezimalzahlen gewöhnt sind, ziffernweise, beginnend mit der niederwertigsten Ziffer, also von rechts nach links, unter Berücksichtigung eines möglichen Übertrages in die nächst höherwertige Stelle. Dieser Übertrag entsteht bei Dezimalziffern immer dann, wenn im Ergebnis der Addition zweier Ziffern mehr als 9 herauskommt. Bei den Binärziffern entsteht dieser Übertrag immer dann, wenn mehr als 1 herauskommt (2 wäre bereits die Erhöhung der Potenz um 1!). Damit ergeben sich die folgenden Additionsgesetze für die Addition zweier Binärziffern

Ø + Ø = Ø kein Übertrag
Ø + 1 = 1 kein Übertrag
1 + 1 = Ø Übertrag in die nächsthöhere Stelle.

Insgesamt muß aber bei der Addition in einer Stelle nicht nur die Addition der beiden Binärziffern a_i und b_i durchgeführt werden, sondern es muß noch ein etwaiger Übertrag aus der vorhergehenden Stelle c_l mit hinzu addiert werden. Wendet man die obigen Rechengesetze bei der Addition von Binärzahlen auf 3 Zahlen an, man kann ja erst einmal 2 Zahlen addieren und dann diese Summe als einen Summanden bei der Addition mit dem dritten Summanden auffassen, und zwar die beiden Binärziffern a_i, b_i (in der Stelle *i*) und einem Übertrag c_i, so erhält man die in Tafel 10.4 zusammengefaßten Ergebnisse.

Um das zu verdeutlichen, wollen wir das folgende Beispiel betrachten: Es seien die beiden

a_i	b_i	c_i	S_i	c_{i+1}
Ø	Ø	Ø	Ø	Ø
Ø	Ø	1	1	Ø
Ø	1	Ø	1	Ø
1	Ø	Ø	1	Ø
Ø	1	1	Ø	1
1	1	Ø	Ø	1
1	Ø	1	Ø	1
1	1	1	1	1

Tafel 10.4
Rechenregeln bei der Addition zweier Binärziffern a_i, b_i und eines Übertrages c_i zur Summe S_i und neuem Übertrag c_{i+1}

Binärzahlen $A = 1001$ und $B = 0011$ zu addieren. Dazu schreiben wir, wie wir das auch bei den Dezimalzahlen gewöhnt sind, beide untereinander

$$
\begin{array}{rccccl}
A = & 1 & 0 & 0 & 1 & = 9 \\
B = & 0 & 0 & 1 & 1 & = 3 \\
\hline
S = & 1 & 1 & 0 & 0 & \underline{\underline{= 12}} \text{ Summe} \\
 & \curvearrowleft & \curvearrowleft & \curvearrowleft & & \\
 & c_4 = 0 & c_3 = 1 & c_2 = 1 & & \text{Überträge}
\end{array}
$$

Wir beginnen mit der stellenweisen Addition von rechts (niederwertigste Stelle) und erhalten $a_1 = 1$ plus $b_1 = 1$ ergibt $S_1 = 0$ und einen Übertrag $c_2 = 1$ in die nächste Stelle. In der nächsten Stelle wird $a_2 = 0$ plus $b_2 = 1$ plus $c_2 = 1$ gebildet. Das ergibt wieder $S_3 = 0$ und einen Übertrag $c_3 = 1$ in die nächste Stelle. Für die dritte und vierte Stelle wird diese Rechnung in gleicher Weise fortgesetzt.

Diese Addition ist die Grundlage aller anderen Grundrechenoperationen. So wird die Subtraktion auf eine Addition mit dem Zweierkomplement des Subtrahenden zurückgeführt. Das Zweierkomplement wird einfach dadurch gebildet, daß die entsprechende Binärzahl stellenweise negiert und anschließend 1 addiert wird.

Zum Beispiel ist das Zweierkomplement von

$$B = 0\,0\,1\,1$$

$$B' = 1\,1\,0\,0 + 1 = 1\,1\,0\,1.$$

Wollen wir also z. B. die Differenz

$$D = A - B = 1\,0\,0\,1 - 0\,0\,1\,1$$

bilden, so ist die folgende Addition auszuführen:

$$
\begin{array}{rccccl}
A = & 1 & 0 & 0 & 1 & 9 \\
+B' = & 1 & 1 & 0 & 1 & \text{(Zweierkomplement von 3)} \\
\hline
 & 0 & 1 & 1 & 0 & = 6 \text{ Differenz} \\
\curvearrowleft & \curvearrowleft & \curvearrowleft & \curvearrowleft & & \\
c_5 = 1 & c_4 = 0 & c_3 = 0 & c_2 = 1 & & \text{Überträge}
\end{array}
$$

Man sieht, daß das richtige Ergebnis $(9 - 3 = 6)$ entsteht. Außerdem erfolgt noch ein Übertrag aus der höchstwertigen Stelle $c_5 = 1$. Erfolgt dies, so ist das ein Kennzeichen dafür, daß das Ergebnis positiv, d. h. $A > B$ ist.

Ist der Übertrag aus der höchstwertigen Stelle c_5 dagegen Null, so ist das das Kennzeichen dafür, daß das Ergebnis negativ, d. h. $A < B$ ist. In diesem Falle ist das Ergebnis dann auch im Zweierkomplement dargestellt.

10.2.3. Kombinatorische Grundschaltungen mit Feldeffekt- und Bipolartransistoren

Die digitale Signalverarbeitung erfolgt – wie wir in Abschnitt 10.2.2. gesehen haben – in Schaltnetzwerken. Diese Schaltnetzwerke enthalten Schalter, die je nach der zu realisierenden Logikfunktion (Schaltfunktion) angeordnet werden (Beispiele in den Bildern 10.17 und 10.18).

In der Elektronik werden diese Schalter mit Feldeffekttransistoren bzw. Bipolartransistoren realisiert. Deshalb unterscheiden wir bei den Schaltungen auch prinzipiell zwischen Bipolartechnik und MOS-Technik. Wir wollen nun für diese Techniken zunächst einfache Grundschaltungen kennenlernen, in denen die Transistoren Schaltfunktionen ausführen.

10.2.3.1. MOS-Technik

In der MOS-Technik wirkt der MOS-Feldeffekttransistor als Schalter (s. dazu Abschnitt 8.5.5.).

Im Bild 10.19 sind der Grundstromkreis eines MOS-Transistorschalters und die dazugehörige Transferkennlinie dargestellt. Daraus geht hervor, daß am Ausgang unseres Schalters ein niedriger Spannungspegel U_{AL} (L = Lowpegel) entsteht, wenn am Eingang ein hoher Spannungspegel U_{EH} (H = Highpegel) liegt (dann ist der *n*-Kanaltransistor nämlich eingeschaltet). Umgekehrt entsteht am Ausgang dann ein Highpegel U_{AH}, wenn am Eingang ein Lowpegel U_{EL} liegt (dann ist der Transistor nämlich ausgeschaltet). Der MOS-Transistorschalter *T* nach Bild 10.19 realisiert also in Kombination mit dem Lastwiderstand R_L gerade die NEGATION des Eingangssignals. Bezogen auf unsere binären digitalen Signalgrößen bedeutet dies: Liegt am Eingang eine „0“ (= Lowpegel U_{EL}), so liegt am Ausgang eine „1“ (= Highpegel U_{AH}). Umgekehrt liegt am Eingang eine „1“ (= Highpegel U_{EH}), so liegt am Ausgang eine „0“ (= Lowpegel U_{AL}).

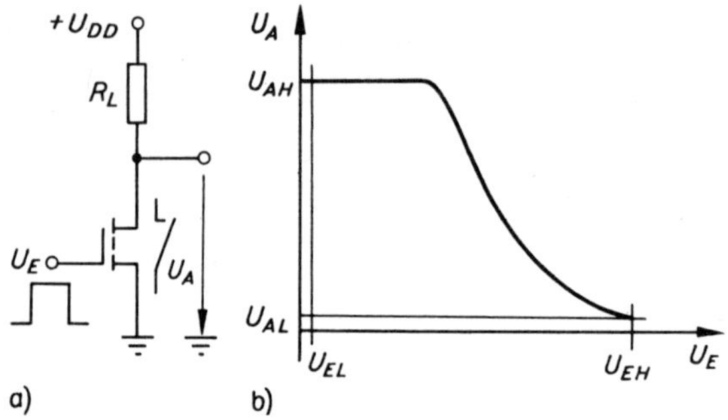

Bild 10.19. MOS-Inverter
a) Schaltung mit Lastwiderstand;
b) Transferkennlinie

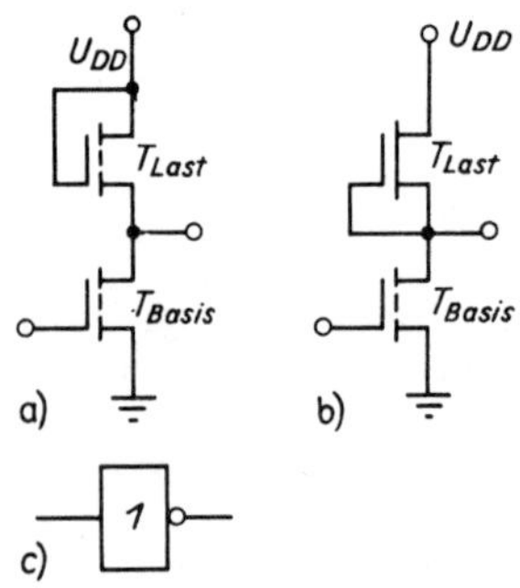

Bild 10.20. MOS-Inverter
a) MOS-Inverter mit Anreicherungstransistoren; b) MOS-Inverter mit Anreicherungs- und Depletiontransistoren;
c) Schaltsymbol (Logiksymbol)

Beim praktischen Schaltkreisentwurf wird statt des Widerstandes R_L ein weiterer Transistor verwendet, wie dies im Bild 10.20 gezeigt ist. Bei der Variante von Bild 10.20a ist dies der gleiche Transistortyp wie für den schaltenden Basistransistor, und zwar ein sogenannter Enhancementtransistor.

Bei der Variante nach Bild 10.20b wird für R_L ein sogenannter Depletiontyp (siehe Abschn. 8.6) eingesetzt. Ein MOS-Transistor vom Depletiontyp ist ein MOS-Feldeffekttransistor, bei dem auch ohne Gatespannung bereits eine leitende Verbindung besteht. Dieser Transistor kann durch eine negative Spannung am Gate weniger leitend und durch eine positive Gatespannung mehr (besser) leitend gemacht werden. Die leitende Verbindung zwischen Drain und Source wird hier mit einem zusätzlichen technologischen Schritt, und zwar einer Phosphorimplantation möglich.

Die Gatter im Bild 10.20 sind also NEGATOREN bzw. Inverter. Das Logiksymbol ist im Bild 10.20c mit dargestellt.

Die *Arbeitsgeschwindigkeit* eines solchen Gatters wird durch die Zeit charakterisiert, die be-

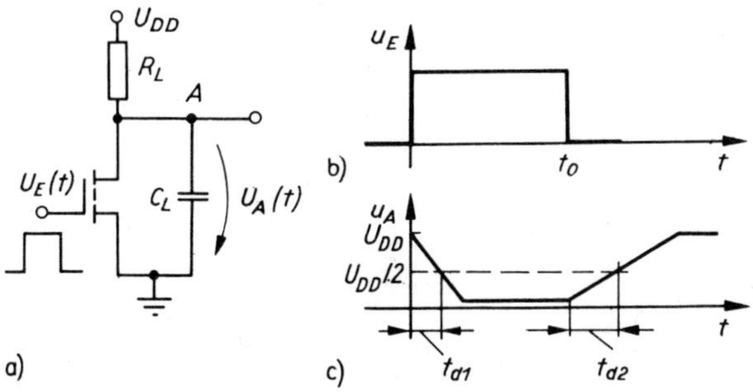

Bild 10.21. Veranschaulichung der dynamischen Vorgänge an einem MOS-Inverter

a) Grundstromkreis; b) Eingangsspannungsimpuls; c) Ausgangsspannungsreaktion

nötigt wird, um bei einer plötzlichen Änderung des Eingangssignals eine bestimmte Änderung des Ausgangssignals zu bewirken. Wir wollen diese Vorgänge mit Bild 10.21 erläutern. Verantwortlich für eine „träge" Reaktion des Gatters auf Veränderungen am Eingang ist die am Ausgangsknoten A wirkende Knotenkapazität C_L. Diese Kapazität wird verursacht durch die Ausgangskapazität der betrachteten Gatterstufe, die Zuleitungskapazität zur folgenden Gatterstufe und die Eingangskapazität der folgenden Gatterstufe.

Wenn wir den Transistor mit Rechteckimpulsen gemäß Bild 10.21 b aus- und einschalten, wird die Kapazität auf- bzw. entladen, und die Ausgangsspannung erniedrigt bzw. erhöht sich allmählich. Das wollen wir noch im Detail erläutern:

Wir betrachten das Gatter gemäß Bild 10.21 a, welches für $t < 0$ ausgeschaltet war und z. Z. $t = 0$ eingeschaltet wird.

Da für $t < 0$ der Transistor ausgeschaltet war, hatte sich die Knotenkapazität C_L auf die volle Betriebsspannung U_{DD} aufgeladen (über R_L) und die Ausgangsspannung ist $u_A(0) = U_{DD}$. Nun wird zum Zeitpunkt $t = 0$ der Transistor eingeschaltet und entlädt über seinen Widerstand R_D die Kapazität C_L.

Als Maß für die Einschaltverzögerung wollen wir die Zeit t_{d1} definieren, in der die Ausgangsspannung u_A infolge der Entladung der Kapazität über den Transistor auf die Hälfte ($U_{DD}/2$) gefallen ist. Für die Zeit t_{d1}, in der eine Kapazität C_L über einen Widerstand R_D auf die Hälfte entladen wird, gilt gemäß Abschnitt 4.1.2.1.

$$t_{d1} = C_L R_D \ln 2 \approx 0{,}7 \cdot C_L R_D.$$

Zu einem Zeitpunkt t_0 soll dann gemäß Bild 10.21 b der Transistor wieder ausgeschaltet werden. Das bedeutet, daß die Kapazität nun über den Lastwiderstand R_L aufgeladen wird.

Als Maß für die Ausschaltverzögerung wollen wir die Zeit t_{d2} definieren, in der die Ausgangsspannung u_A infolge der Aufladung der Kapazität über dem Lastwiderstand R_L auf die Hälfte der Betriebsspannung ($U_{DD}/2$) angestiegen ist. Nehmen wir an, daß der Lowpegel zu Beginn des Aufladevorganges vernachlässigbar klein ist $u_A(t_0) = U_{AL} \approx 0$ (s. Bild 10.21 c), so folgt mit den entsprechenden Beziehungen aus Abschnitt 4.1.2.1. für die Aufladung von Kapazitäten über Widerstände

$$t_{d2} = C_L R_L \ln 2 \approx 0{,}7 \cdot C_L R_L.$$

Schließlich wird als sogenannte Signalverzögerungszeit eines Gatters der lineare Mittelwert

$$t_d = (t_{d1} + t_{d2})/2$$

verwendet.

Die Grundlogikgatter erhalten wir aus den Invertern im Bild 10.20 durch Parallel- bzw. Reihenschaltung. So entsteht ein NOR-Gatter einfach durch Parallelschalten mehrerer Inverter, wie das für ein NOR-Gatter mit 3 Eingängen im Bild 10.22 gezeigt ist. Bei dem im Bild 10.22 dargestellten NOR-Gatter entsteht dann ein der logischen „0" entsprechender Lowpegel am Ausgang, wenn der Eingang E_1 *oder* E_2 *oder* E_3 einen der logischen „1" entsprechenden Highpegel führt, denn dann kann der Strom durch T_1 oder T_2 oder T_3 fließen, und durch den Spannungsabfall über dem Lasttransistor T_L entsteht am Ausgang ein niedriger Spannungspegel (Lowpegel = 0).

Ein NAND-Gatter entsteht durch Reihenschaltung mehrerer MOS-Transistoren, wie es im Bild 10.23 gezeigt ist. Bei diesem Gatter müssen alle Transistoren gleichzeitig eingeschaltet sein, d. h., am Eingang E_1 *und* E_2 *und* E_3 muß ein der logischen „1" entsprechender Highpegel

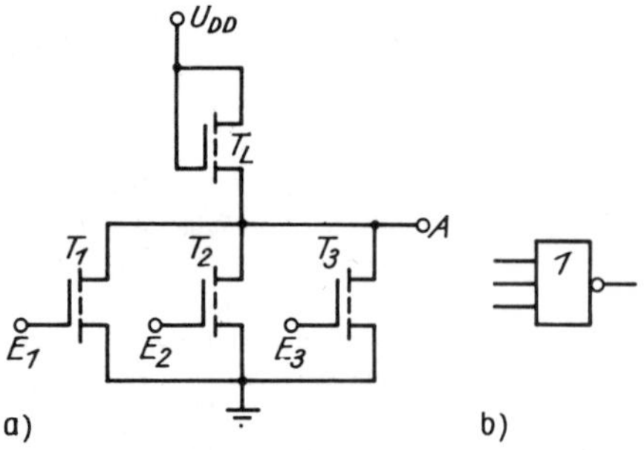

Bild 10.22. NOR-Gatter in MOS-Technik

a) Transistorschaltung;
b) Schaltsymbol (Logiksymbol)

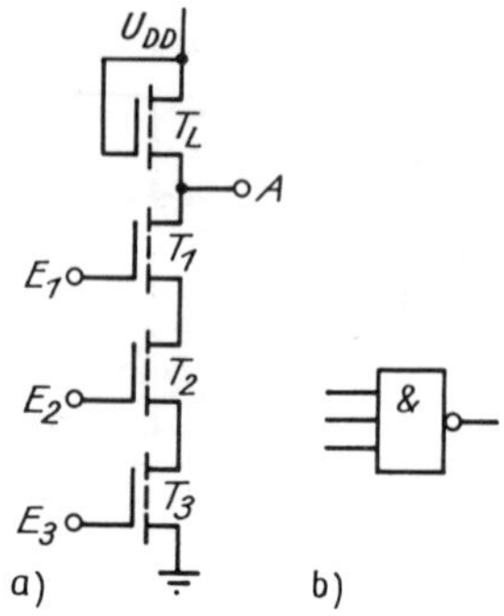

Bild 10.23. NAND-Schaltung in MOS-Technik

a) Transistorschaltung;
b) Schaltsymbol (Logiksymbol)

liegen, damit ein Strom fließt und am Ausgang ein der logischen „0“ entsprechender Lowpegel liegt.

In den Bildern 10.22 und 10.23 sind die Logiksymbole für NOR-Gatter bzw. NAND-Gatter mit dargestellt.

10.2.3.2. CMOS-Technik

Die CMOS-Technik (CMOS – Complementary MOS) unterscheidet sich von der MOS-Technik nur dadurch, daß als Lasttransistoren MOS-Transistoren vom Enhancementtyp mit komplementärer Kanalleitfähigkeit (also p-Kanaltransistoren) verwendet werden. Ein Inverter in CMOS-Technik ist im Bild 10.24 dargestellt.

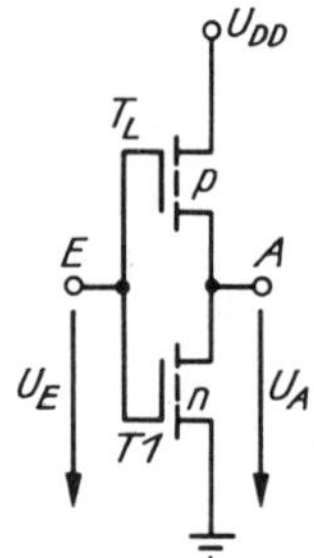

Bild 10.24 CMOS-Inverter

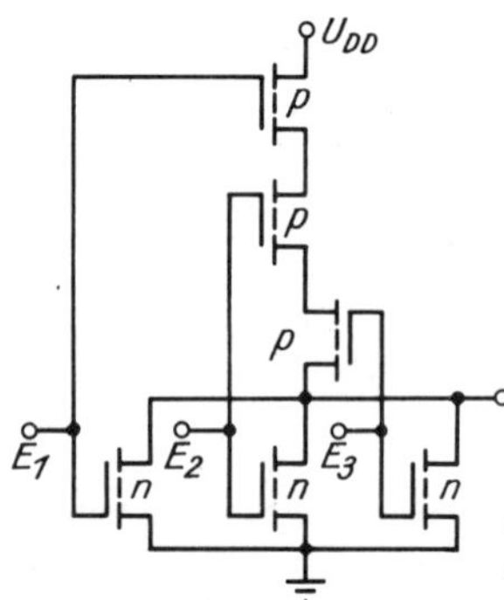

Bild 10.25 NOR-Gatter in CMOS-Technik

Bei einer niedrigen Eingangsspannung U_E ist der Transistor T_1 ausgeschaltet, der Lasttransistor T_L ist dagegen eingeschaltet, weil dies ein p-Kanaltransistor ist. Ein p-Kanaltransistor schaltet im Gegensatz zum n-Kanaltransistor gerade bei einer negativen Gatespannung ein. Ist die Eingangsspannung U_E klein, so liegt zwischen Gate (E) und Source des p-Kanaltransistors (das Source des p-Kanaltransistors liegt an der Speisespannung U_{DD}!) die Spannung $U_E - U_{DD} < 0$, welche T_L einschaltet. Dadurch wird der Ausgangsknoten A über T_L auf die volle Speisespannung U_{DD} aufgeladen. Im stationären Zustand fließt aber kein Strom, da in der Reihenschaltung der beiden Transistoren T_L und T_1, T_1 ausgeschaltet ist.

Ist dagegen die Eingangsspannung U_E so groß, daß der Basistransistor T_1 eingeschaltet wird, so ist der Lasttransistor ausgeschaltet (ist z. B. $U_{EH} = U_{DD}$, so ist die Gatespannung des Lasttransistors 0). Der Ausgangsknoten wird in diesem Falle über T_1 auf das Massepotential entladen, am Ausgang liegt dann der ideale Lowpegel von OV. Auch in diesem Zustand fließt stationär kein Strom, da in der Reihenschaltung von T_L und T_1 nun T_1 ausgeschaltet ist.

Ein *CMOS-Gatter* hat also die folgenden entscheidenden *Vorteile*:

1. *ideale High- und Lowpegel* (U_{DD} *bzw.* 0)
2. *keine stationäre Verlustleistung.*

Aus diesem Grund werden CMOS-Schaltkreise bevorzugt überall dort eingesetzt, wo es auf extrem kleine Verlustleistungen ankommt, und das ist es jetzt fast überall [10.14]

In Analogie zur MOS-Technik erhält man das NOR-Gatter im Bild 10.25 durch Parallelschaltung der Basistransistoren, die durch die Eingangssignale gesteuert werden. Zu jedem Basistransistor gehört aber ein Lasttransistor. Diese müssen wegen der Komplementarität beim NOR-Gatter in Reihe geschaltet werden, wie das im Bild 10.25 gezeigt ist.

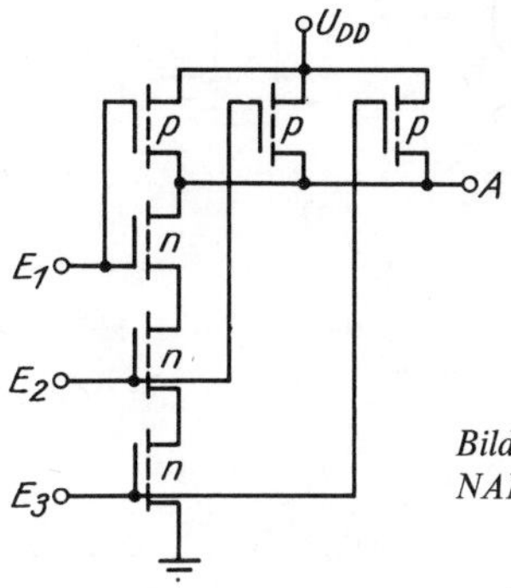

Bild 10.26
NAND-Gatter in CMOS-Technik

Werden die Basistransistoren in Reihe geschaltet, so erhält man wie bei der MOS-Technik ein NAND-Gatter. Die zu jedem Basistransitor gehörenden Lasttransistoren müssen hier wegen der Komplementarität parallelgeschaltet werden (s. Bild 10.26).

10.2.3.3. TTL-Technik

Die TTL-Technik ist eine *Bipolartechnik mit übersteuerten Transistorschaltern.* Wie bei der MOS-Technik im Bild 10.19 können wir auch für die Bipolartechnik einen Grundstromkreis für den Betrieb des Bipolartransistors als Schalter aufzeichnen (siehe auch Abschnitt 8.5.5.). Das ist im Bild 10.27 geschehen. Liegt am Eingang, welcher an die Basis des Bipolartransistors angeschlossen ist, eine positive Spannung, die größer als die Einschaltschwelle U_{FO} ($U_{FO} \approx 0{,}7$ V für Siliziumtransistoren) ist, so fließt ein Kollektorstrom I_C, der einen Spannungsabfall über dem Lastwiderstand R_L erzeugt, weshalb die Ausgangsspannung U_A auf den Lowpegel absinkt. Auch dieser Bipolartransistorschalter mit Lastwiderstand führt eine NEGATION aus, wie das auch schon der MOS-Schalter im Bild 10.19 tat. Liegt also am Eingang Highpegel („1“), so schaltet der Transistor ein, und am Ausgang liegt Lowpegel („0“). Liegt am Eingang Lowpegel („0“), so schaltet der Transistor aus, und am Ausgang liegt Highpegel („1“).

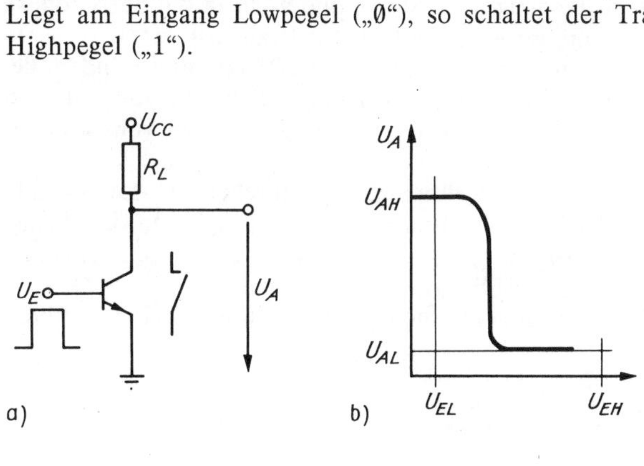

Bild 10.27
Inverter in Bipolartechnik
a) Schaltung;
b) Transferkennlinie

Bei der TTL-Technik erhält man wie bei der MOS-Technik ein *NOR-Gatter* durch Parallelschaltung der Basistransistoren, die durch die Eingangssignale gesteuert werden.

Bei dem NOR-Gatter im Bild 10.28 kann dann ein Strom fließen, wenn Transistor T_1 *oder* T_2 *oder* T_3 durch einen Highpegel („1" an Eingang E_1 *oder* E_2 *oder* E_3) eingeschaltet wird, wodurch ein Spannungsabfall über dem Lastwiderstand R_L und damit ein Lowpegel U_{AL} (= „Ø") am Ausgang entsteht.

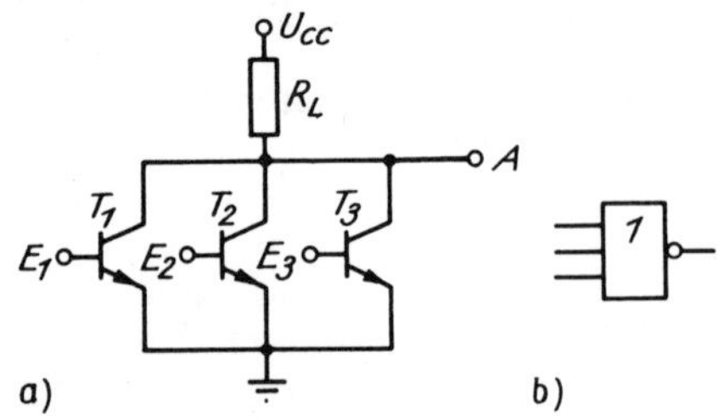

Bild 10.28. NOR-Gatter in TTL-Technik

a) Transistorschaltung; b) Logiksymbol

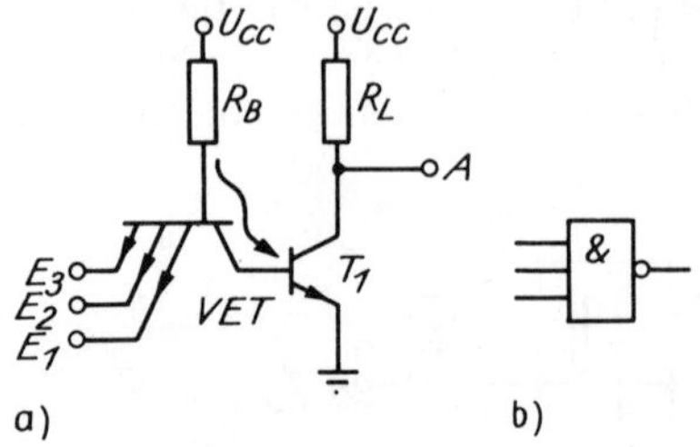

Bild 10.29. NAND-Gatter in TTL-Technik

a) Transistorschaltung; b) Logiksymbol

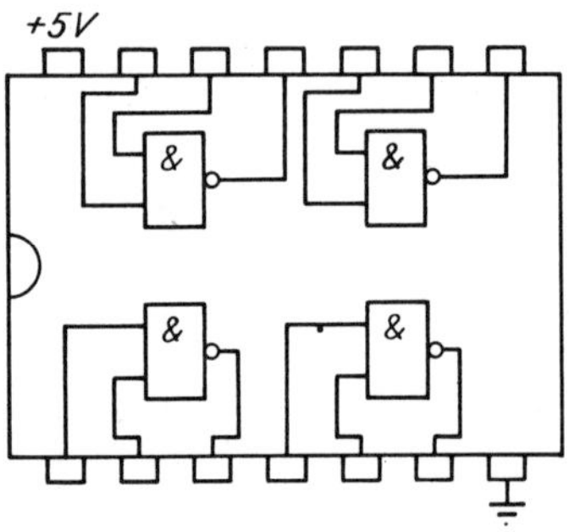

Bild 10.30
TTL-Schaltkreis D 100

Ein *NAND-Gatter* wird dagegen etwas anders realisiert (nicht durch Reihenschaltung wie bei der MOS-Technik). Zur Signalverknüpfung dient ein *Vielfachemittertransistor VET*, wie er im Bild 10.29 gezeigt ist. Wenn am Eingang E_1 *und* E_2 *und* E_3 ein Highpegel („1") liegt, kann kein Strom über die Emitter fließen. Deshalb fließt ein Strom von der Speisespannungsquelle U_{CC} über den Basisvorwiderstand R_B und den Kollektor-Basis-Übergang des Vielfachemittertransistors in die Basis des Invertertransistors und steuert diesen so aus, daß am Ausgang nur noch ein kleiner Lowpegel liegt. Führt dagegen mindestens einer der Eingänge $E_{1,2,3}$ einen Lowpegel („Ø"), so fließt dann der Strom von der Speisespannungsquelle U_{CC} über R_B und den entsprechenden Basis-Emitter-Übergang nach Masse und nicht in die Basis von T_1. In diesem Falle bleibt also T_1 gesperrt, und am Ausgang liegt ein Highpegel („1").

Eine Erhöhung der Schaltgeschwindigkeit erzielt man bei diesen TTL-Gattern, indem der Kollektor-Basis-Übergang der Transistoren mit einer sogenannten Schottkydiode (das ist eine Metall-Halbleiter-Diode) überbrückt wird. In diesem Falle spricht man von *Schottky-TTL* [10.2] [10.9].

TTL-Schaltkreise haben eine weite Verbreitung gefunden. Ein typischer TTL-Logikschaltkreis ist der Schaltkreis 7400. Er enthält 4 NAND-Gatter mit je zwei Eingängen. Die Schaltung ist im Prinzip die von Bild 10.29 mit zwei Eingängen E_1, E_2 und einem zusätzlichen, im Bild 10.29 nicht gezeichneten Gegentakttreiber für das Ausgangssignal.

Im Bild 10.30 sind die Anschlußbelegung mit internem Blockschaltbild TTL-Schaltkreis dargestellt.

10.2.3.4. ECL-Technik

Bei der *ECL-Technik* (ECL = Emitter Coupled Logic) wird der Ausgang durch *Umschaltung eines Stroms* von einem Referenztransistor T_0 auf die Eingangsverknüpfungstransistoren $T_1 \ldots T_3$ (s. Bild 10.31) gesteuert. Sind alle Eingangsverknüpfungstransistoren durch einen Lowpegel („Ø") ausgeschaltet, so fließt der Strom durch den Referenztransistor T_0 und am NOR-Ausgang liegt Highpegel („1"). Ist aber T_1 *oder* T_2 *oder* T_3 durch einen der „1" entsprechenden Highpegel eingeschaltet, so fließt der Strom nicht durch T_0, sondern durch T_1 *oder* T_2 *oder* T_3, und am NOR-Ausgang liegt ein der logischen „Ø" entsprechender Lowpegel.

Bei diesem Gatter werden die Transistoren nicht übersteuert, weshalb dort auch kleine Signalverzögerungszeiten erzielbar sind. Da stets ein Strom fließen muß, ist allerdings der Leistungsverbrauch höher als bei TTL-Gattern [10.7].

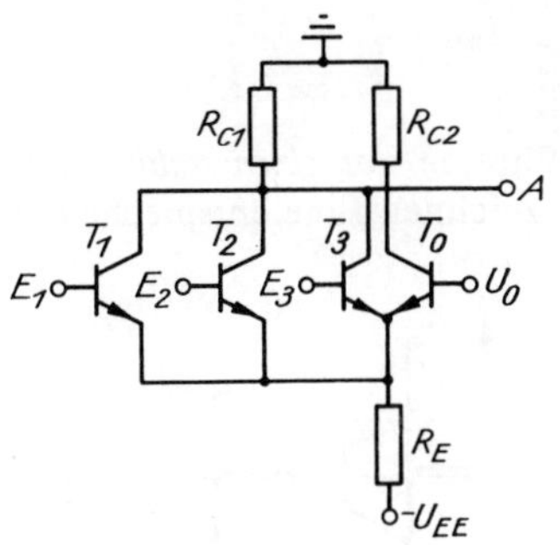

Bild 10.31
ECL-NOR-Gatter

10.2.4. Kipp- und Speicherschaltungen

10.2.4.1. Speicherelemente (Flipflops)

Außer der logischen Verknüpfung von binären digitalen Signalgrößen muß man diese auch speichern können. Das erfolgt in Transistorschaltungen mit zwei stabilen Zuständen, sogenannten *Flipflops* bzw. bistabilen *Vibratoren.*

Am einfachsten kann man einen solchen Flipflop aus 2 gegenseitig rückgekoppelten Invertern aufbauen, wie es für die MOS-Schaltungstechnik im Bild 10.32a gezeigt ist.

Dieser Flipflop funktioniert wie folgt: Angenommen der Ausgang Q ist auf Highpegel („1"), so wird dieser auf den Eingang des rechten Inverters gekoppelt und schaltet diesen ein, weshalb an dessen Ausgang $\overline{Q}$ das zu Q negierte Signal, also Lowpegel („Ø") entsteht. Dieser Lowpegel wird an den linken Inverter gekoppelt und sorgt dafür, daß dieser ausgeschaltet ist, so daß an dessen Ausgang Q der Highpegel stabil gehalten wird.

Es sei dem Leser zur Übung empfohlen, die gleiche Erklärung für einen stabilen Lowpegel („0") am Ausgang Q nochmals zu vollziehen. Die Schaltung im Bild 10.32a kann also am Ausgang Q die beiden stabilen Zustände „1" (High) oder „0" (Low) einnehmen und beliebig lange speichern. Am Ausgang $\overline{Q}$ tritt dabei stets das zu Q negierte Signal auf, also bei High an Q tritt Low an $\overline{Q}$ auf und umgekehrt. Wie

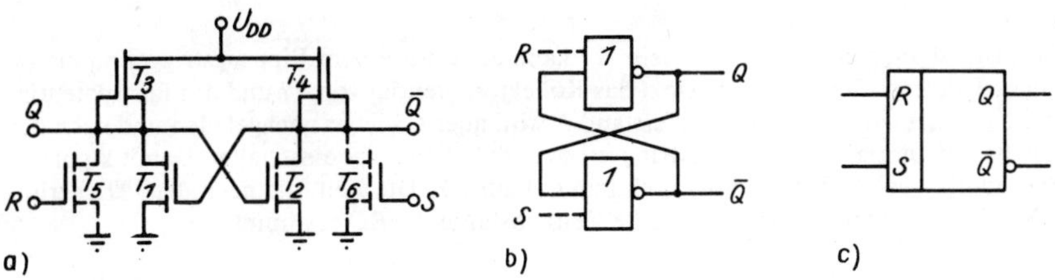

Bild 10.32. RS-Flipflop

a) MOS-Schaltbild; b) Logikschaltbild; c) Logiksymbol

kann nun aber der Flipflop in den „1“- bzw. „0“-Zustand gebracht werden? Dies erfolgt durch zwei zusätzliche äußere Signale R (= reset), S (= preset, set). Eine Lösungsmöglichkeit wie das R- und S-Signal in die MOS-Schaltung eingekoppelt werden kann, ist im Bild 10.32 a gestrichelt gezeigt. Durch die zwei zusätzlichen Transistoren T_5 und T_6 wird bei R = „1“ Low-Pegel am Ausgang Q (= „0“) erzwungen, durch das S-Signal wird über den Transistor T_6 bei S = „1“ Low-Pegel an $\overline{Q}$ und damit High-Pegel an Q erzwungen. Mit $S = 1$ wird also der Flipflop auf $Q = 1$ gesetzt, und bei $R = 1$ wird der Flipflop auf $Q = \emptyset$ zurückgesetzt. $S = 1$ heißt also Setzen und $R = 1$ heißt Zurücksetzen. Man spricht bei diesem Grund-Flipflop deshalb von einem RS-Flipflop. Das Logikschaltbild ist im Bild 10.32 b und das Logiksymbol ist im Bild 10.32 c dargestellt. Aus dem Logikschaltbild im Bild 10.32 b ersieht man auch, daß die Einknüpfung der R- und S-Signale über die Transistoren T_5, T_6, die (wie bei einem NOR-Gatter) zu T_1 und T_2 parallel liegen, durch NOR-Gatter formal in der Schaltung berücksichtigt wird.

Bei zahlreichen Speicherschaltungen sind das R- und S-Signal stets zueinander negierte Signale, also z. B. $S = D$ und $R = \overline{D}$. In diesem Falle spricht man von einem *D-Flipflop* bzw. *Datalatch.* Dieser Flipflop findet seine Anwendung in Speichern und Registern (s. Abschn. 10.2.5.3.).

10.2.4.2. Monostabiler Multivibrator (Monoflop)

Eine *monostabile Kippschaltung* besitzt im Unterschied zum Flipflop nur *einen stabilen Zustand.* Sie wird deshalb auch als Monoflop oder „One shot“ bezeichnet. Eine entsprechende Schaltung mit Bipolartransistoren ist im Bild 10.33 gezeigt.

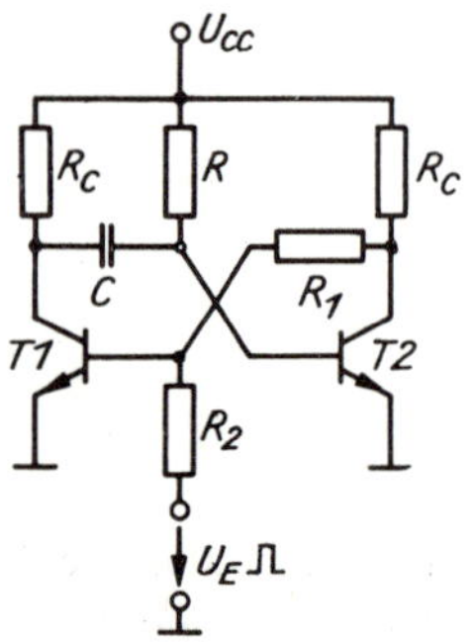

Bild 10.33
Monoflop mit Bipolartransistoren

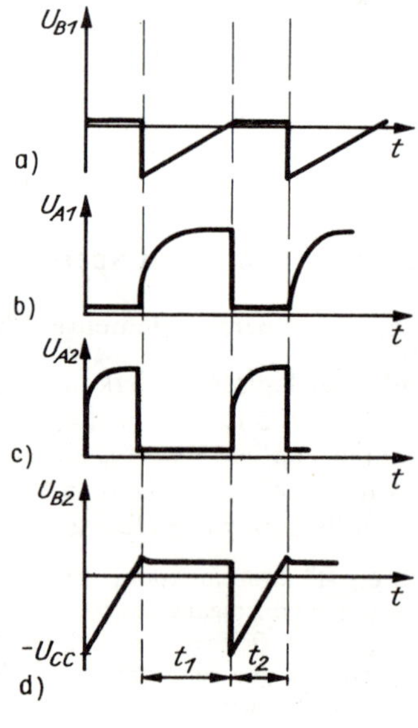

Bild 10.35
Zeitverläufe der Knotenspannungen am astabilen Multivibrator
a) + d) Basispotentiale; b) + c) Kollektorpotentiale

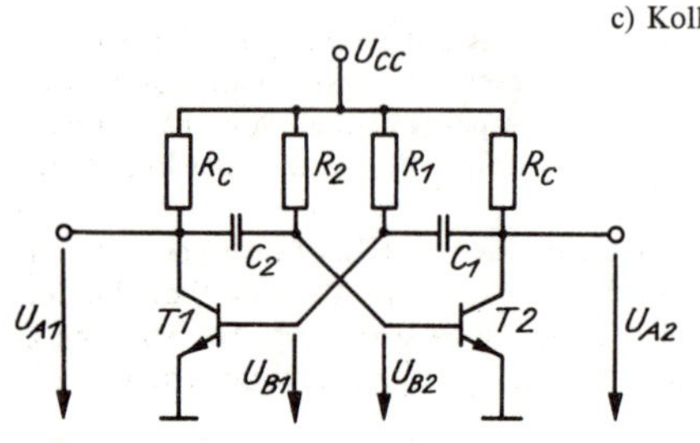

Bild 10.34. Astabiler Multivibrator mit Bipolartransistoren

Im stationären Zustand kann nur *T2* leitend sein, *T1* kann aber mit einem Eingangstriggerimpuls U_E für kurze Zeit eingeschaltet werden. Dadurch sinkt das Kollektorpotential von *T1* und das Basispotential von *T2*, wodurch *T2* gesperrt wird. Über den Widerstand R wird aber C wieder nachgeladen und nach der Aufladezeit ist das Basispotential von *T2* so weit angestiegen, daß *T2* wieder einschaltet. Damit kippt der Monoflop in seine stabile Lage (*T2* leitend, *T1* nichtleitend) zurück. Die Zeit, die nach dem Triggerimpuls U_E bis zum Rückkippen vergeht, wird durch die Zeitkonstante $\tau = RC$ bestimmt.

10.2.4.3. Astabile Vibratoren

Im Bild 10.34 ist die Schaltung mit Bipolartransistoren eines *astabilen Vibrators* dargestellt. Bei dieser Schaltung ist *keiner der Zustände T1* bzw. *T2 leitend stabil.*

Ist z. B. *T1* leitend, so lädt sich die Kapazität C_2 über den Widerstand R_2 auf bis *T2* einschaltet. Ist *T2* leitend, so lädt sich die Kapazität C_1 über den Widerstand R_1 auf bis *T1* wieder leitet usw. Im Bild 10.35 sind die Spannungsverläufe an den Kollektor- und Basisknoten dieser Schaltung dargestellt. Die Umschaltzeiten werden von den Zeitkonstanten $\tau_1 = C_1 R_1$ bzw. $\tau_2 = C_2 R_2$ bestimmt. Mit astabilen Multivibratoren werden Rechteckimpulsspannungen erzeugt, die z. B. in Taktgeneratoren für komplexe Digitalschaltungen benötigt werden (s. Abschn. 10.2.5.).

10.2.4.4. Schmitt-Trigger

Der *Schmitt-Trigger* ist ein *Schwellwertschalter.* Er ist im Prinzip ein Flipflop, wie er im Bild 10.36 z. B. mit Bipolartransistoren gezeigt ist.

Betrachten wir nun die Funktion mit den Bildern 10.36 und 10.37: Ist Transistor *T1* ausgeschaltet, so liegt am Ausgang *A* eine kleine Restspannung. Wird U_E erhöht, so erhöht sich auch das Basispotential von *T1.* Bei einem bestimmten Wert $U_E = U_{ESE}$ (Einschaltschwelle) ist die Basis-Emitter-Spannung von *T1* so weit angestiegen (bei Si-Transistoren auf etwa $U_{FO} \approx 0{,}7$ V), daß *T1* einschaltet. Dadurch sinkt rasch das Basispotential von *T2*, und dieser schaltet aus. Durch das Ausschalten von *T2* steigt die Ausgangsspannung U_A am Kollektor von *T2* rasch auf etwa die Betriebsspannung $+U_{CC}$ an, wie dies im Bild 10.37 gezeigt ist.

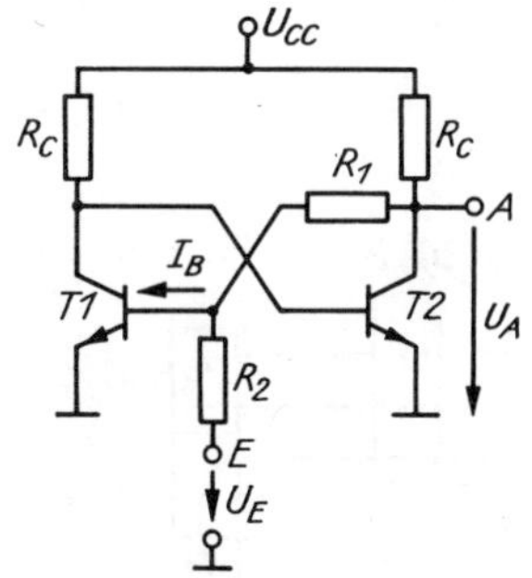

Bild 10.36
Schmitt-Trigger mit Bipolartransistoren

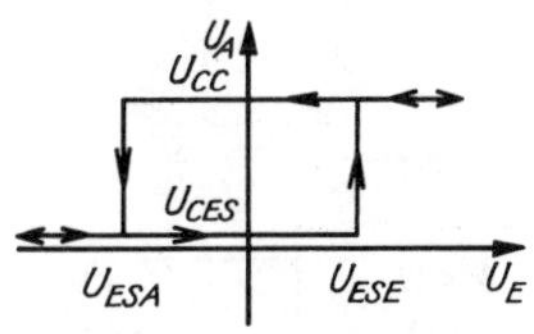

Bild 10.37. Umschaltkennlinie eines Schmitt-Triggers

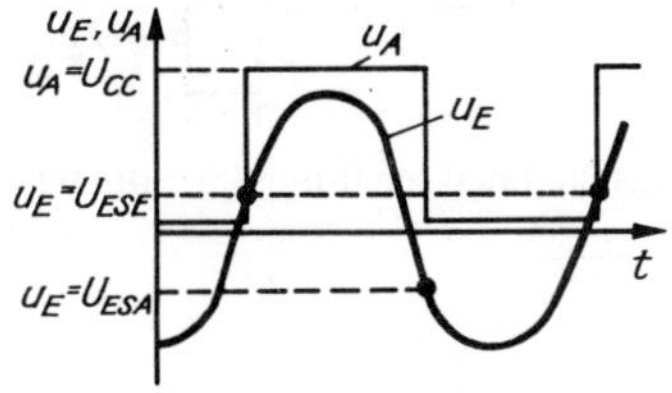

Bild 10.38. Beispiel der Umwandlung einer Sinusspannung in eine Rechteckspannung mit einem Schmitt-Trigger

Wird U_E nun wieder erniedrigt, so ändert sich das Basispotential von *T1* zunächst wenig, *T1* bleibt eingeschaltet, und U_A bleibt auf dem hohen Spannungswert. Sinkt aber U_E auf den negativen Schwellwert $U_{ESA} < 0$, so schaltet Transistor *T1* wieder aus, wodurch das Basispotential von *T2* ansteigt, *T2* schaltet ein, und die Ausgangsspannung U_A sinkt wieder auf eine kleine Restspannung ab (s. Bild 10.37). Die Übertragungskennlinie, die wie eine Hysteresekurve verläuft (s. Bild 10.37) offenbart also das Verhalten des Schmitt-Triggers als Schwellwertschalter. Bei Überschreiten eines Schwellwertes U_{ESE} steigt die Spannung am Ausgang plötzlich an, bei Unterschreiten des Schwellwertes $U_{ESA} < 0$ sinkt die Ausgangsspannung plötzlich ab.

Daraus ergibt sich auch die Anwendung dieser Schaltung z. B. in der Impulsformung, wie dies im Bild 10.38 bei der Umwandlung einer Sinusschwingung in eine Rechteckimpulsfolge veranschaulicht ist.

Der Leser mache sich dies zur Übung mit Bild 10.37 selbst einmal klar.

10.2.5. Komplexe Digitalschaltungen

Komplexe Digitalschaltungen sind aus den Grundelementen, die wir in den Abschnitten 10.2.3. und 10.2.4. besprochen haben, aufgebaut und sind in sich abgeschlossene Funktionsgruppen, die digitale Signale verarbeiten und speichern. Solche komplexe Digitalschaltungen sind u. a. Dekoder, Rechenschaltungen, Register, Speicher, Zähler und Teiler.

10.2.5.1. Dekoder

Funktionsprinzip. Im Abschnitt 10.2.2. hatten wir gesehen, daß bei Binärwörtern mit N bits 2^N Informationen verschlüsselt (kodiert) werden können (z. B. bei $N = 3$ die 8 Kodewörter: ØØØ; ØØ1; Ø1Ø; Ø11; 1ØØ; 1Ø1; 11Ø; 111). Diese Kodewörter können verschiedene Bedeutung haben. Mit jedem Kodewort ist *eine* Information (z. B. *ein* Befehl oder *eine* Zahl) verschlüsselt. Ein Dekoder in engerem Sinne ist eine Funktionsgruppe, die N Eingangssignale in die $M = 2^N$ unikalen Ausgangssignale (s. Bild 10.39) umwandelt.

Anwendungen: Um das Ganze deutlicher zu machen, wollen wir ein einfaches Anwendungsbeispiel eines Dekoders mit zwei Eingängen D_1 und D_2 betrachten. Für diesen Dekoder gibt es also $2^2 = 4$ unikale Ausgänge $F_1 \ldots F_4$. Die Wahrheitstabelle in Tafel 10.5 beschreibt die Funktion unseres Dekoders.

D_1	D_2	F_1	F_2	F_3	F_4
Ø	Ø	1	Ø	Ø	Ø
Ø	1	Ø	1	Ø	Ø
1	Ø	Ø	Ø	1	Ø
1	1	Ø	Ø	Ø	1

Tafel 10.5
Wahrheitstabelle eines 1-aus-4-Dekoders

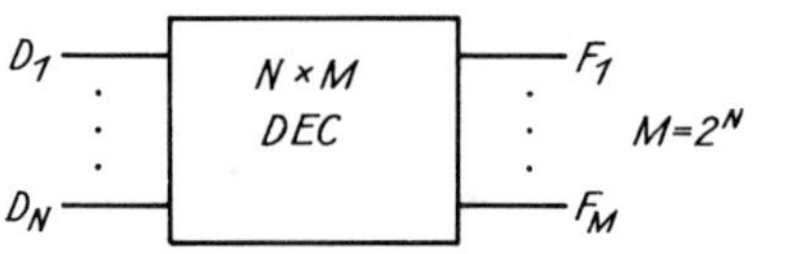

Bild 10.39
Logiksymbol eines Dekoders

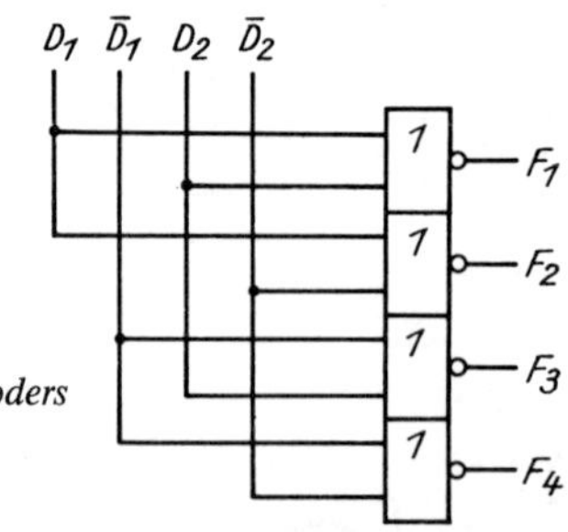

Bild 10.40
Logikschaltung eines einfachen 1-aus-4-Dekoders

Entsprechend dieser Tabelle ist ein Dekoder formal eine kombinatorische Logikschaltung (Schaltnetzwerk), deren Logikgleichung aus der Wahrheitstabelle abzulesen ist.

Aus Tafel 10.5 liest man folgende Logikgleichungen ab

$$F_1 = \bar{D}_1\bar{D}_2 = \overline{D_1 \vee D_2}, \qquad F_2 = \bar{D}_1 D_2 = \overline{D_1 \vee \bar{D}_2},$$

$$F_3 = D_1\bar{D}_2 = \overline{\bar{D}_1 \vee D_2}, \qquad F_4 = D_1 D_2 = \overline{\bar{D}_1 \vee \bar{D}_2}.$$

Schaltungstechnisch läßt sich also dieser Dekoder aus 4 NOR-Gattern aufbauen. Das Schaltbild des Dekoders entsprechend Tafel 10.5 mit 4 NOR-Gattern ist im Bild 10.40 dargestellt. Dieser Dekoder kann angewendet werden, wenn mit 2 Signalleitungen 4 Steuersignale erzeugt werden sollen. Damit kann man Leitungen und Anschlüsse zwischen Funktionsgruppen sparen, indem wie in unserem Beispiel nicht 4 Leitungen für die Steuersignale, sondern nur 2 Leitungen nötig sind und erst am Ort des Geschehens mit dem Dekoder im Bild 10.40 die 4 Steuersignale erzeugt werden.

Eine andere Anwendung eines Dekoders ist die Umwandlung eines Bitmusters in ein anderes Bitmuster. Ein besonders bedeutsames Beispiel dafür ist die Umwandlung der Binärkodes für die Dezimalziffern 0 bis 9 (BCD-Kode) gemäß Tafel 10.2 in die Ansteuersignale eines 7-Segmentdisplays a, b, c, d, e, f, g zur Anzeige der Ziffern 0 bis 9, wie wir dies im Abschnitt 8. (Bild 8.46) gesehen haben.

Dieser Dekoder wandelt also z. B. bei der Ziffer 3 die Eingangssignalbelegung DCBA = ØØ11 in die Ausgangssignalbelegung abcdefg = 1111ØØ1 um.

Solche sogenannten BCD-zu-7-Segmentdekoder sind z. B. als TTL-Schaltkreise im Handel verfügbar (z. B. der Baustein 7448).

10.2.5.2. Rechenschaltungen (Adder)

Funktionsprinzip. In der Digitaltechnik werden alle Rechnungen auf die Addition zurückgeführt: Die Subtraktion auf eine Addition mit dem Zweierkomplement (siehe Abschnitt 10.2.2.3.), die Multiplikation auf eine wiederholte Addition und die Division auf eine wiederholte Subtraktion. Deshalb ist die Schaltung, die die Addition ausführt, die grundlegende Rechenschaltung der binären Digitaltechnik. Sie wird *Volladder* genannt.

Ein Volladder ist eine Schaltung, die zwei Binärziffern a_i und b_i und einen Übertrag c_i zu einer Summe S_i addiert und einen eventuellen Übertrag c_{i+1} in die nächste Stelle bildet.

Die Rechenregeln mit Binärzahlen haben wir im Abschnitt 10.2.2.3. gelernt. Sie seien mit Tafel 10.6 hier noch einmal wiederholt (vgl. Tafel 10.4).

c_i	a_i	b_i	Summe $S_i = a_i + b_i + c_i$	Übertrag c_{i+1}
Ø	Ø	1	1	Ø
Ø	1	Ø	1	Ø
Ø	1	1	Ø	1
1	Ø	Ø	1	Ø
1	Ø	1	Ø	1
1	1	Ø	Ø	1
1	1	1	1	1

Tafel 10.6
Rechenregeln bei Addition von Binärziffern a_i, b_i und Übertrag c_i

Dies kann man wieder als eine formale Logikverknüpfung der Eingangsgrößen c_i, a_i und b_i zu den Ausgangsfunktionen S_i und c_{i+1} mit Tafel 10.6 als dazugehörige Wahrheitstabelle auffassen. Die Wahrheitstabelle 10.6 wird durch folgende Logikgleichungen (Schaltfunktionen) realisiert.

$$S_i = \overline{c_{i+1}}\,(a_i \vee b_i \vee c_i) \vee a_i b_i c_i$$

mit

$$c_{i+1} = a_i b_i \vee c_i\,(a_i \vee b_i).$$

Dem Leser wird empfohlen, zur Übung diese Gleichungen mit Tafel 10.6 herzuleiten.

Diese Gleichungen werden durch die Logikschaltung des Volladders im Bild 10.41 realisiert.

Anwendung. Volladder treten in erster Linie als Unterfunktionsgruppen in Rechenwerken der CPU (CPU = Central Processing Unit = Zentraleinheit) eines Computers auf. Sie sind aber

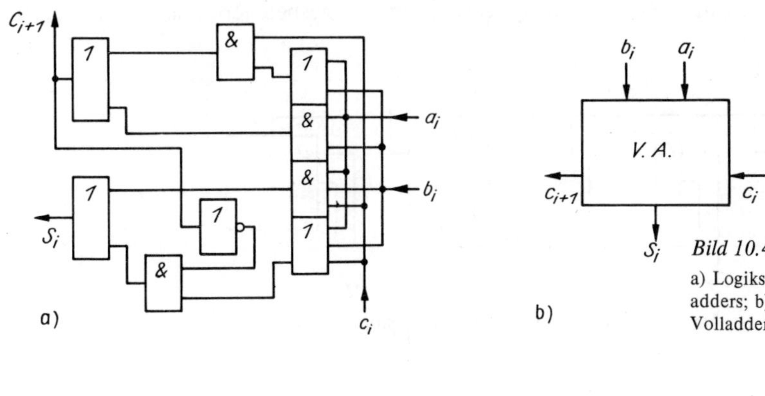

Bild 10.41

a) Logikschaltung eines Volladders; b) Logiksymbol eines Volladders

auch als einzelne TTL-Bausteine handelsüblich. Mit Volladdern kann man Addier- und Subtrahierwerke aufbauen. Werden sie mit Schieberegistern kombiniert, so können auch Multiplizier- und Dividierwerke realisiert werden. Schieberegister werden wir aber erst im übernächsten Abschnitt behandeln.

10.2.5.3. Register/Speicher

Funktionsprinzip. Ein *Speicherregister* ist eine Funktionsgruppe, die eine Information in Form eines Binärwortes (bestehend aus Nullen und Einsen) an seinem Eingang aufnehmen kann und diese an seinen Ausgang weitergibt. Wenn die Information am Eingang abgeschaltet wird, bleibt sie aber im Register gespeichert und steht nach wie vor am Ausgang zur Verfügung bis am Eingang eine neue Information (Binärwort) aufgenommen wird und dadurch den Registerinhalt ändert. Ein solches Register hat den Sinn, die Funktionseinheit, die die Eingangsinformation liefert, zu befähigen, eine neue Information zu erzeugen, während die vorhergehende im Register für eine eventuelle spätere Nutzung aufbewahrt wird.

Ein Speicherregister wird aus Flipflops aufgebaut, wie wir sie im Abschnitt 10.2.4.1. kennengelernt haben. Man benötigt für jede Stelle des Binärwortes einen Flipflop. Symbolisch kennzeichnen wir die Registerzellen durch ein Viereck mit einem Eingang D und einem Ausgang Q, wie es im Bild 10.42 für ein 8-bit-Register geschehen ist. (In unserem Beispielregister von Bild 10.42 ist das byte 11Ø1ØØ11 gespeichert.)

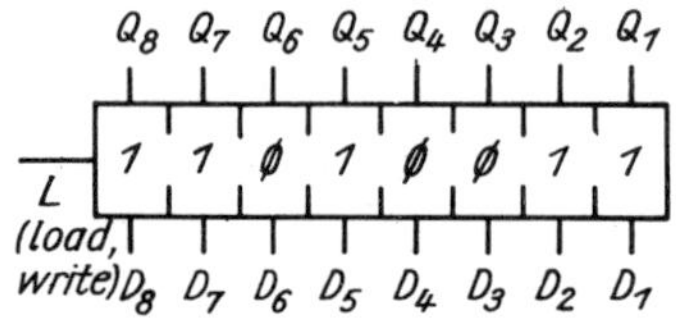

Bild 10.42. Symbolische Darstellung eines Speicherregisters

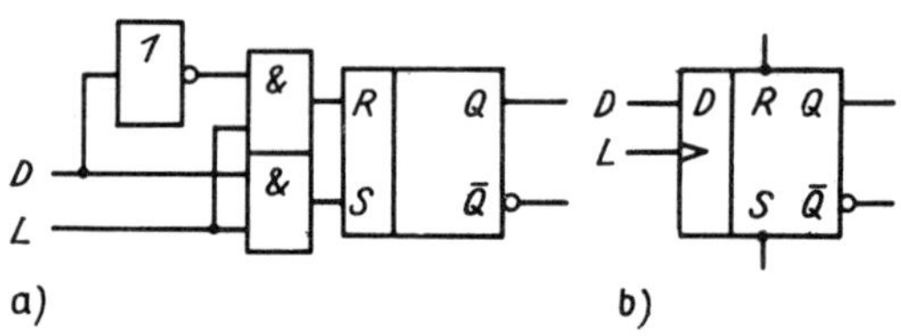

Bild 10.43. Logikschaltung (a) und Logiksymbol (b) eines D-Flipflops (Data Latch) für Speicherregister

Zusätzlich benötigt ein Register mindestens noch einen Steuereingang L (= load), welcher nur bei L = „1" erlaubt, die Eingangsinformation aufzunehmen („einzuschreiben" zu „laden"). Am einfachsten kann eine Registerzelle aus einem RS-Flipflop (gemäß Bild 10.43) aufgebaut werden, bei dem der S-Eingang mit dem Dateneingang D und der R-Eingang mit dem negierten Dateneingang $\bar{D}$ gesteuert wird. Einen solchen Flipflop nennt man D-Flipflop.

Zusätzlich muß noch durch eine UND-Verknüpfung gesichert werden, daß nur bei L = „1" das Eingangssignal D den Flipflop beeinflussen kann. Damit ergibt sich das im Bild 10.43 gezeigte Schaltbild einer Registerzelle (Speicherzelle). Zusätzlich können noch die R- (reset, clear) und S- (set, preset)-Eingänge nach außen geführt werden, um von außen das bitweise Rücksetzen (bei $R = 1$, $S = \emptyset$ wird $Q = \emptyset$) oder Setzen (bei $S = 1$ und $R = \emptyset$ wird $Q = 1$) zu ermöglichen.

Das Schaltbild eines Registers mit 4 Stellen ist im Bild 10.44 gezeigt. Bei L = „1" wird D_1 nach Q_1, D_2 nach Q_2, D_3 nach Q_3, D_4 nach Q_4 übertragen und gespeichert, auch wenn danach L = „Ø" wird.

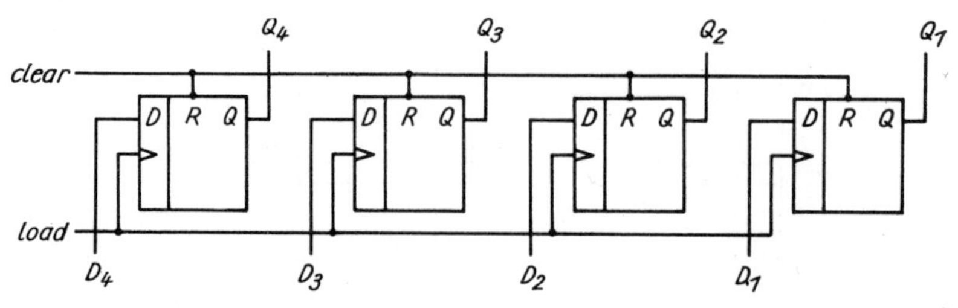

Bild 10.44. Logikschaltung eines 4-bit-Speicherregisters mit D-Flipflops

Werden mehrere solcher Register in einem Block angeordnet, so daß die Registerzellen (Flipflops) matrixförmig in diesem Block angeordnet sind, so spricht man von einem *Speicher.* Im Bild 10.45 ist ein solcher Speicherblock mit 4 Registern und insgesamt $8 \cdot 4 = 32$ Registerzellen = Speicherzellen skizziert. Man erkennt hierin wieder die Dateneingangsleitungen $D_1 \ldots D_8$ und Datenausgangsleitungen $Q_1 \ldots Q_8$, die für alle 4 Register gleichermaßen gelten, d. h., alle untereinanderliegenden Speicherzellen sind an die gleichen Dateneingangsleitungen D bzw. Datenausgangsleitungen Q angeschlossen.

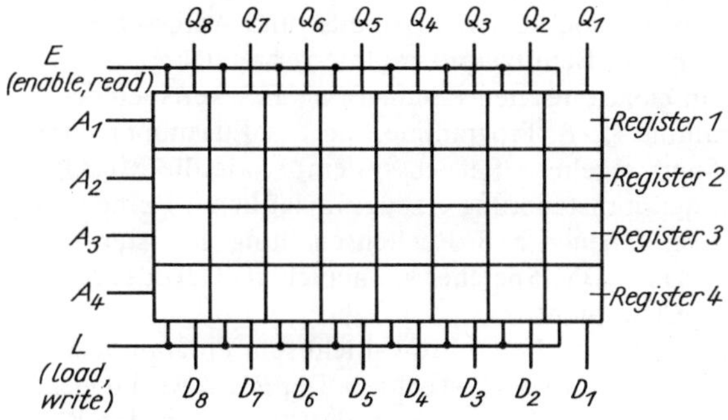

Bild 10.45. Speicherregisterblock

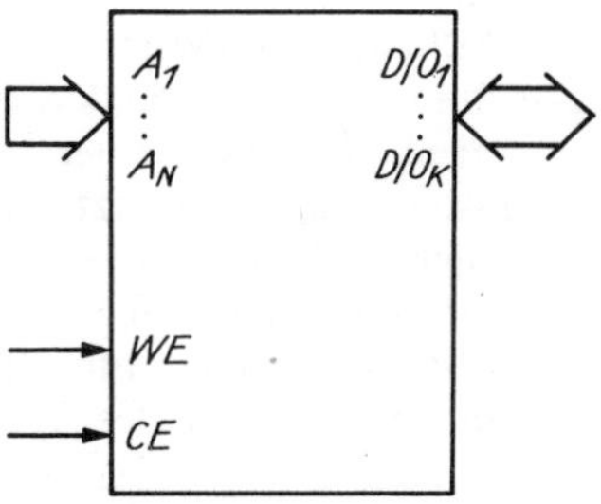

Bild 10.46. Logiksymbol eines Speichers

Zur Aktivierung des Ausganges beim Lesen des Speichers dient wieder der Steuereingang E (enable), der bei Speichern meist mit chipenable (= CE) bezeichnet wird. Zur Aktivierung der Dateneingänge beim Schreiben dient der Steuereingang L (= laden), der bei Speichern meist mit WE (write enable) bezeichnet wird. Damit man aber überhaupt bestimmen kann, in welches der Register eingeschrieben (geladen) bzw. aus welchen gelesen werden kann, sind die zusätzlichen Steuersignale $A_1 \ldots A_4$, sogenannte Adressen, erforderlich. Diese Adressensteuersignale schalten nur das Register an die Ein- bzw. Ausgänge $D_1 \ldots D_8$ bzw. $Q_1 \ldots Q_8$, deren Adressenleitung einen High-Pegel führt.

Heute gibt es solche Halbleiterspeicher bereits mit Millionen Speicherzellen, und wir wollen deshalb für die allgemeine Benutzung das Logiksymbol im Bild 10.46 für einen Speicher statt der speziellen Schaltung im Bild 10.45 verwenden.

Man erkennt im Bild 10.46 wieder die Adressensignale $A_1 \ldots A_N$, die in einem Adreßleitungsbündel A, dem sogenannten Adreßbus zusammengefaßt sind, die Ausgangs- bzw. Eingangsleitungen $D/0_1 \ldots D/0_k$, die in einem *Datenleitungsbündel,* dem sogenannten *Datenbus* $D/0$ symbolisch zusammengefaßt sind, und die Steuersignale CE (chipenable, Ausgangsaktivierung) und WE (writeenable, Eingangsaktivierung).

Besteht der Datenein- bzw. -ausgang nur aus einer Leitung, so spricht man von *Bitorganisation;* besteht der Datenein- bzw. -ausgang aus 8 Leitungen, so spricht man von *Byte- oder Wortorganisation.*

Mit N Adressenleitungen lassen sich $M = 2^N$ Speicherzellen adressieren. Dies ist so, weil man durch Binärwörter mit N bit 2^N verschiedene Informationen, also auch Speicheradressen, kodieren kann, siehe dazu auch Abschnitt 10.2.5.1. Man benötigt im Speicher dazu zusätzlich einen Dekoder.

Als Speicherzellen hatten wir bisher Flipflops gemäß Bild 10.43 kennengelernt. Speicherzellen dieser Art lassen sich beliebig lesen und schreiben, wobei beim Schreiben einer neuen Information der alte (vorhergehende) Speicherinhalt überschrieben wird. Solche Speicher bezeichnet man als *Lese-Schreib-Speicher* oder *RAM (= RAM random access memory).*

Als Beispiel eines statischen RAM-Speichers in MOS-Technik wollen wir den Schaltkreis 2114 nennen. Man kann aber anstelle der Flipflops als Speicherzelle auch einfach nur einzelne Transistoren verwenden. Ein solcher Speicher hat dann einen festen Inhalt, der durch den Zustand der Transistoren („Eingeschaltet" bzw. „Ausgeschaltet") bestimmt wird. Ein solcher Speicher kann nur gelesen werden und wird Festwertspeicher oder Nur-Lese-Speicher bzw. *ROM (ROM = read only memory)* genannt.

Dienen Spezial-MOS-Transistoren als Speicherzellen, deren Zustand durch kurzwellige Strahlung (z. B. UV-Licht) bzw. hohe Spannungsimpulse geändert werden kann, so kann der ROM im ganzen gelöscht und auch elektrisch durch hohe Spannungsimpulse programmiert werden. Solche Speicher bezeichnet man als EPROMs (EPROM = erasable programmable read only memory).

Anwendung. Registerblöcke bzw. RAM mit Flipflop-Zellen werden in elektronischen Rechnern und Datenverarbeitungsanlagen als Notizblockspeicher, Arbeits- und Adressenregister sowie als Hauptspeicher für variable Daten und Benutzerprogramme verwendet.

ROM bzw. EPROM-Speicher werden in elektronischen Rechnern als Festwertspeicher für Konstanten und unveränderliche Programme (z. B. Programme, die das Zusammenwirken der einzelnen Komponenten eines Rechners regeln = Betriebssystem) sowie die Mikroprogrammsteuerung eingesetzt. Die Mikroprogrammsteuerung erzeugt in zeitlicher Reihenfolge Steuersignale für die einzelnen Funktionsgruppen – z. B. Rechenschaltung, Register – des Rechners, um einen Befehl abzuarbeiten. Der ROM-Speicher kann auch als Dekoder für die verschiedensten Anwendungsfälle in Frage kommen.

Beim EPROM kann der Anwender nach dem Löschen mit UV-Licht sein Programm selbst einschreiben. Ein Beispiel ist der Schaltkreis 2716 in MOS-Technik. Der ROM wird dagegen beim Hersteller nach den Angaben des Anwenders fest programmiert und kann damit nie mehr mit einem anderen Inhalt programmiert werden.

Im Abschnitt 10.4. werden wir insbesondere mit Bild 10.61 die Anwendung von RAM- bzw. ROM/EPROM-Speichern im Gesamtsystem eines Mikrorechners noch einmal deutlich machen.

10.2.5.4. Schieberegister

Funktionsprinzip. Schieberegister haben gegenüber gewöhnlichen Speicherregistern noch eine zusätzliche Funktion. Sie können nämlich die Information von Registerzelle zu Registerzelle verschieben.

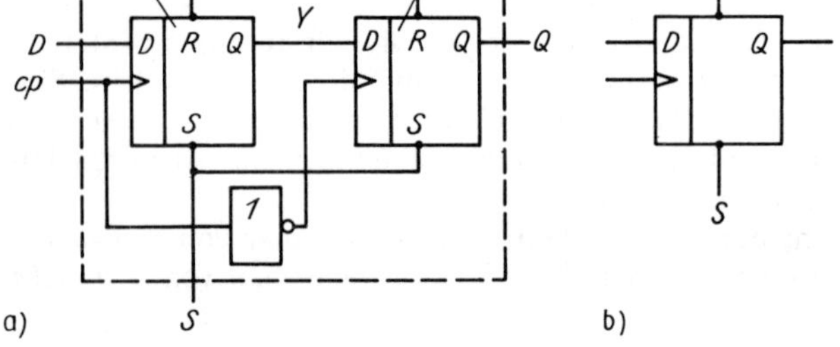

Bild 10.47. Logikschaltung (a) und Logiksymbol (b) eines Master-Slave-Flipflops mit D-Flipflops

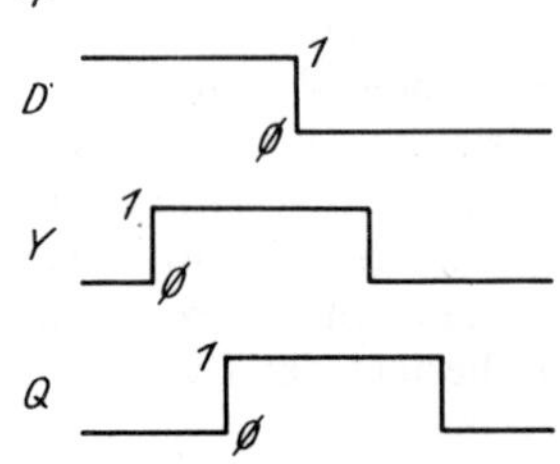

Bild 10.48. Impulsdiagramm des Master-Slave-Flipflops nach Bild 10.47.

Dazu ist ein besonderer Flipflop, der sogenannte Master-Slave-Flipflop, nötig. Der Master-Slave-Flipflop besteht aus 2 Flipflops, wie wir sie für je eine Speicherregisterzelle benötigen.

Mit D-Flipflops entsprechend Bild 10.43 sieht dann ein Master-Slave-Flipflop wie im Bild 10.47 aus (hier ist der Ladeeingang gleich dem (Verschiebe-)Taktimpuls cp). Die Funktion wird mit dem Taktdiagramm im Bild 10.48 deutlich. Wir nehmen an, daß der Ausgangszustand $Y = 0$ und $Q = 0$ ist und am Eingang das Datensignal $D = 1$ liegt. Auf der positiven Flanke von cp ($0 \rightarrow 1$) wird $D = 1$ an den Eingang des Master (Meister) übernommen und setzt dessen Ausgang auf $Y = 1$.

In den Slave (Sklave) kann $Y = 1$ aber noch nicht übernommen werden, da dessen Ladetakteingang mit dem negierten cp-Signal $\overline{cp}$ aktiviert wird (s. den Negator im Bild 10.47).

Erst auf der abfallenden Flanke von cp (d. h. der ansteigenden Flanke von $\overline{\text{cp}}$) wird $Y = 1$ in den Slave übernommen und setzt diesen auf $Q = 1$. Bei $D = \emptyset$ ist der Vorgang analog.

Schaltet man solche Flipflops in Kette wie es Bild 10.49 zeigt, so kann die am seriellen Dateneingang DE liegende Information beim ersten Taktimpuls in den ersten Flipflop, beim zweiten Taktimpuls in den zweiten Flipflop usw. „geschoben" werden. Während des 2. Taktimpulses kann von DE aus die erste Register-Zelle bereits wieder mit einer neuen Information geladen werden usw.

Wollen wir also das 4-bit-Register im Bild 10.49 mit dem Binärwort $D_4D_3D_2D_1 = 11\emptyset1$ seriell laden, so muß zuerst im 1. Takt cp_1 $D_1 = 1$ über DE in die erste Zelle geladen werden. Im 2. Takt cp_2 wird diese 1 in die 2. Zelle geschoben, gleichzeitig gelangt über DE das Signal $D_2 = \emptyset$ in die erste Zelle. Im 3. Takt cp_3 gelangt die 1 aus Zelle 2 in Zelle 3, die Ø aus Zelle 1 in Zelle 2 und vom Eingang DE wird $D_3 = 1$ in Zelle 1 geschoben. Schließlich erfolgt im 4. Takt das Verschieben der 1 aus Zelle 3 in Zelle 4, der Ø aus Zelle 2 in Zelle 3, der 1 aus Zelle 1 in Zelle 2 und über DE das Einlesen von $D_4 = 1$ in Zelle 1 (Bild 10.50).

Das Schieberegister kann auch parallel geladen werden, dazu kann man die Setzeingänge S benutzen.

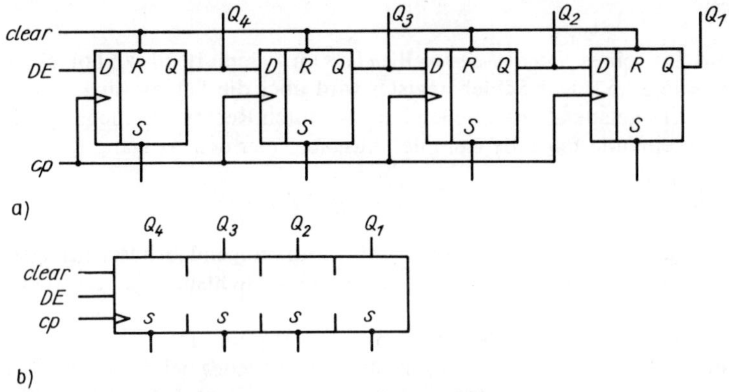

Bild 10.49. Logikschaltung (a) und Logiksymbol (b) eines 4-bit-Schieberegisters

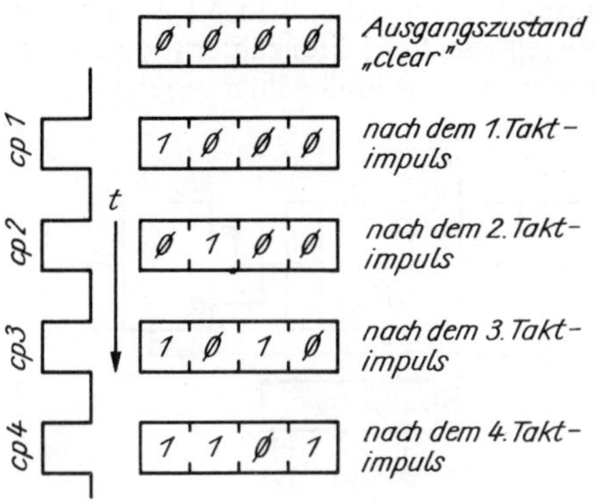

Bild 10.50
Erläuterung des Funktionsprinzips eines 4-bit-Schieberegisters

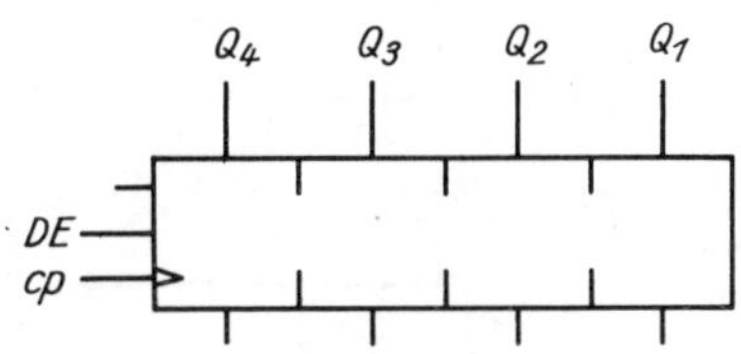

Bild 10.51. Logiksymbol eines Serien-Parallel-Wandlers

Anwendung. Schieberegister sind wesentliche Funktionseinheiten elektronischer Rechner. Wir können uns hier nur auf einige prinzipielle Anwendungsbeispiele konzentrieren.

Die Umwandlung zeitlich nacheinanderfolgender Bits in ein binäres Datenwort mit N bit kann bei der seriellen Datenübertragung und anschließender paralleler Datenverarbeitung von Bedeutung sein. Wir erläutern die Funktion des *Serien-Parallel-Wandlers* mit dem Logiksymbol eines 4-bit-Schieberegisters im Bild 10.51. Über den Dateneingang DE werden 4 bit in 4 Taktimpulsen cp (s. auch Bild 10.50) eingeschoben. Anschließend erfolgt die gleichzeitige (parallele) Ausgabe der 4 nacheinander (seriell) eingelesenen Bits über die Ausgänge $Q_1 \ldots Q_4$.

Die Umwandlung von binären Datenwörtern mit N bit in eine zeitliche Folge einzelner Bits ist bei der seriellen Datenausgabe aus einem Computer bzw. einer Datenverarbeitungsanlage erforderlich.

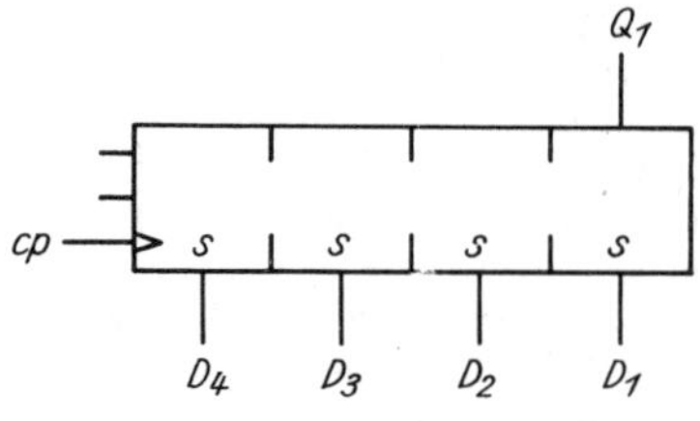

Bild 10.52. Logiksymbol eines Parallel-Serien-Wandlers

Tafel 10.7
Funktionstabelle eines T-Flipflops

T_n	T_{n+1}	Q_{n+1}
∅	1	$\overline{Q_n}$
1	∅	Q_n

Q_n bedeutet den derzeitigen,
Q_{n+1} den neuen Zustand nach dem $n+1$ten Takt T_{n+1}.

Wir erläutern die Funktion eines *Parallel-Serien-Wandlers* mit dem Logiksymbol eines 4-bit-Schieberegisters im Bild 10.52. Das Schieberegister wird über die Setzeingänge S mit dem binären Datenwort $D_4 \ldots D_1$ geladen. Anschließend erfolgt durch Rechtsverschiebung mit dem Takt cp die zeitlich aufeinanderfolgende (serielle) Ausgabe über den Ausgang Q_1.

10.2.5.5. Zähler und Teiler

Funktionsprinzip. Zähler sind gleichzeitig auch *Teiler*, so daß wir die folgenden Betrachtungen zunächst nur für Zähler durchführen und dann anhand dieser die Gesichtspunkte bei Teilern hervorheben.

Grundelement jedes Zählers ist ein spezieller Flipflop, der T-Flipflop. Der T-Flipflop hat die Eigenschaft, mit seinem Eingang T den Ausgangszustand Q entweder bei Ansteigen von T (∅→1 positive Flanke) oder beim Abfallen von T (1→∅ negative Flanke) zu ändern. Ein mit positiver Flanke getriggerter T-Flipflop hat dann die Funktionstabelle Tafel 10.7.
Damit ergibt sich das im Bild 10.53b gezeigte Taktdiagramm. Man sieht, daß der Ausgangsimpuls Q nur die halbe Frequenz des Eingangsimpulses T hat. Schaltet man N solche T-Flipflops in Kette, so erhält man einen sogenannten N-stelligen Asynchronzähler (ripple counter), wie es z. B. im Bild 10.54 für einen 3stelligen asynchronen Binärzähler gezeigt ist.

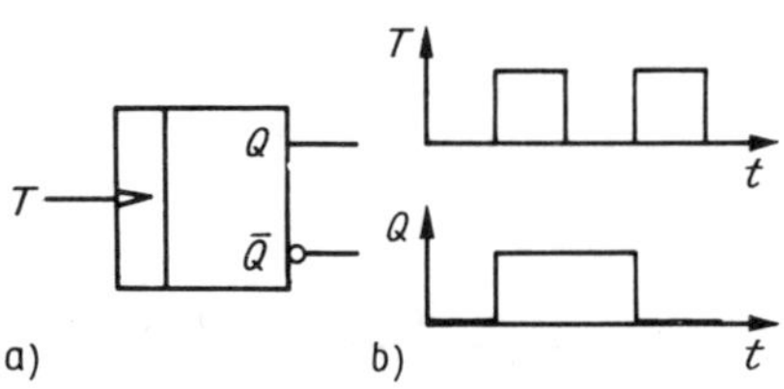

Bild 10.53. Logiksymbol (a) und Impulsdiagramm (b) eines T-Flipflops

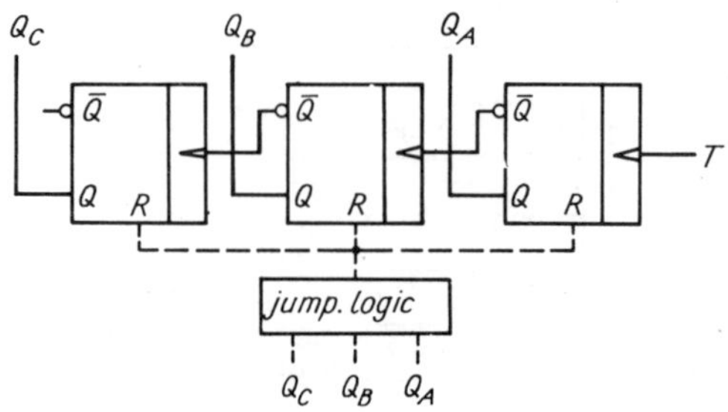

Bild 10.54. 3stufiger asynchroner Binärzähler (die jump logic zum beliebigen Rücksetzen ist gestrichelt mit eingezeichnet)

Die Funktion dieses Zählers sei nachfolgend erläutert. Wie wir bereits anhand von Bild 10.53b gesehen haben, schaltet der Ausgang Q_A stets auf der positiven Flanke von T um, Q_A hat also nur noch $\frac{1}{2}$ der Frequenz von T.

Nun ist der negierte Ausgang $\overline{Q}_A$ mit dem T-Eingang der folgenden Stufe verbunden. Das bedeutet, daß der Flipflop B nun nur auf der positiven Flanke von $\overline{Q}_A$ schaltet (s. Bild 10.54). Q_B erhält damit nur noch $\frac{1}{2}$ der Freqenz von Q_A bzw. $\frac{1}{4}$ der Frequenz von T. Auf gleiche Art ist nun die 3. Stufe C mit ihrem Eingang T mit dem negierten Ausgang $\overline{Q}_B$ verbunden und schaltet damit nur auf der positiven Flanke von $\overline{Q}_B$. Q_C hat dann noch $\frac{1}{2}$ der Frequenz von Q_B, $\frac{1}{4}$ der Frequenz von Q_A und $\frac{1}{8}$ der Frequenz von T (s. Bild 10.55). Damit ist auch bereits die Teilerfunktion nachgewiesen.

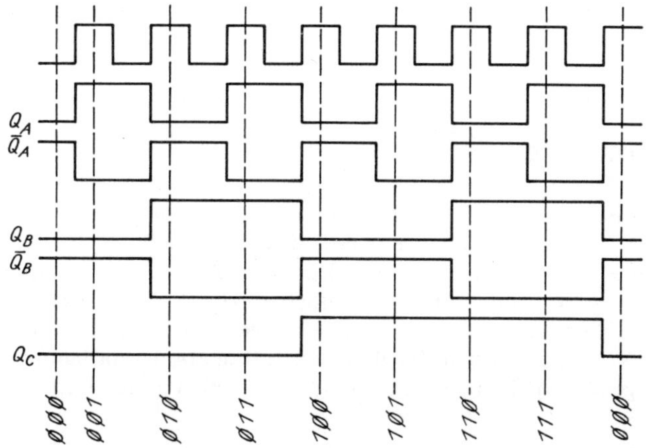

Bild 10.55. Erläuterung des Funktionsprinzips eines 3stufigen Binärzählers nach Bild 10.54. anhand des Impulsdiagrammes

Am Ausgang der 3. Stufe Q_C liegt ein Impuls mit $1/2^3 = 1/8$ der Frequenz des Eingangsimpulses T an (bei N-Stufen entstünde ein $1:2^N$-Teiler!). Bei der Zählerfunktion werden nicht nur (wie beim Teiler) der höchstwertige Ausgang, sondern alle Ausgänge (Q_A, Q_B, Q_C, ...) verwendet. Für die Zustände dieser Ausgänge Ø, 1 können wir für aufeinanderfolgende Taktimpulse T folgendes Zählschema unseres 3stufigen Zählers aus Bild 10.55 ablesen: Man sieht, daß dieser Zähler binär von Ø bis 7 zählt, d. h., an den Ausgängen erschienen bei jeweils positiven Flanken von T (Ø→1) nacheinander die binären Zahlen Ø bis 7.

Nun kann aber der Zähler für andere Zählmoden, z. B. von Ø bis 5, eingesetzt werden. Dazu verwendet man einen Rücksetzeingang R am T-Flipflop, der bei Aktivierung z. B. mit dem Highpegel die Flipflops auf Ø zurücksetzt. Steuert man diesen Eingang mit einer geeigneten beschalteten Logik (jump logic) aus den Ausgängen Q_A, Q_B, Q_C (aktueller Zählerzustand!), so kann man den Zähler bei einem beliebigen Zählerstand auf Ø zurücksetzen und ihn dadurch zwingen, nach diesem Rücksetzen mit dem Zählen (von Ø an) erneut zu beginnen. Die Rücksetzlogik ist im Bild 10.54 gestrichelt eingezeichnet. Wollen wir z. B. aus unserem 3stufigen Zähler einen Zähler von Ø bis 5 machen (gleichbedeutend damit ist ein 1:6-Teiler!), so muß das Resetsignal R bei ($Q_C Q_B Q_A$) = 1Ø1 = 5 generiert werden. Das heißt, die Rücksetzlogik muß die folgende Funktion

$$R = Q_C \overline{Q}_B Q_A = \overline{\overline{Q}_C \vee Q_B \vee \overline{Q}_A}$$

realisieren.

Wie wir sehen können, zählte dieser Zähler stets von Ø an. So etwas nennt man einen *Vorwärtszähler.*

Wollen wir jedoch einen Zähler, der vom Zählerstand ($Q_C Q_B Q_A$) = 111 rückwärts (also nacheinander 111, 11Ø, 1Ø1 usw.) zählt, so können wir das bei unserem Zähler von Bild 10.54 einfach dadurch realisieren, daß wir nicht den negierten, sondern den nichtnegierten Ausgang Q des vorhergehenden Flipflops mit dem T-Eingang des jeweils folgenden Flipflops verbinden.

Anwendung. Die Anwendung von Teilern liegt auf der Hand: Sie werden zum Teilen einer Frequenz z. B. in Quarzuhren verwendet. Die Schwingfrequenz des Uhrenquarzes beträgt meist 32 kHz (genau 32,768 kHz). Diese Frequenz muß bis zu 1 Hz (= Impulsdauer 1 s) heruntergeteilt werden. Das erfolgt mit einem 15stufigen Teiler. Das Teilerverhältnis dieses 15stufigen Teilers ist $2^{15}:1$, also 32768:1.

Zähler werden zum Zählen einer Impulsfolge angewandt. Bleiben wir beispielsweise wieder bei der elektronischen Uhr, so werden die Sekunden in einem Zähler gezählt, der als Eingangsimpuls den 1-Sekunden-Impuls (Ausgang des 15stufigen Teilers) erhält. Die erste Zählereinheit zählt die Einer der Sekunden. Beim 10. Eingangsimpuls muß diese erste Zählereinheit auf Null gesetzt werden und ein Impuls auf die folgende Zählereinheit gegeben werden, die die Zehner der Sekunden zählt. Letztere muß bereits beim 6. Eingangsimpuls zurückgesetzt werden, da 1 Minute 60 Sekunden hat. Anschließend folgen die Zählereinheiten für Minuten, Stunden und Tage.

Dem Leser sei empfohlen, sich das Zählschema für die Minuten und Stunden einmal selbst klarzumachen.

10.3. D/A- und A/D-Konverter

Die meisten integrierten Schaltkreise arbeiten digital. Die uns umgebende *makroskopische* Welt ist aber weitgehend analog, d. h., sie kennt nicht nur zwei diskrete Zustände, sondern kontinuierlich verlaufende Vorgänge. Die Nutzung der digitalen Schaltkreise für die Automatisierung von Vorgängen der realen Welt erfordert also vielfach zunächst eine Umwandlung der kontinuierlichen Prozeßgrößen in ein digitales binäres Signal, welches das integrierte digitale System (Schaltkreis) versteht. Nach der digitalen Informationsverarbeitung im Schaltkreis muß das digitale Ergebnis wieder in ein analoges Signal umgewandelt werden.

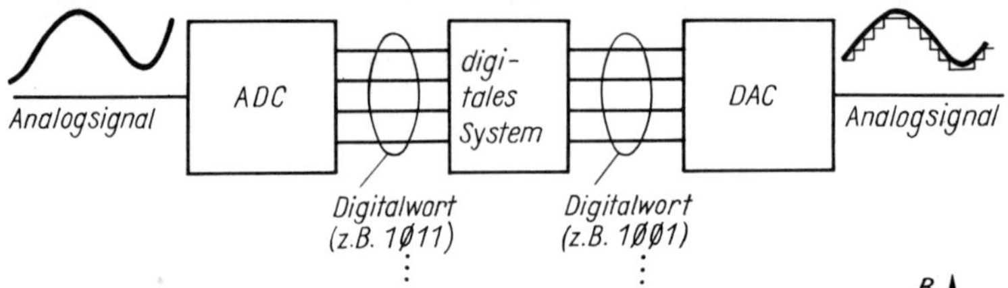

Bild 10.56. Prinzip des Einsatzes von Analog-Digital- und Digital-Analog-Wandlern

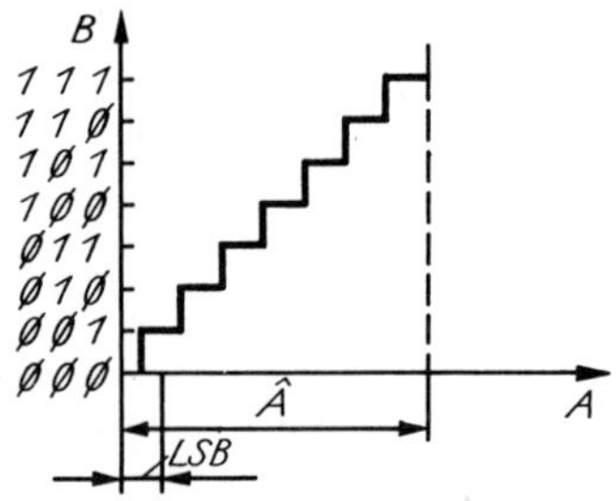

Bild 10.57
Wandlerkennlinie eines Analog-Digital-Wandlers

Man benötigt also am Eingang einen Analog-Digital-Wandler (ADC)[1] und am Ausgang einen Digital-Analog-Wandler (DAC), wie es Bild 10.56 zeigt. Die Wandlung eines Analogsignals in ein Digitalsignal veranschaulicht die Wandlerkennlinie im Bild 10.57 für einen 3-bit-Wandler als Beispiel. Mit einem 3-bit-Wandler können also $2^3 = 8$ (allgemein bei N-bit-Wandler 2^N) diskretisierte Amplitudenstufen (einschließlich 0) des Analogsignals dargestellt werden. Die Höhe einer Amplitudenstufe (= LSB least significant bit) beträgt bei einem gesamten Aussteuerbereich der Analogsignale $\hat{A}$ in unserem Beispiel

$$\mathrm{LSB} = \hat{A}/(2^3 - 1) = \hat{A}/7.$$

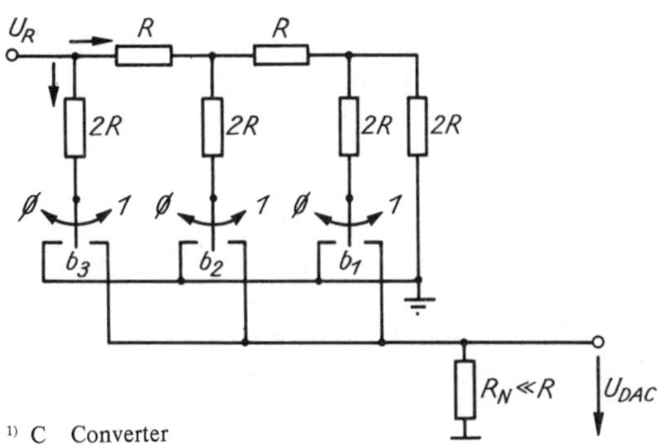

Bild 10.58
Einfache Schaltung eines Digital-Analog-Wandlers mit R-2R-Netzwerk

[1] C Converter

Das bedeutet, solange $A < (1/2)$ LSB ist, ist das binäre digitale Ausgangssignal $B = 000$.
Ist $(1/2)$ LSB $< A < (3/2)$ LSB, ist das binäre Signal $B = 001$.
Ist $(3/2)$ LSB $< A < (5/2)$ LSB, so ist $B = 010$
usw.

Bei dem Maximalwert von A $(= \hat{A})$ ist das binäre digitale Ausgangssignal $B = 111$.

Für die schaltungstechnische Realisierung gibt es zahlreiche Varianten in MOS- und Bipolartechnik [10.2].

Als einfaches Beispiel eines 3-bit-D/A-Wandlers ist im Bild 10.58 ein R-2R-Netzwerk gezeigt. Dies funktioniert wie folgt:

An das R-2R-Netzwerk wird eine Referenzspannung U_R angelegt. Durch die Umschalter b_1, b_2, b_3 (die z. B. durch Schalttransistoren realisiert werden) wird das Digitalwort $B = b_3b_2b_1$ eingegeben, und zwar bedeutet die linke Schalterstellung, daß die jeweilige Bitstelle „0" ist, die rechte Schalterstellung dagegen „1".

Tafel 10.8
Zählschema des 3stufigen Binärzählers nach Bild 10.54

$T_n \rightarrow$	T_{n+1}	Q_C	Q_B	Q_A	
		0	0	0	Ausgangszustand 0
0	1	0	0	1	1
1	0	0	0	1	
0	1	0	1	0	2
1	0	0	1	0	
0	1	0	1	1	3
1	0	0	1	1	
0	1	1	0	0	4
1	0	1	0	0	
0	1	1	0	1	5
1	0	1	0	1	
0	1	1	1	0	6
1	0	1	1	0	
0	1	1	1	1	7
1	0	1	1	1	
0	1	0	0	0	Ausgangszustand

Tafel 10.9
Amplitudenstufen eines 3-bit-DAC

b_3	b_2	b_1	$U_{DAC} = x\,(U_R R_N/R)$
0	0	0	$x = 0$
0	0	1	$x = 1/8$
0	1	0	$x = 2/8$
0	1	1	$x = 3/8$
1	0	0	$x = 4/8$
1	0	1	$x = 5/8$
1	1	0	$x = 6/8$
1	1	1	$x = 7/8$

So entstehen nacheinander folgende analoge Ausgangssignale U_{DAC}, d. h., eine Amplitudenstufe beträgt damit $U_R R_N/8R = U_R R_N/2^3 R$. Hätten wir einen N-bit-Wandler verwendet, so wäre die Amplitudenstufe $U_R R_N/2^N R$, also wesentlich feiner.

10.4. Mikrorechner

10.4.1. Allgemeiner Systemaufbau und Anwendung

Ein Mikrorechner ist ein elektronischer Kleinrechner, der aus einigen wenigen hochintegrierten Schaltkreisen aufgebaut ist. Im Bild 10.59 ist der allgemeine Systemaufbau eines Mikrorechners vereinfacht dargestellt, aus dem auch gleichzeitig die Anwendung hervorgeht [10.11].

Das Herz eines Mikrorechners ist der *Mikroprozessorschaltkreis*, dessen Funktion wir mit Bild 10.60 noch genauer im Abschnitt 10.4.2. erläutern werden. Dieser Mikroprozessorschaltkreis übernimmt die Steuerung des Systems und die Verarbeitung der Daten.

Die *Steuerung* geht so vor sich, daß er Adressen- und Steuersignale aussendet und auf diese Weise bestimmt, welche der Speicher bzw. Ein- und Ausgabetore zu einem bestimmten Zeitpunkt aktiviert werden sollen und ob gelesen oder geschrieben werden soll.

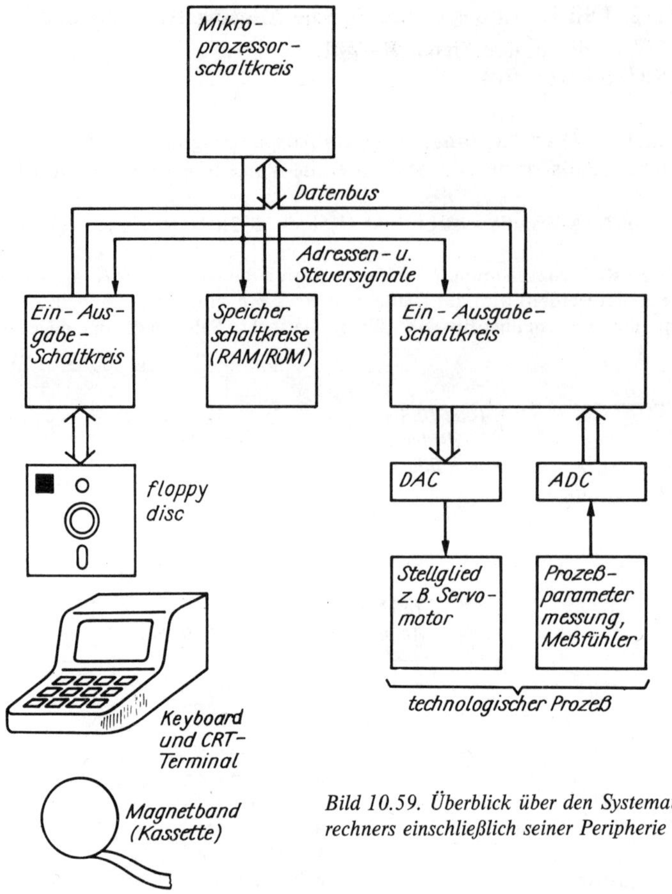

Bild 10.59. *Überblick über den Systemaufbau eines Mikrorechners einschließlich seiner Peripherie*

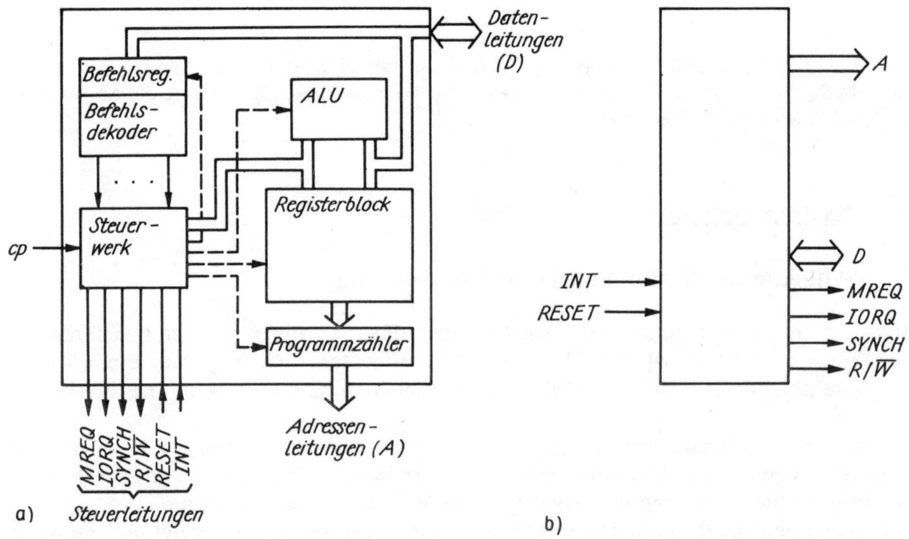

Bild 10.60. Mikroprozessorschaltkreis

a) Blockschaltbild; b) Logiksymbol

Die *Datenverarbeitung* vollzieht sich so, daß Daten von einem Interfaceschaltkreis oder Speicher über den Datenbus in den Mikroprozessorschaltkreis gelangen, dort logisch oder arithmetisch verknüpft (das geschieht nach einem bestimmten Programm, s. u.) und über den Datenbus wieder an die Speicher und Interfaceschaltkreise weitergegeben werden. Soweit das *„Innere“* eines Mikrocomputers.

Wichtig für die Anwendung ist vor allem auch die *Peripherie.* Im Bild 10.59 ist an den links gezeichneten Ein-/Ausgabeschaltkreis die *Systemperipherie* und an den rechten Ein-/Ausgabeschaltkreis die *Prozeßperipherie* angeschlossen.

Die Systemperipherie dient zur Ein- und Ausgabe von Daten und Programmen. Das kann z. B. mit Tastatur (Keyboard) mit angeschlossener Bildschirmanzeige (CRT-Terminal) oder Magnetband (tape) sowie Magnetscheibe (disk) erfolgen.

Die Prozeßperipherie dient der Mikrorechnersteuerung eines Prozesses, z. B. einer Walzstraße für Stahl oder eines Roboters für die automatische Montage einer Maschine. Über die Meßfühler (Sensoren) erhält der Mikroprozessor die aktuellen Daten, wie Temperatur, Abmessungen des Erzeugnisses, Koordinaten, u. a. Das sind meist analoge Signale und müssen deshalb zunächst in einem A/D-Konverter (ADC) in ein binäres Digitalwort umgewandelt werden, denn nur dieses versteht der Mikroprozessor. Dieses Digitalwort gelangt über den Interfaceschaltkreis in den Mikroprozessorschaltkreis, wird dort nach einem bestimmten Programm verarbeitet, und als Ergebnis wird über den Datenbus an den Ein-/Ausgabeschaltkreis ein Digitalwort ausgegeben, welches zur Steuerung des Prozesses dient. Da die Stellglieder (z. B. Servomotoren, Magnetventile, Temperaturregler u. a.) oft analog arbeiten, ist noch eine Digital-Analog-Wandlung mit einem D/A-Konverter (DAC) erforderlich.

Über den linken Interfaceschaltkreis korrespondiert also der Mensch mit dem Mikroprozessor, über den rechten der Prozeß.

Es gibt nun auch Mikrorechnerkonzepte, die nur eine der beiden Peripherien besitzen. Ein Mikrorechner, der nur für Datenverarbeitungs- oder wissenschaftliche Zwecke verwendet wird, besitzt nur die in der linken Bildhälfte von Bild 10.59 skizzierte Peripherie.

Ein Mikrorechner, der für die Steuerung eines Prozesses mit konstanter Prozeßführung und konstanten Prozeßparametern eingesetzt wird, verfügt nur über die in der rechten Bildhälfte von Bild 10.59 dargestellte Peripherie.

10.4.2. Funktionsprinzip eines Mikroprozessors

Im vorigen Abschnitt haben wir gesehen, daß der Mikroprozessorschaltkreis das Herz eines Mikrorechners darstellt. Deshalb wollen wir die innere Funktion dieses Standardbausteins der Mikroelektronik mit Bild 10.60 im Prinzip erläutern [10.2] [10.6] [10.8].

Der Mikroprozessorschaltkreis hat drei Hauptbestandteile: *Arithmetisch-Logische-Einheit* (ALU), *Registerblock (einschließlich Programmzähler)* und *Steuerwerk mit Befehlsdekoder.* Die ALU verknüpft die Daten logisch oder arithmetisch, wie es im Abschnitt 10.2.2. erläutert wurde (die einfachste Variante einer ALU ist ein Volladder!). Der Registerblock enthält Register gemäß Bild 10.44 bzw. 10.45 zur Zwischenspeicherung von Daten und Adressen.

Der Programmzähler ist ein spezielles Register, welches nach jedem Lesevorgang seinen Inhalt um 1 erhöht. Das Steuerwerk liefert in zeitlicher Reihenfolge Steuersignale an die internen und externen Funktionseinheiten, wie dies die Abarbeitung eines Befehls erfordert. Ein Befehl gelangt in Form eines Binärwortes (z. B. 1101 0011 = $D3_H$) über den Datenbus in den Befehlsdekoder. Der Befehlsdekoder liefert an das Steuerwerk ein dem speziellen Befehl entsprechendes Signal, wodurch das Steuerwerk einen Mikroprogrammsteuerzyklus ablaufen läßt, der diesem Befehl entspricht.

Nach außen verlaufende Steuersignale sind z. B. die Signale, ob gelesen oder geschrieben werden soll ($R/\overline{W}$), ob ein Speicher- oder Ein-/Ausgabezugriff (MREQ/IOREQ) ablaufen soll und ein Synchronsignal (SYNCH).

Die Arbeit des Mikroprozessors beginnt grundsätzlich mit einem Befehlsholezyklus (instruction fetch), indem der Inhalt des Programmzählers auf den Adreßbus gegeben wird und aus dem damit adressierten Speicher das entsprechende Befehlswort über den Datenbus in den Befehlsdekoder geholt wird. Danach erfolgt die Abarbeitung des Befehls und die Erhöhung des Programmzählerinhaltes um 1. Nach der Abarbeitungsphase des Befehles, in der z. B. weitere Speicherzugriffe nach Daten und Eingabezyklen ablaufen können, erfolgt mit der Aussendung der um 1 erhöhten Befehlsadresse das Holen des nächsten Befehles usw.

Der Mikroprozessorschaltkreis kann zusätzlich noch externe Steuersignale erhalten, z. B., wie im Bild 10.60 gezeigt, die Signale RESET und INT. Das Signal RESET bewirkt das Rücksetzen aller Register (auch des Programmzählers; „alles beginnt von vorn"). Das Signal INT (Interrupt) kann die laufende Programmabarbeitung unterbrechen und das Springen in ein Unterprogramm ermöglichen.

Wir unterscheiden 8-, 16- und 32-bit-Mikroprozessoren. Während 8-bit-Mikroprozessoren jeweils gleichzeitig nur 1 Byte auf dem Datenbus transportieren können, sind dies bei 32-bit-Mikroprozessoren 4. Dies und die Anwendung von Parallelverarbeitung machen 32-bit-Mikroprozessoren sehr viel schneller. (Beispiel 8-bit µP: ca. 1 MIPS, 32-bit µP 10 MIPS; MIPS ≙ Millionen Instruktionen pro Sekunde).

10.4.3. Anwendung eines Mikroprozessorschaltkreises in einer einfachen Mikrorechnerschaltung (Hardwareentwurf)

Ein beliebiges Problem einer digitalen Informationsverarbeitung, wie es z. B. bei arithmetischen Rechnungen, Regel- und Steuervorgängen oder Datenmanipulationen gemäß Bild 10.59 auftritt, kann von einem Mikroprozessorschaltkreis in Zusammenarbeit mit einem Speicher erledigt werden [10.11].

Dabei muß der Speicher aus 2 Teilen bestehen, einem Teil für das Programm, nach welchem der Mikroprozessor arbeiten soll, und einem Teil für variable Daten, die während der Abarbeitung des Programmes anfallen bzw. vom Anwender eingegeben werden. In diesem Teil des Speichers können auch variable Anwenderprogramme stehen.

Der Teil des Speichers, in dem ein bestimmtes Arbeitsprogramm steht, wird mit einem ROM- bzw. EPROM-Schaltkreis (s. Abschn. 10.2.5.3.) realisiert. Zumindest das Ladeprogramm für das Betriebssystem muß in einem ROM bzw. EPROM stehen, um den Rechner in die „Schuhe" (boots) zu helfen. Man bezeichnet dieses Arbeitsprogramm als Bootloader.

Der Speicherteil, der die variablen Daten und weitere Programme enthält, muß ein RAM sein, d. h., ein Speicher, der beliebig gelesen und geschrieben werden kann (siehe Abschn. 10.2.5.3.). Diese Bestandteile werden, wie es im Bild 10.61 gezeigt ist, zusammengeschaltet.

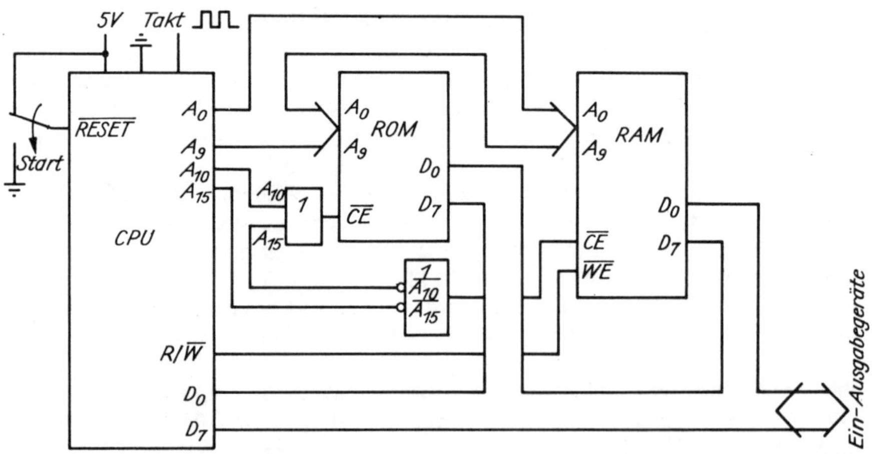

Bild 10.61. Logikschaltbild eines einfachen Mikrorechners ohne Peripherie mit Speicherschaltkreisen und Mikroprozessor-CPU-Schaltkreis

Wir wählen für den ROM-Speicher einen 1-k byte-Speicherschaltkreis und für den RAM-Speicher ebenfalls einen 1-k byte-Speicherschaltkreis (bzw. 8 × 1-k bit-Speicherschaltkreise mit je einem Datenaus- und -eingang). Die Datenleitungen der Speicher werden einfach mit dem Datenbus des Mikroprozessorschaltkreises zusammengeschaltet.

Die 1-kbyte-Speicher haben jeweils 10 Adresseneingänge $A_0 \ldots A_9$ (da $2^{10} = 1024$ bit = 1 kbit ist). Diese werden mit den ersten 10 Adressenleitungen des 16-bit-Adreßbusses des Mikroprozessorschaltkreises zusammengeschaltet. Aus den übrigen 6 Adressenleitungen des Mikroprozessoradreßbusses werden die Chip-Enable-Signale der Speicher gewonnen. Dabei muß beachtet werden, daß der Speicher für das Startprogramm von der Adresse 0 beginnend angeordnet werden muß, da die Mikroprozessorschaltkreise oft so gebaut sind, daß sie nach dem Rücksetzen stets als erste Adresse für den ersten Befehl die Adresse $A_{15} \ldots A_0 = 0000000000000000$ ($= 0000_H$ s. Tafel 10.2) aussenden. Danach wird die Adresse um 1 erhöht, also 0000000000000001 ausgesendet usw. Das bedeutet, daß für unseren 1-k byte-ROM-Speicherbereich die Adressen $A_{15} \ldots A_{10}$ stets 000000 sein müssen. Da der Speicher mit dem low-aktiven Signal $\overline{\mathrm{CE}}$ (Chip enable) dann aktiviert wird, wenn $\overline{\mathrm{CE}} = 0$ ist und andererseits dies dann der Fall sein soll, wenn $A_{15} \ldots A_{10} = 000000$ ist, gilt für die Erzeugung des $\overline{\mathrm{CE}}$-Signales die Logikgleichung

$$\overline{\mathrm{CE}} = \overline{\bar{A}_{15} \cdot \bar{A}_{14} \cdot \bar{A}_{13} \cdot \bar{A}_{12} \cdot \bar{A}_{11} \cdot \bar{A}_{10}} = A_{15} \vee A_{14} \vee A_{13} \vee A_{12} \vee A_{11} \vee A_{10}.$$

Das bedeutet, daß das $\overline{\mathrm{CE}}$-Signal aus einer OR-Verknüpfung der Adressensignale $A_{15} \ldots A_{10}$ erzeugt wird. Das entsprechende Logikgatter ist im Bild 10.61 mit eingezeichnet.

Der RAM-Speicherbereich könnte im Prinzip gleich im Anschluß an diesen ROM-Speicherbereich angeordnet werden, er kann aber auch an eine andere noch freie Stelle des Gesamtspeicherbereiches angeordnet werden. Der Gesamtspeicherbereich, der von unserem Mikroprozessorschaltkreis mit den 16 Adressenleitungen $A_{15} \ldots A_0$ adressiert werden kann, beträgt $2^{16} = 65\,536$ byte = 64 kbyte (s. Bild 10.62).

Legen wir den RAM-Speicherbereich z. B. an das Ende des verfügbaren Gesamtspeicherbereiches, wie es im Bild 10.62 skizziert ist, so müssen die Adressenleitungen $A_{15} \ldots A_{10}$ bei Aufruf unseres RAM-Speichers die Belegung $A_{15} \ldots A_{10} = 111111$ haben. Bei dieser Belegung muß das Chip-Enable-Signal für diesen Speicher $\overline{\mathrm{CE}} = 0$ sein. Zur Erzeugung dieses Enablesignals gilt damit die Logikgleichung

$$\overline{\mathrm{CE}} = \overline{A_{15} \cdot A_{14} \cdot A_{13} \cdot A_{12} \cdot A_{11} \cdot A_{10}} = \bar{A}_{15} \vee \bar{A}_{14} \vee \bar{A}_{13} \vee \bar{A}_{12} \vee \bar{A}_{11} \vee \bar{A}_{10}.$$

Das bedeutet, daß das $\overline{\mathrm{CE}}$-Signal aus einer OR-Verknüpfung der negierten Adressensignale $A_{15} \ldots A_{10}$ erzeugt wird. Das entsprechende Logikgatter ist im Bild 10.61 mit eingezeichnet.

Das Schreibsteuersignal $\mathrm{R}/\overline{\mathrm{W}}$ des Mikroprozessorschaltkreises wird direkt mit dem Schreib-Enable-Eingang $\overline{\mathrm{WE}}$ des RAM-Speicherschaltkreises verbunden.

Starten können wir den Mikrorechner mit dem RESET-Signal, das den Programmzähler bei Lowpegel auf 0000000000000000 zurücksetzt, so daß die Programmabarbeitung von vorn beginnt.

Damit sich der Mikrorechner nicht nur mit sich selbst beschäftigt, muß selbstverständlich an den Datenbus ein Gerät für die Ein- und Ausgabe (angeschaltet wird dies über ein spezielles Interface) angeschlossen werden, wie dies im Bild 10.59 bereits gezeigt wurde.

Eine sehr einfache Interfaceschaltung erhält man, indem über einen Tristatetreiberschaltkreis *IS1* (s. Bild 10.63) [10.13] Taster $T_1 \ldots T_8$ zur Informationseingabe angeschlossen werden. Wird das Chipselectsignal $\overline{\mathrm{CE}}$, welches aus einer logischen Verknüpfung von Adreßsignalen (s. o.) erzeugt wird, aktiv ($= 0$) und $\mathrm{R}/\overline{\mathrm{W}} = 1$ (= Lesen), so werden die Anschlüsse $I_1 \ldots I_8$ der integrierten Schaltung *IS1* mit dem Datenbus D verbunden. Nun kann über die Taster $T_1 \ldots T_8$ ein Byte auf den Datenbus gegeben werden. Sind z. B. alle Tasten außer T_8 geschlossen, d. h. an Masse, so entspricht dies dem Byte $1000\,0000 = 80_H$. Das Byte wird mit einem Lesebefehl in die CPU geholt und als Befehl, Zeichenkode oder Binärzahl interpretiert und verarbeitet. Ist $\overline{\mathrm{CE}} = 1$, so gelangt die Interfaceschaltung in den Tristate. In diesem Falle sind alle Anschlüsse hochohmig, d. h. vom Datenbus abgetrennt.

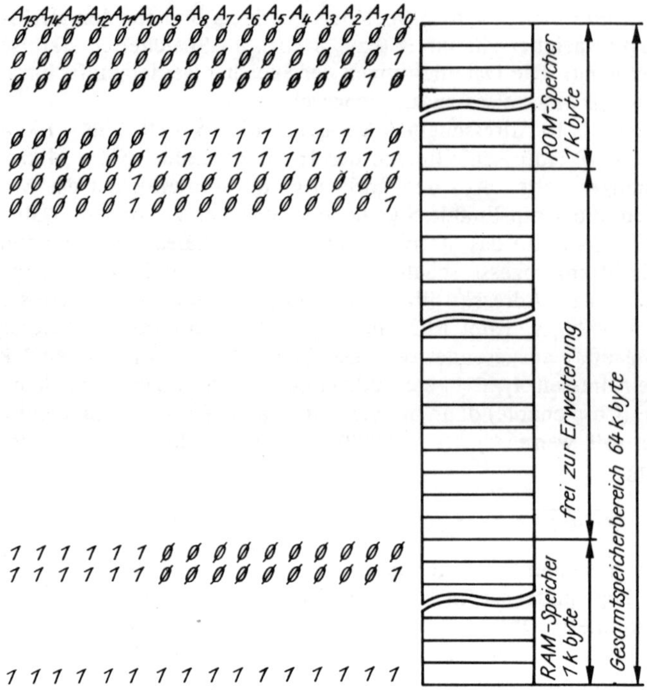

Bild 10.62. Aufteilung des Speicherbereiches eines Mikrorechners mit 16 Adressenleitungen $A_{15} \ldots A_0$

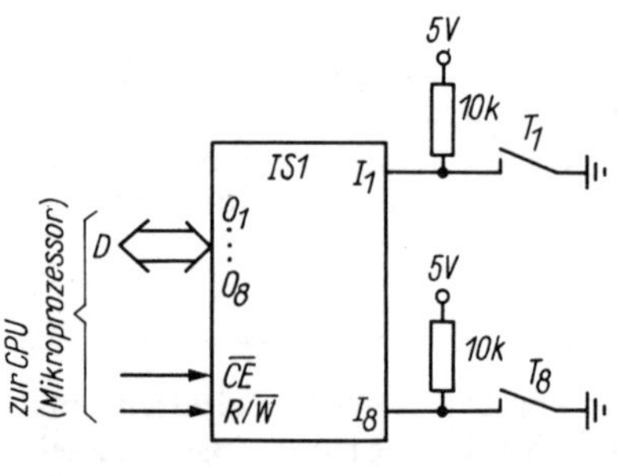

Bild 10.63
Einfache Eingabeschaltung

Unsere Interfaceschaltung ist nur eine sehr primitive Kommunikation mit dem Computer. Tatsächlich arbeiten die dem Menschen angepaßteren Systeme mit einer alphanumerischen Tastatur und Bildschirmanzeige (vgl. hierzu Bild 10.59, weitere Informationen in [10.14]).

10.4.4. Programmierung des Mikrorechners (Softwareentwurf)

Die Art und Weise der problemangepaßten Funktion eines Mikrorechners erfolgt Schritt für Schritt nach dem Programm, das ab der Adresse 0000000000000000 ($= 0000_H$) z. B. im ROM-Speicher steht. Dieses Programm besteht hier aus 8 bit langen Wörtern (Bytes) aus 1-en und 0-en. Mit diesen Wörtern (1-en und 0-en) entsprechend des Programmes muß der ROM-Speicher gefüllt werden. Soll der erste Befehl z. B. „Addiere zum Inhalt des Registers *A* den Inhalt des Registers *B*“ sein, so bedeutet das, daß bei der Adresse 0000_H im ROM die Folge von 1-en und 0-en $10000000 = 80_H$ stehen nmuß (80_H ist der Hexadezimalkode von 10000000 gemäß Tafel 10.2). Es wäre nun sehr unrationell, auf diese elementare Weise ohne Hilfsmittel den ROM-Schaltkreis für das Programm mit 1-en und 0-en zu „füllen“ (programmieren). Dafür gibt es folgende Hilfsmittel:

Zunächst verwendet man beim Programmieren für die Befehle nicht Folgen von 1-en und Ø-en, sondern Programmiersprachen. Die niedrigste Form einer Programmiersprache ist die *Assemblersprache.* In dieser Sprache wird jedem Maschinenbefehl eine *Mnemonic* zugeordnet. In dieser Sprache heißt z. B. unser obiger Befehl „Addiere den Inhalt des Registers *A* zum Inhalt des Registers *B*" einfach ADD *A, B.*

Ein entsprechendes Assemblerprogramm wandelt diese Befehlsmnemonic dann in Folgen von 1-en und Ø-en um, so wie es für den speziellen Mikroprozessorschaltkreis entsprechend des Befehlskodes vorgeschrieben ist. Also z. B. für den Mikroprozessorschaltkreis Z 80 ADD *A, B* = 10000000

In vielen Mikrorechnern wird als ROM-Speicher meist ein (oder mehrere) EPROM-Speicherschaltkreis verwendet. In diesem Falle bewirkt ein Programmiergerät an den Stellen des Speichers, wo ein Ø eingeschrieben werden soll, durch einen hohen Spannungsimpuls das Aufladen des Speichergates eines Speicherfeldeffekttransistors an der entsprechenden Stelle im EPROM-Speicher. Im Programmiergerät wird also gewissermaßen die Information, das Programm auf Silizium übertragen.

Im ganzen erfolgt die Assemblerprogrammierung eines Mikrorechners nach dem vereinfachten Ablaufplan im Bild 10.64. Zunächst muß vom Programm ein *Flußdiagramm* entworfen werden, in dem aufgeschrieben wird, wie der gesamte Ablauf der Lösung des Problems sein soll. Danach erfolgt das Aufschreiben des Programmes Befehl für Befehl in einer Assemblersprache. Danach wird dies in einen Rechner eingegeben, auf dem ein Assemblerpro-

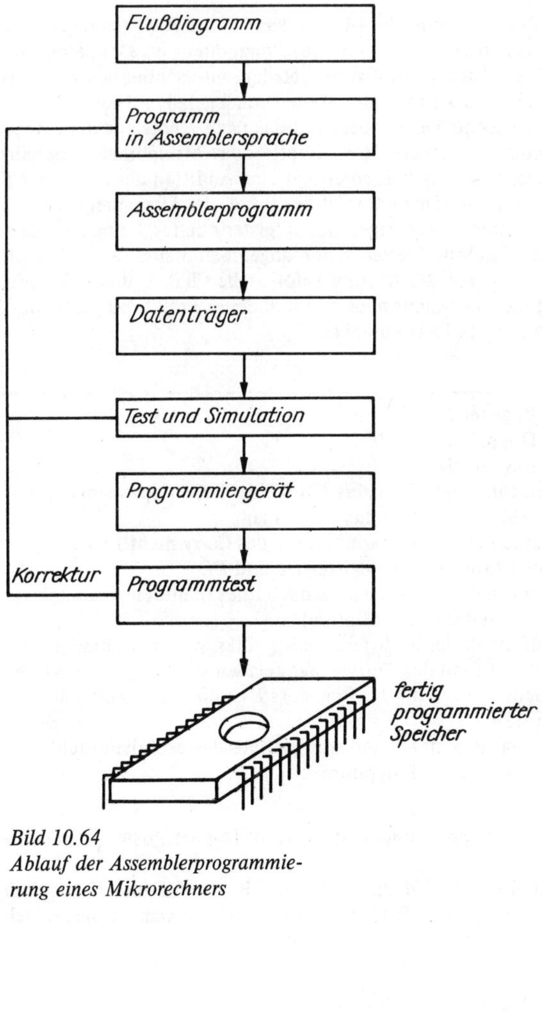

Bild 10.64
Ablauf der Assemblerprogrammierung eines Mikrorechners

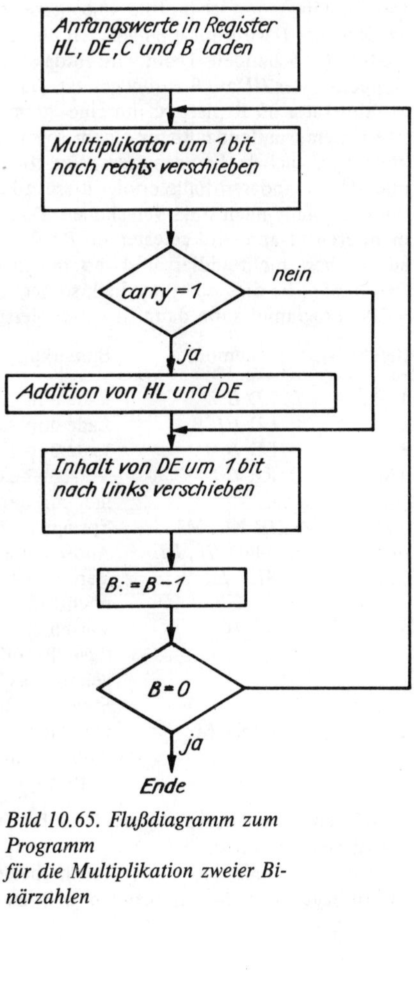

Bild 10.65. Flußdiagramm zum Programm für die Multiplikation zweier Binärzahlen

gramm läuft, welches die Mnemonic in 1-en und 0-en umwandelt. Damit erfolgt die Programmierung des Speicherschaltkreises. Vorher erfolgen ein Programmtest und evtl. eine Korrektur.

Zum Abschluß dieses Abschnittes wollen wir noch ein kleines Programmbeispiel behandeln. Es seien zwei 8stellige Dualzahlen X und Y zu multiplizieren. X, der Multiplikant stehe im Register E, der Multiplikator Y stehe im Register C. Das Ergebnis soll in den Registern H und L stehen, und zwar die 8 niederwertigen Bits des Ergebnisses im Register L und die 8 höherwertigen Bits des Ergebnisses im Register H. Zur Rechnung seien die internen Register A, B, C, D, E, H, L des Mikroprozessorschaltkreises verfügbar.

Zunächst stellen wir ein Flußdiagramm auf. Dazu müssen wir uns eine Multiplikationsmethode auswählen. Wir wählen die Methode mit wiederholter Addition und Linksverschiebung, die zunächst an folgendem Zahlenbeispiel veranschaulicht werden soll: Es sei

$$X = 1101 \ (= 13)$$
$$Y = 0101 \ (= 5).$$

Die Multiplikation geht nun wie folgt vor sich

$$\begin{array}{rll} & & m_3 m_2 m_1 m_0 \\ 1101 & \times & 0101 \\ +0000 & \text{da} & m_1 = 0 \\ +1101 & \text{da} & m_2 = 1 \\ \underline{+0000} & \text{da} & m_3 = 0 \\ 01000001 & \multicolumn{2}{l}{\text{Ergebnis} = 65.} \end{array}$$

Das Flußdiagramm ist im Bild 10.65 gezeigt. Zunächst wird der Multiplikant in das Register E geladen, das Register D wird mit 0-en geladen und beide werden im Verlaufe des Programmes als Doppelregister (16 bit) DE behandelt. Dann wird in das Register C der Multiplikator geladen, und schließlich wird das Doppelregister HL auf 0 zurückgesetzt. Das Register B wird mit der Stellenzahl 8 geladen. Dann wird der Multiplikator im Register C um eine Stelle nach rechts verschoben und das nach rechts aus dem Register C herauslaufende Bit in einem sogenannten Übertrags-(Carry-)Flipflop des Mikroprozessorschaltkreises gespeichert. Ist nach dieser Verschiebung das Carry = 1, so erfolgt eine Addition der Register DE und HL, im anderen Falle erfolgt diese Addition nicht. Danach wird der Inhalt des Doppelregisters DE um eine Stelle nach links verschoben. Danach erfolgt Erniedrigen des Registerinhaltes B um 1 (Dekrementieren). Dann wird getestet, ob $B = 0$ ist, d. h. ob alle Stellen schon abgearbeitet sind (es muß sooft addiert bzw. nicht addiert und verschoben werden, wie der Multiplikator Stellen hat, s. unser Beispiel $13 \cdot 5 = 65$!). Ist dies nicht der Fall, so beginnt das ganze von neuem, im anderen Falle wird gestoppt.

Das Programm kann dann in Assemblersprache wie folgt aussehen

Befehl Nr.	Mnemonic	Bemerkung
1	LD *B*, 8	Lade 8 in das Register *B*
2	LD *HL*, 0	Lade 0 in das Doppelregister *HL*
3	LD *D*, 0	Lade 0 in das Register *D*
4 M2	RR *C*	Verschiebe den Inhalt des Registers *C* um eine Stelle nach rechts und lade mit dem auslaufenden Bit das Carry-Flag
5	JR NC, M1	Springe zu Marke M1 im Programm, wenn das Carry nicht 1 ist
6	ADD *HL*, *DE*	Addiere die Inhalte der Doppelregister *HL* und *DE*
7 M1	SLA *E*	Verschiebe den Inhalt des Registers *E* nach links (dadurch gelangt das höchstwertige Bit in das Carry-Flipflop)
8	RL *D*	Verschiebe den Inhalt des Registers *D* nach links, wobei das niederwertigste Bit mit dem Inhalt des Carry-Flags geladen wird (auf diese Weise gelangt das höchstwertige Bit des Registers *E* an die niederwertigste Stelle des Registers *D*)
9	DJNZ M2	Dekrementiere das Register *B* und springe, falls dessen Inhalt nicht Null ist, zur Marke M2 im Programm
	RET	Return

Nun kann der Rücksprung in ein laufendes Programm erfolgen, da jetzt im Doppelregister HL das Ergebnis steht (Return).

In diesem Programm ist der Teil nicht enthalten, der für das Laden der Register C und E mit dem Multiplikator bzw. Multiplikanden (z. B. aus dem externen RAM) zuständig ist. Das war für unser Ziel, an einem sehr einfachen Beispiel das Programmieren von Mikroprozessoren zu zeigen, auch nicht wichtig. Schließlich soll noch bemerkt werden, daß die im Programm verwendete Mnemonic für die Befehle mit der für den Mikroprozessorschaltkreis Z 80 übereinstimmt [10.10].

10.5. Standard- und Kundenschaltkreise (ASIC)

Im Bild 10.66 ist ein Überblick über verschiedene Realisierungsvarianten von integrierten Schaltkreisen gegeben. Grundsätzlich unterscheiden wir zwischen Standardschaltkreisen und Applikationsspezifischen Schaltkreisen (ASIC). Standardschaltkreise werden vom Halbleiterhersteller in großen Stückzahlen für relativ niedrige Preise angeboten. Beispiele von Standardschaltkreisen sind niedrig- und mittelintegrierte Digitalschaltungen in TTL-, ECL- und CMOS-Technik, Analogschaltkreise für Rundfunk- und Fernsehtechnik, Operationsverstärker, Mikroprozessoren und Speicher.

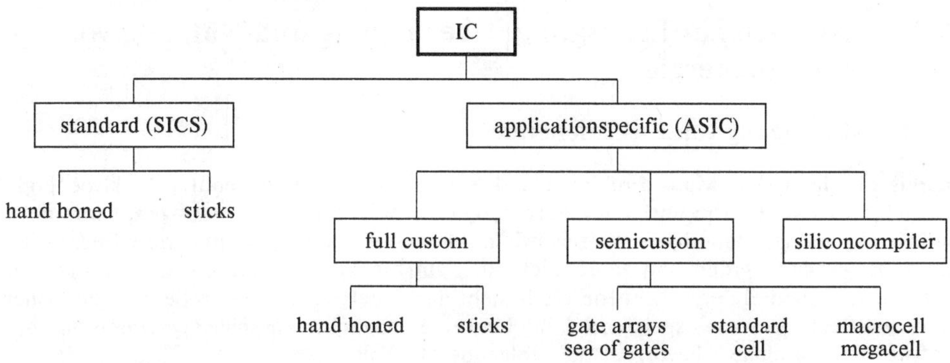

Bild 10.66. Überblick über verschiedene Realisierungsvarianten von integrierten Schaltkreisen

Die Realisierung von applikationsspezifischen Schaltkreisen erfolgt für einen bestimmten Anwendungszweck, um optimale elektronische Eigenschaften zu erzielen. Neben dem sogenannten Vollkundenentwurf, der weitgehend nach klassischen Entwurfsmethoden, die auch für Standardschaltkreise angewendet werden, entworfen wird (Handentwurf ≙ hand honed, Stabdiagramme ≙ sticks), erfolgt der Semikundenentwurf mit vorgefertigten Transistorarrays (Gate Array, Sea of Gates) oder mit Standardzellen aus einer Bibliothek. Die noch notwendige Trassierung und Platzierung entsprechend der gewünschten Schaltung erfolgt dann mit Computerprogrammen weitgehend automatisch. Die höchste Automatisierungsstufe beim Schaltkreisentwurf bieten Siliconcompiler. Hierbei erfolgt die Abbildung des gewünschten elektronischen Systems in Strukturen auf dem Siliziumchip mit dem Computer.

Der Schaltkreisentwurf wird – auch bei Semikundenschaltungen – mit Hilfe rechnergestützter Entwurfssysteme durchgeführt.

11. Elektrische Energietechnik

Während in den letzten Abschnitten zur Elektronik die Verarbeitung von elektrischen Signalen bzw. von Informationen im Vordergrund stand, wollen wir uns nun mit der Erzeugung, Übertragung, Umformung, Umwandlung bzw. allgemein der Nutzung der elektrischen Energie im Bereich hoher Leistungen beschäftigen. Teilprobleme davon wurden allerdings bereits in den Abschnitten 1. bis 7. als Anwendungsbeispiele grundlegender Gesetzmäßigkeiten behandelt.

11.1. Anlagen zur Erzeugung, Übertragung und Nutzung von Elektroenergie

11.1.1. Erzeugung von Elektroenergie

Energie wird in großem Maße direkt oder indirekt als Elektroenergie genutzt. Elektroenergie läßt sich relativ verlustarm und wenig aufwendig über weite Strecken übertragen, kann meist in einfacher und gut steuerbarer Weise sowie mit hohem Wirkungsgrad in andere Energieformen umgewandelt werden und eignet sich auch gut für die Informationsverarbeitung. Ein wesentlicher Nachteil der Elektroenergie besteht darin, daß sie sich in großem Maße bisher nicht in effektiver Weise speichern läßt. Um eine möglichst *gleichmäßige Auslastung* der Kraftwerke zu erreichen, bevorzugt man folgende Möglichkeiten:

- Betreiben von Anlagen besonders hoher Leistung außerhalb der Spitzenbelastungszeiten
- Erzeugung anderer gut speicherbarer Energiearten in Zeiten geringer Auslastung und Rückverwandlung zur Deckung von Lastspitzen (z. B. Pumpspeicherkraftwerke, die die Energie als potentielle Energie des Wassers speichern)
- internationale Verbundsysteme (u. a. Ausnutzung des Zeitunterschiedes weit auseinander liegender Gebiete).

In Mitteleuropa werden etwa 60 % der Elektroenergie von der Industrie verbraucht, etwa 10 % von den Haushalten und 25 % von Landwirtschaft, Verkehrswesen, kommunalen Einrichtungen usw. Die Netzverluste liegen meist etwas über 5 %. Je Einwohner werden jährlich insgesamt etwa 5 MWh und täglich etwa 14 kWh verbraucht. Das entspricht einer mittleren Leistung von rund 600 W. Im Vergleich dazu führt sich der erwachsene Mensch im Mittel täglich Nahrung mit einem Energieinhalt von etwa 3,5 kWh zu. Dem ist eine mittlere Leistung von etwa 150 W zuzuordnen, wobei das Gehirn wesentlich weniger als 20 % verbraucht. Betont sei, daß alle angegebenen Zahlenwerte nur größenordnungsmäßige Aussagen sind.

Bei der Elektroenergieerzeugung dominieren international nach wie vor die konventionellen *Wärmekraftwerke* (Anteil etwa 87 %). In ihnen wird vorzugsweise Kohle, aber auch Erdöl oder Erdgas, in Dampferzeugern in Wärmeenergie umgewandelt, die über die Strömungsenergie von gespanntem Wasserdampf Dampfturbinen antreibt, deren mechanische Energie in elektrischen Generatoren (s. Abschn. 11.3.7.1.) in elektrische Energie umgewandelt wird. Wirtschaftlich sind große Einheiten (z. B. 500- oder 1000- MW-Block). *Kernkraftwerke* liegen gegenwärtig weltweit bei einem Anteil von rund 10 %. Ihre Bedeutung konnte aber zunehmen, da der Vorrat fossiler Brennstoffe begrenzt ist und außerdem die Abbaukosten wachsen. Kernkraftwerke beruhen auf der Kernspaltung in Reaktoren. Die freiwerdende Wärmeenergie wird an ein Kühlmittel abgegeben, das seine Energie wiederum über Wärmeübertrager an Dampferzeuger abgibt. Die Erzeugung von Elektroenergie erfolgt dann in ähnlicher

Weise wie bei Wärmekraftwerken. Bei Kernkraftwerken ist Sicherheitsfragen große Bedeutung beizumessen. Die Kernfusion bietet prinzipiell völlig neue Möglichkeiten, wird aber technisch noch nicht beherrscht. Bei *Wasserkraftwerken* treiben Wasserturbinen die elektrischen Generatoren. Ihr Anteil an der Elektroenergieerzeugung liegt in der Welt unterhalb von 2 %. In manchen Ländern mit günstigen Voraussetzungen dominieren aber Wasserkraftwerke. Weitere z. Z. weniger bedeutsame Möglichkeiten zur Elektroenergieerzeugung stellen *Gasturbinen-* sowie *Dieselkraftwerke* (u. a. als Notstromanlagen) und auch *MHD-Generatoren* (s. Abschn. 7.9.1.) dar. Letztere wandeln Wärmeenergie in elektrische Energie um und können in Zukunft an Bedeutung gewinnen. An *alternativen Energiequellen,* z. B. *Solar-, Wind-* und *Gezeitenkraftwerken* bzw. Anlagen zur Erzeugung kleiner Leistung wird intensiv gearbeitet. Allerdings sind sie gegenwärtig nur unter speziellen Bedingungen von Bedeutung, z. B. falls kein effektiver Anschluß an Großkraftwerke möglich ist. Ihr prozentualer Anteil an der Elektroenergieerzeugung ist klein.

Interessant ist in geografisch günstigen Ländern die Nutzung der Sonnenenergie.

Die *Solarkonstante* von 1,36 kW/m² gibt an, welche Leistung die Sonne bei senkrechter Einstrahlung in die Atmosphäre je m² einstrahlt. Infolge von Wolken, Staub usw. sind davon bei senkrechter Einstrahlung im Mittel 900 W/m² auf der Oberfläche der Erde verfügbar. Berücksichtigt man noch den Tag-Nacht-Rhythmus, so kann man in Mitteleuropa im Jahresmittel von etwa 120 W/m² ausgehen. Nimmt man (z. B. bei Solarzellen) einen Wirkungsgrad von 15 % an, so erzielt man rund 20 W/m². Die Direktumwandlung Sonnenenergie in elektrische Energie erfordert demnach für große Leistungen außerordentlich große Flächen. Sie ist aber für mobile Anlagen und Geräte bei kleinen Leistungen von Interesse.

11.1.2. Übertragung und Verteilung von Elektroenergie

Wie bereits im Abschnitt 2.1. nachgewiesen wurde, erfordert eine *verlustarme Energieübertragung* über Leitungen ein *hohes Spannungsniveau.* Andererseits ist für den Verbraucher ein niedriges Spannungsniveau, und zwar meist 3 × 380/220 V vorteilhaft. Demzufolge muß man die Spannung nach der Erzeugung hochtransformieren, auf hohem Niveau übertragen und dann wieder heruntertransformieren. Sinnvollerweise erfolgt das jeweils über mehrere Stufen, die bezüglich Energieverlust, Aufwand und Nutzungsmöglichkeit ein Optimum darstellen. Zur Veranschaulichung mögen folgende groben Richtwerte (für Drehstrom) dienen [1.2]:

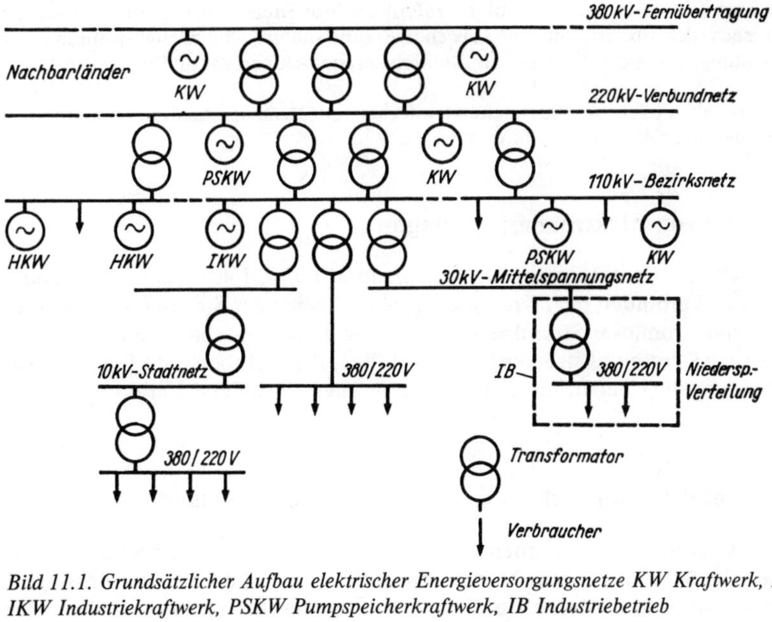

Bild 11.1. Grundsätzlicher Aufbau elektrischer Energieversorgungsnetze KW Kraftwerk, HKW Heizkraftwerk, IKW Industriekraftwerk, PSKW Pumpspeicherkraftwerk, IB Industriebetrieb

Tafel 11.1. Genormte Nennspannungen

Gleichstrom	110 **220** 440 **600** 750 **1200** **1500** **2400** 3000	V
Wechsel- und Drehstrom	127 **220** **380** **500** **660**	V
Drehstrom (50 Hz)	2 3 5 6 **10** 15 **20** 25 **30** **110** **220** **380**	kV
Wechselstrom ($16\frac{2}{3}$ Hz)	220	V
	1 **3** 5 **6** **15** **110**	kV

10 kV/2 MW: 8 km, 20 kV/20 MW: 20 km, 110 kV/70 MW: 40 km, 220 kV/150 MW: 200 km, 380 kV/600 MW: 400 km.

Die moderne Energieerzeugung bzw. -übertragung stützt sich vor allem auf 50-Hz-Drehstrom, dessen Eigenschaften bereits im Abschnitt 3.10. behandelt wurden. Anhand des Bildes 11.1 soll der Aufbau elektrischer Energieversorgungsnetze veranschaulicht werden. Drehstrom-Synchrongeneratoren erzeugen Spannungen von 10...20 kV. Durch Transformatoren (s.Abschn. 7.7.5.), z. B. 20/110 kV und 110/220 kV werden die Spannungspegel angehoben und auf den Fernleitungen übertragen *(Übertragungsspannung)*. Danach werden sie in Bezirksnetzen auf *Verteilungsspannungen* (6...20...110 kV) herabgesetzt und von Industriebetrieben direkt genutzt (z. B. 6-kV-Motor) bzw. weiter heruntertransformiert auf das Niveau von *Verbraucherspannungen* ($\leqq$ 6 kV) in Ortsnetzen. Spannungen bis 1 kV bezeichnet man übrigens auch als *Niederspannungen*. Hervorzuheben ist, daß nicht nur Großkraftwerke Energie in das Netz einspeisen, sondern auch Pumpspeicherkraftwerke sowie Industrie- und Heizkraftwerke (s. Bild 11.1). Je nach Wirtschaftsstruktur wählt man bei Energieversorgungsnetzen Strahlen-, Maschen- oder Ringnetze.

Neben Drehstrom sind für die Verbraucher auch Einphasen-Wechselstrom und in geringem Maße Gleichstrom von Bedeutung. In Tafel 11.1 sind die *genormten Nennspannungen* unter Hervorhebung von Vorzugsspannungen zuammengestellt. Bezüglich der Erzeugung von Gleichspannungen bzw. Wechselspannungen anderer Frequenz aus dem Drehstromnetz sei auf Abschnitt 11.2. verwiesen.

Abschließend sei erwähnt, daß für sehr große Entfernungen (> 500 km) die *Hochspannungs-Gleichstromübertragung* (HGÜ) gegenüber der *Hochspannungs-Drehstromübertragung* Vorteile bringen kann, da bei ihr keine dielektrischen Verluste, kein Skineffekt und niedrige Koronaverluste auftreten. Allerdings erfordert sie nach der Transformation die aufwendige Umformung von Drehstrom auf Gleichspannung (Gleichrichtung) und nach der Übertragung die aufwendige Umwandlung von Gleichspannung auf Drehstrom (Wechselrichtung) sowie den Einsatz von Blindleistungsmaschinen vor und hinter der Übertragungsstrecke.

Der Einsatz von unterkühlten oder sogar supraleitenden Kabeln zur Reduzierung der Energieverluste bei der Energieübertragung hat sich bisher nicht durchgesetzt.

11.1.3. Bestandteile von Elektroenergieanlagen

Dazu gehören außerhalb der Energieerzeugung *Freileitungen, Kabel, Umspannanlagen, Schaltanlagen* bzw. *-geräte* zum Verbinden oder Trennen an- und abgehender Stromkreise (Trenner zum Schalten annähernd stromloser Stromkreise, Last- bzw. Leistungsschalter zur Unterbrechung von Betriebs- und Kurzschlußströmen, Schaltschütze, d. h. fernbetätigte Schalter) sowie Netzschutzeinrichtungen (Überstrom- und Überspannungsschutz) und Verbraucheranlagen.

11.1.4. Personen- und Anlagenschutz in Niederspannungsanlagen

Elektrische Unfälle. Elektrische Unfälle können erfolgen, wenn der menschliche Körper direkt oder über Kleidung bzw. Schuhwerk zwei Medien berührt, zwischen denen eine Spannung liegt. Besonders kritisch ist für den Menschen die gleichzeitige Berührung zweier Leiter oder auch eines Leiters und der Erde. Für gesunde Menschen sind *Spannungen unter 50 V* im allgemeinen *unschädlich.*

Hinweis:* Die Auswirkung des elektrischen Stromes hängt u. a. von seiner Größe, der Einwirkungszeit und dem Einwirkungszeitpunkt (bezogen auf den Herzrhythmus), von der Frequenz (besonders gefährlich sind 15...200 Hz) und von den Berührungsstellen bzw. der Strombahn im Körper ab. Die auftretende Stromstärke kann aus der Formel $I = U/(R_i + R + Z_K)$ abgeschätzt werden, wenn die Leerlaufspannung U und der Innenwiderstand R_i der Spannungsquelle, die weiteren in Reihe liegenden Widerstände (oft $R = 0$) sowie die wirksame Impedanz Z_K des Körpers bekannt sind. Z_K hängt u. a. von den Berührungsstellen, dem Anpreßdruck, der Hautfeuchtigkeit und der anliegenden Spannung ab und liegt meist im Bereich von 1 kΩ (500 Ω...5000 Ω). Zu unterscheiden sind die *Reizwirkung* und die *thermische Wirkung.* Wesentlich für die Wirkung auf den Menschen ist meist die Ladung oder genauer

$$I\Delta t \text{ für } \Delta t \leqq 1 \text{ s und } I \text{ für } \Delta t > 1 \text{ s.}$$

Dabei ist Δt die Einwirkungszeit.

Die Wahrnehmbarkeitsschwelle für elektrischen Strom liegt bei 0,5...1 mA.

Im Bereich bis 15 mA bzw. 15 mAs treten Kribbeln, Schmerzen und Verkrampfung (Krampfschwelle etwa 10...15 mA) auf, wobei Loslassen u. U. nicht mehr möglich ist. Bei höheren Stromstärken kann es dann bereits zu Verkrampfung der Brustmuskulatur bis hin zum Atemstillstand, zu Verbrennungen (Strommarken) und Bewußtlosigkeit kommen. Besonders ausgeprägt ist die Zahl von Verbrennungen, von Herzunregelmäßigkeit bis hin zum tödlichen Herzkammerflimmern im Bereich oberhalb von 50 mA. Bei sehr hohen Stromstärken (über 3 A) tritt der Tod meist durch schwerste Verbrennungen (mit nachfolgenden Vergiftungserscheinungen) ein, teilweise aber auch durch Herzkammerflimmern.

Bei einem *Elektrounfall* sollte folgendes beachtet werden:

- Erste Hilfe ist gesetzliche Pflicht und muß rasch erfolgen
- Befreiung des Verunglückten aus dem Stromkreis durch Abschaltung oder, falls das nicht möglich ist, durch isolierte Gegenstände
- stabile Seitenlage und Freihalten der Atemwege
- Benachrichtigung eines Arztes durch einen Dritten
- falls erforderlich rasche Einleitung von Wiederbelebungsversuchen (Beatmung bzw. Herzmassage bei Atmungs- bzw. Herzstillstand).

Bei Elektrounfällen können irreversible Herzschäden auftreten, so daß die Aufnahme eines Elektrokardiogramms auch dann notwendig ist, wenn der Unfall nur „leicht" war und scheinbar keine Folgen hatte.

Schutz gegen zu hohe Berührungsspannungen. Elektrische Anlagen, die dem Anwender direkt zugänglich sind, müssen *sehr strengen Vorschriften* genügen und dürfen nur vom Fachmann errichtet, geprüft und instand gesetzt werden. Unkritisch sind Geräte bzw. Anlagen, in denen nur Kleinspannungen auftreten können.

Zu unterscheiden sind der Schutz gegen *direkte Berührung* (z. B. durch Isolation spannungsführender Teile), sowie Schutzmaßnahmen gegen *indirekte Berührung,* mit der wir uns im folgenden befassen. Unter indirekter Berührung versteht man die Berührung von Teilen, z. B. einem Gehäuse, die betriebsmäßig keine Spannung führen, die aber infolge von Alterung der Isolation, Zerstörung oder durch Überlastung, also durch Defekte, unter Spannung gesetzt werden. Schutzmaßnahmen gegen indirekte Berührung sind für eine 50-Hz-Wechselspannung erforderlich, wenn die höchstzulässige *Berührungsspannung von 65 V* (für Menschen) bzw. 24 V (für Nutztiere) überschritten wird. Dabei handelt es sich um Effektivwerte. Die folgenden *Schutzmaßnahmen* dienen dem Personenschutz, aber teilweise auch dem Schutz materieller Werte, z. B. durch Vermeidung von Bränden infolge unerwünschter Kurzschlüsse. Man unterscheidet:

1. *Schutzerdung* (s. Bild 11.2a): Alle der Berührung zugänglichen äußeren Metallteile, vor allem das Gehäuse, werden leitend mit dem Wasserrohrnetz bzw. einem Einzelerder verbunden. Tritt eine Berührung zwischen einem spannungsführenden Teil und dem Gehäuse auf, so wird im allgemeinen die Sicherung ausgelöst, d. h. die Betriebsspannung abgeschaltet. Auch falls das nicht erfolgt, kann auf jeden Fall durch die niederohmige Verbindung nur eine sehr kleine ungefährliche Spannung zwischen

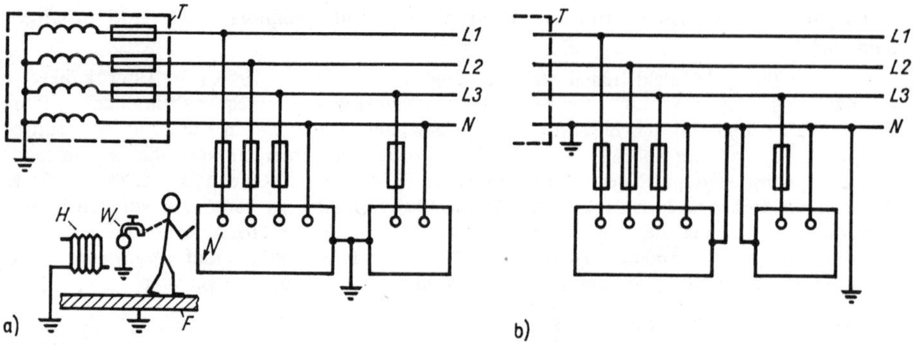

Bild 11.2. Beispiele für Schutzmaßnahmen

a) Prinzip der Schutzerdung sowie Hinweis auf Gegenstände in Umgebung des Menschen mit leitender Verbindung zur Erde; b) Prinzip der Nullung. *T* Sekundärwicklung eines Drehstromtransformators, *W* Wasseranschluß, *H* Heizkörper, *F* Fußboden

Gehäuse und Erde auftreten. Der Anschluß für die Schutzerdeverbindung wird an Geräten übrigens durch einen Kreis um das Erdzeichen markiert.

Ist das Gehäuse nicht ordnungsgemäß geerdet, so liegt es bei Verbindung zwischen Betriebsspannung und Gehäuse (infolge eines Defektes) auf Betriebsspannung. Bei Berührung fließt durch den Menschen ein Strom zur Erde. Besonders groß ist die Gefahr, wenn gleichzeitig geerdete Gegenstände wie Wasserhahn oder Heizkörper berührt werden oder der Fußboden feucht ist.

2. *Nullung* (s. Bild 11.2b): Hier erfolgt die Verbindung der zu schützenden Metallteile mit dem (am Sternpunkt des Transformators, den Enden aller Stromkreise und an möglichst vielen gleichmäßig verteilten Stellen) geerdeten Mittelleiter, den man auch Nulleiter nennt. Der Nulleiter darf nicht abschaltbar bzw. abgesichert sein.
3. *Fehlerstrom-(FI-)Schutzschaltung:* Abschaltung von L_1, L_2, L_3 und N, wenn der Summenstrom durch diese Leiter infolge eines Defektes (Strom über geerdetes Gehäuse zur Erde durch Isolationsschaden) nicht mehr Null ist.
4. *Trennfehlerstrom-(TFI-)Schutzschaltung:* s. [1.2]
5. *Fehlerspannungs-(FU-)Schutzschaltung:* Abschaltung bei einer Spannung zwischen leitendem Gehäuse und einem Hilfserder
6. *Schutzisolierung:* zusätzlich zur Betriebsisolierung erfolgt eine weitere Isolierung, z. B. durch ein isolierendes Gehäuse. Stecker ohne Schutzkontakt, Kennzeichnung mit Doppelquadrat.
7. *Schutztrennung:* galvanische Trennung des Betriebsstromkreises vom speisenden Netz, z. B. durch einen Trenntrafo und damit Schutz gegen Erdschluß-Unfälle. Angeschlossene Geräte dürfen keine Schutzkontakte haben, Anwendung bei Haushaltgeräten und Elektrowerkzeugen.

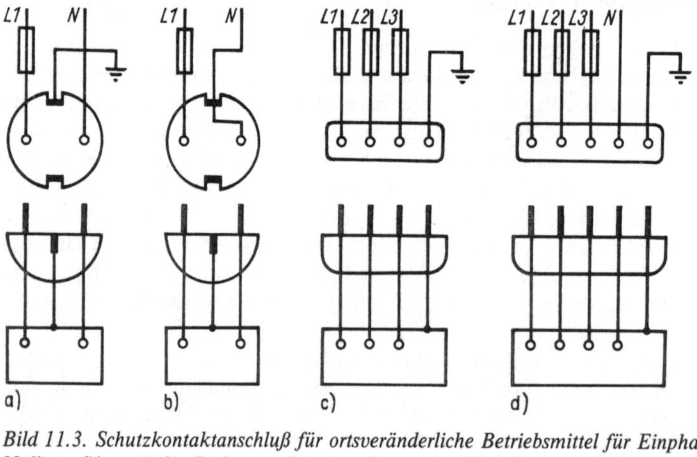

Bild 11.3. Schutzkontaktanschluß für ortsveränderliche Betriebsmittel für Einphasenstrom bei Erdung (a) bzw. Nullung (b) sowie für Drehstrom bei vierpoligem Anschluß (c) bzw. fünfpoligem Anschluß (d) mit Trennung von Schutz- und Mittelleiter

8. *Schutzkleinspannung:* Spannungen unter 50 V bei Leerlauf bzw. unter 42 V bei Nennlast, erzeugt mit Netztransformatoren mit verstärkter Isolierung, keine Schutzkontakte. Anwendungsbeispiele: Modelleisenbahn, Elektrowerkzeug für Gebrauch in Metallkesseln.
9. *Schutzleitungssystem:* für Netze mit eigenem Transformator, dessen Sternpunkt nicht geerdet wird. Anwendung dort, wo Abschaltung im Fehlerfall vermieden werden muß, z. B. bei Fließfertigung oder in der Chirurgie [1.2].

Ortsbewegliche Geräte werden meist über Steckvorrichtungen an das Netz angeschlossen. In feuchten Räumen bzw. bei Fußböden hoher Leitfähigkeit müssen elektrische Geräte über *Schutzkontaktsteckvorrichtungen* angeschlossen werden. Der Schutzleiter (grün/gelb) verbindet das Gerätegehäuse über den Stecker mit Erde (Bild 11.3 a) oder dem Nulleiter (Bild 11.3 b). Dieser Anschluß muß bei Einführung des Steckers zuerst erfolgen. Schutzleiter an stationären oder mobilen Geräten dürfen nicht abschaltbar sein und auch nicht abgesichert werden. Bewegliche Leitungen müssen den Schutzleiter in ihrer Umhüllung mitführen. Es sei abschließend hervorgehoben, daß die genannten Maßnahmen entweder die Aufrechterhaltung einer zu hohen Berührungsspannung (1. bis 5.) oder das Zustandekommen einer zu hohen Berührungsspannung (6. bis 9.) verhindern.

Bei Laboranlagen werden teilweise Spannungsquellen (z. B. für Gleich- oder HF-Spannungen) und Verbraucher mit Buchsen ausgerüstet. Die Verbindung wird in diesem Fall mit Kabeln hergestellt, die beiderseits Stecker besitzen. Hier ist – wie auch sonst – besonders zu beachten:

- Schaltungsaufbau und -änderung nur bei abgeschalteten Quellen, vorher allpolig abschalten und auf Spannungsfreiheit prüfen, Einschaltung durch andere Personen sicher verhindern
- Kabel zuerst am Verbraucher anschließen und dann an der Quelle.

Weiterhin sei noch daran erinnert, daß die Spannung innerhalb elektrischer Schaltungen im Betrieb und auch beim Abschaltvorgang über der Quellenspannung liegen kann, und daß Kondensatoren auch nach der Abschaltung der Betriebsspannung noch eine Ladung abgeben können.

Abschließend sei noch einmal betont: *Elektroarbeiten außerhalb des Kleinspannungsbereiches müssen vom Fachmann durchgeführt werden!*

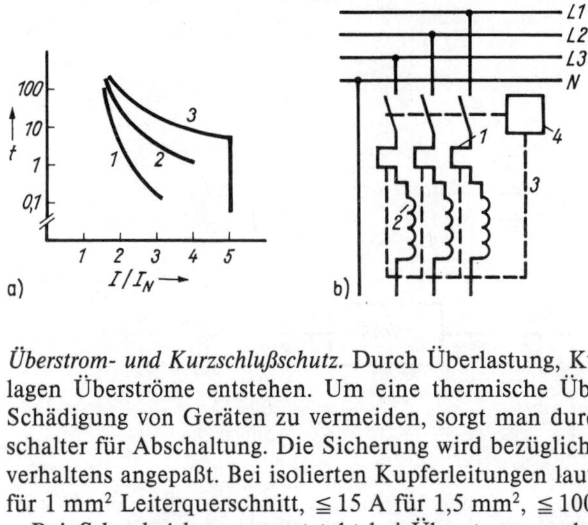

Bild 11.4. Sicherungen

a) Beispiel für die Überstrom-Zeitcharakteristik der Stromkreislauftrennung von Sicherungen *1* flinke Schmelzsicherung; *2* träge Schmelzsicherung; *3* Leitungsschutzschalter /11.7/ b) Leitungsschutzschalter *1* Bimetall-Überstromglied; *2* magnetisches Auslöseglied; *3* mechanisches Gestänge; *4* mechanische Sperre

Überstrom- und Kurzschlußschutz. Durch Überlastung, Kurz- bzw. Erdschlüsse können in Anlagen Überströme entstehen. Um eine thermische Überlastung von Leitungen sowie eine Schädigung von Geräten zu vermeiden, sorgt man durch Schmelzsicherungen oder Schutzschalter für Abschaltung. Die Sicherung wird bezüglich ihres Nennauslösestromes und Zeitverhaltens angepaßt. Bei isolierten Kupferleitungen lauten die Richtwerte meist z. B. $\leqq 10$ A für 1 mm² Leiterquerschnitt, $\leqq 15$ A für 1,5 mm², $\leqq 100$ A für 35 mm².

Bei *Schmelzsicherungen* entsteht bei Überstrom an der verdünnten Stelle des Schmelzeinsatzes soviel Wärme, daß diese durchschmilzt (billig, aber großer Streubereich bezogen auf die Nennstromstärke I_N). *Schutzschalter* (Sicherungsautomaten) werden von einem Bimetallstreifen, der vom Strom durchflossen wird oder von Hand ausgelöst und können nach Ansprechen wieder verwendet werden. Falls bei hohen Strömen eine sehr schnelle Abschaltung erforderlich ist, kombiniert man beim sogenannten *Leitungsschutzschalter* die thermische Auslösung mit einer *elektromagnetischen Schnellauslösung* über Relais, die auch selbständig angewandt wird. *Elektronische Sicherungen* mit Abschaltung durch Halbleiterbauelemente sind sehr aufwendig und werden nur dort eingesetzt, wo die Auslösung sehr schnell und definiert erfolgen muß. z. B. bei elektronischen Geräten oder zum Schutz von Leistungshalbleitern durch geeignete Ansteuerung.

Bild 11.4a zeigt die thermisch verzögerte Auslösecharakteristik von flinken und trägen Schmelzsicherungen sowie die eines Leitungsschutzschalters, dessen prinzipieller Aufbau aus Bild 11.4b ersichtlich ist.

11.2. Umformung elektrischer Energie

11.2.1. Überblick

Unter Umformung soll hier nicht die Umwandlung elektrischer Energie in andere Energiearten verstanden werden, sondern lediglich die Modifizierung elektrischer Energie bzw. des Leistungsflusses. Zu unterscheiden sind:

- *Transformatoren* zur Transformation von Wechselspannungen bezüglich ihrer Amplitude bei gleichbleibender Frequenz
- *Stromrichter* mit Halbleiterbauelementen für vielfältigste Anwendungen
- *Maschinenumformer* insbesondere zur Drehstrom-Gleichstrom-Umformung für die Speisung großer Umkehr-Gleichstrommotoren, als Drehstrom-Einphasenwechselstrom-Umformer zur Speisung von $16\frac{2}{3}$-Einphasen-Bahnnetzen aus dem 50-Hz-Drehstromnetz, als Mittelfrequenzumformer zur Umsetzung von 50 Hz auf höhere Frequenzen, für die induktive Erwärmung und als Hilfserregermaschinen für Turbogeneratoren. Bei Maschinenumformern treibt ein Elektromotor einen elektrischen Generator.

Transformatoren wurden im Abschnitt 7.7.5. ausführlich behandelt. Maschinenumformer werden durch den Vormarsch der Stromrichter nur noch in wenigen Spezialfällen eingesetzt. Die folgenden Ausführungen beschränken sich deshalb auf die Stromrichter.

Bild 11.5
Bestandteile einer modernen Elektroenergieanlage

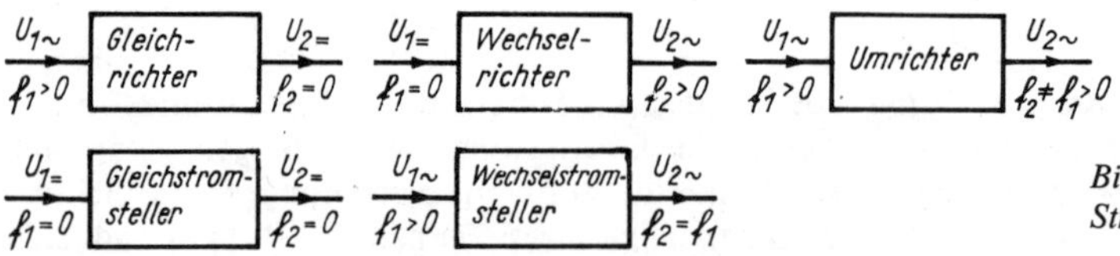

Bild 11.6
Stromrichterarten

Die Steuerung bzw. Umformung des elektrischen Leistungsflusses (z. B. zu einem Motor) mit Halbleiterbauelementen wird häufig auch mit dem Oberbegriff *Leistungselektronik (Makroelektronik)* erfaßt. Dabei kann bei leistungselektronischen Anlagen zwischen dem *Informationsverarbeitungs-* und dem *Leistungsteil* unterschieden werden, wobei man letzteren zusammenfassend als *Stromrichter* bezeichnen kann. Bild 11.5 veranschaulicht das Zusammenwirken der Gebiete. Die Stromrichterarten sind im Bild 11.6 zusammengestellt und werden in den folgenden Abschnitten erläutert. Erwähnt sei aber bereits, daß durch Stromrichter zunächst meist nichtideale, stark wellige Gleichspannungen sowie nichtsinusförmige Wechselspannungen entstehen und keine idealen Spannungsformen.

Die Bedeutung der Leistungselektronik ist daraus ersichtlich, daß etwa 25 % der Energie, die als 50-Hz-Drehstrom bereitgestellt wird, in Gleichstrom oder Wechselstrom anderer Frequenz bzw. Phasenzahl oder auch in völlig andere Zeitfunktionen, z. B. Rechteckimpulse, umgewandelt werden müssen. *Anwendungsgebiete* sind:

- elektrische Antriebe sowie elektrische Bahnen
- elektrotechnologische Anlagen, z. B. Gleichrichter für Elektrofilter und galvanische Anlagen
- Elektroenergieerzeugung und -verteilung, z. B. Gleichrichter für Stromversorgung von Fernmeldeanlagen und Wechsel- bzw. Gleichstromsteller als kontaktlose Schalter (Schütze)
- elektrische Konsumgüter, z. B. Wechselstromsteller für Drehzahlsteuerung von Bohrmaschinen, zur Temperatur- und Helligkeitssteuerung.

Vorteile der Leistungselektronik gegenüber anderen früher üblichen Lösungen wie Maschinenumformern, Quecksilberdampfgleichrichtern, Schaltschützen usw. liegen vor allem im hohen Wirkungsgrad (Energieeinsparung), der großen Zuverlässigkeit, der guten Steuerbarkeit, die gemeinsam mit der mikroelektronischen Informationselektronik bis hin zum Einsatz des Mikrorechners neue Möglichkeiten für Konstruktion und Anwendung elektrischer Maschinen, elektrotechnischer Anlagen usw. erschließt. *Nachteilig* und zu beachten sind bei Stromrichtern die ungünstige *Rückwirkung* auf die Netzspannung (Oberwellen) und damit u. U. auch auf andere Verbraucher.

11.2.2. Bauelemente der Stromrichtertechnik

Als Halbleiterbauelemente werden vor allem *Dioden* und *Thyristoren* aber auch *Triacs* (antiparallelgeschaltete Thyristoren) und in zunehmendem Maße *Bipolar-* und *Feldeffekt-Leistungs-*

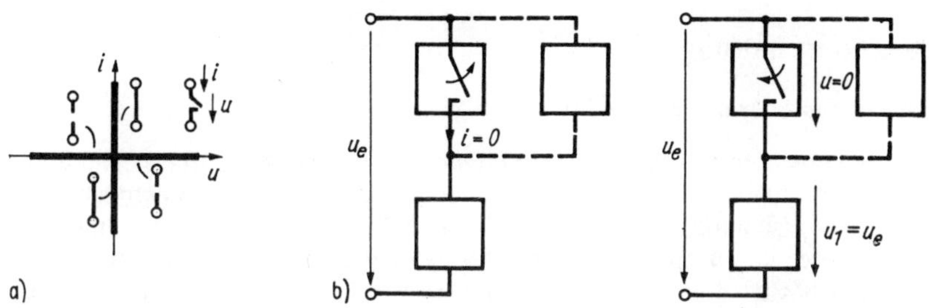

Bild 11.7. Idealer Schalter

a) Kennlinien; b) Auswirkung des Schaltzustandes in einer Reihen-Parallelschaltung von Zweipolen bei eingespeister Spannung u_e

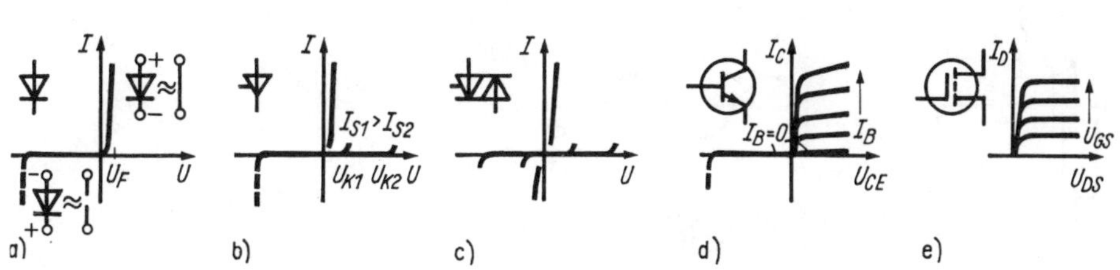

Bild 11.8. Leistungshalbleiterbauelemente

a) Leistungsdioden; b) Thyristoren; c) Triacs (Symistoren); d) bipolare Leistungstransistoren; e) Feldeffekt-Leistungstransistoren

transistoren eingesetzt. Weitere Bauelemente der Stromrichtertechnik sind Kondensatoren, Drosselspulen, Sicherungen und u. U. auch Schaltgeräte sowie Transformatoren usw. Die Wirkungweise der Halbleiterbauelemente wurde im Abschnitt 8. genauer erläutert. In erster Näherung kann man die Halbleiterbauelemente bei vielen Anwendungen der Stromrichtertechnik vereinfacht als Schalter auffassen, die in unterschiedlicher Weise gesteuert, d. h. ein- bzw. ausgeschaltet werden. Im Durchlaßzustand liegt nämlich die Spannung über dem Halbleiterbauelement unter 1 V bzw. bei wenigen Volt. Vergleicht man das z. B. mit der Amplitude der Einphasen-Wechselspannung von $\sqrt{2} \cdot 220\ \mathrm{V} = 311\ \mathrm{V}$, so bestätigt sich diese Aussage, wenn man von der „Feinstruktur" der Umgebung des Nulldurchganges der Wechselspannung absieht. Im gesperrten Zustand kann der Strom i als Null angesetzt werden.

Zusammengefaßt:

$$\textit{Schalter EIN: } u \approx 0, \textit{ Schalter AUS: } i \approx 0. \tag{11.1}$$

Anhand idealer Schalterkennlinien sowie einer Reihen-Parallelschaltung von Zweipolen wird das im Bild 11.7 noch einmal verdeutlicht. Bei genaueren Betrachtungen müssen dann auch die dynamischen Eigenschaften der Halbleiterbauelemente, insbesondere Speichereffekte, einbezogen werden. Die unterschiedlichen Kennlinien der wichtigsten Leistungshalbleiterbauelemente sind im Bild 11.8 gegenübergestellt. Dioden (Halbleiterventile) schalten oberhalb der Flußspannung $U_F \approx 0$ ein und darunter aus. Thyristoren (steuerbare Halbleiterventile) schalten oberhalb der Blockierspannung U_K ein, die sich durch einen kleinen Steuerstrom I_S (bzw. eine Steuerspannung) an der Steuerelektrode (Gate) verändern läßt, z. B. von 3 V auf 1 kV. Sie lassen sich also durch den Steuerstrom zünden. Unabhängig vom Steuerstrom sperren sie aber erst dann wieder, wenn der Strom bzw. die Spannung sehr klein werden (s. Bild 8.41 im Abschn. 8.7.). Triacs (Symistoren) entsprechen antiparallel geschalteten Thyristoren und besitzen dadurch eine symmetrische Kennlinie (Bild 11.8 c). Der Vorteil von Bipolar- und Feldeffekttransistoren besteht darin, daß sie sich durch die Steuerelektrode ein- *und* ausschalten lassen. Das ist prinzipiell, wenn auch mit höherer Steuerleistung, ebenso mit Thyristoren spezieller Bauform, den abschaltbaren Thyristoren, möglich. Die Abschaltung erfolgt, solange ein negativer Steuerstrom eingespeist wird.

11.2.3. Stromrichterschaltungen

11.2.3.1. Wechselstromsteller mit einem Triac

Es soll eine Schaltung entworfen werden, die bei einphasiger Wechselspannung eine stufenlose Helligkeitssteuerung einer Beleuchtungsanlage (modelliert durch einen Widerstand R_L) ermöglicht. Diese Leistungssteuerung kann durch einen veränderbaren Vorwiderstand, also einen Spannungsteiler oder durch einen Regeltransformator oder durch Stromrichter erfolgen. Der Vorwiderstand besitzt den Nachteil, daß ein wesentlicher Energieverlust auftritt. Der Regeltransformator ist aufwendig. Stromrichter sind in einfacher Weise (elektrisch) steuerbar und ermöglichen eine geringe Baugröße. Eine Prinzipschaltung mit einem Triac ist aus Bild 11.9a ersichtlich. Durch eine Zündschaltung ZS werden dem Gate des Triac Steuerim-

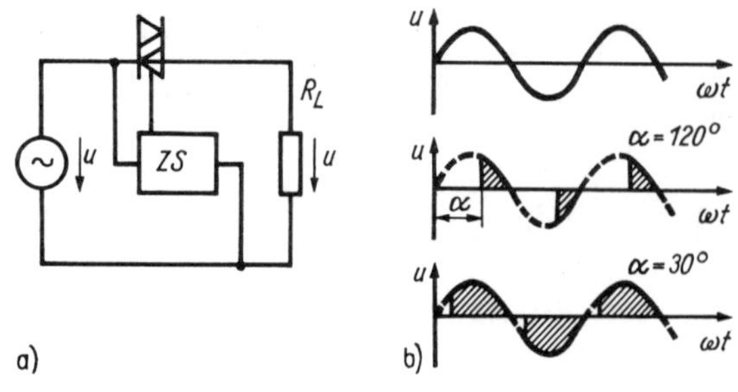

Bild 11.9
Ein Wechselstromsteller
a) Prinzipschaltung; b) Spannungsverlauf

pulse (s. Bild 11.8b) zugeführt, die ihn zum Zeitpunkt Δt_0 bzw. beim Zündwinkel $\alpha = 2\pi t_0/T$ zünden, also sehr niederohmig machen. Der Zündwinkel α gibt den Zündzeitpunkt bezogen auf den jeweils davor liegenden Nulldurchgang der Sinusspannung an. Gelöscht (gesperrt) wird der Triac beim nächsten Nulldurchgang. Der Wechselstromsteller variiert also nicht die Amplitude der Wechselspannung, sondern den Zeitraum, in dem sie anliegt. Der Effektivwert U_α dieser „angeschnittenen Wechselspannung", die stark oberwellenhaltig ist, ergibt sich nach Gl. (3.5) aus

$$U_\alpha = \frac{1}{T}\sqrt{\int_0^T u_\alpha^2 \, \mathrm{d}t} = \sqrt{1 - \frac{\alpha}{\pi} - \frac{\sin 2\alpha}{2\pi}}\,.$$

Die Leistung an der Last $\overline{p} = U_\alpha^2/R$ sinkt mit steigendem α.

11.2.3.2. Gleichrichterschaltungen

a) Ungesteuerte Gleichrichter (mit Dioden, s. Abschn. 8.4.2.)

b) Gesteuerte Gleichrichter (mit Thyristoren)

Im Bild 11.10a ist eine einphasige gesteuerte Gleichrichterschaltung angegeben. Sie entsteht, wenn man in der ungesteuerten Gleichrichterschaltung von Bild 8.7 anstelle der Dioden Thyristoren einsetzt. Außerdem wird eine stark induktive Last vorausgesetzt, z. B. eine Glättungsspule und/oder Wicklung eines Gleichstrommotors. Gestrichelt gezeichnet sind die Schaltungsteile, die innerhalb der positiven Halbwelle keinen Strom führen.

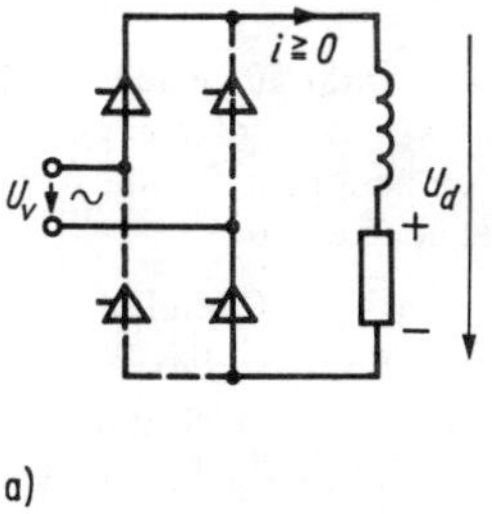

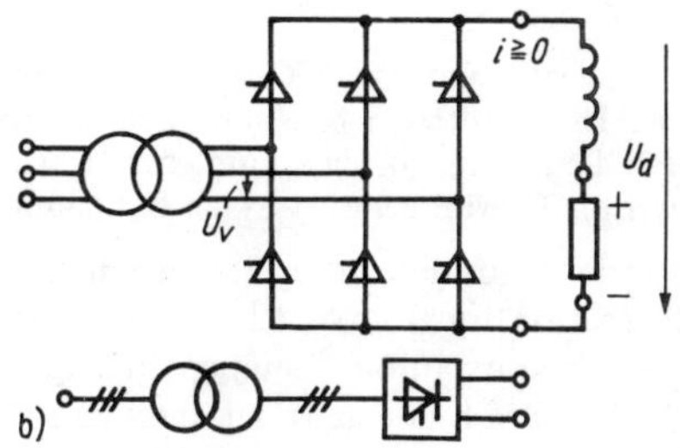

Bild 11.10. Gesteuerter Gleichrichter

a) Zweipuls-Einphasen-Brückenschaltung: $U_d \leqq 0{,}9\ U_v$ (für stark induktive Last); b) Sechspuls-Dreiphasen-Brückenschaltung: $U_d \leqq 1{,}35\ U_v$ (für stark induktive Last)

Die Größe des Mittelwertes U_d der welligen Gleichspannung kann durch die Steuerung der Thyristoren mit Zündimpulsen eingestellt werden. Als Pulsigkeit bezeichnet man die Zahl der Halbwellenausschnitte, die die Gleichspannung enthält. Während einer Periode entstehen durch die Zweiweggleichrichtung 2 Halbwellenausschnitte (Zweipulsbrücke). Die im Bild 11.10b dargestellte Brückenschaltung für Drehstrom liefert eine Gleichspannung mit $2 \cdot 3 = 6$ Halbwellenausschnitten, d. h. eine geringe Welligkeit und damit weniger Oberwellen. Durch die Verschiebung des Zündwinkels zu größeren Werten kann man den Mittelwert der Spannung $\overline{u} = U_d$ (über eine Periode) unter Null absenken, während stets $i \geqq 0$ gilt. Demnach kann zeitweise $\overline{p} = \overline{u \cdot i} < 0$ auftreten, d. h., es fließt Leistung in umgekehrter Richtung in den Drehstromtransformator. Die Schaltung kann demnach auch als Wechselrichter wirken. Ersetzt man den Widerstand durch einen Gleichspannungsgenerator, so wird dessen Gleichstromenergie umgeformt und als Wechselstromenergie in den Transformator bzw. angeschlossenen Verbraucher oder das Netz geliefert. Erwähnt sei, daß man zur rationellen Darstellung von Stromrichtern und Mehrphasenleitungen auch vereinfachte Symbole anwendet, wie sie z. B. unten im Bild 11.10b angegeben sind.

11.2.3.3. Gleichstromsteller als Beispiel eines selbstgeführten Stromrichters

Bisher wurden *netzgeführte*, d. h. netzgelöschte, *Stromrichter* mit Thyristoren behandelt. Bei ihnen wird der Zeitablauf der Abschaltung (Löschung) bzw. Umschaltung des Stromes (Kommutierung) von einem Halbleiterbauelement auf das andere durch die Netzspannung vorgegeben. Bei der Löschung durch die Last spricht man von *lastgelöschten Stromrichtern.* Häufig werden aber auch *fremdgeführte* (selbstgelöschte) *Stromrichter* benötigt, bei denen man außer dem Zeitpunkt des Einschaltens auch den des Ausschaltens wählen kann. Dazu kann man entweder die schon genannten abschaltbaren Thyristoren verwenden oder aber durch eine geeignete Beschaltung des Thyristors (s. Bild 11.10 a) die Abschaltung infolge zu kleinen Stromes durch den Thyristor zu einem beliebig wählbaren Zeitpunkt erzwingen. In beiden Fällen charakterisiert man das durch das im Bild 11.11 b angegebene Symbol mit zwei Steuerelektroden.

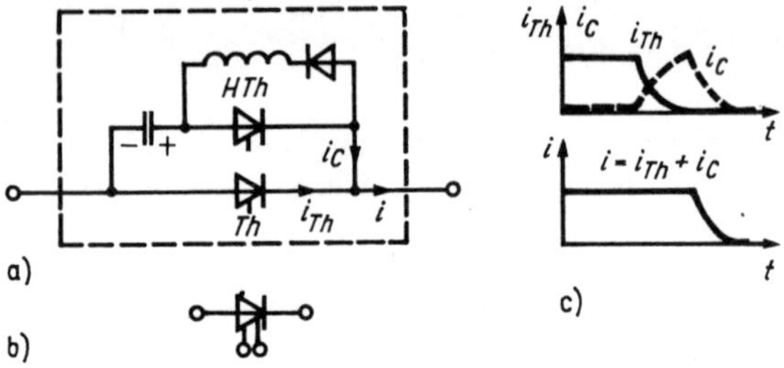

Bild 11.11.
a) Ein Thyristor Th mit Löschkreis; b) Symbol eines abschaltbaren Thyristors bzw. einer entsprechenden Schaltung; c) Zeitverlauf der Ströme für a) bei der Löschung durch Zünden des Hilfsthyristors *HTh*

Erläuterung zu Bild 11.11 c*: Der Kondensator C sei mit der angegebenen Polarität aufgeladen. Bei Zündung des Hilfsthyristors HTh entlädt er sich. Nimmt man an, daß sich $i = i_{TH} + i_C$ infolge einer induktiven Last nur langsam ändern kann, so übernimmt der Hilfsthyristor den gesamten Strom, d. h. $i = i_{Th}$. i_C wird Null. Der Thyristor Th wird gelöscht. Nach Entladung von C ist auch $i_C = 0$.

Als Anwendungsbeispiel eines selbstgeführten Stromrichters wird der einfache Gleichstromsteller für Abwärtstransformation im Bild 11.12 diskutiert, den man auch Pulssteller nennt. Er hat die Aufgabe, aus einer konstanten Gleichspannung U_{de} am Eingang eine steuerbare mittlere Gleichspannung $U_d = \overline{u}_d$ am Ausgang zu erzeugen. Das erfolgt durch Variation des Tastverhältnisses der Spannung durch geeignetes Ein- und Ausschalten des abschaltbaren Thyristors (Bild 11.12). Im Einzustand führt der Thyristor den Strom (gestrichelt gezeichnet). Die Ausgangsspannung entspricht etwa der Eingangsspannung. Im Auszustand fließt der Strom durch die als stark induktiv angenommene Last durch die Freilaufdiode D (punktiert eingezeichnet). Demzufolge ist die Spannung etwa Null.

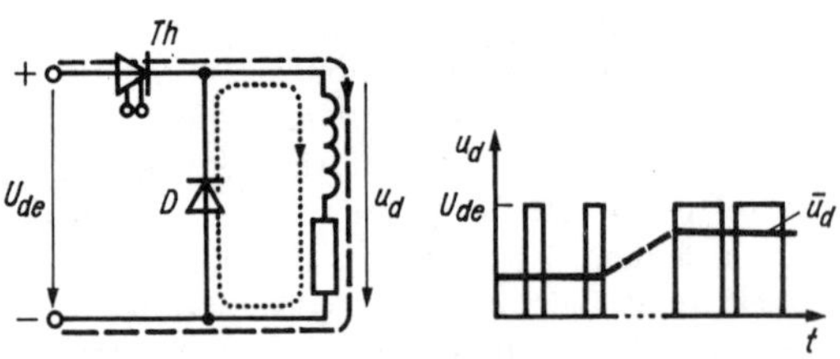

Bild 11.12. Gleichstromsteller mit induktiver Last. Einfache Schaltung mit Thyristoren sowie Zeitverlauf der Spannung am Ausgang

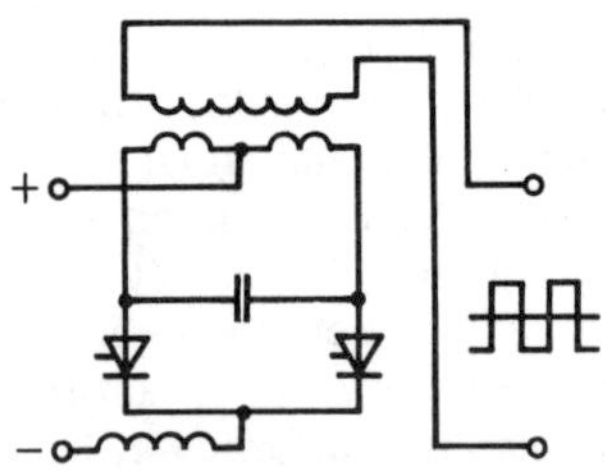

Bild 11.13. Wechselrichter (nach McMurray)

Typische Frequenzen sind einige 100 Hz. Natürlich kann man auch wie bei anderen Stromrichtern Transistoren u. U. in Parallelschaltung als gesteuerte Schalter einsetzen, vor allem für kleinere Leistungen im kW-Bereich bzw. höhere Frequenzen. Als Anwendungsbeispiel eines Gleichstromstellers sei die Steuerung eines batteriegespeisten Fahrmotors eines Fahrzeugs (Kfz. oder Grubenlokomotive) genannt.

11.2.3.4. Wechsel- bzw. Drehstromsteller

Ein Beispiel eines Wechselrichters, der eine Gleichspannung in eine Wechselspannung wählbarer Frequenz umformt, zeigt Bild 11.13. Die beiden Thyristoren werden abwechselnd gezündet, so daß auf der Sekundärseite eine rechteckförmige Spannung entsteht. Durch den Kommutierungskondensator *C* wird beim Zünden eines Thyristors der andere Thyristor gelöscht.

Abschließend sei betont, daß durch Kombination verschiedener Stromrichtervarianten vielfältigste Möglichkeiten zur Umformung bestehen, die z. T. sehr komplexe Schaltungen, u. a. auch für den Schutz der Halbleiterbauelemente gegen Grenzwertüberschreitungen, erfordern.

11.3. Elektrische Maschinen und Antriebe

11.3.1. Aufbau von Antrieben

Antriebe haben die Aufgabe, für den gewünschten Bewegungsablauf eines Arbeitsmechanismus, z. B. einer Drehmaschine, zu sorgen. Sie bestehen im einfachsten Fall aus Motor und Arbeitsmaschine sowie der Stromversorgung einschließlich Schalt- und Schutzeinrichtungen, die allerdings im folgenden Bild nicht mitgezeichnet wurden. Bei *gesteuerten Antrieben* besteht die Möglichkeit (Bild 11.14a), das Verhalten, z. B. die Drehzahl, über einen Sollwertgeber sowie das Stellglied zu beeinflussen. Sollwertgeber kann auch der Mensch sein. Bei *geregelten* Antrieben (Bild 11.14b) beeinflussen Sollwertgeber und Meßwertgeber über einen Regler die Eigenschaften des Systems (Rückkopplung) (s. auch Abschn. 13.). Häufig werden rechnergeführte geregelte Antriebssysteme eingesetzt, bei denen – wie im Bild 11.14b gestrichelt angedeutet – durch Einsatz eines Rechners eine sehr komplexe Informationsverarbeitung möglich ist. Bei Antrieben wirken also viele bisher behandelte Probleme der Elektronik, Leistungselektronik und der Grundlagen der elektrischen Maschinen (s. auch Abschn. 7.) zusammen. Im folgenden werden einige Eigenschaften von Motoren im Zusammenhang mit Antrieben anwenderorientiert genannt, ohne daß eine Begründung aufgrund des inneren

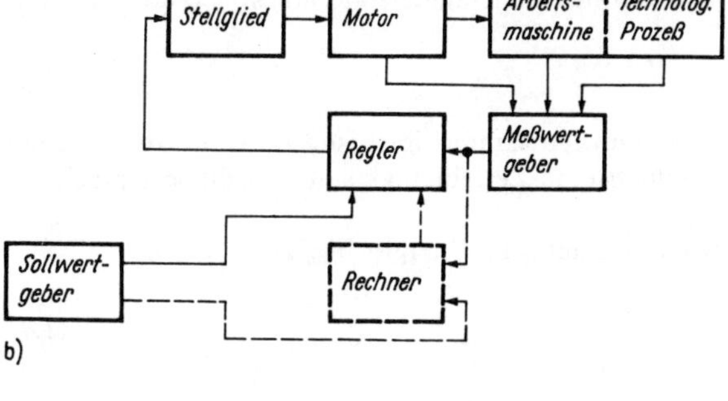

Bild 11.14
Elektrisches Antriebssystem (ohne Stromversorgung)
a) gesteuert; b) geregelt bzw. rechnergeführt geregelt

Aufbaus erfolgt. Danach werden ausgewählte Probleme elektrischer Maschinen noch einmal als Übersicht zusammengestellt.

11.3.2. Bewegungsgleichung für Antriebe

Grundbegriffe. Ein elektrischer Antrieb besteht – wie schon erwähnt – im einfachsten Fall aus dem Elektromotor und dem Arbeitsmechanismus. Es treten rotatorische und in manchen Fällen auch translatorische Bewegungen auf (Bild 11.15). Die *Bewegungsgleichung für die translatorische Bewegung* einer Masse m unter dem Einfluß einer Kraft lautet:

$$\frac{\mathrm{d}}{\mathrm{d}t}(mv) = F_\mathrm{b} \quad \text{bzw.} \quad m\frac{\mathrm{d}v}{\mathrm{d}t} = F_\mathrm{b} \quad \text{für } m = \text{konst.} \tag{11.2}$$

m Masse
s Ortskoordinate
$v = \mathrm{d}s/\mathrm{d}t$ Geschwindigkeit
$\mathrm{d}v/\mathrm{d}t = \mathrm{d}^2s/\mathrm{d}t^2$ Beschleunigung
F_b Kraft

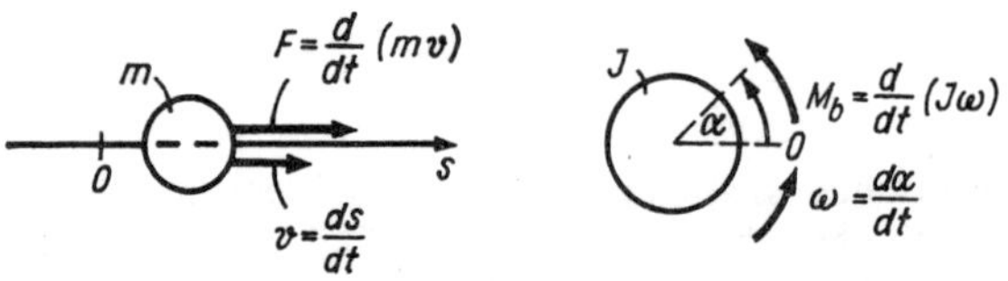

Bild 11.15. Zählpfeilrichtungen bei den Bewegungsgleichungen für translatorische und rotatorische Bewegungen

Für die Leistung P bzw. die kinetische Energie W_kin der Masse gilt

$$P = Fv \qquad W_\mathrm{kin} = mv^2/2. \tag{11.3}$$

Die *Bewegungsgleichung für die rotatorische Bewegung* lautet

$$\frac{\mathrm{d}}{\mathrm{d}t}(J\omega) = M_\mathrm{b} \quad \text{bzw.} \quad J\frac{\mathrm{d}\omega}{\mathrm{d}t} = M_\mathrm{b} \quad \text{für } J = \text{konst.} \tag{11.4}$$

J Trägheitsmoment
α Drehwinkel
$\omega = \mathrm{d}\alpha/\mathrm{d}t$ Winkelgeschwindigkeit
$\mathrm{d}\omega/\mathrm{d}t = \mathrm{d}^2\alpha/\mathrm{d}t^2$ Winkelbeschleunigung
M_b Drehmoment (Beschleunigungsmoment)

Der Zusammenhang zwischen Winkelgeschwindigkeit ω und Drehzahl n lautet

$$\omega = 2\pi n. \tag{11.5}$$

Das Trägheitsmoment kann aus $J = \int r^2\,\mathrm{d}m$ berechnet werden, wobei $\mathrm{d}m$ ein differentielles Massenelement und r der dazugehörige Bewegungsradius ist. Beispielsweise ergibt sich – wie sich leicht nachrechnen läßt – für eine Punktmasse $J = mr^2$ und für eine kreisförmige Scheibe mit dem Durchmesser D und der Masse $m J = mD^2/2$. Häufig führt man bei Motoren usw. auch mit $J = mD^2/4$ bzw. $D^2 = 4J/m$ den mittleren Trägheitsdurchmesser D ein und definiert als Schwungmoment

$$mgD^2 = GD^2 = 4gJ. \tag{11.6}$$

g ist die Erdbeschleunigung und $G = mg$ die Gewichtskraft. Meist ist J konstant. In manchen Fällen, z. B. bei Wickelmaschinen tritt jedoch eine Zeitabhängigkeit auf, die entsprechend Gl. (11.4) zu berücksichtigen ist.

Für die Leistung P (s. Gl. (7.83)) sowie die kinetische Energie W_kin gilt

$$P = M\omega \qquad W_\mathrm{kin} = \frac{J}{2}\,\omega^2. \tag{11.7}$$

Im folgenden beschäftigen wir uns mit der rotatorischen Bewegung (bei konstantem J), wobei sich diese Überlegungen auf translatorische Bewegungen sinngemäß übertragen lassen. Wir unterscheiden zwischen dem vom Motor erzeugten und meist antreibenden Drehmoment M und dem meist bremsenden Drehmoment des angeschlossenen Arbeitsmechanismus, das wir Widerstandsmoment M_W nennen wollen. Dann lautet die Bewegungsgleichung für die im Bild 11.16 angegebenen Zählpfeilrichtungen nach Gl. (11.4) mit $M_b = M - M_W$

$$J\frac{d\omega}{dt} = M_b = M - M_W \quad \text{bzw.} \quad 2\pi J\frac{dn}{dt} = M_b = M - M_W \tag{11.8}$$

J ist das gesamte an der als starr angenommenen Motorwelle wirksame Trägheitsmoment, das durch Motor und Arbeitsmaschine bestimmt wird.

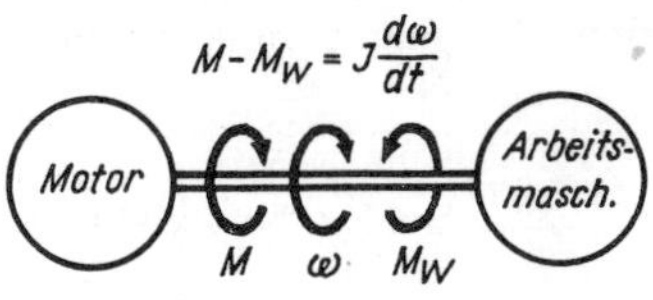

Bild 11.16. Zählpfeilrichtungen bei Drehmoment M des Motors und Widerstandsmomentes M_w des Antriebsmechanismus bezogen auf ω

M_W, das Widerstandsmoment des Arbeitsmechanismus, faßt alle an der als starr angenommenen Welle wirksamen Drehmomente außer M zusammen.

Nach Gl. (11.8) sind folgende Fälle zu unterscheiden:

$M = M_W$, d. h. $d\omega/dt = 0$, ω = konst. (stationärer Betrieb)
$M > M_W$, d. h. $d\omega/dt > 0$, ω wächst (Beschleunigung)
$M < M_W$, d. h. $d\omega/dt < 0$, ω sinkt (Verzögerung).

Stabilitätsbedingung:* Durch eine Kleinsignalbetrachtung (Annahme einer kleinen Störung ΔM bzw. $\Delta\omega$) läßt sich mit Gl. (11.8) nachweisen, daß nur bei Einhaltung der statischen Stabilitätsbedingung

$$\frac{dM}{d\omega} < \frac{dM_W}{d\omega} \tag{11.9}$$

ein stabiler Arbeitspunkt vorliegt, d. h. stationärer Betrieb möglich ist (s. Bild 11.17). Andernfalls führen kleinste (unvermeidbare) Störungen zur Instabilität, also zum Weglaufen vom Arbeitspunkt (labiles Verhalten). Ist z. B. die Drehzahl ω durch eine Störung abgesunken, so würde sich z. B. im Fall 4 von Bild 11.17 $M_W > M$ ergeben und damit $d\omega/dt < 0$, d. h. ein weiteres Absinken von ω. Im Gegensatz dazu wäre im Fall 1 $M > M_W$ und damit $d\omega/dt > 0$ bis der Schnittpunkt der Kennlinien, der stabile Arbeitspunkt, wieder erreicht ist.

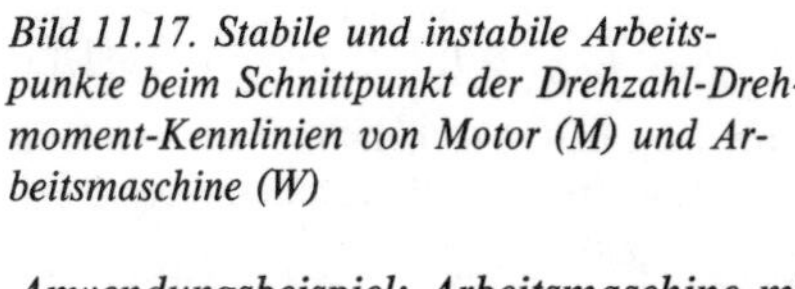

Bild 11.17. Stabile und instabile Arbeitspunkte beim Schnittpunkt der Drehzahl-Drehmoment-Kennlinien von Motor (M) und Arbeitsmaschine (W)

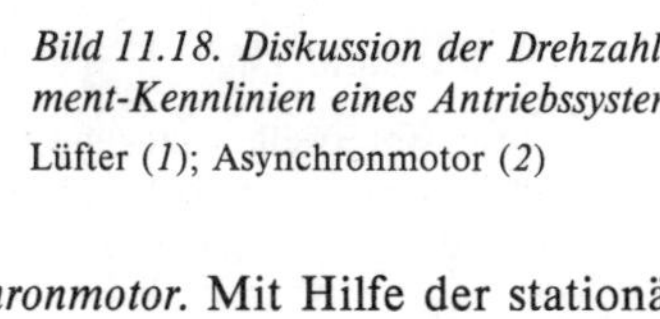

Bild 11.18. Diskussion der Drehzahl-Drehmoment-Kennlinien eines Antriebssystems
Lüfter (*1*); Asynchronmotor (*2*)

Anwendungsbeispiel: Arbeitsmaschine mit Asynchronmotor. Mit Hilfe der stationären Drehzahl-Drehmoment-Kennlinien eines Lüfters (1) sowie des antreibenden Asynchronmotors (2) (Bild 11.18) wird die Bewegungsgleichung $2J\pi\, dn/dt = M_b = M - M_W$ diskutiert. Anlauf ist möglich, da $M > M_W$ bei $n = 0$ ist, also $dn/dt > 0$. Die Drehzahl wächst also an. Am Schnittpunkt der beiden Kennlinien wird $dn/dt = 0$. Die Stabilitätsbedingung $dM/dn < dM_W/dn$ ist erfüllt, also stellt sich ein stationärer Betriebszustand ein, der durch Nenndrehzahl n_N und Nennmoment M_N charakterisiert ist. Die Anlaufzeit kann wegen $dt = 2J\pi\, dn/M_b$ aus

$$t = 2\pi \int_0^{n_N} \frac{J}{M - M_W}\, dn \tag{11.10}$$

ermittelt werden.

Hinweis: Falls bei einer laufenden Arbeitsmaschine ein Widerstandsmoment $M_W > M_K$ (M_K Kippmoment) auftritt, wie im Bild 11.18 gestrichelt eingezeichnet, so existiert kein Arbeitspunkt mehr. Es gilt $dn/dt < 0$ bis der Asynchronmotor stehenbleibt („abkippt"). *Energiebilanzgleichung.* Die genaue Analyse eines komplexen Antriebssystems wird zweckmäßigerweise mit Hilfe der Energiebilanz durchgeführt. Wie im Abschnitt 1.11.1. dargelegt, ist die einem System zugeführte Leistung gleich der Summe von abgeführter Leistung und der Änderung der Systemenergie je Zeiteinheit. Für einen rotatorischen Antrieb kann man demnach schreiben

$$M\omega = M_{WA}\omega_A + \frac{dW_{kin}}{dt} + P_V. \tag{11.11}$$

$M\omega$ die Motorleistung
$M_{WA}\omega_A$ Leistung des Arbeitsmechanismus
W_{kin} im System gespeicherte kinetische Energie
P_V abgegebene Verlustleistung (Wärme usw.)

Häufig wirken zwischen Motor und Arbeitsmaschine noch Übertragungsmechanismen wie Getriebe, Kupplungen usw. Kupplungen dienen vor allem zum Zu- und Abschalten der Arbeitsmaschine bei laufendem Motor, als Überlastsicherung, zum Drehzahlstellen von Arbeitsmaschinen sowie zur Schwingungsdämpfung. Getriebe ermöglichen es, den Motor an die Arbeitsmaschine anzupassen (bezüglich Drehzahl, Drehmoment und Trägheitsmoment), die Bewegungsform umzuwandeln (rotatorisch ⇄ translatorisch), Drehzahländerungen oder Drehrichtungsumkehr vorzunehmen, die mechanische Energie an mehrere Antriebswellen zu verteilen.

Bild 11.19
Antriebssystem mit Übertragungsmechanismus

Beispiel: Antrieb mit einem Übertragungsmechanismus nach Bild 11.19
Verlustleistung soll nur im Übertragungsmechanismus auftreten. Sie wird bei der angegebenen Energieflußrichtung durch den Wirkungsgrad $\eta_Ü$ berücksichtigt. Es gilt demnach mit der Energiebilanzgleichung (11.11)

$$M\omega = \frac{M_{WA}\omega_A}{\eta_Ü} + \frac{dW_{kin}}{dt}. \tag{11.12}$$

Die Energie ist $W_{kin} = J_M\omega^2/2 + J_Ü\omega^2/2 + J_A\omega_A^2/2$. Demzufolge ergibt sich aus Gl. (11.8) mit dem Übersetzungsverhältnis $i = \omega/\omega_A$ die Bewegungsgleichung

$$J\frac{d\omega}{dt} = M - M_W \quad \text{mit} \quad M_W = \frac{1}{\eta_Ü i} M_{WA} \quad \text{und} \quad J = J_M + J_Ü + \frac{1}{i^2} J_A. \tag{11.13}$$

M_W bzw. J sind das auf die Motorwelle bezogene Widerstandsmoment bzw. Trägheitsmoment. Bei Umkehrung der Energieflußrichtung (gestrichelter Pfeil), z. B. beim Abbremsen, muß anstelle $\eta_Ü$ das Reziproke des Wirkungsgrades des Übertragungsmechanismus eingesetzt werden.

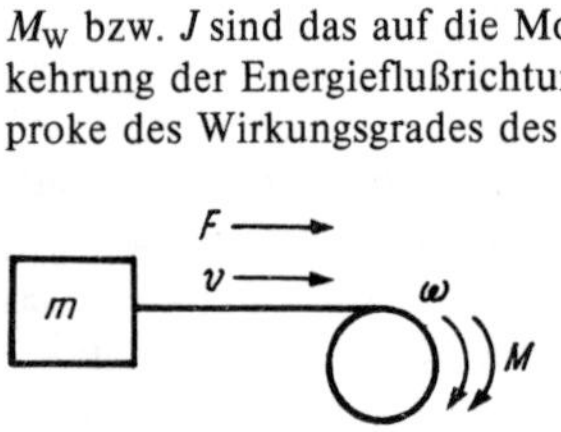

Bild 11.20
Zur Umwandlung rotatorischer in translatorische Bewegung

Bei Umrechnung einer geradlinigen Bewegung in eine Drehbewegung und umgekehrt (s. Bild 11.20) führt die Leistungsbilanz $Fv = M\omega$ übrigens zum Ersatzträgheitsmoment $J = m\,(D/2)^2$ der geradlinig bewegten Masse. D ist der Durchmesser der Scheibe.

11.3.3. Übersicht über die Drehzahl-Drehmoment-Kennlinien von Arbeitsmaschinen

Bild 11.21 gibt einen Überblick über fünf Grundtypen der stationären Drehzahl-Drehmoment-Kennlinien $\omega(M_W)$ bzw. $n(M_W)$ von Arbeitsmechanismen. Zu unterscheiden sind Arbeitsmechanismen

1. mit M_W = konst. für Hubarbeit (Fördermaschinen, Aufzüge, Krane usw.), wobei der Antrieb bei Motorausfall in entgegengesetzter Richtung durchgezogen wird (aktives Widerstandsmoment im 4. Quadranten)
2. mit $M_W = kn$ zum Bearbeiten von Geweben, Folien usw. (Kalander) sowie für spezielle elektrische Bremsen
3. mit $M_W = kn^2$ oder $M_W = kn^3$ zur Überwindung von Gas- und Flüssigkeitsreibung, z. B. Lüfter und Kreiselpumpen
4. mit $M_W = k/n$ zum Antrieb von Wickelmaschinen usw. bzw. allgemein von Arbeitsmaschinen mit $P = 2\pi nM$ = konst.
5. mit $M_W = k \operatorname{sign} n$ für Formänderungs- und Reibungsarbeit, z. B. spezielle spanabhebende Werkzeugmaschinen, Fließbänder, Fahrmotoren für Bagger und Krane, Ventile, Drosselklappen.

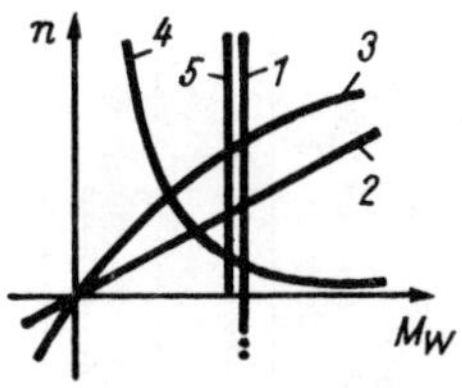

Bild 11.21. Einige Grundlagen stationärer Drehzahl-Widerstandsmoment-Kennlinien von Arbeitsmaschinen
1 Hubarbeit; *2* Kalander; *3* Gas- und Flüssigkeitsreibung; *4* Wickelmaschinen; *5* Formänderungs- und Reibungsarbeit

In vielen praktischen Fällen treten u. a. durch Überlagerung der erwähnten Kurven sehr komplizierte Verläufe der Widerstandsmomente auf. Für den Anlauf von Arbeitsmaschinen strebt man häufig konstante Beschleunigung an, d. h., Ruck ($\mathrm{d}^2\omega/\mathrm{d}t^2 \neq 0$ bzw. $\mathrm{d}^2v/\mathrm{d}t^2 \neq 0$) wird durch geeignete Motorwahl und Drehzahlstellung beim Betrieb vermieden.

11.3.4. Übersicht über ausgewählte Eigenschaften elektrischer Maschinen

Rotierende elektrische Maschinen können als Generatoren mechanische in elektrische Energie umwandeln oder auch als Motoren elektrische Energie in mechanische Energie. Prinzipiell kann eine elektrische Maschine sowohl als Motor als auch als Generator arbeiten. Man kennzeichnet sie aber nach der vorgesehenen Energieflußrichtung. Grundlagen elektrischer

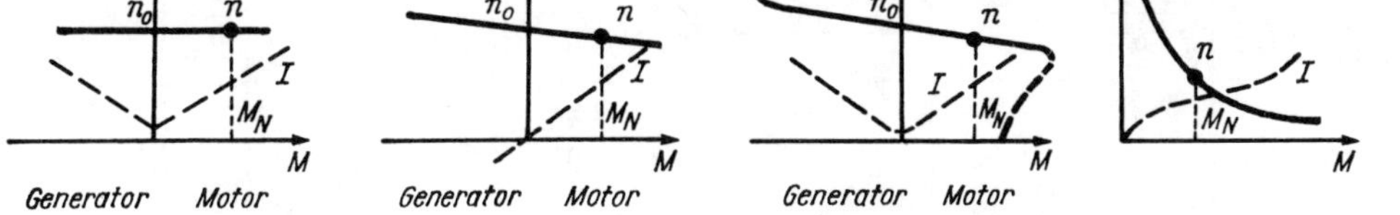

Bild 11.22. Grundtypen der stationären Drehzahl-Drehmoment-Kennlinien elektrischer Maschinen sowie der Strom-Drehmoment-Abhängigkeit ($M \geqq 0$ Motorbetrieb, $M < 0$ Generatorbetrieb)

Tafel 11.2. Gleichstrom- und Wechselstromkommutatormotoren (nach Habiger [11.5])

Motorart	Gleichstrommotoren			Wechselstrom-Kommutatormotoren		
	Gleichstrommotoren mit Fremderregung	Gleichstrommotoren mit Permanenterregung	Gleischstrommotoren mit Reihenschlußerregung	Universalmotoren für Gleich- und Wechselstrom	Bahnmotoren	Repulsionsmotoren
Schaltbild	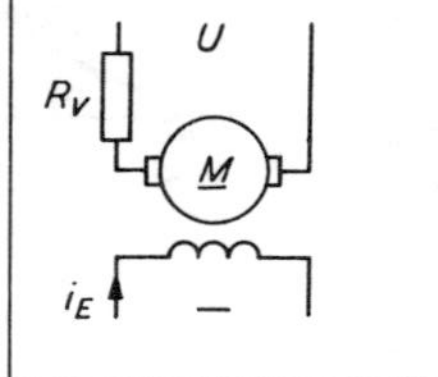	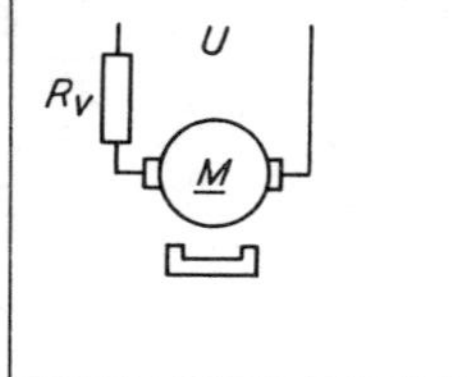	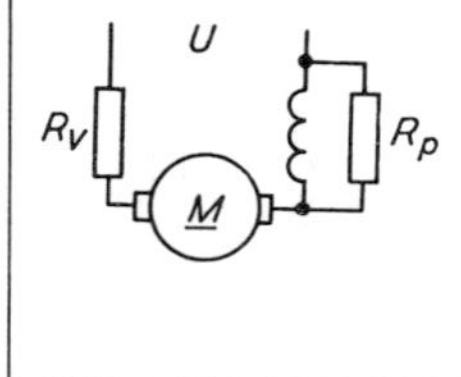	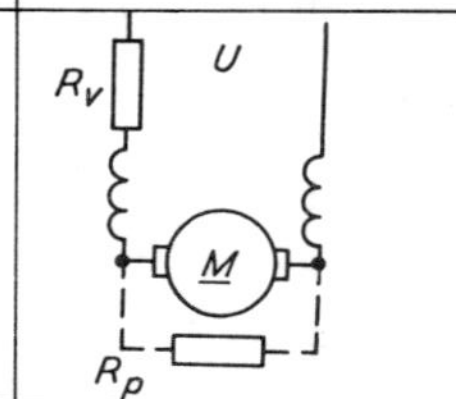	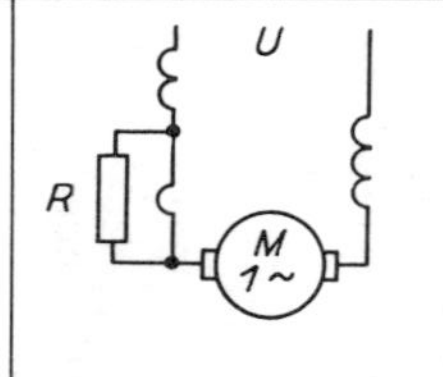	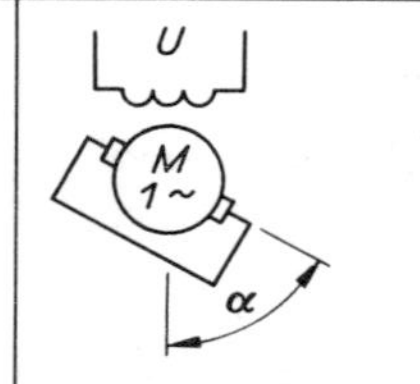
Drehzahl-Drehmoment-Kennlinien	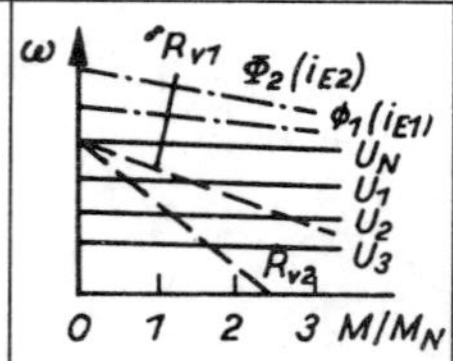	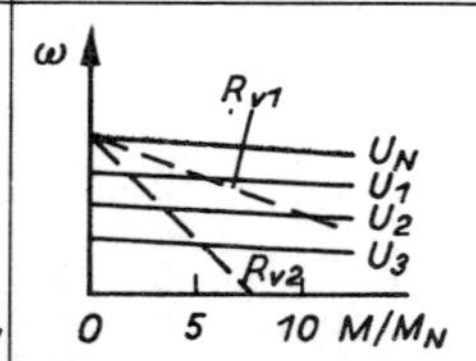	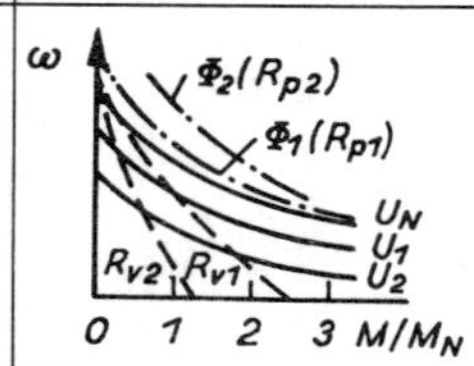	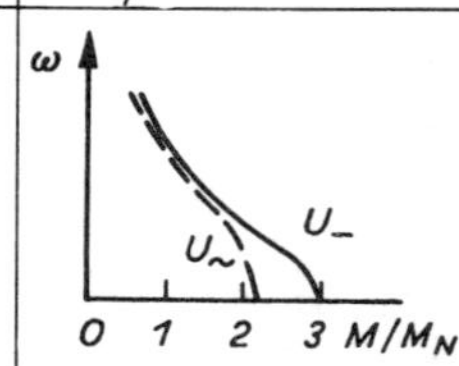	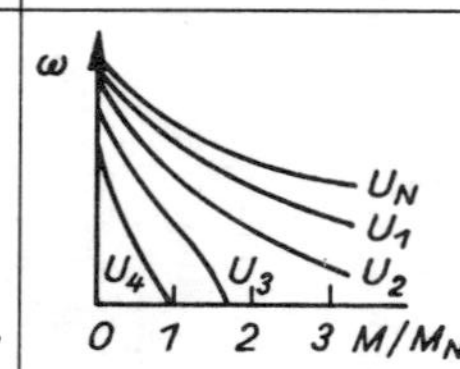	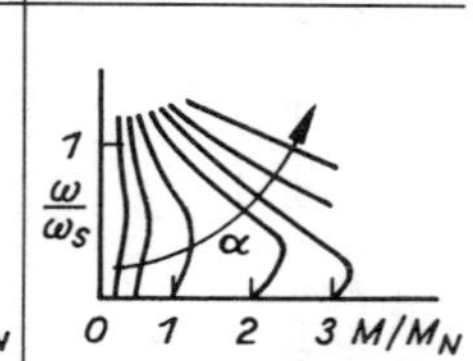
M_A/M_N M_{max}/M_N kurzzeitig I_A/I_N	≦2,2 1,6…2,2 ≦2,2	5…20 ≦20 5…20	≦2,5 2…2,5 ≦2,5	1…3 2…3 5…8	je nach Klemmen-spannung 2…2,2 je nach Klemmen-spannung	1,5…4,5 2…2,2 2…5
Drehzahlstellen	Verstellen oder Pulsen von U ferner über R_v oder i_E	Verstellen oder Pulsen von U ggf. über R_v	Ändern oder Pulsen von U ferner über R_v oder R_p	Ändern von U oder über R_v bzw. R_p	Ändern von U	Verschieben der Bürsten-brücke
Drehzahlstell-bereich $\omega_{min}:\omega_{max}$	Ankerspannungsstellung bis 1:100 Pulssteuerung bis 1:3000 Feldstellung bis 1:5	Ankerspannungsstellung bis 1:100 Pulssteuerung bis 1:3000	Ankerspannungsstellung bis 1:10 Pulssteuerung bis 1:80 Feldstellung bis 1:2	1:10 bis 1:50	bis 1:20	1:2 bis 1:3 vom 0,5…1,1fachen der Synchrondrehzahl
Anlassen	bis 1 kW Nennleistung Direkteinschaltung; größere Motoren mit verminderter Spannung bzw. durch R_v im Ankerkreis			Direkteinschaltung	mit verminderter Klemmenspannung	Bürstenverschiebung aus Leerstellung $\alpha = 0°$
Bremsen	Gegenstrom-, Nutz- und Widerstandsbremsung	Widerstandsbremsung	Gegestrom-, Nutz- und Widerstandsbremsung	nicht üblich	Nutz- und Widerstands-bremsung	generatorisch, $\alpha \to 0°$
Nennspannung Nennleistung	≦1200 V ≦12 MW	1,5…400 V 0,05 W…20 kW	≦3000 V ≦1300 kW	6…220 V 0,5…500 W	≦600 V ≦1000 kW	≦1000 V ≦120 kW

Anwendungen	Regelantriebe mit weitem Drehzahlstellbereich; z. B. für Werkzeugmaschinen, Förderanlagen, Aufzüge, Walzwerke usw.	Achsantriebe für NC-Maschinen; batterie- oder netzgespeiste Antriebe in der Foto-, Kino-, Phono- und EDV- Gerätetechnik sowie für Spielwaren und Uhren	Antriebe, die hohes Anzugsmoment und weiches Drehzahl-Drehmoment-Verhalten erfordern; Straßen- und Schienenfahrzeuge, Hebezeuge, Drehscheiben u. ä.	Kleinantriebe, die hohes Anzugsmoment und hohe Betriebsdrehzahlen erfordern, wie Elektrowerkzeuge, Haushalt- und Büromaschinen	Fahrwerkantriebe elektrischer Bahnen (perspektivisch auch frequenzgesteuerter Asynchronantrieb)	kleine drehzahlstellbare Antriebe, die hohes Anzugsmoment erfordern, gegenwärtig kaum noch angewendet

Tafel 11.3. Drehstrommotoren und Wechselstrom- Servomotoren (nach Habiger [11.5.])

Motorart	Drehstrom-Asynchron- und Synchronmotoren			Drehstrom-Kommutatormotoren		Wechselstrom-Servomotoren mit Käfig- und Glockenläufer
	Asynchronmotoren mit Käfigläufer	Asynchronmotoren mit Schleifringläufer	Synchronmotoren	Drehstrom-Nebenschlußmotoren	Drehstrom-Reihenschlußmotoren	
Schaltbild	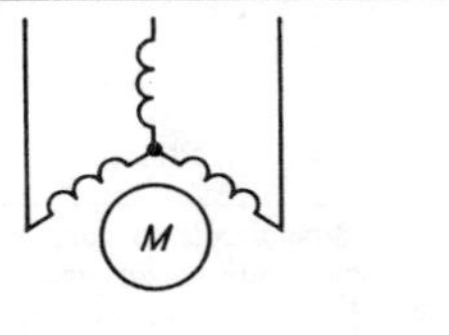	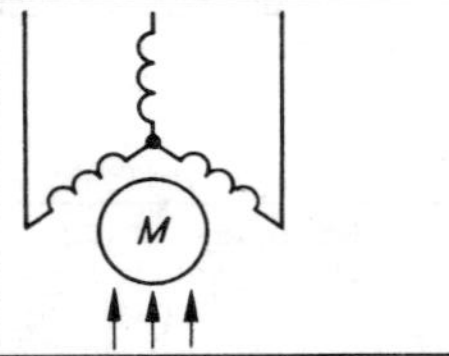	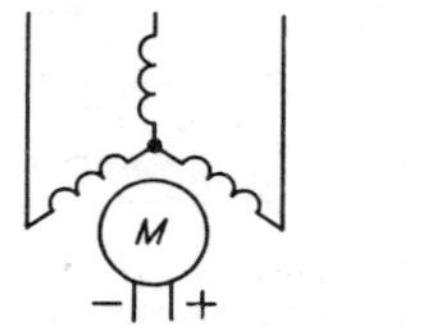		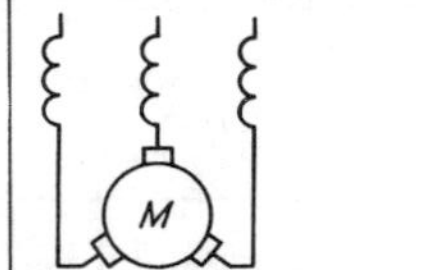	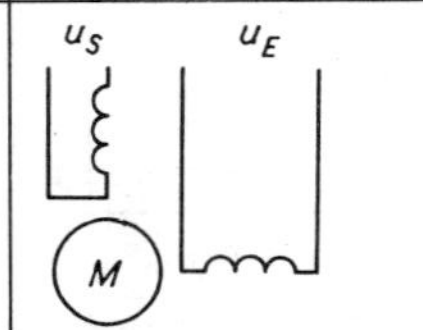
Drehzahl-Drehmoment-Kennlinien	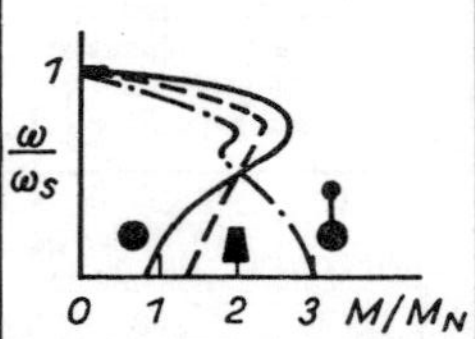	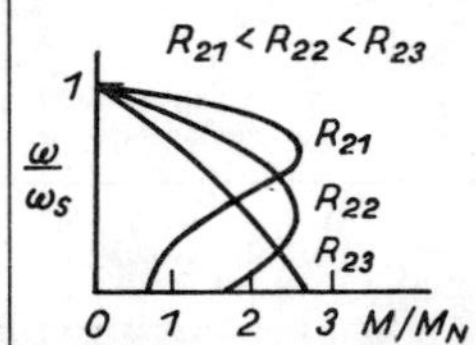	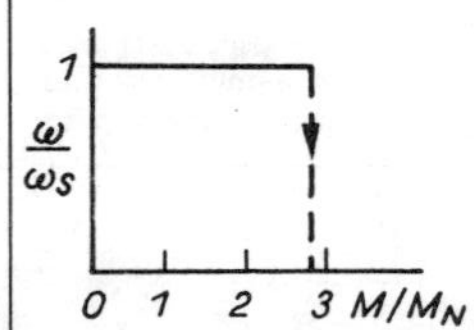	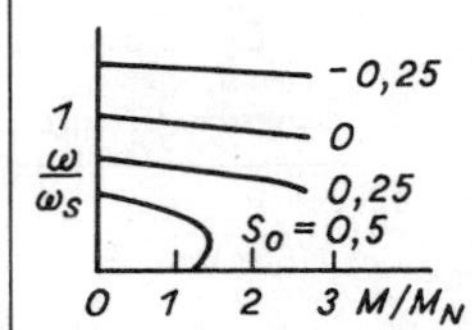	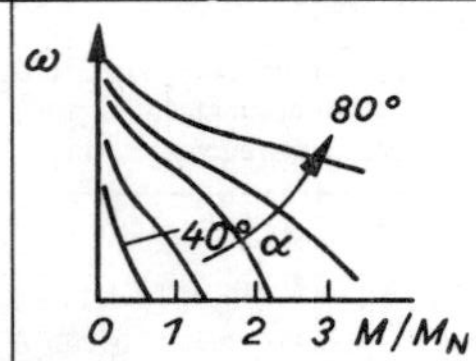	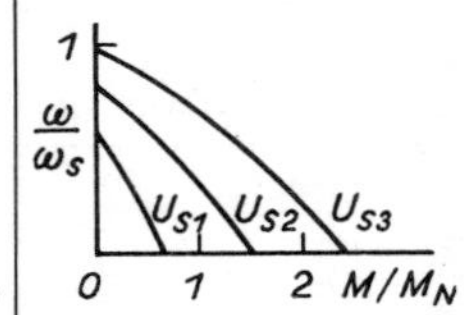
M_A/M_N M_{max}/M_N kurzzeitig I_A/I_N	0,4…3 1,6…3 3…7	2…4 1,6…5 ≈2 bei Anlauf mit 2 M	mit Anlaufkäfig 0,5…1 1,5…4 3…7	1,5…2,5 1,5…1,8 1,5…2,5	0…6 2…2,2 0…4	2 ≈2 dauernd 1
Drehzahlstellen	Polumschaltung, Frequenz- oder Spannungssteuerung	Ständerspannungsst., Läuferzusatzwiderstand, Läuferzusatzspannungen	Frequenzänderung der Speisespannung	Bürstenverschiebung	Bürstenverschiebung	Betrags- und Phasenänderung von U_s, Ändern von U_s und U_E

Tafel 11.3. (Fortsetzung)

Motorart	Drehstrom-Asynchron- und Synchronmotoren			Drehstrom-Kommutatormotoren		Wechselstrom-Servomotoren mit Käfig- und Glockenläufer
	Asynchronmotoren mit Käfigläufer	Asynchronmotoren mit Schleifringläufer	Synchronmotoren	Drehstrom-Nebenschlußmotoren	Drehstrom-Reihenschlußmotoren	
Drehzahlstellbereich $\omega_{min}:\omega_{max}$	Polumschaltung bis 1:8 Frequenzsteuerung bis 1:100 Spannungssteuerung bis 1:10	Ständerspannungsst. bis 1:10 Läuferzusatzwiderstand bis 1:10 Läuferzusatzspannung bis 1:2	1:3	1: bis 1:25	1:3 vom 0,4- bis 1,1fachen der Synchrondrehzahl	bis 1:100
Anlassen	Direkteinschaltung y-Δ-Umschaltung, Spannungssteuerung, Anlaßtrafo, Anwurfmotor	Anlaßwiderstände im Läuferkreis	asynchroner Anlauf mittels Anlaufkäfig oder Hilfsmotor	Direkteinschaltung, größere Motoren mit Widerstand im Sekundärkreis	Direkteinschaltung und Bürstenverschiebung aus der Leerstellung	Direkteinschaltung
Bremsen	Übersynchr., Gegenstrom- und Gleichstrombremsung	Übersynchr. Gegenstrom-, Gleichstrom und einphasige Bremsung	generatorische Nutz- und Widerstandsbremsung	Übersynchr., Gleich- und Gegenstrombremsung	generatorische und Gegenstrombremsung	Bremswirkung bei $U_s = 0$ und $U_E > 0$
Nennspannungen Nennleistungen	≦15 kV ≦40 MW	≦15 kV ≦30 kW	≦15 kV ≦100 MW	≦500 V ≦200 kW	≦6 kV ≦500 kW	110 V, 220 V 0,3...35 W
Anwendungen	Antriebe aller Art, die eine oder wenige Drehzahlstufen erfordern, Doppelkäfigläufermotoren für Antriebe, die unter Last anlaufen	Antriebe mit schweren Anlaufbedingungen Hebezeuge, Fördereinrichtungen, Pumpen, Verdichter	Antriebe, die lastunabhängige Drehzahl erfordern, Umformersätze, Kolbenverdichter	Antriebe in der Textil-, Papier- und Kunststoffindustrie u. a. Industriezweigen, die stufenlose Drehzahlstellung erfordern	früher für Verdichter-, Pressen- und Mühlenantriebe eingesetzt, gegenwärtig kaum noch angewendet	für Stellantriebe, die einen steuerbaren Motor mit guten dynamischen Eigenschaften erfordern

Maschinen wurden im Abschnitt 7. behandelt. Einen Überblick über die technischen Eigenschaften von rotierenden Motoren geben die Tafeln 11.2 bis 11.4. Im folgenden werden ausgewählte Eigenschaften diskutiert. Nachdem bereits eine Übersicht über die Drehzahl-Drehmoment-Kennlinien von Arbeitsmaschinen gegeben wurde, werden nun im Bild 11.22 die vier wichtigsten Grundtypen für die stationären Motorkennlinien zusammengestellt.

Aus einer Leistungsbetrachtung, z. B. $P = 2\pi nM \approx \eta IU$ (η Wirkungsgrad) bei zweipoligen Maschinen, kann man für ganz grobe Abschätzungen bei vorgegebenem $n(M)$ und U auf I schließen. So gilt z. B. beim Gleichstromnebenschlußmotor näherungsweise $I \sim 2\pi nM/U$ und $n = n_0 - c_1 M \approx n_0$, d. h. $I \sim M$. Zu unterscheiden sind (siehe Bild 11.22):

1. *Synchrones Verhalten* mit $n = n_0 =$ konst. und $I \sim 2\pi nM/U$, d. h. $I \sim M$, insbesondere bei Drehstrom- und Wechselstromsynchronmotoren sowie bei Reluktanz- und Hysteresemotoren.
2. *Nebenschlußverhalten* mit $n = n_0 - c_1 M$ und $I \sim M$ (grobe Näherung), insbesondere bei Gleichstromnebenschlußmotoren und fremderregten Gleichstrommotoren. Die Nenndrehzahl liegt maximal 10 % unter der Leerlaufdrehzahl.
3. *Asynchronverhalten*, insbesondere bei Drehstrom- und Wechselstromasynchronmotoren (mit Kurzschluß- oder Schleifringläufer), wobei das Asynchronverhalten im normalen Bereich $0 \leqq M \leqq M_N$ (M_N Nenndrehmoment) dem Nebenschlußverhalten ähnelt, d. h. $I \sim |M|$.
4. *Reihenschlußverhalten* mit $n \sim 1/\sqrt{M}$ und $I \sim \sqrt{M}$, insbesondere bei Gleichstrom- und Drehstromreihenschlußmotoren, Universalmotoren, Wechselstrom-Bahnmotoren. Die Drehzahländerung ist bezogen auf Leerlauf größer als 25 %.

11.3.5. Kennzeichnung und Auswahl von Elektromotoren

Eine Auswahl erfordert energetische Angaben (Nennspannung und -frequenz ...), antriebstechnische Angaben (Nenndrehzahl, Anlaufmoment ...), betriebsbedingte Angaben (Einschaltart, Bremsart ...), konstruktionsbedingte Angaben (Bauform, Kühlung, Art des Wellenendes ...), umgebungsbedingte und schutztechnische Angaben (Schutzgrad, Klimaschutz, Explosionsschutz, Überlastungsschutz ...), die in Standards genau festgelegt sind. Außerdem spielen natürlich Gesichtspunkte wie Preis und Betriebskosten und Zuverlässigkeit eine wichtige Rolle. Einige dieser Begriffe werden im folgenden kurz erläutert.

1. *Bauformen:* z. B. Maschinen auf Füßen mit zwei Lagerschilden für Aufstellung auf Unterbau, Maschinen ohne Fuß mit Flansch am Gehäuse, Maschinen ohne Gehäuse zum Ein- und Anbau usw.
2. *Schutzgrade:* Sie werden durch die Buchstaben IP sowie je eine Kennziffer für Berührungs-/Fremdkörperschutz (1. Kennziffer: 0 bis 6) und für Wasserschutz (2. Kennziffer: 0 bis 8) gekennzeichnet, z. B. IP 43 (s. Tafel 11.5.).
3. *Betriebsart und Erwärmung:* Beim Betrieb von Elektromotoren darf eine *Grenztemperatur,* meist zwischen 105 °C ... 180 °C, nicht überschritten werden (Wärmebeständigkeitsklasse A ... H). Andernfalls wird die Lebensdauer des Motors durch beschleunigte Alterung des Isoliermaterials reduziert oder er wird sogar zerstört. Der Temperaturverlauf hängt u. a. von der elektrischen Nennleistung (kann im Dauerbetrieb abgegeben werden), der Betriebsart, der Kühlung und der Umgebungstemperatur ab (s. auch Abschn. 5.2.). Zu unterscheiden sind je nach zeitlichem Temperaturverlauf die *Betriebsarten* Dauerbetrieb (S1), Kurzzeitbetrieb (S2), Aussetzbetrieb (S3) ... Reservierbetrieb (S7), Durchlaufbetrieb mit veränderlicher Drehzahl (S8). Unter Reservierbetrieb versteht man eine Dauer gleicher Spiele (Anlauf, konstante Belastung, elektrische Bremsung) mit jeweils wechselnder Drehrichtung. Die thermische Zeitkonstante elektrischer Maschinen liegt zwischen 5 min ... 5 h.
4. *Kühlungsart:* z. B. Selbstkühlung (ohne Lüfter), Eigenkühlung bzw. Fremdkühlung (Kühlmittelbewegung durch Lüfter auf der Welle bzw. außerhalb der Maschine). Kühlmittel können gasförmig (Luft, Wasserstoff) oder flüssig sein (Wasser, Öl).
5. *Leistungsschild elektrischer Maschinen:* Es trägt außer dem Namen des Herstellers bzw. dessen Firmenzeichen folgende Angaben (s. Bild 11.23 bzw. Zahlenbeispiele im Bild 11.23 b): 1. Stromart, 2. Arbeitsweise, 3. Typenbezeichnung, 4. Fertigungsnummer, 5. Schaltart, 6. Nennspannung, 7. Nennstrom, 8. Betriebsart, 9. Nennleistung, 10. Nenndrehzahl, 11. Nennleistungsfaktor, 12. Erregung, 13. Nennerregerspannung, 14. Erregerstrom bei Nennbetrieb, 15. Nennfrequenz, 16. Wärmebeständigkeitsklasse,

Tafel 11.4. Einphasen-Synchron- und Einphasen Asynchronmotoren (nach Habiger [11.5]*)*

Motorart	Einphasen-Synchronmotoren		
	Motoren mit polarisiertem Läufer	Reluktanzmotoren	Hysteresemotoren
Schaltbild	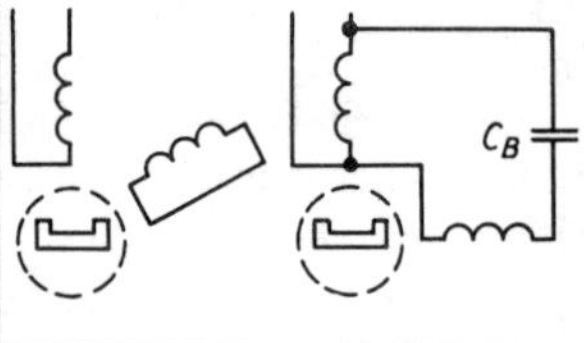	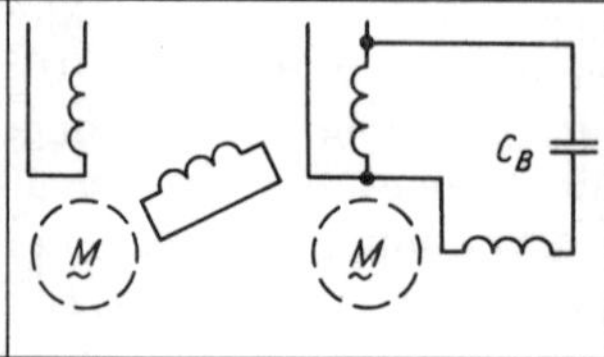	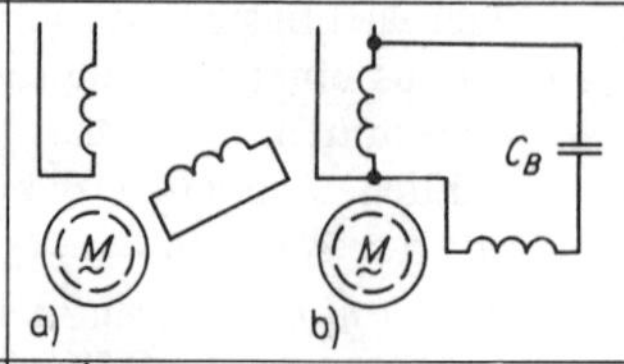
Drehzahl-Drehmoment-Kennlinien	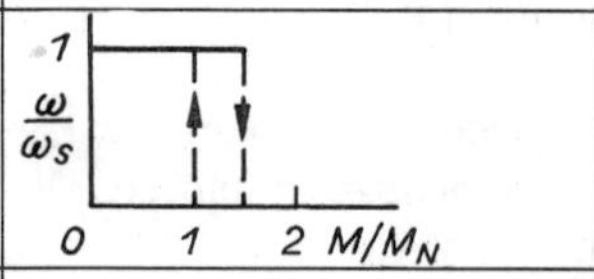	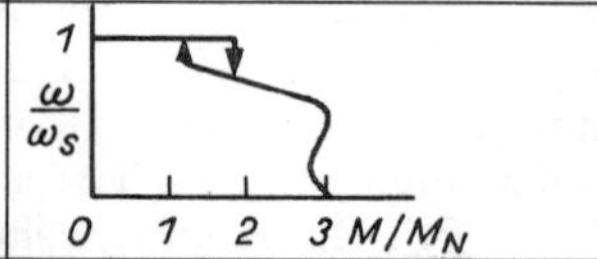	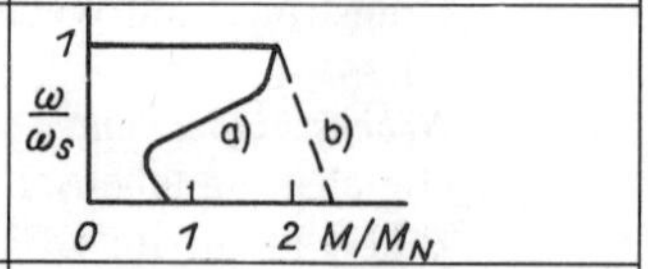
M_A/M_N M_{max}/M_N, kurzzeitig I_A/I_N	1 1,1...1,5 1	3...3,5 bis 1,3 5...12	0,3...2,5 bis 1,5 1,3...5
n_N in U/min $\omega_{min}:\omega_{max}$	250...3000 bis 1:5	1000...3000 bis 1:5	375...3000 bis 1:5
Drehzahlstellen	Frequenzänderung; nicht üblich	Frequenzänderung	Frequenzänderung, Polumschaltung
Anlassen	direktes Einschalten; Bed. $J \leq 2J_L$	direktes Einschalten; Bed. $J \leq (20...30)J_L$	direktes Einschalten
Bremsen	ggf. durch Kurzschließen der Ständerwicklung	nicht üblich	ggf. durch Kurzschließen der Ständerwicklung
U_N in V P_N in W ηN	24...220 0,025...0,1 0,0025...0,1	bis 220 0,16...40 $\leq$0,6	bis 220 0,005...0,1 0,003...0,5
Anwendungen	Synchronkleinstantriebe mit kleinem Fremdträgheitsmoment, z. B. Schaltuhren, Programmgeber usw.	Kleinantriebe mit kleinen Trägheitsmomenten, die eine konstante lastunabhängige Drehzahl erfordern	Antriebe mit großen Trägheitsmomenten, Bandgeräte der Ton- und Datenspeichertechnik, Kreiselantriebe, Zeit- und Zählwerke

Tafel 11.5. Ausgewählte Kennziffern zur Kennzeichnung des Schutzgrades

1. Kennziffer	Berührungsschutz	Fremdköperschutz
0	kein Schutz gegen Berührung	kein Schutz gegen das Eindringen von Fremdkörpern
2	Schutz gegen Berührung mit den Fingern	Schutz gegen das Eindringen fester Fremdkörper (ø ≧ 12,5 mm)
4	Schutz gegen Berührung mit Werkzeugen	Schutz gegen das Eindringen fester Körper (ø ≧ 1,0 mm)
6	vollständiger Schutz gegen Berührung	Schutz gegen das Eindringen von Staub

2. Kennziffer	Wasserschutz
0	kein Schutz gegen Wasser
3	Schutz gegen Regen in einem Winkel ≧ 60° zur Senkrechten
4	Schutz gegen schädliche Wirkung von Spritzwasser aus beliebiger Richtung
8	Schutz gegen Eindringen von Wasser bei Überflutung bei vereinbartem Druck

Einphasen-Asynchronmotoren mit Kurzschlußläufer		
Spaltpolmotoren	Motoren mit Widerstandshilfsphase	Kondensatormotoren
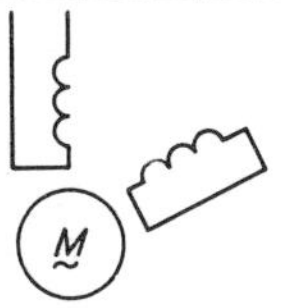	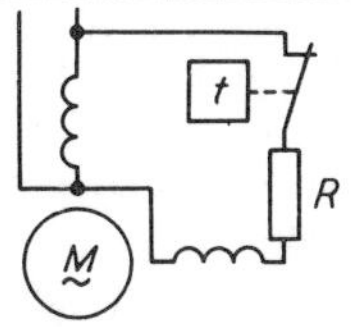	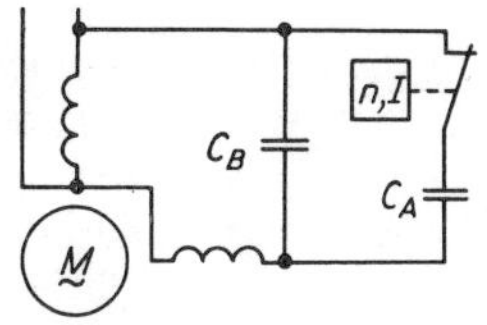
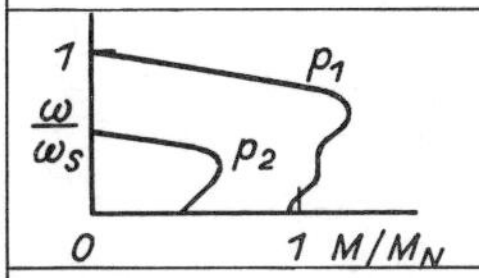	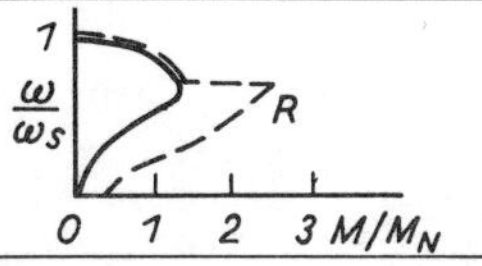	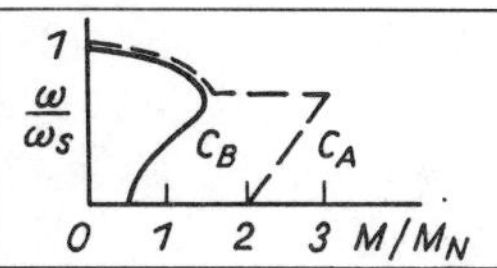
0,2...1 bis 1,2 2...3	0,7...1,5; ohne R: 0 bis 1,5 6...7	0,3...0,5 bzw. 2...3,5 bis 1,5 3...5
750...3000 bis 1:2	1000...3000 1:2 bis 1:3	1000...3000 1:2 bis 1:3
Polumschaltung, Vorschaltdrosseln im Ständerhauptkreis	nicht üblich, ggf. Polumschaltung oder Widerstände in den Zul.	nicht üblich, ggf. Polschaltung oder Widerstände in den Zul.
direktes Einschalten	direktes Einschalten, Zeitrelais öffnet Hilfskreis	direktes Einschalten, C_A-Abschalt. n- bzw. I-abhängig
nicht üblich	nicht üblich	Kurzschließen oder Gleichstromspeisung der Ständerwicklung
220 0,1...35 0,3...0,5	125/220 10...2200 0,4...0,7	125/220 10...2200 0,5...0,8
leer anlaufende Haushalts- und Industriegeräte der Heiz- und Klimatechnik sowie der Datenverarbeitungs- und Bürotechnik	Kleinantriebe, die geringes Anzugsmoment erfordern	Kleinantriebe, die unter Last anlaufen müssen, z. B. Büro- oder Waschmaschinenantriebe, die ein großes Anzugsmoment erfordern

17. zulässige Eintrittstemperatur des Kühlmittels (sofern über 40°C), 18. Drehsinn, 19. Schutzgrad, 20. und 21. zusätzliche Vermerke. Bei Drehstrom-Schleifringläufermotoren und bei Synchronmotoren enthalten die Felder 12, 13 und 14 Läufer, Läuferspannung und -strom. Bei Drehstrom-Kurzschlußläufermotoren bleiben die Felder 12, 13 und 14 frei.

Zu beachten: *Die Nennleistung ist die abgegebene mechanische Leistung.* Der *Wirkungsgrad* kann aus dem Quotienten von abgegebener und aufgenommener Leistung ermittelt werden. Er liegt bei kleinen Maschinen bei etwa 80 %, bei mittelgroßen Maschinen bei etwa 88...90 % und bei großen elektrischen Ma-

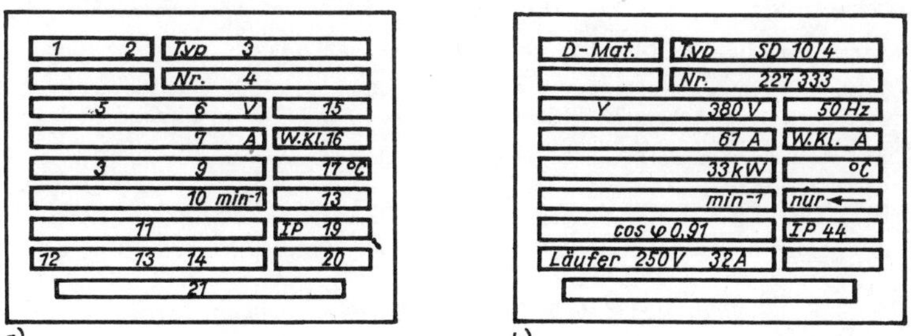

a) b)

Bild 11.23.

a) Leistungsschild elektrischer Maschinen (allgemein); b) Leistungsschild eines Drehstrom-Schleifringläufermotors

schinen bei etwa 92...95 %. Bei elektrischen Maschinen treten folgende *Verlustarten* auf: Reibungsverluste, Hysterese- und Wirbelstromverluste, Stromwärmeverluste in der Wicklung, Übergangsverluste beim Stromübergang von Bürste zum Schleifring, vom Schleifring oder Kommutator zur Bürste oder umgekehrt. Der *Drehsinn* des Läufers wird mit Blick auf seine Antriebsseite bestimmt (Rechtslauf = Bewegung im Uhrzeigersinn).

Beispiel für die Auswertung des Leistungsschildes im Bild 11.23b

Anzugeben sind die Winkelgeschwindigkeit ω des Läufers, die Wirkleistung P_Y, die dem Drehstromnetz entnommen wird, die Nennleistung P, der Wirkungsgrad η, das Drehmoment bei Nennleistung und -drehzahl, die Wärmemenge ΔW, die der Motor in 8 h abgibt.

Lösung:

$\omega = 2\pi n = 2\pi \cdot 1440 \text{ min}^{-1} = 2\pi \cdot 24 \text{ s}^{-1} = 150{,}8 \text{ s}^{-1}$,

$P_Y = \sqrt{3}\; U_1 I_1 \cos\varphi = \sqrt{3}\; 380 \text{ V} \cdot 61 \text{ A} \cdot 0{,}91 = 36{,}5 \text{ kW}$, (s. Gl. (3.230))

$P = 33 \text{ kW}$, $\eta = P/P_Y = 0{,}9$, $P = M\omega$ bzw. $M = P/2\pi n = 35 \text{ Ws}$,

$\Delta W = (1 - \eta)\, P_Y \Delta t = 28 \text{ kWh}$.

11.3.6. Gleichstrommaschinen

11.3.6.1. Aufbau und Wirkungsweise

Bezüglich ihrer Grundlagen sei auf die Abschnitte 7.7. bis 7.9. verwiesen. An dieser Stelle wird nur noch ihr technischer Aufbau anhand des Beispiels im Bild 11.24 erläutert. Im Ständer (Stator) befinden sich *Hauptpole* und senkrecht dazu (bezogen auf das Erregerfeld) *Wendepole*, die jeweils die Hauptpol- und Wendepolwicklung tragen. Die Wendepole wurden nicht gezeichnet. Bei Maschinen großer Leistung (> 100 kW) kommt dazu noch die *Kompensationswicklung* in den Polschuhen des Hauptpols. Bei sehr kleinen Maschinen kann man auch auf die Wendepole verzichten. Die Ankerwicklung liegt in den Nuten des Ankers (Läufers). Ihr wird die Spannung bzw. elektrische Leistung über Bürsten (meist Elektrographit) zugeführt (Motor) bzw. entnommen (Generator). Die Bürsten schleifen auf dem Kommuta-

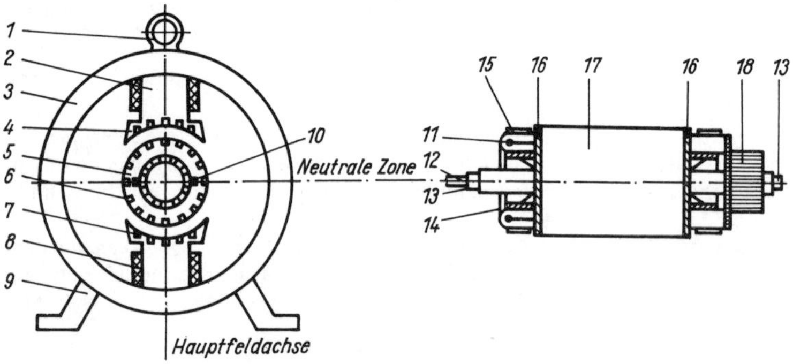

Bild 11.24. Aufbau der Gleichstrommaschine /11.4/

1 Tragöse; *2* Polkern; *3* Ständerjoch; *4* Polschuh; *5* Anker; *6* Ankernut; *7* Kompensationsnut; *8* Erregerwicklung; *9* Maschinenfuß; *10* Kohlebürste; *11* Wicklung (Anker); *12* Wellenende; *13* Lagersitze; *14* Wicklungsträger; *15* Bandagen; *16* Preßplatte; *17* Blechpaket; *18* Stromwender (Kommutator)

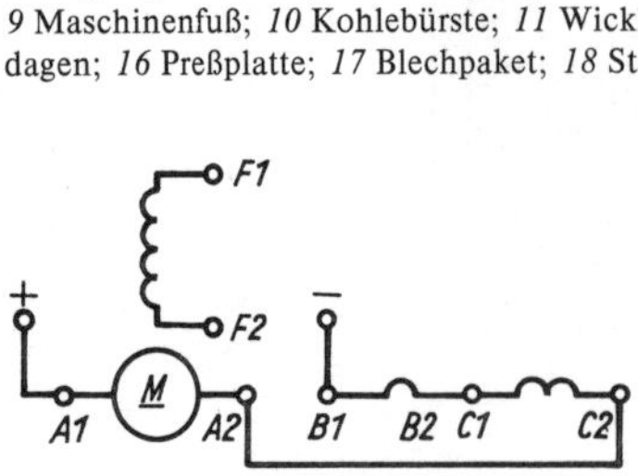

Bild 11.25. Schaltung eines Gleichstrommotors (fremderregt)

Ankerwicklung $A_1 - A_2$, Erregerwicklung (fremderregt) $F_1 - F_2$, Wendepolwicklung $B_1 - B_2$, Kompensationswicklung $C_1 - C_2$; bei Generatoren $\underline{G}$ statt $\underline{M}$

tor (Stromwender). Sie werden in Bürstenhaltern geführt, die sich an einer meist verdrehbaren Bürstenbrücke befinden. Dadurch können die Bürsten exakt in die „Neutrale Zone" eingestellt werden, die in der Achse senkrecht zum resultierenden Gesamtmagnetfeld liegt. Das Magnetfeld wird nicht nur durch die Wicklungen am Stator bestimmt, sondern bei Stromfluß durch den Anker, also belastungsabhängig, in unerwünschter Weise auch durch dessen Magnetfeld („Ankerrückwirkung"). Die Wendepolwicklung ermöglicht trotzdem Feldfreiheit in der Stromwendezone, so daß durch die in der Stromwendung befindlichen Leiter kein Strom fließt (Vermeidung von Bürstenfeuer). Die Kompensationswicklung kompensiert die Feldverzerrung durch das Ankermagnetfeld im Bereich des Polbogens. Die Anker-, Wendepol- und Kompensationswicklung werden in Reihe geschaltet (s. auch Bild 11.25).

11.3.6.2. Anwendungen

Wichtige Eigenschaften von Gleichstrommaschinen werden in Tafel 11.3 angegeben. Nachdem sich der Leser damit sowie mit Abschnitt 7.9.2.2. beschäftigt hat, kann er sich anhand der Bilder 11.26a bis c am Beispiel eines Reihenschlußmotors mit Pulssteller Z (s. auch Abschn. 11.2.3.3.) den Übergang vom Motor- zum Bremsbetrieb klarmachen. Beim Bremsbetrieb arbeitet die elektrische Maschine als Generator. Bei Widerstandsbremsung wird die entstehende Energie in Wärme umgesetzt. Bei Nutzbremsung wird die elektrische Energie in die Gleichspannungsquelle geliefert. Als Ersatzschaltung des Motors ist eine Reihenschaltung einer Spannungsquelle mit drehrichtungsabhängigem Vorzeichen, einer Induktivität und eines Widerstandes anzunehmen. L_g ist die Induktivität der Erregerwicklung (u. U. auch einer zusätzlichen Glättungsdrossel). Z symbolisiert den Pulssteller.

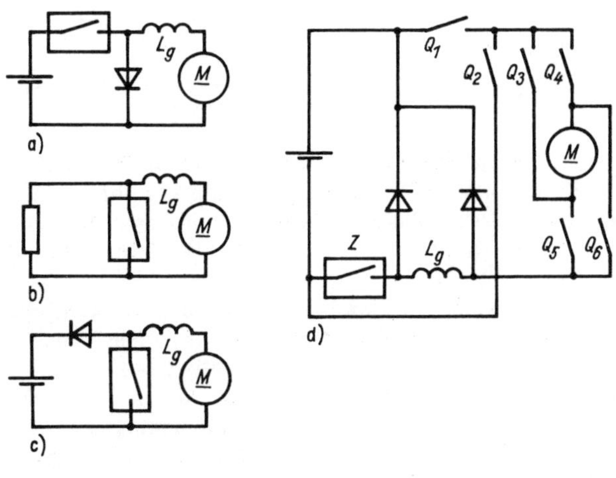

Bild 11.26. Prinzipschaltungen eines Reihenschlußmotors mit Pulssteller mit Umgruppierung der Funktionsgruppen für Motorbetrieb (a), selbsterregte Widerstandsbremsung (b), selbsterregte Nutzbremsung (c), sowie eine Fahr-Bremsschaltung (d) mit den Betriebsarten Fahren vorwärts: $Q_1\overline{Q}_2Q_4Q_5\overline{Q}_3\overline{Q}_6$, Bremsen vorwärts: $Q_1Q_2\overline{Q}_4\overline{Q}_5Q_3Q_6$, Fahren rückwärts: $Q_1\overline{Q}_2\overline{Q}_4\overline{Q}_5Q_3Q_6$, Bremsen rückwärts: $\overline{Q}_1Q_2Q_4Q_5\overline{Q}_3Q_6$ /11.2/

Die dargestellten Grundstrukturen finden im Ausführungsbeispiel der im Bild 11.26d angegebenen Fahr-Bremsschaltung Anwendung. Fahren vorwärts erfolgt, wenn die Schalter Q_1 *und* Q_4 *und* Q_5 geschlossen sind *und* die Schalter Q_2 *und* Q_3 *und* Q_6 geöffnet sind.

11.3.7. Synchronmaschinen

11.3.7.1. Drehstrom-Synchrongenerator

Magnetisches Drehfeld und Drehstrom. Wesentlich für Drehstrommaschinen ist das Vorhandensein eines magnetischen Drehfeldes.

Es entsteht

a) durch einen rotierenden Permanentmagneten (nur bei kleinen Maschinen)
b) durch ein gleichstromerregtes rotierendes Polrad

c) durch eine drehstromdurchflossene ruhende Dreiphasenwicklung (Prinzip s. Bild 11.27 a/b)

d) durch eine durch zwei phasenverschobene Wechselströme gespeiste Zweiphasenwicklung (s. Abschn. 11.3.8.2.).

Bei der Dreiphasenwicklung handelt es sich um eine dreisträngige Wicklung, deren Wicklungsstränge um einen Winkel $2\pi/3p$ (p Polpaarzahl) gegeneinander versetzt sind und durch die drei Wechselströme gleicher Amplitude und Frequenz f fließen, deren Phasen sich jeweils um $2\pi/3$ unterscheiden. Bei der im Bild 11.27 a/b dargestellten einfachsten Dreiphasenwicklung entsteht ein Drehfeld mit pulsierendem Maximalwert. Verteilt man die Spulen in geeigneter Weise über den Umfang, so entsteht im Luftspalt zwischen Läufer und Ständer ein Drehfeld mit konstanter Amplitude und sinusförmiger Ortsverteilung, das sich mit der Kreisfrequenz $\omega = 2\pi fp$ dreht, wobei die Amplitude des Drehfeldes das 3/2fache der Amplitude der 3 je einem Strang zugeordneten Wechselfelder ist.

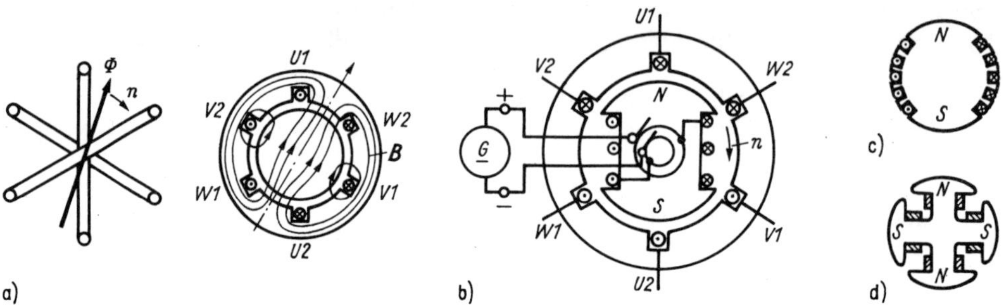

Bild 11.27. Drehstrom-Synchronmaschine vom Innenpoltyp

a) Drehfeld; b) Aufbau (Prinzip); c) Vollpolläufer (Induktor) mit Polpaarzahl $p = 1$; d) Schenkelpolläufer (Polrad) mit Polpaarzahl $p = 2$

Mit einer drehstromgespeisten Dreiphasenwicklung kann einerseits ein Drehfeld verursacht werden, das einen Läufer antreibt (Motorbetrieb). Andererseits kann ein durch einen Läufer verursachtes Drehfeld in einer Dreiphasenwicklung Drehstrom induzieren (Generatorbetrieb). Dieser Zusammenhang zwischen Drehfeld und Dreiphasen-Wechselstrom hat auch zur Bezeichnung Drehstrom geführt.

Prinzip und Aufbau des Drehstrom-Synchrongenerators. Auf ihm beruht, wie schon erwähnt, die Elektroenergieerzeugung in Kraftwerken. Das Prinzip soll anhand der Innenpolmaschine im Bild 11.27 erläutert werden. Ein mit der Drehzahl n umlaufendes magnetisches Drehfeld – symbolisiert durch den Fluß Φ im Bild 11.27 a – induziert in drei Spulen, deren Strangachsen um 120° räumlich versetzt sind, drei um 120° phasenverschobene Sinusspannungen. Die Abnahme des induzierten Stromes ist einfach, da die Wicklungen ruhen. Die Wicklungen können in ⅄- oder △-Schaltung verkettet werden. Die Eigenschaften dieses Drehstromes wurden im Abschnitt 3.10. untersucht. Als Läufer kann für sehr kleine Leistungen ein Permanentmagnet dienen. Im allgemeinen trägt der Läufer jedoch eine Erregerwicklung, an die über Bürsten und Schleifringe (Wechselstrommaschine!) eine zeitlich konstante Spannung angelegt wird (Bild 11.27 b). Der Gleichstrom wird einem Gleichstromnetz oder -generator entnommen, der mit der Synchronmaschine gekoppelt ist. Man unterscheidet nach der Läuferausführung Vollpolläufer (Schnelläufer, s. Bild 11.27 c, z. B. $n = 3000\ \text{min}^{-1}$) und Schenkelpolläufer (Langsamläufer, s. Bild 11.27 d, meist $n = 200 \ldots 1500\ \text{min}^{-1}$).

Einige Eigenschaften. Nach den Gln. (7.48) bzw. (7.50) gilt für die Frequenz f sowie Amplitude $\hat{U}$ der induzierten Spannung

$$f = pn \qquad \hat{U} = c_1 n \Phi; \tag{11.14}$$

p Polpaarzahl c Maschinenkonstante
n Drehzahl Φ magnetischer Fluß

Zweipolige Läufer ($p = 1$) bezeichnet man auch als Induktor. Vier- und mehrpolige Läufer ($p \geqq 2$) nennt man auch Polrad. Der Aufbau des Ständers ist entsprechend dem Polrad durch eine p-fache Unterteilung der 3 Spulen U, V, W auf dem Ständer gekennzeichnet. Aus der Ersatzschaltung der Synchronmaschine kann man mit Hilfe der komplexen Rechnung oder des Zeigerbildes auf das Verhalten bei unterschiedlicher Last schließen (Bild 11.28).

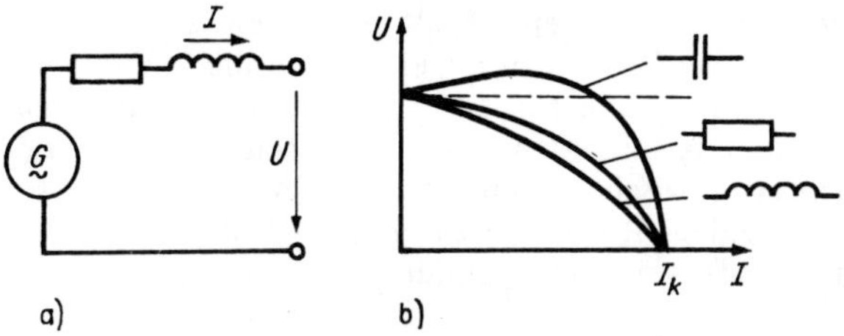

Bild 11.28. Synchronmaschine
a) Ersatzschaltung eines Stranges; b) Auswirkung unterschiedlicher elektrischer Belastung auf die Klemmenspannung

Kraftwerksgeneratoren sind stets Drehstrom-Synchrongeneratoren in Form der bisher vorgestellten Innenpolmaschinen. Bei Außenpolmaschinen trägt der Ständer die Erregerwicklung und der Läufer die Drehstromwicklung. Sie werden z. B. bei transportablen Notstrom- und Baustromversorgungsgeneratoren eingesetzt.
Parallelschaltung. Soll ein Synchrongenerator an ein (bereits von anderen Generatoren gespeistes) Drehstromnetz angeschlossen werden (Parallelschaltung), dann muß er *synchronisiert* werden, d. h., zum Zeitpunkt des Zuschaltens müssen Generator- und Netzspannung in Amplitude, Phasenlage, Phasenfolge (Dreiphasenstrom!) und Frequenz übereinstimmen bzw. nahezu übereinstimmen. Für diesen Regelvorgang setzt man teilweise auch Stromrichter ein. Nach der Parallelschaltung kann das wirksame Drehmoment der Antriebsmaschine erhöht werden, so daß der Generator Leistung an das Netz liefert.

11.3.7.2. Drehstrom-Synchronmotoren

Prinzip. Hat man die o. g. Synchronmaschine an das Netz angeschlossen, entfernt den Antrieb und schließt eine Arbeitsmaschine an, so gibt sie mechanische Energie ab, wirkt also als Motor, ohne daß sie ihre synchrone Drehzahl ändert. Erst bei Überlast ($M_W > 1{,}8\ M_N$, M_N Nennlast) fällt sie außer Tritt, kommt zum Stillstand, wobei der Strom auf ein vielfaches ansteigt, da die induzierte Gegenspannung fehlt.

In einer Synchronmaschine wirken zwei sich überlagernde Drehfelder – das des rotierenden Läufers und das der drei Drehstrom-Ständerwicklungen. Den Winkel zwischen beiden nennt man Polradwinkel. Bei Generatorbetrieb bleibt die Wirkung – das induzierte Drehfeld des Ständers – hinter ihrer Ursache – dem rotierenden Läufer – um einen konstanten Winkel zurück. Bei Motorbetrieb ist es umgekehrt: Der Läufer bleibt hinter dem vom Netz eingespeisten Ständer-Drehfeld zurück. In beiden Fällen ist aber die Drehzahl des Läufers gleich der des Ständer-Drehfeldes *(synchroner Lauf).*
Einige Eigenschaften. Bei Leerlauf (ohne mechanische Belastung) wirken Synchronmotoren für das Netz als Verbraucher von Wirkleistung. Die induktive Blindleistung bringt die Maschine selbst auf. Steigert man den Erregerstrom des Läufers (Übererregung), so gibt die Synchronmaschine induktive Blindleistung (Abschn. 3.10.4.) in das Netz ab. Das wirkt so, als ob an das Netz angeschaltete Kondensatoren Blindleistung aufnehmen. Die Synchronmaschine kann damit als *Phasenschieber* den Leistungsfaktor $\cos\varphi$ induktiv belasteter Netze vergrößern. Bei Untererregung wird kapazitive Blindleistung an das Netz geliefert.

Synchronmotoren werden meist übererregt betrieben und für große Leistungen eingesetzt (> 1 MW). Vorteile sind neben der *belastungsunabhängigen Drehzahl* u. a. die erwähnte Möglichkeit, induktive Blindleistung in das Netz zu liefern. Nachteilig sind die erforderlichen Sondermaßnahmen, um einen Anlauf zu erzielen (s. Tafel 11.3) sowie die Erregung zu erzeugen. Durch selbst- oder lastgeführte Wechselrichter kann man den Anlauf beherrschen sowie – z. B. bei hochwertigen Kleinantrieben – auch die Drehzahl einstellen. Sehr kleine Synchronmotoren werden auch von Hand angeworfen.

11.3.8. Asynchronmaschinen

11.3.8.1. Drehstrom-Asynchronmotoren

Prinzip. Ein umlaufendes Drehfeld induziert in einem drehbar gelagerten rotationssymmetrischen Metallkörper (Läufer) eine Spannung und damit auch bei geschlossenem Läuferkreis Wirbelströme. Auf diese wirkt entsprechend Gl. (7.75) eine Kraft, es entsteht ein Drehmoment und der Läufer wird angetrieben. Nach der Lenzschen Regel versucht die Wirkung die Ursache zu hemmen, d. h., der Läufer wird in Richtung des verursachenden Drehfeldes angetrieben, weil sich dadurch die für die Spannungsinduktion wesentliche Relativgeschwindigkeit bzw. Drehzahldifferenz *(Schlupfdrehzahl)* zwischen Läufer und Drehfeld reduziert. Im Gegensatz zur Synchronmaschine unterscheiden sich bei Belastung ($M \neq 0$) die Drehzahlen von Drehfeld und Läufer (asynchroner Lauf), weil die Spannungsinduktion hier nur bei Schlupf auftritt.

Aufbau. Der Aufbau des Ständers entspricht dem der Synchronmaschine, d. h. drei räumlich um 120° versetzte Wicklungen in Y- oder △-Schaltung. Beim Läufer sind Kurzschluß- und Schleifringläufer zu unterscheiden. Der Kurzschlußläufer ist ein drehbarer Metallkörper, der häufig als Käfigläufer mit Al-Stäben ausgebildet ist (Bild 11.29a). Bürsten sind also hier nicht erforderlich. Der *Asynchronmotor mit Kurzschlußläufer* ist u. a. deshalb sehr robust, einfach aufgebaut, billig, betriebssicher und benötigt keine Wartung. Aus diesem Grund wird er in großem Maße angewandt.

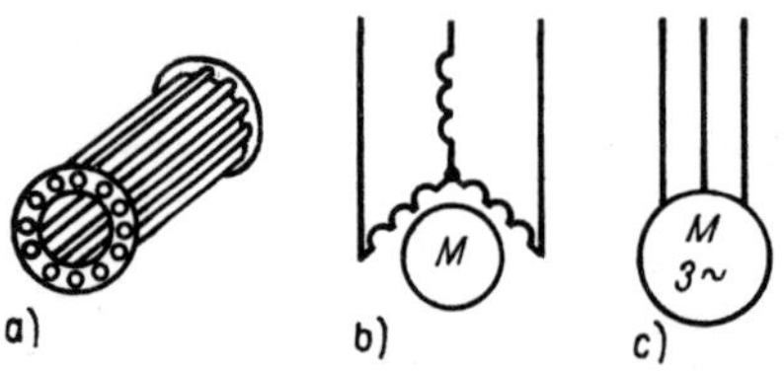

Bild 11.29. Drehstrom-Asynchronmaschine mit Kurzschlußläufer

a) Kurzschlußkäfig; b) Schaltzeichen (Ständer in Sternschaltung); c) Kurzschaltzeichen (Ständer in Sternschaltung)

Beim *Asynchronmotor* mit *Schleifringläufer* ist in die Nuten des Läufers eine dreisträngige Drehstromwicklung eingelegt, und zwar in Y-Schaltung bei kleinen und △-Schaltung bei großen Maschinen. Die Stranganfänge sind zu drei Schleifringen geführt. Über Bürsten wird meist ein dreisträngiger Stellwiderstand angeschlossen, der den Läuferkreis schließt. Oft werden die Schleifringe nach dem Anlassen kurzgeschlossen.

Schaltzeichen. z. B. eines Asynchronmotors mit Käfigläufer, s. Bild 11.29b, c

Einige Eigenschaften. Die relative Drehzahldifferenz zwischen Drehfeld und Läufer nennt man Schlupf s

$$s = \frac{(n_s - n)}{n_s}; \tag{11.15}$$

s Schlupf
n_s Drehzahl des Drehfeldes
n Drehzahl des Läufers

Demnach ist die Drehzahl des Läufers $n = n_s\,(1 - s)$. Liegt n über n_s, so gibt die Asynchronmaschine elektrische Energie ab (Generatorbetrieb), d. h.

$n > n_s$	$s < 0$	Generatorbetrieb
$n = n_s$	$s = 0$	synchroner Lauf
$0 < n < n_s$	$0 < s < 1$	*Motorbetrieb*
$0 > n$	$1 < s$	Bremsbetrieb (gegengerichtet zum Drehfeld).

Für die im Läufer induzierte Spannung gilt nach dem Induktionsgesetz $u_i = w\,\mathrm{d}\Phi/\mathrm{d}t \sim (n_s - n) \sim s$. Für das am Läufer wirksame Drehmoment kann für kleine s näherungsweise $M \sim I_w \sim U_i \sim s$ angenommen werden, wobei I_w der Läuferwirkstrom ist. s wächst also mit M, d. h. mit der Belastung. Damit ist wegen $n = n_s\,(1-s)$ auch der Verlauf $n(M)$ im Bild 11.18 für $0 < n < n(M_K)$ verständlich geworden. Das Kippdrehmoment M_K erfüllt bezogen auf das Nenndrehmoment M_N meist die Bedingung $M_K \geqq 1{,}6\ M_N$. Bei Nennleistung liegt s bei kleinen und mittleren Maschinen (< 10 kW) über 5 % und bei sehr großen Maschinen weit darunter. Im Bild 11.30 ist das Klemmenbrett eines Drehstrom-Asynchronmotors angegeben. Je nach Lage der Laschen ist die Ständerwicklung in Stern- bzw. Dreieckschaltung geschaltet, z. B. für Außenleiterspannungen von 380 V bzw. 220 V. Die zu einer Netzspannung gehörende Schaltung ist aus dem Leistungsschild ersichtlich. Das *Anlassen* kann durch direktes Einschalten erfolgen. Allerdings kann der Anzugsstrom I_A den Nennstrom I_N wesentlich überschreiten: $I_A \lesseqgtr 7 I_N$. Deshalb wählt man häufig für den Anlauf Sternschaltung des Ständers und für den Betrieb Dreieckschaltung, da dadurch beim Anlauf an einem Wicklungsstrang nur das $1/\sqrt{3}$-fache der Netzspannung anliegt (s. Abschn. 3.10.4.). Die Umschaltung erfolgt oft mit einem Walzenschalter. Voraussetzung für den Stern-Dreieck-Anlauf ist, daß bei Nennspannung die Schaltung nach Leistungsschild als Dreieckschaltung betrieben werden kann. Gibt z. B. das Leistungsschild Y△ 380/220 V an, kann der Motor nicht am 380-V-Netz in △-Schaltung betrieben werden. Das wäre nur bei der Angabe Y△ 660/380 V möglich. *Drehrichtungsumkehr* ist durch Vertauschen zweier Zuleitungen möglich (s. auch Bild

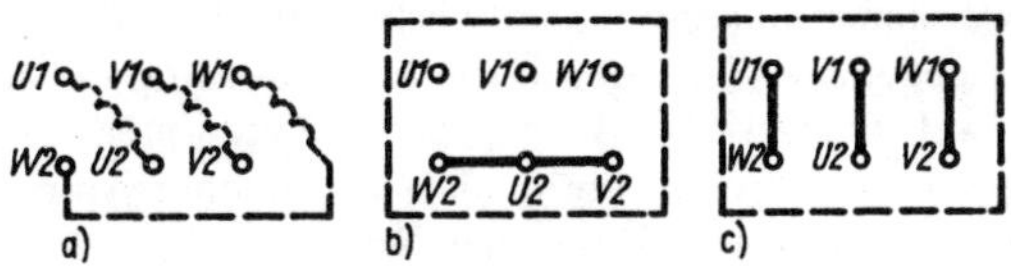

Bild 11.30. Klemmenbrett eines Asynchronmotors (△/Y 220 V/380 V)

a) Anschlüsse der Anfänge U_1, V_1, W_1 und Enden U_2, V_2, W_2 der Wicklungsstränge; b) Stellung der Umschaltlaschen für Sternschaltung; c) Stellung der Umschaltlaschen für Dreieckschaltung

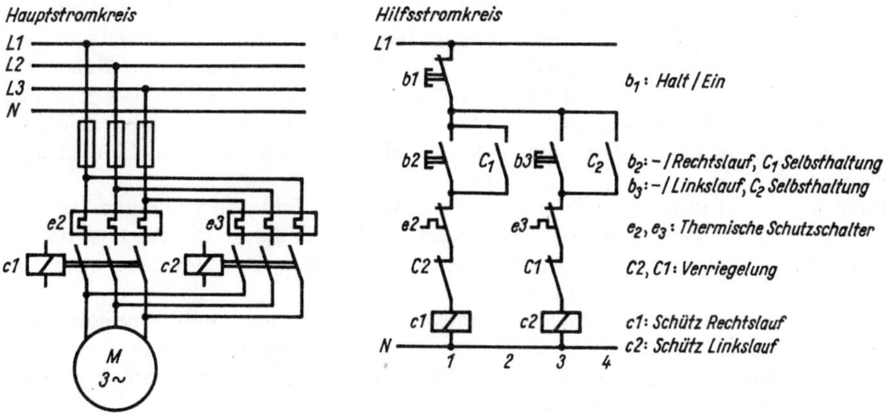

Bild 11.31. Drehstrom-Asynchronmotor mit Drehrichtungsumkehr

Hinweis: Durch Selbsthaltung reicht kurzzeitige Betätigung der Drucktaster b_2 bzw. b_3. Die Verriegelung verhindert Einschalten in Gegenlaufrichtung während des Betriebes.

11.31). Um die Möglichkeiten zur *Drehzahlstellung* zu diskutieren, gehen wir von Gl. (11.15) bzw. $n = n_s\,(1-s) = f(1-s)/p$ aus. Offensichtlich kann – von s abgesehen – Drehzahlminderung unstetig durch Änderung der Polpaarzahl p (Polumschaltung) sowie stetig durch Änderung der Frequenz f (mit Stromrichter) erfolgen. Außerdem kann man u. U. auch den Schlupf s beeinflussen, z. B. indem man das vom Ständer erzeugte Magnetfeld und damit das Nenndrehmoment der Maschine (siehe Gl. (7.85)) z. B. über die Spannung am Ständerkreis mit Widerständen oder Stromrichtern reduziert. Beim Schleifringläufer kann man die Drehzahl über die Widerstände im Läuferkreis beeinflussen.

11.3.8.2. Wechselstrom-(Einphasen-)Asynchronmotoren

Prinzip. Will man den Grundgedanken des Drehstrom-Asynchronmotors, und zwar Antrieb eines (Kurzschluß)läufers durch ein Drehfeld, auch auf Einphasenspeisung übertragen, so muß offensichtlich eine andere Form zur Erzeugung des Drehfeldes gewählt werden. Man baut den Ständer mit einer Haupt-Betriebs-Wicklung und einer Hilfs-(Anlauf-)Wicklung auf, die räumlich versetzt sind und durch zwei phasenverschobene Ströme gespeist werden.

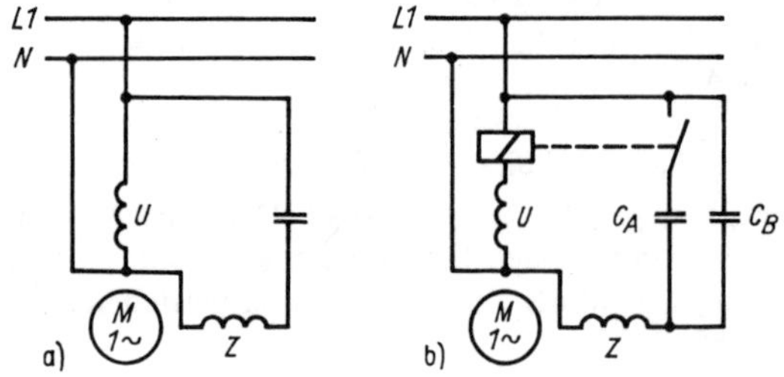

Bild 11.32. Einphasen-Asynchronmotor mit Hilfswicklung

a) mit Anlaufkondensator; b) mit Anlauf- und Betriebskondensator *U* Arbeitswicklung, *Z* Hilfswicklung, C_A Anlaufkondensator, C_B Betriebskondensator

Aufbau. Die Phasenverschiebung wird meist dadurch erzielt, daß die Hilfswicklung über einen Kondensator (deshalb auch *Kondensatormotor*) angeschlossen wird (Bild 11.32a). Dadurch ist der Strom durch die Hilfswicklung gegenüber dem durch die Hauptwicklung etwa um 90° phasenverschoben. Addiert man zwei räumlich senkrecht aufeinander stehende Wechselfelder, die um 90° zeitlich phasenverschoben sind, so ergibt sich bei gleicher Amplitude ein Drehfeld und bei unterschiedlicher Amplitude ein elliptisches Drehfeld. Vorteilhaft kann übrigens auch dabei die Darstellung in der komplexen Ebene sein, z. B. für das Drehfeld $\underline{\Phi} = \hat{\Phi} \cos \omega t + \mathrm{j}\hat{\Phi} \sin \omega t = \hat{\Phi}\, \mathrm{e}^{\mathrm{j}\omega t}$. Nach erfolgtem Anlauf kann man die Hilfswicklung abschalten, z. B. durch Fliehkraftregler oder Relais. Der Motor läuft weiter. Letzteres wird durch Bild 11.32b veranschaulicht. Durch den hohen Anzugsstrom schaltet das Relais den Anlaufkondensator C_A ein. Nach Hochlaufen sinkt der Strom ab und das Relais schaltet C_A ab. Mit dem Betriebskondensator C_B wird der Leistungsfaktor verbessert, er kompensiert die induktive Blindleistung des Motors. Bei manchen Motoren wird der Anlaufkondensator nicht abgeschaltet.

Bei *Spaltpolmotoren* (Einsatz für Kleinmotoren bis 300 W) befindet sich in einem Teil der Polschuhe eine in sich geschlossene Windung (Kurzschlußwindung), in der das Wechselfeld einen Strom induziert. Dadurch wird der Flußanteil durch diese Wicklung gegenüber dem Hauptfluß etwa um 90° phasenverschoben.

Drehstrommotor im Einphasenbetrieb (Kondensatormotor). Ein rotierender Drehstrommotor läuft bei Übergang zu zwei- oder einphasigem Anschluß mit verminderter Leistung weiter. Er kann aber nicht anlaufen. Durch Anschluß eines Stranges über einen Kondensator kann man Anlauf auch bei Einphasenbetrieb erreichen.

11.3.9. Wechselstrom-Kommutatormaschinen

Vertauscht man bei einem Reihen- oder Nebenschluß-Gleichstrommotor die Anschlüsse, so ändert er seine Drehrichtung nicht. Demzufolge kann man ihn prinzipiell auch mit Wechselspannung betreiben. Als praktisch geeignet erweist sich aber nur der Reihenschlußmotor. Allerdings ist es dann wegen der Wechselspannungsspeisung zweckmäßig, nicht nur den Läufer, sondern auch den Ständer lammeliert aufzubauen. Wichtige Kennzeichen der Wechselspannungs-Kommutatormaschine sind also Anker mit Kommutator sowie lammelierter Ständer. Als *Universalmotoren* bezeichnet man Einphasen-Reihenschlußmotoren kleiner Leistung, die mit Gleich- oder Wechselstrom betrieben werden können. Diese Allstrommotoren werden häufig eingesetzt, u. a. für Elektrowerkzeuge, Staubsauger, Tischventilatoren usw. *Repulsionsmotoren* sind Wechselstrommotoren, deren Kommutatorläufer einen verdrehbaren

Bürstensatz besitzt, dessen Bürsten kurzgeschlossen sind. Ihre Bedeutung sinkt ebenso wie die der *Wechselstrom-Bahnmotoren* für Lokomotiven.

11.3.10. Drehstrom-Kommutatormaschinen

Sie sind durch Kommutator-Anker sowie Ständer mit Dreiphasen-Wicklung charakterisiert und ermöglichen verlustlose drehzahlvariable Drehstromantriebe auch ohne Stromrichtertechnik. Allerdings wurden sie weitgehend durch Gleichstrom- und Drehstrommaschinen ersetzt, bei denen die Drehzahlregelung mit Stromrichtern erfolgt.

11.3.11. Weitere Typen rotierender elektrischer Maschinen

Durch Kombinationen verschiedener bisher genannter und auch weiterer Wirkprinzipien (z. B. Reluktanz- und Hystereseprinzipien) sowie verschiedener Ständer- und Läufer-Bauformen sind vielfältige Motortypen möglich. Sie werden vor allem auch bei Kleinmotoren (< 1 kW) an bestimmte Anwendungen angepaßt. *Reluktanzmaschinen* sind dadurch charakterisiert, daß ihr Läufer (bzw. Ständer) charakteristische Abweichungen von der Rotationssymmetrie in Form ausgeprägter Pole oder Nuten besitzt (s. z. B. Bild 11.33), die für die Wirkungsweise wesentlich sind. Bei einer Drehbewegung ändert sich demnach der wirksame magnetische Widerstand (magnetischer Widerstand = Reluktanz). Die Kräfte des magnetischen Feldes sind dabei so gerichtet, daß sie versuchen, den Anker so zu drehen (Reluktanzmoment), daß der magnetische Widerstand möglichst klein wird. Bei *Hysteresemotoren* besteht der Läufer (teilweise) aus Material mit ausgeprägter Hysterese der Magnetisierungskurve, wobei das Drehmoment dadurch wesentlich beeinflußt wird, daß dieses Material aufmagnetisiert wird (Hysteresemoment).

Bild 11.33
Schrittmotor nach dem Reluktanzprinzip in zwei aufeinanderfolgenden Schritten

Motoren, deren Wirkungsprinzip entscheidend auf einer elektronischen Stromsteuerung beruht, nennt man bei kleinen Leistungen *Elektronikmotor* und bei großen Leistungen *Stromrichtermotor.* Als Beispiel sei eine Synchronmaschine mit Permanentmagnet als Läufer (also ohne Schleifringe) genannt, deren Drehfeld unter Berücksichtigung der Läuferstellung durch geeignete Stromsteuerung der Ständerwicklung erzeugt wird.

11.3.12. Rotatorische Schrittmotoren

Sie spielen zur Steuerung numerischer Werkzeugmaschinen sowie allgemein als Stellmotoren in der Steuerungs- und Regelungstechnik eine große Rolle. Der Rotor kann um bestimmte diskrete Winkel gedreht werden, die sich aus einer wählbaren Zahl von Schritten zusammensetzen, z. B. $\Delta\varphi = n \cdot 7{,}5°$ (n Schrittzahl).

Grundlage ist meist das Reluktanzprinzip (s. Bild 11.33), wobei Rotor und Stator meist hochpolig (zahnradförmig) ausgeführt sind. Der Rotor ist ein Permanentmagnet oder auch elektromagnetisch oder gar nicht erregt. Der Stator besitzt eine oder mehrere Wicklungen, die durch einen impulsförmigen Strom gespeist werden. Der Rotor folgt dem sich schrittweise drehenden Magnetfeld. Durch mehrere Rotoren auf einer Achse und die gleiche Zahl axial angeordneter Statoren kann der Schrittwinkel verringert werden, z. B. auf 1,5°. Die Schrittfrequenz kann z. B. 200 Hz oder (bei kleinem Drehmoment) auch 50 kHz sein.

11.3.13. Linearmotoren

Sie dienen der direkten Erzeugung translatorischer Bewegungen, also ohne Umformung rotatorischer Bewegung. Anwendungsgebiete von Linearmotoren sind vor allem Transportsysteme (z. B. schnelle Schienenfahrzeuge, Förderanlagen, Positioniervorrichtungen, Flüssigkeitspumpen sowie Rammen, Hobelmaschinen usw.). Auch der Schwingankermotor (z. B. beim Rasierapparat) kann als einfacher Linearmotor aufgefaßt werden.

Der Linearmotor benötigt für Linearbewegungen keine Transmissionen, Wellen usw. Er kann die Kraft auf einer großen Fläche ohne Berührung übertragen. Zugkraft auf Transportmittel wird unabhängig von der Haftreibung übertragen. Von den in Tafel 11.6 aufgeführten Varianten besitzen neben Schrittmotoren vor allem Asynchron-Linearmotoren (ALM) technische Bedeutung. Erwähnt sei, daß die bei rotierenden Maschinen genannten Wirkungsprinzipien im allgemeinen ein Gegenstück bei Linearmotoren besitzen.

a) *Aufbau und Wirkungsweise von ALM.* Schneidet man den Stator einer Asynchronmaschine auf und breitet ihn in der Ebene aus (Primärteil), so entsteht bei Drehstromspeisung ein transversal bewegtes magnetisches Feld (Bild 11.34a). An die Stelle des Kurzschlußläufers beim Asynchronmotor tritt eine Metallplatte oder etwas ähnliches. In diesem Sekundärteil (Läufer) werden eine elektrische Feldstärke und damit Wirbelströme induziert. Durch Wechselwirkung des Magnetfeldes mit den Strömen entsteht eine Kraft F in Bewegungsrichtung des Wanderfeldes $B(x, t)$ und damit eine Translationsbewegung.

b) *Eigenschaften von ALM.* Die stationäre Relativgeschwindigkeit v zwischen Sekundär- und Primärteil ist

$$v = v_s (1 - s) \text{ mit } v_s = 2f\tau_p; \qquad (11.16)$$

v_s synchrone Geschwindigkeit des Wanderfeldes
s Schlupf
f Frequenz der Speisespannung
τ_p Polteilung (Bild 11.34a)

Der $n(M)$-Kennlinie beim Asynchronmotor entspricht die $v(F)$-Charakteristik des Asynchron-Linearmotors (s. Tafel 11.6). Änderung der stationären Geschwindigkeit ist nach Gl. (11.16) möglich durch Änderung von f bzw. s. Letzteres kann durch Änderung der Speisespannung (Bild 11.34b) oder des wirksamen Widerstandes des Sekundärteils (Änderung von dessen Geometrie bzw. Werkstoffart ($\varkappa$, μ)) erfolgen. Die größte Kraft wirkt bei Still-

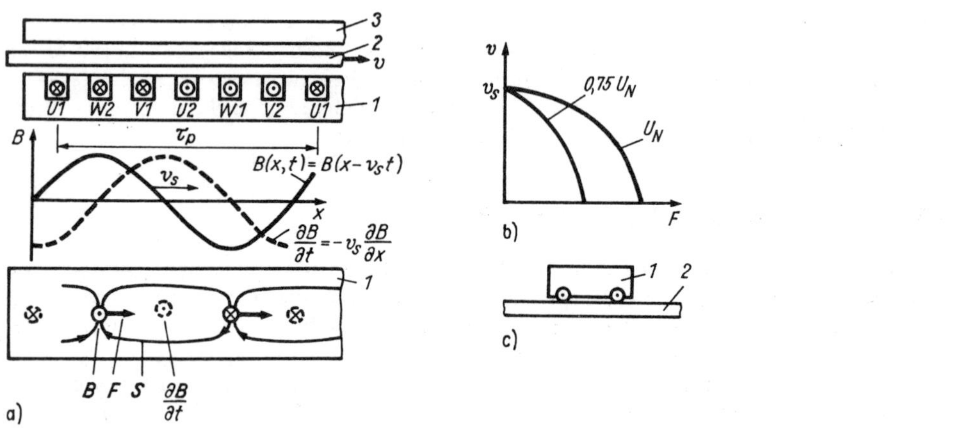

Bild 11.34. Asynchron-Linearmotor

a) Aufbau und Feldverlauf (idealisiert)
1 Primärteil; *2* Sekundärteil; *3* magnetischer Rückschluß; ***B*** Magnetfeld; ***S*** Stromdichte; ***F*** Kraft;
b) stationäre Geschwindigkeits-Kraft-Kennlinie für einen Sekundärteil bei verschiedenen Speisespannungen; c) Primärteil im bewegten Wagen auf ruhendem Sekundärteil

Tafel 11.6. Linearmotoren (nach Habiger [11.5]*)*

0	1	2	3	4	5	6
Bezeichnung	Elektrothermischer Dehnstabmotor	Gleichstrom-Linearmotoren permanentmagnetisch erregt		gleichstromerregt	Wechsel- und Drehstrom-Linearmotoren mit rohrförmigen Induktor	mit ebenem Induktor
Konstruktions-prinzipien	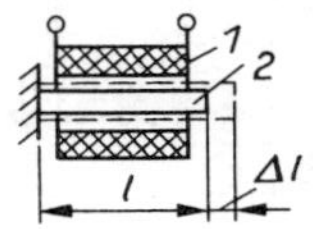 *1* Erregerspule; *2* Dehnstab	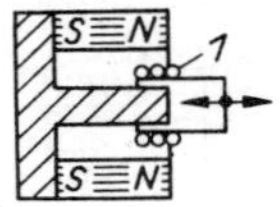 *1* Tauchspule	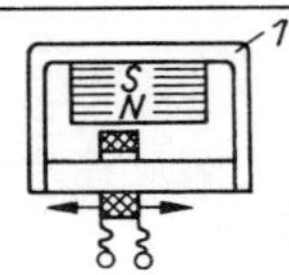 *1* Joch *2* bewegliche Spule	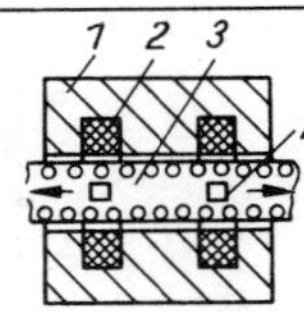 *1* Joch; *2* Erregerspule; *3* Anker; *4* Bürste	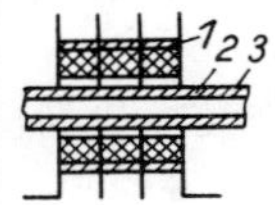 *1* Induktor; *2* Sekundärteil; *3* magnetischer Rückschluß	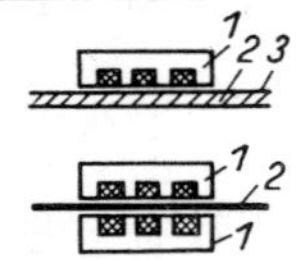
Stationäre Geschwindigkeitskraft-Kennlinien	Abhängig von der Ansteuerung	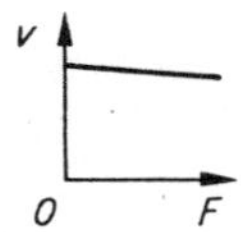	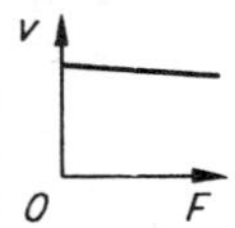	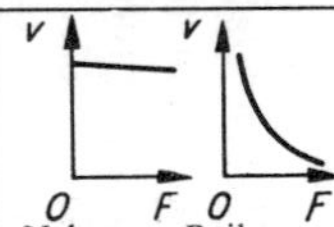 Nebenschluß Reihenschluß	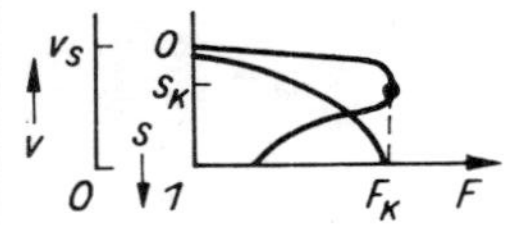	
Wegbereich	$\Delta l/l = 10^{-5}$ je K $10^{-4} \ldots 10^{-1}$ mm	cm...dm	cm...dm	cm...m	cm...dm	dm...m
Kräftebereich	≳1000 N	≦200 N		≦1000 N	100 N	≳1000 N
Anwendungen	für kleinste langsame Präzisionszustellbewegungen	zum Positionieren des Zugriffskamms in Plattenspeichern, für Tauchspulregeleinrichtungen u. a.	für Servoantriebe in Kompensationsschreibern	zum Antrieb von Positionier- und Spanneinrichtungen bei Werkzeugmaschinen	als Stellantrieb zur Betätigung von Pressen, Stanzen, Scheren, Klappen u.a. als Pumpe für flüssige Metalle und Elekrolyte	zum Antrieb von Transportmitteln, Weberschiffchen und Werkzeugmaschinenschlitten

stand ($v = 0$). Oft wird der Primärteil bewegt. Bei Schnellbahnen z. B. ist der Sekundärteil (Reaktionsschiene) im Boden verlegt und der Primärteil im Fahrzeug (Bild 11.34c).

c) *Weitere Antriebe für translatorische Bewegungen. Schwingankermotoren* bestehen aus einer Spule mit Eisenkern, die mit Wechselspannung oder pulsierender Gleichspannung gespeist wird sowie einem federnd aufgehängten Anker, der etwa mit $F \sim i^2$ angezogen wird (s. Abschn. 7.9.2.2.). Sie dienen zum Antrieb von Schwingtischen und Siebeinrichtungen, Fördereinrichtungen (Schüttelrinnen, Wendelschwingförderern), Flüssigkeitspumpen, Kompressoren, Rasierapparaten, Massagegeräten usw.

Als *elektromagnetische lineare Schrittmotoren* bzw. als *Mehrstellungsmagnete* eignen sich für Stell- bzw. Positionierantriebe mit Schrittweiten von mm...cm Elektromagnete mit mehreren Spulen. Diese Spulen werden nacheinander impulsförmig mit Spannung bzw. Strom gespeist, so daß sich der Anker bzw. Läufer schrittweise bewegt.

Zur Feinpositionierung (z. B. 0,01...1 µm) wendet man *magnetostriktive lineare Schrittmotoren* ($\Delta x/l \approx 10^{-6}$) oder *piezoelektrische lineare Schrittmotoren* ($\Delta x/l \approx 10^{-4}$) an.

11.4. Elektrotechnologie

Die *mechanischen, chemischen, elektrischen, magnetischen, elektromagnetischen* und *thermischen Wirkungen* elektrischen Stromes ermöglichen gemeinsam mit seiner Verfügbarkeit, seiner einfachen Steuerbarkeit sowie seinen vielfältigen Erscheinungsformen als Stromfluß in Festkörpern, Flüssigkeiten, Gasen und im Vakuum sowie als Elektronen-, Ionen- und Verschiebungsstrom *viele technisch bedeutungsvolle technologische Prozesse.* Einige wurden bereits ausführlich behandelt (z. B. in den Abschn. 3., 6. und 7.).

Elektrotechnologien sind für die Fertigungsverfahren wie Urformen, Fügen, Umformen, Trennung und Eigenschaftsänderung von Bedeutung. Man kann folgende Einteilung elektrotechnologischer Verfahren treffen:

1. *Elektrothermische Technologien (Elektrowärmetechnik)*
   Wirkprinzipien: direkte und indirekte Widerstandserwärmung, Infraroterwärmung, Induktionserwärmung, dielektrische Erwärmung im Kondensator bzw. im Mikrowellenarbeitsraum, Lichtbogenerwärmung

Tafel 11.7

Hochgeschwindigkeitsumformung [11.9]	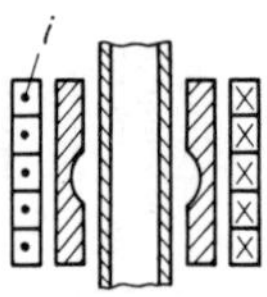	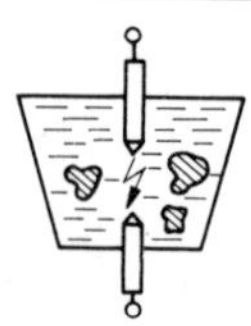	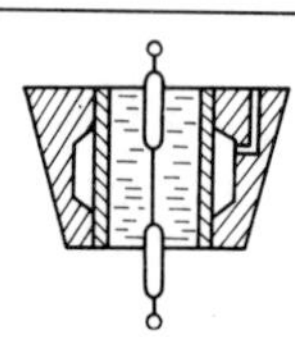
Daten	Impulsmagnetfeldumformung	Elektrohydraulische Funkenentladung	Umformung Drahtexplosion
W/kWs	500	1000	1000
U_n/kV	10–20	500	10–50
I_{max}/kA	10^3	10^5	10^5
Wirkungsgrad	0,3	0,1	0,1
Umformgeschwindigkeit/ms^{-1}	4000	6000	6000
Umformzeit	µs	µs	µs
Anwendung	Fügen, Lochen, Prägen, Weiten, Schrumpfen, Bördeln	Aufweiten, Gesenkschmieden, Verfestigen, Gußputzen, Reinigen, Zerkleinern	Aufweiten, Biegen, Prägen, Stanzen, Lochen, Gesenkschmieden

Anwendungen: Heizung, Trocknung, Plastverarbeitung, Schmelzen von Metallen und Nichtmetallen (z. B. Glas), Sintern (als Grundlage der Pulvermetallurgie), Auftragen (Aufdampfen, Aufspritzen, Aufschweißen), Schweißen (Widerstands-, induktives, dielektrisches Schweißen), Abtragen bzw. Trennen (elektroerosiv durch Entladung).

2. *Elektrochemische Technologien* (s. Abschn. 6.16.)
3. *Elektromechanische Technologien*
   Wirkprinzipien (s. auch Tafel 11.7): Die Impulsmagnetfeldumformung beruht auf der Kraftwirkung eines Impulsmagnetfeldes auf induzierte Wirbelströme in einem Werkstück. Ursache der induzierten Ströme ist die zeitliche Änderung des Magnetfeldes (s. Bild 7.48). Die elektrohydraulische Umformung beruht auf der Erwärmung und Verdampfung eines mit einem Stromimpuls gespeisten Drahtes (Drahtexplosion) oder einer Funkenentladung (Lichtbogen). In beiden Fällen entsteht durch die rasche Erwärmung im Arbeitsmedium (Luft oder Wasser) eine Druckwelle, die in einer druckfesten Kammer die Umformung eines Werkstücks ermöglicht. Neben diesen Hochgeschwindigkeitsumformungen seien die Ultraschallbearbeitung sowie das elektrostatische Filter (s. Abschn. 6.8.) und die elektrostatische Beschichtung genannt. Weiterhin sei auf elektromagnetisches Rühren, Mischen usw. hingewiesen.
   Anwendungen: (s. Tafel 11.7).
4. *Strahltechnologien*
   Wirkprinzipien: Plasma-, Elektronen-, Ionen- und Laserstrahltechnologien bei hoher Leistungsdichte (...10^6 kW/cm^2...10^9 kW/cm^2...) für niedrige und hohe Leistungen (...5000 kW...). Besonders hohe Leistungen erreicht man mit Plasmastrahltechnologien (Gaszufuhr). Bei Elektronen- und Ionenstrahltechnologien ist meist Vakuum erforderlich. Laser ermöglichen lediglich hohe Impulsleistungen. Die Strahlführung erfolgt bei Plasma-, Elektronen- und Ionenstrahlen häufig mit einem Magnetfeld.
   Anwendungen: u. a. Schmelzen (auch bei hoher Schmelztemperatur), Schweißen, Abtragen, Auftragen (Aufdampfverfahren usw.), Trennen (Brennschneiden bei Plasmastrahltechnologie), Bohren. Die Anwendung erfolgt insbesondere auch für hohe Reinheits- oder Präzisionsanforderungen.
   Abschließend sei hervorgehoben: Viele technologische Verfahren sowie ihre Automatisierung beruhen nicht nur auf der Beeinflussung nichtelektrischer durch elektrische Größen, sondern auf der Beeinflussung elektrischer durch nichtelektrische Größen bzw. deren meßtechnischen Erfassung (s. Abschn. 12.) der beeinflußten elektrischen Größen. Bezüglich einer ausführlichen Darstellung dieser Probleme sowie der Lichterzeugung durch Elektroenergie (Glühlampen, Gasentladungslampen usw.) sei auf die Spezialliteratur verwiesen.

12. Elektrische Meßtechnik

12.1. Grundbegriffe

Zu unterscheiden sind die elektrische Messung elektrischer Größen, die elektrische Messung nichtelektrischer Größen, die nichtelektrische Messung elektrischer Größen und die nichtelektrische Messung nichtelektrischer Größen. Auch im letzten Fall, der allerdings im folgenden keine Rolle spielt, ist die zumindest elektrische Informationsverarbeitung von wachsender Bedeutung. Nachdem in den vorausgehenden Abschnitten im Zusammenhang mit dem jeweiligen Stoff bereits einige Meßmethoden und -prinzipien behandelt werden, soll in den nächsten Abschnitten ein kurzer zusammenfassender Überblick erfolgen. Dabei werden zunächst einige Grundbegriffe eingeführt:

1. *Messen:* quantitative Bestimmung einer physikalischen Größe, wobei man die zu messende Größe als Meßgröße und den aus der Anzeige ermittelten Wert als Meßwert bezeichnet. Zur vollständigen Angabe des Meßergebnisses gehören Meßwert und Fehler.
2. *Prüfen:* Feststellung ob eine Meßgröße vorhanden ist bzw. zwischen bestimmten Grenzwerten liegt, wird meist auch als Messen ausgeführt.
3. *Kalibrieren:* Vergleichen eines Meßgerätes mit einem genaueren Meßgerät.
4. *Eichen:* Vergleichen eines Meßgerätes mit einem Normal sowie Beurkundung des Ergebnisses durch eine zuständige Eichbehörde.
5. *Auflösung einer Anzeige:* Kleinste erkennbare Änderung der Anzeige, d. h. bei analogen Anzeigen kleinste wahrnehmbare Änderung der Zeigerstellung usw. und bei digitalen Dezimalanzeigen meist eine Einheit der in der letzten Stelle angezeigten Ziffer.
6. *Empfindlichkeit eines Meßgerätes:* Sie ist der Quotient aus Änderung des Anzeigewertes und der sie verursachenden Änderung der Meßgröße, z. B. für einen Strommesser $d\alpha/dI = 5$ Skalenteile/µA. Aus einer hohen Empfindlichkeit kann nicht zwangsläufig auf eine hohe Genauigkeit geschlossen werden.
7. *Absoluter Meßfehler Δx bzw. relativer Meßfehler δ:*

$$\Delta x = x_I - x_S, \quad \delta = \frac{\Delta x}{x_S} = \frac{(x_I - x_S)}{x_S}. \tag{12.1}$$

x_I Istwert (Meßwert)
x_S Sollwert (exakter Meßwert)
Meist ist der Sollwert nicht bekannt. Dann verwendet man $\delta \approx \Delta x/x_I$ (für $|\delta| \ll 1$). Hinweis: Der *relative Anzeigefehler* δ_A analoger Anzeigen ist meist auf den Meßbereichsendwert x_M bezogen, d. h. $\delta_A = \Delta x/x_M$ (Fehlerklasse).
Zahlenbeispiel: Für Voltmeter mit Fehlerklasse 1 (d. h. ±1 % vom Endwert) und Meßbereich 0 bis

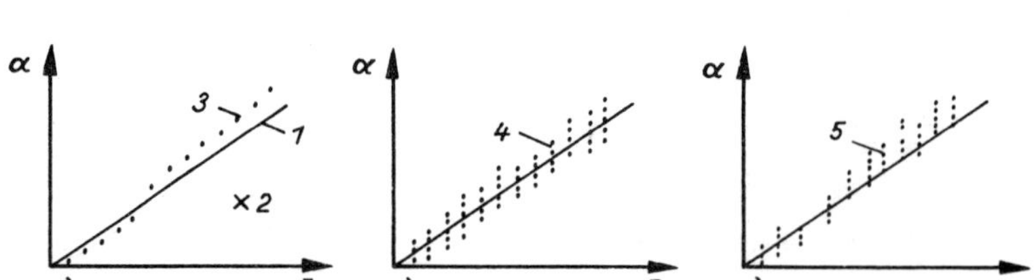

Bild 12.1. Fehlerarten am Beispiel eines Gleichstrom-Zeigerinstrumentes mit linearer Skala (1 fehlerfreie Anzeige)

a) Ausschlag bei groben (*2*) bzw. systematischen Fehlern (*3*); b) Ausschlag bei zufälligen Fehlern (*4*); c) Ausschlag bei systematischen und zufälligen Fehlern (*5*)

300 V folgt der absolute Fehler $\Delta U = \pm 1\,\% \cdot 300\ \text{V} = \pm 3\ \text{V}$. Für einen Meßwert = 210 V (Beispiel) lautet also das Meßergebnis: $U = 210\ \text{V} \pm 3\ \text{V}$. Relativer Fehler $\delta \approx \pm 3\ \text{V}/210\ \text{V} = \pm 1{,}4\,\%$.

8. *Fehlerarten:* Grobe, systematische und zufällige Fehler. *Grobe Fehler* sind meist persönliche Fehler, z. B. durch falsches Ablesen des Meßwertes und deshalb vermeidbar. *Systematische Fehler* Δx_{Syst} entstehen durch reproduzier- und erfaßbare Unzulänglichkeiten der Meßmittel bzw. durch Beeinflussung des Meßprozesses durch das Meßgerät oder durch Umwelteinflüsse. Ihnen sind jeweils eine bestimmte Größe und ein Vorzeichen zuzuordnen, so daß man sie prinzipiell durch Korrektur berücksichtigen kann, z. B. entsprechend Gl. (12.1) $x_S = x_I + \Delta x_{\text{Syst}}$. *Zufällige* Fehler sind nicht reproduzierbare Fehler durch stochastisch wirkende Unzulänglichkeiten der Meßmittel (Reibung in Lagern), stochastisch wirkende Störeinflüsse der Umwelt (Störspannungen ...) und stochastische physikalische Prozesse (Rauschen ...). Sie streuen statistisch nach beiden Seiten um den Sollwert (s. Bild 12.1).

9. *Fehlerstatistik*:* Zufällige Fehler können bei mehrfacher Wiederholung der Messung durch Rechenmethoden der Statistik berücksichtigt werden, z. B. durch Bildung der Größen

arithmetischer Mittelwert $$\overline{x} = \frac{1}{n}\sum_{i=1}^{n} x_i \tag{12.2}$$

Standardabweichung $$s = +\sqrt{\frac{1}{n-1}\sum_{i=1}^{n}(x_i - \overline{x})^2}$$

$$= +\sqrt{\frac{1}{n-1}\left[\sum_{i=1}^{n} x_i^2 - \frac{1}{n}\left(\sum_{i=1}^{n} x_i\right)^2\right]} \tag{12.3}$$

sowie Angabe des sogenannten Vertrauensbereiches $-v \ldots +v$, in dem der Meßfehler mit einer bestimmten statistischen Sicherheit P liegt. In der Fertigungsüberwachung bzw. Betriebsmeßtechnik wird häufig $P = 95\,\%$ angenommen und für die Präzisionsmeßtechnik meist $P = 99\,\%$. Für die Vertrauensgrenzen $\pm v$ einer Meßreihe gilt meist

$$\pm v = \pm \frac{t}{\sqrt{n}}\, s; \tag{12.4}$$

t Vertrauensfaktor
n Versuchszahl
s Standardabweichung

Der Vertrauensfaktor t hängt von n und P ab, d. h. $t\,(P, n)$ und kann aus Tabellen abgelesen werden. Für eine statistische Sicherheit $P = 95\,\%$ gilt z. B. für

$n = 3$	5	10	20	100
$t = 4{,}3$	2,8	2,3	2,1	2,0.

Als Meßunsicherheit u bezeichnet man

$$u = \pm\left(\frac{t}{\sqrt{n}}\, s + |x_F|\right). \tag{12,5}$$

In x_F sind zusätzliche nicht erfaßbare, aber abschätzbare systematische Fehler (z. B. Unsicherheit der Meßgeräte) enthalten. Als Meßergebnis gibt man

$$x = \overline{x} \pm u \tag{12,6}$$

an. In diesem Bereich liegt also die wahre Größe mit einer statistischen Sicherheit P. Falls systematische Fehler erfaßbar und (vorzeichenbehaftet) bekannt sind, korrigiert man den Mittelwert entsprechend.

Auch bei der Auswertung von Meßreihen kann man statistische Methoden (Regression, Korrelationsanalyse usw.) vorteilhaft anwenden [12.3].

10. *Fehlerfortpflanzung:* Der absolute Gesamtfehler Δy einer Funktion $y = y\,(x_1, x_2, \ldots x_n)$, die von den Größen $x_1, x_2, \ldots x_n$ abhängt, ist bei hinreichend kleinen absoluten Fehlern Δx_i dieser Meßwerte

$$\Delta y = \sum_{i=1}^{n} \frac{\partial y}{\partial x_i}\Delta x_i = \frac{\partial y}{\partial x_1}\Delta x_1 + \frac{\partial y}{\partial x_2}\Delta x_2 + \ldots + \frac{\partial y}{\partial x_n}\Delta x_n. \tag{12.7}$$

Der maximale Fehler folgt durch eine Betragsbildung aller Summanden. Speziell für $y = C\, x_1^{a_1}\, x_2^{a_2} \ldots x_n^{a_n}$ läßt sich durch Logarithmieren und anschließende Differentiation für den maximalen relativen Fehler leicht folgendes ableiten:

$$\delta_{max} = \left|\frac{\Delta y}{y}\right|_{max} = \sum_{i=1}^{n} \left|a_i \frac{\Delta x_i}{x_i}\right| = \left|a_1 \frac{\Delta x_1}{x_1}\right| + \left|a_2 \frac{\Delta x_2}{x_2}\right| + \ldots + \left|a_n \frac{\Delta x_n}{x_n}\right|. \quad (12.8)$$

Beispiel: $P = IU$, $\quad |\Delta P/P|_{max} = |\Delta I/I| + |\Delta U/U|$.

Aufgabe 12.1:

Mit einem Spannungsmesser (Fehlerklasse 2,5, unter Normalbedingungen bezogen auf den Endausschlag von 15 V) mißt man am gleichen Meßobjekt 9,09 V, 9,16 V und 9,05 V. Das Ergebnis ist zu diskutieren.

Lösung:

Arithmetischer Mittelwert $\overline{U} = 9{,}1$ V, Standardabweichung $s = 0{,}056$ V, Vertrauensgrenzen für $P = 95$ %; $\pm v = \pm 4{,}3 \cdot 0{,}056\ \mathrm{V}/\sqrt{3} = \pm 0{,}14$ V, systematischer Fehler des Instruments $\Delta\ U_F = \pm 2{,}5\ \% \times 15$ V $= \pm 0{,}375$ V, Meßunsicherheit $u = \pm(0{,}14\ \mathrm{V} + 0{,}38\ \mathrm{V}) = \pm 0{,}52$ V. Meßergebnis $U = 9{,}1\ \mathrm{V} \pm 0{,}52$ V (für $P = 95$ %).

12.2. Allgemeine Eigenschaften von Meßverfahren

Nicht ohne Willkür sei folgendes hervorgehoben:

a) Eigenschaften eines idealen Meßsystems

Meßfehler Null bzw. ausreichend für Anwendungszweck; keine Beeinflussung des zu messenden Prozesses; Leistungsverbrauch Null bzw. keine eigene Energiequelle für Meßgerät; Kosten Null; keine Bedienung erforderlich; einstellbares Zeitverhalten, d. h., falls erforderlich Momentanwertmessung mit hinreichend hoher Grenzfrequenz bzw. verschwindender Zeitkonstante oder auch Mittelwertbildung oder auch zeitliche Verzögerung zwischen Messung und Anzeige; Meßwertspeicherung möglich; Überlastungsschutz und auch automatische Bereichswahl; Arbeit unter beliebigen Umweltbedingungen (Temperatur, Staub, Lage, ...); Meßwertausgabe wählbar (direkte Kommunikation (optisch, akustisch, ...) mit dem Menschen in analoger Form (z. B. Zeiger), quasianaloger Form (z. B. Lichtemitterdioden-Zeile) bzw. digitaler Form (Ziffernausgabe) oder gemischter Form (z. B. Bildschirm) oder Aufzeichnungsmedien; einfache Verknüpfung von Meßpunkten mit Auswertung, Steuer- und Regelungssystemen.

Ein reales Meßsystem erfüllt diese Anforderungen in unterschiedlicher Weise. Die Grundregel bei der Auswahl eines Meßverfahrens lautet: *Nicht so genau wie möglich, sondern so genau wie nötig.*

b) Allgemeine Struktur eines Meßsystems (Bild 12.2 a)

Im Aufnehmer erfolgt die Umformung der Meßgröße. Häufig kommen zu der Grundstruktur Aufnehmer (z. B. Temperatur-Meßfühler), Anpasser (z. B. Verstärker) und Ausgeber (z. B. Zeigerinstrument, Digitalanzeige, Schreiber, Oszilloskop) noch die Ansteuerung einer Stelleinrichtung hinzu (z. B. Ein- und Ausschalter eines Ofens). Außerdem wird teilweise zur Steuerung des Meßprozesses, seiner Auswertung (Korrektur von Fehlern, Fehlerstatistik) sowie des Ausgebers und auch zur Datenspeicherung ein Rechner eingesetzt.

c) Beispiel eines Meßsystems

Temperaturmessung mit einem Thermoelement (Bild 12.2 b, c): Verbindet man – z. B. durch Schweißen – zwei Drähte aus unterschiedlichen Metallen oder Metallegierungen an einer Stelle, so ist zwischen den Enden eine kleine Spannung (Thermospannung) meßbar, falls deren Temperatur ϑ_0 sich von der Temperatur ϑ der Verbindungsstelle unterscheidet. Als Materialkombinationen für ein solches Thermopaar bzw. *Thermoelement* verwendet man vor allem Kupfer/Konstantan, Eisen/Konstantan, Nickelchrom/Nickel oder Platinrhodium/Platin.

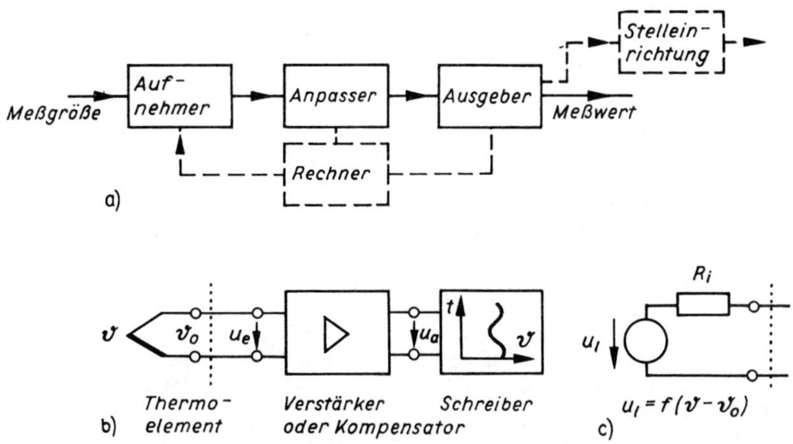

Bild 12.2. Struktur eines Meßsystems

a) allgemein; b) Temperatur-Meßsystem; c) Elektrische Ersatzschaltung des Temperaturfühlers (Thermoelement)

Die Thermospannungen und Grenztemperaturen sind tabelliert [13.2]. Das elektrische Ersatzschaltbild eines solchen Thermoelementes ist aus Bild 12.2c ersichtlich. Für Eisen/Konstantan beispielsweise gilt näherungsweise zwischen $-200\,°C$ und $700\,°C$ für die Leerlaufspannung $U_l \approx 0{,}05$ mV $(\vartheta - \vartheta_0)/K$, z. B. $\Delta U_l \approx 0{,}5$ mV für $\Delta\vartheta = 10$ K. R_i hängt von der Ausführung ab (z. B. 8 Ω). Zur Messung verwendet man ein hochohmiges Drehspulinstrument oder einen Kompensator (s. Tafel 12.1) oder, wie im Bild 12.2b angegeben, einen driftarmen Meßverstärker.

Tafel 12.1. Analoge Meßprinzipien

Ausschlagmethode	Differenzmethode	Kompensationsmethode
Ausführungsbeispiele (für Gleichspannungsmessung)		
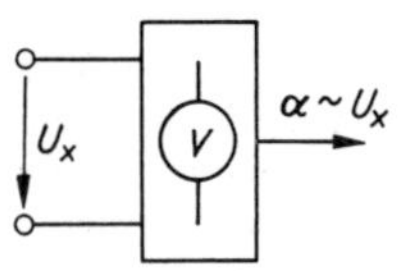	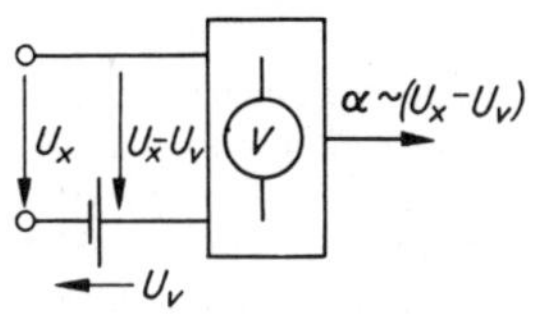	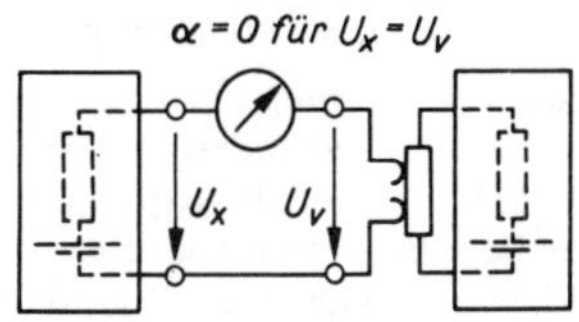
Vorteile		
Liefert Absolutgröße; universell einsetzbar; Aufwand meist klein	hohe Empfindlichkeit möglich; Kompensation von Störgrößen, die in gleicher Weise auf Meß- und Vergleichsgröße wirken; Lage des Meßbereiches leicht wählbar; Kontrolle von Sollwerten und Toleranzbereichen leicht möglich.	sehr kleiner Fehler erreichbar; Beeinflussung der Meßgröße durch Meßprozeß bei Abgleich vernachlässigbar
Nachteile		
Sehr kleine Fehler schwer erreichbar; Störeinflüsse voll wirksam; Nullpunktunterdrückung meist schwierig	Fehler bei Schwankung der Vergleichsgröße; meist Hilfsenergie zur Erzeugung der Vergleichsgröße	meist hoher Aufwand sowie Hilfsenergie und auch mechanische Stelleinrichtungen erforderlich

d) Arten von Meßverfahren

Meßverfahren kann man nach der Art der Meßwertgewinnung, -verarbeitung, -anzeige und -auswertung unterscheiden. Bei *direkten Meßverfahren* stimmen gesuchte Größe und Meßgröße überein. Andernfalls spricht man von *indirekten Meßverfahren* (z. B. Spannungsmesser, der aus einem Strommesser (Drehspulinstrument) mit vorgeschaltetem hochohmigem Widerstand besteht). Je nachdem, ob die Meßgröße innerhalb eines vorgegebenen Bereichs beliebige oder nur diskrete Werte annehmen kann, unterscheidet man analoge und digitale Meßverfahren. *Digitale Meßverfahren* beruhen meist auf Zählverfahren. *Analoge Meßverfahren* lassen sich in Ausschlag-, Differenz- und Kompensationsmethoden aufteilen. Sie werden in Tafel 12.1 am Beispiel einer Gleichspannungsmessung erläutert. Beim *Ausschlagverfahren* ist der Meßwert eine Funktion des Absolutwertes der Meßgröße, z. B. bei einem Meßverstärker oder bei einem Voltmeter mit Drehspulinstrument (s. Abschn. 7.9.2.2.) mit Ausschlagwinkel $\alpha \sim$ Spannung U_x. Beim *Differenzverfahren* ist der Meßwert von der Differenz zwischen Meßgröße und einer konstanten Vergleichsgröße abhängig, also z. B. $\alpha \sim (U_x - U_0)$ bei einem Meßverstärker mit Differenzeingang (s. Abschn. 10.1.). Speziell bei der Substitutionsmethode wird das Meßobjekt nach einer ersten Messung durch ein Objekt mit bekannter Größe ersetzt. Danach wird eine zweite Messung durchgeführt. Die Meßgröße wird aus der Differenz der Meßwerte ermittelt.

Kompensationsverfahren dienen dem Vergleich der Meßgröße (U_x) mit einer einstellbaren genau bekannten Vergleichsgröße (U_v). Die Gleichheit der Größen wird durch einen Nullindikator festgestellt, also $U_x = U_v$ für $\alpha = 0$. Die Vergleichsgröße wird bei dem Beispiel in Tafel 12.1 über einen geeichten Spannungsteiler eingestellt. Die Einstellung der Vergleichsgröße kann von Hand oder selbsttätig erfolgen. Das geschieht meist über einen elektronischen Regelkreis, der die Vergleichsgröße solange ändert, bis die Differenz zwischen Meß- und Vergleichsgröße nicht mehr feststellbar ist. Häufig wird das Kompensationsprinzip, also der Ausgleich der Wirkung einer unbekannten Größe durch die Wirkung einer bekannten Größe, im Zusammenhang mit Meßbrücken (s. Abschnitte 2.2. und 3.7.4.) angewendet.

Kompensationsverfahren sind meist aufwendig, ermöglichen aber eine hohe Genauigkeit. Sie können außerdem eine Beeinflussung der Meßgröße durch den Meßprozeß vermeiden. So entspricht die Meßanordnung in Tafel 12.1 bei Abgleich einem Spannungsmesser mit unendlich hohem Innenwiderstand.

e) Einsatzgebiete

Je nach Einsatzgebiet kann man *Labor- und Präzisionsmeßtechnik* bzw. *Feinmeßtechnik* (vorwiegend in Forschung und Entwicklung) sowie *Betriebsmeßtechnik* (direkt in der Überwachung, Fertigung bzw. Prozeßsteuerung usw.) unterscheiden. Im allgemeinen werden an die Betriebsmeßtechnik geringere Anforderungen an die Genauigkeit und höhere Anforderungen bezüglich der Widerstandsfähigkeit gegen Umwelteinflüsse, der Betriebssicherheit und Wartungsfreundlichkeit sowie der einfachen Bedienbarkeit gestellt.

f) Dynamisches Verhalten von Meßgeräten*

Steht zur Messung einer zeitkonstanten Größe nur ein begrenztes Zeitintervall Δt zur Verfügung oder muß man zeitveränderliche Größen messen, so werden an die dynamischen Eigenschaften des Meßgerätes, d. h. an sein Übertragungsverhalten, bestimmte Anforderungen gestellt. Diese kann man u. a. durch den Begriff Grenzfrequenz ω_g (s. auch Abschn. 10.1.2.1. bzw. Tafel 4.1) näherungsweise charakterisieren. Je höher die Genauigkeitsanforderungen sind, desto höher muß die Grenzfrequenz des Meßgerätes sein. Hinreichend ist $\omega_g \gg 1/\Delta t$. Durch Korrekturmaßnahmen kann man diese Forderung reduzieren. Bei periodischen Zeitfunktionen kann die erforderliche Grenzfrequenz des Meßgerätes mit Hilfe der im Abschnitt 3.11. angegebenen Beziehungen aus dem Oberwellengehalt und den Genauigkeitsanforderungen abgeschätzt werden. Müssen z. B. m Oberwellen berücksichtigt werden, so ist $\omega_g \gg m\omega$ (ω Kreisfrequenz der Grundwelle) eine hinreichende Bedingung. Stimmen Kreisfrequenz ω einer Sinusschwinung und Grenzfrequenz ω_g des Meßgerätes gerade überein, so ist der Amplitudenfehler (für die $1/\sqrt{2}$-Grenzfrequenz ω_g) etwa $1-(1/\sqrt{2}) \approx 30\,\%$. Bei periodischen Größen liegt er noch darüber. Dynamische Fehler lassen sich teilweise rechnerisch korrigieren. Im allgemeinen ist es besonders schwierig, ein Meßgerät hoher Genauigkeit zu realisieren, wenn die zu messende Größe (z. B. Stromstärke) extrem klein ist und außerdem die dynamischen Anforderungen extrem sind, z. B. bei sehr hoher oberer Grenzfrequenz, teilweise aber auch bei extrem niedriger Grenzfrequenz.

12.3. Elektrische Meßgeräte

12.3.1. Nichtelektronische analoge Meßgeräte

Bei der Auswahl von Meßgeräten und ihrer sachgemäßen Anwendung sind die Hinweise des Herstellers zu beachten, die teilweise als Meßinstrument-Aufschriften (s. Tafel 12.2) angebracht sind. Tafel 12.3 gibt einen Überblick über gebräuchliche Meßgeräte und ihre typischen Meßbereiche. Im folgenden wird ein kurzer Hinweis zur Wirkungsweise der Meßgeräte gegeben, der im Zusammenhang mit dem Meßgeräte-Symbol in Tafel 12.2 zu sehen ist.

Tafel 12.2. Sinnbilder und Zeichen für Meßinstrument-Aufschriften

Drehspulmeßwerk mit Dauermagnet, allgemein	Isolierter Thermoumformer
Drehspul-Quotientenmeßwerk	Drehspulgerät mit eingebautem Thermoumformer
Drehmagnetmeßwerk	Gleichrichter
Drehmagnet-Quotientenmeßwerk	Drehspulgerät mit eingebautem Gleichrichter
Dreheisenmeßwerk	Magnetische Schirmung
Dreheisen-Quotientenmeßwerk	Elektrostatische Schirmung
Elektrodynamisches Meßwerk, eisenlos	ast. Astatisches Meßwerk
Elektrodynamisches Quotientenmeßwerk, eisenlos	Gleichstrom
Elektrodynamisches Meßwerk, eisengeschlossen	Wechselstrom
Elektrodynamisches Quotientenmeßwerk, eisengeschlossen	Gleich- und Wechselstrom
Induktionsmeßwerk	Drehstromgerät mit einem Meßwerk
Induktions-Quotientenmeßwerk	Drehstromgerät mit zwei Meßwerken
Hitzdrahtmeßwerk	Drehstromgerät mit drei Meßwerken
Bimetallmeßwerk	Senkrechte Gebrauchslage (Nennlage)
Elektrostatisches Meßwerk	Waagerechte Gebrauchslage
Vibrationsmeßwerk	Schräge Gebrauchslage, z. B. 60°
Thermoumformer, allgemein	Zeigernullstellung
	Prüfspannungszeichen (500 V)
	Prüfspannung höher als 500 V, z. B. 2 kV

Drehspulmeßwerk: Kraft auf stromdurchflossene Spule im Feld eines Dauermagneten (s. auch Abschn. 7.9.2.2.), wobei $\alpha \sim I$. Drehspulmeßgeräte mit hoher Empfindlichkeit bezeichnet man auch als Drehspulgalvanometer.
Drehspul-Quotientenmeßwerk: Elektromagnetische Kraft auf zwei fest verbundene stromdurchflossene Spulen im Feld eines Dauermagneten, wobei $\alpha \sim I_1/I_2$.
Dreheisenmeßwerke: Kraft auf ein bewegliches Eisenteil durch Abstoßung von einem im Feld stromdurchflossener Spulen gleichsinnig magnetisierten feststehenden Eisenteil, wobei $\alpha \sim I^2$.
Elektrodynamisches Meßwerk: Kraft auf eine bewegliche stromdurchflossene Spule im Feld einer stromdurchflossenen zweiten Spule, wobei $\alpha \sim I_1 I_2$ bzw. $\alpha \sim I_1 I_2 \cos(\varphi_2 - \varphi_1)$ bei Wechselstrom (s. Abschn. 7.9.2.2.).
Elektrodynamisches Quotientenmeßwerk: Kreuzspulmeßwerk oder Kreuzfeldmeßwerk, wobei $\alpha \sim \cos(\varphi_2 - \varphi_1)$ bei Wechselstrom, d. h. Leistungsfaktormessung.
Drehmagnetmeßwerk: Elektromagnetische Kraft auf einen beweglichen Permanentmagneten im Feld stromdurchflossener Spulen.

Tafel 12.3. Übliche Einsatzgebiete von Meßgeräten zur Strom- und Spannungsmessung

Meßgerät \ Meßgröße		I/A	U/V	f/Hz	Bemerkungen
Drehspul-Meßwerk	–	10^{-5}...1...	10^{-4}...10^{2}...	–	
mit Meßgleichrichter	~	10^{-4}...1...	10^{-2}...10^{2}...	1...10^{5}	
mit Thermo-umformer	~	10^{-2}...1...		0...10^{8}...	Effektivwertbildung des Stromes
Drehspulgalvanometer	–	10^{-10}...1...	10^{-8}...1...	–	
Dreheisen-	–	10^{-2}...10^{2}...	10^{-1}...10^{3}...	–	
Meßwerk	~	10^{-2}...10^{2}...	10^{-1}...10^{3}...	1 – 10^{3}	
Elektrodynamisches	–	10^{-2}...10^{2}...	10^{-1}...10^{3}...	–	
Meßwerk	~	10^{-2}...10^{2}...	10^{-1}...10^{3}...	1...10^{3}	
Drehmagnet-	–	10^{-4}...1...	10^{-2}...1...	–	empfindlich gegen
Meßwerk mit Meßgleichrichter	~	10^{-3}...1	10^{-1}...1...	1...10^{5}	magnetische Fremdfelder
Elektrostatisches	–	–	10^{-1}...10^{6}...	–	
Meßwerk	~	–	10^{-1}...10^{-6}...	10...10^{8}	Effektivwertbildung
Induktions-Meßwerk	~	10^{-1}...10^{2}...	1...10^{3}...	10...10^{3}	
Bimetall-Meßwerk	–	10^{-2}...10...			
	~	10^{-2}...10...		0,01...10^{3}	Effektivwertbildung
Hitzdraht-Meßwerk	–	10^{-2}...10...		–	
	~	10^{-2}...10...		0,1...10^{7}	Effektivwertbildung
Meßverstärker	–	10^{-12}...1...	10^{-7}...10^{3}	–	10^{-14} A mit Schwingkondensatorelektrometer
	~	10^{-12}...1...	10^{-6}...10^{3}...	10...10^{7}...	
Digitalmultimeter	–	10^{-12}...1...	10^{-7}...10^{3}...	–	
	~	10^{-8}...1...	10^{-7}...10^{3}...	10...10^{7}...	
Oszilloskop	≃	–	10^{-4}...10^{2}	0...10^{9}	
Sampling-Osz.	~	–	10^{-3}...10^{2}	$5 \cdot 10^{8}$...10^{10}	
Digital-Osz.	≃	–	10^{-4}...10^{2}	0...10^{9}	
Meßfunkenstrecke	≃	–	10^{-3}...10^{7}...		

Hinweise: Durch äußere Beschaltung bzw. Strom- und Spannungswandler (bei Wechselstrom) können höhere Meßwerte erfaßt werden.
Die Angaben vermitteln nur ganz grobe Richtwerte, da die Meßbereiche stark vom Frequenzbereich, Hersteller usw. abhängen.

Induktionsmeßwerk: Kraft auf drehbar gelagerte leitfähige Scheibe in einem Dreh- oder Wanderfeld zweier stromdurchflossener Spulen, die durch Wechselwirkung des Magnetfeldes und der in der Scheibe induzierten Ströme entsteht, wobei $\alpha \sim fI_1I_2 \sin(\varphi_2 - \varphi_1)$ (f Frequenz).
Elektrostatisches Meßwerk: Kraft auf eine bewegliche geladene Elektrode in dem elektrostatischen Feld einer Elektrode entgegengesetzter Polarität, wobei $\alpha \sim U^2$ bzw. $\alpha = f(U)$ (s. auch Abschn. 6.8.3.). Varianten sind: elektrostatische Plattenspannungsmesser, Quadrantenelektrometer und Multizellularinstrument. Einsatzgebiet ist die Messung sehr hoher Gleich- und Wechselspannungen mit sehr hohem Eingangswiderstand.
Thermoumformer: Erzeugung einer Thermospannung durch direkte oder indirekte Heizung eines Thermoelementes sowie deren Anzeige mit einem niederohmigen Meßgerät (Drehspulinstrument).
Bimetallmeßwerk: Verformung eines Bimetalls, das direkt oder indirekt vom Strom erwärmt wird, wobei $\alpha \sim I^2$.
Hitzdrahtmeßwerk: Längenänderung eines stromdurchflossenen Leiters durch thermische Ausdehnung, wobei $\alpha \sim I^2$.

12.3.2. Elektronische Meßgeräte

a) Meßverstärker

Bezüglich der für die elektronische Meßtechnik außerordentlich wichtigen Verstärker sei auf Abschnitt 10.1. verwiesen.

b) Schreibende Meßgeräte (meist mit Elektronik)

Sie zeichnen den Verlauf einer oder mehrerer Meßgrößen (Mehrfachschreiber) als Funktion der Zeit oder einer anderen Größe auf. Das erfolgt z. B. dadurch, daß die Spitze des Meßwerkzeigers mit einer Feder (bis 100 Hz) oder einem (Tinten)strahl-Erzeuger (bis 1000 Hz) gekoppelt ist, so daß sich auf einem mit konstanter Geschwindigkeit vorbeigeführten Aufzeichnungsmedium (z. B. Papier) der Zeitverlauf des Meßwertes ergibt. Dadurch kann der Verlauf gespeichert werden. Auch schnelle (oder sehr langsame) Prozesse werden der menschlichen Auswertung zugänglich.

c) Elektronenstrahl-Oszilloskope

Prinzip: Aufbau und Wirkungsweise der in der Meßtechnik üblichen Oszilloskope mit elektrostatischer Ablenkung des Elektronenstrahls werden im Abschnitt 6.8.2. behandelt (Bild 6.17). Oszilloskope stellen eine am y-Eingang liegende Spannung als Funktion der Zeit auf einem Bildschirm dar, d. h. $u_y(t)$, falls die x-Platten mit einer intern erzeugten Sägezahnspannung angesteuert werden. Legt man auch an den x-Eingang eine Spannung $u_x(t)$ an, so wird die Spannung u_y als Funktion von u_x dargestellt. Die Meßspannungen werden über Breitbandverstärker den y- und in speziellen Fällen auch den x-Ablenkplatten zugeführt. Die vertikale Ablenkempfindlichkeit (vertikale Ablenkung je Eingangsspannung) bei direkt an den Platten wirksamen Spannungen liegt meist zwischen 0,2 mm/V bis 2 mm/V. Mit hochwertigen Meßverstärkern erreicht man Ablenkempfindlichkeiten bis zu 10 cm/mV bzw. Ablenkungskoeffizienten bis zu 0,1 mV/cm. Die Schreibgeschwindigkeit in x-Richtung ist ebenfalls – wie auch die vertikale Ablenkempfindlichkeit – über kalibrierte Potentiometer wählbar, z. B. zwischen 1 mm/s und 2 cm/ns bei sehr hochwertigen Oszilloskopen. Als Zeitablenkkoeffizient bezeichnet man den Reziprokwert der Schreibgeschwindigkeit.

Sonderausführungen: Mehrkanal-Oszilloskope besitzen mehrere Eingänge und ermöglichen die Darstellung mehrerer Vorgänge auf einem Bildschirm. Meist werden die y-Kanäle durch elektronische Schalter in sehr kurzen Abständen nacheinander auf die Ablenkplatten geschaltet, so daß das dem menschlichen Auge oder einer Auswertungskamera als gleichzeitig erscheint (Bild 12.3). Manchmal werden auch zwei Strahlsysteme eingesetzt. *Speicheroszilloskope* ermöglichen es, ein einmalig geschriebenes Oszillogramm über einen längeren Zeitraum (Minuten oder gar Wochen) zu speichern. Das wird durch eine spezielle Bildröhre, also Analogspeicherung oder durch Digitalspeicherung in einem angeschlossenen Datenspeicher mit abrufbarer analoger Darstellung auf dem Bildschirm ermöglicht. Anwendungsgebiete sind einmalig ablaufende Vorgänge, z. B. ein einzelner Impuls, oder sehr langsam ablaufende Vorgänge. *Sampling-Oszilloskope* (Abtast-Oszilloskope) eignen sich zur Darstellung periodischer Vorgänge auch bei sehr hohen Frequenzen (bis etwa 10 GHz). Der Grundgedanke der *Sampling-Methode* (engl. sample – Probe entnehmen) besteht darin, die Zeitfunktion, z. B. $u(t)$ über viele Perioden punktweise abzutasten, wobei in jeder Periode (über elektronische Schalter) nur ein Meßwert entnommen wird. Der Meßzeitpunkt wird also von Periode zu Periode um eine kleine Zeitspanne verschoben. Der Meßwert hat jeweils Impulsform, wobei der Spitzenwert dem zu messenden Momentanwert entspricht. Diese Impulse werden – geeignet aufbereitet – zu einer Kurve zusammengesetzt, die der zu messenden Zeitfunktion mit einem um den Faktor n (n Zahl der Meßpunkte) gedehnten Zeitmaßstab entspricht. Dadurch kann die obere Grenzfrequenz der angeschlossenen Meßanordnung, die beim Oszilloskop durch die Elektronenlaufzeit sowie den Verstärker bestimmt wird, bei gleicher Genauigkeit bis zu n-mal kleiner sein als bei direkter Verarbeitung der Original-Zeitfunktion. Anders ausgedrückt: Bei einem Verstärker mit Sampling-Zusatz erreicht man bei periodischen Zeitfunktionen eine wesentlich höhere Grenzfrequenz als sie der Verstärker allein besitzt, wobei sich aber auch die erforderliche Meßzeit (und der Aufwand) vergrößern. Ein vergleichbarer Sachverhalt liegt bei der stroboskopischen Beobachtung schneller periodischer Vorgänge vor. *Digitaloszilloskope* sind durch eine Analog-Digital-Wandlung (s. Abschn. 10.3.) am Eingang, digitale Speicherung sowie rechnergestützte Meßwertverarbeitung und rechnergestützte Bildschirmdarstellung gekennzeichnet.

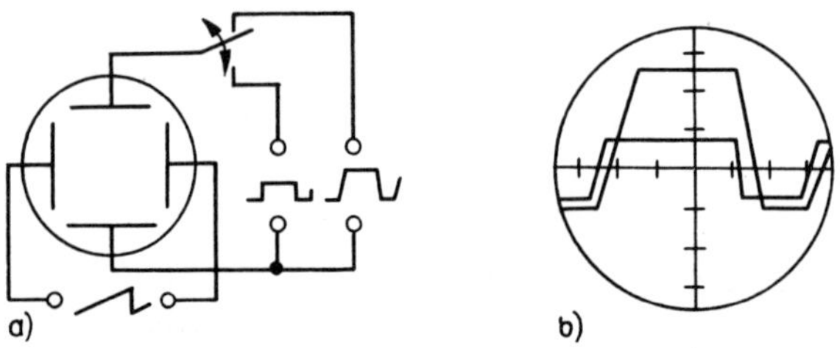

Bild 12.3. Zweistrahl-Oszilloskop mit elektrischem Umschalter
a) Prinzip; b) Beispiel eines Oszillogramms zweier Spannungsverläufe

Anwendungen von Oszilloskopen. Sie ermöglichen neben der Veranschaulichung von Spannungsverläufen durch die Auswertung des Leuchtschirmbildes sowie der eingestellten Daten (Vertikal- bzw. Horizontalmaßstab usw.) u. a. die Messung von Spannungswerten (z. B. Spitzenspannung), von Zeiten (z. B. Periodendauer, Anstiegszeit), von Frequenzen und Phasenverschiebungen. Vielfach erfolgt das auch durch Vergleich bzw. Verknüpfung mit genau bekannten Spannungsverläufen. Zur Erleichterung der Auswertung werden teilweise auch mikrorechnergesteuert Daten, Maßstäbe, Marken usw. mit eingeblendet. Da viele – auch nichtelektrische – Meßgrößen über entsprechende Meßwandler bzw. -verstärker in Spannungen abgebildet werden können, besitzt das Oszilloskop für viele Probleme der Meßtechnik – vor allem bei schnellen Zeitvorgängen – große Bedeutung.

12.4. Elektrische Messung elektrischer Größen

12.4.1. Strom-, Spannungs- und Leistungsmessung

Bei direkter Strommessung ist der Zweig, dessen Stromstärke gemessen werden soll, aufzutrennen und der *Strommesser in Reihe* einzufügen (Ausnahme: z. B. Stromzange, s. Abschn. 7.7.5.3.). *Spannungsmesser* werden *parallel* zum Meßobjekt, dessen Spannung gemessen werden soll, geschaltet. Der Meßfehler durch Zuschalten der Instrumente ist um so kleiner, je kleiner der Innenwiderstand des Strommessers bzw. je größer der Innenwiderstand des Voltmeters ist. Diese Problematik und auch die *Meßbereichserweiterung* von Strom- bzw. Spannungsmessern durch Parallel- bzw. Reihenschaltung von Widerständen wurde in den Abschnitten 2.2. bis 2.5. bereits ausführlich am Beispiel von Gleichstrom diskutiert. Bei zeitveränderlichen Strömen bzw. Spannungen sind im Ersatzschaltbild außer dem ohmschen Innenwiderstand meist noch Blindschaltelemente zu berücksichtigen. Oft handelt es sich um eine RC-Parallelschaltung (s. auch Bild 3.44).

Bei gleichzeitiger Strom- und Spannungsmessung kann man eine *stromrichtige Schaltung* nach Bild 12.4a oder eine *spannungsrichtige Schaltung* nach Bild 12.4b wählen. Bei Gleichspannung sind folgende Aussagen möglich: Die gemessene Spannung U_V liegt um den Spannungsabfall über dem Strommesser $\Delta U = R_A I$ über der gesuchten Spannung U am Meßobjekt. Die Korrektur dieses systematischen Fehlers kann nach der Maschengleichung mit $U = U_V - R_A I$ erfolgen. Bei der spannungsrichtigen Meßschaltung verfälscht der Strom durch den Spannungsmesser die Strommessung. Die Korrekturgleichung lautet $I = I_A - U/R_V$. Die Auswahl der Schaltungsart erfolgt aufgrund einer Fehlerbetrachtung.

Als Meßgeräte für Strom- und Spannungsmessungen bei Gleichstrom werden für kleine Meßgrößen nach wie vor Drehspulgalvanometer, verstärkt aber auch Meßverstärker (mit digitaler Anzeige) angewandt. Zum Messen von Wechsel- bzw. Mischgrößen benutzt man vor allem Dreheisengeräte (Effektivwertanzeige bis 400 Hz), Thermoumformer (bis 10 MHz), Meßverstärker sowie Drehspulgeräte mit Gleichrichter (bis 1 MHz). Letztere messen den Gleichrichtwert. Ihre Skala ist aber unter Voraussetzung sinusförmigen Verlaufs für den Effektivwert kalibriert. Bei Abweichungen von der Sinusform treten demnach Meßfehler auf. Diese Problematik ist generell bei Mittelwertbildungen zu beachten.

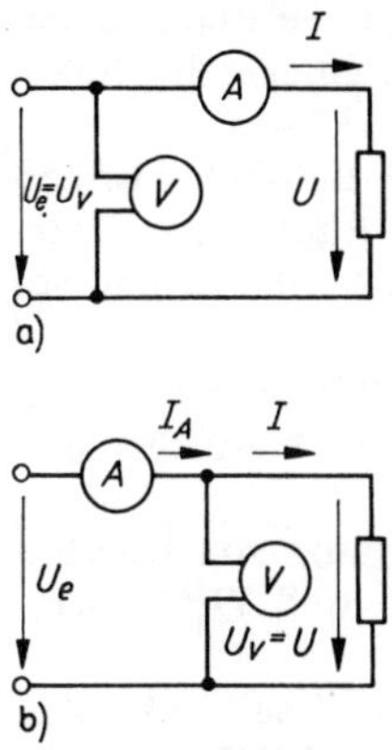

Bild 12.4. Gleichzeitige Messung von Strom und Spannung

a) stromrichtige Schaltung; b) spannungsrichtige Schaltung

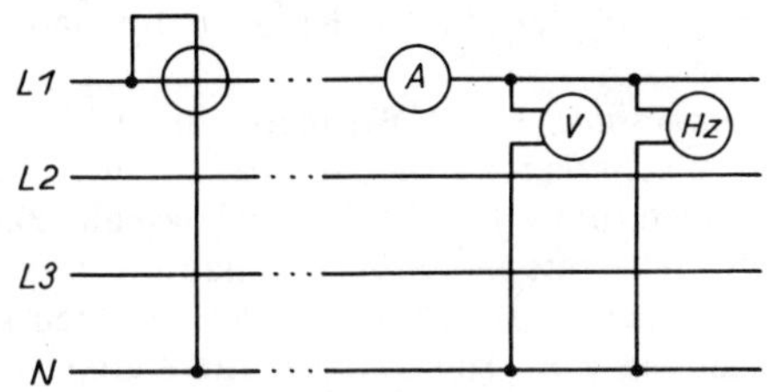

Bild 12.5. Leistungsmessung (stromrichtig) bei Wechselstrom (oder bei Drehstrom mit gleichbelasteten Außenleitern) sowie Strom-, Spannungs- und Frequenzmessung

Bei *Leistungsmessern* ist der Strompfad wie ein Strommesser und der Spannungspfad wie ein Spannungsmesser anzuschließen (s. auch Abschn. 7.9.2.2.). Bei Einphasen-Wechselstrommessungen ist der Wirkleistungsmesser (Wattmeter) entsprechend Bild 12.5 einzufügen. Bei gleichbelasteten Außenleitern kann man diese Schaltung auch bei einem Drehstromnetz verwenden. Der angezeigte Wert ist mit 3 zu multiplizieren.

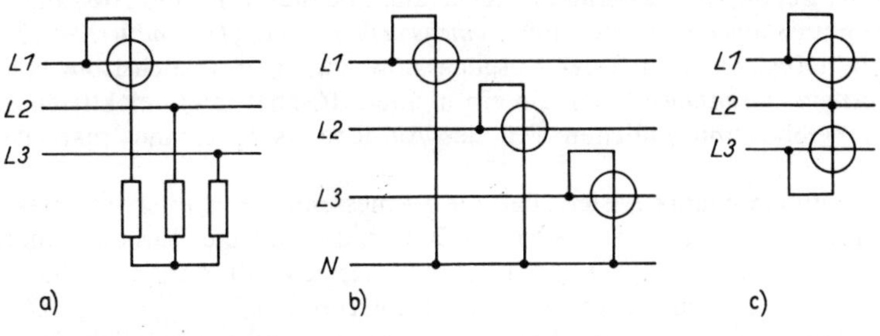

Bild 12.6. Leistungsmessung (stromrichtig) bei Drehstrom

a) im Dreileiternetz mit künstlichem Sternpunkt bei gleichbelasteten Außenleitern;
b) im Vierleiternetz bei beliebig belasteten Außenleitern;
c) im Dreileiternetz bei beliebig belasteten Außenleitern (Aronschaltung, Zweiwattmeter-Methode)

Falls kein Sternpunkt vorhanden ist, kann man mit drei gleichgroßen Widerständen einen künstlichen Sternpunkt (Nullpunkt) schaffen (Bild 12.6a). Die Messung in einem beliebig belasteten Vierleiter-Drehstromnetz erfordert drei Leistungsmesser (Bild 12.6b), deren Leistungen zu addieren sind. In Dreileiter-Drehstromnetzen reichen zwei Leistungsmesser aus (Bild 12.6c). Die Leistungen sind wiederum zu summieren. Häufig – vor allem aber bei großen Strömen – setzt man für Strom- oder Spannungspfad oder für beide Meßwandler (s. Abschn. 7.7.5.) ein. Integrierende Meßinstrumente zur Messung der elektrischen Arbeit nennt man *Elektrizitätszähler.* Sie werden wie Leistungsmesser angeschaltet.

12.4.2. Messung weiterer elektrischer Größen

a) Meßgeräte zur Frequenzmessung. Sie werden wie Spannungsmesser – also *parallel* – angeschaltet. Sie beruhen – abgesehen von elektromagnetischen Vibratoren (Zungenfrequenzmesser) – meist auf der Zählung der Perioden in einer vorgegebenen Meßzeit (elektronischer Zähler). Der Meßfehler ist dabei um so kleiner, je größer die Meßzeit ist. Weitere Möglichkeiten sind der Frequenzvergleich (z. B. mit Oszilloskop) sowie Misch- und Resonanzverfahren. Bei letzterem wird ein (*LC*)-Resonanzkreis induktiv angekoppelt. Die Bauelementedaten werden solange geändert, bis die Resonanzfrequenz mit der Frequenz der anregenden Spannung übereinstimmt.
b) Widerstandsmessung. Sie erfolgt meist durch Messung von Wirk-, Blind- und Scheinwiderständen bei Wechselstrom. Sie ist u. a. möglich durch Auswertung von Strom- und Spannungsmessungen (unter Beachtung der Phasenlage), durch Quotientenmeßverfahren und vor allem durch Meßgeräte mit Brückenschaltungen (s. Abschnitte 2.2. und 3.7.4.).
c) Rechnergesteuerte Logikanalysatoren. Sie besitzen große technische Bedeutung. Sie dienen der Überwachung von Datenkanälen für digitale Geräte, insbesondere durch Ausmessung und Erzeugung von Spannungsimpulsen auf vielen Datenleitungen.
d) Vektorvoltmeter. Sie dienen zur Analyse des Amplituden- und Phasengangs von Übertragungsgliedern, zur Bestimmung komplexer Widerstände sowie von Zwei- und Vierpolparametern für Frequenzen bis in das Gigahertzgebiet.
e) Spektrumanalysatoren. Die Meßsysteme ermöglichen es, die Fourieranalyse (siehe Abschnitt 3.11.) von Spannungen im Frequenzbereich zwischen 0,02 Hz bis 12 GHz oder gar bis 60 GHz durchzuführen und das Ergebnis grafisch darzustellen. Dadurch ergibt sich ein breites Anwendungsfeld zur Analyse von Zeitfunktionen.

12.5. Elektrische Messung nichtelektrischer Größen

12.5.1. Grundlagen

Als *Meßgrößenumformer* bezeichnet man allgemein Meßgeräte, in denen Ein- und Ausgangssignal unterschiedlicher physikalischer Natur sind. *Einheitsmeßumformer (Transmitter)* zeichnen sich durch einen einheitlichen Bereich der Ausgangsgröße aus (z. B. Gleichstrom von 0–20 mA). Speziell *Aufnehmer (Transducer)* wandeln ein nichtelektrisches in ein elektrisches Ausgangssignal. Den meßgrößenempfindlichen Teil des Aufnehmers bezeichnet man als *Meßfühler (Sensor).*

Passive Meßfühler sind dadurch charakterisiert, daß die zu messende Meßgröße eine elektrische Größe (z. B. R, L, C, u, i, Q, ε, μ, $\varkappa$ usw.) beeinflußt und damit die Wirkung einer Hilfsenergie steuert. Bei einem *aktiven Meßfühler* wird durch Energiewandlung aus mechanischer, thermischer, optischer, chemischer oder Kernenergie elektrische Energie erzeugt. Die Vorteile der elektrischen Messung nichtelektrischer Größen beruhen auf den Möglichkeiten der Elektronik zur genauen und schnellen Verarbeitung kleinster elektrischer Meßgrößen sowie zur einfachen Übertragung über große Strecken, zur Speicherung und Anzeige. Da häufig eine mehrfache Wandlung physikalischer Größen möglich ist, sind eine Vielfalt von Meßvarianten denkbar, die der jeweiligen Anwendung angepaßt werden können. Am Beispiel der Bemessungsgleichung des ohmschen Widerstandes $R = \varrho l/A$ bei homogenem Feld (s. Abschn. 1.6.2.) werden als Beispiel einige Varianten von Widerstandsgebern erläutert. l und A können mechanisch durch direkte Betätigung (Potentiometer) oder durch Kraft F bzw. Verformung ε_v oder durch die Temperatur ϑ beeinflußt werden. ϱ läßt sich ebenfalls durch Verformung, durch Temperaturänderung sowie bei Halbleitern durch Lichteinstrahlung beeinflussen. Daraus resultieren folgende Widerstandsmeßfühler: Längs- oder Drehstellungsgeber, Dehnmeßstreifen, Widerstandsthermometer und Fotowiderstand, die man teilweise als Spannungsteiler oder in Meßbrücken einsetzt.

12.5.2. Elektrische Messung mechanischer Größen

Wegmesser sind von besonderer Bedeutung, da sich aus ihnen nach den Gesetzen der Mechanik auch viele andere Größen wie Geschwindigkeit, Beschleunigung, Kraft bzw. Drehmoment ergeben. Im Bild 12.7 werden einige Prinzipien veranschaulicht. Eine einfache Auswertungsschaltung mit wegproportionaler Spannung zeigt der mechanisch betätigte *Widerstands-Längs-(oder Dreh-)Stellungsgeber* (Feindrahtpotentiometer mit Schleifkontakt) im Bild 12.7a. Ein Beispiel eines *induktiven Gebers* sowie die Brückenschaltung zur Auswertung sind aus Bild 12.7b ersichtlich. Durch die Bewegung des Ankers ändern sich die Induktivitäten L_1 und L_2 gegenläufig (s. Gl. (1.99)). Durch diesen Differentialgeber erreicht man eine Empfindlichkeitssteigerung gegenüber einer einzelnen Drosselspule. *Kapazitive Geber* kann man als Sensor für die Messung von Flüssigkeitsständen gestalten (Bild 12.7c). Gestrichelt eingezeichnet sind die Ersatzkapazitäten C_1 und C_2. Die Gesamtkapazität ist $C = C_1 + C_2 = \varepsilon_0 A/d + \varepsilon_0(\varepsilon_r - 1)$ $hA/(dl)$, also linear von der Füllhöhe h abhängig. Eine andere Variante der Füllstandsmessung ist ein Schwimmer mit Widerstandsgeber. Weitere Anwendungen kapazitiver Geber sind Sensoren für Translations- und Drehbewegungen (Plattenabstands- bzw. -flächenänderung) sowie Kraftmeßdosen (Änderung des Plattenabstandes infolge Durchbiegung).

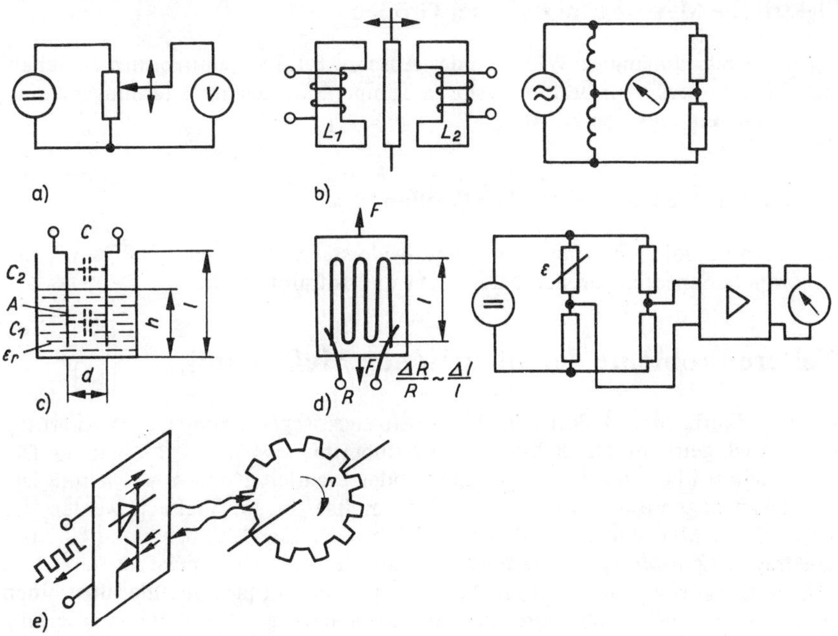

Bild 12.7. Elektrische Messung nichtelektrischer Größen

a) Widerstands-Längsstellungsgeber mit einfacher Auswerteschaltung; b) induktiver Differentialgeber sowie Brückenschaltung; c) kapazitiver Geber zur Füllstandsmessung; d) Dehnungsmeßstreifen (Mäanderform) sowie Brückenschaltung mit Meßverstärker zur Auswertung; e) Reflexkoppler als Drehzahlgeber

Große Bedeutung besitzen *Dehnungsmeßstreifen* (DMS, s. Bild 12.7d). Sie werden auf das Meßobjekt aufgeklebt, dessen Dehnung bzw. Stauchung bestimmt werden soll (z. B. eine Stahlkonstruktion). Sie geben damit bei elastischen Körpern auch Aufschluß über alle Meßgrößen, die sich auf eine Dehnung (bzw. Stauchung) zurückführen lassen, wie Kraft, Drehmoment, Biegemoment, Beschleunigung, Flüssigkeits- und Gasdruck usw. Bei einer relativen Dehnung $\Delta l/l$ entsteht durch den sogenannten piezoresistiven Effekt eine relative Widerstandsänderung, z. B. etwa $\Delta R/R \approx 2\ (\Delta l/l)$ für Metall-DMS bzw. $\Delta R/R \approx 120\ (\Delta l/l)$ für Halbleiter-DMS.

Sie wird durch Brückenschaltungen ermittelt[1]. Häufig verwendet man nicht nur einen DMS und drei Widerstände (Viertelbrücke), sondern zwei DMS (Halbbrücke) oder gar 4 DMS in der Brücke (Vollbrücke). Sie werden so angeordnet, daß sie nicht alle der Dehnung ausgesetzt sind, wohl aber dem gleichen Temperatureinfluß. Dadurch kann man den Meßfehler infolge von Temperaturänderungen reduzieren. Bei Halbleiter-DMS kann man die Meßbrücke und die Auswerteschaltung auf dem gleichen Chip vereinigen. Durch geeignete Anordnung mehrerer aktiver DMS lassen sich auch Torsionen messen. Kraftmessungen kann man auch mit *piezoelektrischen Meßfühlern* (Verformung eines Piezokristalls → Ladungsinfluenz) sowie *magnetoelastischen Meßfühlern* (Verformung eines ferromagnetischen Materials (z. B. Nickeleisen) → Permeabilitätsänderung → Induktivitätsänderung) durchführen.

Drehzahlmessungen lassen sich u. a. elektrodynamisch, d. h. mit elektrischen *Tacho-Generatoren,* mit *Hall-Sensoren* (s. Abschn. 7.9.1.) sowie mit induktiven bzw. *optoelektronischen* Gebern durchführen. Ein Beispiel eines Reflexkopplers mit Infrarot-Diode ist im Bild 12.7e dargestellt. Vorteilhaft ist dabei, daß ein digitales Signal entsteht, und zwar eine Impulsfolge, deren Grundfrequenz drehzahlproportional ist. Dadurch kann eine digitale Weiterverarbeitung einsetzen, ohne daß eine Analog-Digital-Umsetzung erforderlich ist. Anwendungsgebiet der Drehzahlmessung ist u. a. die Messung von Durchflußmengen mit Turbinenzählern. Einen Überblick über die Bewertung einiger Meßverfahren für die Mechanik gibt Tafel 12.4.

12.5.3. Elektrische Messung thermischer Größen

Hierzu dienen temperaturabhängige Widerstände (Abschn. 8.1.2.), Temperaturmeß-Schaltkreise, Thermoelemente sowie zur berührungslosen Temperaturmessung Strahlungspyrometer mit Licht- bzw. Wärmesensoren [12.4].

12.5.4. Elektrische Messung optischer Größen

Sie erfolgt u. a. durch Fotodioden, -transistoren und -widerstände (s. Abschn. 8.8.) sowie matrixförmig angeordnete Sensoren für sichtbares Licht und Infrarotstrahlung.

12.6. Weitere Probleme der elektrischen Meßtechnik

Meßwertübertragung. Häufig sind Meßort und Ort für Anzeige, Registrierung und Auswertung der Meßdaten räumlich getrennt. Durch einen Meßwertübertragungskanal kann man die Daten (analog oder digital) über elektrische Leitungen oder Lichtleiter oder nicht leitungsgebunden durch elektromagnetische Wellen im Freiraum übertragen. Vielfach werden die Meßwerte verschiedener Meßstellen seriell, also zeitlich nacheinander über einen Übertragungskanal übertragen *(Zeit-Multiplex-Übertragung).* Danach werden sie meist verstärkt und bei digitalen Daten direkt sowie bei analogen Meßwerten indirekt (nacheinander über einen Analog-Digital-Umsetzer) einem Digitalrechner zur Speicherung bzw. Weiterverarbeitung zugeführt.

[1] Außer der dargestellten Brückenschaltung mit konstanter Speisespannung wird häufig auch die mit konstantem Speisestrom verwendet, da der Brückenstrom dann proportional zur Widerstandsänderung ist.

Tafel 12.4. Verfahren zur elektrischen Messung mechanischer Größen [12.5]

Bewertung:
1 gut, größere Frequenz- und Amplitudenbereiche
2 brauchbar, kleine Frequenz- und Amplitudenbereiche
3 brauchbar, Umformung erforderlich
4 selten brauchbar, sehr kleine Bereiche

Physikalische Größe		Verfahren								
		passiv							aktiv	
		Halbleiter – DMS	Metall – DMS	induktiv	kapazitiv	magnetoelastisch	Widerstände und Freidrähte	Potentiometer	elektrodynamisch	piezoelektrisch
Weg	Langzeit	4	1	1				1		
	quasistatisch	2	1	1	2			2		
	dynamisch	1	2	1	1		3		3	3
Beschleunigung	statisch	2	1	1			1	1		
	dynamisch	1	1	1	1		1	4	3	1
Dehnung	Langzeit	2	1	1			4	2		
	quasistatisch	1	1	1	2		4	2		2
	dynamisch	1	1	1	1		4			1
Kraft	Langzeit	2	1	1		1	1	1		
	quasistatisch	1	1	1	2	1	1	2		2
	dynamisch	1	1	1	1		4			1
Drehmoment	statisch	2	1	1		1	2	2		
	dynamisch	1	1	1	2		2			2

Präzisionsmessungen bzw. Reduzierung von Meßfehlern. Bei sehr genauen Messungen bzw. Messungen sehr kleiner Größen sind folgende Probleme besonders zu beachten: Kompensation von Temperatureinflüssen, Reduzierung von Rausch- und Störspannungseinflüssen (z. B. durch Verstärker kleiner Bandbreite), Abschirmung elektrischer, magnetischer und elektromagnetischer Felder sowie sorgfältige Erdung (keine Erdschleifen, d. h. sternförmige Erdleitungen zu einem Punkt). Außerdem sind mechanische Erschütterungen sowie die Entstehung von Thermo- und Kontaktspannungen (z. B. infolge Verbindungsstellen unterschiedlicher Leiter) zu vermeiden. Darüber hinaus werden – je nach Meßaufgabe, Genauigkeitsanforderungen und Meßmöglichkeiten – unterschiedliche Wege zur Reduzierung von Meßfehlern beschritten:

- Kalibrierung der Meßanordnung durch Vergleich mit genaueren Verfahren
- Rechnergestützte Korrektur von Meßfehlern durch eingespeicherte Korrekturgrößen sowie Auswertung zusätzlicher Messungen (z. B. Temperaturmessung als Voraussetzung zur Korrektur von Temperatureinflüssen oder Messung von Signallaufzeiten auf Leitungen bei der Messung sehr schneller Vorgänge)
- Nutzung mehrerer sich ergänzender Meßverfahren (z. B. für unterschiedliche Meßbereiche)
- Reduzierung stochastischer Störeinflüsse durch mehrfache Wiederholung des Meßvorganges und Mittelwertbildung (Averaging).

Ein wichtiger Trend ist die Integration von Sensoren und Auswerteschaltung auf bzw. in einem Halbleiterchip.

13. Automatisierungstechnik

Die Grundlagen der Elektrotechnik, die Elektronik, die elektrische Energietechnik und auch die Meßtechnik fließen neben anderen Fachdisziplinen in das sehr komplexe und integrierende Gebiet der Automatisierungstechnik ein. Dieser Abschnitt soll es dem Leser ermöglichen, die Automatisierungstechnik bezogen auf die bisher behandelten Probleme einzuordnen.

13.1. Einige Grundbegriffe

Der Begriff Automat kommt aus dem Griechischen und rührt an sich von „selbstdenkend" her. Gegenwärtig definiert man als Automaten eine Einrichtung (Gerät, Anlage usw.), bei der die Eingabe, die Umformung (Bearbeitung, Verarbeitung, Wandlung), der Transport und die Ausgabe von Stoffen und/oder Energien und/oder Informationen ohne unmittelbare Mitwirkung des Menschen erfolgt. Der Begriff *„automatisch"* wird im Sinne von selbsttätig verwendet. Gegenstand der Automatisierungstechnik sind nicht nur Automaten, sondern die technischen Mittel sowie die theoretischen Grundlagen für den automatischen oder zumindest teilweise automatischen Ablauf von Prozessen. Vielfach wirkt der Mensch zeitweise als Operateur mit. Ein *Prozeß* ist ein Vorgang der Umformung oder des Transportes von Stoffen und/oder Energien und/oder Informationen oder – noch allgemeiner formuliert – eine qualitative oder quantitative Veränderung in Abhängigkeit von der Zeit [13.1] [13.4]. Mögliche *Funktionen von Automatisierungssystemen* sind die Prozeßüberwachung, -sicherung, -bilanzierung, -stabilisierung, -führung bzw. -optimierung. Die Automatisierung ermöglicht in den meisten Fällen die Lösung von Aufgaben umfassender, schneller, zuverlässiger und auch unter extremeren Bedingungen als es bei ständiger Mitwirkung des Menschen möglich wäre. Sie ermöglicht die Einsparung von Arbeitszeit, Material und Energie und führt zu einer höheren Qualität des Prozeßablaufs und damit bei Fertigungsaufgaben zu einer höheren Erzeugnisqualität. Teilweise sind auch *Roboter* Bestandteil von Automatisierungssystemen.

Vor allem für die theoretischen Methoden der Automatisierungstechnik einschließlich ihrer Anwendungen außerhalb der Technik in biologischen Prozessen verwendet man auch den Begriff Kybernetik. Er ist aus dem Griechischen abgeleitet und bedeutet „Kunst des Steuerns" und wird im Sinne von Steuern und Regeln gebraucht.

13.2. Steuerung

Die Begriffe Steuern und Regeln sind von zentraler Bedeutung für die Automatisierungstechnik. Beim Steuern und Regeln handelt es sich um technische Vorgänge in abgegrenzten Systemen, in denen physikalische Größen in beabsichtigter Weise beeinflußt werden (s. auch Abschn. 11.3.). Speziell *Steuern* ist ein Vorgang, bei dem eine oder mehrere Größen (die Eingangsgröße und Störgrößen) andere Größen des abgegrenzten Systems (die Ausgangsgrößen) beeinflussen, ohne daß die Ausgangsgrößen (Steuergrößen) (in beabsichtigter Weise) auf die Eingangsgrößen rückwirken. Charakteristisch für die Steuerkette – die man in Steuerstrecke und -einrichtung aufteilen kann – ist also der *offene Wirkungsablauf.* Im Bild 13.1a ist der Signalflußplan für die Grundstruktur einer Steuerung dargestellt. Unter Signal wird dabei eine zeitabhängige physikalische Größe verstanden, z. B. eine elektrische Spannung, Kräfte, Temperaturen, Ortskoordinaten eines Werkzeugs usw.

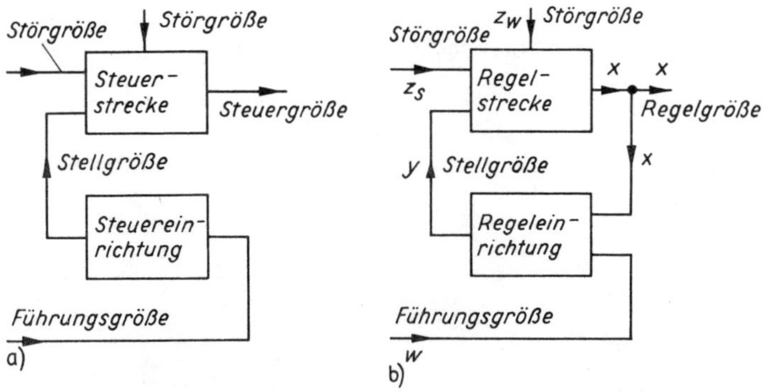

Bild 13.1. Gegenüberstellung des Signalflußplanes einer Steuerung (a) und einer Regelung (b)

Beispiele für Steuerungen:

- Steuerung der Temperatur eines Raumes durch Variation der Warmluftzufuhr mit einer Drosselklappe auf Grundlage einer Messung der Außentemperatur
- Einstellung einer Spannung durch mechanische Betätigung eines Spannungsteilers (z. B. Drehpotentiometer)
- Automatische Ein- und Ausschaltung der Straßenbeleuchtung durch eine Messung der Tageshelligkeit (ohne Einfluß der Beleuchtung) oder aufgrund eines Zeitplans (Schaltuhr)
- Steuerung einer Werkzeugmaschine durch die mechanische Abtastung einer Kopierschablone
- Steuerung einer Motordrehzahl (s. z. B. Bild 11.14a).

13.3. Regelung

13.3.1. Prinzip der Regelung

Definition. Das Regeln – die Regelung – ist ein technischer Vorgang in einem abgegrenzten System, bei dem (mindestens) eine physikalische Größe – die zu regelnde Größe (Regelgröße) – fortlaufend erfaßt und durch Vergleich ihres Signals mit dem Signal einer anderen Größe (Führungsgröße) im Sinne einer Angleichung an deren Signal beeinflußt wird. Der Wirkungsablauf vollzieht sich in einem geschlossenen Kreis[1)], dem Regelkreis, und ist durch *Messen,* Vergleichen oder allgemeiner *Auswerten* und *Stellen* charakterisiert. Es ist also stets eine Rückführung vorhanden. Das wird durch den Signalflußplan des einfachen Regelkreises im Bild 13.1b, der noch näher erläuter wird, sowie durch Bild 13.2a veranschaulicht.

Beispiel:

Die Lenkung eines Kfz ist ein Beispiel eines sehr komplexen Regelvorganges (allerdings in einem technisch-biologischen System). Der Fahrer beobachtet (mißt) den Bewegungsablauf seines Kfz bezüglich der Straße sowie anderer Verkehrsteilnehmer (Störgrößen), wertet das aus und betätigt (stellt) die Lenkung. Die Auswertung erfolgt aufgrund eines Vergleichs von Sollwert (z. B. rechts fahren) und Istwert (Kfz in Straßenmitte) sowie der gespeicherten Erfahrungen über die Reaktionen des eigenen Kfz sowie anderer Verkehrsteilnehmer.

Würde man nun den Menschen durch ein technisches Teilsystem ersetzen (z. B. ein Bilderfassungssystem und -auswertesystem, einen Rechner mit entsprechend geladenem Speicher für die gespeicherten Erfahrungen bzw. Auswertungsalgorithmen und motorisierten Stelleinrichtungen für die Lenkung usw.), so entsteht ein Beispiel eines modernen technischen Regelkreises.

[1)] Anstelle der Begriffe *Steuerung* und *Regelung* sind auch üblich *offene* Steuerung und *geschlossene* Steuerung

Prozeßrechner. Der Rechner wäre bei dem genannten Beispiel Bestandteil des Wirkungsweges (engl.: on line) der Regelung. Man spricht in solchen Fällen von *On-Line-Betrieb* (meist hohe Geschwindigkeitsanforderungen) und nennt den Rechner auch *Prozeßrechner* (s. z. B. Bild 11.14b). Liegt ein Rechner bei der Prozeßautomatisierung außerhalb des Wirkungsweges (engl.: off line), dient also z. B. nur zur Information des Bedienungspersonals, so spricht man von *Off-Line-Betrieb.*

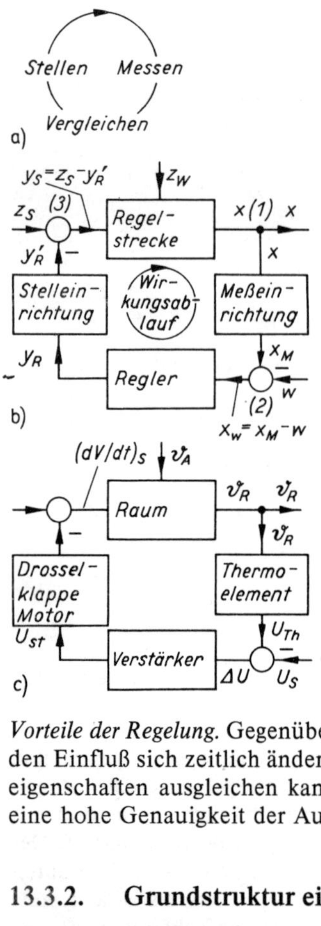

Bild 13.2. Einfacher Regelkreis

a) Prinzip der Regelung; b) weitere Variante zur Darstellung des Signalflußplanes eines Regelkreises ($z_W = z_R$); c) Signalflußplan eines Temperatur-Regelkreises

Vorteile der Regelung. Gegenüber der Steuerung besitzt die Regelung u. a. den Vorteil, daß sie den Einfluß sich zeitlich ändernder Störgrößen sowie unerwünschte Änderungen der Systemeigenschaften ausgleichen kann und auch bei nicht genau bekannten Systemeigenschaften eine hohe Genauigkeit der Ausgangsgröße ermöglicht.

13.3.2. Grundstruktur eines Regelkreises

Der Signalflußplan des einfachen Regelkreises im Bild 13.1. b soll nun etwas näher betrachtet werden. Als Regelstrecke bezeichnet man den Teil des Wirkungsweges, dem die aufgrund der vorgegebenen Aufgabe zu beeinflussenden Teile der Anlage angehören. Die Regeleinrichtung bewirkt die Regelung. Ihr soll definitionsgemäß die Stelleinrichtung zugeordnet werden, mit der unmittelbar zur aufgabengemäßen Beeinflussung einer Größe in einen Energie- oder Massefluß bzw. eine Bewegung eingegriffen wird, z. B. durch Drosselklappen, Stellventile, gesteuerte Schalter und ähnliches. Wie schon erwähnt, ist für die Regelung die *geschlossene Wirkungskette* charakteristisch, d. h. die Rückwirkung der Ausgangsgröße auf den Eingang, wie wir es bereits bei der Rückkopplung in elektronischen Schaltungen (s. Abschn. 10.1.2.3.) als Spezialfall der Regelung kennengelernt haben.

Die mathematische Beschreibung des Regelungssystems führt im allgemeinen Fall auf ein System (nicht)linearer Gleichungen bzw. (nicht)linearer Differentialgleichungen. Die Ausgangs- oder Regelgröße x kann durch Lösung dieses Gleichungssystems bestimmt werden. $x(t)$ hängt von der vorgegebenen Führungsgröße w, den eingeprägten Störgrößen z_R und z_S sowie den Systemeigenschaften einschließlich der Anfangsbedingungen des Systems ab, die gemeinsam symbolisch durch s bzw. s_A dargestellt werden sollen. Die Anfangsbedingungen beziehen sich auf einen Zeitpunkt $t_0 < t$ und enthalten Systemgrößen bzw. deren Zeitableitungen. Betrachtet man, daß x zum Zeitpunkt t im allgemeinen Fall auch von Funktionswerten der genannten Größen zu einem früheren Zeitpunkt abhängen kann, so entsteht als symbolische Darstellung der Regelgröße

$$x(t) = f(w(t'), z_R(t'), z_S(t'), s(t'), s_A) \qquad t_0 \leqq t' \leqq t.$$

Häufig kann man diese Relation aber vereinfachen.

Eine etwas andere und detailliertere Darstellungsform des Regelkreises als im Bild 13.1b wollen wir anhand des Bildes 13.2b diskutieren. Vorgegeben wird die *Führungsgröße* (Sollgröße) w, der die *Regelgröße* x bzw. eine daraus abgeleitete Meßgröße x_M (Istgröße) angeglichen werden soll. x wird der *Signalverzweigung* (1) am Ausgang entnommen und einer Meßeinrichtung zugeführt, die die Größe x_M liefert (meist $x_M \sim x$). Um den Ausgleich von Regel- und Führungsgröße zu erreichen, ist es zweckmäßig, den Vergleich von Sollwert w und Istwert x durch eine Differenzbildung durchzuführen (*Messen* und *Vergleichen*). Aus diesem Grund führt man im Signalflußbild die *vorzeichenbehaftete Signaladdition* (2) ein, durch die die

Regelabweichung $x_w = x_M - w$

gebildet wird, die als Eingangsgröße des Reglers wirkt. Der Regler liefert ein Signal y_R für den Eingang der Stelleinrichtung. Die Aufgabe der Stelleinrichtung bzw. der Stellgröße y_R besteht darin, Störgrößen entgegenzuwirken. Aus diesem Grund ist es zweckmäßig, auch am Eingang der Regelstrecke eine vorzeichenbehaftete Signaladdition (3) durchzuführen. Demnach wirkt am Eingang der Regelstrecke die *Eingangsgröße* $y_S = z_S - y_R$, die man auch Stellstrom nennt. Häufig handelt es sich nämlich dabei um einen Energie- oder Massestrom (Gas- bzw. Flüssigkeitsstrom) bzw. einen elektrischen Strom. Durch die Eingangsgröße y_s, die Eigenschaften der Regelstrecke sowie u. U. weitere Störgrößen z_w wird nun die Ausgangsgröße x festgelegt *(Stellen).*

Beispiel: Regelung der Temperatur eines Raumes

Den Signalfluß zeigt Bild 13.2c. Der Aufbau ist aus Bild 13.3 ersichtlich. Regelgröße ist die Temperatur ϑ_R eines Raumes (1). Sie soll unabhängig von der Außentemperatur ϑ_A und anderen Störgrößen durch Stellen eines Warmluftstromes konstant gehalten werden. ϑ_R wird durch ein Thermoelement (2) gemessen und in eine Thermospannung U_{Th} umgewandelt. Auf einer Celsiusskala (3) kann der *Istwert* der Temperatur abgelesen werden. Da ϑ_R durch einen analogen Spannungswert repräsentiert wird, ist es zweckmäßig, auch den Sollwert, die Führungsgröße, als Spannung darzustellen. Dieser Sollwert U_S wird über einen Spannungsteiler (4) eingestellt. Die Differenzspannung $\Delta U = U_{Th} - U_S$ ist die Differenz zwischen dem Ist- und dem Sollwert der als Spannung dargestellten Regelgröße, entspricht also der Regelabweichung. Da ΔU im mV-Bereich liegt, ist es erforderlich, ΔU einem Verstärker (5) zuzuführen, um die Ansteuerung der Stelleinrichtung (6) – einer motorbetätigten Drosselklappe – vornehmen zu können. Die Stelleinrichtung (6) beeinflußt den in den Raum eingespeisten Warmluftstrom $(\mathrm{d}V/\mathrm{d}t)_S$, d. h. die Eingangsgröße. Liegt die Raumtemperatur unter dem Sollwert, so ist $U_{Th} < U_S$, d. h. $\Delta U < 0$. Dann wird die Drosselklappe durch den Motor weiter geöffnet. $(\mathrm{d}V/\mathrm{d}t)_S$ wird größer. Bei $\Delta U = 0$ bleiben der Motor und damit die Drosselklappe an der Stelle stehen, die sie gerade eingenommen haben. Ist- und Solltemperatur stimmen überein. Tritt eine Störung auf, z. B. durch Ansteigen der Außentemperatur, Schließen eines geöffneten Fensters (7) oder Druckerhöhung im Warmluftstrom (durch Abschaltung anderer Ver-

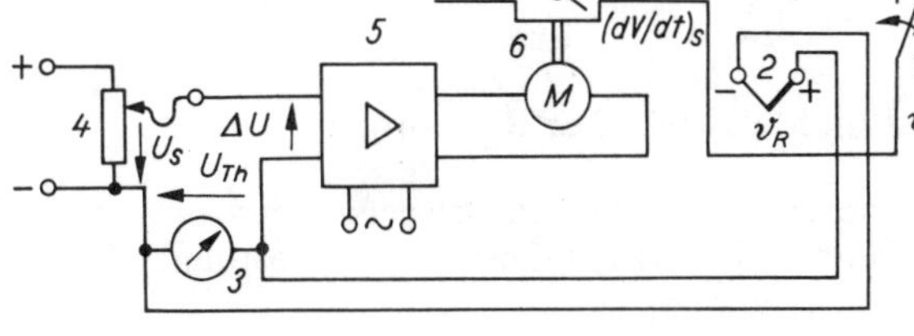

Bild 13.3. Aufbau einer Raumtemperatur-Regelung (Beispiel) mit Warmluft-Heizung

braucher im Warmluftnetz), so steigt U_{Th} an und damit wird $\Delta U < 0$. Der Motor verstellt die Drosselklappe und reduziert dadurch den Warmluftstrom bis die Regelabweichung wieder verschwunden ist. Der Einfluß von Störungen wird also kompensiert. Aus dem Beispiel ist auch ersichtlich, daß die Abstimmung des Zeitverhaltens der Elemente des Regelkreises ein wesentliches Problem für eine stabile Arbeitsweise darstellt. Wählt man z. B. eine nahezu verzögerungsfreie Reaktion des Stellgliedes auf die Regelabweichung, so würde sich die Drosselklappe bei einer Erhöhung der Raumtemperatur sofort vollständig schließen und nach Temperaturabfall wieder vollständig öffnen (Zweipunktregelung). Dadurch entstehen eine ungünstige Arbeitsweise für das Heizgerät und eine ständige Temperaturschwankung – auch ohne zeitliche Änderung von Störgrößen. Wächst eine solche Schwankung in einem Regelsystem zeitlich an, so spricht man übrigens von instabilem Verhalten [13.2].

13.3.3. Benennung von Regelungen

Regelungen kann man nach verschiedenen Gesichtspunkten benennen, insbesondere nach

1. *der technologischen Aufgabe, z. B. Temperatur- oder Geschwindigkeitsregelung*
2. *der Art der Hilfsenergie bzw. Instrumentierung* (s. Abschn. 13.3.4.)
3. *der Veränderlichkeit der Führungsgröße:*
   a) Festwertregelung bei zeitlich konstanter Führungsgröße
   b) Zeitplanregelung bei ausschließlich von der Zeit abhängiger Führungsgröße
   c) Führungsregelung, wenn die Regelgröße im funktionellen Zusammenhang zu einer anderen Größe (außer der Zeit) steht.
4. *der Art der Signale*
   a) analoge Regelung bei ausschließlich analogen Signalen
   b) diskrete Regelung, und zwar Zwei- oder Mehrpunktregelungen sowie Regelungen, die eine digitale Signalverarbeitung beinhalten
5. *der Kontinuität*
   a) kontinuierliche Regelung (ständige Verarbeitung der Regelabweichung)
   b) diskontinuierliche Regelung (Abtastregelung)
6. *der Anwendung eines Prozeßrechners*
   a) ohne Prozeßrechner
   b) mit Prozeßrechner

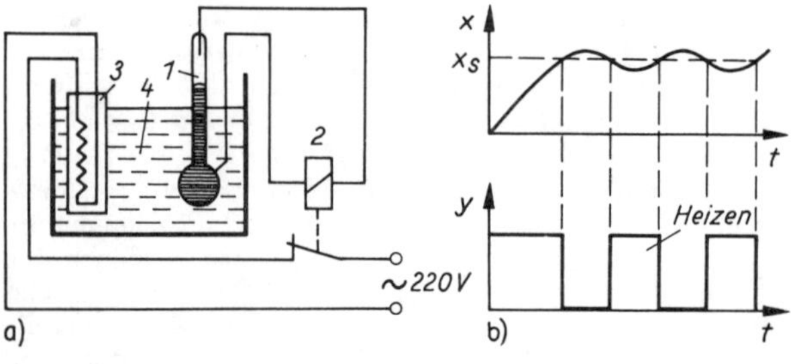

Bild 13.4. Zweipunktregelung der Temperatur eines Wasserbades
a) *1* Kontaktthermometer; *2* Relais; *3* Heizwiderstand; *4* Wasserbad (Regelstrecke); b) Verlauf der Regelgröße *x* (Temperatur) und der Eingangsgröße *y* (Heizleistung)

Beispiel: Temperaturregelung eines Wasserbades (Bild 13.4)

Sie erfolgt – wie sich der Leser leicht klarmachen kann – durch zeitweises Einschalten eines Heizwiderstandes über ein Quecksilber-Kontakt-Thermometer und ein Relais. Diese Regelung ist folgendermaßen einzuordnen: Temperatur-, Festwert- sowie kontinuierliche Zweipunktregelung (als Spezialfall einer diskreten Regelung), Regelung mit elektrischer Hilfsenergie.

13.3.4. Vergleich elektrischer und nichtelektrischer Regelungen

Bild 13.5 veranschaulicht am Beispiel einer einfachen Füllstandsregelung den Einsatz mechanischer, elektrischer, pneumatischer und hydraulischer Energie bzw. Instrumentierung [13.4].

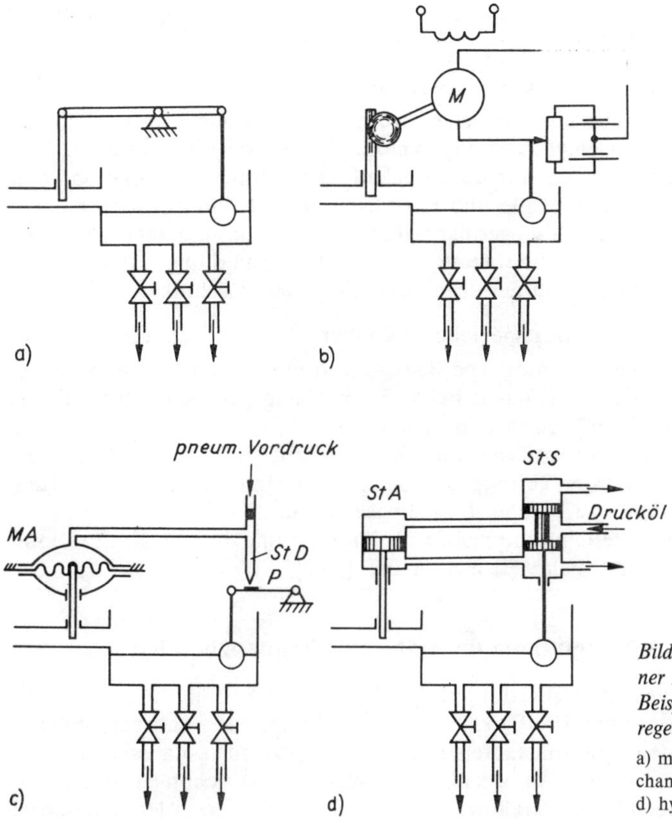

Bild 13.5. Einsatz verschiedener Instrumentierungen am Beispiel einfacher Füllstandsregelung [13.4]

a) mechanisch; b) elektromechanisch; c) pneumatisch; d) hydraulisch

Im Bild 13.5a wird der Flüssigkeitspegel ohne Einsatz einer Hilfsenergie trotz der wirkenden Störgrößen (drei Verbraucher) konstant gehalten, indem ein Gestänge über den Schwimmer den Zufluß sperrt, sobald der Sollstand erreicht ist. Im Bild 13.5b erfolgt das dadurch, daß ein Motor über Schwimmer und Widerstandsgeber in Rechts- oder Linkslauf umgeschaltet wird und dabei eine Zahnstange verstellt. Die pneumatische Regeleinrichtung im Bild 13.5c enthält ein Steuerdüsen-Prallplatte-System. Bei Anstieg des Flüssigkeitsstandes wird der Austritt der Luft aus der Steuerdüse *StD* durch die Prallplatte *P* zunehmend erschwert. Dadurch erhöht sich der Druck in der Leitung zum Membranantrieb *MA*. Infolge der Durchbiegung der Membran wird der Zufluß gesperrt. Bei der hydraulischen Regelung gibt der Doppelkolbenschieber *StS* den oberen Kanal zum Stellantrieb frei, wenn sich der Schwimmer dem Stellstand nähert. Dadurch wird das Öl in die obere Kammer des Stellantriebes *StA* gepreßt und drückt den Kolben mit dem Absperrschieber nach unten (Bild 13.5d).

Allgemein lassen sich bezüglich der Bereitstellung von Hilfsenergie unterscheiden:

a) Geräte ohne Hilfsenergie (für spezielle einfache Regler)

Bei ihnen wird die zur Beeinflussung des Prozesses über das Stellglied benötigte Energie von der Meßeinrichtung aufgebracht (z. B. Fliehkraftregler). Anwendungsgebiete sind vor allem einfache Regler in Konsumgütern.

b) Geräte mit elektrischer Hilfsenergie (sehr breites Anwendungsgebiet)

Vorteile: Eine komplexe Informationsverarbeitung (z. B. mit Rechnern) mit hoher Verarbeitungsgeschwindigkeit, hoher Zuverlässigkeit und problemloser Signalübertragung über große Entfernungen ist möglich; außerdem liefern viele Meßfühler ein elektrisches Signal.
Nachteile: Umformung elektrischer Größen in mechanische Größen (Kräfte, Drehmomente) ist bei kleinen Geschwindigkeiten und großen Momenten, wie sie für Stelleinrichtungen häufig benötigt werden, unwirtschaftlich und teilweise auch relativ teuer und trägheitsbehaftet

(Trägheitsmoment elektrischer Antriebe). Außerdem erfordert die Anwendung in explosionsgefährdeten Räumen geeignete Schutzarten.

c) Geräte mit pneumatischer Hilfsenergie (breites Anwendungsgebiet)

Vorteile: Pneumatische Stellantriebe können bei einfachem Aufbau und geringer Trägheit große Kräfte erzeugen; die Gefahr einer Zündung explosibler Gemische besteht nicht.
Nachteile: Erheblicher Aufwand entsteht für die Druckluftaufbereitung. Informationsverarbeitung ist nur in sehr beschränktem Maße und mit kleiner Verarbeitungsgeschwindigkeit möglich. Unter anderem sind durch die geringe Übertragungsgeschwindigkeit (Schallgeschwindigkeit) pneumatischer Signale Übertragungsgeschwindigkeit und überbrückbare Entfernung klein. Anwendung erfolgt u. a. in der chemischen Verfahrenstechnik.

d) Geräte mit hydraulischer Hilfsenergie (für spezielle Anwender)

Vorteile: Sie können geradlinige und rotatorische Bewegungen mit großen Kräften und Leistungen bei sehr kleiner dynamischer Trägheit bei kleinem Masse-Leistungsverhältnis ausführen, arbeiten zuverlässig und sind robust und überlastbar.
Nachteile: Hydrauliköle können sowohl gift- als auch feuergefährlich sein. Weitere Nachteile sind kleine Übertragungslängen, sehr geringe Möglichkeit zur Informationsverarbeitung, hohe Druck- und Energieverluste sowie hoher Fertigungsaufwand.
Anwendungsgebiete sind große Stelleinrichtungen z. B. im Maschinenbau, in Kraftwerksanlagen sowie in Flugzeugen (Ruder-, Fahrwerksbetätigung) [13.2].

13.3.5.* Beschreibung von Regelungen im Zeit- und Frequenzbereich

Die Berechnung von Regelungssystemen erfordert im allgemeinen Fall die Lösung nichtlinearer Differentialgleichungssysteme. Häufig kann man aber – zumindest näherungsweise – von einem linearen Dgl.-System mit konstanten Koeffizienten ausgehen, da es sich um lineare bzw. linearisierbare Systeme handelt, vor allem bei kleinen Abweichungen vom stationären Arbeitspunkt. Im folgenden werden lineare Systeme vorausgesetzt, deren Beschreibung im Zeit- bzw. im Bildbereich mit Hilfe der komplexen Frequenz $p = \sigma + j\omega$ im Abschnitt 4.2. bereits ganz kurz erläutert wurde. Im Zeitbereich wird der Zusammenhang zwischen Ausgangsgröße x_a und Eingangsgröße x_e (für $x_e(t_0) = 0$) durch die folgende Dgl. mit konstanten Koeffizienten beschrieben:

$$a_n \frac{d^n x_a(t)}{dt^n} + \ldots + a_1 \frac{dx_a}{dt} + a_0 x_a = b_{-1} \int_{t_0}^{t} x_e(t)\, dt + b_0 x_e(t)$$

$$+ b_1 \frac{dx_e(t)}{dt} + \ldots + b_m \frac{d^m x_e(t)}{dt^m}.$$

Im Bildbereich gilt:

$$(a_n p^n + \ldots + a_1 p + a_0)\, x_a(p) = (b_{-1}/p + b_0 + b_1 p + \ldots + b_m p^m)\, x_e(p).$$

Als Übertragungsfunktion des Systems bezeichnet man

$$F(p) = \frac{x_a(p)}{x_e(p)} = \frac{b_{-1}/p + b_0 + b_1 p + \ldots + b_m p^m}{a_n p^n + \ldots + a_1 p + a_0}.$$

Die Symbolik wurde an die in der Regelungstechnik übliche angepaßt, d. h., $F(p)$ entspricht $\underline{H}(p)$ im Abschnitt 4.2. Für $\sigma = 0$, d. h. $p = j\omega$, entsteht daraus der Frequenzgang $\underline{F}(j\omega) = |F(j\omega)|\, e^{j\alpha}$. $F(j\omega)$ läßt sich als Ortskurve in der komplexen Ebene *oder* durch die Darstellung von Betrag $|F(j\omega)|$ sowie Phase α als Funktion von ω darstellen. Bildet man $L = \log |F(j\omega)|$ und stellt L über einer logarithmischen Frequenzskala dar, so nennt man das bekanntlich *Amplitudenkennlinie.* Die Darstellung des Phasenwinkels α über einer logarithmischen Frequenzskala bezeichnet man als *Phasenkennlinie.* Beide Darstellungen werden im

Begriff *Frequenzkennlinie* oder auch *Bodediagramm* zusammengefaßt. Als Testsignal am Eingang wählt man im allgemeinen entweder eine Sprungfunktion oder eine Sinusfunktion. Im folgenden werden Aussagen zum Verhalten einzelner Übertragungsglieder (z. B. zum Regler) sowie zur Regelstrecke und zum einschleifigen Regelkreis getroffen:

a) *Proportional-integral-differenzierender Regler (PID-Regler):*

Im Zeitbereich gilt für die Ausgangsgröße x_a (Stellgröße y_R) als Funktion der Eingangsgröße x_e (Regelabweichung x_w) des Reglers (s. auch Bild 13.2b)

$$x_a(t) = K_R \left[x_e(t) + \frac{1}{T_N} \int_{t_0}^{t} x_e(t)\,dt + T_V \dot{x}_e(t) \right] + x_e(0).$$

Man nennt

K_R Verstärkungsgrad für den P-Anteil
T_N Nachstellzeit für den I-Anteil
T_V Vorhaltezeit für den D-Anteil.

Für $T_N \rightarrow \infty$ und $T_V = 0$ entsteht daraus die Beschreibung eines P-Reglers mit $x_a = K_R x_e$, also x_a proportional zu x_e und für $T_V = 0$ die eines PI-Reglers. Die Antwort $x_a(t)$ eines P- bzw. PID-Reglers auf eine Sprungfunktion $x_e(t) = 1(t)$ ist aus Bild 13.6 ersichtlich. Differenziert man die Gleichung des PID-Reglers, so entsteht mit der Schreibweise $dx/dt = \dot{x}$

$$\dot{x}_a(t) = K_R \left[\dot{x}_e(t) + \frac{1}{T_N} x_e(t) + T_V \ddot{x}_e(t) \right].$$

Im Bildbereich gilt demnach

$$px_a(p) = K_R \left[\frac{1}{T_N} x_e(p) + px_e(p) + T_V p^2 x_e(p) \right]$$

bzw. für die *Übertragungsfunktion* des Reglers

$$F_R(p) = \frac{x_a(p)}{x_e(p)} = \frac{y_R(p)}{x_W(p)} = K_R \left(\frac{1}{pT_N} + 1 + T_V p \right).$$

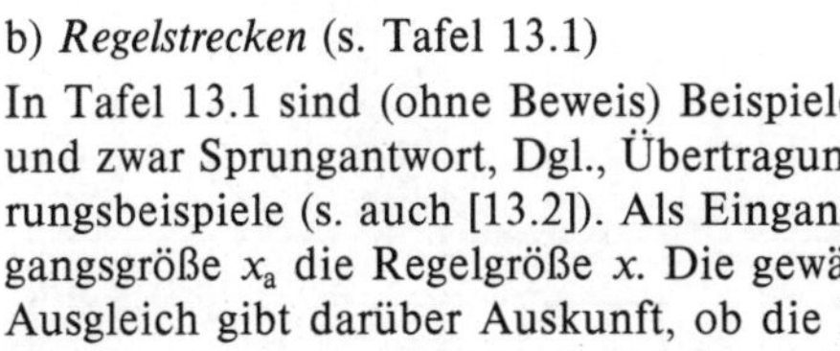

Bild 13.6

a) Sprungfunktion; b) Sprungantwort linearer Systeme mit P-, PI- bzw. PID-Verhalten

b) *Regelstrecken* (s. Tafel 13.1)

In Tafel 13.1 sind (ohne Beweis) Beispiele für das Verhalten von Regelstrecken angegeben, und zwar Sprungantwort, Dgl., Übertragungsfunktion sowie Frequenzkennlinie und Realisierungsbeispiele (s. auch [13.2]). Als Eingangsgröße x_e wirkt hier das Stellsignal y und als Ausgangsgröße x_a die Regelgröße x. Die gewählte Unterteilung in Regelstrecken mit oder ohne Ausgleich gibt darüber Auskunft, ob die Regelgröße x nach dem Sprung einen stationären Wert annimmt ($\dot{x} = 0$ für $t \rightarrow \infty$) oder nicht. Bei Regelstrecken ohne Ausgleich ist dann meist noch eine im linearen Modell nicht erfaßte nichtlineare Begrenzung zu beachten.

c) *Gleichung des einschleifigen Regelkreises im Bildbereich*

Bekannt seien die Übertragungsfunktionen $F_S(p)$ bzw. $F_R(p)$ der Regelstrecke bzw. Regeleinrichtung (Bild 13.7). Angepaßt an die bisherigen Bezeichnungen im Zeitbereich nennen wir die Führungsgröße $w(p)$, die Ausgangs- bzw. Regelgröße $x(p)$, die Regelabweichung $x_w(p)$,

Tafel 13.1. Beispiele für Regelstrecken [13.2]

	P-Strecken (Strecken mit Ausgleich)					I-Strecken (Strecken ohne Ausgleich)		
	mit Verzögerung					mit Verzögerung		
Kennzeichnung	0. Ordnung	1. Ordnung	2. Ordnung	Totzeit	Totzeit u. 1. Ordnung	0. Ordnung	1. Ordnung	Totzeit
	P_0-Strecke	P-T_1-Strecke	P-T_2-Strecke (aperiodisch)	P-T_t-Strecke	P-T_t-T_1-Strecke	I_0-Strecke	I-T_1-Strecke	I-T_{t_0}-Strecke
Sprungantwort	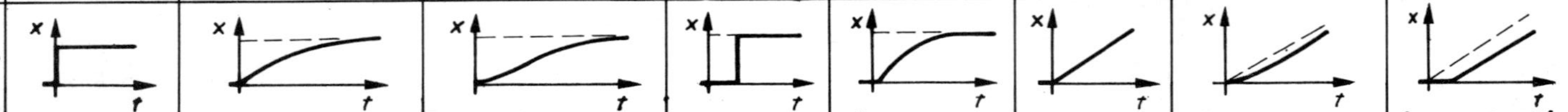							
Differentialgleichung	$x = K_S y$	$T_S\dot{x} + x = K_S y$	$T_{S1}T_{S2}\ddot{x} + (T_{S1}+T_{S2})\dot{x} + x = K_S y$	$x = K_S y(t-T_t)$	$T_S\dot{x} + x = K_S y(t-T_t)$	$\dot{x} = K_{IS} y$	$T_S\ddot{x} + \dot{x} = K_{IS} y$	$\dot{x} = K_{IS} y(t-T_t)$
Übertragungsfunktion	K_S	$\frac{K_S}{pT_S+1}$	$\frac{K_S}{T_{S1}T_{S2}p^2+(T_{S1}+T_{S2})p+1}$	$K_S e^{-pT_t}$	$\frac{K_S e^{-pT_t}}{pT_S+1}$	$\frac{K_{IS}}{p}$	$\frac{K_{IS}}{p(pT_S+1)}$	$\frac{K_{IS}}{p} e^{-pT_t}$
Ortskurve	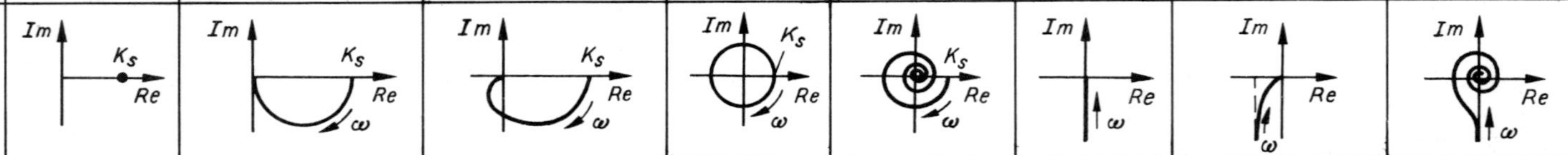							
Frequenzkennlinie	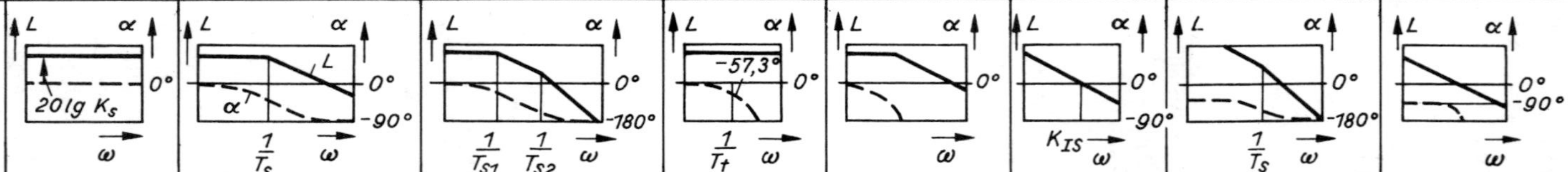							
Beispiele	Druck und Durchfluß in Flüssigkeitsrohrnetzen; Strom u. Spannung in ohmschen Netzen	Druck und Durchfluß in Gasrohrnetzen; Spannung elektrischer Stromerzeuger	Ofentemperatur; Drehzahl bei Feldspannungseingriff	Förderband; Beimischstrecke (ohne Wandeinfluß)	Mischung im Behälter	Flüssigkeitsstand in Druckkesseln (z.B. in Dampfkesseln)	Nachlauf- und Gleichlaufstrecke	Bunkerfüllstand mit Förderbandzuführung
	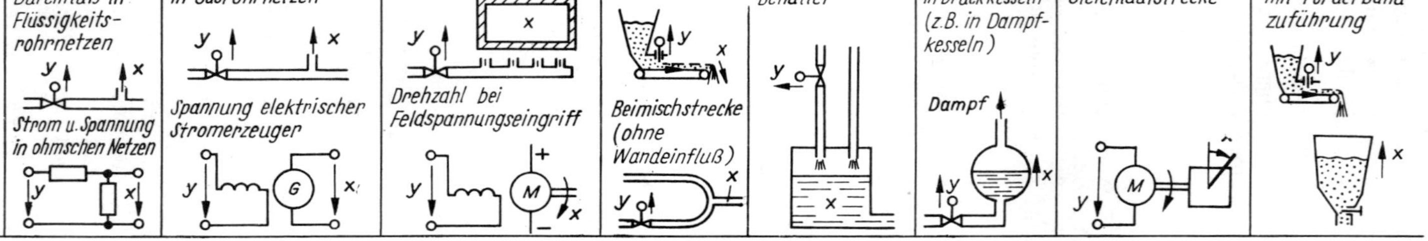							

die Stellgröße $y_R(p)$, die Störgröße am Eingang der Regelstrecke $z_R(p)$ sowie die Eingangsgröße an der Regelstrecke $y_S(p)$.

Mit den Gln. $x_w(p) = x(p) - w(p)$, $y_R(p) = F_R(p)\, x_w(p)$, $y_S = z_R - y_R$, $x(p) = F_S(p)\, y_S$ ergibt sich nach Elimination der internen Größen $x_w(p)$, $y_R(p)$ und y_S die *Grundgleichung des einschleifigen Regelkreises* im Bildbereich

$$x(p) = \frac{F_S(p)}{1 + F_R(p)\, F_S(p)}\, z_R(p) + \frac{F_S(p)\, F_R(p)}{1 + F_R(p)\, F_S(p)}\, w(p).$$

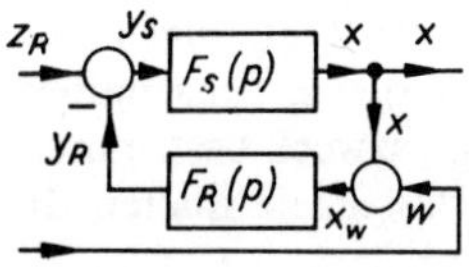

Bild 13.7. Signalflußplan des einschleifigen Regelkreises

Sie spiegelt den Einfluß der Stör- und Führungsgröße sowie des Übertragungsverhaltens von Regelstrecke und -einrichtung auf die Regelgröße wider. Außer dem Stör- und Führungsverhalten des Regelkreises kann man mit dieser Gleichung auch Stabilitätsprobleme diskutieren. Es läßt sich ausgehend von der Stabilitätsgrenze $1 + F_R(p)\, F_S(p) = 0$ zeigen, daß das geschlossene Regelsystem stabil ist, wenn $F_R(p)\, F_S(p)$ den Punkt -1, j0 in der komplexen Ebene nicht umfaßt. Bezüglich einer Vertiefung der angeschnittenen Probleme hinsichtlich der mathematischen Methoden und hinsichtlich der meist sehr komplexen technischen Regelungssysteme sei auf die Literatur verwiesen, insbesondere auf [13.1] und [13.2].

14. Zuverlässigkeit

Als Zuverlässigkeit eines Erzeugnisses bezeichnet man die Eigenschaft des Erzeugnisses, seine Qualität während einer bestimmten Zeitdauer und unter bestimmten Nutzungsbedingungen zu bewahren. Unter Qualität versteht man dabei die Gesamtheit aller Eigenschaften, die den Grad der Brauchbarkeit des Erzeugnisses für seinen Verwendungszweck bestimmen. Eine wesentliche Rolle bei der quantitativen Beschreibung der Zuverlässigkeit spielen die Methoden der Wahrscheinlichkeitstheorie und mathematischen Statistik.

14.1. Ausfallrate

Eine wichtige Kenngröße zur Charakterisierung der Zuverlässigkeit ist die Dichte der Ausfallwahrscheinlichkeit, die man auch als Ausfallrate λ bezeichnet. Ihre Definition lautet: $\lambda(t)$ *ist die durch* Δt *dividierte Wahrscheinlichkeit des Ausfalls im Zeitintervall* $t \ldots t+\Delta t$ *für Erzeugnisse, die bereits das Alter t erreicht haben, wobei der Grenzübergang* $\Delta t \to 0$ *durchzuführen ist.* Anders formuliert: $\lambda(t)$ ist der durch Δt dividierte relative Anteil einer bestimmten Menge von Systemen eines Typs, der im Zeitraum $t \ldots t+\Delta t$ im Mittel ausfällt ($\Delta t \to 0$), wobei die Systeme von $t=0$ an in Betrieb sind.

Liegen zum Zeitpunkt t noch $N(t)$ intakte Systeme vor, so sind es zum Zeitpunkt $t+\Delta t$ *voraussichtlich* nur noch $N(t+\Delta t) = N(t) + \Delta N(t)$ mit $\Delta N(t) = -\lambda(t)\, N(t)\, \Delta t$. Für eine sehr große Zahl gleichartiger Systeme kann demnach auch

$$\lambda(t) = \lim_{\Delta t \to 0} \left(-\frac{1}{N} \frac{\Delta N}{\Delta t} \right) = -\frac{1}{N} \frac{\mathrm{d}N}{\mathrm{d}t} \tag{14.1}$$

geschrieben werden, wobei $N(t)$ die Zahl der von $t=0$ an in Betrieb befindlichen und zum Zeitpunkt t noch intakten Systeme darstellt. Daraus folgt

$$\mathrm{d}N/N = -\lambda\, \mathrm{d}t \quad \text{bzw. speziell für } \lambda = \text{konst. (für } t \geqq 0)$$

durch Integration

$$N(t)/N(0) = \exp(-\lambda t). \tag{14.2}$$

Erwähnt sei an dieser Stelle, daß sich in der Technik die näherungsweise Beschreibung diskreter Probleme mit stetigen Funktionen, z. B. $N(t)$, vielfach als zweckmäßig erweist.

Häufig genügt $\lambda(t)$ der im Bild 14.1 dargestellten „Badewannenkurve“. Nach einer hohen Ausfallrate kurz nach Inbetriebnahme (Frühausfall, z. B. durch Montagefehler) sinkt sie auf einen niedrigeren Wert ab, der über einen längeren Zeitraum etwa konstant bleibt. Daran schließt sich die Phase der Spätausfälle an, die durch einen erneuten λ-Anstieg charakterisiert ist. Spätausfälle können u. a. durch Materialermüdung, verstärkte Abnutzung und Korrosion entstehen. Auch beim Menschen kann man übrigens in erster Näherung Ausfälle durch Kinderkrankheiten, durch Krankheiten, die nicht altersbedingt sind sowie durch altersbedingte Krankheiten unterscheiden.

Vielfach wird in der Technik konstantes λ vorausgesetzt. Zahlenbeispiele sind Tafel 14.1 zu entnehmen. Die Ausfallrate hängt stark von den *Betriebsbedingungen* ab. Sie verschlechtert sich im allgemeinen mit zunehmender Temperatur, Luftfeuchtigkeit, Luftverunreinigung, Erschütterung, Beschleunigung sowie bei elektrischen Bauelementen meist auch mit wachsender Spannungs-, Strom- bzw. Leistungsbelastung. In Fahrzeugen kann λ für elektronische

Tafel 14.1. Ausfallrate elektrischer Bauelemente unter Laboratoriumsbedingungen (Die angegebenen Bereiche sind nur grobe Richtwerte)

Bauteil	$\lambda/(10^{-6}/h)$	Bauteil	$\lambda/(10^{-6}/h)$
Schaltkreise	0,03...0,3	Übertrager	0,14...0,5
Transistoren	0,01...0,1	Relais	0,1...10
Dioden	0,006...0,1	Schalter	0,02...0,4
Kondensatoren	0,01...1	Steckverbindungen	0,06...0,5
Papier-	0,01...0,05	Lötverbindungen	0,001...0,01
Keramik-	0,01...0,03	Wickelverbindungen	>0,0001
Kunststoffolie-	0,01...0,04	Schweißverbindungen	>0,004
Al-Elektrolyt-	0,1...1	Glühlampen	>1,7 (Vollast)
Ta-Elektrolyt-	0,04...1	Glühlampen	>0,4 (75% Last)
Spulen	0,02...0,3	Stellmotoren	>3

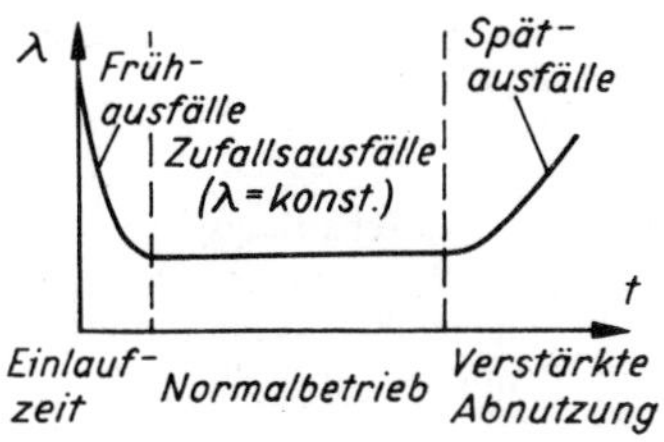

Bild 14.1
Typischer Verlauf der Ausfallrate λ als Funktion der Zeit t („Badewannenkurve")

Bauelemente bereits um mehr als eine Zehnerpotenz über den Laborwerten liegen, in Raketen gar um drei Zehnerpotenzen. Häufig wird zwischen der herstellerorientierten *Prüfausfallrate* und der anwenderorientierten *Betriebsausfallrate* unterschieden.

14.2. Zuverlässigkeitsfunktion (Überlebenswahrscheinlichkeit)

$R(t)$ wird definiert als die Wahrscheinlichkeit, daß im Zeitraum $0\ldots t$ kein Ausfall des Systems auftritt. Das R rührt von Reliability (Zuverlässigkeit im engl.) her. Die Funktion $R(t)$ ist mit dem mittleren relativen Anteil überlebender Systeme identisch. R sinkt also in $\mathrm{d}t$ von $R(t)$ auf $R(t+\mathrm{d}t) = R(t) - \lambda R(t)\,\mathrm{d}t$. Demnach ist $\mathrm{d}R/R = -\lambda\,\mathrm{d}t$, woraus

$$\ln R(t)/R(0) = -\int_0^t \lambda(t')\,\mathrm{d}t'$$

sowie mit $R(0) = 1$

$$R(t) = \exp\left(-\int_0^t \lambda(t')\,\mathrm{d}t'\right) \tag{14.3}$$

folgt. Speziell für *konstantes* λ für $t \geqq 0$ entsteht daraus für die *Zuverlässigkeitsfunktion* die Exponentialverteilung

$$R(t) = \exp(-\lambda t). \tag{14.4}$$

Für sehr große N gilt allgemein $R(t) = N(t)/N(0)$, so daß die Gln. (14.2) und (14.4) die gleiche Aussage beinhalten. Die Wahrscheinlichkeit, daß ein System im Zeitraum $0\ldots t$ ausfällt ist $F(t) = 1 - R(t)$. $F(t)$ stimmt mit dem mittleren relativen Anteil der bis t ausgefallenen Systeme überein. Für konstantes λ ergibt sich der im Bild 14.2 dargestellte Verlauf der *Ausfallwahrscheinlichkeit*

$$F(t) = 1 - R(t) = 1 - \exp(-\lambda t). \tag{14.5}$$

Für den Beobachtungszeitraum $t = 1/\lambda$ beispielsweise sind also nach Gl. (14.5) als Schätzwert für den Anteil der ausgefallenen Systeme 63 % anzugeben.

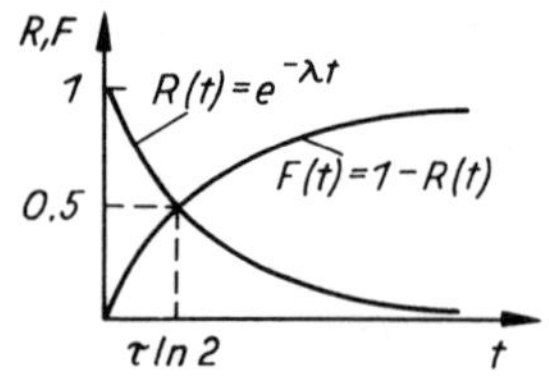

Bild 14.2
Überlebenswahrscheinlichkeit R und Ausfallwahrscheinlichkeit F als Funktion der Zeit für konstante Ausfallrate

Häufig kann $t \ll 1/\lambda$ bzw. $F \ll 1$ angenommen werden, woraus sich mit der Näherung $\exp(-\lambda t) = 1 - \lambda t$ aus den Gln. (14.4) und (14.5) folgende Vereinfachungen ergeben:

$$R(t) = 1 - \lambda t \qquad F(t) = \lambda t. \tag{14.6}$$

Zahlenbeispiel: Für einen Schaltkreistyp ($\lambda = 4 \cdot 10^{-7}/\text{h}$) ist für eine Gesamtzahl von 1000 Stück die Zahl der Schaltkreise zu berechnen, die voraussichtlich innerhalb von 4000 h ausfallen.

Lösung:

Aus $\lambda t = 4 \cdot 10^{-7}/\text{h} \cdot 4000\,\text{h}$ folgt für den Anteil der voraussichtlich ausfallenden Schaltkreise ein Wert von 1,6‰ bzw. $1{,}6 \approx 2$ Schaltkreisen. Selbstverständlich können aber auch gar keine oder auch 3 Schaltkreise ausfallen. Bildet man den Mittelwert über viele solcher Versuchsreihen (Scharmittel), so nähert sich dieser für eine große Versuchszahl dem berechneten relativen Anteil.

14.3. Mittlere Lebensdauer

Für sie ergibt sich mit $\overline{T} = \int_0^\infty R(t')\,dt'$ unter der Voraussetzung $\lambda = \text{konst.}$, d. h. mit Gl. (14.4):

$$\overline{T} = 1/\lambda \quad \textit{Erwartungswert der Lebensdauer (MTBF).} \tag{14.7}$$

$\overline{T}$ wird für reparierbare Systeme auch MTBF (engl.: Mean Time Between Failures – mittlere Zeit zwischen zwei Ausfällen) genannt. Als *Verfügbarkeit* eines instandgehaltenen Systems wird das Verhältnis der mittleren Funktionsdauer zur Summe der mittleren Funktionsdauer und der mittleren Instandhaltungsdauer bezeichnet.

14.4. Ausfall eines Systems mit *n* Komponenten

Tritt er ein, wenn eine der Komponenten ausfällt (sogenannte Serienschaltung im Sinne der Zuverlässigkeit) und sind die Ausfälle unkorreliert, so gilt für die Ausfallwahrscheinlichkeit des Systems $R = \prod_{i=1}^{n} R_i = R_1 R_2 \ldots R_n$. *Für konstantes* λ, *d. h. für* $R_i(t) = \exp(-\lambda_i t)$ entsteht daraus $R = \exp\left(-\sum_{i=1}^{n} \lambda_i t\right)$ sowie mit der Definition $R = \exp(-\lambda t)$

$$\lambda = \sum_{i=1}^{n} \lambda_i \quad \textit{Ausfallrate eines Systems mit n Komponenten.} \tag{14.8}$$

Die Ausfallrate eines Systems läßt sich also durch Addition der Ausfallraten der Komponenten ermitteln.

14.5. Maßnahmen zur Vermeidung von Ausfällen

1. Zuverlässigkeitsbewußte Konstruktion, z. B. Ersatz von mehreren mechanischen und mehreren diskreten Bauelementen durch einen Schaltkreis
2. Hohe Fertigungsqualität sowie sorgfältige Endkontrolle
3. Vermeidung von Frühausfällen (durch Dauerlauf beim Hersteller unter Streßbedingungen wie erhöhter Temperatur und mechanischer Belastung)
4. Geringe Belastung durch günstige Betriebsbedingungen
5. Vorbeugende Instandhaltung sowie Festlegung einer Grenznutzungsdauer
6. Reserveelemente (Parallelschaltung im Sinne der Zuverlässigkeit)
   a) kalte (passive, unbelastete) Reserve[1] – wird erst bei Ausfall zugeschaltet (z. B. Ersatzrad beim Auto)
   b) heiße (aktive, belastete) Reserve – Ersatzelement läuft voll mit, d. h. Multiplikation der Ausfallwahrscheinlichkeiten
   c) warme Reserve – Ersatzelement läuft mit geringerer Belastung mit und wird erst bei Ausfall voll belastet
7. Analyse von Ausfallursachen.

14.6. Hinweis auf weiterführende Untersuchungen

Um das Zuverlässigkeitsverhalten zu charakterisieren kann man von λ oder R oder F ausgehen und die anderen Größen – wie oben dargestellt – daraus berechnen. Neben der bisher für die Auswertung verwendeten speziellen Voraussetzung $\lambda = \text{konst.}$ für $t \geqq 0$, die zur Exponentialverteilung führt, sind weitere Ansätze möglich, z. B. die Weibull-Verteilung mit $\lambda(t) = abt^{a-1}$ (a, b – Konstanten), die logarithmische Normalverteilung sowie die Erlangverteilung. Aussagen dazu sowie zu weiteren Problemen, wie Streuung von Meßwerten, Stichprobenentnahme und Vertrauensgrenzen, können der Spezialliteratur [14.1] bis [14.5] entnommen werden.

Aufgabe 14.1: Ermittlung der Ausfallrate

Von 10^5 Geräten fallen in 10^3 h 500 Geräte aus. Wie groß ist die Ausfallrate λ?

Lösung: Ausfallwahrscheinlichkeit $F = 500/10^5 = 5 \cdot 10^{-3} \ll 1$, also ist Gl. (14.5) anwendbar, d. h., $\lambda = F/t = 5 \cdot 10^{-3}/10^3\ \text{h} = 5 \cdot 10^{-6}/\text{h}$.

Aufgabe 14.2: Zuverlässigkeitsvarianten

Eine BMSR-Einrichtung mit 500 diskreten Bauelementen ($\lambda = 10^{-6}/\text{h}$) sowie 300 Lötstellen ($\lambda = 10^{-7}/\text{h}$) wird durch einen Schaltkreis ($\lambda = 2 \cdot 10^{-7}/\text{h}$), 5 diskrete Bauelemente sowie 14 Lötstellen ersetzt. Das Zuverlässigkeitsverhalten der beiden Varianten (I und II) ist für eine Nutzungsdauer von 2000 h zu diskutieren.

Lösung:

Ausfallraten: $\lambda_I = 500 \cdot 10^{-6}/h + 300 \cdot 10^{-7}/h = 5{,}3 \cdot 10^{-4}/h$,

$\lambda_{II} = 6{,}6 \cdot 10^{-6}/h$,

Erwartungswerte der Lebensdauern: $\overline{T}_I = 1887\ h$, $\overline{T}_{II} = 152 \cdot 10^3\ h$

Ausfallwahrscheinlichkeit in 2000 h: $F_I = 1 - \exp(-\lambda t) = 65\ \%$, $F_{II} = 1{,}3\ \%$.

Aufgabe 14.3: Ausfallwahrscheinlichkeit

Welche Ausfallwahrscheinlichkeit F besitzt ein System, das aus 20 elektronischen Komponenten ($\lambda_1 = 10^{-7}/\text{h}$) und 2 elektromechanischen Komponenten ($\lambda_2 = 10^{-5}/\text{h}$) besteht, in 100 h sowie in 200 h?

Lösung:

Ausfallrate: $\lambda = 20\lambda_1 + 2\lambda_2 = 2{,}2 \cdot 10^{-5}/\text{h}$

Ausfallwahrscheinlichkeit: $F(t) = 1 - \exp(-\lambda t) \approx \lambda t$ (für $\lambda t \ll 1$), $F(100\ \text{h}) = 2{,}2 \cdot 10^{-3}$, $F(200\ \text{h}) = 4{,}4 \cdot 10^{-3}$

[1] Standby-System

Aufgabe 14.4: Ausfallwahrscheinlichkeit

Eine Chemieanlage ist so zu gestalten, daß ihre Ausfallwahrscheinlichkeit F in 50 h maximal 1 ‰ ist. Was ergibt sich daraus für die Überlebenswahrscheinlichkeit R, die Ausfallrate λ und den Erwartungswert der Lebensdauer $\overline{T}$?

Lösung:

$$F \leqq F_{max} = 10^{-3}, \quad R(\Delta t) = 1 - F(\Delta t), \quad R(\Delta t) \geqq 99{,}9\,\%,$$

$$F(\Delta t) = 1 - \exp(-\lambda \Delta t), \quad \lambda = -\frac{\ln(1-F)}{\Delta t} \approx \frac{F}{\Delta t}, \quad \lambda \leqq 2 \cdot 10^{-5}/\mathrm{h},$$

$$\overline{T} = 1/\lambda, \quad \overline{T} \geqq 5 \cdot 10^4\,\mathrm{h}$$

Aufgabe 14.5. Heiße Reserve zur Erhöhung der Zuverlässigkeit

Die Rechnersteuerung einer Sicherheitsanlage muß im Zeitraum $t = 1\,000$ h eine Überlebenswahrscheinlichkeit $R \geqq R_{min} = 99{,}5\,\%$ oder anders ausgedrückt eine Ausfallwahrscheinlichkeit $F \leqq F_{max} = 5$ ‰ aufweisen. Zur Verfügung stehen Rechner mit einer Ausfallrate $\lambda = 10^{-4}$/h. Wie ist das System zu realisieren?

Lösung:

1 Rechner: $R_1(t) = 1 - F_1(t) = \exp(-\lambda t) \approx 1 - \lambda t$, $R(1000\,\mathrm{h}) = 0{,}9 < R_{min}$.
Demnach sind n parallel arbeitende Rechner erforderlich (aktive Reserve).

n Rechner: $R_n = 1 - F_n = 1 - F_1^n = 1 - [1 - \exp(-\lambda t)]^n$, $n \geqq \dfrac{\lg F_{n\,max}}{\lg[1 - \exp(-\lambda t)]} = 2{,}3$

Notwendig ist also $n = 3$, womit $R(t) \approx 1 - (\lambda t)^n = 99{,}9\,\%$ erreicht wird.

Anhang A1.
Internationales Einheitensystem

A1.1 Definition der Basiseinheiten

Maßeinheit der Länge

Das Meter (m) ist gleich 1650763,73 Vakuum-Wellenlängen der Strahlung, die dem Übergang zwischen den Niveaus $2p_{10}$ und $5d_5$ des Atoms Krypton 86 entspricht.

Maßeinheit der Masse

Das Kilogramm (kg) ist die Masse des internationalen Kilogrammprototyps (in Paris).

Maßeinheit der Zeit

Die Sekunde (s) ist die Dauer von 9192631770 Perioden der Strahlung, die dem Übergang zwischen den beiden Hyperfeinstrukturniveaus des Grundzustandes des Atoms Cäsium 133 entspricht.

Maßeinheit der Stromstärke

Das Ampere (A) ist die Stärke des zeitlich unveränderlichen elektrischen Stromes durch zwei geradlinige, parallele, unendlich lange Leiter von vernachlässigbarem Querschnitt, die den Abstand 1 m haben und zwischen denen die durch den Strom elektrodynamisch hervorgerufene Kraft im leeren Raum je 1 m Länge der Doppelleitung $2 \cdot 10^{-7}$ N beträgt.

Maßeinheit der Temperatur

Das Kelvin (K) ist der 273,16te Teil der thermodynamischen Temperatur des Tripelpunktes von Wasser.
Anmerkung: Bei Angabe der Celsius-Temperatur $\vartheta = T - T_0$ ($T_0 = 273{,}15$ K) ist die Benennung Kelvin (K) durch Grad Celsius (°C) zu ersetzen. Temperaturdifferenzen werden in beiden Skalen in Kelvin angegeben. Temperaturtoleranzen dürfen auch in °C angegeben werden, also z. B. $\vartheta = 20\,°\mathrm{C} \pm 1$ K oder auch $\vartheta = (20 \pm 1)\,°\mathrm{C}$.
Hinweis: An einem Tripelpunkt (bei Wasser 0,01 °C) existieren alle drei Aggregatzustände und stehen miteinander im Gleichgewicht; dadurch sind Temperatur und Druck eindeutig festgelegt. T_0 ist der Eispunkt des Wassers (Nullpunkt der Skala der Celsius-Temperatur).

Maßeinheit der Stoffmenge

Das Mol (mol) ist die Stoffmenge eines Systems, das aus so vielen gleichartigen Teilchen besteht, wie Atome in 0,012 kg des Kohlenstoffs 12 enthalten sind. Anders formuliert: Ein Grammolekül (Mol) ist die Menge eines chemisch homogenen Stoffes, dessen Masse in g gleich seinem Molekulargewicht ist. Die Anzahl der Moleküle je Mol ist für alle Stoffe gleich (Loschmidtsche Zahl $N_L = 6{,}02214 \cdot 10^{23}\ \mathrm{mol}^{-1}$).

Maßeinheit der Lichtstärke

Die Candela ist die Lichtstärke, die 1/600000 m^2 der Fläche eines schwarzen Körpers bei der Erstarrungstemperatur des Platins beim Druck 101325 Pa senkrecht zu seiner Oberfläche ausstrahlt.

A1.2. Definition der ergänzenden SI-Einheiten

Maßeinheit des ebenen Winkels

Der Radiant (rad) ist der ebene Winkel zwischen zwei Kreisradien, die aus dem Umfang einen Bogen von der Länge des Radius ausschneiden (1 rad = 1 m/m).

Maßeinheit des Raumwinkels

Der Steradiant (sr) ist der Raumwinkel, der von einer vom Mittelpunkt einer Kugel ausgehenden Strahlenschar gebildet wird, die aus der Oberfläche dieser Kugel eine Fläche gleich dem Quadrat mit der Seitenlänge des Kugelradius ausschneidet.

A 1.3. Abgeleitete SI-Einheiten mit selbständigem Namen

Tafel A. 1. Abgeleitete SI-Einheiten mit selbständigem Namen

Größe	Name der Einheit	Einheits-zeichen	Beziehung zu anderen SI-Einheiten
Frequenz	Hertz	Hz	1 Hz = 1/s
Kraft	Newton	N	$1\ N = 1\ kg \cdot m/s^2$
Druck, Spannung	Pascal	Pa	$1\ Pa = 1\ N/m^2$
Energie	Joule	J	$1\ J = 1\ N \cdot m$
Leistung	Watt	W	1 W = 1 J/s
Elektrische Ladung	Coulomb	C	$1\ C = 1\ A \cdot s$
Elektrische Spannung	Volt	V	1 V = 1 W/A
Elektrische Kapazität	Farad	F	1 F = 1 C/V
Elektrischer Widerstand	Ohm	Ω	1 Ω = 1 V/A
Elektrischer Leitwert	Siemens	S	1 S = 1/Ω
Magnetischer Fluß	Weber	Wb	$1\ Wb = 1\ V \cdot s$
Magnetische Flußdichte	Tesla	T	$1\ T = 1\ Wb/m^2$
Induktivität	Henry	H	1 H = 1 Wb/A
Lichtstrom	Lumen	lm	$1\ lm = 1\ cd \cdot sr$
Beleuchtungsstärke	Lux	lx	$1\ lx = 1\ lm/m^2$
Energiedosis	Gray	Gy	1 Gy = 1 J/kg
Aktivität	Bequerel	Bq	1 Bq = 1/s

Hinweise: Die Energiedosis kennzeichnet die einem Körper durch ionisierende Strahlung zugeführte Energie (bezogen auf die Masse).
1 Bq ist die Aktivität einer radioaktiven Strahlungsquelle, bei der sich im Mittel in 1 s 1 Atomkern umwandelt

A 1.4. SI-fremde Einheiten

In Tafel A. 2 SI-fremde Einheiten zusammengestellt, die allgemeingültig sind bzw. für die angegebenen Spezialgebiete Gültigkeit besitzen. Die Maßeinheiten in Tafel A3 sind nur noch in der älteren Literatur zu finden. Sie sind *nicht* mehr anzuwenden.

Tafel A. 2. SI-fremde Einheiten

Größe (SI-Einheit)	Benennung der Einheit	Einheiten-zeichen	Umrechnungs-faktor zur SI-Einheit	Spezialgebiet
Länge (m)	Astronomische Einheit	AE	$149{,}598 \cdot 10^9$	Astronomie
	Lichtjahr	ly	$9{,}4605 \cdot 10^{15}$	Astronomie
	Parsec	pc	$30{,}857 \cdot 10^{15}$	Astronomie
Brechkraft (l/m)	Dioptrie	dpt	1	Optik
Fläche (m^2)	Hektar	ha	10^4	Flur- und Grundstücke
Volumen (m^3)	Liter	l	10^{-3}	
Ebener Winkel (rad)	Grad	°	π/180	
	Minute	′	π/10800	
	Sekunde	″	π/648000	
	Gon	gon	π/200	Geodäsie
Zeit (s)	Minute	min	60	
	Stunde	h	$3{,}6 \cdot 10^3$	
	Tag	d	$86{,}4 \cdot 10^3$	

Tafel A. 2. (Fortsetzung)

Größe (SI-Einheit)	Benennung der Einheit	Einheiten-zeichen	Umrechnungs-faktor zur SI-Einheit	Spezialgebiet
Geschwindigkeit (m/s)	Kilometer je Stunde	km/h	0,277778	
Masse (kg)	Tonne	t	10^3	
	Atomare Masseeinheit	u	$1{,}66057 \cdot 10^{-27}$	Atom- und Kernphysik
Feinheit (kg/m)	Tex	tex	10^{-6}	Textiltechnik
Energie (J)	Kilowattstunde	kWh	$3{,}6 \cdot 10^6$	
	Elektronenvolt	eV	$0{,}160219 \cdot 10^{-18}$	Atom- und Kernphysik

Tafel A. 3. Veraltete SI-fremde Einheiten (nicht mehr verwenden)

Größe (SI-Einheit)	Benennung der Einheit	Einheiten-zeichen	Umrechnungs-faktor zur SI-Einheit	Spezialgebiet
Länge (m)	Ångström	Å	10^{-10}	Spektroskopie
	Mil	mil	$25{,}4 \cdot 10^{-6}$	
	Inch	in.	$25{,}4 \cdot 10^{-3}$	
	Seemeile	sm	$1{,}852 \cdot 10^3$	Seefahrt
Fläche (m^2)	Ar	a	100	
Geschwindigkeit (m/s)	Knoten	kn	0,514444	Seefahrt
Masse (kg)	Karat	k	$0{,}2 \cdot 10^{-3}$	Edelsteine
Kraft (N)	Kilopond	kp	9,80665	
	Dyn	dyn	10^{-5}	
Druck (Pa)	Bar	bar	10^5	
	Kilopond je Quadratzentimeter	kp/cm^2 = at	$98{,}0665 \cdot 10^3$	
	Millimeter Wassersäule	mm WS	9,80665	
	Physikalische Atmosphäre	atm	$101{,}325 \cdot 10^3$	
	Torr	Torr	133,3224	
Spannung (Pa)	Kilopond je Quadratmillimeter	kp/mm^2	$9{,}80665 \cdot 10^6$	
Dynamische Viskosität (Pa · s)	Poise	P	0,1	
Kinematische Viskosität (m^2/s)	Stokes	St	10^{-4}	
Energie (J)	Erg	erg	10^{-7}	
	Kalorie	cal	4,1868	
Leistung (W)	Pferdestärke	PS	735,49875	Kraft- und Arbeitsmaschinen
Leuchtdichte (cd/m^2)	Apostilb	asb	$1/\pi$	Lichttechnik
Exposition (C/kg)	Röntgen	R	$0{,}258 \cdot 10^{-3}$	
Energiedosis (Gy)	Rad	rd	10^{-2}	
Aktivität (Bq)	Curie	Ci	$37 \cdot 10^9$	
Magnetische Induktion (T)	Gauß	G	10^{-4}	
Magnetische Feldstärke (A/m)	Oersted	Oe	$10^3/4\pi$	

A 1.5. Weitere Größenarten

A 1.5.1. Verhältnisgrößen

Sie kennzeichnen das Verhältnis zweier Größen gleicher Größenart, z. B. Verstärkungsfaktor, Dämpfungsfaktor, Übertragungsfaktor, Dielektrizitätszahl, Wirkungsgrad, Brechzahl:

1 % = 10^{-2} (% – Prozent), 1 ‰ = 10^{-3} (‰ – Promille)
1 ppm = 10^{-6} (ppm – parts per million, Millionstel)
1 ppb = 10^{-9} (ppb – parts per billion, Milliardstel).

A 1.5.2. Logarithmierte Verhältnisgrößen

Vor allem für das Verhältnis gleichartiger Größen, die über viele Zehnerpotenzen gehen sowie zur Linearisierung gekrümmter Kurven von Verhältnissen erweist sich die Logarithmierung der Verhältnisgröße als vorteilhaft. Häufige Anwendung erfolgt vor allem in der Elektronik (Verstärkungsmaß, Übertragungsmaß, Dämpfungsmaß). Die beim Logarithmieren entstehende Zahl muß wieder als Größe aufgefaßt werden, da sie eine meßbare Größe eines Objektes kennzeichnet. Zur Kennzeichnung von Zahlen, die als Logarithmus eines Verhältnisses zweier Größen gleicher Art gebildet werden, benutzt man Einheiten, die auf die beim Logarithmieren verwendete Basis hinweisen, und zwar vor allem *Dezibel (dB)* und *Neper (Np).* Für die logarithmische Leistungsverstärkung v_P eines Verstärkers z. B. definiert man mit den Leistungen P_2 bzw. P_1 am Aus- bzw. Eingang (s. auch Tafel A.4)

$$v_P = 10 \lg \frac{P_2}{P_1} \text{ dB} \quad \text{oder seltener auch } v_P = \frac{1}{2} \ln \frac{P_2}{P_1} \text{ Np.}$$

U_1/U_2	P_1/P_2	dB	Np
10^{-1}	10^{-2}	−20	−2,3
0,5	0,25	−6,0	−0,7
1	1	0	0
2	4	6,0	0,7
5	25	13,9	1,6
10	10^2	20	2,3
10^2	10^4	40	4,6
10^3	10^6	60	6,9

Tafel A. 4
Beispiele logarithmischer Spannungs- und Leistungsverhältnisse

Umrechnung: 1 dB = 0,1151 Np, 1 Np = 8,686 dB = 0,8686 B (B – Bel). Die *logarithmische Spannungsverstärkung* (bzw. bei passiven Vierpolen auch das *Übertragungsmaß*) ist (wegen $P \sim U^2$) durch

$$v_u = 20 \lg \frac{U_2}{U_1} \text{ dB} \quad \text{oder auch} \quad v_u = \ln \frac{U_2}{U_1} \text{ Np}$$

definiert.
Zahlenbeispiel: $v_u = 40$ dB = 4,6 Np bedeutet ein Spannungsverhältnis $U_2/U_1 = 10^{v_u/20\,\text{dB}} = 10^2$.

In gleicher Weise kann man ein logarithmisches Stromverhältnis einführen. Bildet man das Verhältnis der ein- zur ausgangsseitigen Größe, so spricht man oft vom *Dämpfungsmaß*, z. B. Dämpfung durch eine als Vierpol aufgefaßte Leitung

$$a_P = 10 \lg \frac{P_1}{P_2} \text{ dB} \quad \text{oder auch} \quad a_u = 20 \lg \frac{U_1}{U_2} \text{ dB.}$$

Logarithmierte Verhältnisgrößen mit fester Bezugsgröße im Nenner bezeichnet man als *Pegel*, z. B. Spannungspegel 20 lg U/U_0 dB. Ein wichtiges Anwendungsgebiet ist die *Akustik:*

Schalldruckpegel $\quad L_p = 20 \lg \frac{p}{p_0}$ dB

Tafel A. 5. Lautstärke von Geräuschen

dB (A) ≈ phon	Art des Geräusches	dB (A) ≈ phon	Art des Geräusches
0	Hörschwelle	70	Großstadtstraßen
10	leises Flüstern	80	starker Straßenverkehr
20	ruhige Wohnung, sehr ruhiger Garten	90	Maschinenräume
30	Rauschen von Bäumen	100	sehr laute Autohupe
40	Zerreißen von Schreibpapier	110	Blechschmiede
50	Umgangssprache, Schreibmaschine	120	Flugzeugpropeller, Niethämmer
60	Straßenbahn	130	Schmerzgrenze

Schalleistungspegel $L_P = 10 \lg \frac{P}{P_0}$ dB

Lautstärkepegel $L_N = 20 \lg \frac{p}{p_0}$ phon (s. auch Tafel A.5).

Der Bezugsschalldruck $p_0 = 20$ µPa bzw. $P_0 = 1$ pW stellen ungefähr die Hörschwelle des menschlichen Gehörs bei 1000 Hz dar.

L_N in phon stimmt bei 1000 Hz etwa mit L_p in dB überein. Bei anderen Frequenzen wird L_N durch subjektiven Vergleich mit gleichlaut empfundenem Normalschall ermittelt (Bewertungsfilter). Einem Schalldruck $p = 63{,}2$ Pa entspricht etwa ein Lautstärkepegel von 130 phon ≈ 130 dB(A).

A 1.5.3. Größen der Informationstheorie

Bit (Kurzzeichen: *bit*), abgeleitet aus *binary digit* – also Zweierschritt ist die Einheit für die *Anzahl von Binärentscheidungen.* Bei der binären Darstellung von Daten bildet das Bit die kleinste Darstellungseinheit, repräsentiert eine einzelne Stelle eines binärkodierten Wortes. Weiterhin bedeutet Bit auch basic indissoluble unit, Kennwort für den Informationsgehalt einer Nachricht. Bei m Zuständen (Entscheidungsmöglichkeiten), die die gleiche Wahrscheinlichkeit $p = 1/m$ haben, ist der *Entscheidungsgehalt*

$$H_0 = \mathrm{lb}\, m \text{ bit} = \mathrm{lb} \frac{1}{p} \text{ bit} \quad (\mathrm{lb}\, m = \log_2 m, \text{ binärer Logarithmus}).$$

Für binäre Systeme ($m = 2$, z. B. hohe Spannung – niedrige Spannung) gilt also $H_0 = 1$ bit.

Als Kilobit *(kbit)* bezeichnet man üblicherweise (wenn auch nicht ganz exakt) $2^{10} = 1024$ bit und als Megabit *(Mbit)* $2^{20} = 1048576$ bit. Als *Byte* (Kurzzeichen: byte) bezeichnet man eine Folge von (meist 8 oder mit Prüfbit 9) Dualstellen zur verschlüsselten Darstellung von Zeichen (Ziffern, Buchstaben, Sonderzeichen).

Maßeinheit für Informationsfluß bzw. *Übertragungsgeschwindigkeit* bzw. Kanalkapazität ist Bit je Sekunde (bit/s). Die Einheit der Schrittgeschwindigkeit (Telegrafiergeschwindigkeit) ist Baud *(Bd)* = Schritte je Sekunde, also 1 Bd = 1/s. Bei zwei Werten des Signalparameters gilt Übertragungsgeschwindigkeit in bit/s = Schrittgeschwindigkeit in Bd.

Anhang A2.
Weitere Verfahren der Netzwerkanalyse

A2.1. Knotenspannungsanalyse

Das vollständige Kirchhoffsche Gleichungssystem besteht für ein Netzwerk mit k Knoten und z Zweigen aus $k-1$ unabhängigen Knotengln., $m = z-(k-1)$ unabhängigen Maschengln. und z u,i-Relationen der Zweige, d. h. $2z$ Gln. (s. auch Abschn. 1.10.). Bei der *Knotenspannungsanalyse* werden die Maschengln. und die u,i-Relationen eliminiert, so daß ein Gleichungssystem von $k-1$ Gln. aufzustellen und zu lösen ist.

Damit ergibt sich der folgende *Algorithmus* (für ein Netzwerk mit k Knoten, $k \geqq 2$):

1. Wahl eines Bezugsknotens 0 im Netzwerk und Einführung der Spannungen zwischen allen anderen Knoten und dem Bezugsknoten, d. h. der Knotenspannungen entsprechend Bild A.1 (bedeutet Elimination der Maschengln.)
2. Darstellung aller unbekannten Zweigströme mit Hilfe der Knotenspannungen entsprechend Bild A.2 und Aufstellung der Knotengln. für alle Knoten außer dem Bezugsknoten entsprechend Bild A.3 (bedeutet Elimination der u,i-Relationen)
3. Lösung des Gleichungssystems der $k-1$ Knotengln.

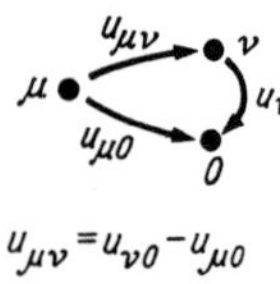

Bild A.1. Einführung von Knotenspannungen zum Bezugspunkt 0

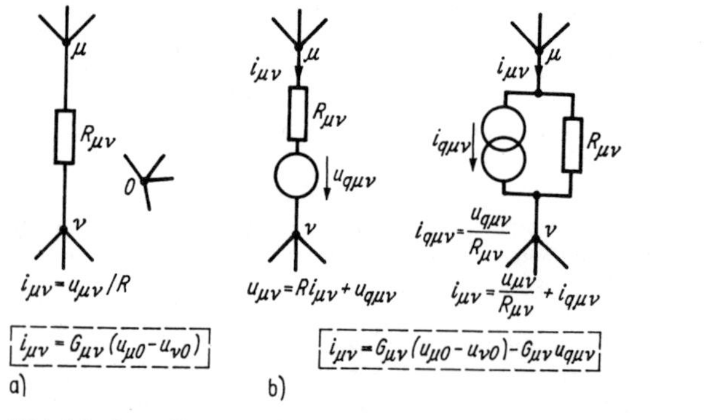

Bild A.2. Darstellung von Zweigströmen durch Knotenspannungen
a) für Widerstände; b) für Spannungs- und Stromquellenersatzschaltungen

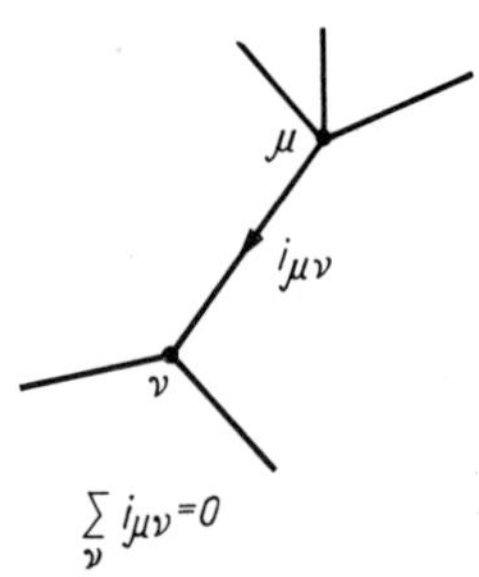

Bild A.3
Zur Knotengleichung am Knoten μ

Hinweise:

1. Der Zusammenhang zwischen der Zweigspannung zwischen zwei Knoten μ und ν sowie den Knotenspannungen an diesen Knoten lautet nach der Maschengl. entsprechend Bild A.1:

$$u_{\mu\nu} = u_{\mu 0} - u_{\nu 0}.$$

2. Bei Zweigen mit ohmschen Widerständen (bzw. komplexen Widerständen, s. Abschn. 3.4.) bevorzugt man – wie Bild A.2a veranschaulicht – die Leitwertdarstellung (bzw. Leitwertoperatordarstellung), d. h. z. B. statt $i = u/R$ $\quad i = Gu$ usw.
3. Falls nur eine Zweigspannung bzw. ein Zweigstrom gesucht wird, ist es meist zweckmäßig, den Bezugsknoten 0 an diesen Zweig zu legen.

4. Durch Umrechnung von Zweigen, die aus der Reihenschaltung eines ohmschen Widerstandes R und einer Spannungsquelle u_q bestehen, in eine Parallelschaltung einer Stromquelle $i_q = u_q/R$ und eines Widerstandes R (s. Abschn. 2.5.2.) kann man die Berechnung häufig vereinfachen (Bild A.2b).
5. Liegen eine oder mehrere ideale Spannungsquellen an einem Knoten, so ist es zweckmäßig, diesen als Bezugsknoten zu wählen.
6. Der Bezugspunkt für die Knotenspannungen kann auch außerhalb des Netzwerkes liegen. Dadurch erhöht sich die Zahl der Knotenspannungen bzw. aufzustellenden Knotengln. auf k.
7. Gesteuerte Quellen sind möglichst als knotenspannungsgesteuerte Stromquellen darzustellen.

Beispiel: Knotengln. für eine Brückenschaltung (Bild A.4a)
Das Netzwerk besitzt $k = 4$ Knoten. Wählt man den Knoten *0* als Bezugsknoten (Bild A.4b), so sind die Knotengln. für die Knoten *1*, *2* und *3* aufzustellen. Für Knoten *1* gilt

$$i_{12} + i_{10} + i_{13} = 0 \text{ bzw. } G_{12}(u_{10} - u_{20}) + G_{10}u_{10} + G_{13}(u_{10} - u_{30}) = 0.$$

Stellt man auch die Knotengln. für die Knoten *2* und *3* auf und ordnet die Unbekannten u_{10}, u_{20} und u_{30}, so entsteht das Gleichungssystem

$$\begin{aligned} (G_{10} + G_{12} + G_{13})\,u_{10} - \quad & G_{12}u_{20} - \quad & G_{13}u_{30} &= 0 \\ - G_{12}u_{10} + \quad & (G_{20} + G_{12} + G_{23})\,u_{20} - \quad & G_{23}u_{30} &= G_{23}u_{q23} \\ - G_{13}u_{10} - \quad & G_{23}u_{20} + \quad & (G_{13} + G_{23} + G_{30})\,u_{30} &= -G_{23}u_{q23} \end{aligned}$$

Das läßt sich nach der gesuchten Größe, z. B. der Brückenspannung u_{10}, auflösen.

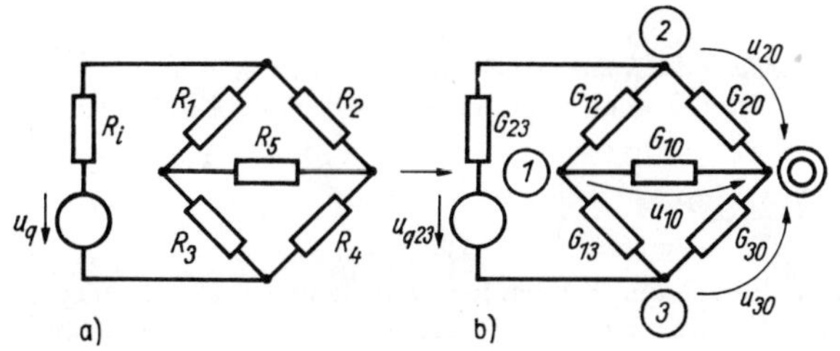

Bild A.4
Beispiel zur Knotenspannungsanalyse
a) Schaltbild;
b) Einführung der Knotenspannungen und Leitwerte

Allgemein kann man das System der *Knotenspannungsgln.* in der Form

$$(G)\,(u) = (i_q),$$

d. h. *Knotenadmittanz-Matrix · Vektor der Knotenspannungen = Vektor der Einströmungen* (durch Stromquellen in den jeweiligen Knoten) schreiben. Admittanz bedeutet Leitwert bzw. komplexer Leitwert (s. Abschn. 3.4.2.3.). Die *Knotenadmittanz-Matrix* kann direkt aus der Netzwerkstruktur abgelesen werden. Wie noch bewiesen werden wird, gelten dabei folgende *Regeln*:

– Die Matrix ist symmetrisch zur Hauptdiagonalen
– Jede Zeile der Matrix beschreibt die Netzwerkstruktur in der Umgebung eines Knotens, wobei gilt
  - Hauptdiagonalelement gleich Summe der Leitwerte am Knoten (also stets positives Vorzeichen),
  - weitere Matrixelemente jeweils gleich (-1) mal Leitwert zwischen dem betrachteten Knoten und dem jeweiligen Nachbarknoten (also stets negatives Vorzeichen), d. h. in der ν-ten Spalte der μ-ten Zeile $-G_{\nu\mu}$ bzw. der damit identische Wert $-G_{\mu\nu}$ (für $\nu \neq \mu$).

Diese Eigenschaften lassen sich am oben aufgestellten Gleichungssystem auch anhand von Bild A.4b ablesen.

Durch die Regeln zur Aufstellung der Knotenadmittanz-Matrix sowie den leicht anzugebenden Vektor der Einströmungen kann also das Knotenspannungsgleichungssystem direkt aus dem Netzwerk entnommen und somit sehr effektiv aufgestellt werden.

Zur *Kontrolle* der aufgestellten Knotenadmittanz-Matrix können folgende Aussagen genutzt werden:

– Die Zeilensumme ist gleich dem Leitwert zwischen dem betrachteten Knoten und dem Bezugsknoten.
– Folglich ist die Zeilensumme Null, wenn am betrachteten Knoten kein Zweig zum Bezugsknoten vorliegt.

Beispiel: Das im Bild A.5a angegebene Netzwerk wird zunächst entsprechend den o. g. Hinweisen für die Knotenspannungsanalyse aufbereitet, wobei das Netzwerk im Bild A.5b entsteht. Daraus läßt sich das folgende Gleichungssystem ablesen:

Knoten	Knotengleichung
1	$(G_1 + G_4 + G_6)u_{10} \quad - G_6 u_{20} \quad - G_4 u_{30} = i_{q1}$
2	$- G_6 u_{10} + (G_2 + G_5 + G_6)u_{20} \quad - G_5 u_{30} = i_{q2}$
3	$- G_4 u_{10} \quad - G_5 u_{20} + (G_3 + G_4 + G_5)u_{30} = 0$

In Matrixdarstellung ergibt sich

$$\begin{pmatrix} G_1 + G_4 + G_6 & - G_6 & - G_4 \\ - G_6 & G_2 + G_5 + G_6 & - G_5 \\ - G_4 & - G_5 & G_3 + G_4 + G_5 \end{pmatrix} \begin{pmatrix} u_{10} \\ u_{20} \\ u_{30} \end{pmatrix} = \begin{pmatrix} i_{q1} \\ i_{q2} \\ 0 \end{pmatrix}$$

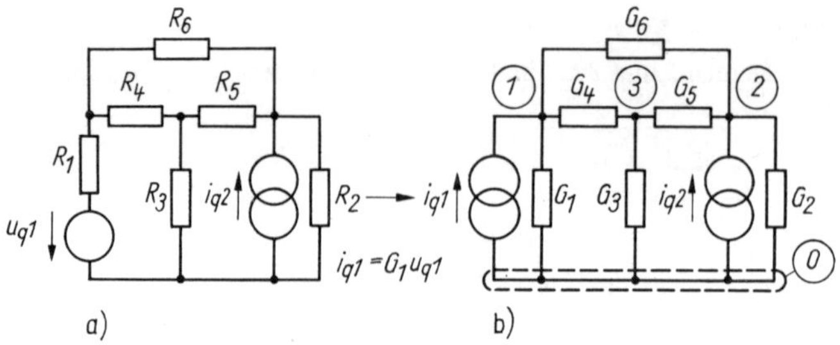

Bild A.5
Beispiel zur Knotenspannungsanalyse
a) Schaltbild;
b) Aufbereitetes Schaltbild für die Knotenspannungsanalyse

Abschließend werden die o. g. *Regeln zur Aufstellung der Knotenadmittanz-Matrix* bewiesen:
Die Knotengl. für einen Knoten μ (Bild A.3) lautet – wenn man ein Netzwerk mit k Knoten voraussetzt –

$$\sum_{\nu} i_{\mu\nu} = 0 \text{ mit } \nu \neq \mu \text{ sowie } \nu = 0, 1, 2 \ldots, k-1.$$

D. h., die algebraische Summe der Ströme, die direkt vom Knoten μ zu allen anderen Knoten fließen, verschwindet. Für alle Knoten, die nicht direkt mit dem Knoten μ verbunden sind, ist offensichtlich $i_{\mu\nu} = 0$.

Entsprechend Bild A.2b gilt

$$i_{\mu\nu} = G_{\mu\nu} u_{\mu\nu} + i_{q\mu\nu} = G_{\mu\nu}(u_{\mu0} - u_{\nu0}) - i_{q\nu\mu}.$$

Damit läßt sich die Knotengl. in die folgende Form bringen

$$\left(\sum_{\nu} G_{\mu\nu}\right) u_{\mu0} - \sum_{\nu} G_{\mu\nu} u_{\nu0} = \sum_{\nu} i_{q\nu\mu}$$

bzw.

$$- G_{\mu1} u_{10} - G_{\mu2} u_{20} - \ldots + (G_{\mu0} + G_{\mu1} + \ldots + G_{\mu,k-1})\, u_{\mu0} - \ldots - G_{\mu,k-1} u_{k-1,0} = \sum_{\nu} i_{q\nu\mu}.$$

Auf der rechten Seite dieser Gleichung steht die Summe der Einströmungen durch mit dem Knoten μ verbundene Stromquellen. Stellt man die Gleichung für alle μ, d. h. für $\mu = 1, 2, \ldots, k-1$ auf und beachtet $G_{\mu\nu} = G_{\nu\mu}$, so entsteht die oben beschriebene Struktur der Knotenadmittanz-Matrix.

Regeln zur Einbeziehung gesteuerter Quellen.

1. Darstellung der gesteuerten Quellen als knotenspannungsgesteuerte Stromquellen
2. Aufstellen des Gleichungssystems $(G)\,(u) = (i_q)$, wobei die gesteuerten Stromquellen zunächst wie die unabhängigen Stromquellen auf der rechten Seite stehen
3. Überführung der Terme der rechten Seite, die unbekannte Knotenspannungen enthalten, auf die linke Gleichungsseite.

Hinweis: Die Umwandlung einer stromgesteuerten in eine spannungsgesteuerte Stromquelle ist immer möglich, weil ein Steuerstrom stets ein Zweigstrom ist, der durch die Zweig- und damit Knotenspannungen beschrieben werden kann. Die Umwandlung einer gesteuerten Spannungsquelle in eine gesteuerte Stromquelle ist nur möglich, falls die Quelle einen Innenwiderstand besitzt. Andernfalls sind die o. g. Regeln für die Einbeziehung unabhängiger Spannungsquellen sinngemäß anzuwenden.

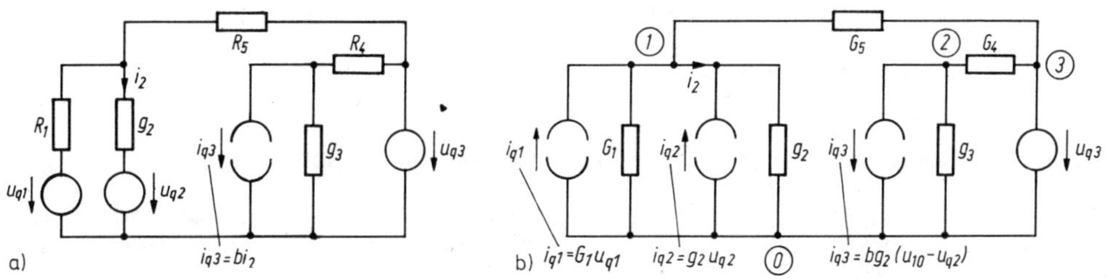

Bild A.6. Netzwerk

a) mit gesteuerter Quelle; b) Aufbereitung für die Knotenspannungsanalyse (Hinweis: g_2, g_3 sind konstante differentielle Leitwerte; b ist eine Konstante)

Beispiel: Bei der Analyse einer elektronischen Schaltung entsteht das NW im Bild A.6a. Die Aufbereitung für die Knotenspannungsanalyse führt zu Bild A.6b und damit zu

$$\begin{aligned}
(G_1 + g_2 + G_5)u_{10} \qquad\qquad\qquad - G_5 u_{30} &= i_{q1} + i_{q2} \\
(g_3 + G_4)u_{20} - G_4 u_{30} &= -i_{q3} \\
u_{30} &= u_{q3}.
\end{aligned}$$

Beachtet man $i_{q1} = G_1 u_{q1}$, $i_{q2} = g_2 u_{q2}$, wandelt die stromgesteuerte in eine knotenspannungsgesteuerte Quelle um, d. h. in $i_{q3} = bi_2 = bg_2\,(u_{10} - u_{q2})$, und bringt den Term mit der unbekannten Knotenspannung auf die linke Seite, so entsteht daraus

$$\begin{aligned}
(G_1 + g_2 + G_5)u_{10} \qquad\qquad\qquad - G_5 u_{q3} &= G_1 u_{q1} + g_2 u_{q2} \\
bg_2 u_{10} + (g_3 + G_4)u_{20} - G_4 u_{q3} &= bg_2 u_{q2}.
\end{aligned}$$

Knotenspannungsanalyse bei nichtlinearen Netzwerken. Nimmt man als Beispiel eine PN-Diode als Zweigelement zwischen den Knoten μ und ν an, so ist nach Gl. (1.58a)

$$i_{\mu\nu} = I_S(\exp\,((u_\mu - u_\nu)/mU_T - 1))$$

in den Knotengleichungen einzusetzen. Für die nichtlinearen Zweige ist also $G_{\mu\nu} = i_{\mu\nu}/u_{\mu\nu}$ von der Differenz der Knotenspannungen abhängig bzw. von einer Knotenspannung, falls ein Anschluß am Bezugsknoten liegt. Außerdem muß im allgemeinen $G_{\mu\nu} \neq G_{\nu\mu}$ angenommen werden. Ausnahmen treten nur bei symmetrischen Kennlinien auf (z. B. beim Varistor, Bild 8.1e). Die Regeln zur Aufstellung der Knotenadmittanz-Matrix bleiben zunächst nur für Knoten gültig, mit denen lediglich lineare Zweige verbunden sind.

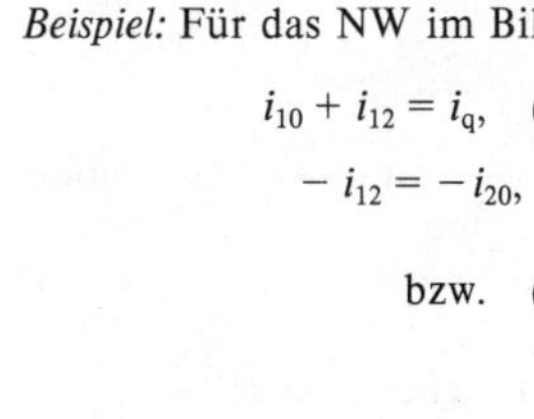

Bild A.7. Netzwerk für Berechnungsbeispiel

Beispiel: Für das NW im Bild A.7 lauten die Knotengln.

$$\begin{aligned}
i_{10} + i_{12} = i_q, \quad & (G_1 + G_2)u_{10} - G_2 u_{20} &&= i_q \\
-\,i_{12} = -\,i_{20}, \quad & -\,G_2 u_{10} + G_2 u_{20} &&= -\,I_S(\exp(u_{20}/mU_T) - 1)
\end{aligned}$$

$$\begin{aligned}
\text{bzw.} \quad & (G_1 + G_2)u_{10} - G_2 u_{20} &&= i_q \\
& -\,G_2 u_{10} + G_2 u_{20} + I_S(\exp(u_{20}/mU_T) - 1) &&= 0
\end{aligned}$$

Prinzipiell können demnach die Knotengleichungen bei nichtlinearen NW mit den für lineare NW gültigen Regeln aufgestellt werden, wenn man die nichtlinearen gesteuerten Quellen und auch die nichtlinearen resistiven NW-Elemente sinngemäß wie die gesteuerten linearen Quellen behandelt. Im Unterschied zu linearen NW entstehen aber nichtlineare Gleichungen, die man z. B. mit dem Newtonverfahren löst. Eine andere Lösungsvariante beruht auf einer Linearisierung bereits beim Aufstellen der Gleichungen durch Anwendung linearer aber arbeitspunktabhängiger Ersatzschaltbilder, die nach jeder Iteration angepaßt werden. Mit diesem Iterationsersatzschaltbildern wird also das nichtlineare NW jeweils in ein lineares NW überführt, für das o. g. Regeln anwendbar sind.

A.2.1.1. Knotenspannungsanalyse bei gesteuerten Quellen

Im Bild A.8a ist ein resistives Ersatzschaltbild für das Großsignalverhalten einer Transistorverstärkerstufe dargestellt (u_e Signalspannungsquelle, U_{CC} Gleichspannungsquelle). Geben Sie auf Grundlage der Knotenspannungsanalyse das Gleichungssystem zur Berechnung von i_B, i_C, u_{CE} und u_a an.

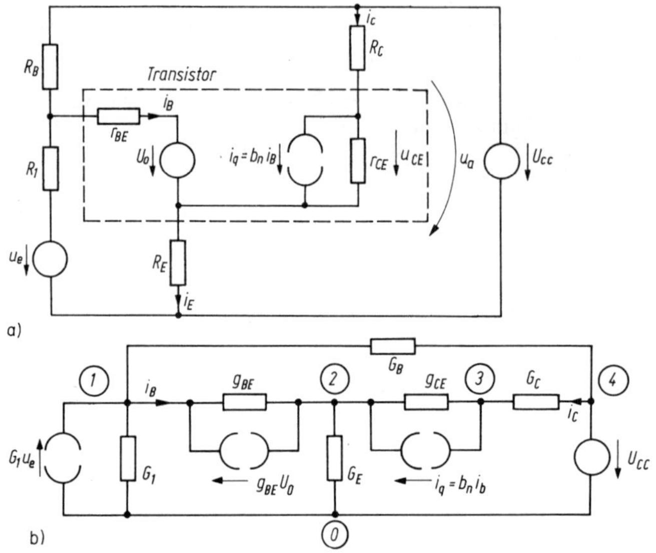

Bild A.8. Beispiel zur Knotenspannungsanalyse mit gesteuerten Quellen
a) Resistive Ersatzschaltung einer Transistorstufe;
b) für die Knotenspannungsanalyse zu a) aufbereitetes Netzwerk

Lösung:
Nach Aufbereitung des NW (Bild A.8b) entsteht

(1) $(G_1 + g_{BE} + G_B)u_{10} \quad - g_{BE}u_{20} \quad - G_B u_{40} = G_1 u_e + g_{BE} U_O$
(2) $- g_{BE}u_{10} + (G_E + g_{BE} + g_{CE})u_{20} \quad - g_{CE}u_{30} \quad = - g_{BE} U_O + i_q$
(3) $- g_{CE}u_{20} + (g_{CE} + G_C)u_{30} - G_C u_{40} = - i_q$
(4) $u_{40} = U_{CC}$

$g_{BE} = 1/r_{BE}$, $g_{CE} = 1/r_{CE}$, $G_C = 1/R_C$, $G_B = 1/R_B$, $G_1 = 1/R_1$.
$i_q = b_n i_B$ als Funktion der Knotenspannungen ausdrücken: $i_q = b_n i_B = b_n(- g_{BE} U_O + g_{BE}(u_{10} - u_{20}))$ und in Gl. (2) und (3) einsetzen,
(2) $- g_{BE}(1 + b_n)\, u_{10} + (G_E + g_{CE} + g_{BE}(1 + b_n))\, u_{20} - g_{CE}u_{30} = g_{BE} U_O (1 + b_n)$
(3) $b_n g_{BE} u_{10} - (g_{CE} + b_n g_{BE})\, u_{20} + (g_{CE} + G_C)\, u_{30} - G_4 u_{40} = b_n g_{BE} U_O$.
Nach Knotenspannungen auflösen, z. B. mit Cramerscher Regel, und $i_C = G_C(u_{CE} - u_{30})$, $i_B = g_{BE}(u_{10} - u_{20} - U_{qBE})$, $u_{CE} = u_{30} - u_{20}$, $u_a = u_{30}$ berechnen.

A2.2. Maschenstromanalyse

Bei der *Maschenstromanalyse* wird die Dimension des zu lösenden Gleichungssystems durch Elimination der Knotengln. und der *u,i*-Relationen reduziert, so daß bei z Zweigen und k Knoten lediglich $m = z - k + 1$ Maschengln. zu lösen sind. Damit ergibt sich der folgende *Algorithmus* (für ein Netzwerk mit m unabhängigen Maschen ($m \geqq 2$) und z Zweigen):

1. Auswahl von $m = z - (k - 1)$ unabhängigen Maschen und Einführung von Maschenströmen (Ringströmen) in diesen Maschen mit beliebiger Zählrichtung.
2. Darstellung aller unbekannten Spannungen mit den Maschenströmen und Aufstellung der m Maschengleichungen.
3. Lösung des Gleichungssystems mit den m Gln. und Bestimmung der Zweigströme bzw. der gesuchten Spannungen aus den Maschenströmen.

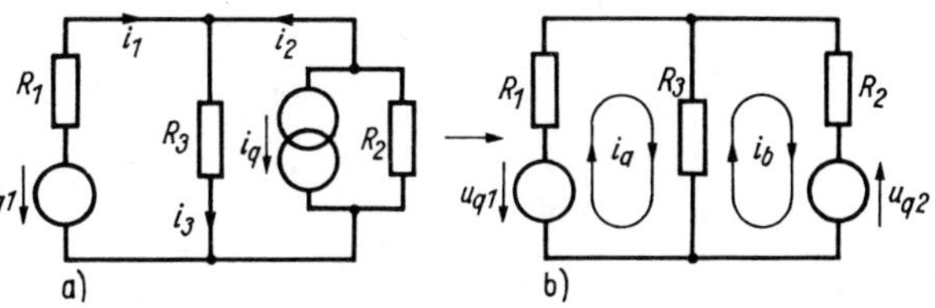

Bild A.9
Beispiel zur Maschenstromanalyse
a) Schaltbild;
b) Einführung der Maschenströme in der modifizierten Schaltung

Beispiel: Maschenstromgln. für eine Schaltung (Bild A.9 a)

Die Zahl der Maschen läßt sich durch die angegebene Umformung der Stromquellenersatzschaltung (i_q, R_2) entsprechend Bild A.9 b reduzieren. Die Zahl der unabhängigen Maschen ist nun $m = 3 - (2 - 1) = 2$. Die Maschengln. lauten für die Maschen a und b:

$$R_1 i_a + R_3 (i_a - i_b) = u_{q1}$$
$$R_3 (i_b - i_a) + R_2 i_b = u_{q2}.$$

Ordnet man nach den Unbekannten, so entsteht

$$(R_1 + R_3) i_a - \qquad R_3 i_b = u_{q1}$$
$$- R_3 i_a + (R_2 + R_3) i_b = u_{q2} = i_q R_2.$$

Die Zweigströme sind demnach $i_1 = i_a$, $i_3 = i_a - i_b$ und $i_2 = - i_b$.

Hinweise:

1. Für die Auswahl der unabhängigen Maschen kann man die Methode des vollständigen Baumes (siehe Abschn. 1.10.2.) nutzen. Die Maschenströme sind dann mit den Strömen in den Verbindungszweigen identisch, während sich die Ströme in den Baumzweigen als algebraische Summe der Maschenströme ergeben.
2. Falls nur ein Zweigstrom bzw. eine Zweigspannung gesucht wird, ist es oft zweckmäßig, die Maschen so zu wählen, daß durch den dazugehörigen Zweig nur ein Maschenstrom fließt.
3. Durch Umrechnung von Zweipolen aus Stromquellen mit parallelgeschalteten Widerständen in Reihenschaltungen von Spannungsquellen und Widerständen (s. Abschn. 2.5.2.) kann man die Berechnung häufig vereinfachen.
4. Bei nichtlinearen Bauelementen ist die Zweigstromabhängigkeit zu berücksichtigen. Z. B. ist bei stromabhängigem R_3 in Bild A.9 b $R_3 = f(i_a - i_b)$ zu bilden.
5. Gesteuerte Quellen sind möglichst als stromgesteuerte Spannungsquellen darzustellen. Allgemein lautet das *System der Maschenstromgln.:*

$$(R)(i) = -(u_q),$$

d. h. *Maschenimpedanz-Matrix mal Vektor der Maschenströme gleich (− 1) mal Vektor der algebraischen Summen der Quellenspannungen in den Maschen.* Impedanz bedeutet Widerstand bzw. komplexer Widerstand.

Die *Maschenimpedanz-Matrix* kann – wie allgemein nachweisbar ist – aus der Netzwerkstruktur abgelesen werden, wenn man folgende *Regeln* beachtet (s. auch obiges Beispiel):

- Die Matrix ist symmetrisch zur Hauptdiagonalen
- Jede Zeile beschreibt jeweils eine Masche, wobei gilt
  - Hauptdiagonalelement gleich Summe der Widerstände der Masche (Ringwiderstand),
  - weitere Matrixelemente jeweils gleich der algebraischen Summe der Koppelwiderstände, d. h. der Widerstände, die vom Maschenstrom der zugeordneten Spalte der Matrix durchflossen werden; je nach Übereinstimmung bzw. Nichtübereinstimmung von Maschenumlaufrichtung und Maschenstrom tritt ein positives bzw. negatives Vorzeichen auf.

A2.3. Weitere Gleichungssysteme für die Netzwerkanalyse

Neben dem Zweigspannungs-Zweigstrom-, dem Zweigstrom-, dem Knotenspannungs- und dem Maschenstrom-Gleichungssystem sind weitere Beschreibungen möglich, u. a. das Zweigspannungs- und das Zweigspannungs-Maschenstrom-Gleichungssystem. Vor allem für große Netzwerke, z. B. zur Berechnung von integrierten Schaltkreisen, ist die Auswahl einer effektiven Beschreibung und Lösungsmethode von großer Bedeutung [4.1] [4.7]. Dabei ist die Anzahl und Verkopplung der entstehenden Gln. ein wichtiges Kriterium.

Anhang A3.

A 3.1. Herstellerangaben zu elektronischen Bauelementen

Die Eigenschaften elektronischer Bauelemente und teilweise auch dazugehörige Meßschaltungen sowie charakteristische Anwendungen in Schaltungen werden vom Hersteller in Form von Datenblättern sowie Applikationsschriften (Applikation = Anwendung) angegeben. Im allgemeinen werden dabei die Eigenschaften und Einsatzbedingungen der Bauelemente durch die Angabe von Grenzwerten und Kennwerten beschrieben. *Grenzwerte* charakterisieren den zulässigen Betriebsbereich. Ein Über- bzw. Unterschreiten kann zur Zerstörung des Bauelementes führen und ist daher unbedingt zu vermeiden.

Kennwerte charakterisieren die Eigenschaften. Sie lassen sich in typspezifischen Meßschaltungen messen und werden in Form von Daten bzw. Kurven angegeben. Dabei sind *Garantiewerte,* d. h. Minimal- bzw. Maximalwerte, die mit Sicherheit nicht unter- bzw. überschritten werden und *typische Werte* zu unterscheiden. Letztere sind Mittelwerte, d. h., durch Exemplarstreuungen können auch abweichende Werte auftreten.

Außerdem gibt der Hersteller Einbau- und Lötvorschriften (zulässige Kräfte, mögliche Verbiegung der Anschlüsse, Löttemperatur und -dauer usw.) an.

A 3.2. Darstellung elektrotechnischer Einrichtungen bzw. Anlagen

Sie erfolgt durch Schaltpläne, die man in fünf Gruppen einteilen kann:

- *Übersichtspläne* enthalten eine vereinfachte Darstellung der elektrischen Zusammenhänge in einer Anlage und dienen zur Orientierung.
- *Funktionsschaltpläne* enthalten eine detaillierte Darstellung der Funktion einer Anlage.
- *Fertigungsschaltpläne* enthalten die Verbindungen zwischen den Anschlüssen einzelner Bauelemente und Geräte.
- *Schaltpläne* für Netze und Leitungen.

  Installationsschaltpläne.

Literaturverzeichnis

Literatur zum Abschnitt 1. sowie Überblickdarstellungen zur Elektrotechnik

[1.1] Taschenbuch Elektrotechnik. Hrsg. v. E. Philippow. Bd. 1–6. Bd. 1. Allgemeine Grundlagen. Berlin: Verlag Technik, München: Hanser 1988

[1.2] *Elschner, H.:* Grundlagen der Elektrotechnik/Elektronik. Berlin: Verlag Technik 1990

[1.3] *Friedrich:* Tabellenbücher Elektrotechnik. Hrsg. v. A. Teml. 17. Aufl. Leipzig: Fachbuchverlag 1976

[1.4] *Lunze, K.:* Einführung in die Elektrotechnik. 12. Aufl. Berlin: Verlag Technik 1988

[1.5] *Philippow, E.:* Grundlagen der Elektrotechnik. 8. Aufl. Berlin: Verlag Technik 1988

[1.6] *Desoer, C. A.; Kuh, E. S.:* Basic circuit theory. New York: McGraw-Hill 1969

[1.7] *Schaufelberger, W.; Weiler, J.:* Grundzüge der Elektrotechnik für Maschinenbauer. Berlin: Springer 1979

[1.8] *Führer, A.; Heidemann, K.; Nerreter, W.:* Grundgebiete der Elektrotechnik. Bd. 1, 2. München: Carl Hanser Verlag 1983

[1.9] *Reusch, K.; Hoschke, G.; Scholz, J.:* Lehrbuch elektrischer Systeme, Bd. 1. Verfahren zur Analyse und Beschreibung. Berlin: Verlag Technik 1971

[1.10] *Millman, J.; Halkias, C. C.:* Electronic fundamentals and applications for engineers and scientists. New York: McGraw-Hill 1976

[1.11] *Linse, H.; Hasel, W.:* Elektrotechnik für Maschinenbauer. 5. Aufl. Stuttgart: B. G. Teubner 1976

[1.12] *Michel, M.:* Einführung in die Allgemeine Elektrotechnik. Berlin: Walter de Gruyter 1975

[1.13] *Weiß, A. v.:* Übersicht über die Allgemeine Elektrotechnik. Leipzig: Geest und Portig 1957

Literatur zu den Abschnitten 2. bis 5.

[2.1] *Lindner, H.:* Elektro-Aufgaben. Bd. I, Gleichstrom. 15. Aufl. Leipzig: Fachbuchverlag 1977

[2.2] *Philippow, E.:* Nichtlineare Elektrotechnik. Leipzig: Akademische Verlagsgesellschaft Geest & Portig K.-G. 1963

[2.3] *Vaske, P.:* Berechnung von Gleichstromschaltungen. Stuttgart: B. G. Teubner 1972

[3.1] *Lunze, K.:* Theorie der Wechselstromschaltungen. 7. Aufl. Berlin: Verlag Technik 1988

[3.2] *Schüßler, H. W.:* Netzwerke, Signale und Systeme. Bd. 1. Systemtheorie linearer elektrischer Netzwerke. Berlin: Springer 1981

[3.3] *Mildenberger, D.:* Analyse elektronischer Schaltkreise. Bd. 1. Stationäres Verhalten. München: Hüthig und Pflaum 1975

[4.1] *Elschner, H.; Möschwitzer, A.; Reibiger, A.:* Rechnergestützte Analyse in der Elektronik. Berlin: Verlag Technik; Heidelberg: Hüthig 1977

[4.2] *Reinschke, K.; Schwarz, P.:* Verfahren zur rechnergestützten Analyse linearer Netzwerke. Berlin: Akademie-Verlag 1976

[4.3] *Chua, L. O.:* Nonlinear Network Theory. New York: McGraw-Hill 1969

[4.4] *Mildenberger, D.:* Analyse elektronischer Schaltkreise. Bd. 2. Quasistationäres Verhalten. München. Hüthig und Pflaum 1976

[4.5] *Bronstein, I. N.; Semendjajew, K. A.:* Taschenbuch der Mathematik. Leipzig: B. G. Teubner Verlag 1979

[4.6] *Kamke, E.:* Differentialgleichungen. 8. Aufl. Leipzig: Geest & Portig 1967

[4.7] *Mellert, F.:* Rechnergestützter Entwurf elektrischer Schaltungen. München R. Oldenbourg 1981

[5.1] *Lenk, A.:* Elektromechanische Systeme. Bd. 1. Systeme mit konzentrierten Parametern. 3. Aufl. Berlin: Verlag Technik 1975

[5.2] *Lenk, A.:* Elektromechanische Systeme. Bd. 2. Systeme mit verteilten Parametern. 2. Aufl. Berlin: Verlag Technik 1977

Literatur zu den Abschnitten 6. und 7.

[6.1] *Simonyi, K.:* Theoretische Elektrotechnik. 8. Aufl. Berlin: Deutscher Verlag der Wissenschaften 1980
[6.2] *Wunsch, G.:* Feldtheorie. Bd. 1. Mathematische Grundlagen. Berlin: Verlag Technik 1973
[6.3] *Wunsch, G.:* Feldtheorie. Bd. 2. Elektromagnetische Felder. Berlin: Verlag Technik 1975
[6.4] *Küpfmüller, K.:* Einführung in die theoretische Elektrotechnik. 2. Aufl. Berlin Springer 1968
[6.5] *Wiesener, K.; Garche, J.; Schneider, W.:* Elektrochemische Stromquellen. Berlin: Akademie-Verlag Berlin 1980
[6.6] *Recknagel, A.:* Physik. Elektrizität und Magnetismus. Berlin. 13. Aufl. Verlag Technik 1984
[7.1] *Mierdel, G.:* Elektrophysik. 2. Aufl. Berlin: Verlag Technik 1972
[7.2] *Elschner, H.; Haiduk, A.; Schwarz, W.:* Bemerkungen zur Darstellung des Induktionsgesetzes. Wiss. der Elektrotechnik 13 (1969) S. 1–16

Literatur zu den Abschnitten 8. und 9.

[8.1] *Möschwitzer, A.; Lunze, K.:* Halbleiterelektronik. 9. Aufl. Berlin: Verlag Technik 1991
[8.2] *Möschwitzer, A.; Rumpf, K. H.:* Einführung in die Elektronik. 7. Aufl. Berlin: Verlag Technik 1990
[8.3] *Rumpf, K. H.: Bauelemente der Elektronik. 13. Aufl. Berlin: Verlag Technik 1988*
[8.4] Heumann, J.; Stumpe, A. C.: Thyristoren. Eigenschaften und Anwendungen. Stuttgart: B. G. Teubner 1969
[9.1] *Hanke, H.-H.; Fabian. H.:* Technologie elektronischer Baugruppen. 3. Aufl. Berlin: Verlag Technik 1982

Literatur zum Abschnitt 10.

[10.1] *Seifart, M.:* Analoge Schaltungen und Schaltkreise. 3. Aufl. Berlin: Verlag Technik 1989
[10.2] *Köstner, R.; Möschwitzer, A.:* Elektronische Schaltungstechnik. 7. Aufl. Berlin: Verlag Technik 1989
[10.3] *Tietze, U.; Schenk. Ch.:* Halbleiter-Schaltungstechnik. 6. Aufl. Berlin: Springer 1983
[10.4] *Balcke, E.; Krause, H.:* Grundlagen der analogen Schaltungstechnik. 2. Aufl. Berlin: Verlag Technik 1984
[10.5] *Herpy, M.:* Analogeintegrierte Schaltungen. Budapest: Kiadò 1976
[10.6] *Kieser, H.; Meder, M.:* Mikroprozessortechnik. 2. Aufl. Berlin: Verlag Technik 1984
[10.7] *Eckhardt, D.; Groß, W.:* Grundlagen der digitalen Schaltungstechnik. 2. Aufl. Berlin: Militärverlag der DDR 1978
[10.8] *Johnson, D. E.:* Digital circuits and microcomputers. London: Prentice Hall 1979
[10.9] *Seifart, M.:* Digitale Schaltungen und Schaltkreise. 3. Aufl. Berlin: Verlag Technik 1988
[10.10] *Lampe, B.; Jorke, G.; Wengel, N.:* Algorithmen der Mikrorechentechnik. 2. Aufl. Berlin: Verlag Technik 1984
[10.11] *Kramer, M.:* Praktische Mikrocomputertechnik. Berlin: Militärverlag der DDR 1987
[10.12] *Millmann, J.; Halkias, Ch. C.:* Integrated electronics: analog and digital circuits and systems. Tokyo: McGraw-Hill, Kogakusha, Ldt. 1972
[10.13] *Bernstein, H.:* Hochintegrierte Digitalschaltungen und Mikroprozessoren. München: Pflaum 1978
[10.14] *Möschwitzer, A.:* Grundkurs Mikroelektronik. 3. Aufl. Berlin: Verlag Technik 1989
[10.15] Formeln der Elektrotechnik und Elektronik. Hrsg. v. A. Möschwitzer. München. Hanser 1989. Berlin: Verlag Technik 1989

Literatur zum Abschnitt 11.

[11.1] *Lappe, R.:* Leistungselektronik. In: Taschenbuch Elektrotechnik. Bd. 5, Hrsg. v. E. Philippow. Berlin: Verlag Technik 1980
[11.2] *Schönfeld, R.; Habiger, E.:* Automatisierte Elektroantriebe. Berlin: Verlag Technik 1981
[11.3] *Vogel, J. u. a.:* Grundlagen der elektrischen Antriebstechnik mit Berechnungsbeispielen. 4. Aufl. Berlin: Verlag Technik 1989
[11.4] *Budig, P.-K.:* Elektrische Antriebe. In: Taschenbuch Maschinenbau Bd. I/II. Grundlagen. Berlin: Verlag Technik 1975
[11.5] VEM Handbuch: Die Technik der elektrischen Antriebe. Berlin: Verlag Technik 1984
[11.6] *Müller, G.:* Elektrische Maschinen. 7. Aufl. Berlin: Verlag Technik 1989

[11.7] *Brendler, W.:* Meß-, Schutz- und Steuereinrichtungen der Elektroenergietechnik. In: Taschenbuch Elektrotechnik. Bd. 5, Hrsg. v. E. Philippow. Berlin: Verlag Technik 1980

[11.8] *Budig, P. K.:* Drehstromlinearmotoren. 3. Aufl. Berlin: Verlag Technik, Heidelberg: Dr. Alfred Hüthig Verlag 1983

[11.9] *Paulig, E.:* Arbeitsmappe Grundlagen der Elektrotechnik. Dresden: Technische Universität 1980

[11.10] *Conrad, H.* und *Krampitz, R.:* Elektrotechnologie. Berlin: Verlag Technik 1983

[11.11] *Eigler, H.; Beyer, W.:* Einführung in die Technologie der Elektrotechnik/Elektronik. 2. Aufl. Berlin: Verlag Technik 1987

Literatur zu Abschnitt 12.

[12.1] *Frühauf, U.:* Grundlagen der elektronischen Meßtechnik. Leipzig: Akademische Verlagsgesellschaft Geest & Portig 1977

[12.2] *Hart, H.:* Einführung in die Meßtechnik. 3. Aufl. Berlin: Verlag Technik 1980

[12.3] *Hofmann, D.:* Handbuch der Meßtechnik und Qualitätssicherung. Berlin: Verlag Technik 1983

[12.4] *Stöckl, M.; Winterling, K. H.:* Elektrische Meßtechnik. 7. Aufl. Stuttgart: B. G. Teubner 1982

[12.5] *Belwe, E.* und *Podszuweit, H.:* Meßeinrichtungen ... In Fachwissen des Ingenieurs. Bd. 2. Grundlagen der Automatisierung. Hrsg. v. E. Oberst, 7. Aufl. Leipzig: Fachbuchverlag 1981

[12.6] *Lenk, A.:* Elektromechanische Systeme. Bd. 3. Systeme mit Hilfsenergie. Berlin: Verlag Technik 1975

[12.7] *Millner, R.:* Kathodenstrahl-Oszillographen. Grundlagen und Anwendung. 2. Aufl. Berlin: Verlag Technik 1969

[12.8] *Fricke, H. W.:* Das Arbeiten mit Elektronenstrahl-Oszilloskopen. 2. Aufl. Heidelberg: Hüthig 1976

[12.9] *Woschni, E.-G.:* Informationstechnik. 4. Aufl. Berlin: Verlag Technik, Heidelberg: Hüthig 1990

[12.10] *Walther, L.; Gerber, D.:* Infrarotmeßtechnik. Berlin: Verlag Technik 1986

[12.11] *Richter, W.:* Meßtechnik. Berlin: Verlag Technik 1986

Literatur zu Abschnitt 13.

[13.1] *Töpfer, H.; Rudert, S.:* Einführung in die Automatisierungstechnik. 5. Aufl. Berlin: Verlag Technik 1984

[13.2] Fachwissen des Ingenieurs, Bd. 2. Grundlagen der Automatisierung. Hrsg. v. E. Oberst. 7. Aufl. Leipzig: Fachbuchverlag 1981

[13.3] *Töpfer, H.; Kriesel, W.* (Herausgeber): Funktionseinheiten der Automatisierungstechnik. 5. Aufl. Berlin: Verlag Technik 1988

[13.4] *Reinisch, K.:* Kybernetische Grundlagen und Beschreibung kontinuierlicher Systeme. Berlin: Verlag Technik 1974

[13.5] *Oppelt, W.:* Kleines Handbuch technischer Regelvorgänge. 4. Aufl. Berlin: Verlag Technik 1964

[13.6] *Fuchs, H.:* Kleines Lexikon der automatischen Steuerung. 3. Aufl. Reihe Automatisierungstechnik, Bd. 194. Berlin: Verlag Technik 1990

[13.7] *Solodownikow, W. W.:* Analyse und Synthese linearer Systeme. Berlin: Verlag Technik 1971

Literatur zu Abschnitt 14.

[14.1] *Dummer, G. W. A.; Griffin, N. B.:* Zuverlässigkeit in der Elektronik. Berlin: Verlag Technik 1968

[14.2] *Hummitzsch, P.:* Zuverlässigkeit von Systemen. 2. Aufl. Berlin: Verlag Technik 1968

[14.3] *Preuß, H.:* Zuverlässigkeit elektronischer Einrichtungen. 2. Aufl. Berlin: Verlag Technik 1978

[14.4] *Reinschke, K.:* Zuverlässigkeit von Systemen. Bd. 1/2. Berlin: Verlag Technik 1973/74

[14.5] Wahrscheinlichkeitsrechnung und Mathematische Statistik – Lexikon der Stochastik. Hrsg. v. P. Müller. 2. Aufl. Berlin: Akademie-Verlag 1975

Sachwörterverzeichnis